Informatik aktuell

Herausgeber: W. Brauer
im Auftrag der Gesellschaft für Informatik (GI)

Springer
Berlin
Heidelberg
New York
Barcelona
Budapest
Hongkong
London
Mailand
Paris
Santa Clara
Singapur
Tokio

Matthias Jarke   Klaus Pasedach
Klaus Pohl (Hrsg.)

Informatik '97

Informatik als Innovationsmotor

27. Jahrestagung
der Gesellschaft für Informatik
Aachen, 24.-26. September 1997

Springer

Herausgeber

Matthias Jarke
Lehrstuhl für Informatik V
RWTH Aachen, D-52056 Aachen

Klaus Pasedach
Philips GmbH Forschungslaboratorien
Weißhausstr. 2, D-52066 Aachen

Klaus Pohl
Lehrstuhl für Informatik V
RWTH Aachen, D-52056 Aachen

Die Deutsche Bibliothek - CIP-Einheitsaufnahme

Informatik '97 : Informatik als Innovationsmotor ; Aachen, 24. - 26. September 1997 / Hrsg.: Matthias Jarke ... - Berlin ; Heidelberg ; New York ; Barcelona ; Budapest ; Hongkong ; London ; Mailand ; Paris ; Santa Clara ; Singapur ; Tokio : Springer, 1997
(GI-Jahrestagung ; 27) (Informatik aktuell)
ISBN 3-540-63066-X
27. Informatik '97. - 1997

CR Subject Classification (1997):
A.0, C.0, D.0, F.0, G.0, H.0, I.0, J.0, K.0

ISBN 3-540-63066-X Springer-Verlag Berlin Heidelberg New York

Satz: Reproduktionsfertige Vorlage vom Autor/Herausgeber
Druck- u. Bindearbeiten: Weihert-Druck GmbH, Darmstadt
SPIN: 10630394 33/3142-543210 – Gedruckt auf säurefreiem Papier

Tagungsleitung

M. Jarke,
Informatik V, RWTH Aachen

K. Pasedach,
Philips GmbH Forschungslaboratorien

Tagungssekretariat

I. Wicke, RWTH Aachen

Organisationskomitee

K. Pohl, RWTH Aachen (Vorsitz)
L. Cloth, RWTH Aachen
R. Dömges, RWTH Aachen
N. Kipar, Forum Informatik, Aachen
H. Rampacher, GI Bonn
P. Szczurko,
Laufenberg GmbH & Co. KG, Bochum
K.-H. Thevis, RWTH Aachen
K. Weidenhaupt, RWTH Aachen

Programmkomitee

H.-J. Appelrath, Uni Oldenburg
A. Bode, TU München
A. Bojanowsky, BVI Bonn
M. Broy, TU München
K. Brunnstein, Uni Hamburg
W. Burhenne, FH Darmstadt
B. Butscher GMD-Fokus, Berlin
S. Closs,
Comet Computer GmbH, München
A. B. Cremers, Uni Bonn
E.-E. Doberkat, Uni Dortmund
W. Dostal,
Bundesanstalt für Arbeit, Nürnberg
W. Doster, Daimler-Benz AG, Ulm
J. Ebert, Universtät Koblenz
A. Endres, TU München
W. Esser, Mitsubishi, Alsdorf
R. Geisen,
Parsytec Computer GmbH Aachen
M. Grauer, Uni-Gesamthochschule Siegen
V. Gruhn, Vebacom Service, Bochum
B. Haverkort, RWTH Aachen
V. Hepple, IHK Aachen
J. van den Herik, Uni Maastricht
O. Herzog, Uni Bremen
F. Hoßfeld, Forschungszentrum Jülich
V. Jentsch, Koordinationsstelle
Verbundforschung NRW
A. Klewitz, TU Dresden
H. Kuchen, RWTH Aachen
H. Luczak, RWTH Aachen
P. Mambrey, GMD-FIT, St. Augustin
W. Marquardt, RWTH Aachen
H. Mayr, Uni Klagenfurt
C. Meinel, ITWM Trier
M. Nagl, RWTH Aachen
W. Oberschelp, RWTH Aachen
A. Oberweis, Uni Frankfurt
F. Pieper, FH Ulm
F.-J. Radermacher, FAW Ulm
M.M. Richter, Uni Kaiserslautern
R. van de Riet, Freie Uni Amsterdam
S. Rössel, Siemens AG, München
J.W. Schmidt, TU Hamburg-Harburg
S. Schubert, TU-Chemnitz
O. Spaniol, RWTH Aachen
W. Stucky, Uni Karlsruhe
R. Unland, Uni Essen
G. Vossen, Uni Münster
R. Wilhelm, Uni Saarbrücken
F. Williams, Ericsson, Herzogenrath

Unterstützung

Aachener und Münchner Informatik Service GmbH
BVIT e.V.
Computer Zeitung
Compuware GmbH
Deutsche Telekom AG
Ericsson Eurolab
Freund und Dirks
IBM Deutschland GmbH
Industrie- und Handelskammer Aachen
Mitsubishi GmbH
ORACLE Deutschland GmbH
Parsytec Computer GmbH
Philips GmbH
Regionaler Industrie-Club Informatik Aachen e.V.
Robert Bosch GmbH
RWTH Aachen
Sparkasse Aachen
Stadt Aachen
Sun Microsystems GmbH

Vorwort

Die Gesellschaft für Informatik hält ihre 27. Jahrestagung, die **Informatik 97**, vom 24.-26. September 1997 in Aachen ab. Anlaß ist das 25jährige Bestehen des Studiengangs Informatik an der RWTH Aachen. Die Organisation haben die Fachgruppe Informatik und der Regionale Industrieklub Informatik (REGINA) gemeinsam übernommen. In diesem Tagungsband sind die Beiträge des Hauptprogramms sowie Kurzübersichten über weitere Programmteile enthalten.

Ein neues Konzept soll der Informatik 97 in der Menge der wissenschaftlichen Fachtagungen einerseits und der Industriemessen andererseits ein unverwechselbares Profil geben.

Kern dieses Konzepts ist es, in einer bisher von keinem Fach gewagten Breite **Transparenz in der Spitzenforschung** zu schaffen. Erstmals (nicht nur in der Informatik) stellen sich praktisch alle von der Deutschen Forschungsgemeinschaft in einem Fachgebiet geförderten Großprojekte auf einer einzigen Tagung vor. Insgesamt sind 13 Sonderforschungsbereiche, 9 Schwerpunktprogramme und 12 Graduiertenkollegs mit Vorträgen vertreten (die Graduiertenkollegs in einem eigenen Workshop vor der Tagung). Hinzu kommen noch eine Reihe von Verbundprojekten vor allem des Bundesforschungsministeriums sowie einzelner Bundesländer und Nachbarstaaten (Niederlande, Schweiz).

Ein zweiter Teil des Hauptprogramms ist dem Tagungsmotto **Informatik als Innovationsmotor** gewidmet. Vier Hauptvorträge sprechen die Rolle der Informatik in zentralen Fragen wie Strukturwandel, elektronischem Handel, Network Computing und Reengineering von Altlastanwendungen an. Probleme wie die mit der Informations-Revolution verbundenen Arbeitsplatzeffekte und Bildungsanforderungen behandeln zwei Podiumsdiskussionen. Gut zwanzig eingereichte Beiträge aus Wirtschaft und Wissenschaft, ausgewählt aus etwa 90 Einreichungen, ergänzen diesen Teil des Programms, indem sie innovationsrelevante Forschungsergebnisse, industrielle Innovationsstrategien und Erfahrungen mit Unternehmensgründungen und Technologietransferkonzepten reflektieren.

Die dritte Komponente des Tagungskonzepts, gleichzeitig gemeint als konkretes Beispiel für die im Tagungsmotto angesprochene innovationsorientierte Kooperation, betrifft die Vorstellung der **Euregio Aachen** durch Vorträge, Instituts- und Firmenbesichtigungen im Umfeld des interdisziplinären Forums Informatik an der RWTH Aachen, des Regionalen Industrieklubs Aachen und seiner niederländischen Schwester. Eine wichtige Ergänzung ist das aus Anlaß des 25. Studiengangs-Jubiläums im Anschluß an die Tagung veranstaltete Treffen der mehr als 1700 Absolventinnen und Absolventen sowie ehemaligen Mitarbeiterinnen und Mitarbeiter der Fachgruppe Informatik an der RWTH Aachen.

Wie immer sind mit der Haupttagung auch **Tutorien** und **Workshops** verbunden, in denen Spezialthemen vertieft werden. Hierzu zählen insbesondere auch spezielle Veranstaltungen für Studierende, die als zukünftige Innovatoren natürlich eine wesentliche Rolle im Tagungskonzept spielen. Bei der Auswahl der Workshops wurden bevorzugt existierende Veranstaltungen integriert, um die Zahl zu besuchender Tagungen nicht ausufern zu lassen. Obwohl die Workshops im vorliegenden Tagungsband aus Platzgründen mit Ausnahme einer Fachtagung nur mit Kurzdarstellungen vertreten sind, handelt es sich zum Teil um umfangreiche Veranstaltungen, in denen auch große Innovationsprojekte wie etwa die POLIKOM-Projekte im CSCW-Bereich sowie die BMBF-Projekte MeDoc, EPK-fix und das NRW-Verbundprojekt Virtuelle Wissensfabrik in größerem Detail vorgestellt werden, als dies auf der Haupttagung möglich ist. In den Kurzdarstellungen im Tagungsband ist auf ggf. anderweitige Veröffentlichungen der Workshopergebnisse, zum Teil auch im World Wide Web verwiesen.

Die Organisation einer solchen Tagung ist mit enormem Aufwand verbunden, den nur zahlreiche Helfer gemeinsam leisten können. Zu danken ist zunächst den Workshoporganisatoren, den Autoren und allen Mitgliedern des Programmkomitees für die oft unter starkem Termindruck geleisteten Beiträge. Dem GI-Präsidium und der GI-Geschäftsstelle, insbesondere Professor Stucky und Dr. Stöckigt, gebührt Dank für die Unterstützung bei der Öffentlichkeitsarbeit, ebenso dem Designstudio Quitta und der Computer Zeitung. Die großzügige finanzielle Unterstützung, welche die Tagung erfahren hat, zeigt die Akzeptanz des Tagungskonzepts vor allem auch in der Industrie. Besonders erwähnt seien hier die Hauptsponsoren Mitsubishi Semiconductors Europe, Oracle Deutschland GmbH, REGINA und Sun Microsystems, sowie Stadt, IHK und RWTH Aachen. Ohne das Engagement des REGINA-Vorsitzenden R. Geisen, von A. Reichel und von N. Kipar wäre diese Unterstützung sicher geringer ausgefallen. Besonderer Dank gebührt dem Organisationskomitee unter Leitung von Dr. Klaus Pohl, insbesondere dessen Kernmannschaft bestehend aus Lucia Cloth, Ralf Dömges, Klaus Weidenhaupt und Irene Wicke, sowie deren zahlreicher Unterstützer vom Lehrstuhl Informatik V, der Fachgruppe Informatik und dem Forum Informatik.

Aachen, im Juli 1997

Matthias Jarke, RWTH Aachen
Klaus Pasedach, Philips GmbH

Tagungsleitung Informatik 97

Inhalt

Eingeladene Vorträge und Podiumsdiskussionen

Hauptvorträge: Herausforderungen der Anwender

Hauptvorträge: Ansätze der Informatik

Podiumsdiskussion I

Podiumsdiskussion II

Sonderforschungsbereiche und Schwerpunktprogramme

Künstliche Intelligenz

Komplexe Anwendungssysteme

Eingebettete Systeme

Ingenieurinformatik

Internet in Bildung und Forschung

Telematik-Anwendungen

Formale Lösungsstrategien

Informatik-Ausbildung

Auswirkungen neuer Informations- und Kommunikationstechnologien

Industrielle Innovationsstrategien

Referenzmodelle

Modellgestützte Anwendungssysteme

High-Performance

Unternehmensgründung

Transferinitiativen

Informatik - Motor im Wandel der Strukturen

Prof. Dr.-Ing. Dr. h.c. mult. Hans-Jürgen Warnecke

Wer die neuen Informations- und Telekommunikationstechnologien nicht nutzt und zielgerichtet einsetzt, wird zukünftig nicht mehr wettbewerbsfähig sein. Alle Industrieländer stehen heute an der Schwelle einer neuen technologischen Revolution, deren Einflüsse und Auswirkungen in fast allen Lebensbereichen spürbar sein werden. Die sich entwickelnde Informationsgesellschaft wird nicht nur unsere gesamten wirtschaftlichen Aktivitäten, sondern auch unser gesellschaftliches und soziales Leben grundlegend verändern.

Diese beschriebene Entwicklung wird uns ins nächste Jahrtausend begleiten. Die Einflüsse werden enorm sein, und damit kommt der Beschäftigung mit dem Produktionsfaktor Information eine immer größere Bedeutung zu. Die notwendige Auseinandersetzung mit der Wissenschaftsdisziplin Informatik, als die Wissenschaft von der Informationsverarbeitung, wird weiter steigen.

Die Einführung moderner Informations-Technik ist anders als eine normale Investition in modernere Maschinen: es geht um Änderungen in der persönlichen Arbeitsweise, in den Arbeitsinhalten des einzelnen Arbeits-Platzes, in der Arbeits-Organisation, in der Kommunikation, ja in der Unternehmens-Strategie. Dies rührt daher, daß moderne Informationstechnik nicht wie die bisherige konventionelle Datenverarbeitung vorwiegend standardisierte Massenarbeiten vom Menschen auf die Maschine überträgt, sondern unstandardisierte, unformalisierbare menschliche Informations-Tätigkeiten maschinell unterstützt. Dies gilt für den "Maschinen-Bediener" in der Fabrik und Sekretärinnen im Büro, für Facharbeiter und Ingenieure, für Sachbearbeiter, Fachspezialisten und Führungskräfte. Sie wird zum ständigen Werkzeug wie Telefon und Automobil, nur auf wichtigeren Gebieten: beim Denken, Lernen und Wissen sowie bei der zwischenmenschlichen Kommunikation.

Technisch sieht moderne Informationstechnik so aus, daß sie am Arbeitsplatz des "Informations-Arbeiters" zur Verfügung steht, und daß ihre Anwendung mit der Zeit an Benutzerfreundlichkeit gewinnt, daß auch Nicht-Informatiker mit ihr arbeiten können.

Elektronischer Handel - Neuer Fokus der Informatik

Dr. Roland Hüber

Direktor „Neue Kommunikationstechnologien und Dienste“
der EU-Kommission i.R.

Seit den 60er Jahren hat die Informatik zunehmend die Wirtschaft in allen Bereichen verändert. Die Fortschritte in der Erfassung und Verarbeitung von Informationen dominierten die Debatte, obwohl vergleichbare Fortschritte im Bereich der Kommunikation erzielt wurden. Allein in der Übertragung wurde über die letzte Dekade das Kosten/Leistungsverhältnis um fünf Größenordnungen verbessert und die Steigerung der Übertragungsgeschwindigkeit war größer als die der Informationsverarbeitung. Aufgrund dieser grundlegenden Veränderung der Wirtschaftsfaktoren war es der Informatik möglich, zur Telematik zu werden und damit zum Instrument der globalen Vernetzung der Weltwirtschaft.

Die politischen Initiativen NII in den USA und der Informations-Gesellschaft in der EU haben die Telematik bürgernah gemacht und das Fenster zur Informationsgesellschaft aufgestoßen. Bereits jetzt ist der PC zum selbstverständlichen Teil vieler Haushalte geworden, und schon in wenigen Jahren wird die Zahl der Familien mit an globale Netze angeschlossenen PC's vergleichbar sein mit derjenigen, welche Fernsehempfänger besitzt.

Mit dem Anschluß eines Großteils der Bevölkerung an die Datennetze wird der Weg frei für eine Vielzahl von Telediensten, insbesondere aber für den Elektronischen Handel (Electronic Commerce) in seinen verschiedenen Formen. Erste Anfänge kann man auf dem INTERNET und den Fernsehkanälen sehen, aber noch werden sie durch das Fehlen von essentiellen Funktionen wie akzeptablen und sicheren Zahlungsmechanismen, Rechtssicherheit (z.B. Gültigkeit der Digitalen Unterschrift), und Datenschutz (z.B. Vertraulichkeit) wesentlich behindert. Technische Lösungen stehen für diese Probleme bereit, aber ihre Umsetzung hängt von politischen und gesetzlichen Entscheidungen ab, die sowohl auf nationaler wie auch internationaler Ebene Anpassungen vornehmen.

Noch ist Elektronischer Handel mehr eine Erwartung für die Zukunft als eine wirtschaftliche Realität. Aber das Wirtschaftspotential wird für so wichtig gehalten, daß die US-Regierung die Förderung des "Electronic Commerce" zu einem ihrer strategischen Ziele gemacht hat. Deutschland und die EU können sich - durch rechtzeitiges Handeln - einen Anteil an diesem globalen Zukunftsmarkt erarbeiten.

Die Informatik in ihren verschiedenen Formen wird in dieser Revolution des Handels eine Schlüsselfunktion einnehmen, wobei neben der Vielzahl von Geräten der Bereitstellung von benutzerfreundlichen und bedarfsangepaßten Lösungen (d.h. der Softwareentwicklung) besondere Bedeutung zukommen wird. Im Rahmen dieses Vortrages wird die Bedeutung und die abzusehende Entwicklung des Elektronischen Handels vor dem Hintergrund der technischen wie auch wirtschaftspolitischen Veränderungen zur Diskussion gestellt.

Access Anywhere Means Services Everywhere

Greg Papadopoulos
Vice President and Chief Technology Officer
Sun Microsystems Computer Company

As the worldwide Internet continues its dramatic growth in connectivity and use, the underlying infrastructure must keep pace. The new pressures on the infrastructure go well beyond supplying bandwidth. These pressures include a move from simple information publication, to more complex transactions; a dramatic increases in the types of client devices that access the Internet; and every-increasing expectations of reliability and predictability. In our view, this means that the network will move from being thought of as a provider of interconnectivity to a provider of a whole range of rich network services.

In this talk, the basic pressures on the Internet will be explored, ranging from basic bandwidth, to transactions, to device types and predictability. We'll argue that, in order to respond to these pressures, a set of services that we now think of as periheral to the Internet will instead become integral. To illustrate this point, we will focus upon the needs of "intermittently connected" mobile devices and show how a generalized notion of a proxy server can bridge the gap between these devices and the well-connected Internet. The striking aspect of this problem is that, while the Internet itself may undergo large improvements in bandwidth, this will only serve to increase the ratio of connected versus mobile bandwidth. As this unfolds, a mobile device will really want a proxy that sits directly on the Internet to operate on the behalf of the mobile device when communicating with other sites. Then, the connection between the mobile device and the proxy becomes a proprietary one which can be optimized to deal with shortcomings of the device: primarily link bandwidth, link security, display resolution, modest storage and low computational power.

We'll then turn our attention to the server side and deal with the problem of site replication on a global basis. Here we have the inverse problem from the mobile devices. A server can be scaled arbitrarily large, both in terms of computational power and connectivity to the Internet. However, communications latency can not be solved by scaling up a single site, nor by increasing the bandwith of the communications backbone. Instead, a combination of "push" technology and replication/cacheing will be required to keep response times acceptable across the globe.

Finally, the talk will end with a discussion on the implications that this new "services model" will have on the world's computer, communications equipment suppliers, and telecommunication services companies. What becomes clear is that the opportunities are as large as the challenges, and that truly workable solutions require cooperation among all three of these players.

The Use of Program Profiling in Software Testing

Thomas Reps
University of Wisconsin

Abstract. This paper describes new techniques to help with testing and debugging, using information obtained from path profiling. A path profiler instruments a program so that each run of the program generates a path spectrum for the execution—a distribution of acyclic path fragments that were executed during that run. Our techniques are based on the idea of comparing path spectra from different runs of the program. When different runs produce different spectra, the spectral differences can be used to identify paths in the program along which control diverges in the two runs. By choosing input datasets to hold all factors constant except one, the divergence can be attributed to this factor. The point of divergence itself may not be the cause of the underlying problem, but provides a starting place for a programmer to begin his exploration.

1. Introduction

Testing software is a difficult problem. In general, there is always the possibility that another input will expose an error not uncovered by the tests carried out so far, and thus it is impossible to know if enough testing has been carried out. Although there is no way to surmount this fundamental difficulty, testing is an extremely important—and costly—aspect of software development.

Recently, Reps et al. proposed a new class of software-testing tools [10] that make use of information obtained from path profiling. These tools make use of the following principle:

> A path profile provides a "spectrum" of the paths that were executed during a given run of a program, and provides a behavior signature for the program when executed on a particular dataset. When different runs of a program produce different path spectra, the spectral differences can be used to identify paths in the program along which control diverges in the two runs. By choosing input datasets to hold all factors constant except one, any such divergence can be attributed to this factor. The point of divergence itself may not be the cause of the underlying problem, but provides a starting place for a programmer to begin his exploration.

This paper describes how this principle can be exploited in a variety of ways to detect unusual behavior in programs. The principle offers new perspectives on testing, on the task of creating test data, and on what tools can be created to support program testing. This approach to testing is a new variant of white-box testing, which we have termed "I/B testing" [10], for "Input/Behavior" testing, by analogy with I/O testing. In contrast to I/O testing, I/B testing can reveal possible problems—by finding path-spectrum differences—even when the output of an execution run is correct. We believe that the path-spectrum-comparison technique holds the promise of providing a useful adjunct to conventional methods for testing whether programs are functioning properly (and debugging them when they are malfunctioning).

One application of the technique is in the "Year 2000 Problem" (or "Y2K problem", for short), *i.e.*, the problem of fixing computer systems that use only 2-digit year fields in date-valued data. In this context, path-spectrum comparison provides a heuristic for identifying paths in a program that are good candidates for being date-dependent computations.

This work was supported in part by the National Science Foundation under grant CCR-9625667, and by the Defense Advanced Research Projects Agency (monitored by the Office of Naval Research under contract N00014-97-1-0114).

Author's address: Computer Sciences Department, University of Wisconsin, 1210 W. Dayton St., Madison, WI 53706, USA.

E-mail: reps@cs.wisc.edu; WWW: http://www.cs.wisc.edu/~reps/

Portions of this paper are excerpted from [10]. The Wisconsin Alumni Research Foundation is in the process of seeking patent protection for the ideas described herein.

Note that the idea of comparing path spectra to identify possible execution errors is a completely different use of path profiling in program testing from another use that has been proposed for path profiles in program testing, namely as a criterion for evaluating the coverage of a test suite [15,8,3,11].

The remainder of the paper is organized into five sections: Section 2 provides background about the Y2K problem, which furnishes several examples of problems for which path-spectrum comparison is a useful technique. Section 3 describes the use of run-time profiling to locate paths in programs that are potentially problematic. Section 4 discusses the application of path-spectrum comparison to a variety of software-testing problems. Section 5 describes the implementation of a tool based on these ideas, as well as some of the results of our preliminary experiments with the tool. Section 6 presents a few final remarks.

2. The Year 2000 Problem

Because many computer programs use only two digits to record year values in date-valued data, they may process a year value of 00 as 1900 in cases where 2000 was intended. If the intended value is 2000—such as when 00 represents the value of the current year in a computation performed after the calendar rolls over on January 1, 2000—then a faulty computation may be carried out. Because computations can involve dates in the future, the phenomenon can occur well before the calendar rolls over on January 1, 2000. For example, if the (approximate) age of someone born in 1956 were calculated for January 1, 2000, he would appear to be $00 - 56 = -56$ years old! If the program tries to use the value −56 to index into a life-expectancy table, the program will either fetch a bogus life-expectancy value or quit with an error (depending on whether the run-time system catches "index-out-of-bounds" errors). In both cases, the system functions improperly. In general, such behavior can have serious—even life-threatening—consequences. This problem and a variety of other date-related problems that will show up with increasing frequency around January 1, 2000 are known collectively as the "Year 2000 Problem".

In addition to the rollover problem with two-digit year fields, the phrase "Year 2000 Problem" has come to mean a whole host of date-related problems that will eventually crop up, many of which strike around the turn of the millennium. For example, leap years come every four years, except for centuries, except for centuries divisible by 400. Thus, the year 2000 is, in fact, a leap year. However, some programs implement the exception, but not the exception to the exception. Such a bug could cause havoc in financial transactions (*e.g.*, by causing failures in computer-driven trading) and military maneuvers (*e.g.*, by causing logistical planning failures). UNIX systems are also subject to date-representation rollover problems, most of which occur later in the 21st century.[1]

For both date-representation rollover problems and leap-year bugs, it is necessary to find the code that declares and manipulates date-valued variables, rewrite it, and test the modifications. Unfortunately, dates are hidden in programs. "Date" is not a data-type in most programming languages, and so heuristics must be developed for identifying the locations where date-valued data is manipulated. Even when a language does have a "date" data-type, there is nothing to forbid programmers from creating or encoding "raw" dates that are embedded in data of other data types, such as character strings.

The Y2K problem is in large part a management problem; however, there are serious technical problems as well, including program-analysis methods for determining the sites at which date-manipulation code occurs, code- and data-transformation algorithms, post-renovation testing, and the technical challenges of arranging for renovated and unrenovated systems to interoperate. The techniques described in this paper are relevant to two of these problems: (i) determining the sites at which date-manipulation code occurs, and (ii) post-renovation testing.

Because the leverage that tools for the Y2K problem can provide is limited by their accuracy for locating the places in a piece of code where dates are employed, the date-location issue is crucial to the creation of effective tools for correcting date-manipulation problems. Two techniques for locating dates are used in present commercial products:

---

[1]Overflow in the UNIX *time* function occurs on Tuesday, January 19, 2038 at 03:14:08 UTC.

(1) Some date-manipulation sites can be identified by the places where a program makes certain calls to the operating system, for example, to retrieve the current date.

(2) Other date-manipulation sites can be identified by exploiting any conventions that programmers may have used for naming the variables in the program. Automatic string-searching tools are used to search the source code—or alternatively, just the identifiers in a tokenized version of the source code—with respect to patterns that reflect such conventions, for example, "*date*", "*gmt*", "*yy*", etc. (where "*" is a wild-card symbol that means "match any substring").

After these techniques have been used to identify candidate sites at which dates are manipulated, this information can be "amplified", via searching and slicing [14,7,4,9] operations, to find other potential locations of problems.

3. Path Profiling and Path-Spectrum Comparison

In path profiling, a program is instrumented so that the number of times different paths of the program execute is accumulated during an execution run. Typically, the paths of interest are loop-free intraprocedural paths. The distribution of paths from an execution of the program is called a *path profile* or a *path spectrum.* We are sometimes just interested in Boolean information (which paths were executed? which were not?), but other times we are interested in the frequencies with which paths were executed. This corresponds to considering a path spectrum as either a set of paths or a multi-set of paths, respectively. The observation underlying our technique for applying program profiling to software testing is that differences between path spectra obtained from different runs of a program—with different input datasets—can be used to identify paths that are good candidates for being *data*-dependent computations.

For example, in the Y2K problem, by choosing input datasets to hold all factors constant except the way dates are used in the program, any differences in the path spectra from different execution runs can be attributed to *date*-dependent computations in the program. In particular, one would obtain path spectra from execution runs of the program in which the program is run on pre-2000 data and post-2000 data (or data that is likely to bring to light whatever "date vulnerability" we are trying to test). By comparing the two path spectra, paths along which the program performed a new sort of computation during the post-2000 run can be identified, as well as paths—and hence computations—that were no longer executed during the post-2000 run.

Our thesis is that this technique provides a good heuristic for identifying data-dependent computations. The basis for this belief is that a path spectrum provides an approximate characterization of the program's behavior, in the following sense:

> The program's execution paths serve as representatives for a set of execution states: Consider the set of all possible execution states of the form (pt, σ), where σ is a store value and pt is not an arbitrary program point, but one occurring at the beginning of a path p that the profiler is prepared to tabulate. In terms of characterizing the program's execution behavior, two execution states (pt, σ_1) and (pt, σ_2) are "similar" if they both cause the program to proceed from pt along execution path p. Path p serves as a representative of this equivalence class of similar execution states.

Differences in the path spectra obtained during two runs of a program on different inputs indicate differences in the (equivalence classes of) execution states encountered, and hence are a reflection of differences in the program's behavior due to the differences in the input. In the case of runs using pre- and post-2000 data, differences in the path spectra must therefore reflect changed behavior due to date-dependent computations.

Of course, this only holds in one direction: Not all differences in behavior due to data-dependent computations will necessarily show up as differences in the (equivalence classes of) execution states encountered.

Example. Consider the program fragment shown in Figure 1, which reads and processes data from a database of customer information. (This fragment does not contain any cycles, but might appear as part of a loop in a larger program. Path profiling in programs with loops is typically carried out by considering loop-free segments of the program. See below, or reference [2] for more discussion of this issue.)

For purposes of this example, assume that years are represented with only two digits and that no person recorded in the database who is younger than fifteen years old possesses a college

```
a: birth_year := read()
   has_college_degree := read()
   purchases := read()
   age := current_year() – birth_year
if age < 15 then
   b: . . .
else
   c: . . .
fi
if has_college_degree = true then
   d: . . .
else
   e: . . .
fi
if purchases > 3 then
   f: . . .
else
   g: . . .
fi
```

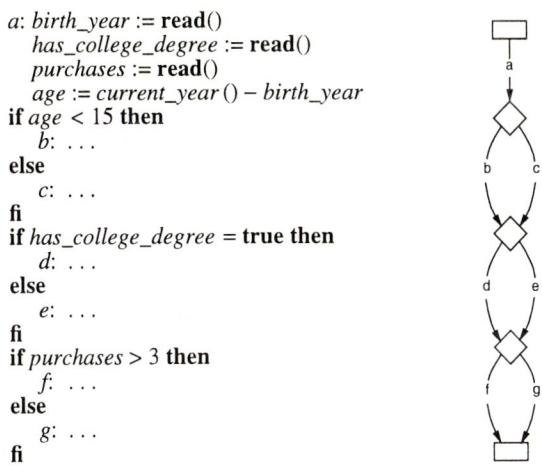

Figure 1. A program fragment that reads and processes data from a database of customer information, and its control-flow graph.

degree. Because of the latter assumption, no path from a pre-2000 run can begin with the prefix $[a,b,d]$.

Now consider a post-2000 run (*e.g.*, a simulated post-2000 run in which the system clock has been set ahead so that *current_year*() returns a value representing a year in the future, say 00, representing the year 2000), and suppose that the program reads in data about someone born in 1956 who possesses a college degree: The initialization code in region a would set *age* to $00 - 56 = -56$; because the test $-56 < 15$ evaluates to true, region b would be executed; because the person possesses a college degree, region d would be executed; finally, either region f or g would be executed. In either case, the program performs a faulty computation: The path executed is a path that should only be executed when a record is encountered for a person younger than fifteen who possesses a college degree. Because no such paths are ever executed during the pre-2000 run, the path-spectrum-comparison technique would detect the fact that the program performed a new sort of computation during the post-2000 run.

In addition, other anomalies may be detected: The pre-2000 run could very well execute paths with the prefix $[a,c]$. Because in the post-2000 run the value of *age* is always negative, the post-2000 run would never execute such paths.

The following table shows path spectra that might be accumulated during pre-2000 and post-2000 execution runs (assuming that the fragment occurs in a loop, so that it is executed multiple times):

Run	Paths Executed							
	$[a,b,d,f]$	$[a,b,d,g]$	$[a,b,e,f]$	$[a,b,e,g]$	$[a,c,d,f]$	$[a,c,d,g]$	$[a,c,e,f]$	$[a,c,e,g]$
pre-2000			•	•	•	•	•	•
post-2000	•	•	•	•				

These spectra show clearly that the pre-2000 and post-2000 behavior of the program is not the same: Paths $[a,b,d,f]$ and $[a,b,d,g]$ occur in the post-2000 run, but do not occur in the pre-2000 run; paths $[a,c,d,f]$, $[a,c,d,g]$, $[a,c,e,f]$, and $[a,c,e,g]$ occur in the pre-2000 run, but do not occur in the post-2000 run. □

Each path in a path spectrum represents a sequence of edges in the program's control-flow graph. From two path spectra, *new_spectrum* and *old_spectrum*, the path-spectrum-comparison technique reveals paths of *new_spectrum* that are not found in *old_spectrum*, and vice versa. Given a path of *new_spectrum* (resp., *old_spectrum*) that does not occur in *old_spectrum* (*new_spectrum*), we can determine the shortest prefix of the path that distinguishes it from all of the paths in *old_spectrum* (*new_spectrum*). For the Y2K problem, such path prefixes furnish a programmer with even more precise information about what contributes to the differences in behavior between the pre-2000 and post-2000 runs:

- Let p be an execution path that was executed during the post-2000 run but not during the pre-2000 run. By finding the shortest prefix of p that is not a prefix of any path executed during the pre-2000 run, we identify the critical portion of p that represents a new sort of computation (or state-transformation pattern) performed during the post-2000 run. The programmer can focus on this prefix of p to locate the date-dependent code, which very likely needs to be rewritten.
- Similarly, let q be an execution path that was executed during the pre-2000 run but not during the post-2000 run. The shortest prefix of q that is not a prefix of any path executed during the post-2000 run identifies the critical portion of q that represents a computation (state-transformation pattern) no longer performed during the post-2000 run. Again, the programmer can focus on this prefix of q to locate the date-dependent code.

Example. In the example program, paths $[a,b,d,f]$ and $[a,b,d,g]$ of the post-2000 run do not occur in the pre-2000 run. For both paths, the shortest prefix that is not a prefix of any path executed during the pre-2000 run is $[a,b,d]$. In asking the question "Why is the path $[a,b,d]$ executed during the post-2000 run?", the programmer would be led to ask the question "How can it be that *age* is less than 15 and *has_college_degree* is true?", which would in turn lead him to the statement that computes *age* as a function of *current_year* ().

Conversely, paths $[a,c,d,f]$, $[a,c,d,g]$, $[a,c,e,f]$, and $[a,c,e,g]$ of the pre-2000 run do not occur in the post-2000 run. For all of these paths, the shortest prefix that is not a prefix of any path executed during the post-2000 run is $[a,c]$. In this case, the programmer would be led to ask the question "Why is the path $[a,c]$ never executed during the post-2000 run? That is, why is the value of *age* always less than 15 during the post-2000 run?" Again, the programmer is led to the statement that computes *age* as a function of *current_year* (). □

One can find the shortest prefix of a path p that is not a prefix of any executed path in a spectrum S using a trie structure on S [12]: The first edge of p that "deviates from the trie" identifies the edge at which p veers into "unknown territory", and the prefix of p, up to and including this edge, is the shortest prefix of p that distinguishes p from S.

Example. The solid arrows in the diagram below show the trie for the pre-2000 spectrum.

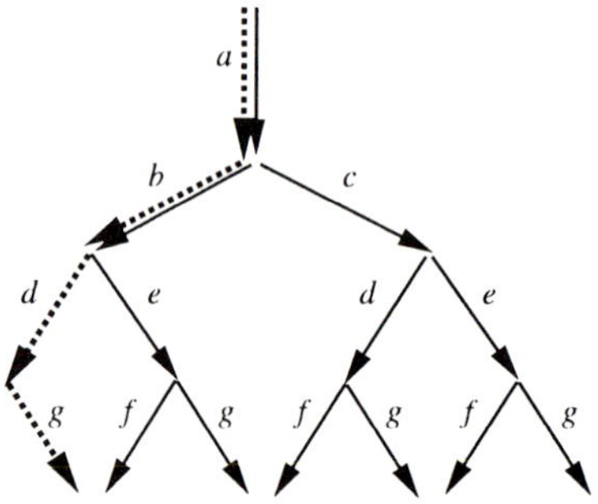

The dotted edges show path $[a,b,d,g]$ (which occurs during the post-2000 run). The shortest prefix of $[a,b,d,g]$ that is not a prefix of any path executed during the pre-2000 run is $[a,b,d]$. □

The path-spectrum-comparison technique is not tied to any particular path-profiling method. Furthermore, there are a wide variety of options in how one performs the instrumentation required to gather information about what paths execute. Instrumentation can be performed at any one of a number of levels:

- At the source-code level, as a source-to-source transformation.
- As part of compilation, by extending a compiler to use its intermediate representations for the purpose of determining where to introduce instrumentation instructions.
- As an object-code-level transformation, by modifying object-code files (such as UNIX ".o" files).

- As a post-loader transformation, by modifying executable files (such as UNIX "a.out" files) [5,13,6].

One could even use different instrumentation methods on different parts of the system.

Although any method for generating path profiles could be used, it is only recently that methods have been devised for obtaining path profiles with acceptable overheads [2,1]. In particular, the Ball-Larus work relies on a clever method for numbering the paths in a program.[2] Their numbering scheme labels the edges of the program's control-flow graph with numbers such that, for every path from *Start* to *Exit*, the sum of the edge labels along the path corresponds to a *unique* number in the range [0 .. *num_paths_from* (*Start*) – 1]. That is, the following properties hold:

(1) Every path from *Start* to *Exit* corresponds to a number in the range [0 .. *num_paths_from* (*Start*) – 1].
(2) Every number in the range [0 .. *num_paths_from* (*Start*) – 1] corresponds to some path from *Start* to *Exit*.

Ball and Larus report that execution-time overheads on the order of only 30–40% can be achieved with their method for collecting path profiles [2].

Example. Returning to our running example, Figure 2 shows how the control-flow graph of the program fragment that reads and processes data from a database of customer information would be annotated. Each box is annotated with the number of paths from that node to the final node of the fragment; each edge is annotated with the number that would be assigned by the Ball-Larus numbering scheme. Note that the sum of the edge labels along each path from the beginning to the end of the graph falls in the range [0 .. 7], and that each number in the range [0 .. 7] corresponds to exactly one such path.

The instrumented version of the program's source code is shown on the left in Figure 2. Statements that increment counter *r* have been introduced so that at the end of the fragment its value indicates which path through the fragment was executed. This value is then used to increment the appropriate element of array *profile*, which maintains the frequency distribution of paths executed. (Alternatively, *profile* could maintain just a Boolean indicator of whether the path is ever executed.) □

Profiles obtained from the instrumented program can be displayed in the fashion shown below, where paths are arranged on the *x*-axis according to the path number, and the *y*-axis is used to indicate either the execution frequency or just a Boolean indicator of whether the path was executed at all. The spectra discussed earlier would be displayed as follows:

---

[2]The Ball-Larus path-numbering scheme applies to an acyclic control-flow graph with a unique source node *Start* and a sink node *Exit*. Control-flow graphs that contain cycles are modified by a preprocessing step to turn them into acyclic graphs:

> Every cycle must contain one backedge, which can be identified using depth-first search. For each backedge $w \to v$, add edges $Start \to v$ and $w \to Exit$ to the graph. Then remove all of the backedges from the graph.

The resulting graph is acyclic. In terms of the ultimate effect of this transformation on profiling, the result is that we go from having an infinite number of unbounded-length paths in the control-flow graph to having a finite number of bounded-length paths. A path *p* in the original graph that proceeds several times around a loop will, in the profile, contribute "execution counts" to several smaller acyclic paths whose concatenation makes up *p*. In particular, the paths from *Start* to *Exit* in the modified graph correspond to acyclic paths in the original graph (where following the edge $Start \to v$ that was added to the modified graph corresponds to following backedge $w \to v$ in the original graph and beginning a new path at *v*, and following the edge $w \to Exit$ that was added to the modified graph corresponds to ending the path in the original graph at *w*). (Throughout the paper, when we refer to the "control-flow graph", we mean the transformed (*i.e.*, acyclic) version of the graph.)

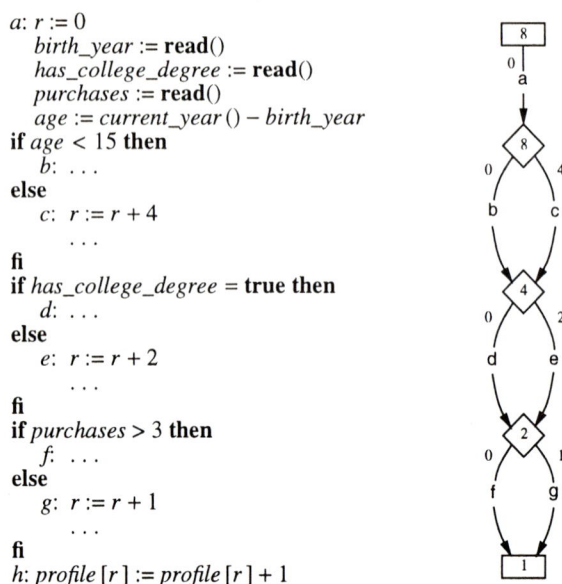

```
a: r := 0
   birth_year := read()
   has_college_degree := read()
   purchases := read()
   age := current_year() – birth_year
if age < 15 then
   b: . . .
else
   c: r := r + 4
      . . .
fi
if has_college_degree = true then
   d: . . .
else
   e: r := r + 2
      . . .
fi
if purchases > 3 then
   f: . . .
else
   g: r := r + 1
      . . .
fi
h: profile[r] := profile[r] + 1
```

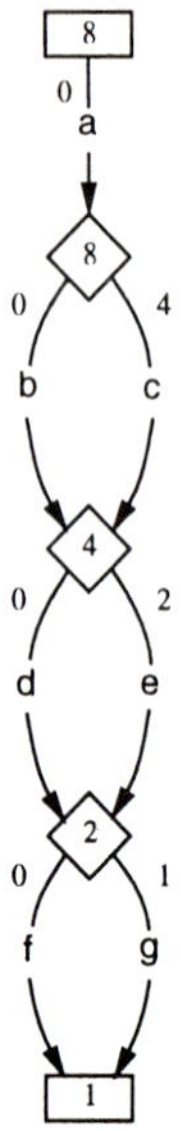

Figure 2. The instrumented version of the program fragment that reads and processes data from a database of customer information, and the program's annotated control-flow graph.

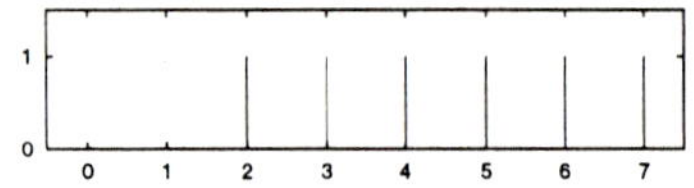

Pre-2000 spectrum

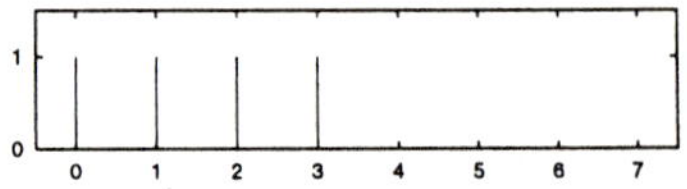

Post-2000 spectrum

4. Other Applications of Path-Spectrum Comparison in Software Testing

The path-spectrum-comparison technique is applicable to a wide range of problems that arise in software testing—certainly more than just ones that arise in the Y2K problem. Some of the ways to enlist path-spectrum comparison in the cause of providing better tools for testing software are described below.

Systems that Warn of Possible Errors Within Themselves

As described thus far, the spectra that are compared come from different runs of a program. However, the underlying principle is simply that "information about possible execution problems can be obtained by comparing two spectra". The spectra do not necessarily have to be from different runs of the program. All we care about is that there are two spectra to be compared (and that the spectra provide some sort of behavior signature). The spectra could be obtained from two or more runs (as in the application of the technique to the Y2K problem); however, there are situations in which it would be meaningful to compare spectra obtained during a single run. In particular, one way to detect unusual behavior in programs would be to make use of path-spectrum comparison to build systems that warn of possible errors within themselves. When the program detects an "oddball path", the program would signal that such a situation has just occurred—*i.e.*, to warn the user or system tester that the program has just gone down a possibly bad path. (The system could issue the warning directly to the user, to a dialog box, to the console window, or to a log file.)

Two situations in which this approach would be useful are: (i) when a system is being tested, and (ii) for building systems that warn of possible errors within themselves. In both cases, the idea is to have the system compare each path executed by the program with the paths executed so far. When a new path is discovered (*i.e.*, when the path is executed for the first time) the program would signal that a possibly erroneous computation has just occurred. Of course, one would want to wait until the program had run for a while before starting to issue such warnings, but after a break-in or warm-up period it would begin to be useful to gather such information.

Information about such oddball paths could provide important clues that would help in tracking down a bug once a symptom comes to light. For example, if a new path coincides with a program crash, then a bug report with details of the oddball path (or the last few oddball paths) could provide important information to the developers.

A variation on the idea would be to collect the spectrum of paths executed when a program is run on the regression test suite, and instrument the system to report when it executes a path that was never executed when running any of the tests. The execution of a path outside this set would be treated as an unusual occurrence (and either reported or logged). (The presence of such a path implies that the test suite used for regression testing did not contain a test for a situation that actually does arise. This information could be used as a guide for extending the test suite.)

Testing Which Parts of a System are Affected by a Modification

Another variation on path-spectrum comparison could be used to support the testing of bug fixes and other small changes to a system. The goal here would be to understand whether the only behavioral changes introduced by a modification were to the intended parts of the system. The idea is to use path-spectrum comparison as a heuristic method for understanding the magnitude of behavioral changes between two versions of a program.

In this context, the comparison that needs to be carried out is somewhat different from what has been discussed earlier: Instead of comparing spectra from two runs of the *same* program on *different* data, one would compare spectra from two runs of a (slightly) *different* program on the *same* data. As before, the premise that "states are similar if they proceed down the same path" provides the justification for why it makes sense to be comparing path spectra (even though they now come from execution runs of *different* programs).

Of course, one expects there to be differences between the two spectra obtained from the two versions of the program. For example, one would expect to see differences on the input that elicits the bug in the original program. The purpose of comparing the path spectra would be to obtain information about the extent of actual changes in behavior. One wants to make sure that a small change in the program text does not lead to radical changes in the behavior. The behavior of most of the unmodified parts of the system should be unaffected by a modification. The programmer can use the information obtained from path-spectrum comparison to develop an understanding of the actual magnitude of behavioral differences that a bug fix introduces.

In order to carry out comparisons between paths from two different programs, a concordance between paths in the old program and paths in the new program would be needed. The instrumentation strategy used affects how difficult it is to provide such a concordance: It would not be too hard to establish a correspondence between paths in the old and new programs when source-code instrumentation is used, but it would be much more difficult to do so when instrumentation is carried out on object-code files or executable files.

Testing for Inconsistent Data

Another potential application of path-spectrum comparison is to the "data-hygiene" problem. The goal here is to identify data in a database or file that is contaminated, or inconsistent with the assumptions about the data that the program relies on. Our hypothesis is that some contaminated data items will cause the program to take unusual paths through the code (but ones that do not actually crash the system). Presumably the percentage of contaminated data is low; thus, the idea behind using path-spectrum comparison is to use information about infrequently executed paths to identify possibly contaminated data in the database. Any peculiar paths (*i.e.*, paths with count 1 or low relative frequency in the path spectrum) when the program is run against the database would be taken as a signal that the program was processing possibly contaminated data. To actually identify the contaminated data, one would need the instrumented program to gather some additional information in order to link the low-frequency paths back to the inputs that were most recently read in at the times the path was executed.

5. Implementation and Preliminary Results

A prototype tool for gathering and comparing path spectra, called DYNADIFF, has been built at the University of Wisconsin. DYNADIFF runs under Solaris on Sun SPARCstations. It uses Tcl/Tk to implement a graphical user interface, and Larus's implementation of the Ball-Larus path-profiling algorithm as the underlying machinery for generating path spectra. The path profiler instruments executable files, so programs can be written in any language (as long as the compiler for the language obeys certain calling conventions) or even in a mixture of languages.

The goal of DYNADIFF's user interface is to allow one to collect up, and perform difference operations on, collections of path profiles. (The DYNADIFF user can display path profiles as spectra of the kind shown earlier: At present, the system treats each path profile as merely a set of paths; that is, the frequency counts of the number of times each path executed is ignored, and an executed path in a spectrum is displayed as a stick of height 1.) Spectra have links back to the source code: Clicking on the stick that represents a path brings up an *emacs* window with the elements of the path displayed in a special color.

DYNADIFF is organized around the notions of *profiles* and *workspaces*: Collections of profiles can be selected and placed in named workspaces. Because we are interested in path-spectrum differences, when path profiles from a workspace are displayed as spectra, each spectrum shows only paths that were executed in at least one of the profiles of the workspace but not in all of the profiles.

As part of calling up spectrum differences, the user forms sub-partitions of the profiles in a workspace. The profiles in a workspace are partitioned into three groups, which we will call *A*, *B*, and *Other*. (That is, *A*, *B*, and *Other* are each sets of profiles.) Spectrum differences are displayed by showing path sticks for paths that are executed by all profiles in *A*, but not by some profile in *B*, and vice versa. Clicking on one of the path sticks brings up an *emacs* window with the statements of the last edge of the shortest distinguishing prefix of the path displayed in one special color, the rest of the shortest distinguishing prefix displayed in a second special color, and the rest of the elements of the path displayed in a third special color.

DYNADIFF has been used in several small experiments to test the efficacy of the path-spectrum-comparison technique. One experiment that we carried out with DYNADIFF was aimed at testing the ability of path-spectrum comparison to identify bugs in leap-year calculations. This experiment involved the UNIX *cal* utility, which, given a month and a year as input, prints the calendar for that month. The *cal* program does not actually have a leap-year bug: It calculates correctly that the year 2000 is a leap year. However, because our goal was merely to determine whether path-spectrum comparison would be able to identify leap-year calculations, this did not matter—we tested the method's sensitivity to leap-year calculations by comparing spectra from leap years and non-leap years. Path spectra obtained from runs that we expected would involve leap-year calculations (*e.g.*, from inputs like "*cal 2 1992*", "*cal 2 1996*", etc.) were compared against spectra obtained from runs that we expected not to involve leap-year calculations (*e.g.*, "*cal 2 1997*", "*cal 2 1998*", etc.).

For example, in a trial with workspace-partition *A* consisting of the profile from a run with input "*cal 2 1992*" and *B* consisting of the profile from a run with input "*cal 2 1997*", there was

- One path that was executed during the run with input "*cal 2 1992*", but not during the run with input "*cal 2 1997*".
- One path that was executed during the run with input "*cal 2 1997*", but not during the run with input "*cal 2 1992*".

Figure 3 shows the path that was executed during the run with input "*cal 2 1992*", but not during the run with input "*cal 2 1997*", as well as the shortest prefix of the path that distinguishes it from all paths of the "*cal 2 1997*" run. To understand the code shown in Figure 3, it helps to know that the routine "jan1" receives a year value as its parameter, and returns a number in the range [0 .. 6] that represents the day of the week on which January 1 falls that year. The values 0 through 6 correspond to Sunday through Saturday, respectively. The switch statement chooses one of three cases, depending on the difference (in terms of number of days of the week) between jan1(y) and jan1(y+1). The switch value is 1 in the case of an ordinary, non-leap year; 2 in the case of a leap year; and 5, represented by the default case, in 1752, the year that England and the Colonies shifted from the Julian to the Gregorian calendar. The default case is used to make a minor adjustment to one of the program's internal tables, which has an effect elsewhere on how the calendar for September 1752 is created.

Figure 3 also illustrates a small glitch due to the fact that the path profiler we used instruments executable files. The program shown in Figure 3 has an additional statement, "foo = foo + 1;" that we added in "case 2" of the switch statement. With the original program,

```
cal(m, y, p, w)
char *p;
{
    register d, i;
    register char *s;
    int foo = 0;

    s = p;
    d = jan1(y);
    mon[2] = 29;
    mon[9] = 30;
    switch((jan1(y+1)+7-d)%7) {
        case 1:   /*  non-leap year  */
            mon[2] = 28;
            break;
        default:  /*  1752  */
            mon[9] = 19;
            break;
        case 2:   /*  leap year  */
            foo = foo + 1;  /* Statement added so that something in the leap-year case */
            break;          /* could be highlighted */
    }
    for(i=1; i<m; i++)
        d += mon[i];
    d %= 7;
    s += 3*d;
    . . .
```

Figure 3. The code displayed in ***Times-BoldItalic***, **Helvetica-Bold**, and **Times-Bold** indicates a path that was executed during a run with input "*cal 2 1992*", but not during a run with input "*cal 2 1997*". The code shown in ***Times-BoldItalic*** and **Helvetica-Bold** indicates the shortest prefix of the path that distinguishes it from all paths of the "*cal 2 1997*" run. The code shown in **Helvetica-Bold** indicates the last edge of the shortest distinguishing prefix (*i.e.*, **switch((jan1(y+1)+7-d)%7) → foo = foo + 1;**).

in which "case 2" was empty, we were initially confused by the path that DYNADIFF highlighted. No part of "case 2" was highlighted, and we did not at first recognize that the path actually did go into that branch of the switch statement. The reason for this was that the current version of DYNADIFF uses information generated by the compiler to map from addresses in executable files to lines in the source code. Our confusion was caused by the fact that the compiler had not generated any instructions for the empty case, and so DYNADIFF did not have the information it needed to highlight "case 2". In Figure 3, the statement "foo = foo + 1;" was added so that something existed in the body of "case 2" that could be highlighted. (If DYNADIFF were to perform path profiling via source-code instrumentation, it would not have this problem.)

Other experiments that we carried out with DYNADIFF were aimed at testing the ability of path-spectrum comparison to identify date-rollover problems. Although most UNIX programs do not have a Y2K problem, many have a "Year 2038 problem":

> The UNIX *time* function, which reports the number of seconds since January 1, 1970, rolls over from 2**31–1 (*i.e.*, 01111111111111111111111111111111) to 2**31 (*i.e.*, 10000000000000000000000000000000)—and thus turns negative—on Tuesday, January 19, 2038 at 03:14:08 UTC.

Thus, we can demonstrate the *principle* of using path-spectrum comparison for diagnosing possible Y2K problems by applying DYNADIFF to compare spectra generated from normal runs against spectra generated from runs in which the result of *time* has been "time-warped" into the future. For example, the UNIX *cal* utility (when called with no arguments) prints the calendar for the current month. The "current month" is obtained by calling *time*. Just after *time* overflows, *cal* erroneously prints the calendar for December 1901.

Below is an example of the spectral differences that DYNADIFF displays (for a version of *cal* modified to optionally permit "time-warping") when it compares a spectrum from a run from

February 1997 against a run made with *time* set to emulate a run in February 2039 (*i.e.*, post-rollover):

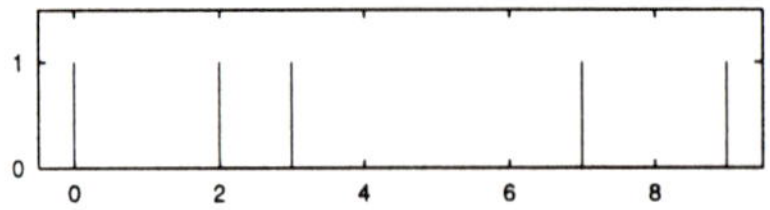

February 1997 spectrum

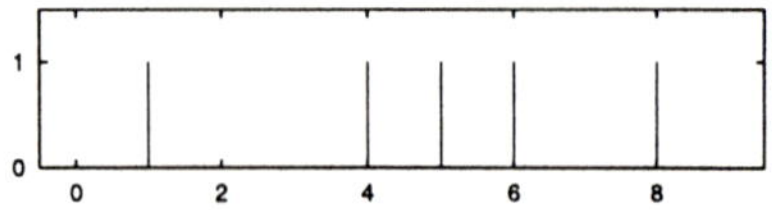

February 2039 spectrum

We see that the path-spectrum comparison technique does indeed detect that the two runs of the program had different behaviors. (Similar results were obtained in two other experiments that we carried out on the *rcs* and *ncftp* utilities.)

One of the paths executed in the year-2039 run—but not in the year-1997 run—is shown in Figure 4. ***Times-BoldItalic*** indicates the longest prefix that the path shares with some path in the year-1997 path set; **Helvetica-Bold** indicates the endpoints of the first edge that distinguishes the path from all of the paths in the year-1997 path set; **Times-Bold** indicates the remainder of the path.

The typefaces shown in Figure 4 indicate that the year-2039 run executed the loop

```
while (rem < 0) {
    rem += SECSPERDAY;
    --days;
}
```

at least once, whereas the year-1997 run did not execute this loop at all. This observation, coupled with an examination of the statements that set the value of variable rem immediately before the loop executes, allows us to deduce that the value of *timep must be negative on

```
static void
timesub(timep, offset, tmp)
const time_t * const                    timep;
const long                              offset;
register struct tm * const              tmp;
{
    register long                       days;
    register long                       rem;
    register int                        y;
    register int                        yleap;
    register const int *                ip;

    days = *timep / SECSPERDAY;
    rem = *timep % SECSPERDAY;
    rem += offset;
    while (rem < 0) {
        rem += SECSPERDAY;
        --days;
    }
    while (rem >= SECSPERDAY) {
        rem -= SECSPERDAY;
        ++days;
    }
    . . .
```

Figure 4. The code displayed in ***Times-BoldItalic***, **Helvetica-Bold**, and **Times-Bold** indicates a path that was executed during a year-2039 run but not during a year-1997 run. The code shown in ***Times-BoldItalic*** and **Helvetica-Bold** indicates the shortest prefix of the path that distinguishes it from all paths of the year-1997 run. The code shown in **Helvetica-Bold** indicates the last edge of the shortest distinguishing prefix (*i.e.*, **(rem < 0)** → **rem += SECSPERDAY;**).

entry to procedure timesub. The program renovator could then use this information (for example, by employing program slicing [14,7,4,9]) to trace back to the source of the problem.

6. Final Remarks

In several places in the paper, we have referred to a path spectrum as a "behavior signature for a run of the program", and have advanced the general principle that "information about differences in execution behavior can be obtained by comparing two behavior signatures". One has to be a bit careful about the notion of a behavior signature, however. For instance, a trace of the program counter could also be considered to be a behavior signature for a run of the program.

This leads to the conclusion that not all behavior signatures are equally valuable. Consider again the Y2K problem: The comparison of two traces of the program counter, generated during separate runs of the program, would yield only a small amount of useful information that could be used by a programmer trying to determine where the program performs problematic date manipulations. For example, the first point at which the traces diverge could be attributed to a date-dependent computation, but extracting additional information about other problematic date manipulations in the program would be difficult. However, when the two traces are transformed into path spectra, they take on a form that does provide utility for this task. This suggests the following analogy:

> In physics, it is often more appropriate to work with the Fourier transform of a function rather than with the function itself. The reason is that the Fourier transform reveals the fundamental excitation modes of a system. Manipulations of Fourier transforms operate directly in terms of these fundamental modes.
>
> Similarly, we have identified situations in which it is more appropriate to work with path spectra rather than with traces of the program counter. The reason is that a path spectrum reveals the "fundamental modes" of the program that were "excited" during an execution run. Manipulations of path spectra operate directly in terms of the program's fundamental excitation modes.

(The fact that a Fourier transform is information preserving, whereas a path profile loses information available in an execution trace, does not invalidate the analogy. The loss of information is tied up with a different issue, namely that of abstraction. That is, the creation of a path spectrum involves both a transformation that reveals underlying structure, as well as an abstraction of information available in the original trace.)

One reason for casting things in these terms is that it suggests an avenue for further research: Are there other "transforms" to be discovered that would tease out interesting information (similar to our "fundamental modes of a program excited during an execution run") from other kinds of data about programs, execution runs, etc.?

References

1. Bala, V., "Low overhead path profiling," Tech. Rep., Hewlett-Packard Labs (1996).
2. Ball, T. and Larus, J., "Efficient path profiling," in *Proc. of MICRO-29,* (Dec. 1996).
3. Clarke, L.A., Podgurski, A., Richardson, D.J., and Zeil, S.J., "A comparison of data flow path selection criteria," pp. 244-251 in *Proc. of the Eighth Int. Conf. on Softw. Eng.*, IEEE Comp. Soc. Press, Wash., DC (1985).
4. Horwitz, S., Reps, T., and Binkley, D., "Interprocedural slicing using dependence graphs," *ACM Trans. Program. Lang. Syst.* **12**(1) pp. 26-60 (Jan. 1990).
5. Johnson, S.C., "Postloading for fun and profit," pp. 325-330 in *Proc. of the Winter 1990 USENIX Conf.*, (Jan. 1990).
6. Larus, J.R. and Schnarr, E., "EEL: Machine-independent executable editing," *Proc. of the ACM SIGPLAN 95 Conf. on Programming Language Design and Implementation,* (La Jolla, CA, June 18-21, 1995), *ACM SIGPLAN Notices* **30**(6) pp. 291-300 (June 1995).
7. Ottenstein, K.J. and Ottenstein, L.M., "The program dependence graph in a software development environment," *Proc. of the ACM SIGSOFT/SIGPLAN Softw. Eng. Symp. on Practical Software Development Environments,* (Pittsburgh, PA, Apr. 23-25, 1984), *ACM SIGPLAN Notices* **19**(5) pp. 177-184 (May 1984).

8. Rapps, S. and Weyuker, E.J., "Selecting software test data using data flow information," *IEEE Trans. on Softw. Eng.* **SE-11**(4) pp. 367-375 (Apr. 1985).

9. Reps, T., Horwitz, S., Sagiv, M., and Rosay, G., "Speeding up slicing," *SIGSOFT 94: Proc. of the Second ACM SIGSOFT Symp. on the Found. of Softw. Eng.,* (New Orleans, LA, Dec. 7-9, 1994), *ACM SIGSOFT Softw. Eng. Notes* **19**(5) pp. 11-20 (Dec. 1994).

10. Reps, T., Ball, T., Das, M., and Larus, J., "The use of program profiling for software maintenance with applications to the Year 2000 Problem," in *Proc. of ESEC/FSE '97: Sixth European Softw. Eng. Conf. and Fifth ACM SIGSOFT Symp. on the Found. of Softw. Eng.,* (Zurich, Switzerland, Sept. 22-25, 1997), *Lec. Notes in Comp. Sci.*, Springer-Verlag, New York, NY (1997).

11. Roper, M., *Software Testing,* McGraw-Hill, New York, NY (1994).

12. Sedgewick, R., *Algorithms,* Addison-Wesley, Reading, MA (1983).

13. Srivastava, A. and Eustace, A., "ATOM: A system for building customized program analysis tools," *Proc. of the ACM SIGPLAN 94 Conf. on Programming Language Design and Implementation,* (Orlando, FL, June 22-24, 1994), *ACM SIGPLAN Notices* **29**(6) pp. 196-205 (June 1994).

14. Weiser, M., "Program slicing," *IEEE Trans. on Softw. Eng.* **SE-10**(4) pp. 352-357 (July 1984).

15. Woodward, M.R., Hedley, D., and Hennell, M.A., "Experience with path analysis and testing of programs," *IEEE Trans. on Softw. Eng.* **SE-6**(3) pp. 278-286 (May 1980).

Podiumsdiskussion I

Informatik und Arbeitsmarkt

Informatik–Fachkompetenz durch Bildung *

Moderation Sigrid Schubert
Thesen zur Podiumsdiskussion

1 Landesinitiantive 'NRW–Schulen ans Netz – Verständigung weltweit von H.–W. Poelchau

1. Die Informationsgesellschaft fordert von jedem einzelnen zur Wahrung seiner Partizipationsmöglichkeiten an der Fortentwicklung der Gesellschaft eine umfassende Kompetenz zur Aufnahme, Selektion und Bewertung von Medienangeboten.
2. Diese Medienkompetenz umfaßt den angemessenen Umgang aller technisch (noch) unterschiedlich produzierter und übermittelter Angebote: von dem Zeitungsartikel über das Buch zum Film und vom Fernsehen bis zum multimedialen Angebot der Telekommunikation und des Internets.
3. Computerbildung und Informatik sind insofern jeweilige Teilkompetenzen, die im übergreifenden Konzept der Medienkompetenz zu integrieren sind. Chancen und Risiken für das Individuum und für die Gesellschaft abschätzen zu können, gehört ebenso hierzu wie die Fähigkeiten und Fertigkeiten, die Medien für eigene Kommunikationsziele nutzen zu können.
4. Medienkompetenz ist somit eine grundlegende Kompetenz für verantwortungsfähige Bürgerinnen und Bürger in einer Mediengesellschaft. Erst in zweiter Linie dient sie ökonomischen Anwendungs– und Verwertungsinteressen.
5. Die Landesinitiative 'NRW–Schulen ans Netz – Verständigung weltweit' bezieht sich bewußt auf dieses übergreifende Ziel und will Kommunikation über Netze für die interkulturelle Erziehung anregen und zum internationalen Austausch beitragen.
6. Gut 2000 Schulen sind inzwischen in unser Projekt einbezogen; sie haben sich auf den Weg gemacht. Der nordrhein–westfälische flächendeckende Ansatz (alle Schulen der Sekundarstufe I und II sollen am Projektende am 31.12.1999 am Netz arbeiten) unterscheidet sich sowohl vom pädagogischen Grundsatz wie auch vom angestrebten Verbreitungsgrad von anderen Initiativen.
7. Es ist eingebunden in die Zielsetzung zur Stärkung der Schule und nutzt die Initiativkraft 'von unten'. Ausstattung, Aufbau eines pädagogisch angelegten Bildungsservers und die Qualifizierung der Lehrkräfte geschehen auf dem Wege des public–private–partnership.
8. Nur die feste Verankerung in übergreifenden Bildungszielen und in die Reformdebatte der Schule der Zukunft sichert auch die erforderliche und auf längere Sicht tragfähige Akzeptanz der Bemühungen und Aufwendungen und beugt Technikdistanz oder gar Technikfeindlichkeit vor.

---

* Eine ausführliche Version ist unter der URL *http://www.tu-chemnitz.de/informatik/did/podium/* zu finden.

2 Das Elend der Schulinformatik von K.-H. Becker

Es ist schwierig beim Thema „Schulinformatik" den angemessenen Akzent zu setzen. Die Schulinformatik befindet sich in einer schwierigen Phase. Zwischen klaren Vorstellungen von „Tradition" und „Neuorientierung", Ratlosigkeit und Verzweiflung über katastrophale Soft- und Hardwareausstattungen, Hilflosigkeit über das richtige Selbstverständnis, mangelndes Bewußtsein in Gesellschaft und bei der Mutterwissenschaft der Hochschulinfomatik pendelt die Stimmungslage. Grundlagen- und Überblickswissen und souveräner Umgang mit der immer komplexer werdenden Technik brauchen ein gewisses fundiertes informatisches Wissen. Die traditionellen Fächer sind eingesperrt in Zeitraster, Lehrpläne, Auflagen und gewachsenen Vorstellungen, was der richtige Lernstoff ist. Das was andere Fächer sich wünschen, um ihre Schüler zu erreichen, hat die Informatik prinzipiell schon immer gehabt: den Freiraum, den lebensweltlichen Bezug, das Interdisziplinäre, das projektartige Arbeiten, die typische Art einer systematischen Problemlösetechnik, die Arbeit im Team mit allen Facetten von Scheitern bis Erfolg. Es gibt aber eine Reihe von Problemen zu lösen:

1. Wir brauchen eine neue Ausstattungsrunde für Hardware und Software, um neue Inhalte darstellen zu können. Die (informatischen) Inhalte selbst liegen auf der Straße.
2. Wir brauchen eine neues Selbstverständnis, was das Charakteristische informatischer Problemlöse(arbeit) ist. Codieren – Programmieren / Konstruieren – Generieren mit Software-Entwicklungswerkzeugen.
3. Wir brauchen eine neue Orientierung über einen Werkzeugkasten von Instrumenten (Programmiersprachen, Tools, Entwicklungsumgebungen etc.) mit denen Schüler charakteristische informatische/informationstechnische/kommunikationstechnische Problemstellungen lösen lernen können.
4. Wir haben ein Problem, weil die hochbegabten Aktivisten der 70-er Jahre durch eigene berufliche Fortentwicklung hinein in organisatorische Bereiche – also weg vom Unterrichtsgeschehen und Einbindung in aktuelle Entwicklungen – nicht mehr in der Lage sind inhaltliche Anstöße zu geben, weil die notwendigen Detailkenntnisse und das Überblickswissen fehlt.
5. Die Universitäten entwickeln kein Bewußtsein Meisterstücke der Informatik (Perls of Programming, Turing Award lectures etc.) für die (eigene) Ausbildung didaktisch gut aufzubereiten oder das (informatische) Lebenswerk bedeutender Informatikpersönlichkeiten in einen roten Faden zu bringen, der Entwicklung und Sternstunden der Informatik verdeutlicht – andere Disziplinen wie z.B. die Physik engagieren sich da mehr.
6. Es fehlen in der Schule interessante Beispiele und Probleme mit lebensweltlichem Bezug. Die bisherigen Beispiele sind eher akademisch, Schüler finden die Beispiele uninteressant.
7. Die Schulinformatik selber muß sich als Kristallisationskeim für innerschulische Entwicklungen interdisziplinär und über Fächergrenzen hinaus begreifen, etablieren und in der Schule verankern.

Über alle diese Punkte hat es bisher gar keine Diskussion gegeben.

3 Hochschulen in einer Wissensgesellschaft von A. B. Cremers

Hochschulen, als Motoren für Innovationen in einer zukünftigen Wissensgesellschaft, tragen in hohem Maße Mitverantwortung bei der Ausgestaltung dieser neuen Informationstechnologien als Kulturtechniken auch über die Bereiche Forschung und Lehre hinaus. Diese Technologien beeinflussen nachhaltig die Forschungskultur an deutschen Hochschulen. So sorgen virtuelle Bibliotheken für eine breite und kostengünstige Verfügbarkeit von Wissen und verkürzen durch den schnellen Zugriff auf Informationen indirekt die Innovationszyklen. Groupware–Werkzeuge erleichtern das Verfassen gemeinsamer Publikationen über Hochschulen hinweg. Workshops und Konferenzen können einfacher vorbereitet und teilweise auch virtuell abgehalten werden.

Diese neue Forschungskultur muß ebenfalls Eingang in die Hochschullehre finden, da auch hier der Einsatz neuer Medien in der ein beträchtliches Verbesserungspotential bedeuten kann. Die meisten im Internet verfügbaren Bildungsinhalte beschränken sich heute noch auf multimedial angereicherte Hypertexte. Hierbei werden die Vorteile einer breiten Verfügbarkeit, einer einfachen Aktualisierbarkeit und vielfältiger Navigationsmöglichkeiten genutzt. Kaum berücksichtigt werden jedoch Interaktionsmöglichkeiten für Lerner mit dem System, die es ihnen erlauben, sich aktiv mit dem präsentierten Stoff auseinanderzusetzen und eine Selbstkontrolle des Lernerfolgs zu ermöglichen. Kommunikationsstrukturen, die kontextabhängige Interaktionen zwischen Lernern, Tutoren und Dozenten erlauben, und Werkzeuge, die eine flexible Steuerung der Strukturierung der Lerninhalte ermöglichen, sind in internetbasierte Bildungsangebote zu integrieren. Lernumgebungen, die diese Funktionalitäten umfassen und in die Kursmaterialien leicht eingestellt werden können, müssen entwickelt werden, um sich den jeweiligen Bildungssituationen flexibel anzupassen.

Der Prozeß der Konzeption, Implementierung und Validierung von multimedialen Lehr– und Lernsystemen im Internet ist nur interdisziplinär zu vollziehen. Der Informatik kommt bei dem Entwurf solcher Systeme eine besondere Bedeutung zu. Sie hat nicht nur zu beurteilen, ob Konzepte technisch umsetzbar sind und Sicherheitsaspekte ausreichend berücksichtigt werden. Die Informatik muß außerdem Rahmenkonzepte für die verschiedenen Bildungsbereichen liefern, die es Fachwissenschaftlern erlauben, die gewünschten Lerninhalte in einfacher Weise multimedial aufzubereiten und in komplexe Lernumgebungen zu integrieren. Die weltweite Vernetzung sorgt für eine Globalisierung auf dem gesamten Bildungssektor. Nur wenn sich die deutschen Hochschulen wieder stärker ihrer Führungsrolle bewußt werden und früh dem internationalen Wettbewerb stellen, werden sie sich auf den Märkten durchsetzen können. Gütekriterien für den Einsatz der neuen Informationstechnologien in Forschung und Lehre müssen von deutschen Hochschulen, unter Einbeziehung qualitätssichernder und qualitätssteigernder Maßnahmen, *gemeinsam* entwickelt und umgesetzt werden. Insbesondere kann eine schnelle, mit allen Beteiligten abgestimmte, Entwicklung von integrierten Lehrangeboten im Internet wesentlich zur Erhöhung der Attraktivität von deutschen Hochschulen für in- wie auch ausländische Studierende und damit zur Sicherung des Bildungsstandortes Deutschland beitragen.

4 Politik und Informatik–Fachkompetenz von M. Mai

Durch die wachsende politische und vor allem wirtschaftliche Bedeutung der Medien ist „Medienkompetenz“ nicht mehr nur eine Frage der klassischen Medienpädagogik, sondern auch eine Frage der Wirtschafts- und Strukturpolitik.

Solange die Medienwirtschaft (Fernsehen, Film, Telekommunikation, Software, Netzbetreiber, Dienstleister) als eine der innovativsten Wachstumsbranchen gilt, wird Medienkompetenz vorwiegend unter dem Gesichtspunkt der optimalen Anpassung an die technische Entwicklung gesehen werden. Bereits jetzt zeigt sich in einigen Bereichen der Medienwirtschaft, daß die fehlenden Qualifikationen zu einem Engpaß für das weitere Wachstum geworden sind.

Während die Wirtschaft in den Medien investiert, um am Wachstum dieser Branche teilzuhaben, setzen die Regierungen auf die Medien, weil sie sich einen Strukturwandel von der Industrie- zur Informationsgesellschaft versprechen. Staat und Wirtschaft haben also ein gemeinsames Interesse an der Förderung der Medienaus- und -weiterbildung.

Die verschiedenen Medienunternehmen sind eher an kurzfristig verfügbaren Humanressourcen interessiert, der Staat dagegen eher an langfristigen Strukturen der Qualifikationsentwicklung. Da Bildung ein klassisches Kollektivgut für die Wirtschaft ist, besteht nur ein geringer Anreiz für ein einzelnes Unternehmen, in die Ressource „Qualifikation“ zu investieren. Hinzu kommt, daß im Interesse einer schnellen Verwertbarkeit seitens der Unternehmen dem Aspekt der überbetrieblichen Qualifikationen zu wenig Beachtung geschenkt wird.

Dem Staat ist dagegen weniger an der unternehmensspezifischen Qualifizierung gelegen, als vielmehr an einer möglichst breiten Qualifikation, die auch in anderen Bereichen der Medien sinnvoll ist. Bei einer ausschließlich staatlich betriebenen Qualifikationsentwicklung besteht jedoch die Gefahr, daß die Inhalte der Medienaus- und -weiterbildung am Markt vorbei gehen. Eine vorausschauende Qualifikationsentwicklung muß daher in einer engen Kooperation zwischen Wirtschaft (einschließlich Verbände und privater Weiterbildungsanbieter) und Staat (Administration, Schulen, Hochschulen) bestehen.

Gerade in sich schnell entwickelnden Technologiebereichen ist es erforderlich, die üblichen Reaktionszeiten des Bildungswesens zu vermeiden. Zudem drohen immer kürzere Halbwertszeiten des einmal erlernten Wissens. Experten aus allen Bereichen der Medienwirtschaft sollten daher regelmäßig mit staatlichen Bildungsplanern über den qualitativen und quantitativen Bedarf sprechen und gegebenenfalls neue Ausbildungsgänge und entsprechende Institutionen schaffen.

Wichtig ist ein Konsens der Experten darüber, was eine längerfristige Basisqualifikation ist und welches eher schnellebige Wissensbestandteile sind. Erstere sollten in öffentlichen Schulen, Berufschulen und Hochschulen gelehrt werden; letztere sind eine Angelegenheit der eher in privatwirtschaftlicher Verantwortung betriebenen Fort- und Weiterbildung. Ideal wäre ein Weiterbildungsmarkt, der Bedarfe erkennt und durch ein passendes Angebot befriedigt. Die Erfahrung zeigt jedoch, daß die längerfristigen Aspekte und scheinbar weniger lukrativen Qualifikationsinhalte bei einer rein marktwirtschaftlichen (Selbst-)Regulierung des Weiterbildungsmarktes zu kurz kommen.

5 Flexiblere Bildungssysteme als Basis für Innovation und Wettbewerbsfähigkeit von G. Schlageter

Als Folge des gesellschaftlichen und wirtschaftlichen Wandels verändern sich die Anforderungen an die Bildungssysteme in gravierendem Maße:

- Der Bildungsbedarf wird zunehmend dynamischer, Bildungsbedarf entsteht mehr und mehr aus der beruflichen Situation heraus.
- Damit wird Bildung sehr viel mehr nachfrageorientiert (im Unterschied zum heutigen weitgehend angebotsorientierten System).
- Die Zielsetzungen der Bildungssuchenden sind weit abgestufter als die heutigen Angebotsstrukturen.
- Bildungsprozesse müssen sehr viel mehr als bisher in die Arbeitswelt integrierbar sein.
- Die Bildungssysteme stehen dem Phänomen gegenüber, daß Berufsbilder mehr und mehr ausdifferenziert werden, immer weniger in heutige „Studiengänge" und Fakultäten passen (fachübergreifende Berufsbilder usw.) sowie schnellen Entwicklungen unterworfen sind.

Diesen Anforderungen sind heutige Bildungssysteme (auf Universitätsebene) schon von der Konzeption her nicht gewachsen. Sowohl von der Struktur der Studienangebote her als auch in der Realisierung des praktischen Lehrbetriebs müssen teilweise radikal neue Wege gegangen werden. Beides wird auf internationaler Bühne intensiv diskutiert, Deutschland ist hier bislang eher zurückhaltend. Völlig unabhängig von der inhaltlichen Strukturierung der Bildungsangebote ist eines der Kernelemente zur Flexibilisierung die konsequente Nutzung neuer Medien (Informations- und Kommunikationstechnologie). Nur auf diesem Weg kann den Benutzern ein System geboten werden, in dem sie entsprechend ihrem individuellen Bedarf mit möglichst großer zeitlicher und räumlicher Unabhängigkeit Wissen erwerben können. Auf internationaler Ebene versuchen viele Universitäten, dieser veränderten Anforderungslage gerecht zu werden, insbesondere durch Nutzung der Kommunikation (Internet). Die mit den Netzen einhergehende globale Erreichbarkeit von Bildungssystemen führt zwangsläufig zu einem internationalen Wettbewerb im Bildungsbereich, wie er bisher unvorstellbar war. Deutschland spielt hier leider keine prominente Rolle. Dies ist bedauerlich:

1. Ein auf Innovation angewiesenes Land wie Deutschland braucht eine eigene starke Bildungsbasis. Diese ist jedoch gefährdet, wenn im Bildungswettbewerb ausländische Universitäten den Markt besetzen.
2. Der Bildungsbereich selbst ist ein sehr arbeitsplatzintensiver Bereich. Ein Spitzenplatz im aufkommenden globalben Bildungsmarkt ist daher schon unter wirtschaftlichen Gesichtspunkten von zentraler Bedeutung.

Die FernUniversität geht mit der Virtuellen Universität konsequent Richtung hochflexibles Bildungssystem, das praktisch vollkommene räumliche und zeitliche Unabhängigkeit bietet, dabei aber dennoch betreutes Lernen realisiert. Die pädagogischen und technischen Ansätze hierzu sind nicht auf das traditionelle Fernstudium beschränkt, sondern sind sofort für alle Universitäten nutzbar.

6 Point of View of IFIP Working Group 3.2 on University Education from T. J. van Weert

An important part of the work of IFIP Working Group 3.2 on University Education is devoted to development of a framework in which the discipline of informatics and the relationship of informatics with other disciplines is clarified.

The discipline of informatics may be defined as a merging of what traditionally (at least in the USA) is called computer science, computer engineering and information systems. But one often finds that it is also supposed to cover subjects indicated by acronyms such as IT and its more modern version CIT (Communication and Information Technologies). The number of studies and educational programmes in which informatics appears as a significant part, has rapidly grown all over the world. Moreover the spectrum by now is very broad, varying from generalized to more specialized contents, from theoretical to more applied programmes, and from monodisciplinary to multidisciplinary approaches. For informatics teachers and curriculum designers two important questions are: „How can we obtain and keep track of a systematic and 'objective' overview over this landscape in informatics education, nationally as well as internationally? Would it be useful to rationalize and redesign the informatics curricula, leading to less fragmentation and more communality?"

The relation between informatics and other disciplines at the higher education level is also confusing. All disciplines are undergoing profound changes because of informatics and its related Communication and Information Technologies, CIT. For those in such a discipline the question is: „What informatics do we need to offer a coherent curriculum which suits the needs of the actual information society with respect to specific disciplines?" For teachers and curriculum developers in informatics the main questions are: „What is relevant in informatics and CIT to provide to others? What informatics concepts, methods and techniques form the hard core needed in every other discipline?"

In the development of the framework the following issues play a role:

1. Informatics curriculum issues with the goal to get insight into the evolution of curricula of various kinds.
2. Levels of competence/paradigms/views with the goal to obtain a taxonomythat distinguishes between different perspectives on informatics subjects.
3. Informatics education for non–informatics majors with the goal to specify the informatics component in curricula of other disciplines.

Based on the software life–cycle competencies of an (application oriented) informatician can be derived. Each of these competencies can be pursued in a practical sense (applying the competencies) and in a theoretical sense (developing the theory behind these competencies). At the university these competencies may effectively be developed in action based, problem oriented learning.

7 Informatik verändert die Bildung von S. Schubert

Die Fähigkeit einen Informationsraum mit Informatiksystemen zu strukturieren und in solchen Strukturen zu navigieren, d.h. die gewünschte Informationsteilmenge mit vertretbarem Aufwand zu ermitteln, gehört zur Allgemeinbildung in der Informationsgesellschaft, auf die jeder Schulabsolvent angewiesen ist.

Die Bewertung von Informationen und Informationsquellen und die persönliche Verantwortung für die Präsentation eigener Dokumente erhält mit den Möglichkeiten des elektronischen Publizierens in weltweiten Netzen eine neue Anforderungsdimension durch den enorm erweiterten Aktionsradius. Als Kriterium der Vertrauenswürdigkeit reicht das Kennen der Kommunikationspartner nicht mehr aus. Die Informatik stellt wissenschaftliche Kriterien dafür bereit.

Die erforderliche Handlungs– und Beurteilungskompetenz wird erreicht, wenn die Wirkprinzipien moderner Informatiksysteme in der Schule transparent werden. Architekturen, Basismechansismen (z.B. Protokolle) und Sprachen der Informatik bilden den Unterrichtsgegenstand dafür. Im Rahmen eines Pflichtfaches Informatik in der Sekundarstufe I kann solches Tiefenwissen (im Gegensatz zum Oberflächenwissen der naiven Benutzung) systematisch entwickelt werden.

Die Informatik fördert interdisziplinäre Denk– und Arbeitsweisen, indem sie Lösungsmethoden und –werkzeuge für andere Disziplinen bereitstellt. Für solche fächerübergreifenden Projekte bildet das Intranet einer Schule ein wichtiges Medium zur Kooperation, Kommunikation und Ergebnispräsentation. Lehrende benötigen Freiräume für den Erwerb der eigenen Informatik–Fachkompetenz und die Gestaltung von Lehrkonzepten und –materialien.

Die notwendige Ausstattung und Wartung der Informations– und Kommunikationssysteme (IuK–Systeme) moderner Schulen erfordert eine generelle Klärung der personellen und finanziellen Unterstützung. Verbindliche Ausstattungsstandards sind zu definieren und zu kontrollieren. Das pädagogisches Personal ist mit Fachpersonal der Informatik zu verstärken.

Für ein Internetstudium werden seit 1995 an der TU Chemnitz–Zwickau neue Bildungsmodelle und –werkzeugen entwickelt und erfolgreich angewandt. Dozenten, Tutoren und 356 Lerner nutzten bisher diese speziellen IuK–Systeme zur Verbindung der Vorteile eines Präsenz– mit einem Fernstudium. Für die Einführung in den neuen Stoff, das Unterrichtsgespräch, die Übung zur Festigung und Vertiefung, das Praktikum mit selbständigen Experimenten, die Leistungskontrolle und den Erfahrungsaustausch liegt ein Gesamtkonzept vor. Damit leistet die Informatik einen Forschungsbeitrag, der sowohl für die Hochschuldidaktik als auch für die Allgemeinbildung interessante Perspektiven eröffnet.

Es besteht ein Aufklärungsbedarf zur Telematikanwendung in die Lehre. Bekannt ist der hohe Entwicklungaufwand des elektronischen Lehrmaterials vom Design bis zur Programmierung. Die persönliche Betreuung der Lerner dagegen wird stark unterschätzt. Wenn Kleingruppen (zehn Lerner und ein Tutor) über das Internet kommunizieren, reichen die geplanten vier Semesterwochenstunden häufig nicht aus. Die Bereitschaft fachliche Fragen zu stellen und an Problemdiskussionen aktiv teilzunehmen, ist deutlich höher als in traditionellen Lehrveranstaltungen.

8 Thesen zur Informatikausbildung an Fachhochschulen

vonWerner Burhenne

Vorbemerkung: Unter dem Oberbegriff „Informatik an Fachhochschulen" werden die Studiengänge (Allgemeine) Informatik, Wirtschaftsinformatik und Technische Informatik zusammengefaßt.

Der **Istzustand** der Fachhochschulstudiengänge Informatik ist geprägt durch Praxisbezug, anwendungsorientierte Forschung / Anwendungskompetenz, Lehrveranstaltungen in kleinen Gruppen, dialogischen Unterricht / Projektunterricht, Internationale Kooperationen und kurze Studienzeiten.

Die **Weiterentwicklung** ist im Wesentlichen gekennzeichnet durch folgende Entwicklungsfaktoren mit den jeweiligen daraus abzuleitenden Konsequenzen,

- *Internationalisierung:*
  Einführung von Bachelor- und Masterstudiengängen an Fachhochschulen, verstärkte Förderung von Studienaufenthalten im Ausland, Vermittlung von umfassender Sprachkompetenz;
- *angewandte Forschung:*
  Schaffung von Mittelbau-Assistenten, Einführung einer Postgraduierung mit entsprechendem Abschluß, Erhöhung des wissenschaftlich orientierten Selbststudiums;
- *Weiterbildung:*
  Angebote aus dem Grundlagenbereich für Fachfremde, Zusatzausbildung für Berufstätige, deren Ausbildungszeit einige Jahre zurückliegt, Weiterbildung zur Postgraduierung, Aufbaustudiengänge, Lehrangebote für Firmengründungen usw.;
- *außerfachliche Kompetenzen:*
  Lehrveranstaltungen zur Vermittlung von juristischen und ökonomischen Kompetenzen, Projektstudium und andere spezielle Lehrformen zur Verstärkung von sozialen und kommunikativen Kompetenzen, Erfahrung von Wertungskompetenz durch Lehrveranstaltungen aus dem Bereich Informatik und Gesellschaft.

Langfristig kann die Entwicklung von Informatik-Studiengängen an Universitäten und Fachhochschulenzu einer Konvergenz führen: Die Fachhochschulen werden sich den Universitäten insofern annähern, als - auch im Zusammenhang mit der Einführung gestufter Abschlüsse - mehr selbständiges Arbeiten und eine wissenschaftliche Fundierung erwünscht ist. Die Studierenden an den Fachhochschulen müssen verstärkt zum „verantwortlichen Studieren" erzogen werden. In vielen FH-Studiengängen herrscht noch eine zu große Verschulung vor; mehr eigenverantwortliches Studieren - z.B. durch durch größere Berücksichtigung des Literaturstudiums - wird zumindest für das Hauptstudium unumgänglich sein.

Die Universitäten nähern sich den Fachhochschulen ebenfalls an: In vielen universitären Informatik-Studiengängen wird derzeit der Praxisanteil wesentlich erhöht, abgestufte Abschlüsse werden diesen Aspekt noch verstärken. Es entwickeln sich neue anwendungsorientierte Studiengänge, die dem achtsemestrigen Informatik-Studium an einer Fachhochschule sehr ähnlich sind.

DFG Sonderforschungsbereiche und Schwerpunktprogramme

Deduction as a Cross-Sectional Technology The DFG Focus Programme on Deduction

Wolfgang Bibel

TU Darmstadt

Abstract. This paper outlines the major research issues pursued in the DFG Focus Programme on Deduction, highlights some of the results achieved and points out the relevance of deduction as a cross-sectional technology[1].

1 Introduction

On Tuesday, December 10, 1996, readers of the *New York Times* found on the front page an unusual bit of news: The mathematical conjecture that every Robbins algebra is a Boolean algebra had been proven by a machine. The thus established theorem was first conjectured some 60 years ago by Robbins (and, for instance, pointed out on p. 245 of the book [HMT71] as an open problem). It would not by itself have attracted the interest of the general public. The excitement rather is due to the fact that here is an interesting and truly hard mathematical problem which for 60 years withstood all attempts of noted mathematicians to solve it and which was finally cracked by an artificial intelligence or, more precisely, by the combined effort of two theorem proving programs, EQP and Otter, both developed at the Argonne National Laboratories [McC96]. More recently another victory of machine over human in the chess match of Garry Kasparov vs Deep Blue, also given extensive coverage in the *New York Times*, stirred again the public imagination of computers performing intelligent tasks that have hitherto been considered the domain of humans. Leaving aside the hype of the media, events like these indicate the growing maturity of AI in general and of deductive techniques in particular.

Research in the area of automated deduction in Germany has greatly been promoted during the past five years by a nation-wide focus programme, or Schwerpunktprogramm (SPP), of the Deutsche Forschungsgemeinschaft (DFG), the SPP Deduktion. From 1992 till 1998 numerous individual projects of varying durations (more than 25 at any given time) have been carried out at various locations in Germany, with the first among the authors of this paper acting as coordinator.

It is the purpose of this paper to point out the potential of deduction for information technology, outline major research topics of current interest and

[1] For a more complete survey of the Focus Programme we refer to the URL `http://www.uni-koblenz.de/ag-ki/Deduktion/`

pursued in the SPP Deduktion, highlight some special results achieved in it so far, and conclude with remarks on the experiences made. It should be emphasized that this paper is not, and cannot be, a comprehensive summary of the research carried out in the SPP Deduktion. We apologize to all our colleagues whose research could not be mentioned explicitly here. This does not reflect a disregard of their achievements but simply results from lack of space.

2 The relevance of deduction

Engineering in a very broad sense may be defined as a problem solving activity. Based on knowledge of various kinds (from the problem as well as the engineering domain) engineers generally work out *functional* solutions eventually cast in mechanical or electronic devices, in organizational structures or in software. For describing the functional solutions (prior to their realization) numerous specialized functional languages (including of course graphical ones) have been created. Support for all activities on the level of the problem solving process, however, is currently supported only by very limited devices for taking notes (in one of those languages) and for modeling the solution as it evolves. The process itself up to this day takes place exclusively in the minds of the engineers. There is a growing need for advancing this state-of-the-art and actively involve systems in the problem solving process itself, for three major reasons: quantity, complexity, quality.

The increase in the use of technological artifacts is exponential. Just think of the unprecedented quantities of software created. The pressure increases at a rapid pace to speed-up the time-consuming engineering process. For instance, why develop the functional solutions for two problems independently, if they happen to be so similar that more or less the same problem solving process applies. In other words we need to use formal methods also on the problem solving level so that, for instance, the problem solving process can be adapted to slight changes in the problems to be solved.

As for complexity, take a car as an example. It used to be a mechanical device with a separate small electrical subsystem. Now it is a device full of integrated electronics. Like cars any modern device typically uses a variety of technologies in an integrated way while the functional languages remain specialized for each separate technology. In order to cope with the increasing complexity different specialized tools need to be combined which involves kind of an interpretation taking place at the problem solving level.

Finally, with the increasing reliance on the functioning of technological devices their quality is more and more of crucial, often even safety-critical importance. Again, the formal quality control of any solution must take place on the problem solving level since it involves the problem description and the solution constraints.

In summary, quantity, complexity, and quality requirements of modern technology have created the urgent need for formal methods on the problem solving level [CW96]. Such methods transcend the functional engineering technology in current use. Rather they are intrinsically of a *logical* nature. *Deduction is the unrivaled technique to model such logical processes.* In consequence, deduction is a fundamental technology without which the needs of modern engineering in the widest sense will not be realizable. It is not the only technology needed for this purpose (knowledge acquisition and representation are others), but an indispensable one. Deduction is of a purely structural nature and thus completely application independent. Once we command the deductive technology it can be used in any application or context, just like human reasoning can universally be used. Deduction is thus a cross-sectional technology par excellence.

It is for reasons of the kind just explained that the senate of the DFG in 1991 decided to fund the SPP Deduktion as a basic research programme which focussed on issues to be explained next.

3 Research issues

The roots of the formal study of logical reasoning can be traced back far into the history of science, and to the present day it is an important subject in classical disciplines such as mathematical logic, philosophy and linguistics. We shall here be concerned only with the more recent development of automating logical deduction in a subfield of Artificial Intelligence (and Computer Science), known as Automated Deduction (AD).

As we have argued in the previous section AD provides a fundamental technology of fundamental importance for engineering in a wide sense. The problem is that deduction is a truly hard subject. From complexity theory we know that most major issues in AD are NP-hard. In other words, there is no easy functional solution in terms of some algorithms which combined will do the job needed in all cases. This does *not at all* mean that the problem is hopeless (as many computer scientists used to conclude in the past). It rather means that we have to *eliminate as much redundancy from the search processes involved by taking advantage of all the knowledge available* at any crosspoint in the search space. Progress in this challenging endeavor is continuous but slow due to the complexity of the problem. Spectacular successes such as those mentioned in the introduction indicate that we seem to be on the right track.

What we just vaguely denoted as "eliminating redundancy" breaks down into a number of major research issues which have been pursued vigorously in the SPP Deduktion. It is the purpose of the current section to outline these issues in some detail with a few pointers to selected projects.

Automated proof systems, or *automated theorem provers*, lie at the heart of deduction. It was felt at the beginning of the programme that sufficient theoretical knowledge has been accumulated which, if implemented into such a system, would demonstrate truly impressive results. Therefore the development of several proof systems, such as SETHEO [MIL+97], SPASS [Wei97], KoMeT [BBER94b,BBER94a], PROTEIN [BF94], $_3T^AP$ [BHOS96], DISCOUNT [DFF97], has been one of the main activities in the SPP Deduktion. In a nutshell they feature more efficient calculi, better strategies to avoid redundancy, more sophisticated search heuristics, and faster implementations. This includes better representation techniques, procedures for the efficient storage of and access to large amounts of logical data, transformations between different normal forms, and (the combination of) theory unification algorithms. Among the developed systems SETHEO stands out as winner of the international competition at CADE-96 for which reason it is discussed in Section 4.1 in more detail.

Deduction for Software Engineering. The design and implementation of reliable software is one of the major applications of deduction, usually in a computer assisted mode. For example, in the early phases of the software development process, logic can be used to formulate requirements and design specifications as well as safety and security models. Intended properties can be proven before any line of code is written. Typical software engineering activities like specification validation, checking safety properties are best treated as deductive problems. Later on in the development process, the correctness of programs with respect to their specifications can formally be established by computer assisted proofs. All these are instances of the activities on the problem solving level described in abstraction in the previous section.

In the SPP Deduktion there are a number of interactive systems supporting deduction for reliable software: KIV [Rei95], Isabelle [Pau94], MINLOG [Ber97], TYPELAB [vHLS97]. These systems cover a broad variety of specification languages and logics (algebraic specifications, dynamic logic, abstract state machines, higher-order logic, partial higher-order functionals and type theory). In Section 4.2 we will report on an application with KIV as a highlight among these activities. Particular aspects of deduction in software engineering are automated termination proofs [AG97] and the ability of systems to reuse earlier proofs for similar deduction problems (KIV [RS93] and PLAGIATOR [KW95]). However, deduction not only applies to the verification of particular software systems or designs, but also, for example, to the semantic analysis and compilation of modern programming languages. Isabelle/HOL is used to investigate this topic. NORA/Hammr [FKS95] is a tool for deductive retrieval of formally specified software components.

Combined systems. Theorem proving programs range from general purpose interactive systems to fully automated specialized systems. Different types of calculi exist according to the position within this scale and depending on the applications aimed at. Often competing approaches are pursued around the same range within this spectrum. This has led to the combination of successful features from different calculi [Wei97,BS95] as of systems themselves. Of particular interest is the combination of interactive with automated provers offering increased potentials for both, eg. $_3T^AP$ has been integrated into KIV, Isabelle combined with SETHEO and KoMeT with NuPRL [BKKS96].

Among combinational activities the ILF system is unique in that it offers a unified environment for using different, heterogeneous theorem provers simultaneously in a local network. At the time of writing the provers DISCOUNT, SETHEO, SPASS and KoMeT are available within ILF. Further additions are under way including the OTTER prover. Via a comfortable graphical user interface

ILF provides a proof management module, called PROOFPAD, which allows the user to control the construction of a complete proof without knowledge of the special calculi employed by the different provers. The structure of formulas and proofs can be visualized by the TREEVIEWER. As a very particular feature ILF offers tools for the analysis of completed proofs and their presentation in *natural language*. Computer generated proof protocols, which are hard to understand by the human mind, are structured, condensed and cast into natural language text using a library of given phrase patterns. The ILF system itself has been applied to solve problems in processor verification, and in the verification of a Z-specification of the alternating bit protocol.

It is the goal of the (Polish/international) MIZAR project to collect the whole mathematical knowledge in computer readable form with formally verified proofs [Miz]. MIZAR supplies only a proof checker, so that all proofs submitted to the collection have to be provided by the authors at the lowest level of detail. Successful experiments have been conducted to hook up the ILF system to MIZAR in order to enhance the collection process and ease the requirements on the suppliers.

Parallel and cooperative theorem proving. The distinctive new feature of the DISCOUNT equational theorem prover [DFF97] is the idea of a teamwork: several *experts*, ie. particularly parameterized provers, work simultaneously on (parts of) the same problem. After a certain period of time a meeting of these experts is called. The performance of each expert is evaluated by a *referee* on the basis of objective criteria. Another module, called *supervisor*, now decides which experts will participate in the next working period, which of those will work on which part, and when the next team meeting is to be called. The benefits of the teamwork approach derives from its synergetic effects. Proofs can be found that are beyond the capabilities of each individual expert even when allowed more time.

The theorem proving system PAREDUX [BGK96] employs the method of term rewriting enhanced by a dedicated module to handle associative-commutative writing, a frequently occurring special case. The particular feature of PAREDUX is its implementation on shared memory parallel multiprocessor workstations using VS-THREADS and DTS. The PAREDUX prover has been successfully used to verify a small microprocessor used for teaching purposes. Small in this context means that about 350 term rewriting rules were required to describe it. In the meantime the group is attacking the verification of industrial circuits with 350.000 to 3.500.000 rules.

Another innovative approach aims at exploiting parallelism in a massive way in analogy with the massive parallelism in the brain. One of the impressive results of this research has been a proof that a class of psychologically determined problems which are solved spontaneously by humans must be handled in a parallel way in order to achieve the same performance by machine. A connectionist system, called CHCL [BHK95], has been implemented which can reason "spontaneously" on problems of this class.

Theory reasoning and Special Systems While logic in principle is universal, logical systems can of course be specialized to particular theories. We mention the PROTEIN [BF94], as an example of a theorem prover explicitly designed for theory reasoning. The foreground reasoner of PROTEIN uses a model elimination calculus and incorporates features from logic programming and constraint solving. As an intriguing application the rules of a bank for calculating their fees depending on the type of business and personal criteria of the customer have been analyzed for completeness (do the rules cover every possible case) and indeterminism (is it possible to derive two different fees for the same case) [ST96].

SPASS [Wei97] is a fully automated theorem prover for sorted first-order logic with equality. The sort theory is not separated from the problem clauses, but automatically and dynamically extracted. Sort theories are restricted to monadic Horn clauses so that sorted unification is decidable. The test for well-sortedness has even polynomial time complexity. SPASS uses the superposition calculus which combines features from term rewriting and hyper-resolution. Particular emphasis has been put on redundancy detection. The power of the SPASS system was convincingly demonstrated at the systems' competition during CADE-96, where it scored first in the category "open".

Logic often is deemed too low-level a language. In fact it is a wide-spectrum language which also allows conceptual reasoning on the highest possible level. Proof planning as described in [HKK+96] models the human approach to mathematics in a closer way than the low level systems described so far.

4 Two Selected Highlights

For reasons of space only two of the highlights of the SPP Deduktion can be discussed in more detail. We felt that the overall winner in the CADE-96 competition and a major application to program verification deserve a special treatment given in this section.

4.1 High Performance Automated Theorem Proving

While a saturation based system like OTTER, DISCOUNT, or SPASS typically searches *forwardly* from the axioms to the theorem, SETHEO [MIL+97] searches *backwardly* by decomposing the theorem into subproblems (*subgoals*) until the axioms can be reached, similar to the manner subgoals are processed in PROLOG. This *goal-oriented* methodology seems superior to *saturation-based* approaches when the set of axioms is highly redundant with respect to the theorem, ie., if only a subset of the axioms is needed for proving the theorem. The goal-oriented methodology, however, requires the handling of more complex logical structures (so-called *connection tableaux*) and more complicated methods for redundancy elimination than in the saturation approach.

There exists a wealth of such redundancy elimination methods. A large number of them has been prototypically implemented in the connection method prover KoMeT in order to experimentally evaluate their potential for redundancy elimination. Only the most promising techniques were integrated into the system SETHEO which is aimed at high efficiency and implemented in C. Most of the search pruning methods could be realized by means of *constraint technology* which was developed in the field of logic programming and permits a highly efficient implementation of the pruning methods.

As already mentioned, SETHEO was the winner of a worldwide competition among existing high-performance theorem provers which took place at CADE-96. The test problems were selected from the TPTP problem library [SSY94], which is a documented collection of thousands of problems that have been attacked by automated deduction systems over the last decades. This collection was developed during the SPP Deduktion in order to place the evaluation of theorem provers on a firm footing and provides a valuable means for measuring the advance of research in the field. The success of SETHEO cannot be attributed to one specific feature, but rather to the synergetic interaction of different techniques. This shows that in order to design a generally successful theorem prover, *one* ingenious idea is not sufficient. Rather, beyond ideas, the *engineering* aspect is becoming more and more important in AD.

As an example of such a synergetic effect, we want to address here the problem of integrating the theory of equality, a theory which is essential in almost all application domains. A weakness of calculi of the goal-oriented type is that their typical treatment of equality is very naive, in that simply the congruence axioms of equality are added to the axiom set. The most successful methods for treating equality, however, are based on *ordered paramodulation* [BGLS95] which was developed in the framework of saturation-based theorem proving and which is not compatible with the goal-directed approach. Only the much weaker variant of *lazy* paramodulation can be used in goal-directed theorem provers. A similar method of equality handling, *Brand's modification method*, was already developed in the mid-seventies, but it proved to be inferior to the naive axiomatic approach when used in standard goal-oriented theorem provers. The same holds for lazy paramodulation. SETHEO, however, uses the new method of *subgoal alternation* [IL97] which generalizes the standard PROLOG-type form of subgoal processing. If combined with it, lazy paramodulation and Brand's modification method perform much better than the axiomatic method of equality handling, and one can give theoretical explanations for this behaviour. The lesson in this late rehabilitation of Brand's method is that even if a single new technique does not do the trick, it may still be crucial for success as one of several suitably combined mechanisms, a lesson which should be noted more often in AD.

Apart from the large application case study described subsequently, a number of less time-consuming applications of automated provers have been carried out in the programme. We briefly mention three applications in which the system SETHEO was involved.

- Verification of a sliding window protocol formulated in the specification language FOCUS;
- verification of authentication protocols formulated in the BAN logic;

– verification of pre- and postconditions of specifications of software components, used for the retrieval of components from software libraries (here SETHEO was used as a subsystem of NORA/Hammr).

The résumé from these case studies is that automated theorem provers seem to have reached a state of maturity for use in "realistic" applications, provided an efficient handling of sorts, equality and other theories, and their interaction are incorporated in the prover.

4.2 Interactive Theorem Proving in Software Verification

Here we report on the largest case study performed in the SPP Deduktion. The aim was to demonstrate that the available deduction tools have matured to attack complex and realistic applications.

A good candidate application is the verification of a programming language compiler. There is a large number of small and medium-sized experiments of this kind described in the literature. Two very impressive studies are the VLISP project for the functional language Scheme [GRW95] and CLInc's compiler for the imperative language Gypsy [Moo88,You88]. VLISP was a 10 person year project including a pencil-and-paper proof for compiler correctness, whereas CLInc's compiler was completely machine-checked with NQTHM in 1–2 person years.

For our case study we have chosen the language Prolog with the aim to give the first machine-checked correctness proof for a translation into code of the Warren Abstract Machine (WAM). The translation was already described in [BR95], where an operational Prolog semantics (an "interpreter") is defined using the formalism of Gurevich Abstract State Machines (ASM). This ASM is then refined in altogether 12 systematic steps to an ASM which executes assembler code of the WAM. Each refinement step introduces orthogonal concepts of the WAM and is accompanied with an informal analysis of correctness. The modular design of the translation allows to split the verification into 12 separate interpreter equivalence proofs. The task in the SPP Deduktion was to formalize the 13 interpreters and to verify the 12 refinement steps. This Prolog-to-WAM case study was tackled by two groups using the systems KIV [RSS95] and Isabelle [Pau94], resp.

Isabelle is a generic theorem prover. New logics are introduced by specifying their syntax and rules of inference. Isabelle has been instantiated with a variety of logics, most frequently used are formalizations of Zermelo-Fraenkel set theory and higher-order logic. Proof procedures can be expressed using tactics and tacticals. Isabelle achieves a high degree of automation by providing a generic simplifier (realized by rewriting) and a generic package that supports classical reasoning in first-order logic, set theory etc.

KIV is an advanced tool for engineering safety critical software systems. It supports the hierarchical formal specification of software and system designs, and allows to prove properties of specifications like safety or security models. The correctness of an implementation can be proved in a modular manner. An interesting feature of KIV is the tight coupling of error detection, error correction and the reuse of proofs and proof attempts, which allows incremental verification. KIV has been used in a number of industrial pilot applications. Due to space limitations we concentrate on the work in KIV because it covers a larger fraction of the Prolog-to-WAM case study and refer to [Pus96] concerning the Isabelle experiments.

In KIV the aim was to keep as close as possible to the ASM formulation from [BR95]. For this purpose a general translation of sequential Abstract State Machines to Dynamic Logic was defined [SA97] (for ASMs in KIV see also [Sch95]). Verification of refinements requires a proof that two interpreters (ASMs) run through "similar" states although their computations are based on different (uncompiled and compiled) datastructures. The similarity relation between states is expressed as a formula called "coupling invariant". The equivalence proofs show that the coupling invariant is preserved during runs of the two interpreters. Up to now, 6 refinement steps have been verified, and it is planned to complete the remaining ones. The verified refinements include optimization steps such as moving from Prolog search trees to stacks of choicepoints as well as compilation steps, which introduce various WAM instructions.

Formal verification in KIV revealed that the proof sketches given in [BR95] hide a lot of implicit assumptions. These assumptions had to be uncovered by defining suitable coupling invariants. As it turned out, the coupling invariants are far too complex to be stated correctly in a first attempt (they often cover several pages). The incremental development of a correct version takes much more time than the verification of the correct solution. Therefore, besides the pure power of the theorem prover, the elaborated support offered by KIV to analyze failed proof attempts and to reuse them in new ones ("proof engineering support") was very helpful. One side effect of this case study was the development of a particular proof technique for invariant preservation that applies to complicated situations, where m steps of one interpreter correspond to n steps of the other. Furthermore the practical experiences during this case study led to a number of important improvements to KIV [RSS19].

Altogether the verification effort for 6 refinement steps was 6 person months. During verification an unintended indeterminism in one of the ASMs had to be removed and several minor errors were found (see [SA97]). These results indicate that realistic applications in software verification are feasible with KIV and Isabelle. The performance figures are quite satisfactory. So far this case study was done using interactive theorem proving only. We expect that the performance figures can still be improved by exploiting the combination of automated and interactive theorem proving mentioned in Section 3. First experiments with KIV and $_3T^AP$ look quite promising.

5 Concluding remarks

The SPP Deduktion has enhanced the level of quality of research in deduction in Germany in an unprecedented way which can be seen from statistics of German contributions in international journals and conference proceedings. For instance, while at the leading international conference in deduction, CADE, in 1980 there was just one author from Germany among the accepted papers (compared to 53% from the US), in 1996 there were 43 authors, or 38% (compared to 27% from the US). An enormous wealth of new knowledge has been compiled through the research done within this programme. For this reason the participants are currently preparing three volumes to be published by Kluwer next year. It is planned to present this publication at the next CADE which coincidentally will take place in Lindau in July 1998.

From these facts we can conclude that it indeed matters in a significant way if an important area such as deduction is funded in a special way as done in Germany in the recent years under this programme. All the participants of the SPP Deduktion as well as the international deduction community at large acknowledges the support by the DFG. A critical issue will now be the transfer of the accumulated expertise into industrial applications. In retrospect there is the following second issue of concern.

The programme has been conducted in a bottom-up way with no project leader (other than the project description). The only control was done through the funding decisions made by a committee of referees (mainly from outside the area) which, like any such committee [Eco97], occasionally tended to ignore hard data manifesting the scientific competence and rather opted for its own preferences by questioning the relevance of some research in a biased way. How else could it have happened that at least two of the internationally most visible German research groups in AD are no more involved in the programme. The coordinator therefore feels that it would be worthwhile to rethink the responsibilities of coordinators of SPPs as well as the mechanisms which guarantee the fair application of the internationally accepted criteria: scientific competence, proposed methodology, and relevance of the research.

Acknowledgments. The paper was actually written in cooperation with four authors. Three of them, R. Letz, W. Reif and P. Schmitt, unfortunately withdraw as authors for disagreement about the last paragraph of the paper. Their contributions are thankfully acknowledged.

References

[AG97] T. Arts and J. Giesl. Automatically proving termination where simplification orderings fail. In *Proc. TAPSOFT'97*, vol. 1214 of *LNCS*. Springer, 1997.

[BBER94a] W. Bibel, S. Brüning, U. Egly, and T. Rath. KoMeT. In A. Bundy, editor, *Proc. of the Int. Conference on Automated Deduction, CADE-12*, vol. 814 of *LNAI*, pages 783–787, Springer, 1994.

[BBER94b] W. Bibel, S. Brüning, U. Egly, and T. Rath. Towards an adequate Theorem Prover Based on the Connection Method. In I. Plander, editor, *Proc. of the 6th Int. Conference on Artificial Intelligence and Information-Control of Robots*, pages 137–148. World Scientific Publishing Company, 1994.

[Ber97] U. Berger. Program extraction from normalization proofs. In *Proc. of TLCA'93, Utrecht*, 1997.

[BF94] P. Baumgartner and U. Furbach. PROTEIN: A *PRO*ver with a *T*heory *E*xtension *I*nterface. In A. Bundy, editor, *Proc. of the Int. Conference on Automated Deduction, CADE-12*, vol. 814 of *LNAI*, pages 769–773, Springer, 1994. Available in the WWW, URL: `http://www.uni-koblenz.de/ag-ki/Systems/PROTEIN/`.

[BGK96] R. Bündgen, M. Göbel, and W. Küchlin. Strategy compliant multi-threaded term completion. *Journal of Symbolic Computation*, 21(4–6):475–505, 1996.

[BGLS95] L. Bachmair, H. Ganzinger, C. Lynch, W. Snyder. Basic Paramodulation. *Information and Computation*, 121(2):172–192, 1995.

[BHK95] A. Beringer, S. Hölldobler, and F. Kurfeß. Spatial Reasoning and Connectionist Inference. In R. Bajcsy, editor, *Proc. of the Int. Joint Conference on Artificial Intelligence, IJAI-95*, pages 1352–1357. IJCAII, Morgan Kaufmann, San Mateo, 1995.

[BHOS96] B. Beckert, R. Hähnle, P. Oel, and M. Sulzmann. The tableau-based theorem prover $_3T^AP$, version 4.0. In M. McRobbie and J. Slaney, editors, *Proc. of the Int. Conference on Automated Deduction, CADE-13*, vol. 1104, pages 303–307, 1996.

[BKKS96] W. Bibel, D. Korn, C. Kreitz, and S. Schmitt. Problem-oriented applications of automated theorem proving. In L. Carlucci Aiello, editor, *Proc. of the Int. Symposium on Design and Implementation of Symbolic Computation Systems (DISCO'96)*, vol. 1128 of *LNCS*, pages 1–21, Springer, 1996.

[BR95] E. Börger and D. Rosenzweig. The WAM—definition and compiler correctness. In C. Beierle and L. Plümer, editors, *Logic Programming: Formal Methods and Practical Applications*, vol. 11 of *Studies in Computer Science and Artificial Intelligence*, Amsterdam, 1995. North-Holland.

[BS95] F. Baader and K.U. Schulz. Combination Techniques and Decision Problems for Disunification. *Theoretical Computer Science B*, 142:229–255, 1995.

[CW96] E. M. Clarke and J. M. Wing. Formal methods: State of the art and future directions. *ACM Computing Surveys*, 28(4):626–643, Dec. 1996.

[DFF97] J. Denzinger, Marc Fuchs, and Matthias Fuchs. High performance ATP systems by combination of several AI methods. In *Proc. of IJCAI'97*, to appear, 1997.

[Eco97] The Economist. Peer review: Shameful, 1997.

[FKS95] B. Fischer, M. Kievernagel, and G. Snelting. Deduction-based software component retrieval. In *Proc. IJCAI-95 Workshop on Formal Approaches to the Reuse of Plans, Proofs, and Programs*, August 1995.

[GRW95] J. Guttman, J. Ramsdell, and M. Wand. Vlisp: A verified implementation of SCHEME. *Lisp and Symbolic Computation*, 8:5–3, 1995.

[HKK$^+$96] X. Huang, M. Kerber, M. Kohlhase, E. Melis, D. Nesmith, J. Richts, and J. Siekmann. Die Beweisentwicklungsumgebung Ω-MKRP. *Informatik – Forschung und Entwicklung*, 11(1):20–26, 1996. in German.

[HMT71] L. Henkin, T. Monk, and A. Tarski. *Cylindrical Algebras, Part I.* North Holland Publ. Co, 1971.

[Hod95] I. Hodkinson. Expressive Completeness of UNTIL and SINCE over Dedekind Complete Linear Time. In *Modal Logic and Process Algebra. A Bisimulation Perspective*, pages 171–185. SCLI Publications, 1995.

[IL97] O. Ibens and R. Letz. Subgoal Alternation in Model Elimination. In D. Galmiche, editor, *Automated Reasoning with Analytic Tableaux and Related Methods*, vol. 1227 of *LNAI*, pages 201–215, 1997.

[KW95] T. Kolbe and C. Walther. Second-order matching modulo evaluation — a technique for reusing proofs. In *Proc. of the 14th Int. Joint Conference on Artificial Intelligence*, Montreal, Canada, 1995.

[McC96] W. McCune. Robbins algebras are boolean. *Association for Automated Reasoning Newsletter*, 35:1–3, 1996.

[MIL+97] M. Moser, O. Ibens, R. Letz, J. Steinbach, C. Goller, J. Schumann, and K. Mayr. SETHEO and E-SETHEO. *Jour. of Automated Reasoning*, 1997.

[Miz] The Project Mizar. URL: http://www.cs.ualberta.ca/ piotr/Mizar/.

[Moo88] J. Moore. Piton: A verified assembly level language. Technical report 22, Computational Logic Inc., available at the URL: http://www.cli.com, 1988.

[Pau94] L. C. Paulson. *Isabelle: A Generic Theorem Prover.* Springer, 1994.

[Pus96] C. Pusch. Verification of compiler correctness for the WAM. In *Proc. of the 1996 Int. Conference on Theorem Proving in Higher Order Logics*, LNCS. Springer, 1996.

[Rei95] W. Reif. The KIV-approach to software verification. In M. Broy and S. Jähnichen, editors, *KORSO: Methods, Languages, and Tools for the Construction of Correct Software - Final Report*, vol. 1009 of *LNCS*. Springer, 1995.

[RS93] W. Reif and K. Stenzel. Reuse of proofs in software verification. In R. Shyamasundar, editor, *Foundation of Software Technology and Theoretical Computer Science. Proceedings*, vol. 761 of *LNCS*. Springer, 1993.

[RSS19] W. Reif, G. Schellhorn, and K. Stenzel. Proving system correctness with KIV 3.0. In *Proc. of the Int. Conference on Automated Deduction, CADE-14*, to appear. Springer, 1997.

[RSS95] W. Reif, G. Schellhorn, and K. Stenzel. Interactive correctness proofs for software modules using kiv. In *Tenth Annual Conference on Computer Assurance*, Gaithersburg (MD), USA, 1995. IEEE press.

[SA97] G. Schellhorn and W. Ahrendt. Reasoning about Abstract State Machines: The WAM Case Study. *Jour. of Universal Computer Science (JUCS)*, 3(4):377–413, 1997.

[Sch95] A. Schönegge. Extending dynamic logic for reasoning about evolving algebras. Technical Report 49/95, Fakultät für Informatik, Universität Karlsruhe, 76128 Karlsruhe, Germany, 1995.

[SSY94] G. Sutcliffe, C.B. Suttner, and T. Yemenis. The TPTP problem library. In A. Bundy, editor, *Proc. of the Int. Conference on Automated Deduction, CADE-94*, vol. 814 of *LNAI*, pages 252–266. Springer, 1994.

[ST96] F. Stolzenburg and B. Thomas. Analysing rule sets for the calculation of banking fees by a theorem prover with constraints. In *Proc. of the 2nd Int. Conference on Practical Application of Constraint Technology*, pages 269–282, London, April 1996. Practical Application Company.

[vHLS97] F.W. von Henke, M. Luther, and M. Strecker. TYPELAB: An environment for modular program development. In M. Dauchet, M. Bidoit, editors, *Proc. of TAPSOFT'97*, vol. 1214 of *LNCS*, pages 851–854. Springer, 1997.

[Wei97] C. Weidenbach. SPASS version 0.49. *Jour. of Automated Reasoning*, 1997.

[You88] W. D. Young. A verified code generator for a subset of GYPSY. Technical report, Computational Logic Inc, available at the URL: http://www.cli.co, 1988.

Spatial Cognition: The Role of Landmark, Route, and Survey Knowledge in Human and Robot Navigation[1]

Steffen Werner[2], Bernd Krieg-Brückner[3], Hanspeter A. Mallot[4], Karin Schweizer[5] & Christian Freksa[6]

Abstract. The paper gives a brief overview of the interdisciplinary DFG priority program on spatial cognition and presents one specific theme which was the topic of a recent workshop in Göttingen in some more detail. A taxonomy of landmark, route, and survey knowledge for navigation tasks proposed at the workshop is presented. Different ways of acquiring route knowledge are discussed. The importance of employing different spatial reference systems for carrying out navigation tasks is emphasized. Basic mechanisms of spatial memory in human and animal navigation are presented. After outlining the fundamental representational issues, methodological issues in robot and human navigation are discussed. Three applications of spatial cognition research in navigation tasks are given to exemplify both technological relevance and human impact of basic research in cognition.

The German Priority Program on Spatial Cognition

Spatial cognition includes acquisition, organization, use, and revision of knowledge about spatial environments. The priority program on spatial cognition focuses on investigating and modeling natural cognitive systems engaged in representing and processing spatial knowledge and on theoretical issues involved. The research projects within the program engage in (1) empirical investigations on human spatial abilities; (2) theoretical investigations on the potential and limits of various approaches to representing and processing spatial knowledge; (3) modeling and implementing different representation and processing schemes and evaluating them with respect to their biological plausibility; and (4) investigating possibilities of applying spatial formalisms in the framework of computer-based systems (e.g. human-computer interfaces). The different approaches investigated are to be related to one another.

The work program of the initiative includes the following four areas of research:

---

[1] The priority program on spatial cognition by the Deutsche Forschungsgemeinschaft currently supports 15 interdisciplinary research projects at 13 research institutions (http://www.informatik.uni-hamburg.de/Raum).

[2] <swerner@gwdg.de> University of Göttingen, Department of Psychology
[3] <bkb@informatik.uni-bremen.de> University of Bremen, Department of Mathematics and Computer Science
[4] <ham@mpik-tueb.mpg.de> Max Planck Institute for Biological Cybernetics, Tübingen
[5] <schw@restrum.uni-mannheim.de> University of Mannheim, Dept. of Psychology
[6] <freksa@informatik.uni-hamburg.de> University of Hamburg, Department of Computer Science and Doctoral Program in Cognitive Science

1. Basic concepts and basic processes. Topics to be investigated are spatial representations and their properties, especially questions like: What makes a representation a *spatial* representation? Which aspects of spatiality are needed for which types of tasks? What are the formal / mathematical properties of different spatial representations and which concepts of topology and geometry can be assumed for cognitive space?

2. Spatial representation and higher cognitive processes. This area of research is concerned with the relations between basic concepts and their use. It addresses questions like: How is spatial knowledge acquired, e.g. how is landmark knowledge transformed into route knowledge and into survey knowledge? What is the learnability of different representational formats?

3. Spatial representation and action. This area of research focuses on problems or tasks in which cognitive systems interact with their environment, i.e. they move in the environment or they influence the environment. Which types of spatial representation are suitable for navigation? Which types of inference processes are required for spatial orientation and which are required for planning action sequences?

4. Spatial representation and language. Natural language descriptions of spatial situations can be viewed as the linguistic image of mental / internal representations of these situations. In particular, this concerns the partial correspondence between the spatial inventory of natural language and the 'cognitive ontology' of space. In this framework, the following problem areas require attention (among others): Which cognitive entities can we assume to exist in the system of natural language (dimensionality, shape, orientation, ...)?

The spatial cognition priority program is particularly oriented towards cognitively oriented subareas of computer science / artificial intelligence, psychology, linguistics, anthropology, and philosophy which are concerned with complex behavior in dealing with physical space. Due to the nature of the research tasks, project cooperations and interdisciplinary projects appear particularly promising (cf. Freksa & Habel 1990). In the following sections we present a specific example of interdisciplinary research which was the topic of a recent workshop held at the University of Göttingen[7].

Landmark, Route, and Survey Knowledge

Different forms and representations of spatial information can be identified in systems navigating in complex surroundings. One of the most common distinctions in spatial navigation research concerns the difference between landmark, route, and survey knowledge of an environment. Landmarks are unique objects at fixed locations, routes correspond to fixed sequences of locations as experienced in traversing a route; survey knowledge abstracts from specific sequences and integrates knowledge from different experiences into a single model. The main focus of the 1997 Göttingen workshop on landmark, route, and survey knowledge was to bring together the concepts used in robot navigation and psychological theories on human navigation and to discuss the differences between these forms of spatial knowledge. In addition, a common terminology was sought to ease communication in the interdisciplinary cooperation.

---

[7] We wish to thank the participants of the workshop for the invaluable discussions. We especially wish to express our gratitude to Arne Harder, University of Magdeburg, Thomas Röfer, University of Bremen, and Steffen Gutmann & Bernhard Nebel, University of Freiburg, for their help in preparing the section on applications.

A Taxonomy of Spatial Knowledge in Navigation Tasks

We present a hierarchical taxonomy of spatial knowledge based on navigational behaviors on which higher-level concepts are built. The model is intended as a framework for empirical investigations and results, for example about navigation performance and conjectured mental representations.

At the stage of basic behaviors and elementary navigation tactics two settings need to be distinguished: space, either open or enclosed, and networks of passages. Basic behaviors in a passage (e.g. a tunnel, a corridor, a trail) may be wall following, passage following (centered between walls, avoiding obstacles), turning into a designated passage at a junction, etc. Elementary navigation tactics can take advantage of the limited choice alternatives within a passage, e.g. n-way branching. A junction constitutes a decision point. Characteristic views, which depend on the direction at which the junction was approached, may be associated with the decision of selecting a particular passage. These views are characterized by local landmarks like prominent visual objects, odors, sounds, or tactile percepts if they are stable, fixed and persistent.

Elementary navigation tactics in space, on the other hand, include directional navigation (e.g. guided by a compass), dead reckoning (using a homing-vector accumulated from self movement), and celestial or landmark navigation. In landmark navigation, several landmarks are used to determine a relative target position by triangulation; thus, a view from a particular location corresponds to a specific configuration of landmarks. It is interesting to note that navigation tactics in space seem to be equally applicable to open or enclosed space (e.g. an ocean, a town square, a room). As in the other cases, animals are likely to use combined tactics to increase robustness.

Elementary navigation steps are highly task-dependent. This can be formalized by a pair (tactic, target designator), where the target designator captures the spatial knowledge needed to instantiate the general tactic and determines a tactical decision. The actual representation of a target designator and its reference system depends on the particular tactic. For example, for navigation in space a vector to the target relative to the present position and orientation could be used; for branching a particular view and branch designator would suffice.

In this view of tactical navigation, a route consists of a sequence of such navigation steps: < (tactic, location designator) > in the general case, and < location designator > in the specialized case of homogeneous application of the same tactic. In the general case, different tactics may be concatenated, e.g. homing towards the bee hive, followed by searching for the entry when in the vicinity of the target; or following a route through a city using different transportation media. Similarly, navigation in a network of roads may be combined with landmark navigation across an enclosed space such as a large crowded city square. Moreover, different navigation tactics may be combined to achieve a tactical goal, e.g. vector navigation and explorative navigation such as path finding in a maze of passages.

Strategic navigation includes planning. The point of reference, in this case, changes to that of an observer with survey knowledge. The most basic form seems to be a combination of routes (in particular for navigation in passages) into a net or directed graph. There are two ways in which routes might be combined. Either two target-location designators emanate from the same source-location but denote different targets or two (target) location designators lead to the same target-location but potentially emanate from different sources. Thus aliasing leads to a notion of location as a node in a route graph in which the edges are labeled with navigation tactics.

A route graph can thus be generalized to yield a map as a set of location abstractions as nodes and a set of tactic abstractions as edges. Different tactical aspects of navigation may lead to different maps with different kinds of abstractions for the spatial knowledge contained in locations by introducing topological or Cartesian relations. This abstract information contained in a map (or an overlay of several maps) will then have to be sufficient for re-constructing routes.

Acquisition of Route Knowledge

A psychological perspective further qualifies this taxonomy. We can distinguish different ways of acquiring route knowledge. Exposure to a route without additional information on the context or surroundings merely leads to a series of connections between a configuration of points. In this simple form of a route the surroundings are irrelevant. A more elaborate form of route knowledge might result by resorting to schemata. For example, one might know that a specific area consists mainly of single-street villages. Familiarity with any village of this kind includes knowledge that there usually is a main street from which roads lead off to the sides. This scheme or prototype can be enriched by specific features, like particularly noticeable thatched buildings or other salient features.

Route knowledge also is gained if one becomes familiar with the context of the surroundings. When following a familiar path one can look right and left and notice that there is a small park at the corner, or that a road runs parallel to the path followed. Having followed a route may also entail having stood at a junction, making a decision to go either right or left or straight ahead. Then the junction becomes a decision point. Another way to acquire route knowledge consists of combining parts of two or more known routes into a new route. Finally, route knowledge can be acquired by use of a street map.

On a more formal note, we can distinguish between the level of mental representations, the stimulus presentations that lead to those representations and the tasks or operations that can be performed due to the existence of mental representations. The relationship between the kind of stimuli and their mental representation needs to be examined through the use of these stimuli in navigation tasks (see Herrmann, 1993).

Our surroundings can be described as a multitude of pairs of places and objects. In respect to spatial knowledge these stimuli will be referred to as landmarks. Landmarks which are on or near a route will be labeled route marks in contrast to distant landmarks. To know which of these are mentally represented, the tasks that people perform regarding these entities have to be evaluated. For route marks we can further differentiate their function – whether they are decision relevant or irrelevant.

A route can be viewed as a sequence of objects or events. Sequences can either be continuous or discrete, and they can result from different sensory channels, i.e. they can be equivalent to a cognitive linearization. Picture sequences, decision sequences, glance sequences and movement sequences can be distinguished. Following a way can be seen as a movement sequence, examining the context at certain locations as a picture sequence. A decision sequence might consist of a sequence of right and left turns. An example of a glance sequence would be the continuing flow of images while walking through a town (see also Schweizer, 1997).

Mental maps, a term which will be used as generic term for various kinds of survey and map knowledge, can either be in "field perspective" or "observer perspective" (drawing on Nigro and Neisser's (1983) distinction between "field" and "observer memory"). Both kinds of mental representations may refer to the same configuration in the environment. The field perspective of this configuration is closely linked to perceptual experience. It occurs under the "egocentric perspective" in a retinomorphous reference system, that is, one perceives oneself in the environment (see also Herrmann, 1996). There is an "in front", a "behind", a "right" and a "left". The same scene can also be represented in observer perspective. The constellation is then represented from a point-of-view above it – from a bird's eye view (see also Cohen, 1989). In front and behind become above and below (Franklin, Tversky and Coon, 1992). With the terminology now introduced we can describe the transition from route to survey knowledge.

Landmarks are a necessary condition for the formation of decision sequences and picture sequences. These are discrete sequences, which will not yet be considered as routes. Route knowledge begins in field perspective. It requires that one can find the way from an arbitrary point on a route to another point further away on the route. This operation can only be performed unidirectionally. Route knowledge, however, can be elaborated by using operations of inversion or by recoding of field perspective to observer perspective (FO-recoding). In each case the result is a new route. Route knowledge after inversion is still in field perspective while it becomes observer perspective after FO-recoding. Therefore, three different kinds of routes in route knowledge can be distinguished: (a) the original route which was not elaborated and is in field perspective, (b) a route which was inverted and is also in field perspective, and (c) a route which was recoded and is now in observer perspective. Different kinds of survey knowledge result from the elaboration of the routes available in field or observer perspective.

The different forms of spatial knowledge introduced so far are closely linked to the tasks that they enable a person to perform. As mentioned earlier, only through these different behaviors can characteristics of mental representations be inferred. Knowledge about route marks should result in the reproduction of those route marks in memory tests. When asked to name single objects, this is often done in the order of acquisition (see also Herrmann et al., 1995). It may even be possible to estimate route distances from the number of route marks mentioned. Given route knowledge, it should be possible to find the way to a destination, and, after elaboration, to find the way back. It should also be possible to give judgments of directions on the route and estimates of distance. Survey knowledge should enable a person to find new ways. Euclidean distances and judgments of directions independent of the route taken should be possible once FO-recoding has taken place. These empirical predictions can be used to test what kind of mental representation a person has constructed while studying a route.

Spatial Reference Systems

Intuitively, route knowledge differs from survey knowledge in three main respects: (a) information is accessed sequentially as an ordered list of different locations, (b) the number of paths emanating from each location is small, and (c) an egocentric reference system is used to decide where to go from a given location (similar to the field perspective mentioned above). Survey knowledge, on the other hand, usually is regarded as an integrated form of representation with fast and route-independent access to individual locations. It enables the inference of spatial relationships between arbitrary pairs of locations and it is organized in a global, often allocentric coordinate system. In this dichotomy, a network of interconnected routes would not automatically be considered survey knowledge since the spatial relationship between arbitrary points might not be readily accessible. Conceivably, the shortest path between two points might consist of a large number of intermediate points.

The dichotomy of route and survey knowledge has received a great deal of attention in spatial cognition research. There are, however, problems associated with this classification. On one hand, spatial knowledge can be acquired sequentially within a global frame of reference. This is the case, for example, when an observer samples the contents of a map by fixating attention at different locations. It seems obvious that in this case survey knowledge is formed and the borders of the map are used as a two-dimensional reference system. On the other hand, an observer can easily acquire a form of survey knowledge of objects that surround him or her. In this case the representation formed is retrieved egocentrically, with the front-back axis more easily accessible than the left-right axis (e.g., Franklin, Tversky and Coon, 1992).

To complicate things even more, survey knowledge acquired through maps can be accessed faster and is less error prone when the observer is oriented in a particular way (orientation-dependent behavior), while in other cases, such as the representation of buildings on a college campus, orientation-independent access has been demonstrated (Sholl, 1987). It becomes apparent from this brief and incomplete list of problems, that the mere distinction between route and survey knowledge is insufficient to describe or explain the demonstrated performance in spatial cognition. An alternative would be the classification of spatial representations along different categories or dimensions, some of which have already been listed above: sequential vs. random access to spatial information, egocentric vs. allocentric reference systems, a single global vs. multiple local reference systems, and the orientation dependence of spatial representations. Other categories or dimensions might be added to this list.

A simple example might illustrate this. In his model of biological spatial navigation, Poucet (1993) introduces a hierarchy of three different stages in building a survey representation of the environment. At a first stage, different place representations are formed. Each has a different reference frame associated with it. At a second stage, the different place representations are linked to each other but retain their different reference frames (local chart). Only at a later stage the reference frames for the different place representations are changed to a common reference system. As should become clear, the different stages imply different behaviors (or tactics) that can be used to empirically test the characteristics of each proposed spatial representation. Spatial relations between random locations, for example, should be more easily accessible within a common reference frame than with multiple reference frames, while a global reference frame should be optimal.

Visual Navigation and Spatial Memory

In animal navigation research three basic mechanisms of spatial memory are usually distinguished: (1) *Path integration* or *dead reckoning* is the continuous update of the egocentric coordinates of the starting position based on instantaneous displacement and rotation data (see Maurer and Séguinot, 1995, for review). Odometry data are often taken from optic flow but other modalities such as proprioception (e.g., counting steps) may be involved as well. Since error accumulation is a problem, the use of global orientation information ("compasses", e.g., distant landmarks or the polarization pattern of the skylight) is advantageous. Path integration involves some kind of working memory in which only the current "home-vector" (coordinates of starting point) is represented, not the entire path. (2) *Piloting* occurs when approaching a place whose local position information matches a stored "snapshot". This mechanism requires long-term storage of the local position information, such as a view or snapshot visible at that point. From a comparison of the stored view with the current view, an approach direction can be derived. Moving in this direction will lead to a closer match between the two views (Cartwright & Collett 1982, Franz et al. 1997). (3) in *guidance* the recognized views (local position information) are associated to movements. Here, long-term memory of the local position information (view) is required as well. When recognized, it triggers an action, i.e. a movement or a behavioral routine. The existence of such associations has been shown in bees (Collett & Baron 1995) and humans (Gillner & Mallot 1997).

Using these basic mechanisms, different levels of complexity of spatial knowledge and behavior can be formulated. Concatenating individual steps of either piloting or guidance results in routes. These routes will be stereotyped and could be learnt in a reinforcement scheme. More biologically plausible, however, is instrumental learning, i.e., the learning of associations of actions with their expected results. This can be done step-by-step without pursuing a particular goal (latent learning). Instrumental learning entails an important extension of the two view-based mechanisms in that the respective consequences of each of a number of possible choices (either movements or snapshots to home to) are learnt. This offers the possibility of dealing with bifurcations and choosing among alternative actions. Thus, the routes or chains of steps can be extended to actual graphs which are a more complete representation of space, or cognitive map (Schölkopf & Mallot 1995, Franz et al. 1997). The overall behavior is no longer stereotyped but can be planned and adapted to different goals.

In recent psychophysical work, Gillner and Mallot (1997) have investigated the role of guidances, i.e., associations of views to movements, in human spatial memory. Subjects explored a virtual town with a hexagonal street raster ("Hexatown") simulated on a computer screen. Movements were ballistic turns (60 degrees left or right) or translations down a street leading to the next junction point; they were selected by hitting the left, right, or go button of a computer mouse. At each node of the raster, a unique object was simulated that could be used as position information. (i) In a route finding task, subjects were asked to find the shortest route to a given goal in Hexatown. About 30% of the subjects showed a distinct tendency to simply repeat their previous motion decision when returning to a view for the next time. By evaluating only the wrong decisions, it was assured that this persistence tendency was independent of the current goal. The persistence rate could be as high as 60% of all erroneous decisions. (ii) In a transposition experiment, subjects learned a (bi-directional) route to a goal and back. After learning, single buildings along the route were exchanged. Exchanges were either performed within places (i.e. among the three objects standing in the three angles of each junction) or across places. The movement decision at the replaced building was recorded and the trial was stopped to prevent relearning. 40 out of 43 subjects did not notice the replacements. Average movement decisions were weighted sums of the movements associated to the same objects during the training phase. In conclusion, subjects seem to store simple associations of views to movements, rather than more elaborate maps, at least for the initial stages of map learning. This finding is well in line with the view-graph approach to spatial memory.

Methodological Issues in Robot Navigation and Human Navigation Research

Although human and robot navigation differ substantially in many respects (sensory systems, available behaviors, long term memory and experience, etc.) the basic navigational issues are the same. This was amply demonstrated in the preceding sections. Thus, general theoretical and analytical approaches dealing with navigation in either context can easily be integrated. Differences exist primarily in two areas. While psychologists and biologists are concerned with understanding the mechanisms that enable humans and other organisms to navigate, the goals in robotics research are to provide robust and efficient means to achieve navigational skills in technical applications. Whether or not these are biologically plausible is not the main issue. On the other hand, robotics research usually has control over the amount of spatial information represented and the form of representation used. Empirical evaluation of the system therefore focuses on questions of efficiency and robustness of the proposed or *implemented* mechanisms whereas in psychological research empirical data is used to *infer* the underlying processes. Robotics, in this respect, is using a synthetic approach which is not available to psychology.

The two approaches complement one another in important ways: biological systems proof the existence of effective and efficient methods of orientation and navigation that can be used as helpful starting points in the construction of artificial systems for similar tasks. In synthetic approaches, on the other hand, we can isolate specific aspects and test hypotheses generated in empirical biological and psychological research. In addition, robotics research poses questions to be empirically investigated in the complex environments of biological systems. It also makes explicit the algorithms and representations as well as the technical problems associated with certain navigational strategies which can be used to restrict psychological theorizing to computationally and biologically plausible models. Thus, by approaching the open questions of spatial representations from both sides in a coordinated manner, we hope to identify the relevant issues more directly and find the missing pieces of the puzzle more quickly.

Applications

In this concluding section we are going to present three applied research projects that were discussed at the Göttingen workshop. Two projects on robot navigation and a third project on the external representation of spatial information for the blind will be briefly outlined.

The Navigating Wheelchair

An electric wheelchair that is equipped with a computer and several sensors is employed as a robotics platform. It is the objective of the Bremen group to determine the 3D-structure of the environment from images collected by a camera that is fitted to a pan-tilt-head with "structure from motion" image processing methods. The 3D-information can be used to extract certain features, e.g. corners or edges. Combinations of such features should be used as landmarks and route marks respectively. At present, only artificial 2D-marks are employed that are identified by an image processing algorithm.

An architecture with multiple layers has been chosen for the control system of the wheelchair. The architecture is strongly influenced by psychological models through interdisciplinary discussions within the DFG priority program. It consists of three levels: "basic behaviors", "route knowledge" and "survey knowledge". Several basic behaviors, e.g. wall-following and turn-into-door, form the basis of the navigation method. They enable the wheelchair to move in corridors and to enter and exit rooms. These basic behaviors are fairly robust against changes in the environment.

At the second level of the hierarchy, the environment is represented as a set of routes. A route is a static way from a starting position to a target place. The wheelchair can drive along such a route by a concatenation of different basic behaviors. Route marks are used to trigger the starting and changing of basic behaviors. Therefore, a route is represented as a sequence of basic behaviors and the route marks that trigger these behaviors.

As soon as the recognition of route marks is not only seen as a binary decision but as a process with a particular uncertainty, the representation of knowledge becomes more complex. To develop a solution for this problem, several psychological findings can be employed: for example, expected route marks can be detected with a higher probability than unexpected ones (directional effect). In that way, marks that have been recorded in sequence can support each other in the recognition process.

The autonomous generation of survey knowledge constitutes the third layer of the architecture. At this stage, knowledge about the spatial relationships between the routes is represented. On the basis of survey knowledge, new routes can be generated from multiple learned ones and shortcuts can be detected. The wheelchair can recognize that a particular segment of one route is also part of another route if the same sequence of route marks exists in both of them. Thus, routes can be combined into a graph that can be used to plan shortcuts as well as bypasses around obstacles. If no route knowledge is available dead reckoning must also be integrated into the navigation strategy to find shortcuts or bypasses by exploration.

Finding Short-Cuts in an Office Environment

Gutmann and Nebel deal with the acquisition of survey knowledge of an office floor plan by a Pioneer 1 mobile robot equipped with a SICK laser range finder. In their approach the robot stores range scans taken by the SICK range finder from different positions along a route through the office space together with its internal position information based on dead-reckoning. Through matching stored scans the positional information can be greatly enhanced. To allow the robot to find short-cuts and novel routes, the scans from each position are used to create a graph where the vertices are the scans with their corresponding scan positions. Between each pair of scans a weighted edge represents the number of common points between the two scans (termed visibility). For navigation the robot can then use the graph to search for a new path. A new path is determined by choosing edges with high visibility and thus a high probability of unobstructed movement. An optimal path is found by maximizing the product over all probabilities along the path.

Tactile Maps for Blind People

The specific difficulties for spatial navigation in the blind were discussed by Harder. While sighted people almost exclusively use vision for mobility tasks, such as navigation, the blind have to make use of different perceptual modalities. The serial component in their multimodal spatial information input is very important. Blind people rely on different strategies in navigation than the sighted, using more route marks than sighted and memorizing the shorter parts in between (Harder, 1993). A problem occurs when a blind person has to navigate in an unfamiliar environment since tactile maps are rare. One way to remedy this problem is pursued at the University of Magdeburg by developing technologies to produce task adopted tactile route maps from widely available geographical databases.

References

Cartwright, B.A. & Collett, T.S. (1982). How honey bees use landmarks to guide their return to a food source. Nature, 295, 560-564.

Cohen, G. (1989). Memory in the real world. Hove: Erlbaum.

Collett, T.S. & Baron, J. (1995). Learnt sensori-motor mappings in honeybees: interpolation and its possible relevance to navigation. J. comp. Physiol. A, 177, 287-298.

Franklin, N., Tversky, B. & Coon, V. (1992). Switching points of views in spatial mental models. Memory & Cognition, 20, 507-518.

Franz, M.O., Schölkopf, B., Georg, P., Mallot, H.A., & Bülthoff, H.H. (1997). Learning view graphs for robot navigation. In Proc. 1. Intl. Conf. on Autonomous Agents, 1997.

Freksa, C. & Habel, C. (1990). Repräsentation und Verarbeitung räumlichen Wissens. Berlin: Springer.

Gillner, S. & Mallot, H.A. (1997). Navigation and acquisition of spatial knowledge in a virtual maze. Technical Report 045, Max-Planck-Institut für biologische Kybernetik, Tübingen, Germany, http://www.mpik-tueb.mpg.de.

Harder, A. (1993). Zur Aneignung von Wegen: Ein Feldversuch mit geburtsblinden Menschen. Unpublished dissertation, University of Giessen, Germany.

Herrmann, Th. (1993). Mentale Repräsentation - ein erläuterungsbedürftiger Begriff. In J. Engelkamp & Th. Pechmann (Hrsg.), Mentale Repräsentation (S. 17-30). Bern: Huber.

Herrmann, Th. (1996). Blickpunkte und Blickpunktsequenzen. Sprache & Kognition, 15, S. 217-233.

Maurer, R. & Séguinot, V. (1995). What is modelling for? A critical review of the models of path integration. J. theor. Biol., 175, 457-475.

Nigro, G. & Neisser, U. (1983). Point of view in personal memories. Cognitive Psychology, 15, 467-482.

Poucet, B. (1993). Spatial cognitive maps in animals: New hypotheses on their structure and nerual mechanisms. Psychological Review, 100, 163-182.

Schölkopf, B. & Mallot, H.A. (1995). View-based cognitive mapping and path planning. Adaptive Behavior, 3, 311-348.

Schweizer, K. (1997). Räumliche oder zeitliche Wissensorganisation? Zur mentalen Repräsentation der Blickpunktsequenz bei räumlichen Anordnungen. Lengerich: Pabst Science Publishers.

Sholl, M.J. (1987). Cognitive maps as orienting schemata. Journal of Experimental Psychology: Learning, Memory, and Cognition, 13, 615-628.

SFB 378: Ressourcenadaptive Kognitive Prozesse

Wolfgang Wahlster und Werner Tack

SFB 378, Universität des Saarlandes, Saarbrücken

wahlster@dfki.de, tack@cops.uni-sb.de

Abstract

Der interdisziplinäre Sonderforschungsbereich 378 „Ressourcenadaptive Kognitive Prozesse", dessen erste Förderungsperiode von 1996 bis 1998 läuft, ist an der Universität des Saarlandes in Saarbrücken angesiedelt. Die Arbeiten des Sonderforschungsbereiches sind der Kognitionswissenschaft zuzurechnen. Als Ausgangspunkt des Sonderforschungsbereiches kann folgendes Ressourcenkonzept gesehen werden: ein kognitiver Agent A löst eine vorliegende Aufgabe T in einer bestimmten Situation S unter Nutzung der Ressourcen R (u.a. Zeit, Speicher, Prozessorkapazität), wobei für A(T,S,R) ressourcenabhängige Variationen der Resultatsqualität und der verwendeten Verarbeitungsmethoden beobachtet werden. Ressourcen sind quantifizierbar und temporär entziehbar. Ressourcenadaptierende Prozesse setzen Metawissen über kognitive Fähigkeiten und die Möglichkeit der metakognitiven Steuerung kognitiver Prozesse voraus. Neben der Anwendung von empirischen Methoden und formalen Modellen wird auch die Modellierung ressourcenadaptiver Prozessen in Softwaresystemen angestrebt. Als Fachdisziplinen sind die Kognitive Psychologie, die Künstliche Intelligenz, die Computerlinguistik und die Analytische Philosophie beteiligt. Als Beispiel für ein Teilprojekt des SFB 378 wird das Vorhaben REAL angeführt, in dem bei der Generierung von sprachlichen Raumbeschreibungen in Dialogsituationen die Interaktion von ressourcenbeschränkter Objektlokalisation und inkrementeller Sprachproduktion untersucht und in einem System zur Beantwortung von räumlichen Orientierungsfragen unter Zeitdruck modelliert wird.

Das Ressourcenkonzept

Als Ausgangspunkt des Sonderforschungsbereiches kann folgendes Ressourcenkonzept gesehen werden: ein kognitiver Agent A löst eine vorliegende Aufgabe T in einer bestimmten Situation S unter Nutzung der Ressourcen R (u.a. Zeit, Speicher, Prozessorkapazität), wobei für A(T,S,R) ressourcenabhängige Variationen der Resultatsqualität und der verwendeten Verarbeitungsmethoden beobachtet werden. Ressourcen sind quantifizierbar und temporär entziehbar. Von ressourcensensitiven Prozessen generiertes Verhalten ist im Idealfall gleichermaßen an Verhaltensziele wie auch an verfügbare Ressourcen angepaßt und genügt so den Kriterien einer „begrenzten Rationalität".

Wir teilen ressourcensensitiven Prozesse in drei Klassen ein: ressourcenadaptierte, ressourcenadaptive und ressourcenadaptierende Prozesse. Ressourcenadaptierte Prozesse sind auf feste und bekannte Ressourcenbeschränkungen hin optimiert. Die Qualität ihrer Resultate bleibt bei konstanter Eingabequalität gleich.

Ressourenadaptive und ressourcenadaptierende Prozesse beruhen dagegen auf variablen Ressourcenbeschränkungen. Ihre Ausgabequalität hängt damit von den jeweils verfügbaren Ressourcen ab. Während ressourcenadaptive Prozesse eine feste Verarbeitungsstrategie verfolgen, werden in ressourcenadaptierenden Prozessen die Verarbeitungsstrategien dynamisch durch Metakognition an die jeweiligen Ressourcenbeschränkungen angepaßt.

Ein Beispiel für ressourcenadaptierendes Verhalten geben unter Echtzeitbedingungen laufende Prozesse, bei denen das Verhalten eines externen Partners oder ein anderer Situationsaspekt Zeitschranken vorgibt. Man kann etwa an ein Dialogsystem denken, das sich in seinem Zeitverhalten dem von einem Benutzer vorgegebenen Tempo anpaßt, oder auch an eine Wegauskunft für Autofahrer, die beispielsweise eine Anweisung zum Abbiegen geben muß, bevor das Auto an der kritischen Kreuzung ankommt.

Ressourcenadaptivität als interdisziplinäre Fragestellung

Der interdisziplinäre Sonderforschungsbereich 378 „Ressourcenadaptive Kognitive Prozesse", dessen erste Förderungsperiode von 1996 bis 1998 läuft, ist an der Universität des Saarlandes in Saarbrücken angesiedelt. Die Arbeiten des Sonderforschungsbereiches sind der Kognitionswissenschaft zuzurechnen. Neben der Anwendung von empirischen Methoden und formalen Modellen wird auch die Modellierung ressourcenadaptiver Prozessen in Softwaresystemen angestrebt.

In dem Sonderforschungsbereich arbeiten verschiedene Fachbereiche der Technischen Fakultät (Informatik) und der Philosophischen Fakultät (Computerlinguistik, Psychologie, Philosophie) in insgesamt 11 Projekten zusammen, welche in die drei Projektbereiche Modellierung, Architektur und Berechnung untergliedert sind. Als Fachdisziplinen sind die Kognitive Psychologie, die Künstliche Intelligenz, die Computerlinguistik und die Analytische Philosophie beteiligt. Umfassende Information über alle Projekte und Aktivitäten im Sonderforschungsbereich können im World Web Web unter der URL: http://www.coli.uni-sb.de/sfb378/ abgerufen werden.

Kognitionswissenschaft und Künstliche Intelligenz

Das Ziel, Intelligenz und intelligentes Verhalten unter der Randbedingung von Ressourcenbeschränkungen zu verstehen, bildet den gemeinsamen Kern der unterschiedlichen Forschungsbemühungen, zu denen die experimentelle Untersuchung der Leistung von Menschen ebenso gehört wie das Bemühen um die Realisierung von Algorithmen und Heuristiken in Rechensystemen. Kognitionswissenschaft fragt sowohl nach Eigenschaften und Regelhaftigkeiten der beim Menschen natürlich gegebenen Leistungsmöglichkeiten als auch nach der Konzeption und der Realisierbarkeit künstlicher Systeme, deren Leistungen vorgegebenen Kriterien genügen. Eine beide Typen von Fragestellungen und Aufgaben integrierende Theorie der Intelligenz kann aufzeigen, wie sich die Konstituenten intelligenter Funktionen entwickelt haben, welche Grenzen sie der kognitiven Leistung setzen, und wo Potentiale für weitere Verbesserungen liegen. Sie kann zugleich aber auch aufzeigen, wie Computerprogramme menschenähnliche Leistungen erbringen können und auf welche Weise sie natürliche Leistungsgrenzen zu überschreiten gestatten.

Es geht also im Sonderforschungsbereich zentral um Heuristiken, die beim Menschen als natürlich-evolutionäres und bei Rechensystemen als künstlich-konstruktives Resultat einer Anpassung an Ressourcenbeschränkungen angesehen werden, um die Konstruktion und Analyse von Ressourcenkontrolle in kognitiven Prozessen und um die Frage, wie Ressourcenadaptivität im Paradigma nebenläufiger Berechnung darstellbar, analysierbar und konstruierbar ist. Damit werden Möglichkeiten von Modellierungen aufgegriffen und fortentwickelt, die — eben weil sie Ressourcenbeschränkungen und darauf reagierende Anpassungsleistungen berücksichtigen — wesentlich realitätsnäher sind als herkömmliche kognitive Modelle.

Weiterhin ist es ein Grundprinzip der Softwareergonomie und der Mensch-Maschine-Interaktion, daß in interaktiven Informatik-Systemen explizit die Ressourcenbeschränkungen menschlicher Benutzer modelliert werden müssen, wenn in kooperativer Weise das Systemverhalten an den Bediener angepaßt werden soll (vgl. *Wahlster et. al 1995*).

Nachdem man bislang auch in der Forschung zur Künstlichen Intelligenz Ressourcen wie Zeit, Speicherplatz und Verarbeitungskapazität meist idealisierend als unbeschränkt angenommen hat, werden in jüngster Zeit hauptsächlich im Zusammenhang mit Realzeitanwendungen im Bereich der Robotik und der automatischen Planung explizite Modelle der Ressourcenadaptivität diskutiert.

Zeitbeschränkungen und Anytime-Algorithmen

Ein wichtiger Gesichtspunkt bei der Behandlung ressourcenadaptiver und ressourcenadaptierender Prozesse sind Restriktionen der zur Erledigung einer Aufgabe verfügbaren Zeit. Entscheidungs- und Inferenzprozesse müssen verkürzt oder abgebrochen werden, wenn die Situation unmittelbares Handeln erfordert; bei beschränkter Zeit dürfen nur die dringlichsten Berechnungsprozesse ausgeführt werden. So muß ein Autofahrer, der plötzlich einen Unfall vor sich sieht, in Bruchteilen von Sekunden entscheiden, ob er eine Vollbremsung oder ein Ausweichmanöver versucht. Dabei darf er nur die wichtigsten Aspekte berücksichtigen (ob die Fahrbahn rechts oder links frei ist oder ob jemand dicht hinter ihm fährt) und nicht über weniger Relevantes nachdenken (wie den starken Reifenabrieb bei Vollbremsung oder das Verrutschen der Ladung im Kofferraum bei abruptem Richtungswechsel). Beim Übergang von idealisierten Laborsystemen zu realistischen Anwendungsszenarien liegt es daher nahe, Ressourcenbeschränkungen von Anfang an in die Theorie und Modellierungsmethodik einzubeziehen und nicht erst bei der Implementierung.

Russell definierte den Begriff des beschränkt-optimalen Programms, das jeweils die beste Lösung bei vorgegebenen Ressourcenbeschränkungen eines kognitiven Prozessors M für eine Klasse von Problemsituationen E findet. In Analogie zum Begriff der asymptotischen Komplexität in der Theorie effizienter Algorithmen kann man nun asymptotisch beschränkt-optimale Programme (ABO) einführen *(Russell et al 1993)*. Sei P beschränkt-optimal für M und E, dann hat das Programm P' die ABO-Eigenschaft für M und E genau dann, wenn P' eine bessere Lösung als P produziert, sobald es auf einem Prozessor kM abläuft, der k mal mehr Ressourcen als M bereitstellt.

In Alltagssituationen gibt es zahlreiche Varianten von Aufgabenstellungen mit Zeitbeschränkungen, die in der KI-Forschung erst seit kurzem untersucht wurden. Es kann beispielsweise eine feste Zeitschranke vorgegeben werden, bei der ein Resultat vorliegen muß. Wird diese Zeitschranke überschritten, so ist das Ergebnis wertlos (eine Quizfrage, die in einer halben Minute beantwortet werden muß). Alternativ gibt es Situationen, in denen eine feste Kostenfunktion für den Zeitverbrauch angesetzt werden kann (Wartezeit für Taxi, Telephongebühren) und eine Problemlösung mit minimalen Kosten gesucht wird. Schließlich taucht häufig der Fall einer stochastischen Fristsetzung auf, bei der Unsicherheit darüber besteht, wann die Zeitschranke bekannt wird. Dies wird meist über eine Wahrscheinlichkeitsverteilung für das Auftreten der Zeitschranke modelliert.

Im Zusammenhang mit zeitbeschränkten Verfahren spielt der Begriff der unterbrechbaren Algorithmen, die bereits vor ihrer vorgesehenen Terminierung ein jeweils approximatives Resultat liefern, eine besondere Rolle. Dean und Boddy haben 1988 den Begriff der Anytime-Algorithmen als Spezialfall unterbrechbarer Algorithmen eingeführt (*Dean und Boddy 1988*):

1. Anytime-Algorithmen können mit vernachlässigbarem Verwaltungsaufwand jederzeit unterbrochen und wiederaufgenommen werden.
2. Die Resultate von Anytime-Algorithmen werden bei vorzeitiger Terminierung als Funktion der investierten Verarbeitungszeit bezüglich einer Qualitätsmetrik monoton besser.

In der numerischen Mathematik werden im Zusammenhang mit iterativen Approximationsverfahren schon lange Algorithmen mit Anytime-Eigenschaften untersucht. Mithilfe von Methoden der Dynamischen Programmierung können auch für Standardaufgaben der Informatik wie das Travelling Salesman Problem Anytime-Verfahren konstruiert werden, indem bei Unterbrechungen eine einfache Approximationsfunktion auf die im Iterationsverfahren bislang aufgebaute partielle Lösung angewendet wird. Neu ist dagegen die Untersuchung von Anytime-Algorithmen für komplexe symbolische Aufgaben wie Planen, Deduktion, visuelle Wahrnehmung und Sprachverarbeitung, wie sie in unserem Sonderforschungsbereich bearbeitet werden.

Der Zusammenhang zwischen der Laufzeit t eines Anytime-Algorithmus A bis zur Unterbrechung und der dann zu erwartenden Ergebnisqualität Q wird in sog. Performanzprofilen $Q_A(t)$ angegeben (*Russell und Wefald 1991*). Beispielsweise kann beim Bildverstehen die Ergebnisqualität durch die Präzision der resultierenden Bildbeschreibung angegeben werden und beim hierarchischen Planen durch die Spezifizität des generierten Plans. Für die Integration mehrerer Anytime-Komponenten in einem System müssen geeignete Architekturen gefunden werden, die zur Laufzeit optimale Ressourcenallokationen für die verschiedenen elementaren Anytime-Komponenten vornehmen.

Anytime-Verhalten kann auch durch metakognitive Prozesse unterstützt werden. Dabei wird die Fähigkeit ausgenutzt, die eigenen kognitiven Prozesse ressourcenadaptierend so zu wählen und zu steuern, daß eine Aufgabe fristgerecht gelöst wird. Da solche metakognitiven Prozesse zur Garantie von Anytime-Verhalten selbst aber wieder nicht unerhebliche Ressourcen in Anspruch nehmen, werden Compilationsprozesse für die notwendigen Berechnungen auf der Metaebene vorgeschlagen.

Ressourcenadaptierende Prozesse

Ressourcenadaptierende Prozesse setzen Metawissen über kognitive Fähigkeiten und die Möglichkeit der metakognitiven Steuerung kognitiver Prozesse voraus.

Die Grundidee ressourcenadapierender kognitiver Prozesse besteht in der expliziten Betrachtung eines Nutzwertes einer Informationsverarbeitungsleistung (IVL) im Sinne folgender Abhängigkeit:

Nutzwert einer IVL = Ergebnisqualität - k * Ressourcenaufwand

wobei der Ressourcenaufwand z.B. als Zeitaufwand oder Speicheraufwand bzw. deren Summe berechnet werden kann. In den meisten Situationen ist man an einer Optimierung des Nutzwertes interessiert, wobei man eine monotone Qualitätsverbesserung bei steigendem Ressourcenaufwand voraussetzt. Durch den Faktor k können unterschiedliche Kostenfunktionen im Subtrahenden modelliert werden.

Der Zusammenhang zwischen Ergebnisqualität und Ressourcenaufwand für einzelne Prozesse wird oft durch deterministische oder stochastische Performanzprofile modelliert, wobei bei einer sequentiellen Dekomposition in ressourcenadaptierende Teilprozesse eine Konditionierung der Performanzprofile bezüglich der Qualität der Eingabedaten vorzunehmen ist. Hier kann man zunächst eine weitere Monotonitätsannahme machen,

Bei höherer Eingabequalität steigt die Qualität der Ausgabe.

die oft sogar zu einer Linearitätsannahme verschärft werden kann:

Die Ausgabequalität steigt linear mit der Eingabequalität.

Eine der grundlegenden Forschungsfragen ist es, wie mehrere ressourcenadaptierende Prozesse so gesteuert werden können, daß der Nutzwert einer komplexen Informationsverarbeitungsleistung in einer konkreten Situation angemessen hoch ist.

Wenn einem kognitiven Prozeß Ressourcen partiell oder vollständig entzogen werden, kann das zu einer Unterbrechung oder einem Abbruch führen, wobei man dann die Ausgabe partieller Lösungen erwartet. Gemäß Performanzprofil soll die Qualität der partiellen Lösungen dann wieder mit dem Ressourcenverbrauch steigen. Als Qualitätsmaß für eine partielle Lösung wird oft die Distanz der partiellen Lösung von einer exakten Lösung verwendet.

Für Probleme, deren exakte Lösung eine binäre Entscheidung (meist: wahr/falsch) ist, bietet es sich an, die Distanz des Subproblems, für das die partielle Lösung eine exakte Lösung ist, von dem Gesamtproblem zu betrachten. Ein spezielle Variante dieses Ansatzes beruht auf der schrittweisen Betrachtung immer größerer Teilmengen des Originalproblems. Dies wird etwa beim hierarchischen Planen schon so realisiert, da schrittweise immer mehr Vorbedingungen der geplanten Aktionen mit in die Betrachtung einbezogen werden. Eine simple Variante für Deduktions- oder Parsingprozesse ist die schrittweise Erweiterung des betrachteten Alphabets oder beim Suchen die Lösung über verkleinerten Suchräumen, die schrittweise immer stärker in Hinblick auf den Originalsuchraum vergrößert werden.

Statt der simplen Einschränkung des Alphabets kann man auch strukturelle Einschränkungen betrachten. So ist bei der Entscheidung des Wortproblems für die Sprache $a^n b^n$ eine partielle Lösung schon eine Entscheidung für die Sprache $a^n b^m$. Beide Arten von Restriktionen werden nochmals bei partiellen Lösungen von Constraint-Problemen deutlich, wie sie ursprünglich für überbestimmte Constraint-Probleme entwickelt wurden (PCS-Verfahren). Partielle Lösungen können schrittweise durch die Evaluation einer mononton anwachsenden Menge von Constraint-Variablen oder die schrittweise Hinzunahme von Constraints immer weiter in Richtung auf die Lösung des Originalproblems erweitert werden

Als Beispiel für ein Teilprojekt des Sonderforschungsbereichs soll kurz auf das Projekt REAL eingegangen werden.

REAL: REssourcenAdaptive Lokalisation

Am Beispiel der Generierung von sprachlichen Raumbeschreibungen in Dialog-situationen wird in REAL die Interaktion von ressourcenbeschränkter Objektlokalisation und inkrementeller Sprachproduktion untersucht und in einem System zur Beantwortung von räumlichen Orientierungsfragen modelliert. Zunächst soll das kognitive System unter variierenden Ressourcenbeschränkungen einem Kommunikationspartner "Wo"-Fragen über seine aktuelle visuelle Umgebung in unterschiedlichen Raumszenarien beantworten können.

Unter Berücksichtigung experimenteller Befunde aus der kognitiven Psychologie werden damit die informatischen Grundlagen für die realitätsnahe Generierung von Lokalisierungsausdrücken, etwa in künftigen Fahrer-Navigationssystemen, mobilen Robotik-Systemen oder Wegauskunfts-Systemen, erarbeitet. Das System wird so parametrisiert, daß es unter Zeitdruck mit der Verbalisierung von Lokalisierungsausdrücken beginnen kann, bevor die räumliche Suche und die Abbildung lokaler Relationen auf Raumpropositionen voll abgeschlossen sind.

Bei einer solchen inkrementellen Generierung ergibt sich ein interessantes Spektrum an Performanzerscheinungen von der schrittweisen Verfeinerung der Raumbeschreibung bis hin zur Selbstkorrektur von bereits geäußerten Fragmenten, die in dem zu entwickelnden System modelliert werden sollen. Hierzu werden Anytime-Algorithmen entwickelt, die bei Variation der temporalen und sensorischen Randbedingungen stets kommunikativ adäquate, wenngleich auch approximative Ergebnisse liefern. Dabei werden insbesondere die Suche nach Referenzobjekten, die Berechnung von räumlichen Relationen und der Antizipation der Hörervorstellung unter dem Gesichtspunkt der Ressourcenbeschränkung formalisiert und in einem integrierten Prozeßmodell implementiert.

Bei der Objektlokalisation in REAL kann man gemäß des Prinzips der Verwechslungsvermeidung fordern, daß eine exakte Lösung in einer sprachlichen Raumbeschreibung besteht, die nur noch genau ein Objekt als Interpretation für das gegebene räumlichen Szenario zuläßt und somit die Ambiguität minimiert hat. Eine partielle Lösung ist dann eine Deskription, die für eine Teilmenge der in der Szene vorhandenen Objekte eine Verwechslung ausschließt. Hier kann z.B. mittels der Salienz von Objekten eine partielle Ordnung über den Elementen der Potenzmenge der Szenenobjekte definiert werden.

Im Rahmen der Dissertation von Maaß wurde im Projekt REAL ein kognitiver Agent zur inkrementellen Wegbeschreibung realisiert, der eine Dekomposition des geschätzten Zeitrahmens für die Ausführung einer Wegbeschreibungsaktion in die Intervalle Generierungszeit, Präsentationszeit, Rezeptionszeit und Ausführungszeit für den Navigationsakt vornimmt. Damit wurden wichtige Grundlagen für die nächste Generation von intelligenten Assistenzsystemen für die Fahrernavigation gelegt und die Anwendungsrelevanz der Resultate des Sonderforschungsbereichs 378 nachgewiesen.

Literatur

Dean und Boddy 1988
T. Dean & M. Boddy (1988). An analysis of time-dependant planning. In *Proceedings of AAAI-88* (pp. 49–54). St. Paul: AAAI.

Maaß 1996
W. Maaß (1996). *Von visuellen Daten zu inkrementellen Wegebeschreibungen in dreidimensionalen Umgebungen. Das Modell eines kognitiven Agenten.* Dissertation, Fachbereich Informatik, Lehrstuhl Prof. W. Wahlster, Univ. Saarbrücken.

Russell und Wefald 1991
S. Russell & E. Wefald (1991). *Do the right thing: Studies in limited rationality.* Cambridge: MIT Press.

Russell et al 1993
S. Russell, D. Subramanian & R. Parr (1993). Provably bounded optimal agents. In *Proceedings of the Thirteenth International Joint Conference on Artificial Intelligence* (pp. 338–344). Chambery: IJCAII.

Wahlster et al. 1995
W. Wahlster, W., A. Jameson., A. Ndiaye, R. Schäfer, T. Weis (1995). Ressourcenadaptive Dialogführung: ein interdisziplinärer Forschungsansatz. In: *Künstliche Intelligenz*, 9(6), 1995, pp. 17-21.

Algorithmen zum automatischen Zeichnen von Graphen

im Rahmen des DFG-Schwerpunkts

Effiziente Algorithmen für diskrete Probleme und ihre Anwendungen

Franz J. Brandenburg[1], Michael Jünger[2] und Petra Mutzel[3]

mit einer Einführung in den DFG-Schwerpunkt durch den Sprecher

Thomas Lengauer[4]

Zusammenfassung Das Zeichnen von Graphen ist ein junges aufblühendes Gebiet der Informatik. Es befaßt sich mit Entwurf, Analyse, Implementierung und Evaluierung von neuen Algorithmen für ästhetisch schöne Zeichnungen von Graphen. Anhand von selektierten Anwendungsbeispielen, Problemstellungen und Lösungsansätzen wollen wir in dieses noch relativ unbekannte Gebiet einführen und gleichzeitig einen Überblick über die Aktivitäten und Ziele einer von der DFG im Rahmen des Schwerpunktprogramms „Effiziente Algorithmen für Diskrete Probleme und ihre Anwendungen" geförderten Arbeitsgruppe aus Mitgliedern der Universitäten Halle, Köln und Passau und des Max-Planck-Instituts für Informatik in Saarbrücken geben. Nach einer Einführung in den DFG-Schwerpunkt geben wir hier mit freundlicher Genehmigung der Redaktion des Informatik-Spektrum eine Kurzversion des in Heft 4/97 erschienenen gleichnamigen Artikels [3] wieder.

1 Einführung in den DFG-Schwerpunkt

Der DFG-Schwerpunkt „Effiziente Algorithmen für diskrete Probleme und ihre Anwendungen" wird seit 1995 von der DFG gefördert. Er wird von der theoretischen Informatikgemeinde in Deutschland getragen, jedoch nehmen auch eine Reihe von Mathematikern und Anwendern aus Technik und Naturwissenschaft teil. Der Schwerpunkt hat zum Ziel, komplexe algorithmische Methoden, die in den letzten Jahrzehnten enstanden sind, in – vornehmlich technische und naturwissenschaftliche – Anwendungen zu tragen.

Das Konzept des Schwerpunktes basiert auf der Erkenntnis, daß ein solcher Methodentransfer über eine reine Portierung weit hinaus geht. Vielmehr geht es darum, algorithmische Methoden, die bisher an exemplarischen Problemen entwickelt wurden, in komplexer Weise an die jeweilige Anwendung anzupassen. Schon die Modellierung praxisrelevanter und umsetzbarer Fragestellungen ist in vielen Fällen ein schwieriges Forschungsproblem. Als Beispiel seien hier biologische oder chemische Anwendungsbereiche genannt, in denen die genaue

[1] Fakultät für Mathematik und Informatik, Universität Passau
[2] Institut für Informatik, Universität zu Köln
[3] Max-Planck-Institut für Informatik, Saarbrücken
[4] GMD, Institute for Algorithms and Scientific Computing, Sankt Augustin

Auswahl der modellierten geometrischen und physiko-chemischen Sachverhalte einen wesentlichen Teil der Forschungsarbeit und auch des Erfolges der Methode ausmacht. Auch die Frage, in welcher genauen Form etwa ein Problem, das den Charakter eines Netzwerkflußproblems hat, in einer gegebenen Anwendung auftritt, ist ein Forschungsproblem, genauso, wie die Aufgabe, Netzwerkflußalgorithmen auf diese Variante des Flußproblems zu übertragen.

Der Schwerpunkt ist anwendungsgetrieben in dem Sinne, daß der Erfolg der verwendeten Methode in der gewählten Anwendung im Vordergrund steht. Jedoch wird von den Projekten gleichzeitig ein signifikanter methodischer Anteil von hohem Schwierigkeitsgrad gefordert.

Die im Schwerpunkt bearbeiteten Anwendungsbereiche umfassen *Biologie und Chemie*, *Schaltkreis- und Softwareentwurf*, *Robotik und Planung*, *Konstruktion und CAD* sowie *Visualisierung und Animation*.

Auf der Methodenseite bedient sich der Schwerpunkt vor allem aus den Bereichen *Graphenalgorithmen*, *Kombinatorische Optimierung*, *Algorithmische Geometrie*, *Computer Algebra*, *Parallele Algorithmen*.

Weitere Informationen über den Schwerpunkt sind über das Internet unter `http://www.gmd.de/SCAI/dfg/` zu finden.

Im folgenden wird ein Projekt aus dem Bereich *Visualisierung und Animation* exemplarisch vorgestellt: Das automatische Zeichnen von Graphen, das im Schwerpunkt von Arbeitsgruppen in Halle, Köln, Passau und Saarbrücken getragen wird.

2 Was ist automatisches Zeichnen von Graphen?

Vor drei Jahren wandte sich der Berliner Astrophysiker Holger Beck an die Autorin mit der Frage, ob Informatiker helfen könnten, Diagramme wie das in Abb. 1 automatisch zu erstellen. Es handelt sich dabei um ein in [1] publiziertes chemisches Reaktionsflußdiagramm, wie sie von Chemikern in großer Anzahl produziert werden. In einem zeitraubenden Verfahren werden die chemischen Elemente (Knoten) mit Hilfe einer Standard-Graphiksoftware von Hand mit der Maus plaziert und die Reaktionen (Kanten) eingezeichnet. Ist das Resultat nicht übersichtlich genug, so werden Knoten verschoben, Kanten verlegt, oder man fängt gleich noch einmal von vorne an.

Ähnliche Probleme treten in vielen anderen Bereichen auf, z.B. bei Datenstrukturen, ER-Diagrammen, Flußgraphen, Petrinetzen, Schaltplänen oder Skizzen. Es verbleibt beim Anwender, die Objekte zu plazieren und die Verbindungen zu ziehen. Hier setzt das automatische Zeichnen von Graphen an. Gesucht werden Algorithmen für ästhetisch schöne Layouts von Graphen. „Ästhetisch schön" steht hier für „übersichtlich" und „verständlich" und wird formal durch Ästhetikkriterien wie z.B. die Anzahl der Kreuzungen oder Knicke von Kanten beschrieben. Erste wahrnehmungspsychologische Untersuchungen zur Ästhetik und Verständlichkeit von Zeichnungen bestätigen die Bedeutung dieser Kriterien [21].

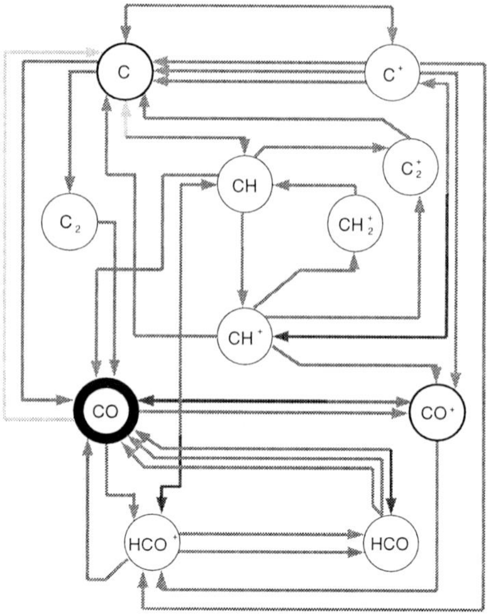

Abbildung 1. Computerunterstützt gezeichnetes chemisches Reaktionsflußdiagramm

Die Anfrage von Herrn Beck kam zu einem Zeitpunkt, als sich bereits eine starke Interessengruppe für das Thema Graphenzeichnen gebildet hatte. Man hat die von Tutte in seinem 1963 erschienenen Aufsatz initiierte Frage „How to draw a graph" [26] wieder aufgegriffen. Seit 1992 findet jährlich eine „Graph Drawing" Konferenz statt.

3 Einige Zeichenalgorithmen

Drei typische Verfahren zum Zeichnen von Graphen wollen wir an einem Beispiel vorstellen. Eades und Marks haben zu den Graph Drawing Symposien GD'94, GD'95 und GD'96 einen „Graph Drawing Contest" organisiert. Es galt, ihre Wettbewerbsgraphen so schön wie möglich zu zeichnen. Die Einsendungen wurden von einer Jury bewertet und mit Preisen prämiert [25], [4], [20]. Solche Wettbewerbe, so spielerisch sie zunächst erscheinen mögen, helfen, den Begriff „Schönheit" auf verschiedene Weisen formal zu präzisieren.

In den Abbildungen 2 und 3 zeigen wir drei Zeichnungen eines Wettbewerbsgraphen der GD'94 in Princeton. Besonders leicht verständlich ist die von Eades [7] eingeführte „spring embedder" Methode, die auf einem physikalischen Kräftemodell basiert. Unsere Forschungen hier beziehen sich auf die Einbeziehung von Nebenbedingungen sowie empirische Untersuchungen verschiedener Varianten [2].

Als nächstes wenden wir eine Adaption einer von Sugiyama, Tagawa und Toda [23] für die Zeichnung gerichteter Graphen vorgeschlagenen Methode auf unseren (ungerichteten) Wettbewerbsgraphen an. Die Knoten werden so auf Schich-

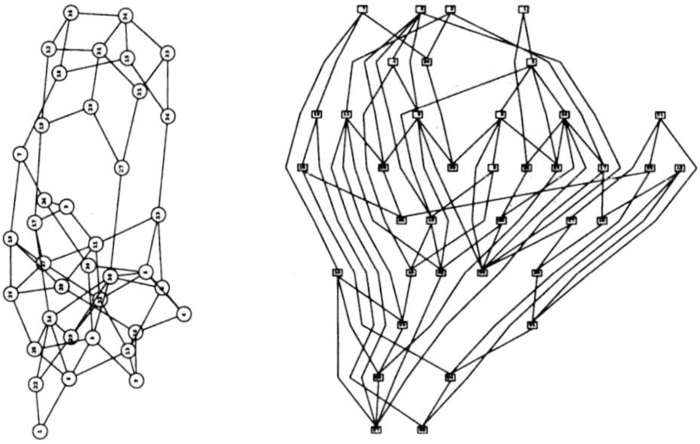

Abbildung 2. Zeichnung des Wettbewerbsgraphen mit Eades' und mit Sugiyama's Algorithmus

ten verteilt, daß innerhalb der Schichten keine Kanten verlaufen und möglichst wenige Kantenüberkreuzungen entstehen. Hier treten NP-schwierige Probleme auf, die teilweise approximativ (wie in Abb. 2) und in manchen Fällen optimal gelöst werden. So können wir z.B. gewisse 2-Schichten Kreuzungsminimierungsprobleme bereits praktisch effizient optimal lösen [12].

Eine weitere Methode besteht darin, durch temporäres Löschen von Kanten Planarität herzustellen, dann eine Methode zum Zeichnen planarer Graphen anzuwenden und die gelöschten Kanten anschließend wieder geeignet einzuzeichnen. Wir wollen Tamassia's Algorithmus [24] für orthogonale Zeichnungen planarer Graphen mit Kantenknickminimierung bei fixer topologischer Einbettung verwenden und mit minimalen Veränderungen (Anzahl der entfernten Kanten) die Voraussetzungen für seine Anwendung herstellen. Unser Wettbewerbsgraph ist nicht planar, und manche Knoten haben den Grad sechs. Man kann zeigen (darauf kommen wir in Kapitel 4 zurück), daß wenigstens zehn Kanten entfernt werden müssen, um einen planaren Graphen mit Gradbeschränkung vier zu erhalten. Wir zeichnen den resultierenden Graphen mit Tamassia's Algorithmus und fügen die entfernten Kanten unter gleichzeitigen geeigneten Veränderungen der Knotenpositionen nachträglich ein. Das Ergebnis ist in Abb. 3 dargestellt. Diese Zeichnung (von Mutzel und Odenthal) gewann in Princeton den ersten Preis [25].

Dies war nur ein kleiner Ausschnitt der bekannten Verfahren zum Zeichnen von Graphen. Eine kommentierte Bibliographie findet man in [6]. Neuere Arbeiten wurden auf den Graph Drawing Symposien vorgestellt [25], [4], [20].

4 Planarisierung, Augmentierung und Gradbeschränkung

Für planare Graphen gibt es eine reiche Auswahl von Zeichenverfahren, die jedoch neben der Planarität in der Regel weitere Voraussetzungen wie k-Zusammenhang (in einem k-zusammenhängenden Graphen müssen wenigstens k Kno-

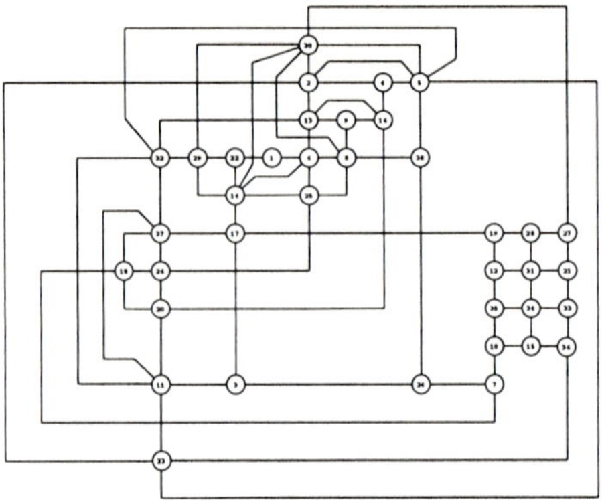

Abbildung 3. Gewinner-Zeichnung des Wettbewerbsgraphen

ten entfernt werden, um den Graphen unzusammenhängend zu machen) mit $k = 2$ oder $k = 3$ und Beschränkungen des Knotengrades meist zwischen 4 und 8 erfordern. Das Herstellen dieser Voraussetzungen mit minimaler Veränderung des zu zeichnenden Graphen (Anzahl hinzugefügter plus Anzahl entfernter Kanten) durch Augmentierung und Planarisierung läßt sich im allgemeinen nicht schrittweise erreichen, ohne die Optimalität zu verlieren.

Während es leicht ist, einen beliebigen Graphen $G = (V, E)$ mit Knotenmenge V und Kantenmenge E unter Hinzufügung einer minimalen Anzahl von Kanten 2- bzw. 3-zusammenhängend zu machen, ist die Bestimmung einer Kantenmenge minimaler Kardinalität, deren Entfernung aus einem gegebenen Graphen zu einem planaren Graphen führt, NP-schwierig.

Selbst für Graphen praxisrelevanter Größe ist es aber oft möglich, Optimallösungen mit Hilfe eines in [9] vorgestellten Branch&Cut Verfahrens zu finden. Wir skizzieren die Idee: Nach einem klassischen Resultat von Kuratowski [14] ist ein Graph genau dann planar, wenn er weder eine Unterteilung des vollständigen Graphen auf 5 Knoten K_5 noch eine Unterteilung des vollständigen bipartiten Graphen $K_{3,3}$ enthält (Abb. 4). Bei einer Unterteilung eines Graphen ist es erlaubt, beliebige zusätzliche Knoten auf den Kanten des ursprünglichen Graphen anzubringen. Die Unterteilungen von K_5 und $K_{3,3}$ heißen auch Kuratowski-Graphen.

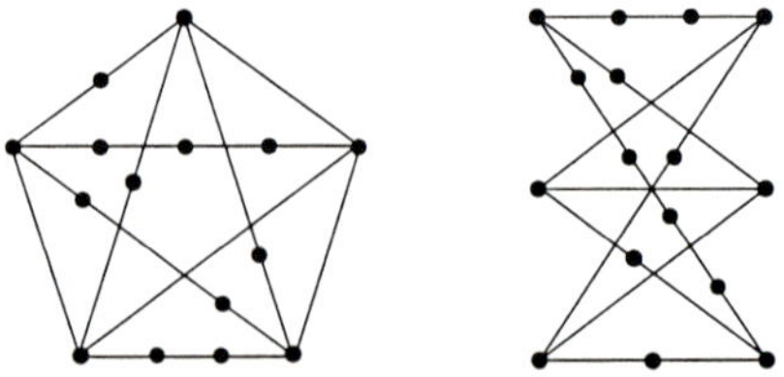

Abbildung 4. Unterteilungen der verbotenen Untergraphen

Wir ordnen nun jeder Teilmenge F der Kantenmenge E eines gegebenen Graphen $G = (V, E)$ einen $|E|$-dimensionalen charakteristischen Vektor $\chi^F \in \{0,1\}^E$ zu, dessen Komponenten mit den Kanten $e \in E$ indiziert sind und setzen $\chi_e^F = 1$ falls $e \in F$ und $\chi_e^F = 0$ falls $e \notin F$. Dann sind die charakteristischen Vektoren aller planarer Subgraphen von G genau die ganzzahligen Lösungen $x \in R^E$ des folgenden Ungleichungssystems:

$$\begin{array}{ll} 0 \leq x_e \leq 1 & \text{für alle } e \in E, \\ \sum\limits_{e \in K} x_e \leq |K| - 1 & \text{für alle } K \subseteq E \text{ die die} \\ & \text{Kantenmenge eines Kuratowski} \\ & \text{Subgraphen von } G \text{ definieren} \end{array}$$

Fügen wir die Zielfunktion

$$\text{maximiere} \sum_{e \in E} x_e$$

und die Ganzzahligkeitsbedingungen

$$x_e \text{ ganzzahlig für alle } e \in E$$

hinzu, so haben wir unser Problem als ganzzahliges lineares Optimierungsproblem formuliert, denn die Ungleichungen schließen die verbotenen Kuratowski-Subgraphen aus. Läßt man die Ganzzahligkeitsbedingungen weg, so entsteht ein lineares Optimierungsproblem, dessen optimaler Zielfunktionswert eine obere Schranke für die Anzahl der Kanten in einem planaren Subgraphen von G ist. Durch Hinzufügen weiterer Ungleichungen kann man diese Schranke verschärfen. In [11] wird dargestellt, wie man solche Relaxierungen mit Hilfe eines Schnittebenenverfahrens („Cut“) lösen kann und wie die Lösungen solcher Relaxierungen als Schranken in einem Enumerationsverfahren („Branch“) zur Optimallösung des Planarisierungsproblems ausgenutzt werden können. Dieses „Branch&Cut“-Verfahren ist so angelegt, daß auch gute zulässige Lösungen (charakteristische Vektoren planarer Subgraphen großer Kardinalität) gefunden werden, so daß zu jeder Zeit eine Lösung mit einer aus der oberen Schranke resultierenden Gütegarantie angegeben werden kann. So entsteht als Nebenprodukt eine Heuristik, die Lösungen mit sehr hoher Qualität im Vergleich zu einfacheren Heuristiken produziert [11].

Als Herr Beck uns das chemische Reaktionsflußdiagramm schickte, hatten wir gerade eine erste Version unserer Planarisierungssoftware fertiggestellt. Wendet man sie auf den zugrundeliegenden Graphen (Vernachlässigung der Richtungen und Ersetzen von Mehrfachkanten durch Einfachkanten) an, so stellt sich heraus, daß dieser Graph nicht planar ist, aber die Entfernung der Kante zwischen CH und HCO^+ zu einem planaren Graphen führt. Eine Implementierung des in [16] beschriebenen Algorithmus lieferte uns eine topologische Einbettung, aus der wir (noch halbautomatisch) das neue in Abb. 5 gezeigte Diagramm konstruierten.

Kommen wir nun auf das Problem der optimalen Planarisierung unter Zusammenhangs- und Gradbeschränkungen zurück. Es ist prinzipiell kein Problem,

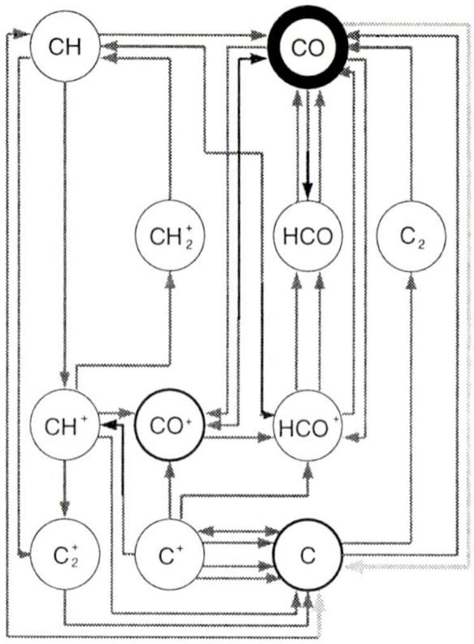

Abbildung 5. Das mit der beschriebenen Methode (noch halbautomatisch) gezeichnete chemische Reaktionsflußdiagramm aus Abb. 1

unseren oben skizzierten Branch&Cut Algorithmus entsprechend zu modifizieren. Dazu vervollständigen wir unseren Eingabegraphen $G = (V, E)$ (es sei $n := |V|$) durch Hinzunahme aller fehlenden Kanten zum vollständigen Graphen $K_n = (V, E_n)$. Stoer [22] hat gezeigt, wie man die k-Zusammenhangsbedingungen (analog zu den „Kuratowski-Bedingungen") als Ungleichungen formulieren kann. Für k-Zusammenhang ist es hinreichend, zu fordern, daß der Graph nach Entfernen von $k-1$ beliebigen Knoten immer noch zusammenhängend ist, und das ist der Fall, wenn zwischen jeder Knotenteilmenge im Restgraphen und deren Komplement wenigstens eine Kante verläuft. Für $Y \subseteq V$ bezeichnen wir mit $G \setminus Y$ den Graphen, der aus G durch Entfernung aller Knoten in Y und der zu diesen inzidenten Kanten resultiert. Für $W \subseteq V \setminus Y$ sei dann $\delta_{G \setminus Y}(W)$ die Menge der Kanten, die in $G \setminus Y$ die Knotenmenge W mit ihrem Komplement verbindet. Die Ungleichungen lauten dann

$$\sum_{e \in \delta_{K_n \setminus Y}(W)} x_e \geq 1 \text{ für alle } Y \subseteq V, |Y| = k-1, W \subseteq V \setminus Y.$$

Gradbeschränkungen auf Grad l sind ganz einfach als Ungleichungen formulierbar:

$$\sum_{e \in \delta_{K_n}(\{v\})} x_e \leq l \text{ für alle } v \in V.$$

Die Zielfunktion

$$\text{maximiere} \sum_{e \in E} x_e - \sum_{e \in E_n \setminus E} x_e$$

sorgt nun dafür, daß viele Kanten aus unserem ursprünglichen Graphen $G = (V, E)$ genommen werden, aber nur wenige der „neuen" Kanten.

Es ist zur Zeit noch unklar, welche zusätzlichen Ungleichungen nach Weglassen der Ganzzahligkeitsbedingungen für ein Branch&Cut Verfahren geeignet sind. Vorläufige Untersuchungen stimmen uns recht zuversichtlich [10], [18], [5].

Wir haben viele Details und ganze Teilprobleme nicht diskutiert. Z.B. ist es natürlich leicht, in der abschließenden „Reparaturphase" künstlich hinzugefügte Kanten aus der Zeichnung zu entfernen, aber es ist NP-schwierig, künstlich weggelassene Kanten wieder hinzuzufügen, so daß möglichst wenige zusätzliche Kantenüberkreuzungen entstehen. Man verwendet zur Zeit üblicherweise Heuristiken, die auf kürzeste-Wege-Berechnungen im dualen Graphen eines planaren Graphen beruhen.

5 Systeme zum Zeichnen von Graphen

Neben chemischen Reaktionsflußdiagrammen gibt es zahlreiche andere Herausforderungen an die Algorithmenentwicklung zum Zeichnen von Graphen, denen wir uns stellen müssen. Es gibt schon jetzt mehrere bereits etablierte Kooperationen mit der Industrie (übersichtliche automatische Erstellung von Organisations- und Produktions-Ablaufdiagrammen) oder im universitären Bereich (Visualisierung von Regeln im „Data Mining", Erstellung von Harris-Matrix Diagrammen in der Archäologie). Neben den in diesem Artikel beschriebenen algorithmischen Fragestellungen widmen wir uns in dem DFG-Projekt auch den hiermit verbundenen neuen Aufgaben. Den interessierten Anwendern ist natürlich nicht mit der Veröffentlichung wissenschaftlicher Aufsätze wie den hier zitierten gedient. Sie brauchen konkrete Unterstützung in Form von benutzerfreundlicher Software.

Systeme zum Zeichnen von Graphen erfordern Grapheneditoren und Layoutalgorithmen in einer integrierten Umgebung. Es ist das Hauptziel unseres DFG-Projekts, den Grapheneditor Graphlet und die Software-Bibliothek AGD-Library von Layoutalgorithmen bereitzustellen. Durch die Integration beider Komponenten in ein Gesamtsystem sollen die Anwender gute neue Werkzeuge zur automatischen Erstellung ihrer Layouts erhalten, ohne sich um algorithmische Details kümmern zu müssen. Der modulare Aufbau der AGD-Library wird es erlauben, neue Layoutsoftware in das System zu integrieren, wobei auf geeignete bereits entwickelte Datenstrukturen und Algorithmen zurückgegriffen werden kann.

Um die Implementierung von Graphenalgorithmen und Oberflächen zu vereinfachen, stellt Graphlet die Programmiersprache GraphScript zur Verfügung. Algorithmen können direkt in GraphScript geschrieben werden oder über eine Schnittstelle in GraphScript eingebunden werden. GraphScript integriert Algorithmen und Benutzerinteraktionen, so daß z. B. die Animation von Algorithmen nur einen geringen Zusatzaufwand erfordert. Die Verwendung von Tcl/Tk zur Implementierung der Benutzerschnittstelle garantiert weitreichende Portabilität. Graphlet ist für UNIX und Microsoft Windows verfügbar.

Die Software-Bibliothek AGD-Library der Layout-Algorithmen ist auf LEDA [17] als algorithmischer Basis aufgebaut. LEDA („a Library for Efficient Data types and Algorithms") stellt in C++ objektorientierte Realisierungen von Datentypen und Algorithmen bereit, die es erlauben, gleichzeitig elegante und effiziente Software für kombinatorische und geometrische Aufgaben zu erstellen. Zu der bestehenden reichhaltigen Sammlung grundlegender Datenstrukturen und Algorithmen (wie Prioritätsschlangen, Wörterbücher, etc.) werden für unser Projekt wichtige Komponenten hinzugefügt, wie z.B. st-Numerierungen, PQ-Bäume oder duale planare Graphen.

Die Branch&Cut Algorithmen unserer Layout-Bibliothek werden in ABACUS [13] implementiert. ABACUS („A Branch And CUt System“) stellt in C++ einen objektorientierten Rahmen zur eleganten und effizienten Realisierung von Branch&Cut Algorithmen bereit. Neben der in Kapitel 4 beschriebenen Planarisierung gibt es in unserem DFG-Projekt weitere Anwendungen von ABACUS im Zusammenhang mit Verfahren zur Kreuzungsreduktion [12,19] oder auch der Bestimmung maximaler azyklischer Subgraphen, die in gewissen Zeichenalgorithmen für gerichtete Graphen eine zentrale Rolle spielen.

Aufbauend auf LEDA und ABACUS werden die in der Software-Bibliothek zusammengefaßten Layout Algorithmen zum automatischen Graphenzeichnen implementiert. Umgekehrt erhalten LEDA and ABACUS via Graphlet und der Software-Bibliothek eine komfortable Benutzeroberfläche für die Manipulation von Graphen und die Animation von Algorithmen. Ein kompaktes Spezialwerkzeug zum Zeichen von Bäumen, das wir insbesondere zur Animation von Branch&Cut Algorithmen verwenden, wurde im Rahmen des DFG-Projekts bereits fertiggestellt [15].

Da es kein standardisiertes Dateiformat für Graphen mit Layoutattributen gibt, arbeiten wir in dem DFG-Projekt in Abstimmung mit Vertretern der internationalen „Graph Drawing Community“ an einem geeigneten Vorschlag [8].

Die Deutsche Forschungsgemeinschaft unterstützt unsere Arbeiten im Rahmen des Schwerpunktprogramms „Effiziente Algorithmen für Diskrete Probleme und ihre Anwendungen“ sowohl bei unseren theoretischen Arbeiten, als auch bei der konkreten Software-Erstellung. Am Projekt beteiligt sind Arbeitsgruppen an den Universitäten Halle (Näher, Alberts), Köln (Jünger, Lange, Leipert) und Passau (Brandenburg, Bachl, Himsolt, Stübinger, Wetzel) und am Max-Planck-Institut für Informatik in Saarbrücken (Mehlhorn, Mutzel, Hundack, Ziegler). Näheres ist unter `http://www.gmd.de/SCAI/dfg/e-version/projects.html` im WWW. Dort ist auch beschrieben, wie man sich die im Rahmen des Projekts entstandene Software beschaffen kann.

Literatur

1. H.K.B. Beck, H.-P. Galil, R. Henkel, und E. Sedlmayr. Chemistry in circumstellar shells, I. chromospheric radiation fields and dust formation in optically thin shells of M-giants. *Astron. Astrophys.*, 265:626–642, 1992.
2. F.J. Brandenburg, M. Himsolt, und C. Rohrer. An experimental comparison of force-directed and randomized graph drawing algorithms. *Proc. Graph Drawing '95, LNCS*, 1027:76–87, 1996.
3. F.J. Brandenburg, M. Jünger, und P. Mutzel. Algorithmen zum automatischen Zeichnen von Graphen. *Informatik Spektrum*, 4, 1997.

4. F.J. Brandenburg (ed.). Proceedings Graph Drawing '95. *LNCS*, 1027, 1996.
5. C. De Simone und M. Jünger. On the two-connected planar spanning subgraph polytope. *Technical Report No. 96.229, Institut für Informatik, Universität zu Köln*, 1996, erscheint in Discrete Applied Mathematics.
6. G. Di Battista, P. Eades, R. Tamassia, und I.G. Tollis. Algorithms for drawing graphs: an annotated bibliography. *Comput. Geometry: Theory Appl.*, 4:235–282, 1994.
7. P. Eades. A heuristic for graph drawing. *Congressus Numerantium*, 42:149–160, 1984.
8. M. Himsolt. A graph file format. *Manuskript, Universität Passau*, 1996.
9. M. Jünger und P. Mutzel. Solving the maximum planar subgraph problem by branch and cut. In L.A. Wolsey und G. Rinaldi (Ed.), *Proc. 3rd IPCO Conference, Erice*, 479–492, 1993.
10. M. Jünger und P. Mutzel. The polyhedral approach to the maximum planar subgraph problem: New chances for related problems. *Proc. Graph Drawing '94, LNCS*, 894:119–130, 1995.
11. M. Jünger und P. Mutzel. Maximum planar subgraphs and nice embeddings: Practical layout tools. *Algorithmica*, 16:33–59, 1996.
12. M. Jünger und P. Mutzel. Exact and heuristic algorithms for 2-layer straightline crossing minimization. *Proc. Graph Drawing '95, LNCS*, 1027:337–348, 1996, revidierte Version erscheint in J. Graph Algorithms and Applications.
13. M. Jünger und S. Thienel. The design of the branch and cut system ABACUS. *Technical Report No. 97.260, Institut für Informatik, Universität zu Köln*, 1997.
14. K. Kuratowski. Sur le problème des courbes gauches en topologie. *Fund. Math.*, 15:271–283, 1930.
15. S. Leipert. The Tree Interface - Version 1.0 User Manual. *Technical Report No. 96.242, Institut für Informatik, Universität zu Köln*, 1996.
16. K. Mehlhorn und P. Mutzel. On the embedding phase of the Hopcroft and Tarjan planarity testing algorithm. *Algorithmica*, 16:233–242, 1996.
17. K. Mehlhorn und S. Näher. LEDA: A platform for combinatorial and geometric computing. *Comm. Assoc. Comput. Mach.*, 38:96–102, 1995.
18. P. Mutzel. A polyhedral approach to planar augmentation and related problems. *Proc. ESA '95, LNCS*, 979:494–507, 1995.
19. P. Mutzel. An alternative approach for drawing hierarchical graphs. *Proc. Graph Drawing '96, LNCS*, erscheint 1997.
20. S. North (ed.). Proceedings Graph Drawing '96. *LNCS*, erscheint 1997.
21. H.C. Purchase, R.F. Cohen, und M. James. Validating graph drawing aesthetics. *Proc. Graph Drawing '95, LNCS*, 1027:435–446, 1996.
22. M. Stoer. *Design of Survivable Networks.* Lecture Notes in Mathematics, Springer-Verlag, Berlin, 1992.
23. K. Sugiyama, S. Tagawa, und M. Toda. Methods for visual understanding of hierarchical system structures. *IEEE Trans. Syst. Man, Cybern.*, SMC-11:109–125, 1981.
24. R. Tamassia. On embedding a graph in the grid with the minimum number of bends. *SIAM J. Computing*, 16:421–444, 1987.
25. R. Tamassia und I.G. Tollis (eds.). Proceedings Graph Drawing '94. *LNCS*, 894, 1995.
26. W.T. Tutte. How to draw a graph. *Proc. London Math. Soc.*, 13:743–768, 1963.

Ziele und Aufbau des Sonderforschungsbereichs „Multiprozessor- und Netzwerkkonfiugrationen" der Universität Erlangen-Nürnberg

Prof. Dr. H. Wedekind
Sprecher des Sonderforschungsbereichs
Universität Erlangen-Nürnberg - Informatik VI (Datenbanksysteme)
Martensstr. 3, 91058 Erlangen
E-mail:wedekind@informatik.uni-erlangen.de

1. Einleitung: Die Forderung nach Interdisziplinarität

In Publikationen der Deutschen Forschungsgemeinschaft (DFG) heißt es kurz und knapp: „Sonderforschungsbereiche sind langfristig, in der Regel auf die Dauer von 12 bis 15 Jahren angelegte Forschungseinrichtungen, in denen Wissenschaftler im Rahmen fächerübergreifender Forschungsprogramme zusammenarbeiten. Die Hochschulen stellen für Sonderforschungsbereiche eine angemessene personelle und materielle Grundausstattung zur Verfügung; sie sind Antragsteller und Empfänger der Förderung durch die DFG".[DFG 92,S.22],[St89,S.V.]. Im Zentrum der Bedingungen, welche die DFG als „Auftraggeber" den Hochschulen als „Auftragnehmer" stellt, steht die Forderung, ein fachübergreifendes Forschungsprogramm aufzustellen und auszufüllen. Abkürzend spricht man von Interdisziplinarität. Wenn das Forschungsziel festgelegt ist und die personellen und sächlichen Voraussetzungen geklärt sind, ist das Erreichen einer interdisziplinären Forschung die Hauptsorge eines jeden Sonderforschungsbereichs, die im Jahre 1995 auf die stattliche Anzahl von 220 angewachsen sind [DFG 92,S.24]. Wer sich langfristig diese Sorge nicht aufbürden will, mag sich im Rahmen der DFG anderen Fördermaßnahmen, wie etwa den Normalverfahren oder den Schwerpunktprogrammen, zuwenden. Die forschungspolitische Zielsetzung der DFG mit ihrem Institut der Sonderforschungsbereiche ist klar: Sie will der fortschreitenden Zersplitterung der Hochschulfächer und der zunehmenden Unfähigkeit, fachübergreifend zu denken, entgegenwirken. In der Tat: Der Fächerkatalog des Hochschulverbandes umfaßt heute über 4000 Fächer; eine disziplinäre Ordnung dieser Fächer herzustellen, scheint unmöglich zu sein. Organisatorisch sprießen an den Hochschulen Ein-Fach Fakultäten aus dem Boden. „Ein-Fach-Fakultäten (mit oder ohne Bindestrich) sind die McDonald's der neuen Hochschulstruktur, Fächer wie Hymnologie, Brasilianische Sprachwissenschaften, Szientometrie, Gerontopsychologie oder Didaktik der Astronomie sind ihre Unübersichtlichkeitsmacher" meint Mittelstraß ironisch [Mi 89,S.70]. Um die Atomisierung der Fächer zu beklagen, ist es nicht erforderlich, auf die Weite des universitären Fächerkanons einzugehen. In der Informatik sollten wir uns an die eigene Brust klopfen, wenn wir vornehmlich zu den Anwendungen hin diverse Bindestrichinformatiken, von der Bau-Informatik bis zur Wirtschafts-Informatik, alphabetisch geordnet betrachten und nur Fächerzusammenstellungen, bloße Aggregationen sehen, die sich z.B. um ein Fortran- oder Cobolprogrammieren aufgetan haben. Informatik scheint beliebig paarbar zu sein, und Archäologie sowie Zoologie gehören schon zum Nebenfächerkanon in einigen Informatik-Fakultäten. Multidisziplinarität ist aber keine Interdisziplinarität. Diese ist schwer, jene leicht zu haben. Interdisziplinarität ist mit einer Mannschaftssportart, etwa Fußball zu vergleichen. Multidisziplinarität ist in diesem Bilde dem Olympischen Mehrkampf in der Leichtathletik verwandt. Über den mühsamen Weg des Erlanger Sonderforschungsbereichs, der nunmehr über 10 Jahre begangen wird, ist zu berichten. Der SFB endet mit Ablauf des Jahres 1998. Eine Abschlußveranstaltung findet im Oktober 1998 statt.

2. Der Erlanger Versuch einer interdisziplinären Forschung

Ich möchte in diesem Abschnitt nicht in die Details der Forschungsprogramme der 14 Teilprojekte gehen. Ziel dieses Abschnitts ist es, die großen Schwierigkeiten aufzuzeigen, denen wir Anfang 1987 nach der Bewilligung durch die DFG gegenüberstanden. Der SFB wurde in einer vertikalen Struktur mit der Absicht konzipiert, die Erfahrungen der Erlanger Informatiker mit Multiprozessoren und Verteilten Systemen zu bündeln, um die rasante Hardwareentwicklung über eine systematische Softwarekonstruktur in exemplarisch ausgesuchten Anwendungen schnellstmöglich nutzbar zumachen. „Die rasche und erfolgreiche Nutzung des Leistungspotentials von Parallelrechnern hängt nicht zuletzt daovn ab, wie gründlich die Anwendungsprogrammierer aus den unterschiedlichen Bereichen an die neue Technologie herangeführt werden“ vermerkt Prof. Reuter (Stuttgart) zutreffend [Re93]. Wegen seiner Anwendungsorientierung, die im Hardwarebereich beginnt, ist der SFB vertikal und deshalb im Verhältnis zu anderen Sonderforschungsbereichen, die in die Breite gehen, außerordentlich heterogen. Neben den klassischen Informatik-Fächern sind die Physik, Nachrichtentechnik, Fertigungstechnik, Strömungsmechanik und Industriebetriebslehre vertreten. Wir stellten sehr bald fest, daß unser Ansinnen, in unserem SFB die Differenzierung der Fachwissenschaften wieder rückgängig zu machen, voller Romantik war. Die Fächer haben sich eben gegeneinander verhärtet und verkrustet, und in der Tat „als Kruste diente uns das Gehäuse der Terminologie und Nomenklaturen“, die wie Prof. Weinrich vom Bielefelder ZiF (Zentrum für interdisziplinäre Forschung) einmal feststellte, „mit großer Befriedigung rezipiert und reproduziert werden, weil sie so schön leicht lehrbar und lernbar sind“. Man braucht nur so schillernde Begriffe wie „Datei“, „Prozeß“, „Objekt“, „Abstraktion“, „Verteiltes System“ usw. in eine Diskussion zu bringen und schon gibt es bei Fachvertretern Begriffsfestlegungen. Dateien der Betriebssysteme sind nunmal etwas ganz anderes als Dateien der Anwendung. Man mag dieses Faktum beklagen, die terminologische Kruste verändert sich dadurch nicht. Uns wurde klar, daß eine gemeinsame termionologische Basis vonnöten ist, um unser genehmigtes, fachübergreifend formuliertes Forschungsprogramm zum Erfolg zu führen. Interdisziplinäre Forschung setzt interdisziplinäre Grundlagen in Form eines gemeinsamen terminologischen Wissens voraus [Lo74]. Es entstand der Gedanke, gemeinsam ein Lexikon über Verteilte Systeme herauszubringen, um so eine Art „Gesetzbuch“ zu schaffen, mit dem eine gewisse Verbindlichkeit hergestellt werden sollte. Über 200 Termini wurden aufgelistet und in die Kategorien Kurz-, Mittel- und Langbeiträge gegliedert. Organisatorische Vorbereitungen wurden getroffen. Der Versuch scheiterte kläglich. Die Gründe sind vielfältig und sollen hier nicht en detail erläutert werden. Wissenschaftler wollen Ergebnisse erarbeiten und publizieren und nicht Stichworte eines Fachlexikons bearbeiten. Über Umwege wurde der Mißerfolg doch noch zu einem Teilerfolg, bescheiden ausgesprochen. Entscheidend war die Idee, aus der laufenden Forschungsarbeit heraus gemeinsam ein Buch, ein ca. 550 Seiten umfassendes Kompendium mit dem Titel „Verteilte Systeme - Grundlagen und zukünftige Entwicklungen aus der Sicht des Sonderforschungsbereichs 182 (Multiprozessor- und Netzwerkkonfigurationen)“ zu verfassen [We93]. Es handelt sich nicht wie bei Tagungsbänden um eine Ansammlung isolierter Arbeiten, sondern um „verkettete“ Beiträge, die durch gegenseitige Bezüge charakterisiert sind. Das Buch, an dem 46 Autoren beteiligt waren, besteht aus sieben Kapiteln:

1. Umgrenzung des Begriffs „Verteiltes System“,
2. Grundprobleme und Basismechanismen,
3. Verteilte Hardware- und Software-Architekturen,
4. Grundlagen und Anwendungen objektorientierter Konzepte,
5. Anwendungen,
6. Bewertung verteilter Echtzeitsysteme,
7. Spezifikation und Verifikation.

Es kommt mir nicht darauf an, das umfangreiche Stichwortverzeichnis hervorzuheben, das in jedem guten Buch zu finden ist. Eine Besonderheit ist das Glossar mit ca. 400 Einträgen am Ende, ein „Lexikon-Ersatz“, das als Nebenprodukt anfiel. Es hat viele Verständigungsschwierigkeiten bei seiner Erstellung gegeben, die aber in kollegialer Zusammenarbeit überwunden werden konnten. Die Frühjahrs- und Herbsttagungen auf Schloß Pommersfelden waren häufig der Rahmen, um in Rede und Gegenrede zum Konsens zu gelangen. Auch die gemeinsamen Tagungen mit den verwandten Sonderforschungsbereichen in Kaiserslautern/Saarbrücken (SFB 124) und München (SFB 342) haben zur Klärung wichtiger interdisziplinärer Fragen erheblich beigetragen [HWZ90],[BD93].

Im Laufe der noch am Anfang isoliert ablaufenden Arbeiten wurde deutlich, daß zur Überwindung der Verkrustung nicht nur ein infradisziplinäres Wissen in Form einer gemeinsamen Terminolgie „unterstellt“ werden mußte. Ohne eine „Überstellung“, ein supradisziplinäres Ziel ist eine produktive Interdisziplinarität nicht zu erreichen. Gemeint ist die Projektforschung, in der viele Disziplinen in einem definierten Zeitrahmen spezifizierte Projektaufgaben zu erledigen haben. Mit dem Begriff „Projekt“ werden nach DIN zeitlich befristete außergewöhnliche Vorhaben gekennzeichnet, die relativ komplex und neuartig, oft auch einmalig sind und funktionsübergreifendes Wissen erfordern [DIN87]. Hochschulprojekte im Rahmen eines SFB sind etwas anderes als Industrieprojekte. Wenn eine Produktforschung - wie in unserem Fall im Projekt MEMSY -- zur Debatte steht, können im Hochschulbereich nur Prototypen angestrebt werden. Man muß zeigen können, „daß es geht“. Prototypen enthalten in der Regel viele Programmierfehler, diverse Spezifikationsunebenheiten und sind schlecht dokumentiert. Im Gegensatz zu professionell durchführbaren Industrieprojekten sind Projekte in SFB'en auch unter dem Aspekt der Ausbildung zu sehen. „Sonderforschungsbereiche ermöglichen die Bearbeitung anspruchsvoller, aufwendiger und langfristig konzipierter

Forschungsvorhaben. Die Förderung des wissenschaftlichen Nachwuchses gehört zu ihren besonderen Aufgaben" [DFG92, S.22]. Studenten, Diplomierte, Promovierte und Professoren sind Mitarbeiter in Hochschulprojekten, die wegen der Ausbildungsverpflichtung auch persönliche Fragestellungen zu klären haben. Demgegenüber meint Plessner zur industriellen Forschung: „Der moderne Forscher arbeitet zwar unter Einsatz aller Kräfte, aber unter Ausschaltung seiner Persönlichkeit und ist im Sinne dieser Ausschaltung in der Zucht einer unpersönlichen Fragestellung, im einzelnen Falle vielleicht als genialer Kopf unschätzbar ist, als Individualität jedoch prinzipiell ersetzbar. Die Logik der Problementwicklung hält seine Wissenschaft in Gang wie der Produktionsplan in einem Betrieb" [Pl66, S.132].

3. Die Projekte des Sonderforschungsbereichs

Der SFB besteht 1997 aus 14 Teilprojekten und drei interdisziplinären Projekten, die Querschnittsprojekte MEMSY (Modulares Erweiterbares MultiprozessorSystem , HEDAS (HEterogene Durchgängige AnwendungsSysteme) und MULTIMEDIA (Speicherung, Übertragung und Präsentation großer Datenobjekte in Rechnernetzen). Teil- und Querschnittsprojekte mit ihren Verknüpfungen lassen sich am besten in einer Matrixform darstellen:

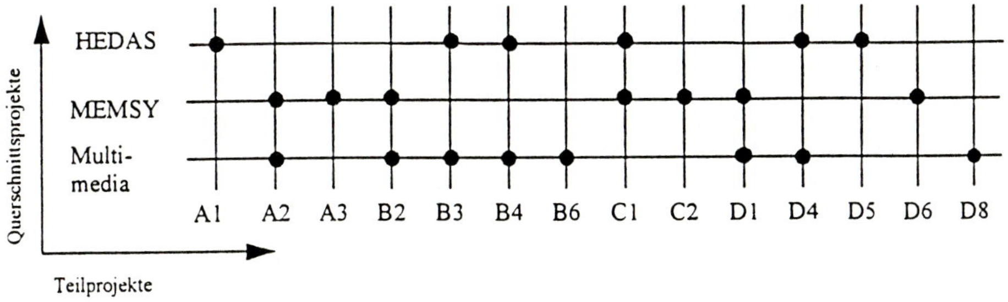

Das MEMSY-Projekt umfaßt ein breites Spektrum von Gesichtspunkten der Multiprozessortechnik. Einige seien aufgezählt: Zerlegung von Anwenderaufgaben in parallel ausführbare Teile, Programmierung praktischer Lösungen der Kommunikations- und Synchronisationsabwicklung, Betriebssysteme für verschiedene Topologien, Messung und Analyse der Ablaufgeschehens, Zusammenhang von Aufgaben bzw. Algorithmenstruktur und erforderlicher Multiprozessorstruktur, Fehlertoleranzaspekte etc. Der Schwerpunkt der Arbeiten im Querschnittsprojekt HEDAS liegt auf der softwaretechnischen Verbindung netzgekoppelter verteilter Rechensysteme. Es werden Methoden und Forschungsergebnisse übr lose gekoppelte Systeme vorgestellt, um komplexe Anwendungen zu realisieren. Der Bereich des „Computer Integrated Manufacturing" (CIM) dient als exemplarisches Anwendungsgebiet. Das Projekt konzentriert sich auf gemischt technisch/planerische Aufgabenstellungen und ihre praktischen Verknüpfungen mit den Problemen verschiedener Rechensysteme auf einen einzelnen CIM-Ebenen. Dem Querschnittsthema Multimedia liegt die Überzeugung zugrunde, daß in Zukunft die Berücksichtigung multimedialer Daten un Funktionen in nahezu allen Anwendungen von Rechensystemen an Bedeutung gewinnen wird. Es ist absehbar, daß multimedial gestaltete Systeme aus unterschiedlichen Gründen (Ästhetik, Sicherheit, Zugänglichkeit) von den Anwendern sehr bald in ähnlicher Weise bevorzugt werden wie heute schon Systeme mit graphischen Mensch-Maschine-Schnittstellen gegenüber solchen mit zeichenorientierten Oberflächen. Neue Konzepte für Rechensysteme müssen deshalb von vornherein so ausgelegt werden, daß sie den Umgang mit multimedialer Information ermöglichen. Dies gilt in besonderem Maße für Verteilte Rechensysteme, zu deren begrifflicher Festlegung viele Beiträge aus dem SFB 182 zu verzeichnen sind. In der Tat stellt Multimedia-Funktionaltität besondere Anfordnungen an nahezu alle Komponenten Verteilter Rechensysteme, zum einen wegen des Umfangs der zu handhabenden Objekte, zum anderen wegen der aus den vielfältigen Kombinationen mit Audio- und Videoinformation entstehenden harten Anforderungen an die Fähigkeiten des technischen Systems zur Echtzeitverarbeitung. Das Zusammenwachsen von Rechnertechnologie, Telekommunikation und Unterhaltungselektronik ist mittlerweile nicht mehr nur eine von Technikern beobachtete Erscheinung, sondern entwikkelte sich zu einem wichtigen kontroversen Gegenstand in der öffentlichen Diskussion.

Projektbereich A:

Im Projektbereich A werden Hardwarekomponenten und Verbindungsstrukturen für eng gekoppelte Multiprozessoren und lose gekoppelte Rechnersysteme untersucht. Die Aktivitäten beinhalten grundlegende Untersuchungen (z.B. geeignete Topologien der Verbindungsstrukturen und Kommunikationsstrategien), Konzeption der verschiedenen Systemteile unter Verwendung sowohl von käuflichen Hardwarekomponenten als auch von eigens entwickelten Teilen sowie Aufbau und Erprobung von Prototypen.

Projektbereich B:

Zentrales Thema innerhalb des Projektbereichs B sind Methoden zum Entwurf von Software-Strukturen für verteilte Systeme. Dabei stehen Fragen der Behandlung von Nebenläufigkeit und Verteilung, der Anpassung von Softwarekomponenten an konkrete Aufgabenstellungen und verteilte Problemlösungsstrategien teilprojektübergreifend im Vordergrund. Nachdem sich das objektorientierte Paradigma zur Programmierung verteilter Systeme weitgehend durchgesetzt hat, dient es auch innerhalb des Projektbereichs als gemeinsame Basis. Darauf aufbauend werden in den einzelnen Teilprojekten Fragen der Spezifikation von Softwarekomponenten und deren Abbildung auf eine gegebene Hardware-Struktur, der Konstruktion eines Ablaufsystems und Kommunikationsdienstes, die Funktions- und Datenverteilung und die Erstellung von Plänen vertieft.

Projektbereich C:

Im Projektbereich C werden Forschungsaktivitäten mit einer gegenstandsübergreifenden wie auch anwendungsübergreifenden Zielsetzung zusammengefaßt. Gemeinsames Anliegen im Projektbereich ist es, sowohl die Funktionssicherheit als auch die Leistungsfähigkeit eines verteilt ablaufenden Systems zu gewährleisten bzw. zu bewerten. Dazu werden Methoden in den Gebieten Spezifikation, Verifikation, Modellbildung, Leistungsbemessung und -bewertung entwickelt und untersucht.

Projektbereich D:

Damit einerseits die im Rahmen des SFB entstehenden Hardware- und Software-Bausteine an praxisnahen Anwendungen getestet werden können und andererseits die Basisentwicklung die Anforderungen der Nutzer kennenlernt, wurde der Projektbereich D geschaffen. Bei der Organisation dieses Bereiches hat man sehr bewußt darauf geachtet, daß Anwendungsgebiete darin vorkommen, die der Praktischen Informatik ebenso zuzurechnen sind wie den Ingenieurwissenschaften und der Betriebswirtschaft. Die Teilprojekte sollen ihrerseits wieder einen gewissen interdiziplinären Charakter besitzen. Beispielsweise wurden sie an Grenzgebieten zwischen betriebswirtschaftlicher Produktionssteuerung und Fertigungsautomatisierung angeordnet.

Anhang

Gliederung des SFB 182 „Multiprozessor- und Netzwerkkonfigurationen"

Projektbereich A	Architektur der speichernden, verarbeitenden und transportierenden Hardwarekomponenten
A1	Kommunikationsmittel für Multiprozessor- und Netzwerkkonfigurationen (D. Seitzer)
A2	Optoelektronische Verbindungssysteme für Multiprozessorsysteme (J. Schwider)
A3	Architektur von Multiprozessoren und Fehlertoleranzeigenschaften (M. Dal Cin)
Projektbereich B	Architektur der speichernden, verarbeitenden und transportierenden Softwarekomponenten
B2	Entwurf und Implementierung eines an Hardwarearchitektur und Aufgabenklassen adaptierbaren Multiprozessorbetriebssystems (H. Hofmann)
B3	Entwurf, Implementierung und Bewertung von Kommunikationsdiensten (U. Herzog)
B4	Funktions- und Datenverteilung in Rechnernetzen (H. Wedekind)

B6	Übertragung von Videosignalen in lokalen Daten-Netzen mit festen und mobilen Endgeräten (B. Girod)
C-Bereich	Theorie und Werkzeuge zur Beschreibung und Bewertung von Multiprozessoren und verteilten Systemen
C1	Messung, Modellierung und Bewertung von Multiprozessoren und Rechnernetzen (R. Hofmann, U.Herzog)
C2	Spezifikation und Verifikation Verteilter Systeme (H. Müller)
D-Bereich	Überprüfung der Konzepte an ausgewählten Pilotanwendungen
D1	Wissensbasierte Bildanalyse (H. Niemann)
D4	Anwendungen von Multiprozessor- und Netzwerkkonfigurationen in der Fertigungsautomatisierung (K. Feldmann)
D5	Produktionsplanung mit Verteilten wissensbasierten Systemen ((P. Mertens)
D6	Parallelisierung von Berechnungsverfahren für Probleme der Strömungsmechanik (F. Durst)
D8	Globale Beleuchtungsberechnung - Verteilungsstrategien und objektorientierte Implementierung (H.-P. Seidel)

Literatur

[BD93] Bode, A., Dal Cin, M.: Parallel Computer Architectures - Theory, Hardware, Software and Applications, Fachtagung der Sonderforschungsbereiche 342 und 182, München 1992, Springer-Verlag LNCS, 1993.

[DFG95] Deutsche Forschungsgemeinschaft: Jahresbericht 1995 Band 2, Programme und Projekte.

[HWZ90] Härder,T., Wedekind,H., Zimmermann,G.: Entwurf und Betrieb verteilter Systeme, Fachtagung der Sonderforschungsbereiche 124 und 182, Dagstuhl, September 1990, Informatik-Fachberichte 264, Springer-Verlag

[Lo74] Lorenzen, P.: Interdisziplinäre Forschung und infradisziplinäres Wissen, In: Derselbe: Konstruktive Wissenschaftstheorie, Suhrkamp Taschenbuch Wissenschaft, Frankfurt, 1974, S. 133-146.

[Mi 89] Mittelstraß,J.: Wohin geht die Wissenschaft? Über Disziplinarität, Transdisziplinarität und das Wissen in einer Leibniz-Welt, in: Derselbe: Der Flug der Eule, Suhrkamp Taschenbuch Wissenschaft, Frankfurt, 1989.

[Mi 92] Mittelstraß,J.: Die Stunde der Interdisziplinarität? In: Derselbe: Leonardo-Welt, Suhrkamp Taschenbuch Wissenschaft, Frankfurt, 1992, S.96-102.

[Pl66] Plessner,H.: Zur Soziologie der modernen Forschung und ihre Organisation in der deutschen Universität - Tradition und Ideologie, In: Derselbe: Diesseits der Utopie, Ausgewählte Beiträge zur Kultursoziologie, Düsseldorf/ Köln, 1966.

[Re93] Reuter, A.: Vorwort zu: Bräunl: Parallele Programmierung. Eine Einführung, Vieweg Verlag, Braunschweig, 1993.

[St89] Streiter, A. (Hrsg.) 20 Jahre Sonderforschungsbereiche, VCH Verlag, Weinheim, 1989. Wissenschaft, Frankfurt, 1989. S.60 - 88.

[We93] Wedekind, H. (Hrsg.): Verteilte Systeme - Grundlagen und zukünftige Entwicklungen aus der Sicht des Sonderforschungsbereichs 182 „Multiprozessor- und Netzwerkkonfigurationen", Bibliographisches Institut, Mannheim, 1993.

DFG-Schwerpunkt
Informatikmethoden zur Analyse und Interpretation großer genomischer Datenmengen

Thomas Lengauer
GMD-SCAI
53754 Sankt Augustin
lengauer@gmd.de

Im April 1997 hat die DFG die Einrichtung eines Schwerpunktprogramms mit dem oben genannten Titel beschlossen. Dieses Kurzpapier beschreibt Zielsetzung und Inhalt des Schwerpunktes.

Einleitung

Zur Zeit vollzieht sich international eine Entwicklung in der Genomforschung, die die Biowissenschaften, vor allem die Medizin und die Biotechnologie, wie wir sie heute kennen, völlig verändern wird. Die DNA Sequenz für ein breites Spektrum von Organismen aus den verschiedensten Bereichen der Taxonomie, vom Prokaryonten bis zum zelldifferenzierenden höheren Eukaryonten, wird in naher Zukunft aufgeschlüsselt sein. Mit der Verfügbarkeit der vollständigen genetischen Information geht ein schon jetzt spürbarer Paradigmenwechsel von beschreibenden, phänomenologisch orientierten Untersuchungen zur systematischen Aufklärung der molekularen Mechanismen komplexer Lebensvorgänge einher. Die Effizienz der Informationsgewinnung ist durch die Entwicklung geeigneter Technologien mit hohem Durchsatz um Größenordnungen gewachsen; die Möglichkeiten der breiten wissenschaftlichen und wirtschaftlichen Exploration genomischer Daten macht die Genomforschung zur Schlüsseltechnologie.

Genomforschung ist quantitativ, datenorientiert. Daher spielt die Bioinformatik als Bindeglied zur Bearbeitung, Analyse und Interpretation großer Datenmengen eine zentrale Rolle. In Zukunft wird die Beschreibung der funktionellen Interaktionen von Biomolekülen in den Mittelpunkt rücken und die Beschreibung der ähnlichkeitsbasierten Analyse biomolekularer Sequenzen ergänzen. Schon jetzt sind Genomforschung, experimentelle Biochemie, Molekularbiologie, molekulare Medizin und Pharmakologie von den Ergebnissen der Bioinformatik abhängig; in Zukunft wird dieser Einfluß weiter an Bedeutung gewinnen. Darüber hinaus hat die Bioinformatik eine große Bedeutung für die innovative Entwicklung bedeutender Wirtschaftsbereiche wie der Pharmaentwicklung, der Medizin, der Landwirtschaft, der Lebensmittel- und Biotechnologie.

Bioinformatische Methoden können und müssen auf den verschiedensten Ebenen eingesetzt werden. Diese reichen von der Fehlersuche in genomischen Datenbeständen über die Erkennung von Genen bis zur Interpretation von Struktur und Funktion der codierten Proteine, der Analyse der molekularen Wechselwirkungen sowie der Aufklärung der Rolle der nichtcodierenden Abschnitte im Genom. Das Fernziel ist die

Schaffung eines Detailbildes der funktionalen Zusammenhänge im Organismus auf molekularer Ebene.

Stand der Genomsequenzierungen

Heutige molekularbiologische Datensammlungen umfassen etwa 200 000 Proteinsequenzen und 750 Millionen Basen aus Nukleinsäuresequenzierungen. Diese Datenmengen werden sich im Zeitraum von nur 3 Jahren verdoppeln. Die ersten beiden mikrobiellen Genome wurde bereits 1995 entschlüsselt, bis heute sind es mehr als 10 (siehe Tabelle 1). Mit der kompletten Genomsequenz der 16 Chromosomen von *S. cerevisiae* wurde ein Meilenstein in der eukaryontischen Genomforschung gelegt [1]. Darüber hinaus gibt es eine größere Anzahl von komplett sequenzierten eukaryontischen Organellen mit Längen von bis zu knapp 200 kbp (tausend Basenpaaren), vor allem Mitochondrien. Eine aktuelle Übersicht über den Stand der Genomsequenzierungsaktivitäten findet sich unter [2]. Die vollständige Sequenz der drei Milliarden Basenpaare des menschlichen Genoms wird bereits für das Jahr 2002 bis spätestens 2005 erwartet. Das Vorliegen der Genpools verschiedener Organismen eröffnetvöllig neue Zugänge zur vergleichenden Identifizierung funktioneller Eigenschaften.

Wesentliche Anteile der Genomdaten sind auf dem Internet verfügbar. Es gibt eine ganze Anzahl von Datenbanken, die den Genomen einzelner Organismen oder Spezies gewidmet sind (für eine Teilübersicht siehe [3]). Die Websites beinhalten nicht nur die Genomdaten selbst sondern auch Möglichkeiten, Anfragen auch komplexer Natur an die Datenbanken zu stellen. Am Münchner Informationszentrum für Proteinsequenzen (MIPS) in Martinsried sind z.B. alle Hefegenomdaten auf diese Art und Weise abrufbar[4].

Organismus	**Länge des Genoms (in kbp)**	**Bishersequenzierter Anteil (in %)**	**Datum der Fertigstellung**
Bakterien			
M. genitalium	760	100%	1995
M. pneumoniae	800	100%	9/1996
M. janaschii	1660	100%	8/1996
H. influenzae	1830	100%	7/1995
Synechocystis sp.	3570	100%	4/1996
E. coli	4640	100%	1/1997
Eukaryonten			
S. cerevisiae	12060	100%	4/1996
S. pombe	16000	<10%	1998
A. thaliana	70000	<3%	200+
C. elegans	100000	60%	1998
D. melanogaster	165000	<3%	200+
H. sapiens	2900000	1%	2002-2005

Tabelle 1: Liste der in wesentlichen Anteilen sequenzierten Genome einiger Organismen (Stand März 1997)

Eine Übersicht über das Genom des Organismus *H. influenzae* gibt Abbildung 1. Die Beschriftungen identifizieren Gene im Genom, und die Schattierungen beschreiben unterschiedliche Funktionsklassen der entsprechenden Proteine. Neben den Genomdaten selbst ist besonders die Gesamtheit der im Genom codierten Proteine, das sogenannte Proteom, von Interesse. Der Grund dafür ist, daß das Proteom der wesentliche Träger des Stoffwechsels und der biologischen Prozesse im Organismus ist. Liegen die gesamten Genomdaten vor, so ist die erste Aufgabe, alle Elemente des Proteoms zu identifizieren und eine Klassifikation der Proteine nach ihren erwarteten Struktur- und Funktionsklassen vorzunehmen. Eine Übersicht über den Wissensstand über das Proteom von *H. influenzae* enthält Abbildung 2. Wie aus der Abbildung ersichtlich, gibt es für knapp ein Drittel der Proteine dieses Organismus noch keine funktionelle Zuordnung. Durch derartige Analysen gewinnt man einen Überblick über den gesamten Organismus [5,6,7]. Systeme, die diese Aufgabe angehen, gibt es bereits. Die Systeme GeneQuiz [8,9] und TIGR [10] konzentrieren sich auf das Proteom, in [11] wird über Software zur Analyse nichtcodierender Regionen berichtet. Die Qualität der Vorhersagen muß allerdings noch deutlich verbessert werden. Auf diesen Grundanalysen setzen eine Vielzahl von Detailfragen auf. Diese Fragen mit bioinformatischen Methoden einer Antwort näher zu bringen, steht im Zentrum des Schwerpunktes.

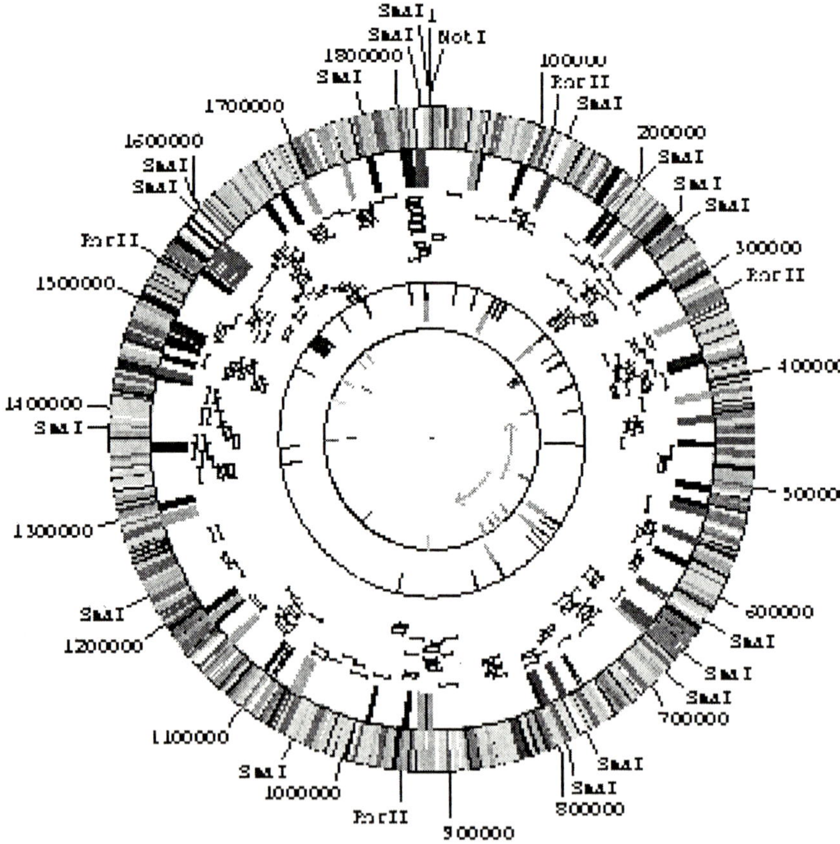

Abbildung 1: „Landkarte" des Genoms von *H. influenzae*

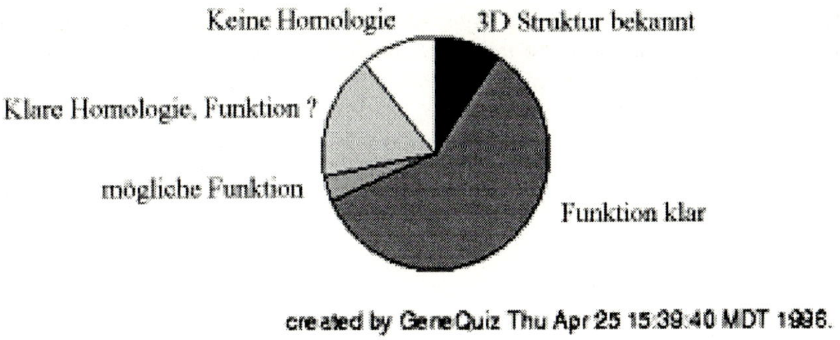

Abbildung 2: Grobeinteilung der Proteine von *H. influenzae*

Zielsetzung

Der Schwerpunkt richtet sich an die interdisziplinäre Forschergemeinde aus Informatikern und Mathematikern einerseits und Molekularbiologen und Biochemikern andererseits, die sich in Deutschland durch die in den letzten Jahren verstärkt durchgeführten Bioinformatikaktivitäten gebildet und international etabliert hat.

Mit den sequenzierten Genomen stehen jetzt Datensätze zur Verfügung, die alle relevanten Informationen einer Spezies enthalten. Eine detaillierte Zuordnung der Funktionen der genetischen Elemente kann jedoch bisher nur unvollständig vorgenommen werden. Mindestens ein Drittel aller Gene der sequenzierten Organismen sind nicht oder nur unzureichend charakterisiert. Die Aufgabe des Schwerpunkts soll daher die Exploration großer genomischer Datensätze mit den Methoden der Informatik sein. Diese systematischen Vergleiche von Sequenzmustern sowie Modellierungen von molekularen Strukturen und Wechselwirkungen erlauben es, Beziehungen zwischen Struktur und Funktion aufzuklären und so zelluläre Komponenten in metabolische oder regulatorische Netzwerke einzuordnen. Durch die Identifikation von orthologen Proteinen in Modellgenomen können menschliche Erbkrankheiten funktionell zugeordnet [12], Pathogenität von Mikroorganismen aufgeklärt oder Ansätze zur Medikamentenentwicklung gefunden werden [13]. Auf der Basis von Strukturbestimmungen oder -modellierungen solcher Zielproteine (Protein Targets) können dann, ebenfalls mit Hilfe des Rechners, an sie bindende medikamentöse Wirkstoffe gezielt gesucht oder entwickelt werden.

Auf der methodischen Seite spielt die geeignete Modellierung komplexer biologischer Interaktionen sowie die Entwicklung effizienter Algorithmen für den geforderten Datendurchsatz eine Rolle, aber auch Datenhaltungs- und Zugriffsfragen sowie Fragen der visuellen Präsentation komplexer Analysedaten sind wichtig. Schließlich bestehen Screeningsysteme aus vielen Softwarekomponenten, deren Durchgängigkeit und Bedienbarkeit gewährleistet sein muß.

Dieser Zielsetzung ordnen sich folgende bioinformatische Problembereiche unter.

- Analyse molekularbiologischer Sequenzen, insbesondere Annotation, Sequenzalignment und Analyse von Sequenzvariabilität, Strukturierung des Genoms sowie Polymorphismen

- systematische Genomvergleiche (z.B. Analyse der genomischen Topologie verwandter pathogener/nichtpathogener Organismen)

- Molekulare Strukturbestimmung mit Informatikmethoden (Proteine, RNA, Komplexe)

- Bestimmung molekularer Funktionen auf der Basis von Sequenz- und/oder Strukturvergleichen

- Molekularbiologische Datenbanken (Organisation, Zugriff, Datenvalidierung, Suche nach Mustern, Klassifikation)

- Rechnermodellierung regulatorischer und metabolischer Netzwerke

- Visualisierung molekularbiologischer Daten

In allen diesen Bereichen liegt der Fokus innerhalb des Schwerpunktes auf Methoden, die einen ausreichend hohen Datendurchsatz gewährleisten, um große genomische Datensätze auch komplexen Analysen zu unterziehen.

Bioinformatische Problemstellungen

Hier wird ein kurzer Abriß über die für den Schwerpunkt zentralen bioinformatischen Probleme und Methoden gegeben. Eine ausführlichere Darstellung findet sich in [14].

- *Sequenzalignment:* Hier werden bis heute vornehmlich Methoden der dynamischen Programmierung benutzt [15]. Bei großen Datenbeständen werden spezielle Datenstrukturen zum impliziten Ausschluß von irrelevanten Teilen der Datenbank eingesetzt. Das Alignment von mehr als zwei biologischen Sequenzen (multiples Alignment) stellt aufgrund seiner Komplexität eine besondere algorithmische Herausforderung dar [16]. Die Bestimmung von Kostenfunktionen, die das Alignment steuern, ist ein zentraler Gesichtspunkt [17,18]. Hier werden statistische Methoden oder Methoden des maschinellen Lernens eingesetzt. In jedem Falle werden die Kostenfunktionen den biologischen Sachverhalt nur ungenau wiedergeben, so daß die Bestimmung der Signifikanz von Alignmentpositionen eine wichtige Frage neben der Optimierung der Alignmentkosten ist [19].

- *Proteinstrukturvorhersage:* Die Proteinstrukturvorhersage auf der Basis der Kenntnis der gegebenen Proteinsequenz A ist im allgemeinen Fall ein bis auf weiteres ungelöstes Problem. Hat man jedoch eine zu A ähnliche Sequenz B, deren Struktur man kennt, so kann man diese als Vorbild für eine Modellierung der Struktur von A verwenden. Diese *homologiebasierte Modellierung* führt heute bereits zu guten Ergebnissen. Hier werden Techniken der dynamischen Programmierung [20,21] und kombinatorischen Optimierung eingesetzt [22,23]; die Kostenfunktionen werden wieder mit statistischen Methoden oder maschinellem Lernen ermittelt. Verfeinerungen von Strukturmodellen setzen häufig numerische Techniken der Moleküldynamik (MC) oder Monte Carlo Techniken (MC) ein, die wesentlich rechenzeitaufwendiger als die diskreten Verfahren sind. Neuronale Netze können Teilaspekte der Struktur (z.B. die Sekundärstruktur) berechnen [24].

- *Molekulares Docking:* Ist die Proteinstruktur bekannt, so kann man daran gehen, Aufschluß über die Einzelheiten der biochemischen Funktion des Proteins zu gewinnen. Diese manifestiert sich dadurch, daß das Protein an andere Moleküle bindet. Die Vorhersage der Struktur und (differentiellen) freien Energie des gebundenen Komplexes sind für den Medikamentenentwurf von entscheidender Bedeutung. Algorithmische Methoden in diesem Bereich umfassen geometrische Hashing-Verfahren [25,26,27] und Cliquesuche [28] zur Behandlung der geometrischen Sachverhalte und zusätzliche chemische Modellierung mit geeigneten Datenstrukturen und Kostenfunktionen [29]. Für genauere Analyse werden auch MD und MC Techniken sowie genetische Algorithmen eingesetzt.

- *Analyse metabolischer Netzwerke:* Wechselwirkungen mit Proteinen setzen sich zu komplexen metabolischen Netzwerken zusammen. Abbildung 3 zeigt eine Übersicht über ein solches molekulares Stoffwechselnetzwerk für das Bakterium *E. coli.* Die Analyse solcher Netzwerke steht erst am Anfang, da erst jetzt die ersten Datenbanken in diesem Bereich bereitgestellt werden [30,31,32].

Neben den oben genannten algorithmischen Techniken spielen Methoden der Datenhaltung und der Visualisierung eine zentrale Rolle in der Bioinformatik. Auch Parallelisierungen auf Höchstleistungsrechnern sind eine wichtige Komponente bei der Behandlung rechenintensiver Bioinformatik-Fragestellungen.

Schlußbemerkung

Der Schwerpunkt schließt sich an Förderinitiativen des BMBF und der EU in den letzten Jahren an, die die Grundlage dafür waren, daß sich in Deutschland eine interdisziplinäre wissenschaftliche Bioinformatikgemeinde bilden konnte. Eine Ausschreibung für Projekte innerhalb des Schwerpunktes ist im August 1997 vorgesehen.

Weitere Einzelheiten über den DFG- Schwerpunkt *Informatikmethoden zur Analyse und Intepretation großer genomischen Datenmengen* sind unter der WWW Adresse http://www.gmd.de/SCAI/dfg2/Welcome.html zu finden.

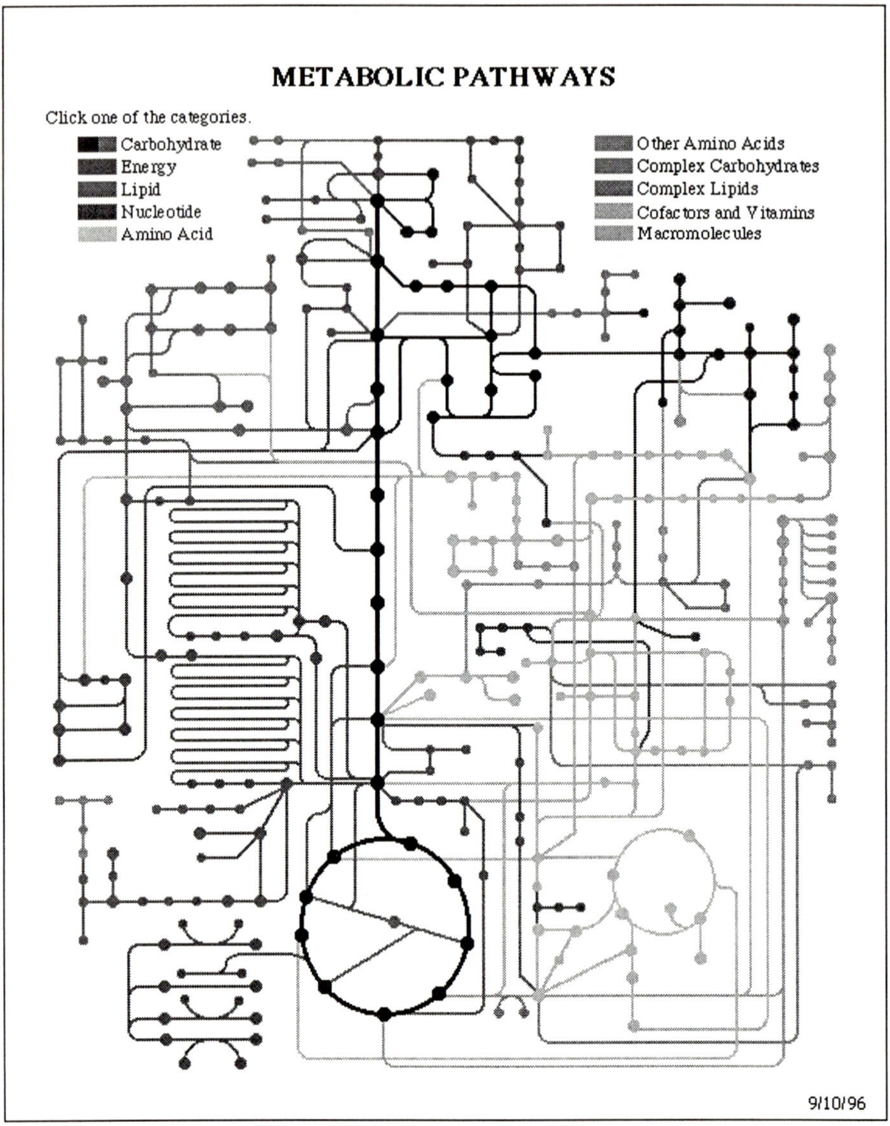

Abbildung 3: Metabolisches Netzwerk von *E. coli* (aus http://www.genome.ad.jp/kegg/metabolism.html)

Referenzen

[1] A. Goffeau et al, Life with 6000 genes, *Science* **274** (1995) 546–567

[2] http://www.mcs.anl.gov/home/gaasterl/genomes.html

[3] http://www.sanger.ac.uk/bio/mod.orgs.html

[4] http://mips.biochem.mpg.de/yeast/

[5] P. Bork, C. Ouzounis, C. Sander, M. Scharf, R. Schneider, E. Sonnhammer, What's in a genome?, *Nature* **358**, 23 July 1992

[6] R.D. Fleischmann et. al., Whole-genome random sequencing and assembly of *Haemophilus influenzae* Rd, *Science* **269** (1995) 496–512

[7] P. Bork, C. Ouzounis, G. Casari, R. Schneider, C. Sander, M. Dolan, W. Gilbert, P.M. Gillevet, Exploring the Mycoplasma capricolum genome: a minimal cell reveals its physiology, *Mol Microbiol* **16** (1995) 955–967

[8] http://www.embl-heidelberg.de/~genequiz/

[9] G. Casari, C. Ouzounis , A. Valencia, C. Sander, GeneQuiz II: automatic function assignment for genome sequence analysis. In *Proceedings of the First Annual Pacific Symposium on Biocomputing,* World Scientific (1996) 707–709

[10] http://wild.tigr.org/tdb/tdb.html

[11] K. Quandt, K. Grote, T. Werner, GenomeInspector: Basic software tools for analysis of spatial correlations between genomic structures within megabase sequences, *Genomics* **33** (1996) 301–304

[12] D.E. Bassett Jr., M.S. Boguski, P. Hieter, Yeast genes and human disease, *Nature* **379** (1996) 589–590

[13] W.A. Haseltine, Gensuche für medizinische Entwicklungen, *Spektrum der Wissenschaft* (Mai 1997) 64–71

[14] T. Lengauer, Molekulare Bioinformatik: Eine interdisziplinäre Herausforderung. In *Highlights aus der Informatik* (I. Wegener Hrsg.), Springer Verlag, Heidelberg (1996) 83-111

[15] M.S. Waterman, *Introduction to Computational Biology*, Chapman & Hall, New York, N. Y. (1995)

[16] A. Krogh, M. Brown, I.S. Mian, K. Sjölander, D. Haussler, Hidden Markov Models in computational biology, *J Mol Biol* **235** (1994) 1501–1531

[17] M. O. Dayhoff, R. M. Schwartz und B. C. Orcutt, A model of evolutionary changes in proteins, In *Atlas of Protein Sequence and Structure, Vol. 5, Suppl.* 3, National Biomedical Research Foundation, Washington D.C. (1978) 345--352

[18] S. A. Benner, M. A. Cohen und G. H. Gonnet, Empirical and structural models of insertion and deletions in the divergent evolution of proteins, *J Mol Biol* **229** (1993) 1065--1082.

[19] H.-T. Mevissen, M. Vingron, Quantifying the local reliability of a sequence alignment, Prot Eng **9** (1996) 127–132

[20] J.U. Bowie, R. Lüthy, D. Eisenberg, A method to identify protein sequences that fold into a known three-dimensional structure, *Science* **253** (1991) 164–170

[21] N.N. Alexandrov, R.N. Nussinov, R.M. Zimmer, Fast protein fold recognition via sequence to structure alignment and contact capacity potentials, *In Proceedings of the Pacific Symposium on Biocomputing'96,* Hrsg. Lawrence Hunter and Teri E. Klein, World Scientific Publishing, Singapore (1996) 53–72

[22] R.H. Lathrop, T.F. Smith, Global optimum protein threading with gapped alignment and empirical pair score functions, *J Mol Biol* **255** (1996) 641–655

[23] R. Thiele, R. Zimmer, T. Lengauer, Recursive dynamic programming for adaptive sequence and structure alignment, *Proceedings of the Third International Conference on Intelligent Systems for Molecular Biology (ISMB'95),* C. Rawlings et al., Hrsg., AAAI Press (1995) 384–392

[24] B. Rost, C. Sander, Prediction of protein secondary structure at better than 70% accuracy, *J Mol Biol* **232** (1993) 584--599

[25] B. Sandak, R. Nussinov, H.J. Wolfson, An automated computerd robotics-based technique for 3-D flexible biomolecular docking and matching, *Comput Appl Biosci* **11** (1995) 87–99

[26] M. Rarey, B. Kramer, T. Lengauer, G. Klebe, A fast flexible docking method using an incremental construction algorithm, *J Mol Biol* **261** (1996) 470-489

[27] H.-P. Lenhof, New contact measures for the protein docking problem, *Proceedings of the First Annual International Conference on Computational Molecular Biology (RECOMB'97)* (1997) 182–191.

[28] I. Koch, T. Lengauer, E. Wanke, An algorithm for finding maximal common subtopologies in a set of protein structures, *J Comp Biol* **3** (1996) 289–306

[29] T. Lengauer, M. Rarey, Methods for predicting molecular complexes involving proteins. *Curr Opin Struc Biol* **6**,3 (1996) 402-406

[30] S. Goto, H. Bono, H. Ogata, W. Fujibuchi, T. Nishioka, K. Sato and M. Kanehisa, Organizing and computing metabolic pathway data in terms of binary relations, *Electronic Proceedings of the Pacific Symposium on Biocomputing (PSB'97),* http://www-smi.stanford.edu/people/altman/psb97/index.html (1997)

[31] P. Karp, M. Riley, S. Paley, S., A. Pellegrini-Toole, EcoCyc: Electronic encyclopedia of *E. coli* genes and metabolism, *Nuc Acids Res* **25** (1997)

[32] P. Karp, C. Ouzonis, S. Paley, Hincyc: A knowledge base of the complete genome and metabolic pathways of H. influenzae, *Proceedings of theFourth International Symposium on Intelligent Systems for Molecular Biology (ISMB'96),* AAAI Press (1996) 116–124

Rechner- und sensorgestützte Chirurgie

Prof. Dr.-Ing. U. Rembold[a], Prof. Dr. Dr. J. Mühling[b] und Prof. Dr. S. Hagl[c]

[a]Institut für Prozeßrechentechnik und Robotik, Fakultät für Informatik, Universität Karlsruhe, 76128 Karlsruhe, Deutschland

[b]Mund-, Kiefer- und Gesichtschirurgie, Universitätsklinik Heidelberg, Im Neuenheimer Feld 400, 69120 Heidelberg, Deutschland

[c]Chirurgische Universitätsklinik Heidelberg, Abteilung für Herzchirurgie, Im Neuenheimer Feld 280, 69120 Heidelberg, Deutschland

Innerhalb der letzten Jahre hat sich der Computer für den Chirurgen zu einem wichtigen Hilfsmittel für die Operationsplanung und -durchführung entwickelt. Mit Hilfe des Rechners kann das medizinische Wissen durch genaue Messungen, verbesserte Auswertungsmethoden der Patientendaten und neue Werkzeuge für die Operationsplanung ergänzt werden. Der Chirurg bekommt dadurch die Möglichkeit, die Operation sehr genau im Voraus zu planen und jeden Schritt interaktiv auf einer graphischen Oberfläche in einer virtuellen Welt zu betrachten.

Im Juli 1996 hat die Deutsche Forschungsgemeinschaft den Sonderforschungsbereich "Rechner- und sensorgestützte Chirurgie" eingerichtet, um ein Forschungskonsortium von Medizinern, Ingenieuren, Informatikern, Mathematikern und anderen Wissenschaftlern zu bilden, in dem Computerwerkzeuge zur Unterstützung des Chirurgen bei der Operationsplanung und -durchführung entwickelt werden. In diesem Konsortium sind das Deutsche Krebsforschungszentrum Heidelberg, die Universität Heidelberg und die Universität Karlsruhe vertreten. Die Ziele des Sonderforschungsbereichs sind die Reduktion von Operationsrisiken, die Verkürzung der Operationszeiten, die Verringerung der Patientenbelastungen, die Verbesserung der Transparenz der Behandlung sowie die Verbesserung der medizinischen Lehre und Ausbildung.

Das Programm gliedert sich in die drei Teilprojekte Kopf-, Herz- und Querschnittsprojekt. In dem Kopfprojekt werden 3D-Bilder aus CT-, MRT- und Ultraschall-Aufnahmen generiert, um Weichteilgewebe und Knochenstrukturen darzustellen. Dabei werden Werkzeuge für die Operationsplanung und -simulation entwickelt, die Navigation medizinischer Instrumente verbessert und Roboteranwendungen zur Unterstützung chirurgischer Eingriffe entwickelt. In der Herzchirurgie sollen statische und dynamische Herzmodelle entworfen, sowie Verfahren zur Erzeugung von Oberflächen- und Volumendarstellungen aus CT- und MRT-Aufnahmen evaluiert werden. Bei der Herzoperationsplanung sollen Methoden der künstlichen Intelligenz eingesetzt und virtuelle Operationsmethoden entwickelt werden. In den Querschnittsprojekten werden Methoden und Algorithmen zur Bildaufbereitung, Navigation, Modellierung, Operationssimulation und Datenübertragung entwickelt. Weiterhin existiert ein Querschnittsprojekt, in dem die entstandenen Methoden evaluiert und experimentell verifiziert werden.

Eine genauere Beschriebung des Sonderforschungsbereichs "Rechner- und sensorgestützte Chirurgie" folgt.

1. Einführung

Dieser Artikel beschreibt ein Forschungsprogramm, welches von verschiedenen Instituten der Universität Heidelberg, dem Deutschen Krebsforschungszentrum Heidelberg und der Universität Karlsruhe erstellt wurde. Das Programm wird als Sonderforschungsbereich (SFB 414) von der Deutschen Forschungsgemeinschaft gefördert. Zweck des Programms ist, rechner- und sensorgestützte Techniken und Methoden für eine verbesserte Planung, Vorbereitung und Durchführung chirurgischer Eingriffe zu entwickeln. Die Programmziele werden von den medizinischen Partnern bestimmt und die Werkzeuge werden in Zusammenarbeit von Ingenieuren, Mathematikern und Informatikern entwickelt. Ein wichtiges Ziel dieses Programms ist die verstärkte Integration von Rechnern, um wirksamere und schnellere Behandlungen zu erhalten, sowie die Entwicklung von Soft- und Hardware, die im Operationsumfeld eingesetzt werden kann.

Die Ziele des Programms sind:

- Reduktion der Operationsrisiken
- Steigerung der Effizienz von Operationsplanungen
- Verkürzung der Operationszeit
- Verringerung der Patientenbelastung
- Erhöhung der Transparenz medizinischer Eingriffe
- Verbesserung medizinischer Diagnosen und Therapien und deren Dokumentation
- Übertragung der Ergebnisse auf Lehre und Ausbildung

2. Übersicht des Programms (Sonderforschungsbereich)

Das Programm enthält zwei verschiedene Operationsfelder, die Herzchirurgie und Mund-Kiefer-Gesichts-Chirurgie. Diese beiden unterschiedlichen Bereiche ermöglichen den Wissenschaftlern, die Anwendbarkeit der entwickelten Werkzeuge auch in anderen nicht in unmittelbarem Zusammenhang stehender Operationsbereiche auszuprobieren.

Abb. 1 zeigt das Grundkonzept des Programms, welches in drei Bereiche aufgeteilt ist: Auf der linken Seite steht die Herzchirurgie mit drei Projekten, auf der rechten Seite steht die Kopfchirurgie mit ebenfalls drei Projekten. Der mittlere Block enthält sechs Querschnittsprojekte, in denen Soft- und Hardware-Werkzeuge für die beiden chirurgischen Bereiche entwickelt werden sollen.

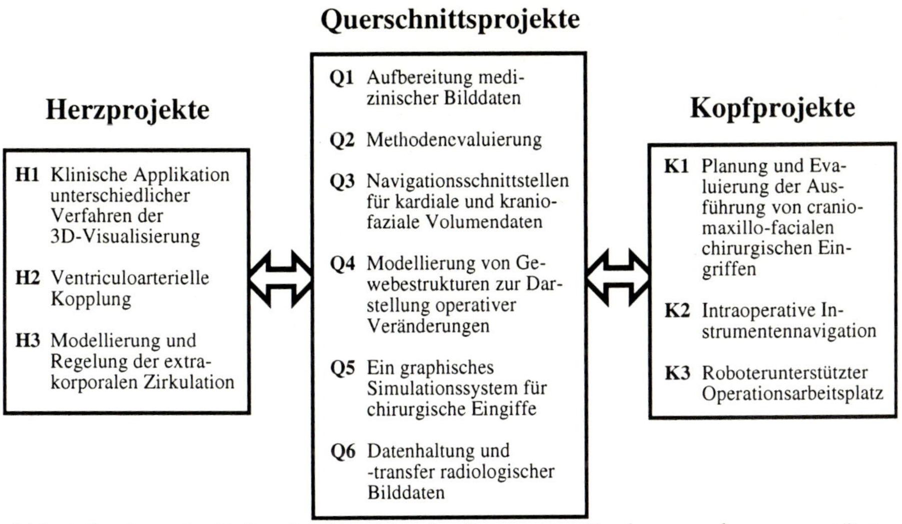

Abb. 1 Struktur der Teilprojektbereiche des Programms Rechner- und sensorgestützte Chirurgie

Computer haben bereits seit einigen Jahren Einzug in die Medizin gefunden. Sie werden dort für die Erfassung von Meßdaten, sowie bei der Computertomographie (CT) und Kernspintomographie (MRT) eingesetzt und ermöglichen dem Chirurgen die Darstellung anatomischer und physiologischer Gegebenheiten. Weitere Informationen werden benötigt, um eine sichere Operationsplanung und Therapie im Voraus durchzuführen. Meistens gibt es bei der Operationsplanung mehrere Alternativen für die Eingriffe, so daß es schwierig ist, die beste Vorgehensweise auszuwählen. Im Rahmen dieses Programms soll versucht werden, bessere und genauere Meßergebnisse zu erzeugen, und es sollen die Möglichkeiten der Darstellung und Manipulation anatomischer Strukturen auf einer graphischen Oberfläche verbessert werden.

Während der Operation ist es oftmals notwendig, das generierte Patientenmodell mit den gerade gemessenen Daten abzugleichen. Der Chirurg kann dadurch z.B. die Lage seiner Operationswerkzeuge im Körper oder Gewebe des Patienten bestimmen. Solche Verfahren unterstützen die Operation durch Methoden der virtuellen Realität, die alle Aktivitäten von der Diagnose über die Operationsplanung bis hin zur rechnergestützten Operation und dem Einsatz von Manipulationshilfen wie z.B. Robotern enthalten. Es wird versucht für beide ausgewählten Operationsfelder eine vollständige Menge an Werkzeugen zu entwickeln. Im folgenden sollen die drei Bereiche aus Abb. 1 genauer betrachtet werden.

3. Herzprojekte

Trotz Fortschritte in der Herzdiagnose durch bessere Methoden und Instrumente ist in den meisten Fällen eine detaillierte Operationsplanung erst während der Operation möglich. Die Operationsplanung unter intraoperativen Bedingungen ist jedoch aus zwei Gründen limitiert: erstens toleriert das geöffnete Herz nur eine zeitlich begrenzte

Unterbrechung der Blutzufuhr. So erfolgt jede intraoperative Evaluation, Therapieplanung und Operationsdurchführung unter Zeitdruck. Zweitens wird das Herz meistens durch cardioprotektive Lösungen stillgelegt. Bei unnatürlicher Herzform kann nur ein geschulter Chirurg eine Extrapolation auf in-vivo-Verhältnisse durchführen.

Es gibt drei Herzprojekte, deren Ziel es ist, dem Chirurgen ein methodisches Instrumentarium zur Verfügung zu stellen, welches ihm gestattet, Diagnosen, Evaluierungen und Therapieplanungen mit Hilfe von Simulation und Methoden der virtuellen Realität durchzuführen. Typisch für das Herz ist, daß es nur aus Weichteilgewebe besteht und periodisch innerhalb des Herzzykluses seine Form verändert. Es wird angestrebt, ein dreidimensionales Modell des Herzes aus einem patientenidentischen Datensatz zu erzeugen, um die Funktionen des Herzes und des kardiologischen Systems zu simulieren. Mit Hilfe dieses Modells können die Auswirkungen unterschiedlicher Operationsstrategien auf die intracardiale Morphologie, das Kontraktionsverhalten und die Hämodynamik auf einem Bildschirm dargestellt werden. Der Chirurg erhält dadurch ein dynamisches 3D-Modell, das er drehen, schneiden und wieder zusammenfügen kann, um Veränderungen des Herzes, der Herzklappen und des Blutflusses, sowie die Ausmaße eines Herzinfarkts und den Herzzyklus zu untersuchen. Das 3D-Modell soll eine vollständige Abbildung des kardiovaskulären Systems sein, welches erlaubt, das arterielle und venöse System und den Einfluß vieler damit verbundener Organe zu untersuchen.

Eine Herzoperation am offenen Herzen kann nicht ohne Anschluß des Patienten an die Herz-Lungen-Maschine durchgeführt werden. Während der Operation übernimmt dieses Gerät die Herz- und Lungenfunktionen. Trotz des Fortschritts im chirurgischen Bereich ist die Technologie der extrakorporalen Zirkulation immer noch Gegenstand zahlreicher kontroverser Debatten. Ein Standardverfahren wurde bisher noch nicht entwickelt. In diesem Programm soll versucht werden, die Auswirkungen der Herz-Lungen-Maschine auf den restlichen Organismus besser zu verstehen, um eine automatisierte Steuerung dieser Maschine und deren Anpassung an die individuellen Bedürfnisse des Patienten zu erreichen. Aus diesem Grund ist es wichtig, ein genaues mathematisches Modell des kardiovaskulären Systems zu erhalten.

Einen weiteren Punkt stellt die Untersuchung neuer Methoden und Geräte der Ultraschallmessung dar, die den chirurgischen Eingriff direkt unterstützt, und mit deren Hilfe der Erfolg überprüft werden kann. Da Ultraschallbilder schwierig zu interpretieren sind, sollen Methoden der künstlichen Intelligenz eingesetzt werden, um die Meßergebnisse eines Patientenherzes zu interpretieren.

4. Kopfprojekte

Bei der Mund-Kiefer-Gesichts-Chirurgie werden sowohl Eingriffe im Gesichts- und Kieferknochen als auch in Weichteilgewebe durchgeführt. Sie sind notwendig, um angeborene Mißbildungen, Unfallverletzungen, Tumore und andere physiologische Unregelmäßigkeiten zu behandeln. Da der Mund-Kiefer-Gesichts-Bereich eine sehr komplexe Struktur hat, ist die Operationsplanung und -evaluierung sehr wichtig. Bisher basieren präoperative Planungen nahezu ausschließlich auf Erfahrungswerten des Chirurgen, wobei er durch CT-Aufnahmen und kephalometrische Messungen beim Vergleich mit Normdaten unterstützt wird.

Ziel des Kopfprojekts ist, eine Menge von Werkzeugen für die Operationsplanung, Operationssimulation und Navigation zu entwickeln. Zusätzlich soll die Planung durch Methoden der künstlichen Intelligenz unterstützt werden, wobei das Operationsergebnis untersucht und das gewonnene Wissen in zukünftigen Planungen wieder benutzt werden soll.

Für die Operationsplanung werden Röntgen-, CT-, MRT- und Ultraschall-Bilder fusioniert, um dem Chirurgen ein genaues Bild der Mund-Kiefer-Gesichts-Struktur des Patienten zu geben. Anschließend sollen verschiedene Gesichtsbereiche automatisch segmentiert werden, um mit der gewonnenen Informationen eine genaue Operationsdurchführung zu planen, was die Markierung von Fremdkörpern, Resektionsgrenzen und Osteotomielinien miteinschließt. Weiterhin wird dadurch die Erstellung von genau geformten Implantaten vereinfacht, und ihre Paßform kann aus verschiedenen Blickwinkeln durch eine dreidimensionale Darstellung kontrolliert werden.

Ein weiteres wichtiges Ziel dieses Projekts ist die Entwicklung von Simulationssystemen, die es ermöglichen, einen chirurgischen Eingriff zu beobachten und verschiedene Strategien auszuprobieren. Durch Simulation kann die Lokalisierung und Entfernung von Fremdkörpern optimiert werden. Außerdem kann das Simulationswerkzeug zur Schulung und Weiterbildung von Medizinern verwendet werden. Desweiteren enthält das Projekt Methoden der künstlichen Intelligenz, um präoperative Aussagen über das 3D-Erscheinungsbild der Gesichtskorrektur zu machen; wenn möglich soll ein Lernalgorithmus implementiert werden, um die Ergebnisse eines chirurgischen Eingriffes auf Grund von früheren Operationen vorherzusagen.

Es werden bereits verschiedene Navigationsinstrumente basierend auf Satellitenmethoden angewandt, jedoch haben diese Methoden noch einen prototypischen Charakter und der Kopf des Patienten muß fixiert werden. Es soll versucht werden, die Operation für den Patienten komfortabler zu machen und begrenzte Bewegungen des Kopfes zuzulassen, wobei die Verlagerung des Referenzkoordinatensystems mit Hilfe verbesserter Navigationssysteme korrigiert werden soll.

Für den Chirurgen sind kooperierende Roboter von besonderem Interesse, die bei Operationsschritten eingesetzt werden können, welche eine sehr genaue Durchführung erfordern. Eine Stufe dahin ist beispielsweise die manuelle Führung des Roboters durch den Operateur, wobei nur eingeschränkte, der anatomischen Situation angepaßte Bewegungen erlaubt sind, um beispielsweise wichtige anatomische Strukturen bei einer Osteotomie nicht zu verletzen. Aufbauend auf den gewonnenen Erfahrungen sind dann auch Schnitte im Weichteilgewebe geplant.

Bisher basiert ein chirurgischer Eingriff auf präoperativen Informationen, die man aus CT-, MRT- und Ultraschall-Bildern erhalten hat. Für die Manipulation im Bereich der verschiedenen Weichteile muß an eine intraoperative Bildgebung gedacht werden, was durch ein intraoperatives MRT oder intraoperativen Ultraschall möglich ist. Letztendlich ist auch an 4D-Techniken zu denken, um die Bewegung und Funktionalität der Kiefergelenke zu beobachten.

5. Querschnittsprojekte

Während die 'Projekte Kopfchirurgie und Herzchirurgie von besonderem Interesse für die Mediziner sind, finden sich im Bereich der Querschnittsprojekte hauptsächlich Ingenieure, Informatiker und Mathematiker. Ihr Aufgabenfeld umfaßt die Rechnersysteme, Software, Instrumente und Roboter. Jedoch tragen alle als Einheit zum Endergebnis bei.

Eine sichere Operationsplanung und -durchführung ist nur möglich, wenn Bilder und biophysische Informationen effizient vorverarbeitet und dem Chirurgen in einer passenden Form dargestellt werden, so daß er fundierte Diagnosen und Therapieentscheidungen fällen kann. Ziel der Querschnittsprojekte ist, ein vollständiges System für die Operationsplanung, Simulation und Unterstützung des chirurgischen Eingriffs zu entwickeln. Aufbauend auf vorhandene Methoden der medizinischen Bildverarbeitung werden erweiterte dreidimensionale und dynamische Modelle anatomischer Strukturen erstellt, die durch die Abhängigkeit über die Zeit als vierte Dimension ergänzt werden können. Eine Operation kann mit den Methoden der virtuellen Realität dargestellt werden, wobei patientenspezifische Daten zur Simulation eines geplanten Eingriffs benutzt werden. Die einzelnen Projekte dieses Bereichs haben folgende Inhalte:

- Signalvorverarbeitung, Filterung und Transformation von CT-, MRT- und Ultraschall- Bildern, sowie eine geeignete Darstellung der erhaltenen Information;
- Test und Bewertung von am Rechner entwickelten Operationsmethoden und Strategien im Experiment mit Tieren;
- Navigation in rechnerinternen 3D-Modellstrukturen und Navigationsschnittstellen zu externen Meßgeräten;
- Mathematische Modellierung anatomischer Strukturen unter besonderer Berücksichtigung elastischen Gewebes zur Darstellung von operativen Veränderungen;
- Interaktive graphische Simulation chirurgischer Eingriffe zur Unterstützung der Operationsplanung und Bestimmung von Implantatverhalten unter funktionellen Gesichtspunkten. Die Endergebnisse können online zu einer Drehmaschine geschickt werden, um das Implantat herzustellen;
- Speicherung, Kompression und Sicherung medizinischer Daten zur Unterstützung von Diagnose, Therapie und Nachbehandlung und zur Konstruktion eines wirksamen Datensicherheitssystems zur Übertragung von Patientendaten über eine größere Entfernung.

Alle oben beschriebenen Aufgaben sind eng miteinander verzahnt und stellen wichtige Komponenten eines umfassenden Planungssystems dar (Abb. 2).

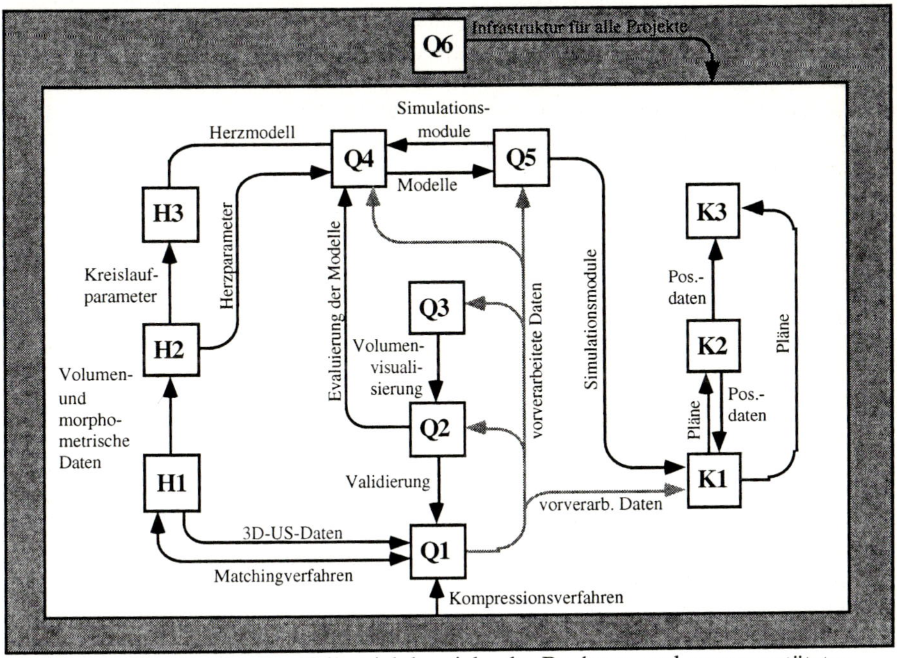

Abb. 2. Verzahnung der Teilprojektbereiche der Rechner- und sensorgestützten Chirurgie

In der Anfangsphase sollen die Werkzeuge für spezifische medizinische Anwendungen im Kopfbereich entwickelt werden. Jedoch soll versucht werden, diese so weit wie möglich zu generalisieren, so daß sie auch in anderen medizinischen Bereichen eingesetzt werden können.

Ein Hauptschwerpunkt liegt in der Entwicklung einer leicht zu bedienenden Mensch-Maschinen-Schnittstelle, welche intraoperativ im Operationssaal bedient werden kann. Ein anderer Aspekt ist die Schulung und Weiterbildung von Medizinern, die mit Hilfe der Simulation chirurgische Eingriffe wie Gewebeschneiden, Knochensägen und Bohren, Wundennähen und den Umgang mit chirurgischem Besteck erlernen können.

6. Zusammenfassung

In diesem Artikel wurde das neue Programm "Rechner- und sensorunterstützte Chirurgie" (Sonderforschungsbereich 414) vorgestellt, welches von der Deutschen Forschungsgesellschaft mit einem Jahresbudget von 2,5 Mio. DM für die nächsten drei Jahre gefördert wird. Das Programm stellt eine Zusammenarbeit der Universität Heidelberg, dem Deutschen Krebsforschungszentrum Heidelberg und der Universität

Karlsruhe dar. Die Mitglieder bringen einen großen Wissensfundus aus der Herzchirurgie, Mund-Kiefer-Gesichts-Chirurgie, der Computeranwendung, Planung, Bildverarbeitung und Robotik mit. Das Team der bereits vorhandenen Wissenschaftler soll von 17 jungen Forschern unterstützt werden, die mit einer vollen Stelle an diesem Programm mitarbeiten. Forschungsergebnis soll ein umfangreiches Soft- und Hardware-System sein, welches alle Stufen eines chirurgischen Eingriffs unterstützt, wodurch die Genauigkeit und Wirksamkeit verbessert werden soll. Abhängig von den erlangten Ergebnissen, wird das Programm eventuell auf 15 Jahre verlängert.

Literatur

1. P. Bohner, S. Haßfeld, C. Holler, M. Damm, J. Schoen, J. Raczkowsky, Operation Planning in Cranio-Maxillo-Facial Surgery, Proceedings of the Second InternationalSymposium Medical Robotics and Computer Assisted Surgery (MRCAS '95), Baltimore, Maryland 1995.
2. S. Haßfeld, J. Zöller, C. Wirtz, M. Knauth, J. Mühling, Intraoperative Navigation in Maxillofacial Surgery - Clinical Experiences, Demand and Developments, Proceedings of Computer Assisted Radiology (CAR '96), Paris 1996.
3. C. Holler, P. Bohner, S. Haßfeld, Planning of Osteotomy Paths for Robotized Surgical Support, Proceedings of Computer Assisted Radiology (CAR '96), Paris 1996.
4. P. Pokrandt, Fast Non-Supervised Registration - A Probabilistic Approach, Proceedings of Computer Assisted Radiology (CAR '96), Paris 1996.
5. T. Weingärtner, A. Mazura, R. Dillmann, Applying the Finite Element Method for Modelling Soft Tissue, Proceedings of the 3rd European Conference on Mathematics applied to Biology in Medicine, Heidelberg, Germany, 1996.
6. T. Weingärtner, R. Dillmann, Simulation of Jaw-Movements for the Musculoskelettal Diagnoses. In Proceedings of the Medicine Meets Virtual Reality (MMVR '97), San Diego, USA, 1997.
7. C.F. Vahl, A. Bonz, P. Meinzer, M. Schäfer, C. Hagl, U. Herold, S. Hagl, Reversible desensitation of the myocardial contractile apparatus for Calcium: experimental evaluation of a new concept to improve myocardial tolerance to cold ischemia, Thorac Cardiovasc Surgeon: 42, Supp I, p. 149-150.
8. R. Bauernschmitt, C.F. Vahl, R. Lange, S. Hagl, Alteration of force and velocity parameters of contraction by calcium and resting tension in skinned pig papillary muscle. In Applied Cardiovascular Biology, Karger, Basel, p. 218-223.
9. A. Riesenberg, Simulation of Body Circulatory by Pulsatile Extended Modelling as a Base for the Control of Artificial Heart. In: Metromed '95, St. Petersburg 1995.

DFG-Schwerpunktprogramm: „Entwurf und Entwurfsmethodik eingebetteter Systeme“

Programmausschuß: K. Antreich[1], F. J. Rammig[2], W. Rosenstiel[3] (Koordinator), D. Schmid[4], K. Waldschmidt[5]

[1] Technische Universität München
[2] Universität GHS Paderborn
[3] Universität Tübingen
[4] Universität Karlsruhe
[5] Universität Frankfurt

http://www.fzi.de/sim/people/hergen/sppes/sppes.first.html

Zusammenfassung Das hier vorgestellte Schwerpunktprogramm dient speziell dem Zweck, die Methodik für den Systementwurf eingebetteter Systeme zu erforschen, zu entwickeln sowie bei konkreten Anwendungen einzusetzen. Dabei lassen sich die genehmigten Projekte den Themenschwerpunkten

- Entwurf eingebetteter Systeme und
- Entwurfsmethodik für eingebettete Systeme

zuordnen. Die Kombination von Methodenentwicklung und dem exemplarischen Entwurf eingebetteter Systeme ist das besondere Anliegen dieses Schwerpunktprogramms.

1 Einleitung

Als eingebettete Systeme (*embedded systems*) werden im allgemeinen Elektronik-Systeme bezeichnet, welche in größere Umgebungen integriert sind. Sie werden eigens für spezielle Anwendungen entworfen und führen dedizierte Funktionen innerhalb eines Gesamtsystems aus. Eingebettete Systeme können sowohl Standard-Mikroprozessoren und -Mikrocontroller, als auch an die jeweilige Anwendung angepaßte spezielle Hard- und Software enthalten.

Der anhaltende Preisverfall und die Leistungssteigerung bei Mikroprozessoren haben neue Einsatzmöglichkeiten eingebetteter Systeme erschlossen und stimulieren so den Forschungsbedarf für dieses Thema. Darüber hinaus läßt sich feststellen, daß eingebettete Systeme Entwurfsmethoden erfordern, die sich grundsätzlich von den Methoden unterscheiden, die für Universalrechner auf der einen Seite oder Anwendungssoftware auf der anderen Seite entwickelt werden. Eingebettete Systeme verwenden zwar zum Teil Standardbausteine, typisch ist aber das Zuschneiden der Lösung auf die spezielle Anwendung. Dazu ist es erforderlich, die Standardbausteine anzupassen, beispielsweise durch individuelle Anwendungssoftware, durch anwenderprogrammierbare oder anwendungsspezifische integrierte Bausteine oder durch gemischt analog-digitale Funktionen zur

Ankopplung an den technischen Prozeß. Um derart komplexe eingebettete Systeme mit vertretbaren Kosten und in möglichst kurzer Zeit entwerfen zu können, werden neue Methoden, Verfahren und Algorithmen benötigt, die es dem Entwickler ermöglichen, Entwurfs- und auch Produktionskosten in einer frühen Phase vorherzusagen sowie einen Entwurf inkrementell zu verbessern und eine auf Anhieb funktionierende Implementierung zu produzieren.

Neben der technischen Bedeutung sei auch auf die enorme wirtschaftliche Bedeutung eingebetteter Systeme hingewiesen. Immer stärker entscheidet der Elektronikanteil des Gesamtsystems, also das hier im Vordergrund stehende eingebettete System, über die erreichte Innovation und die gesamte Wertschöpfung neuer Produkte. Typische Beispiele sind hier die Bereiche der industriellen Automation, der Werkzeugmaschinen und der Robotik und insbesondere die Automobilindustrie. Für viele Industriebereiche ist die Beherrschung des Entwurfs komplexer eingebetteter Systeme wettbewerbsentscheidend und damit überlebenswichtig.

2 Entwurf eingebetteter Systeme

Das Schwerpunktprogramm erforscht und entwickelt die Methodik für den Systementwurf eingebetteter Systeme und setzt diese in konkreten Anwendungen ein. Die Kombination von Methodenentwicklung mit exemplarischem Entwurf eingebetteter Systeme bildet daher einen besonderen Schwerpunkt dieses Programms. Der Entwurf eingebetteter Systeme ist ein Forschungsgebiet, dessen besondere Anforderungen sich aus der Optimierung des Zusammenwirkens heterogener Teilsysteme ergeben, wobei es nicht nur darauf ankommt, daß das eingebettete System die gewünschte Funktion erfüllt, sondern daß darüber hinaus vor allem Anforderungen bezüglich der gewünschten Leistung, der Kosten des Gesamtsystems, der Zuverlässigkeit, der Sicherheit, des Energieverbrauchs usw. erfüllt werden.

Darüber hinaus spielt auch die Umgebung des Systems eine sehr große Rolle, denn einen wichtigen Bestandteil eingebetteter Systeme in einer analogen Umgebung bilden neben Prozessoren, Speichern, anwendungsspezifischen integrierten Schaltungen und anwenderprogrammierbaren Schaltungen die analogen Interface-Schaltungen zu den Sensoren und Aktoren. Daraus ergeben sich bei eingebetteten Systemen aus gemischt analog-digitalen Hardware- und Software-Anteilen neue Anforderungen an die Automatisierung des Entwurfs. Dabei sind die Analog-Digital-Schnittstellen mit den analogen Systembausteinen beim Entwurf besonders zu berücksichtigen, und zwar im Hinblick auf Spezifikation, Synthese, Verifikation und Test. Zu lösende Probleme betreffen hier insbesondere die Entwicklung geeigneter Schnittstellen zwischen den unterschiedlichen Komponenten des heterogenen eingebetteten Systems sowie die Schnittstellen der Einbettung in die Systemumgebung.

Neben Standardbausteinen sollen auch anwendungsspezifische Bausteine, wie z.B. ASIPs (*application specific instruction set processors*), ASICs (*application specific integrated circuits*), analoge und gemischt analog-digitale Komponenten,

Treiberbausteine zur Ansteuerung der Peripherie sowie Verstärker für Sensorsignale, einbezogen werden. Als exemplarische Anwendungen sollen eingebettete Systeme behandelt werden, bei denen der Optimierung der Leistung auf der einen Seite, aber auch der Optimierung von Herstellungs- und Produktionskosten, der Zuverlässigkeit und der Sicherheit auf der anderen Seite besondere Bedeutung zukommt.

3 Entwurfsmethodik eingebetteter Systeme

Besonderer Wert wird im Rahmen dieses Themenbereichs auf die Erforschung durchgängiger Methoden zur Unterstützung des Entwurfs eingebetteter Syteme gelegt. Diese Methoden sollen einerseits verschiedene Entwurfsschritte, wie Spezifikation, Synthese, Validierung, Integration, Wartung und Betrieb integrieren, andererseits aber auch die verschiedenen Systemkomponenten, wie Compiler, Echtzeitbetriebssysteme, Standardprozessoren, Spezialhardware und Kopplung zum physikalischen Prozeß gemeinsam und ebenenübergreifend behandeln. Zu lösende Probleme betreffen insbesondere die ebenen- und komponentenübergreifende Entwurfsmethodik durch Berücksichtigung allgemeiner Optimierungskriterien, wie etwa der Kosten von Entwurf, Produktion und Wartung auf der einen Seite und der Berücksichtigung von Zuverlässigkeit und Sicherheit auf der anderen Seite.

Der zweite Schwerpunkt behandelt das Codesign heterogener Systeme. Im Vordergrund stehen hier Cospezifikation, Cosynthese und Cosimulation von heterogenen Systemen in ihrer Einbettung. Hier gilt es, in einer frühen Phase des integrierten Systementwurfs die in Material- und Energieflüssen inhärent enthaltenen Informationsflüsse zu identifizieren und zu extrahieren. Auf der Basis der so identifizierten Informationsflüsse kann man nun die globale Funktionalität des eingebetteten Systems formulieren, und es können die Schnittstellen zur Umgebung festgelegt werden. Das so charakterisierte eingebettete System bedarf nun weiterer Entwurfsschritte. Unter dem Partitionierungsaspekt soll vor allem die automatisierte Partitionierung in Hard- und Software auf der einen Seite und die Partitionierung in Analog- und Digitalkomponenten auf der anderen Seite untersucht werden. Weitere Themen betreffen die Erforschung und Entwicklung mikroprozessorbasierter Architekturen für eingebettete Systeme unter besonderer Berücksichtigung neuer Prozessorarchitekturen, von Multiprozessorsystemen und FPGA-basierten Prozessoren mit der Möglichkeit zu rekonfigurierbaren und erweiterbaren Befehlssätzen bis hin zu anwendungsspezifischen Coprozessoren.

Ein weiteres Ziel dieses Schwerpunktprogramms betrifft Untersuchungen zu Echtzeitbetriebssystemen für parallele eingebettete Systeme unter besonderer Berücksichtigung der Hardwareunterstützung. Weitere Forschungsthemen sind die Spezifikation und Modellierung des eingebetteten Systems unter besonderer Beachtung der Schnittstellen zum physikalischen Prozeß, die ganzheitliche Betrachtung der unterschiedlichen Informations-, Material- und Energieflüsse und deren Analyse und Entflechtung sowie die Qualitätssicherung unter Berücksichtigung von Verifikation, Testverfahren, Konformitätstests und Zertifizierung.

Nicht behandelt werden sollen im Rahmen dieses Schwerpunktprogramms weitergehende Validierungsverfahren, wie etwa die Emulation, das Rapid Prototyping und die Betrachtung von „hardware-in-the-loop“-Konzepten.

4 Die Projekte im Schwerpunktprogramm

Obwohl sich eingebettete Systeme je nach Anwendung sehr unterscheiden können, sind doch Gemeinsamkeiten im Entwurfsablauf festzustellen. Die Abbildung 1 zeigt die groben Phasen des Entwurfsprozesses.

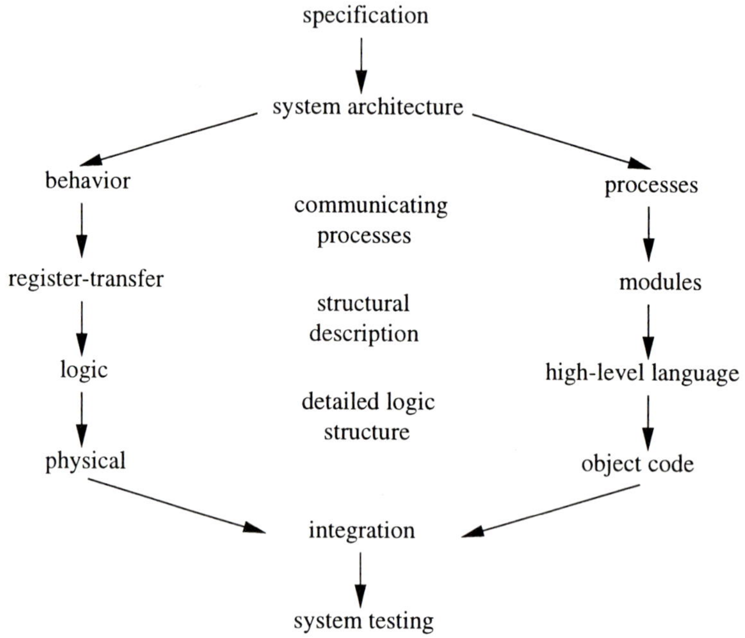

Abbildung1. Entwurfsprozeß eingebetteter Systeme

Die Verzahnung von Hardware und Software nimmt dabei immer mehr zu. Wesentliche Kriterien für die Architekturwahl eines eingebetten Systems sind die Auswahl von Mikrocontrollern und dedizierten Komponenten. Moderne Mikrocontroller werden heute nicht nur nach der reinen Rechenleistung ihrer CPU bewertet; die Gesamtfunktionalität ergibt sich aus Prozessor-Kern und weiteren „on-Chip“-Komponenten.

Die Komplexität und die an die eingebetteten Systeme gestellten Qualitätsanforderungen werden weiter steigen. Immer kürzere Produktzyklen bedingen immer kürzere Entwurfszyklen.

Diese Tendenzen haben Konsequenzen für den Entwurfsprozeß und erfordern einen Paradigmenwechsel. Entwurfsmethoden und Werkzeuge der einzelnen Entwurfsphasen müssen flexibel an die jeweilige Aufgabe anpaßbar sein.

Die im Rahmen des hier beschriebenen Schwerpunktprogrammes geförderten Projekte berühren dabei alle Phasen und Problemfelder des Entwurfs eingebetteter Systeme. Dabei gibt es Projekte, die auf Fragestellungen einzelner Entwurfsphasen eingehen, aber auch Projekte, die durchgängige Entwurfsmethoden entwickeln und den Entwurf eingebetteter Systeme zur Aufgabe haben.

4.1 Die Spezifikation

Die Spezifikation ist die erste Phase des Entwurfsablaufs. Dabei wird zwischen funktionalen und nichtfunktionalen Anforderungen unterschieden.

Entwurf, Entwurfsmethodik und formale Qualitätssicherung nehmen einen großen Stellenwert bei der Spezifikation eingebetteter Systeme ein. Entwurfsfehler, die bereits in den frühen Phasen der Systementwicklung auftreten, sind im späteren Entwurfsprozeß schwer zu entdecken und gegebenenfalls nur mit hohem Kostenaufwand zu beheben.

Das Projekt **„Requirements Engineering für eingebettete Systeme"** (*Prof. Dr. Manfred Broy, Fakultät für Informatik, Technische Universität München*) hat die Entwicklung von suggestiven und gleichzeitig formal fundierten Beschreibungstechniken für den Entwurf solcher Systeme zum Ziel. Für diese werden maschinelle Verifikationsmethoden konzipiert, welche die Einhaltung sicherheitsrelevanter Systemeigenschaften aufbauend auf diesen Beschreibungstechniken nachweisen können.

4.2 Die Systemarchitektur

Eng mit der Spezifikationsphase gekoppelt ist der Entwurf einer initialen Systemarchitektur. Diese Phase ist durch eine Hardware/Software-Partitionierung gekennzeichnet. Diese Partitionierung sollte die verschiedenen Anforderungen der Spezifikation, die unterschiedlich gewichtet sein können, möglichst optimal erfüllen.

Ein Projekt beschäftigt sich mit der **„Bewertung und Analyse hybrider Systeme"** (*Prof. Dr.-Ing. Klaus Waldschmidt, Fachbereich Technische Informatik, Universität Frankfurt*). Für den Entwurf eingebetteter Systeme ist es notwendig, nichtfunktionale Anforderungen (Verzögerung, Leistungsverbrauch) einzuhalten. Genaue Kenntnisse der physikalischen Parameter ergeben sich jedoch erst aus dem Layout und einer späteren Simulation. Damit die richtigen Entwurfsentscheidungen gefällt werden können, ist hierzu eine genaue Schätzung dieser Parameter insbesondere auf höheren Abstraktionsebenen erforderlich.

Ziel des Forschungsvorhabens **„Komponentenbasierte Entwicklung eingebetteter Systeme"** (*Prof. Dr.-Ing. Peter Göhner, Institut für Automatisierungs- und Softwaretechnik, Universität Stuttgart*) ist es, mit bewußt für die Mehrfachverwendung entwickelten Komponenten, die aus Hardware oder

Software bestehen, zukünftig komplexe eingebettete Automatisierungssysteme vollständig komponentenbasiert zu entwerfen. Die Forschungsarbeiten konzentrieren sich dabei auf die folgenden drei Problembereiche:

- Entwicklung spezifischer Softwarekomponenten und einer Vorgehensweise für die Strukturierung eingebetteter Systeme im Zusammenhang mit der physikalisch technischen Umgebung.
- Entwicklung von durchgängigen Methoden, um eingebettete Systeme vollständig aus vorgefertigten Komponenten aufzubauen.
- Werkzeugunterstützung für einen möglichst stark automatisierten Entwurfsablauf beim Einsatz von vorgefertigten Softwarekomponenten.

4.3 Validierung, Integration und Systemtest

Die Integration ermöglicht, die komplette Software auf realer Zielhardware auszuführen. Die Überprüfung sowohl des fehlerfreien Funktionierens der Software als auch des korrekten Zusammenspiels von Hard- und Software hat hierbei herausragende Bedeutung.

Erst wenn Hard- und Software zusammenarbeiten, kann durch Validierung sichergestellt werden, daß die Systemspezifikation eingehalten wurde. Aufgrund der Komplexität eingebetteter Systeme, bestehend aus Prozessoren sowie der Software, dedizierten Hardwarekomponenten und zahlreichen Schnittstellen, ist deren Validation mit Hilfe von Simulation ein besonders wichtiger Teil der Entwurfsmethodik.

Die Erfahrungen zahlreicher Anwender haben gezeigt, daß derzeit verfügbare Prozessor-Simulatoren z.B. nur unzureichende Geschwindigkeiten erreichen.

In dem Forschungsvorhaben **„Kompilierte Simulation von HW/SW Systemen“** (*Prof. Dr. Heinrich Meyr, Lehrstuhl für Integrierte Systeme der Signalverarbeitung, RWTH Aachen*) soll das Prinzip der kompilierten Simulation zur Realisierung eines schnellen Simulators zur Simulation des Prozessors und der Peripherie untersucht und beispielhaft implementiert werden. Ein weiteres Ziel ist hierbei die Beschleunigung der Simulation angeschlossener Hardwarekomponenten. Eine Untersuchung zur Retargierung von Prozessor-Simulatoren soll schließlich den Schritt von der beispielhaften Realisierung auf ein allgemeines Prozessormodell vollziehen.

Das Projekt **„Integrationstest eingebetteter Systeme der dezentralen Automatisierungstechnik“** (*Prof. Dr.-Ing. Klaus Bender, Lehrstuhl für Informationstechnik im Maschinenwesen, Technische Universität München*) beschäftigt sich mit der Erarbeitung neuer Testkonzepte, um die Defizite auf dem Gebiet des Integrationstests eingebetteter Systeme der Automatisierungstechnik zu verringern.

Die Problematik liegt hierbei darin, daß eingebettete Systeme der Automatisierungstechnik in Form von intelligenten Sensoren und Aktoren sich sowohl durch einen heterogenen Aufbau als auch durch sehr verschiedenartige Schnittstellen auszeichnen. Deswegen ist die Wechselwirkung eingebetteter Systeme der

Automatisierungstechnik mit ihrer Systemumwelt besonders hoch, weshalb diese vor allem beim Integrationstest berücksichtigt werden muß.

Der Produktionstest stellt sicher, daß jede hergestellte Kopie einer Komponente korrekt produziert wurde. Der Produktionstest integrierter Systeme, und hier insbesondere der Test der analogen Komponenten, macht nach wie vor den überwiegenden Teil der gesamten Herstellungskosten aus. Dieses Problem wird sich bei eingebetteten Systemen, die heterogene Systeme aus Software- und Hardwareanteilen einerseits und analogen und digitalen Anteilen andererseits beinhalten, noch verschärfen. Hier besteht bei der Entwurfs- und insbesondere Testmethodik eine sich verschärfende Lücke.

Ziel des **„Simulationsbasierten Testentwurfs für gemischt analog-digitale Systeme“** (*Prof. Dr.-Ing. Kurt Antreich, Lehrstuhl für Rechnergestütztes Entwerfen, Technische Universität München*) ist es nun, simulationsbasierte (virtuelle) Verfahren zu entwickeln, um den Testentwurf gemischt analog-digitaler Systeme parallel zum Systementwurf durchführen zu können und dadurch die Entwicklungszeit und die Kosten deutlich zu senken.

Im Projekt **„Objekt-orientierte Cosimulation für eingebettete Steuerungssysteme“** (*Prof. Dr.-Ing. Wolfgang Nebel, FB 10 - Entwurf integrierter Schaltungen, Universität Oldenburg*) soll eine bestehende Entwurfsmethode (HRT-HOOD) so erweitert werden, daß sie auch die Hardware-Implementierung umfaßt und über ein Cosimulationskonzept verfügt, das speziell zeitliche Randbedingungen von eingebetteten Steuerungssystemen berücksichtigt. Das bedeutet, daß in eine Cosimulation sowohl die von der Hardware gegebenen Echtzeitanforderungen, als auch die von der Software einzuhaltenden Zeitbedingungen einbezogen werden müssen. Als Sprache für die in Software implementierten Teile eines eingebetteten Systems wird Ada95 im Projekt verwendet.

4.4 Durchgängige Entwurfsmethoden

Die folgenden Projekte konzentrieren sich auf durchgängige Entwurfsmethoden für spezielle Anwendungsbereiche eingebetteter Systeme, wobei die Methoden stets anhand konkreter Anwendungen überprüft und bewertet werden.

Die **„Integrierte Entwurfsumgebung für eingebettete Systeme in der industriellen Automation“** (*Prof. Dr. Wolfgang Rosenstiel, Wilhelm-Schickardt-Institut für Informatik, Universität Tübingen; Prof. Dr.-Ing. Wilhelm Spruth, FB Informatik, Universität Leipzig*) gestattet es, verschiedene System-Architekturen zu untersuchen, zu bewerten und anschließend daraus ebenen- und komponentenübergreifende Modelle und Methoden für den Entwurf eingebetteter Systeme abzuleiten. Sie kann aber ebenfalls zum Integrations- und Systemtest eingebetteter Systeme benutzt werden. Die flexible Entwurfsumgebung berücksichtigt dabei moderne 32-Bit Mikrocontroller und anwenderprogrammierbare Hardware (FPGAs) ebenso wie dedizierte ASICs bzw. ASIPs und Schnittstellen.

Das im Projekt **„Durchgängige Entwurfsmethodik und Simulation dezentraler Steuerungselemente für mechatronische Systeme in der Automatisierungstechnik“** (*Prof. Dr.-Ing. K.-D. Müller-Glaser, Institut für*

Technik der Informationsverarbeitung, Universität (TH) Karlsruhe) verfolgte Konzept basiert auf einer skalierbaren und portierbaren Software für Mikrocontroller, die aus konfigurierbaren Bibliotheken unter Einbindung bestehender Kommunikations-Standards aufgebaut ist, sowie skalierbaren Hardwarebaugruppen, die parametergestützt mit Hilfe einer grafischen Entwicklungsumgebung adaptiert und simuliert werden können. Wichtige Systemanforderungen wie Betriebsstabilität und Timing-Fragen lassen sich so vor einem Funktionstest am realen Prozeß überprüfen und optimieren.

Den methodischen Entwurf von Kommunikationssysteme, der durch eine Entwurfsumgebung unterstützt wird, zu untersuchen, hat das Projekt **„Entwurf konfigurierbarer, echtzeitfähiger Kommunikationssysteme“** (*Prof. Dr. Franz J. Rammig, Heinz Nixdorf Institut für praktische Informatik, Universität-GH Paderborn*) zum Ziel. Die Entwurfsumgebung beinhaltet geeignete Spezifikationsverfahren zur Beschreibung des Kommunikationssystems, Kommunikationsbibliotheken zur Erstellung der Kommunikationsprogramme und Generatoren und Konfiguratoren, die aus der Spezifikation und mit Hilfe der Bibliotheken Meta-Kode für das Kommunikationssystem generieren.

4.5 Praxisrelevante Beispielapplikationen

Zwei weitere Projekte haben die Entwicklung eingebetteter Systeme zur Aufgabe:

- **„Ein eingebettetes System zum sakkadischen maschinellen Sehen“** (*Prof. Dr.-Ing. Ernst D. Dickmanns, Institut für Steuer- und Regelungstechnik, Universität der Bundeswehr München*)
- **„Implementierung Neuronaler Netze am Beispiel der Regelung von Verbrennungsmotoren“** (*Prof. Dr.-Ing. Dierk Schröder, Fakultät für Elektrotechnik, Technische Universität München*)

Diese etwas komplexeren Applikationen sollen unter anderem Rückschlüsse für die methodischen Arbeiten der anderen Projekte geben, sowie deren Ergebnisse berücksichtigen.

5 Kooperationen

Das hier vorgestellte Schwerpunktprogramm besitzt etliche Berührungspunkte zu anderen DFG-Programmen, wie dem DFG-Sonderforschungsbereich SFB 358 „Automatisierter Systementwurf“ und dem Schwerpunktprogramm „Rapid Prototyping für integrierte Steuerungssysteme mit harten Zeitbedingungen“.

Die folgenden drei DFG-Projekte haben einen besonders engen Bezug zu den Themen des Schwerpunktprogramms. Deshalb sollen auch sie an dieser Stelle erwähnt werden.

Im Projekt **„Architekturtemplates für den Entwurf eingebetteter Systeme“** (*Prof. Dr.-Ing. Georg Färber, Fakultät für Elektrotechnik, Technische*

Universität München) werden die Probleme steigender Spezifikationsanforderungen, bei sinkenden Entwicklungskosten und -zeiten betrachtet, die durch die Wiederverwendung von vorgefertigten, teilweise parametrierbaren Hardware-, Firmware- und Software-Bausteinen überwunden werden sollen.

Mit dem Ziel, **„Standardarchitekturen für verläßliche eingebettete Realzeitsysteme"** (*Prof. Dr.-Ing. Georg Färber, Fakultät für Elektrotechnik, Technische Universität München*) abzuleiten, sollen Konzepte erforscht werden, welche die drei Ausprägungen hochverfügbar, sicher sowie sicher und hochverfügbar erreichen. Die Verläßlichkeit wird dabei zunächst durch statische Redundanz verwirklicht, mit der die Fehlererkennung und Fehlermaskierung erfolgt. Mit dem Systemarchitekturkonzept werden dann verläßliche Hard- und Softwarelösungen für den Rechnerkern und die Systemperipherie (inkl. Aktoren, Sensoren) bereitgestellt.

Die Frage nach der Bewertung einer Architektur kann auch durch formale Verifikation erfolgen. Die Verifikation von eingebetteten Systemen muß dabei insbesondere den Nachweis der Einhaltung der Echtzeitbedingungen umfassen. Eingebettete Systeme stellen oft reine Steuerungen dar. Es werden aber auch oft Algorithmen zur Verarbeitung von Daten aus Geschwindigkeitsgründen in Hardware implementiert.

Ziel des Projekts **„Verifikation von eingebetteten Systemen"** (*Prof. Dr. Detlef Schmid, Fakultät für Informatik, Universität (TH) Karlsruhe*) ist deshalb die Entwicklung eines umfassenden neuen Ansatzes zur Verifikation eines gesamten eingebetteten Systems ohne Einschränkung auf spezielle Anwendungsgebiete. Es muß einerseits zeitliche Bedingungen, andererseits aber auch die korrekte Berechnungen von Daten, berücksichtigen.

Sämtliche Projektteilnehmer pflegen intensive Kooperationen mit Industriepartnern, von denen hier nur die größeren, wie SIEMENS, DAIMLER-BENZ oder BOSCH, genannt werden sollen.

6 Organisatorisches

Das Schwerpunktprogramm „Entwurf und Entwurfsmethodik eingebetteter Systeme" hat am 1. April 1997 begonnen. Das Auftaktkolloquium wurde in Zusammenarbeit mit der Firma DAIMLER-BENZ in Stuttgart-Untertürkheim ausgerichtet.

Ausführliche Informationen über die einzelnen Projekte des Schwerpunktprogramms, das Auftaktkolloquium, die beteiligten Industriepartner und Projekte im Umfeld dieses Schwerpunktprogramms werden ständig aktualisiert und können on-line unter *http://www.fzi.de/sim/people/hergen/sppes/sppes.first.html* abgerufen werden.

Sonderforschungsbereich 531

Design und Management komplexer Prozesse und Systeme mit Methoden der Computational Intelligence

Hans-Paul Schwefel und Ulrich Hammel

SFB 531, Universität Dortmund

1 Einleitung

Fuzzy-Systeme, *künstliche Neuronale Netzwerke* und *Evolutionäres Rechnen* – im folgenden unter dem Begriff CI-Methoden (CI = *Computational Intelligence*) subsumiert – haben, grob betrachtet, vieles gemeinsam:

- Ihre Grundkonzepte sind seit langem bekannt und waren zeitweise umstritten. Ein Grund für die anfänglich zögerliche Akzeptanz bestand unter anderem in der Nichtverfügbarkeit ausreichender Rechenleistung. Außerdem galt es, Widerstände in etablierten Disziplinen zu überwinden. Und, wie in anderen Forschungsfeldern auch, mußte sich zunächst eine „kritische Masse" bilden, welche die Initialzündung für eine breite Forschung auslöste.
- Sie werden zunehmend erfolgreich und immer breiter angewandt. Analog zu vielen anderen Wissenschaftszweigen entstand auch auf dem Gebiet der CI die kritische Masse im Bereich der Anwendungsforschung. Konkrete, praktische Probleme existieren und müssen gelöst werden, unabhängig davon, ob die Grundlagenforschung dies wahrnimmt oder nicht, vielleicht sogar die generelle Unlösbarkeit unter gewissen Prämissen zeigt. Neue Methoden werden oft zunächst versuchsweise angewandt und erweisen sich gegebenenfalls in der Praxis als nützlich, ohne daß der formale Nachweis der Anwendbarkeit a priori geführt wurde. Die Existenzberechtigung der Methoden lautet: „Es funktioniert". Das ist dann Stimulans für die Suche nach dem „Warum?" bzw. „Wann und wann nicht?".
- Ihre theoretischen Grundlagen sind noch sehr unvollkommen. Die Grundlagenforschung reagiert häufig eher abwartend, bevor sie neue Methoden assimiliert, deren Funktionstüchtigkeit formal nur schwer, wenn überhaupt, nachweisbar ist. Zwar wurden in Teilbereichen erhebliche Erfolge erzielt – am weitesten sind im Bereich der CI zweifellos die Grundlagen der Fuzzy-Logik entwickelt –, ein Gesamtbild fehlt aber.
- Es werden ständig neue spezielle Varianten nach dem „Trial-and-Error" Prinzip kreiert. Ursache für die entsprechend ineffiziente, „das Rad immer wieder neu erfindende" Vorgehensweise ist das Fehlen einer adäquaten, theoretisch fundierten Basis.
- Ihre Anwendungsbereiche überlappen sich. Angewandt werden CI-Methoden vernünftigerweise nur dort, wo herkömmliche Konzepte nicht hinreichen oder

einen zu hohen Aufwand für eine sichere und exakte Lösung erfordern. CI-Verfahren begnügen sich dann mit meist guten Approximationen und positiven Erfolgswahrscheinlichkeiten. Oftmals können sie alternativ eingesetzt werden. Typische Anwendungsbereiche sind unter anderem die nichtlineare Steuerungs- und Regelungstechnik, Optimierung, Modellierung, Identifikation, Klassifikation, Bildverarbeitung, Mustererkennung sowie die Entscheidungsunterstützung, oft unter mehrfacher (konkurrierender) Zielsetzung.

- Sie ergänzen sich vorzüglich. Aus der Anwendung von CI-Methoden ergeben sich häufig neue Probleme, die ebenfalls (noch) nicht analytisch zu lösen sind. Als Beispiele seien die Struktur- und Gewichtsoptimierung in Neuronalen Netzen, die Parametrisierung und Operatorenauswahl bei Evolutionären Algorithmen sowie die Bestimmung von Fuzzy-Regelmengen und Zugehörigkeitsfunktionen genannt. Solche Aufgaben können häufig durch Kombination von CI-Methoden in der Praxis gelöst werden. Diese Hybridisierung von Verfahren geschieht heute zumeist sequentiell (Methode A als Vorverarbeitungsstufe für B). Es besteht aber die Vermutung, daß durch kompetentere Kopplungskonzepte wesentlich mehr erreicht werden kann, wenn erst die Grundlagen besser verstanden wurden.
- Sie sind Instanzen eines übergeordneten Konzepts. Ziel ist letztlich das Vordringen von Problemlösungsalgorithmen in neue Komplexitätsklassen. Hier gibt es zahlreiche Verwandtschaften zu anderen Verfahren mit gleicher Zielsetzung. Beispiele sind Zellularautomaten, Immunnetzwerke und Agentensysteme, possibilistische Ansätze und mehrwertige Logik sowie kompetitive Systeme und sich selbst organisierende Strukturen. Man kann erwarten, daß das Gebiet der CI in dieser Beziehung noch stark erweitert werden wird.
- Sie wurden im Duden-Lexikon der Informatik von 1988 noch nicht einmal erwähnt. In der neueren Ausgabe von 1993 findet man allerdings Abschnitte zu den Stichworten Fuzzy-Logik, Neuronale Netze und Genetische Algorithmen. Letzteres betrifft wenigstens eine der beiden amerikanischen Varianten der Evolutionären Algorithmen. Die Forschung beginnt, die Potenz der CI-Verfahren zu erkennen. Die Wirtschaft nutzt sie schon länger, und auch die Informatik-Lehre greift das Thema allmählich auf.

2 Naturanaloges paralleles Problemlösen

Die Gemeinsamkeiten der Methoden reichen aber tiefer. Abgesehen von der hauptsächlich subsymbolischen (numerischen) Repräsentation der Information – ganz im Gegensatz zur klassischen, rein symbolisch-basierten Repräsentation in der *Künstlichen Intelligenz* (KI) – stellen die CI-Techniken von der Intention her algorithmische Nachbildungen von Informationsverarbeitungsprozessen in natürlichen Systemen dar. Außer der Faszination, welche die beobachtbaren Leistungen der natürlichen Vorbilder ausüben, spielen zwei Motive bei der Beschäftigung mit ihnen eine wesentliche Rolle:

- Der Drang des Naturforschers, die Phänomene zu verstehen.

– Der Versuch des Ingenieurs, sich diese *Patente der Natur* nutzbar zu machen.

Das Gebiet der Computational Intelligence kann als Fortsetzung älterer Bemühungen gesehen werden, die als Kybernetik bzw. Bionik in die Wissenschaftsgeschichte eingegangen sind. Hinzu gekommen sind, zugleich als Instrument für die (simulative) Analyse und als Zielsystem für die Nutzbarmachung der naturanalogen Problemlösungsmechanismen, der Rechner und zunehmend ganze Netzwerke von Prozessoren. Eine Voraussetzung für diese Verbindung war und ist der Übergang von analytischen zu algorithmisch umsetzbaren Modellen der betrachteten Prozesse sowie der Übergang von rein sequentiellen zu immanent parallelen Abläufen, wobei die Parallelität nicht im Sinne von „divide et impera", sondern im Sinne kollektiver Nutzung diverser Einzelaktionen zu verstehen ist.

Dennett [1] sieht bereits Darwins Leistung hauptsächlich darin, die natürliche Evolution als iterativen (und parallelen) Prozeß erkannt bzw. gedeutet zu haben. Ähnliches kann man für alle anderen zur CI gehörenden Paradigmen behaupten. Damit öffnet sich einerseits der eher spielerische Weg der Simulation künstlicher Lebensprozesse auf Rechnern, wie er im Bereich *Artificial Life* (AL) noch großenteils begangen wird, andererseits aber auch der Weg zur Nutzung von Informatikgrundlagen zur Analyse und somit zu einem tieferen Verständnis der Phänomene anhand der Sezierung der algorithmischen Modelle mit dem Ziel der Schaffung eines konstruktiven, methodischen Ansatzes. Dieser SFB hat sich auf den zweiten Weg begeben.

3 Die Entwicklung der Computational Intelligence

Das internationale Interesse an der CI-Forschung und ihre praktische Bedeutung wird sowohl durch entsprechende nationale Forschungsförderungen, vor allem in Japan und den USA, als auch durch eine stetig wachsende Zahl von Veröffentlichungen und Konferenzen [2] belegt. Die zur Zeit wichtigsten Teilgebiete der CI bilden die *Neuronalen Netze* (NN) [3], die *Fuzzy-Logik* (FL) [4] und die *Evolutionären Algorithmen* (EA) [5]. Die starke methodische Verwandtschaft dieser Ansätze wurde insbesondere auf dem ersten *IEEE World Congress on Computational Intelligence (WCCI)* deutlich [6], welcher maßgeblich zur Etablierung der CI beigetragen hat. Eine Folgekonferenz ist für Mai 1998 in Anchorage, Alaska, angekündigt.

Der Begriff *Computational Intelligence*, der in der hier verwendeten Bedeutung von Bezdek vorgeschlagen wurde [7,8], ist seither als Oberbegriff für die genannten Methoden etabliert. In diesem Umfeld haben sich weitere Arbeitsgebiete entwickelt, von denen insbesondere *Autonomous Agents (AA)* und *Simulation of Adaptive Behavior (SAB)* zu nennen sind. Obgleich die CI, vornehmlich in den USA, als neuer Zweig der *Künstlichen Intelligenz* (KI) verstanden wird, unterscheiden sich ihre Methoden grundlegend vor allem in der Art der Wissensrepräsentation und -verarbeitung von den traditionellen KI-Ansätzen, wie sie im Bereich der *Expertensysteme* (XPS) benutzt werden. Zur Abgrenzung sei ein kurzer Rückblick auf die Entwicklung der CI erlaubt.

Mit der Verfügbarkeit der ersten Digitalrechner und der Entdeckung ihrer Berechnungsuniversalität schien für die Realisierung eines langgehegten Traumes, der Konstruktion von künstlichen intelligenten Systemen, das geeignete Medium bereit zu stehen. Anfangs galt das Interesse vornehmlich dem Entwurf universeller, lernfähiger und adaptiver Systeme auf der Basis einfacher (numerischer) Repräsentationen. Zahlreiche Ansätze wurden verfolgt, darunter das von Rosenblatt Mitte der 50er Jahre entwickelte *Perzeptron*-Modell [9], das als Vorläufer der Neuronalen Netze gilt. Auch die Grundlagen der Evolutionären Algorithmen wurden in jener Zeit gelegt. So entwickelten in den USA unabhängig voneinander Holland [10,11] die *Genetischen Algorithmen* (GA) als Modell für Adaptations- und Klassifikationsprozesse und Fogel [12,13] das *Evolutionary Programming* (EP) zur Zeitreihenvorhersage mittels endlicher Automaten. Nahezu zeitgleich dazu entwarfen Rechenberg [14,15] und Schwefel [16,17] in Deutschland die Evolutionsstrategien (ES) als Heuristiken für die experimentelle Optimierung. Ebenfalls in den 60er Jahren propagierte der amerikanische Systemtheoretiker Zadeh den Übergang zu unscharf abgegrenzten Mengen in einer qualitativ neuartigen Modellbildungsstrategie und schuf damit die Grundlagen der Fuzzy-Logik [18].

Der entscheidende Erfolg dieser Ansätze blieb aber zunächst aus, was einerseits auf die zu geringe Leistungsfähigkeit der damals verfügbaren Hardware, andererseits aber auch auf die unzulängliche theoretische Durchdringung der neuen Konzepte zurückzuführen war. So wiesen Ende der 60er Jahre Minsky und Papert die begrenzte Berechnungsfähigkeit des Perzeptronmodells nach [19], worauf das Interesse an konnektionistischen Modellen zunächst stark nachließ. In der Folge konzentrierte sich die KI-Forschung auf die symbolische Wissensrepräsentation, genauer gesagt, die Wissensverarbeitung auf der Basis „scharfen" Wissens im Gegensatz zum unscharfen bzw. unvollständigen Wissen. Zadeh hat hierfür das vielleicht treffendere Begriffspaar „crisp computing" versus „soft computing" geprägt. Die Konstruktion von Expertensystemen und Entwicklungsumgebungen führte in den 70er und 80er Jahren zu einigen spektakulären Erfolgen [20–22]. Die Evolutionären Algorithmen gerieten in dieser Phase fast in Vergessenheit.

Mitte der 80er Jahre zeichneten sich aber auch die Grenzen der rein symbolischen Wissensverarbeitung ab. Beispielsweise besitzen viele (insbesondere technische) Probleme häufig inhärent numerische (subsymbolische) Repräsentationen, für die sich rein symbolische Lösungsverfahren als ungeeignet erwiesen. Aus diesem Bedarf heraus und mit der Verfügbarkeit immer leistungsfähigerer Hardware erlebten Teilbereiche der CI eine Renaissance. So führten die Arbeiten von Hopfield [23], Rumelhart, McClelland und der PDP Research Group [24] zu einer Wiederbelebung der NN-Forschung, und erste spektakuläre Einzelerfolge NN-, EA- und FL-basierter Systeme (siehe etwa Sejnowski und Rosenberg [25], Kohonen et al. [26], Goldberg [27,28], Hartmann [29], Holmblad/Østergaard [30]) ließen die Forschungsaktivitäten in diesen Bereichen weltweit stark ansteigen mit der Folge einer Fülle erfolgreicher Anwendungen, welche die Problemlösungspotentiale dieser drei Paradigmen in eindrucksvoller Weise belegen (siehe etwa Alanders Bibliographie [31] mit über 3000 Referenzen zum Thema EA , Klimaskausas [32] zu NN sowie Hirota [33], Sugeno [34] und Gupta, Yamakawa [35] zu FL).

Bezdek [7] charakterisiert die Methoden der CI durch folgende Eigenschaften:

- Anpassungsfähigkeit,
- Fehlertoleranz,
- Verarbeitungsgeschwindigkeiten im Bereich menschlicher Kognitionsprozesse (insbesondere unter Ausnutzung der inhärenten Parallelität) und
- Optimalität der Fehlerraten (Verhältnis von Lernaufwand zu Fehlerhäufigkeit).

Das Attribut *Computational* bezieht sich auf die subsymbolische, numerische Problemrepräsentation und die daraus folgende subsymbolische Wissensaggregation und Informationsverarbeitung.

Bezdek bewertet die *Computational Intelligence* nur als im Sinne eines Trägers notwendige, nicht aber als hinreichende Bedingung zur Konstruktion künstlicher intelligenter Systeme. Der SFB 531 nimmt einen pragmatischen Standpunkt ein: Im Vordergrund steht nicht die Konstruktion intelligenter Systeme, sondern vielmehr die Erschließung der CI-Methoden zur Lösung komplexer (technischer) Aufgaben.

4 Stand der CI-Forschung und künftige Entwicklungen

Grob zusammengefaßt, kann das Gebiet CI derzeit durch folgenden Zustand charakterisiert werden:

- Es gibt eine Reihe von Insellösungen für spezielle Aufgabentypen, die von ihren Verfechtern gegen Angriffe von außen hart verteidigt werden (siehe Genetische Algorithmen versus Evolutionary Programming).
- Praktiker greifen, teilweise recht wahllos, CI-Methoden auf und verzeichnen Erfolge, ohne daß klar wird, warum die Methoden erfolgreich sind und ob nicht noch bessere Lösungen existieren.
- Die Vielzahl der erfolgreichen Anwendungen führt zu Euphorie und diese wiederum treibt Entwickler zu immer neuen ad-hoc-Strategievarianten.
- Grundlegende Erkenntnisse stellen sich unter solchen Bedingungen eher zufällig ein und bleiben zum großen Teil zusammenhanglos. Am weitesten vorangekommen ist die Grundlagenforschung heute bei Fuzzy-Systemen.
- Eine integrative Sichtweise ist erst ansatzweise erkennbar, etwa innerhalb der Klasse Evolutionäre Algorithmen.
- Es fehlt noch ein methodischer Überbau für die CI-Methoden (FL, NN und EA). Darum existiert auch noch kein konstruktives Konzept zur Überwindung von ad-hoc-Vorgehensweisen.

Als ein in der Praxis groß gewordenes Forschungsfeld erlebt die CI heute eine Phase, die in vielen jungen Disziplinen, gerade auch in der Informatik, zu beobachten war. Man denke an die frühen Programmiersprachen vor der

Entwicklung des theoretischen Überbaus (formale Sprachen, Automatentheorie, Komplexitätstheorie und formale Logik), an den Einfluß der Coddschen Relationenalgebra auf die Entwicklung von Datenbanken, an den Einfluß der formalen Logik auf die symbolische KI oder an den Einfluß der Theorie der Datentypen auf das Softwareengineering.

Komplexe Anwendungen („grand challenges") in technischen Disziplinen, Naturwissenschaften (z. B. Molekularbiologie) und der Informatik selbst (z. B. Datenbanken, Bildverarbeitung, Data Mining, Visualisierung) erfordern effektive und effiziente Verfahren, die mit Eigenschaften wie Adaptivität, Fehlertoleranz, hohem Durchsatz und geringer Fehlerrate eine Annäherung an die Problemlösungskapazitäten lebender Systeme ermöglichen. Neben der Verwendung einzelner CI-Techniken wird zur Handhabung derartig komplexer Anwendungen zunehmend eine Kopplung von CI-Techniken untereinander und mit etablierten Techniken aus der Künstlichen Intelligenz, der mathematischen Optimierung und der statistischen Datenanalyse nötig werden, womit bisher ungenutzte Synergieeffekte dieser Verfahren zugänglich und sogenannte Intelligente Systeme (BMBF-Bezeichnung eines Förderschwerpunkts) von qualitativ völlig neuartigem Verhalten entwickelbar werden. Daher steht, neben der Analyse und Weiterentwicklung einzelner CI-Methoden, auch die Kopplung von Methoden im Mittelpunkt des Sonderforschungsbereichs.

Als weitere Paradigmen biologischer Informationsverarbeitung sind aber auch Immun-Netzwerke, Zellularautomaten und Multiagentensysteme zu nennen, die wohl in Zukunft noch an Bedeutung gewinnen werden.

5 Ziele des Sonderforschungsbereichs

Entscheidend für die Popularität und den Erfolg von CI-Techniken ist die weitgehende Problemunabhängigkeit und damit die breite Verwendbarkeit CI-basierter Verfahren. Die Mehrzahl der praktischen Anwendungen findet sich in den technischen Disziplinen. Auch die Zahl der betriebswirtschaftlichen Anwendungen nimmt ständig zu, wie Biethahn und Nissen [36] zeigen. In beiden Bereichen treten häufig Probleme auf, die einerseits aufgrund ihrer Darstellung subsymbolische Lösungsverfahren erfordern, für die aber andererseits keine problemspezifischen analytischen oder auch numerisch approximativen Verfahren bekannt sind. Formal sind diese Probleme zumeist nicht exakt oder nicht effizient exakt lösbar, oder der Aufwand zur Erarbeitung exakter Lösungsverfahren steht in keinem vertretbaren Verhältnis zum Nutzen. In der Praxis begnügt man sich dann mit groben Näherungen auf der Basis von Erfahrungswissen. In solchen Fällen bieten sich CI-Methoden als generelle Heuristiken zur Implementierung von Lösungsverfahren an.

Der Wunsch und die Notwendigkeit, komplexe Problemstellungen in nahezu allen Bereichen wenigstens näherungsweise zu lösen, werden sich mit fortschreitender Technologisierung und Entwicklung des internationalen Wettbewerbs verstärken. Dazu ist es erforderlich,

- die existierenden Methoden weiterzuentwickeln, untereinander und mit traditionellen Techniken zu koppeln,
- ihre Leistungsfähigkeit an ständig neuen, in ihrer Komplexität zunehmenden Problemen, zu messen – insbesondere auch im Vergleich mit existierenden anderen Verfahren,
- ihre formalen Grundlagen zu analysieren und so ihre Möglichkeiten und Grenzen zu erkennen, sowie
- Alternativen zu suchen und zu prüfen.

Der SFB 531, der mit Beginn des Jahres 1997 seine Arbeit aufnahm, stellt an sich selbst die Forderung, wesentliche Beiträge zu den drei erstgenannten Themenkreisen zu leisten. Erklärtes Ziel ist es, die Theorie der informationsverarbeitenden Netze (Neuronale Netze sind nur eine spezielle Gruppe daraus), der Verarbeitung unscharfer bzw. unvollständiger Information und der evolutionären Selbstorganisation – auch in Kombination miteinander – voranbringen. Ihr Potential zur rechnergestützten Problemlösung soll ausgelotet und auch ihre Grenzen sollen klar absteckt werden. Und nicht zuletzt soll anhand prototypischer Anwendungen verbesserter und weiterentwickelter CI-Methoden diesem in anderen Ländern schon etablierten Gebiet – insbesondere von der Informatik her – ein Anschub in Deutschland geben werden. Die Vision des Sonderforschungsbereichs besteht darin, einen Prozeß zur Entwicklung eines konstruktiv-methodischen Überbaus anzustoßen und diese Entwicklung mitzugestalten. Dazu ist aber eine Strategie der kleinen Schritte notwendig:

Die Teilprojekte des SFB werden sich zunächst auf die etablierten CI-Techniken Fuzzy-Logik, Neuronale Netze und Evolutionäre Algorithmen konzentrieren und sich dabei um ein besseres Verständnis der Funktionsweise und Grenzen der Methoden bemühen. Desgleichen müssen die Anwendungsbereiche klassifiziert und abgegrenzt werden. Es werden hybride Verfahren entwickelt und versucht, ihre Synergieeffekte zu verstehen. Schließlich ist es notwendig, das Forschungsgebiet CI besser zu definieren und abzugrenzen, wobei auch diejenigen verwandten Verfahren berücksichtigt werden sollen, die innerhalb dieser Grenzen liegen.

Es besteht die Hoffnung, aus dieser zunächst eher analytisch und experimentell ausgerichteten Vorgehensweise zu einem derart tiefen Verständnis der Verfahren zu gelangen, daß daraus eine synthetische Methodik entwickelt werden kann: Die Synthese konkreter Verfahren aus wohlverstandenen Bausteinen („building blocks“ im Jargon der Genetischen Algorithmen). Hierin besteht die langfristige Perspektive des Sonderforschungsbereichs.

Die Anwendungsprojekte des SFB wurden aus den Ingenieurwissenschaften gewählt, und zwar aus den Bereichen Elektrotechnik, Maschinenbau und Chemietechnik. Die erarbeiteten Lösungskonzepte werden sich aber auch auf andere Aufgabenbereiche, außerhalb der Ingenieurdisziplinen, übertragen lassen, da es um so allgemeine Aufgaben wie z. B. Identifikation, Modellierung, Klassifikation, Mustererkennung, Bildverarbeitung, Steuerung/Regelung und Optimierung geht.

Schließlich bleibt noch anzumerken, daß bei manchen der beteiligten Wissenschaftler der Gedanke nicht ruht, mit den gewonnenen Erkenntnissen über die

Leistungsfähigkeit der von der Natur inspirierten Algorithmen auch ein wenig das Verstehen der (selbstverständlich stark vereinfacht) modellierten Vorbilder voranzubringen. Wenn dies gelingt, dann wäre das nicht nur ein Beitrag zur vielfach geforderten Mathematisierung in den Naturwissenschaften, die auf diesem Wege noch nicht so weit vorangekommen sind wie beispielsweise die Physik. Es wäre vielleicht sogar eine wichtige Komponente, um mit immer komplexeren artifiziellen Systemen, eingebettet in die teils sehr empfindliche natürliche Umwelt, sachgerecht umzugehen. Die benutzten Paradigmen sind jedenfalls Beispiele robuster und oft erstaunlich effizienter Prozesse, die eine lang andauernde Bewährungsprobe bereits bestanden haben.

Die Fülle der aus der Natur abschaubaren Problemlösungskonzepte ist mit Sicherheit noch nicht annähernd ausgeschöpft. Angefangen von der Frage, warum Adaptivität so oft an Kritikalitätsgrenzen anzutreffen ist und ob man daraus etwas lernen kann, bis hin zu Multiagenten-Strategien mit kooperativem bis altruistischem Verhalten einzelner Individuen und Teilpopulationen, die besonders geeignet sein mögen für die Suche nach Pareto-optimalen Lösungen zwischen Scylla (effiziente aber wenig robuste Methoden) und Charybdis (effektive aber zu aufwendige Methoden): Es gibt noch viel zu entdecken!

Literatur

1. D. C. Dennett. *Darwin's Dangerous Idea.* Simon & Schuster, New York, 1995.
2. H.-P. Schwefel. Parallel problem solving from nature. In A. Kent, J. G. Williams, und C. M. Hall, Hrsg., *Encyclopedia of Computer Science and Technology.* Marcel Dekker, New York, 1997, (im Druck).
3. E. Fiesler und R. Beale, Hrsg. *Handbook of Neural Computation.* Oxford University Press, New York, 1996.
4. E. Ruspini, P. Bonissone, und W. Pedrycz, Hrsg. *Handbook of Fuzzy Computation.* Oxford University Press, New York, 1997 (im Druck).
5. Th. Bäck, D. B. Fogel, und Z. Michalewicz, Hrsg. *Handbook of Evolutionary Computation.* Oxford University Press, New York, 1997.
6. J. M. Zurada, R. J. Marks II, und C. J. Robinson, Hrsg. *Computational Intelligence: Imitating Life.* IEEE Press, New York, 1994.
7. J. C. Bezdek. What is Computational Intelligence? In Zurada et al. [6], Seiten 1–12.
8. J. C. Bezdek. Computational Intelligence and Edge Detection. In A. Grauel, Hrsg., *Proc. Fuzzy-Neuro-Systems '97 — Computational Intelligence*, Seiten 1–31. infix-Verlag, Sankt Augustin, 1997.
9. F. Rosenblatt. The Perceptron: A Probabilistic Model for Information Storage and Organization in the Brain. *Psychological Review*, 65(6):386–408, 1958.
10. J. H. Holland. Outline for a logical theory of adaptive systems. *J. of the ACM*, 3:297–314, 1962.
11. J. H. Holland. *Adaptation in Natural and Artificial Systems.* The Univ. of Michigan Press, Ann Arbor, MI, 1975.
12. L. J. Fogel. Autonomous automata. *Industrial Research*, 4:14–19, 1962.
13. L. J. Fogel, A. J. Owens, und M. J. Walsh. *Artificial Intelligence through Simulated Evolution.* Wiley, New York, 1966.

14. I. Rechenberg. Cybernetic solution path of an experimental problem. Royal Aircraft Establishment, Library translation No. 1122, Farnborough, Hants., UK, August 1965.
15. I. Rechenberg. *Evolutionsstrategie: Optimierung technischer Systeme nach Prinzipien der biologischen Evolution.* Dissertation, TU Berlin, 1971.
16. H.-P. Schwefel. Experimentelle Optimierung einer Zweiphasendüse. Interner Bericht HE/F 35-B, AEG Forschungsinstitut, Berlin, Oktober 1968.
17. H.-P. Schwefel. *Evolutionsstrategie und numerische Optimierung.* Dissertation, TU Berlin, Mai 1975.
18. L. A. Zadeh. Fuzzy sets. *Information and Control*, 8:338–353, 1965.
19. M. Minsky und S. Papert. *Perceptrons.* MIT Press, Cambridge, MA, 1969.
20. F. Hayes-Roth, D. A. Waterman, und D. B. Lenat, Hrsg. *Building Expert Systems.* Addison-Wesley, Reading, MA, 1983.
21. R.K. Lindsay, B.G. Buchanan, E.A. Feigenbaum, und J. Lederberg. *Applications of Artificial Intelligence for Organic Chemistry: The DENDRAL Project.* McGraw-Hill, New York, 1980.
22. B.G. Buchanan und E.H. Shortcliff. *Rule Based Expert Systems: The MYCIN Experiments of the Stanford Heuristic Programming Project.* Addison-Wesley, Reading, MA, 1985.
23. J. J. Hopfield. Neural networks and physical systems with emergent collective computational abilities. *Proc. National Academy of Science*, 79:2554–2558, 1982.
24. D. E. Rumelhart und J. L. McClelland. *Parallel Distributed Processing – Explorations in the Microstructure of Cognition*, Band 1: Foundations. MIT Press, Cambridge, MA, 1986.
25. T.J. Sejnowski und C. R. Rosenberg. Parallel Networks that Learn to Pronounce English Text. *Complex Systems*, 1:145–168, 1987.
26. T. Kohonen, M. Shozakai, J. Kangas, und O. Venta. Microprocessor implementation of a large vocabulary speech recognizer and phonetic typewriter for Finnish and Japanese. In J.A. Laver und M.A. Jack, Hrsg., *Proc. Europ. Conf. on Speech Technology*, Seiten 377–380. CEP Consultants, Edinburgh, 1987.
27. D. E. Goldberg. Genetic algorithms and rule learning in dynamic system control. In J. J. Grefenstette, Hrsg., *Proc. First Int'l Conf. Genetic Algorithms and Their Applications*, Seiten 8–15. Lawrence Erlbaum, Hillsdale, NJ, 1985.
28. D. E. Goldberg. *Genetic Algorithms in Search, Optimization and Machine Learning.* Addison-Wesley, Reading, MA, 1989.
29. D. Hartmann. Optimization in CAD: On the applicability of nonlinear evolution-strategies for optimization problems in CAD. In J.S. Gero, Hrsg., *Optimization in Computer-Aided Design*, Seiten 293–305. Elsevier, Amsterdam, 1985.
30. L. P. Holmblad und J. J. Østergaard. Control of a cement kiln by fuzzy logic. *FIDP*, Seiten 389–399, 1982.
31. J. T. Alander. An Indexed Bibliography of Genetic Algorithms: Years 1957–1993. Art of CAD Ltd, Espoo, Finnland, 1994.
32. C. C. Klimaskausas, Hrsg. *The 1989 Neuro-Computing Bibliography.* MIT Press, Cambridge, MA, 1989.
33. K. Hirota. *Industrial Applications of Fuzzy Technology.* Springer, Tokyo, 1993.
34. M. Sugeno. *Industrial Applications of Fuzzy Control.* North-Holland, Amsterdam, 1985.
35. M. M. Gupta und T. Yamakawa, Hrsg. *Fuzzy Computing: Theory, Hardware and Applications.* Elsevier, Amsterdam, 1988.
36. J. Biethahn und V. Nissen. *Evolutionary Algorithms in Management Applications.* Springer, Berlin, 1995.

SFB 527: Integration symbolischer und subsymbolischer Informationsverabeitung in adaptiven sensomotorischen Systemen

Prof. Dr. G. Palm, Dr. G. Kraetzschmar, Universität Ulm, Fakultät für Informatik, Abteilung Neuroinformatik, D-89069 Ulm

Abstract: Der Anfang des Jahres an der Universität Ulm neu eingerichtete Sonderforschungsbereich 527 befaßt sich mit dem Thema *Integration symbolischer und subsymbolischer Informationsverabeitung in adaptiven sensomotorischen Systemen.* Die beteiligten Institutionen und Institute sind die Universität Ulm mit den Abteilungen Neuroinformatik (Prof. Dr. G. Palm, Prof. Dr. H. Neumann, Dr. G. Kraetzschmar, Dr. A. Strey), Numerik (Prof. Dr. R. Seydel), Künstliche Intelligenz (Prof. Dr. F. von Henke), Meß-, Regel- und Mikrotechnik (Prof. Dr. E. Hofer, Dr. B. Tibken), Vergleichende Neurobiologie (Prof. Dr. G. Ehret) und der Sektion Neurophysiologie (Prof. Dr. W. Becker), das Forschungsinstitut für anwendungsorientierte Wissensverarbeitung (FAW) an der Universität (Prof. Dr. Dr. F.J. Radermacher, Dr. T. Kaempke) und das Daimler-Benz-Forschungszentrum in Ulm (Dr. P. Regel, H. Mangold).

Die zentrale Problemstellung des SFB besteht in der Erforschung und Organisation nützlicher Interaktionen zwischen Methoden der symbolischen und subsymbolischen Informationsverarbeitung (insbesondere zwischen künstlichen neuronalen Netzen und wissensbasierten Systemen) auf einem autonomen Fahrzeug. Auf diese Weise soll ein konkretes sensomotorisches System geschaffen werden (der SFB-Demonstrator), welches in den ersten 3-5 Jahren u.a. folgende Leistungen erbringen soll: schnell auf unerwartete Veränderungen der Umgebung reagieren (anfangs ist hierbei an eine Büroumgebung gedacht); Aktionen über längere Zeit planen (strategische Pläne), zum Beispiel zum Suchen und Einsammeln mehrerer über verschiedene Räume verteilter Objekte; aus der Erfahrung in dieser Umwelt lernen und sich an langfristige Umweltveränderungen anpassen.

Die Hauptprobleme, die dabei angegangen werden sollen, sind die folgenden:

1) Das Architekturproblem für Systeme, die auf der Interaktion mehrerer Ebenen jeweils adaptiver Informationsverarbeitung basieren.
2) Der spezielle Aspekt der neuro-symbolischen Integration.
3) Adaptivität und neuronales Lernen in komplexen hierarchischen Systemen.
4) Nutzung neurobiologischer Modellbildung in künstlichen sensomotorischen Systemen.
5) Sensorfusion auf autonomen Fahrzeugen.
6) Die Interaktion von strategischer Planung mit Steuerung und Regelung.
7) Die Wechselwirkung eines autonomen Fahrzeugs mit einem menschlichen Partner durch Sprache, Gestik und Sehen.

0. Einführung in die Thematik des SFB

Wenn man sich für die Funktionsweise des menschlichen Gehirns interessiert, ist eines der großen noch verbleibenden Rätsel die Frage nach dem Übergang zwischen der neuronalen Repräsentation sensorischer und motorischer Ereignisse (die von der Peripherie der Sensorik oder Motorik bis hin in die primären oder sekundären sensorischen oder motorischen Areale bereits gut untersucht ist) und den darauf ablaufenden, im Groben sequentiellen Prozessen des Denkens und Planens, die uns zumindest introspektiv geläufig sind. Es gibt hierzu bereits einige wenige modellhafte Vorstellungen (Braitenberg [5],[6], Palm [27], [29], Bienenstock [4]), die aber aus neurobiologischer Sicht noch weit im Bereich der Spekulation angesiedelt sind. Eine ähnliche Frage entsteht im Bereich der Technik angesichts der Problematik, subsymbolische Datenverarbeitungsprozesse, insbesondere auch künstliche neuronale Netze, mit symbolischen Verarbeitungsprozessen, insbesondere in der Künstlichen Intelligenz entwickelten Methoden, auf möglichst effektive Weise zu koppeln. Auch hierzu gibt es bereits einige interessante Ansätze (Palm et al. [28], [30], Radermacher[32], [33], [34], Wilson, Hendler [43], Sun, Bookman [41], Honovar, Uhr [17]).

Unser Ziel ist es nun, verschiedene derartige Ansätze, die zunächst entweder technisch oder neurobiologisch motiviert sein können, in einem konkreten sensomotorischen System an einem hinreichend komplexen praktischen Aufgabenspektrum zu erproben und weiterzuentwickeln. In demselben System wollen wir, soweit möglich, neurobiologische Modelle der bereits besser erforschten sensorischen Repräsentationsformen (insbesondere durch topologische Karten) und der sensomotorischen Regelkreise einsetzen und auf ihre praktische Tragfähigkeit prüfen. Die Aufgabenstellung umfaßt u. a. die Navigation des sensomotorischen Systems zwischen beliebig vorgegebenen Orten der Umgebung, die Manipulation einfacher Objekte, sowie verschiedene Formen der Interaktion mit Personen. Die Robustheit der erarbeiteten Lösungen, also ihre Fähigkeit, auf Veränderungen in der Umgebung und am sensomotorischen System selbst geeignet zu reagieren, stellt ein zentrales Problem und Forschungsziel dar.

Aus der Sicht der Robotik heißt dies, daß wir für die heute bereits in der Entwicklung befindlichen, mehr oder weniger autonomen Robotersysteme einen lernfähigen kognitiven Apparat entwickeln wollen, also eine zentrale Repräsentation der sensomotorischen Gesamtsituation, die als Grundlage zur mittel- und langfristigen Planung und Bewertung des eigenen Verhaltens und Agierens dienen kann. Dieser Ansatz steht auf dem neuesten Stand der internationalen Diskussion zu diesem Thema (Brooks, Stein [7]). Die Lernfähigkeit und damit die Adaptivität dieser Repräsentation stellt hierbei eine weitere Herausforderung dar.

Für die Neurobiologie bietet dieser SFB eine Gelegenheit, ihre Modellbildungen von in experimentellen Verfahren gewonnenen Erkenntnissen an einem konkreten, in einfacher Weise beobachtbaren, technischen System zu erproben. Dies geschieht im Sinne der immer stärker hervortretenden gegenseitigen Befruchtung biologischer Prinzipien und technischer Anwendungen (Maes [23]).

Aus der Sicht der Künstlichen Intelligenz bietet unser Vorhaben die Möglichkeit, die bekannten Komplexitätsprobleme der bisher in der Robotik angewandten Planungsmechanismen durch sensomotorisch verankerte Symbole und Verlagerung von sensornaher Detaillierung auf die subsymbolische Ebene zu überwinden. Dabei spielt das Konzept der „Situiertheit" (handlungsbezogene Relevanz in einer bestimmten Situation des sensomotorischen Systems) der symbolisch dargestellten Fakten eine wichtige Rolle (Chapman [8]).

Für die Regelungstechnik bietet der SFB eine Kombination der symbolischen Planungsmechanismen mit den aus der klassischen Regelungstechnik bekannten subsymbolischen Steuerungsalgorithmen. Hieraus ist eine beträchtliche Steigerung der Effizienz der notwendigen Mechanismen zu erwarten.

Aus der Sicht der Neuroinformatik bietet der geplante SFB einen geeigneten Rahmen, einige der bekannten Vorteile künstlicher neuronaler Netze und konnektionistischer Verfahren, insbesondere die Adaptivität und Lernfähigkeit, und die Möglichkeit, nicht typisierte, sensornahe Daten verarbeiten zu können, in einem konkreten Anwendungsbereich sinnvoll zu nutzen. Dabei ist die Komplementarität dieser Techniken zu denen der Künstlichen Intelligenz offensichtlich und soll in diesem SFB ausgenutzt werden.

In weiten Forschungsbereichen der Künstlichen Intelligenz und der Neuroinformatik hat sich in jüngster Zeit die Thematik der Integration neuronaler und symbolischer Verarbeitungsprinzipien als ein zentrales Forschungsgebiet herausgestellt. Wir glauben, daß der hier vorgestellte Ansatz durch seine Interdisziplinarität neuartig ist und letztere eine wichtige Voraussetzung für den Erfolg unseres Vorhabens darstellt. Diese Interdisziplinarität wird unter anderem bereits durch die Vielzahl der am SFB beteiligten Fakultäten der Universität Ulm deutlich: Im Zentrum steht die Fakultät für Informatik, die Fakultät für Naturwissenschaften mit der Neurobiologie und die Fakultät für Ingenieurwissenschaften. Darüber hinaus sind Bereiche der Fakultät für Mathematik und Wirtschaftswissenschaften und der Medizinischen Fakultät beteiligt.

Die Thematik beinhaltet eine Reihe von **Forschungsaspekten**, auf die die verschiedenen am SFB beteiligten Gruppen ihre Arbeit konzentrieren wollen, nämlich

- Architekturen sensomotorischer Systeme,
- Integration symbolischer und subsymbolischer Verarbeitungsprozesse,
- Adaptivität und Lernen,
- neurobiologische Modellbildung,
- Sensorfusion,
- Planung und Regelung.

Diese Forschungsaspekte bilden den Inhalt der sogenannten **Querschnittsthemen** des SFBs. Außerdem finden sie sich natürlich in den Teilprojekten wieder.

Die Heterogenität der Forschungsaspekte legt es nahe, als *Ziel* (im methodischen Sinne) die Arbeiten an der Entwicklung eines konkreten sensomotorischen Systems, dem **Demonstrator**, auszurichten, zu koordinieren und zu integrieren, in dem die in den Teilprojekten entwickelten (Modell-)Ansätze an realweltlichen Aufgaben erprobt werden können.

1. Der Demonstrator

Der geplante SFB ist auf die Erarbeitung von Methoden zur Lösung von Aufgabenstellungen ausgerichtet, die durch die robuste Beherrschung einer größeren Bandbreite von Einzelaufgaben gekennzeichnet sind. Der Demonstrator ist für unseren SFB auch deswegen besonders wichtig, weil er zur Entwicklung, Integration und Überprüfung der in den einzelnen Teilprojekten untersuchten Methoden und Modelle für verschiedene funktionelle Einheiten im Hinblick auf die Funktionstüchtigkeit des Gesamtsystems dient.

Zur Strukturierung, Koordination und Integration der Forschungsarbeiten in den einzelnen Teilprojekten ist die Aufgliederung der verschiedenen funktionellen Einheiten des Demonstrators in der *funktionellen Architektur des Demonstrators* von Bedeutung. Für die eigentliche Demonstration der zu den verschiedenen Zeitpunkten geleisteten Arbeiten und ihres Zusammenwirkens werden im *Demonstrator-Szenario* einige konkrete Aufgaben zusammengestellt. Dieses sieht zunächst ein autonomes mobiles System vor, das sich in einer Umgebungen mit fester Grundtopologie bewegt. Autonom verfolgte Basisfunktionen bestehen in der Sicherung des Dauerbetriebs (Überlebenszyklus) sowie einer inkrementell besser werdenden Anpassung an die

Umgebung und die zu leistenden Aufgaben. Die Aufgaben, die vom Demonstrator ausgeführt werden sollen, umfassen unter anderem: Einsammeln und Transport von Objekten, Versenden von Objekten über Etagen, Follow-me-Szenario / Personentrakking / Fahrzeugtracking, Ein sich bewegendes Objekt in die Enge treiben, Schnelle, hochpräzise Bewegungsführung.

Sensorik

Die Verarbeitung der Sensordatenströme (s. auch Abb. 1) geschieht in mehreren Stufen. Die von den Sensorkanälen gelieferten Signale werden zunächst einer schnellen, dafür aber relativ groben Vorverarbeitung unterzogen, deren Ergebnisse vor allem von der Lokalisationsfusion weiterverarbeitet werden. In bestimmten Situationen, z.B. bei einer bevorstehenden Kollision, müssen allerdings schon die Ergebnisse dieser groben Vorverarbeitung zur unmittelbaren Reaktion des sensomotorischen Systems führen. Dies wird über eine einfache, reflexhafte Regelung realisiert, die direkt hoch priorisierte Steuersignale für die Regelungskomponenten der Aktorik erzeugt und somit die kognitiv niedrigste Stufe der sensomotorischen Kopplung darstellt.

Die akustischen und visuellen Kanäle sowie die Lokalisations-Sensorik liefern erheblich umfangreichere Datenströme, deren Verarbeitung auch weitaus mehr Berechnungsressourcen erfordert. Aus diesem Grunde existiert für diese Kanäle jeweils eine zusätzliche Stufe der Sensorverarbeitung, die zwar langsamer ist, aber wesentlich detailliertere Ergebnisse liefert, wie sie von der Klassifikatonsfusion benötigt werden.

Zentrales "Medium" für die weiteren Verarbeitungsstufen und Prozesse bilden verschiedene Karten, in denen unterschiedliche Aspekte der Umwelt des Vehikels repräsentiert werden. Die von den verschiedenen Sensorkanälen gelieferten, grob vorverarbeiteten Sensorinformationen werden in einer egozentrischen Karte, in der die Lokation relevanter Objekte relativ zum sensomotorischen System repräsentiert wird, fusioniert (Lokalisationsfusion).

Die Informationen der langsameren Detailanalyse sensorieller Daten werden (auf Anforderung) in einer weiteren Verarbeitungsstufe zur Klassifikation (z.B. von Objekten) herangezogen und deren Ergebnisse, zusammen mit der egozentrischen Karte der Lokalisationsfusion, in eine annotierte egozentrische Karte überführt (Klassifikationsfusion). Für den notwendigen Abgleich zwischen Grob- und Detailinformation ist eine Wechselwirkung zwischen Klassifikationsfusion und Selbstlokalisation bzw. Lokalisationsfusion vorgesehen.

Im Gegensatz zu den egozentrischen Karten ist die raumfeste Karte anders organisiert: In ihr wird das auf der symbolischen Verarbeitungsebene vorhandene Wissen über die Topologie der Umgebung und stationäre Objekte mit zusätzlichem metrischen Daten annotiert und an ein festes Koordinatensystem gebunden repräsentiert, während die Position des Vehikels in der Karte sich durch Bewegung laufend verändert. Der konkrete Übergang von den egozentrischen Karten der subsymbolischen Verarbeitungsebenen in eine raumfeste Karte geschieht im Rahmen der neurosymbolischen Integration.

Die raumfeste Karte stellt für mehrere weitere Verarbeitungsschritte eine äußerst wichtige Grundlage dar. Zum ersten werden die in ihr repräsentierten Informationen im Rahmen einer zweiten Stufe der neurosymbolischen Integration in eine rein qualitative, symbolische Repräsentation überführt, wie sie in der topologischen Umgebungskarte z.B. vom Planer verwendet wird. Zum zweiten werden die in der raumfesten Karte vorhandenen metrischen Informationen von der Feinplanung benutzt. Drittens benötigt die (subsymbolische) Komponente zur Assoziation von Situation und Aktion - neben Informationen mehrerer anderer Komponenten - auch Information aus der raumfeste Karte, um schrittweise komplexe planerische Vorgänge durch schnellere neuronale Assoziation ersetzen zu können.

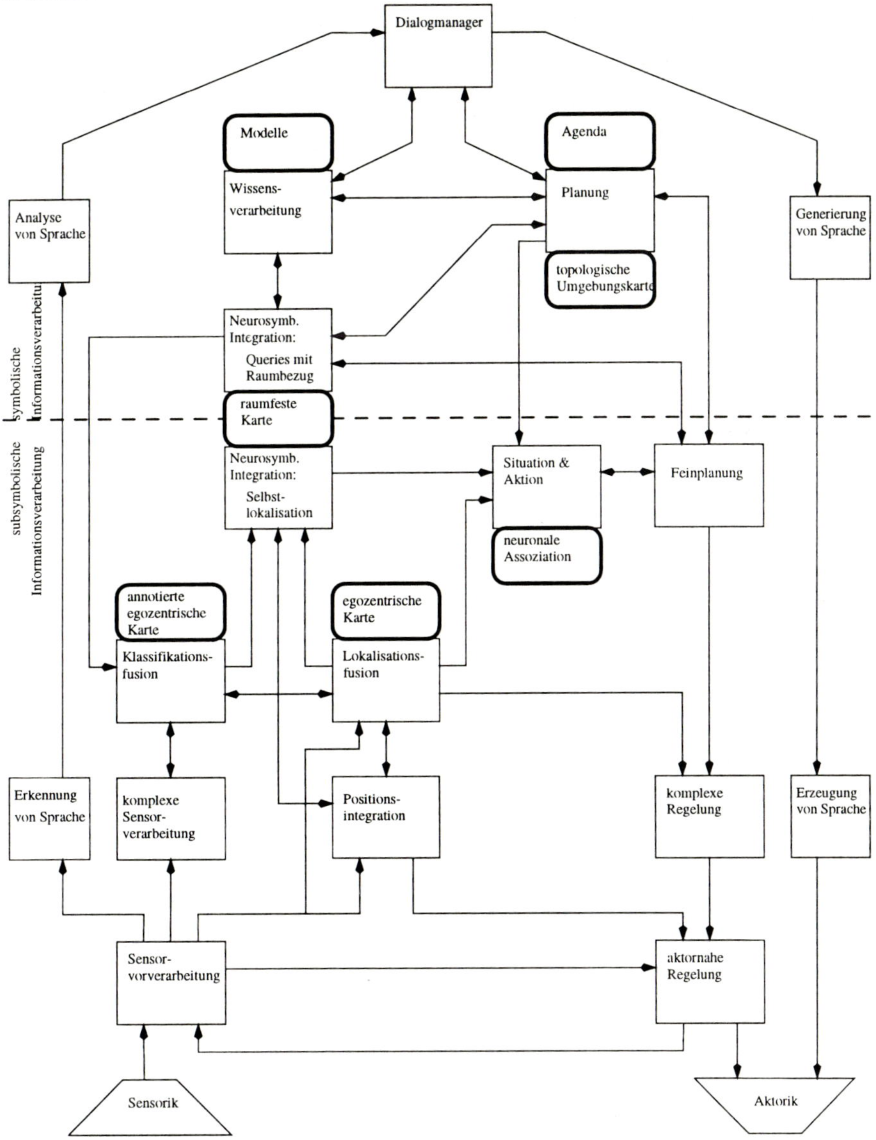

Abbildung 1

Der Übergang zwischen der subsymbolischen und der symbolischen Informationsverarbeitung ist ein wesentlicher Forschungsschwerpunkt des gesamten SFBs: Hier ist die Frage nach den geeigneten Repräsentationen sowie den Kopplungsmechanismen zu beantworten.

Planung und Motorik

Die mit *Planung* bezeichnete Komponente der symbolischen Verarbeitungsebene hat Zugriff auf i) die abstrahierte, symbolische Repräsentation der Umwelt, ii) die verschiedenen notwendigen Modelle über mögliche Objekte, Ereignisse und Aktionen der Umwelt und der in ihr agierenden Agenten, iii) eine Agenda von aktuellen Aufgaben. Eine wesentliche Aufgabe des Planers ist dabei die Bestimmung von globalen Zielen innerhalb der raumfesten Karte, die dem Pfadplaner übergeben werden. Aber auch andere als Bewegungsaktionen, wie z.B. kommunikative Aktionen, werden vom Planer angestoßen. Die Kontrolle der Ausführung dieser Aktionen erfolgt dabei über eine Rückkopplung aus der komplexen Regelungskomponente auf die subsymbolische Ebene. Die Aufgaben des Planers gehen aber über die Aufgaben eines klassischen Planungssystems weit hinaus. Zum einen soll diese Komponente eine Prädiktionssubkomponente enthalten, die (grobe) Voraussagen über den zu erwartenden Ablauf von Ereignissen macht. Zum anderen soll auf einer Meta-Planungsebene die Allokation von Betriebsmittelressourcen zur Problemlösung und die Auswahl von Handlungszielen entsprechend den Aufgaben in der Agenda gesteuert werden.

Neben der Planungskomponente ist die Wissensverarbeitungskomponente ein wichtiger Bestandteil der symbolischen Ebene. Sie dient dazu, die für den Demonstrator notwendigen Modelle sowie geeignete Inferenzmechanismen zur Verfügung zu stellen. Dabei wird die Modellwelt (zur Vereinfachung der Modellbildung) in zumindest die vier Teilmodelle Umgebungsmodell, Partnermodell, Aufgabenmodell, Eigenmodell unterteilt.

2. Neurosymbolische Integration

Das Studium der Integration subsymbolischer und symbolischer Informationsverarbeitung geschieht auf der Grundlage der folgenden zwei Tatsachen:

- Man hat gezeigt, daß subsymbolische Verfahren, z.B. neuronale Netze, berechenbarkeitsäquivalent zu Turing-Maschinen und damit zu den symbolischen Verfahren sind (Siegelmann und Sontag, [36],[37]), und daß eine bestimmte Klasse von neuronalen Netzen universelle Funktions-Approximatoren sind (Hornik et al. [20]).
- Man weiß aus der praktischen Erfahrung ihrer Nutzung, daß beide Arten von Verfahren für bestimmte Problemklassen verschieden gut geeignet sind.

Man kann Arbeiten zur Integration subsymbolischer und symbolischer Verfahren in die folgenden sechs Arbeitsfelder gliedern:

1) Theoretisch motivierte Arbeiten zu äquivalenten Berechnungsmodellen
   Neben dem (oft bereits erfolgten) formalen Nachweis der Äquivalenz bestimmter subsymbolischer und symbolischer Berechnungsmodelle (Siegelmann und Sontag, [36],[37], Hornik et al. [20]) geht es hier vor allem auch darum, neue subsymbolische Mechanismen für typischerweise symbolisch angegangenen Problemstellungen und umgekehrt zu finden (Pinkas, [31], Hölldobler und Kalinke, [16]). Hier ist der Nachholbedarf auf der subsymbolischen Seite größer (Ajjanagadde und Shastri, [1], Miikullainen und Bijwaard, [24], Stolcke und Wu, [39], Omar, [26], Küchler und Goller, [22], Niklasson, [25]).
2) Kopplung von Modulen, die verschiedene Funktionalitäten erbringen:
   In diesem Bereich geht es um die Erarbeitung von Techniken zur Integration mehrerer symbolischer und subsymbolischer, verschiedene Funktionalität erbringender

Softwaremodule in ein großes, komplexes Anwendungsystem (Goonatilake und Khebbal, [14]). Hierzu kommen insbesondere Verfahren zur *losen* und *engen Kopplung* solcher Module in Frage. Wenn man verschiedene Module und Mechanismen in eine Gesamtarchitektur integriert, so sind Probleme hinsichtlich der Kontrollmechanismen für die integrierte Architektur zu lösen. Wir erwarten, daß für eine Reihe solcher Architekturen die im symbolischen Bereich gut untersuchten Metalevel-Architekturen anwendbar sind.

3) Kopplung von Modulen, die gleichartige Funktionalität erbringen:
Hat man mehrere Verfahren zur Verfügung, die insgesamt annähernd gleichwertige, in konkreten Einzelfällen aber qualitativ sehr unterschiedliche Ergebnisse liefern, bietet sich eine simultane Nutzung solcher Verfahren an (Sun, [40], Goonatilake und Khebbal, [14]). Dabei entstehen interessante Probleme der Bewertung der verschiedenen Ergebnisse dieser Verfahren, sowie der Entscheidung bzw. Arbitrierung zwischen ihnen.

4) Nutzung alternativer Verfahren im Rahmen des Entwicklungsprozesses:
Für eine Reihe von Problemstellungen gibt es zwar im Prinzip sehr gut geeignete Mechanismen entweder symbolischer oder subsymbolischer Art, jedoch kann die Bereitstellung der notwendigen Grundlagen (z.B. einer Regelmenge oder entsprechender Parameter) im Einzelfall praktisch sehr schwierig sein (z.B. wenn man keinen Experten hat, der die Regeln liefern könnte). In solchen Fällen kann in der Entwicklung eine Kombinationen alternativer Mechanismen, z.B. neuronales Lernen und anschließende Extraktion von Regeln, angewendet werden, um eine praktisch verwendbare Problemlösung zu erarbeiten. In diesem Bereich kann man symbolisch-regelhaftes Vorgehen und neuronales Lernen von Parametern aus Beispieldaten als komplementäre, sich gegenseitig ergänzende Verfahren zur Gewinnung vernünftiger Heuristiken einsetzen (Baron, [2], Goller und Küchler, [13], Towell und Shavlik, [44], Giles und Omlin, [12], Gori et al., [15], Gallant, [11], Fu, [10]).

5) Aspekte der Dynamik:
Bei der Integration mehrerer komplexer Verfahren in eine Gesamtarchitektur stellt sich die Frage nach den dynamischen Eigenschaften (zeitliches Verhalten, z.B. Antwortzeiten, Deadlocks, Livelocks, etc) des Gesamtsystems (Cohen et al. [9], Hooker [18],[19], Beer [3], Smithers [38]). Neben klassischen Fragen zur Dynamik nebenläufiger Systeme gibt es besonders bei den in den Arbeitsfeldern 2 und 3 verfolgten Architekturen interessante Fragestellungen bezüglich der Dynamik multipler Repräsentationen. Diese Thematik gewinnt bei adaptiven und lernfähigen Systemen eine noch größere Bedeutung.

6) Lernen und Adaptivität:
Einen besonders interessanten Themenkomplex stellt die Betrachtung von Teilsystemen dar, die jeweils für sich adaptiv oder lernfähig sind. Die Kopplung neuronaler Adaptivität und symbolischer Lernmechanismen kann als noch weitgehend ungelöstes Problem betrachtet werden (Ivanova und Kubat, [21]), Towell und Shavlik, [42]). Dabei kann man neuronale und symbolische Lernverfahren in gewisser Weise komplementär einsetzen: symbolisches maschinelles Lernen kann man zur Gewinnung von regelhaftem Wissen aus Daten oder aus neuronal erlernten Funktionen einsetzen; umgekehrt kann man mit neuronalen Netzen auch symbolische Zusammenhänge erlernen (Gori et al. [15])

Den Schwerpunkt der Arbeiten in der ersten Antragsphase bilden die Arbeitsbereiche 2 und 3, also jene Ansätze, die auf einer gleichzeitigen Nutzung subsymbolischer und symbolischer Verfahren für unterschiedliche oder gleiche Funktionalität beruhen. In diesem Zusammenhang müssen folgende Fragestellungen bei der Ausgestaltung der Interaktion zwischen neuronaler und symbolischer Ebene im Detail weiter diskutiert werden:

- Integrationsgrad und Architektur der neurosymbolischen Integration: Sollen die Komponenten der beiden Ebenen beispielsweise durch geeignete Transformationen der jeweiligen Repräsentationen lose gekoppelt werden? Oder soll die Kopplung auch eine engere Verknüpfung der jeweiligen Verarbeitunsgmechanismen einschließen?
- Detailliertheit der auszutauschenden Information: Sollen beispielsweise Konfidenzwerte der subsymbolischen Klassifikation an die symbolische Ebene weitergegeben werden? Sollen sie dort auch weiterverarbeitet werden? Wie kann die Wechselwirkung zwischen Planqualität und zur (symbolischen) Planerstellung benötigter Zeit einerseits und der Planung und erfolgreichen Ausführung guter Trajektorien andererseits effektiv und effizient kontrolliert werden?
- Konsistenzerhaltung multipler Repräsentationen: Wie kann die auf den verschiedenen Verarbeitungsebenen repräsentierte Umgebungsinformation konsistent gehalten werden? Unter welchen Umständen müssen Inkonsistenzen zur Adaption von repräsentiertem Wissen führen?
- Struktur der Kontroll- und Datenflüsse sowie Synchronisation nebenläufiger Verarbeitung: Mit welchen Zeitskalen arbeiten die verschiedenen Komponenten der beiden Ebenen? Wie können auf unterschiedlichen Zeitskalen arbeitende Komponenten synchronisiert werden?

Überlegungen zu Fragestellungen aus dem Arbeitsbereich 5 sind unvermeidlich, wenn die erarbeiteten Verfahren aus den Bereichen 2 und 3 auf dem Demonstrator einsatzfähig werden sollen. Neben den rein systemtechnischen Aspekten sind hier insbesondere auch Fragen im Zusammenhang mit der Dynamik von inkrementellen Verfahren z.B. zum Kartenmatching oder zur Konsistenzsicherung zu untersuchen.

Literaturverzeichnis:

[1] Ajjanagadde, V. and Shastri, L. (1991): Rules and variables in neural nets. Neural Computation, (3):121-134

[2] Baron, R. (1995): Knowledge Extraction From Neural Networks - A Survey, NeuroCOLT Technical Report NC-TR-94-040, Royal Holloway University of London, UK.

[3] Beer, R. (1995): A dynamical systems perspective on agent-environment interaction. Artificial Intelligence 72(1995):173-215.

[4] Bienenstock, E. (1994): A Model of Neocortex. Technical Report, Brown University, Providence, USA

[5] Braitenberg, V. (1978): Cell Assemblies in the Cerebral Cortex. In: Theoretical Approaches to Complex Systems (Heim, R., Palm, G., eds.). Springer Verlag, Berlin, Heidelberg, New York

[6] Braitenberg, V. (1984): Vehicles. MIT-Press, Cambridge, MA

[7] Brooks, R.A., Stein, L.A. (1994): Building Brains for Bodies. Autonomous Robots, 1, 7-25. Kluwer, Boston

[8] Chapman, D. (1990): Vision, Instruction, and Action. Technical Report MIT AI TR-1085, MIT, Cambridge, MA

[9] Cohen, P. Dean, T., Gil, Y., Ginsberg, M., Hoebel, L., (1994): Handbook of Evaluation for the ARPA/Rome Lab Planning Initiative. In Proc. of the ARPA/Rome Labratory Planning Initiative Workshop.

[10]Fu, L.M. Rule generation from neural networks. IEEE Trans. on Systems, Man, Cybernetics, 24(8):1114-1124, August 1994.

[11]Gallant, S.J. Neural network learning and expert systems. The MIT Press, Cambridge, Massachusetts, 1993.

[12]Giles, C.L. and Omlin, Ch.W. Extraction, Insertion and Refinement of Symbolic Rules in Dynamically Driven Recurrent Networks. Connection Science, 5(3 & 4):307-337, 1993.

[13]Goller, Ch. and Küchler, A. (1994): Lernen von Heuristiken für Deduktionssysteme. KI-94 Workshops, 1994. editors: Jürgen Kunze, Herbert Stoyan.

[14]Goonatilake, S. and Khebbal, S., editors. Intelligent Hybrid Systems. John Wiley & Sons Ltd, 1995.

[15]Gori, M., Maggini, M. and Soda, G. Learning Regular Grammars From Noisy Examples Using Recurrent Neural Networks. Technical report, Dipartimento di Sistemi e Informatica, Universit`a di Firenze, 1995.

[16]Hölldobler, S., Kurfeß, F. (1991): CHCL - A Connectionist Inference System. In: Parallelization in Inference Systems (Fronhöfer, B., Wrightson, G., eds.), Lecture Notes in Artificial Intelligence. 318-342, Springer

[17]Honovar, V. and Uhr, L., editors. Artificial Intelligence and Neural Networks: Steps toward Principled Integration. Academic Press, 1994.

[18]Hooker, J.N., (1994): Needed: An Empirical Science of Algorithms, in: Operations Research, Vol. 42, pp 201-212.

[19]Hooker, J.N., (1996): Testing Heuristics: We Have It All Wrong, in: Journal of Heuristics, Vol. 1, pp 33-42.

[20]Hornik, K., Stinchcombe, M. and White, H. Multilayer Feedforward Network are Universal Approximators. Neural Networks, 2:359-366, 1989.

[21]Ivanova, I. and Kubat, M. Initialization of neural networks by means of decision trees. Knowlegde Based Systems, 1995. to appear.

[22]Küchler, A and Goller (1996): How Structure-Driven Recurrent Neural Networks Could be Utilized for Inductive Learning in Symbolic Domains Learning Task-Dependent Distributed Representations by Backpropagation Through Structure. In Proceedings of the 20th German Annual Conference on Artificial Intelligence (KI'96), Lecture Notes in Computer Science, Dresden, 1996. Springer-Verlag. to appear, also to be presented at the ECAI'96 WS on NNSK, Budapest.

[23]Maes, P. (1990): Designing Autonomous Agents: Theory and Practice from Biology to Engineering and Back. MIT Press, Cambridge

[24]Miikullainen, R. and Bijwaard, D. Parsing Embedded Clauses with Distributed Neural Networks. In Proceedings of the twelfth National Conference on AI (AAAI'94), pages 858-864, Menlo Park, CAL, 1994. AAAI Press, MIT Press.

[25]Niklasson, L.F. Structure Sensitivity in Connectionist Models. In M.C. Mozer, P. Smolensky, D.S. Touretzky, J.L Elman, and A.S. Weigend, editors, Proceedings of the 1993 Connectionist Models Summer School, pages 162-169. Lawrence Erlbaum Associates, 1994.

[26]Omar, R.. Artificial intelligence through logic? AI Communications, 7(3/4):161-174, 1994.

[27]Palm, G. (1982): Neural Assemblies. An Alternative Approach to Artificial Intelligence. Springer-Verlag, Berlin, Heidelberg, New York

[28]Palm, G., Rückert, U., Ultsch, A. (1991): Wissensverarbeitung in neuronaler Architektur. In: Verteilte Künstliche Intelligenz und kooperatives Arbeiten (Brauer, W., Hernandez, D., eds.). Springer, Berlin, Heidelberg, New York

[29]Palm, G. (1993): On the Internal Structure of Cell Assemblies. In: Brain Theory (Aertsen, A., ed.). 261-270, Elsevier, Amsterdam

[30]Palm, G., Ultsch, A., Goser, K., Rückert, U. (1994): Knowledge Processing in Neural Networks. In: VLSI for Neural Networks and Artificial Intelligence (Delgado-Frias, J.G., ed.). 207-216. Plenum Press, New York

[31]Pinkas, G. (1991): Symmetric Neural Networks and Propositional Logic Satisfiability. Neural Computation 3(2), 282-291

[32]Radermacher, F.J. (1991): Modeling and Artificial Intelligence, Applied Artificial Intelligence 5 (Trappl, R., ed.), 131-151

[33]Radermacher, F.J. (1994): Eine systemtheoretische Sicht auf intelligente Systeme. Beitrag zur BMFT/VDI-Veranstaltung "Mit leisen Schritten - Von der Künstlichen Intelligenz als Vision zur Intelligenten Technik als Perspektive". Wissenschaftszentrum Bonn, Juli 1994

[34]Radermacher, F.J. (1996): Cognition in Systems. Cybernetics and Systems. An International Journal 27, 1-41

[35]Radermacher, F.J., Solte, D. (1994): Die FAW-Software-Engineering-Strategie für Multi-Client/Server-Umgebungen. In: Proceedings on-line

[36]Siegelmann, H.T. and Sontag, E.D. Analog computation via neural networks. Theoretical Computer Science, (131):331-360, 1994.

[37]Siegelmann, H.T. and Sontag, E.T. On the Computational Power of Neural Nets. Journal of Computer and System Sciences, 50:132150, 1995

[38]Smithers, T. (1995): What the Dynamics of Adaptive Behavior and Cognition Might Look Like in Agent-Environment Interaction Systems. In Proceedings of Conference on Practice and Future of Autonomous Agents (AA-95), Monte Verita, Switzerland, 1995.

[39]Stolcke, A. and Wu, D. Tree Matching with Recursive Distributed Representations. Technical Report TR-92-025, International Computer Science Institute, Berkeley, California, 1992.

[40]Sun, R. Integrating Rules and Connectionism for Robust Commonsense Reasoning. Sixth-generation computer technology series. John Wiley & Sons, Inc., 1994.

[41]Sun, R., Bookman, L. (eds.) (1994): Computational Architectures Integrating Neural and Symbolic Processes. Kluwer Academic Publishers.

[42]Towell, G., and J. Shavlik. The extraction of refined rules from knowledge based neural networks. Machine Learning, 13(1):71-101, 1993.

[43]Wilson, A., Hendler, J. (1993): Linking Symbolic and Subsymbolic Computing. In: Connection Science 5, 395 ff

Rapid Prototyping für integrierte Steuerungssysteme mit harten Zeitbedingungen

R. Ernst

TU Braunschweig

Integrierte Steuerungssysteme sind mikroelektronische Steuerungen, bestehend aus Mikroprozessoren mit Speichern und Zusatzhardware, die in einer oder wenigen VLSI-Schaltungen zusammengefaßt sind. Sie stellen unter dem Namen Embedded Control in nahezu allen volkswirtschaftlichen Bereichen eine Schlüsseltechnologie dar, deren Einsatzbereich sich von der Büroautomation über die Telekommunikation, die Fahrzeugtechnik, den Konsumbereich, die Industrieelektronik, die Umwelttechnik bis zur Luft- und Raumfahrttechnik erstreckt. Im Gegensatz zur klassischen Datenverarbeitung zeichnen sich diese Systeme durch eine intensive Interaktion mit der Umgebung und fest definierten Aufgaben mit zeitlichen Randbedingungen aus. Eine besondere Rolle spielen "harte" Echtzeitsysteme (Hard Real Time Systems), an die "harte" Zeitbedingungen gestellt werden, bei deren Nichteinhaltung die Funktionsfähigkeit drastisch beeinträchtigt ist. Meist ist dabei nur ein Teil der Funktionen solchen harten Zeitbedingungen unterworfen. Beispiele sind sicherheitskritische Anwendungen, bestimmte regelungstechnische Aufgaben in dynamisch instabilen Systemen (Flugzeug: Fly-By-Wire), aber auch Protokolle in der Telekommunikation. Als Folge der zunehmenden Komplexität und Zahl der Aufgaben eines integrierten Steuerungssystems werden die Schaltungsarchitekturen komplizierter und häufig dezentralisiert, wie im Fall des Automobilbaus. Gleichzeitig sind sehr kurze Entwurfszeiten (time to market), ohne aufwendige Korrekturen, ein überlebenswichtiger Wettbewerbsfaktor geworden.

Zur Vermeidung von Entwurfsfehlern wird verstärkt auf formale Hilfsmittel zur Spezifikation einer Aufgabe und zur abstrakten Modellierung der Implementierung (d.h. der Lösung) zurückgegriffen. Entscheidende Einschränkungen von Simulation und auch formaler Verifikation führen in der Praxis zu einer unvollständigen Überprüfung der Spezifikation und der abstrakten Implementierung auf Fehler und Unzulänglichkeiten. Ein alternativer Ansatz ist ein Prototyp der Systemfunktion, der in die zu steuernde Umgebung eingebettet wird, und nicht zuletzt die "Erfahrbarkeit" einer Steuerung liefert, vor allem, wenn der Mensch von der Steuerung direkt betroffen ist. Als Beispiel seien die Lageregelung oder die Antriebssteuerung eines Kraftfahrzeugs genannt, die im praktischen Fahrtest nicht nur nach objektiven Kriterien, sondern auch subjektiv bewertet und optimiert werden sollen, bevor das System implementiert wird. Der Entwurf von Prototypen für Steuerungssysteme ist jedoch aufwendig, vor allem zeitaufwendig, da alle physikalischen Schnittstellen nachgebildet werden müssen und Reaktionszeiten, vor allem "harte" Zeitvorgaben, einzuhalten sind. Gleichzeitig besteht eine große Gefahr von Inkonsistenzen zwischen Prototyp und Produkt. Der Aufbau eines Prototypen unterbleibt daher üblicherweise, ebenso wie die vollständige Simulation oder formale Verifikation, mit der Folge eines erhöhten Entwurfsrisikos und damit einer verlängerten Entwurfsdauer oder einer geminderten Produktqualität.

Entscheidende Abhilfe können Systeme zum Rapid-Prototyping (RP) bieten. Ein Rapid-Prototyping-System setzt eine Eingabebeschreibung weitgehend automatisch in ein Hardware/Software-System um, das die Funktion der Eingabebeschreibung erfüllt. Die spätere Hard- und Softwarearchitektur des marktreifen Produkts spielt dabei nur eine untergeordnete Rolle, ausschlaggebend ist vielmehr die Modellierung der spezifizierten Funktion. Dabei sind die physikalischen Schnittstellen zur Umgebung ebenfalls zu modellieren, damit der Prototyp im realen System eingesetzt werden kann ("Hardware-in-the-Loop"). Harte Echtzeitbedingungen müssen dabei zeitgenau ausgeführt werden. Rapid-Prototyping für komplexe integrierte Steuerungssysteme ist ein interdisziplinäres Hardware/ Software-Coentwurfsproblem an der Schnittstelle zwischen (Prozeß-)Informatik, Mikroelektronik und den Systemwissenschaften.

Themenschwerpunkte sind die Hardware/Softwarearchitektur von Rapid-Prototyping-Systemen und die Automation der Umsetzung von Spezifikationen in Prototypen. Die Projekte liefern dabei jeweils Beiträge zu beiden Themenschwerpunkten, da im Rapid-Prototyping ein enger Zusammenhang zwischen Zielarchitektur und Entwurf besteht.

Die wesentlichen Unterschiede bestehen in der Größe und im Einsatzfeld der Systeme. Die im ersten Förderungsabschnitt (Mai 96 - April 98) geförderten Projekte reichen von feldprogrammierbaren Hardwarekomponenten, die vor allem für ein Prototyping von sehr schnellen Systemen und von Peripheriefunktionen geeignet sind und sich durch geringe Kosten auszeichnen (U Tübingen: W. Rosenstiel, U Hannover: E. Barke, U Frankfurt: K. Waldschmidt) bis zu sehr komplexen Systemen, die auf spezialisierten Parallelrechnern basieren und vor allem für ein Rapid-Prototyping von Systemen mit hohen Durchsatzanforderungen geeignet sind (U Hannover: P. Pirsch, TU Braunschweig: R. Ernst, U Erlangen-Nürnberg: U. Herzog). Einige Projekte nutzen spezielle Eigenschaften der zu implementierenden Zielsysteme oder der Spezifikationssprachen für die Optimierung der Architektur (TU München: G. Färber, U-GH Paderborn: F. Rammig, U Erlangen-Nürnberg: U. Herzog, U Hannover: P. Pirsch, U. Oldenburg: W. Damm). Ein wichtiges Einzelproblem ist schließlich die Codegenerierung für leistungsfähige Spezialprozessoren, die in der Praxis einen noch sehr geringen Automationsgrad aufweist (U Dortmund: P. Marwedel, TU Braunschweig: R. Ernst).

Ein Auftaktworkshop mit internationaler Beteiligung fand am 28. - 29. Mai 96 in Wolfsburg bei der Firma Volkswagen statt. Es bildete sich ein industrielles Begleitgremium unter der Leitung von Dr. Spreng, BMW.

Nähere Informationen findet man unter:

www.ida.ing.tu-bs.de/dfg-spp-rp/home.html.

SFB 358: AUTOMATISIERTER SYSTEMENTWURF

Sprecher: Gerhard Fettweis
Mobile Nachrichtensysteme, TU Dresden, 01062 Dresden
email: fettweis@ifn.et.tu-dresden.de

1. Motivation

Systeme, die zu entwerfen sind, werden immer komplexer und heterogener. Hieraus ergibt sich eine der großen Herausforderungen der Zukunft an die Industrie, aber auch für Forschungseinrichtungen: der Entwurf, die Entwurfsunterstützung, die Verifikation und die Simulation von Systemen mit gesteigerter *Komplexität und Heterogenität.* Die Hauptausrichtung heutiger Entwurfsunterstützung besteht im Meistern gesteigerter Komplexität innerhalb einer Domäne (z.B. mehr Transistoren auf einem IC, größere Softwareprogramme). Es existiert jedoch wenig Unterstützung für das Zusammenspiel und die Wechselwirkung im Entwurf heterogener Entwurfsdomänen, wie z.B.

- analog/digital
- Hardware/Software
- elektrisch/mechanisch/optisch
- synchron/asynchron
- Echtzeit/Nicht-Echtzeit

Hierbei ist anzumerken, daß die Herausforderung an den Systementwurf im Fluß ist, da Domänen sowohl neu entstehen als auch immer komplexer werden.

Ziel des SFB 358 "Automatisierter Systementwurf" ist es, sich der Herausforderung des zukünftigen Systementwurfs zu stellen, und sowohl für gesteigerte Komplexität als auch Heterogenität Entwurfsunterstützung und -Methoden zu erarbeiten. Der Erfolg soll durch Spitzenforschung der Teilprojekte in einzelnen Domänen innerhalb des SFB und der breiten Abdeckung von Domänen und deren Zusammenarbeit im SFB gewährleistet werden.

Der Systementwurf beinhaltet sowohl Arbeiten, die die Konstruktion von neuen Systemen zum Ziel hat, als auch Arbeiten, die diese Konstruktion unterstützen/optimieren. Deshalb konzentriert sich der SFB auf die Erarbeitung wissenschaftlicher Beiträge für diese beiden zentralen Säulen des Systementwurfs:

- Konstruktion
- Konstruktionsunterstützung

2. Heterogene Informationstechnische Systeme

Integrierte heterogene Systeme bestehen aus mehreren Komponenten, deren Aufbau anhand des unten dargestellten Blockschaltbilds veranschaulicht werden kann. Der

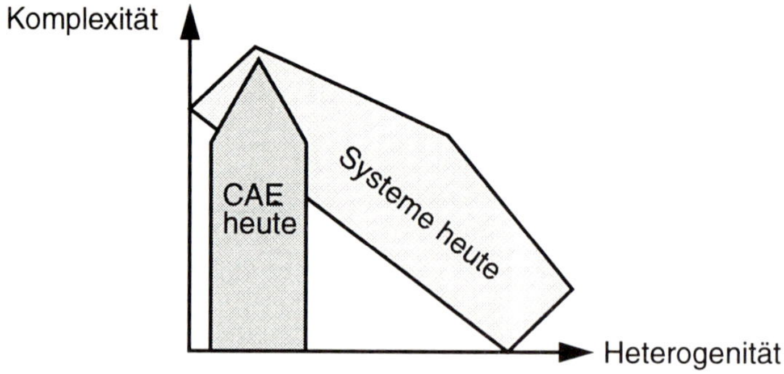

Entwurf eines jeden Elements stellt ein eigenes Paradigma dar.

- Der Sensor/Aktor: Er setzt das physikalische Signal in elektrische Signale um, welche anschließend analog weiterverarbeitet werden. Elektronische Systeme interagieren mit der Umwelt mit Hilfe von Sensoren und Aktoren. Beispiele hierfür sind der CCD-Sensor und das Display der Videokamera, die Sende/Empfangsantenne eines Funktelefons, der Drucksensor und das Piezoelement sowie das Mikrophon und der Lautsprecher für akustische Zwecke.
- Analoge Schaltungen: Z.B. zur Amplitudenverstärkung und -Regulierung und zur Frequenzumsetzung.
- Der A/D- und D/A-Wandler.
- Digital fest verdrahtete Schaltungen: Sie ermöglichen große Rechenleistungen, sind durch Parameter nur begrenzt flexibel.
- Dezentrale Steuerung: Typisch für diese Architektur-Domäne der dezentral gesteuerten Verarbeitungseinheiten sind z.B. MPEG2-Decoder. Sie besitzen mehrere Recheneinheiten, die durch lokale Logik gesteuert werden. Die Steuerung besteht entweder aus Zustandsmaschinen und/oder aus in Maschinencode programmierten Sequenzern.
- Central Control: Prozessoren besitzen eine zentralisierte Steuereinheit, PCU (program control unit), die softwareprogrammiert (Assembly-Sprachen oder höhere Programmiersprachen) die Schaltung steuert.
- Shared Information: Verteilte Systeme werden durch Kommunikationsnetze oder Bussystemen miteinander verbunden, die zur Verteilung von Information dienen.

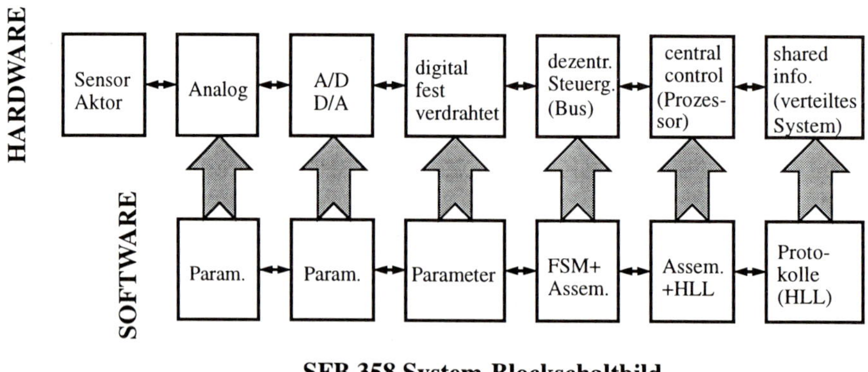

SFB 358 System-Blockschaltbild

Nicht jedes System besitzt eine komplette Hintereinanderschaltung aller aufgeführten Elemente, es können vielmehr einzelne Elemente ausgelassen werden und andere besonders ausgeprägt sein.

3. Systementwurf

Das unten aufgeführte SFB System-Blockschaltbild erlaubt folgende Schlüsse:

- Die bekannte Problematik des HW/SW-Codesigns ist vielfältig und komplex, je nach Abbildung der Aufgabe auf die gewählte HW-Architektur.
- Es existiert eine Fülle an Codesign- und Partitionierungsproblematiken auf vielerlei HW- wie SW-Ebenen.
- Zur Lösung der Aufgabenstellung des Entwurfs heterogener komplexer Systeme ist nicht nur der Entwurf einzelner Elemente zu unterstützen und automatisieren, sondern es ist insbesondere das vielfältige Codesign die Hauptproblematik, die einer Analyse und Unterstützung bedarf.

Diese Problematik ist zu komplex, um sofort in ihrer Gesamtheit angehen zu können. Vielmehr muß die jeweilige Interaktion und das Codesign im Entwurf unterstützt werden. Hierauf aufbauend kann sukzessiv durch Integration der Unterstützung langfristig der gesamte Systementwurf automatisiert werden.

Ziel des SFB ist es, durch gleichzeitiges Angehen der Analyse und Unterstützung beim Entwurf einzelner Elemente Wissen zu erarbeiten, welches durch sukzessive Integration die Automatisierung des Systementwurfs erreicht.

Diese Vorgehensweise wird mit Hilfe der im Folgenden beschriebenen Demonstratoren aufgegriffen, deren spätere Integration exemplarisch dem Ziel des automatisierten Entwurfs von Systemen als Arbeitsplattform dienen soll.

Der Systementwurf kann mit Hilfe des unten dargestellten Bildes veranschaulicht werden. Die Zusammenstellung der Begriffe ist nicht präzisiert, um als umfassenderer Anhaltspunkt für verschiedene Aspekte, Domänen und Paradigmen des Entwurfs zu

Entwurf

Konstruktion

- Aufgabenstellung (informell)
- Spezifikation (formal)
- Partitionierung (elektr./mech., HW/SW, analog/digital, etc.)
- Granularisierung/Verfeinerung
- Synthese/Implementierung

Konstruktionsunterstützung

- Test
  - Pflichtenheft
  - Stimuli
- Simulation
  - SW-Modell
  - HW-Modell (Emulation)
- Analyse
  - Takt/Timing
  - Leistungsaufnahme
  - Kosten
  - Verifikation

dienen. Der Entwurf besteht aus konstruktiven und überprüfenden Elementen, die in einer ständigen iterativen Wechselwirkung miteinander zur angestrebten Lösung führen. Ziel des SFB ist es, für beide Elemente des Entwurfs Methoden/Werkzeuge zu erarbeiten. Die Vorgehensweise hierfür ist induktiv, d.h. aus kleineren Projekten der Zusammenarbeit und Kooperation unter den Teilprojekten soll durch Zusammenführen der Ergebnisse die Komplexität des Systementwurfs und deren automatisierte Unterstützung durchgeführt werden.

4. Projektbereiche

Spezifikation/Modell/Realisierung

Sowohl die unterschiedlichen Domänen als auch die unterschiedlichen Methoden und Werkzeuge der Konstruktion und -Unterstützung des Systementwurfs lassen sich an der Interaktion zwischen Spezifikation, Modell und Realisierung darstellen.

Hierbei sind die Schwerpunkte der Teilbereiche des SFB A, EF und G auf der Interaktion zwischen Spezifikation und Realisierung gelegt, insbesondere der Realisierung von Lösungen für eine gegebene Spezifikation. Teilbereiche B und D befassen sich schwerpunktmäßig mit dem Zusammenspiel zwischen Modell und Realisierung, wobei insbesondere im Bereich B die Optimierung der Realisierung für ein gegebenes Modell, und D die Modellbildung und deren Umsetzung behandelt. Der Teilbereich C untersucht die Verifikation zwischen Spezifikation und Modell.

Einteilung gemäß Domänen

A: Konstruktion Digital
B/C: Konstruktionsunterstützung Digital
D: Konstruktion und -Unterstützung Sensor/Aktor (Mikrosystem)
E/F: Konstruktion Analog
G: Konstruktion Software

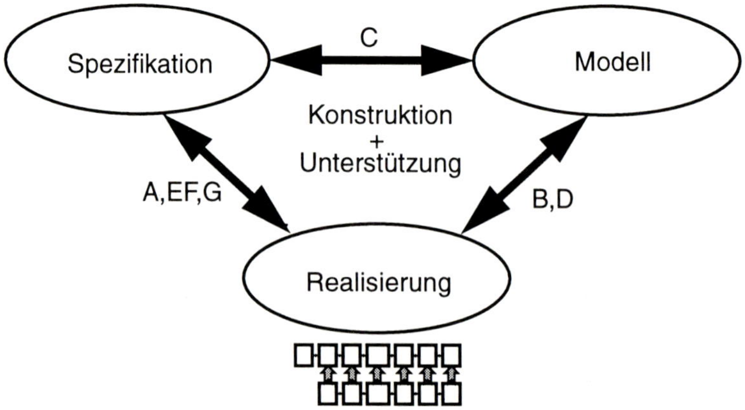

Gezeigt wird die Einteilung in Domänen an folgendem Bild:

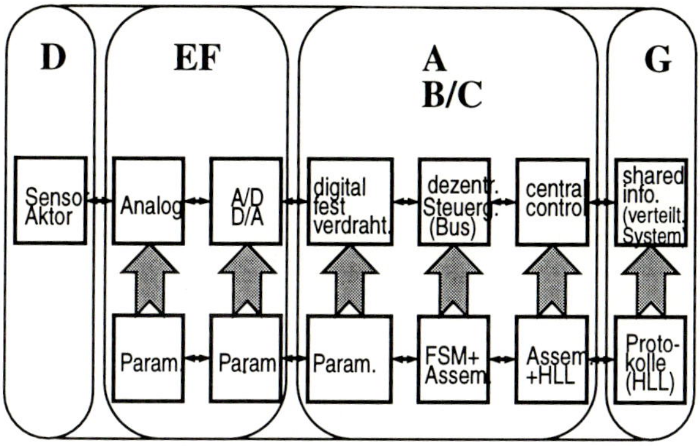

5. Demonstratoren

Ziel

Die Demonstratoren wurden diesmal gezielt applikationsorientiert aufgebaut. Ziel ist hierbei, daß sowohl die Zusammenarbeit als auch der Erkenntnisgewinn zunehmend durch das Verwenden realer zu lösender Probleme an Wert gewinnt.

Der beispielhaft untersuchte Systementwurf mit Hilfe von Demonstratoren läßt sich am besten induktiv durch Verwenden immer komplexerer heterogenerer Systeme meistern. Heute verwenden wir die unten näher erläuterten vier Demonstratoren im SFB. Langfristig sollen die Systembeispiele der Demonstratoren in dem Sinne umfassender werden, daß eine steigende Heterogenität und Komplexität untersucht wird.

Demonstrator ABCD

Da die Projektgruppen A1, A2, A6, B1, B3, C1, C2 sowie D4 Entwurfsverfahren und Entwürfe aus dem Bereich digitaler Schaltungen (und benachbarter Gebiete wie z.B. dem HW/SW-Codesign) bearbeiten, erfolgt zwischen diesen Gruppen eine besonders enge Zusammenarbeit. Speziell hat es sich als vorteilhaft herausgestellt, daß alle Aspekte des Entwurfs von der Spezifikationsanalyse bis hin zur HW/SW-Realisierung betrachtet werden. Somit ist es auch möglich, komplette Entwurfsabläufe durchzuführen, die fast ausschließlich mit Werkzeugen bearbeitet werden, die im Rahmen des SFBs entstanden sind.

Um dies an einem konkreten Beispiel zu zeigen, wurde im ABCD-Demonstrator als gemeinsames Beispiel die „GSM Vollraten-Sprachtranscodierung“ entworfen. Dies ist ein spezielles Verfahren der Sprachkomprimierung, wie es im Bereich der Mobilkommunikation gemäß dem GSM-Standard eingesetzt wird.

Als Ergebnis entstanden mehrere alternative Entwürfe mit unterschiedlicher Aufteilung von Hardware und Software sowie mit unterschiedlichem Parallelisierungsgrad. Bei der anschließenden Verifikation konnte gezeigt werden, daß ein erster Entwurf

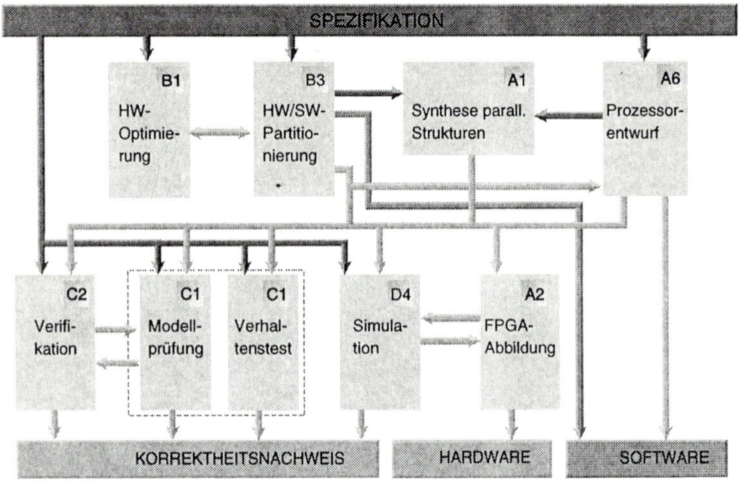

fehlerhaft war, da sich bereits in dem als Spezifikation verwendeten C-Programm ein Fehler befand: bestimmte Sonderfälle der Multiplikation wurden nicht gemäß dem GSM-Standard behandelt.

Demonstrator D

Der Entwurf nichtelektrisch-elektrischer Systeme mit Hilfe von Modellierung und Simulation wird an den beiden folgenden Teildemonstratoren aufgezeigt.

Der Aufbau des Teildemonstrators Mikrofluidsystem ist in Bild 1 schematisch dargestellt. Die Anordnung stellt die Kombination einer Mikropumpe mit einem Strömungssensor dar. Dabei soll der von der Pumpe erzeugte Volumenstrom durch den Sensor gemessen werden. Durch einen geeigneten Regelalgorithmus kann die Ansteuerung der Pumpe so variiert werden, daß deren Förderrate trotz wechselnder Umgebungsbedingungen konstant bleibt. Für die Mikropumpe wird durch Simulationsrechnungen der Einfluß bestimmter Entwurfs- oder Betriebsparameter auf das Pumpverhalten untersucht. Am Teildemonstrator Magnetmotor werden Ansätze zum Entwurf komplexer Sensor-Aktor-Systeme untersucht. In Bild 2 ist die Struktur des positionsgeregelten Elektromagneten zu sehen.

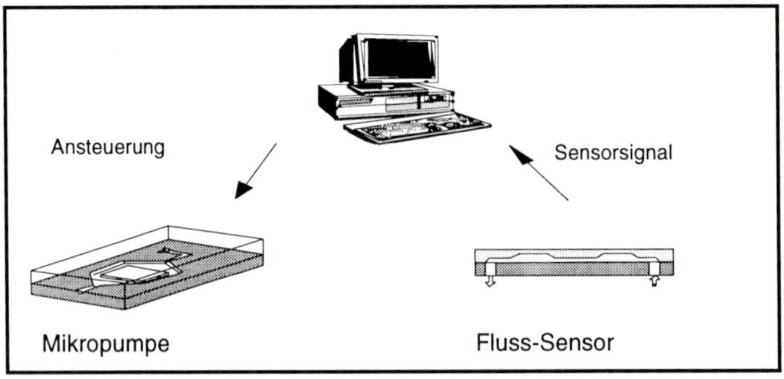

Teildemonstrator Mikrofluidsystem

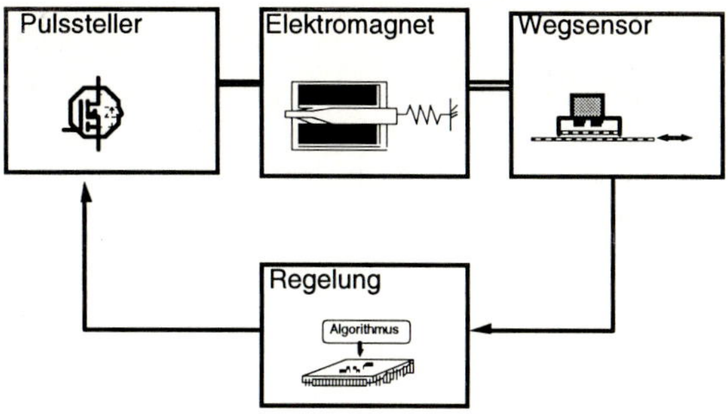

Positionsgeregelter Elektromagnet

Elektromagnete, deren stark nichtlineare Kraftwirkung auf Grenzflächenkräften beruht, wurden bisher fast ausschließlich für Bewegungen zwischen zwei Endlagen verwendet. Bewußt wurde hier der Elektromagnet als Antrieb eines Positioniersystems gewählt, weil der Entwurf eines solchen Systems nur mit Hilfe von Simulationsrechnungen möglich ist. Voraussetzung für einen modellbasierten Systementwurf ist die Modellierung seiner Teilsysteme in einer Form, die deren gemeinsame Berechnung ermöglicht.

EFC - Demonstrator

Gegenstand ist der durchgängige Entwurf eines Breitbandgenerators für Simulations- und Meßzwecke und zur Signalverschlüsselung. Die Spezifikation wird durch statistische Signalkenngrößen formalisiert. Die folgende Grafik zeigt grob die Entwurfsschritte und die ausführenden Teilprojekte.

In der Präsentation werden die entwickelten Entwurfs-Tools im Ansatz vorgeführt und die Ergebnisse der einzelnen Entwurfsschritte gezeigt. Endresultat ist der Datensatz für die Fertigung des Schaltkreises.

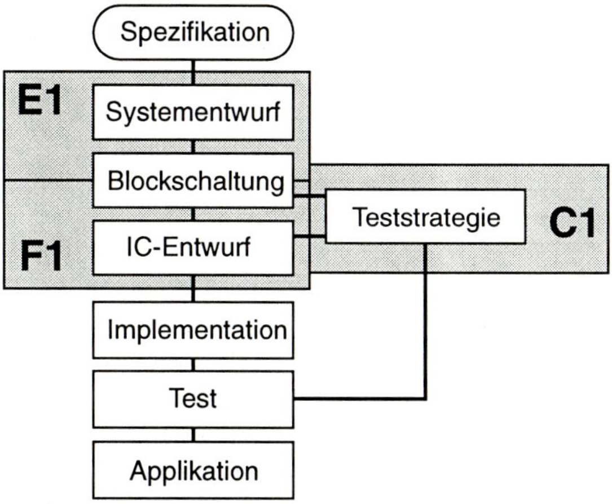

Demonstrator G

Der Demonstrator dient der Veranschaulichung der erreichten Ergebnisse in den Teilprojekten G1 und G2. Er wird vorrangig für die Validierung der Konzepte sowie zur Visualisierung der implementierten Mechanismen zur Laufzeitunterstützung und QoS-Abbildung genutzt. Die Applikation selbst setzt auf den erarbeiteten Mechanismen zur qualitätsorientierten Übertragung auf und dient als Testapplikation für die entwickelte Architektur.
Die Grundstruktur des Demonstrators wird durch auf ATM-Basis gekoppelte Rechner gebildet . Dies kann über eine direkte Kopplung oder aber auch über einen Switch erfolgen. Anhand mehrerer zu übertragender Videoströme wird das Konzept der automatischen Anpassung der Ströme an zur Verfügung stehende Bandbreite und Prozessorzeit verdeutlicht.
Nur durch eine Verwaltung der Bandbreite des Netzes und der Zuteilung (Vergabe) von Betriebsmitteln in Echtzeit ist solch eine automatische Anpassung durchführbar.
Durch die schrittweise Integration weiterer Komponenten wie einem erweiterten Verbindungsmanagement und Schedulingstrategien soll der Beweis für die Leistungsfähigkeit des Gesamtvorhabens im Projektbereich G erbracht werden.
Im einzelnen veranschaulicht der Demonstrator ein optimiertes und adaptives Protokoll zur Hochleistungsübertragung in ATM-Netzen, die Betriebsmittelverwaltung im Endsystem zur Vergabe an einzelne Applikationen (in diesem Fall Videoströme) sowie die automatische Anpassung der Übertragung von Medienströmen an die zur Verfügung stehende Bandbreite.

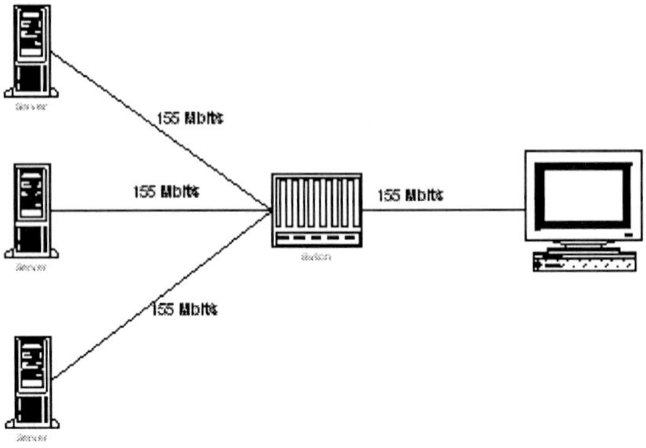

Die Abbildung veranschaulicht den Aufbau unseres Demonstrators. Wir erzeugen Datenströme auf den einzelnen Rechnern, die nur durch eine geeignete Anpassung an die zur Verfügung stehenden Betriebsmittel und Netzwerkressourcen übertragen werden können. Dazu werden auf Netzwerkebene die Bandbreite und die zu übertragenden Ströme verwaltet und entsprechend den Vorgaben des Nutzers an die Gegebenheiten des Netzes und des Endsystems angepaßt.
So werden Statusmeldungen vom Netzwerk ausgewertet und Betriebsmittel überwacht. Ist die Anzeigekomponente z.B. nicht mehr in der Lage, die ankommenden Ströme zu verarbeiten, erfolgt nach Erkennung dieser Situation eine automatische Skalierung aller Ströme, so daß eine Anzeige wieder möglich wird. Dies erfolgt durch

Skalierung auf Senderseite, was gleichzeitig die Netzbelastung verringert.
Wir sind bestrebt, diese Mechanismen auch auf nicht reservierungsfähigen Netzen wie Ethernet einzusetzen.

6. SFB 358 Übersicht

TP	Kurzbezeichnung des Projekts	Leiter	Institution
A: Hardware/Software Systemsynthese			
A1	Massiv parallele Zielarchitekturen	Schreiber/Merker	TU Dresden
A2	Parallele Rechnerstrukturen	Rosenstiel	Uni Tübingen
A6	Prozessorentwurf	Fettweis	TU Dresden
B: Entwurfsveränderung und Partitionierung beim automatisierten Systementwurf			
B1	Inkrementelle Entwurfsveränderung	Franke	FhG-IIS/EAS Dresden
B2	Hardware-Software Partitionierung	Rosenstiel	Uni Tübingen
C: Testgenerierung und Verifikation			
C1	Testgenerierung / Verifikation	Straube	FhG-IIS/EAS Dresden
C2	Entwurfs- und Verifikationsverfahren	Schmid	Uni Karlsruhe
D: Modellierung und Simulation			
D2	Integrierte Sensor-Aktor-Systeme	Gerlach	TU Dresden
D4	Komplexe Systeme	Schwarz, P.	FhG-IIS/EAS Dresden
D5	Modellvalidierung	Reinschke	TU Dresden
EF: Entwurf analoger Funktionsgruppen und Systeme			
E1	Nichtlineare dynamische Systeme	Schwarz, W.	TU Dresden
F1	Analoge / kombinierte Baugruppen	Scarbata	TU Ilmenau
G: Entwurf verteilter Systeme			
G1	Dynamisch verteilte Ablaufsysteme	Schill	TU Dresden
G2	Echtzeitsysteme	Härtig	TU Dresden
Z: Zentralbereich			
Z1	Koordination und Verwaltung	Fettweis	TU Dresden

7. Zusammenarbeit im SFB 358

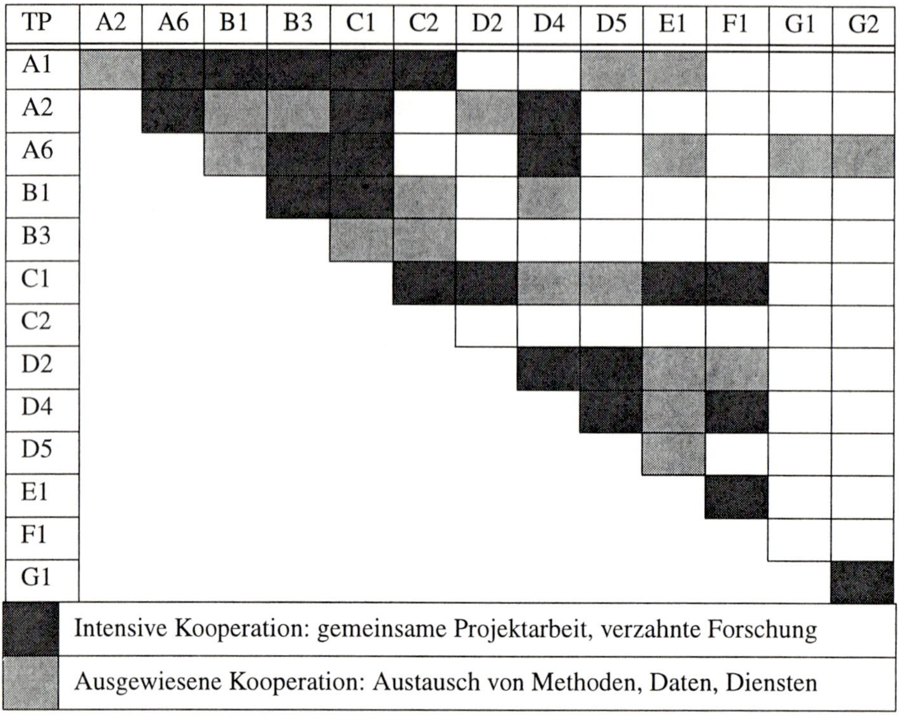

TP
A2
A6
B1
B3
C1
C2
D2
D4
D5
E1
F1
G1
G2
A1
A2
A6
B1
B3
C1
C2
D2
D4
D5
E1
F1
G1
Intensive Kooperation: gemeinsame Projektarbeit, verzahnte Forschung
Ausgewiesene Kooperation: Austausch von Methoden, Daten, Diensten

8. Publikationen seit 7/95

	A1	A2	A6	B1	B3	C1	C2	D2	D4	D5	E1	F1	G1	G2
Veröffentlichungen	14	12	13·	9	15	21	17	22	28	40	44	14	23	11
Bücher	1	8				1	3	1						
Habilitationen							1							
Dissertationen		4			4		2	1			2			
Diplomarbeiten	2		10			5		8	2	4	10	9		6
Studienarbeiten			4			5		1		1	14	8		5

Veröffentlichungen:	283	Bücher:	14
Diplomarbeiten:	56	Studienarbeiten:	38
Dissertationen:	13	Habilitationen:	1

SFB 501:

Entwicklung großer Systeme mit generischen Methoden

Dieter Rombach

Fachbereich Informatik, Universität Kaiserslautern
Postfach 3049, 67653 Kaiserslautern

Kurzfassung: Der Sonderforschungsbereich zum Thema „Entwicklung großer Systeme mit generischen Methoden" (SFB 501) wurde zum 01. Januar 1995 in Kaiserslautern gegründet. Ziele des SFB 501 sind, Beschreibungstechniken und Werkzeuge zur generischen Beschreibung aller Aspekte großer Systeme bereitzustellen sowie eine Methodik und unterstützende Werkzeuge zur Entwicklung von Produktmodellen, Vorgehensweisen und sonstigen Erfahrungen zur effizienten, ziel-orientierten Benutzung derartiger Techniken in einem gegebenen Anwendungsfeld zu entwickeln. Dieser Beitrag beschreibt die Ziele und Schwerpunkte des SFB 501, den experimentellen Wissenschaftsansatz, erste Ergebnisse im Anwendungsfeld „Gebäudeautomation" sowie zukünftige Pläne.

Einleitung

Der Sonderforschungsbereich zum Thema „Entwicklung großer Systeme mit generischen Methoden" (SFB 501) wurde zum 01. Januar 1995 in Kaiserslautern gegründet. Motivation sind die offensichtlichen software-technologischen Defizite in der industriellen Praxis, große Softwaresystem mit ausreichender und nachweisbarer Qualität mit vertretbaren Kosten erstellen zu können. Diese Situation ist insbesondere für eingebettete Software (z.B. zur Steuerung technischer Systeme im Automobilbereich) untragbar. Als Hauptursachen werden unzureichende Beschreibungstechniken (insbesondere für Familien ähnlicher Systemvarianten) sowie unzureichende Erfahrungen bei der effizienten Integration derartiger Techniken in ingenieurmäßige Produktmodelle und Vorgehensweisen angesehen [1,2]. Ziele des SFB 501 sind es deshalb, (a) eine Menge von Beschreibungstechniken und Werkzeugen zur generischen Beschreibung aller Aspekte großer Systeme bereitzustellen, und (b) eine Methodik und unterstützende Werkzeuge zur Entwicklung von Produktmodellen, Vorgehensweisen und sonstigen Erfahrungen zur effizienten, zielorientierten Benutzung derartiger Techniken in einem gegebenen Applikationskontext zu entwickeln. Der im SFB 501 verwendete Wissenschaftsansatz zur Erreichung dieser Ziele ist - in Anerkennung der Spezifika von Softwareentwicklung - experimentell. Dies bedeutet, daß Beschreibungstechniken und unterstützende Werkzeuge sowohl isoliert in kontrollierten Experimenten als auch integriert im Rahmen prototypischer Applikationsentwicklungen empirisch untersucht werden müssen. Diese empirischen Daten motivieren die Weiterentwicklung von Techniken und bilden die Basis für die

Optimierung von Vorgehensmodellen und sonstigen Erfahrungswerten. Als erstes konkretes Anwednungsfeld zur experimentellen Erprobung haben wir die „Gebäudeautomation" ausgewählt. In der gerade bewilligten zweiten Förderungsperiode werden wir uns verstärkt (zum Teil in Kooperation mit Industrie) weiteren Anwendungsfeldern zuwenden.

Ziele des SFB 501

Der SFB 501 hat sich die Aufgabe gestellt, Verfahren zur Entwicklung großer Softwaresysteme, nachfolgend Systeme genannt, auf der Basis „generischer Methoden" zu erarbeiten. Unter dem Begriff „generische Methoden" fassen wir alle Beschreibungstechniken und Generierungstechniken mit den dazu gehörigen Werkzeugen zusammen, durch die eine Wiederverwendung von existierenden Softwareprodukten, Entwicklungsschritten und sonstigen Erfahrungen bei der Entwicklung eines neuen Systems methodisch unterstützt wird. In wohlverstandenen Teilbereichen soll diese methodische Unterstützung bis zur automatischen Softwaregenerierung getrieben werden. Die Mitglieder des SFB 501 erhoffen sich von den Ergebnissen des Sonderforschungsbereiches wesentliche Impulse für eine ingenieurmäßige Softwaretechnologie, durch die - in Anlehnung an die klassische Konstruktionslehre des Maschinenbaus - große Systeme mit vorgegebenen Qualitätsanforderungen und abschätzbarem Personal- und Zeitaufwand erstellt werden können.

Mit großen Systemen verbinden wir gewöhnlich die folgenden Eigenschaften:

a. Die zu lösende Aufgabe ist so komplex, daß die Erstellung einer vollständigen formalen Spezifikation vor Projektbeginn, die alle Aspekte des zu entwickelnden Systems berücksichtigt, in aller Regel nicht gelingt. Deshalb können nur eingeschränkte Systemeigenschaften, nicht aber ein vollständiges System verifiziert werden. Vielmehr werden Teilaspekte des Systems auf verschiedenen Abstraktionsebenen mit angepaßten formalen und informellen Beschreibungstechniken erfaßt. Die Wahrscheinlichkeit für häufige Änderungen der Aufgabenstellung ist zudem hoch; sie beruhen meist weniger auf Irrtümern als auf geänderten Voraussetzuungen.
b. Nichtfunktionale Eigenschaften, wie Zuverlässigkeit, Robustheit, Performanz, Ergonomie der Bedienungsschnittstelle sind wesentlicher Bestandteil der Systemspezifikation.
c. Eine einzelne Person kann, wenn überhaupt, das System ohne geeignete hierarchische Abstraktions- und Modularisierungsmechanismen nicht verstehen.
d. Das resultierende System wird in aller Regel nebenläufig und verteilt sein und komplexe Schnittstellen mit anderen Systemen der Umgebung besitzen, in die es eingebettet ist.
e. Die Entwicklung des Systems erfolgt gewöhnlich durch ein größeres Team von Spezialisten, wobei jedes einzelne Teammitglied an einem begrenzten, überschaubaren Entwicklungsschritt arbeitet. Solche Entwicklungsschritte sind z.B. die Anforderungsermittlung, die Systemspezifikation, der Systementwurf, die Modulspezifikation sowie die Kodierung.

Die Hoffnungen 30jähriger Forschung, Systeme diesen Zuschnitts aus vollständigen Spezifikationen durch schrittweise Transformation automatisch erzeugen zu können, haben sich als Illusion erwiesen. Vielmehr muß ein Weg gefunden werden, formale Spezifikationen mit informellen Beschreibungen sowie automatische Generierungstechniken mit manuellen Entwicklungsschritten sinnvoll zu verknüpfen. Ein solcher integrierter Ansatz muß auch initial unvollständige Aufgabenbeschreibungen zulassen, die erst im Projektverlauf schrittweise vervollständigt werden. Eine theoretische Untermauerung des gesamten Ansatzes ist allerdings unentbehrlich.

Wiederverwendung von Softwareprodukten (d.h. Kode und Dokumentation), Entwicklungsschritten und sonstigen Entwicklungserfahrungen durch generische Methoden in dem hier verstandenen Sinn bedeutet einen systematischen Rückgriff auf relevante Informationen aus vergangenen Projekten. Hier liegt ein entscheidendes Defi-zit heute verfügbarer Softwaretechnik. Neue Systementwicklungen können von vergangenen Projekten ähnlichen Typs nur sehr begrenzt profitieren, da als Resultate dieser vergangenen Projekte im Regelfall lediglich das Endprodukt - im allgemeinen. in Form von Kode und unterstützender Dokumentaion - zur Verfügung steht. Dagegen existieren gewöhnlich weder Aufzeichnungen über die durchgeführten Entwicklungsschritte von der ursprünglichen Anforderungsbeschreibung bis zum Endprodukt, noch Dokumentationen über Entwicklungsaufwand und -zeit, Fehler oder berücksichtigte beziehungsweise verworfene Entwurfsentscheidungen. Hier setzt der SFB 501 im Kern seiner Stoßrichtung an. Softwareentwicklungsprojekte werden grundsätzlich als Experimente aufgefaßt, über die projektbegleitend relevante Informationen aufgezeichnet werden. Beispiele solcher Informationen umfassen Teilprodukte, Entwicklungsschritte nebst Begründungen, aber auch Messungen, z.B. über benötigten Personal- und Zeitbedarf. Die praktische Umsetzung dieser Idee basiert darauf, den Softwareentwicklungsprozeß in allen relevanten Aspekten zu modellieren, projektspezifisch zu instanziieren und als integralen Bestandteil eines SE-Labors zu speichern. Wiederverwendung in diesem Zusammenhang bedeutet dann primär Wiederholung gespeicherter Entwicklungsprozesse bis zum Auftreten von Widersprüchen aufgrund modifizierter Randbedingungen im aktuellen Projekt. Generatoren können als parametrisierte Entwicklungsprozesse aufgefaßt werden. Sie lassen sich für wohlverstandene Teilaufgaben einer Anwendungsklasse harmonisch in ein derartiges SE-Labor integrieren.

Der SFB 501 sieht eine besondere Herausforderung darin, neben funktionalen Systemeigenschaften auch nichtfunktionale Eigenschaften, wie Performanz und Zuverlässigkeit, als Teil der Aufgabenbeschreibung zuzulassen und deren systematische Umsetzung in Systemlösungen zu unterstützen. Die Beschreibung der verschiedenen Systemaspekte auf unterschiedlichen Abstraktionsniveaus mit formalen und informellen Techniken schließt die Verwendung einer einzigen universellen Beschreibungssprache praktisch aus. Vielmehr müssen verschiedene formale und informelle Beschreibungstechniken so verknüpft werden, daß eine Durchgängigkeit zwischen ihnen gewährleistet wird.

Methodischer Ansatz und Forschungsschwerpunkte

Der im SFB verfolgte experimenteller Ansatz basiert darauf, Softwareentwicklung als Labordisziplin zu begreifen, bei der Verbesserungen in der Softwaretechnologie durch ständige, jeden Softwareentwicklungsprozeß begleitende systematische Messungen und Bewertungen erreicht werden. Diesem Grundgedanken trägt die in Abbildung 1 dargestellte - dem Experience-Factory-Ansatz von Basili [3] nachempfundene - Softwareentwicklungsrahmenarchitektur Rechnung.

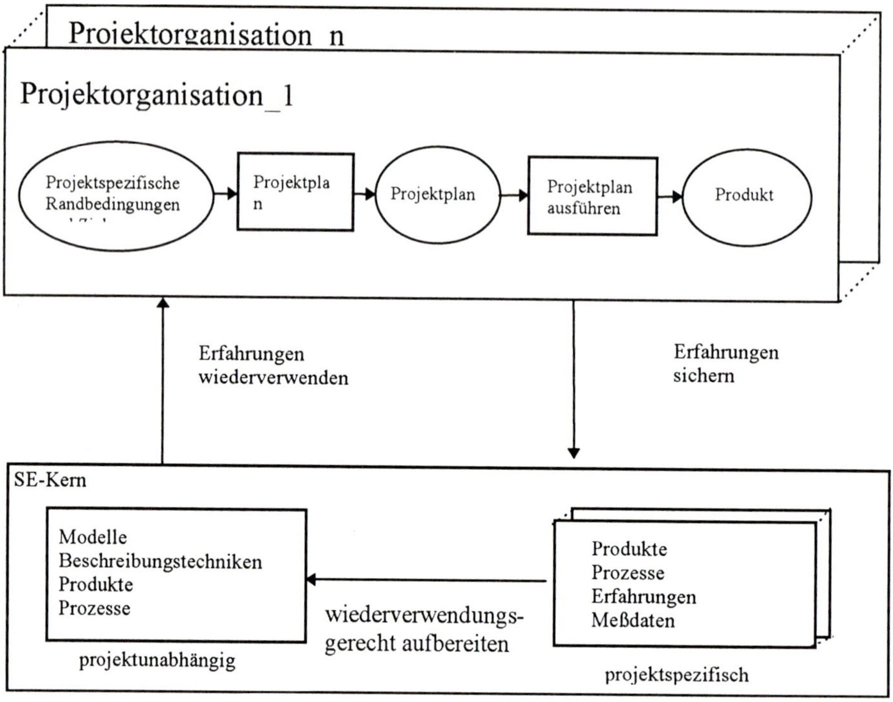

Abb. 1: Softwareentwicklungsrahmenarchitektur

Im SE-Kern sind alle für die Durchführung großer Softwareentwicklungsprojekte benötigten Produktmodelle, Prozeßmodelle, Vorgehensmodelle, Qualitätsmodelle und Beschreibungstechniken gespeichert. Darüber hinaus enthält der SE-Kern eine Datenbank mit wiederverwendbaren Produkten, Entwicklungsprozessen und damit gemachten Erfahrungen. Diese historischen Informationen werden in einem Rückkopplungsprozeß zur Verbesserung der Modelle und Beschreibungstechniken in zukünftigen Entwicklungsprojekten herangezogen.

Mit jedem neuen Projekt wird eine auf die Lebensdauer des Projekts beschränkte Projektorganisation aus den Modellen und Beschreibungstechniken des SE-Kerns instantiiert und aus den projektspezifischen Randbedingungen ein Projektplan erzeugt. Er vereinigt in sich auf das Projekt maßgeschneiderte Modelle, Beschreibungstechniken sowie wiederverwendbare Produkte und Entwicklungsschritte. Auf der Basis dieses Projektplans erfolgt die anschließende Durchführung des Projekts, wobei anfallende Produkte, Entwicklungsschritte, Meßdaten und sonstige Erfahrungen systematisch erfaßt und in die Datenbank des SE-Kerns zurückgespeist werden. Wesentlich ist, daß dieser Kern methodisch fundiert und soweit wie möglich theoretisch abgesichert ist.
Als Anwendungsbereich, an dem die Tauglichkeit der zu entwickelnden Verfahren nachgewiesen werden soll, hat sich der SFB 501 auf Steuerungs- und Überwa-

chungssysteme konzentriert, und zwar zunächst auf das Anwendungsfeld „Gebäudeautomation". Die zu entwickelnden Modellvorstellungen und Methoden werden durch dieses Anwendungsfeld primär gesteuert, wobei später ihre Übertragbarkeit auf andere Anwendungsfelder und -gebiete nachzuweisen sein wird. Aus folgenden Gründen scheint uns dieser Anwendungsbereich zur Erprobung der entwickelten Methoden besonders geeignet:

a. Steuerungs- und Überwachungssysteme müssen als reaktive Systeme besonderen Anforderungen an Zeitverhalten, Zuverlässigkeit usw. genügen und stellen deshalb einen geeigneten Anwendungsbereich dar, um nichtfunktionale Systemeigenschaften in der Softwareentwicklung zu berücksichtigen.
b. Steuerungs- und Überwachungssysteme im gewählten Anwendungsfeld „Gebäudeautomation" besitzen einen großen Variations- und Skalierungsbereich (vom „Einfamilienhaus" bis zu einem „Flughafen") und sind deshalb zur Untersuchung generischer Systemauslegungen besonders geeignet.
c. Für rechnergestützte Steuerungs- und Überwachungssysteme existiert bereits ein breites Einsatzfeld in der Investitionsgüterindustrie. Fortschritte in der Herstellungstechnologie solcher Systeme spielen deshalb eine nicht zu unterschätzende Rolle für die Wettbewerbsfähigkeit der damit befaßten Unternehmen.

Es sei jedoch betont, daß das Ziel des SFB 501 nicht in der Entwicklung leistungsfähiger Anwendersysteme liegt, denn diese hängen zusätzlich von der Qualität des speziellen Fachwissens ab. Vielmehr dienen ausgewählte Anwendersysteme als Prototypen, an denen wir die Leistungsfähigkeit der Entwicklungsmethodiken überprüfen. Durch eine schrittweise Ausdehnung der Fallstudien auf andere Anwendungsfelder wollen wir den Nachweis führen, daß die Ergebnisse des SFB verallgemeinerbar sind.

Die Forschungsschwerpunkte des SFB 501 lassen sich damit in den folgenden drei Punkten zusammenfassen:

a. Entwicklung eines Rahmenmodells für die Softwareentwicklung, das Prozeßmodelle, Produktmodelle, Qualitätsmodelle und Erfahrungen erfaßt und durch geeignete formale und informelle Beschreibungstechniken die Durchgängigkeit und Verfolgbarkeit im gesamten Softwareentwicklungsprozeß unterstützt.
b. Entwicklung generischer Beschreibungstechniken und angepaßter Generatoren zur automatischen Wiederverwendung von Entwicklungsschritten und der resultierenden (Teil-)Produkte.
c. Modellierung und Realisierung einer Erfahrungsdatenbank im SE-Kern, die Erfolgsbewertungen über die im Rahmen von Projetplänen eingesetzten Modelle und Methoden in wiederverwendbarer Form speichert und zu ihrer schrittweisen Verbesserung herangezogen wird.

Projektstruktur

Gegenwärtig wird der SFB 501 von sieben Professoren des Fachbereichs Informatik der Universität Kaiserslautern getragen:

+ Prof. Dr. Jürgen Avenhaus (Effiziente Algorithmen)
+ Prof. Dr. Reinhard Gotzhein (Rechnernetze)
+ Prof. Dr. Klaus Madlener (Grundlagen der Informatik)

+ Prof. Dr. Jürgen Nehmer (Systemsoftware): Sprecher
+ Prof. Dr. Michael Richter (Künstliche Intelligenz, Expertensysteme)
+ Prof. Dr. Dieter Rombach (Software-Engineering): stellvertretender Sprecher
+ Prof. Dr. Gerhard Zimmermann (VLSI-Entwurf und Architektur)

Die Projektstruktur des SFB 501 (Abbildung 2) berücksichtigt den experimentell-orientierten Laboransatz:

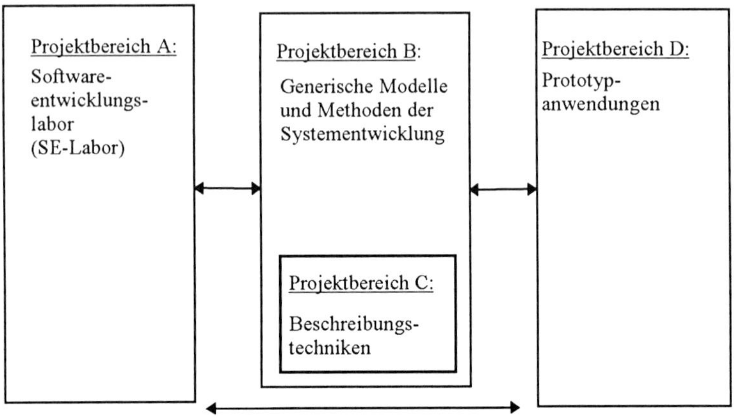

Abb. 2: Projektstruktur des SFB 501

a. Im Projektbereich A wird ein Softwareentwicklungslabor betrieben, in das alle methodischen Ergebnisse des SFB, die Werkzeugreife erreicht haben, integriert werden. Es dient dazu, kontrollierte Experimente mit einzelnen Techniken sowie prototypische Entwicklungsprojekte in ausgewählten Anwendungsfeldern zum Zwecke der empirischen Erfahrungsgewinnung zu unterstützen. Von zentraler Bedeutung ist die effiziente Organisation und Pflege der empirisch gewonnenen Modelle zum Zwecke der Wiederverwendung. Das SE-Labor realisiert damit die in Abb. 1 dargestellte Rahmenarchitektur für Softwareentwicklung.

   Projekte:
   + SE-Labor (Prof. Rombach)
   + Entwicklung einer flexiblen Modellierungs- und Ausführungsumgebung für SE-Prozesse (Prof. Richter, Prof. Rombach, Dr. Maurer)[1]
   + Objektrelationale Datenbanktechnologie zur Unterstützung des SE-Prozesses (Prof. Härder, Dr. Ritter)[1]

b. Im Projektbereich B werden Techniken und Werkzeuge zur generischen Beschreibung und Entwicklung von Basissoftware (z.B. Betriebssysteme, Kommunikationssysteme) sowie Anwendungssoftware entwickelt und Experimente für die Erprobung im Rahmen des Projektbereichs A vorbereitet. Damit sollen domänenspezifische Softwaretechniken bestehend aus Beschreibungstechniken,

[1] geplante Projekte

Prozeßmodellen und Produktmodellen erzeugt werden, die auf planmäßige Entwicklung von Software mit bestimmten Qualitätseigenschaften unter den Randbedingungen einer Domäne maßgeschneidert sind.

Projekte:
+ Generische Modellierung von Prozessen und Experimenten (Prof. Rombach)
+ Flexible Planung und Steuerung von SE-Prozessen (Prof. Richter, Dr. Maurer)
+ Generische Kommunikationssysteme (Prof. Gotzhein)
+ GeneSys: Generische Systemsoftware (Prof. Nehmer, Dr. Sturm)
+ Anwendungsentwicklung mit vorkonfektionierten Softwaresystemen (Prof. Nehmer, Dr. Sturm) [2]

c. Im Projektbereich C werden Beschreibungstechniken untersucht und gegebenenfalls entwickelt, die für die unterschiedlichen Phasen im Softwareentwicklungsprozeß benötigt werden. Ein besonderes Anliegen ist die Verfolgbarkeit aller Entwicklungsschritte, die eine Durchgängigkeit zwischen verschiedenen formalen und informellen Beschreibungstechniken verlangt. Der Projektbereich C unterstützt außerdem die anderen Projektbereiche bei der Auswahl geeigneter Beschreibungstechniken.

Projekte:
+ Formale Beschreibungstechniken (Prof. Avenhaus, Prof. Madlener)

d. Im Projektbereich D ist das Expertenwissen auf ausgewählten Anwendungsfeldern konzentriert. Neben eigenständigen Forschungsvorhaben auf den Anwendungsfeldern stellen die Teilprojekte die Infrastruktur für Zielsysteme bereit. Dazu gehören Hard- und Softwareplattformen für die Zielsysteme sowie Testumgebungen. Der Projektbereich spielt auch die Rolle des Kunden bei Entwicklungsprojekten gegenüber den anderen Projektbereichen.

Projekte:
+ Anwendungssystem Gebäude (Prof. Zimmermann, Dr. Schürmann)
+ Modellbasierte Entwicklung wiederverwendbarer Regelungsalgorithmen (Prof. Litz) [2]

Verwandte Projekte

Die Forderung nach neuen Wegen in der Softwaretechnologie [1,2] hat seit Anfang der 90er Jahre zu einer Umorientierung bestehender und zur Etablierung neuer Forschungseinrichtungen weltweit geführt. Alle diese Einrichtungen widmen sich mit unterschiedlichem Gewicht und in unterschiedlicher Form der Erhöhung von Qualität und Produktivität bei der Entwicklung großer Systeme mittels Wiederverwendungskonzepten.

In Deutschland konzentrieren sich die Forschungsaktivitäten schwerpunktmäßig auf die Vervollständigung der theoretischen Grundlagen zur Wiederverwendung vollständig formal spezifizierter Softwareprodukte auf allen Abstraktionsebenen (z.B. Kode, Entwurf, Spezifikation) sowie auf die Entwicklung neuer Methoden und Werkzeuge zur vollautomatisierten Unterstützung einzelner Wiederverwendungs-

[2] geplante Projekte

schritte. Institutionell wird die Forschung in diesem Bereich wesentlich durch Verbundprojekte des BMBF (z.B.: KORSO [4]) sowie der im Fachgebiet Software Engineering einschlägigen Universitäten und Forschungsinstitute der GMD sowie FhG getragen.

Auf europäischer Ebene existieren ebenfalls Forschungsprojekte mit dem Ziel, die theoretischen Grundlagen zur Wiederverwendung komplett formal beschriebener und verifizierter Systeme weiterzuentwickeln. Beispiele existieren im Rahmen des Basic Research Programmes (z.B.: ProCos, REACT), des ESPRIT-Programmes (z.B.: REBOOT, PERFECT) oder des ESSI-Programmes (z.B.: Cemp). Diese Aktivitäten werden durch industriell geförderte Projekte (z.B.: EUREKA, Projekt ESF [5]) oder Institutionen (z.B.: European Software Institute) komplementiert.

Vorreiter bei der Erforschung und Anwendung von Wiederverwendungsansätzen zur Entwicklung großer Systeme waren und sind Japan mit dem Konzept der „Software Factories" [6] sowie die USA mit Industriekonsortien (z.B.: SEI, SPC), staatlichen Förderprogrammen (z.B.: ARPA [7]) oder Firmenaktivitäten (z.B.: NASA's Software Engineering Labor [8]). Bei diesen Programmen steht die schnelle Umsetzung von Ergebnissen in die Praxis im Vordergrund.

Stand der Arbeiten

Nach zwei Jahren wissenschaftlicher Arbeit im SFB 501 existieren

- initiale Produkt- und Prozeßmodelle zur Entwicklung von Steuerungs- und Überwachungssystemen mit ersten empirischen Erfahrungen,
- Werkzeugunterstützung zur Entwicklung von Softwaresystemen entsprechend dieser Produkt- und Prozeßmodelle und Erfahrungen im Rahmen des SE-Labors,
- eine Methodik und unterstützende Werkzeuge zur empirisch-basierten Erfahrungsgewinnung und Modellierung,
- erste Erfahrungen mit ausgewählten Techniken sowie
- empirisch motivierte Verbesserungen dieser Techniken zur Beschreibung nichtfunktionaler Systemaspekte und generischer Parameter [9].

Was die initialen Produkt- und Prozeßmodelle betrifft, so handelt es sich dabei um eine generische Architektur für Gebäudeautomationssysteme, ein generisches Dokumentationsmodell für derartige Systeme sowie generische Vorgehensmodelle. Das generische Architekturmodell basiert auf einer hierarchischen Anordnung von Kontrollinstanzen, wobei die Blattinstanzen Kontrollzellen zur Überwachung/Steuerung logischer Sensoren und/oder Aktuatoren darstellen und übergeordneten Instanzen höherwertige Abstimmungen zwischen Kontrollzellen übernehmen. Diese Architektur ist in OMT semiformal beschrieben und ist generisch in dem Sinne, daß einzelne Architekturkomponenten parametrisiert sind und gewisse Freiheitsgrade in der Komposition einer konkreten Architektur bestehen. Das Dokumentationsmodell umfaßt alle üblichen Abstraktionen von Problembeschreibung über Anforderungsspezifikation bis Kode. Es ist generisch in dem Sinne, daß je nach Bedarf ein konkreter Dokumentationsrahmen als Teilmenge der angebotenen Abstraktionen definiert und aus einem Angebot unterstützender Beschreibungstechniken und Werkzeuge ausgewählt werden kann. So bietet der SFB 501 gegenwärtig für die benutzungsorientierte Beschreibung der Systemanforderungen die von Prof. Parnas entwickelte SCR-Technik, für die entwicklungsorientierte Beschreibung der Softwareanforderungen OOA, Statemate oder SDL sowie für die Beschreibung von Entwürfen SDL und OMT an. Diese Angebote basieren bereits auf empirisch gemachten Erfahrungen mit der Verwendung dieser Techniken und sind explizit im SE-Labor dokumentiert. Es existieren mehrere Vorgehensmodelle, die alle zwischen dem Systementwicklungsprozeß sowie den darin enthaltenen Entwicklungsprozessen für System- bzw. Anwendungssoftware unterscheiden. Am weitesten ist gegenwärtig der Anwendungssoftwareentwicklungsprozeß formalisiert. Ausgehend von existierenden Lebenszyklusmodellen wurden Anpassungen an das Architektur- und Dokumentationsmodell vorgenommen. Dokumentations- und Vorgehensmodelle sind in der Modellierungssprache MVP-L beschreiben.

Die Werkzeugunterstützung im SE-Labor besteht gegenwärtig aus einer repräsentativen Auswahl kommerziell verfügbarer Werkzeuge sowie Forschungsprototypen. Insbesondere für die Modellierung und Ausführung von Experimenten sowie die Planung und Steuerung von Applikationsprojekten wurden bereits im SFB 501 entwickelte Prototypen eingesetzt. Die Bereiche „Datenbanken“ und „Konfigurationsmanagement“ werden gegenwärtig zusätzlich bearbeitet.

Die Methodik zur empirisch-basierten Erfahrungsgewinnung und Modellierung geht auf den QIP-Ansatz von Basili und Rombach zurück [10], der die quantitative Formulierung von Meß- und Bewertungszielen, die Instrumentierung von Vorgehensmodellen oder Techniken/Werkzeugen durch Metriken sowie die experimentbegleitende Datenerfassung regelt. Je nach Meß- und Bewertungsziel werden geeignete experimentelle Entwürfe empfohlen. Zur wiederverwendbaren Ablage experimentell gewonnener Daten werden geeignete Analyseprozeduren sowie Datenbankschemata angeboten.

Die ersten experimentellen Untersuchungen betrafen die relative Eignung von Spezifikationstechniken wie SCR von Prof. Parnas, Statemate sowie SDL für unterschiedliche Abstraktionen eines Systems, und die Eignung systematischer Methoden für die effektive und effiziente Fehlerfindung. Unter Beteiligung von Vertretern aller Teilprojekte des SFB wurde eine Problemstellung aus dem Anwendungsfeld Gebäudeautomation parallel mit allen drei oben genannten Techniken spezifiziert und entworfen. Wesentliche Fragestellungen waren die Eignung für die Beschreibung aller Aspekte des Anwendungsfeldes, die Verständlichkeit der Dokumentationen sowie deren hierarchische Verfeinerbarkeit. Resultat war eine Empfehlung, SCR für die benutzerorientierte Spezifikation des Verhaltens des gesamten Systems zu verwenden, für die entwicklerorientierte Spezifikation der Software Statemate oder SDL zu verwenden, sowie SDL als einen Kandidaten für die Entwurfsbeschreibung (insbesondere bei der Entwicklung von Systemsoftware) zu betrachten. Offengelegte Defizite in der Fähigkeit von SCR und SDL, nichtfunktionale Zeitaspekte beziehungsweise generische Parameter geeignet beschreiben zu können, haben bereits zu entsprechenden Erweiterungsvorschlägen geführt. Die kontrollierten - im Rahmen von Studentenpraktika durchgeführten - Experimente bezüglich unterschiedlicher Methoden für Fehlersuche ergaben eine Überlegenheit von schrittweise abstrahierendem Lesen über alle Testansätze im Falle von Kode sowie eine Überlegenheit sichtenorientierten Lesens über das übliche Checklisten-basierte Lesen im Falle von Anforderungsspezifikationen. Insbesondere das zweite Ergebnis läßt es wahrscheinlich erscheinen, daß auch semiformale Dokumentationen der Anforderungen von Benutzern effektiv und effizient inspiziert werden können.

Weitere Pläne

Die Begutachtung zum Abschluß der ersten Förderungsperiode wurde am 17. und 18. Juni 1997 erfolgreich durchgeführt. Vorbehaltlich der endgültigen Zustimmung der DFG wird das Budget für die zweite Förderungsperiode um ca. 40% aufgestockt. Dies ermöglicht die Hinzunahme von vier neuen Projekten (siehe die im Abschnitt „Projektstruktur" gekennzeichneten Projekte). In der zweiten Förderungsperiode wird der SFB 501 versuchen, zwei bislang bewußt in Kauf genommene Beschränkungen aufzuheben: die Beschränkung auf ein einziges Anwendungsfeld und die Beschränkung auf Experimente im Kleinen. Obwohl die bisherigen vielversprechenden Ergebnisse nur durch diese Beschränkungen in so kurzer Zeit möglich waren, würde ein Festhalten an diesen Einschränkungen die externe Validität der Ergebnisse langfristig in Frage stellen. Ressourcen- und systembedingt können wir die notwendigen Erweiterungen auf weitere Anwendungsfelder sowie die Durchführung großer Entwicklungen nur in Kooperation mit der Industrie angehen. Bereits heute gibt es enge Kontakte (z.T. über die Fraunhofer-Einrichtung für Experimentelles Software Engineering in Kaiserslautern) zu regionalen und überregionalen Firmen aus den Bereichen Gebäudeautomation, Kraftfahrzeugbau und -zulieferung sowie Telekommunikation. Diese Firmen haben starkes Interesse an der Erprobung der im SFB 501 entwickelten Ansätze und bieten dem SFB auf der einen Seite das entsprechende Know-how im Anwendungsfeld und auf der anderen Seite die Umgebungen zur Durchführung umfassender Systementwicklungen.

Literaturverzeichnis

1. G. Goos: Programmiertechnik zwischen Wissenschaft und industrieller Praxis. GI Informatik Spektrum, Vol. 17 (1), S. 11-20, Februar 1994.
2. S. Wendt: Defizite im Software Engineering. GI Informatik Spektrum, Vol. 16 (1), S. 34-38, Februar 1993.
3. V. R. Basili, G. Caldiera und D. Rombach: Experience Factory. In John J. Marciniak (Herausgeber), Encyclopedia of Software Engineering, Vol. 1, S. 528-532, John Wiley & Sons, 1994.
4. M. Broy und S. Jähnichen: Kurzbericht über das KORSO-Projekt. GI Informatik Spektrum Vol. 16 (4), August 1993.
5. J. Favaro, Y. Coene und M. Casucci: The European Space Software Development Environment Reference Facility Project. ACM Software Engineering Notes, Vol. 19 (2), S. 68-71, 1994.
6. M. Cusumano: Japan's Software Factories: A Challenge to US Management. Oxford University Press Inc., New York, 1991.
7. B. Boehm und W. L. Scherlis: Megaprogramming. Proc. DARPA Software Technical Conference, Meridian Corp., Arlington, VA, 1992.
8. V. Basili et al.: The Software Engineering Laboratory - an operational Software Experience Factory. Proc. 14th International Conference on Software Engineering, S. 370-381, Mai 1992.
9. J. Nehmer (Herausgeber): Arbeits- und Ergebnisbericht 1995-97 des SFB 501. Technischer Bericht, Universität Kaiserslautern, Juni 1997.
10. V. Basili: The experimental paradigm in software engineering. In D. Rombach et al (Herausgeber), Experimental Software Engineering Issues: Critical assessment and future directions, LNCS Nr. 706, S. 3-12, Springer-Verlag, September 1992.

SFB–476 IMPROVE:
Informatische Unterstützung übergreifender Entwicklungsprozesse in der Verfahrenstechnik

M. Nagl, Lehrstuhl f. Informatik III W. Marquardt, Lehrstuhl f. Prozeßtechnik
Rheinisch-Westfälische Technische Hochschule Aachen, D-52056 Aachen

Zusammenfassung

Zielsetzung dieses neuen SFB ist die Unterstützung verfahrenstechnischer Entwicklungsprozesse. Der Schwerpunkt liegt dabei auf den frühen Phasen, der Integration von Entwurfsaufgaben und der Integration über die Prozeßkette. Die sich daraus ergebenden Anforderungen werden durch neue informatische Konzepte und deren Werkzeugunterstützung erfüllt, unter Einsatz existierender Werkzeuge. Voraussetzung hierfür ist die Klärung und Formalisierung von Teilprozessen und –produkten sowie deren Zusammenhang. In Ergänzung zu vorhandenen Werkzeugen entstehen weitere, ein offenes Rahmenwerk dient der Wiederverwendung der Integrationslösung sowie deren Anpassung. Dieser Aufsatz stellt den Ansatz und die zu lösenden Probleme dar.

1. Verfahrenstechnische Entwicklungsprozesse

Unter einem *verfahrenstechnischen Prozeß,* der auf einer Anlage abläuft, versteht man die Verknüpfung physikalischer, chemischer, biologischer und informationstechnischer Vorgänge, um Ausgangsstoffe nach Art, Eigenschaften sowie Zusammensetzung gezielt so zu verändern, daß ein gewünschtes *stoffliches Produkt* entsteht. Ziel des *Entwicklungsprozesses* ist hingegen der Entwurf eines neuen oder die Modifikation eines bereits bestehenden verfahrenstechnischen Prozesses und dessen Umsetzung in eine Anlage. Der Entwicklungsprozeß umfaßt alle Arbeitsschritte und deren Zusammenspiel, um die Entwurfsaufgabe im Team zu lösen. Die aus einer groben Problemstellung erarbeitete vollständige Spezifikation von Prozeß und Anlage ist das *Produkt des Entwicklungsprozesses.*

Die Untersuchungen im Rahmen des SFB werden sich i. w. auf die *frühen Phasen* des *Entwicklungsprozesses* in der Verfahrenstechnik konzentrieren, die den konzeptionellen Entwurf einer verfahrenstechnischen Anlage zum Gegenstand haben: (1) In dieser Phase werden bis zu 80 % der Herstellungskosten (Betriebs– und Investitionskosten) festgelegt [24], so daß der wirtschaftliche Erfolg nach Abschluß des Basic–Engineering bereits festliegt. (2) Die hier anfallenden Entwicklungsarbeiten sind komplex, da eine Vielzahl unterschiedlicher Aspekte gleichzeitig bedacht werden müssen, um im Sinne des ganzheitlichen Systementwurfs [9] ein optimales Systemkonzept zu erlangen. (3) Die Entwicklungsarbeiten der frühen Phase sind kreativer Natur, das unvollständige Verständnis und die schwierige Formalisierung der Entwicklungsprozesse stellen hohe Anforderungen an die informatische Unterstützung.

Ein weiteres Spezifikum ist die *Integration* bisher bezüglich Methodik bzw. Werkzeugunterstützung nicht integrierter *Entwurfsaufgaben.* Abb. 1 enthält ein grobes und unvollständiges Arbeitsbereichsmodell. Der unterlegte Bereich zeigt die Konzentration auf frühe Phasen; spätere Erweiterungen in Richtung Prozeßleittechnik und Detail–Engineering sind vorgesehen. Die derzeitigen Brüche des Entwicklungsprozesses sind je nach Schwere gekennzeichnet. Brüche sind konzeptioneller Art, sie zeigen das mangelnde gegenseitige Verständnis und deren Wechselwirkungen. Sie sind insbesondere softwaretechnischer Art. Die Herausforderung besteht in ihrer Überwindung sowohl auf grobgranularer (Koordination) als auch auf feingranularer Ebene (Entwicklerkooperation).

Das dritte Charakteristikum ist die *Integration* über die *Kette* des *Produktionsprozesses.* Abb. 2 zeigt die Prozeßkette der Herstellung von Formteilen aus styrolbasierten (Co)Polymeren, die derzeit für das Beispielszenario vorgesehen ist. Die Abb. zeigt drei

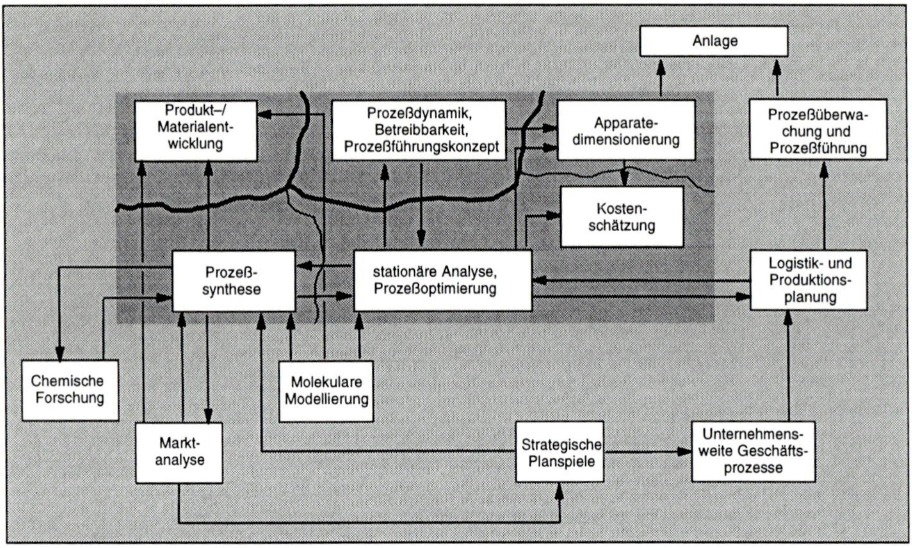

im Rahmen des SFB betrachtete Bereiche

Abb. 1: Integration bisher isoliert betrachtetet Entwurfsaufgaben

Inseln, links oben die chemietechnische (Monomerherstellung (Co)Polymerisation), unten die Kunsststoffverarbeitung, rechts das Recycling. Traditionell liegt zwischen Chemietechnik und Kunststofftechnik ein Bruch vor, rohstoffliches Recycling ist neu und praktisch kaum im Einsatz. Die Überwindung der Inseln ist eine weitere Herausforderung, das Potential der Integration ist derzeit noch ungeklärt. Die Gestaltung der Prozeßkette und die Ausgestaltung eines Elements stehen in engem Wechselspiel. Als Beispiel sei die im SFB betrachtete reaktive Extrusion genannt (rechts oben), in der ein Teil der Polymerisation mit der Kunststoffverarbeitung in einer Anlagenkomponente abläuft, was Auswirkungen auf die Ausgestaltung der gesamten Prozeßkette nach sich zieht. Durch umfassende, informationstechnische Unterstützung soll diese Integration vollzogen werden, was ein besseres Verständnis der Prozeßkettenelemente, deren Ausgestaltung und ihres Zusammenspiels voraussetzt.

Aus der obigen allgemeinen Charakterisierung des Entwicklungsprozesses und dessen spezifischer Ausprägung im SFB ergeben sich die folgenden, tabellarisch zusammengestellten Eigenschaften, Charakterisierungen und Schwachstellen:

Anzahl/Hintergrund der Entwickler (interdisziplinäre Teams; Einbeziehung externer Experten): Verständigungsprobleme bezüglich Terminologie, erschwert durch mangelnde Werkzeugunterstützung.
Geographische und organisatorische Verteilung des bzw. der Teams (unterschiedliche geographische Standorte/Kontinente; verschiedene Firmen): mangelnde Kommunikationsmöglichkeiten.
Koordination eines Teams/verschiedener Teams (Entwickler in verschiedenen Projekten; unterschiedliche Projektdauern; Änderung des Teams während des Entwicklungsprozesses): keine Unterstützung der Koordination dynamischer Prozesse; derzeit zu grob; keine Berücksichtigung der Dynamik des Prozesses.
Ablauf des Entwicklungsprozesses (enge Zusammenarbeit der Entwickler; starke Benutzung von Werkzeugen, z.B. Simulatoren; Arbeitsprozesse nicht explizit bekannt (Erfahrung, Intuition); fortschreitende Detaillierung erzeugt viele Rückgriffe): Planung der Entwicklerarbeit, Unterstützung der Ausführung, Zusammenarbeit der Teams unbefriedigend.

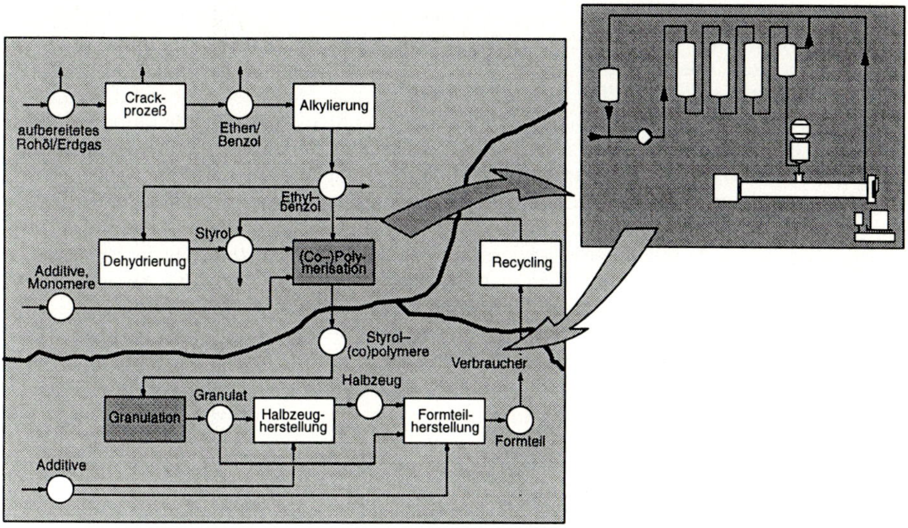

Abb. 2: Integration über die Prozeßkette

Art Zusammenarbeit/Informationsaustausch (sequentielle und parallele Projektausführung; Dokumentenaustausch unterschiedlicher Art (Berichte, Simulationsergebnisse, Zeichnungen) nur bei Projektbesprechungen): unsichere, unvollständige und inkonsistente Information, unzureichender Informationsaustausch.
Dokumentation der Arbeitsergebnisse (Entscheidungen und Prozesse selbst nicht in Verbindung mit Produkten dokumentiert): Änderungen schwer durchzuführen, keine systematische Variantenbetrachtung.
Wiederverwendung (derzeit nur Erfahrung der Beteiligten): keine Wiederverwendung von Teillösungen, Teilschritten, keine systematischen Wiederverwendungsprozesse.
Know-how-Sicherung (starke wirtschaftliche Bedeutung wegen Fluktuation der Mitarbeiter): Mechanismen zur Generalisierung spezieller Problemlösungen und deren Werkzeugunterstützung sind ungelöst.

2. Prozesse und Produkte bei der kooperativen Entwicklung

Es gibt derzeit *kein formales Prozeßmodell* (vgl. [2,3,4,16] für einige Ansätze) für die unterschiedlichen Formen der Kooperation verschiedener technischer Entwickler und deren Koordination zur Erstellung eines komplexen Produkts, das alle Aspekte eines solchen Prozesses sowie die Wechselwirkung der Teilprozesse festlegt. Dies gilt insbesondere für den innovativen Beispielentwicklungsprozeß aus Abschnitt 1. Trotz der Vorarbeiten der Beteiligten [6,17,32] wird dieses Prozeßmodell erst mittelfristig entstehen.

Insbesondere ist Prozeß nicht gleich Prozeß! *Teilprozesse* bzw. *Gesamtprozeß* können nach unterschiedlichen *Merkmalen unterschieden* werden: Granularität (gröbstgranulare Lebenszyklusmodelle, grobgranulare Koordinationsmodelle, feingranulare Entwicklerprozesse), Strukturierung (einfach, komplex), Grad der Formalisierung (vage, semiformal, formal), Festlegungszeitpunkt (vor oder zur Projektlaufzeit), Art des Akteurs (Mensch, interaktives Werkzeug oder automatisches Werkzeug), Vorbereitung oder Nutzung (Parametrisierung, Methodendefinition, Nutzung beider), Weite (technische Teilbereiche, deren Integration, firmenübergreifende Kooperation), Dauer (Rapid Prototyping, vollständige Realisierung, Projektfamilien), Wiederverwendungsaspekt (Erstprojekt, Vorgehen nach "Schema F", Wiederverwendungsprozeß) und Gleichzeitigkeit (ein Entwicklungsprozeß bzw. mehrere in Firma/Firmenverbund) etc.

Das Ergebnis eines Gesamtentwicklungsprozesses ist ein komplexes "Produkt", i.f. *Gesamtkonfiguration* genannt. Es enthält die Ergebnisse der Entwickler zusammen mit ihren vielfältigen Querbeziehungen (*technische Konfiguration*). Logisch abgeschlossene, i.d.R. von einem Beteiligten erstellte Teile werden *Dokumente* genannt (z.B. Teilfließbild). Dokumente haben eine reichhaltige interne Struktur und viele Querbeziehung zwischen ihren Bestandteilen. Die Gesamtkonfiguration enthält *Teilkonfigurationen* (z.B. für die Fließbildsynthese einer Anlage). Insbesondere gibt es vielfältige, *feingranulare Beziehungen* zwischen Bestandteilen *verschiedener* Dokumente einer Gesamtkonfiguration. Die explizite Unterstützung dieser Beziehungen durch Werkzeuge ist nötig für die Festlegung des Aufwands von Änderungen, deren Durchführung, für die Konsistenzprüfungen nach Änderungen etc. Ein wesentlicher Bestandteil der Gesamtkonfiguration ist die *administrative Konfiguration*, deren Information zur Koordination (Organisation, Management) genutzt wird. Hier findet sich Information zur Produkt–, Aufgaben–, Ressourcenkontrolle und zur Beschreibung einer Abteilung/Firma, in der die Entwicklung stattfindet. Diese Information ist *grobgranular*, d.h. es interessiert nur, daß ein Dokument (Aufgabe) existiert, in welchem Zustand es (sie) ist, aber nicht, wie es strukturiert (sie auszuführen) ist.

Diese Vorstellung einer Gesamtkonfiguration stellt eine wesentliche *Erweiterung* gegenwärtiger *Ansätze* zur *Produktmodellierung* [10,11,15,18,21,22] und Standardisierung (PDXI [5,7], PIStep [21]) dar: (1) Statt eines offenen, globalen Datenraums für die Gesamtkonfiguration stellen Dokumente/Teilkonfigurationen eine Separierung nach logischen Gesichtspunkten dar. Für die übergreifende Kooperation ist Separierung unverzichtbar. (2) Zur Integration zwischen separaten Sachverhalten ist eine reichhaltige Strukturierung nötig, die über das Ziehen von Links hinausgeht. Für die Integration ist nur eine Sicht auf die Dokumente/Teilkonfigurationen nötig und erwünscht. (3) Die administrative Konfiguration ist ein wesentlicher Bestandteil des Produktmodells und mit der technischen Konfiguration zu integrieren. (4) Muster für Produkte und Prozesse werden nicht von der Gesamtkonfiguration getrennt. (5) Die Produktstruktur ist reichhaltiger als eine rein statische Beschreibung durch Partialmodelle, sie enthält auch relevante Information zu ihrer konsistenten Veränderung, die von unterstützenden Werkzeugen genutzt wird.

Die Kooperation der beteiligten Personen wird durch die folgenden *neuartigen informatischen Konzepte* und entsprechenden *Werkzeugfunktionalitäten* verbessert.
(1) *Direkte Prozeßunterstützung* der beteiligten menschlichen Akteure[17,20,27]: durch Beobachtung von Prozeßabläufen bei Entwicklern, Anbieten von für gut befundenen Abläufen, Unterstützung von Verhandlungen und Entscheidungen, Anbieten von Heuristiken etc. Direkte Prozeßunterstützung erleichtert das Handeln der Personen und mildert Probleme der Kooperation.
(2) *Indirekte Prozeßunterstützung* oder Produktunterstützung [23,25]: Sicherung von Struktur– und Konsistenzbedingungen der entstehenden Produkte auf Sprach– und Methodikebene für einzelne Dokumente, insbesondere aber für den Zusammenhang von Teilen des komplexen Entwicklungsproduktes. Dies geschieht durch Anbieten von strukturbezogenen Werkzeugen für Prozeßschritte, die die entsprechenden Eigenschaften konstruktiv sichern ohne die Handlungen einzuschränken.
(3) *Informelle, multimediale Kommunikation* der Prozeßbeteiligten [13,14]: Diese Art der spontanen Kooperation dient der Klärung von Problemen, Diskussion über Zwischenergebnisse, Vorbereitung von Absprachen etc. Geregelte Kooperation kann und soll spontane Kommunikation nicht ersetzen. Dabei wird die multimediale Kommunikation anwendungsspezifisch ausgestaltet.
(4) *Anpassung* von *Prozessen* [12,32]: Bisherige Prozeßmodellierungsansätze negieren das Problem, daß Prozesse während der Projektlaufzeit dauernd angepaßt werden müssen. Grundlagen für diese Anpassung sind Detaillierung oder Probleme auf Entwicklungsebene, Parametrisierung, Einführung neuer Muster auf Methodikebene, neue Regeln der Wiederverwendung etc.

Diese Konzepte stehen in *wechselseitigem Bezug* zueinander: So gibt es z.B. einen *Übergang* zwischen direkter und indirekter Prozeßunterstützung, indem ständig wiederholte Handlungsschrittabfolgen in Werkzeugfunktionen kompiliert werden. Die Konzepte und die ihnen entsprechenden Werkzeuge werden auf *alle* oben aufgeführten *Aspekte* (wie Prozeßdefinition und –nutzung) und ihren *Zusammenhang* angewandt. Dabei ergeben sich Synergieeffekte bei der *verschränkten Nutzung* der entsprechenden Werkzeuge.

Diese neuen *Informatik-Konzepte* fügen sich sehr gut in den *a-posteriori-Ansatz* des SFB ein: (1) Existierende Werkzeuge werden verwendet. (2) Die bisherigen, speziellen Datenstrukturen existierender Werkzeuge werden genutzt. (3) Für den Einsatz der neuen Konzepte ist deren detaillierte Kenntnis nicht nötig, es genügt die Festlegung einer vergröbernden Sicht. (4) Neue Datenstrukturen kommen hinzu, die diese Sichten nutzen. (5) Neue Werkzeugfunktionalität muß hierfür entwickelt werden, die auf die Prozesse der beteiligten Personen abgestimmt ist.

3. Definition eines umfassenden Prozeß-/Produktmodells

Grundlage für die verbesserte Werkzeugunterstützung unter Einsatz der obigen neuen informatischen Konzepte und unter Verwendung existierende Werkzeuge ist die *Klärung eines umfassenden Projekt-/Produktmodells* für übergreifende, verfahrenstechnische Entwicklungsprozesse: (1) Die Verschiedenartigkeit der Teilprozesse ist zu berücksichtigen. (2) Die Gesamtkonfiguration dient gegenüber existierenden Ansätzen als erweitertes Produktmodell. Ihre verschiedenartigen Bestandteile (technische Dokumente, feingranulare Beziehungen, Zusammenhang mit der administrativen Konfiguration etc.) sind in einem Gesamtmodell zu vereinigen. (3) Teilprozesse sind mit ihren Teilprodukten zu integrieren. (4) Teilprozesse stehen in wechselseitigen Beziehungen, sie interagieren miteinander. (5) Schließlich beeinflussen sich Teilprozesse über ihre produzierten Ergebnisse in reaktiver Weise (Ergebnisse, Probleme, Methodikvorgaben). (6) Das gesamte Modell muß unterschiedliche logische Ebenen ebenso berücksichtigen wie verschiedenartige Strukturierung innerhalb und zwischen diesen Ebenen.

Für den Bau von Werkzeugen sind diese Prozesse/Produkte auch auf verschiedenen *Realisierungsebenen* zu betrachten (vgl. Abb. 3): (1) Auf Ebene 1 treten *Benutzermodelle* für den Prozeß, sein Produkt und die hierfür nötigen Kommunikationsformen der Beteiligten auf. (2) Möglichst nahe an diesen Modellen sollte die Unterstützung durch Werkzeuge liegen, damit sich wesentliche Teile des Entwicklungsprozesses nicht außerhalb der Entwicklungsumgebung abspielen. Auf Ebene 2 finden sich hierfür *externe Modelle*, deren Präsentation auf die verwendeten Sprachen, Methoden und Prozesse sowie auf die Gestaltung der Bedienungsoberfläche abgestimmt ist. (3) Auf Ebene 3 finden sich *interne Modelle*, die Teilkonfigurationen, Prozeßstrukturierungen und Kommunikationsformen auf hohem Niveau, nötigem Detaillierungsgrad und in rechnernutzbarer Form mit Hilfe eines geeigneten Datenmodells darstellen, damit entsprechende Werkzeugfunktionalität auf der externen Ebene angeboten werden kann. Auf externer Ebene wird jeweils nur der relevante Ausschnitt in einer auf den Benutzer abgestimmten Weise präsentiert. (4) Die internen Modelle müssen auf die Dienste verteilter Plattformen abgebildet werden. Um die Implementierung der Werkzeuge unabhängig von den Spezifika der zugrundeliegenden Plattformen zu halten, finden sich auf Ebene 4 entsprechende *Basismodelle* zur Realisierung einer allgemeingültigen Abbildung.

Prozesse, Produkte und Kommunikation treten auf *allen* vier *Realisierungsebenen auf* und sind stets auf die tieferliegende Ebene *abzubilden*. Dies sei am Beispiel des Begriffs 'Prozeß' verdeutlicht: So sprechen wir auf Ebene 1 von Prozessen menschlicher Entwickler, auf Ebene 2 von Werkzeugprozessen, auf Ebene 3 von internen Prozessen solcher Werkzeuge (z.B. Ausführung einer verteilten, geschachtelten Transaktion) und auf Ebene 4 von der Verteilung auf zugehörige Betriebssystemprozesse.

Eine besondere Herausforderung des SFB stellt die *Handhabung übergreifender Entwicklungsprozesse* zwischen Abteilungen und insbesondere zwischen Firmen dar, da

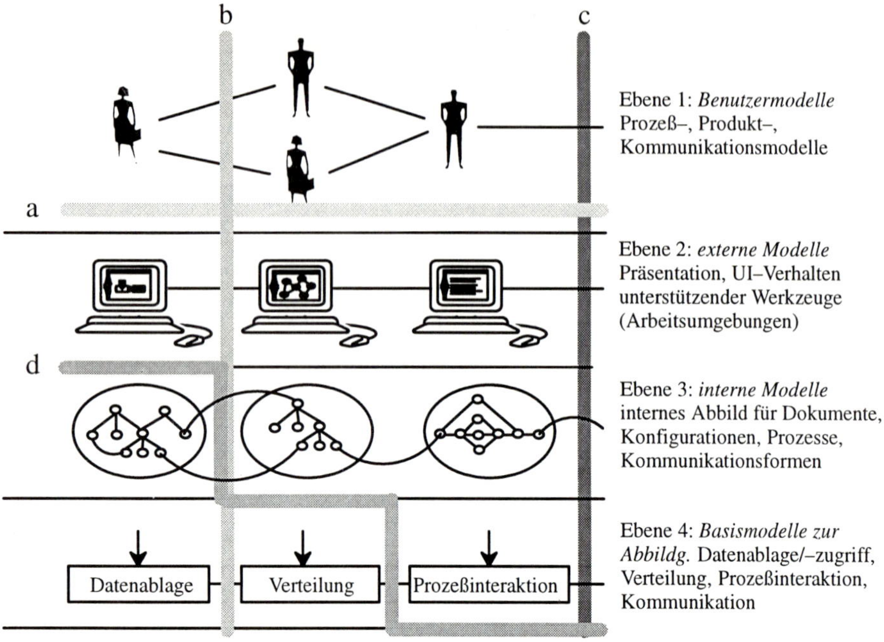

Abb. 3: Prozeß– und Produktmodell auf verschiedenen Realisierungsebenen

verschiedene Prozesse integriert werden müssen. Entsprechend sind externe und interne Modelle sowie die zugrundeliegenden Basismodelle zu integrieren. Schwierigkeiten ergeben sich dadurch, daß in verschiedenen Abteilungen/Firmen hierfür verschiedene Modellwelten oder unterschiedliche Strukturierungen und Vorgehensweisen vorliegen können, die zu einem übergeordneten Gesamtprozeß/–produkt zu integrieren sind.

Das formale Prozeß–/Produktmodell, das im Verlauf des SFB entstehen soll, ist nach den obigen Ausführungen *keine starre Festlegung*. Es läßt statt dessen Spielraum: (i) Wie gestalten oder koordinieren Entwickler, Abteilungen, Firmen ihre kooperativen Prozesse: Die Kreativität der Personen erzwingt entsprechenden Gestaltungsfreiraum. (ii) Um welchen Verfahrenstechnik–Entwicklungsprozeß handelt es sich: Dieser sieht je nach Anwendung, Standards, verfügbarem Wissen, Apparaten, Anlagen etc. anders aus. (iii) Die Teilprozesse und –produkte sind verschiedenartig: Teilprozesse und –produkte können somit nicht gleichartig beschrieben und formalisiert werden. (iv) Diese Prozesse ergeben sich erst während eines Entwicklungsprozesses: Sie können nicht statisch vorab strukturiert werden und stehen in starker Wechselwirkung zueinander.

Somit muß das einheitliche und umfassende Modell in *präziser Form* folgendes leisten: (a) verschiedenartige Einzelprozesse beschreiben können, (b) ihre unterschiedliche Interaktion klären, (c) die unterschiedlichen Teilprodukte definieren können, (d) die Integration dieser Teilprodukte festlegen, (e) den Zusammenhang von Teilprozessen und Teilprodukten erfassen, (f) die nötigen Reaktivitätsmechanismen anbieten, die sich aus unterschiedlichen Interaktionsformen und Integrationsmechanismen ergeben und (g) die Abbildung zwischen Modellierungsebenen der Realisierung einheitlich handhaben. (h) Dabei ist zu berücksichtigen, daß der Entwicklungsprozeß durch Menschen ausgeführt und gestaltet wird, die durch Werkzeuge unterstützt werden (Prozesse nur teilweise formalisierbar, stückweise festgelegt, unterschiedlich gestaltet (für Menschen, Anwendungsfeld, ausgewähltes Szenario)).

Bei der Formalisierung des umfassenden Prozeß–/Produktmodells treten *schwierige Modellierungsprobleme* auf: (a) Es sind keine formalen Notationen für Teilprozesse,

-produkte, Interaktionsformen und Integrationsmechanismen vorhanden. (b) infolgedessen existiert keine Methodik im Umgang mit solchen Notationen. (c) So müssen Sprachdefinition, Methodikdefinition und Modellierung in Sprache mit/ohne Methodik gleichermaßen angegangen werden. (d) Eine einheitliche Modellierung durch gleichartige Gestaltung, Herausziehen von Gemeinsamkeiten, generische Modelle ist nicht vorhanden.

4. A-posteriori-Integration und offenes Rahmenwerk

Der derzeitige Stand der Modellierung/Werkzeugunterstützung ist weit entfernt von obiger Vision. Es finden sich statt dessen *Brüche* und *isolierte Lösungen* der Werkzeugunterstützung: (1) Es findet sich eine große Lücke zwischen der *Benutzerebene* und der *externen* Ebene der Unterstützung durch eine Entwicklungsumgebung (Trennlinie a in Abb. 3): Die Werkzeuge unterstützen nur Teile des Prozesses, sind nicht auf die vollführten Aufgaben abgestimmt, die Kommunikation findet außerhalb der Umgebung statt, die Schritte eines Prozesses müssen somit mühsam und händisch erledigt werden. (2) Insbesondere gibt es wenig Unterstützung für die *Kooperation* zwischen *verschiedenen Entwicklern* (Trennlinie b): Ergebnisse anderer Personen müssen durch einen Entwickler interpretiert werden, ebenso ist die Projektkoordination mit der Entwicklertätigkeit nicht integriert. (3) Bei *übergreifender Kooperation* zwischen einzelnen Firmen ist die Situation noch unbefriedigender (Trennlinie c): Hier findet sich z.Zt. höchstens Datenaustausch auf Zwischen– oder Standardformatebene. Die Abstimmung ist dadurch erschwert, daß verschiedene "Kulturen" auf beiden Seiten aufeinander treffen. (4) Schließlich ist auch die *Realisierung* von *Entwicklungsumgebungen* völlig unterschiedlich gestaltet (Trennlinie d): Es gibt keine allgemeine Strukturierung von Einzelumgebungen und deren Integration. Eine Entwicklungsumgebung ist direkt auf Dateiebene realisiert, eine andere verwendet eine Datenbank etc.

Dem obigen Ansatz folgend zielen die Bemühungen darauf ab, einen *allgemeingültigen Ansatz* für die *A-posteriori-Integration* zu erarbeiten, eine wissenschaftliche Herausforderung bei der angestrebten, engen Integration. Es zeigt sich, daß auch neue Umgebungen realisiert werden müssen, weil solche mit entsprechender Funktionalität nicht vorhanden sind. Insbesondere müssen vorhandene erweitert werden, da sie nicht auf die Integration hin entwickelt worden sind.

Abb. 4 zeigt eine vereinfachte *'Architektur'–Darstellung* der Gesamtumgebung und des Rahmenwerks. Übliche Integrationsansätze [1,19,29] sind weit gröber. Wir beziehen uns in der folgenden Diskussion auf die Ebenen (2) bis (4) von Abb. 3. Die integrierte Gesamtumgebung besteht aus unterschiedlichen *Teilen*, in *Schichten* angeordnet.
Gegebene technische *Umgebungen* werden integriert (weiß in Abb. 4 auf Ebene 2). Der Code dieser existierenden Anwendungen wird von einer neuen UI–Schnittstelle angesprochen, eine neue Schnittstelle für die gegebenen Werkzeuge stimmt diese auf das Rahmenwerk ab. *Neue* Umgebungen sind für das Management zu realisieren sowie zur Parametrisierung und Anpassung (Punkte rechts oben).
Alle Umgebungen, (verwendet oder neu), werden durch den Erweiterungsanschluß und die damit angeschlossene Funktionalität zu kooperativen Arbeitsumgebungen (s.u.). Das Ziel dieser Erweiterungen ist, die Verbindung eines speziellen Teilprozesses, der mit einer Arbeitsumgebung durchgeführt wird, zum Gesamtprozeß zu erleichtern bzw. erst herzustellen. Die *Erweiterungsanschlüsse* (a) sind durch einen Rahmen in Abb. 4 oben dargestellt.
Die für diese Erweiterungen nötigen *internen Modelle* Ebene 3 von Abb. 4 dienen dazu, entsprechende Funktionalität auf externer Ebene zu ermöglichen. Sie stellen technische Dokumentstrukturen, Integrationssachverhalte, Entwicklerprozesse und Kommunikationsformen detailliert dar. In der Architektur sind nicht die entsprechenden Datenbeschreibungen/zustände zu finden, sondern die *Softwarekomponenten*, mit deren Hilfe solche Darstellungen festgelegt, modifiziert, erfragt oder ausgeführt werden.

Interne Modelle zur neuen Funktionalität, aber auch Programme und Daten existierender Umgebungen werden Diensten verteilter *Plattformen zugeordnet.* Dabei werden wir uns weitgehend auf gegenwärtig reifende Plattformen und ihre Funktionen abstützen [8,26,28,30,31]. Derzeit ist die Nutzung der Plattformen jedoch mit der Kenntnis einer Vielzahl von Details bezüglich der zugrundeliegenden Hard–/Software–Konfiguration und ihres aktuellen Zustands verbunden, was die Realisierung neuer Werkzeuge erschwert. Z.T. verfügen die Plattformen auch nicht über die nötigen Dienste (z.B. Protokolle für multimediale Kommunikation). Diese unterschiedliche Funktionalität und der entsprechend unterschiedliche Abstraktionsgrad ist auf Ebene 5 angedeutet.
Ziel der *Abbildungsschicht* von Ebene 4 ist es, die Abbildung auf Plattformen zu vereinfachen und längerfristig automatisch durchzuführen. Dabei sind auf Ebene 3 auch Spezifikationsangaben zur Verteilung nötig oder die Weitergabe solcher von seiten der Nutzer, um die Abbildung auf Plattformen zu beeinflussen. Die Abbildungsschicht macht entsprechende Basismodelle erforderlich, um die Internstruktur neuer Werkzeuge sowie die zugrundeliegenden heterogenen Plattformen zu verwalten, und um Werkzeugprozesse und Daten gegebener und neuer Umgebungen zuordnen zu können.

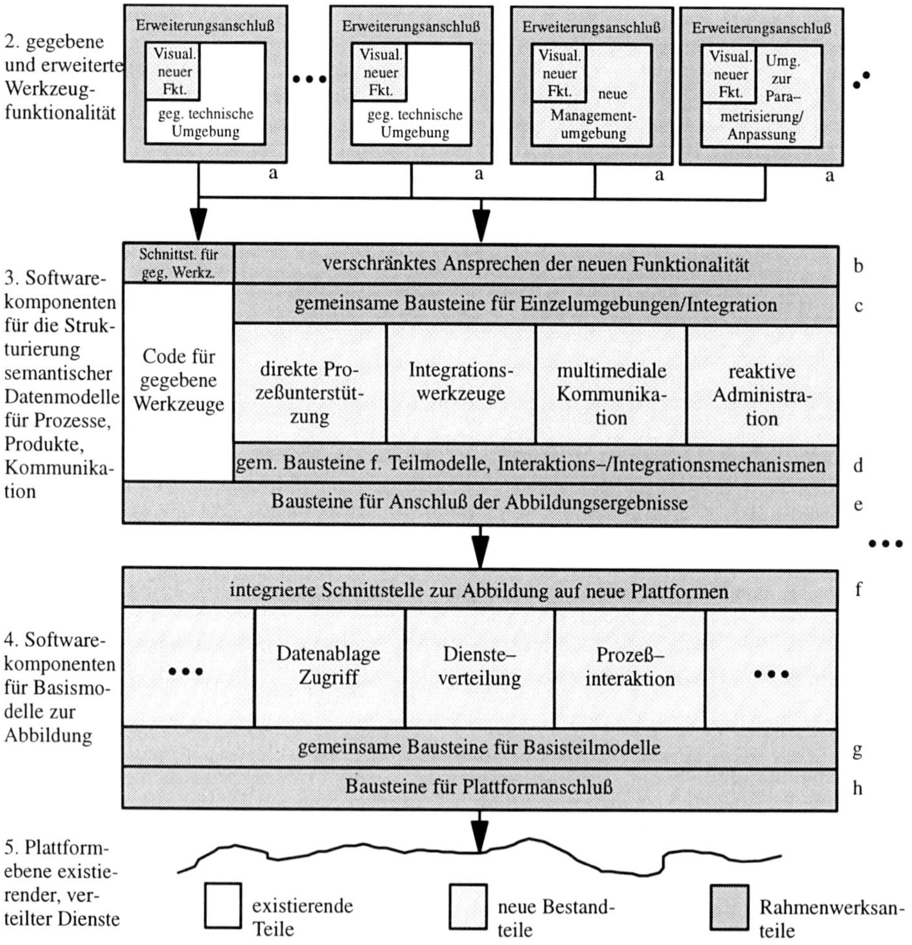

Abb.4: Gesamtumgebung und A–posteriori–Rahmenwerk (grobe Architekturskizze)

Allgemeingültigkeit des angestrebten Integrationsansatzes bedeutet den *Nachweis*, daß (1) diese Lösung auf ein spezielles exemplarisches Szenario abgestimmt werden kann, (2) die mit den Prototypen des SFB erzielten Lösungen die auftretenden wissenschaftlichen Probleme abdecken und (3) die grundlegenden Konzepte der Lösung (3) auch außerhalb der Verfahrenstechnik Verwendung finden können. Aus Aufwandsgründen und vom wissenschaftlichen Anspruch her kann das nur bedeuten, daß für die im Laufe des SFB entstehenden integrierten Gesamtumgebungen keine einzelfallorientierten Realisierungen in Frage kommen. Statt dessen muß es ein *Rahmenwerk* zur A–posteriori–Integration geben (vgl. Abb. 4, dunkelgraue Teile) sowie einen *überlegten Softwareentwicklungs–Prozeß* zur Erstellung einer integrierten Gesamtentwicklungs–Umgebung unter Nutzung des Rahmenwerks.

Die allgemeingültigen *Erweiterungsanschlüsse* (a) sind Bestandteil des Rahmenwerks (Ebene 2). Sie können für die Integration beliebiger Arbeitsumgebungen herangezogen werden. Die Funktionalität der neuen Werkzeuge kann *verschränkt* genutzt werden und erhält dadurch einen erhöhten Nutzen (b). Ferner gibt es eine allgemeingültige Schnittstelle zum Ansprechen *existierender* Werkzeuge. Gemeinsame *allgemeine Bausteine* sind beispielsweise nötig zur Abarbeitung von Kommandozyklen, Visualisierung der neuen Funktionalität etc. (c). Im Verlauf des SFB werden *Gemeinsamkeiten* der verschiedenen *internen Modelle*, allgemeine Interaktions– und Integrationsmechanismen entdeckt und in wiederverwendbare Komponenten gegossen (d). Schließlich werden *Spezifikationen*, welche die Verteilung beeinflussen, durch *Softwarekomponenten* für die Abbildung auf Plattformen aufbereitet (e). Die Ergebnisse der Abbildungsschicht finden sich in Gestalt einer *uniformen Schnittstelle* wieder (f). Analog zur Ebene 3 werden später *Gemeinsamkeiten* der *Basismodelle* in Softwarebausteine umgesetzt (g). Bausteine für den einheitlichen *Plattformanschluß* (h) schließen diese vergröberte Diskussion des Rahmenwerks ab.

Das Rahmenwerk heißt *offen*, weil beliebige spezifische Umgebungen damit integriert werden können (Punkte auf Ebene 2 von Abb. 4). Die Bestandteile des Rahmenwerks bleiben dabei unverändert. Das Rahmenwerk *beseitigt* die *Uneinheitlichkeit* von derzeitigen Umgebungsverbunden. Dies gilt zumindest für die Realisierung der neuen Integrationsfunktionalität, damit wird der Bruch (d) in Abb. 3 beseitigt. Bei *übergreifender Kooperation* müssen verschiedene Umgebungsverbunde von Abteilungen oder Firmen wiederum integriert werden (Punkte rechts in Abb. 4). Dies wird in unserer Gesamtumgebung einerseits über entsprechende Anpassungsmechanismen gelöst und zum anderen über die Abbildungsprojektergebnisse, die Weitverkehrsverbindungen, weit entfernte Datenablage und eine entsprechende zugehörige Dienstevermittlung erlauben.

In Integrationsansätzen wird zwischen Kontroll–, Präsentations–, Daten–, Rahmenwerksintegration unterschieden. Beiträge zu diesen *Integrationsaspekten* finden sich auf unterschiedlichen Ebenen der Architekturdarstellung von Abb. 4. Dies sei am Beispiel der *Datenintegration* skizziert: Auf externer Ebene bedeutet dies z.B. entsprechende Funktionalität, um Änderungen der Gesamtkonfiguration durch Werkzeuge zu handhaben und diese Änderungen und ihre Konsequenzen entsprechend darzustellen. Auf interner Ebene ist eine gleichartige Werkzeugrealisierung und Modellierung der entsprechenden internen Datenstrukturen erforderlich. Auf der Abbildungsebene müssen die entsprechenden Daten aus unterschiedlichen Datenbeständen besorgt werden. Auf der Plattformebene sind diese schließlich in einem rechnerunabhängigen Standardformat zu transportieren.

5. Technischer Nutzen der Ergebnisse

Wir geben den *Nutzen* der Ergebnisse des SFB aus unterschiedlichen *Perspektiven* an, (a) aus verfahrenstechnischer Nutzersicht durch die entstehenden kooperativen Arbeitsumgebungen sowie (b) durch die Verschränkung existierender und neuer Werkzeuge und (c) aus der Sicht der Entwickler einer integrierten Gesamtumgebung, deren Erstellungsprozeß durch das Rahmenwerk vereinfacht wird.

Ein wesentlicher Bestandteil des Rahmenwerks sind die Erweiterungen von Entwicklungsumgebungen zu *kooperativen Arbeitsumgebungen* durch Erweiterungsanschlüsse und hinzugefügte Funktionalität. Zielsetzung ist hier zum einen, die Kooperation der Beteiligten durch Hilfsmittel der Arbeitsumgebung selbst zu unterstützen, so daß diese nicht zu weiteren Hilfsmitteln (Telefon, Treffen etc.) greifen müssen. Die Arbeitsumgebung sollte damit *vollständig* bezüglich der für die Kooperation benötigten Hilfsmittel sein.
Das wichtigere Ziel einer solchen Erweiterung besteht jedoch zum anderen darin, die Entwicklungsumgebung *gezielt auf* die mit ihr durchzuführenden *Entwicklungsteilprozesse abzustimmen.* Dies geschieht dadurch, daß die durchgeführten Handlungen (z.B. durch Vorgaben/Heuristiken bei direkter Prozeßunterstützung) und die schwierigen Prozeßschritte (z.B. dokumentübergreifende Änderungen durch Integrationswerkzeuge) gezielt unterstützt werden. Die Anbindung an die Administration (Bereitstellung der nötigen Bestandteile für eine Aufgabe unter Wahrung von Schutz und Sicherheit, Delegation von Managementfunktionen) wird ebenso gefördert wie eine direkte, problembezogene und situationsbezogene Kommunikation der Beteiligten. Das Wissen der Projekt– und Netzwerkadministration wird genutzt. Diese Erweiterungen sind mit einer möglichst hohen Werkzeugunterstützung für die Tätigkeit einzelner Entwickler zu verbinden. Auf die Funktionalität der gegebenen Entwicklungsumgebungen haben wir nur z.T. Einfluß, einige entstehen jedoch neu. Zum anderen erhalten alle Umgebungen, ob gegeben oder neu, durch die *Erweiterungen* zu kooperativen Arbeitsumgebungen einen *Qualitätssprung* bezüglich ihres *Nutzens* für die Entwickler/Manager.

Ein großer Nutzen ergibt sich durch die *Synergie*, die aus der *Verschränkung* bestehender und neuer *Werkzeuge* resultiert: Dies sei am Beispiel der neuen Werkzeuge, die sich aus den informatischen Konzepten ableiten (vgl. Abschnitt 2) kurz skizziert. Hierbei wählen wir wiederum als Beispiel die Unterstützung von Abstimmungsprozessen (Produktunterstützung durch Integratoren): Hier läßt sich (1) die erfahrungsbasierte Entwicklungsunterstützung gewinnbringend einsetzen (Nutzung von Prozeßspuren, Steuerung durch Prozeßfragmente). Das grobgranulare Koordinationssystem stellt (2) einerseits den vollständigen Arbeitskontext für den Abstimmungsprozeß zur Verfügung, andererseits läßt sich aus der Lösung des Abstimmungsproblems ableiten, welche weiteren Abstimmungen zu koordinieren sind. Für den Abstimmungsprozeß läßt sich bei Fragen/Problemen (3) die anwendungsbezogene, multimediale Kommunikation gezielt einsetzen. Nach der Klärung einer Frage/eines Problems wird der koordinierte Abstimmungsprozeß wieder aufgesetzt. Für das eben gewählte Beispiel hätte auch eine andere der neuen Werkzeugfunktionalitäten (direkte Prozeßunterstützung, Anpassung von Prozessen, multimediale Kommunikation) gewählt werden können, wobei die verbleibenden anderen verschränkt genutzt werden können.

Der Erstellungsprozeß für eine integrierte Verfahrenstechnik–Entwicklungsumgebung vereinfacht sich durch die Ergebnisse des SFB zu einem *Wiederverwendungsprozeß.* (a) Die jeweils aktuelle Plattform wird von außen bezogen. (b) Das offene Rahmenwerk, das alle gemeinsamen Bausteine von Gesamtumgebungen enthält, führt *Produktwiederverwendung* in den Software–Entwicklungsprozeß ein. (c) Das Rahmenwerk enthält bei fortschreitender Lösung des Modellierungsproblems gemeinsame oder generische Bausteine für die allgemeingültigen Teilmodelle, Mechanismen etc. (d) Daneben kommt auch *Prozeß-Wiederverwendung* zur Anwendung. Diese bezieht sich auf die spezifischen Anteile der Gesamtumgebung, die nicht zum Rahmenwerk gehören, da sie nicht invariant sind. Für deren Umsetzung in Code der Gesamtumgebung werden anfangs händische Vorgehensweisen angewandt. In der späteren Phasen – in einigen Teilprojekten aufgrund von Vorarbeit früher – werden Spezifikationen durch Interpreter direkt ausgeführt bzw. es werden aus Spezifikationen mittels Generatoren spezifische Anteile automatisch erzeugt.

Der *Kontext* der *Integrationsthematik* wird sich im Verlauf des SFB *ändern*, was das Integrationsproblem erschwert: (1) Herangezogene Entwicklungsumgebungen ändern sich von präsentationsorientierten zu strukturbezogenen, semantischen. Sie werden in Zukunft auf standardisierte Produktmodelle abgestimmt sein. (2) Das Szenario ändert sich und weitet sich aus. Dies hat, aller Erfahrung nach, auch Auswirkungen auf das Rahmenwerk (spezifische Probleme durch neuere Umgebungen, Teile des Rahmenwerks sind im nächsten enthalten). (3)Die Abbildungsschicht ändert sich, weil sich die zugrundeliegenden Plattformen ändern (weitere Funktionen, abstraktere Funktionalität). Damit können sich die Abbildungsprojekte der längerfristigen Aufgabe einer automatischen Abbildung unter Beachtung vorhandener Restriktionen (Nutzerangaben, Werkzeuggestaltung, Heterogenität) zuwenden. (4) Das teilweise oder vollständig entwickelte formale Prozeßmodell führt zu größerer Homogenität des Rahmenwerks im Sinne von Standardkomponenten, einheitlichen Richtlinien zur Gestaltung spezifischer Komponenten, bis hin zur Generierung derselben. Somit ändert sich auch das Rahmenwerk im Verlauf des SFB.

Literatur:

[1] ESPRIT Consortium AMICE "CIMOSA: Open System Architecture for CIM", Research Reports ESPRIT, Springer (1991)

[2] Bandinelli, S., Fugetta, A. "Computational Reflection in Software Process Modelling: The SLANG Approach", Proc. 15th Int. Conf. on Software Engineering, 144–154 (1993)

[3] Conradi, R., Fernstöm, C., Fuggetta, A. "Concepts for Evolving Software Processes", in: A. Finkelstein, J. Kramer, B. Nuseibeh (Hrsg.): Software Process Modelling and Technology, John Wiley&Sons, New York, 9–32 (1994)

[4] Curtis, B., Kellner, M., Over, J. "Process Modeling", CACM, vol. 35–9, 75–90 (1992)

[5] Dalton, C.M., Goldfarb, S. "PDXI, a progress report", in Proc. CHEMPUTERS Europe Conf., Oct. '95, Noordwijk, Niederlande (1995)

[6] Eversheim, W., Weck, M., Michaeli, W., Nagl, M., Spaniol, O., "The SUKITS–Projekt: An approach to a posteriori Integration of CIM components", Proc. GI Jahrestagung, '92, Springer (1992)

[7] Fielding, J.J., Book, N.L., Sitton, O.C. "Methodology for data modeling for the process industries", 4th Int. Conf. on Foundations of Computer–Aided Process Design, AIChE Symp. Series 304, vol. 91, 352–355 (1995)

[8] Geihs, K. "Infrastrukturen für heterogene verteilte Systeme", Informatik Spektrum, 16, 11–23, Springer (1993)

[9] v. Gigch, J. P. "System Design Modeling and Metamodeling", Plenum Press, New York (1991)

[10] Grabowski, H., Anderl, R., Polly, A. "Integriertes Produktmodell", Beuth Verlag, Berlin (1993)

[11] Grabowski, H., Gittinger, A., Schmidt, M. "Informationslogistik für die Konstruktion", VDI–Z 136,10, 48–51 (1994)

[12] Heimann, P., Joeris, G., Krapp, C.–A., Westfechtel, B. "DYNAMITE: Dynamic Task Nets for Software Process Management, Proc. 18th ICSE, Berlin, 331–341 (1996)

[13] Heinrichs, B., Jakobs, K., Carone, A. "High Performance Transfer Services to Support Multi—Media Group Communication", Computer Communications, 16, 9, 539—547 (1993)

[14] Hermanns, O. "Eine Kommunikationsarchitektur für die Integration von CIM–Anwendungssystemen und Groupware", Proc. GI Jahrestagung, Springer, 377–386 (1992)

[15] ISO 10303 "STEP: Standard for the Exchange of Product Model Data" (1995); ISO 10303 "Product Data Representation and Exchange", Part 221, "Functional data and their schematic representation for process plant", Working draft, ISO TC184/SC4/WG3 N362 (1996); ISO 10303 "Product Data Representation and Exchange", Part 227, "Plant spatial configuration", Committee draft, ISO TC184/SC4/WG3 N442 und TC184/SC4 N349 (1995)

[16] Jablonski, S. "Workflow–Management–Systeme: Motivation, Modellierung, Architektur", Informatik Spektrum 18, Springer, 13–24 (1995)

[17] Jarke, M., Marquardt, W. "Design and Evaluation of Computer–Aided Process Modeling", in: Davis, J.F. et al. (Hrsg.): Proc. First Int. Conf. on Intell. Systems in Process Eng., ISPE '95, AICHE Symp. Series 312, 92, CACHE Publications, Danvers, MA, 97–109 (1996)

[18] Jorysz, H.R., Vernadat, F.B. "CIM–OSA Part 1: total enterprise modeling and function view", International Journal on Computer Integrated Manufacturing, vol. 3–3/4, 144–156; "Part 2:

information view", 157–167; Klittich, M. "CIM–OSA Part 3: CIM–OSA integrating infrastructure – the operational basis for integrated manufacturing systems", 168–180 (1990)

[19] Kosanke, K. "The European approach for an Open System Architecture for CIM (CIM–OSA) – ESPRIT project 5288 AMICE", Computing & Control Engineering Journal, 103–109 (Mai 1991)

[20] Lohmann, B., Marquardt, W. "On the Systematization of the Process of Model Development", Computers chem. Eng. 20, Suppl., 213–218, (1996)

[21] Lord, S.V. "Process lifetime data availability – progress towards STEP", in: IMechE 1993, 51–55 (1993)

[22] Lührsen, H., Ruf, T., Wedekind, H. "STEP–Datenbanken", CIM–Management, 5/93, 9–13 (1993)

[23] Marquardt, W. et al. "Modeling and Representation of Complex Objects: A Chemical Engineering Perspective", Proc. 6th Int. Conf. on Industrial and Engineering Applications of Artificial Intelligence and Expert Systems, Edinburgh, Scotland, 219–228 (1993)

[24] McGuire, M. L., Jones, J. K. "Maximizing the potential of process engineering databases", AIChE, Annual Technical Meeting, Houston, TX (1988)

[25] Nagl, M. (Hrsg.) "Building Tightly Integrated Software Development Environments – The IPSEN Approach", LNCS 1170, Springer Verlag (1996)

[26] Object Management Group "The Common Object Request Broker: Architecture and Specification", OMG (1991)

[27] Pohl, K. "The three dimensions of requirements engineering: A Framework and its applications", Information Systems 19, 243–258 (1994)

[28] Popien, C. "Dienstevermittlung in verteilten Systemen – Dienstalgebra, Dienstmanagement und Dienstanfrageanalyse", Diss. RWTH Aachen, Teubner, Stuttgart (1995)

[29] Schäfer, W., Weber, H. "The ESF Profile", in Yeh (Ed.): Handbook of Computer Aided Software Engineering, van Nostrand, New York (1989)

[30] Schill, A. "DCE: Das OSF Distributed Computing Environment: Einführung und Grundlagen", Springer (1993)

[31] Wächter, H., Reuter, A. "Grundkonzepte und Realisierungsstrategien des ConTract–Modells", Informatik F&E 5, 202–212 (1990)

[32] Westfechtel, B. "Integrated Product and Process Management for Engineering Design Applications, "Integrated Computer–Aided Engineering", 3, 1, 20–35 (1996)

Werkzeuge und Methoden für die Nutzung paralleler und verteilter Rechnerarchitekturen

Arndt Bode

Institut für Informatik
Lehrstuhl für Rechnertechnik und Rechnerorganisation
Technische Universität München
80290 München
Tel.: (089) 289-28240, Fax: (089) 289-28232
e-mail: bode@informatik.tu-muenchen.de
http://wwwbode.informatik.tu-muenchen.de/

1 Grundlegende Ziele und Ergebnisse

1.1 Ausgangspunkt

Das wissenschaftliche Höchstleistungsrechnen ist allgemein als eine für die Entwicklung der Industrienationen ganz wesentliche Querschnittstechnologie anerkannt. In den USA wird im Rahmen des HPCC (High Performance Computing and Communication)-Programms jährlich etwa 1 Milliarde US-Dollar in die Entwicklung dieser Technologie investiert. In Japan befaßt sich die RWC (Real World Computing)-Initiative nach dem FGCS (Fifth Generation Computer Systems)-Programm mit dem Thema, in Europa wurde auf Basis der Rubbia-Kommission die Förderung des Höchstleistungsrechnens in den verschiedenen Rahmenprogrammen von ESPRIT untergebracht. In Deutschland fördert das BMBF seit Mitte der 70er Jahre mit EGPA (Erlanger Großprojekt A), später SUPRENUM (Superrechner für numerische Anwendungen), nunmehr HPSC die Entwicklung von Höchstleistungssystemen und deren Anwendungen, wobei hier der Produktion nähere Bereiche betroffen sind. Für die Grundlagenforschung auf dem Gebiet zeichnet die Deutsche Forschungsgemeinschaft zuständig, die zu dem Thema drei Sonderforschungsbereiche in Saarbrücken-Kaiserslautern, Erlangen-Nürnberg und an der TU München eingerichtet hat sowie weitere Forschungsprojekte im Rahmen diverser Schwerpunktprogramme und Förderungen durch Normalverfahren.

Obschon die Wichtigkeit des Themas für die Volkswirtschaften überall politisch anerkannt ist, ist die ausreichende Förderung, insbesondere der produktnäheren Bereiche in Deutschland immer wieder in Frage gestellt. Das liegt an der grundlegenden Problematik einer Querschnittstechnologie, deren Umsätze vergleichsweise gering sind, die jedoch große Wirkung auf umsatzstarke Industriebereiche hat. Die Umsätze im Bereich paralleler Supercomputer liegen auch bei großzügiger Auslegung lediglich im Bereich einiger Milliarden DM pro Jahr (vgl. z.B. [2]). Das ist nur ein Bruchteil des Umsatzes, den beispielsweise die Automobilindustrie u.a. durch die mittels Methoden der numerischen Simulation auf

Höchstleistungsrechnern deutlich verkürzten Produktzyklen erwirtschaftet. Fast alle umsatzträchtigen Bereiche der modernen Industrie von der Luftfahrttechnik bis zur Medizintechnik beruhen heute auf dem Einsatz von Höchstleistungsrechnern.

Ausgangspunkt des zum 1.1.1990 an der Technischen Universität München eingerichteten Sonderforschungsbereichs 342 "Werkzeuge und Methoden für die Nutzung paralleler Rechnerarchitekturen" waren die folgenden Feststellungen:

- Parallele und verteilte Rechnerarchitekturen sind auf Basis der Arbeiten der Informatiker in den 70er und 80er Jahren bezüglich der Bereitstellung ihrer Hardware zu einem Standard des Höchstleistungsrechnens geworden.
- Die effiziente Nutzung paralleler und verteilter Systeme für Anwendungen verschiedenster Art hängt von der Bereitstellung entsprechender paralleler Algorithmen, Programmiermethoden und Systemsoftware ab, die - ganz im Gegensatz zur Hardware - nur rudimentär vorhanden ist.

Stand der Technik bei der Nutzung paralleler und verteilter Systeme der 80er Jahre (und bis jetzt) ist, daß die Programmierung dieser Systeme weitgehend auf architektur-, hersteller- und konfigurationsabhängige Techniken, insbesondere in bezug auf die Betriebssysteme, Programmiersprachen und Kommunikationsbibliotheken abgestützt ist. Damit ergeben sich zwei prinzipielle Nachteile der Anwendung dieser Systeme:

- Die Entwicklung, vor allem massiv-paralleler Anwendungsprogramme ist wegen des ungewohnten Programmiermodells unter Berücksichtigung paralleler Aktivitäten und wegen der Maschinenabhängigkeit schwierig und daher teuer.
- Die Übertragbarkeit einmal entwickelter Programme auf neue Architekturen, Produkte anderer Hersteller oder auch nur andere Konfigurationen ist ohne besondere Maßnahmen der Umsetzung nicht gegeben und daher ebenfalls ineffizient und teuer.

Der SFB 342 ging also von Anfang an von der Existenz paralleler Hardware aus und den prinzipiellen Schwierigkeiten mit der Nutzung dieser Klasse von Systemen. Hauptziel war daher die Steigerung der Effizienz bei Nutzung paralleler und verteilter Systeme, vorwiegend durch Virtualisierung. Daraus ergaben sich die folgenden Teilziele:

- Entwurf effizienter Algorithmen für verschiedenste Anwendungen paralleler und verteilter Systeme.
- Entwurf von Programmierungstechniken für parallele und verteilte Systeme.
- Entwicklung von Entwurfshilfsmitteln für alle Phasen der Entwicklung paralleler und verteilter Anwendungen. Diese Arbeiten untergliedern sich in Verfahren für die frühen Phasen des Entwurfs, wie Spezifikation, Verifikation und solche für die späten Phasen des Entwurfs und der Ausführung, wie Debugging, Lastausgleich und Visualisierung.

- Entwurf prinzipieller Methoden und Verfahren zur Beherrschung komplexer verteilter Systeme mit systematischen Entwurfsverfahren für Betriebssysteme unter Berücksichtigung von Effizienz und Zuverlässigkeit, effiziente Scheduling-Verfahren etc.

Entsprechend der Ziele wurde der Sonderforschungsbereich in zwei Projektbereiche untergliedert (vgl. Übersicht in Tabelle 1). Im Projektbereich A werden durch die Teilprojekte die grundlegenden Methoden und Verfahren entwickelt, im Projektbereich B sind dagegen verschiedenste Anwendungen durch Teilprojekte vertreten, die neben der Entwicklung neuer paralleler Algorithmen vor allem auch die Überprüfung der im Projektbereich A entwickelten Methoden und Werkzeuge zum Ziel haben. Auf diese Weise war eine enge Verkopplung der Teilprojekte des Sonderforschungsbereichs durch die Aufgabenstellung vorgegeben. Für die eher methodisch arbeitenden Teilprojekte ergab sich daraus der Vorteil, daß ihre Ergebnisse unmittelbar in der Arbeit des Sonderforschungsbereichs anhand realistischer Anwendungsszenarien überprüft werden und eine schrittweise Verbesserung der Methoden auf Basis der Rückmeldungen aus der Anwendung möglich ist.

1.2 Methoden des Technologietransfers

Die Forschungsarbeiten des SFB 342 sind grundsätzlich grundlagenorientiert. Dies entspricht den Zielen der längerfristigen Förderung eines Schwerpunktgebietes durch die Einrichtung eines Sonderforschungsbereichs mit Mitteln der Deutschen Forschungsgemeinschaft. Andererseits liegt es nahe, daß erzielte Ergebnisse im Sinne des Technologietransfers an Partner in Forschung und Entwicklung, aber auch an die Industrie weitergegeben werden sollen. Von daher wurde von Beginn an in abgestuftem Vorgehen die Einbeziehung externer Partner in die Arbeiten des Sonderforschungsbereichs betrieben. Hier sind vier verschiedene Verfahren der Kooperation innerhalb und außerhalb der Organisation des Sonderforschungsbereichs zu unterscheiden.

- Integration von Industriepartnern als industrielle Begleitprojekte in zusätzlichen Projektbereichen des Sonderforschungsbereichs. Die Industriepartner unterwerfen sich dabei dem Antrag- und Berichtswesen der Deutschen Forschungsgemeinschaft, ohne hierfür finanzielle Mittel zu erhalten. Vielmehr stellt der Industriepartner personelle und investive Ressourcen für die Kooperation mit den restlichen Teilprojekten des Sonderforschungsbereichs zur Verfügung. Diese Art der Kooperation wurde durch zwei Projektbereiche C und D mit der Siemens AG München und mit dem European Supercomputer Development Center ESDC der Fa. Intel GmbH realisiert.
- Beantragung eines Technologietransferbereichs T1007 bei der Deutschen Forschungsgemeinschaft durch einzelne Teilprojekte, seit die DFG dieses Mittel anbietet. Die DFG fördert dabei die Entwicklung von Prototypen im vorwettbewerblichen Bereich durch enge Kooperation zwischen Universität und Industriepartner. Für diesen Bereich ist derzeit noch ein Antragsverfahren im Gange.

Table 1. Struktur des SFB 342, Stand Juni 1997

Kennziffer	Titel	Leiter/in, Institut, Ort
A1	Integration von Werkzeugumgebung und Rechnerarchitektur zur Parallelisierung	Prof. Dr. A. Bode Prof. Dr. H. Hellwagner TUM Fakultät für Informatik, München
A3	Spezifikation, Analyse, Modellierung	Prof. Dr. W. Brauer Prof. Dr. J. Esparza TUM Fakultät für Informatik, München
A5	Parallelisierung in Inferenzsystemen	Dr. B. Fronhöfer Prof. Dr. E. Jessen Prof. Dr. B. Radig TUM Fakultät für Informatik, München
A6	Methodik des Entwurfs verteilter Systeme	Prof. Dr. M. Broy TUM Fakultät für Informatik, München
A7	Effiziente parallele Algorithmen und Schedules	Prof. Dr. E. W. Mayr Prof. Dr. A. Steger TUM Fakultät für Informatik, München
A8	Konzepte und Verfahren zur Konstruktion heteromorph paralleler Systeme	Prof. Dr. P. P. Spies TUM Fakultät für Informatik, München
B1	Parallelisierung von Entwurfsverfahren für höchstintegrierte Schaltungen	Prof. Dr.-Ing. K. Antreich Prof. Dr.-Ing. F. Johannes TUM Fakultät für Elektro- und Informationstechnik, München
B2	Parallelisierung von Datenbanksystemen	Prof. R. Bayer, Ph.D. Prof. Dr.-Ing. habil. B. Mitschang TUM Fakultät für Informatik, München
B3	Parallelisierung hierarchisch strukturierter numerischer Algorithmen	Dr. H.-J. Bungartz Prof. Dr. T. Huckle Prof. Dr. C. Zenger TUM Fakultät für Informatik, München
B4	Parallele Simulation digitaler Systeme mit hoher Komplexität	Prof. Dr.-Ing. K. Antreich Prof. Dr.-Ing. F. Johannes TUM Fakultät für Elektro- und Informationstechnik, München
B5	Lastverteilung in CORBA-Umgebungen	Prof. Dr. M. Paul TUM Fakultät für Informatik, München
C1	Lastverteilung in parallelen und verteilten Systemen Middleware zur systemübergreifenden Kommunikation	Dr. L. Borrmann B. Schiemann Siemens AG München
C3	Parallele und verteilte Simulation komplexer Systeme	Dr. A. Gilg Siemens AG München

- Weiterentwicklung der im SFB entwickelten grundsätzlichen Algorithmen, Methoden und Verfahren in eng mit dem SFB verbundenen zusätzlichen Drittmittelprojekten, die eine stärkere Einbindung der Industrie vorsehen. Hier sind vor allem eine Vielzahl von BMBF- und EU-Projekten sowie Projekte der Bayerischen Forschungsstiftung, wie der Forschungsverbund für Wissenschaftlich-Technisches Hochleistungsrechnen FORTWIHR, zu nennen.
- Direkte Kooperationen mit Industriepartnern, die in gemeinsamen Projekten auf Ergebnisse des SFB 342 zurückgreifen. Auch diese Form des direkten Technologietransfers wird von mehreren Teilprojekten betrieben.

Neben den eher auf die Anwendung bezogenen Technologietransferaktivitäten beeinflußt der Sonderforschungsbereich nachhaltig die Schwerpunktsetzung in Forschung und Lehre an der Fakultät für Informatik an der Technischen Universität München. So ist es gelungen, auch weitere grundlagenorientierte Forschungsprojekte zum Thema parallele und verteilte Systeme an den SFB anzusiedeln. Vor allem ist hier die Gründung des Graduiertenkollegs "Kooperation und Ressourcenmanagement in verteilten Systemen" im Jahr 1995 zu nennen. Alle Teilprojekte haben darüber hinaus eine Vielzahl von Forschungspartnern im nationalen und internationalen Bereich, wobei der Sonderforschungsbereich als Sponsor für Aufenthalte von Gastdozenten, die Veranstaltung von Workshops und Tagungen fungiert. Die Arbeiten in der Forschung strahlen auch auf die Lehre aus: Die Vielzahl der bearbeiteten Themen im Sonderforschungsbereich trägt zu attraktiven Lehrveranstaltungen, Themen für Diplomarbeiten und Promotionen etc. bei. Dadurch konnte das Informatikstudium in München in seiner Attraktivität gestärkt werden, was auch die in letzter Zeit wieder steigenden Anfängerzahlen belegen (trotz gegenläufiger Entwicklungen andernorts).

1.3 Bewertung des Technologietransfers

Der Technologietransfer aus dem Sonderforschungsbereich 342 in die Industrie verläuft auf zwei unterschiedlichen Pfaden.

- Unmittelbarer Transfer von Ergebnissen des Sonderforschungsbereichs, die in Produkte umgesetzt werden,
- Transfer von im Sonderforschungsbereich durch Forschungstätigkeit ausgebildeten Personen in die Industrie.

Der vom Umfang her wichtigere Transferpfad ist der zweite. Im Rahmen des SFB entstehen pro Jahr ca. 15 Promotionen, mehr als 50 Diplomarbeiten und einige Habilitationen.

Der unmittelbare Technologietransfer über Produkte oder Produktideen ist dagegen durch grundsätzliche oder für das Fachgebiet spezifische Umstände erschwert:

- Als Instrument der Grundlagenforschung steckt sich der Sonderforschungsbereich Ziele, die über längerfristige Arbeiten mit hohem Risiko zu lösen sind. Er plant daher in Zyklen von Dauern von Promotionen oder Antragsperioden (4 bzw. 3 Jahre). Der Planungshorizont der industriellen Partner ist dagegen erfahrungsgemäß deutlich kürzer.

- Mit wenigen Ausnahmen ist die Herstellerindustrie für parallele Hardware, Systemsoftware und Anwendungssoftware in den USA beheimatet.
- Der Paradigmenwechsel und der Wechsel von Herstellern ist im Bereich paralleler und verteilter Systeme besonders ausgeprägt.

Die große Anzahl im Bereich des SFB 342 angesiedelter Drittmittelprojekte und Industriekooperationen zeigt, daß die Lücke zwischen Grundlagenforschung im SFB 342 einerseits und Produktentwicklung in der Industrie andererseits durch entwicklungsorientierte Kooperationsprojekte gefördert werden muß und wird. Trotz des relativ kleinen Weltmarktes und der derzeit geringen Beteiligung der deutschen Industrie muß die strategisch wichtige Querschnittstechnologie der Nutzung paralleler und verteilter Systeme in Deutschland verfügbar sein, um die in großer Zahl vorhandenen Anwender dieser Technologie aus verschiedensten Bereichen der Industrie hinreichend qualifiziert zu versorgen.

1.4 Paradigmenwechsel paralleler und verteilter Systeme

Ausgangspunkt des Sonderforschungsbereichs 342 war bei seiner Gründung die Verfügbarkeit paralleler und verteilter Hardware und Basissoftware. Während der Laufzeit des Sonderforschungsbereichs zeigte sich als zusätzliche Komponente, von der zunächst nicht ausgegangen wurde, eine verstärkte "Volatilität" von Herstellern, Architekturen und allen Komponenten der Systemsoftware paralleler und verteilter Systeme. Diese wird getrieben durch die technische Entwicklung im Bereich der Halbleiter, insbesondere die Möglichkeiten moderner Mikroprozessorarchitekturen, durch die Auswirkungen auf das Preis-Leistungs-Verhältnis von Systemen auf Basis von Mikroprozessoren und durch die Erkenntnisse der Informatik, die in die Entwicklung neuer Systeme einfließen. Die rasche Entwicklung kann auch in systematischen Beobachtungen, wie etwa der TOP 500-Liste (vgl.[1]) belegt werden, die ein beständiges und abruptes Wechseln von Herstellern, Architekturtypen und Programmiermodellen aufzeigen.

Die wesentlichen Eigenschaften von Zielsystemen, auf die die Arbeit des Sonderforschungsbereichs ausgerichtet war, sollen hier kurz aufgezählt werden:

- Multiprozessorsysteme mit verteilten Speichern, homogener Knotenstruktur, Einbenutzerbetrieb auf dem knoten- und architekturabhängigen, nachrichtenorientierten Programmiermodell (Intel iPSC 2, iPSC 860).
- Multiprozessorsysteme mit homogener Knotenstruktur und verteilten Speichern mit Mehrbenutzerbetrieb und voller Betriebssystemfunktionalität (Intel Paragon mit Betriebssystem MACH).
- Multiprozessorsysteme mit gemeinsamem Speicher im Sinne symmetrischer Multiprozessorsysteme (ALLIANT FX 2800), Systeme mit virtuell gemeinsamem Speicher (KSR 1, CONVEX SPP 1200, SVM auf INTEL PARAGON).
- Über verschiedene Medien (ETHERNET, ATM) vernetzte Systeme heterogener Rechner mit unabhängigen Betriebssystemen und jeweiligem Mehrbenutzerbetrieb (Netzwerke von Arbeitsplatzrechnern und anderen Rechnern mit UNIX, Programmiermodell PVM oder MPI).

- Netze von PCs mit Betriebssystem NT und Client/Server Betriebsmodell.
- Netzwerkcomputer mit objektorientiertem Programmiermodell und JVM-Semantik.
- Netze von PCs mit verteiltem gemeinsamem Speicher über SCI (Scalable Coherent Interface), die über verschiedenste Programmiermodelle genutzt werden.

In der ersten Phase des Sonderforschungsbereichs wurden zunächst Methoden, Werkzeuge und Verfahren für jeweils einzelne der genannten Systemklassen entwickelt und eingesetzt. In der zweiten Phase des Sonderforschungsbereichs konzentrieren sich angesichts des raschen Paradigmenwechsels die Arbeiten des Sonderforschungsbereichs teilweise darauf, die Entwurfsmethoden zu effektivieren und die Ziele Portabilität und Interoperabilität zu gewährleisten. Dabei sind zwei Vorgehensweisen zu unterscheiden: der systematische Top-Down-Entwurf von Systemen auf Basis programmiersprachlicher Mittel (z.B. INSEL, [3]) und die Definition einheitlicher und flexibler Schnittstellen für stark geschichtete Werkzeugsysteme (vgl. die Arbeiten zu OMIS, Kapitel 2).

1.5 Querschnittsthemen

Ein wesentliches Hilfsmittel für die Intensivierung der Arbeiten im Sonderforschungsbereich waren seit dem Beginn der Arbeiten die Querschnittsthemen, in denen - orthogonal zur Struktur in Tabelle 1 - Mitarbeiter aus verschiedenen Teilprojekten an grundsätzlichen Fragestellungen gemeinsamen Interesses zusammenarbeiten. Die Querschnittsthemen stellen Arbeitsgebiete dar, die zeitlich begrenzt im Sonderforschungsbereich behandelt werden. Für sie werden keine Fördermittel bereitgestellt. Durch die Förderung der Kooperation sorgen sie jedoch dafür, daß die Arbeit des gesamten Sonderforschungsbereichs mehr liefert als die Summe der Einzelergebnisse der einzelnen Teilprojekte.

Folgende Themenbereiche wurden im SFB 342 bisher als Querschnittsthemen bearbeitet:

- Hohe Programmiersprachen für parallele Systeme und Anwendungen (HOPSA),
- heuristische Optimierung paralleler Abarbeitung (HEUROPA),
- universelle Werkzeuge und Anwendungssysteme (UPAS),
- Interessensgruppe Beweisen im SFB (IBIS),
- anwendungsbezogene Lastverteilung (ALV),
- Fehlerbehandlung und Fehlertoleranz in parallelen und verteilten Systemen,
- effiziente Algorithmen.

2 Beispiel: Laufzeitorientierte Werkzeuge

Die Arbeitsweise des Sonderforschungsbereichs, die Nutzung seiner Ergebnisse wird am Beispiel der in Teilprojekt A1 entwickelten laufzeitorientierten Werkzeuge für parallele und verteilte Systeme beschrieben. Das Globalziel des Teilprojektes war die Untersuchung der Machbarkeit einer voll integrierten, laufzeitorientierten Entwicklungsumgebung für interaktive und vollautomatische Entwurfswerkzeuge für parallele und verteilte Programme. Das System sollte die Produktivität des Programmierers dadurch erhöhen, daß es leicht erlernbar ist und die Beobachtung und Beeinflussung laufender Programme auf feinster Granularität (Auflösung auf Ebene des einzelnen Maschinenbefehls) und mit geringstmöglicher Beeinflussung des beobachtenden verteilten Programms ermöglicht. Die Probleme verteilter Uhren und des Nichtdeterminismus verteilter Programme sollten ebenfalls berücksichtigt werden. Ein erster Prototyp einer solchen Umgebung konnte nach ca. 3jähriger Entwicklungszeit vorgestellt werden und an interessierte Kooperationspartner weitergegeben werden [4]. Trotz dieses Erfolges hatte der Prototyp wesentliche Mängel:

- Die Werkzeugumgebung war an eine spezielle Rechnerfamilie (Intel iPSC/2) "Hypercube"und ein eigenentwickeltes Programmiermodell mit Ortstransparenz (MMK) gebunden.
- Die Reduktion der Laufzeitbeeinflussung bei der Beobachtung durch Entwicklung spezieller Hardwaremonitore und Verbindungsstrukturen für die Weitergabe von Informationen von bzw. für die Entwicklungswerkzeuge konnte mit der Entwicklung neuer Rechnergenerationen nicht Schritt halten. Es mußte daher auf Informationen aus der Systemhardware und Systemsoftware des Herstellers und auf zusätzliches Softwaremonitoring durch Instrumentierung zurückgegriffen werden. Damit ergaben sich neue Zielsetzungen bezüglich des Skalierungsverhaltens der Entwicklungswerkzeuge (vgl. unten).

Die Vielfalt paralleler und verteilter Architekturen, der Programmierumgebungen und der Parallelisierungsstrategien sowie die unterschiedlichen Anforderungen verschiedener Anwendungsklassen ergaben, daß die Bereitstellung einer einzigen universellen Werkzeugumgebung nicht realistisch ist. Die Arbeiten im Bereich der Entwicklung von Werkzeugen wurden daher innerhalb und außerhalb des Forschungsbereichs in zwei Richtungen fortgesetzt. Erstens erfolgten auf Basis der Erkenntnisse beim Entwurf des Prototypen Spezialisierungen für verschiedene Varianten paralleler und verteilter Systeme und ihrer Anwendungen. Zweitens ergab sich eine Verschiebung in der grundlegenden Zielsetzung der Arbeit weg vom Entwurf einer konkreten Entwicklungsumgebung hin zu allgemeinen Implementierungstechniken, die eine vereinfachte Portierung von Werkzeugen und die Interoperabilität von Werkzeugen aus verschiedenen Quellen unterstützen kann.

Zunächst wurden im Rahmen verschiedener Projekte Werkzeuge zu den folgenden Umgebungen geschaffen:

- Werkzeugumgebung für vernetzte UNIX-Arbeitsplatzrechner mit nachrichtenorientiertem Programmiermodell PVM (Arbeit im SFB 342),
- Werkzeuge zur Unterstützung des datenparallelen Programmiermodells mittels High Performance Fortran (im ESPRIT-Projekt PREPARE),
- Werkzeugunterstützung für eingebettete Systeme mit schwachen Realzeitanforderungen (im ESPRIT-Projekt HAMLET)

- Werkzeuge für diverse Multiprozessorsysteme mit verteiltem Speicher und verschiedensten nachrichtenorientierten Kommunikationsmodellen (in Kooperation mit verschiedenen Industriepartnern: PARSYTEC für Transputer T4XX, POWER PC und INTEL X86, mit Fa. Siemens AG für SUN SPARC),
- Werkzeuge für Systeme mit gemeinsamem Speicher und virtuell gemeinsamem Speicher (im SFB 342).

Neben der Anpassung und Übertragung der grundsätzlichen Werkzeuge Debugger, Leistungsanalyse-Werkzeug und Programmfluß-Visualisierer wurden dabei für die jeweilige Situation angepaßte zusätzliche Werkzeugfunktionen entworfen und ein Konzept für die stärkere Interaktion und Automatisierung der Werkzeuge für Zwecke wie dynamischen Lastausgleich, Ressourcenverwaltung, Fehlertoleranz entwickelt.

Mit dem Ziel der grundsätzlichen Erleichterung der Portierung von Werkzeugen und der Sicherung der Interoperabilität von Werkzeugen aus verschiedenen Quellen wurde die Schnittstellenspezifikation OMIS (Online Monitoring Interface Specification) [5], [6] als offenes und erweiterbares System entwickelt.

Grundlage des Entwurfs von OMIS ist die funktionale Trennung der Implementierung in den verteilten Monitor, der als Beobachtungswerkzeug der Hardware und systemnahen Software, sowie Teilen der Anwendung zugeordnet ist, sowie dem eigentlichen Werkzeug bzw. der Werkzeugumgebung, die Daten aus dem Monitor für den Benutzer aufbereitet bzw. Kommandos des Benutzers über den Monitor an Anwendung und System übergibt (vgl. Abb. 1).

OMIS definiert die Schnittstelle zwischen Monitor und Werkzeug. Es liegt nahe, zu fordern, daß die Monitorteile durch Hersteller von Hardware und Systemsoftware erstellt werden. Bietet der Monitor eine OMIS-konforme Schnittstelle, so können Werkzeuge verschiedener Hersteller auf diese Monitorfunktionalität aufsetzen und interagieren.

Die Spezifikation von OMIS definiert Dienste, die für alle gängigen Werkzeuge für Systeme mit verteilten Speichern benötigt werden. Eine Erweiterung um Dienste für Systeme mit gemeinsamem Speicher oder verteiltem gemeinsamem Speicher ist derzeit in Arbeit. Ferner sieht die Definition eine Strategie der Erweiterbarkeit ohne Aufgabe der Vorteile von Portabilität und Interoperabilität vor.

Derzeit wird als Referenzimplementierung im Rahmen des SFB 342 ein Monitorsystem für vernetzte Arbeitsplatzrechner unter Verwendung des nachrichtenorientierten Programmiermodells PVM entwickelt, der OCM (OMIS Compliant Monitoring System). Ebenfalls im Rahmen der Arbeiten wird auf dieses System THE TOOL SET, eine integrierte Entwicklungsumgebung für verteilte Programme mit PVM portiert. Eine größere Anzahl von Forschungspartnern unternimmt derzeit Anstrengungen, andere Werkzeuge mittels OMIS auf verschiedenste Hardware- und Software-Architekturen zu portieren, um damit die Tragfähigkeit des Konzepts nachzuweisen.

Alle Arbeiten des SFB 342 können über www (http://www.informatik.tu-muenchen.de/~sfb342/)besichtigt werden.

Parallel Computing in Paderborn: The SFB 376 "Massive Parallelism – Algorithms, Design Methods, Applications"*

Friedhelm Meyer auf der Heide, Thomas Decker

Department of Mathematics and Computer Science and Heinz Nixdorf Institute
University of Paderborn, Germany
e-mail: {fmadh, decker}@uni-paderborn.de
http://www.uni-paderborn.de/cs/{fmadh, decker}.html

1 Introduction

A major research area in the University of Paderborn is Parallel Computing. Next to computer scientists, also researchers in mathematics, electrical and machine engineering, and manufacturing technology employ the computation power of parallel and distributed systems. Further, many institutions of our university focus on research related to this topic: the Paderborn Center for Parallel Computing (PC^2) offers support for efficient, comfortable use of parallel machines not only to users of the Paderborn or other universities, but also to users in international industries. Parallel computing in the Heinz Nixdorf Institute and its DFG-Graduate College ranges from basic research to applications in manufacturing technology. The C-LAB, a joint venture with Siemens Nixdorf Informationssysteme AG, contributes design methodology for complex distributed real time systems. All these activities are supported within numerous projects, by, e.g., DFG, BMBF, EU, and industry.

The SFB 376 "Massive Parallelism" has become the central research organization coordinating the activities in parallel computing in Paderborn and conducting the basic research in this area. It aims to develop methods to fully exploit the computation power of large parallel systems, and to make such methods easily usable for applications in science,engineering, and manufacturing technology. The project integrates three major parts: A: Algorithms, B: Design methods, and C: Applications. All these parts are strongly related to each other. On the one hand, the new algorithmic techniques and design methods provide an important basis for the application-oriented parts of the project. On the other hand, the demands of the applications motivate many algorithmic and methodic problems. Further, the applications play an important role in the evaluation of new algorithms and design methods. This project structure demands cooperation and interdisciplinary research between experts in the different application areas, methodic oriented researchers, and algorithmic researchers.

We will now describe the different parts in more detail.

* This work is supported by the "DFG Sonderforschungsbereich 376 : Massive Parallelität - Algorithmen, Entwurfsmethoden, Anwendungen" and by the EU ESPRIT Long Term Research Project 20244 (ALCOM-IT). More information about the SFB can be found on our web-pages under http://www.uni-paderborn.de/SFB376.

A: Algorithms. Designing algorithms that fully exploit the computation power of large parallel systems is much more complicated than in the sequential case:

- The design of parallel algorithms for a large number of processors often requires new algorithmic approaches (examples are: combinatorial optimization, fluid dynamics, etc.). A parallelization of sequential methods often does not lead to satisfactory results.
- Even algorithms which exploit "natural" parallelism of the underlying problems are difficult to implement on massively parallel systems because of their highly dynamic behavior concerning process generation and communication (e.g. adaptive finite element methods, event driven simulations).
- Using networks of workstations as one single parallel machine imposes further problems. Due to the heterogenity of the computation- and communication-hardware, different control- and communication-mechanisms coexist within one application. Sometimes it is even essential to use different algorithms on different architectures.

Within this part of the SFB, we design and analyze protocols for basic services like load balancing, routing, and data management in processor networks. Furthermore, we develop algorithms for realizing data structures, as well as graph-, geometry-, and computational algebra algorithms. All this is made avaliable to users in and beyond the SFB as easy-to-use libraries.

B: Design methods. In this part of the project we investigate techniques and tools which support the design, realization, and the comfortable and efficient use of massively parallel systems. The utilization is assisted from the side of the hardware as well as of the software. The leading idea is that we can increase the effectivity of efficient algorithmic approaches

- by supporting the design of very complex, naturally parallel, reactive technical systems with real-time constraints.
- by a tool-system automating the systematically solvable tasks occuring in the design process of parallel applications. Thereby, developers of parallel applications who are not familiar with the design of efficient parallel algorithms get access to reusable parallelization know-how.

Within this part of the SFB, we develop design methods for massively parallel real-time systems as well as tools for the development and implementation of parallel applications. These systems use (and sometimes build on) results from part A, and are strongly connected to application areas within part C.

C: Applications. In this part, we work on applications of massively parallel systems with high economic and scientific relevance. Due to of their complexity, boundary conditions like timing constraints, and their dynamic behavior, these applications put large challenges into the design- and algorithmic methods. The following criteria are common to all applications investigated in this part:

- Every application field is highly relevant from both the economic and scientific point of view.
- The applications are broadly scattered across different disciplines outside the area of classic scientific problems.
- The problems lead to computational demands which are beyond the capabilities of standard computer systems.
- Every application is highly dynamic with respect to load generation, communication, and to their data access patterns. Therefore the applications represent an important tool for measuring the quality of the algorithms and design methods developed in parts A and B.

In particular, we push the development of parallel self-organizing mechatronic systems and applications in the area of artificial intelligence. In addition, we work on production planing as well as on parallel extensions of the computer algebra system *MuPAD*.

In the following we concentrate on describing our algorithmic research on developing, analyzing, and implementing programming platforms designed for large parallel machines, (including massively parallel architectures and SCI-Clusters). In particular, we present techniques and libraries for load balancing and virtual global variables together with the applications by the projects integrated in our SFB. This work is mainly done within the project A2 (Meyer auf der Heide, Monien) "Universal basic services".

2 Universal basic services

In this part of the SFB, two important basic services are studied: load balancing and data management in large parallel networks. As the developed methods should be appropriate for a large spectrum of applications, they have to be able to adapt to the different application demands as well as to the capabilities of the underlying hardware. This *universality* can only be achieved by algorithms which take into consideration specific characteristics of the application and of the architectures . For example, a universal load balancing service should offer different methods and adapt them to the specific demands of the application.

For data management systems and for load balancing algorithms, different characteristics of the application and of the architecture are relevant for selecting appropriate strategies. In the next sections we take a closer look to these services.

The data- and task-management system *Daisy* makes these services available by integrating tools for the simulation of shared memory (DIVA) and for load balancing (VDS) in a single comprehensive library. A beta release of Daisy is available for Parsytec's PARIX and PowerMPI programming models. With the improved thread support of MPI-2 and PVM 3.4, Daisy will also become available on workstation clusters.

2.1 Load balancing

The problem. Massively parallel computers have been shown to be very efficient at solving problems that can be partitioned into tasks with static computation and communication patterns. However, there exists a large class of problems that have unpredictable computational requirements and/or irregular communication patterns. To efficiently solve this kind of problems with parallel computers, it is neccessary to perform load balancing operations during runtime [14].

In contrast to static load balancing problems, where a priori knowledge about the dynamic behavior of the application is available [12], dynamic algorithms have to place the load-items on-line. Consequently, the application is not only influenced by the obtained load balancing quality but also by the overhead imposed by the balancing activities. Therefore we have to optimize the tradeoff between load balancing cost on the one hand and effort on the other hand. To do this, we are considering the properties of the architecture (communication bandwidth, message-offset costs, latency) and of the application (e.g. granularity). A very important parameter of the application is the demanded load balancing quality. Depending on the application, it may be neccessary to demand a perfect load balance of the processors or only a minimization of the idle-times.

Dynamic strategies. We distinguish between scenarios where migration is possible and where objects can only be placed once (dynamic mapping). Dynamic mapping algorithms are often used for process-placement because in many systems the migration of processes is very costly or even impossible. In [13] we presented a universal dynamic mapping algorithm which is able to adapt the mapping overhead to the granularity of the application and to the communication cost imposed by the architecture. A parallel version of a similar mapping process was introduced in [6].

Particularly for the applications considered in the SFB-project, we have scenarios where migration of load items is possible which allows applying completely different balancing algorithms. In these cases, load-items can often be described by data-packets which can be migrated simply by sending them from one processor to another.

Here, the selection of the load balancing strategy depends mainly on the demanded balancing quality. If the total set of load items processed during a distributed computation does not depend on the schedule determined by the balancing layer, i.e. the order and location where the items are processed, the maximum speedup can be reached if the idle-times of the nodes are minimized. For example, this is the case in tree-structured computations like divide-and-conquer applications which decompose the problem to be solved into parts which directly depend on the problem-instance itself.

For this kind of load balancing (*load sharing*), randomized workstealing leads to very good results in theory [4] as well as in practice [15].

However, the load-items generated by a distributed computation may also depend significantly on the order they are processed. We find this phenomenon in many search algorithms used in artificial intelligence and operation research. In best-first branch-and-bound, for example, the processing order is defined by the quality of the objects (partial solutions). When applications of this kind are parallelized, it is not only important to ensure that all processors are busy, but also some form of *qualitative* load balancing is neccessary to make sure that all processors are working on good partial solutions and thus to prevent the processors from doing ineffective work (work not processed by a sequential best-first algorithm).

In load sharing algorithms, processors can only have two states: idle or not idle. Qualitative algorithms directly take the load-states of the processors into consideration. Based on comparisons of these states, load is migrated from "source" processors with high load to "sink" processors with low load. The various algorithms for this setting differ in the point of time they get active, in the strategies used to select the processors which exchange information about their load-state, and in the amount of load which is migrated.

In [25] we analytically compared to two well known qualitative local balancing techniques: the dimension exchange (DE)- and the diffusion (DF)-method. The DE method balances the load of each neighbor iteratively, whereas the DF-method balances all neighbors in one step. It was shown that depending on the capabilities of the architecture both techniques have advantages. Assume that $w_i^{(t)}$ represents the load of node i at time t, and $\bar{w}^{(t)}$ represents the average load at time t. It was proved that the expected value of the system imbalance factor $\nu^{(t)} = \sum_{i=1}^{N} (w_i^{(t)} - \bar{w}^{(t)})^2$ (time t, N nodes) is smaller for DE if it is possible to communicate to more than one node simultaneously (multi-port model) and larger than for DF otherwise (in the single-port model). Here it was assumed that the load is generated by identically distributed random variables. Consequently, the first method is preferable if the communication hardware is able to support multi-port communication efficiently and the latter one should be used if only one-port communication is possible. Further, it was shown that for synchronous scenarios, where no load-generation takes place during the balancing phase, the expected value of the system imbalance factor of the DE method is always smaller than the one of the DF method independently of the communication model. In addition to the experimental evaluation conducted in [25], we evaluated the practical relevance of the results using a branch and bound algorithm for the set partitioning problem. Both methods clearly outperformed simple approaches which only select one neighbor for balancing [17, 26].

Implementation and application. The virtual data space tool *VDS* simulates a global data space for objects stored in distributed heaps, stacks, and other abstract data types [11]. The work packets are spread over the distributed processors as evenly as possible with respect to the incurred balancing overhead. Among other algorithms, VDS integrates the methods described above for qualitative load balancing as well as for load sharing.

Within the SFB, VDS is applied for the parallelization of an application out of the area of artificial intelligence. Further, we are using VDS inside another "A"-project dealing with problems of computational algebra like real root isolation.

2.2 Data Management

The problem. The provision of shared memory in systems with distributed memory supports comfortable and efficient programming essentially. For example, it is possible to store variables like it is done in sequential programs and at the same time to make them accessable from other processors. Other data-objects are for example pages or cache lines in a virtual shared memory system, shared files in a distributed file system, or media information (video, audio, text, graphic) on a media server.

The efficiency of such systems significantly depends on the bandwidth of the architecture. We have to distinguish between systems with high bandwidth and with low bandwidth. In the former case, the dominating problem is the *contention* of the memory modules (i.e. the number of requests at each module) [5, 7, 8, 9, 16] and in the latter case we have to consider the network congestion. Here we have to preserve the data locality in order to reduce the communication load in the network. A survey of approaches for both scenarios is given in [22].

Strategies for systems with limited bandwidth. Most work concerning data management in parallel and distributed systems investigates either hashing or caching based strategies. Hashing distributes the shared objects uniformly at random among the memory modules, which yields an even distribution of the data and therefore achieves a good load balance. However, uniform hashing gives up any locality in the pattern of read and write accesses. Caching exploits locality by placing or moving copies of the objects at or close to the accessing processors. The basic idea is that this minimizes the distances and therefore decreases the total communication load. The main problem is that minimizing distances can produce bottlenecks in the system, e.g., if many objects are placed on a central processor in the network.

For the simulation of shared memory on MPPs or NOWs, the routing mechanism is the bottleneck of the system, i.e., we have to focus on data management in parallel processor systems in which the processors are connected by a relatively sparse network. Each processor is assumed to have its own local memory module such that shared objects have to be distributed among these modules. This scenario is typical for most of today's parallel computers, including Parsytec GCel and GCpp, Intel Paragon, Fujitsu AP1000, and Cray T3D and T3E. The processors in all these systems are connected by mesh- or torus-networks. Clearly, the larger the number of processors in these systems, the more the communication bandwidth becomes the bottleneck, because the bisection width of these networks increases less than the number of processors.

For this scenario, hashing yields an even distribution of the data among the processors and also an even distribution of the communication or routing load among the links in the network. Several hashing based strategies are analyzed in the context of PRAM simulation. For instance, Ranade [24] describes a hashing based PRAM emulation for the direct butterfly network. He shows that an N processor PRAM can be emulated by an N processor butterfly network with slowdown $O(\log N)$. This scheme can also be adapted to other networks, which, e.g., yields an N processor PRAM simulation for the $\sqrt{N} \times \sqrt{N}$ mesh with slowdown $O(\sqrt{N})$. This slowdown is optimal for general PRAM simulations because of the $\sqrt{N}$ bisection width of the mesh. Nevertheless, it is completely unsatisfying for applications including locality. This shows that the main drawback of uniform hashing is that it gives up any locality in the pattern of read and write accesses.

In order to exploit locality, we have to minimize the communication load. This can be done by minimizing the distances from the accessing processors to the accessed objects. This problem is widely studied in the context of file allocation and distributed paging, see, e.g., [1, 19, 2]. A survey on these topics is given in [3]. Clearly, minimizing the distances minimizes the total communication load. Unfortunately, it also can increase the congestion, i.e. the maximum number of data packets which have to cross the same link. The congestion describes the worst bottleneck of the system and therefore gives a lower bound on the execution time of a given application. Moreover, several results on store-and-forward- and wormhole-routing (see e.g. [18, 21, 10, 23]) indicate that this value is also a good approximation for an upper bound on the execution time of coarse grained applications with high communication load and low synchronization requirement. This shows the importance of considering the congestion rather than the total communication load.

In [20] we presented static and dynamic placement strategies for acyclic networks as well as for multidimensional meshes. Furthermore we developed static strategies for indirect networks like Clos-Networks or Fat-Trees. All these strategies aim to minimize the congestion. The static strategy maps the objects to the modules according to some knowledge of the access pattern of a given application. The dynamic strategy makes all placement decisions on-line, i.e., it has no knowledge about the access patterns beforehand. It is a combined hashing and caching strategy. Both strategies can work either with or without redundancy. We compare the achieved congestion with the congestion of an optimal strategy and show that it is close to optimal.

Implementation and application. The distributed variables library *DIVA* provides functions for simulating shared memory on distributed systems. The idea is to provide an access mechanism to distributed variables rather than to memory pages or single memory cells. The variables can be created and released at runtime. Once a global variable is created, each participating processor in the system has access to it.

For latency hiding, reads and writes can be performed in two separate function calls. The first call initiates the variable access and the second call waits for its completion. The time between initiation and completion of a variable access can be hidden by other local instructions or variable accesses.

Currently, we are working on making the DIVA-library usable for a parallelization of the computer algebra system *MuPAD* in cooperation with one of the application projects. For this, several protocols for managing global variables, including those mentioned above, are implemented and incorporated in DIVA.

References

1. B. Awerbuch, Y. Bartal, and A. Fiat: *Competitive distributed file allocation*, Proc. of the 25th ACM Symp. on Theory of Computing (STOC), pages 164–173, 1993.
2. B. Awerbuch, Y. Bartal, and A. Fiat: *Distributed paging for general networks*, Proc. of the 7th ACM Symp. on Discrete Algorithms (SODA), pages 574–583, 1996.
3. Y. Bartal: *Survey on distributed paging*, Proc. of the Dagstuhl Workshop on On-line Algorithms, 1996.
4. R. D. Blumhofe, C. E. Leiserson: *Scheduling Multithreaded Computations by Work Stealing*, Proc. 36th Symp. on Foundations of Computer Science (FOCS '95), pp. 356-368, 1995.
5. P. Berenbrink, F. Meyer auf der Heide, V. Stemann: Fault Tolerant Shared Memory Simulations. *Proc. 13th Symp. on Theoretical Aspects of Computer Science*, pp. 181-192, 1996.
6. P. Berenbrink,F. Meyer auf der Heide, K. Schröder: *Allocating Weighted Jobs in Parallel*, Proc. of 9th ACM Symp. on Parallel Algorithms and Architectures (SPAA'97), to appear.

7. A. Czumaj, F. Meyer auf der Heide, V. Stemann: *Shared memory simulations with triple-logarithmic delay*, Proc. of 3rd European bbbp m Symposium on Algorithms (ESA), pp. 46-59, 1995.
8. A. Czumaj, F. Meyer auf der Heide, V. Stemann: *Simulating Shared Memory in Real Time: On the Computation Power of Reconfigurable Architectures*, Technical Report SFB tr-rsfb-96-006, Paderborn University, Jan. 1996.
9. A. Czumaj, F. Meyer auf der Heide, V. Stemann: *Contention Resolution in Hashing Based Shared Memory Simulations*, Technical Report SFB tr-rsfb-96-005, Paderborn University, Dec. 1996, and: Information and Computation, to appear.
10. R. Cypher, F. Meyer auf der Heide, C. Scheideler, and B. Vöcking: *Universal algorithms for store-and-forward and wormhole routing*, Proc. of the 26th ACM Symp. on Theory of Computing (STOC), pages 356–365, 1996.
11. T. Decker: *Virtual Data Space - A Universal Load Balancing Scheme*, Proc. 4th Int. Symp. on Solving Irregularly Structured Problems in Parallel, IRREGULAR'97, 1997, to appear.
12. T. Decker, R. Diekmann: *Mapping of Coarse-Grained Applications onto Workstation-Clusters*, Proc. 5th Euromicro Workshop on Parallel and Distr. Processing, pp. 5-12, 1997.
13. T. Decker, R. Diekmann, R. Lüling, B. Monien: *Towards Developing Universal Dynamic Mapping Algorithms*, 7th IEEE Symp. on Parallel and Distr. Processing, 1995, pp. 456-459.
14. R. Diekmann, B. Monien, R. Preis: Load Balancing Strategies for Distributed Memory Machines, *F. Karsch, H. Satz (ed.): "Multi-Scale Phenomena and their Simulation", World Scientific, 1997 (to appear).*
15. R. Feldmann, P. Mysliwietz, B. Monien: A fully distributed chess program, *Advances in Computer Chess VI, Ellis Horwood Publishers, pp. 1-27, 1991.*
16. R. Karp, M. Luby, F. Meyer auf der Heide: Efficient PRAM simulation on a distributed memory machine, *Algorithmica*, (16), pp. 517-542, 1996.
17. R. Lüling: *Lastverteilung zur effizienten Nutzung paralleler Systeme*, Ph.D. Theses, Shaker-Verlag, 1996, to appear.
18. F. T. Leighton, B. M. Maggs, A. G. Ranade, and S. B. Rao: Randomized routing and sorting on fixed-connection networks, *Journal of Algorithms*, (17), pp. 157-205, 1994.
19. C. Lund, N. Reingold, J. Westbrook, and D. Yan: *On-line distributed data management*, Proc. of the 2nd European Symposium on Algorithms (ESA), 1996.
20. B. Maggs, F. Meyer auf der Heide, B. Vöcking, and M. Westermann: *Exploiting locality for networks of limited bandwidth*, Techn. Report tr-rsfb-97-042, University of Paderborn, 1997.
21. F. Meyer auf der Heide, B. Vöcking: *A packet routing protocol for arbitrary networks*, Proc. 12th Symp. on Theoretical Aspects of Computer Science (STACS), pages 291–302, 1995.
22. F. Meyer auf der Heide, B. Vöcking: *Static and dynamic data management in networks*, Proc. of Euro-Par'97, to appear.
23. R. Ostrovsky and Y. Rabani: *Universal $O(congestion + dilation + \log^{1+\epsilon} n)$ local control packet switching algorithms*, Proc. of the 29th ACM Symp. on Theory of Computing (STOC), to appear, 1997.
24. A. G. Ranade: *How to emulate shared memory*, Proc. of the 28th IEEE Symp. on Foundations of Computer Science (FOCS), pages 185–194, 1987.
25. C.-Z. Xu, B. Monien, R. Lüling, F. C. M. Lau: *An Analytical Comparison of Nearest Neighbour Algorithms for Load Balancing in Parallel Computers* Proc. of International Parallel Processing Symposium (IPPS'95), pp. 472-479, 1995.
26. C.-Z. Xu, S. Tschöke, B. Monien: *Performance Evaluation of Load Distribution Strategies in Parallel Branch and Bound Computations* Proc. 7th Symposium on Parallel and Distributed Processing (SPDP'95), pp. 402-405, 1995.

Der Sonderforschungsbereich 360 „Situierte Künstliche Kommunikatoren" an der Universität Bielefeld

Gert Rickheit, Sprecher des SFB
Universität Bielefeld
Postfach 10 01 31
33501 Bielefeld
rickheit@Lili.Uni-Bielefeld.DE

Der Sonderforschungsbereich 360 „Situierte Künstliche Kommunikatoren" wird seit 1. Juli 1993 von der Deutschen Forschungsgemeinschaft (DFG) an der Universität Bielefeld gefördert. Die Forschungsprojekte des SFB werden von Mitgliedern der Technischen Fakultät und der Fakultät für Linguistik und Literaturwissenschaft kooperativ durchgeführt.

Der Hauptgegenstand des Sonderforschungsbereichs 360 ist die Integration visueller Verarbeitung mit sprachlicher sowie motorischer Handlung. Es werden solche Vorhaben zusammengefaßt, die sich einerseits mit der Aufklärung linguistischer und kognitiver Merkmale von kommunikationsbezogenen Intelligenzfaktoren des Menschen befassen und die andererseits die Übertragung und Nutzbarmachung kognitiv begründbarer Prinzipien auf künstliche informationsverarbeitende Systeme verfolgen. Eine starke Wechselwirkung zwischen Projekten dieser beiden Bereiche ist insofern zu erwarten, als Computerimplementierungen kognitiv begründeter Modelle sowohl als Mittel der Validierung empirischer und theoretischer Betrachtungen wie auch als Grundlage informationsverarbeitender Systeme mit intelligenten Anwendungsfunktionen dienen können. Es werden Phänomene untersucht wie die situative Abhängigkeit, die Robustheit, Flexibilität, Wissensabhängigkeit und integrative Funktion kommunikativer Prozesse, eingeschränkt auf die Bereiche der Sprach- und Bildverarbeitung sowie motorischer Prozesse.

In den letzten Jahren ist bei verschiedenen Forschungsvorhaben der Kognitionswissenschaft deutlich geworden, daß für einen Fortschritt bei der Konstruktion theoretischer und formaler Modelle nicht nur eine Kooperation der beteiligten Disziplinen notwendig ist, sondern ebenso eine enge Anbindung an empirische Problembereiche und nicht zuletzt eine solide Fundierung der empirischen Forschung mit Hilfe experimenteller Methoden. Diese Erfahrung wird im SFB in der Weise umgesetzt, daß sich alle Teilprojekte auf einen gemeinsamen Problembereich beziehen und die empirische Analyse des jeweils relevanten Datenausschnitts auf der Grundlage einer gemeinsamen Methodologie vorgenommen wird. Ebenso wie psycholinguistische Experimente gehört die Computersimulation zu den Methoden der Kognitionswissenschaft; die Verbindung beider wird oft als die „experimentell-simulative Methode" bezeichnet. Neben einer Präzisierung des theoretischen Modells führt die Entwicklung und die Durchführung einer Simulation häufig zu neuen Fragestellungen, die ihrerseits eine Modifikation der Theorie und neue psycholinguistische Experimente zur Folge haben. Im SFB wird eine Rahmenkonzeption entwickelt, die aufgrund der Ergebnisse aus psycholinguistischen Experimenten eine qualitative Simulation ermöglichen soll. Anders als quantitative Simulationen, die experimentell erhobene Daten simulativ reproduzieren, konzentrieren sich qualitative Simulationen auf die Rekonstruktion der wesentlichen Verarbeitungsprinzipien. Durch diese Vorgehensweise ist nicht nur eine gemeinsame Basis für alle Teilprojekte des SFB gegeben, sondern es können auch die Arbeitsergebnisse der einzelnen Teilprojekte systematisch aufeinander bezogen werden.

Die mittel- bis langfristige Perspektive eines solchen Bündels von Forschungsvorhaben besteht neben der Klärung spezifischer linguistischer und kognitiver Merkmale menschlicher Kommunikationsfähigkeit auch darin, grundlegende Voraussetzungen für die optimale Anwendung von sprachbezogenen Informationstechnologien zu schaffen.

Die technologische Relevanz der wissensbasierten Sprach- und Bildverarbeitungsforschung erwächst aus ihren Anwendungsmöglichkeiten in den Bereichen Information, Kommunikation und Bildung. Eine der Grundlagen dafür sind die vielfältigen Anwendungsmöglichkeiten von natürlichsprachlichen Systemen, die zum Teil bereits das Versuchsstadium verlassen haben. Das Ziel ist die Möglichkeit einer Mensch-Maschine-Kommunikation in natürlicher Sprache.

Situierte Künstliche Kommunikatoren

Das Fernziel des SFB ist neben der Erforschung theoretischer kognitiver Grundlagen die Entwicklung eines Situierten Künstlichen Kommunikators. Mit dem Begriff „Künstlicher Kommunikator" werden formale Systeme bezeichnet, die das Verhalten natürlicher Kommunikatoren in relevanten Aspekten modellieren und rekonstruieren. Um die Komplexität und Vielfalt natürlicher Situationen überschaubar und schließlich modellierbar zu halten, wurden als Forschungsgegenstand aufgabenorientierte Dialoge gewählt, da in diesen alle relevanten Aspekte wie Perzeption, sprachliches Handeln und Motorik zum Ausdruck kommen.

Als empirische Basis wurde ein Szenario gewählt, bei dem zwei Kommunikationspartner gemeinsam ein Objekt, im Rahmen des SFB ein Modell- Flugzeug, aus Bestandteilen eines Baukastensystems konstruieren sollen. Einem der beiden Kommunikationspartner, dem Instruktor, steht ein Konstruktionsplan zur Verfügung, den der andere Kommunikationspartner, der Konstruktor, nicht einsehen kann. Der Instruktor erteilt dem Konstruktor anhand dieses Konstruktionsplans Anweisungen. Das Verhalten beider Kommunikationspartner ist somit äußerst situationsabhängig und erfordert vom künstlichen Kommunikator, der die Rolle des Konstruktors übernehmen soll, eine hohe Robustheit. Eine Rahmenkonzeption für einen Situierten Künstlichen Kommunikator sollte daher den Aspekten Integriertheit, Robustheit sowie Situiertheit gleichermaßen genügen.

Die Realisierung einer Integration von Sprachverstehen, Bildverarbeitung und Motorik hängt wesentlich davon ab, in welcher Weise und wie gut sich Entsprechungen zwischen Begriffen, visuellen Beschreibungsprimitiva und motorischen Aktionen aufbauen lassen, d.h. sie ist vom internen Aufbau der sprachlichen, visuellen und motorischen Komponente abhängig. Durch eine einheitliche Repräsentation verschiedener Wissensquellen wird diese enge Interaktion erleichtert. Neben der Integration der Modalitäten Bild und Sprache ist auch eine Integration unterschiedlicher Wissensbereiche erforderlich, wie z.B. allgemeines Weltwissen über die Konstruktionsteile, Wissen über den aktuellen Konstruktionsstand oder Wissen über das angestrebte Konstruktionsziel.

Natürliche Kommunikatoren können sich verständigen, selbst wenn die zur Verfügung stehende Information, also das, was sie sehen, hören oder wissen, unvollständig, fehlerhaft oder gestört ist. Eine vergleichbare Robustheit haben künstliche Syteme wie Roboter oder Computerprogramme nicht. Im SFB wird Systemrobustheit durch eine modulare und inkrementelle Verarbeitung angestrebt. Unter Modularität wird allerdings keine Aufteilung des Systems in voneinander isolierte, autonome Instanzen verstanden, sondern vielmehr eine Verteilung der kognitiven Verarbeitung auf mehrere Einheiten, die sich aufgrund ihrer verschiedenartigen Funktionalität unterscheiden lassen. Durch eine inkrementelle Verarbeitung in den einzelnen Einheiten entstehen frühzeitig Teilinterpretationen, auf die jederzeit zugegriffen werden kann (Any-Time-Fähigkeit).

Das dem SFB 360 zugrundeliegende Modell zur Integration von Bild, Sprache und Motorik orientiert sich an der Theorie mentaler Modelle. Hiernach ist Perzeption die primäre Quelle mentaler Modelle. Bezogen auf die visuelle Wahrnehmung repräsentieren mentale Modelle sowohl die Objekte in einer Szene wie auch die Situation selbst. Aufgrund einer betrachterbezogenen Darstellung entsteht ein sogenanntes physikalisches Modell, das eine direkte Abbildung der physikalischen Welt rekonstruiert. Die wesentlichen strukturellen Relationen bleiben somit bei einer mentalen Repräsentation erhalten. Beruht eine mentale Repräsentation statt dessen auf sprachlicher Information, werden mentale Modelle im wesentlichen, aber nicht zwangsläufig, über konzeptuelle Modelle aufgebaut. Aus primitiven und komplexen Konzepten wird eine semantische Repräsentation gebildet, die in eine mentale Repräsentation der Situation eingeht. Mentale Modelle unterliegen verschiedenen Veränderungsprozessen: So können sie durch neue Information erweitert werden, wenn sich die Information auf das aktuelle mentale Modell bezieht, oder sie werden um spezifisches Wissen über Objekte und Relationen angereichert, wenn allgemeines Weltwissen oder der Text dies nahelegt. Mentale Modelle können als eine gemeinsame Repräsentationsebene sowohl für die sprachliche wie für die perzeptive Interpretation fungieren, wodurch außerdem die Grundlage für eine kognitive Semantik geschaffen ist.

Die Konzeption der Sprachkomponente

Die Strukturierung der linguistischen Komponente entspricht weitgehend einer Einteilung in aufeinander aufbauende Verarbeitungsebenen, wie sie beispielsweise von Winograd für Sprachverstehenssysteme vorgeschlagen wurde. Die wesentlichen Verarbeitungsebenen sind demnach eine syntaktische, eine semantische und eine pragmatische Ebene. Die Schnittstelle zum akustischen Signal ist gegenwärtig durch eine sogenannte Hypothesenebene gegeben. Ein Spracherkenner, der das Signal auf der Basis statistischer Methoden analysiert, detektiert Vollformen, die als Worthypothesen an diese Ebene übergeben werden.

Auf der syntaktischen Ebene werden aus den geäußerten Worten syntaktisch kohärente Konstituenten gebildet. Über Abstraktionsrelationen erfolgt eine Zuordnung der Worte zu ihrer syntaktischen Kategorie. Die Modellierung einfacher und komplexer Konstituenten geschieht mit Bestandteilsrelationen. Die Modellierung der zulässigen Kombinationen und die Reihenfolge der Kategorien konstituieren sich dynamisch erst während der Interpretation. Da die Distribution von Konstituenten im gesprochenen Deutsch äußerst flexibel ist, beschränkt sich die Modellierung auf eine sogenannte „flache Syntax", bei der syntaktisch stabile Konstituenten auf Phrasenebene gebildet werden. Auf der semantischen Ebene wird den Konstituenten in Abhängigkeit vom Verb ihre syntaktisch-semantische Kasusrolle zugewiesen, und es erfolgt eine erste semantische Interpretation der Äußerung. Aufgrund der inkrementellen und interaktiven Verarbeitung können Constraints für eine Interpretation so stark sein, dab die semantische Weiterführung der Äußerung antizipiert wird.

Für die Dialogführung ist es erforderlich, daß der Künstliche Kommunikator Sprache produziert. Die Modellierung von Sprachproduktionsprozessen erfolgt anhand eines Fragments natürlicher Sprache, welches aus Objektbenennungen besteht. Diese sind referierende Nominalphrasen, die Sprecher verwenden, um dem Adressaten die Identifikation eines Objektes zu ermöglichen. Kriterien, die zur Wahl des SFB-spezifischen Fragments geführt haben, sind:

- das häufige Vorkommen solcher Benennungen in Konstruktionsdialogen des SFB-Szenarios und
- die Verfügbarkeit von psycholinguistischen Erkenntnissen über diese Sprachproduktionsprozesse.

Zentrale Fragen bei der Modellierung von Objektbenennungen sind die Form (syntaktische Struktur), der Inhalt (Menge der Eigenschaften des zu benennenden Objektes) und die Interaktionen zwischen diesen beiden Faktoren. Das Sprachproduktionsmodell bezieht seine Informationen über die Eigenschaften der Objekte einer Szene aus der Bildkomponente. Ein und dasselbe Objekt wird nicht immer auf dieselbe Weise benannt. Form und Inhalt der Benennung variieren mit dem Kontext der anderen Objekte, in welchem das zu benennende Objekt identifiziert werden soll und mit der Position der Benennung im Diskursverlauf. Diese Faktoren werden im Produktionsmodell berücksichtigt. Dieses Modell ist ein konnektionistisches Netz mit Komponenten für die Syntax, für andere Stufen der Verbalisierung und für die Planung.

Die Konzeption der Bildkomponente

Die Aufgabe der Bilderkennung besteht zunächst darin, auf Objekte im Raum zu schließen und die Szene zu rekonstruieren. Eine Schwierigkeit der Bilderkennung ist es, aus einer lediglich zweidimensionalen, weil projizierten Abbildung, auf die realen dreidimensionalen Objekte im Raum und ihre Position rückzuschließen. Eine andere Schwierigkeit besteht darin, daß bei diesem Meßvorgang die Information nur an diskreten Bildpunkten und mit statistischen Schwankungen, also ungenau, vorliegt. Insgesamt reicht dann die Information nur mit Hilfe von Zusatzannahmen aus, um eindeutige Ergebnisse zu erzielen. Dabei spielen Weltwissen und der situative Kontext eine wichtige Rolle. Es gibt unterschiedliche Hypothesen, ab welcher Verarbeitungsstufe dieses Weltwissen oder der Kontext die Bildwahrnehmung beeinflussen. Zum einen gibt es Modelle, bei denen jeweils eine Ebene vollständig abgearbeitet wird und danach die Ergebnisse an die nächste Ebene weitergereicht werden. Zum anderen gibt es Modelle, bei denen auch Beeinflussungen in Form von Erwartungen an frühere Ebenen weitergereicht werden. Bei unserem Modell kann kontextuelles Wissen über modellgesteuerte Annahmen bereits die Analyse nach zusammengehörigen Bereichen (Bildprimitiva) auf der projizierten Abbildung beeinflussen.

Auf der Basis der von der visuellen Sensorik erfaßten Information sollen spezifische Baugruppen anhand von charakteristischen Form-Merkmalen erkannt werden. Dies geschieht durch die Integration sogenannter imaginaler Prototypen, die ein generisches Formmodell des Aggregats beschreiben. Sind in einer Situation zwei unterschiedliche konkrete Ausprägungen von Fahrwerken zu sehen, müssen sie mit Hilfe der imaginalen Prototypen trotz differierender struktureller Beschreibungen erkannt werden.

Für diesen Zweck ist es notwendig, ein geeignetes Repräsentationsformat zu entwickeln, mit dem sich der allgemeine Aufbau des Prototyps eines Fahrwerks aus Formprimitiven sowie die dafür geltenden geometrischen Randbedingungen spezifizieren lassen. Des weiteren müssen effiziente Inferenzmechanismen bereitgestellt werden, um einen Abgleich der imaginalen Prototypen mit den konkreten Aggregaten durchführen zu können. Ein weiteres wichtiges Ziel ist die Integration der strukturellen und imaginalen Beschreibungen zu einer hybriden Repräsentation, um Synergieeffekte für die Aggregaterkennung und Rollenzuschreibung ausnutzen zu können.

Die Konzeption der motorischen Komponente

Über die motorische Komponente soll nachgewiesen werden, daß die von den Perzeptions- und Kognitionskomponenten gelieferten Ergebnisse tatsächlich dazu geeignet sind, in Aktionen umgesetzt zu werden, in denen sich die Intentionen des kooperierenden menschlichen Kommunikators spiegeln. Dazu sind Methoden zur (teil-)autonomen maschinellen Montage von solchen Aggregaten zu entwickeln, die auch die menschliche Hand ohne Zuhilfenahme hochentwickelter Werkzeuge aus Einzelobjekten zusammensetzen kann. Zu dieser Klasse von

Objekten gehören insbesondere die Elemente aus dem Holzbaukasten.

Um ein hohes Maß an Flexibilität zu erreichen, sollen keinerlei Werkstückaufnahmen verwendet werden, wie sie bislang beim Montageprozeß üblich sind. Dem menschlichen Vorgehen bei der Montage von Gegenständen entsprechend, sollen vielmehr zwei Industrieroboter mit Greifern kooperieren, welche exakt einstellbare nachgiebige Bewegungen ausführen können. Die Roboter müssen zu diesem Zweck mit einer feinfühligen Kraft-/Lageregelung ausgestattet werden. Zur Verfolgung des Montageprozesses sowie zur Erkennung von Fehlersituationen werden Kameras eingesetzt. Der eigentliche Montagevorgang wird einerseits mit Hilfe von taktilen Sensoren in den Greifern und Sensoren für Kraft und Moment gesteuert, zum anderen kontrollieren ihn mehrere aktive, d.h. in zwei rotatorischen Freiheitsgraden bewegliche Zoom-Kameras, die in der Lage sind, die Entwicklung der gesamten Szene sowie die Bewegungen des Objekts zu verfolgen.

Es sind damit Aufgaben aus den folgenden Problembereichen zu lösen:

- Kraftregelung und Steuerung nachgiebiger Bewegung,
- Griffplanung/-steuerung, Fehlerüberwachung sowie elementare Montagevorrangplanung,
- Kollisionsvermeidung,
- Objektrepräsentation, -erkennung und -verfolgung,
- Auswertung der nichtoptischen Sensoren,
- Informationsbewertung unter der gegebenen Aufgabenstellung und Sensordatenfusion,
- Systemmodularisierung und -integration.

Aus den in den vorstehenden Punkten aufgeführten Problemstellungen wird deutlich, daß ein auch nur einfache Montageaufgaben ausführendes System bereits eine erhebliche algorithmische Komplexität und funktionelle Diversität besitzen muß. Um ein System mit derartig unterschiedlichen Bausteinen, welches von verschiedenen Personen entwickelt wird, zu verläßlicher Funktion und robustem Verhalten zu bringen, bietet sich eine Strukturierung als Multi-Agenten-System an, wobei dieses Konzept durchaus Hierarchiestufen einschließt.

Die Integration der Bild- und Sprachkomponente

Zur Fusion von Bild- und Sprachinformation ist die integrative und kohärente Repräsentation von Objekten, Ereignissen und Sachverhalten sowie den darauf aufbauenden Verstehensprozessen wichtig. Durch den direkten Zugriff auf verschiedene Aspekte eines Begriffs können zeitliche Abfolgen kognitiver Prozesse adäquat modelliert werden. Die Integration der einzelnen Komponenten der Wissensbasis erfolgt über eine gemeinsame Abstraktionsebene, die als mentale Repräsentation aufgefaßt wird. Mit dem folgenden Dialogausschnitt kann die Interaktion zwischen modell- und sensorgesteuerten Phasen veranschaulicht werden:

Instruktor: *Hast du. So, jetzt nimmst du dir den roten Würfel.*

Konstruktor: <pause> *Ja.*

Instruktor: *und die grüne ganz lange Schraube.*

Konstruktor: <pause..> *Mhm.*

Instruktor: *So, den roten Würfel schraubst du jetzt unter den blauen Würfel.*

Neben einer unmittelbaren Beeinflussung der bewußten Handlungen des Konstruktors durch die sprachlichen Anweisungen des Instruktors werden auch unbewußte Prozesse angeregt. Experimentelle Daten legen nahe, daß sich eine sprachliche Äußerung des Instruktors auf Blickbewegungen des Konstruktors auswirken können. Für die Modellierung bedeutet dies, daß visuelle Prozesse schon während der inkrementellen Verarbeitung der sprachlichen Anweisungen beginnen. Beispielsweise kann visuell schon nach roten Objekten gesucht werden, sobald das Wort „rot“ aus der ersten Anweisung des Instruktors verstanden wurde, ohne daß zuvor eine vollständige Interpretation der gesamten Äußerung stattgefunden haben muß. Es stellt sich hierbei allerdings die Frage, ob die Qualitäten Farbe und Form in gleicher Weise aufmerksamkeitsgesteuerte Prozesse evozieren.

Die Verbindung zwischen der mentalen und der lexikalischen Ebene kann genutzt werden, um attributive Eigenschaften, wie z.B. die Farbe eines Objektes, frühzeitig ins mentale Modell einzufügen. Ist eine objektbezogene Farbe im mentalen Modell aktiviert, kann diese Information über einer Verbindung zwischen mentaler und farblicher Ebene visuelle Prozesse wie aufmerksamkeitsgesteuerte Prozesse auslösen.

Organisation des SFB 360 in Teilprojekten

In der zweiten Förderungsphase umfaßt der SFB zwölf Teilprojekte, die in vier Themenbereiche gegliedert sind, die von 17 Projektleitern, 24 wissenschaftlichen Angestellten und 18 Hilfskräften bearbeitet werden.

Im Themenbereich A *„Sprachliche und visuelle Perzeption“* wird untersucht, wie ein Künstlicher Kommunikator über Sensoren, d.h. Mikrofone und Kameras, akustische und optische Information aufnehmen, verarbeiten und verstehen kann. Dabei wird Wissen verschiedenster Art verwendet, das in bestimmter Art organisiert und zueinander in Beziehung gesetzt werden muß. Weiter muß geklärt werden, wie, ausgehend von den Rohdaten eines Bildes, Informationen zu einzelnen Bildpunkten, Gegenstände identifiziert und von anderen abgegrenzt werden können.

Im Themenbereich B *„Perzeption und Referenz“* wird untersucht, wie die optisch verfügbare Information einerseits und die sprachliche Information andererseits im einzelnen zueinander in Beziehung gesetzt werden müssen. Dadurch kann ein Künstlicher Kommunikator einen Gegenstand korrekt aufgrund einer sprachlichen Formulierung, wie z.B. „der kleine rote Kreuzschlitzschraubenzieher im Werkzeugkasten“, identifizieren bzw. eine entsprechende Formulierung wählen, damit sein Partner weiß, welches Objekt gemeint ist. Voraussetzung dafür sind experimentelle Untersuchungen darüber, wie Menschen mit Formulierungen auf Gegenstände Bezug nehmen und wie das Bindeglied zwischen Sprach- und Bildverarbeitung im technischen Sinne aussieht. Vorgänge des aktiven Sehens werden mit Hilfe eines Computer-Kamera-Systems zur Aufzeichnung von Augenbewegungen untersucht.

Im Themenbereich C *„Wissen und Inferenz“* wird untersucht, wie das Wissen, über das Kommunikatoren verfügen, in einer bestimmten Situation gewisse Schlußfolgerungen erlaubt, andere aber nicht. So wird z.B. eine Holzscheibe aus dem Baukasten anfangs auch als „Holzscheibe“ bezeichnet. Während des Montageverlaufs kann sie aufgrund ihrer funktionalen Eigenschaft zu „Rad“ wechseln. Die Modellierung von Handlungsanweisungen orientiert sich unter linguistischen Gesichtspunkten an der Kategorialgrammatik, die eine Beschreibung lokaler Relationen zwischen sprachlichen Einheiten und die erforderliche enge Interaktion zwischen Syntax und Semantik erlaubt. Unter kognitiven Gesichtspunkten wird von einem Verarbeitungsprozeß ausgegangen, der in Abhängigkeit sprachlich und situativ aktivierter Wissensbestände inkrementell ein mentales Modell aufbaut und unmittelbar Informationen an nicht- sprachliche Module des Künstlichen Kommunikators weiterleitet. Da Agenten ihre Äußerungen systematisch und situiert produzieren, muß eine Syntax für Konstruktionen entwickelt werden. Bei solchen Koordinationen gibt es unter den bekannten Syntax-Konstruktionen häufig Extraversionen nach rechts. Da es keine kanonischen Techniken gibt, um die Koordination von Syntaxproduktionen zu beschreiben, kommt der Simulation mit parallelen Prozessen eine zentrale Rolle zu.

Im Themenbereich D *„Sprach-Handlungssysteme“* wird die Frage untersucht, nach welchen Grundsätzen die Integration einzelner Intelligenzleistungen vor sich geht. Einerseits wird hierzu für Situationen, die noch stärker eingeschränkt sind als bereits beschrieben, versucht, die Spanne zwischen dem Verstehen einer Äußerung und einer daraus folgenden Handlung zu überwinden. Andererseits wird versucht, diese zu funktionalen Einheiten zusammenzuschließen und die Leistungsfähigkeit verschiedener Arten des Zusammenschlusses durch Computerexperimente zu untersuchen. Zentral für diesen Bereich ist die Realisierung des Künstlichen Kommunikators. Hierzu wird das erwähnte Robotik-System entwickelt.

DFG-Schwerpunktprogramm "Integration von Techniken der Softwarespezifikation für ingenieurwissenschaftliche Anwendungen"*

Hartmut Ehrig

Technische Universität Berlin, FB Informatik
Sekr. 6-1, Franklinstr. 28/29, D-10587 Berlin

Zusammenfassung

Ziel dieses Schwerpunktprogramms ist die theoretisch fundierte Integration unterschiedlicher Spezifikationstechniken und systematischer Vorgehensweisen für die Entwicklung von sicheren Softwaresystemen in komplexen ingenieurwissenschaftlichen Anwendungen, insbesondere in den Bereichen Produktionsautomatisierung und Verkehrsleittechnik. Dabei wird sowohl von den in der Forschung entwickelten, mathematisch fundierten als auch von den in der Praxis der Softwareproduktion verwendeten, pragmatischen Spezifikationstechniken ausgegangen. Die Ergebnisse dieser Arbeiten sollen schließlich zu einer theoretisch fundierten Integration mathematischer und pragmatischer, insbesondere werkzeugunterstützter Techniken der Softwarespezifikation und zu einem Referenzkonzept für die Spezifikation von softwareintensiven technischen Systemen führen. Das Schwerpunktprogramm unterteilt sich in vier Themenbereiche:

1. Integration von Techniken der Softwarespezifikation
2. Integration von Techniken und Vorgehensweisen in Ingenieurwissenschaften und Informatik
3. Metamodelle der Integration
4. Fallstudien in Produktionsautomatisierung und Verkehrsleittechnik

Programmausschuß

Der Programmausschuß setzt sich aus folgenden Mitgliedern zusammen:

- *Koordination:* H. Ehrig (Berlin)
- *Ingenieurwissenschaften:* E. Schnieder (Braunschweig), E. Westkämper (Stuttgart)
- *Informatik:* W. Brauer (München) , M. Broy (München), H.-J. Kreowski (Bremen), H. Reichel (Dresden), H. Weber (Berlin)

---

* genehmigt: 4/97, Laufzeit: 4/98 - 4/04; http://tfs.cs.tu-berlin/SPP

Überblick

Technische Systeme sind heutzutage ohne mikroelektronische Komponenten und ohne hochentwickelte Software nicht mehr denkbar. Der Softwareanteil in solchen Systemen bekommt einen immer größeren Stellenwert, da immer mehr Systemfunktionalität in Software realisiert wird. Bei der Entwicklung dieser technischen Systeme werden zunehmend Standardhardwarebausteine verwendet, die sich durch eine hohe Flexibilität auszeichnen. Die Anpassung der Bausteine für eine konkrete Funktionalität wird durch Software erreicht. Diese Entwicklung wurde durch die Preisentwicklung für Hardwarebausteine, wie Prozessoren und Speicher, unterstützt. Der Anteil der Entwicklungskosten für Software liegt in der Kommunikations- und Informationstechnik sowie im Anlagen- und Maschinenbau vielfach bereits bei 75% bis 80% der Kosten des Gesamtproduktes.

Für die physikalischen Komponenten technischer Systeme gibt es eine Vielzahl mathematischer und graphischer Beschreibungstechniken. Vergleichbar damit gibt es verschiedene Beschreibungstechniken für die Software , die als Softwarespezifikationstechniken bezeichnet werden. In der industriellen Praxis ist es bereits üblich, verschiedene Aspekte eines Softwaresystems wie etwa Struktur, Funktionalität oder Dynamik, mit unterschiedlichen Formalismen zu beschreiben. Dieses Prinzip, genannt *separation of concern*, vereinfacht die Organisation der steigenden Komplexität bei der Softwareentwicklung. Diese unterschiedlichen Techniken sind aber bisher nicht oder nur unzureichend integriert, so daß zwar für Teile und Aspekte, nicht aber für das gesamte Softwaresystem exakte Aussagen über Zuverlässigkeit, Sicherheit oder Korrektheit möglich sind. Dies verursacht unvollständige und fehlerhafte Spezifikationen, Inkonsistenzen und unnötig redundante Beschreibungen für das integrierte Softwaresystem, die häufig zu sicherheitstechnischen Mängeln führen.

Im Rahmen dieses Schwerpunktprogrammes wird der Fokus auf technische Systeme aus den Bereichen Produktionsautomatisierung und Verkehrsleittechnik gelegt. Diese Themenbereiche sind von sehr großer gesellschaftlicher und wirtschaftlicher Bedeutung, da die deutsche Industrie in diesen Bereichen traditionell eine starke Weltmarktstellung innehat. Die Anwendbarkeit der integrierten Techniken und Methoden wird an Hand zweier Referenzfallstudien aus den genannten Bereichen belegt. Diese Fallstudien ermöglichen außerdem einen Vergleich und eine Validation der angewendeten Vorgehensweisen.

Das Schwerpunktprogramm bildet eine Kommunikations- und Infrastruktur für die Zusammenarbeit von Informatikern und Ingenieuren. Dadurch entsteht der notwendige Wissens- und Technologietransfer zwischen Ingenieurwissenschaften und Informatik. Durch die Fokussierung des Schwerpunktprogramms auf industrielle Fallstudien steht die Praktikabilität der verwendeten Methoden und Techniken im Vordergrund, so daß anwendungsorientierte Grundlagenforschung unterstützt wird.

Das DFG-Schwerpunktprogramm „Mobilkommunikation“

Professor Dr.-Ing. Dr. h.c. P.J. Kühn, Universität Stuttgart,
Institut für Nachrichtenvermittlung und Datenverarbeitung (IND),
Pfaffenwaldring 47, 70569 Stuttgart

Koordinator des Schwerpunktprogrammes Mobilkommunikation

1. Zur Entwicklung der Mobilkommunikation

Die Mobilkommunikation erfährt derzeit ein hohes Wachstum von jährlich mehr als 50 %. Schwerpunkt der gegenwärtigen Anwendungen sind zelluläre Mobilkommunikationsnetze mit digitaler Übertragung nach dem GSM-Standard (in Deutschland: D1, D2, E+) für die Sprachkommunikation und zunehmend auch für niederratige Datenkommunikation. Die Kapazität dieser Netze wird voraussichtlich bereits Anfang des nächsten Jahrzehnts erschöpft sein. Bis dahin wird die Dichte der Mobilkommunikationsteilnehmer mehr als 25 % der Festnetzteilnehmer erreicht haben, d.h. mehr als 10 Millionen Mobilteilnehmer. Neben den zellulären Mobilkommunikationsnetzen werden sich aber auch kostengünstigere Lösungen auf der Basis des DECT-Standards (DECT: Digital European Cordless Telephone) etablieren, welche nur eine beschränkte Mobilität erlauben, aber ISDN-Netzzugänge ermöglichen. Ende dieses Jahrzehnts treten zusätzliche Netze für die globale Mobilkommunikation auf der Basis niedrigfliegender Satelliten hinzu (LEO: Low Earth Orbit). Im Inhouse-Bereich werden sich drahtlose Funk-LANs (Wireless LANs), vornehmlich für die Datenkommunikation, ausbreiten, welche die Festnetzzugänge ergänzen. Alle gegenwärtigen digitalen Mobilkommunikationssysteme werden der 2. Generation zugerechnet, welche die analogen Systeme der 1. Generation ablösen.

Das Schwerpunktprogramm der DFG, welches seit 1994 eingerichtet ist, zielt auf Grundlagenforschungen der 3. und 4. Generation von Mobilkommunikationssystemen, welche etwa ab Ende dieses Jahrzehnts Anwendung finden sollen. Diese Folgegenerationen sind u.a. durch folgende Merkmale gekennzeichnet:

- Breitbandigere Kommunikation für neue Dienste wie Multimedia- und höherratige Datenkommunikation
- Kleinstzellen-Strukturen zur Erhöhung der Frequenzökonomie
- Frequenzbereiche bis zu 60 GHz und darüber.

Mit der frühzeitigen Aufnahme von Forschungen zu wesentlichen Grundlagenproblemen sollen einerseits Beiträge zur Lösung der technischen Herausforderung entstehen, zum anderen aber auch die nötigen Fachkompetenzen geschaffen und der Wirtschaft zur Verfügung gestellt werden.

2. Übersicht über die wissenschaftlichen Teilgebiete des Schwerpunktprogammes

Das Schwerpunktprogramm Mobilkommunikation (SPP MK) ist interdisziplinär angelegt und erstreckt sich auf Teilgebiete, die der Nachrichtentechnik, der Informatik und der Mathematik zugerechnet werden können. Sie lassen sich grob in 4 Kategorien einteilen:

1. Mobilfunkkanäle

- Eigenschaften des Mobilfunkkanals im Frequenzbereich bis zu 100 GHz
- Modulation und Codierung
- Multiplexverfahren (Raum-, Frequenz-, Zeit- und Codemultiplex)
- Detektion und Optimierung
- Verlustleistungsarme Sender- und Empfängerkonzepte

2. Intelligente Antennensysteme

- Mehrantennenkonzepte
- Schnelle Signalverarbeitung
- Diversitätskonzepte
- Feldberechnungen und Optimierungen

3. Ressourcen-Management

- Vielfachzugriffsverfahren und Protokolle
- Mobilitätsmodelle und -verwaltung
- Frequenzzuweisung und -verwaltung
- Verkehr, Verkehrssteuerung und Leistungsmodellierung

4. Netz- und Dienstmanagement

- Netzsicherheit (Authentikation, Vertraulichkeit)
- Fehlermanagement
- Dienstqualität
- Methoden und Werkzeuge zur Netzplanung

Die vorgenannten Teilgebiete überdecken ein breites Spektrum von Methoden wie

- Feldtheorie und Wellenausbreitung
- Codierte Modulation
- Digitale und parallele Signalverarbeitung
- Antennenkonzepte

- Spezielle Hardwareschaltungstechniken
- Protokolle und Signalisierungsverfahren
- Verteilte Datenbanken
- Verkehrstheoretische Modellierung
- Softwaretechnik
- Kryptotechniken
- Optimierungsverfahren

Speziell wird aus dem Zusammenwirken unterschiedlicher Disziplinen ein Erkenntnisgewinn erwartet, da bei Mobilkommunikationssystemen die verschiedenen Teilprobleme in enger Wechselbeziehung stehen.

3. Ausgewählte Themen mit stärker informatisch ausgerichteter Problematik

Aus den ca. 40 Teilprojekten, welche im Rahmen des SPP MK gefördert werden (z.T. auch als hochschulübergreifende Verbundprojekte) sollen zwei Themen stellvertretend herausgestellt und im Vortrag dargestellt werden:

3.1 Architekturen mikrozellulärer Mobilkommunikationssysteme der 3. Generation mit paketierter Übermittlung und dezentraler Mobilitätsverwaltung

3.2 Intelligente Antennensysteme, digitale Signalverarbeitung und Diversitätskonzepte

4. Weitere Informationen zum SPP MK

Ergebnisse des SPP MK werden u.a. im Rahmen der ITG-Fachtagungsreihe „Mobilkommunikation" bzw. der Europäischen Fachtagungsreihe EPMCC (European Personal Mobile Communication Conference) veröffentlicht. Die nächste gemeinsame Tagung beider Tagungsreihen findet vom 30.9. - 2.10.1997 in Bonn statt. Weitere Auskünfte können über den Autor erteilt werden unter kuehn@ind.uni-stuttgart.de

SFB 346—Integrationstechnologie als Innovationsmotor für Maschinenbauanwendungen*

Arnd G. Grosse, Jörn Hartroth, Gerd Hillebrand, Dietmar A. Kottmann, Gerhard Krüger, Peter C. Lockemann

Universität Karlsruhe, 76128 Karlsruhe

Zusammenfassung Der Sonderforschungsbereich 346 „Rechnerintegrierte Konstruktion und Fertigung von Bauteilen" ist ein interdisziplinäres Forschungsprojekt von Informatik- und Maschinenbauinstituten der Universität Karlsruhe. Sein Ziel ist es, durchgängige maschinenbauliche Prozeßketten von der Konstruktion über die Planung von Produktionssystemen und -abläufen bis hin zur Teilefertigung informationstechnisch zu unterstützen und zu optimieren. Dabei wird von der Prämisse ausgegangen, daß durch eine Integration der in den verschiedenen Produktlebensphasen anfallenden Daten und ihrer Bearbeitungswerkzeuge auf der Basis eines integrierten Produkt- und Produktionsmodells ein deutlicher Effizienz- und Flexibilitätsgewinn gegenüber herkömmlichen Insellösungen zu erzielen ist. In dem vorliegenden Papier werden die verschiedenen Spielarten der Umsetzung dieses Integrationsansatzes im SFB 346 beschrieben und einige der verwendeten Techniken vorgestellt.

1 Einführung

Der weltweite Wettbewerb erfordert von Unternehmen eine schnelle Reaktion auf Marktveränderungen und Kundenwünsche. Dies versucht die Industrie durch Rationalisierung von Produktionsverfahren, der Verlagerung von Betriebsstätten in Billiglohnländer, der Vergrößerung der Anzahl an Produktvarianten und vor allem durch drastische Änderungen in der Ablauf- und Aufbauorganisation zu erreichen. Diese Bemühungen sind durch Schlagworte wie Simultaneous Engineering, Lean Production, fraktale Fabrik oder Business Process Reengineering charakterisiert. All diese Konzepte sind erst durch einen umfassenden Einsatz von Informationstechnologie möglich geworden. Sie spiegeln die Notwendigkeit wider, Geschäftsprozesse auf breiter Front mit Hilfe adäquater Rechnerunterstützung zu reorganisieren und zu optimieren. Um die hinter den Schlagworten stehenden Konzepte durchzusetzen, bedarf es einer umfassenden Unterstützung durch Informationstechnik verbunden mit dem organisatorischen und technischen Wissen um die Produktionstechnik. Das Wissen beider Welten zu bündeln und zu

* Dieser Artikel entstand im Rahmen des Sonderforschungsbereichs 346 „Rechnerintegrierte Konstruktion und Fertigung von Bauteilen" der Deutschen Forschungsgemeinschaft DFG.

neuartigen Lösungen zusammenzuführen ist das Anliegen des 1990 gegründeten Sonderforschungsbereichs 346 „Rechnerintegrierte Konstruktion und Fertigung von Bauteilen" in Karlsruhe, einem interdisziplinären Forschungsprojekt von Informatik- und Maschinenbauinstituten. Ausgehend von einem integrierten informationstechnischen Modell als Basis für Ingenieuranwendungen will der SFB aufzeigen, wie durchgängige maschinenbauliche Prozeßketten von der Konstruktion über die Planung von Produktionssystemen und Abläufen bis hin zur Teilefertigung informationstechnisch unterstützt und optimiert werden können. Dieser Weg wird zum einen durch die Erforschung von Basistechnologien zur Anwendungsintegration und zum anderen durch die Entwicklung von Anwendungstechnologien in allen relevanten Bereichen wie Angebots- und Auftragsbearbeitung, Vertrieb, Entwicklung und Konstruktion, Arbeitsvorbereitung, Planung und Fertigung, die die Vorteile dieser Integrationsbasis auf innovative Weise nutzen, verfolgt.

Die Arbeiten im SFB gliedern sich in fünf Aufgabenbereiche, in denen institutsübergreifend bestimmte Aspekte des Produktlebenszyklus behandelt werden. Im einzelnen sind dies:

- der Bereich „Übergeordnete Problemfelder", in dem SFB-weite Infrastruktur wie etwa Datenhaltungskomponenten, Kommunikations- und Verteilungsmechanismen, Modellierungswerkzeuge und Benutzeroberflächen entwickelt wird,
- der Bereich „Angebot, Auftrag und Vertrieb" in dem die Erfassung und Modellierung von Kundenanforderungen und die verteilte Produktentwicklung auf der Basis von Anforderungsstrukturen untersucht wird,
- der Bereich „Entwicklung und Konstruktion", der sich mit Methoden und Werkzeugen zur Produktmodellierung und zum kooperativen Konstruieren befaßt,
- der Bereich „Planung" mit Teilprojekten zur Fertigungsmittelplanung, zur Fördermittel- und Trassenplanung, sowie zur Organisationsstruktur- und Personaleinsatzplanung, und
- der Bereich „Arbeitsvorbereitung und Fertigung", in dem die fertigungstechnologische Bewertung von Konstruktionselementen und deren Umsetzung in Arbeitspläne untersucht wird.

Neben diesen fünf Themenbereichen gibt es eine Reihe von bereichsübergreifenden Arbeitsgruppen, in denen z.B. die Weiterentwicklung des PPM und die Integration der Anwendungswerkzeuge in die SFB-Softwarearchitektur koordiniert wird.

Im folgenden wird der Schwerpunkt auf die für die Informatik besonders interessante Frage der Anwendungsintegration gelegt. Nach einer grundsätzlichen Diskussion der verschiedenen Schichten der Integration wird die im SFB entwickelte informationstechnische Infrastruktur zur Unterstützung der Anwendungsintegration vorgestellt. Um den Rahmen dieses Beitrags nicht zu sprengen, mußte hier notwendig eine Beschränkung auf einige wenige Beispiele erfolgen. Zum Abschluß wird eine kurze Zusammenfassung gegeben.

2 Integrierte Systeme

Ein integriertes System basiert auf einer Menge von (Teil-)Anwendungssystemen, die in kontroll- und datentechnischer Beziehung zueinander stehen. Jedes einzelne Anwendungssystem ist dabei durch seine Funktionalität und die von ihm benötigten bzw. erzeugten Daten charakterisiert. Folglich muß eine Integrationstechnologie die beiden Dimensionen der Daten- und der Funktionsintegration umfassen, um sowohl den Datenaustausch zwischen den Anwendungen zu ermöglichen als auch deren Zusammenspiel zu kontrollieren.

2.1 Die erste Dimension der Integration: Daten

Die Auseinandersetzung mit Integrationstechnologien begann zunächst entlang der Dimension der Datenintegration. Die dabei entstandenen Konzepte sind unter Begriffen wie PPS oder EDM (Engineering Data Management) bekannt und bilden heute eine Integrationsplattform zwischen technischer und kommerzieller Datenverarbeitung. Solche Systeme können auf unterschiedlichen Technologien zur Datenintegration beruhen. So unterscheidet beispielsweise [4] qualitativ die Integrationsstufen der isolierten Systeme, der Integration durch den Einsatz von Konvertern, der Integration über ein neutrales Datenformat (wie STEP), der Integration über ein Datenbanksystem und schließlich der Integration über die Kombination eines Datenbanksystems mit Konvertern zum Einbezug von Legacy-Komponenten. Diese Dimension war auch die erste im SFB untersuchte, wobei mit dem integrierten Datenmodell PPM (Abschnitt 3.1) und dem Datenbanksystem GOM (Abschnitt 3.2) in der ersten und zweiten Förderperiode eine vollständig objektorientierte Basistechnologie geschaffen wurde.

2.2 Die zweite Dimension der Integration: Funktionen

Neben der Datenintegration ist die adäquate Unterstützung der Geschäftsprozesse eines Unternehmens für den Erfolg eines integrierten Systems ausschlaggebend [9]. Dazu muß das funktionale Zusammenspiel der einzelnen Anwendungen ermöglicht und geregelt werden. Dies erfordert zum einen wohldefinierte Schnittstellen (APIs) zu den Anwendungen, zum anderen die Modellierung und Überwachung ihres Zusammenspiels im Rahmen der im Unternehmen ablaufenden Prozesse. Die Dimension der Funktionsintegration gewinnt an Wichtigkeit, da der Faktor Zeit für den industriellen Wettbewerb immer mehr Bedeutung erlangt und Reibungsverluste durch inkompatible Anwendungen nicht akzeptabel sind. Die technologische Basis der Funktionsintegration kann aus Möglichkeiten zur nachrichtenbasierten Kommunikation, wie Direkt- Mailbox- oder Port-Kommunikation, zwischen den Anwendungssystemen oder aus höheren Mechanismen wie Ereignisverteilungstechnologien bestehen, die ferner an ein Workflow-Management-System (WfMS) gekoppelt sind.

2.3 Die dritte Dimension der Integration: Flexibilität

Jede Daten- oder Funktionsmodellierung kann nur eine Momentaufnahme der realen Welt abbilden. Diese Momentaufnahme veraltet zwangsläufig, so daß der

Wert des integrierten Systems beständig sinkt und es sich im Endeffekt selbst überflüssig macht. Dem muß durch eine Flexibilisierung der Integrationstechnologie begegnet werden.

Die Notwendigkeit der Flexibilität bei der Datenintegration ergibt sich schon daraus, daß jedes Modell notwendigerweise unvollständig sein muß und mit der Entdeckung neuer Zusammenhänge oder der Einführung neuer Anwendungstechnologien, die es nicht mehr abbilden kann, veraltet. Hätte man beispielsweise vor 15 Jahren ein neutrales Datenformat zum Austausch von CAD-Daten konzipiert, so würde es den heute in der Praxis bedeutenden Bereich der parametrischen Konstruktion nicht erfassen, womit es für viele Anwendungsbereiche überhaupt nicht mehr einsetzbar wäre. Solchen „geriatrischen Datenmodellen“ kann nur durch flexible Technologien zur Datenintegration begegnet werden. Schlüsselrollen spielen dabei Konzepte zur Schemaevolution und Sichtenkonzepte (siehe Abschnitt 3.3), damit Anwendungen nicht mit jeder Änderung des Datenmodells neugeschrieben werden müssen.

Die Notwendigkeit zur Flexibilität bei der Funktionsintegration ergibt sich aus der Notwendigkeit, Geschäftsprozesse an unternehmensexterne oder -interne Änderungen anzupassen. Solche Anpassungen können zunächst durch ein WfMS abgefedert werden. In dem Maße, wie diese Änderungen jedoch tiefer in die Struktur bestehender Prozesse einschneiden, werden jedoch mehr und mehr auch kostenträchtige Anpassungen der bestehenden Anwendungen erforderlich. Diesem Trend kann durch die Zerschlagung monolithischer Anwendungen in einzelne funktionale Komponenten begegnet werden. Ist die Funktionsweise der Komponenten und ihr Zusammenhang zu den Daten modelliert, so reicht im Idealfall die Koppelung dieser Komponenten durch ein hinreichend feingranulares WfMS aus, um die gewünschte Anwendungsfunktionalität zu erbringen. Wird dann eine Änderung eines Geschäftsprozesses notwendig, so können Komponenten wiederverwendet werden, so daß sich der Aufwand im wesentlichen auf eine Änderung der im WfMS modellierten Kontrollstrukturen beschränkt.

2.4 Die Integrationsdimensionen im Überblick

Die Anforderungen an Integrationstechnologien sind in Abbildung 1 zusammen visualisiert. Dabei wurden die Dimensionen der Daten- und Funktionsintegration nicht untergliedert, da ihre Technologien bekannt sind und damit der oft unterschätzte Stellenwert der Flexibilität deutlich wird. Die Arbeiten innerhalb des SFB haben sich gemäß dem traditionellen Ansatz zunächst auf der Dimension der Datenintegration bewegt. Nachdem mit der Erstellung der ersten Versionen des integrierten Produkt/Produktionsmodells PPM und deren Abbildung in die objektorientierte Datenbank GOM die ersten Lösungen gefunden waren, wurde die Notwendigkeit zur Flexibilisierung der Datenintegration offensichtlich. Folglich wurden Arbeiten zu Sichten- und Schemaevolutionskonzepten angestoßen. Nachdem zudem offensichtlich wurde, daß eine Unterstützung auf Datenebene nicht ausreicht und auch eine Funktionsintegration erfolgen muß, wurden erste Arbeiten hin zu WfM-Systemen gestartet. Heute ist die Erforschung von Technologien zur Flexibilisierung der Funktionsintegration wesentlicher Forschungsgegenstand, der in eine aktuell neu aufgelegte Grundarchitektur des Softwaresystems eingeflossen ist. Insgesamt kann die historische Entwicklung des SFB so zusammengefaßt werden, daß er sich ausgehend von Punkt 1 zunächst in Richtung von Punkt 3 bewegte, dann auf Punkt 6 schwenkte, während heute Punkt 10 das Ziel der Forschungsarbeiten darstellt.

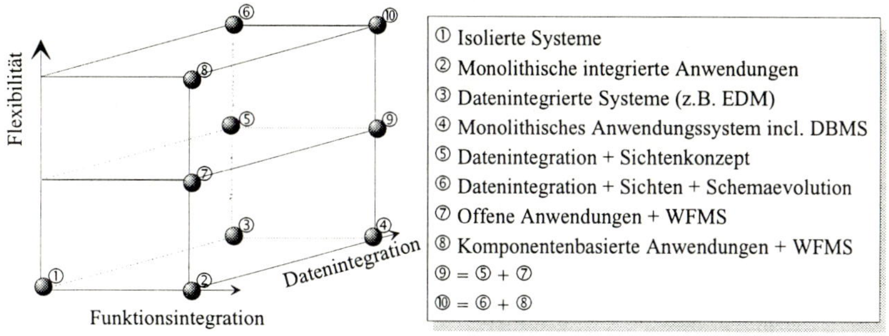

Abbildung1. Dimensionen integrierter Systeme.

3 Integrationsmethoden und -werkzeuge im SFB

Im folgenden werden nun die im SFB eingesetzten Verfahren und Werkzeuge zur informationstechnischen Integration der verschiedenen betrieblichen Teilfunktionen vorgestellt. Die Darstellung folgt der Entwicklung des SFB von der Datenintegration, die über das integrierte Produkt- und Produktionsmodell und das GOM-Datenbanksystem erreicht wird, hin zur Flexibilisierung, die durch Schemaevolutionstechniken, Verteilungsmechanismen und neue Formen der Benutzerkommunikation unterstützt wird, bis hin zur Funktionsintegration, die durch die Aufgliederung von monolithischen Anwendungswerkzeugen in einzelne, universell kombinierbare Komponenten und derem geregelten Zusammenwirken in betrieblichen Prozessen erzielt wird.

3.1 Das Produkt- und Produktionsmodell

Das zentrale „Gelenk" des SFB stellt sein integriertes Produkt- und Produktionsmodell (kurz PPM) [1] dar, in welchem sämtliche für die rechnerintegrierte Konstruktion und Fertigung notwendigen Informationen modelliert und archiviert sind. Dadurch wird ein durchgängiger und effizienter Informationsfluß über alle Betriebsbereiche ermöglicht. Das PPM als integriertes Modell zeichnet sich im Gegensatz zu herkömmlichen Produktdaten- und Produktionsdatenmodellen, sog. Phasenmodellen, dadurch aus, daß es nicht nur bestimmte Lebensphasen eines Produktes oder Produktionsmittels berücksichtigt. Vielmehr wird im PPM ein Produkt oder Produktionsmittel in all seinen Lebensphasen aus zentraler Sicht und in konsistenter und kohärenter Form beschrieben. Das PPM bildet somit ein Fachkonzept für die datenorientierte Integration von Ingenieuranwendungen aus den Bereichen der Produktentwicklung, Produktion und Produktionssystemplanung. Die bereichsübergreifende Natur des PPM wird in Bild 2 deutlich, das die Modulstruktur des PPM mit seinen derzeit 32 Modulen zeigt.

Abbildung2. PPM-Strukturmodell

Das PPM wird in Form eines objektorientierten Modells spezifiziert. Als Basismethode zur konzeptionellen Modellierung dient OMK (Objektorientierte Modellierungsmethode Karlsruhe [6, 7, 3]). Diese Methodik ist eine Adaption der Software-Entwicklungsmethodik Object Modelling Technique (OMT) von Rumbaugh et al. [8] an die spezifischen Erfordernisse des SFB. OMK beinhaltet wie OMT drei verschiedene Sichten auf Objekte, indem es aus einer Teilmethode für die Spezifikation eines statischen, eines dynamischen und eines funktionalen Objektmodells besteht.

Die Erstellung des statischen Objektmodells erfolgt graphisch mit Hilfe des Schemaeditors GOMeos, der die Modellierungskonstrukte von OMK direkt unterstützt. Einen Ausschnitt aus dem PPM, wie er sich in GOMeos darstellt, zeigt Bild 3. Aus der graphischen Spezifikation erzeugt GOMeos ein konzeptuelles Schema für das weiter unten beschriebene Datenbanksystem GOM. In einem weiteren Entwurfsschritt wird dieses konzeptuelle Schema mit Hilfe entsprechender Werkzeuge auf ein logisches Datenbankschema abgebildet, das in der GOM-Programmiersprache GOMpl formuliert ist. Anschließend müssen die im PPM spezifizierten Methoden ausprogrammiert werden. Dies geschieht entweder direkt in GOMpl oder aber, falls existierende Werkzeuge einzubinden sind, unter Ausnutzung der Fremdsprachen-Schnittstellen von GOM: Zum einen besteht mit einer C-Schnittstelle die Möglichkeit, Werkzeuge mit einer C-kompatiblen Programmierschnittstelle direkt aufzurufen, zum anderen können über eine Tcl-Schnittstelle Werkzeuge eingebunden werden, die lediglich über eine Skriptsprache kontrollierbar sind.

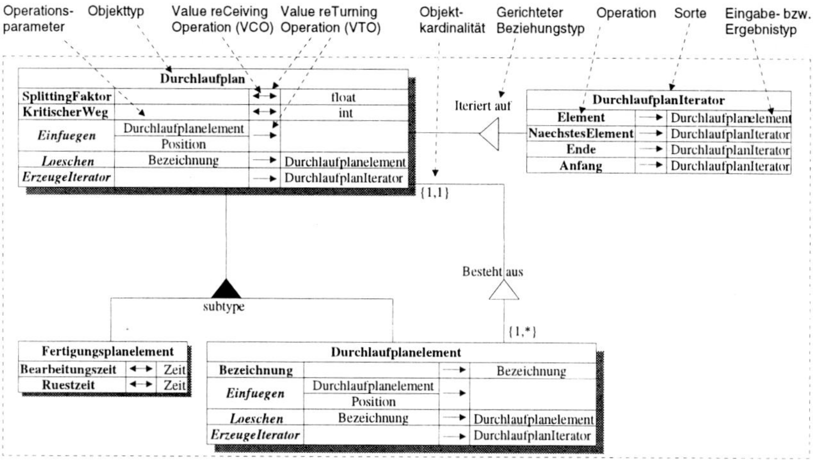

Abbildung3. Modellierung von Durchlaufplänen im GOMeos

3.2 Das Datenbanksystem GOM

Die persistente Verwaltung der im PPM modellierten Objekte erfolgt in dem objektorientierten Datenbanksystem GOM (Generic Object Model) [5], das in den ersten beiden Förderperioden entwickelt wurde.

Das Objektmodell von GOM bietet alle wesentlichen Konzepte, die gemeinhin im Zusammenhang mit dem Begriff „Objektorientierung" genannt werden: Komplexe Objekte, Objektidentität, Datenkapselung, Typhierarchien und Vererbung, dynamisches Binden und natürlich Persistenz. Das Objektmodell wird in der Datenbankprogrammiersprache GOMpl realisiert, die sowohl eine deskriptive Komponente zur Datenmodellierung als auch eine imperative Komponente zur Implementierung von Methoden umfaßt. GOMpl ist somit eine vollwertige objektorientierte Programmiersprache, die außerdem zum Typsystem orthogonale Persistenz und einen Transaktionsmechanismus anbietet. Ein besonderes Merkmal von GOMpl ist das polymorphe Typsystem, das die Sicherheit strenger, statisch überprüfbarer Typisierung mit der Flexibilität generischer Klassen und Methoden kombiniert.

GOM wurde ursprünglich auf einem selbstentwickelten persistenten Objektspeicher realisiert. In dem Maße, wie zuverlässige objektorientierte Datenbanksysteme am Markt verfügbar wurden, erschien jedoch der Aufwand für die Pflege einer eigenen Implementierung immer weniger tragbar. Heute setzt GOM auf dem kommerziellen System ObjectStore auf, wobei die Sprache GOMpl durch einen Compiler auf das von ObjectStore unterstützte C++ abgebildet wird.

3.3 Modell-Evolution

Die Erstellung eines integrierten Modells wie des PPMs ist viel zu kompliziert, als daß sie auf einen Schlag vollzogen werden könnte. Vielmehr ist ein Zyklus von

Modellierungs- und Validierungsschritten erforderlich, der noch dadurch intensiviert wird, daß die Anwendungsgebiete selbst beständigem Wandel unterworfen sind. Jede Änderung des konzeptionellen Modells führt in der Regel zu einer Änderung des entsprechenden Datenbankschemas, der wiederum die bestehenden Daten, will man nicht zu einem inkonsistenten Datenbankzustand gelangen, nachgeführt werden müssen.

Die Anpassung der Datenbasis an eine Schemaänderung kann im allgemeinen nicht automatisch erfolgen, sondern verlangt die manuelle Erstellung entsprechender Änderungsprozeduren. Von diesen ist aber nicht ohne weiteres ersichtlich, ob sie tatsächlich die Datenbasis in einen Zustand überführen, der mit dem neuen Schema konsistent ist. Wünschenswert ist daher ein Mechanismus, der möglichst unbeschränkte Änderungen des Datenbankschemas und des Datenbankzustandes erlaubt, ohne die Konsistenzgarantien der Datenbank aufzugeben. Diese scheinbar widersprüchlichen Ziele lassen sich verwirklichen, wenn die Auswirkungen einer Datenbasisänderung *simuliert* werden, bevor die Änderung tatsächlich durchgeführt wird [10]. Die Simulation geschieht auf einem Modell der Datenbasis, welches eine konservative Abschätzung der Typpopulationen in der Datenbasis beinhaltet. Liefert sie einen konsistenten Endzustand des Modells, so ist garantiert, daß auch die tatsächliche Änderung der Datenbasis konsistenzerhaltend ist. Allerdings ist nicht ausgeschlossen, daß eine tatsächlich konsistenzerhaltende Transformation in der Simulation als inkonsistent erscheint. In diesem Fall benötigt der Programmierer Zusatzwissen über die Datenbasis, um die Korrektheit der Transformation zu erkennen.

3.4 Verteilte Objekte und Dienste

In modernen Unternehmensstrukturen sind sowohl die Daten und Dienste der Informationsinfrastruktur als auch ihre Nutzer räumlich verteilt. Die Topologie dieser Verteilung kann dabei einem beständigen Wandel unterliegen. Um dennoch eine effiziente und umfassende Versorgung der Benutzer mit Informationsdienstleistungen sicherzustellen, werden Verfahren zur flexiblen Plazierung von Objekten und Diensten sowie zur Dienstvermittlung benötigt. Dies gilt insbesondere für weit voneinander entfernte Unternehmensteile, die über Weitverkehrsnetze miteinander verbunden sind.

Der SFB geht über die bekannten datenorientierten Ansätze wie Objektmigration und -replikation hinaus und betrachtet zusätzlich die dynamische Plazierung von anwendungsspezifischen Funktionseinheiten. Komplexe Dienst- und Anwendungsfunktionen werden hierbei in autonome Einheiten gekapselt und nach dem Paradigma der Code-Mobilität in günstiger Lage zu den benötigten Daten installiert, wodurch eine Reduktion des nichtlokal zu übertragenden Volumens erreicht wird [2]. Darüber hinaus werden spezielle Mechanismen für die gezielte Auffindung bestimmter Informationen und Dienste nach anwendungsorientierten Kriterien entwickelt. Die dem dem SFB unterliegenden Unternehmensmodell innewohnende organisatorische Untergliederung im Verein mit der Erfordernis, die durch die Flexibilitätsdimension bedingten dynamischen Änderungen in Produktionsabläufen unmittelbar in der Informationsinfrastruktur zu spiegeln, übersteigt die Möglichkeiten der heutigen Trading-Systeme. Hier wird in Erweiterung der erst wenig entwickelten Konzepte zur Trader-Vernetzung eine Infrastruktur für dynamische dezentrale Informationsbeziehungen entwickelt, die ausgehend von einer Analyse der gewünschten Beziehungen eine optimierte Informationsweiterleitung unter Ausnutzung moderner Push-Technologien realisiert.

3.5 Funktionsintegration über Anwendungskomponenten

Die Softwareentwicklung im SFB vollzog sich zunächst gemäß dem Paradigma der reinen Datenintegration: auf einer gemeinsamen unterliegenden Datenbank entstand eine Reihe von Anwendungswerkzeugen, die jeweils auf spezielle Aufgaben aus der Planung, Konstruktion und Arbeitsvorbereitung zugeschnitten waren. In dem Maße, wie sich jedoch die Verzahnung der Prozesse in den betrieblichen Teilbereichen erhöhte und sich der angestrebte „SFB-Arbeitsplatz“ vom aufgabenspezifischen Facharbeitsplatz zu einem bereichsübergreifenden, flexibel konfigurierbaren Universalarbeitsplatz wandelte, erhob sich die Notwendigkeit, neben der Datenintegration auch eine Funktionsintegration der einzelnen Anwendungswerkzeuge zu vollziehen.

Diese erfolgt gegenwärtig in einer Reihe von Schritten. Zunächst werden die derzeit monolithischen Anwendungswerkzeuge in einzelne Komponenten zerlegt, die möglichst feingranular spezifische Funktionalität erbringen. Insbesondere wird z.B. die Visualisierung von PPM-Objekten, die Ablaufsteuerung und der Datenbankzugriff ausgegliedert.

Weiterhin wird die Funktionalität jeder Komponente im PPM modelliert, entweder als Methode eines existierenden PPM-Datentyps oder über einen neu eingefügten Typ. Das PPM wird somit zum Modell nicht nur der im Unternehmen existierenden Daten, sondern auch der zu ihrer Verarbeitung vorhandenen Funktionalität. Darüber hinaus wird auch das im PPM bereits vorhandene Prozeßmodell weiter ausgebaut, um die an einem Geschäftsprozeß beteiligten Komponenten und ihr Zusammenspiel beschreiben zu können.

Softwaretechnisch erfolgt eine Umstellung der bisherigen Architektur auf eine CORBA-basierte Umgebung, um zum einen die Heterogenität der im SFB verwendeten Plattformen zu überbrücken und zum anderen den Zugriff auf Daten und Dienste über ein einheitliches, objektorientiertes Protokoll zu gestalten. Die CORBA-Schnittstellenbeschreibungen ergeben sich dabei in natürlicher Weise aus den Typen der unterliegenden PPM-Objekte.

Schließlich erfolgt noch eine Neugestaltung der Benutzerführung. An die Stelle der bisherigen werkzeugspezifischen Benutzeroberflächen tritt ein einheitlicher „SFB-Desktop“, der, modernen Betriebssystemoberflächen nicht unähnlich, dem Benutzer Daten und Dienste gleichermaßen in Form von Objekten präsentiert, die sich in intuitiver graphischer Weise manipulieren lassen. Die individuelle Konfigurierung dieses Arbeitsplatzes entspricht einer Sichtenbildung auf das PPM und ist dadurch sehr flexibel an wechselnde Anforderungen anzupassen. Auch fügen sich Workflow- und Kooperationsmechanismen problemlos in das „Desktop“-Paradigma ein: Aufträge und Nachrichten werden zu Objekten in einem „Eingangskorb“, während Kommunikationsformen wie Videokonferenzen oder Netztelephonie durch das Aktivieren der die gewünschten Gesprächspartner repräsentierenden Personenobjekte angestoßen werden können.

4 Zusammenfassung und Ausblick

Der hier vorgestellte Querschnitt durch die Informatik-orientierten Arbeiten im SFB 346 vermittelt einen Eindruck von der Fülle der Herausforderungen, denen sich die Informatik auf dem Weg zu einem unternehmensweiten integrierten Informationssystem stellen muß. Insbesondere in den Bereichen Modellierung, Integration und Flexibilisierung haben Anregungen aus dem Anwenderbereich zu neuen Lösungen geführt. Aus den Fortschritten in der Informationstechnik ergeben sich wiederum neue Perspektiven in der Anwendung: kürzere Prozeßlaufzeiten durch Überwindung von Organisations- und Diskursdomänengrenzen, verbesserte Qualitätssicherung durch mehr Informationsrücklauf, flexiblere Gestaltung von Arbeitsabläufen, um nur einige zu nennen. Es wird in den nächsten Jahren Aufgabe des SFB sein, insbesondere durch weiteren Ausbau der Prozeßmodellierung und der Komponentenarchitektur diese Früchte einzufahren.

Literatur

1. Hain K., Meis E., Maier M.: *Integriertes Produkt- und Produktionsmodell (Version 3.1)*. Projektbericht SFB 346, Universität Karlsruhe, Institut für Rechneranwendung in Planung und Konstruktion, 1995.
2. Hartroth J., Kottmann D., Grosse A.: Zugriffsmodalitäten für objektintensive Anwendungen in verteilten Systemen. In: *ITG/GI-Fachtagung Kommunikation in Verteilten Systemen (KiVS'97)*, pp. 282–296, Braunschweig, Februar 1997.
3. Jonsson U.: *Objektmodellierung im SFB 346—Funktionale Modellierungstechnik OMKfm*. Internes Arbeitspapier des SFB 346. Universität Karslruhe, Institut für Arbeitswissenschaften und Betriebsorganisation, 1995.
4. Kemper A., Moerkotte G.: *Object-Oriented Database Management; Applications in Engineering and Computer Science*. Prentice Hall, Englewood Cliffs, NJ, 1994.
5. Kemper A., Moerkotte G., Walter H.-D., Zachmann A.: GOM: a strongly typed, persistent object model with polymorphism. In: *Proc. German Conf. on Databases in Office, Engineering and Science (BTW)*, pp. 198–217, Kaiserslautern, March 1991. Springer-Verlag, Informatik Fachberichte Nr. 270.
6. Kilger C., Zachmann A.: *Objektmodellierung im SFB346*. Internes Arbeitspapier des SFB 346, Universität Karlsruhe, Institut für Programmstrukturen und Datenorganisation, 1991.
7. Meis E.: *Objektmodellierung im SFB 346—Dynamische Modellierungstechnik OMKdm*. Internes Arbeitspapier des SFB 346, Universität Karlsruhe, Institut für Rechneranwendung in Planung und Konstruktion, 1994.
8. Rumbaugh J., Blaha M., Premerlani W., Eddy F., Lorensen W.: *Object-Oriented Modeling and Design*. Prentice Hall, Englewood Cliffs, NJ, 1991.
9. Scheer A.-W.: *Wirtschaftsinformatik; Referenzmodelle für industrielle Geschäftsprozesse*. 6. Auflage, Springer–Verlag, Berlin u.a., 1995.
10. Zachmann A.: *Typsichere Objektbankmigration*. Dissertation, Universität Karlsruhe, Fakultät für Informatik, 1996.

Vernetzung als Wettbewerbsfaktor am Beispiel der Region Rhein-Main

Sonderforschungsbereich der Universität Frankfurt

Peter Buxmann, Wolfgang König, Falk von Westarp

Kontaktadresse:
Prof. Dr. Wolfgang König (Sprecher), Dr. Peter Buxmann, Falk von Westarp,
Universität Frankfurt, Fachbereich Wirtschaftswissenschaften,
Institut für Wirtschaftsinformatik, Mertonstr. 17, D 60054 Frankfurt am Main,
Tel: ++49 69 798 23318, Fax: ++49 69 798 28585,
e-mail: {wkoenig|pbuxmann|westarp}@wiwi.uni-frankfurt.de,
WWW-Adresse des Instituts: http://www.wiwi.uni-frankfurt.de/iwi,
WWW-Adresse des SFB: http://www.vernetzung.de

New information and communication networks - above all the Internet - offer new opportunities to gain significant competitive advantages for firms, people, public institutions, and regions. These networks are fundamental presuppositions of the emergence of new organization and cooperation structures. Thus traditional hierarchical structures are increasingly substituted by more flexible network organizations. At the same time networks lead to globalization of supply and demand and therefore to more competition. Our research project intends to contribute to the development and application of an interdisciplinary theory of networking. We define *networking* as the process of finding and integrating partners. In this context we consider technical, economic, social, political, regional, and legal aspects.

1. Forschungsgebiet und Problemstellung

Neue Informations- und Kommunikationsnetze lösen gegenwärtig derartige Veränderungen in Wirtschaft und Gesellschaft aus, daß man sie als Kern einer neuen informationstechnologischen Revolution bezeichnet hat.[1] Die Nutzung dieser Netze führt zu sinkenden Informations- und Kommunikationskosten bei der Interaktion zwischen Akteuren. Die Bedeutung geographischer Entfernungen nimmt ab, Informationen werden sekundenschnell weltweit verbreitet. Es entstehen neue Formen kooperativen Handelns in sozioökonomischen und politischen Netzen. So zielt man beispielsweise auf neuartige Möglichkeiten der gemeinsamen flexiblen Produktion, innovative Vertriebsmöglichkeiten, eine Leistungssteigerung in der öffentlichen Verwaltung sowie auf die Erschließung von Rationalisierungsvorteilen bei der Interaktion zwischen den beteiligten Akteuren. Informations- und Kommunikationsnetze ermöglichen organisatorische Umstrukturierungen wie die

---

[1] Vgl. Castells (1996), S. 29 ff.

Abflachung von Hierarchien und die Auslagerung von Aufgaben sowie die Neugestaltung traditioneller Unternehmensaufgaben.

Darüber hinaus bestehen Interdependenzen zwischen verschiedenen Netzen („Inter-Vernetzung"), so daß untersucht werden muß, wie sich durch die Gestaltung von Informations- und Kommunikationsnetzen die Nutzung anderer Netze verändert. So kann etwa durch die Einrichtung von Satellite Working Centers die Auslastung von Schienen- und Straßennetzen beeinflußt werden.

Die Ausgangshypothese des Sonderforschungsbereiches (SFB) lautet, daß der Aufbau, die Entwicklung und die Nutzung von Netzen einen mehrdimensionalen Prozeß darstellt, der besondere Bedeutung für die Wettbewerbsposition von Akteuren hat. Unter Akteuren werden sowohl Individuen als auch Unternehmen und - auch stellvertretend für Regionen - öffentliche Institutionen subsumiert.

Eine weitere Hypothese des SFB lautet, daß der zunehmende Wettbewerb und die neuen Technologien nicht zu einer durchgängigen Einebnung nationaler und regionaler Besonderheiten führen werden. Eine Region, die über leistungsfähige Netze verfügt, kann als ein Ensemble von Akteuren verstanden werden, dem sich die Möglichkeiten besonderer innovativer Kreativität und damit Chancen im Innovationswettbewerb eröffnen. Die kumulativen Wirkungen können schließlich dazu beitragen, die Wettbewerbsfähigkeit der Akteure und ihrer Region zu erhalten und langfristig zu steigern.

Die Untersuchung der Vielzahl der Ausprägungen der Vernetzung wird in drei Themenbereichen konzentriert, zwischen denen Wechselwirkungen bestehen:

- Erfolgreiche Netze können durch eine Zentrale oder durch verteiltes Wirken vieler unabhängiger Akteure (wie beispielsweise im Internet) geplant und betrieben werden. Im Schwerpunkt „Zentralisierung vs. Dezentralisierung" wird untersucht, unter welchen Bedingungen welche Koordinationsform der Planung und des Betriebes eines Netzes vorteilig ist.

- Die vernetzte Kooperation von Akteuren basiert auf der gemeinsamen Nutzung von Standards, d.h. einheitlichen Regeln. Dazu gehören etwa technische Netzstandards, aber auch organisatorische sowie rechtliche Standards. Häufig besteht jedoch das Problem, daß Standards den Freiraum der vernetzten Akteure einengen. Dieses Spannungsfeld wird im Schwerpunkt „Standardisierung vs. Individualisierung" aufgearbeitet.

- IuK-Netze führen nach gängiger Vorstellung aufgrund sinkender Kommunikationskosten zu einer Auflösung klassischer Regionen. Gleichwohl ist zu beobachten, daß sich Unternehmen weiterhin in wenigen weltweit konkurrierenden Regionen wie z.B. dem Rhein-Main-Gebiet konzentrieren. Im Schwerpunkt „Regionalisierung vs. Globalisierung" wird untersucht, unter welchen Bedingungen sich im Internet-Zeitalter Regionen besser im Wettbewerb positionieren.

Die Vernetzung der Akteure wird nicht primär aus technikorientiertem Blickwinkel betrachtet. Vielmehr bilden organisatorische Regelungen, der Einsatz von Standards sowie eine Regionalisierung oder Globalisierung zentrale Parameter der Vernetzung. Es ist die Kernaufgabe des geplanten SFB, die Determinanten des Wechselspiels der informationstechnischen mit ökonomischen, sozialen, politischen, räumlichen und rechtlichen Netzstrukturen zu erklären, ihre Effekte zu analysieren und Nutzungspotentiale der Vernetzung von Akteuren als einen zentralen Wettbewerbsfaktor zu bewerten und zu gestalten.

Die explikative Dimension des Forschungsprogramms setzt an der gegenwärtigen Vielfalt der einzelwissenschaftlichen Perspektiven an und versucht eine Erklärung der spezifischen institutionellen Formen, unter denen sich Vernetzung vollzieht. Angesichts der bestehenden Unklarheiten über kurz- und langfristige, direkte und indirekte sowie intendierte und nicht-intendierte Wirkungen der Vernetzung umfaßt diese Dimension auch Wirkungsanalysen, aus denen sich der Einfluß der Vernetzung sowohl als Wettbewerbsfaktor der Akteure als auch als Wandel der sozio-ökonomischen und politischen Rahmenbedingungen der Akteure erschließt. Die normative Dimension versucht, Handlungsspielräume und -empfehlungen zu erarbeiten, die die Technikentwicklung als sozialen und politischen Prozeß berücksichtigen und zur Verbesserung der Wettbewerbssituation von Akteuren beitragen. In einzelnen Teilprojekten werden in Zusammenarbeit mit ausgewählten Akteuren Lösungen prototypisch implementiert und evaluiert.

2. Netze und Vernetzung

In jüngster Vergangenheit hat ein grundlegender Perspektivenwechsel stattgefunden, der die Ausgangsbasis für die am SFB beteiligten Fächer bildet: Die traditionelle dichotome Gegenüberstellung der Koordinations- und Steuerungsmodi 'Markt' und 'Hierarchie' ist durch die vielfältige Perspektive der Rolle der Institutionen in Wirtschaft und Gesellschaft erweitert worden. Da Akteure in ein breiteres institutionelles Umfeld eingebettet sind, [2] sind sie weder in ihren Entscheidungen und in ihrer Strategiewahl autonom, wie dies der preisvermittelte Marktmechanismus impliziert, noch können neue Formen der Unternehmensorganisation oder des Staatshandelns durch hierarchische Koordination ausreichend erklärt werden. Stattdessen liegen vielfältige Mischformen vor, die als Netze bezeichnet werden.[3] Ergänzt durch Adjektive, wie interorganisatorisch, regional oder politisch, werden Netze in der Regel aus der

[2] Vgl. Polanyi (1978) und Granovetter (1985).

[3] Vgl. z.B. Williamson (1990) und Jansen/Schubert (1995).

Sicht der jeweiligen Fachdisziplinen analysiert,[4] interdisziplinäre Ansätze finden sich kaum.

Als gemeinsamer Begriff soll dem SFB die folgende allgemeine Definition des Netzbegriffes zugrunde gelegt werden: *Netze* werden verstanden als mehr oder weniger stabile Muster von Beziehungen zwischen Akteuren, die sich um Probleme oder Ressourcen bilden. Im Zentrum des SFB steht die Untersuchung der Ursachen und der Folgen der Nutzung von Informations- und Kommunikationsnetzen. Dabei unterscheiden wir zwischen physischen Netzen einerseits und thematischen Netzen andererseits. Ein thematisches Netz bewirkt den zweckorientierten Austausch von Informationen auf der Basis eines physischen Netzes. Dabei kann es sich beispielsweise um ökonomische oder soziopolitische Netze handeln. Es besteht Übereinstimmung, daß die Koordination von Bedürfnissen und Interessen der Akteure innerhalb soziotechnischer Systeme, wie sie Informations- und Kommunikationsnetze darstellen, nicht auf der Basis technischer Medien allein organisiert werden kann, sondern neue Formen der sozialen, ökonomischen und politischen Organisation verlangt. Der Prozeß von Aufbau, Entwicklung und Nutzung thematischer Netze wird im weiteren als *Vernetzung* bezeichnet.

Zwischen den Ebenen der physischen und thematischen Netze bestehen Wechselwirkungen. So bilden physische Netze die Grundlage für die konkrete Ausgestaltung der Beziehungen zwischen den Akteuren in thematischen Netzen. Umgekehrt sind thematische Netze auch Grundlage für den Aufbau physischer Netze.

Alle Teilprojekte des geplanten SFB konzentrieren sich auf eine Untersuchung von Informations- und Kommunikationsnetzen als „Treiber“ für Veränderungen von Netzen. In diesem Rahmen streben sie an, innerhalb der ersten drei Jahre gemeinsame Hypothesen zur Erklärung der Entstehung und Gestaltung von Netzen sowie zur „Inter-Vernetzung“, z.B. bezüglich der Integration unterschiedlicher fachlicher Sichten zu thematischen Netzen, zu formulieren und zu überprüfen. Darüber hinaus verfolgen alle Teilprojekte den Ausbau der Netze nach innen und nach außen.

---

[4] Für die Informatik vgl. Redlich (1996), Lazar/Saracco/Stadler (1997), Tanenbaum (1996), Geihs (1995) und Robertazzi (1990). Für die Gesellschaftswissenschaften und die Geographie vgl. Benz/Scharpf/Zintl (1992), Brusco (1986, 1990), Grabher (1988, 1993), Héritier (1993), Jansen/Schubert (1995), Jordan/Schubert (1992), Krätke (1996), Marin/Mayntz (1991), die Beiträge in Mendius/Wendeling-Schröder (1991), Piore/Sabel (1989), Sabel (1989), Sauer/Döhl (1994) und Teubner (1992). Für die Wirtschaftswissenschaften und Wirtschaftsinformatik vgl. Jarillo (1988), Karlsson et al. (1994), Klein (1996), Malone/Crowston (1994), Malone/Yates/Benjamin (1987), Malone/Rockard (1991), Picot/Reichwald (1994), Picot/Reichwald/Wigand (1996) und Sydow (1992).

3. Wettbewerbsfaktor Vernetzung

Im folgenden wird untersucht, inwieweit Vernetzung als ein Wettbewerbsfaktor Einfluß auf die Wettbewerbsfähigkeit von Akteuren nehmen kann. Dabei ist noch zu klären, ob und unter welchen Bedingungen Vernetzung direkt als Wettbewerbsfaktor wirkt bzw. durch Vernetzung eine Beeinflussung anderer Wettbewerbsfaktoren erfolgt.

Aus *ökonomischer Perspektive*, welche weitestgehend der Sichtweise der Wirtschaftsinformatik entspricht, lautet die grundlegende Hypothese, daß die Schaffung von Kosten- und/oder Innovationsvorteilen einen Wettbewerbsfaktor darstellt. Vernetzung führt zu sinkenden Informations- und Kommunikationskosten, die einen elementaren Parameter einer grundlegenden Änderung von Organisationen und Märkten darstellen. So erlaubt etwa das Internet die immer kostengünstigere Übertragung großer Datenmengen von einem beliebigen zu jedem anderen Ort weltweit. Der geographisch verteilte Zugriff auf gemeinsame Informationsressourcen ist heute eine Selbstverständlichkeit.

Durch die Senkung von Informations- und Kommunikationskosten und das dadurch ausgelöste Netzwachstum vergrößert sich die Reichweite des Angebots einer Informationsdienstleistung. Sie umspannt inzwischen die gesamte Welt. Dies gilt ebenso für die Reichweite der Nachfrage. Das früher bei hohen Informations- und Kommunikationskosten mögliche "Verstecken" minderwertiger Angebote in regionalen Nischen wird unmöglich. Der Anbieter muß sich spezialisieren, um in einem "schmalen" Markt niedriger Wertschöpfungstiefe der Beste zu sein. Er kann dann aber auch mit großen Stückzahlen für seine angebotene Leistung rechnen, da weitere Anbieter bei hoher Markttransparenz kaum überleben werden. Eine Fortsetzung des rapiden Verfalls der Informations- und Kommunikationskosten kann für das nächste Jahrzehnt als sicher angenommen werden.

Neben Kostenvorteilen läßt sich auch durch Innovationsvorteile ein Vorsprung gegenüber Wettbewerbern erzielen. Innovation kann hierbei entweder als Prozeßinnovation erfolgen, die dann wiederum (kurz- oder mittelfristige) Kostenvorteile sichert, oder aber als Produktinnovation, die eine kurzfristige Monopolstellung bei der Befriedigung bestimmter Kundenbedürfnisse verspricht. Da Wettbewerber in beiden Fällen die Innovation langfristig imitieren werden, hilft lediglich die laufende Schaffung eines Vorsprungs vor den „Verfolgern".

Zum anderen führt die durch Vernetzung bewirkte Verkürzung der Innovationszyklen zu einer Verschärfung des Wettbewerbes. Es entsteht ein sich selbst verstärkender Prozeß, da der so verschärfte Wettbewerb wiederum eine Tendenz zu stärkerer Vernetzung auslöst: Die Wettbewerber suchen einen zeitlichen Vorsprung gegenüber den sich auch vernetzenden Konkurrenten (in der gleichen oder in anderen Regionen) zu erzielen. Eine Implikation des sich verschärfenden Wettbewerbs liegt darin, die unternehmerischen Aktivitäten auf Kernkompetenzen zu reduzieren und unrentable Unternehmenssparten auszulagern. Es steht zu erwarten, daß eine mit der unternehmensübergreifenden Vernetzung einhergehende Dezentralisation von Entscheidungskompetenzen zur Neustrukturierung von Unternehmensbereichen oder ganzer Unternehmen führen wird, was möglicherweise zu arbeitsmarktpolitischen Konsequenzen in der Region führt. Es stellt sich die Frage, inwieweit die Schaffung von Rahmenbedingungen seitens des Gesetzgebers nicht erwünschte arbeitsmarktpolitischen Auswirkungen des Wettbewerbs abfangen kann.

Die Förderung technischer und wirtschaftlicher Innovationen durch ein angemessenes Rahmenrecht ist erklärtes *rechtspolitisches Ziel.* Zunehmend konzentriert sich die rechtspolitische Diskussion dabei auf die Formulierung der Rahmenbedingungen für innovative Neue Medien und Dienste.[5] Vor dem Hintergrund der Postreform III[6], der Arbeiten über ein Rahmengesetz des Bundes, das der Regulierung von Informations- und Kommunikationsdiensten gilt, und eines Staatsvertrages der Länder über die neuen Mediendienste[7] stehen insbesondere die formellen und materiellen Zulassungsvoraussetzungen Neuer Medien und Dienste wie Teleshopping, Video on Demand und anderen Informationsdiensten zur Diskussion.[8] Vor diesem Hintergrund gewinnen aus rechtswissenschaftlicher Sicht die Rechtsprinzipien an Bedeutung, die bei der Formulierung rechtlicher Regelungen wettbewerbsrelevant sein können. Sie können als normative Voraussetzung und Schranken der Wertschöpfungskette verstanden werden, die die Wettbewerbsfähigkeit je nach Geltungs- und Anwendungsbereich beeinflussen können.

Neben dem beschriebenen direkten Einfluß der Vernetzung auf die Wettbewerbsfähikeit über Kosten und Innovation bestehen auch Beziehungen zu anderen Wettbewerbsfaktoren (etwa den zuvor angesprochenen rechtlichen Rahmenbedingungen). Neuere *sozialwissenschaftliche Ansätze* tragen der dieser Fragestellung inhärenten Komplexität Rechnung, indem sie neben der Mikroebene auch die kulturellen Faktoren und die historisch gewachsenen Institutionen eines Landes (Metaebene) sowie die staatliche Wettbewerbs- und Handelspolitik (Makroebene) als Aspekte sog. „systemischer Wettbewerbsfähigkeit"[9] berücksichtigen. Geringe Inflationsraten und Haushaltsdefizite sowie ein wettbewerbsförderndes Klima zwischen den Unternehmen durch beispielsweise den Abbau von Protektionismen und die Einschränkung von Monopolisierungstendenzen, reichen zur Sicherstellung der Wettbewerbsfähigkeit eines Landes alleine jedoch nicht aus. „Systemische Wettbewerbsfähigkeit" betont besonders die strategische Relevanz selektiver Standortpolitiken für die

---

[5] Vgl. Rat für Forschung, Technologie und Innovation (1995).
[6] Vgl. Telekommunikationsgesetz vom 25. Juli 1996 (BGBl. I, S. 1120).
[7] Vgl. Faltenhauser (1996).
[8] Vgl. Bullinger (1996), Gersdorf (1995), Rüttgers (1996) und Faltenhauser (1996).
[9] Eßer u.a. (1994).

Entwicklung internationaler Wettbewerbsfähigkeit. Durch Informations- und Interessenausgleich sowie interaktive Lernprozesse in Netzen aus Unternehmen, Staat und intermediären Institutionen sollen die jeweiligen Entwicklungspotentiale von Regionen und Branchen erschlossen und gezielt gefördert werden.

4. Zielsetzung des Forschungsprogrammes: Von der Multidisziplinarität zur Interdisziplinarität

Die Zielsetzung des Forschungsprogramms besteht in einem Beitrag zur Entwicklung und Anwendung einer interdisziplinären Vernetzungstheorie. Dabei sollen die unterschiedlichen Perspektiven der beteiligten Wissenschaftsdisziplinen in ihren komplexen Zusammenhängen und Wechselwirkungen abgebildet werden.

Die Mitglieder des geplanten SFB erkennen und akzeptieren die Aufgabe, die Vernetzung innerhalb der Mitglieder sowie die Vernetzung nach außen im Sinne eines „Eigenversuchs" zu erarbeiten. Ziel ist hierbei, das bisher eher zu konstatierende Nebeneinander verschiedener Disziplinen (Multidisziplinarität) durch eine zunehmend vernetzte Vorgehensweise (Interdisziplinarität) zu ersetzen. Dies erfordert ein koordiniertes Vorgehen, das sich auf eine inhaltliche und technische Vernetzung bezieht.

Die explikative Dimension des Forschungsprogramms untersucht, in welchen institutionalisierten Formen sich die Vernetzung vollzieht; die normative Dimension versucht, Handlungsspielräume und -empfehlungen zu erarbeiten, die die Technikentwicklung als sozialen und politischen Prozeß berücksichtigen. In einzelnen Projekten werden in Zusammenarbeit mit Unternehmen und der öffentlichen Verwaltung prototypische Lösungen implementiert und evaluiert.

Als Ergebnis unserer Forschungsarbeit nach 10 Jahren streben wir an, einerseits in verschiedenen Wirtschaftssektoren den Wettbewerbsfaktor Vernetzung erklären zu können und andererseits durch eine Vernetzung von Informationssystemen einen Beitrag zur Verbesserung der Wettbewerbsposition von Akteuren in der Region sowie der gesamten Region Rhein-Main geleistet zu haben.

5. Anhang: Liste der Teilprojekte

Zentralisierung vs. Dezentralisierung

- Prof. Dr. Oswald Drobnik (Informatik): Konstruktion und Management flexibler Gruppen- und Telekooperationsanwendungen
- Prof. Dr. Heinz Isermann (Betriebswirtschaftslehre insbesondere Logistik und Verkehr): Gestaltungsprinzipien verteilter Logistikorganisationen auf der Basis vernetzter Dispositionssysteme in der Region Rhein-Main
- Prof. Dr. Andreas Oberweis; Prof. Dr. Wolffried Stucky (Betriebswirtschaftslehre insbesondere Wirtschaftsinformatik): Modellierung, Simulation und Analyse verteilter Geschäftsprozesse als Grundlage für die Planung und Gestaltung der DV-Architektur eines Satellite Working Centers

Standardisierung vs. Individualisierung

- Prof. Dr. Michael Bothe; Prof. Dr. Helmut Kohl (Rechtswissenschaften): Rechtliche Rahmenbedingungen von Vernetzung - Faktoren für Innovationen und Wettbewerbsfähigkeit?
- Prof. Dr. Kurt Geihs (Informatik): Service Management in offenen verteilten Systemen
- Prof. Dr. Wolfgang König; Dr. Peter Buxmann (Betriebswirtschaftslehre insbesondere Wirtschaftsinformatik): Auswahl und Gestaltung von Standards
- Prof. Dr. Dieter Ordelheide (Betriebswirtschaftslehre insbesondere Rechnungswesen): Standardisierung der Informationsintermediation auf internationalen Kapitalmärkten

Regionalisierung vs. Globalisierung

- Prof. Dr. Josef Esser (Politologie): Politische (Mit-) Gestaltung sozioökonomischer Vernetzung am Beispiel IuK- gestützter Verwaltungsmodernisierung in Frankfurt am Main
- Prof. Dr. Eike Schamp (Wirtschaftsgeographie): Vernetzung wissensintensiver Dienste im metropolitanen Raum als Faktor der regionalen Innovationsfähigkeit
- Prof. Dr. Alfons Schmid (Arbeitslehre): Globalisierung und regionaler Arbeitsmarkt: Auswirkungen neuer Informations- und Kommunikationsnetze auf Struktur und Funktionsweise regionaler Arbeitsmärkte
- Prof. Dr. Wilhelm Schumm (Soziologie): Unternehmerische Vernetzung in der Rhein-Main-Region am Beispiel der chemischen Industrie und des Druckvorstufenbereichs. Soziale und technische Restrukturierung und der Wandel von Beschäftigungsverhältnissen

Literatur

Benz, A./Scharpf, F. W./Zintl, R. (1992): Horizontale Politikverflechtung, Frankfurt am Main.

Brusco, S. (1982): The Emilian Model: productive decentralisation and social integration, in: Cambridge Journal of Economics 6.

Bullinger, M. (1996): Ordnung oder Freiheit für Multimediadienste, in: JZ 1996, S. 385 ff.

Castells, M. (1996): The Rise of the Network Society, Oxford

Eßer, K. u.a. (1994): Systemische Wettbewerbsfähigkeit. Internationale Wettbewerbsfähigkeit der Unternehmen und Anforderungen an die Politik, DIE Berichte und Gutachten 11/1994, Berlin.

Faltenhauser, K. (1996): Staatsvertrag über Mediendienste - Entwurf, 15. März 1996.

Geihs, K. (1995): Client/Server-Systeme, Bonn u.a.

Gersdorf, H. (1995): Der verfassungsrechtliche Rundfunkbegriff im Lichte der Digitalisierung der Telekommunikation, Berlin.

Grabher, G. (1988): Unternehmensnetzwerke und Innovation, WZB discussion paper, Forschungsschwerpunkt Arbeitsmarkt und Beschäftigung, Berlin.

Grabher, G. (1993) (ed.): The embedded firm. On the socioeconomics of industrial networks, London, New York.

Granovetter, M. (1985): Economic Action and Social Structure: The Problem of Embeddedness, in: American Journal of Sociology, Vol. 91, No. 3, S. 481-510.

Héritier, A. (1993) (Hrsg.): Policy-Analyse. Kritik und Neuorientierung. PVS-Sonderband 24, Opladen.

Jansen, D./Schubert, K. (Hrsg.) (1995): Netzwerke und Politikproduktion. Konzepte, Methoden, Perspektiven, Marburg.

Jarillo, J.-C. (1988): On Strategic Networks, in: Strategic Management Journal, vol. 9, S. 31-41.

Jordan, A. G./Schubert, K. (Hrsg.) (1992): Policy Networks, in: European Journal of Political Research, Special Issue, Vol. 21, No. 1-2.

Karlsson, C./ Westin, L./ Johansson, B. (1994): Patterns of a Network Economy, Berlin u.a.

Klein, S. (1996): Interorganisationssysteme und Unternehmensnetzwerke, Wiesbaden.

Krätke, S. (1996): Regulationstheoretische Perspektiven in der Wirtschaftsgeographie, in: Zeitschrift für Wirtschaftsgeographie, Heft 1-2, S. 6-19.

Lazar, A./Saracco, R./Stadler, R. (1997) (eds.): Integrated Network Management V, Chapman-Hall.

Malone, T. W./Crowston, K. (1994): The Interdiciplinary Study of Coordination, in: ACM Computing Surveys, 26 (1), S. 87-119

Malone, T. W./Yates, J. A./Benjamin, R. I. (1987): Electronic Markets and Electronic Hierarchies, in: Communications of the ACM, 30(6), S. 484-497

Malone, T. W./Rockard, J F. (1991): Computers, Networks and the Corporation, in: Scientific American, 265(3), S. 128-136.

Marin, B./Mayntz, R. (Hrsg.) (1991): Policy Networks, Frankfurt am Main u.a.

Mendius, H./Wendeling-Schröder, U. (Hrsg.) (1991): Zulieferer im Netz. Neustrukturierung der Logistik am Beispiel der Automobilzulieferung, Köln.

Picot, A. (1996): Neue Kultur der Verständigung, in: Informationsmanagement 4/96.

Picot, A./Reichwald, R./Wigand, R. (1996): Die grenzenlose Unternehmung, Wiesbaden.

Picot, A./Reichwald, R. (1994): Auflösung der Unternehmung? - Vom Einfluß der IuK-Technik auf Organisationsstrukturen und Kooperationsformen, in: Zeitschrift für Betriebswirtschaft (zfb), 64. Jg., Heft 5, S. 547-570.

Piore, M. J../Sabel, C. F. (1989): Das Ende der Massenproduktion. Studie über die Requalifizierung von Arbeit und die Rückkehr der Ökonomie in die Gesellschaft, Frankfurt am Main.

Polanyi, K. (1978): The Great Transformation. Politische und ökonomische Ursprünge von Gesellschaften und Wirtschaftssystemen, Frankfurt am Main.

Rat für Forschung, Technologie und Innovation (1995): Informationsgesellschaft: Chancen, Innovationen und Herausforderungen. Feststellungen und Empfehlungen, Bonn.

Redlich, J.-P.(1996): Corba 2.0, Bonn u.a.

Robertazzi T. G. (1990): Computer Networks and Systems, NewYork.

Rüttgers, J. (1996): Rechtliche Rahmenbedingungen für neue Informations- und Kommunikationsdienste, 2. Mai 1996.

Sabel, C. F. (1989): Flexible specialisation and the re-emergence of regional economies. in: Hirst, P./Zeitlin, J. (eds): Reversing Industrial Decline?, Oxford, S. 17-70.

Sauer, D./ Döhl, V. (1994): Arbeit an der Kette. Systemische Rationalisierung unternehmensübergreifender Produktion, in: Soziale Welt 45, Heft 2, S. 197-215

Sydow, J. (1992): Strategische Netzwerke, Wiesbaden.

Tanenbaum, A. (1996): Computer Networks, (3rd Edit.), Englewood Cliffs, N.J.

Teubner, G. (1992): Die vielköpfige Hydra: Netzwerke als kollektive Akteure höherer Ordnung, in: Krohn, W./Küppers, G. (Hrsg.): Emergenz: Die Entstehung von Ordnung, Organisation und Bedeutung, Frankfurt am Main, S. 189-216.

Williamson, O. E. (1990): Die ökonomischen Institutionen des Kapitalismus. Unternehmen, Märkte, Kooperationen, Tübingen.

DFG-Schwerpunktprogramm V^3D^2 – *Verteilte Verarbeitung und Vermittlung Digitaler Dokumente*

Dieter W. Fellner
Institut für Informatik III, Universität Bonn
fellner@graphics.cs.uni–bonn.de
http://www.graphics.uni-bonn.de/dfgspp.V3D2

Zusammenfassung

Der Senat der Deutschen Forschungsgemeinschaft (DFG) hat im Sommer 1996 die Einrichtung des Schwerpunktprogramms „Verteilte Verarbeitung und Vermittlung digitaler Dokumente" beschlossen.

Ziel des Schwerpunktprogramms ist die Erforschung und Entwicklung neuer Techniken zur Erstellung, Verbreitung und Nutzung elektronischer Information zum Zwecke des *Aufbaus und der Nutzung „Digitaler Bibliotheken"* mit den zentralen Forschungsthemen

- Erstellung, Verwaltung und Vermittlung multimedialer digitaler Dokumente
- Netze, Kompression und Datenübertragung
- Multimediale Lehr- und Lernsysteme

Nachdem der Schwerpunkt seine Arbeit gerade erst aufnimmt, konzentriert sich die vorliegende Präsentation auf die Ausgangssituation sowie die wesentlichen Fragestellungen im Bereich der *Digitalen Bibliotheken*, die zur Einrichtung des Forschungsschwerpunkts geführt haben.

1 Einleitung

Die Idee zur Beantragung des DFG Schwerpunktprogramms V^3D^2 entstand im Rahmen der Vorbereitungsarbeiten zum Projekt MeDoc,[1] einem Verbundprojekt, das seit September 1995 vom BMBF als Leitprojekt gefördert und von einem Konsortium bestehend aus der Gesellschaft für Informatik (GI), dem FIZ Karlsruhe und dem Springer-Verlag Berlin/Heidelberg geleitet wird.

In der etwa zwei Jahre dauernden Vorbereitungsphase zum MeDoc-Projekt wurde zunehmend klar, daß in dem geplanten „Dienstleistungsprojekt" kein Platz für die Förderung von Forschungsaktivitäten in nennenswertem Umfang gefunden werden kann. Auf der Suche nach Alternativen wurde das Programmkomitee (siehe Abschnitt 7) von der DFG zur Einreichung eines entsprechenden Antrags auf Einrichtung eines Forschungsschwerpunkts ermuntert.

[1] http://medoc.informatik.tu-muenchen.de/

Basierend auf den Erfahrungen der MeDoc-Vorbereitungen und durch die damit bereits etablierten Kontakte zu den an dieser Thematik interessierten Gruppierungen konnte im Sommer 1995 sehr kurzfristig ein Antrag entwickelt werden, der vom Senat der DFG im Mai 1996 befürwortet wurde.

2 Zielsetzung

Schon der Begriff *Digital Libraries* deutet an, daß Bibliotheken (im allgemeinsten Sinne) in besonderem Maße von den Veränderungen der Informationslandschaft betroffen sind. Verändern werden sich – und haben sich zum Teil schon – die *Informationsobjekte (Dokumente),* ihre *Erstellung, Speicherung* und *Nutzung.* Elektronisch gespeicherte Volltexte, Rasterbilder, 3D-Graphik anstelle von Konstruktionszeichnungen, Animationen dynamischer Vorgänge und multimediales Lehrmaterial werden künftig gleichberechtigt neben Zeitschriften und Büchern stehen. Diese neuen Darstellungsformen, die neben die herkömmliche Form der Informationsdarstellung treten werden, stellen eine technische Herausforderung dar. In praktisch allen Bereichen, in denen es um die Vermittlung von Wissen geht, bieten die neuen Darstellungsformen und ihre Verknüpfung große Chancen.

Die immaterielle Form, in der elektronische Information vorliegt, und die durch die Netztechnologie erreichte *Ortsunabhängigkeit* führen zu völlig neuen Nutzungs- und Speicherungsformen: der Zugriff ist von jedem Knoten des weltweiten Netzes möglich, die gemeinsame Speicherung der Daten an einem Ort erübrigt sich. Die Gliederung erfolgt künftig eher nach inhaltlichen und zeitlichen Kriterien als nach formalen.

Elektronische „Bibliotheken" verstehen sich in diesem Kontext, unabhängig von dem konkreten institutionellen Begriff, als logische Datenhaltungs- und Datenvermittlungsräume. Sie lassen sich frei definieren und treten als elektronische Spezialbibliotheken gleichberechtigt neben klassische Universal- und Fachbibliotheken. Wesentlich ist hier vor allem, daß eine wie auch immer gewählte logische Kollektion von Datenbeständen Funktionen einer Bibliothek darstellen kann und wird.

Elektronische Bibliotheken, die neben textuellen Dokumenten auch umfangreiche Dokumente anderer Art wie Faktensammlungen, Still- und Bewegtbilder, Audio- und Videosequenzen sowie Animations- und Simulationsteile enthalten, verändern zunehmend auch das Lehren und Lernen an den Hochschulen. Als Fernziel kann man sich ein Szenario vorstellen, das weit über die heutige traditionelle Form des Unterrichts hinausgeht und Studenten und Dozenten gleichermaßen den Zugriff und die Nutzung hypermedialer Informationssysteme erlaubt, die nicht nur lokal, sondern in globalen Rechnernetzen auf Servern abgelegt sein können. Man wird erwarten können, daß heute noch getrennte Entwicklungen wie mediengestütztes Lehren und Lernen, Computerpräsentation, Computerkonferenzsysteme, Computer-Supported-Cooperated-Work, Tele-Teaching und Computer-Aided-Instruction immer mehr zusammenwachsen. Es ist klar, daß der Erfolg des auf derartige elektronische Bibliotheken abgestützten Lehrens und Lernens letztlich von der Relevanz der in diesen hypermedialen Informationssystemen abgelegten Inhalte abhängt.

Die Arbeiten im Schwerpunktprogramm sollten deshalb den folgenden Zielen dienen:

1. Entwicklung von Methoden und Werkzeugen für die Verarbeitung und Vermittlung verteilter multimedialer Dokumente,
2. Nutzbarmachung von Synergien durch engere Kooperation der Informatik mit den Bibliothekswissenschaften und der computergestützen Lehre,
3. Stärkung der Kooperation von Industrie, Bibliotheken und Hochschulen.

3 Verwaltung und Vermittlung digitaler Dokumente

Digitale Dokumente umfassen neben der traditionellen, textlichen Form der Informationsdarstellung multimediale Objekte. Herkömmliche Datenverwaltungssysteme erweisen sich bei Anwendungen mit solchen Dokumenten als ebenso unzureichend wie klassische Dokument-Retrievalsysteme. Die resultierenden Fragestellungen bzw. Forschungsthemen sind:

- Verbindung von multimedia-tauglichen Datenbanksystemen mit Dokument-Retrievalsystemen
- Designkonzepte für Dokumentenserver als Bausteine einer digitalen Bibliothek
- Realisierung von Echtzeitanforderungen
- Zugriffsstrukturen für verschiedenartige Objekte bei bestimmten Anforderungsprofilen

Ein ganzes Bündel von grundlegenden Fragestellungen ergibt sich aus der Tatsache, daß Dokumente inhaltsorientiert gesucht werden. Es ist mit den heutigen technischen Mitteln sehr einfach digitale Dokumente verschiedenster Art weltweit anzubieten. Das Auffinden von *relevanter* Information, die zur Lösung eines spezifischen Problems beitragen kann, wird immer schwieriger. Es fehlen Verfahren zur Reduktion der Datenflut nach inhaltlichen Kriterien. Gesucht sind Methoden und Techniken, die aus der Vielfalt des Informationsangebots die Inhalte auswählen, die für den Nutzer relevant und interessant sind. Der multimediale Aufbau der Dokumente verschärft das Problem, da die inhaltliche Charakterisierung von z.B. Audiodaten oder Videoclips ein ungelöstes Problem darstellt.

Zu den Forschungsthemen, die dazu im Rahmen des Schwerpunktprogramms behandelt werden sollen, gehören:

- Entwicklung von semantischen Informationsfiltern für Texte
- Retrieval von Bildern und 3D-Graphiken aufgrund von Skizzen, Beispielen oder inhaltsorientierter Information
- Automatische Indexierung und Abstract-Generierung von Videosequenzen und virtuellen Szenarien
- Weiterentwicklung von Vermittlungsdiensten zur Beherrschung umfangreicher und heterogener Informationsquellen
- Inhaltliche und formale Beschreibung von Informationsangeboten als Basis für Vermittlungsdienste

Digitale Bibliotheken sind grundsätzlich verteilt. Im Unterschied zu verteilten Datenbanken sind die Anbieter von Information immer autonom. Systemtechnische Lösungen sollen soweit wie möglich auf Techniken der verteilten Verarbeitung, wie CORBA / Coss oder ODP, aufbauen. Es ist derzeit offen, wie solche Basismechanismen genutzt werden können, um die Anwendungsfunktionalität digitaler Bibliotheken zu realisieren. Dabei stellen sich vielfältige Einzelfragen wie:

- Bestimmung relevanter Kriterien zur Anfragebearbeitung im verteilten Informationsraum
- Nutzung der Anfragekriterien zur Anfrageoptimierung
- Einfache Spezifikation von Informationsangeboten zur effizienten Erschließung für die Anfragebearbeitung
- Untersuchung des Verbesserungspotentials von aktiven Mechanismen der Informationsbeschaffung (*agents*)
- Einsetzbarkeit aktiver Datenbankmechanismen
- Bestimmung von Konsistenz- und Kohärenzanforderungen in dem weitverteilten Gesamtsystem
- Entwicklung von Konzepten für die Konfiguration und Nutzung persönlicher „Handbibliotheken" in einer verteilten digitalen Bibliothek

4 Erstellung, Kompression und Datenübertragung

Hochleistungskommunikationsnetze sind grundlegend für das geplante Vorhaben. Die Vielgestaltigkeit der Objekte, ihr Volumen und die Echtzeitanforderungen stellen hohe Anforderungen an Durchsatz und Antwortzeitverhalten.

Neben der Weiterentwicklung der Netztechnologie und den Kommunikationsprotokollen müssen auch auf Seite der Datenproduktion große Anstrengungen zur effizienteren Nutzung von Kommunikationskanälen unternommen werden.

Zu den wichtigen Fragestellungen gehören auch Methoden zur effizienten Erstellung höherdimensionaler Dokumente (Bilder, 3D-Szenen, Animationen) unter Berücksichtigung des Erhalts von semantischer Information und von Szenenhierarchien sowie der Berücksichtigung, daß einzelne Dokumentenbausteine in späteren Suchvorgängen wiedergefunden werden können und müssen.

Ein damit in Zusammenhang stehender und zur Zeit nur unbefriedigend behandelter Problembereich ist die Dokumentauszeichnung oder der *Markup* von beliebigen Dokumenttypen.

Ein ebenfalls sehr komplexer Problemkreis ist die Navigation in verteilten, dynamischen, multi-user Welten, wie sie zum Beispiel bei verschiedenen Formen der Telekooperation benötigt wird.

5 Multimediale Lehr- und Lernsysteme

Die Erstellung multimedialer Dokumente (mit Animationen, Simulationen, Integration von Still- und Bewegtbildern usw.) ist noch immer mit einem erheblichen finanziellen und zeitlichen Aufwand verbunden. Es sind zwar etliche Werkzeuge für verschiedene Rechnerplattformen vorhanden die eine große Zahl von für einen einzelnen Autor kaum noch zu beherrschenden Funktionalitäten anbieten. Dennoch sind sie von dem Leistungsstandard weit entfernt, den man inzwischen bei der Erstellung papiergebundener Dokumente mit Werkzeugen wie z.B. TEX, LATEX oder Framemaker gewöhnt ist.

Um das Fernziel einer multimediale Lehr- und Lernumgebung zu erreichen, in der Dozenten und Studenten gleichermaßen Zugriff auf hypermediale Informationssysteme haben, die weltweit verteilt sind, müssen noch zahlreiche technische Probleme gelöst werden:

- Fragen der Standardisierung und Transformation verschiedener Datenformate für Dokumente unterschiedlicher Art
- Kompressionsverfahren für großvolumige Daten wie Bilder, Filme usw.
- Editoren zur Integration verschiedener Medien, z.B. von Videoaufzeichnungen in elektronischen Skripten
- Synchronisation von Sprache mit anderen Ereignissen (z.B. Testpräsentation, Animation etc.)
- Entwicklung netzfähiger Produkte und Lösung des Verteilproblems (welche Daten sollen lokal, welche remote gehalten werden, was ist die geeignetere Form der Verteilung und Speicherung)

Es gibt bereits eine ganze Reihe von Versuchen, die zeigen, daß heute noch in der Regel getrennte Tätigkeiten, wie das Halten einer Vorlesung im Hörsaal, Computerpräsentation, Computerconferencing, Teleteaching und das Erstellen von für die Lehre geeigneten multimedialen Dokumenten künftig zusammenwachsen werden. Es hat sich allerdings auch herausgestellt, daß überzeugende Ergebnisse nur dann erreicht werden, wenn die zu vermittelnden Inhalte sehr sorgfältig auf die begrenzten Fähigkeiten der heute verfügbaren Werkzeuge abgestimmt sind. Dann kann man allerdings mit vertretbarem Aufwand multimediale Dokumente erzeugen, die deutlich über das hinausgehen, was ein nur papiergebundenes Dokument oder eine Videoaufzeichnung einer Vorlesung liefern könnte.

Entscheidend für den Erfolg dieses besonders aus der Sicht des für den Inhalt verantwortlichen Dozenten attraktiven Ansatzes ist allerdings, daß bessere Werkzeuge als die heute verfügbaren entwickelt werden. Dazu gehören vor allem

- ein whiteboard, das vielfältige Fähigkeiten einer „elektronischen Tafel“ bietet inklusive der Kontrolle von Fremdapplikationen,
- Editoren zur Nachbearbeitung von aufgezeichneten und digitalisierten Daten,
- Vernetzungstools, die es erlauben, auf einfache Art Links zwischen Dokumenten ganz verschiedener Art (z.B. zwischen PDF-Files und Videoframes) zu setzen,
- Datenübermittlungsverfahren, die es erlauben, Mindestbandbreiten in (Teil-)Netzen zu reservieren.

Um solche Werkzeuge und Verfahren nicht am „Bedarf vorbei“ zu entwickeln, ist ganz entscheidend, daß die Werkzeugentwicklung und ihre Nutzung zur Aufbereitung nichttrivialer Inhalte Hand in Hand gehen. Denn nur so kann man feststellen, was der Dozent (Autor) noch handhaben kann und was der Student (als Adressat) sich wünscht.

Aus Sicht der Studenten muß Wert darauf gelegt werden, daß alle für den Abruf und die Nutzung multimedialer Dokumente erforderlichen Softwarekomponenten auf Rechnerplattformen des Industriestandards angeboten werden und die Kommunikation auch über schmalbandige Netze (ISDN) möglich ist.

6 Einbindung der Bibliotheken

Die Bibliotheken, die traditionell durch Sammlung, Erschließung und Bereitstellung im wesentlichen gedruckter Schriften die wichtigste Ressource wissenschaftlicher Publikationen in Forschung und Lehre darstellen, sind durch die neuen digitalen Publikations- und Kommunikationsformen fundamental betroffen und befinden sich in einem Umorientierungsprozeß. Ihr Beitrag zum Wissenschaftsbetrieb, nämlich die Organisation der Ressourcen wissenschaftlicher Publikationen als Dienstleistung, wird grundsätzlich weiterhin benötigt, jedoch in wesentlich veränderter Form. Es ist daher notwendig, daß Fachwissenschaften und Bibliotheken, und dazu auch Verlage und informationstechnologische Einrichtungen, gemeinsam die Entwicklung ihrer Informationsstrukturen projektieren.

Neben die konkreten, institutionellen Bibliotheksbestände tritt ein institutionsunabhängiges Potential digitaler Informationsobjekte unterschiedlicher Darstellungsformen und -formate auf Host- oder Internet-Servern oder CD-ROM. An verschiedenen Stellen gespeichert, aber in einem weltweiten Telekommunikationsnetz prinzipiell allgemein abfragbar, bilden sie insgesamt eine umfassende „elektronische Bibliothek", die sich allein durch die Fragestellungen der Benutzer in frei definierten logischen Spezialkollektionen von Informationsobjekten darstellt. Die logisch-funktionale „Bibliothek" kann die Ressourcen jeder konkreten Bibliothek beliebig erweitern.

Für den wissenschaftlichen Nutzer macht es prinzipiell keinen Unterschied, ob er benötigte Informationen, Dokumente oder andere Datenobjekte aus konkreten Bibliotheksbeständen oder digitalen Ressourcen erhält. Heute klafft jedoch zwischen beiden Nutzungszugängen noch weitgehend eine Lücke, und auch in der Nutzung der digitalen Ressourcen selbst bestehen erhebliche Unterschiede und Hemmnisse. Es überwiegen noch datenbankspezifische Recherchesysteme. Recherchesysteme, die geeignet sind, in sehr großen und verteilt gespeicherten Datenbanken unter einheitlicher Fragestellung relevante Informationen und Dokumente aufzufinden, müssen weitgehend erst noch entwickelt werden. Vor allem müssen integrative Strukturen entwickelt werden, die die gesamte Informationskette, von den Methoden und Techniken des elektronischen Publizierens über das System verteilter Datenbanken bis zu deren Nutzung, betrifft.

Datenstrukturierung, Identifizierung und Recherchierbarkeit digitaler Informationsobjekte müßen so entwickelt werden, daß sie einem möglichst allgemeinen Informationsvermittlungsservice der Bibliotheken eingefügt werden können. Und Methoden und Techniken des Informationsvermittlungsservice müßen so entwickelt werden, daß sie die neuen Informationsobjekte aufnehmen und mit integrierten, transparenten Rechercheinstrumenten und in objekt- und fachspezifischer Darstellung den Nutzern vermitteln können. Erstellung der Informationsobjekte, Zulieferung und Einspeisung sowie Administrierung und Nutzung müssen ein Höchstmaß an Transparenz erzielen.

Im folgenden werden technische Erfordernisse angeführt, für die Lösungen oder bessere Lösungen aus Sicht der Bibliotheken durch gezielte Projekte erarbeitet werden sollen:

- Technologieneutralität der zu verwaltenden Informationsobjekte
- Bewältigung großer Datenbestände bei hohen Performanceanforderungen in Speicherung, Retrieval, Netzübertragung und Datenaufbereitung
- Verfahren zur Filterung und Selektion, um Informationsüberflutung zu vermeiden

- integrative Speicher-, Adressierungs- und Verwaltungstechniken für unterschiedliche, komplexe Informationsformen und -formate, Netzkomponenten zur Integration verschiedener Ressourcen, Schnittstellen zu den verschiedenen Bereichen der Informationsversorgung, regionalen und überregionalen Bibliotheksdatenbanken und Rechenzentren ebenso wie kommerziellen Anbietern
- integrative und transparente Navigations- und Suchstrategien, Hypertextsysteme zur flexiblen Nutzung eines komplexen Angebotes
- Verbesserung der inhaltlichen Strukturierung und Erschließung der digitalen Informationsressourcen, Meta-Strukturen, kooperativ entwickelte Erschließungsprogramme
- intelligente Formatumsetzungen, diversifizierte, fachspezifische Präsentation unterschiedlicher und heterogener digitaler Informationsobjekte
- Organisationsformen der dauerhaften Bewahrung (Archivierung) digitaler Informationsbestände, Techniken der Replizierung hierzu.

Außer technischen Problemstellungen sollen auch für eine Reihe organisatorischer Erfordernisse zwischen Fachwissenschaften, Bibliotheken, Verlagen und anderen Informationsanbietern Lösungen erarbeitet werden. Die Veränderungen der Rollenverteilung in der Publikations- und Informationskette vom Autor bis zum Endnutzer befinden sich in lebhafter Diskussion und sind noch keineswegs als geklärt zu betrachten.

Für folgende dem organisatorischen Bereich zugehörigen Erfordernisse besteht Untersuchungs- und Lösungsbedarf; durchweg handelt es sich dabei um Projekte der Grundlagenforschung, jedoch können verschiedene Aspekte mit solchen Projekten in Verbindung stehen:

- Organisation der die „elektronische Bibliothek" betreffenden Dienstleistungen und Aufgaben in den Hochschulen, technische Infrastruktur, Investitions- und Kostenmanagement
- Begutachtung und Qualitätskontrolle elektronischer Publikationen, Verfahren und Kennzeichnung
- Status, Authentizität und Integrität elektronischer Publikationen
- formale Identifikation und Verzeichnung zum sicheren Auffinden und Zitieren (entsprechend bibliographisch- dokumentarischer Identifikation)
- Organisation der Archivierung langfristig zu bewahrender elektronischer Publikationen
- retrospektive Digitalisierungsprojekte bzw. Mitwirkung daran
- Entgelte und Berechnung
- medienkritische Nutzungsstatistik und -auswertung, Nutzergewohnheiten, Präferenzen, Desiderata, Leistungs- und Kostenkontrolle sowie zugehörige Verfahren.

7 Einrichtung des Schwerpunkts

Die Hauptarbeit der Antragstellung für diesen Schwerpunkt wurde von einem Programmkomitee bestehend aus D. Fellner (Initiator), Universität Bonn, T. Ottmann, Universität Freiburg, P. Rau, Universitäts- und Landesbibliothek Bonn und H. Schweppe, FU Berlin mit Unterstützung zahlreicher Kolleginnen und Kollegen geleistet.

Für Ihre Beratung aus Sicht der Mathematik (DMV) und der Physik (DPG) sind wir den Kollegen M. Grötschel und K. Urban zu besonderem Dank verpflichtet. Nur mit Ihrer Hilfe war es möglich, die Anliegen anderer Fachgesellschaften in der Beantragung des Schwerpunkts entsprechend zu berücksichtigen.

Besonders hervorgehoben werden muß aber auch die Rolle der DFG. Die Einrichtung des Schwerpunkts in diesem Umfang wäre ohne die (erstmalige) Zusammenarbeit dreier Referatsleiter der DFG, J. Bunzel, A. Engelke und R. Rutz nicht möglich gewesen. Erst das unbürokratische Zusammenspiel der drei Referate und die ausgezeichnete Zusammenarbeit der Fachleute und Gutachter aus den unterschiedlichen Arbeitsgebieten hat die reibungslose Vorbereitung dieses – aus Sicht des Fördervolumens bisher größten – Schwerpunkts ermöglicht.

Weitere Informationen

Online Informationen zum Schwerpunkt finden sich unter der Adresse:

http://www.graphics.uni-bonn.de/dfgspp.V3D2

Bildung –
Forschung –
Industrielle Innovation

VERBMOBIL: Erkennung, Analyse, Transfer, Generierung und Synthese von Spontansprache

Wolfgang Wahlster
Deutsches Forschungszentrum für Künstliche Intelligenz (DFKI GmbH)
Stuhlsatzenhausweg 3, 66123 Saarbrücken
Email: wahlster@dfki.de, WWW: http://www.dfki.de/~wahlster

Abstract

Verbmobil ist ein langfristig angelegtes, interdisziplinäres Leitprojekt im Bereich der Sprachtechnologie. Das Verbmobil-System erkennt gesprochene Spontansprache, analysiert die Eingabe, übersetzt sie in eine Fremdsprache, erzeugt einen Satz und spricht ihn aus. Für ausgewählte Themenbereiche (z.B. Terminverhandlung, Reiseplanung, Fernwartung) soll Verbmobil Übersetzungshilfe in Gesprächssituationen mit ausländischen Partnern leisten. Das Verbundvorhaben, in dem Unternehmen der Informationstechnologie, Universitäten und Forschungszentren kooperieren, wird vom Bundesministerium für Bildung, Wissenschaft, Forschung und Technologie (BMBF) in zwei Phasen (Laufzeit Phase 1: 1993-1996; Phase 2: 1997 - 2000) gefördert. Nachdem in der ersten Phase Terminverhandlungsdialoge zwischen einem deutschen und japanischen Geschäftspartner mit Englisch als Zwischensprache verarbeitet wurden, steht in der zweiten Phase von Verbmobil die robuste und bidirektionale Übersetzung spontansprachlicher Dialoge aus den Domänen Reiseplanung und Hotelreservierung für die Sprachpaare Deutsch-Englisch (ca. 10.000 Wörter) und Deutsch-Japanisch (ca. 2.500 Wörter) im Vordergrund.

Übersetzung gesprochener Spontansprache

Spontansprache ist frei formulierte Alltagssprache, bei der ein Sprecher nicht etwa vorbereitete Texte vorliest. Gedankengänge werden fortlaufend in Sprache umgesetzt, wobei sehr häufig auch ungrammatische Sätze entstehen. Verbmobil muß deshalb mit abgebrochenen Sätzen, Einschüben und Selbstkorrekturen umgehen können. Nicht bedeutungstragende Äußerungselemente wie Räuspern, Schmatzen, „äh“ und „ehm“ werden von der Spracherkennung zunächst wie spezielle Wörter behandelt und für die weitere Analyse aus der Eingabe entfernt. Wenn der Sprecher sagt "Ja, ich weil also würde mal sagen äh vorschlagen, wir könnten uns am äh 7. treffen so im Mai", so würde dieser Satz von einem an der Schriftsprache orientierten System abgelehnt und der Sprecher müßte den Satz wiederholen. Durch Kombination von statistischen und linguistischen Verfahren wird Verbmobil jedoch so fehlertolerant und robust, daß der Dialogakt "suggest_date" mit der Datumsangabe "7. Mai" aus der oben zitierten Äußerung extrahiert und die Übersetzung "How about the seventh of May?" ausgegeben wird. Eine zusätzliches Problem stellen dialektale Färbungen dar. So ist bei vielen Sprechern aus dem Saarland und der Pfalz in der Äußerung "Ich finde das nätt" rein akustisch "nett" kaum von "nicht" zu unterscheiden. Auch ein menschlicher Dialogpartner kann in diesem Fall nur durch Einbeziehung des Kontextes und der

Betonung ermitteln, ob der Satz als Zustimmung oder als Ausdruck einer ergebnislosen Suche gemeint ist.

Gesprochene Sprache kennt keine Interpunktion; Betonung und Phrasierung ersetzen Punkt und Komma. Die Wortfolge „Ja-zur-Not-geht-es-auch-am-Samstag" kann je nach Betonung als Bestätigung des Termins „Samstag" interpretiert werden („Ja, zur Not geht es auch am Samstag.") oder als eingeschränkte Annahme eines Termins mit Gegenvorschlag: „Ja, zur Not! Geht es auch am Samstag?" .

Nur durch die Berücksichtigung der Prosodie können Mehrdeutigkeiten auch von einzelnen Wörtern wie „noch" für die Übersetzung aufgelöst werden. Lautet die Eingabe „Wir brauchen noch einen Termin" ohne prosodischen Akzent auf „noch", so übersetzt Verbmobil mit „We still need a date". Wird „noch" jedoch betont, so wählt Verbmobil aufgrund der anderen Satzbedeutung die Übersetzung „We need another appointment". Ohne Weltwissen über den Gesprächsgegenstand ist eine Übersetzung oft nicht möglich. Die Transferregeln von Verbmobil müssen daher in Sortentests auf Wissen zurückgreifen, das in einer terminologischen Logik codiert ist, um z.B. das Wort „vor" in dem Satz „Wir treffen uns vor dem Hotel" durch „in front of" zu übersetzen, aber bei der Eingabe „Wir treffen uns vor der Tagung" die Übersetzung „before" zu wählen.

Die Übersetzung muß auch kontextabhängig erfolgen und den Dialogverlauf berücksichtigen. So muß der Satz „Geht es bei Ihnen?" von Verbmobil als „Do we meet at your place?" übersetzt werden, wenn vorher gefragt wurde „Wo treffen wir uns?". Dagegen lautet die korrekte Übersetzung der identischen Eingabe „Is it possible for you?", wenn vorher „Sollen wir uns im April treffen?" geäußert wurde.

Hauptziel der Forschungen zur Sprachsynthese in Verbmobil ist eine möglichst natürlich klingende Aussprache der übersetzten Dialogbeiträge. Um nicht "roboterhaft" zu klingen, muß Verbmobil Verschleifungen richtig aussprechen, so daß "am Montag" als "amontag" synthetisiert wird. Vor allem aber muß Verbmobil die richtige, zum Inhalt des Redebeitrages passende Satzmelodie berechnen. Außerdem wird in Verbmobil u.a. mithilfe von neuronalen Netzen versucht, den Stimmcharakter des jeweiligen Sprechers auch bei der automatisch erzeugten Übersetzung nachzubilden, so daß nicht etwa die deutsche Eingabe einer Frauenstimme in der englischen Übersetzung als eine tiefe Männerstimme ertönt.

Die Entwicklungsstufen von Verbmobil

Das erste integrierte System, der sog. Verbmobil-Demonstrator, konnte 1995 während der CeBIT von Bundesforschungsminister Dr. Jürgen Rüttgers der Öffentlichkeit vorgestellt werden. Der Verbmobil-Demonstrator (Umfang 1292 Wörter) erkennt gesprochene deutsche Eingaben aus der Domäne Terminverhandlung, analysiert sie, übersetzt sie und äußert die englische Übersetzung. Der Verbmobil-Forschungsprototyp 1.0 (Umfang 2461 Wörter), der auf der CeBIT 1997 vorgestellt wurde, erkennt auch japanische Eingaben, um sie ins Englische zu übersetzen, und kann auch auf Deutsch Klärungsdialoge mit dem Benutzer führen. Für die erste Projektphase wurden bis Ende 1996 64,9 Millionen DM Fördermittel des BMBF eingeplant. Zusätzlich brachten die Industriepartner 31 Millionen DM auf. Durch die gezielte

Zusammenführung aller Wissensträger aus Wissenschaft und Industrie ist bereits in der ersten Phase ein sehr wirkungsvoller Technologietransfer gelungen, der zu innovativen Produktlösungen bei den im Projekt beteiligten Unternehmen u.a. in den Bereichen Diktiersysteme, telephonische Informationssysteme und Freisprecheinrichtungen sowie der Sprachbedienung im Fahrzeug geführt hat. Die durch Verbmobil erlangte internationale Spitzenstellung im Bereich der Sprachtechnologie wurde inzwischen von den Projektpartnern auch durch mehrere Patente gesichert.

Nach der erfolgreichen Abnahme des Verbmobil-Forschungsprototyps im Oktober 1996 bewilligte das BMBF für die zweite Phase (1997 - 2000) 50,2 Mio. DM; die Industriepartner stellen 20,4 Mio. DM an Eigenmitteln zur Verfügung. In der zweiten Phase wird Verbmobil auf einem zentralen Sprachserver implementiert (Umfang ca. 10000 Wörter für Deutsch-Englisch und 2500 Wörter für Deutsch-Japanisch), der über ISDN-Telephone, ATM-basierte Telekooperationsdienste oder GSM-Mobilfunk in Anspruch genommen werden kann. Dieser Sprachserver identifiziert die Eingabesprache und übernimmt die Spracherkennungs-, Übersetzungs- und Sprachgenerierungsleistung. Da mehrere Nutzer die Übersetzungsdienstleistung gleichzeitig in Anspruch nehmen können, werden bei dem Sprachserverkonzept parallele Kanäle vorgesehen. Verbmobil wird dadurch auch in mehrsprachigen Telekonferenzen mit mehr als zwei Partnern eingesetzt werden können (Multiparty-Situation).

Der Forschungsprototyp von Verbmobil

Alle technischen Ziele der ersten Phase von Verbmobil wurden voll erreicht und in einem Forschungsprotoypen realisiert:

1) Erkennung fließend gesprochener Spontansprache für Deutsch, Japanisch und Englisch über Nahbesprechungsmikrophon
2) Wortschatz von ca. 2500 Wörtern für die Übersetzungrichtung Deutsch nach Englisch
3) Sprecheradaptives System mit sprecherunabhängigem Kern
4) Linguistisch fundierte deutsche Basisgrammatik für Spontansprache mit tiefer und flacher semantischer Analyse
5) Gesprochene Klärungsdialoge zwischen dem Benutzer und dem Verbmobil-System bei Spracherkennungs- und Verstehensproblemen
6) Semantischer Transfer für Deutsch -Englisch und Japanisch - Englisch
7) Sprachgenerierung für Englisch und für deutsche Paraphrasen
8) mehr als 70% approximativ korrekte Übersetzungen bei der End-to-End Evaluation in der Domäne Terminverhandlung
9) Reine Softwarelösung für alle Module auf Standardhardware
10) Netto-Verarbeitungszeit < sechsfache Echtzeit bezogen auf die Länge des Eingabe-Sprachsignals.

Wie die Architekturübersicht in Fig. 1 zeigt, wurde Verbmobil als hochgradig nebenläufiges System nach dem Multiagenten-Prinzip mit zahlreichen Kommunikationsschnittstellen zwischen den Verarbeitungsmodulen vollständig objektorientiert realisiert. Die Benutzeroberfläche, durch die auch der Verarbeitungsablauf visualisiert wird, zeigt nur die Hauptmodule der insgesamt 43 Systemkomponenten.

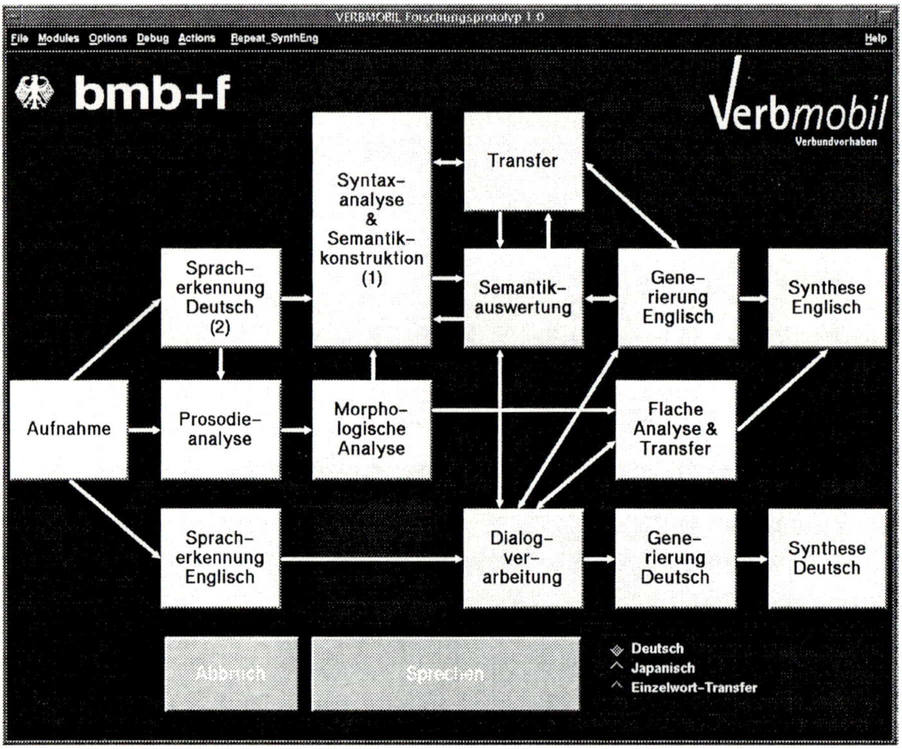

Fig. 1: Die Benutzeroberfläche des Forschungsprototypen von Verbmobil

In der ersten Phase von Verbmobil (siehe [4]) wurde erstmals ein echtzeitfähiges, sprecherunabhängiges System für deutsche Spontansprache mit hoher Erkennungsleistung realisiert. Die als möglich erkannten Wörter werden mit Wahrscheinlichkeiten bewertet und in einem Worthypothesengraphen dargestellt. Dabei konnte die Wortfehlerrate in der Testdomäne von über 50% zu Beginn des Projektes auf 14% bei der letzten Evaluation am Ende der ersten Phase reduziert werden, was derzeit weltweit die beste Erkennungsleistung für Spontansprache darstellt. Im Vergleich zu allen bisherigen Systemen (vgl. Tabelle 1) können vom Forschungsprototypen extrem lange Sätze verarbeitet werden, wie sie spontan in Verhandlungsdialogen häufig gebildet werden (im Gegensatz zur Kommando-Eingabe in sprachgesteuerten Systemen oder in Datenbank-Anfragesystemen).

Verbmobil ist das einzige System, das prosodische Information zur Interpretation von Äußerungen auf mehreren Verarbeitungsebenen verwendet (siehe [3]), u.a. zur Segmentierung langer Gesprächsbeiträge, zur grammatischen Verarbeitung, Bedeutungsdeterminierung, Übersetzung und Dialogverarbeitung. Da keine Interpunktion zur Segmentierung verwendet werden kann, ist die durch die Prosodie-Komponente von Verbmobil erzeugte Satzgrenzeninformation sehr wichtig, da sie die syntaktische Analyse um 92% beschleunigt und die Anzahl der Lesarten um 96% reduziert.

Im Verbmobil-Forschungsprototypen wurde erstmals ein durchgängiger Analyseweg von der spontansprachlichen Eingabe bis zur Diskurssemantik realisiert, die mithilfe von DRS (Discourse Representation Structures) eine Integration von Sprecher-, Hörer- und Kontextbezug ermöglicht. Die verschränkte syntaktisch-semantische Analyse (siehe [1]) auf der Basis von linguistisch-fundierten Unifikationsgrammatiken und kompositioneller Bedeutungsrepräsentation sichert das frühzeitige Einbeziehen von Bedeutungsinformation. Die linearisierte, minimal-rekursive Bedeutungsdarstellung in Form sog. VIT (Verbmobil Interface Terms) wurde in Hinblick auf einen effizienten Transfer optimiert. Die Unterspezifikation von Mehrdeutigkeiten ermöglicht eine kompakte und ambiguitätserhaltende Darstellung von Bedeutungsstrukturen, ohne unnötig Disambiguierungsaufwand bei parallelen Formen der Mehrdeutigkeit in Quell- und Zielsprache zu erzeugen.

Neuartig im Forschungsprototypen ist auch, daß ein hocheffizienter Sprachgenerator auf der Basis einer reversiblen HPSG-Grammatik für das Englische realisiert werden konnte, der eine durchschnittliche Generierungszeit pro Satz von nur 0.7 Sekunden aufweist. In einer Vorverarbeitungsphase wird dabei die am Center for the Study of Language and Information (CSLI) an der Stanford University im Auftrag für Verbmobil entwickelte HPSG-Grammatik in lexikalisierte TAG-Bäume im Baumadjunktionsformalismus transformiert, so daß zur Generierungszeit nur extrem schnelle Baumadjunktionen und vereinfachte Merkmalsunifikationen stattfinden. Der lexikalisch gesteuerte Sprachgenerator VM-GECO kann auch aus unterspezifizierten semantischen Strukturen mithilfe seiner 2730 Mikroplanungsregeln und seines hierarchischen Constraint-Progagierungssystems Dialogäußerungen erzeugen.

Die Gesamtverarbeitungszeit von der Eingabe bis zur Ausgabe teilt sich im Mittel folgendermaßen auf: Spracherkennung 38%, Prosodie 17%, Syntax und Semantik 25%, Semantische Auswertung und Dialog 14%, Transfer 3% und Generierung 3%. Es wird also derzeit noch über 50% der Verarbeitungszeit pro Dialogbeitrag in die signalnahe Erkennung der akustischen Eingabe investiert. Bemerkenswert ist, daß die eigentliche Übersetzung durch die semantik-basierte Transferkomponente sehr wenig Verarbeitungsaufwand erfordert, da hierbei lediglich noch eine quellsprachliche Bedeutungsrepräsentation in eine Darstellung in der Zielsprache transformiert werden muß.

Bei einer Gesamtevaluation der Übersetzungsleistung des Systems (siehe [2]), bei der mehr als 25000 Übersetzungsbeispiele durch Dolmetscher bewertet wurden, zeigte sich, daß derzeit 74,2% der angebotenen Übersetzungen approximativ korrekt sind, d.h. den vom Sprecher intendierten Inhalt des Dialogebeitrags in der Zielsprache verständlich wiedergeben. Dieses Ergebnis konnte nur mithilfe des hybriden

Übersetzungsansatzes von Verbmobil realisiert werden, der beispielorientierte Verfahren, Dialogakt-basierte Übersetzung und statistische Übersetzung mit einer tiefen linguistisch fundierten Analyse fallweise kombiniert (vgl. Fig. 2)

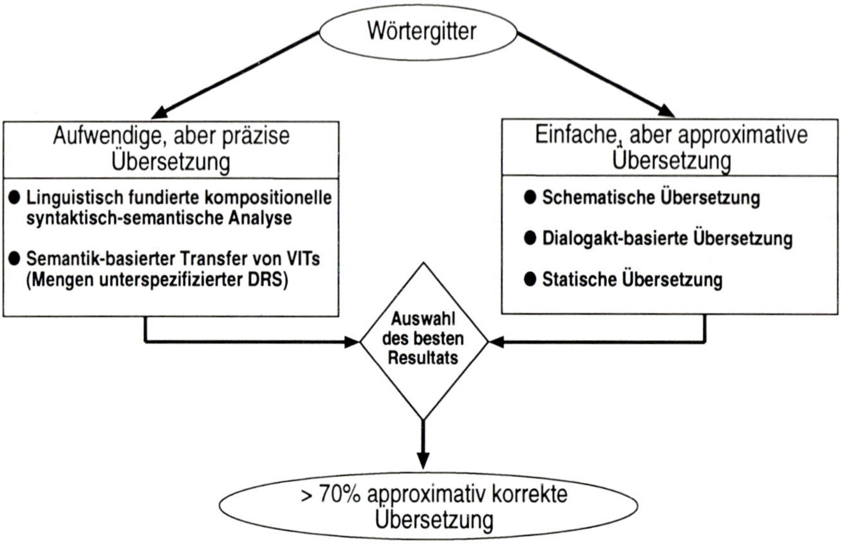

Fig. 2: Die Kombination flacher und tiefer Übersetzungsverfahren

Die Ziele der zweiten Phase von Verbmobil

In der zweiten Phase von Verbmobil steht die robuste und direkte Übersetzung spontansprachlicher Dialoge für die Sprachpaare Deutsch-Englisch (10000 Wörter) und Deutsch-Japanisch (2500 Wörter) (Multilingualität) im Vordergrund. Die angestrebte Multilingualität des Gesamtsystems setzt weitgehend sprachenunabhängige und möglichst reversible Verarbeitungsverfahren und Wissensquellen sowohl bei der Sprachanalyse als auch beim Transfer und der Generierung voraus. Bei der Übersetzung werden unterspezifizierte Repräsentationen systematisch verwendet, so daß ein Transfer gepackter Strukturen möglich wird. Es werden sprachtechnologische Werkzeuge entwickelt, die auf die multilingualen Anforderungen abgestimmt sind und die auch für große Wortschätze z.B. durch semiautomatische Adaptions- und Lernverfahren eine zeit- und kostengünstige Systemrealisierung ermöglichen.

Verbmobil bleibt auch in der zweiten Phase domänenabhängig, soll aber rasch auf verschiedene Gesprächsthemen umschaltbar sein (Multifunktionalität). Es wird untersucht, ob durch die automatische Erkennung des Hauptgesprächsthemas oder von Themenwechseln (Topic Detection) eine explizite Umschaltung auf ein anderes Domänenmodell durch den Benutzer entfallen kann. Ein Schwerpunkt liegt auf der effizienten, weitgehend automatisierten Adaptierbarkeit der sprachlichen Wissensquellen wie Sprachmodelle und Lexika an neue Domänen.

Am Ende der zweiten Phase soll ein System verfügbar sein, das nicht mehr von der Spracheingabe über ein Nahbesprechungsmikrophon abhängt, so daß selbst Freisprechen ermöglicht wird. Für die Spracherkennung ergibt sich hiermit die Herausforderung der Verarbeitung von Spontansprache in Telephon- oder sogar Funkqualität unter Berücksichtigung von Mikrophonwechsel. In einem ersten Anwendungsszenario (vgl. Fig. 3) kann ein ausländischer Besucher z.B. über ein GSM-Funktelephon mittels des Verbmobil-Servers seinen Dialog zur Planung einer Reise nach Hannover (Verkehrsverbindungen, Hotelreservierung, Eintrittskarten) mit dem deutschsprachigen Partner vollständig in Englisch führen. Dabei soll durch eine automatische Anfangs- und Endedetektion von Redebeiträgen der explizite Aufnahme- und Analysestart durch den Benutzer im Gegensatz zum Forschungsprototyp entfallen. Insgesamt wird angestrebt, Verbmobil selbst als vollständig sprachgesteuertes System zu realisieren.

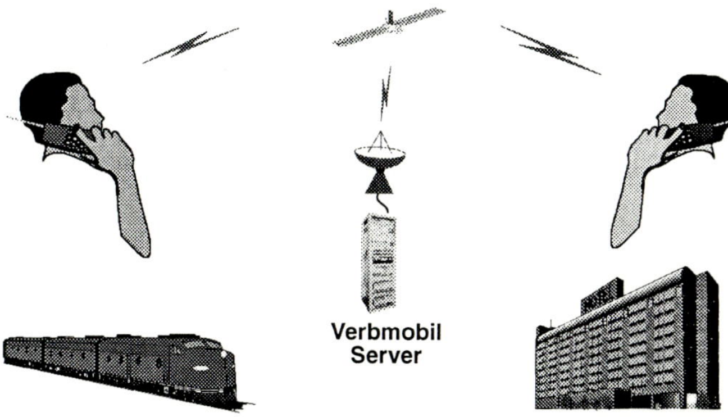

Fig.3: Anwendungsszenario Reiseplanung für die zweite Phase von Verbmobil

In einem zweiten Anwendungsszenario wird Verbmobil in mehrsprachigen multimedialen Telekonferenzen (vgl. Fig. 4) zur Reiseplanung mit mehr als zwei Partnern getestet (Multiparty-Situation). Die Übersetzung erfolgt bidirektional für die einzelnen Sprachpaare. Geht man von einer multilingualen Telekonferenz aus, z.B. mit einem Deutschen, einem Japaner und einem Amerikaner, so wird Verbmobil einen deutschen Dialogbeitrag parallel ins Englische und ins Japanische übersetzen, um bei sämtlichen Dialogpartnern den gleichen Informationsstand zu garantieren.

Dialogakte modellieren die intendierte Interpretation von Äußerungen in Dialogen und stellen Informationstypen dar, die von spontansprachlichen Performanzphänomenen abstrahieren und nur die relevante Information einer Äußerung repräsentieren. Statistische Methoden aus der Sprachmodellierung werden benutzt, um Dialogakte zu erkennen (z.Z. ca. 70% korrekte Erkennung), aber auch um Dialogakte vorherzusagen. Es resultiert eine Makrostruktur des Dialogs, in der jeder Turn nur noch durch seinen zentralen Gehalt repräsentiert ist. Diese Information wird auch zur Top-Down-

Steuerung der mikrostrukturellen Analyseebenen verwendet. Die kondensierte Form des Dialogs, die eine Art Dialogprotokoll darstellt, bietet das Rohmaterial für eine schriftliche Fixierung des Verhandlungsverlaufs. Zur Erstellung der Protokolle, die am Ende einer Telekooperationssitzung jeder Teilnehmer in seiner Muttersprache anfordern kann, wird neben der Generierung von gesprochener Sprache auch die Generierung von Schriftsprache erforderlich.

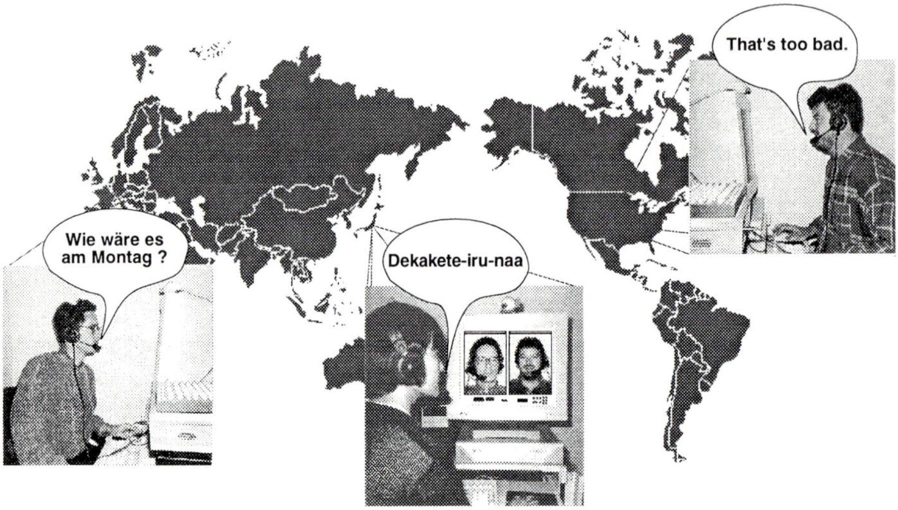

Fig. 4: Integration von Verbmobil in eine multimediale Telekonferenz

In Phase 2 wird eine entscheidende Verbesserung der Qualität der Sprachausgabe ein vordringliches Ziel sein, wobei im Gegensatz zur ersten Phase weniger die artikulatorische Qualität, sondern die Prosodie und satzübergreifende Phänomene den Schwerpunkt bilden. Dabei wird konsequent der Weg einer engen Kopplung von Sprachgenerierung und Sprachsynthese beschritten, um zu leistungsfähigen "Content-to-Speech"-Komponenten für die vorgesehenen Zielsprachen zu kommen.

Die Qualitätsbarrieren der klassischen „Text-to-Speech-Synthese“ sollen auf diese Weise überwunden werden. Dabei stellt die Generatorausgabe bereits zielgerichtet für die prosodie-orientierte Synthese annotierte Information bereit, welche die Reanalyse innerhalb der Synthesekomponente überflüssig macht. Vom Sprecher intendierte Hervorhebungen werden in der integrierten Sprachgenerierungs- und Synthesekomponente alternativ durch syntaktische Mittel (etwa topikalisierte Konstruktionen), durch intonatorische/prosodische Mittel (Satzbetonung, Lautdauern, Pausen) oder deren Kombinationen realisiert.

In der zweiten Phase von Verbmobil werden die beiden Verarbeitungsstränge - die tiefe wissensbasierte und die reduktionistische flache Analyse - weiter integriert. So wird auch die Verarbeitung von syntaktisch und semantisch deformierten Äußerungen möglich. Eine neue Komponente zum partiellen Parsing fügt in den Interpretationsgraphen partielle syntaktisch-semantische Elemente ein, die Folgen von Worthypothesen überspannen. Die generelle Vorgehensweise besteht darin, daß die Äußerung inkrementell durch stochastische endliche Automaten in partiell syntaktisch und semantisch interpretierbare Einheiten aufgebrochen wird.

Zusammenfassend kann man festhalten, daß der Forschungsprototyp von Verbmobil (VM-I) derzeit im internationalen Vergleich (siehe Tabelle 1) einen Spitzenplatz einnimmt und die sehr anspruchsvolle Zielsetzung der zweiten Phase (VM-II) auch im Jahr 2000 den Konsortialpartnern einen internationalen Vorsprung im Bereich der Sprachtechnologie sichert.

System	Land	Tiefe Analyse	Flache Analyse	Domäne	Wortfehlerrate	End-to-End Korrektheit	Vokabular in Worten	Dialog-Korpus
VM-I	Deutschland	+	+	Terminabsprache	14%	74%	2500	2600
IRST	Italien	-	+	Terminabsprache	30%	63%	1500	201
ETRI	Korea	-	+	Reiseplanung	28%	56%	5000 Silben	590
ATR	Japan	-	+	Reiseplanung	25%	NA	6600	618
SLT	England	+	+	Flugbuchung	8%	60%	1500	NA
JANUS	USA	+	+	Terminabsprache	14%	70%	=VM-I	=VM-I
OSTIA-DR	Spanien	-	+	Hotelreservierung	5%	80%	700	30.000 Sätze
Panasonic	Japan	-	+	Versandhandel	3%	NA	500	NA
VM-II	Deutschland	+	+	Reiseplanung	<10%	<90%	10.000	5000

Tabelle 1: Internationaler Vergleich von Systemen zur Dialogübersetzung

Die zweite Phase von Verbmobil kann zusammenfassend wie folgt gekennzeichnet werden:

- *Multifunktionalität*: Verbmobil soll rasch auf neue Gesprächsdomänen einstellbar sein.
- *Multilingualität*: Verbmobil soll spontane Dialoge in mehrere Sprachen übersetzen können.
- *Multimedialität*: Verbmobil soll in internationalen Multimedia-Anwendungen
- *Mobilität*: Durch einen Sprachserver soll Verbmobil auch über Handy nutzbar sein.
- *Multiparty-Funktionaliät*: Verbmobil soll nicht nur in Dialogsituationen, sondern auch in Telekooperationsanwendungen mit vielen Gesprächspartnern Übersetzungshilfe leisten.

Auch in der zweiten Phase von Verbmobil liegt die Gesamtprojektleitung beim Deutschen Forschungszentrum für Künstliche Intelligenz (DFKI GmbH). Industriepartner sind: Daimler-Benz, DASA, Philips, Siemens.

Forschungspartner sind: DFKI, LMU München, RWTH Aachen, TU Berlin, TU Dresden, TU München, Univ Bielefeld, Univ Bochum, Univ Bonn, Univ Braunschweig, Univ d. Saarlandes, Univ Erlangen, Univ Hamburg, Univ Karlsruhe, Univ Stuttgart, Univ Tübingen

Die bisherigen Projektergebnisse von Verbmobil wurden in 375 Publikation dokumentiert. Eine umfassende Übersicht zum aktuellen Projektstand kann über das World Wide Web unter der URL: http://www.dfki.de/verbmobil abgerufen werden. Daher wird in der folgenden Literaturliste nur auf einige wenige Überblicksarbeiten verwiesen.

Literatur

[1] Hans Ulrich Block (1997): The Language Components in Verbmobil. In: Intern. Conf. on Acoustics, Speech and Signal Processing, ICASPP 97, Vol. 1, p. 79-83, München

[2] Thomas Bub, Wolfgang Wahlster, Alex Waibel (1997): VERBMOBIL: The Combination Of Deep And Shallow Processing For Spontaneous Speech Translation. In: Intern. Conf. on Acoustics, Speech and Signal Processing, ICASPP 97, Vol. 1, p. 71-74, München

[3] Heinrich Niemann, Elmar Nöth, Andreas Kießling, Rolf Kompe, Anton Batliner (1997): Prosodic Processing and its Use in Verbmobil. In: Intern. Conf. on Acoustics, Speech and Signal Processing, ICASPP 97, Vol. 1, p. 75-78, München.

[4] Wolfgang Wahlster (1993): Verbmobil: Translation of Face-to_face Dialogs. In: 3rd European Conference on Speech Communication and Technology, Eurospeech'93, Berlin, p. 29-38.

Forschung im Zeitalter vom Multimedia: Die virtuelle Wissensfabrik

Heinrich Müller

Informatik VII (Graphische Systeme), Universität Dortmund, 44221 Dortmund

Zusammenfassung Die Bedürfnisse von Forschern haben in der Vergangenheit entscheidend zur Entwicklung der Multimediatechnik beigetragen. Vom Ministerium für Wissenschaft und Forschung (MWF) des Landes Nordrhein-Westfalen wurde dieser Tatsache durch Einrichtung des Forschungsverbundes "Die Virtuelle Wissensfabrik" Rechnung getragen. Dem Forschungsverbund liegt die Beobachtung zugrunde, daß Gegenstand von Forschung die Produktion von Wissen ist. Der Verbund gliedert sich in drei Themenfelder: Mensch-Maschine-Interaktion, Informationsstrukturierung und -vermittlung sowie Kommunikation und Kooperation. Der Verbund setzt sich aus 16 Projekten zusammen, die nach inhaltlichen Gesichtspunkten diesen drei Gebieten zugeordnet sind und in diesem Rahmen enge Wechselwirkung haben. Iin diesem Beitrag wird eine Übersicht zu den Arbeiten gegeben, die in den drei Schwerpunkten stattfinden.

1 Einleitung

Die Bedürfnisse von Forschern haben in der Vergangenheit entscheidend zur Entwicklung der Multimediatechnik beigetragen. D.E. Knuth hat aus den Bedürfnissen eines umfangreichen Buchprojekts heraus das TeX-Textformatiersystem entwickelt, das bezüglich Qualität insbesondere im Formalsatz Vorbild für praktisch alle heutigen Textverarbeitungssysteme war und einen der Standards zur Anfertigung wissenschaftlicher Texte darstellt [4]. Am CERN in Genf wurde das World-Wide-Web (WWW) für Wissenschaftler entwickelt, bevor es ganz anderer, weltumspannender Nutzung zugeführt wurde. E-Mail und News Groups sind seit vielen Jahren unverzichtbare Kommunikationsmittel der Wissenschaft, lange bevor deren Existenz und Nützlichkeit der breiten Öffentlichkeit bewußt wurde.

In einem Positionspapier des Ministeriums für Wissenschaft und Forschung (MWF) des Landes Nordrhein-Westfalen vom September 1995 wurde dieser Tatsache durch Berücksichtigung des Themenkreises "Multimedia für die Forschung" als relevante Untermenge des Multimedia-Gesamtkomplexes Rechnung getragen. Er fand Umsetzung durch Einrichtung eines NRW-Forschungsverbundes "Die Virtuelle Wissensfabrik", der im Mai 1996 seine Arbeit aufnahm und über dessen Gegenstand im folgenden berichtet wird.

Dem Forschungsverbund "Die Virtuelle Wissensfabrik" liegt die Beobachtung zugrunde, daß Gegenstand von Forschung die Produktion von Wissen ist. Eine Forschungseinrichtung ist so verstanden eine Fabrik zur Wissensproduktion, und tatsächlich sind viele Ähnlichkeiten auszumachen. Wissenschaftler produzieren Waren in Form von Veröffentlichungen, Patenten, Geräten und Experimenten. Wissenschaftler konsumieren Wissen in Form von Veröffentlichungen, Gesprächen, Bildern, Szenen. Die Wissenschaftler kooperieren mit Kollegen über Konferenzen und verteilte Arbeit. Wissenschaftler präsentieren ihre Waren, z.B. in einer Publikation, auf einer Tagung, durch eine Hochglanzbroschüre, in Zusammenarbeit mit der Industrie. Der gesamte Prozeß der Produktion, Konsumation, Kooperation und Präsentation des Wissens kann wirksam multimedial unterstützt, wenn nicht sogar beschleunigt und verbessert werden.

Forschungsgegenstand des Verbundes "Die Virtuelle Wissensfabrik" sind Multimediasysteme für die Forschung. Er gliedert sich in drei Themenfelder: Mensch-Maschine-Interaktion, Informationsstrukturierung und -vermittlung sowie Kommunikation und Kooperation. Der Verbund setzt sich aus 16 Projekten zusammen, die nach inhaltlichen Gesichtspunkten diesen drei Gebieten zugeordnet sind und in diesem Rahmen enge Wechselwirkung haben. Im folgenden wird eine Übersicht zu den Arbeiten gegeben, die in den drei Schwerpunkten stattfinden.

2 Mensch-Maschine-Interaktion

In der Wissenschaft werden eine Vielzahl technischer Systeme interaktiv benutzt: Kopierer, Textverarbeitung, Entwurfssysteme (C-Techniken), Laborgeräte, Rechner zu numerischen Simulationen und Visualisierung und andere. Die Interaktion ist durch Tastenfelder, Kontrollampen, oder, fortgeschrittener, Tastatur und Rechnerbildschirm geprägt. Für die Akzeptanz interaktiver Systeme ist eine menschengerechte Benutzungsschnittstelle entscheidend. Dieser Anforderung werden die genannten Benutzungsschnittstellen oft noch nicht befriedigend gerecht, etwa wenn es um Interaktion in räumlichen Szenarien geht, beispielsweise im CAD.

In Zusammenarbeit von Linguistik, Psychologie, Bildverarbeitung, künstlicher Intelligenz und Computergraphik werden unter dem Schwerpunkt "Interaktion" der Virtuellen Wissensfabrik neuartige Kombinationen aus Gestik und Sprache erforscht. Dieser Ansatz basiert auf der Beobachtung, daß Sprache und Gestik die wesentlichen Kommunikationshilfsmittel des Menschen sind. Daher ist es sinnvoll, davon stärker als bisher, und insbesondere in ihrer multimodalen Kombination, auch bei der Mensch-Maschine-Interaktion Gebrauch zu machen. Insbesondere im Kontext sogenannter virtueller Umgebungen [10], aber auch bei Bestrebungen des Einsatzes von Techniken des Computersehens als Benutzungsschnittstelle [6] findet dieser Ansatz zunehmend international Interesse, die Forschung hierzu befindet sich jedoch erst am Anfang. Durch interdisziplinäre Zusammenarbeit im Rahmen der Virtuellen Wissensfabrik wird das Thema in besonders breiter und fundierter Form angegangen.

Das Projekt "Gesprochene Sprache als ergonomische Schnittstelle für die multimediale Mensch-Maschine-Kommunikation" zielt auf die erwartungsgesteuerte Erkennung gesprochener Sprache ab, wobei Information aus unterschiedlichen Kanälen (Gestik, Bilder, Graphiken) zur Verbesserung der Erkennungsleistung genutzt wird. Als weitere Besonderheit wird eine inkrementelle Erkennung angestrebt, die mit einem gewissen Zeitversatz bereits Ergebnisse ausgibt, auch wenn die Äußerung noch nicht beendet ist. Grundlage der Entwicklung ist das Spracherkennungssystem ERNEST [7].

Ziel des Projekts "Visuelle Zeigegestik für multimediale Mensch-Maschine-Schnittstellen" ist die Entwicklung von Techniken, die dem Benutzer eines Multimediasystems den Einsatz nichtverbaler, auf Zeigen und Handgestik basierender Kommunikation ermöglicht. Die Realisierung einer derartigen Interaktionsmöglichkeit soll für den Benutzer kabellos und berührungsfrei durch geeignete Bilderkennungsalgorithmen erfolgen, insbesondere unter Berücksichtigung selbstlernender neuronaler Netze. Als Entwicklungs- und Erprobungsszenario ist eine durch Handgestik erfolgende Steuerung eines multimedialen Graphik-Visualisierungswerkzeugs vorgesehen.

Diese beiden Projekte sind wichtigen Einzelaspekten der Sprach- und Gestikinteraktion gewidmet. Ein weiteres Projekt mit dem Titel "Sprachbegleitende Körpergestik in multimedialen Umgebungen" behandelt hingegen globalere, anwendungsbezogene Aspekte des Zusammenwirkens. Es beschäftigt sich mit der Entwicklung von Techniken, die dem Benutzer eines Multimediasystems den Einsatz grober, auf Armzeigen und Kopfstellung basierender gestischer Kommunikation ermöglicht. Damit sollen Begrenzungen von üblichen Bildschirm-Displays überwunden werden und erweiterte gestische Interaktionstechniken für den Einsatz von Groß-Displays wie Wandprojektion, Responsive Workbench [5] und CAVE [3] vorbereitet werden, die ein möglichst freistehendes, komfortables Agieren erlauben. Responsive Workbench und CAVE sind Einrichtungen, bei denen durch Stereoprojektion in Kombination mit dreidimensionalen Interaktionsgeräten wie Datenhandschuhen interaktiv manipulierbare virtuelle Umgebungen erzeugt werden können. Durch simple Spracheingabe, mit der Objekttypen oder -positionen spezifiziert werden, soll die gestische Kommunikation unterstützt werden, um bedeutete Objekte oder Richtungen auch dort analysieren zu können, wo direkte gestische Interaktion unnatürlich oder unkomfortabel ist oder an technische Grenzen stößt. Die Realisierung erfolgt zunächst unter Verwendung einfacher Tracker und wird in einer Beispielanwendung einer multimedialen Umgebung prototypisch realisiert. In Erweiterung zu in anderen Vorhaben aufgegriffenen grundlegenden direkten Interaktionstechniken der "manipulativen Gestik" wie Greifen, Formen, Verschieben, Tasten sind vor allem mittelbare Interaktionstechniken der "kommunikativen Gestik" wie Zeigen, Auswählen, Richtungweisen Gegenstand dieses Projekts. Zur Realisierung wird mit einer Tracker-Einrichtung, bestehend aus einer Kollektion von elektromagnetischen Positionssensoren (Flock-of-Birds), gearbeitet. Dies erlaubt die Entwicklung von Analyse- und Interpretationsverfahren unabhängig vom Stand der Entwicklung bei den kabelfrei kameraerfaßten Gesten.

Dieses Projekt steht in enger Beziehung zum Projekt "Intuitive Interaktion in multimedialen Umgebungen". Dessen Ziel ist, multimodale, direkte Interaktions- und Steuerungstechniken für die räumliche Darstellung stationärer Daten als auch zeitlicher Prozesse zu konzipieren, zu implementieren und zu evaluieren.

Die Techniken werden für die Responsive Workbench erforscht und entwickelt und nach ihrer Erprobung auf eine weitere multimediale Präsentationsplattform, etwa der CAVE, übertragen. Dabei wird besonderes Augenmerk auf den Einsatz menschlicher Gestik und Sprache gelegt, die auch in der zwischenmenschlichen Kommunikation und Zusammenarbeit eine Kernfunktion übernehmen. Die prototypisch implementierten Interaktionstechniken werden mit Anwendungsbeispielen aus dem Ingenieurswesen erprobt, z.B. der Montage von Aggregaten wie einem Motor.

Auch auf globaler Ebene, sich aber wieder mit grundsätzlichen Fragen beschäftigend, ist das Projekt "Sach- und benutzergerechtes Multimedia-Informationsdesign" angesiedelt. Dieses Projekt zielt auf die Entwicklung von Kriterien zur Beurteilung und Optimierung der kognitiven Adäquanz der Gestaltung von Multimedia-Informationen sowie deren Erprobung im Rahmen eines prototypischen adaptiven Systems. Als Methode zur empirischen Untersuchung kognitiver Informationsverarbeitungsprozesse wird die On-line-Erfassung von Augenbewegungen während der Rezeption von Multimedia-Dokumenten eingesetzt. Zunächst werden die wichtigsten psycholinguistischen Befunde zur Integration von Bild- und Textinformation mit Hilfe von Augenbewegungen validiert und durch Einbezug auditiver Information erweitert. Dann werden anhand der Auswertung von Augenbewegungstrajektorien bei der Erledigung kritischer Testaufgaben individuell und sachverhaltsspezifisch optimale Ressourcenverteilungen empirisch identifiziert. Schließlich werden die soweit gewonnenen Erkenntnisse in einem Prototyp eines adaptiven Systems realisiert, um herauszufinden, ob ein Multimedia-Informationsangebot besser genutzt wird, wenn es auf die erkannten Bedürfnisse des Benutzers zugeschnitten ist.

Alle diese Techniken werden in ein gemeinsames übergeordnetes Szenario integriert. Hierfür wurde der Prozeß des rechnergestützten Entwurfs eines mechanischen Objekts als gemeinsames Leitthema gewählt. Dreidimensionale mechanische Objekte wie das ins Auge gefaßte Citymobil stellen besondere Herausforderungen bezüglich der Interaktion mit räumlichen Objekten. Interessant am Entwurfsgegenstand "Citymobil" für sich genommen ist, daß auch dieses System interaktiv zu bedienen ist, so daß es selbst eine Plattform für den Entwurf von Benutzungsschnittstellen bietet. Den Rahmen hierfür bildet das Projekt "Virtual Engineering", das die Entwicklung eines Systems zur interaktiven Konstruktion zum Gegenstand hat. Hierbei wird eine spezielle Umgebung entwickelt, in der der Nutzer CAD-Daten aufbereitet, anhand virtueller Prototypen entstehende Produkte beurteilt und verfeinert sowie letztendlich die Machinenprogrammierung vorbereitet und durchführt.

3 Informationsstrukturierung und -vermittlung

Über weltweit operierende Rechnerkommunikationsnetzwerke und -dienste haben Wissenschaftler praktisch unbegrenzte Möglichkeit des Zugriffs auf eine unüberschaubare Menge von Information. Nicht mehr der Zugang zu restriktiv verwalteten Daten, sondern der Suchprozeß in einer Überfülle angebotenen

Materials und seine menschengerechte Aufbereitung stellen das eigentliche Problem der Informationsbeschaffung dar.

Bedingt durch die Multimedia-Technologie besteht die Information heute nicht mehr nur aus Text, sondern aus einer Mischung ganz unterschiedlicher Präsentationsformen (Text, Graphik, Bilder, Ton) in unterschiedlichen Datenformaten. Daß sich die für den Nutzer relevante Information innerhalb eines Dokumentes in jeder dieser Formen verstecken kann, gibt dem Problem der Suche über die aus der reinen Angebotsmasse resultierenden Schwierigkeiten hinaus eine zusätzliche Qualität.

Um die Datenflut für den Informationsnutzer beherrschbar zu machen, sind Werkzeuge zur interaktiven, inhaltsbezogenen Formulierung von Anfragen, zum Aufspüren von relevanten Teilinformationen in riesigen, möglicherweise unstrukturierten Datensammlungen ("data mining"), zur Vermittlung ("broker") der aufgespürten Information, zur Bewertung, Deutung und Verknüpfung der vermittelten Information, zur menschengerechten Aufbereitung sowie zur Gewährleistung von Sicherheit, Vertraulichkeit und Integrität notwendig. Mit diesen Aspekten der Suche nach Information beschäftigt sich die Arbeitsgruppe "Information" der Virtuellen Wissensfabrik. Übergreifendes Ziel der einzelnen Projekte ist die Entwicklung eines Hochleistungsservers aus spezifischer Hard- und Software zur inhaltsbasierten Suche. Ein Bedarf an derartigen Servern ergibt sich aus den hohen Rechenanforderungen bei den genannten Suchaufgaben in multimedialen Dokumenten. Solche Server sind an Orten, an denen große Mengen von Information gehalten werden, also etwa Bibliotheken, einsetzbar. In Zukunft ist zu erwarten, daß Techniken, die dort eingesetzt werden, auch von gängigen Rechensystemen angeboten werden.

Der "High Performance Query Server" (HPQS) soll eine Benutzungsschnittstelle zum Formulieren von Anfragen, Retrieval-Verfahren zur inhaltsbasierten Suche von Dokumenten in unterschiedlichen Multimedia-Formaten, spezielle Prozessoren zur direkten Ausführung von Suchalgorithmen, einen Hochleistungsparallelrechner zur Speicherung und schnellen Bereitstellung umfangreicher Dokumente und Hardware zur Vernetzung dieser Rechner, ein Multimediaschema zur Beschreibung der Informationsstruktur und der Sicherheitsanforderungen sowie Sicherheitskomponenten zur Durchsetzung der Sicherheitsanforderungen umfassen. Im folgenden werden diese Komponenten näher erläutert.

Die Benutzungsschnittstelle hat die Aufgabe, die Komplexität des HPQS vor dem Benutzer zu verbergen und ihn wie einen leicht zu benutzenden "Informationsassistenten" erscheinen zu lassen. Als Eingabeformalismus wird natürliche Sprache verwendet, die über eine Tastatur eingegeben wird. Im Projekt "Natürlichsprachlicher Zugang zu Informationssystemen" wird hierfür ein natürlichsprachliches Zugangssystem entwickelt sowie lexikalisches Wissen in praxisrelevanter Größenordnung bereitgestellt, das den Sprachverstehensprozeß in seiner morpho-syntaktischen und semantischen Analysephase unterstützt.

Das natürlichsprachliche Zugangssystem liefert Anfrageausdrücke in einer einheitlichen internen Retrieval-Sprache, die durch Suchprozesse abgearbeitet werden. Im Projekt "Informationsretrieval mit Fuzzy-Methoden" werden Methoden entwickelt, die einerseits ein effizientes Retrieval in komplexen Multimediadokumenten ermöglichen und deren rechenintensive Teile andererseits auf dedizierten Prozessoren parallel ausführbar sind. Im Rahmen dieses Projekts steht die Suche in Standbilddatenbanken und eventuell die Suche auf Volltexten im Vordergrund. Der Entwurf der Suchprozessoren ist Gegenstand des Projekts "Dedizierte Suchprozessoren für einen High-Performance-Query-Server". In einer ersten Phase wird untersucht, inwieweit sich neue Speichertechnologien für den Aufbau einer Speicherhierarchie zur schnellen Suche in Bildern mit den bereits existierenden Beschleunigern eignen. Im weiteren Verlauf werden dann Ergebnisse bei der Entwicklung von Suchalgorithmen im vorgenannten Projekt in die Entwicklung neuer Suchprozessoren einfließen.

Die Dokumente, die Gegenstand der Suche sind, werden auf einem Parallelrechnersystem gehalten, der als Multimediaserver (MMS) dient. Der MMS, dessen Entwicklung Gegenstand des Projekts "Retrieval-Verfahren auf Multimedia-Servern" ist, hat die Aufgabe, als Knotenelement eines Kommunikationsnetzwerks gespeicherte multimediale Information in Form eines Informationsdienstes auf Basis des Kommunikationsnetzwerkes zur Verfügung zu stellen. Wie auch bei der Bereitstellung von "Proxy-Servern" stellt sich die Frage nach der Verteilung der Information: Welche Information muß wie lange an welchem Ort für die typischen Anfrageprofile vorgehalten werden? Es müssen Verfahren entwickelt werden, die den Echtzeitbetrieb des MMS und die parallele Abwicklung mehrerer Suchanfragen unter entsprechender dynamischer Lastverteilung erlauben, wobei jede Suchanfrage zumeist wieder in parallele Teilaufgaben zerlegbar sein wird. Ferner müssen die oben genannten Suchprozessoren hard- und softwaremäßig in den Parallelrechner eingebunden werden.

Die Beschreibung des HPQS geschieht in Form eines Multimedia-Schemas, dessen Entwicklung Gegenstand des Projekts "Multimedia-Schema für semantische Bedingungen und Sicherheitsbedingungen" ist. Ein solches Schema entspricht dem Datenbankschema einer klassischen Datenbank. Es besteht aus einer konzeptionellen Schicht, die die logische Struktur der verwalteten Information und die logischen Sicherheitsanforderungen beschreibt, einer förderalen Schicht, die der Kommunikation mit anderen Knoten im Gesamtsystem dient und die Vermittlung und Übersetzung von ein- und ausgehenden Anfragen und Sicherheitsanweisungen unterstützt, sowie aus einer internen Schicht, die die implementierten Makroinstruktionen und die dabei eingesetzten Sicherheitsmechanismen beschreibt.

Die Bearbeitung der hier skizzierten Aufgabenstellungen ist dringend geboten, da ein effizientes Management des Produktionsfaktors Information zunehmend lebenswichtig für lokale und globale Informationsflüsse in Forschung, Entwicklung und Produktion ist. Eine Besonderheit an diesem Schwerpunkt ist die integrierte Bearbeitung von Aspekten, die üblicherweise isoliert untersucht werden. Durch Zusammenarbeit der zuständigen Teildisziplinen können Probleme, die durch das Zusammenwirken von Teilsystemen entstehen, identifiziert und gelöst werden.

4 Kommunikation und Kooperation

Kommunikation und Präsentation von Wissen ist in der Forschung wichtiger denn je. Neben wissenschaftlichen Konferenzen und Publikationen in Zeitschriften ist der Einsatz elektronischer Kommunikationshilfsmittel in manchen Bereichen nicht mehr wegzudenken, in anderen werden sie Einzug halten. E-Mail und Internet-Newsgroups sind schon seit längerem gebräuchlich, die Anzahl von elektronischen Journals im World Wide Web steigt zusehends. Der nächste Schritt ist die multimediale netzbasierte Kooperation, wozu Techniken der rechnergestützten Zusammenarbeit (Computer Supported Cooperative Work = CSCW) und des Videokonferenzierens Einsatz finden. Aufgrund der begrenzten Bandbreite bisheriger Internet-Anbindungen bzw. der geringen Verfügbarkeit von ISDN-Anschlüssen an Universitäten wurden diese Möglichkeiten im Unterschied zu Unternehmen wie Banken und Versicherungen bisher selten genutzt. Zu beiden Themen liefert die Arbeitsgruppe "Kommunikation" der Virtuellen Wissensfabrik Beiträge.

Ausgangspunkt der Arbeitsgruppe "Kooperation" für Schaffung einer Arbeitsumgebung, die die kooperative Arbeit von Wissenschaftlern unterstützt, ist das BSCW-System [2]. Die wesentlichen Funktionen des BSCW-Systems sind die Einrichtung von gemeinsamen Arbeitsbereichen, in denen die Mitglieder einer Kooperationsgruppe ihre Dokumente ablegen beziehungsweise von denen sie sie abholen sowie die wechselseitige Information von Gruppenmitgliedern über die Aktivitäten und Veränderungen in des Arbeitsbereichen. In den Projekten "WWW-basiertes System zur Telekooperation" und "Prozeßgesteuerte multimediabasierte Kommunikation von Wissenschaftlern" wird BSCW um eine Prozeßmanagementkomponente mit darauf abgestimmter Transaktions- und Konfigurationsmanagementkomponente erweitert. Eine derartige Erweiterung erlaubt die notwendige Koordination der Zusammenarbeit an einem Projekt. Beispielsweise muß die Einhaltung bestimmter Arbeitsabläufe sichergestellt werden, etwa wenn eine von mehreren Wissenschaftlern gemeinsam erstellte Arbeit erst von allen Beteiligten abgenommen werden muß, bevor sie zur Publikation weitergeleitet wird. Hierzu wird Merlin, ein Prototyp einer prozeßgesteuerten Arbeitsumgebung, mit BSCW kombiniert und beide Systeme erweitert [8].

Quasi übergeordnet wird im Projekt "Entwicklung eines aufgabenangemessenen Informationsassistenzsystems zum Wissensmanagement in virtuellen Arbeitsgruppen" ein adequates Prozeß- und Vorgehensmodell für die Kooperation der Wissenschaftler ermittelt. Davon ausgehend sollen "intelligente Agenten (IA)", d.h. Programme mit eng umrissener Funktionalität, entwickelt werden, die einen Benutzer oder eine Benutzergruppe aufgabenangemessen und autonom bei der Erledigung von Aufträgen unterstützen. Dabei sollen persönliche Wünsche und Präferenzen in Form von Zielen und Zielhierarchien eingegeben werden können, nach denen der IA aktiv wird und gegebenenfalls ergebnisbezogen selbständig Änderungen vorschlägt oder vornimmt. Zur Kontrolle eines IA durch den Benutzer müssen geeignete Interaktionsmechanismen vorgesehen werden.

Weitere drei Projekte wenden sich speziellen technischen Aspekten der multimedialen Kommunikation zu, die in einem universellen System von Bedeutung sind. Im Projekt "Modellierung, Markup und Navigation in 3D-Multiuser-Welten" wird ein Konzept zur Modellierung und Auszeichnung (Mark-up) von dreidimensionalen Szenen entwickelt, das der Netzeffizienz, d.h. der effizienten Nutzung von Netzbandbreiten, der Viewer-Effizienz, d.h. der Berücksichtigung der durchschnittlichen Rechnerauslastung beim Endgerät, und der Benutzerergonomie, speziell der Navigationsfunktionalität Rechnung trägt. Gemeinsames Interagieren von Benutzern in dreidimensionalen Szenen ist die Grundlage von Simulationen realer und virtueller Vorgänge, beispielsweise beim Entwurf von räumlichen Modellen, bei der räumlichen Visualisierung von Meß- oder Simulationsergebnissen oder der Steuerung von Prozessen.

Ziel des Projekts "Internet Labor" ist die Entwicklung einer Telelabor-Umgebung, die es Forschern erlaubt, Experimente an einem anderen Institut durchzuführen und zu beobachten. Als konkrete Experimentierumgebung dient die autonome Roboterplattform Rhino [1]. Vom Labor, hier dem Roboter und seiner Umgebung, werden dem Experimentator Sensordaten über das Kommunikationsnetz, speziell das Internet übermittelt. Der Experimentator selbst kann das Labor über das Netz steuern.

Das Projekt "Multimediales Präsentieren und Konferieren" geht von der Beobachtung aus, daß wissenschaftliche Konferenzen, wie sie heute praktiziert werden, diverse Unannehmlichkeiten mit sich bringen: eine häufig zeitaufwendige und teure Anreise, die Erstellung unterschiedlicher, sich aber überlappender Präsentationsmaterialien wie Aufsatz und Overhead-Folien und die fehlende oder nur mit Aufwand zu realisierende Möglichkeit, Vorführungen von Experimenten oder Software vor Ort zu realisieren. Andererseits bietet die Konferenz den spontanen persönlichen Kontakt zu Fachkollegen und eine kreative Atmosphäre, auf die letztendlich nicht verzichtet werden kann. Eine Lösung besteht darin, Konferenzen örtlich verteilt stattfinden zu lassen. An jedem Konferenzort befindet sich ein Konferenzraum, der mit den Kommunikationsmitteln ausgestattet ist, die zur Interaktion der beteiligten Konferenzorte notwendig sind. Zum anderen sollen spezielle Dokumente wie Vortragsfolien, wissenschaftlicher Aufsatz und Hypermediapräsentationen ausgehend von einer gemeinsamen Datenbasis durch Definition entsprechender Sichten abgeleitet werden. In dem Projekt werden technische Probleme, die mit diesem Szenario verbunden sind, angegangen und als Teil eines Multimediahörsaals, der mit der notwendigen Hardware ausgestattet ist, prototypisch implementiert [9]. Durch geeignete Interaktionsmechanismen mit dem System sollen Vortragende und Zuhörer dabei möglichst wenig eingeschränkt werden.

Dieses Projekt stellt eine Anwendungsplattform der beiden anderen genannten Projekte zur multimedialen Kommunikation dar. Die Entwicklungen zu 3D-Multiuser-Welten kommen bei der Benutzungsschnittstelle zum Tragen. Das Internet-Labor stellt eine Fallstudie für die Integration externer Experimente zur Verfügung. Die Verknüpfung mit den drei Projekten zur multimedialen Kooperation besteht darin, daß die dort entwickelten Methoden auf das komplexe Problem der Konferenzorganisation und -durchführung angewendet werden.

Dieser Schwerpunkt bearbeitet das "Kommunikation und Kooperation" in großer Breite. Ein Ziel ist, Grenzen bei der Realisierung zu erkennen und zu überwinden. Multimediale Systeme der beschriebenen Art sind von einer praktischen Komplexität, deren Unterschätzung in jüngerer Vergangenheit zu erheblichen Verzögerungen und sogar zum Scheitern von Großprojekten geführt hat.

5 Abschließende Bemerkungen

"Die Virtuelle Wissensfabrik" ist ein facettenreiches Verbundprojekt, das sowohl anwendungs- als auch grundlagenorientiert ist, sowohl ingenieursmäßig als auch naturwissenschaftlich arbeitet, Prinzipien aus der belebten Natur in die technische Welt zu übertragen versucht, State-of-the Art-Techniken nutzt und Neuland betritt, Hardware und Software entwickelt und integriert, auf methodische Vielfalt setzt. Die Projekte wurden zum einen so ausgewählt, daß sie dem übergeordneten Begriff der "Virtuellen Wissensfabrik" gerecht werden. Zum anderen gibt es Kristallisationspunkte der Zusammenarbeit zwischen den Projekten, sie wurden in den obigen Ausführungen dargestellt. "Die Virtuelle Wissensfabrik" ist ein hochschulspezifisches Projekt, das auf die Bedürfnisse der Wissenschaftler abzielt, die zugleich echte Anwender sind. Sie ist aber auch ein generalisierbares Projekt: Lösungen, die für die Wissensfabrik gefunden werden, sollten in erheblichem Umfang auch auf die herkömmliche Warenfabrik oder die "Bildungsfabrik" übertragbar sein.

Literatur

1. J. Buhmann et al., The mobile robot Rhino, AI Magazine 16(2), 1995, 31-38
2. R. Bentley et al., Supporting collaborative information sharing with the World Wide Web: The BSCW Shared Workspace System, in: T.-B. Lee (ed.), Proceedings of the 4th International World Wide Web Conference, Boston, 1995, O'Reilly & Assoc. Inc., 1995, vgl. auch http://bscw.gmd.de
3. C. Curz-Neira et al., The Cave: Visual Experience Automatic Virtual Environment, Communications of the ACM 35, 1992, 64-72
4. D.E. Knuth, The TeXbook, Addison-Wesley, 1987
5. W. Krüger, B. Fröhlich, The Responsive Workbench, IEEE Computer Graphics and Applications, 14(3), 1994, 12-15
6. C. Maggioni, B. Kämmerer, GestureComputer- history, design, and applications, in R. Cippola, A. Pentland (eds.), ECCV'96 Workshop on Computer Vision in Man-Machine Interfaces, Cambridge University Press, 1996
7. M. Mast, F. Kummert, U. Ehrlich, G. Fink, T. Kuhn, H. Niemann, G.Sagerer, A Speech Understanding and Dialog System with a Homogeneous Linguistic Knowledge Base, IEEE Transactions on Pattern Analysis and Machine Intelligence 16(2), 1994, 179-194
8. W. Schäfer, G. Junkermann, B. Peuschel, S. Wolf, MERLIN: Supporting Cooperation in Software Development through a Knowledge-Based Environment, In: A.

Finkelstein (ed.), Advances in Software Process Technology, John Wiley & Sons, 1994, 103-129

9. B. Stoltefuß, S. Schlosser, G. Pietrek, H. Müller, J. Deponte, HS 113 – A System for Computer Supported Cooperative Teaching and Conferencing, Forschungsbericht Nr. 642, Fachbereich Informatik, Universität Dortmund, 1997

10. J. Vince, Virtual Reality Systems, Addison-Wesley Publ. Comp., 1995

Anhang: Projekte des Verbundes "Die Virtuelle Wissensfabrik"

Virtual Engineering
Prof. Dr. P. Drews, RWTH Aachen

Intuitive Interaktion in multimedialen Umgebungen
Dr. Martin Göbel, GMD, Sankt Augustin

Gesprochene Sprache als ergonomische Schnittstelle für die multimediale Mensch-Maschine-Kommunikation
Dr. Franz Kummert, Universität Bielefeld

Sach- und benutzergerechtes Multimedia-Informations-Design
Prof. Dr. Gert Rickheit, Universität Bielefeld

Visuelle Zeigegestik für multimediale Mensch-Maschine-Schnittstellen
Prof. Dr. Helge Ritter, Universität Bielefeld

Sprachbegleitete Körpergestik in multimedialen Umgebungen
Prof. Dr. Ipke Wachsmuth, Universität Bielefeld

Multimedia-Schema für semantische Bedingungen und Sicherheitsbedingungen
Prof. Dr. Joachim Biskup, Universität Dortmund

Natürlichsprachlicher Zugang zu Informationsrecherchesystemen
Prof. Dr. Hermann Helbig. FernUniversität Hagen

Informationsretrieval mit Fuzzy-Methode
Prof. Dr. Alois Knoll, Universität Bielefeld

Retrieval-Verfahren auf Multimedia-Servern
Prof. Dr. Burkard Monien, Universität-Gesamthochschule Paderborn

Dedizierte Suchprozessoren für einen High-Performance-Query-Server
Prof. Dr. Tobias Noll, TH Aachen

Tele-Labor Robotik
Prof. Dr. Armin B. Cremers, Dr. Wolfram Burgard, Universität Bonn

Virtuelle 3D Multi-User-Umgebungen: Modellierung, Markup und Navigation
Prof. Dr. Dieter W. Fellner, Universität Bonn

WWW-basiertes System zur Telekooperation
Dr. P. Hoschka, GMD, Sankt Augustin

Verteiltes multimediales Präsentieren und Konferieren
Prof. Dr. Heinrich Müller, Universität Dortmund

Prozeßgesteuerte, multimedia-basierte Kooperation von Wissenschaftlern
Prof. Dr. Wilhelm Schäfer, Universität-Gesamthochschule Paderborn

Entwicklung eines aufgabenangemessenen Informationsassistenz-Systems zum Wissensmanagement in virtuellen Arbeitgruppen
Prof. Dr. Bernhard Zimolong, Universität Bochum

Elektronische Informations- und Publikationsdienste für die Informatik: Ergebnisse des Projekts MeDoc

Michael Breu[1], Anne Brüggemann-Klein[2] und Albert Endres[3]

[1] FAST e. V., München
[2] Technische Universität München
[3] Universität Stuttgart

Zusammenfassung Als Ergebnis des Projekts MeDoc stehen Informatikern an deutschen Hochschulen etwa 20 Zeitschriften, 60 Bücher und einige hundert Institutsberichte als elektronische Volltexte zur Verfügung. Für die Nutzer von unterschiedlichen Nachweisdatenbanken und Informationsquellen im Internet wurden Werkzeuge entwickelt, die es gestatten mittels einer einheitlichen Oberfläche auf heterogene, verteilte Informationsquellen zuzugreifen und, wenn vorhanden, den elektronischen Volltext ohne Medienbruch auszuliefern. Bei der Aufbereitung und Nutzung elektronischer multimedialer Dokumente konnten wertvolle Erfahrungen gesammelt werden, die Autoren, Verlagen, Bibliotheken und Nutzern zugute kommen.

1 Einleitung

Das Projekt MeDoc (Abkürzung für Multimediale elektronische Dokumente) ist ein Verbundvorhaben, das von einem Konsortium bestehend aus der Gesellschaft für Informatik (GI), dem Fachinformationszentrum (FIZ) Karlsruhe und dem Springer-Verlag Berlin/Heidelberg geleitet wird. Außer den Konsortialpartnern wirken an dem Projekt sieben Universitäten bzw. universitätsnahe Institute als Forschungspartner sowie 21 weitere Hochschulen und drei private Firmen als Pilotanwender mit. Nach einer Vorbereitung von über zwei Jahren fand der eigentliche Projektstart im September 1995 statt. Die Förderphase[4] des Projekts endet zum Jahresende 1997.

Da MeDoc das bislang größte Verbundprojekt ist, für das die GI die Projektführung wahrnimmt, wurde über Ziele und Stand des Projekts nicht nur bei GI-Veranstaltungen [6, 11], sondern auch im Informatik-Spektrum [5, 7, 10, 12] und anderen Medien [1, 2, 4, 9, 14, 15] wiederholt berichtet. Eine ausführliche Dokumentation des Projekts ist in Vorbereitung. Einige vorläufige Ausarbeitungen zu Teilaspekten gibt es in [3]. Aktuelle Informationen über den Stand des Projekts und Hinweise auf eine Vielzahl von Dokumenten und Veröffentlichungen finden Sie auch über die Einstiegsseite des Projekts im World Wide Web (*http://medoc.informatik.tu-muenchen.de*).

---

[4] BMBF-Förderkennzeichen 08C 78296

2 Angebotene Dokumenttypen und Inhalte

Während der Vorbereitung des Projekts wurde vereinbart, daß das Angebot von elektronischen Volltexten (der elektronische Volltextspeicher in [6]) Vorrang bekam. Nachweisdaten spielten nur insofern eine Rolle, als sie den Zugang zu Volltexten ermöglichen. Über eine am Arbeitsplatz durchgeführte Recherche in einer Nachweisdatenbank soll die Lieferung des nachgewiesenen elektronischen Volltexts möglichst ohne Medienbruch und ohne Zeitverzögerung erfolgen.

Um bei den Volltexten zu einer Priorisierung des Angebots zu kommen, wurden mehrere Umfragen bei Projektbeteiligten und anderen Nutzern durchgeführt. Diese ergaben eine hohe Präferenz für Kernzeitschriften der Informatik (inkl. der der amerikanischen Fachgesellschaften ACM und IEEE), für Nachschlagewerke (informatik-bezogene und allgemeine), sowie für Vorlesungsskripte und Lehrbücher für das Grundstudium. Tagungsbände und Institutsberichte rangierten weiter hinten, wobei sich gerade hier der Unterschied zwischen Universitäten und Fachhochschulen bemerkbar machte. Innerhalb dieser Gruppen gab es dann Wunschlisten für einzelne Titel, was uns in die Lage versetzte, aus einer Position des Kundenbedarfs mit den Anbietern zu verhandeln.

2.1 Elektronische Zeitschriften

Da es wünschenswert war, möglichst schnell funktionsfähige technische Lösungen zu zeigen, bemühten wir uns als erstes, ein minimales Angebot attraktiver Zeitschriften zustande zu bringen. Dank intensiver Unterstützung durch den Springer-Verlag konnten wir bereits zur CeBit 1996 für vier Zeitschriften den laufenden Jahrgang mit den aktuellen Heften zeigen.

Verlag/ Fachgesellschaft	Für MeDoc relevant	In MeDoc angeboten	Außerhalb angeboten
Springer	25	4	23
Elsevier	10	–	3
ACM	22	–	2
IEEE/CS	18	16	16
Heise	5	2	5
Oldenbourg	3	(1)	–
Vieweg	2	–	–
Hüthig	1	(1)	–
Gesamt	86	22 (2)	49

Tab. 1 Anzahl der Zeitschriften in MeDoc

Tab. 1 zeigt die Verlage und Fachgesellschaften, an deren Angebot von Zeitschriften Interesse bestand. Außer bei Springer konnten nur beim Heise-Verlag und der IEEE Computer Society die Angebote tatsächlich realisiert werden. Bei den beiden zuletzt erwähnten Verlagen handelt es sich bis jetzt jedoch nur um Material aus rückwärtigen Jahrgängen (inkl. 1996). Bei Oldenbourg und Hüthig wurden für je eine Zeitschrift Lizenzvereinbarungen getroffen; das Angebot wurde noch nicht implementiert.

Wie die letzte Spalte von Tab. 1 zeigt, gibt es inzwischen auch außerhalb von MeDoc die Möglichkeit elektronische Zeitschriften dieser Anbieter zu abonnieren. Fast alle großen Verlage und Fachgesellschaften mußten inzwischen dem Druck ihrer Autoren, Herausgeber und Leser nachgeben und ein elektronisches Angebot ankündigen.

2.2 Elektronische Bücher

Anders als bei elektronischen Zeitschriften scheint sich bei elektronischen Fachbüchern der Markt relativ langsam zu entwickeln. Weil es sich bei Lehrbüchern, Lexika, Tagungsbänden und dergleichen in der Regel um Werke handelt, deren Rechte bei einem kommerziellen Verlag liegen, wurde mit insgesamt 15 Verlagen (siehe Tab. 2) verhandelt, um die von den Nutzern gewünschten Werke elektronisch anbieten zu dürfen. Für 80 Werke erwarb das MeDoc-Konsortium das nicht-ausschließliche Recht der elektronischen Nutzung.

Verlag	Angefordert	Lizenziert	Angeboten
Springer	38	19	18
Addison-Wesley	27	13	11
Thomson	25	1	1
Hanser	23	2	2
Teubner	18	7	6 (1)
Oldenbourg	17	10	2 (1)
Vieweg	14	10	4
dpunkt	10	7	3
Spektrum	8	4	4 (1)
infix	7	3	2
H. Deutsch	2	2	2 (1)
Hüthig	2	2	– (1)
De Gruyter	1	–	–
Heise	1	–	–
VdF	1	–	–
Gesamt	194	80	55 (5)

Tab. 2 Anzahl der Bücher in MeDoc

Daß nur für knapp die Hälfte der angeforderten Werke eine Lizenzvereinbarung erzielt wurde, hatte eine Reihe von Gründen. So konnte es sein, daß der Verlag diese Rechte selbst nicht besaß (z. B. im Falle von Übersetzungen), daß der Autor nicht wollte, daß sein Werk ohne Ergänzungen oder Überarbeitungen elektronisch angeboten wird, oder daß der Verlag befürchtete, daß durch das elektronische Angebot der Verkauf der Papierversion beeinträchtigt wird.

Selbst in vielen Fällen, in denen die Lizenz erworben wurde, konnte das Angebot dennoch nicht realisiert werden. Hier waren dann eher technische Gründe maßgebend. Entweder war das Quellmaterial in schlechtem Zustand, es wurde ein Textformat benutzt, für das es kein Konvertierungswerkzeug gab oder die Konvertierungskosten waren unverhältnismäßig hoch.

Nach diesem zweistufigen Selektionsprozeß blieben die in der rechten Spalte von Tab. 2 genannten 55 Werke übrig. Für weitere fünf Werke sind die Vertragsverhandlungen noch nicht abgeschlossen. Das Angebot umfaßt einige der bekanntesten Lehrbücher für das Grundstudium, aber auch sehr aktuelle Nachschlagewerke zu Unix, C++, HTML und LaTex, sowie eine mathematische Formelsammlung.

2.3 Spezielle Multimedia-Angebote

In zwei Fällen konnten Initiativen gestartet werden, bei denen die Konzeption eines multimedialen elektronischen Produkts von vornherein bestimmenden Einfluß hatte. Für das klassische Gebiet Datenstrukturen und Algorithmen wurden neun Themen ausgewählt, für die auf einem PC sowohl die Theorie, die Animation als auch audio-visuelle Erläuterungen des Autors abrufbar sind. Das von Th. Ottmann (Freiburg) entwickelte Verfahren heißt „Authoring on-the-fly" [13]. In einem weiteren Teilprojekt wurde von H. Kopp (Regensburg) für das Thema Bilderkennung und Bildverarbeitung ein multimediales Lehrsystem entworfen und realisiert. Hierbei werden interaktive Anwendungen mit eingebunden. In beiden Fällen ist die marktmäßige Verwertung der Ergebnisse durch kooperierende Verlage sichergestellt.

2.4 Institutsberichte

Es war ursprünglich geplant, für Institutsberichte einen eigenen Nachweisdienst (Freiburger Server genannt) aufzubauen. Bei einem Dagstuhl-Treffen im Februar 1996, an dem auch amerikanische Kollegen teilnahmen, stellten wir fest, daß sich unsere Ziele weitgehend mit denen des Projekts „Dienst" der Cornell University deckten. Es wurde deshalb vereinbart, das aus diesem Projekt hervorgegangene System NCSTRL [8] (Networked Computer Science Technical Report Library) auch in Deutschland einzusetzen.

Dies hat uns nicht nur erhebliche Arbeit erspart, sondern hat außerdem den Vorteil, daß wir ohne Mehraufwand an alle Berichte der 80 übrigen Universitäten herankommen, die sich weltweit diesem System angeschlossen haben. Mehrere MeDoc-Beteiligte haben inzwischen NCSTRL-Server aufgebaut. Eine Variante dieses Dienstes, bei dem hauptsächlich Diplom- und Studienarbeiten nachgewiesen werden sollen, wird gerade getestet.

2.5 Nachweis-Datenbanken

Um die Anforderungen der Nutzer abzudecken, hat sich das MeDoc-Team entschlossen, eine Vielzahl unterschiedlicher und sich ergänzender Nachweis-Datenbanken über eine einheitliche Oberfläche zugänglich zu machen (siehe Tab. 3).

Name	Anbieter	Themengebiet
MeDoc-Volltextspeicher	MeDoc	(siehe Tab. 1 + 2)
Ariadne	MeDoc	Internet-Quellen
NCSTRL	Cornell U.	Institutsberichte
Achilles	Uni Karlsruhe	Informatik
Ley	Uni Trier	Datenbanken
Mayr	TU München	Theor. Informatik
CS Journals	Uni Dortmund	Infk-Zeitschriften
HCI Bibliography	Uni Dortmund	Ergonomie
IR Digest	Uni Dortmund	Info-Recherche
IBFI-Bibliothek	Dagstuhl	Buchbestand
Internet FAQ	FU Berlin	Fragen zum Internet
Internet RFC	FU Berlin	Vorschläge f. Internet
Linux HOWTO	FU Berlin	Infos zu Linux
Books	Bell Labs	IEEE-Veröffentl.
VLB	Börsenverein	Lieferbare Bücher
VLZ	Börsenverein	Lieferbare Zeitschriften
LNCS	FIZ/Springer	Informatik
COMPUSCIENCE	FIZ Karlsruhe	Informatik

Tab. 3 In MeDoc eingebundene Nachweis-Datenbanken

Die Datenbanken Achilles, Ley und Mayr sind herausragende Beispiele dafür, wie Fachleute eines Gebiets in privater Initiative einen Dienst aufgebaut haben, der von Nutzern aus der ganzen Welt hoch eingeschätzt wird. Da für den Anschluß von Nachweis-Datenbanken eine Standard-Schnittstelle (Z39.50) zur Verfügung steht, kann dieses Angebot in Zukunft sehr leicht erweitert werden.

3 Präsentationsformate und Konvertierungen

3.1 Konzept des elektronischen Buchs

Erst hochauflösende Flachbildschirme oder „elektronisches Papier" werden längeres Lesen von elektronischen Büchern ermöglichen. Bis es so weit ist, müssen sich gedruckte und elektronische Bücher gegenseitig ergänzen. Dies entspricht auch der Erwartungshaltung der Nutzer wie sie in unseren Umfragen zum Ausdruck kam. Gedruckte Bücher eignen sich besser zum ausführlichen Lesen und handschriftlichen Annotieren; elektronische Bücher eignen sich besser zum Nachschlagen und Explorieren. Das MeDoc-Konzept des elektronischen Buches ist dementsprechend für das Lesen kurzer Passagen am Bildschirm, das Navigieren mit Hilfe von Hypertext-Links und die Volltextsuche ausgerichtet.

Ein Buch wird in (hierarchisch angeordnete) Segmente aufgeteilt; die Segmente auf der niedrigsten Ebene (meistens Abschnitte oder Unterabschnitte) bilden Hypertext-Knoten. Voreinstellungen (wie Fenster- und Schriftgröße) sowie Typographie der Knoten werden auf die Bildschirmdarstellung abgestimmt. Aktive, anklickbare Verzeichnisse (etwa ein Verzeichnis der Abschnitte auf Kapitelebene) und weitere Hypertext-Links, beispielsweise von Referenzen im Text zu den referenzierten Abbildungen oder Einträgen im Literaturverzeichnis, unterstützen die rasche Navigation im Dokument. Volltextspeicher, die jeweils einen Teil der Bibliothek enthalten, unterstützen dokumentenübergreifend und dokumentenintern die Volltextsuche.

3.2 Wahl der Präsentationsformate

Aus den Nutzerprofilen und aus unserem Konzept des elektronischen Buches ergeben sich die folgenden Anforderungen an Formate, in denen elektronische Bücher den Lesern präsentiert werden können:

- das Format muß Hypertext-Links aus dem und in das World Wide Web (WWW) unterstützen
- das Format muß nicht selbst multimediale Elemente unterstützen, muß aber die Links auf multimediale Supplemente zulassen
- das Format muß ein dokumentierter Standard sein
- für das Format müssen ausgereifte und netzfähige Browser auf allen Plattformen zur Verfügung stehen

Für die MeDoc-Bibliothek haben wir zwei Formate ausgewählt, die diese Anforderungen erfüllen, nämlich HTML und PDF. Bei HTML stand uns Version 3.2 zur Verfügung, bei PDF die Version 1.1.

HTML eignet sich eigentlich nur für relativ einfache Dokumente gut. Sobald höhere Anforderungen an die graphischen Möglichkeiten hinzukommen, beispielsweise durch Formelsatz, bietet sich PDF als die einzig sinnvolle Alternative an. Die Gestaltungsfreiheit liegt bei PDF eher auf der Seite der Autoren, bei HTML eher auf der Seite der Leser. Beispielsweise kann und muß für ein PDF-Dokument der Autor entscheiden, ob Hypertext-Links unterstrichen oder farbig dargestellt werden sollen. Im Falle von HTML ist das eine Sache der Leser, die in ihrem Browser eine entsprechende Option wählen können.

Nach einer bereits 1995 durchgeführten Nutzerumfrage bevorzugen Leser HTML und Verleger PDF. Dazu ist zu bemerken, daß zur Zeit der Umfrage PDF in Hochschulkreisen noch nicht gut bekannt war und zudem erst die Version 1.0 auf dem Markt war, die noch keine Links aus PDF-Dokumenten in das WWW unterstützt hat. Wir erwarten, daß sich die Haltung der Leser zu PDF inzwischen geändert hat. Im Rahmen der Evaluierungen des MeDoc-Dienstes wird derzeit eine vergleichende Umfrage zu Formaten durchgeführt. Dabei werden neben der generellen Alternative HTML oder PDF auch verschiedene Gestaltungsalternativen im Bereich von PDF untersucht.

3.3 Konvertierungen

Wir haben im MeDoc-Projekt Bücher aus den Formaten TEXund LATEX, Word (verschiedene Versionen und Plattformen), FrameMaker, PostScript und WriteNow in die beiden Zielformate HTML und PDF konvertiert. Es wurden nur solche Bücher in Betracht gezogen, für die die Aufbereitung weitgehend mittels Textverarbeitungs-Werkzeugen durchgeführt werden konnte. Die Konvertierungen wurden zum großen Teil von Pilotanwendern, in einigen Fällen auch von den Autoren selbst durchgeführt. Für das organisatorische Vorgehen und die Zusammenarbeit zwischen Konvertierern, Verlegern, Autoren und Projektleitung haben wir den typischen Arbeitsablauf (Workflow) beschrieben. Nach ersten Gesprächen mit Autoren haben wir die Zielvorstellungen sowie eine Übersicht über die zur Verfügung stehenden Werkzeuge in dem Konvertierungsleitfaden festgehalten.

Es hat sich als fruchtbar erwiesen, den Fortschritt bei den Konvertierungen sowie die mit Werkzeugen gemachten Erfahrungen möglichst frühzeitig unter allen Beteiligten bekanntzumachen. Entsprechende Information steht über das WWW zur Verfügung und wird laufend aktualisiert. Überaus wertvoll sind die von den Konvertierern jeweils anzufertigenden Konvertierungsberichte, die ebenfalls online zur Verfügung stehen. Die Erfahrungen mit Formaten, Werkzeugen und Konvertierungen werden zu Projektende in einem (elektronischen) Buch dokumentiert.

4 Dienstleistungen und Werkzeuge

Zur Unterstützung des MeDoc-Dienstes wurde ein integrierter Satz von Werkzeugen entwickelt, die jetzt als funktionsfähige Prototypen den Nutzern zur Verfügung stehen. Den Kern bildet dabei das MeDoc-System. Eine wichtige Ergänzung stellt Ariadne dar.

4.1 Das MeDoc-System

Das MeDoc-System stellt zwei Hauptfunktionen zur Verfügung: das Informationsvermittlungssystem (IVS), das erlaubt, Literaturrecherchen in verschiedenen heterogenen Nachweisdatenbanken durchzuführen, sowie den Volltextspeicher (VTS), der die in MeDoc eingebrachten Bücher und Zeitschriften vorhält und an Nutzungsberechtigte ausgibt. Das Bereitstellen von urheberrechtlich geschützten Werken erforderte darüberhinaus die Realisierung von Lizenzverwaltungs- und Abrechnungsmechanismen [2]. Aus diesen Funktionen leitet sich die Struktur des MeDoc-Systems (siehe Abb.1) als eine Zahl von interagierenden Komponenten, den Nutzer- und Anbieteragenten und dem Broker ab.

Anbieteragenten bilden jeweils die Schnittstelle zu einer Nachweisdatenbank. Diese Schnittstelle basiert entweder auf einem verbreiteten Protokoll, wie z.B. Z39.50, oder free-WAIS-sf, oder ist spezifisch für die jeweilige Anbieterdatenbank wie z.B. NCSTRL oder Ariadne. Ein Sonderfall eines Anbieteragenten ist der MeDoc-Volltextspeicher. Er bietet zum einen Nachweise über seine vorgehaltenen Volltexte, erlaubt aber darüberhinaus lizensierte Werke über eine WWW-Schnittstelle abzurufen.

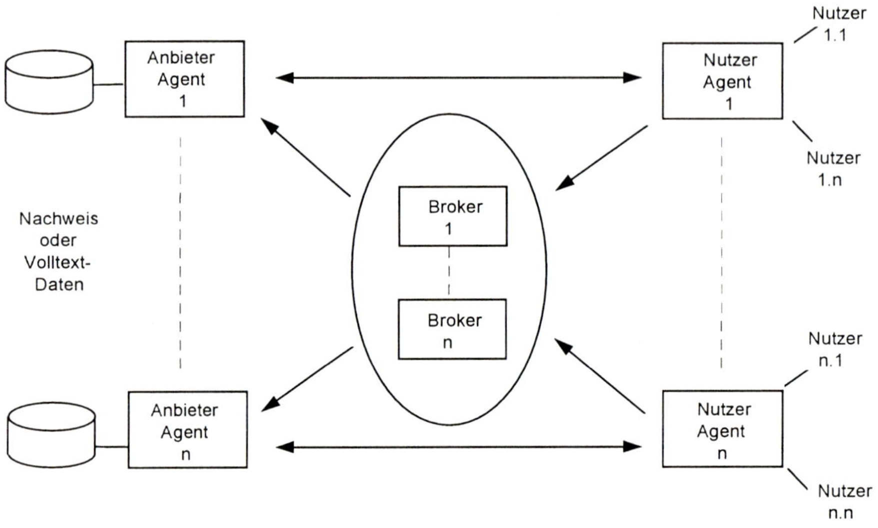

Abb.1. Die MeDoc-Systemstruktur

Nutzeragenten bilden eine einheitliche Schnittstelle zu den Nutzern. Sie verwalten nutzerspezifische Daten wie Anfragen und Anfrageergebnisse, Nutzerprofile und abgerufene Dokumente. Darüberhinaus führen sie (in Abstimmung mit den Volltextspeichern) die Abbildung der Nutzer auf Nutzergruppen und die vorrätigen Lizenzen durch. Typischerweise ist bei jeder Nutzerinstitution genau ein Nutzeragent installiert. Broker haben Informationen (Metadaten) über die Inhalte aller Anbieter vorliegen. Aufgrund dieser Informationen können sie Empfehlungen für Anbieter aussprechen, bei denen eine Anfrage aussichtsreich erscheint.

Die neuzuentwickelnden Komponenten wurden vorwiegend in Java entwickelt, ergänzt durch Teile in C, SQL und HTML. Der größte Teil der Funktionalität basiert jedoch auf Standardprodukten wie Netscape, Hyperwave und dem Volltext-Datenbanksystem Fulcrum. Das System setzt eine Unix-Plattform (Solaris 2.5) voraus.

4.2 Ariadne

Als Teil des MeDoc-Projekts wurde bereits im Frühjahr 1996 ein Informationsnachweissystem mit der Bezeichnung Ariadne freigegeben, das eine Reihe originärer Konzepte verwirklicht. Es werden ausschließlich Informationen nachgewiesen, die über eine URL erreichbar sind. Der Zugang erfolgt sowohl durch eine Suchoperation als auch mittels Navigierens. Darunter versteht man, daß die nachgewiesenen Objekte mittels eines Klassifikationsschemas nach Sachgebieten beschrieben sind. Hierfür wurde das in der Informatik weit verbreitete Klassifikationsschema der ACM, die Computing Reviews (CR) Classification, benutzt.

Eine weitere Besonderheit des Ariadne-Konzepts besteht darin, daß alle nachgewiesenen Objekte einer Qualitätssicherung unterzogen werden. Spezialisten eines Fachgebiets prüfen den Eintrag darauf, ob die enthaltene Information für das Fachgebiet relevant ist. Außerdem wird die Erreichbarkeit des Objekts periodisch nachgeprüft und festgestellt, ob inhaltliche Veränderungen stattgefunden haben. Dieser Mechanismus kann benutzt werden, um sich über Änderungen informieren zu lassen. Des weiteren bietet Ariadne einen umfassenden Profildienst.

4.3 Der MeDoc-Dienst

Voll funktionsfähige MeDoc-Server werden inzwischen von folgenden Projektpartnern betrieben: FIZ Karlsruhe, OFFIS Oldenburg, Springer-Verlag Heidelberg, TIB Hannover, TU München und Uni Leipzig. Diese Einrichtungen haben sowohl die maschinelle wie auch die personelle Kapazität aufgebaut, um eine genau spezifizierte Dienstleistungsqualität zu erbringen. Wesentliche Kriterien sind dabei die zeitliche Verfügbarkeit und Nutzerunterstützung.

5 Zusammenfassung und Ausblick

Das Projekt MeDoc hatte sich einige sehr anspruchsvolle Ziele gesetzt. Wie in diesem Beitrag ausgeführt, wurden diese Ziele auch weitgehend erreicht. Wir sind gerade dabei, die ersten Erfahrungen in der Nutzung des Dienstes zu sammeln. Dies betrifft insbesondere das Einspielen von Inhalten, die Lizenzverwaltung und -abrechnung sowie das Verhalten der Nutzer gegenüber elektronischen Zeitschriften und Büchern. An mehreren Orten wurden durch MeDoc Initiativen angestoßen, die zu zusätzlichen lokalen Angeboten führten. Was die langfristige Weiterführung und Institutionalisierung des MeDoc-Dienstes betrifft, sind im Moment noch einige Fragen offen. Wir hoffen, daß sich diese vor Ende der Förderperiode lösen lassen.

Daß für ein so weites Gebiet wie das elektronische Publizieren und die digitalen Bibliotheken noch nicht alle Probleme gelöst sind, liegt auf der Hand. Mit MeDoc konnten wir jedoch bei vielen Kolleginnen und Kollegen das Bewußtsein für diese Probleme wecken und auch bezüglich einiger Lösungen eine Vorreiterrolle übernehmen. Wir sind sicher, daß andere Projekte auf dem bisher Erreichten aufsetzen werden.

Danksagung. MeDoc ist ein gemeinsames Vorhaben von insgesamt 34 Einrichtungen. Beteiligt sind etwa 70 Wissenschaftler oder wissenschaftliche Hilfskräfte. Den Kern bildet das Entwickler-Team, das an acht Orten verteilt im engen Zeitplan lauffähige Software konzipierte und implementierte. Ihre Namen seien in der Reihenfolge der Orte ausdrücklich erwähnt: M. Dreger, S. Lohrum (FU Berlin), A. Kusserow (Uni Bonn), K. Großjohann (Uni Dortmund), D. Menke (FernUni Hagen), M. Schwantner (FIZ Karlsruhe), C. Haber, U. Linder-Kostka, R. Weber (TU München), D. Boles, J. Meyer, G. Möller, M. Schlattmann (OFFIS Oldenburg), U. Hauptfleisch, U. Schwab (Springer-Verlag Heidelberg). Ihnen und allen ungenannten Mitwirkenden gilt unser Dank.

Literatur

1. Boles, D., Dreger, M., Großjohann, K.: MeDoc Information Broker – Harnessing the Information in Literature and Fulltext Databases. Proc. NIR Workshop, SIGIR 96, 1996
2. Breu, M., Brüggemann-Klein, A., Haber, C. and Weber, R.: The MeDoc distributed electronic library - accounting and security aspects. **In**: Proceedings of the ICCC/IFIP Conference. University of Kent, Canterbury, April 1997.
3. Breu, M., Endres, A.: Multimediale digitale Bibliotheken. Elektronischer Tagungsband eines Workshops auf der GI-Jahrestagung 1997. URL: http://sunendres6.informatik.tu-muenchen.de/aachen97/
4. Breu, M., Brüggemann-Klein, A.: Der MeDoc-Dienst. Informatik/Informatique. Jan. 1997
5. Breu, M.: MeDoc-Dienst geht in den Pilotbetrieb, Informatik-Spektrum 19,6 (1996). S. 355-356
6. Brüggemann-Klein, A., Cyranek, G., Endres, A.: Die fachlichen Informations- und Publikationsdienste der Zukunft – Eine Initiative der Gesellschaft für Informatik. **In**: Huber-Wäschle, F., Schauer, H., Widmayer, P. (Hrsg.): GISI 95. Heidelberg. Springer 1995, S. 2-12
7. Brüggemann-Klein, A., Endres, A., Schweppe, H.: Informatik und die Informationsgesellschaft der Zukunft. Informatik-Spektrum 18, 1 (1995) S. 25-33
8. Davis, J. R., Lagoze, C.: Dienst: An Architecture for Distributed Document Libraries. CACM 38,4 (1995) p. 47
9. Endres, A.: MeDoc – Die verteilte elektronische Informatik-Bibliothek. Proc. 19. Online-Tagung der DGD. 14.-16. Mai 1997, Frankfurt a. M., S. 43-52
10. Endres, A.: GI-Projekt MeDoc nimmt Gestalt an. Informatik-Spektrum 19,3 (1996). S. 175
11. Fellner, D., Kusserow, A., Schäfer, S.: Realisierung eines Nutzeragenten auf der Basis von Hyper-G. **In**: Mayr, H. C. (Ed): GI/ÖCG-Jahrestagung 1996, Klagenfurt
12. Glatthaar, W.: Moderne Informationsdienste auch für Informatiker oder bessere Schuhe für des Schusters Kinder. Informatik-Spektrum 18, 5 (1995). S. 255
13. Ottmann, T., Bacher, Ch.: Authoring on the Fly. Institut für Informatik, Universität Freiburg. Interner Bericht 72 (Nov. 1995)
14. Rahm, E.: Informatiker bauen elektronische Bibliothek. Universitätsjournal Leipzig Juli 1996
15. Schwab, U., de Kemp, A.: Multimedia im Springer-Verlag Berlin/Heidelberg. Telematik 4/96. S. 36-37

CTIT Research Alliances for Telematics

Prof. Dr. Ir. I.G.M.M. Niemegeers

Centre for Telematics and Information Technology
University of Twente
P.O. Box 217
7500 AE Enschede
The Netherlands
I.G.M.M.Niemegeers@ctit.utwente.nl

1. Introduction

In this article we give a brief overview of the Centre for Telematics and Information Technology (CTIT) at the University of Twente and the role that the institute plays, in the Netherlands, in telematics research and graduate education.

2. Centre for Telematics and Information Technology

The CTIT is a research institute of the University of Twente (UT). It is motivated by the challenge of supporting the development, introduction and use of telematics. This challenge is addressed by performing research on the technical aspects and also by positioning technical considerations within the wider context, namely the complex of issues surrounding the tasks of successfully assessing, introducing and using telematic systems within existing and evolving organisations. This wider context (into which telematics systems are introduced) encompasses all aspects of business, commerce, industry, the state and private life. In order to address this wider context, the organisation of the CTIT crosses the traditional boundaries between disciplines and multi-disciplinary teams perform the research.

CTIT's main expertise is on Telematics Systems and the supporting technologies (coming from the departments of Electrical Engineering, Computer Science and Applied Mathematics). The expertise on non-technical issues of telematics systems is substantial in the area of tele-education (department of Educational Science), and is growing in the areas of business science (department of Technology and Management), public services (department of Public Administration), ergonomics (department of Philosophy and Social Sciences) and production logistics (department of Mechanical Engineering).

CTIT's research is presented in three categories: Telematics Systems, Methodology, and Use of Telematics and Information Technology. Research areas included in Telematics systems are, for instance, services, communication networks, network applications and network management. Performance, measurements, software engineering and software tools are examples of areas covered by Methodology. Areas covered by Use of Telematics and information technology are: business and telematics, public administration, tele-education and transport and logistics.

3. Leading Technological Institutes

In 1995 the Minister of Economic Affairs disclosed his views on increasing and improving the economic growth in the Netherlands by forming five Leading Technological Institutes (LTITs) in areas closely linked to Dutch industrial interests. Three parties will fund these institutes: the government, industry and participating institutes. Within the area of telematics, the Telematics Research Centre (TRC) initiated building a strong consortium of companies and research institutes. This has resulted in a positive decision by the Ministry of Economic Affairs (MEA) in April 1997. The Telematics-LTIT will start operating by October 1997. Research institutes participating in the Telematics-LTIT are: TRC, CTIT, CWI, TNO and University of Delft (TUD).

The Programme Council of the LTIT will determine the Research Programme of the LTIT; the same holds for the daily research management. LTIT research is divided in basic research and market-driven research, which are in a fifty-fifty budget balance. The rationale of this balance is that effective knowledge transfer from universities to companies requires a substantial amount of market driven research carried out jointly with industry.

The CTIT will have direct influence on the research programme of the LTIT via membership of the Programme Council. This allows us to harmonise the research programmes of both organisations.

4. Graduate School on Telematics

The Graduate School on Telematics is an initiative of the University of Twente in co-operation with the Telematics Research Centre (TRC) and the Technical University Delft. The graduate school will start operating in September 1997. A request for formal acknowledgement by the KNAW is scheduled at the end of 1997.

The educational programme of the Graduate School for Telematics provides modules and projects to obtain: an in-depth knowledge of specific Telematics research areas, and a broad understanding and experience at non-expert level of Telematics as a multidisciplinary area.

The educational programme is meant for researchers who start a 4 year Ph.D.-trajectory in the Telematics research area, and should also be of significance for the 2 year designers-trajectory and industrial partners. The three main keys in the educational program are: (a) multidisciplinary, (b) project teams working in field situations, and (c) professional communication, management and presentation capacity development.

References

CTIT: `http://wwwctit.cs.utwente.nl/`
CWI – Centre for Mathematics and Computer Science: `http://www.cwi.nl/`
KNAW – Royal Dutch Academy for Sciences: `http://www.tno.nl/`
T-LTIT – Telematics Leading Technology Institute: `http://www.trc.nl/`
MEA – Ministry of Economic Affairs: `http://info.minez.nl/ezenglish/index.htm`
TNO – Netherlands Organisation for Applied Scientific Research: `http://www.tno.nl/`
TRC – Telematics Research Centre: `http://www.trc.nl/`
TUD – Technical University of Delft: `http://www.tudelft.nl/home.html`
UT – University of Twente: `http://www.utwente.nl/`

Crossborder Cooperation on Multimedia Distance Learning: the ELECTRA Project in The Euregion Meuse-Rhine

I. Herwono*, M.E.Lekkou+, K. Müller^T, Dr. H. Tuchel*
Departments of *Communication Networks, +Computer Science IV and ^TInformatics in Mechanical Engineering
Aachen University of Technology
D-52056 Aachen
Email: maria.lekkou@i4.informatik.rwth-aachen.de

Abstract

ELECTRA -an initiative of the four ALMA universities in the Euregion Meuse-Rhine- is working towards the realisation of a sophisticated electronic learning environment on which a spectrum of multi-lingual telematic applications and services will become accessible. In the context of ELECTRA several disciplines (informatics, medicine, engineering, psychology, etc.) come together in order to develop, test and evaluate new prototypes and products in the field of distance learning. In this paper the work carried out in Aachen is presented.

1. Introduction

ELECTRA is an acronym for "Electronic Learning Environment for Continual Training and Research in the ALMA universities" (the universities of Aachen, Liège, Maastricht and Diepenbeek-Hasselt). It is a concerted effort by the four ALMA universities in the three Euregion countries (Germany, The Netherlands and Belgium), working closely with local trade and industry representatives to realise a sophisticated electronic learning environment, a "microcosm", on which a spectrum of (multi-lingual) telematic applications and services will become accessible. The word microcosm refers to the variety of educational opportunities offered in the ELECTRA project within the Euregion Meuse Rhine, where the ALMA universities are located. The scope of the project however is much larger and aimed at delivering proof of the possibilities of advanced services and applications on a large scale.

ELECTRA aims at the realisation of a set of services and applications that will use a mix of the most advanced possibilities of the available information and communication technology, such as the combined use of ISDN, CATV, research networks, both from within the universities as from the homes and factories. The educational goals are: integration and anchoring of telematic services in teaching and learning, focusing specifically on the impact and contribution of telematics for self-directed and collaborative learning.

The project will enable participating students, tutors and researchers, home-learners and SME's, medical practitioners and hospitals in the Euregion Meuse-Rhine, to access education and training and provide them with the necessary skills and experience, in order to work confidently and comfortably with information technology (IT).

A wide variety of ALMA departments is involved in the project: Computer Science, Electrical and Mechanical Engineering, Medicine, Psychology, Educational Sciences, Educational Development and Research, Arts and Culture. The intensive interdisciplinary work carried out in ELECTRA comprises eight educational applications and two support services, all incorporating multimedia, which will run on a hybrid infrastructure (CATV/Telecom/research networks) [1]. ISDN and ATM technology will also be applied.

In the following sections the work carried out in Aachen is presented: in section 2 the integrated electronic learning platform offering access to protocols for multimedia data transport, in section 3 the CNCplus interdisciplinary telelearning application and in section 4 the multimedia long distance learning course on GSM mobile networks.

2. Protocols and Interfaces for Multimedia Distance Learning Applications (PIM)

The aim of the PIM workpackage is the creation of a user-friendly integrated electronic learning platform which will guide the users during their learning sessions, offering them tools to access information and establish communication among them. The platform will be active also in the lower communication layers, hiding the network structure from the users and from the tele-learning applications and offer transparency, i.e. the users should be unaffected and not realise its heterogeneity.

Motivation and Objectives

Distance Learning becomes exciting with the use of multimedia applications. Tutors can use hypertext documents, audio and video, graphics, images and animations in order to communicate with the learners. However, multimedia applications have also raised new demands on computer environments, especially in terms of communications, due to the complexity and diversity of the data which must be handled. Complex services such as video, image and audio transmission, transmission of short or large files containing textual or graphical information, or a mixture of these pose contradictory requirements on the communication infrastructure, e.g.:

- real time constraints (audio, video),
- data rate (low for short information or audio, high for uncompressed video),
- tolerable error rate (low for file transfer, higher for audio and uncompressed video),

- synchronisation of heterogeneous streams (e.g. audio and video).
- guarantees for Quality of Service (QoS)
- bandwidth requests vary from low rates to extremely high rates (low for short information or audio, high for uncompressed video)
- dynamic connection configuration changes during sessions should be supported (new streams are added, while others may be removed)
- stream characteristics may be dynamically changed (bandwidth, transmission delay, etc.)

The QoS required by the applications does not only depend on parameters like throughput, delay, jitter, packet loss rate, or error rate, but also on whether a dynamically adaptable protocol and network functionality is available [1]. This functionality can be expressed in terms of:

- Quality of Service semantics ("best-effort", guaranteed, monitored)
- Connection types (connectionless, connection-oriented)
- Security mechanisms for authentication, encryption, integrity, digital signatures
- Resource reservation and allocation
- Multicast mechanisms
- Synchronisation

On one hand it is possible to try to extend the capabilities of standard, „traditional" protocols like TCP, OSI-TP4, etc. On the other hand much work and effort has been done by researchers, telecommunication companies and generally members of international committees in the direction of definition and implementation of new flexible protocols. These protocols are designed for multimedia applications and/or high speed networks, therefore they support the functionalities and mechanisms for multicast, QoS support, resource reservation, they can efficiently coordinate the (multimedia) information flow between the communicating entities and take advantage of the new capabilities of emerging networks (e.g. ATM).

The PIM objectives are:

- the introduction of the benefits of using forthcoming protocols with new features, while at the same time solving emerging problems for users and multimedia applications
- the creation of an integrated PIM platform, which will offer:
  1. selection possibility between available protocol stacks and networks
  2. adaptation to varying Quality-of-Service (QoS) of networks
  3. network structure transparency to users and applications
  4. support in case of new network and protocol introduction

Service requirements to the network have to be translated to meaningful QoS parameters for each protocol layer. A suitable protocol stack has to be selected for each case. Selection criteria among others are full use of ATM technology and cost effectiveness.

Technical Approach

A prototyping-oriented approach was adopted. The benefits are that we can have early working versions of the PIM platform, in order to experiment with it and improve it [3].

In the first phase the Xpress Transfer Protocol (XTP) will be made available to multimedia applications. It is a reliable protocol that combines both network and transport level functionality within itself as well as support for multicasting. It was developed in answer to a need for a protocol with very high data throughput and the possibility to choose between different qualities of service when using multicast [4]. XTP features include rate control, separation of rate and flow control, separation of communication paradigm (datagram, virtual circuit, transaction, etc.) from the error control policy employed (reliable though uncorrected), reliable multicasting to a selected group, selective re-transmission, message sorting by priority, fixed length headers, IP checksum. Undesired control procedures can be turned off. It also employs parametric addressing, allowing packets to be addressed with any one of several standard addressing formats. Reliable multicast can be used when guaranteed delivery to all group members is required e.g. for multipoint control applications, distributed computation, and multipoint databases.

Due to its efficient error recovery mechanisms, XTP is able to provide much higher throughput than e.g. TCP over the Internet and other networks with non-negligible packet loss rates. XTP is able to act as a transparent efficient replacement for TCP, UDP, Appletalk, IPX and other existing networking protocols. It also can run directly over the AAL5 interface to ATM or over IP or LAN emulation. When running directly over ATM, XTP can use rate and burst control to take advantage of ATM's QoS features [5].

In the future more protocols will be introduced in the PIM platform (e.g. RTP-Real Time Protocol, MTP-Multicast Transport Protocol, RSVP-ReSerVation setup Protocol).

The PIM Platform Functionality

The distance learning applications that are used in the context of ELECTRA are not able to specify their exact QoS requirements, therefore this role is undertaken by the PIM platform (see Fig. 1). The PIM Manager maintains a database with all information related to the application. By consulting this information it can compile a suitable QoS profile for the application. Within the profile all quantitative and functional parameters for a specific communication situation are specified. In addition the PIM Manager can use a general (default) profile whenever it is not able to specify the exact QoS demands.

When an application wishes to establish a connection, the application request is directed to the PIM manager. The PIM manager consults the „Application Model Database“ (AMDB), where it can extract useful information on the application context (enterprise, enterprise goals, user groups, etc.). The PIM Manager also consults the „Protocol Information Database“ (PIDB). The PIDB stores all information about the quantitative and functional characteristics of the available protocol stacks and the individual structure of the service primitives from the different protocols. The information on protocol characteristics includes performance properties like throughput, delay and jitter behaviour as well as information on functional properties e.g. error correction schemes, synchronisation properties, security mechanisms and conference management tools. The information stored in PIDB is retrieved partially through requests to the Protocol Agent (PA) and partially through user defined entries. The PIM Manager sends the collected information to the Coordination and Selection Centre (CSC). The CSC matches the application and QoS requirements with the protocol capabilities and is responsible for the selection of a suitable protocol stack.

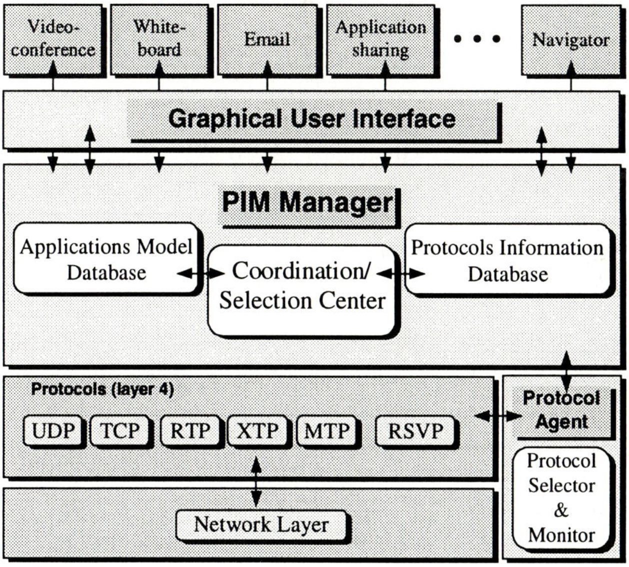

Fig. 1. The PIM Platform

The WinSock 2.0 API for network programming is being used as an interface between applications and transport protocols (available in Windows NT 4.0 and in future releases of Win95).

3. CNCplus telelearning - International Interdisciplinary Learning Integrating University and Production

Cooperation between teams in different countries in research, construction and production is an important part of todays work. It should be a main part of University education [6]. Distant collaboration in teams using English as a communication language, and problem solving abilities can be learned by an experience-based learning approach [7].

CNC+ Telelearning is the first project in Europe to approach these aims, in the border area of three European countries. CNC+ promotes collaboration between students of universities in three European countries and skilled workers as operators of CNC (Computer Numeric Control) systems at a fourth site in Germany.

The students at the three Universities in Liège, Maastricht and Aachen speak three different languages (French, Dutch and German) and study Knowledge Engineering (Maastricht), Mechanical Engineering (Aachen) and other Engineering studies (Liège). The skilled workers at the production site of the R&S Keller GmbH in Wuppertal speak German. English is chosen as the communication language between the 4 working groups.

The main aim in CNC+ Telelearning is to test the feasibility of todays communication media networks for its usability for international cooperation and learning in universities and SMEs specifically for product design and production. For this goal it is necessary:

1. to make the communication media networks work across the borders of Belgium, The Netherlands and Germany and between four different institutions (University departments in Liège, Maastricht and Aachen and the production site in Wuppertal).
2. to design a common CSCW (Computer Supported Cooperative Work) interface for all user groups in Belgium, The Netherlands and Germany.
3. to develop a course concept in order to train the four different user groups in Liège, Maastricht, Aachen and Wuppertal to use the communication media network for their cooperation in product design and production; the course concept has been based on the strategy of "experiential learning".

In CNC+ Telelearning students of engineering learn:

- to work together in the design and production of workpieces on lathes,
- to collaborate between international groups
- to get acquainted with CSCW technologies,
- to cooperate between design departments and shopfloor production.

First international test runs have successfully shown the possibility of working in a distant and international context on university and SME level [8]. Problems to be solved by the student groups teach several skills. In the introduction phase skills are taught in single exercises while later students experience to solve real construction problems cooperatively. The 5 different test runs have comprised, in each working group, 3-5 students of engineering and/or computer science, each from one of the 3 countries, and one groups of skilled shopfloor personnel at the production site. The differences between the test runs were mainly caused by the technology used. Different computer set-ups were used differing in the number of computers, used cooperation techniques (videoconferencing, shared application etc.) and point to point or multipoint-cooperation. The quality of cooperation depended less on the speed but more on accessibility and ergonomy of the services.

Using these applications a possible workplace can look like in Fig. 2. The CNC-software to be worked with (CAMplus) runs in the window in the lower left corner. A notebook is open and right above the CAMplus window. To its right one can see the video picture of the participants in Aachen and Maastricht. In the lower right corner a mobile phone receiver is placed for the handling of the videoconferencing system. The participants besides CAMplus are mostly using the videoconferencing system, the notebook and file transfer. Shared application has not been much used because of the tremendous slow-down of the system, when it is active running in a DOS-emulation. Shared application with CAMplus has to be accelerated to be able to work smoothly with it.

Furthermore the course concept has been changed according to feedback and evaluation. The evaluation has been based on analysis of video recordings of the different student groups during communication and cooperation. Additionally guided in-depth interviews and questionnaires have been used for evaluation and feedback.

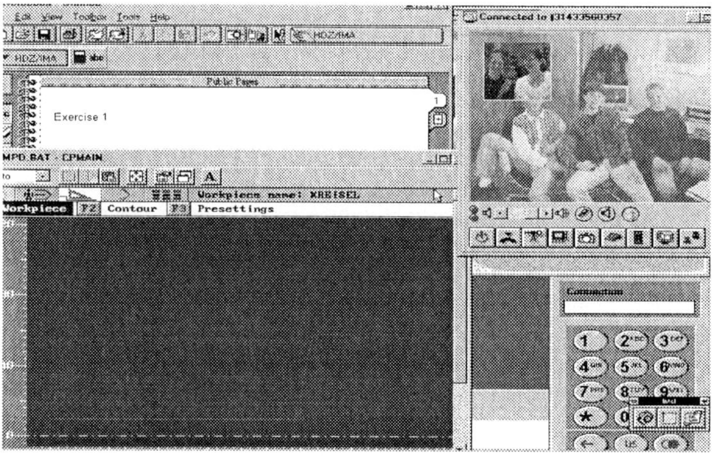

Fig. 2. Screen shot of a CSCW prototype in CNC+ telelearning

Experiences are: a common basic knowledge makes distant teamwork more efficient enabling the participants by an introduction to understand the problems of distant cooperation. Technical understanding without group work abilities are useless in distant cooperation. In multipoint sessions it is necessary to have a moderator while point to point cooperation is able without moderation. The students help each other on the basis of their disciplines to understand the tasks and to cooperate in solving the given problems. Therefore they use a mix of communication media and use the different skills of the students of different subjects. Mechanical engineering students have basic knowledge in construction and production technology while the students of informatics understand the software more quickly. The production of the transmitted production-plan data give cognitive experience to the students by seeing the result of their design and programming „on-line“ by videoconferencing. Cooperation with the skilled workers before and during the production brings a feedback into a university course from another point of view.

They learn cooperation and language abilities as a necessary part of effective international work.

4. MOBILE - a Multimedia Long Distance Learning Course about GSM

MOBILE develops an individual electronic long distance learning course for a typical master level university student in the field of electrical engineering and for SME's in the area of services and protocols for digital mobile radio communication networks based on *ETSI-GSM* (European Telecommunications Standards Institute - Global System for Mobile Communication) standard. By using multimedia resources such as film, animation and spoken text, technical information and examples contained in the lecture should be explained in an improved way with respect to normal classroom learning environments. The course will be delivered via Internet (WWW) using the *Java/JavaScript* technologies, and in order to minimise the network traffic load, an accompanying local CD-ROM containing the (huge) multimedia data will be used. Suitable methods such as *digital watermarking* technologies are applied for the protection of the Intellectual Property Rights.

MOBILE started with an analysis of the user requirements and the identification of the user group profiles [11]. The assessment using a customer or market forum was made at the Institute for Communication Networks at RWTH Aachen. A functional specification was produced from the results of the user requirement analysis. The specification describes how the electronic course is to operate in terms of task, processes, interaction, inputs, and outputs.

In order to facilitate the learning process, the lecture is subdivided into several learning units of about 15 minutes in length, and some coherent learning units are grouped into a learning topic. Each learning topic includes an overview or a summary of the contents of learning units covered. In this way, the lecture are presented in a top-down approach. Beside the lecture pages, some supporting pages (glossary, online help, customisation pages) and evaluation (self test) pages will be available during the course sessions.

The electronic course consists of eight main components/modules:

- *lecture pages*, which are the contents of the lecture including texts, figures, tables and some multimedia resources such as animation sequences and spoken texts,
- *supporting pages*, which provide a user with additional information related to the lecture (i.e. glossary) or about using and customising the electronic course (i.e. online help and customisation page),
- *evaluation pages*, which provide a learner performing self tests, which will be conducted via multiple choice questions,
- *structuring module*, which manages all the course pages by their types, (multimedia) contents and dependencies, and therefore, it facilitates the orientation and update process of the electronic course,

- *navigation module*, which provides a user interface for getting a clear orientation through the course pages primarily within one appropriate learning unit,
- *access control module*, which controls and logs all the access activities accomplished by a user during the course sessions,
- *progress indication module*, which gives a user the possibility to confirm each learning unit the user has already studied,
- *server's database*, which contains all documents or data related to the electronic course. As already mentioned, in order to minimise network traffic load, some multimedia data can be stored on a local CD-ROM.

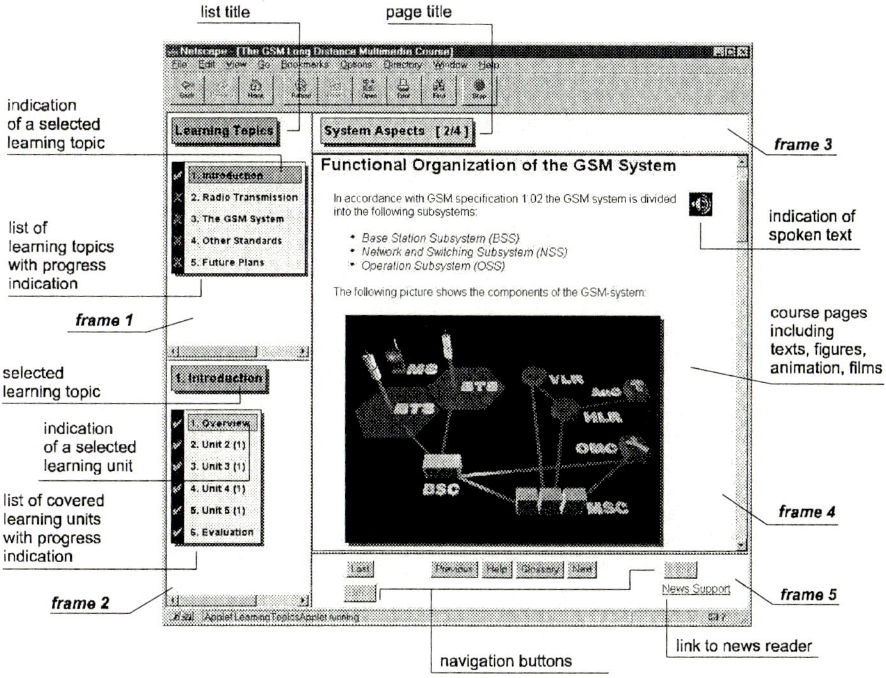

Fig. 3. A screen shot of the proposed layout of the electronic course

A graphical user interface (GUI) of the electronic course using the properties of the WWW-browser (*Netscape Navigator*) has been proposed during the specification phase. In order to provide a clear overview of the functionality and contents of the electronic course, the browser window is divided into 5 adjacent frames, as shown in Fig. 3.

In *frame 1*, all available learning topics are listed, and the selected topic is marked. *Frame 2* displays a list of the learning units covered within the currently selected learning topic. In both frames, the learning progress indication is achieved. In *frame 4*, the appropriate course pages containing texts, figures and multimedia resources are presented, while *frame 3* shows the title of the course page with the indication of the actual page number. Finally, all navigation buttons are displayed in *frame 5*.

5. Conclusions

The EU-funded project ELECTRA aims at improving communication and learning of students at the universities of Aachen (D), Liège (B), Diepenbeek-Hasselt (B) and Maastricht (NL) and SMEs in the Euregion Meuse-Rhine. The ELECTRA sub-projects described here (PIM, CNCplus telelearning and MOBILE) document the wide range of telelearning-activities in this cross-border cooperation and the interdisciplinary work necessary for the development of telelearning applications according to users needs. These projects help getting experience in telelearning course design in a field of several realised pilot projects. While the first two years aimed mainly on student users the next two years will focus on adaptation of the courses to SMEs and to larger scale evaluation and demonstrations.

6. Literature

[1] The ELECTRA Homepage; http://www.unimaas.nl/electra.

[2] Heinrichs, B.; „Transfer Systems for high-performance Communication" (German), Springer-Verlag, Berlin 1994, ISBN 3-540-58351-3.

[3] Evans, M.; Marciniak, J.; „Software Quality Assurance & Management", John Wiley & Sons, Canada 1987, ISBN 0-471-80930-6.

[4] Strayer, W.; Dempsey, B.; Weaver, A.; „XTP: The Xpress Transfer Protocol", Addison-Wesley Publishing Co., Reading, MA, 1992.

[5] Strayer, W.T.; Gray, S.; Cline, R.E. Jr.; „An Object-Oriented Implementation of the Xpress Transfer Protocol", Proceedings of the Second International Workshop on Advanced Communications and Applications for High-Speed Networks (IWACA), Heidelberg, Germany, September 26-28, 1994.

[6] Müller, K.; Lekkou, M.E.; Weydandt, D.; „CNC+ - A Multimedia Distance Learning Project bringing Universities and Production together", WET ICE 96, IEEE Computer Society, Stanford, 1996.

[7] Kim, D.H.; „The Link between individual and organisational learning", Sloan Management Review, 35, 1, p. 37-50.

[8] Müller, K.; Ihsen, S.; „CSCW-environment on CNC+ telelearning", Telematics ET1010 Electra Deliverable D11.03, Aachen, 1997.

[9] Barreau, D.; „Group collaboration in the virtual classroom", Maryland, 1996.

[10] Ibrahim, B.; Franklin, S.D.; „Advanced Educational Uses of the World-Wide Web", Third International WWW Conference, Darmstadt, 1995.

[11] Guntsch, A.; Tuchel, H.; „User Requirement Analysis of MOBILE", Telematics ET1010 Electra Deliverable D03.01, Aachen, August 1996.

Die Trierer Informatik-Bibliographie DBLP

Michael Ley

Universität Trier, FB 4 – Informatik, D-54286 Trier
ley@uni-trier.de, *http://www.informatik.uni-trier.de/~ley/*

Zusammenfassung Der leichte Zugang zu aktueller und qualitativ hochwertiger Fachinformation ist auch in der Informatik essentiell für Lehre, Forschung und Entwicklung. Die wichtigsten Medien zur Verbreitung wissenschaftlicher Informationen sind in der Informatik Tagungen, Tagungsbände, Zeitschriften und in zunehmendem Maße das Internet. Neben Preprint-Servern spielen auf dem Internet themenzentrierte Web-Server für Teilgebiete der Informatik eine immer wichtigere Rolle.

An der Universität Trier wird seit Anfang 1994 ein Web-Server für Informatik-Fachinformationen betrieben. Inhaltlich war der Dienst zunächst auf die Themen Datenbanksysteme und Logikprogrammierung ausgerichtet, inzwischen werden weitere Teilgebiete der Informatik abgedeckt. In diesem Diskussionsbeitrag wird das Konzept des DBLP-Servers erläutert und versucht, das System in die sich schnell wandelnde Landschaft der Informatik-Fachinformationen einzuordnen.

1 Einleitung

In der Informatik wird nach wie vor ein wesentlicher Teil qualitativ hochwertiger Fachinformation über konventionelle Medien wie Zeitschriften und Tagungsbände verbreitet. An Hochschulen oder großen Forschungseinrichtungen stellen Bibliotheken einen Teil dieser Publikationen lokal zur Verfügung. Auf der Ebene von Bänden bzw. Zeitschriftentiteln weisen die Bibliotheken ihre Bestände in Katalogen (OPACs) nach. Viele Bibliothekskataloge sind inzwischen über das Internet auch extern zugreifbar [12].

In Zeitschriften, Tagungsbänden und Sammelbänden erschienene Einzelarbeiten werden in OPACs nicht aufgeführt. Bei der Suche nach Artikeln muß daher auf externe Bibliographien wie den auf Papier und CD-ROM publizierten „ACM Guide to Computing Literature“ [2] oder Datenbanken wie CompuScience [7] und INSPEC [13] zurückgegriffen werden. In der Praxis wird von diesen Diensten jedoch relativ selten Gebrauch gemacht [8]:

- Der Zugriff auf CompuScience oder INSPEC ist aus Kostengründen oft nicht oder nur mit Einschränkungen möglich.
- Der Zugriff ist oft nicht vom Arbeitsplatz des Informatikers aus möglich.
- Ein zu kleiner Teil der Informatik-Literatur wird erschlossen [4,5].
- Neue Arbeiten werden zu spät in die Bibliographien aufgenommen.

Aus Einzelinitiative oder im Rahmen von Fachgruppen wissenschaftlicher Gesellschaften sind in den letzten Jahren für viele Teilgebiete der Informatik Web-Server aufgebaut worden. Neben Hinweisen auf Tagungen, Projekte oder

Software findet man auf einigen Servern auch bibliographische Informationen. Der an der Universität Trier seit Anfang 1994 betriebene DBLP-Server hat sich im Informatik-Teilgebiet „Datenbanksysteme“ als wichtiger Informationsdienst etablieren können. Die positive Resonanz der Benutzer hat uns ermutigt, das System auf weitere Teilgebiete der Informatik auszuweiten.

Im zweiten Abschnitt dieses Papiers stellen wir das dem DBLP-Server zugrunde liegende Schema vor. Die Grundidee ist, jedem Bibliotheksbenutzer bekannte Konzepte möglichst natürlich auf Web-Seiten nachzubilden. Die in Abschnitt 3 beschriebene Materialisierung des „Personen-Publikationen-Netzes“ durch ein Netz von Hypertext-Seiten ist derzeit der beliebteste Dienst des DBLP-Servers. Die traditionelle Datenbank-Sicht von Bibliographie-Servern ist Gegenstand von Abschnitt 4. Experimentelle Zusatzdienste von DBLP und von vergleichbaren anderen Servern werden in Abschnitt 5 diskutiert. Das Papier endet mit einigen kritischen Anmerkungen zum Verhältnis von Urheberrecht und freier wissenschaftlicher Kommunikation in der Informatik.

2 Publikationsströme

Eine typische wissenschaftliche Arbeit ist ein Dokument mit einem Titel, einer Liste von Autorennamen, einer Zusammenfassung, dem eigentlichen Text und einer Liste von Literaturhinweisen (Abb. 1.a). Zusätzlich kann ein Artikel mit Klassifikationsangaben und Schlüsselwörtern versehen sein.

Arbeiten werden in Tagungsbänden, Zeitschriften, Sammelbänden, als Monographien oder Forschungsberichte veröffentlicht. Das Publikationsorgan bildet den formalen Kontext. Zum Auffinden einer Arbeit in einer Bibliothek ist eine genaue Angabe des Publikationskontextes erforderlich. Das Publikationsorgan gibt auch oft erste Anhaltspunkte für die thematische Einordnung und die Qualität einer Arbeit. Referierte Zeitschriften und Tagungen mit einem strengen Begutachtungs- und Auswahlprozeß haben den Charakter von Markennamen. Sie geben damit eine wertvolle Hilfe bei der Vorauswahl von Literatur. Viele Informatiker nutzen diese Filterfunktion: sie verfolgen die für ihre Interessens- und Arbeitsgebiete als relevant erachteten Zeitschriften und Tagungsreihen, um über neue Ergebnisse zu erfahren [8]. Berufungskommissionen bewerten die Publikationsorgane der Veröffenlichungen von Bewerbern oft als wichtigen Indikator für deren Qualifikation.

Um das Blättern in Tagungsbänden und Zeitschriften zu ermöglichen, wurde beim DBLP-Server die Hierarchie traditioneller Publikationsformen auf Web-Seiten abgebildet (Abb. 1). Die Artikel sind in Bänden angeordnet (Abb. 1.b). Ein Zeitschriften- oder Tagungsband wird in DBLP durch sein Inhaltsverzeichnis repräsentiert. Bei den nur in Papierform vorliegenden Publikationen sind die Verweise auf die Volltexte symbolisch: Die Arbeit muß in der Bibliothek aufgesucht werden. Bei elektronischen Publikationen kann der Verweis auf den Volltext als Hyperlink implementiert sein: Die Arbeit kann direkt gelesen werden, falls eine entsprechende Berechtigung vorliegt.

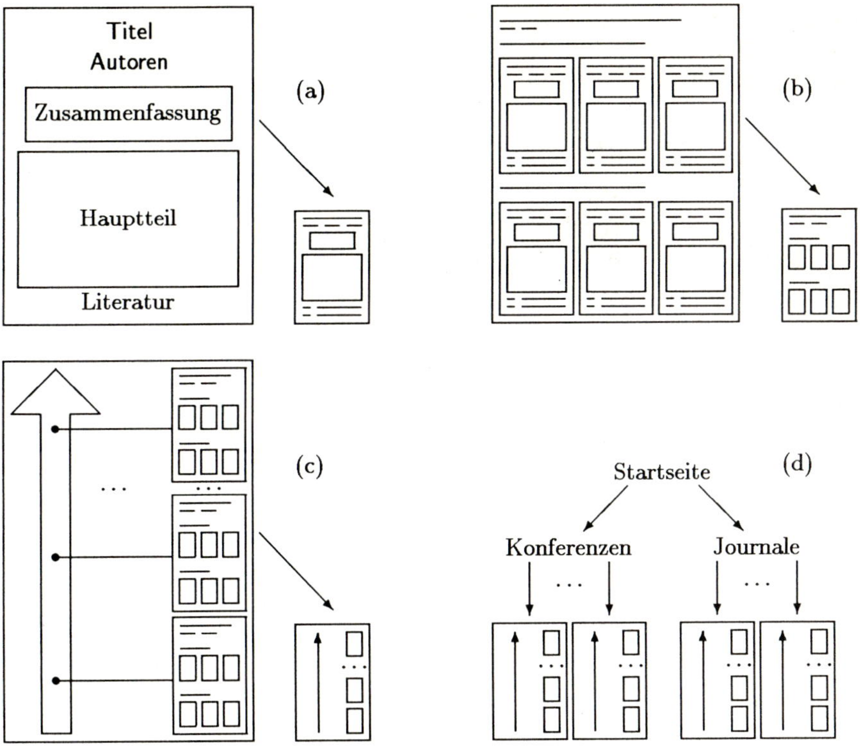

Abbildung1. Schema des DBLP-Servers

Die Inhaltsverzeichnisse können zusätzliche Angaben enthalten: Sitzungstitel in Tagungsbänden, Themenschwerpunkte oder Kolumnentitel in Zeitschriftenheften, Hinweise auf Korrekturen oder Kommentare, sowie Verweise auf überarbeitete Versionen sind oft nützliche Informationen.

Zeitschriften erscheinen periodisch, Tagungsbände, Monographien und Forschungsberichte oft in Serien oder Reihen. Der Publikationsvorgang ist also in der Regel als Prozeß oder „Strom" parallel zur Zeitachse organisiert. Die Elemente der Publikationsströme sind die betreffenden Bände. Auf den DBLP-Web-Seiten zur Repräsentation von Publikationsströmen sind die Verweise auf die neusten Bände am Seitenanfang angeordnet (Abb. 1.c). Von der DBLP-Startseite können die Publikationsströme über eine Ebene einfacher Verzeichnisse erreicht werden (Abb. 1.d). Von den Inhaltsverzeichnissen gibt es Aufwärtsverweise zu den betreffenden Publikationsströmen.

Publikationsströme weisen in der Praxis viele Unregelmäßigkeiten auf, die durch zusätzliche Hyperlinks dargestellt werden: Ein Band kann Element mehrerer Publikationsströme sein, manchmal werden Publikationsströme vereinigt oder verzweigt. In Bibliotheken oder herkömmlichen Bibliographien ist es oft schwierig, solche Phänomene nachzuvollziehen. Herkömmliche Bi-

ALP	ASPLOS	BNCOD	BTW	CAAP	CAiSE	CC
COCOON	CP	CPM	DAISD	DASFAA	DBPL	DBSec
DEXA	DOOD	DS	ECHT	ECOOP	EDBT	EDS
ELP	ER	ESA	ESOP	FGCS	FODO	Hypertext
ICALP	ICDE	ICDT	ICLP	IDS	ILPS/SLP	KRDB
LOPSTR	MFCS	MFDBS	OOIS	OOPSLA	OSDI	PLDI
PODS	POPL	POS	RIDE	SAS	SIGIR	SIGMOD
SOSP	SSD	SSDBM	STACS	TAPSOFT	VDB	VLDB

ACM Computing Surveys	ACM TOCS	ACM TODS
ACM TOIS	ACM TOMACS	ACM TOPLAS
Acta Informatica	Algorithmica	CACM
Computer Languages	Data & Knowledge Eng.	Data Eng. Bulletin
Distr. Computing	ECCC	IEEE TKDE
IEEE TSE	Informatik Forsch. Ent.	Inf. Spektrum
Inf. Proc. Letters	Information Systems	J. Algorithms
JCSS	JIIS	J. Logic Programming
SIAM J. Computing	SIGMOD Record	Software Prac. & Exp.
TCS	Theory Comp. Sys. (MST)	VLDB Journal

Tabelle1. Von DBLP erschlossene Tagungen und Zeitschriften(Auswahl)

bliographien dokumentieren nur bereits abgeschlossene Publikationen. DBLP bietet zusätzliche Informationen über die Zukunft von Publikationsströmen an: Bei Tagungen und Zeitschriften wird auf „Call for Papers" verwiesen. Tagungsprogramme sind oft als vorläufige Inhaltsverzeichnisse noch nicht vorliegender Tagungsbände anzusehen, sie werden in die Bibliographie integriert.

In Tabelle 1 sind die wichtigsten derzeit von DBLP erschlossenen Tagungen und Zeitschriften aufgezählt, Mitte Mai 1997 waren in der Bibliographie über 60000 Artikel aufgeführt. Tabelle 2 zeigt die Adressen von DBLP und einigen weiteren auf dem Internet verfügbaren Informatik-Bibliographien.

3 Das Soziale Netz

Forschung findet in einem sozialen Kontext statt. Teile des dabei entstehenden, vielschichtigen sozialen Netzes werden durch das gemeinsame Verfassen wissenschaftlicher Arbeiten durch mehrere Personen als „Personen-Publikationen-Netz" (Abb. 2) sichtbar.

In DBLP wird das „Personen-Publikationen-Netz" auf ein Netz von Web-Seiten abgebildet: Für jeden Autor wird eine Seite generiert. Eine Autoren-Seite zählt alle dem System bekannten Publikationen der betreffenden Person auf. Jedes Vorkommen eines Autorennamens außerhalb „seiner" Seite ist durch einen Hyperlink mit der betreffenden Autoren-Seite verknüpft. Autoren-Seiten sind also von den Seiten der Koautoren oder von den Inhaltsverzeichnissen aus erreichbar. Von den Autoren-Seiten führt bei jeder

http://www.informatik.uni-trier.de/~ley/db/	Der DBLP Server (Michael Ley)
http://sunsite.informatik.rwth-aachen.de/dblp/db/	Spiegel des DBLP-Servers in Aachen
http://theory.lcs.mit.edu/~dmjones/hbp/	The Hypertext Bibliography Project (David M. Jones)
http://liinwww.ira.uka.de/bibliography/index.html	The Collection of Computer Science Bibliographies (Alf-Christian Achilles)
http://www.zblmath.fiz-karlsruhe.de/cs/lncs-form.html	Lecture Notes in Computer Science Database (FIZ Karlsruhe, Springer)
http://www.math.utah.edu/~beebe/bibliographies.html	Nelson H. F. Beebe's Bibliography Page

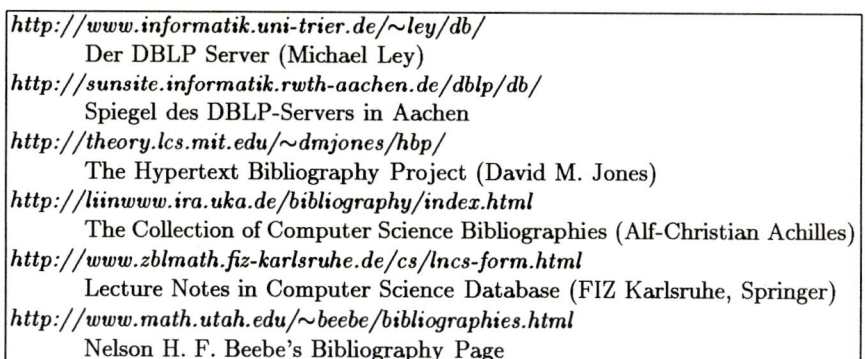

Tabelle2. Informatik-Bibliographien auf dem Internet

Publikation ein Verweis auf das dazu gehörende Inhaltsverzeichnis. Durch einfaches Navigieren kann eine Fülle interessanter Informationen gewonnen werden: Hat der Autor eines Papiers bereits andere Arbeiten zum selben Thema veröffentlicht? Arbeitet er schon länger in diesem Gebiet? Mit wem arbeitet der Autor meistens zusammen? Seit wann publiziert er? Wie viele Publikationen sind bekannt? Wo sind die Arbeiten erschienen?

Viele Benutzer von DBLP machen vom Navigieren im Autoren-Netz ausgiebig Gebrauch. Das soziale Netz dient als zusätzlicher effizienter Filtermechanismus zur Bewertung und Einordnung von Publikationen [16]. Als weitere Einstiegsmöglichkeit in das Autoren-Netz wurde eine primitive Suchmaschine implementiert: Eine Autoren-Seite kann durch Eingabe des Namens in ein kleines Formular erreicht werden.

Als wichtige Zusatzinformation kann in jede Autoren-Seite ein Hyperlink auf die persönliche „Home Page" des Autors eingetragen werden. Bis Mitte Mai 1997 wurden fast 3000 URLs registriert. Viele der Verweise wurden auf Wunsch der Autoren eingetragen. Der Anteil der „bekannten" Autoren ist mit ca. 7 zwar noch gering, da aber bereits viele „Schlüsselpersonen" registriert sind, ist der Service zu einem unverzichtbaren Teil von DBLP geworden.

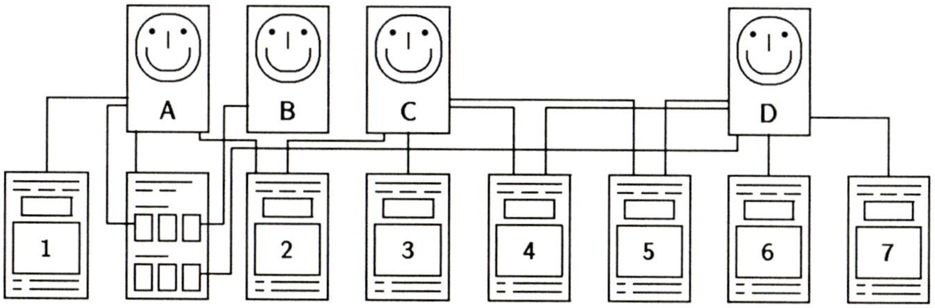

Abbildung2. Ein Personen-Publikationen-Netz

„Home Pages" von Wissenschaftlern geben in vielen Fällen die aktuellsten Informationen über ihre Arbeit. Viele Informatiker veröffentlichen einen Überblick ihrer Forschungsprojekte, ihre Anschrift, ihren Lebenslauf und ihre Publikationsliste im Web als „elektronische Visitenkarte". Oft sind hier Forschungsberichte, Konferenzpapiere, Dissertationen usw. in Volltextform online verfügbar. Wahrscheinlich sind auf diesem Weg inzwischen mehr Arbeiten erreichbar, als von Preprint-Servern aus.

4 Die Datenbank-Sicht

Der Kern der in DBLP bereitgestellten Informationen sind bibliographische Sätze. Intern sind sie in einem BibTEX-ähnlichen Format abgespeichert. Die DBLP-Web-Seiten sind materialisierte Datenbank-Sichten [11], die um Zusatzinformationen ergänzt, geeignet formatiert und durch Hyperlinks miteinander verknüpft werden. Diese Aufbereitung der Daten ermöglicht es den Benutzern, in der Datenbank zu „schmöckern". Der navigierende Zugriff macht es gelegentlichen Benutzern relativ leicht, sich eine Vorstellung von den vorhandenen Datenbeständen zu machen.

„Browsing" durch materialisierte Sichten ist jedoch kein Allheilmittel: Bei einem gezielten Informationswunsch ist eine traditionelle Datenbankschnittstelle adäquat. In DBLP ist bisher neben der Autoren-Suche nur eine primitive Titel-Suche implementiert. Geplant ist jedoch eine Suchmaschine, die beliebige Selektionsbedingungen über den Feldern der bibliographischen Sätze verarbeiten kann. Ein gutes Beispiel für eine solche Datenbankschnittstelle liefert die vom FIZ Karlsruhe und Springer betriebene LNCS Datenbank.

Wahrscheinlich wird demnächst in DBLP die Suchmaschine freeWAIS-sf eingesetzt. Neben einer Web-Formular-Schnittstelle ermöglicht freeWAIS-sf den Zugriff über das Z39.50 Protokoll. Das im Rahmen des MeDoc-Projekts [18,4,5] entwickelte Informationsvermittlungssystem soll über diesen Weg auf die Datenbestände von DBLP zugreifen können.

Das Navigieren in vordefinierten Sichten einer digitalen Bibliothek ist vergleichbar mit der Benutzung einer Freihandbibliothek: Falls die Aufstellungssystematik für die Benutzer leicht nachvollziehbar ist, kann hier sehr viel leichter als in einer Magazinbibliothek Interessantes entdeckt werden. Die Größe und die Schwerpunkte der Sammlung können durch einen Gang entlang der Regale relativ leicht erfaßt werden. Natürlich kann keine Bibliothek auf einen leistungsfähigen Katalog verzichten, der die Suche „quer" zur gewählten Aufstellungssystematik ermöglicht. Obwohl es in digitalen Bibliotheken leicht möglich ist, gleichzeitig verschiedene Ordnungsschemata anzubieten, sollten hier stets „Browsing" und gezielte Suche möglich sein. Das im Bibliographie-Server von A.-C. Achilles (URL siehe Tab. 2) eingesetzte WebGlimpse-System [17] versucht die beiden Zugriffsarten zu kombinieren: Durch Navigation kann hier der Suchraum eingeschränkt werden.

5 Zusatzdienste

DBLP ist ein „Bibliographie-Server light“, das System liefert zu den meisten Publikationen nur das absolut notwendige Minimum an Information: die Namen der Autoren, den Titel und den Publikationskontext. Dennoch erscheint uns dieser Dienst als Basis für eine hybride Informatik-Bibliothek realistisch, da weitere Dienste als „Plug-ins“ realisiert werden können.

Wichtige Zusatzdienste sind Klassifikationen der Artikel, der Zugriff und das Retrieval von Zusammenfassungen, die Materialisierung des Zitiernetzes, kommentierte Literaturlisten und natürlich der Zugang zu kompletten elektronischen Artikeln im Volltext.

Klassifikationen sind Strukturierungen eines Fachgebietes nach einem einheitlichen Schema. Wissenschaftliche Arbeiten können inhaltlich charakterisiert werden, indem sie einem oder mehreren Punkten im Klassifikationsschema zugeordnet werden. Beim Retrieval kann die Charakterisierung als Filtermechanismus eingesetzt werden.

Viele Informatik-Artikel sind bereits gemäß dem „ACM Computing Classification System“ [1] klassifiziert. Das Klassifikationsschema wurde zunächst für die ACM Computing Reviews entwickelt, später wurde es für den ACM Guide to Computing Literature [2], die CompuScience Datenbank [7] und den im Rahmen von MeDoc [18] entwickelten Ariadne-Server [3] übernommen.

Die Verfügbarkeit eines zusätzlichen, semantischen Zugriffspfades durch die Klassifikation der Arbeiten ist sicherlich wünschenswert. Fraglich bleibt jedoch, ob der hohe Aufwand der nachträglichen Deskriptor-Zuordnung gerechtfertigt ist. Bei der Mehrheit der publizierten Arbeiten fehlt die Zuordnung zum ACM Klassifikationsschema oder anderen Schemata, dies betrifft insbesondere die in Tagungsbänden publizierte Literatur. Die in den „Lecture Notes in Computer Science“ vorgenommene Klassifikation auf der Ebene von Bänden halten wir in den meisten Fällen für zu ungenau, ACM und IEEE-CS Tagungsbände enthalten in der Regel keine Deskriptoren. Wegen des hohen Aufwands haben wir zunächst auf den Einsatz einer Klassifikation verzichtet.

Zusammenfassungen ermöglichen oft eine genauere inhaltliche Charakterisierung von Publikationen. Das „manuelle“ Bewerten von Zusammenfassungen ist nur als letzter Filterprozeß nach einer Vorauswahl mit anderen Methoden sinnvoll. Die automatische Selektion von Arbeiten anhand ihrer Zusammenfassungen ist mit Methoden des Information Retrievals möglich.

In DBLP sind bisher nur wenige hundert Zusammenfassungen verfügbar, ein Ausbau dieses Zusatzdienstes ist jedoch geplant. Während ACM die Speicherung und Verbreitung von Zusammenfassungen durch den DBLP-Server explizit erlaubt hat, verbieten andere Verleger die Verbreitung von Zusammenfassungen über frei zugängliche Web-Server. Der Abstract-Zusatzdienst wird aufgrund dieser unverständlich restriktiven Handhabung des Urheberrechts unvollständig bleiben.

Fast alle wissenschaftlichen Arbeiten benutzen früher publizierte Ergebnisse. Seriöse Autoren führen die in ihrer Arbeit verwendeten Publikationen

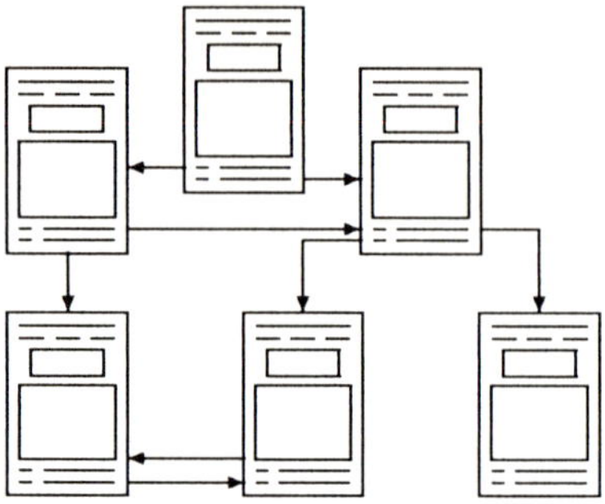

Abbildung3. Ein Zitiernetz

in der Literaturliste auf und positionieren damit ihre Arbeit in einem gerichteten Graph, dem Zitiernetzwerk. Auch wenn es sehr unterschiedliche Motivationen für das Zitieren anderer Arbeiten gibt [15], kann man einflußreiche Arbeiten an der Anzahl der auf sie verweisenden Referenzen erkennen. Zitatenanalyse wird daher schon lange zur Bewertung von wissenschaftlichen Zeitschriften eingesetzt [10]. Der seit den frühen 1960er Jahren aufgebaute „Science Citation Index" des Institute for Scientific Information [14] ist Grundlage bibliometrischer Studien, die die Auswahlentscheidungen für Zeitschriftenabonnements zahlreicher Bibliotheken beeinflußt haben.

Es ist naheliegend, das Zitiernetzwerk in einem Hypertextsystem, wie WWW, durch bidirektionale Hyperlinks nachzubilden (Abb. 3). Neben der Möglichkeit, entlang von Zitierketten zu navigieren, sollten das Zitiernetzwerks auch an der Datenbankschnittstelle für komplexe Suchanfragen verfügbar sein. Cameron [6] fordert den Aufbau einer Internet-basierten Datenbank für das Zitiernetzwerk. Ullman betont die Dynamik von Referenzen: er schlägt vor, bei der Bewertung von Forschung das Zählen von Publikationen durch das Zählen von Aufrufen betreffender Web-Seiten zu ersetzen [20].

Im „Hypertext Bibliography Project" am MIT hat David M. Jones begonnen, für einige zentrale Publikationen der theoretischen Informatik ein WWW-Zitiernetzwerk aufzubauen. Zur Verbreiterung der Datenbasis wurden zwischen diesem Projekt und DBLP Teile der Datenbestände gegenseitig zur Verfügung gestellt. In DBLP wurden Literaturlisten bisher nur für die Tagung VLDB 1996 systematisch erfaßt. Das Experiment sollte zunächst zeigen, welche Datenbankpublikationen noch nicht von DBLP abgedeckt sind, später ist eine systematische Erweiterung des Zitiernetzes geplant.

Für die Tagung VLDB 1996 wird mit Zustimmung des VLDB Endowments und des Verlages der Papier-Ausgabe der komplette Tagungsband auf dem DBLP-Server im Volltext angeboten. Bei anderen Publikationen gibt es Verweise auf die auf anderen Servern abgespeicherten Volltexte. Manchmal ist auch hier der freie Zugriff auf die Volltexte möglich, in anderen Fällen wird der Zugriff von den Inhabern der Urheberrechte auf bestimmte Benutzergruppen beschränkt.

6 Urheberrechte und wissenschaftliche Kommunikation

Die Fachkommunikation der Informatik befindet sich z.Zt. in einer widersprüchlichen Situation: Immer mehr Artikel stehen auf dem Web als Volltext frei zur Verfügung. Zum Teil handelt es sich dabei um „Preprints“, also um Artikel, die zur Veröffentlichung eingereicht wurden. Sehr viele der verfügbaren Artikel wurden jedoch in Zeitschriften oder Tagungsbänden publiziert. Andererseits spielen in der Informatik elektronische Zeitschriften bisher eine untergeordnete Rolle [8]. Als Publikationsorgane werden angesehene traditionelle Zeitschriften und Tagungen bevorzugt.

Die de facto Rollenverteilung zwischen Web und traditionellen Papier-Medien erscheint sinnvoll: Online-Versionen dienen primär der schnellen Kommunikation. Tagungsbände und Zeitschriften dienen der Archivierung und aufgrund der Begutachtung der qualitativen Selektion. In manchen Teilen der Informatik gibt es schon lange eine ähnliche Rollenverteilung zwischen Tagungsbänden und Zeitschriften: In Tagungsbänden erscheinen Kurzversionen, Vollversionen werden später in Zeitschriften publiziert.

Problematisch ist die rechtliche Situation: Verleger verlangen in der Regel vor der Publikation von Arbeiten eine Übertragung der Urheberrechte und verbieten die Verbreitung der Arbeiten auf Web-Servern. Eine wichtige Variante ist die „ACM Interim Copyright Policy“: Bis zum Aufbau der ACM Digital Library ist es Autoren erlaubt, Artikel auf dem Internet zu verbreiten [9]. ACM verbietet jedoch das systematische Sammeln von Verweisen auf solche Online-Arbeiten. DBLP enthält daher keine Links auf Volltexte von Arbeiten, die in Zeitschriften oder Tagungsbänden erschienen sind. Ausnahme sind einige von Verlegern bereitgestellte Volltexte.

Viele Autoren ignorieren die Rechtslage und verbreiten „ihre“ Arbeiten über das Web. Ihr Interesse ist nicht primär wirtschaftlich, sondern sie wünschen die möglichst weite Verbreitung ihrer Arbeiten. Bisher ist nicht bekannt, daß Wissenschaftsverlage die strikte Einhaltung ihrer Rechte mit juristischen Schritten durchsetzen. Die sich abzeichnende Verschärfung des Urheberrechts gibt jedoch Anlaß zur Sorge [19]. Eine Diskussion über die Balance zwischen den wirtschaftlichen Interessen der Verleger, der Notwendigkeit wissenschaftliche Resultate zuverlässig zu archivieren und dem Bedürfnis freier Kommunikation ist dringend geboten.

„There is simply no excuse for a publisher to ask for more than the right to publish, leaving control in the hands of the author who will undoubtedly get the bulk of exposure from electronic access to the work. If the publication of a journal or conference proceedings is not economically viable without exclusive right to the contents, then it is time to stop publishing paper copies.“ Jeffrey D. Ullman [20]

Da ich das Archivierungsproblem bei elektronischen Publikationen für noch nicht gelöst halte, ist es zu früh, das Publizieren auf Papier einzustellen. Der Aufbau brauchbarer digitaler Bibliotheken für die Informatik scheitert jedoch oft an der skizzierten rechtlichen Situation.

Dank. Der Aufbau von DBLP war nicht ohne die Hilfe Anderer möglich, bei denen ich mich hier bedanken möchte. Die Benutzer von DBLP haben mich mit wertvollen Informationen beliefert und mich auf Fehler hingewiesen. Die MitarbeiterInnen unserer Bibliothek, insbesondere U. Schön-Schultes, haben die meiste in DBLP erschlossene Literatur zugänglich gemacht. Von B. Walter stammen die Informationen über viele Raritäten der frühen Datenbankforschung. B. Weiland hat tausende bibliographische Sätze sorgfältig erfaßt. Die VLDB'96 Online-Proceedings wären nicht ohne Unterstützung des VLDB Endowments und die Hilfe von Jim Gray zustande gekommen. J. Bern ist der Systemadministrator des Trierer Servers. Das Team von SunSite Central Europe, insbesondere G. Bunsen, sorgt für die zuverlässige Spiegelung von DBLP in Aachen. DBLP wurde im Mai 1997 mit dem ACM SIGMOD Service Award ausgezeichnet — Vielen Dank.

Literatur

1. ACM Computing Classification System. *http://www.acm.org/class/*
2. ACM Guide to Computing Literature. *http://www.acm.org/reviews/guide.html*
3. Ariadne - the red thread through the web. *http://ariadne.inf.fu-berlin.de:8000/*
4. Anne Brüggemann-Klein: Wissenschaftliches Publizieren im Umbruch. Informatik Forsch. Entw. 10(4): 171–179 (1995)
5. Anne Brüggemann-Klein, Albert Endres, Heinz Schweppe: Informatik und die Informationsgesellschaft der Zukunft. Informatik Spektrum 18(1): 25–30 (1995)
6. R. D. Cameron: A Universal Citation Database as a Catalyst for Reform in Scholary Communication. First Monday 2(4), 1997, *http://www.firstmonday.dk*
7. CompuScience. *http://www.zblmath.fiz-karlsruhe.de:80/cs/computxt.html*
8. Lisa M. Covi: Material Mastery: How University Researchers Use Digital Libraries for Scholarly Communication. Ph.D. thesis, University of California, Irvine, 1996, auf WWW verfügbar: *http://geneva.crew.umich.edu:80/~covi/*
9. P. J. Denning, B. Rous: The ACM Electronic Publishing Plan. CACM 38(4): 97-109 (1995)
10. Eugene Garfield: Citation Analysis as a Tool in Journal Evaluation. Science 178(4060): 471-479 (1972)
11. A. Gupta, I. S. Mumick: Maintenance of Materialized Views: Problems, Techniques, and Applications. IEEE-CS Data Engineering Bulletin 18(2): 3–18 (1995)
12. HBZ: Deutsche Bibliotheken online. *http://www.hbz-nrw.de/hbz/germlst.html*
13. INSPEC. *http://www.iee.org.uk/publish/inspec/inspec.html*
14. Institute for Scientific Information. *http://www.isinet.com/*
15. Michael Kahl: Zitatenanalyse mit den Journal Citation Reports des Institute for Scientific Information. Bibliothek - Forschung und Praxis 19(1): 30-63 (1995)
16. Henry A. Kautz, Bart Selman, Mehul Shah: Referral Web: Combining Social Networks and Collaborative Filtering. CACM 40(3): 63–65 (1997)
17. Udi Manber, Mike Smith, Burra Gopal: WebGlimpse - Combining Browsing and Searching. USENIX Techn. Conf. 1997
18. MeDoc. *http://medoc.informatik.tu-muenchen.de/*
19. Richard M. Stallman: The Right to Read. CACM 40(2): 85–87 (1997)
20. Jeffrey D. Ullman: Research Publication Modes Need to be Reengineered. Computing Research News, May 1996, *http://www.cra.org/CRN/*

Bildungsinitiative Neue Medien

Martin Polke, Gesellschaft für Meß- und Automatisierungstechnik, Düsseldorf
Helmut Thoma, Schweizer Informatiker Gesellschaft, Zürich

Der Gesprächskreis Informatik, in dem Vertreter aus elf wissenschaftlichen Fachgesellschaften der Informatik und ihrer Anwendungen zusammenarbeiten, legte für die Verantwortlichen in Parlament und Regierung, in Wirtschaft und Wissenschaft, in Verbänden, Gewerkschaften und Religionsgemeinschaften sowie insbesondere für Lehrer und Lehrmittelhersteller in der Schrift „Informationskultur für die Informationsgesellschaft durch Bildungsinitiative Neue Medien" /GkI 97/ seine Gedanken zu einer neuen Bildungsinitiative als Antwort auf die rasanten Entwicklungen der Informationstechnologien dar.

1. Informationskultur durch Bildungsinitiative

In der Industriegesellschaft des 18. und 19. Jahrhunderts mit ihren gesellschaftlichen Umwälzungen und Veränderungen der Anforderungen an die Einzelnen und die Gesellschaft wurde die schulische Ausbildung für möglichst alle Gesellschaftsmitglieder notwendig. Nicht nur Verwaltungsangestellte, sondern auch Industriearbeiter mußten zunehmend in der Lage sein, lesen, schreiben und rechnen zu können, um ihre Existenz zu sichern.

In der heute entstehenden Informationsgesellschaft mit ihrer Informationsflut ist es für die einzelnen Menschen kaum möglich, das für sie wichtige Wissen auszuwählen und zu nutzen. Dies wird im bestehenden Bildungssystem noch nicht hinreichend berücksichtigt, wodurch das System immer stärker an seine Grenzen stößt. Um die Informationskultur zu schaffen, braucht die Informationsgesellschaft eine neue Bildungsinitiative.

Die neuen Informations- und Kommunikationstechnologien [das sind die Grundlagen für das Schlagwort Neue Medien] belasten das bestehende Bildungswesen mit großen Herausforderungen. Der Mensch ist heute gezwungen, ständig weiter zu lernen. Lebenslanges Lernen ist berufliches und kulturelles Überlebenstraining.

Schon 1994 wies die Europäische Union darauf hin, daß eine große Gefahr einer möglichen Spaltung der Gesellschaft in zwei Klassen besteht, nämlich in diejenigen Menschen, die einen reichen Informationsschatz besitzen und damit umgehen können, und jene, die darüber nicht verfügen beziehungsweise ihn nicht zu nutzen wissen. Will also die Gesellschaft den Herausforderungen begegnen, die sich aus der Durchdringung aller Lebensbereiche mit neuen Medien ergeben, und sie positiv annehmen, ist eine großangelegte Bildungsinitiative nötig.

Der Gesprächskreis Informatik hat in der vorliegenden ersten Vertiefungsstufe seiner Schrift „Informationskultur für die Informationsgesellschaft" /GkI 95/ die Grundgedanken einer neuen Bildungsinitiative erarbeitet.

Obwohl sich in der Informatik notwendigerweise eine eigene, neue Sprache entwikkelte, hat sich der Gesprächskreis Informatik bemüht, weitgehend auf "Fachjargon" zu verzichten, um das Verständnis für die Problematik und ihre Lösungsansätze einer breiten Bevölkerung zu ermöglichen.

2. Ziele der Bildungsinitiative

- Information soll allen Menschen mit den jeweils für sie sinnvollen Medien zugänglich gemacht werden, damit die Informatik selbst nicht zur Bildung einer Zwei-Klassen-Gesellschaft beiträgt.

- Dazu muß das Wissen der Welt aufbereitet werden. Für Informationsanbietung und Informationsabfrage ist Voraussetzung, daß für Fragen und Antworten bedeutungsgleiche Darstellungsmittel benutzt werden. Da das heutige Internet-Chaos nicht nachträglich beseitigt werden kann, müssen dem Nutzer Hinweise und Ratschläge an die Hand gegeben werden, um das für ihn Nützliche zielgerichtet zu finden und zu verstehen. Für die Zukunft müssen verständliche Formen für die Darstellung von Wissen erarbeitet werden.

- Alle Menschen sollen in die Lage versetzt werden, private, berufliche und gesellschaftliche Kommunikation durch die Neuen Medien sinnvoll einzusetzen.

- Die Fähigkeit der Menschen zum Erkennen der Unterschiede von "wirklichen" und im Rechner modellierten, simulierten Welten muß entwickelt werden.

3. Voraussetzungen für das Gelingen der Bildungsinitiative

Das einfache Aneinanderreihen von Informationen in Form von Bildern und Schrift reicht oft nicht aus, Sachverhalte zu verstehen. Es müssen bereits bewährte Regeln auf allen Stufen des Bildungswesens eingeführt werden, wie Informationen sinnvoll geordnet und strukturiert werden. Erfahrungen aus der Informatik zeigen, wie man komplexe Informationen in einfacher verstehbare Einheiten zerlegen kann, wie man gleiche oder ähnliche Informationen zu übergeordneten Begriffen zusammenfaßt und letztlich, wie man Informationen für unterschiedliche Anwendungen umformen muß. Diese Regeln bilden die Grundlage für das richtige Umgehen mit Informationen, auch wenn heute noch viele Autoren ihre Informationen chaotisch ins Internet einbringen.

Neben der Strukturierung der Information ist eine, den menschlichen Wahrnehmungsmöglichkeiten unter Einsatz der Methoden der Informatik besser angepaßte Präsentation der Information eine zentrale Aufgabe. Dies ist eine Aufgabe, die auch ohne elektronische Datenverarbeitung angesichts des rasanten Wachstums der weltweit erzeugten Informationen gelöst werden muß.

Daher muß die technikorientierte Information für den Menschen in eine nutzungsorientierte Information umgeformt werden. Die Handhabung technischer Lösungen hat sich am Menschen und nicht an der Technik zu orientieren. Hierzu sind bei der Entwicklung der Mensch-Rechner-Schnittstelle, auch Benutzungsoberfläche genannt, die Prinzipien der Selbsterklärbarkeit und fehlertolerierendes Verhalten zu beachten. Zeichnungen, Bilder - bewegt und unbewegt -,Schrift und Sprache, Geräusche und Musik.... sind in geeigneter Form zu verwenden.

Nicht das Werkzeug *(Software oder Hardware)* ist entscheidend, sondern die zu lösende Aufgabe. Ein schwerwiegender Mißstand liegt häufig darin, daß der Programmierer und sein Programm im Vordergrund stehen und nicht zuerst die sorgfältige Aufgabenanalyse. "Wer als Werkzeug nur den Hammer kennt, für den besteht die ganze Welt aus Nägeln."

Da die Bildungsinhalte immer elementarer Bestandteil jeder Kultur sind, kann nicht eine Vereinheitlichung der Inhalte Ziel der Bildungsinitiative sein. Vielmehr muß der Zugang zu regionalen, nationalen und auch ethischen Kulturinhalten auf der Grundhaltung einer einfühlenden Toleranz gelehrt und gelernt werden. Allerdings ist es mehr denn je notwendig, daß jede Kultur Offenheit im Umgang mit der anderen sucht und sich nicht in ihrer Tradition allein abkapselt. Der weltweit gleichzeitige Zugang für jedermann zu Informationen, auch über Ethik und Religion, wird diese Offenheit ermöglichen, ohne eigene Wertvorstellungen aufgeben zu müssen.

Neben der geistigen Auseinandersetzung mit nahezu unbeschränkten Informationen als einem Schwerpunkt der Bildungsinitiative steht der eigene Lernprozeß, das Üben neuer Techniken bis zur Beherrschung der neuen Werkzeuge gleichbedeutend als Aufgabe vor uns. Hier muß Didaktik und Pädagogik Motivation zum Selbstlernen durch Einsicht und Anreiz schaffen: die zentrale Aufgabe für die Lehrenden.

4. Stufen der Bildungsinitiative

Die bildungsgemäße Vorbereitung der Bevölkerung auf die zu erwartenden Veränderungen der Informationsbereitstellung, -verteilung und -nutzung muß schon im vorschulischen Bereich beginnen, im vorberuflichen - dem klassischen Schulbereich - intensiv betrieben, parallel dazu in der beruflichen Aus- und Weiterbildung fortgesetzt werden und darüber hinaus Eingang in den allgemeinen Bildungsbereich finden. Lebenslanges Lernen wird wichtiger denn je. Die Übergänge sind fließend. Die wissenschaftliche Aufarbeitung dieser Zielvorstellungen durch entsprechende Didaktik ist zwingend notwendig.

4.1. Vorschulische Bildung

Gerade am Beginn der Bildung sollte, angepaßt an die jeweiligen Fähigkeiten der Kinder, die spielerische Förderung geistiger, gefühlsbetonter und mitteilungsfähiger

Eigenschaften stehen. Durch geeignetes Spielzeug müssen die Voraussetzungen geschaffen werden, um die Wahrnehmung gegenständlicher, aber auch nur gedachter Dinge zu lernen, das Wahrgenommene mit Namen zu versehen, Ähnlichkeiten zu erkennen, Muster und Abweichungen sehen zu lernen, "Baukästen" bewußt mit ihren Ordnungs- und Systemeigenschaften zu erleben. Gerade hier muß durch das Geschick der Erziehenden und unauffällige Lenkung zur Selbstbeschäftigung angeregt werden. Das Austauschen von Erfahrung muß im Spiel gelernt werden mit dem Ziel, frühzeitig das Gruppenerlebnis als wertvoll und vorteilhaft zu erfahren.

Eines der wichtigsten Ziele in dieser Bildungsstufe ist das spielerische Durchführen von Übungen für das Gedächtnis durch Sprache, Bild und Ton mit eigenem Erfolgserlebnis. Dazu kann die Informationstechnologie wertvolle Hilfe bieten.

4.2. Vorberufliche Bildung

Die klassischen Kulturtechniken "Lesen, Schreiben und Rechnen" sollen mit Hilfe der neuen Möglichkeiten der Informationstechnologie sinnvoll eingeübt werden. Gerade in diesem Bereich wird ein Umdenkprozeß für die "klassisch" geschulten Lehrkräfte einsetzen müssen, dessen Anfang aber nicht erst durch Generationswechsel abgewartet werden darf. Für die einzelnen schulischen Bildungsbereiche werden im folgenden - ohne Vollständigkeit anstreben zu können - wichtige Bildungsschwerpunkte beschrieben, die sich aus der neuen Informationstechnologie ergeben. Informatik darf nicht nur als zusätzliches Fach eingerichtet werden, vielmehr muß die Nutzung neuer Medien in die vorhandenen Lehrgegenstände integriert werden. Der Nutzen solchen Vorgehens muß an Beispielen nachvollziehbar und für die Schüler erfahrbar gemacht werden: "Welchen Vorteil bringt mir das neue Lernen?"

- **Grundschule**

Hier besteht die neue Bildungsinitiative darin, daß der Zugang zu den grundlegenden Kulturtechniken vereinfacht wird. Dabei kann z. B. durch angepaßte interaktive Techniken auf spezielle Bedürfnisse oder Behinderungen von Schülern gezielt eingegangen werden. Ausgehend von eigenen Erfahrungen werden Ähnlichkeiten entdeckt, indem die erkannten Gegenstände und erlebten Zustände mit allen möglichen Eigenschaften beschrieben werden. "Objektorientierung", kindlich vereinfacht, soll helfen, Mengen und Klassen zu erkennen.

Das Zusammenfassen von erlebten und gedachten Dingen je nach Verwendungszweck führt zu ersten Verallgemeinerungen. Wichtig ist es, bereits in dieser ersten schulischen Bildungsstufe die Frage nach Ursache und Wirkung zu stellen. Was sind die unabhängigen Gegenstände und Zustände, die man verändern kann, und was sind die abhängigen, die durch eben diese Veränderungen in ihren Eigenschaften und in ihrem Verhalten beeinflußt werden?

Diese Frage nach den Wirkzusammenhängen ist die Grundlage für den Umgang mit Modellen, die jeweils nur Teilansichten der Wirklichkeit abbilden. Dabei helfen zeichnerische Darstellungen frühzeitig, Raum-Zeit-Beziehungen und Ursache-Wirkungs-Beziehungen als Folgen bzw. Netzwerke zu verstehen: der Sinn für auch abstraktes räumliches Begreifen wird dadurch weiter entwickelt.

Ausgehend von diesen Teile-Ganzes-Beziehungen ist deshalb zu prüfen, ob nicht auch die Muttersprache nach Wortkunde und Satzlehre gelehrt werden kann. Wortstämme und Wortfamilien und die dazugehörigen Bildungsregeln sollten in kindgemäßer Form ohne Fremdworte vermittelt werden (Die Lehrer sollten deshalb über Kenntnisse linguistischer Hypertext-Modellierung verfügen !).

- **Sekundarstufe**

Im Sekundarschulbereich werden alle ausführlich unter "Grundschule" behandelten Bildungselemente bewußtseinsgesteuert vertieft, das heißt, das bislang erworbene Wissen in den Kulturtechniken wird durch Beziehungswissen erweitert. In diese Beziehungen wird schrittweise Faktenwissen integriert. Die Informationstechnologie kann dabei helfen, Strukturen darzustellen und zu verwalten (Datenbank und Hypertext). Das bedeutet, daß in Sachfächern der Sekundarstufe durch konsequente Anwendung der sog. "Objektorientierung" die wachsende Stoffmenge durch "Strukturierung" gegenüber dem üblichen lexikonartigen Wissen lehr- und lernbar gemacht werden kann. Die künftigen "Curricula" sollen sich deutlich von "Enzyklopädien" unterscheiden.

Werkzeuge der Informationstechnologie können auch für den Fremdsprachenunterricht angewandt werden. Selbstkontrollierbare Lerntechniken sind auf diese Weise leichter erlernbar und anwendbar. Der Lehrer zeichnet sich dann nicht unbedingt als der "Mehrwisser" aus. Vielmehr muß er seine pädagogischen Fähigkeiten zur Motivation einsetzen. Unterstützt werden diese Methoden durch Mustererkennungsverfahren, die durch geeignete Bild-Text-Anordnungen Ähnlichkeit und Wiederholbarkeit erkennen lassen. Im Fachjargon nennt man diese Techniken "assoziativ".

Neben diesen theoriebezogenen Bildungselementen soll während der gesamten Sekundarstufe der Umgang mit gängiger Hard- und Software gelernt und praktisch geübt werden. Der PC soll als hilfreiches Werkzeug eingesetzt werden, um die Standardaufgaben der Informationsverarbeitung zu beherrschen und nicht z. B auf Grund mangelhafter Gebrauchsanleitungen als zeitraubendes Selbstbeschäftigungsmittel zu dienen. Die Informationskultur fordert frühzeitig die Einordnung der Informationsanwendung in Inhalt und Form in den demokratisch gesellschaftlichen Kontext, auch wenn damit der Einzelne seine Wertvorstellungen teilweise einengen muß.

- **Universität / Fachhochschule**

Im Hochschulbereich werden alle bisher genannten Verfahren vertieft. In verstärktem Maße müssen die Studenten lernen, wie man Aufgaben und Lösungen selbst strukturiert und gezielt nach Informationen sucht, um dem immer weiter, gerade im Fachlichen sich grenzenlos ausbreitenden Detailwissen zu begegnen. Wenngleich im Forschungsauftrag der Hochschulen die fachliche Tiefe zwingend erforderlich ist, bedarf die Lehre stärker als bisher fächerübergreifender Methoden, um interdisziplinäre Arbeitstechniken zu erlernen. Es ist heute Stand der Wissenschaftstheorie, daß strukturierte Arbeitsweisen dem singulären, zufallsbedingten Forschen im allgemeinen überlegen sind. Kreativitätsseminare mit Hypertexttechniken sind keine Domäne von Unternehmensberaterfirmen, sondern didaktische Notwendigkeit gerade im Hochschulbereich.

Die Eigeninitiative der Studenten wird umso erfolgreicher sein, je mehr die Lehrenden Lehrinhalte strukturiert abrufbar aufbereiten. Dafür muß die Fach-Didaktik entsprechende Unterrichtssysteme bereitstellen, die die Mitwirkung der Studenten an der Wissensaufbereitung je nach eigenem Kenntnisstand mit beinhaltet und deren Eigenaktivität fördern. Exploratives und systematisches Lernen schließen sich gegenseitig nicht aus, sondern ergänzen einander. Die globale simultane Verfügbarkeit von Informationen wird dazu führen, daß die bisherigen Grenzen zwischen den Fachgebieten aus Natur- und Geisteswissenschaften, Wirtschafts- und Gesellschaftswissenschaften im Sinne interdisziplinärer Zusammenarbeit durchlässiger werden.

4.3. Berufliche Bildung

Berufliche Aus- und Weiterbildung ist zielorientiert. Sie erfordert die Berücksichtigung der persönlichen und fachlichen Bedürfnisse, die immer mehr von der Durchdringung der Arbeitsplätze mit Informationstechnologie bestimmt wird.

Berufliche Aus- und Weiterbildung ist und wird benötigt für die

- Nutzung von Informationen,
- Bereitstellung von Informationen und
- Entwicklung von Software, um Informationen bereitstellen und nutzen zu können.

Gerade bei der beruflichen Aus - und Weiterbildung ist in besonderer Weise darauf zu achten, daß aktuell benötigtes Wissen nicht nach Art von Lexikonartikeln zusammenhanglos vermittelt wird. Das unkontrollierbare Nebeneinander von Aus- und Weiterbildungsinhalten führt bei Nichtbeachtung der Gemeinsamkeiten sehr schnell zu Mehrfachangeboten, die zwangsläufig zu vermeidbaren Lernbelastungen führen. Ein Blick in das derzeitige Kursangebot zeigt diesen Mißstand deutlich. Im Aus - und Weiterbildungsangebot müssen im verstärktem Maße praxisbezogene Arbeitstechniken und z. B aus der Informatik stammende Strukturierungstechniken vermittelt werden. Dies hat bereits zu neuen informatikbezogenen Berufen geführt.

Hier gilt es, den durch die technologische Entwicklung entstandenen Wissensbedarf wirkungsvoll und schnell zu befriedigen. Der Didaktik kommt hier besondere Bedeutung zu, da die Lernenden zur Vermeidung persönlicher Berufsnachteile sehr schnell die erkannten bzw. vermuteten Lücken auffüllen müssen. Da in dieser Bildungsstufe im allgemeinen große praktische Erfahrung und Motivation bei den Weiterbildungswilligen vorhanden ist, kann das systematische Erkennen von Wissenslücken und das Eingliedern neuen Wissens in Bekanntes erfolgreich angewendet werden. Das gilt besonders für die Vorbereitung auf neue Aufgaben (Jobrotation) und Umschulung, bei der man sich immer wieder zusätzlich zum eigenen Fachgebiet andere Wissensgebiete erschließen muß. Das gelingt umso erfolgreicher, je sorgfältiger man Ähnlichkeiten im Aufbau des anderen Fachgebietes mit den vertrauten zu erkennen lernt.

Folgende Beispiele von Lerninhalten der Informationstechnologie für die berufliche Aus- und Weiterbildung sind heute denkbar. Dabei sollte die Tiefe des Lehrstoffes zielgruppenspezifisch ausgerichtet sein, die behandelten Beispiele sollten berufsspartenspezifisch ausgewählt werden:

Die Aufbereitung von Information für den Rechner (Text-, Bild-, Ton-, Videodokumente etc.) sowie die rechnergestützte Beschreibung solcher Dokumente sollte Gegenstand der beruflichen Aus- und Weiterbildung für alle Zielgruppen sein. Selbst den Nutzern von Informationsbasen sollten hier die gängigsten Verfahren bekannt sein. Als grundlegende Technik dient hierbei sowohl für Nutzer als auch für Entwickler von Informationsbasen, wie bereits allgemein beschrieben, die Strukturierung von Wissen sowie der Aufbau von Eigenschaftskatalogen zur Beschreibung gegenständlicher oder gedachter Dinge (Objekte) in Ober- und Unterbegriffe beliebiger Tiefe, die Behandlung von ähnlichen oder gleichartigen bzw. gleichwertigen Begriffen, deren Zusammenfassung in Eigenschaftsklassen sowie deren informationstechnische Umsetzung in die Rechnerwelt.

Obwohl nicht alle Zielgruppen beruflicher Bildung Systeme der Informatik entwikkeln, sollten, zielgruppenspezifisch abgestuft, die Grundzüge der Entwicklung von Informationssystemen bekannt sein. Diese Kenntnisse sowie grundlegende Methoden zur Modellierung von Abläufen und Strukturen sind nützlich, um eine wirkungsvolle Mitwirkung des späteren Benutzers informationstechnischer Systeme bereits bei der Entwicklung oder bei deren Integration zu gewährleisten. Hierbei sollte den Verfahren einer evolutionären Systementwicklung, gepaart mit Prototyping-Ansätzen, sowie dem objektorientierten Vorgehen besondere Aufmerksamkeit geschenkt werden. Beispiele sollten sich berufsspartenspezifisch an den Aufgaben und Anwendungen von Informationssystemen orientieren.

Analog zu Systemen für die Steuerung von Produktionsprozessen unterstützen sog. „Workflowmanagement-Systeme" Arbeitsabläufe im Büro. Beide steuern die Bearbeitung eines Vorganges über mehrere Bearbeitungsstellen hinweg. Die gemeinsame Bearbeitung einer Aufgabe durch mehrere Mitarbeiter an einer Bearbeitungsstelle unterstützt sog. „Groupware". Die Eigenschaften derartiger Systeme sind innerhalb des beruflichen Unterrichts ebenfalls zu diskutieren und möglichst beispielhaft zu üben.

Mit den Entwicklern von Software für die Bereitstellung und Nutzung von Informationen sollten im Sinne einer zielgruppengerechten Aufbereitung und Darstellung (Präsentation) von Wissen die Besonderheiten soziotechnischer Systeme im Rahmen der beruflichen Bildung verstärkt diskutiert werden. Die Gestaltung von Benutzungsoberflächen zwischen Mensch und Maschine bzw. Prozeß auf der Grundlage der Multimediatechnik und der Erkenntnisse der Psychologie sollte in Theorie und Praxis vermittelt werden. Auf Normen und Defacto-Standards müßte mehr als in der Vergangenheit eingegangen werden. Weiterhin ist für die Entwicklung komplexer Systeme der Blick für deren Handhabbarkeit sowie deren Antwortzeitverhalten zu schulen.

Im folgenden sind einige wichtige Gebiete oder Begriffe nochmals zusammengestellt, die bei der beruflichen Aus- und Weiterbildung eine Rolle spielen sollten. Sie bilden ein Gerüst für die Erstellung oder Nutzung von Informationsbasen oder für die Analyse, Modellierung oder Realisierung von Informationssystemen:

System, Subsystem, Systemelement, Systemverhalten (Systemorientierung),
Detaillierung und Abstraktion (Sichtorientierung),
Objekte und ihre Eigenschaften (Objektorientierung),
    Zustand, Ereignis, Zustandsübergänge und ihre Eigenschaften,
    Prozesse, Prozeßelemente und ihre Eigenschaften,
Workflowsysteme und Workflowmanagement-Systeme (Ablauforientierung),
Systeme zur Unterstützung der Gruppenarbeit (Groupware),
Strukturierte Aufbereitung und Beschreibung von Information,
Petrinetze (Transitionsnetze).

4.4. Privat (Nach-, bzw. nebenberufliche Bildung)

Die Informatik durchdringt zunehmend alle Bereiche des gesellschaftlichen Lebens. Daher sollen auch außerhalb und nach der vorberuflichen und beruflichen Bildung notwendige Kenntnisse und Fertigkeiten vermittelt und gelernt werden können: Lebenslanges Lernen!

Dabei ist darauf zu achten, daß den speziellen Anforderungen der Erwachsenenbildung Rechnung getragen wird. Lernstrategien mit eigener Denkleistung (Kognitive Strategien) sind geeignet, Selbstlernprozesse in Gang zu setzen und zu begleiten. Der Einzelne gestaltet selbst den Lernprozeß, wobei der Lehrer mehr und mehr die Rolle eines kritischen, helfenden Begleiters übernimmt. Dem muß in den Bildungszentren verstärkt Rechnung getragen werden.

Gerade für die Älteren wird die gesellschaftlich-kulturelle Umwelt durch die neuen Medien bereichert werden. "Bildung auf Rädern" kann in Analogie zur sozialen Einrichtung für die weniger Mobilen neue Lebensqualität schaffen. Die neuen Bildungsmöglichkeiten sollen auch behinderten Personen eine ihren Fähigkeiten entsprechende Eingliederung in die Informationsgesellschaft ermöglichen.

5. Konsequenzen für die Ausbildung der Lehrenden

- Die für alle Stufen beschriebenen Lerninhalte müssen durch geeignete didaktische Methoden und unter Nutzung der neuen Medien in Lehrinhalte und Lehrmethoden überführt werden.

- Neben der didaktischen Forschung ist die Ausbildung dieser Lehrer, Ausbilder und auch Trainer im vorschulischen, vorberuflichen, beruflichen und privaten Sektor eine wichtige Aufgabe. Auch hier müssen die neuen Medien didaktisch genutzt werden.

- Neben den von den Bildungsträgern bereitzustellenden Weiterbildungsmaßnahmen wird es hier besonders auf die Eigeninitiative und Selbstmotivation der Lehrenden ankommen, die neuen Technologieentwicklungen effizient einzusetzen.

- Mehr denn je müssen die Lehrenden auf allen Bildungsstufen zum Träger der Fortentwicklung werden, selbst die Notwendigkeit didaktischen Handelns erkennen und deren Ergebnisse kontrolliert in die tägliche Lehrtätigkeit unter Nutzung neuer Medien einfließen lassen.

- Je nach Bedarf müssen die Lehrenden auf Grund der Tagesarbeit das Spannungsfeld zwischen Tiefen- und Oberflächenwissen von Fall zu Fall harmonisieren können.

6. Wirtschaftliche und organisatorische Konsequenzen

Die Bildungsinitiative Neue Medien hat Konsequenzen in der Aufbau- und Ablauforganisation für die Durchführung und Verwaltung des Lehrbetriebes zur Folge. Die für die Bildungsinitiative Neue Medien notwendigen technischen Einrichtungen in Hardware und Software, wie Rechner mit Peripherie, Anwenderprogramme, Kommunikation, Datenbanken etc. müssen sich hinsichtlich Qualität und Quantität an den aufgezeigten Aufgaben orientieren. Die dafür bereitzustellenden personellen und finanziellen Aufwendungen erfordern breite gesellschaftliche und politische Akzeptanz.

7. Zum Gesprächskreis Informatik

Der Gesprächskreis Informatik ist ein Zusammenschluß von deutschsprachigen Fachgesellschaften aus dem Bereich der Informatik und ihrer Anwendungen, der sich zusammengefunden hat, um alle Gesellschaften an einen Tisch zu bekommen, die sich in ihrem Fachgebiet mit Informationsverarbeitung beschäftigen.

War zunächst mehr der Erfahrungsaustausch zwischen wissenschaftlicher Forschung und praktischer Anwendung der neuen Medien sowie die Koordination von Terminen und Veranstaltungen als Arbeitsschwerpunkt geplant, so stellte sich schnell heraus, daß die explosionsartige Verbreitung der elektronischen Medien erheblichen weiteren Diskussionsbedarf verursacht. Heute beschäftigt sich der Gesprächskreis Informatik mit allen Themen der Informatik und ihrer Anwendungen, angefangen von der Forschung über die Anwendungsentwicklung und die Infrastrukturtechnik bis hin zum Einfluß der neuen Informations- und Kommunikationstechnologien auf die Gesellschaft und daraus resultierender politischer Aufgabenstellungen.

Mitglieder im Gesprächskreis Informatik sind die jeweiligen Präsidenten und Geschäftsführer der Fachgesellschaften. Sie repräsentieren insgesamt mehr als 60.000 Mitglieder. Der Vorsitz im Gesprächskreis Informatik wird nach dem Rotationsverfahren von den verschiedenen Fachgesellschaften im jährlichen Wechsel wahrgenommen.

Folgende Fachgesellschaften engagieren sich derzeit im Gesprächskreis Informatik: Anwenderverband Deutscher Informationsverarbeiter e.V. (Adi), Deutsche Gesellschaft für Dokumentation e.V. (DGD), Deutsche Gesellschaft für Recht und Informatik e.V. (DGRI), Gesellschaft für Informatik e.V. (GI), Gesellschaft für Informatik in der Land-, Forst- und Ernährungswirtschaft e. V. (GIL), VDI/VDE-Gesellschaft für Meß- und Automatisierungstechnik (GMA), Deutsche Gesellschaft für Medizinische Informatik, Biometrie und Epidemiologie (GMDS) e.V., VDE/VDI - Gesellschaft für Mikroelektronik, Mikro- und Feinwerktechnik (GMM), Informationstechnische Gesellschaft im VDE (ITG), Österreichische Computer Gesellschaft (OCG, 1997 Vorsitz des GkI), Schweizer Informatiker Gesellschaft (SI).

Literatur

/GkI 95/ Abeln, O.; Geidel, H.; Glatthaar, W.; De Kemp, A.; Piccolo, U.; Polke, M.; Rampacher, H.; Rienhoff, O.; Risak, V.; Ruppenthal, N.; Schanz, V.; Schüßler, H.: Informationskultur für die Informationsgesellschaft. Gesprächskreis Informatik, Selbstverlag, 1995.

/GkI 97/ Köpcke, W.; Leonhard, J.-F.; Loeper, A.; Nerlich, H.; Piccolo, U.; Polke, M.; Rampacher, H.; Risak, V.; Ruppenthal, N.; Schanz, V.; Schüßler, H.; Stucky, W.; Thoma, H.: Informationskultur für die Informationsgesellschaft durch Bildungsinitiative Neue Medien. Gesprächskreis Informatik, Selbstverlag, 1997.

Die Schriften des Gesprächskreises Informatik können durch die mitarbeitenden Fachgesellschaften bezogen werden, beispielsweise die Gesellschaft für Informatik e. V., Wissenschafts-Zentrum, Ahrstr. 45, 53175 Bonn

Interdisziplinäre Modelle für Entwurf und Einsatz telematischer Systeme

Grundsätzliche Probleme diskutiert am Beispiel des „Freiburger Schichtenmodells der Telematik“

Detlef Schoder, Thomas Hummel, Günter Müller

Institut für Informatik und Gesellschaft (IIG) der Albert-Ludwigs Universität Freiburg, Abteilung Telematik, Friedrichstraße 50, 79098 Freiburg i. Br.
Tel. +49 /(0)761-203-4964, Fax +49/(0)761-203-4929
E-Mail: {mueller| schoder }@iig.uni-freiburg.de

Andersen Consulting Technology Park, Attn: T. Hummel, BP99, Les Genêts, 06902 Sophia Antipolis, FRANCE, Tel.+33/(0)4.92.94.67.39, Fax +33/(0)4.92.94.75.00
E-Mail: thomas.hummel@ac.com.

1 Einleitung

Der Einsatz der Informationstechnik im Unternehmen hat durch Veränderungen in den betrieblichen Aufbau- und Ablaufstrukturen (z.B. in Richtung „schlanker Unternehmen“, strategischer Netzwerke, virtueller Organisationen) in den letzten Jahren beträchtlich an Bedeutung gewonnen. Inner- und überbetriebliche Kommunikations- und Kooperationsprozesse werden mit immer leistungsfähigeren informationstechnischen Anwendungen abgewickelt. Parallel zu diesem fortgeschrittenen Technikeinsatz hat sich die Verwendungscharakteristik der Informationstechnik grundlegend von der früher vorherrschenden Automatisierung betrieblicher Prozesse um die heutige Unterstützung kooperativer und koordinativer Prozesse erweitert. Im Zuge dieser Entwicklung erwachsen aus dem Anwendungskontext zusätzliche, für die Technik relevante Dimensionen etwa in der Form sozialer Prozesse zwischen den interagierenden Benutzern der Systeme. Diese zusätzlichen Dimensionen spielen für Entwurf und Einsatz von informationstechnischen Anwendungen eine bedeutende Rolle und erfordern somit eine entsprechend angepaßte Sichtweise für ihren Entwurf und Einsatz. Jedoch ist bis heute eine adäquate Sichtweise nicht auszumachen. Häufig scheint Entwurf und Einsatz informationstechnischer Anwendungen einem Trial-and-Error-Ansatz zu folgen, wobei es immer wieder zu teuren Fehlschlägen kommt [vgl. z.B. Grudin 1994, S. 95f., Bowers 1994, S. 287ff.].
Diese Situation ist unbefriedigend, einerseits aus der Sicht der Wissenschaft, weil sie einen Mangel an theoretischer Fundierung des Informationstechnikentwurfs bzw. -einsatzes offenbart, andererseits aus der Sicht der Praxis, weil das Potential der Informationstechnik ungenutzt bleibt. Tatsächlich ist eine sich verstärkende Diskussion über Kosten und Nutzen der Informationstechnik festzustellen, die sich

beispielsweise in der Debatte um das „Productivity Paradox of Information Technology“ [Brynjolfsson 1993] manifestiert. Zur Aufarbeitung dieser Problematik schlägt der vorliegende Beitrag mit dem „Freiburger Schichtenmodell der Telematik“ eine disziplinübergreifende Sichtweise vor, die eine Strukturierung der Interdependenzen zwischen Anwendungskontext und Informationstechnik versucht. Grundlage bildet das verallgemeinerte Modell eines in Schichten aufgebauten Netzwerkprotokolls, das um nichttechnische Schichten erweitert wird. Anhand dieser beispielhaften Modellvorstellung werden grundlegende Probleme interdisziplinärer Modelle diskutiert und ein Ansatz für Entwurf und Einsatz informationstechnischer Systeme skizziert.

2 Die erweiterte Verwendungscharakteristik der Informationstechnik

Je nach Verwendung der Informationstechnik lassen sich im wesentlichen zwei Paradigmen des Informationstechnikentwurfs und -einsatzes im betriebswirtschaftlichen Kontext identifizieren. Während die früher vorherrschende Automatisierung von Prozessen auf die Übertragung informationeller Prozesse mit informationstechnischen Systeme zielte, fokussiert die heute an Bedeutung gewinnende Unterstützung *kooperativer* und *koordinativer* Prozesse auf die Bereitstellung von Werkzeugen für die Unterstützung von Interaktionen zwischen Menschen. Dabei hat der Anwender erheblich größere Freiheitsgrade für die Verwendung der Technik, was wiederum ihren adäquaten Entwurf und Einsatz erheblich schwieriger macht.

2.1 Koordinationsprozesse: Eine Charakterisierung

Eine einheitliche Definition des Begriffs *Koordination* existiert im Bereich der Wirtschaftswissenschaften nicht [Lilge 1981, Malone/Crowstone 1994]. Für den vorliegenden Kontext lassen sich wesentliche Begriffsdimensionen aus dem betrieblichen Leistungserstellungsprozeß identifizieren. Ausgangspunkt ist die Erfüllung einer Gesamtaufgabe im Sinne der Erstellung eines Produkts oder der Erbringung einer Dienstleistung. Diese Gesamtaufgabe ist in aller Regel nur arbeitsteilig durch mehrere Akteure zu bewältigen, weshalb aus der Gesamtaufgabe Teilaufgaben abgeleitet und an die Aufgabenträger übergeben werden [Laßmann 1992, S. 2, Galbraith 1994, S. 12ff., Kieser/Kubicek 1992, S. 95ff]. Zwischen den Teilaufgaben bestehen i.d.R. Interdependenzen, womit Abstimmungsprozesse zwischen den Aufgabenträgern erforderlich werden. Das betriebswirtschaftliche Koordinationsproblem ist also in kooperativen Prozessen zwischen den Aufgabenträgern zu lösen, Koordination kann damit als die gesamtzielkonforme Abstimmung interdependenter Teilaufgaben durch Kooperationsprozesse zwischen den beteiligten Aufgabenträger untereinander definiert werden [vgl. ähnlich Laßmann 1992, S. 2.]. Die konkrete Interaktion zweier oder mehrerer Aufgabenträger zum Zweck der Abstimmung und Durchführung von Teilaufgaben wird hier als *Kooperation* bezeichnet [vgl. zu einer eingehenden Diskussion des Kooperationsbegriffs Klimecki 1984, S. 71ff]. Während also der Begriff der

Koordination im hier verwendeten Sinn von den Akteuren und den unmittelbaren gültigen Restriktionen abstrahiert, bezeichnet der Begriff der Kooperation eine konkrete Interaktionssituation. Die kooperative Abstimmung und Durchführung von Teilaufgaben erfordert den Informationsaustausch zwischen den Kooperationspartnern und somit Kommunikationsprozesse. Der Begriff der *Kommunikation* wird in der Organisationstheorie nicht einheitlich verwendet, je nach Kontext werden hier unterschiedliche Dimensionen der Kommunikation berücksichtigt [Theis 1994; Krone/Jablin/Putnam 1987]. Wesentlich ist die Unterscheidung in die Übertragung von Informationen und die Interpretation der Bedeutung von Informationen. Der zugrundeliegende Kommunikationsbegriff im informationstechnischen Kontext kooperationsunterstützender Anwendungen muß somit von dem des organisatorischen Kontexts unterschieden werden, da im ersteren lediglich die Informationsübertragung, im letzteren die Bedeutung der übertragenen Informationen im Mittelpunkt steht.
Koordination kann somit als eine Tätigkeit charakterisiert werden, die auf Informationsaustausch und -verarbeitung aufbaut. Informationstechnische Systeme, mit denen Informationen übertragen, gespeichert und verarbeitet werden können, sollten demnach für die Unterstützung derartiger Prozesse prädestiniert sein. Allerdings ist diese vereinfachte Sicht problematisch, weil das zugrundeliegende Paradigma des Entwurfs und Einsatzes der Informationstechnik im Unklaren bleibt. Das Automatisierungsparadigma ist auf strukturierbare und sich wiederholende Prozesse ausgerichtet, die sich formalisieren lassen und so einem informationstechnischen Anwendungsentwurf zugänglich sind. Für die Unterstützung von Kooperations- und Koordinationsaufgaben ist dieses Paradigma aber nicht mehr angemessen, da die hier zugrundeliegende Situation in aller Regel durch eine zeitliche wie räumliche Einmaligkeit charakterisiert ist und darüber hinaus wesentlich größere Freiheitsgrade hinsichtlich ihrer (Un-)Strukturierung aufweist. Informationstechnisch sind derartige Prozesse nicht eindeutig umsetzbar, womit die Basis für die Formalisierbarkeit und folglich für den informationstechnischen Entwurf fehlt (zumindest im Sinne der Automatisierung).

2.2 Soziale Elemente in Koordinationsprozessen: Das Problem Konflikt

Über die prinzipiell schwierige Strukturierbarkeit der Situation hinaus spielen nichttechnische Faktoren eine erhebliche Rolle für den Einsatz informationstechnischer Systeme zur Unterstützung koordinativer Prozesse. In Fallstudien hat sich wiederholt gezeigt, daß die Unterstützung koordinativer Prozesse durch die Informationstechnik nicht zwangsläufig verbesserte Koordination zur Folge hat, vielmehr können die intendierten Wirkungen informationstechnischer Anwendungen durch das Auftreten sozialer Prozesse wie etwa Konflikten in ihr Gegenteil verkehrt werden [Orlikowski 1992]. Kompetitive Verhaltensstrukturen als eine wesentliche Erklärung sind in verschiedenen Disziplinen eingehend untersucht worden [Deutsch 1949a, 1949b und 1981]. Bemerkenswert ist, daß soziale Konflikte nicht originär in der Technik entstehen, jedoch durch die Technik zu nicht intendierten Effekten führen können.
Insgesamt ist also festzuhalten, daß die erweiterte Verwendungscharakteristik der

Informationstechnik zwei gravierende Folgen hat: Erstens, aus der intendierten Verwendung informationstechnischer Anwendungen lassen sich die erforderlichen Funktionalitäten nicht mehr eindeutig ableiten, zweitens, das zu erwartende Ergebnis des Einsatzes derartiger Anwendungen ist ex ante nicht mehr sicher bestimmbar. Konsequenterweise wurde hierzu in der CSCW-Forschung angemerkt: „Thus, with the conventional 'automation' paradigm, CSCW systems are disasters to come. Therefore CSCW systems should not be designed on the assumption, that the system will automate the functions of articulating work." [Schmidt 1991, Bowers 1995].

3 Das Freiburger Schichtenmodell der Telematik

Die obige Diskussion zeigt, daß die Frage nach einem problemadäquaten Leitbild für Entwurf und Einsatz der Informationstechnik dringend erforderlich ist. Die skizzierte Problematik erfordert im Hinblick auf Entwurf und Einsatz informationstechnischer Anwendungen eine explizite Berücksichtigung der Zusammenhänge zwischen Anwendungskontext und Informationstechnik und damit einen disziplinübergreifenden Ansatz. Im folgenden wird die Telematik als ein derartiger Forschungsansatz aufgerissen, der über die Untersuchung informationstechnischer Problemstellungen hinaus explizit die Interdependenzen zum Anwendungskontext herstellt. Dieser Anspruch erfordert zweierlei: Eine inhaltliche Definition des hier vorliegenden Begriffs der Telematik sowie die Entwicklung eines entsprechenden konzeptionellen Referenzrahmens.

3.1 Telematik als interdisziplinäres Forschungsfeld

Bei der Telematik handelt es sich um einen relativ jungen Forschungsbereich, der sich mit der wechselseitigen Beeinflussung und Verflechtung verschiedener Disziplinen befaßt. Der Begriff Telematik ist historisch aus den beiden Bezeichnungen Telekommunikation und Informatik entstanden [Nora/Mink 1978]. Der Ausdruck betont die Symbiose moderner Telekommunikationstechnik mit den Informationswissenschaften. Forschungsgegenstand ist also nicht nur die Frage, wie Informationen, gespeichert und verarbeitet werden, sondern vielmehr der Gesamtprozeß der Informationsverarbeitung. Die Telematik wird hierbei in einem umfassenden Sinne verstanden, d.h. Informationsverarbeitung wird nicht lediglich maschinell, sondern im Kontext zu den Interaktionspartnern aufgefaßt. Die so begriffene Telematik hat eine technische, eine umfeld- und eine anwendungsbezogene Ebene, die sie von den Grundlagenforschungen der Rechnertechnik und der Telekommunikation unterscheidet. Sie integriert die Ergebnisse der Informationsverarbeitung mit der Rechner- und der Nachrichtentechnik, um einerseits die entstehenden Infrastrukturen zu nutzen und andererseits Plattformen für innovative Anwendungen zu bilden [Huws/Korte/Robinson 1990]. Von Telematiksystemen wird gesprochen, wenn von Informations- und Kommunikationssystemen die Rede ist, die in ihrem Aufbau und ihrer Funktion nach in das nachfolgend vorgestellte Schichtenmodell der Telematik eingeordnet werden können [Müller/Kohl/Schoder 1997].

3.2 Das Schichtenmodell der Telematik als konzeptionelles Referenzmodell

In der obigen Diskussion des erweiterten Verwendungszusammenhangs der Informationstechnik wurde der Koordinationsbegriff durch eine hierarchische Dekomposition versucht. Der Begriff der Koordination wurde dabei auf Kooperations- und schließlich Kommunikationsprozesse zurückgeführt. Dieses Vorgehen hat den Vorteil, daß es „von oben nach unten“ analytisch Komplexität durch Strukturierung und Abgrenzung von Ebenen bzw. Schichten verringert. „Von unten nach oben” besteht umgekehrt die Möglichkeit, synthetisch komplexere Betrachtungsgegenstände aus Bausteinen aufzubauen [Endo 1992]. Es bleibt anzumerken, daß diese Dekomposition nicht prinzipiell auf das hier gewählte Beispiel der Koordination beschränkt ist. In sehr ähnlicher Form ist dies das Vorgehen beim Entwurf von Netzwerkprotokollen, wenngleich allerdings in der Technik eine weitaus schärfere Trennung der einzelnen Schichten gelingt. Durch das prinzipiell ähnliche Vorgehen in Anwendungskontext und Informationstechnik bietet sich diese Vorgehensweise der Schichtung zur Strukturierung eines konzeptionellen Referenzmodells an. Das hier vorgestellte Referenzmodell besteht dementsprechend aus zwei verschiedenen Teilen: Einerseits der technischen Informationsverarbeitung und des Datenaustausches, andererseits aus dem Anwendungsbereich, der hier funktional in die Ebenen Kommunikation, Kooperation und Koordination unterteilt ist. Die letztgenannten Ebenen des Anwendungsbereichs sind dabei nicht formal, sondern konzeptionell zu interpretieren. Das Verhältnis der informationstechnischen Schichten zu den nichttechnischen, organisatorischen Schichten kann damit an einem „nach oben“ erweiterten allgemeinen Modell eines technischen Netzwerkprotokolls veranschaulicht werden. Grundidee ist dabei, das Konzept der Schichtung in Netzwerkprotokollen aufzunehmen und nichttechnische Schichten einzuführen, die die Verwendung der Informationstechnik betreffen [Endo 1992, S. 51, ausführlicher auch Müller 1992, S. 13f]. Ein wesentliches Konstruktionsmerkmal von Netzwerkprotokollen ist die Aufteilung der Funktionalitäten in Subsets oder Schichten [Bearpark/Beevor 1993, S. 43; Effelsberg/Fleischmann 1986, S. 283f]. Die Schichten stehen zueinander in einer hierarchischen Beziehung und können einzeln weiter betrachtet werden, zum einen in bezug auf die jeweils beinhalteten Funktionalitäten, zum anderen bezüglich der Interdependenzen innerhalb und zwischen den Schichten. Eine Schicht n greift auf die Funktionen zurück, die die darunterliegende Schicht n-1 zur Verfügung stellt, fügt ihren Beitrag hinzu und steht dann für die darüberliegende Schicht n+1 zur Verfügung. Eine Funktion hat damit auf der Schicht n semantische Bedeutung, auf der nächsttieferen Schicht n-1 hingegen nur mehr syntaktische Bedeutung. Mit dieser Schichtung läßt sich eine Dekomposition komplexer Aufgaben in voneinander unabhängige Schichten, die über definierte Schnittstellen Dienste anbieten und ausführen, erreichen. Dadurch wird Komplexität reduziert, weil die nächsthöhere Schicht die konkrete Ausgestaltung der Dienste, die sie von den darunterliegenden Schichten anfordert, nicht kennen muß, es reicht vollkommen, wenn die Schnittstelle zur nächsten Schicht bekannt ist. Dadurch läßt sich eine Abgrenzung und Zuordnung von Funktionen unterschiedlichen Abstraktionsgrades erreichen. Anzumerken bleibt, daß zwischen den technischen und den nichttechnischen Schichten eine

interdisziplinäre Schnittstelle zwischen Anwendungsgebiet und Technik entsteht [Malone/Crowstone 1990, Frontczak/Miner 1991].
Entlang dieser Referenzsicht kann die informationstechnische Unterstützung von Kooperationsprozessen und Koordinationsaufgaben in einen durchgängigen Kontext zusammengefaßt werden. Ausgangspunkt des organisatorischen Kontexts ist die Abgrenzung des Koordinationsproblems als die gesamtzielkonforme Abstimmung interdependenter Teilaufgaben durch die beteiligten Aufgabenträger. Diese Abstimmung erfolgt in Kooperationsprozessen, die wiederum über Interaktionen zwischen den betroffenen Individuen ablaufen. Eine Interaktion ist als ein Kommunikationsprozeß im organisatorischen Kontext anzusehen, in dem Informationen unter den Beteiligten ausgetauscht werden. Es sind jedoch nicht alle Kooperationsprozesse koordinationsrelevant, ebensowenig wie alle Kommunikationsprozesse kooperationsrelevant sind. Die Informationstechnik wiederum kann Informationen lediglich im Rahmen technischer Kommunikationsprozesse als Daten zwischen den Knoten eines Kommunikationsnetzwerks übertragen [Bearpark/Beevor 1993]. Das Freiburger Schichtenmodell der Telematik in Abb. 1 verdeutlicht diese Sichtweise. Anzumerken bleibt, daß die Trennung der nichttechnischen Schichten durch die Vieldimensionalität der betriebswirtschaftlichen Realität nicht in der scharf abgrenzbaren Weise geschehen kann, wie das beispielsweise im ISO-Referenzmodell für offene Systeme der Fall ist.

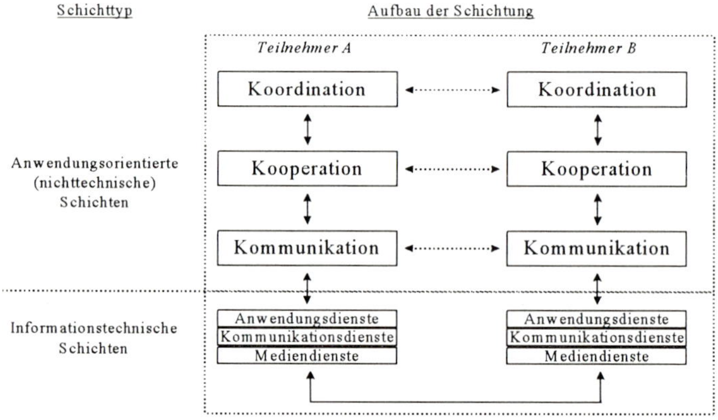

Abbildung 1 Das Freiburger Schichtenmodell der Telematik

4 Implikationen interdisziplinärer Modelle diskutiert am Beispiel des Schichtenmodells

Aus dem skizzierten Schichtenmodell der Telematik lassen sich einige gewichtige Implikationen für die Möglichkeiten und Grenzen derartiger interdisziplinärer Modelle für Entwurf und Einsatz telematischer Systeme ableiten.
Zunächst ist ein grundsätzlicher Unterschied bei der Modellbildung im nichttechnischen Anwendungskontext einerseits und dem informationstechnischen

Anwendungsentwurf andererseits zu beachten (zu grundsätzlichen Überlegungen hinsichtlich des Systementwurfs vgl. beispielsweise Zemanek 1992, S. 124ff.). Während in Analysen des Anwendungskontexts *deskriptive* Abbilder der Realität erarbeitet werden, arbeitet die informationstechnische Modellierung mit *präskriptiven* Vorbildern für technische Systeme. Dabei ist unterstellt, daß der informationstechnische Entwurf auf einem Modell beruht und nicht ad hoc programmiert wird. Ein Musterbeispiel für einen derartigen Modellbegriff ist das Referenzmodell der offenen Kommunikation, das im ISO Standard 7498 niedergelegt wurde und Regeln für die Implementation von rechnergestützten Kommunikationssystemen festlegt.

Die Problematik deskriptiver Abbilder der Realität läßt sich wie folgt charakterisieren. Während in der beobachtbaren Realität alles geschehen kann, was nicht gerade unmöglich ist (wobei Dinge, die zwar subjektiv als unmöglich gehalten werden, objektiv im Bereich des Möglichen liegen können), kann in einem Modell nur das geschehen, was der Autor des Modells explizit vorgesehen hat (schließt man Modellierungs- oder Implementierungsfehler aus). Damit ist aber schon fraglich, ob die Entwicklung eines Kooperationsmodells für den Anwendungsentwurf prinzipiell möglich ist. In der CSCW-Forschung ist hierzu angemerkt worden: „Models (...) are limited abstractions; they are only valid within a limited area of application. Thus a computer system will inevitably encounter situations in which the underlying model of the world is no longer valid. (...) A CSCW system is part and parcel of the infrastructure of the cooperating ensemble it supports.“ [Schmidt 1991, Bowers 1995].

Ein weiteres, ebenfalls schwerwiegendes Problem entsteht dadurch, daß in den beiden Schichten zwei unterschiedliche Modellarten vorliegen. Diese Unterscheidung hat hinsichtlich der Ableitung von Anforderungen aus den nichttechnischen an die technischen Schichten Konsequenzen. Entsprechend den unterschiedlichen Modellzwecken sind für die Modellbildung in den jeweiligen Schichten unterschiedliche Fragestellungen relevant. Für den Anwendungskontext sind realwissenschaftliche Fragestellungen von Interesse. Wesentliche Aufgaben sind hierbei die Beschreibung, Erklärung, Prognose sowie die Erarbeitung von Gestaltungshilfen im Hinblick auf eine gegebene, beobachtbare und nur zum Teil beeinflußbare Realität [Kulla 1979]. Demgegenüber zielen die Technikwissenschaften auf den Entwurf von Artefakten, wobei hier insbesondere der zugehörige Zustandsraum eindeutig und konsistent modelliert werden muß, um die gewünschte Funktionalität zu spezifizieren [Denning et al. 1989]. Damit werden in den beiden Sphären prinzipiell unterschiedliche Modellarten verwendet, wobei sich zwischen diesen Modellen keine iso- bzw. homomorphen Analogiebeziehungen mehr herstellen lassen. Ob sich aus einem Erklärungsmodell für die Probleme koordinativer Prozesse also ein Modell für den Systementwurf ableiten läßt, ist fraglich. Vielmehr ist anzunehmen, daß sich aus dem deskriptiven Abbild der Realität lediglich Hinweise auf die *Rahmenbedingungen* des Informationstechnikeinsatzes entnehmen lassen. Insofern sich nur Hinweise auf Rahmenbedingungen des Technikeinsatzes ableiten lassen, bestehen für den Anwendungsentwurf erhebliche Freiheitsgrade. Das führt zu einer weiteren Schwierigkeit: Wenn beispielsweise ein deskriptives Modell

des Anwendungskontexts Hinweise auf die Existenz und Bedeutung kompetitiver Prozesse gibt, ist damit noch nicht ausgesagt, welche Funktionalitäten sich für diese Prozesse beim Entwurf telematischer Systeme vorsehen lassen. Ob und wenn, wie Konflikte im Entwurf berücksichtigt werden, läßt sich also nicht zwingend ableiten. Der Übergang von den nichttechnischen in die technischen Schichten erfordert damit *normative Werturteile*, die sich bestenfalls durch weitere Zusatzannahmen abstützen lassen.
Eine weitere grundsätzliche Modellierungsproblematik ist darin zu sehen, daß sich der in den technischen Schichten zugrundeliegende Kommunikationsbegriff von demjenigen der nichttechnischen Schichten unterscheidet. Kommunikation, die über ein informationstechnisches System vermittelt wird, ist nur ein Teil dessen, was Kommunikation in Organisationen ausmacht. Auch wenn kooperationsunterstützende Systeme einen hohen Medienreichtum besitzen und damit beispielsweise auch nonverbale Kommunikation übertragen können, bleibt die Zuschreibung von Bedeutungen der im Kommunikationsprozeß ausgetauschten Inhalte in jedem Fall auf den oberen, nichttechnischen Ebenen der Schichtung [Wiest 1995]. Kommunikation als Austausch von bedeutungsvollen Inhalten findet immer auf der nichttechnischen Ebene statt, lediglich der Transport der Inhalte kann technisch abgewickelt werden. Die Bedeutung dieser Unterscheidung liegt darin, daß sie dazu beiträgt, den Stellenwert der Technik auf eine rationale Grundlage zu stellen: Die Technik selbst ist vollkommen neutral, erst die konkrete Verwendung konstituiert ihren Zweck [Jonas 1984]. Ein Sender kann einem Empfänger mit ein und demselben Medium eine für die Aufgabenerledigung relevante Information zukommen lassen, genausogut aber auch eine Botschaft, in der er die Ausübung von Machtmitteln androht. Die technischen Schichten ermöglichen hier lediglich die Kommunikation als Nachrichtenübertragung, die Zuschreibung von Bedeutungen geschieht hingegen erst in den nichttechnischen Schichten. Selbst wenn also eine -wie auch immer geartete- Transformationsfunktion für die Aussagen eines deskriptiven Modells des Anwendungskontexts in ein präskriptives Modell des Technikentwurfs vorläge, wären Teile des Erklärungsmodells prinzipiell nicht umsetzbar. Semantische Konnotationen des Anwendungskontexts sind auf der Ebene der Technik irrelevant.

5 Von der Problemanalyse zu einem Verbesserungsvorschlag

Die obigen, grundsätzlichen Ausführungen zeichnen ein eher ernüchterndes Bild der Leistungsfähigkeit von interdisziplinären Modellen für Entwurf und Einsatz telematischer Systeme. Eine kritische Problemanalyse ohne einen konstruktiven Verbesserungsvorschlag ist allerdings nicht zufriedenstellend. Im folgenden sei daher versucht, einen Vorschlag für ein mehrstufiges Vorgehen für den Entwurf und den Einsatz von Telematiksystemen zu skizzieren.
Eine Folge der erweiterten Verwendungscharakteristik informationstechnischer Systeme ist, daß sich die erforderlichen Funktionalitäten nicht mehr eindeutig festlegen lassen und zudem das zu erwartende Ergebnis des Einsatzes derartiger Anwendungen ex ante nicht mehr sicher bestimmbar ist. Die Bedeutung des Anwendungskontexts hat damit eine gewichtige Dimension bekommen. Ent-

scheidend ist, daß die Verwendungscharakteristik im Anwendungskontext nicht mehr durch wenige Annahmen umrissen werden kann, wie dies im Automatisierungsparadigma der Fall war. Diese Situation ist modelltechnisch nur schwer in den Griff zu bekommen, weil in der Analyse des Anwendungskontext einerseits und dem informationstechnischen Entwurf andererseits unterschiedliche Fragen von Interesse und unterschiedliche Vorgehensweisen erforderlich sind. Dennoch sei hier ein dreistufiger Prozeß des Anwendungsentwurfs vorgeschlagen, der beide Kontexte explizit einbezieht:

1. Entwurf einer modellhaften Vorstellung des betroffenen Anwendungskontexts sowie Identifikation relevanter Handlungsstrategien der Akteure,
2. Normative Festlegung eines leitenden Paradigmas für den informationstechnischen Entwurf der Anwendung, etwa anhand eines Effizienzkriteriums,
3. Identifikation und Implementation von relevanten informationstechnischen Funktionen.

Dieser dreistufige Prozeß läßt sich am Beispiel der Problematik von Konflikt- und Machtprozessen in kooperativen Systemen veranschaulichen. Durch das Auftreten dieser Prozesse wird der Alternativenraum für den Anwendungsentwurf aufgeteilt, weil die grundsätzliche Entscheidung erforderlich wird, ob die Möglichkeit von Konflikt- und Machtprozessen beachtet werden soll und wenn, wie dies geschehen soll. Prinzipiell läßt sich vor diesem Hintergrund folgender Alternativenraum aufspannen:

Eine erste Alternative besteht in der *Moderation* von Konflikt- und Machtmöglichkeiten. Hierbei stellt sich das Problem, daß zuerst festgelegt werden muß, auf welches Kriterium die Moderation bezogen sein soll. So ist etwa eine Verhandlungskomponente denkbar, die Konflikte auflösen hilft, indem sie anonyme elektronische Diskussionen zu strittigen Themen ermöglicht. Das Effizienzkriterium würde in diesem Fall in der demokratischen Konsensfindung liegen. Eine alternatives Effizienzkriterium wäre beispielsweise die schnelle Auflösung von Konflikten, was vereinfacht etwa dadurch realisiert werden könnte, daß das elektronische Diskussionsforum nach Ablauf einer bestimmten Entscheidungszeit die strittige Thematik automatisch an eine höhere Instanz in der Organisation weiterleitet, womit eine hierarchische Kooperationsform beschritten wird. In jedem Fall ist die Definition der Funktionalitäten erst nach der Entscheidung für ein Effizienzkriterium möglich.

Ob die zweite Alternative, die *Beschränkung* der Konflikt- und Machtmöglichkeiten durch Technik, sinnvoll ist und überhaupt gelingen kann, ist sicherlich fraglich. Tatsächlich kann vermutet werden, daß dies zu schwerwiegenden Akzeptanzproblemen führt. Zudem sind die Kontakte zwischen den Mitgliedern einer Organisation regelmäßig nicht auf kooperationsunterstützende Anwendungen allein beschränkt. Konflikte können also jenseits der Anwendung weiter ausgetragen werden. Kritisch ist, daß dies letztlich den Versuch bedeuten würde, mit der Technik Probleme zu lösen, die im organisatorischen Kontext entstehen. Technik würde zur Bekämpfung von Symptomen verwendet, anstatt an den Ursachen anzusetzen. Ob dies ein sinnvolles Unterfangen sein kann, sei dahingestellt.

Eine letzte Möglichkeit ist die *Nichtberücksichtigung* von Konflikt- und

Machtprozessen. Dies würde bedeuten, Konflikt und Macht als Themen des organisatorischen Kontexts anzusehen und davon auszugehen, daß bestehende Schwierigkeiten auch dort zu lösen sind. Dem Anwendungsentwurf würde dann kooperatives Verhalten als Annahme zugrundeliegen. Dabei ist allerdings zu beachten, daß diese Annahme falsch sein und die Anwendung (intentionswidrig) kompetitiv genutzt werden kann. Implizit scheint heute jedoch die (nicht explizierte) Annahme kooperativen Verhaltens regelmäßig dem Anwendungsentwurf zugrundezuliegen.

Welcher Pfad auch im Alternativenraum des Anwendungsentwurfes gewählt wird, die Auswahl der zu implementierenden aus den möglichen Operationen erfordert vom Systemdesigner ein normatives Urteil und entsprechend ein zugehöriges Effizienzkriterium. Technisch läßt sich beispielsweise problemlos eine Funktion implementieren, die dem Benutzer A das ungehinderte Lesen der Datenbestände des Benutzers B ermöglicht. Das einem solchen Systemdesign zugrundeliegende Werturteil könnte etwa darin bestehen, daß kompetitives Verhalten im Sinne der Informationszurückhaltung weitgehend unmöglich gemacht werden soll. Das dazugehörige Effizienzkriterium wäre die freie Verfügbarkeit der Informationen in der Organisation. Der Benutzer B mag dies als Zumutung empfinden und konsequenterweise alle Informationen, die er für sich behalten will, aus dem System fernhalten.

Wenn die obigen Ausführungen für den Entwurf kooperationsunterstützender Anwendungen zutreffen und das normative Werturteil zugrundegelegt wird, daß die Informationstechnik die Benutzer nicht in ihrem Verhalten beschränken soll (d.h. der Pfad des Alternativenraumes, der die Beschränkung von Konflikten betrifft, wird ausgeschlossen), dann ist an den Entwurf von Anwendungen nur mehr die simple Anforderung zu stellen, daß sie im Sinne des Schichtenmodells einfach bezüglich der notwendigen Interdependenzen zwischen den Schichten, aber mächtig bezüglich der ihrer Schicht zurechenbaren implementierten Funktionalitäten sind.

Ein gutes Beispiel ist E-Mail, eine Anwendung, die allem Anschein nach nahezu immer zum Erfolg wird. Die Problematik, daß eine Anwendung „will inevitably encounter situations in which the underlying model of the world is no longer valid" [Schmidt 1991] ist hier kaum gegeben, weil E-Mail nur einfache Kommunikation ermöglicht und damit ein äußerst breites Feld möglicher Situationen abzubilden vermag. Sicherlich gibt es Situationen, in denen beispielsweise face-to-face-Kommunikation angemessener ist, in jedem Fall unterliegt das Kommunikations- und Kooperationsverhalten des Anwenders bei E-Mail aber keinerlei Beschränkungen. Erneut sei die CSCW-Forschung zitiert: „The only successful CSCW application has been E-Mail" [Grudin 1994, S. 95.].

Literaturverzeichnis von den Autoren auf Anfrage erhältlich.

Dieser Beitrag fußt auf dem von der DFG geförderten und am Institut für Informatik und Gesellschaft, Abt. Telematik, durchgeführten Forschungsprojektes *ColaKoop*: http://www.iig.uni-freiburg.de/telematik/projekte/cola/

Medizinische Multimedia-Applikationen und Telemedizin basierend auf drahtlosem ATM

Piotr Dudzik, Andreas Kassler, Alfred Lupper, Michael Schöttner, Peter Schulthess
{dudzik | kassler | lupper | schoettner | schulthess}@informatik.uni-ulm.de
Abt. Verteilte Systeme, Universität Ulm, 89069 Ulm
Tel. / Fax: ++49 (0)731 502-4138 / 4142

Kurzfassung: Drahtloses ATM bietet eine hohe Übertragungsbandbreite, Zuverlässigkeit sowie garantierte Dienstegüte und ermöglicht deshalb innovative Multimedia-Applikationen. Dieser Beitrag stellt das interdisziplinäre Projekt „Magic WAND" (Wireless ATM Network Demonstrator) der Europäischen Union vor, das die Vorteile der drahtlosen ATM-Netzwerke einer breiten Anwenderbasis zur Verfügung stellen soll. In einer internationalen Kooperation mehrerer Hochschulen und Unternehmen werden zukunftsweisende Einsatzmöglichkeiten der Informatik im medizinischen Umfeld demonstriert. Im Rahmen des Projektes werden die Bedürfnisse des ärztlichen Personals hinsichtlich der gemeinsamen Zugriffe auf Patientendaten und auf multimediale Informationen untersucht. Insbesondere sollen Mobilität, zwischenmenschliche Kommunikation und kooperatives Arbeiten mit vertrauten Anwendungsprogrammen unterstützt werden. Ein drahtloses ATM-Netzwerk in Verbindung mit einem heterogenen Application-Sharing- und Telekonferenzsystem kann die Qualität und Effizienz medizinischer Behandlungen erheblich steigern. Ärzte können am Krankenbett Spezialisten konsultieren und Informationen mit ihren Kollegen austauschen. Gemeinsames Bearbeiten von Dokumenten wird auf diese Weise sogar auf verschiedenen Rechnerplattformen möglich. Ein besonderes Augenmerk muß aber auf potentielle Risiken der drahtlosen Kommunikation geworfen werden. Die Sicherheit der Daten, Schutz vor unberechtigten Zugriffen und mögliche elektromagnetische Interferenzen mit medizinischen Geräten stehen dabei im Vordergrund.

1 Einleitung

In letzter Zeit werden zunehmend Applikationen für das medizinische Umfeld implementiert, die das ärztliche Personal bei dessen täglicher Arbeit unterstützen. Der Computereinsatz in Krankenhäusern erhöht die Qualität der medizinischen Betreuung und führt zu einer besseren Versorgung der Patienten bei gleichzeitiger Kostenersparnis. Mit der Entwicklung leistungsfähiger, kostengünstiger Personalcomputer, schneller externer Speicher und Hochleistungsnetzwerke haben Multimedia-Applikationen auf den Schreibtisch des Anwenders Einzug gehalten, die seine Möglichkeiten der Kommunikation durch computergestützte Übertragung von Daten, Texte, Bilder, Audio und Video erweitern. ATM-Netzwerke unterstützen dies durch hohe Bandbreite, garantierte Dienstegüte (Quality of Service, QoS) und die Fähigkeit zur gleichzeitigen Übertragung mehrerer Datenströme über eine Verbindung (etwa Audio, Video und Daten). Der technische Fortschritt bei der Herstellung integrierter Schaltkreise führt zu immer kleineren Rechnern wie Palmtops oder Notebooks, die den mobilen Einsatz erlauben. Dank dieser Entwicklung ist heutzutage der Zugang zu Informationen jederzeit und überall möglich. Wenn ein Arzt alle benötigten medizinischen Daten und Unterlagen - wie etwa Krankengeschichte oder Röntgenbilder - sofort und ohne zu suchen erhalten kann, werden Kosten und wertvolle Arbeitszeit gespart. Mit der Entwicklung leistungsfähiger tragbarer Rechner entstehen innovative multimediale Anwendungen, für die das drahtlose ATM einen adäquaten mobilen Netzwerkzugriff ermöglichen wird.

Dieser Artikel besteht aus den folgenden Teilen: in Abschnitt 2 werden die industriellen und akademischen Projektpartner vorgestellt. Abschnitt 3 erläutert die betrachtete medizinische Umgebung und präsentiert die Resultate einer Umfrage, aus der die Wünsche und Bedürfnisse der

Ärzte hinsichtlich des mobilen Rechnereinsatzes ersichtlich sind. In Abschnitt 4 werden die besonderen Eigenschaften und Vorzüge des drahtlosen ATM für das medizinische Einsatzszenario betrachtet. Eine wichtige Erkenntnis ist das Bedürfnis der Ärzte, vertraute Programme auch in einer Telekonferenz gemeinsam benutzen zu können. Dies erfordert die Entwicklung eines Application-Sharing-Systems, welches in Abschnitt 5 beschrieben wird. Abschnitt 6 widmet sich der Dienstegüte für Multimedia-Anwendungen, während in Abschnitt 7 besondere Probleme dargestellt werden, die sich aus dem Einsatz drahtloser Kommunikationsgeräte im Krankenhausumfeld ergeben. Abschnitt 8 subsumiert die aus dem Magic-WAND-Projekt gewonnenen Erkenntnisse.

2 Beteiligte Partner

Magic WAND wird als Teil von ACTS im 4. Rahmenprogramm Forschung, Entwicklung und Demonstration der Europäischen Kommission gefördert und dient als interdisziplinäres Forschungs- und Kooperationsprojekt zwischen mehreren Partnern aus Wissenschaft und Industrie sowohl der Innovation, als auch dem Know-how- und Technologietransfer. Nicht zuletzt sollen dabei zukunftsweisende Einsatzmöglichkeiten der Informationstechnologie und neue Produkte entwickelt werden, was langfristig zur Sicherung des europäischen Wirtschafts- und Forschungsstandortes beitragen wird (siehe [3]). Die beteiligten Partner sind: ASCOM Tech AG (Schweiz), Eurecom (Frankreich), ETH Zürich (Schweiz), IBM Zürich Research Laboratory (Schweiz), INTRACOM Hellenic Telecommunications (Griechenland), LUCENT Technologies (Niederlande), Nokia Mobile Phones (Finnland), Robert Bosch GmbH (Deutschland), Tampere University of Technology (Finnland), Technical Research Centre of Finland (Finnland), Universität Ulm (Deutschland), University of Athens (Griechenland) und University of Lancaster (England). Das Projekt begann im Herbst 1995 und wird voraussichtlich im Herbst 1998 enden.

3 Anforderungsprofil im Krankenhausumfeld

Das Magic-WAND-Projekt sieht die Durchführung von praktischen Feldversuchen mit Anwendern vor, um die Vorteile des drahtlosen ATM empirisch nachzuweisen. Ziel ist die Entwicklung eines ortsunabhängigen Terminals mit einer für den praktischen Einsatz hinreichend hohen Rechenleistung und Datenübertragungsrate. In diesem Zusammenhang soll ein Feldtest die potentielle Stärke des drahtlosen ATM in einer medizinischen Umgebung aufzeigen. Eine Ergänzung der stationären, kabelgestützten Netzwerke durch zusätzliches drahtloses Equipment mit hoher Bandbreite und garantierter Dienstegüte ermöglicht einen ortsunabhängigen, mobilen Rechnereinsatz und führt dadurch zur Flexibilisierung bestehender, sowie zur Schaffung neuer Einsatzmöglichkeiten der Computertechnik.

Ein besonders interessantes Szenario ist die Visite des Arztes am Krankenbett. Ein kleines, tragbares Gerät kann vom Arzt mitgenommen werden und ihm den schnellen Zugriff auf die aktuellen Patientendaten ermöglichen. Der Arzt könnte mit dem Gerät etwa ein interaktives Video abspielen, um dem Patienten eine geplante Operation oder Behandlung zu erläutern. Die dazu benötigten Multimedia-Daten werden von einem entfernten Server abgerufen. Weiterhin könnte der Arzt Röntgenbilder des Patienten betrachten oder einen Spezialisten in einer Videokonferenz konsultieren. Die Röntgenbild-Applikation wird dabei zum Rechner des anderen Konferenzteilnehmers exportiert, so daß dieser dieselben Röntgenbilder sieht und eine gemeinsame Diagnose diskutiert werden kann (siehe Abbildung 1).

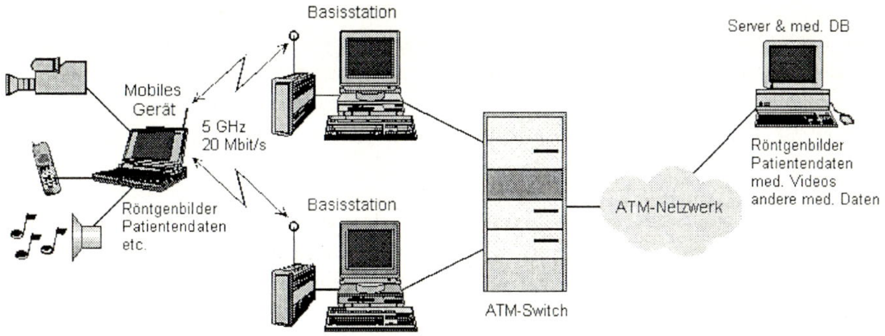

Abbildung 1: Drahtloses ATM im Dienste der Medizin

Bevor neue Computeranwendungen entwickelt werden, muß eine eingehende Analyse der Bedürfnisse und Wünsche des ärztlichen Personals erfolgen. Die Informationen über die tägliche Arbeit und Vorgehensweisen tragen erheblich zur Entwicklung maßgeschneiderter Software bei, die die Arbeitsabläufe im Krankenhaus optimal unterstützt. Aus diesem Grund wurden zahlreiche Befragungen mit Ärzten aus unterschiedlichen Krankenhäusern in Tampere, Ulm und Zürich durchgeführt. Die wichtigsten Resultate dieser Umfrage sind die folgenden:

- Ärzte benutzen bereits in den meisten Fällen Büroanwendungen (etwa Textverarbeitung).
- Sie benötigen mobilen Zugriff auf Patientendaten und medizinische Referenzwerke.
- Einzelne Bilder (z.B. Röntgenbilder) sind ebenso wichtig wie z.B. bewegte Ultraschallvideos.
- Informationen und Daten werden jederzeit und an jedem Ort im Krankenhaus benötigt.
- Ärzte konsultieren oft ihre Kollegen und greifen kooperativ auf medizinische Daten zu.
- Medizinische Daten sind zugangssensitiv und benötigen geeignete Schutz- und Sicherheitsmechanismen.
- Drahtlose Geräte dürfen medizinische Ausrüstung durch elektromagnetische Wechselwirkungen nicht beeinflussen.

Basierend auf dieser Umfrage kann man auf die Bedürfnisse hinsichtlich einer rechnergestützten Arbeitsweise in einer medizinischen Umgebung schließen. Es ist offensichtlich, daß Standardapplikationen (wie etwa Textverarbeitung oder Datenbank) durch jedes medizinische Informationssystem unterstützt werden sollen. Die benötigten Informationen bestehen nicht nur aus Text, es handelt sich vielmehr um multimediale Dokumente, die Bilder und Videos enthalten. Um kooperatives Arbeiten zu ermöglichen, sollte ein medizinisches Konsultationssystem das Exportieren und gemeinsame Benutzen von Einbenutzer-Anwendungen unterstützen (Application Sharing). Da der Zugang zu Daten und Informationen an jedem Ort erfolgen soll, muß das Application-Sharing-System über eine drahtlose Verbindung transparent funktionieren. Durch kryptographische Verschlüsselungsmechanismen und ein Authentifizierungsprotokoll wird der drahtlose Datentransfer vor Mißbrauch und unerlaubten Zugriffen geschützt.

4 Vorteile des drahtlosen ATM für medizinische Anwendungen

Anwender akzeptieren drahtlose Geräte nur dann, wenn diese die benötigten Daten schnell und in hoher Qualität liefern. Ein typisches Röntgenbild beansprucht etwa 1 MB bis 3 MB Speicherplatz. Die Zugriffe auf medizinische Bilder und Filme aus einer Datenbank müssen ohne merkliche Verzögerungen stattfinden. Dies erfordert eine hohe Bandbreite. Multimedia-Anwendungen wie Videokonferenzen benötigen ebenfalls eine hohe Bandbreite und zusätzlich eine garantierte Dienstegüte für die Datenübertragung. ATM bietet diese Eigenschaften und ist deshalb die natürliche Wahl für das Übertragungsmedium. Drahtloses ATM kombiniert die Vorteile drahtloser Übertragung, Hochgeschwindigkeitsnetzwerke und Reservierung einer garantierten Dienstegüte. Es ermöglicht dem Anwender eine vielseitige, flexible Kommunikation mit mehreren Partnern gleichzeitig. Die Verknüpfung eines Breitbandnetzwerks mit Mobilität schafft die Voraussetzungen für innovative Anwendungen und Dienste, besonders im medizinischen Sektor.

Fest verkabelte, klassische Netzwerke sind heutzutage in den wenigsten Krankenhäusern innerhalb des gesamten Areals verfügbar, deshalb ist drahtloses ATM prädestiniert, um flächendeckend mobile Breitbandanwendungen zu realisieren. Ein wichtiger Aspekt ist dabei die potentielle Kostenersparnis - eine Basisstation bietet Zugang für mehrere mobile Geräte in bis zu 50 m Umkreis. Es entfällt die Notwendigkeit der Verkabelung der Endgeräte, so daß keine elektro- resp. bautechnische Aktivitäten stattfinden und die Arbeit in betroffenen Räumen ungestört weitergehen kann.

Drahtlose Multimedia-Applikationen bieten zahlreiche neue Herausforderungen bei dem Entwurf von Netzwerken und Softwaresystemen. Dazu gehören die Notwendigkeit der Synchronisation, Ausgleich der Paketverzögerungsvarianz (Jitter), eine garantierte Obergrenze für Verzögerungen (Delay), beschränkte Paketverlustrate und reservierte Bandbreite.

5 Application Sharing und medizinische Multimedia-Anwendungen

Eine wichtige Erkenntnis aus der Umfrage ist, daß beinahe alle befragten Ärzte Standardbüro- und Bildbearbeitungssoftware sowie Datenbankabfrageprogramme benutzen. Diese Programme - wie etwa Textverarbeitungen oder Bildanwendungen - sind hochentwickelte und für die Arbeit eines einzelnen Benutzers speziell geeignete Applikationen. Sie unterstützen zwar kein kooperatives Arbeiten in einer Gruppe, bieten aber nutzbringende Funktionalität für den Einzelnen. Um eine gemeinsame, computergestützte Arbeitssitzung mehrerer Anwender zu ermöglichen, sind grundsätzlich drei Möglichkeiten vorstellbar:

Neuentwicklung verteilter Anwendungsprogramme mit erwünschter Funktionalität (z.B. Textverarbeitung), die das kooperative Arbeiten über eine Netzwerkverbindung in einer Gruppe anbieten. Als Nachteil erweist sich dabei, daß bestehende Funktionalität bereits existierender Einbenutzer-Anwendungen nachgebildet werden muß. Für jeden vorgesehenen Einsatzzweck müßte eine verteilte, komplexe Anwendung neu implementiert werden.

Einsatz von Screen-Sharing-Programmen (z.B. Timbuktu). Diese Programme werden überwiegend durch Netzwerkadministratoren zur Fernwartung und Konfiguration von Rechnern in einem Netzwerk eingesetzt, ohne den eigenen Arbeitsplatz zu verlassen. Dieser Ansatz basiert normalerweise auf einem Bitmap-Transfer des gesamten Bildschirminhaltes und benötigt deshalb eine relativ hohe Bandbreite. Außerdem ist das Exportieren des gesamten Bildschirms ungeeignet, weil der entfernte Benutzer den Zugriff auf private Daten und Programme (z.B. durch den Dateimanager) erlangen kann.

Einsatz eines Application-Sharing-Systems, welches das gemeinsame, kooperative Benutzen aller Standardanwendungsprogramme ermöglicht. Ein solches System erlaubt das Exportieren von ausgewählten Fenstern einer lokalen Applikation zu einem anderen Rechner im Netzwerk und bietet dadurch eine bessere Leistung sowie reduziert Sicherheitsrisiken und erhöht die Übersichtlichkeit der Bildschirmdarstellung. Bei diesem Ansatz ist eine höhere Akzeptanz seitens der Anwender zu erwarten, da bestehende Applikationen, die die Benutzer bereits kennen, weiter verwendet werden. Außerdem entstehen dadurch geringere Entwicklungs- und Schulungskosten.

Ein äußerst flexibler und allgemeingültiger Ansatz zur Telekooperation in einer Anwendergruppe ist durch ein Application-Sharing-System gegeben, das die Effizienz des medizinischen Personals erhöht und die Notwendigkeit häufiger Zusammenkünfte reduziert (siehe [10]). Im

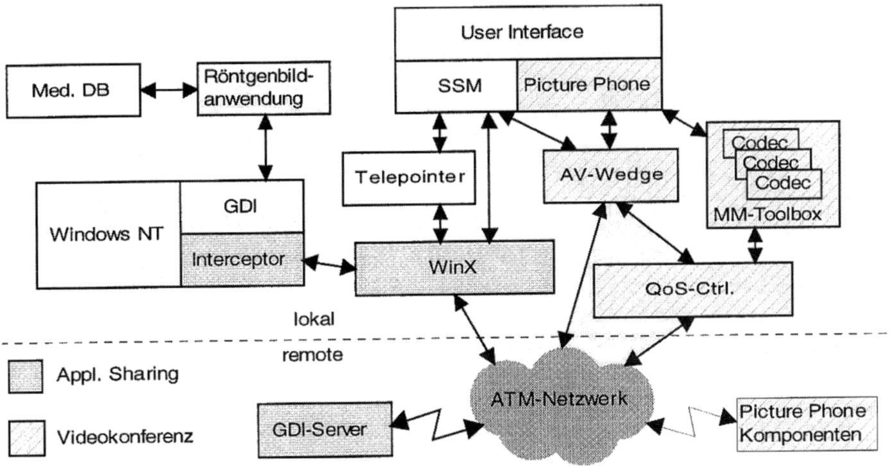

Abbildung 2: Architektur von JVTOS für Magic WAND

Rahmen eines CIO-Projektes wurde bereits das Softwarepaket JVTOS (Joint Viewing and Tele-Operating System) entwickelt. JVTOS bietet Application Sharing von Multimedia-Anwendungen und Videoübertragung zwischen mehreren Benutzern. Unter dem Aspekt der drahtlosen ATM-Netzwerkübertragung und der Entscheidung, Windows NT als Betriebssystem zu benutzen, wurde eine Neuentwicklung notwendig. In Abbildung 2 wird die Architektur der neuen Version von JVTOS für WAND dargestellt. Die zwei Hauptkomponenten sind das Application-Sharing-System sowie das Audio/Video- und Kommunikationssystem. Nach dem Start von JVTOS wird eine Benutzerschnittstelle angezeigt, die eine konsistente und einfache Plattform für die Ärzte während der Feldtests bietet.

Der wichtigste Teil von JVTOS ist das Application-Sharing-System, das die kooperative Benutzung der Anwendungsprogramme erlaubt. Da unter Windows NT 4.0 kein inhärentes Client/Server-Modell für graphische Ausgaben und Programmbedienung existiert (wie etwa X Window unter UNIX), gibt es keine direkte Möglichkeit, die Ausgaben und die Bedienung eines Anwendungsprogrammes zu einem entfernten Rechner über das Netzwerk umzuleiten. Dieser Nachteil wird durch das Modul *Interceptor* ausgeglichen. Der Interceptor fängt die Betriebssystemaufrufe einer exportierten Anwendung ab, bevor diese Aufrufe vom Kern des Betriebssystems bearbeitet werden. Diese Aufrufe können zu einem weiteren Rechner geleitet werden, auf dem Windows NT oder 95 installiert ist. Der entfernte Rechner behandelt die Aufrufe so, als ob sie dort lokal stattgefunden hätten. Dadurch werden die Bildschirmausgaben einer lokal gestarteten Anwendung nicht nur auf dem lokalen, sondern auch auf dem entfernten Rechner dargestellt. Da im Magic-WAND-Projekt speziell Windows NT zum Einsatz kommt, basiert das Application-Sharing-System auf dem nativen Graphics Device Interface (GDI) von Windows. Dazu wird ein sog. *GDI-Server* auf jedem Rechner installiert, dessen Aufgabe das Anzeigen der ankommenden GDI-Aufrufe in einem dedizierten Fenster ist. In einer heterogener Rechnerumgebung ist es trotzdem möglich - durch Übersetzung von GDI in das standardisierte X-Protokoll - Windows-Anwendungen zu Computern, die unter anderen Betriebssystemen laufen, zu exportieren.

Die Aufgabe der Übersetzung wird von Modul *WinX* erfüllt. Die Übersetzung der Windows-Aufrufe in eine für den anderen Rechner verständliche Form ist unter Umständen sehr aufwendig. Viele Aufrufe besitzen kein Äquivalent oder haben andere Parameter in X-Protokoll und müssen deshalb simuliert werden. Dazu muß ein geeignetes Schema gefunden werden. Ein Windows-Aufruf kann dabei mehreren X-Aufrufen entsprechen und umgekehrt. Ohne eine passende

Transformation würde der entfernte Rechner deshalb abweichende Bildschirmausgaben produzieren. Außerdem werden in WinX die Benutzereingaben wie Tastendrücke oder Mausbewegungen, die von der entfernten Maschine über das Netzwerk kommen, verarbeitet. Diese Eingaben werden in die lokal ablaufende Anwendung eingespeist, so als ob sie vom lokalen Benutzer kämen. Wenn mehrere Anwender gleichzeitig ein Programm benutzen, werden ihre Eingaben in WinX geordnet und koordiniert, so daß die Telekonferenz konsistent abläuft. Weitere Details zu Application Sharing befinden sich in [8].

Die Netzwerkbelastung während einer gemeinsamen Arbeitssitzung ist sehr variabel. So ist die Belastung z.B. minimal, wenn der Konferenzteilnehmer lediglich seine Maus bewegt. Andererseits steigt die transferierte Datenmenge enorm, wenn ein großes Röntgenbild gescrollt wird, da die Update-Regionen übertragen werden müssen. Um die verfügbare Bandbreite effizient zu nutzen, wird ein Kompressionsverfahren implementiert (vgl. etwa [1]). Die komprimierten Zeichenbefehle werden vor dem Senden in einen Ausgleichspuffer geleitet, der temporär auftretende Belastungsspitzen glättet und dadurch die während des Verbindungsaufbaus reservierte Bandbreite optimal ausnutzt. Auf dem entfernten Rechner werden anschließend die Daten von einem Dekompressor entpackt und zur Anzeige gebracht.

Ausgehend von der Entscheidung der Anwender, welche Objekte zu welchen anderen Konferenzteilnehmern exportiert werden sollen, erfüllt das Modul *Session and Sharing Management* (SSM) die dazugehörigen Verwaltungsaufgaben. Drahtlose Kommunikation benötigt insbesondere einen Recovery-Mechanismus, da Verbindungen kurzzeitig verlorengehen können und später transparent für Benutzer restauriert werden müssen. Aus diesem Grund ist es notwendig, auch bei Netzwerktrennung den Betrieb aufrechtzuerhalten. SSM ist für die Koordination und Konsistenzhaltung bestehender Verbindungen zuständig - so sollten etwa das Application Sharing, Telezeiger und Videoübertragung zwischen denselben Partnern ablaufen - und regelt, wie die einzelnen Tools zusammen benutzt werden.

Der *Telezeiger* ist ein weiteres nützliches Hilfsmittel, das die Telekooperation und insbesondere das gemeinsame Editieren von Dokumenten erleichtert. Jeder Konferenzteilnehmer kann mit seinem Telezeiger eine ausgewählte, wichtige Stelle im gemeinsamen Dokument für andere sichtbar markieren (z.B. Krebsbefund auf einem Röntgenbild). Jede Instanz eines Telezeigers bewegt sich dabei auf allen Rechnern in einer Telekonferenz synchron, so daß die Anwender interaktiv auf bestimmte Positionen zeigen können. Dies verstärkt den Eindruck, am gleichen Ort zusammen zu arbeiten (siehe dazu auch [2]).

Die audiovisuelle Kommunikation wird durch das Modul *Picture Phone* realisiert. Die von einer Videokamera und einem Mikrophon gelieferten Signale werden digitalisiert und an das Modul *AVWedge* weitergeleitet. Dieses Modul verteilt, serialisiert, und mischt Audio- und Videodatenströme. Bei dem Sender werden die abgehenden Daten dupliziert (entweder explizit per Software oder via Multicast-Kommunikation), bei dem jeweiligen Empfänger werden die eingehenden Datenströme gefiltert, zusammengefügt und synchronisiert (Synchronisation von Audio und Video, z.B. Lippenbewegung und dazugehörige Sprache sollten gleichzeitig erfolgen). Anschließend werden die Daten beim Empfänger zum lokalen *Picture-Phone*-Modul weitergegeben, wo sie in Fenstern angezeigt werden.

Mit dem Modul *User Interface* erhält der Anwender eine einheitliche, konsistente Benutzerschnittstelle zu allen Softwarekomponenten von JVTOS für Magic WAND. Verschiedene Dienste des Gesamtsystems, wie das Exportieren von Applikationen, die audiovisuelle Kommunikation und das Initiieren von Telekonferenzen, präsentieren sich dem Anwender somit unter einer Oberfläche, was die Bedienung erheblich erleichtert.

6 Dienstegüte-Anforderungen für mobile Multimedia-Anwendungen

Die meisten Anwendungsprogramme sind auch im Zeitalter der Globalisierung, Vernetzung und Teamarbeit immer noch lokaler Natur. Sie laufen auf einzelnen Personalcomputern ab und greifen eventuell über ein lokales Netzwerk (für gewöhnlich Ethernet mit 10 Mbps Bandbreite) auf Ressourcen zu. Dies ist jedoch in einem medizinischen Einsatzszenario unbefriedigend. Als Beispiel möge hier der Transfer von medizinischen Bildern wie etwa Röntgenbildern dienen. Aufgrund der erforderlichen Genauigkeit der Darstellung beträgt deren Größe bis zu 2000×2000 Pixel bei 12 Bit Farbtiefe. Wenn ein Arzt eine Folge von neun dieser ca. 6 MB großen Bilder von einem Server über ein Ethernet-Netzwerk mit mittlerer Belastung herunter laden möchte, würde dies über eine Minute dauern. Weiterhin, wenn in demselben Netzwerksegment jemand anders eine Videokonferenz durchführen würde, würden sowohl die Qualität dieser Konferenz erheblich sinken als auch die zur Übertragung der Röntgenbilder benötigte Zeit steigen. Es ist offensichtlich, daß gewöhnliche LANs durch ihre beschränkten Bandbreiten und inadäquaten Zugriffskontrollverfahren nur bedingt für das vorliegende Szenario geeignet sind.

Eine Dienstegütegarantie ist zur Befriedigung der Anwendungsanforderungen der Ärzte notwendig. Der erforderliche Durchsatz hängt hauptsächlich von der Bildauflösung, Farbtiefe, Anzahl der übertragenen Bilder und dem benötigten Grad der Interaktivität, einer in medizinischer Umgebung essentiellen Eigenschaft ab. Nach [9] repräsentiert *Quality of Service* (QoS) die Menge derjenigen qualitativen und quantitativen Eigenschaften eines verteilten Multimedia-Systems, die zur Erreichung der erwünschten Funktionalität eines Anwendungsprogramms notwendig sind und die als Parameter zwischen den einzelnen Systemkomponenten ausgehandelt werden. Diese Parameter kann man den folgenden fünf Kategorien zuordnen:

- Leistungsparameter - z.B. obere Schranke für zulässige Verzögerung zwischen zwei Endpunkten oder garantierte Bitrate,
- Formatparameter - etwa Bildrate, Auflösung des Videostroms oder Kompressionsschema,
- Synchronisationsparameter - beispielsweise Obergrenze für zulässige Verschiebung zwischen Audio und Videodaten,
- Kostenparameter - z.B. monetäre Vergütung für Datenübertragung,
- Anwenderparameter - etwa subjektive Qualität der Bilder und Geräusche, Interaktionsgrad.

Die Reservierung der Dienstegüte in einem verteilten Multimedia-System erfordert einen komplizierten Prozeß: die Sammlung subjektiver Parameterwerte vom Anwender, eine Abbildung dieser Werte in die QoS-Parameter für verschiedene Systemkomponenten resp. Schichten und das eigentliche Aushandeln zwischen den Instanzen der jeweiligen Komponenten und Schichten zwecks Sicherung der Erfüllbarkeit der Anforderungen im gesamten verteilten System. Bei dem Aushandeln müssen die gegenseitige Abhängigkeit der einzelnen Parameter voneinander und die Verfügbarkeit bestimmter Ressourcen berücksichtigt werden. So sollte dem Arzt z.B. keine Auswahl von hochauflösenden Röntgenbildern angeboten werden, wenn in der medizinischen Datenbank nur Bilder in niedriger Auflösung gespeichert sind.

Da eine benutzerfreundliche Schnittstelle zum Anwender für den Erfolg des ganzen Systems signifikant ist, sollte für die Ärzte ein einfacher Weg vorliegen, wie sie ihre subjektiven Wünsche resp. die Vorgaben für eine zufriedenstellende Qualität der kooperativ benutzten Applikationen (z.B. erwünschter Datendurchsätz oder obere Schranke für Verzögerung beim Öffnen eines Röntgenbildes) spezifizieren können. Zur Unterstützung des Anwenders wird die Komplexität des QoS-Aushandelns und die internen Strukturen der QoS-Parameter hinter einer einfachen Benutzeroberfläche verborgen. Insbesondere folgt daraus, daß die Ärzte nicht mit technischen Übertragungsparametern wie Bandbreite, Delay oder Jitter konfrontiert werden dürfen. Statt dessen wird ihnen eine Auswahl anhand konkreter Beispiele angeboten. Im Falle einer Videokonferenz würden mehrere Videobilder mit verschiedenen Größen, Wiederholraten und Auflösungen nebeneinander angezeigt. Der Benutzer selektiert einfach die erwünschten Übertragungsparameter, indem er das entsprechende Video anklickt. Zur Auswahl der Farbtiefe könnte die Anwendung dasselbe Bild monochrom, mit Graustufen und mit einer höheren Farbanzahl darstellen. Die Wahl der Audioausgabe könnte durch das Abspielen kurzer Samples in Telefon- , Radio- und CD-Qualität erfolgen. Abstraktere Parameter wie Antwortzeiten oder Kosten werden durch Rollbalken symbolisiert. Alle durch den Benutzer veränderten Parameter sollten unter Berücksichtigung deren Abhängigkeiten untereinander unmittelbar aktualisiert werden. Dies erfolgt z.B. sofort nachdem die erwünschte Größe des Videofensters durch den Arzt verändert wurde, weil eine solche Anpassung eine höhere Bandbreite und Kosten verursacht. Außerdem werden die Einstellungen des jeweiligen Arztes als seine persönlichen Voreinstellungen gespeichert.

Nach [6] kann man unterhalb der Benutzerschnittstelle mindestens drei weitere Schichten unterscheiden: die Anwendungsschicht, die Systemschicht sowie die Netzwerk- und Multimedia-Geräteschicht. Zwischen diesen Schichten erfolgt eine Abbildung und ein Aushandeln der vom Benutzer spezifizierten Parameter. Die Anwendungsdienstegüte wird durch Medienqualität (Parameter wie Datenrate des Mediums oder Verzögerung zwischen zwei Endpunkten der Kommunikation) und Medienrelation (z.B. Konvertierung, Synchronisation) bestimmt. Von diesen Werten abgeleitet, beschreiben die Dienstegüteparameter in der tieferen Systemschicht die Anforderungen an das Betriebs- und Kommunikationssystem, insbesondere quantitative Werte gegeben durch Anzahl der Bits pro Sekunde, Anzahl der Übertragungsfehler oder Größe des Datenpakets. Qualitative Werte, wie etwa geordnete Übertragung der Daten oder Wiederherstellungsmechanismen befinden sich ebenfalls in dieser Schicht. Die Netzwerkdienstegüte ist von der Netzwerklast und Durchsatz (Parameter wie Verzögerung, Bandbreite oder Jitter) abhängig. Diese Parameter werden bei einem gegebenen Nutzungsgrad des Netzwerkes ausgehandelt. Ein Nutzungsmodell beschreibt das Verhalten des Netzwerkes, von dem die Netzwerkdienste abhängen. Eine Erhöhung der Parameteranzahl in diesem Modell führt zu einer genaueren Beschreibung der Netzwerkdynamik, vergrößert jedoch gleichzeitig die Komplexität der Regelungsmechanismen. Als Beispiel diene die Charakterisierung der komprimierten Videoübertragung nach [5]: die Anwendung stochastischer Modelle scheitert bis jetzt entweder an deren Unfähigkeit zur Darstellung von Belastungsspitzen oder an deren Komplexität. Die letzte Schicht enthält hardwarenahe Dienstegüteparameter wie Timing oder Durchsatzanforderung für Datenpakete eines Gerätes.

Die Überwachung (Monitoring) der Dienstegüte ist in einem drahtlosen Netzwerk besonders wichtig, weil die Qualität der Funkverbindung rapiden Änderungen unterliegen kann, was die Bitfehlerrate direkt beeinflußt. Bei Anstieg der Fehlerrate sind Mechanismen zur Fehlerkorrektur (Forward Error Correction) anzuwenden, die allerdings durch eine Erhöhung der Redundanz den Durchsatz reduzieren und somit die ausgehandelte Dienstegüte tangieren. Ähnliche Auswirkungen hat ein Wechsel der Basisstation (Handover), bei dem die bisherige Verbindung geschlossen wird und ein erneutes Aushandeln der Dienstegüte mit der neuen Basisstation erforderlich ist. Der Anwender muß benachrichtigt werden, um zu entscheiden, welche Parameter verändert werden sollen, z.B. Bildgröße, Bildrate bei Video, Farbtiefe oder Kompressionsfaktor. Dies führt ggf. zu einem erneuten Aushandeln der Parameter in allen Schichten.

In JVTOS für Magic WAND werden die anwenderspezifischen QoS-Parameter in Netzwerkparameter durch den *QoS-Controller* abgebildet. Besonders zu beachten sind dabei die jeweiligen Hardwareeigenschaften des lokalen und entfernten Systems, wie der AV-Codec oder die CPU-Leistung. Außerdem wird vom *QoS-Controller* das Aushandeln der Parameter mit dem Netzwerk und das Monitoring übernommen, weil die Multimedia-Datenströme direkt über AAL5 ATM-Verbindungen übertragen werden. Dadurch werden die QoS-Eigenschaften des drahtlosen ATM ausgenutzt. Die erwünschten Voreinstellungen der einzelnen Ärzte werden bei dem Aushandeln der Parameter berücksichtigt.

Mit steigender Anzahl der Anwender, die über eine Basisstation kommunizieren, nähert man sich dem physikalischen Limit der verfügbaren Bandbreite. Durch derartige Belastungsspitzen und aufgrund potentiell unterschiedlicher Bandbreiten bei einzelnen Konferenzteilnehmern ist es nicht einfach, einen geeigneten Codec für Videodaten zu finden. Ein neuer Codec, der die räumliche und zeitliche Redundanz in einer Folge von Videobildern ausnutzt, wird zur Zeit im Rahmen dieses Projektes entwickelt (siehe [4]). Zu dessen Eigenschaften gehören Skalierbarkeit und die Repräsentation des Videodatenstroms in verschiedenen Auflösungen durch Wavelet-Transformation. Alle Qualitätsparameter der Videoübertragung werden durch Senden kleiner Kontrollpakete gesteuert. Die codierten Videodaten bestehen aus mehreren, nicht-redundanten Teilen, die abhängig von den geforderten Dienstegüteparametern des Empfängers zusammengesetzt werden. Dies erlaubt einem Empfänger mit einer hohen Bandbreite eine Videoübertragung mit hoher Qualität, während ein anderer Empfänger, der über eine kleinere Bandbreite verfügt, dasselbe Videosignal in geringerer Auflösung oder Farbtiefe anzeigen kann.

7 Potentielle Probleme durch Interferenzen und Sicherheit der Daten

Die Existenz der Funkverbindungen zwischen den mobilen Geräten und den Basisstationen impliziert die Frage, ob deren Radiowellen negative Effekte in empfindlichen medizinischen Geräten hervorrufen, i.e. die elektromagnetische Kompatibilität gewährleistet ist. So ist beispielsweise in den meisten deutschen Krankenhäusern die Benutzung mobiler Telefongeräte verboten, da befürchtet wird, daß störende Interferenzen mit medizinischer Ausrüstung entstehen können. Um derartige Probleme und Schwierigkeiten bei der Einführung der Magic-WAND-Technologie von Anfang an zu vermeiden, wurde in einer speziellen interdisziplinären Studie nachgewiesen (vgl. [7]), daß keine signifikante Wechselwirkungen auftreten. Um die Sicherheit zusätzlich zu erhöhen, sollen die Magic-WAND-Geräte in einer Entfernung von mindestens 10 m von Operationssälen und Intensivstationen betrieben werden. Unter Berücksichtigung der erheblich geringerer Abstrahlleistung und höherer Frequenz als bei GSM wird dadurch das potentielle Risiko minimiert.

Zwei weitere Probleme der drahtlosen Übertragung sind das unerlaubte Abhören der Daten und „Stehlen“ der Bandbreite durch nicht autorisierte mobile Geräte. Einerseits wäre dadurch der Datenschutz der zugangssensitiven Patienteninformationen gefährdet, andererseits könnten legitime Anwender in ihrer Arbeit behindert werden. Das Eindringen von fremden Terminals wird durch einen speziellen Authentifizierungsmechanismus verhindert. Jedes mobile Gerät wird dazu beim Anmelden am Netzwerk registriert. Die Anmeldung erfolgt nur dann, wenn der Benutzer das richtige Paßwort und Kennung eingibt. Damit Eindringlinge keine so registrierten Geräte nachahmen können, findet die Authentifikation der Terminals periodisch statt und die zwischen den mobilen Geräten und Basisstationen verschickten Daten werden mit einem Sitzungsschlüssel kryptographisch verschlüsselt.

8 Schlußbemerkungen

Der Erfolg medizinischer Multimedia-Anwendungen hängt erheblich von der schnellen, mobilen Verfügbarkeit der vom Arzt benötigten Informationen ab. Ein drahtloses ATM-Netzwerk als Ergänzung bestehender Festnetze erfüllt diese Anforderung, vorausgesetzt, daß die mobilen Geräte von Ärzten bequem getragen werden können. Drahtloses ATM ist die beste Wahl für das geplante Einsatzszenario, weil es Mobilität, bei Bedarf hohe Bandbreite, garantierte Dienstegüte, mehrere virtuelle Kanäle über eine physikalische Verbindung und standardisierte Dienste offeriert.

Durch gemeinsames Benutzen von vertrauten Büroanwendungen, Bildbetrachtungsprogrammen und anderer Standardsoftware sowie durch den Einsatz der Videokonferenzen wird die Akzeptanz der Informationstechnologie im medizinischen Umfeld steigen. Für audio- und videobasierte Anwendungen bietet ein QoS-Controller einen adäquaten Mechanismus, um die für den Anwender leicht greifbare Parameterdarstellung in Netzwerkparameter abzubilden. Dies ermöglicht den Ärzten, ihre Wünsche bezüglich der sichtbaren Bildqualität, Übertragungsleistung oder Kosten einfach zu spezifizieren, ohne ein Netzwerkprofi zu sein. Anschließend findet für die Anwender transparent die Abbildung dieser Parameter auf die QoS der Netzwerk- und Systemschicht statt. Das Monitoring und automatisches Aushandeln der Dienstegüte erleichtern den Basisstationswechsel.

Da eine drahtlose ATM-Verbindung aufgrund ihrer physikalischen Beschaffenheit durch unerlaubtes Abhören besonders gefährdet ist, werden Mechanismen zur Verschlüsselung und Authentifizierung in JVTOS für Magic WAND implementiert. Weiterhin kann eine Gefährdung empfindlicher medizinischer Geräte ausgeschlossen werden, wenn ein Sicherheitsabstand von mindestens 10 m eingehalten wird.

Magic WAND bietet eine interessante Lösung, wenn der Anwender ein Hochgeschwindigkeitsnetz mit mobilem Zugang benötigt. Neben dem geplanten medizinischen Einsatzszenario sind weitere denkbar. Als Beispiele mögen hier ein multimedialer Museums- und Messeführer oder drahtlose Steuerung von Realzeitsystemen wie automatische Produktionsanlagen und mobile Roboter dienen.

Wichtige Aspekte während der laufenden Projektarbeit sind die grenzüberschreitende Förderung der europäischen Zusammenarbeit, die Kooperation und der Technologietransfer zwischen der Industrie und den Hochschulen sowie die Schaffung innovativer Produkte und Technologien, die den Standort Europa für die High-Tech-Industrie und Forschung ausbauen und festigen sollen. Wie im vorliegenden Artikel gezeigt, kann die Informatik neue Impulse dazu liefern. Eine Orientierung an den eigentlichen Bedürfnissen und Problemen der Anwender kann nur im Dialog stattfinden. Besonders produktiv und richtungsweisend sind dabei synergistische Effekte durch gemeinsame Anstrengung der Industrie, Hochschulen und des Gesundheitswesens.

9 Quellenangaben

1. J. Danskin: *Compressing the X Graphics Protocol*, PhD thesis, Princeton 1994
2. P. Dudzik: *Telezeiger in Verteilten Systemen*, Diplomarbeit, Universität Ulm 1996
3. European Commission: *The first action plan for innovation in Europe*, ISBN 92-827-9110-6
4. G. Fankhauser M. Dasen: *An Error Tolerant, Scalable Video Stream Encoding and Compression for Mobile Computing*, ACTS Mobile Communication Summit '96, Nov. 1996
5. J. Liebeherr: *Multimedia networks: Issues and challenges*, IEEE Computer, Vol. 28, No. 4, 1995, pp. 68-69
6. K. Nahrstedt, R. Steinmetz: *Resource Management in Networked Multimedia Systems*, IEEE Computer, Vol. 28, Nr. 5, 1995, pp. 52-63
7. P.Schelbert, U. Lott: *Report on Measured Interference Effects of Magic WAND Devices on Sensitive Medical Equipment*, Magic WAND, Deliverable 2D2, August 1996
8. M. Schöttner: *Application Sharing mit MS-Windows*, Diplomarbeit, Universität Ulm 1996
9. A. Vogel et all: *Distributed Multimedia and QoS: A survey*, IEEE Multimedia, Vol. 2, No. 2, 1995, pp. 10-19
10. H. Wolf, K. Froitzheim, P. Schulthess: *Multimedia Application Sharing in a Heterogeneous Environment*, ACM Multimedia, Nov 1995

PRISMA - Ein Informationssystem für Moderne Kunst im Internet

S. Dupont-Christ, H. Göttler, R. Heyen, J. Krimm, U. Kuballa, M. Schönhaber

Johannes Gutenberg-Universität Mainz, Institut für Informatik, FB 17
Musikwissenschaftliches Institut, Abteilung Musikinformatik, FB 16
D-55099 Mainz

e-mail: [heyen, goettler]@informatik.uni-mainz.de
[sd, uk]@muwiinfa.geschichte.uni-mainz.de

Abstract: Ziel von PRISMA (Picture Retrieval and Information System for Modern Arts) ist es, auf verschiedenen Rechnern und heterogenen Informationssystemen verteilte, komplex strukturierte Multimediadaten und Metainformationen unter einer einheitlichen, anwenderfreundlichen Benutzeroberfläche mit Hilfe einer verteilten objektorientierten Datenbank zu verwalten. Zur Realisierung dieses Konzeptes wurden Schnittstellen und Protokolle entwickelt, die z.B. die Kommunikation zwischen einem WWW-Server und der von PRISMA verwendeten objektorientierten Datenbank ermöglichen. Durch den Einsatz von WWW-Browsern als Bedienoberfläche des Systems wird eine weitgehende Plattformunabhängigkeit erreicht. Die Datenabfrage und die Datenmanipulation werden über Formulare in Form von HTML-Seiten realisiert. Ebenso werden Rechercheergebnisse in dynamisch generierte HTML-Seiten verpackt. Eine den individuellen Wünschen der Benutzer gemäße Darstellung der Anfrageergebnisse und die vom verwendeten Datenbanksystem unabhängige Repräsentation der Datenbankobjekte ist ein zentraler Forschungsgegenstand des PRISMA-Projektes. Weitere PRISMA-Module sind ein Analyse- und Strukturierungswerkzeug für HTML-Seiten, sowie ein graphenbasiertes Tool zur Modellierung von individuellen Benutzerschnittstellen. Die Entwicklungen fanden im Rahmen einer kunsttheoretischen Untersuchung über den Kubismus statt.

1 Vorarbeiten / Motivation

Ausgangspunkt für die Entwicklung von PRISMA (Picture Retrieval and Information System for Modern Arts) waren die kunstwissenschaflichen Untersuchungen von H.G. König, Universität Mainz, zu Bildern des Kubismus [König 92], [König94]. König entwickelte eine formale Theorie, welche ermöglichen soll, die Struktur und den Inhalt bestimmter kubistischer Bilder nachvollziehbar zu machen. Das wird durch die Entwicklung eines sogenannten Generats, einer Reihe von Herleitungsschritten, zu diesen Bildern möglich. Auf einer anfangs leeren Bildfläche werden zunächst eine senkrechte und eine waagerechte Bildachse eingetragen. Anschließend werden eine ganze Reihe von geometrischen Grundflächen achsensymmetrisch eingeführt und durch vertikale und horizontale Verschiebungen auf eine Position bewegt, in der sie sich im wesentlichen auch im Originalbild befinden. Einigen dieser Flächen werden feste, ebenfalls nach formalen Regeln entwickelte Darstellungen von Gegenständen, sog. Objektformulierungen, zugeordnet. Im Beispiel der Fig. 1 handelt es sich um Apfel, Glas und Zigarettenschachtel. Diese Bildgegenstände werden durch Kippungen an ihren festen Platz im Bild gesetzt. Anschließend werden die geometrischen Grundflächen und die Gegenstände durch formalen Regeln entsprechende Modifikationen miteinander verknüpft, und so der Endzustand des Bildes erreicht. Königs Analysen wiederholen nicht den Malvorgang, sondern rekonstruieren die Gestaltungsregeln, die der Komposition solcher Bilder zugrundeliegen. Der Malprozeß ist eher mit dem

Sprechen oder Schreiben natürlichsprachlicher Sätze zu vergleichen. Hier werden die grammatikalischen Regeln des Satzaufbaus nicht bewußt verwendet. Trotzdem kann man den fertigen Satz später in seine grammatikalischen Bestandteile zerlegen.

Aufgabe des vom Forschungsverbund Medientechnik Südwest (FMS) geförderten Projektes PARES (Picture Administration and REtrieval System) war die Entwicklung eines Informationssystems, basierend auf einer objektorientierten Datenbank, zur Verwaltung der bei diesen Untersuchungen anfallenden Bild- und Objektdaten. Die Struktur und Dynamik dieser objektorientierten Datenbank wurde mit Hilfe zweistufiger attributierter Graphgrammatiken beschrieben. Näheres hierzu in [Himmelreich95/1], [Himmelreich95/2] und [Göttler96].

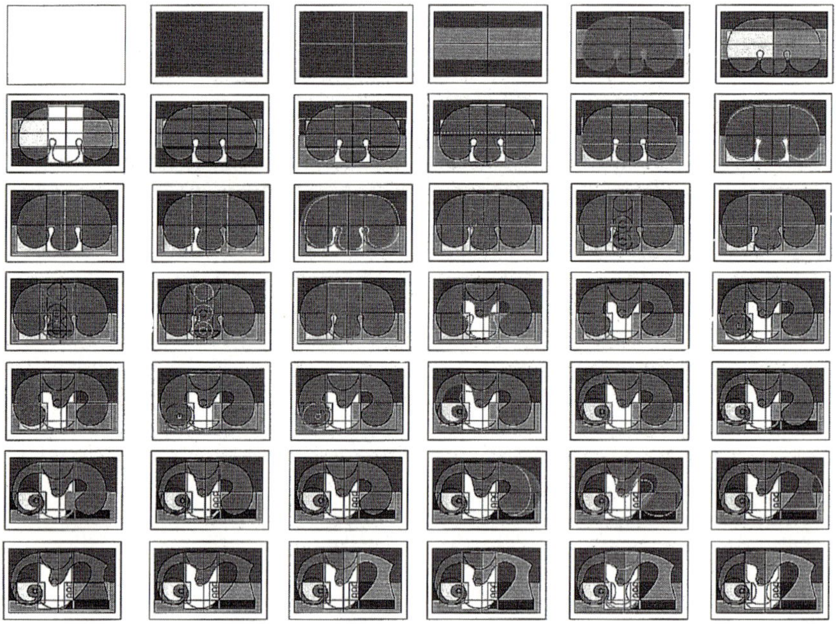

Fig. 1: Verkürzte Herleitungsreihe zum Stilleben „Pomme, verre et paquet de tabac" von Pablo Picasso. Ausführliche Erläuterungen hierzu in [König94].

2 Ziele des PRISMA-Projekts

Im Nachfolgeprojekt PRISMA, das von der Stiftung Rheinland-Pfalz für Innovation gefördert wird, sollen die wissenschaftlichen Daten von PARES mit ergänzenden Daten aus dem Internet zu einem Informationssystem für Moderne Kunst verknüpft werden. PRISMA ist eine Anwendung mit Schwerpunkten in den Bereichen von Client-Server-Mechanismen und graphischen Oberflächen. Strategisches Ziel ist es, auf verschiedenen Rechnern verteilte, komplex strukturierte Multimediadaten (Texte, Bilder, Audio- und Videodaten) unter einer einheitlichen anwenderfreundlichen Benutzungsoberfläche sowohl abzufragen als auch zu verwalten. Die Organisation der Daten erfolgt mit Hilfe einer verteilten objektorientierten Datenbank, weil sich dieses

Paradigma bereits im PARES-Projekt als geeignet erwies. Dabei sind Plattformunabhängigkeit sowie Daten- und Systemsicherheit wesentliche Designkriterien. PRISMA nutzt den WWW-Dienst des Internet als Kommunikationsmittel. Die Datenabfrage und die Datenmanipulation werden über Formulare in Form von HTML-Seiten realisiert. In analoger Weise werden die Rechercheergebnisse in dynamisch generierte HTML-Seiten verpackt. Dadurch ist gewährleistet, daß Benutzer alle wesentlichen Datenbankoperationen mittels der vertrauten WWW-Browser durchführen können. Wir unterscheiden in PRISMA drei Anwenderprofile, den informatischen sowie den künstlerischen Datenbankadministrator (IDBA bzw. KDBA) und den Gastnutzer. Letzterer arbeitet ausschließlich, der KDBA fast ausschließlich, der IDBA zu einem großen Teil mit HTML-Dokumenten. Aufgrund seiner Komplexität erfordert ein Informationssystem dieser Art eine Arbeitsteilung in der Datenbankverwaltung, s. a. Fig. 2. Für die inhaltlichen Aufgaben ist der KDBA verantwortlich, für die informatischen der IDBA. Beide Administratoren können den PRISMA-Datenkern verändern. Wie das geschieht, wird später erläutert.

Durch die hohe Integration ins Internet läßt sich PRISMA in vielen Anwendungsbereichen einsetzen. So ermöglicht es z.B., automatisch ganze HTML-Seiten, nur Teile daraus oder lediglich URL-Verweise in die Datenbank zu übernehmen. Auf diese Weise kann etwa ein Datenbankadministrator mittels eines in PRISMA integrierten Werkzeugs Metainformationen erstellen, um z.B. im Rahmen einer kunstwissenschaftlichen Anwendung eine Führung durch ein virtuelles Museum zusammenzufügen. Damit wird PRISMA zu einem mächtigen Mittel für ein Autorensystem, einen Redaktionsarbeitsplatz oder ähnliche Anwendungen. Das Projekt ist konform zu den aktuellen Forschungstrends, Datenbanken an das WWW anzubinden und reine Informationsseiten zu interaktiven Seiten weiterzuentwickeln, um sie als Schnittstelle für Anwendungen zu nutzen.

PRISMA ist als offenes und modulares System konzipiert. Durch die Entwicklung von Schnittstellen bzw. Verwendung von Standards soll es jederzeit möglich sein, zusätzliche Datenbanken an dieses System anzuschließen und so den „externen Datenraum" zu erweitern.

Wie bereits erwähnt, verwendet PRISMA gängige WWW-Browser als Benutzerschnittstellen. Zur Implementierung von Benutzeroberflächen der wichtigsten Werkzeuge werden nur HTML, Java sowie gängige Skriptsprachen verwendet und keine „Exoten". Dadurch wird weitestgehende Plattformunabhängigkeit des Systems erreicht. Die Eingabe und Organisation von Daten sollte auch Ungeübten schnell möglich sein. So soll der künstlerische Datenbankadministrator einen „visuellen" Zugang zur Datenbank bekommen, mithin eine Möglichkeit, im Bereich seiner Zuständigkeit auch das Datenbankschema (innerhalb gewisser Grenzen) zu verändern. Solche Schnittstellen wurden über in HTML-Formulare verpackte Werkzeuge realisiert.

3 Struktur von PRISMA

Wie mußte also die Modulstruktur von PRISMA konzipiert sein, damit die im Rahmen des PARES-Projekts einschließlich der darüber hinaus erstellten wissenschaftlichen Daten und Informationen aus externen Datenbanken sowie dem WWW gespeichert und die weiteren Projektziele erreicht werden konnten?

Besonders das Vorhalten von Informationen aus dem WWW ist wegen fehlender Struktur ein großes Problem und erfordert besondere Maßnahmen. Die im WWW auffindbaren Daten lassen sich grundsätzlich in zwei Kategorien unterteilen. Zum einen findet man „flüchtige“ Daten, die sich als ein Gebilde aus HTML-Dokumenten präsentieren und über einen WWW-Server aus einem Dateisystem aufgerufen werden. Diese Daten sind nach einer Aktualisierung ihres Inhalts oder insbesondere nach einem Namenswechsel der Datei nicht mehr auf dieselbe Weise wie vorher aufzufinden, bzw. ganz verschwunden. Zum anderen lassen sich „beständige“ Daten finden, die von einer Datenbank verwaltet werden. PRISMA soll beide Bereiche vereinen und den berüchtigten „ERROR 404 - URL not found” vermeiden helfen, indem den Informationsquellen eine objektorientierte Datenbank als Verwaltungsdatenbank übergeordnet wird (s. Fig. 2). Das war eine grundsätzliche Entwurfsentscheidung. In PRISMA werden Daten aus den verschiedenen Quellen als Referenzen („Adressen” der Originaldaten) oder, falls nötig, in Kopie transparent verwaltet. Um den Aspekten der Ausfallsicherkeit und der Lastverteilung Rechnung zu tragen, ist die Verwaltungsdatenbank für einen späteren Ausbau als ein System verteilter objektorientierter Datenbanken geplant. Das eingesetzte Datenbanksystem Versant unterstützt diese Absicht.

Grundsätzlich läuft der Datentransport zwischen dem Informationssystem einerseits und den (gewöhnlichen) Datensuchenden sowie den Administratoren andererseits über dieselbe Infrastruktur wie beim herkömmlichen Surfen im Internet. So wird ein plattformunabhängiger Zugriff auf das System über das WWW ermöglicht. Hier gibt es aber unterschiedliche Nutzungsweisen, abhängig davon, welche Art des Zugriffs ein Benutzer wählt bzw. welche Zugriffsrechte auf das Datenbanksystem er besitzt.

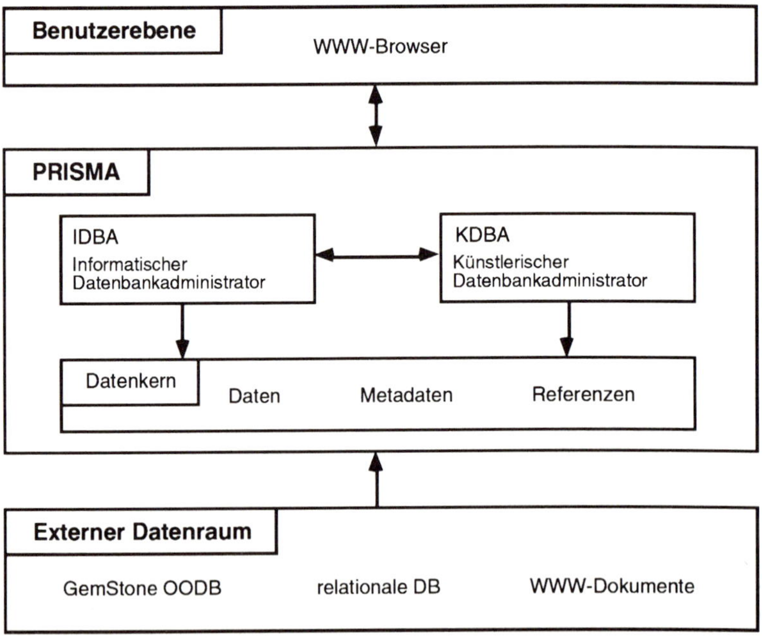

Figur 2: Das Konzept von PRISMA

Der einfache Zugang zu Daten des PRISMA-Informationssystems erfolgt über WWW-Browser. Diese interagieren mit einem WWW-Server auf seiten des Informationssystems, das die angeforderten Daten bearbeitet und versendet. Dem Gastnutzer wird der Datenbestand vorstrukturiert, wodurch eine geführte Exploration möglich wird. Eingeschränkte Datenbankaktionen und themenbezogene Recherchen sowie u.U. selbstlaufende Präsentationen sind hier vorgesehen, wie sie z.B. bei einigen komfortablen Literaturrecherchesystemen bereits heute zu finden sind.

4 Datenbankmanagement

Für die Datenbankadministration ist in anderen Systemen i.d.R. eine ad-hoc-Schnittstelle vorgesehen. In PRISMA ist dies anders. So hat der KDBA des Informationssystems – gewöhnlich kein Datenbankfachmann – weitreichende Möglichkeiten der Datenmanipulation mittels Werkzeugen, durch die je nach Zugriffsrechten der komplette Datenbestand des Informationssystems erreichbar und bearbeitbar wird. Diese Tools stellen eine plattformunabhängige Datenbankadministrationsschnittstelle dar, die über WWW erreichbar ist. Die üblichen Administrationsfunktionen wie das Einrichten und Setzen von erlaubten Zugangspfaden sind in PRISMA durchaus möglich und können vom KDBA bzw. IDBA realisiert werden (s. Fig.2).

Der Gesamtaufbau des Informationssystems ist der Arbeitsbereich des IDBA. Er ist z.B. für das Anbinden neuer Informationsquellen zuständig. Das Strukturierungskonzept für das Informationssystem stimmt der IDBA mit dem KDBA ab. Ersterer organisiert die syntaktische Konzeption (das Design) der Datenbank; letzterer ist für die sinnfällige, also die semantische Strukturierung der abgelegten und weiter eingehenden Daten des Systems zuständig. Auch eine Änderung der Gesamtstruktur durch den KDBA ist in begrenztem Maße vorgesehen. So kann er z.B. Unterklassen anlegen, was durch das Vererbungskonzept – einer der Vorzüge des objektorientierten Sprachparadigmas – auf relativ einfache Weise realisierbar ist. Grundlegende Änderungen erfolgen nach Absprache zwischen den Administratoren durch den IDBA.

Die Fig. 3 gibt einen Eindruck von den aktuellen Möglichkeiten der (noch verbesserungsfähigen) Benutzeroberfläche für die Administratoren. Der Bildschirmschnappschuß zeigt eine dreiteilige Frame-Seite. Das linke obere Feld dient zur Auswahl der gewünschten Aktion. Durch Anklicken des entsprechenden Links – im konkreten Fall „Bearbeiten / Objekte nach Klassen" – wird der linke untere Frame gefüllt. Hier wählt der Administrator das Objekt und die Operation, wodurch der rechte Frame mit dem Edierformular gefüllt wird. Dieses Formular wird dynamisch aus der Klassenbeschreibung und dem Objektzustand generiert.

PRISMA verwaltet Referenzen zu Daten aus einem externen Datenraum, wie z.B. zur objektorientierten Datenbank GemStone, die aus dem PARES-Projekt stammt. Während die Datenstruktur unserer GemStone-Applikation bekannt ist, sind andere Quellen für kunstwissenschaftliche Daten wegen ihres unbekannten Aufbaus problematisch. Hier kann es sich um weitere objektorientierte bzw. auch relationale Datenbanken handeln, die mit dem Informationssystem verbunden werden. Eine gemeinsame Verwaltung solcher heterogener Daten („föderative Datenbankorganisation") ist eines der Hauptprobleme, die im Zuge des Projekts angegangen werden. Ein derzeit verfolgter Ansatz ist die Verwendung von CORBA (Common Object

Request Broker Architecture) und die prototypische Umsetzung relationaler Schemata in objektorientierte, um eine Vereinheitlichung der Datensichten zu bekommen.

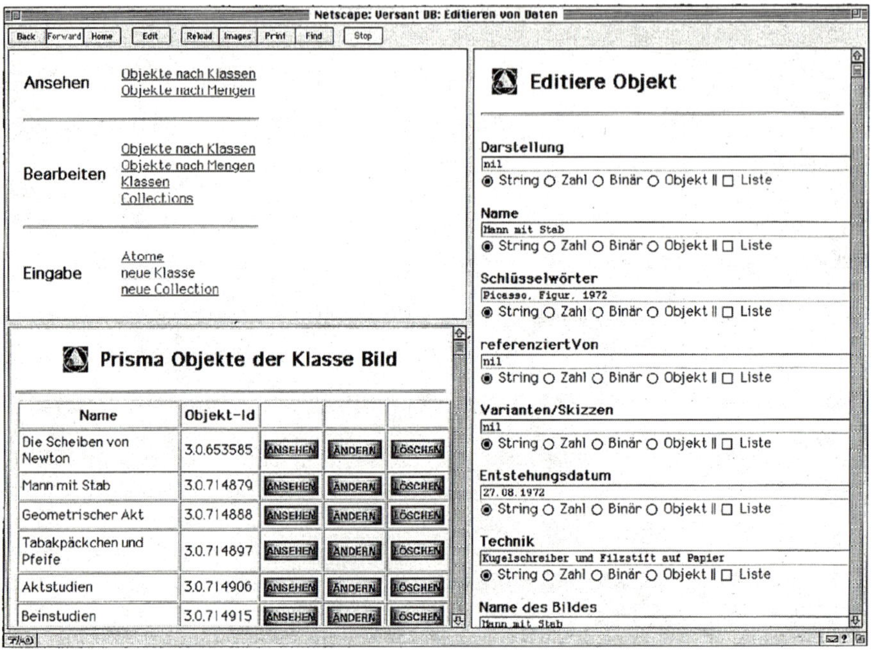

Figur 3: Teil der aktuellen Benutzeroberfläche von PRISMA

Neben diesen „beständigen" Daten bietet das Internet / WWW mit seiner chaotischen Organisation von HTML-Dokumenten eine weitere Quelle der Information. Zu deren Erschließung wurde „Web-Mole" [Krimm97] entwickelt, ein Analyse- und Strukturierungswerkzeug für HTML-Seiten. Es dient zum Auffinden und Aktualisieren „flüchtiger" Daten. Zur Analyse und Auswertung der Dokumentstruktur, die von einer bestimmten URL ausgeht, bedarf es eines Werkzeugs, das HTML-Dokumente parsen kann. Nach der Analyse wird die Zusammenhangsstruktur der Dokumente für den KDBA des Systems übersichtlich dargestellt. Bei Bedarf kann er ganze Dokumente, Teile daraus oder lediglich Adressen extrahieren. Ein zusätzliches Ziel von „Web-Mole" ist eine weitgehende Automatisierung der Recherche im WWW.

Ein weiterer Modul, der „User Dependent Image Designer" (UDID), ist in Planung. Es soll ein graphenbasiertes Werkzeug zur Modellierung von individuellen Benutzerschnittstellen sein und eine graphische Oberfläche bieten, mit deren Hilfe Objekte aus der Datenbank ausgewählt und zu neuen Strukturen zusammengefaßt werden können. Er soll dem KDBA ermöglichen, z.B. via Internet besorgte Bilder, Bildbeschreibungen, Lebensläufe und andere Daten auf bequeme Art zu einer „Führung" durch ein virtuelles Museum zusammenzustellen. Besonderer Wert wird bei der Implementation von UDID auf eine intuitiv nutzbare Oberfläche gelegt. Anwender sollen auch ohne tiefergehende Datenbankkenntnisse (Abfragesprachen u.ä.) in der Lage sein, die von ihnen benötigten Daten im Informationssystem zu finden und nach ihren Vorstellungen zu gruppieren.

5 Implementierungsaspekte

PRISMA ist eine Client-Server Anwendung, und jeder Rechner mit Internetanschluß kann als Client-Rechner dienen. Eine solche Systemarchitektur ist nur möglich, wenn Standards eingesetzt werden oder nur solche Werkzeuge Verwendung finden, von denen abzusehen ist, daß sie zu Standards werden. Deshalb setzten wir auf HTML und Java. Unsere Erfahrung zeigte, daß sich schon mit Hilfe von HTML-Formularen und CGI-Skripten brauchbare Werkzeuge zur Manipulation der Verwaltungsdatenbank realisieren lassen. Mit Java stehen zusätzlich alle Möglichkeiten einer modernen GUI (Graphical User Interface) innerhalb des Browsers zur Verfügung. Durch die Formel „GUI = HTML + CGI + Java" können Benutzeroberflächen entsprechend den Bedürfnissen der Anwender individuell gestaltet werden. Zur Realisierung der Kommunikation zwischen der Verwaltungsdatenbank und einem WWW-Server einerseits und dem externen Datenraum andererseits wurden Schnittstellenprotokolle entwickelt. Dies wurde zum großen Teil über CGI-Skripte verwirklicht. Hierbei zeigte sich die objektorientierte Programmiersprache Python als hervorragend geeignet.

PRISMA soll unabhängig von den verwendeten OODB-Systemen und den eingebetteten Programmiersprachen sein. Die Hersteller binden ihre Systeme i.a. eng an konkrete Programmiersprachen wie z.B. C, C++ und Smalltalk für Datendefinition und Datenmanipulation. Daraus resultieren in der Regel unterschiedliche Objektmodelle. (Man denke nur etwa an die Verschiedenheit von Smalltalk und C++ bezüglich Typisierung.) Um von einer konkreten Programmiersprache unabhängig zu sein, verwendet PRISMA ein Objektmodell, das auf dem von der OMG (Object Managment Group) [Cattell95] vorgeschlagenen Standard beruht. Zur Erreichung dieses Ziels ist beabsichtigt, IDL (Interface Definition Language) [Orfali96] einzusetzen, die Teil des CORBA-Regelwerks ist. IDL ist eine rein deklarative Sprache und beschreibt nur die Schnittstellen der jeweiligen Klassen. Über standardisierte „Mappings" wird die Brücke von IDLzu einer konkreten Programmiersprache geschlagen. Zur Zeit existieren solche Mappings für C, C++ und Smalltalk.

IDL kann für PRISMA aber nur eine Zwischensprache sein. Klassen bzw. Objekte sollen für den Benutzer „sichtbar" werden. Mit Hilfe von PRISMA-Werkzeugen ist es möglich, im WWW-Browser (!) neue Klassen zu „bauen", zu gegebenen Klassen neue Instanzen zu erzeugen und bereits vorhandene Objekte zu manipulieren, nach unserer Auffassung ein neuer Weg zur Datenbankmanipulation. Zum Ändern der Attributwerte eines Objekts wird beispielsweise ein Formular erzeugt, das zunächst die momentanen Werte anzeigt, den Benutzern aber auch ermöglicht, die Werte zu ändern. Das Erzeugen eines solchen Formulars, wie es in Fig. 3 gezeigt wird, ist dabei zu jedem Zeitpunkt abhängig von der zugrundeliegenden Datenbankklasse bzw. vom aktuellen Zustand des Datenbankobjektes, da es dynamisch aus der in IDL vorliegenden Klassenbeschreibung erzeugt wird. Ändert sich die Klasse, etwa durch Hinzufügen eines neuen Attributes, wird anschließend auch ein entsprechend angepaßtes Formular erstellt. Diese Funktionalität spiegelt sich in der graphischen Objektmanipulation bzw. im IDL-Code wieder und wird durch den IDL-Analysator/Generator vermittelt, wie es die Fig. 4 zeigt.

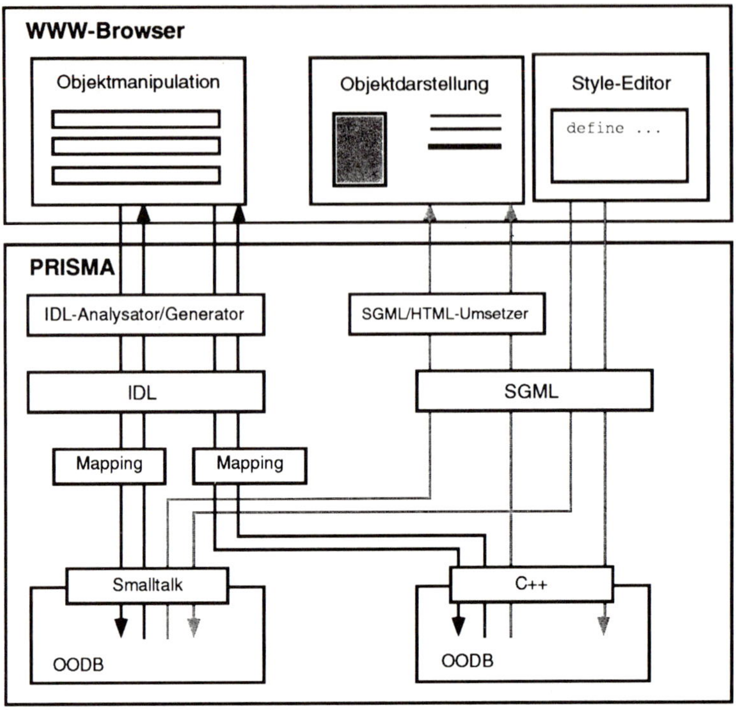

Figur 4: Das zugrundeliegende Schichtenmodell

Eine den individuellen Wünschen der Benutzer gemäße Darstellung der Datenobjekte ist ein weiteres zentrales Problem, an dessen vollständiger Lösung noch gearbeitet wird. Besteht ein darzustellendes Datenbankobjekt z.B. aus einem Bildobjekt und einem Textobjekt, hat der Benutzer die Möglichkeit, Format und Reihenfolge der logischen Bestandteile frei zu wählen. Dazu definiert jede PRISMA-Klasse zunächst eine Default-Darstellungsmethode. Objekte einer bestimmten Klasse können diese Methode benutzen, um sich beispielsweise in einem WWW-Browser zu präsentieren. Jedes Objekt kann aber vom Benutzer eigene Darstellungsmethoden erhalten. Dazu wird mittels eines noch zu entwickelnden „Style-Editors" die Möglichkeit geschaffen, Attribute für die Darstellung zu setzen und so die Standardausgabe durch neue Methoden zu modifizieren. Diesem Editor wird eine über SGML (Structured Generalized Markup Language) [Rieger95] zu definierende Sprache zugrunde liegen.

6 Vergleich zu anderen Arbeiten

Wie aus dem Vorangegangenen ersichtlich, bestehen zwar gewisse Beziehungen zwischen dem vorgestellten Projekt und Hyper-G, PRISMA geht aber in seiner Funktionalität über dessen Möglichkeiten hinaus. Das in den Frühzeiten des WWW an der TU Graz entwickelte leistungsfähige Hyper-G [Dalitz95] zielt vornehmlich auf das Problem der Konsistenzwahrung bei einer Vielzahl untereinander verlinkter WWW-Dokumente. Zusätzlich zu den Dokumenten werden Metainformationen, wie z.B.

Erstellungs- und Änderungsdatum, sowie ausführliche Informationen zur Verzweigungsstruktur gespeichert. Durch die Verwendung bidirektionaler Links werden Verweise auf nicht mehr bestehende Seiten vermieden. Zum Speichern der Dokumente bedient sich Hyper-G eines eigens entwickelten objektorientierten Datenbanksystems und spezieller WWW-Clients, die die volle Funktionalität dieses Systems unterstützen. Im Gegensatz zu PRISMA kann Hyper-G also lediglich statische HTML-Seiten verwalten.

Auch in einer Reihe anderer Projekte wird die Technik verwendet, sowohl die Anfrage an eine Datenbank als auch das Ergebnis der Recherche in HTML zu verpacken [Benn96]. Ihnen fehlt aber z.B. die Funktionalität, die über das Internet und aus externen Datenbanken beschafften Daten lokal zu verwalten und neu zu strukturieren.

Durch die flexible Strukturierbarkeit, insbesondere durch die Hinzunahme von Methoden und Attributen zu den Objekten, lassen sich neuere Ansätze, wie sie in den Data-Warehouse-Konzepten insbesondere für relationale Datenbanken angedacht werden, durch PRISMA in die Welt der objektorientierten Datenbanken transferieren.

In einer späteren Phase unseres Projekts ist daran gedacht, die Datenbankobjekte mit Hilfe von SGML oder HyTime zu spezifizieren. HyTime ist eine auf SGML-Standard aufbauende Dokumentbeschreibungssprache, die die besonderen Probleme bei der Beschreibung von Hyper- oder Multimediadokumenten löst. Das Datenmodell soll mit SGML bzw. HyTime spezifiziert und alle Datenbankobjekte als SGML/HyTime-Dokumente definiert werden. Um diese Dokumente zu manipulieren oder neue zu konstruieren, müssen SGML/HyTime-kompatible Operatoren bzw. Konstruktoren entwickelt werden. Anfragen an die Datenbasis orientieren sich an der Dokumentstruktur. Eine spezielle Sicht auf den Datenbestand wird als Einschränkung auf bestimmte Dokumente bzw. Dokumentteile definiert.

Für die Suche im Internet gibt es zwar eine Reihe von Suchmaschinen, deren Ergebnisse auch in PRISMA genutzt werden können, die Besonderheit des im Rahmen des Projekts entwickelten „Web-Mole" liegt in der im Werkzeug integrierten Darstellung der Vernetzung – es gibt z.B. eine mittels VRML realisierte dreidimensionale Darstellung – der Dokumentstruktur und der Möglichkeit des „Downloads" der gefundenen Dokumente [Krimm97].

7 Ausblick: Einsatzgebiete / Mögliche Anwendungen

Eine erste erfolgreiche Evaluation der prototypischen Systeminstallation an einem neuen Anwendungsgebiet erfolgte durch das probeweise Einlesen und Verarbeiten eines großen medizinischen Datensatzes. Hierbei konnten ohne aufwendige Anpassungsarbeiten mit Hilfe der PRISMA-Werkzeuge Probedatensätze der Deutschen Gesellschaft für Anästhesie und Intensivmedizin (DGAI) über Internet in die Datenbank aufgenommen werden. Anschließende Auswertungen zeigten, daß die verwendete objektorientierte Datenbank (Versant) auch bei der Verarbeitung von großen Datenmengen ein schnelles und zuverlässiges System darstellt.

Im Bereich der Bibliotheken kann über ein Informationssystem zielgerichteter gearbeitet werden als über eine konventionelle Recherche in Katalogen. In Verbindung mit einem solchen System können Bibliographien, Biographien, Daten, Bilder usw. thematisch aufbereitet werden und sind schnell verfügbar. Eine Aktualisierung von Daten zwischen den verteilten Stellen des Systems kann schnell erfolgen. In diesem Kontext ist bereits ein Kooperationsprojekt mit der Universitätsbibliothek der Johannes Gutenberg-Universität Mainz geplant. Hier sollen Faksimiles wertvoller Bibliotheksbestände archiviert und über Internet zugänglich gemacht werden.

In Schulen wird seit Jahren der Computereinsatz im Unterricht erprobt. In einigen Fächern erwies sich das Hilfsmittel Computer bisher als wenig brauchbar. Ein auf PRISMA basierendes, kunstwissenschaftliches WWW-Informationssystem könnte eine Ergänzung des Unterrichtsangebots für die universitäre oder schulische Lehre darstellen. Ein tutorielles System für den Kunstunterricht ist derzeit in Arbeit.

Literatur

[Benn96] Benn, W.; Gringer, I.: Datenbank-Anwendungen über das Internet. Chemnitzer Informatikberichte CSR 96-02, TU-Chemnitz-Zwickau, 1996.

[Cattell95] Cattell, R.G.G. (Hrsg.): The Object Database Standard: ODMG-93. Morgan Kaufmann Publishers, Inc., 1994. McGraw-Hill 1995.

[Dalitz95] Dalitz, W.; Heyer, G.: Hyper-G. Das Internet-Informationssystem der 2. Generation. Dpunkt 1995.

[Göttler96] Göttler, H. / Himmelreich, B.: Modelling Object-Oriented Databases by Attributed Two-Level Graph Grammars. Dagstuhl-Seminar-Report 155 'Graph Transformations in Computer Science' (Dagstuhl 08. - 13.09.96), H. Ehrig / U. Montanari / G. Rozenberg / H. J. Schneider (eds.), S. 31 - 32.

[Himmelreich95/1] Himmelreich, B.: PARES - Ein Bildinformationssystem, in: Objektspektrum, Nr 4/95, ISSN 0945 - 0491.

[Himmelreich95/2] Himmelreich, B.: Spezifikation von Zustand und Dynamik objektorientierter Datenbanken durch Graphgrammatiken. Dissertation, Universität Mainz 1995.

[König92] König, Hans Günter: The Planar Architecture of Juan Gris, in: Languages of Design 1/92, Elsevier-Verlag 1992.

[König94] König, Hans Günter: Die Bildlogik Picassos. Reihe Musikinformatik & Medientechnik Johannes Gutenberg-Universität Mainz Bericht Nr. 14, 1994.

[Krimm97] Krimm, J.: Interpretation und Darstellung der Informationsstrukturen des WWW. Diplomarbeit, Universität Mainz, 1997.

[Orfali96] Orfali, R. / Harkley, D. / Edwards, J.: The Essential Distributed Objects Survival Guide. New York u.a. (1996).

[Rieger95] Rieger, W.: SGML für die Praxis. Ansatz und Einsatz von ISO 8879. Springer 1995.

[Rutledge96] Rutledge, L. / Buford, J.F.: HyTime A Standard for Hypermedia Document Systems. Springer 1996.

[Siegel96] Siegel, R.: CORBA Fundamentals and Programming. Wiley 1996.

[Supowit93] Supowit, K. J. / Reingold, E.M.: The complexity of drawing trees nicely. Acta informatica, 18, (4), 377-382 (1983).

[Tillford81] Tillford, J. S.: Tree drawing algorithms. M.S. Thesis, Department of Computer Science, University of Illinois, Urbana, IL, Report UIUCDCS-R-81-1055, April 1981.

Geordnete binäre Entscheidungsgraphen und ihre Bedeutung im rechnergestützten Entwurf hochintegrierter Schaltkreise*

Christoph Meinel[1], Thorsten Theobald[2]

FB IV - Informatik, Universität Trier, D - 54286 Trier
{meinel,theobald}@ti.uni-trier.de

Zusammenfassung. Viele Probleme im rechnergestützten Entwurf hochintegrierter Schaltungen (CAD für VLSI) lassen sich auf die Aufgabe zurückführen, Objekte über endlichen Bereichen zu manipulieren. Die Effizienz dieser Operationen hängt dabei maßgeblich von den gewählten Datenstrukturen ab. In den letzten Jahren haben sich geordnete binäre Entscheidungsgraphen in diesem Zusammenhang als sehr effiziente Datenstruktur erwiesen. Wir geben einen Überblick über die Entwicklungen in dem vielschichtigen Verbindungsgebiet zwischen Grundlagenforschung und praxisrelevanter angewandter Forschung mit seinem unmittelbaren Einfluß auf die Leistungssteigerung moderner CAD-Entwurfs- und Verifikationswerkzeuge.

1 Einleitung

Die Entwicklung digitaler Schaltkreise mit Hilfe von CAD (Computer-Aided Design)-Entwurfssystemen hat einen starken Einfluß auf viele Bereiche der Informatik. Anwendungen in der Informationsverarbeitung, Telekommunikation oder in Industriesteuerungen erfordern die Bereitstellung immer leistungsfähigerer Hochgeschwindigkeitsschaltkreise. Auf der einen Seite werden dadurch die Anforderungen an die CAD-Systeme immer größer. Auf der anderen Seite unterliegen all diese Systeme jedoch der inhärenten Komplexität in der Bearbeitung von Schaltfunktionen, die in der theoretischen Informatik ausgiebig untersucht wurde [13, 18]. Eines der Hauptprobleme besteht darin, die immense Zahl der Kombinationen mathematischer Objekte, die sogenannte *kombinatorische Explosion*, in den Griff zu bekommen.

Ein zentrales Problem bei der Konzeption von CAD-Systemen für den Schaltkreisentwurf ist die *Repräsentation* der Funktionalität eines Schaltkreises. Zur Illustration dieser Thematik betrachten wir kurz das Problem der *Verifikation kombinatorischer Schaltkreise*: Hierbei ist zu prüfen, ob ein kombinatorischer Schaltkreis C eine vorgegebene Spezifikation S korrekt erfüllt. Zur Lösung dieses Problems müssen zunächst computerinterne Darstellungen für C und S berechnet werden, mit deren Hilfe die relevanten Eigenschaften getestet werden

* Die ungekürzte Fassung dieses Beitrages erscheint im Informatik-Spektrum.

[1] Ebenso am ITWM-Trier, Bahnhofstraße 30-32, D - 54292 Trier.

[2] Gefördert durch das DFG-Graduiertenkolleg "Mathematische Optimierung".

können. Dieser Ansatz führt natürlich nur dann zu einem praktikablen Verfahren, wenn zum einen die Repräsentationen effizient berechnet werden können und zum anderen praktikable Algorithmen zur Verfügung stehen, um Äquivalenz, Erfüllbarkeit und ähnliche Eigenschaften anhand der Repräsentationen zu entscheiden.

Die angesprochenen Repräsentationen werden rechnerintern vermittels sogenannter *Datenstrukturen* realisiert. In den letzten Jahren haben sich geordnete binäre Entscheidungsgraphen als die geeignetste Datenstruktur für diesen Zweck erwiesen. Obwohl ursprünglich lediglich im Kontext von CAD-Anwendungen benutzt, sind geordnete binäre Entscheidungsdiagramme mittlerweile auch in vielen anderen Bereichen wie dem Entwurf und der Verifikation von Kommunikationsprotokollen oder beim Lösen kombinatorischer Probleme mit Erfolg angewendet worden. Als konkrete industrielle Anwendungen, die maßgeblich auf binären Entscheidungsgraphen beruhen und auf welche wir später noch zurückkommen, seien genannt:

IEEE Futurebus+. Mit Hilfe des symbolischen Model Checkers SMV wurde das Cache-Kohärenzprotokoll des IEEE Futurebus Standards 896.1-1991 verifiziert [6], durch das die Konsistenz der lokalen Cache-Speicher in Mehrprozessorarchitekturen gewährleistet wird. Dabei wurden mehrere vorher noch unentdeckte Fehler im Design des Protokolls entdeckt. Dies war das erste Mal, daß ein automatisches Verifikationstool Fehler in einem IEEE Standard gefunden hat.

Prozessorverifikation. Verstärkt durch den berühmten Fehler im Pentium-Prozessor [7] werden zentrale Prozessorbestandteile wie etwa arithmetische Einheiten von den meisten namhaften Herstellern inzwischen mittels der hier vorgestellten Techniken verifiziert.

In dem vorliegenden Artikel geben wir einen Überblick über die Grundlagen, aktuellen Entwicklungen und weiteren Anwendungen der dabei als Datenstrukturen verwendeten binären Entscheidungsgraphen. Insbesondere sollen hierbei auch die an der Universität Trier und am ITWM–Trier erzielten einschlägigen Forschungsbeiträge eingeordnet werden. Der Schwerpunkt in unserer Darstellung liegt auf dem Einsatz beim Entwurf hochintegrierter Schaltkreise, da hier wegen der hohen Komplexität der auftretenden Probleme die beschriebenen Techniken bereits am stärksten Einzug gefunden haben.

2 Datenstrukturen für Schaltfunktionen

In der technischen Informatik sind Boolesche Funktionen $f : \{0,1\}^n \to \{0,1\}$ bei der Untersuchung digitaler Schaltungen von zentraler Bedeutung. Derartige Funktionen werden deshalb auch *Schaltfunktionen* genannt. Durch Anwendung geeigneter 0-1-Codierungen können im Prinzip alle endlichen Probleme mit Hilfe von Schaltfunktionen modelliert werden. Die große Bedeutung von Schaltfunktionen ergibt sich aus der Möglichkeit, während des Entwurfsprozesses durch Anwendung von Optimierungstechniken wesentlich vereinfachte, optimierte und mit optionalen Zusatzeigenschaften versehene Schaltungen zu erhalten. Diese Aufgabe wird im Bereich hochintegrierter VLSI (Very Large Scale Integration)-Schaltkreise von CAD-Systemen übernommen. Bevor Optimierungstechniken angewendet werden können, müssen die zugehörigen Schaltfunktionen selbst eindeutig und möglichst effizient in Computern *beschrieben* (bzw. synomymym *dargestellt*) werden.

Klassische Darstellungen. Bekannte klassische Darstellungen von Schaltfunktionen sind Wahrheitstabellen, disjunktive Normalformen, Boolesche Formeln oder auch mehrstufige Darstellungen mit Hilfe von Gatternetzlisten, die alle auf der Idee beruhen, die gegebene Schaltfunktion durch eine Berechnungsvorschrift zu beschreiben. Mit den immer weiter gestiegenen Leistungsanforderungen wurden jedoch auch die Nachteile dieser Darstellungen immer gravierender: Beschreibungen in Form einer Wahrheitstabelle sind beispielsweise niemals kompakt. Für die kompakteren Darstellungen gibt es zur Zeit unüberwindbare Probleme in der algorithmischen Handhabbarkeit: Schon der Test, ob zwei disjunktive Normalformen, zwei Boolesche Formeln oder zwei Gatternetzlisten die gleiche Funktion repräsentieren, ist co-NP-vollständig.

OBDDs – Geordnete binäre Entscheidungsgraphen. Im Jahr 1986 brachte Randy Bryant von der Carnegie Mellon University die Suche nach geeigneten Datenstrukturen einen entscheidenden Schritt voran [3, 4]. Die von ihm eingeführten geordneten binären Entscheidungsgraphen (*ordered binary decision diagrams*, OBDDs) basieren auf einem Entscheidungsprozeß und nicht wie traditionell üblich auf einer Berechnungsvorschrift. Dadurch verknüpfte Bryant zwei entscheidende Vorteile: die eingeführte Datenstruktur ist nicht nur sehr kompakt, sondern auch hervorragend algorithmisch handhabbar.

Wir erläutern geordnete binäre Entscheidungsgraphen an einem Beispiel. Die Boolesche Funktion $f = bc + a\bar{b}\bar{c}$ kann durch einen *Entscheidungsgraphen* wie in nebenstehender Abbildung dargestellt werden. Solche Entscheidungsgraphen sind gerichtet, azyklisch und besitzen genau einen Knoten ohne Vorgänger, die *Wurzel*.

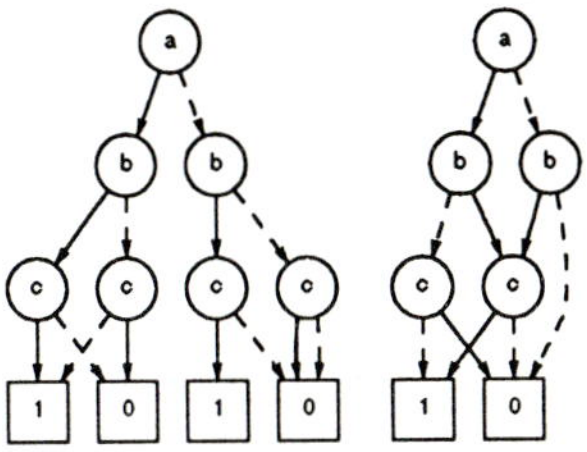

Jeder nichtterminale Knoten ist mit einer Variablen beschriftet und hat zwei ausgehende Kanten: eine durchgezogen gezeichnete *1-Kante* und eine gestrichelt gezeichnete *0-Kante*. Jeder terminale Knoten ist mit einer der Konstanten 0 oder 1 beschriftet und wird *Senke* genannt.

Entscheidungsgraphen repräsentieren Boolesche Funktionen in naheliegender Weise: Jede Belegung der Eingabevariablen definiert einen eindeutigen Pfad von der Wurzel zu einer Senke. Der Wert dieser Senke gibt den Funktionswert zu dieser Eingabe an. Ein Entscheidungsgraph heißt *geordnet*, wenn die Reihenfolgen der Variablen auf jedem Pfad von der Wurzel zu den Senken einer *festen* Ordnung genügen. Offensichtlich läßt sich für jede vorgegebene Variablenordnung π ein solcher geordneter binärer Entscheidungsgraph (OBDD) konstruieren, z.B. in Form eines vollständigen Baumes. Die Schwierigkeit bei der Repräsentation

Boolescher Funktionen durch Entscheidungsgraphen ist ebenso wie bei vielen anderen Darstellungsformen die fehlende Eindeutigkeit. Durch einen ausgefeilten Reduktionsmechanismus läßt sich dieses Problem für OBDDs sehr elegant lösen. Die folgenden drei Reduktionsregeln lassen die repräsentierte Funktion offensichtlich unverändert:

Terminalregel: Lösche alle Terminalknoten mit einer gegebenen Markierung bis auf einen, und lenke alle in die eliminierten Knoten gerichteten Kanten auf den verbleibenden um.

Eliminationsregel: Wenn 1- und 0-Kante eines Knotens v auf den gleichen Knoten u zeigen, dann eliminiere v und lenke alle eingehenden Kanten auf u um.

Isomorphieregel: Wenn die Nichtterminalknoten u und v mit der gleichen Variablen markiert sind, ihre 1-Kanten zum gleichen Knoten führen und ihre 0-Kanten zum gleichen Knoten führen, dann eliminiere einen der beiden Knoten u, v, und lenke alle eingehenden Kanten auf den anderen Knoten um.

Definition 1. Ein OBDD heißt *reduziert*, wenn keine der drei Reduktionsregeln anwendbar ist.

Der[3] rechte OBDD in obiger Abbildung ist daher reduziert. Für die algorithmischen Eigenschaften reduzierter OBDDs ist die folgende Eigenschaft der Kanonizität von grundlegender Bedeutung: *Bezüglich jeder festen Ordnung ist der reduzierte OBDD für eine Boolesche Funktion f eindeutig bestimmt.*

3 Konstruktion und Manipulation von OBDDs

Die neben der Kanonizität ebenso wichtige Eigenschaft reduzierter OBDDs ist die brillante algorithmische Handhabbarkeit.

Binäre Operationen. Mit $*$ bezeichnen wir eine beliebige binäre Boolesche Operation, z.B. die Konjunktion oder die Disjunktion. Um für zwei durch OBDDs repräsentierte Funktionen f, g die Funktion $f * g$ zu berechnen, kann man die *Shannon-Zerlegung* nach der führenden Variablen x in der Variablenordnung π benutzen: $f * g = x\,(f|_{x=1} * g|_{x=1}) + \overline{x}\,(f|_{x=0} * g|_{x=0})$. Durch wiederholte Anwendung dieser Zerlegung wird ein OBDD für die Funktion $f * g$ berechnet. Um die Ausführung dieser Operation effizient zu gestalten, werden mehrfache Aufrufe des gleichen Argumentpaares vermieden – das bereits vorher berechnete Resultat wird stattdessen aus einer Tabelle abgerufen. Auf diese Weise wird die ursprünglich exponentielle Anzahl von Zerlegungen nun durch das Produkt der beiden OBDD-Größen beschränkt, und es folgt die grundlegende algorithmische Eigenschaft zur effizienten Manipulation von OBDDs: *Seien die Booleschen Funktionen f_1 und f_2 repräsentiert durch die reduzierten OBDDs P_1, P_2. Für jede binäre Operation $*$ kann der reduzierte OBDD P für $f = f_1 * f_2$ in der Zeit $O(size(P_1) \cdot size(P_2))$ bestimmt werden.*

[3] In Anlehnung an den Begriff des Entscheidungsgraphen ordnen wir OBDDs den Artikel *der* zu.

Implementationstechniken. Eine ganze Reihe von Designentscheidungen haben maßgeblich zu effizienten Implementierungen der OBDD-Datenstruktur und damit entscheidend zu ihrem Erfolg beigetragen. Eine zentrale Idee ist die Verwendung einer *Eindeutigkeitstabelle*, welche zu jedem Zeitpunkt die Reduziertheit der OBDDs gewährleistet. Sie sichert, daß äquivalente Funktionen durch exakt den gleichen Teilgraphen repräsentiert werden und erlaubt es deshalb, die Äquivalenz zweier Funktionen mit einem einzigen Zeigervergleich zu testen.

Symbolische Simulation. Eines der Grundprobleme beim Schaltkreisentwurf ist die Frage, ob zwei durch Gatternetzlisten bestimmte *kombinatorische* (d.h. nicht rückgekoppelte) Schaltkreise C_1 und C_2 auf logischer Ebene übereinstimmen, siehe den Beispielschaltkreis für $f = bc + a\bar{b}\bar{c}$.

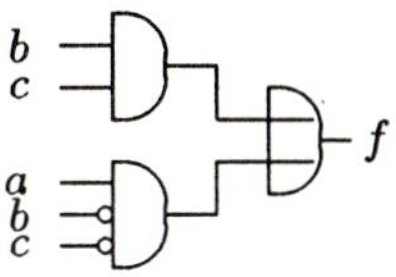

Die Überführung der Schaltkreise in die OBDD-Repräsentation erfolgt mit Hilfe einer *symbolischen Simulation*: Zunächst werden die OBDDs für die Eingabeknoten erstellt und dann in topologischer Reihenfolge die OBDDs für die an den Gattern repräsentierten Unterfunktionen aus den OBDDs der jeweiligen Vorgängergatter konstruiert. Der eigentliche Äquivalenztest besteht aus einem einzigen Zeigervergleich. Jeder einzelne Schritt in der Iteration ist in Abhängigkeit von den OBDD-Größen der Vorgängergatter effizient ausführbar. Hieran sieht man, daß die Schwierigkeit des NP-vollständigen Äquivalenztests nun in die Repräsentationsgröße verlagert wurde. Natürlich kann es passieren, daß die OBDDs für die Schaltkreise sehr groß sind. Viele Schaltkreise aus der realen Welt enthalten jedoch inhärent viel Struktur, so daß die Reduktionsregeln dazu führen, daß die den Schaltkreis beschreibenden Graphen angenehm klein bleiben.

Implementierungen. In den letzten Jahren wurden mehrere sog. *BDD-Packages* entwickelt, die zahlreiche Funktionen zur effizienten Manipulation von Schaltfunktionen bereitstellen. Viele dieser Pakete wurden zwar an akademischen Institutionen entwickelt, aber dennoch in kommerziellen CAD-Systemen eingesetzt.

Das in der historischen Entwicklung erste Paket, auf das viele der obigen Implementationstechniken zurückgehen, wurde von Karl Brace an der Carnegie Mellon University entwickelt. Einige Zeit später wurden die Erfahrungen mit diesem Paket in einem neuen, verbesserten Paket umgesetzt, das von David Long an der gleichen Universität entworfen und implementiert wurde. Die Pakete von Brace und Long fanden weltweit große Verbreitung. Ein weiterer Schritt in Hinblick auf verbesserte Effizienz und verbesserte Algorithmen zum Finden guter Variablenordnungen wurde von Fabio Somenzi von der University of Colorado at Boulder im Jahr 1996 mit dem CUDD-Paket unternommen.

4 Die Bedeutung der Variablenordnung für OBDDs

Einfluß. Die Größe eines OBDDs und damit die Komplexität der Manipulation hängt von der zugrundeliegenden Variablenordnung ab – diese Abhängigkeit kann sehr stark sein.

Ein Extrembeispiel ist in nebenstehendem Bild zu sehen. Die Funktion $x_1x_2 + x_3x_4 + \dots + x_{2n-1}x_{2n}$ wird bzgl. der Variablenordnung $x_1, x_2, \dots, x_{2n-1}, x_{2n}$ durch einen OBDD linearer Größe repräsentiert. Für die Ordnung $x_1, x_3, \dots, x_{2n-1}$, $x_2, x_4, \dots$, x_{2n} hingegen wächst der reduzierte OBDD exponentiell in n. Ein ähnlicher Effekt tritt im Fall von Addierfunktionen auf. Andere wichtige Funktionen wie z.B. die Multiplikation zweier n-Bit-Zahlen haben für jede Variablenordnung OBDDs exponentieller Größe.

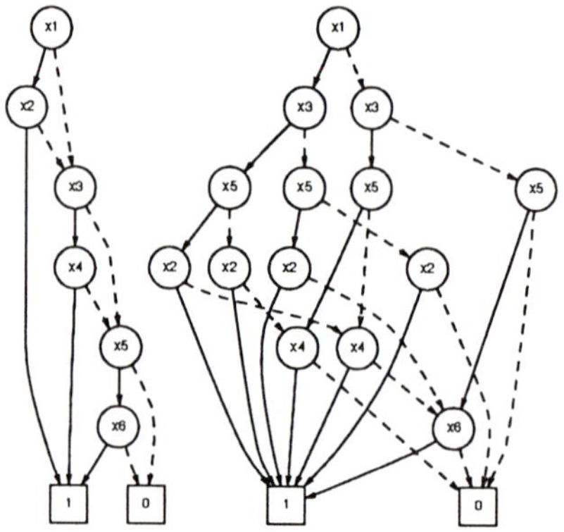

Optimierungsstrategien. Wegen der starken Abhängigkeit der OBDD-Größe von der gewählten Variablenordnung ist es eines der wichtigsten Probleme im Umgang mit OBDDs, gute Ordnungen zu konstruieren. Es ist allerdings bekannt, daß das Problem, die optimale Ordnung für einen gegebenen OBDD zu bestimmen, NP-hart ist [2]. Das bisher beste bekannte exakte Verfahren beruht auf dynamischer Programmierung und läuft in Zeit $O(n^2 \cdot 3^n)$. Für ernsthafte Anwendungen ist dieses Verfahren allerdings unbrauchbar. Die praktisch relevanten Optimierungsstrategien lassen sich in zwei Kategorien einteilen: *Heuristiken*, die aus der Anwendung a priori Informationen über gute Variablenordnungen ableiten, und *dynamisches Reordering.*

Beim dynamischen Reordering wird versucht, die Variablenordnung während der Bearbeitung dynamisch zu verbessern. Die bisher beste Strategie geht auf Richard Rudell zurück und trägt den Namen *Sifting.* Das Verfahren beruht hauptsächlich auf einer Unterroutine, welche für eine spezielle Variable die beste Position sucht, wenn die Positionen aller anderen Variablen unverändert bleiben. Diese Unterroutine wird nacheinander für jede Variable aufgerufen. Das Verfahren läßt sich effizient implementieren und führt in der Praxis zu ausgezeichneten Ergebnissen. Durch zielgerichtete Ausnutzung weiterer Kriterien wie etwa der Symmetriebeziehungen zwischen einzelnen Variablen oder strukturellen Betrachtungen (*block-restricted Sifting* [14]) kann der Sifting-Grundalgorithmus weiter verbessert werden.

5 Analyse sequentieller Systeme mit Hilfe von OBDDs

Beim Entwurf komplexer Systeme wird es immer wichtiger, die Korrektheit zu garantieren. Welch dramatische Ausmaße Fehler in diesem Fall haben, zeigt das Beispiel des Intel Pentium Prozessors aus dem Jahr 1994: Eine Tabelle des seit vielen Jahren bekannten "SRT"-Divisionsschaltkreises (benannt nach den Initialen der drei Erfinder) enthielt im Fall der Pentium-Implementation inkorrekte Einträge. Obwohl Intel längere Zeit argumentierte, dieser Fehler würde in in der Praxis keinen ernsthaften Einfluß auf die Rechnungen haben, wurde aufgrund des öffentlichen Drucks eine Rückrufaktion unvermeidbar. Die Kosten dieses Austausches beliefen sich auf etwa 475 Millionen Dollar. Die derart hohen Folgekosten solcher Entwurfsfehler haben das Gebiet der *Hardwareverifikation* zu einem der wesentlichen Schritte innerhalb des Entwurfsprozesses werden lassen.

Formale Verifikation. Viele Verifikationsprobleme lassen sich durch synchrone Systeme mit endlich vielen Zuständen modellieren, sogenannten *sequentiellen Systemen* oder *Finite State Machines*. Eine der grundlegenden Aufgaben, die man in diesem Zusammenhang oft lösen muß, ist der Äquivalenztest für zwei durch Gatternetzlisten gegebene Finite State Machines.

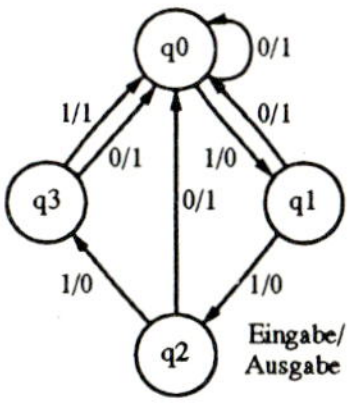

Für die beiden sequentiellen Systeme soll nachgewiesen werden, daß sie das gleiche Ein-/Ausgabeverhalten haben. In einer typischen Anwendung spezifiziert beispielsweise die eine Maschine ein funktionales Verhalten, und die andere Maschine ist eine hochoptimierte Implementation. Der Äquivalenztest für Finite State Machines wird seit vielen Jahren in der Informatik untersucht. Für Systeme, deren Zustände beispielsweise durch 80 Bits codiert werden, ist die Anzahl der möglichen Zustände jedoch 2^{80}. Eine derart große Zahl ist einem intuitiven Verständnis kaum mehr zugänglich und soll deshalb durch eine Vergleichszahl aus der realen Welt gewürdigt werden: Das Alter unseres gesamten Universums beträgt ca. 2^{34} Jahre. Ein Computer, der seit dieser Geburtsstunde 2 Millionen Zustände pro Sekunde untersucht hätte, wäre heute noch immer nicht fertig !

Als Konsequenz dieses Dilemmas wurde lange Zeit die Korrektheit realer sequentieller Systeme nur durch eine große Anzahl von Simulationen überprüft. Hierdurch werden in der Regel natürlich nicht alle Fälle abgedeckt. Im Gegensatz hierzu steht die *formale Verifikation*, von der ein vollständiger Beweis für die Korrektheit des Schaltkreises erwartet wird und die durch die Verwendung von OBDD-Datenstrukturen in völlig neuen Größenordnungen tatsächlich durchführbar ist.

Der Kern der OBDD-basierten Methode ist es, die Verifikation globaler Eigenschaften wie die Äquivalenz auf die Verifikation lokaler Eigenschaften zurückzuführen, welche für alle vom Startzustand aus erreichbaren Zustände gelten. Aus diesem Grund kommt der *Erreichbarkeitsanalyse* eine zentrale Rolle zu, welche unter Zuhilfenahme der OBDD-Datenstruktur die Menge der erreichbaren Zustände effizient berechnet und kompakt repräsentiert. Auch der Äquivalenztest zweier Finite State Machines selbst läßt sich durch die Konstruktion der sogenannten Produktmaschine auf eine Erreichbarkeitsanalyse zurückführen.

Erreichbarkeitsanalyse mit OBDDs. Wie bereits im vorhergehenden Abschnitt erwähnt, kann die Menge der erreichbaren Zustände kann sehr groß sein. Eine explizite Darstellung dieser Menge, z.B. in Form einer Liste, ist daher schon aus prinzipiellen Gründen ungeeignet. Coudert, Berthet und Madre haben die charakteristische Funktion von Zustandsmengen untersucht, die als Boolesche Funktion betrachtet durch einen OBDD repräsentiert werden kann [8]. Sie haben gezeigt, daß sich diese Darstellungsform sehr gut mit den Operationen verträgt, die für die Berechnung der erreichbaren Zustände ausgeführt werden müssen: Berechnet man die erreichbaren Zustände gemäß einer Breitentraversierung, dann können alle jeweiligen Nachfolgezustände aufgrund der Darstellung als charakteristische Funktion im Rahmen einer einzigen Berechnung ermittelt werden. Man spricht daher auch von *symbolischer Breitentraversierung.*

Eine Grundvariante der symbolischen Breitentraversierung läßt sich wie folgt darstellen: Für eine Finite State Machine M mit p Eingabebits, n Zustandsbits und Übergangsfunktion $\delta : \{0,1\}^{n+p} \to \{0,1\}^n$ sei $\chi_j(x_1,\ldots,x_n) : \{0,1\}^n \to \{0,1\}$ die charakteristische Funktion der in maximal j Schritten erreichbaren Zustände. Die Berechnung der Funktion χ_{j+1} ausgehend von der Funktion χ_j wird durch die folgende Boolesche Gleichung beschrieben, die die Berechnung der Bilder aller Zustände von χ_j unter der Abbildung δ widerspiegelt:

$$\chi_{j+1}(y_1,\ldots,y_n) = \chi_j(y_1,\ldots,y_n) + \exists x_1,\ldots,x_n \left(\prod_{i=1}^{n} (y_i \equiv \delta_i(x,e))\, \chi_j(x_1,\ldots,x_n)\right),$$

wobei $\equiv$ die Boolesche Äquivalenzfunktion ist und $\exists x_i$ der Boolesche Existenzquantor $\exists x_i f = f|_{x_i=0} + f|_{x_i=1}$. Dieser Iterationsschritt wird so lange ausgeführt, bis ein Fixpunkt erreicht ist, welcher die Menge der erreichbaren Zustände repräsentiert. Es gibt viele Verfeinerungen und Varianten dieser Form der Bildberechnung die (z.B. durch Partitionierung) darauf abzielen, Zwischenergebnisse bei der Berechnung klein zu halten.

Model Checking. Model Checking ist das Problem, zu entscheiden, ob eine Implementation eine durch eine logische Formel vorgegebene Spezifikation erfüllt. Durch die Formulierung der Spezifikation innerhalb einer formalen Logik können vollkommen unabhängig von Implementierungsdetails die Eigenschaften eines Systems beschrieben werden wie z.B. Invarianten und Lebendigkeits- oder Fairneßeigenschaften. Eine der temporalen Logiken, die häufig die Grundlage für solche Spezifikationen bildet, ist die sogenannte *Computation Tree Logic* CTL.

Die Idee, Model Checking Algorithmen mit den symbolischen BDD-Algorithmen zu kombinieren, wurde von mehreren Forschungsgruppen unabhängig entwickelt. Aufgrund der symbolischen OBDD-Berechnungen spricht man auch von *symbolischem Model Checking.* Dadurch, daß die OBDD-Datenstruktur wiederum automatisch Regularitäten erkennt, konnten über diesen Zugang reale Systeme mit bis zu 10^{100} Zuständen verifiziert werden [5] – zum Vergleich: Die Anzahl der Atome im Universum beträgt etwa 10^{77}. Aus Platzgründen verweisen wir für eine Beschreibung der Grundzüge des CTL Model Checkings auf die ungekürzte Fassung dieser Arbeit.

Implementierungen. Auf der Grundlage der beschriebenen Techniken wurden bereits mehrere OBDD-basierte Model Checker implementiert und im industriellen Designzyklus eingesetzt. Hervorzuheben ist vor allem der von Ken McMillan an der Carnegie Mellon University entwickelte symbolische Model Checker SMV [12]. Bei der in der Einleitung erwähnten Analyse des Futurebus+ Protokolls wurde ein präzises Modell in der SMV-Spezifikationssprache konstruiert und SMV benutzt, um die Erfüllung bzw. Nichterfüllung der benötigten Eigenschaften zu zeigen. Das hauptsächlich an der University of California at Berkeley entwickelte VIS-System vereint die erwähnten Verifikationstechniken und Techniken zur Synthese von VLSI-Schaltkreisen. Mittlerweile sind auch kommerzielle Systeme vorhanden, z.B. das von Siemens entwickelte CVE (Circuit Verification Environment) oder das auf SMV aufsetzende System RuleBase von IBM.

6 Varianten und Erweiterungen von OBDDs

Zur weiteren Effizienzsteigerung der Datenstrukturen wurden zahlreiche Varianten und Erweiterungen von OBDDs vorgeschlagen, die für spezielle Anwendungsfelder besser geeignet sind als die "klassischen" OBDDs. Wir möchten einige besonders interessante und wichtige Entwicklungen skizzieren.

Lockerung des Ordnungsbegriffs. Wichtige Funktionen wie die Multiplikation von Binärzahlen oder der indirekte Speicherzugriff (z.B. *hidden weighted bit* Funktion) haben nachweislich exponentiell große OBDDs bezüglich jeder Variablenordnung. Als mögliche Strategie zur Abhilfe dieses Problems bietet es sich an, den linearen Ordnungsbegriff der OBDDs etwas zu lockern, ohne dabei aber die algorithmischen Eigenschaften allzu stark zu zerstören. Tatsächlich gibt es die Möglichkeit, auf verschiedenen von der Wurzel ausgehenden Pfaden verschiedene Ordnungen zu erlauben. Solange jede Variable auf jedem Pfad höchstens einmal gelesen wird und alle dargestellten Funktionen der gleichen verallgemeinerten Ordnung genügen, bleiben die Eindeutigkeit und die Polynomialität bei der Ausführung binärer Operationen erhalten [10, 17]. Mit diesen sog. *free binary decision diagrams* (FBDDs) kann die hidden weighted bit Funktion in polynomial großem Platz dargestellt werden – für die binäre Multiplikation hingegen ist bekannt, daß auch FBDDs exponentiellen Platz benötigen.

Transformationen. Eine andere erst kürzlich entwickelte Variante führt Boolesche Funktionen ähnlich zu den klassischen Transformationskonzepten wie der Fourier-Transformation in leichter zu repräsentierende Funktionen über [1, 15]. Unter gewissen Einschränkungen an die zugelassenen Transformationen können auch hier die algorithmischen Qualitäten gesichert werden.

Andere Dekompositionen. Bezeichnet f die durch einen Knoten mit Markierung x_i im OBDD repräsentierte Funktion und g, h die Funktionen in den beiden Söhnen, dann gilt die Shannon-Zerlegung $f = x_i g + \overline{x_i} h$. Es können jedoch auch andere Dekompositionen ausgeführt werden, z.B. die Reed-Muller-Zerlegung $f = g \oplus x_i h$. Diese in [11] eingeführten *ordered functional decision diagrams* (OFDDs) eignen sich besonders gut für Probleme, die auf der Exklusiv-Oder-Verknüpfung beruhen, z.B. der Minimierung von AND-XOR-Polynomen. Einen Schritt weiter wird in [9] gezeigt, daß die verschiedenen Zerlegungstypen unter Beibehalt guter algorithmischer Eigenschaften sogar innerhalb des gleichen Graphen kombiniert werden können (*ordered Kronecker FDDs*, OKFDDs).

Zero-suppressed BDDs. Bei den sog. *zero-suppressed BDDs* (ZBDDs) wird ausgenutzt, daß für viele kombinatorische Fragestellungen die zugehörigen Booleschen Funktionen nur an sehr wenigen Stellen eine 1 haben [16]: Es werden nicht wie bei OBDDs diejenigen Knoten eliminiert, die identische 0- und 1-Nachfolger haben, sondern diejenigen Knoten, deren 1-Nachfolger die Senke mit Markierung 0 ist. Mit dieser Datenstruktur konnten viele Probleme aus den Bereichen der zwei- und mehrstufigen Logikminierung effizient gelöst werden. Ein Beispiel aus einem ganz anderen Gebiet zeigt vielleicht deutlich den fundamentalen Einfluß von OBDD-basierten Datenstrukturen: Löbbing und Wegener von der Universität Dortmund berichten über erfolgreiche ZBDD-Experimente zur Lösung schwieriger kombinatorischer Probleme, welche bei der Analyse von Springerbewegungen auf einem Schachbrett auftreten.

7 Zusammenfassung und Ausblick

Die Suche nach effizienten Datenstrukturen für die Bearbeitung von Schaltfunktionen in CAD-Anwendungen liefert ein aufschlußreiches Beispiel für die spannende und vielschichtige Interaktion zwischen realen Problemen und fundamentalen Fragestellungen in der Informatik-Forschung. Ausgelöst durch die Frage nach verbesserten Datenstrukturen wurde die Leistungsgrenze bestehender Systeme sehr deutlich erweitert. In Anbetracht der Tatsache, daß sich jede weitere Verbesserung der Repräsentation ganz unmittelbar auf die Effizienz und Praktikabilität vieler Anwendungen niederschlägt, werden auch weiterhin sehr intensive Forschungs- und Entwicklungsarbeiten sowohl an akademischen als auch an industriellen Forschungsinstitutionen zu leisten sein.

Literatur

1. J. Bern, Ch. Meinel, A. Slobodová. OBDD-based Boolean manipulation in CAD beyond current limits. *Proc. 32nd Design Automation Conf.*, 408–413, 1995.
2. B. Bollig, I. Wegener. Improving the variable ordering of OBDDs is NP-complete. *IEEE Trans. Computers* 45, 993–1002, 1996.
3. R. Bryant. Graph-based algorithms for Boolean function manipulation. *IEEE Trans. Computers* 35, 677–691, 1986.
4. R. Bryant. Symbolic Bool. manipulation. *ACM Comp. Surveys* 24, 293–318, 1992.
5. J. Burch, E. Clarke, D. Long, K. McMillan, D. Dill. Symbolic model checking for sequential circuit verification. *IEEE Trans. CAD* 13, 401–424, 1994.
6. E. Clarke, O. Grumberg, et.al. Verification of Futurebus+. *Proc. Conf. HDL*, 1993.
7. T. Coe. Inside the Pentium FDIV Bug. *Dr. Dobb's Journal* 20:4, 129–135, 1995.
8. O. Coudert, J. C. Madre. The implicit set paradigm: A new approach to finite state system verification. *Formal Methods in System Design* 6, 133–145, 1995.
9. R. Drechsler, A. Sarabi, M. Theobald, B. Becker, et.al. Efficient representation ... based on OKFDDs. *Proc. 31st Design Automation Conf.*, 415–419, 1994.
10. J. Gergov, Ch. Meinel. Efficient analysis and manipulation of OBDDs can be extended to FBDDs. *IEEE Trans. Computers* 43, 1197–1209, 1994.
11. U. Kebschull, E. Schubert, W. Rosenstiel. Multilevel logic synthesis based on functional decision diagrams. *Proc. Euro DAC*, 43–47, 1992.
12. K. McMillan. *Symbolic Model Checking.* Kluwer 1993.
13. Ch. Meinel. *Modified Branching Programs.* LNCS 370. Springer 1989.
14. Ch. Meinel, A. Slobodová. Speeding up variable reordering of OBDDs. *International Workshop on Logic Synthesis*, 1997.
15. Ch. Meinel, T. Theobald. Local encoding transformations for optimizing OBDD-repr. of FSMs. *Proc. Formal Methods in CAD*, LNCS 1166, 404–418. Springer 1996.
16. S. Minato. *Binary Decision Diagrams and Applications.* Kluwer 1996.
17. D. Sieling, I. Wegener. Graph driven BDDs. *Theor. Comp. Sci.* 141, 283–310, 1995.
18. I. Wegener. *The Complexity of Boolean Functions.* John Wiley & Sons 1987.

Anwendungen Constraintbasierter Programmierung

Thom Frühwirth und Slim Abdennadher

Institut für Informatik, Ludwig-Maximilians-Universität (LMU)
Oettingenstraße 67, 80538 München
{Thom.Fruehwirth,Slim.Abdennadher}@informatik.uni-muenchen.de

Zusammenfassung Die constraintbasierte Programmierung ist für viele eine der spannendsten Entwicklungen in der Computeranwendung in den letzten zehn Jahren. Dieses junge Gebiet hat von Anfang an in Forschung und Praxis gleichermaßen für Aktivität gesorgt. Kein Wunder, daß sich damit Forscher begeistern und ebenso Millionen verdienen lassen - handelt es sich bei der Constrainttechnologie doch um eine allgemeine Methode für elegantes, effektives, deklaratives Problemlösen mit höheren Programmiersprachen.
In diesem Überblicksartikel stellen wir die contraintbasierte Programmierung anhand der Constraintlogikprogrammierung vor. Wir gehen dabei auf kommerzielle Anwendungen und eigene Arbeiten ein.

1 Einleitung

Constraints[1] eignen sich zur Darstellung von unvollständiger Information, zur Beschreibung der Eigenschaften und Beziehungen von teilweise unbekannten Objekten. Als sehr allgemeiner und abstrakter Begriff haben Constraints die verschiedensten Ausprägungen und Arten, doch sie alle haben wichtige Gemeinsamkeiten.

Ein Beispiel aus dem Alltagsleben: Unser Fahrrad hat ein Zahlenschloß. Wir können uns nicht mehr an die erste Zahl erinnern. Wir wissen nur mehr: Sie ist ungerade, natürlich einstellig und außerdem keine Primzahl. Indem wir die unvollständigen Informationen über die Zahl kombinieren, können wir die gesuchte Zahl, nämlich 9, ermitteln. Dabei sind *ungerade, einstellig* und *keine Primzahl* die Constraints, die die Zahl beschreiben. Man beachte, daß das Constraint *ungerade* für sich allein eine unendliche Menge von Lösungen besitzt. Im allgemeinen reichen Constraints allein nicht aus, um ein Problem vollständig zu lösen. Man muß zwischendurch immer wieder suchen. Hätte uns bei diesem Beispiel die letzte Information gefehlt, so wären wir darauf angewiesen gewesen, die Zahlen 1, 3, 5, 7 und 9 auszuprobieren.

Unter dem constraintbasierten Ansatz versteht man das Lösen von Problemen, indem man die Constraints angibt und löst, die von einer Lösung erfüllt werden müssen. Dabei können zwar spezielle Verfahren zum Einsatz kommen, sie müssen aber gewissen allgemeinen Prinzipien gehorchen. Damit Constraintlösen

[1] Das englische Wort bedeutet (Rand-, Neben-, Wert-)Bedingung, Einschränkung.

in Computerprogramme integriert werden kann und damit Constraints und ihre Lösungen einen Einfluß auf den Ablauf von Programmen haben können, muß es einen Programmteil geben, das die Constraints verwaltet und löst. Dies ist der Constraintlöser. Bei arithmetischen linearen Constraints könnte der Constraintlöser das Gaußsche Eliminationsverfahren anwenden, um z. B. folgende Constraints zu lösen: `X-Y=3, X+Y=7`. Man möchte, daß ein Constraintlöser die Gleichungen möglichst so weit vereinfacht, daß die Wertebelegungen der Variablen explizit werden: `X=5, Y=2`.

Mit der Einbettung von Constraintlösern in Logikprogrammiersprachen (z. B. Prolog) wurde es möglich, schnell und elegant komplexe Probleme durch eine Verbindung aus Constraintbehandlung und Suche zu lösen. Constraintbasierte Programmierung kann vorteilhaft eingesetzt werden zum Schließen mit unvollständiger, ungenauer bzw. unsicherer als auch vollständiger Information (z. B. Finanzanalyse) und zum Lösen kombinatorischer Suchprobleme (z. B. Zeitplanung) in Entscheidungsunterstützungssystemen (auch: Expertensysteme, intelligente Agenten). Seit Anfang der neunziger Jahre wird constraintbasierte Programmierung mit großem Erfolg von mehreren Firmen weltweit kommerziell verwertet, ihr gemeinsamer Umsatz wurde 1996 auf 100 Millionen Dollar geschätzt.

Inhaltsübersicht. Wir geben zuerst einen kurzen Abriß über die Entwicklung der constraintbasierten Programmierung, bevor wir das kommerzielle Potential der Constrainttechnologie darstellen. Schließlich stellen wir zwei konkrete innovative Anwendungen vor, die mit unserer Spracherweiterung Constraint Handling Rules leicht verwirklichbar waren.

2 Constraintlogikprogrammierung

Der Begriff „Constraintlogikprogrammierung" (CLP) bezeichnet eine Familie von Programmiersprachen, die Ende der achtziger Jahre als eine natürliche Fusion zweier deklarativen Paradigmen entstand, von Constraintlösen und Logikprogrammierung (Abb. 1).

Die Idee der Logikprogrammierung (LP) [14] ist, Probleme logisch zu beschreiben. In diesen Programmiersprachen (z. B. Prolog) werden das zum Problem gehörige allgemeine Wissen und die konkreten Annahmen durch Regeln und Fakten, d. h. eine eingeschränkte Klasse von logischen Formeln ausgedrückt. Durch ihre abstrakte deklarative Natur eignen sich LP-Sprachen gut für die schnelle Erst- und Weiterentwicklung von Prototypen auf der Basis unvollständiger Spezifikationen (Rapid Prototyping).

Die Idee der Constraintlogikprogrammierung (CLP) [15, 11, 4] ist, daß gewisse logische Prädikate als Constraints deklarativ und effizient durch spezielle Algorithmen behandelt werden können. Das heißt, daß die allgemeine Methode der LP-Sprachen, die die Tiefensuche mit chronologischem Rücksetzen (engl. backtracking) verwendet, um spezielle, deterministische Methoden erweitert wird. Dabei erlauben es die Constraints bei der Lösung kombinatorischer Suchprobleme, von vorneherein inkompatible Kombination von der Suche auszuschließen

1970	U. Montanari, Constraintnetzwerke
1970	R.E. Fikes, REF-ARF, Sprache für ganzzahlige, lineare Gleichungen
1972	A. Colmerauer, Marseille, sowie R.A. Kowalski, London, Prolog
1977	A.K. Mackworth, Constraints Netzwerk Algorithmen
1978	J.-L. Lauriere, Alice, Sprache für kombinatorische Suchprobleme
1979	A. Borning, Thinglab, interaktives Graphiksystem
1980	G. L. Steele, Constraints, erste constraintbasierte Sprache, in LISP
1982	A. Colmerauer, Prolog II, Prolog mit Gleichheitsconstraints
1987	H. Ait-Kaci, Austin, Life, Prologerweiterung mit Gleichheitsconstraints
1987	J. Jaffar und J.L. Lassez, CLP(X) - Schema
1987	J. Jaffar, CLP(R), Monash Univ. Melbourne, arithmetische Constraints
1988	P. v. Hentenryck, CHIP, ECRC München, endliche Wertebereiche
1988	P. Voda, Vancouver, Trilogy, CLP-ähnlich mit Ganzzahlarithmetik
1988	W. Older, Ottawa, Bell-Northern Research, Intervallarithmetik
1988	A. Aiba, Tokyo, ICOT, nichtlineare Gleichungssysteme
1988	W. Leler, Termersetzungs-Sprache zum Schreiben von Constraints
1988	A. Colmerauer, Prolog III, Univ. Marseille, Constraints über Listen

Abbildung1. Anfänge der Constraintbasierten Programmierung

und so die Effizienz zu steigern. CLP-Sprachen können als Verallgemeinerung von LP-Sprachen aufgefaßt werden.

Bereits Colmerauers LP-Sprache Prolog II von 1982 erweiterte die Unifikation um die Behandlung von unendlichen, zyklischen Termen (engl. rational trees) im Sinne von Gleichheitsconstraints. Aus diesen Entwicklungen heraus entstanden dann in der zweiten Hälfte der achtziger Jahre die ersten CLP-Sprachen, nämlich CLP(R), CHIP und Prolog III.

CLP(R) bot erstmals eine saubere, deklarative Lösung für die Behandlung von arithmetischen Ausdrücken in LP-Sprachen durch die Einführung von Gleichungen zwischen linearen arithmetischen Ausdrücken über Fließkommazahlen. In Prolog III gab es unter anderem auch lineare Gleichungen - im Gegensatz zu CLP(R) aber erstmals über rationalen Zahlen (Brüchen). Die Constraintlöser dieser CLP-Sprachen basieren dabei auf einem adaptierten Simplexverfahren.

In CHIP wurden erstmals Constraints über endlichen Wertebereichen (Aufzählungen), wie sie aus der Künstlichen Intelligenz bekannt waren, und auch Constraints über Boolescher Algebra, in eine LP-Sprache integriert, um den Suchaufwand für kombinatorische Probleme zu verkleinern.

Wir können in diesen CLP-Sprachen nun etwa `X-Y=3, X+Y=7` schreiben und erhalten die Lösung `X=5, Y=2`. Analog behandelt man nicht nur die Gleichheit, sondern auch Konjunktionen von bestimmten anderen Relationen speziell als Constraints. Zum Beispiel die Ordnungsrelation <: Ein Constraint `X<Y, Y<X` hat keine Lösung (und dazu braucht man nicht zu wissen, welche Werte die beiden Variablen annehmen).

Ein vereinheitlichendes Modell für eine formal-logische Beschreibung von CLP, das CLP-Schema, stellten Jaffar und Lassez in [10] vor. Das CLP-Schema ist eine Erweiterung von LP um Constraints, wobei man die positiven theoretischen Eigenschaften von LP möglichst beibehalten hat. Constraints werden als spezielle Prädikate aufgefaßt. Ein allgemeineres Schema wird durch Höhefeld und Smolka in [8] angegeben. Der Hauptunterschied zwischen diesen beiden Schemata liegt in der Vielfältigkeit der Constraints.

In einer deklarativen Programmiersprache soll formal betrachtet einerseits alles, was wir berechnen können, auch logisch aus dem Programm folgen (Korrektheit), andererseits soll alles, was folgt, auch berechenbar sein (Vollständigkeit). Diese Übereinstimmung ist für CLP-Sprachen gegeben [10, 12] und ist einer der Gründe für die Attraktivität von CLP.

Beispiel. Dieses klassische CLP(R)-Beispiel ist aus dem Gebiet des Finanzwesens, genauer gesagt geht es um Zinseszinsrechnung. Es demonstriert eindrucksvoll die Mächtigkeit von CLP-Sprachen. Das Prädikat `mortgage` beschreibt die Beziehungen zwischen Darlehenshöhe, Rückzahlungsrate, Zins und Restschuld bei einer Kreditaufnahme mittels zweier Regeln („`:-`“ wird als „wenn“ gelesen und „`,`“ als „und“). Dabei steht die Variable `D` für die Darlehenshöhe, `T` für die Dauer der Rückzahlung in Monaten, `Z` für den monatlichen Zinssatz, `R` für die monatliche Rückzahlungsrate, und `S` für die Restschuld nach `T` Monaten:

```
mortgage(D, T, Z, R, S) :- T = 0, D = S.
mortgage(D, T, Z, R, S) :- T > 0, T1 = T - 1, D1 = D + D*Z - R,
                           mortgage(D1, T1, Z, R, S).
```

Die erste Regel besagt, daß `mortgage(D, T, Z, R, S)` gilt, wenn `T=0` und `D=S` ist. Die zweite Regel trifft zu, wenn `T>0` ist und verwendet eine Rekursion, um das Problem auf die Zeitdauer `T-1` zurückzuführen.

Die Anfrage `mortgage(100000,360,0.01,1025,S)` liefert die Antwort S=`12625.90`. In Worten: Wenn man 30 Jahre lang ein Darlehen von `100000` mit monatlich `1025` zu einem Monatszins von `1%` zurückzahlt, dann bleibt noch eine Restschuld von `12625.90`. Man kann sich nun fragen, welchen Betrag man in diesem Zeitraum zu diesen Konditionen vollständig zurückzahlen kann. In CLP ist das kein Problem, weil man im Gegensatz zu herkömmlichen Programmiersprachen mit Constraints auch „rückwärts“ rechnen kann: Dann liefert die Anfrage `mortgage(D,360,0.01,1025,0)` die Antwort D=`99648.79`, einen nur geringfügig niedrigeren Betrag. Das Berechnungsbeispiel demonstriert eindrucksvoll den Zinseszinseffekt.

Umgekehrt können wir uns fragen, wieviel Monate lang wir die `100000` zurückzahlen müssen. Die Restschuld `S` muß dann gleich oder kleiner Null sein. Die Anfrage `S=<0, mortgage(100000,T,0.01,1025,S)` liefert T=`374` (etwa mehr als 31 Jahre) und S=`-807.96` (d. h. man müßte im letzten Monat nicht mehr die volle Rate zahlen). Wie verhalten sich allgemein Darlehenshöhe und Rückzahlungsbetrag zueinander, wenn man zu obigen Konditionen nach 30 Jahren schuldenfrei sein will? Die Anfrage `mortgage(D,360,0.01,R,0)` liefert die intensionale Antwort `R = 0.0102861198*D`, d. h. das Darlehen beträgt knapp weniger als das Hundertfache der Monatsrate.

3 Kommerzielle Anwendungen

Seit Anfang der neunziger Jahre wird constraintbasierte Programmierung mit Erfolg von mehreren Firmen (Ilog mit IlogSolver und IlogSchedule, Cosytec mit CHIP 4, Siemens Nixdorf mit IFProlog, Prologia mit Prolog IV) weltweit kommerziell eingesetzt. Die Zahl der kommerziellen Anwendungen wurde 1996 auf 300 geschätzt, der Umsatz mit Constrainttechnologie auf etwa 100 Millionen Dollar, mit steigender Tendenz[2] [16]. Die erwähnten Firmen haben jeweils mehrere hundert Kunden für ihre constraintbasierten Produkte gefunden. Während Frankreich, England, USA und Asien stark wachsende Märkte für constraintbasierte Entscheidungshilfesysteme sind, ist der Markt in Deutschland erst im Entstehen.

Der Vorteil des Einsatzes von constraintbasierter Programmierung sind

- die deklarative Modellierung von Problemen mithilfe passender Constraintsysteme, die schneller zu robuster, flexibler und wartbarer Software führt,
- die Möglichkeit zur Darstellung unvollständiger, spärlicher als auch vollständiger Information durch Constraints, die es ermöglicht auch mit ungenauen, unsicheren und unscharfen Daten korrekt zu arbeiten,
- die automatische Propagierung der Effekte, wenn neue Information (in Form von Constraints) bekannt wird, z. B. die Berechnung der Konsequenzen einer Entscheidung und
- die gute Kombinierbarkeit von Constraintlösen mit Such- und Optimierungsverfahren zur Lösung kombinatorischer Probleme, vor allem in Constraintlogikprogrammiersprachen.

Diese vielfältige Flexibilität des constraintbasierten Ansatzes macht den Hauptvorteil gegenüber hochspezialisierten Werkzeugen aus, die u. U. nicht an veränderte Problemstellungen angepaßt werden können. Dafür muß man bei Constraints unter Umständen leichte Abstriche in der Effizienz in Kauf nehmen.

Die Constrainttechnologie ist soweit gereift, daß Constraintlöser und Suchverfahren nicht nur in Logikprogrammiersprachen sondern zunehmend auch als Softwarekomponenten (auch: Bibliotheken) für Standardprogrammiersprachen wie C++ angeboten werden (z. B. von Ilog). Constraintbasierte Software kann vorteilhaft eingesetzt werden zum Schließen mit unvollständiger als auch vollständiger Information (z. B. Finanzanalyse) und zum Lösen kombinatorischer Probleme (z. B. Zeitplanung) in Modellierungs-, Simulations- und Entscheidungsunterstützungssystemen (Expertensysteme, engl. decision support systems).

Constraints werden in solchen Systemen dazu verwendet, um ungenaue und unvollständige Informationen bzw. Daten zu repräsentieren und mit ihnen zu rechnen. Der zugehörige Constraintlöser propagiert Wertebereichsänderungen von einer Variablen zur nächsten. Damit lassen sich die Effekte der Änderung eines Parameters auf alle anderen Parameter in Verallgemeinerung einer Tabellenkalkulation (engl. Spreadsheet) unmittelbar berechnen, sichtbar machen und

[2] Zum Vergleich: Der Umsatz von „Data Mining“ betrug 1996 120 Mill. Dollar.

zur Entscheidungsfindung studieren. Im Unterschied zu einer Tabellenkalkulation kann man mit Constraints aber in beliebige Richtungen rechnen und dies mit ungenauen und unvollständigen Angaben bzw. Daten.

Wissenschaftlich betrachtet sind es vor allem Anwendungen und Fragestellungen aus der Künstlichen Intelligenz, die mit Constraints gut bearbeitet werden können: Computerunterstütztes Sehen (engl. machine vision), Linguistik, Sprachverarbeitung (engl. natural language understanding), zeitliches und räumliches Schließen (engl. temporal and spatial reasoning) und Theorembeweisen.

Hauptsächliche Anwendungsgebiete der Constrainttechnologie sind branchenunabhängig: Zum einen die Modellierung, (ausführbare) Spezifikation, Design, Synthese, Simulation, Verifikation, Fehlerdiagnose von elektronischen, elektrischen und mechanischen Komponenten und ganzen industriellen Abläufen, von Computer-Hardware und Softwarekomponenten und zum anderen Produktions-, Personal-, Finanz-, Verkehrs-, Netzwerk- und Ressourcenplanung, -logistik und -management (insbesondere Zeit- und Kapazitätswirtschaft), sowie Transport- und Plazierungsoptimierung, Design, Konfiguration und Layoutgenerierung.

Aus den oben genannten Gebieten seien hier einige konkrete kommerzielle Anwendungen kurz beschrieben:

- Das System DAYSY von Cosytec adaptiert für die Lufthansa den Einsatz von Personal nach Störungen im Flugbetrieb (Verspätungen, Erkrankung,...), sodaß die Änderungen im Personalplan und die Kosten minimiert werden.
- Nokia Mobile Phones, der zweitgrößte Mobiltelefonhersteller der Welt, verwendet IFProlog zur automatischen Konfiguration von Software für Mobiltelefone.
- Siemens verwendet betriebsintern das in IFProlog mit Booleschen Constraints entwickelte „Circuit Verification Environment“ (CVE2) zum Design und zur Verifizierung von Hardware (VLSI Chips).
- ICL hat mit DecisionPower (ein CHIP-Derivat) bereits 1991 eine Plazierungsanwendung für Hongkong International Terminals, einem der größten Containerhafen der Welt, zur optimalen Plazierung von Containern in Lagerhallen zwischen Ankunft und Abfertigung entwickelt.
- Renault setzt ein CHIP-Derivat seit 1995 im „Short Term Production Planning“ ein, zur optimalen Planung von Zulieferung und Fertigung von Varianten eines Autotyps innerhalb eines Fertigungsabschnittes (engl. workshop).
- Daussault's Anwendung „Made“ in CHIP entscheidet, wo und wie komplexe Flugzeugteile aus einem Blech herausgeschnitten werden sollen, sodaß möglichst wenig Abfall und Zeitverlust entsteht.
- Ilog hat für die französischen Eisenbahnen (SNCF) das Werkzeug „Sagitaire“ entwickelt, das im Bereich des Bahnhofes Paris Nord für über 1700 Züge täglich plant, auf welchen Teilstrecken und Gleisen sie fahren sollen, ohne sich gegenseitig zu behindern.

4 Constraint Handling Rules

Die Erfahrungen mit praktischen Anwendungen zeigen, daß oftmals kein homogenes Constraintproblem vorliegt, sondern eine subtile Kombination verschiedenster Constraintsysteme. Oft treten auch neuartige Constraints auf, die nur mit viel Aufwand in existierende Constraints übersetzt werden können. Häufig ist nach der Übersetzung das Vereinfachungsverhalten der entstehenden Constraints schwächer, als es bei direkter Verwendung eines Constraintlösers für die ursprünglichen Constraints möglich wäre.

Um Constraints so verwenden zu können, wie sie in einer Anwendung auftreten, wurde eine spezielle Sprache, Constraint Handling Rules (CHR), zum Implementieren von Constraintlösern in den 90er Jahren entwickelt [3]. Die Sprache ermöglicht die schnelle Erstellung von Prototypen, von Erweiterungen, von Spezialisierungen und von Kombinationen von Constraintlösern.

CHR sind eine Spracherweiterung, die in eine Programmiersprache als Bibliothek eingebettet werden können. In der Basissprache werden Programme geschrieben, die dann die in CHR implementierten Constraints benutzen können. Andrerseits können CHR-Programme in der Basissprache implementierte Prozeduren als Hilfsprozeduren verwenden. Wir erwähnen nun zwei innovative Anwendungsstudien, die wir mit CHR durchgeführt haben. Beide Studien wurden vollständig in der Constraintlogikprogrammiersprache ECL^{i}PS^e mithilfe ihrer CHR-Bibliothek geschrieben, am European Computer-Industry Research Center (ECRC) in München zusammen mit Projektpartnern.

Der Münchener Mietspiegel Online Der Mietspiegelberechnungsdienst im Internet (IMS)[3] [5] ist ein Beispiel für ein constraintbasiertes Entscheidungsunterstützungssystem. Er erlaubt es, durch eine Formularseite im World Wide Web in wenigen Minuten die ortsübliche Vergleichsmiete einer Wohnung zu berechnen. Vergleichsmieten sind in Rechtsstreitigkeiten als Beweismittel zugelassen.

Die Berechnung basiert auf Größe, Alter, Lage der Wohnung und einer Reihe von detaillierten Fragen über die Wohnung und das Haus, die aus einer statistischen Erhebung als relevant hervorgingen. Man benötigt Angaben, über die man in der Regel nur ungefähr Bescheid weiß, z. B. das Jahr der letzten Renovierung des Hauses oder die exakte Höhe der Kachelung im Bad einer Wohnung. Wegen dieses statistischen Ansatzes tritt eine inhärente Unschärfe auf, die in der Papierversion eines Mietspiegels meist nicht ausreichend berücksichtigt werden kann.

Die elektronische Version des Mietspiegels im Internet kann den Zeitaufwand für den Benutzer von Stunden auf wenige Minuten reduzieren. Mittels Constraints ist der IMS sogar in der Lage, mit ungenauen und unvollständigen Angaben und der statistischen Unschärfe korrekt umzugehen. Damit läßt sich erstmals ein Mietspiegel auch dazu verwenden, bei der Wohnungsuche das Mietpreisniveau zu bestimmen, ohne sich auf eine bestimmte Wohnung festlegen zu müssen.

---
[3] Siehe `http://www.pst.informatik.uni-muenchen.de/personen/fruehwir/`

Der IMS wurde seit 1996 von über zehntausend Benutzern frequentiert. Der IMS gewann im gleichen Jahr den Preis für die beste Anwendung auf der JFPLC Konferenz in Clermont Ferrand, Frankreich und wurde im gleichen Jahr auf der Systems 96 Computermesse in München mit großem Medienecho präsentiert. Er ist das erste System weltweit, das Constrainttechnologie im Internet einsetzt. Der spezialisierte Webserver, der diesen Dienst ins Internet bringt, wurde vollständig in der CLP-Sprache geschrieben: Er nimmt die Benutzerangaben aus dem Formular entgegen und leitet das Berechnungsergebnis an den Benutzer zurück.

Unser Ansatz war, zuerst die Tabellen, Regeln und Formeln der Papierversion des Mietspiegels unter der Annahme zu programmieren, daß alle notwendigen Angaben zu Verfügung stehen. Wegen der Deklarativität von CLP war die Implementierung[4] in wenigen Wochen möglich: Tabellen lassen sich durch Fakten, Regeln durch CLP-Regeln darstellen. Dann haben wir Constraints eingeführt, um die Unschärfe (wegen des statistischen Modells) und Unvollständigkeit (wegen ungenauer oder unvollständiger Benutzerangaben) zu berücksichtigen. Dabei werden die Formeln zur Vergleichsmietenberechnung nun als Constraints betrachtet, der Rest des Programms blieb praktisch unverändert. Das Verhalten dieser Constraints wurde in einem Constraintlöser spezifiert. Es genügte, einen existierenden Constraintlöser aus der CHR-Bibliothek zu erweitern. Die Verwendung einer Constraintlogikprogrammiersprache ermöglicht auch eine einfache Wartung und Anpassung des Programms an neue Mietspiegel.

Optimale Planung von drahtlosen Kommunikationssystemen Mit der Einführung eines Europäischen Standards für digitale kabellose Telekommunikation, DECT, sind kleinräumige Kommunikationsnetze hoher Qualität möglich geworden. Mit kabellosen Sytemen kann das interne Telefonnetz einer Firma jederzeit um Teilnehmer erweitert werden, und dies ohne aufwendige Montagearbeiten. Zudem bringt die digitale Datenübertragung eine verbesserte Übertragungsqualität bei mehr Abhörschutz. Allein in Westeuropa sollen 1999 14 Millionen schnurlose Telefone nach dem DECT Standard verkauft werden, etwa ein Drittel davon in Deutschland.

Allerdings unterscheidet sich die Planung kabelloser Kommunikationsnetze erheblich von der Planung kabelgebundener Anlagen. Die Funkwellenausbreitung im Gebäude muß bei der Installation der Sendeanlagen zusätzlich berücksichtigt werden. Mit computerunterstützter Planung gelangt man schnell zu konkreten Aussagen, die in der Qualität mit denen eines Experten vergleichbar sind. Das ist die wichtigste Erkenntnis aus der Entwicklung des Softwareprototyps POPULAR (Planning of Picocellular Radio) [9]. Das Planungssystem war zum Zeitpunkt seiner Entwicklung 1995 eines der ersten Systeme mit dieser Funktionalität und wurde 1996 von einer amerikanischen Fachpublikation [9] als eine der weltweit innovativsten Anwendungen im Bereich Telekommunikation ausgewählt.

POPULAR wurde innerhalb eines Mannjahres am ECRC als voll funktionsfähiger Demonstrator implementiert und mit gleichem Zeitaufwand von einem Diplomanten des Instituts für Kommunikationsnetze an der Technischen

[4] Am ECRC in Zusammenarbeit mit der LMU.

Universität Aachen bei Siemens, Abteilung Forschung und Entwicklung, München, zum Prototyp weiterentwickelt. Das Programm für POPULAR ist nur 4000 Zeilen lang und vollständig in einer Constraintlogikprogrammiersprache geschrieben, inklusive der Grafik für die Benutzerschnittstelle, die etwa die Hälfte des Programms braucht.

POPULAR behandelt einerseits ein typisches kombinatorisches Suchproblem, anderseits ist es aber ungewöhnlich wegen der geometrischen Constraints, die zu optimieren sind. Zur Planung simuliert dieses Werkzeug die Funkwellenausbreitung in Gebäuden und optimiert die Anzahl und die Plazierung von Sendeanlagen für lokale, kabellose Kommunikationsnetze.

Die Funkausbreitung wird mithilfe von Testpunkten simuliert. Jeder dieser Testpunkte, die entlang eines drei-dimensionalen Rasters im Gebäude plaziert werden, stellt einen potentiellen Empfänger dar. Für jeden Testpunkt wird die sogenannte „Funkzelle“ berechnet. Das ist der Bereich, in dem ein Sender liegen muß, damit der Empfänger mit einem ausreichend guten Signal versorgt werden kann. Dazu wird eine fiktive Funkwelle in einer ausreichenden Anzahl von Richtungen untersucht. Der Ausbreitungspfad wird durch das gesamte Gebäude hindurch bis zur minimal zum Empfang notwendigen Feldstärke verfolgt und dabei die Dämpfung des Signales durch Wände und Decken berücksichtigt.

In der Optimierungsphase wird zuerst für jede Funkzelle folgendes Constraint aufgestellt: Es muß mindestens einen Sender in der Funkzelle geben, damit der zugehörige Testpunkt abgedeckt werden kann. Nun versucht man Senderpositionen zu finden, die möglichst viele Funkzellen gleichzeitig abdecken können. Geometrisch gesprochen muß ein solcher Sender dann im Schnitt der Funkzellen liegen, die er versorgt. Auf diese Weise wird eine erste Lösung berechnet. Selbst wenn nun jeder Sender möglichst viele Funkzellen abdeckt, muß dies in der Gesamheit nicht zu einer optimalen Lösung mit einer minimalen Anzahl von Sendern führen. Daher wird nun mithilfe eines speziellen Suchverfahrens die Anzahl der Sender verkleinert. Dabei versucht man wiederholt, eine Lösung mit einer kleineren Senderanzahl als bei der letzten Lösung zu finden. Kann man keine Lösung mehr finden, so bietet die letzte Lösung die optimale, d. h. minimale Senderanzahl.

5 Zusammenfassung und Ausblick

Noch vor wenigen Jahren wurden constraintbasierte Systeme der Forschung zugezählt, heute sind sie Stand der Technik und haben sich im kommerziellen Praxiseinsatz bewährt. Erfolgreiche Anwendungen existieren in der Produktions- und Ressourcenplanung, Personalplanung, Transportoptimierung, Layoutgenerierung und in CAD-Systemen. Diese praktischen Erfahrungen werfen wiederum neue wissenschaftliche Fragen auf, z. B. nach flexibleren und beweisbar korrekten Constraintlösern. Einen Einblick in aktuelle Forschungsergebnisse und Anwendungen bieten auch die Referenzen [1, 11, 7, 16, 2, 4].

Mit Constrainttechnologie lassen sich nicht nur kombinatorische Suchprobleme effizienter und flexibler lösen. Unserer Einschätzung nach können damit allgemein berechnungsorientierte Anwendungen, sei es in der Finanzberatung, Stundenplanung oder in der Wettervorhersage, um die Behandlung von ungenauen Angaben erweitert werden. Wir erwarten in den nächsten Jahren ein weiteres rasantes Wachstum für diese Technologie, vor allem auch in Deutschland.

Aus Platzmangel haben wir die Klasse der nebenläufigen constraintbasierten Programmiersprachen [13] nicht erwähnt, in denen Prozesse miteinander durch Abfragen und Einfügen von Constraints interagieren. Constraints finden zudem nicht nur in Programmiersprachen verstärkt Anwendung, sondern auch in Datenbanken [6], wo Constraints es ermöglichen, viele (u. U. unendlich viele) Datenbankeinträge zu einem Eintrag zusammenzufassen. Dies ist vor allem bei der Speicherung von zeitlicher und räumlicher Information von Nutzen.

References

1. F. Benhamou and A. Colmerauer, editors. *Constraint Logic Programming: Selected Research.* MIT Press, Cambridge, MA, USA, 1993.
2. E. C. Freuder, editor. *Second International Conference on Principles and Practice of Constraint Programming CP'96.* Springer LNCS 1118, August 1996.
3. T. Frühwirth. Constraint handling rules. In A. Podelski, editor, *Constraint Programming: Basics and Trends*, LNCS 910. Springer-Verlag, March 1995.
4. T. Frühwirth and S. Abdennadher. *Constraint-Programmierung.* Springer Verlag, Heidelberg, September 1997.
5. T. Frühwirth and S. Abdennadher. Der Mietspiegel im Internet: Ein Fall für Constraint-Logikprogrammierung. *KI 1/97, Themenheft Constraints*, April 1997.
6. D. Q. Goldin and P. C. Kanellakis. Constraint query algebras. *Constraints Journal*, 1(1+2):45–83, September 1996.
7. P. Van Hentenryck and V.J. Saraswat. *Principles and Practice of Constraint Programming.* MIT Press, Cambridge, MA, USA, April 1995.
8. M. Höhfeld and G. Smolka. Definite relations over constraint languages. LILOG Report 53, IWBS, IBM, Stuttgart, Germany, October 1988.
9. P. Brisset J.-R. Molwitz and T. Frühwirth. Planning cordless business communication systems. In *IEEE Expert Magazine, Special Track on Intelligent Telecommunications*, January 1996.
10. J. Jaffar and J. L. Lassez. Constraint logic programming. In *Proceedings of the* 14th *ACM Symposium on Principles of Programming Languages POPL-87, Munich, Germany*, pages 111–119, 1987.
11. J. Jaffar and M. J. Maher. Constraint logic programming: A survey. *Journal of Logic Programming*, 20:503–581, 1994.
12. M. J. Maher. Logic semantics for a class of committed-choice programs. In J.-L. Lassez, editor, *Proceedings of the Fourth International Conference on Logic Programming*, pages 858–876. MIT Press, May 1987.
13. V.A. Saraswat. *Concurrent Constraint Programming.* MIT Press, 1993.
14. L. Sterling and E. Shapiro. *The Art of Prolog.* MIT Press, 1994.
15. P. van Hentenryck, H. Simonis, and M. Dincbas. Constraint satisfaction using constraint logic programming. *Artificial Intelligence*, 58(1-3):113–159, 1992.
16. M. Wallace. Practical applications of constraint programming. *Constraints Journal*, 1(1,2):139–168, September 1996. Kluwer Academic Publishers.

PSYLOCK - Identifikation eines Tastaturbenutzers durch Analyse des Tippverhaltens

Dieter Bartmann
Institut für Informatik
Technische Universität München
D-80290 München
bartmann@informatik.tu-muenchen.de

Abstract

PSYLOCK ist ein neuartiges psychometrisches Identifikationsverfahren, das auf dem Merkmal "Tippverhalten" basiert. Durch Analyse des Schreibrhythmus und einigen anderen Aspekten des Tippverhaltens ist es damit möglich, auf Grund eines nur etwa 100 Zeichen langen, beliebigen Eingabestrings, eine Person mit Hilfe gewöhnlicher Hardware zu identifizieren. Das dabei erreichte Sicherheitsniveau ist durch Vorgabe der geforderten Textlänge nahezu beliebig einstellbar. Das Einsatzgebiet reicht von der einmaligen Identifikation bei der Zutrittskontrolle über elektronische Unterschrift und Textautorisierung bis hin zur ständigen Identitätsüberwachung im laufenden System.
Der vorliegende Artikel gibt einen Überblick über die Funktionsweise des Systems und zeigt konkrete Anwendungsmöglichkeiten sowie dessen Vorteile gegenüber den bereits bekannten biometrischen Verfahren auf. Darüber hinaus werden die neuesten Ergebnisse eines Labortests vorgestellt.

1. Motivation

Mit zunehmendem Einsatz von Computern in vernetzten Systemen steigt das Sicherheitsbedürfnis sowohl der Anwender als auch der Dienstleister. Persönliche Daten müssen vor dem Zugriff durch andere Benutzer geschützt und angebotene Dienste vor Mißbrauch gesichert werden. Eine entscheidende Rolle bei dieser Sicherung spielt die Identifikation der einzelnen Systembenutzer. Sie wird in den meisten Fällen durch Überprüfen gewisser Gegenstände (Schlüssel, EC-Karte, Chipkarte, ...) und Abfrage einer Geheimnummer bzw. eines Paßwortes vorgenommen. Wie die Praxis jedoch gezeigt hat, bietet diese Vorgehensweise einen in der Regel nur relativ schwachen Schutz, da zum einen das identifizierende Geheimnis eventuell ausgespäht werden kann und zum anderen viele Benutzer nicht sorgfältig genug mit ihren Paßwörtern umgehen.
Abhilfe können hier die sogenannten biometrischen Verfahren schaffen. Sie stützen sich nicht auf Attribute wie Besitz oder Wissen, sondern erkennen eine Person anhand eines ihr von Haus aus eigenen Merkmals. Hierzu zählen beispielsweise die Analyse des Fingerabdrucks, des Augenhintergrunds oder des Stimmspektrums, sowie die automatische Unterschriftenerkennung. Einen völlig neuartigen Ansatz in diesem Bereich stellt die im weiteren näher erläuterte Identifikation durch Analyse des Tippverhaltens dar.

2. Idee

Das hier vorgestellte Verfahren basiert auf der Annahme, daß das Tippverhalten ein signifikant personentypisches Merkmal darstellt. Konkret bedeutet dies, daß die folgenden vier Punkte erfüllt sein müssen:

1. Zwei beliebige Personen lassen sich allein anhand der Art und Weise, wie sie mit der Tastatur umgehen, mit einer gewissen Mindestwahrscheinlichkeit von z.B. 99,9% voneinander unterscheiden.
2. Gleichzeitig muß die Identität einer Person ebenfalls mit einer vorgegebenen Mindestwahrscheinlichkeit als solche richtig erkannt werden. Das heißt, daß die dem Tippverhalten zu Grunde liegenden und für die Analyse verwendeten Merkmale robust gegenüber den natürlichen Schwankungen beim Umgang mit der Tastatur sein müssen - zumindest solange sich eine Person nicht absichtlich verstellt.
3. Das Tippverhalten einer Person darf nicht soweit nachahmbar sein, daß sich die Wahrscheinlichkeit für einen erfolgreichen Angriff signifikant erhöht.
4. Die verwendeten Merkmale müssen von einem Computersystem ohne großen Aufwand erfaßbar sein. So arbeitet beispielsweise das hier vorgestellte Verfahren mit gewöhnlicher Standardhardware. Denkbar wäre allerdings auch eine spezielle Tastatur, die die Zeitpunkte des Drückens und Loslassens einer Taste aufzeichnet, sowie den dabei auftretenden Anschlagdruck mißt. Dadurch ließe sich das erreichte Sicherheitsniveau nochmals weiter erhöhen.

Daß sich das Tippverhalten tatsächlich als Identifikationsmerkmal eignet, war Ergebnis einer bereits 1995 durchgeführten Arbeit (Bartmann, 1995). Darüber hinaus zeigen die Zwischenergebnisse eines seit mehreren Monaten laufenden Feldtests, daß das Verfahren auch mit gestörten, in der täglichen Praxis gewonnenen Daten sehr gut funktioniert.

Neben der Machbarkeit an sich spielen auch noch die Vorteile, die eine Methode gegenüber den bereits bekannten Techniken bietet, eine entscheidende Rolle. Hier stellen insbesondere die nachfolgend angeführten Punkte ein Positivum gegenüber den bekannten biometrischen Verfahren dar:

- Es ist keine zusätzliche Hardware nötig.
- Die Methode bietet die Möglichkeit der Skalierung für verschiedene Sicherheitsanforderungen. Bei einem eher geringen Schutzbedarf genügt eventuell die Analyse weniger Worte, bei einem sehr hohen Sicherheitsniveau müßten hingegen etwa zwei Zeilen vom Benutzer eingegeben werden.
- Die Trennschärfe des Verfahrens steigt mit der zur Verfügung stehenden Textlänge und geht gegen 100%.

Durch diese Eigenschaften ergibt sich eine Vielzahl von Anwendungsmöglichkeiten, auf die in einem späteren Kapitel noch genauer eingegangen wird.

3. Aspekte des Tippverhaltens

Das Tippverhalten einer Person ist ein komplexes Merkmal, das sich aus mehreren völlig unterschiedlichen Aspekten zusammensetzt. Diese lassen sich in die folgenden zwei Gruppen einteilen - je nachdem, ob sie eher durch die motorischen Gegebenheiten der Hände oder durch Einflüsse des Gehirns geprägt sind:

1. physiologische Aspekte
   - Zeit (Schreibrhythmus)
     Hierunter fallen sowohl die Anschlagdauern der einzelnen Tasten, als auch die Zeitspannen, die vom Loslassen einer Taste bis zum Drücken der nächsten vergehen.
   - Druck
     Je nach Art des verwendeten Meßfühlers sind hier die verschiedensten Werte denkbar: angefangen von einzelnen Größen wie z.B. dem mittleren oder dem maximalen Druck bis hin zum gesamten Zeitverlauf des Drucks bei einem Tastenanschlag.
2. psychologische Aspekte
   - Tippfehler
     Hierbei können die Häufigkeiten, das Auftreten spezifischer Tippfehler wie z.B. der Buchstabendreher ei $\leftrightarrow$ ie, sowie das Korrekturverhalten des Benutzers untersucht werden.
   - Prägungen
     Mit Prägungen werden speziell eingeschliffene Zeichenfolgen, wie beispielsweise der Benutzername, das Paßwort oder häufig verwendete Systemkommandos bezeichnet. Es bietet sich an, das Tippverhalten bei der Eingabe derartiger Wörter gesondert zu analysieren.
   - Anlaufphase
     Zu Beginn einer Sitzung schreibt man in der Regel nicht so flüssig wie gewöhnlich. Die Dauer und der Ausprägungsgrad dieser Anlaufphase kann ebenfalls mit berücksichtigt werden.

PSYLOCK basiert hauptsächlich auf der Analyse des Schreibrhythmus. Der Tastendruck wurde absichtlich nicht mit berücksichtigt, da dieser mit einer gewöhnlichen Tastatur nicht gemessen werden kann.

Im folgenden soll anhand zweier Beispiele kurz aufgezeigt werden, daß gerade die Untersuchung der beiden Merkmale „Anschlagdauern der einzelnen Tasten“ und „Übergangsdauern von einem Anschlag zum nächsten“ bereits eine recht hohe Trennschärfe erwarten läßt. Betrachtet man z.B. konkret die Anschlagdauer der Taste „a“, so erhält man in der Regel glockenförmige Verteilungen. Abbildung 1 zeigt die mit Hilfe von Kerndichteschätzern gewonnenen Dichten zweier Testpersonen, die jeweils einen etwa 100 mal den Buchstaben „a“ enthaltenden Text eingegeben haben. Daran läßt sich sehr deutlich der Unterschied sowohl im Mittelwert, als auch in der Varianz der beiden Verteilungen erkennen. Besonders bemerkenswert dabei ist jedoch, daß die Person B, die offensichtlich das „a“ wesentlich länger gedrückt hält als die Person A, insgesamt deutlich schneller tippt als diese. Dies schlägt sich auch in Abbildung 2 nieder, die die Verteilungen der Übergangsdauern von einem „e“ auf ein direkt nachfolgendes „n“ derselben beiden Testpersonen zeigt. A benötigt im Mittel etwa dreimal so lange wie B und streut dabei deutlich mehr. Hier ist das Verhältnis der Schreibgeschwindigkeiten genau in die entgegengesetzte Richtung hin verschoben: A hat für die Eingabe des gesamten Textes lediglich um etwa 50% mehr Zeit als B benötigt.

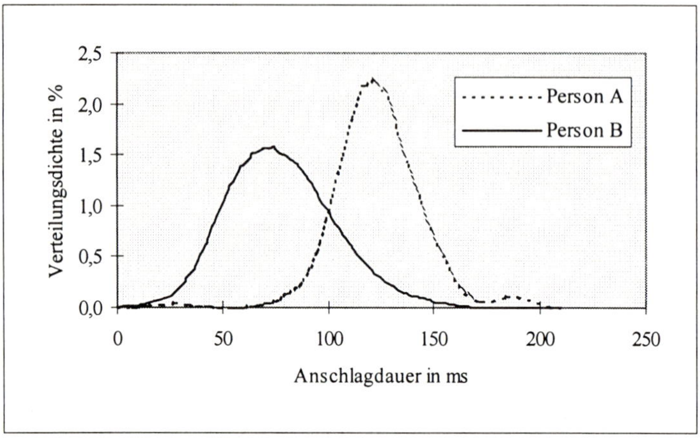

Abbildung 1: Verteilungen der Anschlagdauern der Taste „a“ für die Testpersonen A und B

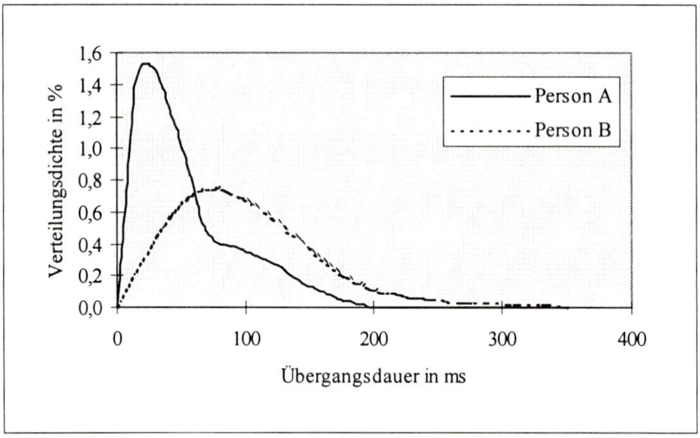

Abbildung 2: Verteilungen der Übergangsdauern von einem „e“ auf ein direkt nachfolgendes „n“ für die Testpersonen A und B.

Insgesamt ist also zu erwarten, daß sich durch die Analyse aller Anschlag- und aller Übergangsdauern eine hinreichend hohe Trennschärfe erreichen läßt.

4. Methodik

Um eine Person identifizieren zu können, muß dem System zunächst einmal deren Tippverhalten bekannt gemacht werden. Dazu tippt diese Person in einer anfänglichen Lernphase einen derzeit 70 Zeilen umfassenden vorgegebenen Text ab. Aus den dabei aufgenommenen Meßdaten werden die für diese Person signifikanten Merkmale bestimmt, entsprechende statistische Kenngrößen ermittelt und als Referenzmuster für diese Person abgespeichert.
Bei den durchgeführten Identitätstests sind dann nur noch sehr kurze, ca. 100 Zeichen lange Texte vonnöten. Die beim Tippen eines solchen Testtextes aufgenommenen Meßdaten werden in geeigneter Weise mit dem entsprechenden Referenzmuster verglichen und daraus ein skalares Ähnlichkeitsmaß ermittelt. Je nach Ergebnis können schließlich vom System entsprechende Maßnahmen getroffen werden. Im einfachsten Fall wird der Benutzer akzeptiert bzw. abgelehnt, in aufwendigeren Anwendungen könnte das System z.B. auch versuchen, die wahre Identität eines eventuellen Angreifers anhand aller vorhandenen Referenzmuster herauszufinden.
Das hier vorgestellte System basiert hauptsächlich auf statistischen Verfahren: der Vorgang des Tippens wird als Zufallsexperiment aufgefaßt. Beschreibt man die dabei auftretenden Verteilungen durch geeignete Modelle, so kommt man mit Hilfe entsprechender Schätzer für die Modellparameter schnell zu den für die Bildung der Referenzmuster benötigten Größen. Außerdem lassen sich aus den Modellannahmen Testgrößen herleiten, die sich für die Analyse der bei einem Identifikationsvorgang gemessenen Daten eignen. Da man hier jedoch zwangsläufig mehrere Testverfahren parallel betrachten muß, führt diese Vorgehensweise schließlich auf das Problem der Zusammenführung der einzelnen Testergebnisse zu einem skalaren Ähnlichkeitsmaß. Dabei handelt es sich im Prinzip um eine spezielle asymmetrische Klassifikationsaufgabe, die mit Hilfe neuronaler Netze gelöst wird.

5. Ergebnisse

Die Leistungsfähigkeit der hier vorgestellten Methode läßt sich am besten anhand der gewonnenen Testergebnisse darlegen. Während der Entwicklung des Systems wurden von 21 Personen unter identischen Bedingungen Referenzmuster generiert und eine Vielzahl von Einlogversuchen unternommen und aufgezeichnet. Die so gewonnenen Daten bilden die Grundlage für den Labortest, dessen Ergebnisse hier vorgestellt werden. Daneben laufen derzeit zwei Feldversuche mit insgesamt 20 Teilnehmern unter realen Einsatzbedingungen: die Probanden werden bei jeder Anmeldung am Netz anhand ihres Tippverhaltens identifiziert und müssen dazu einen kurzen Testtext abtippen. Dabei hat sich gezeigt, daß zum einen die zusätzliche Eingabe kaum als störend empfunden wird und zum anderen sich die Ergebnisse gegenüber den etwas idealeren Laborbedingungen nur unwesentlich verschlechtern. Da die Feldversuche jedoch noch nicht abgeschlossen sind, werden im folgenden lediglich die Auswertungen des Labortests vorgestellt.

Mit Hilfe der vorhandenen Daten wurden insgesamt etwa 115.000 Einlogvorgänge durchgeführt. Der Großteil davon (110.000) waren Angriffe, d.h. Versuche einer Person, sich unter einem falschen Benutzernamen anzumelden. Bei den restlichen 5.000 Identitätstests stimmte der angegebene Benutzername mit dem tatsächlichen Schreiber überein. Die beiden Abbildungen 3 und 4 zeigen die dabei ermittelten Fehlerraten

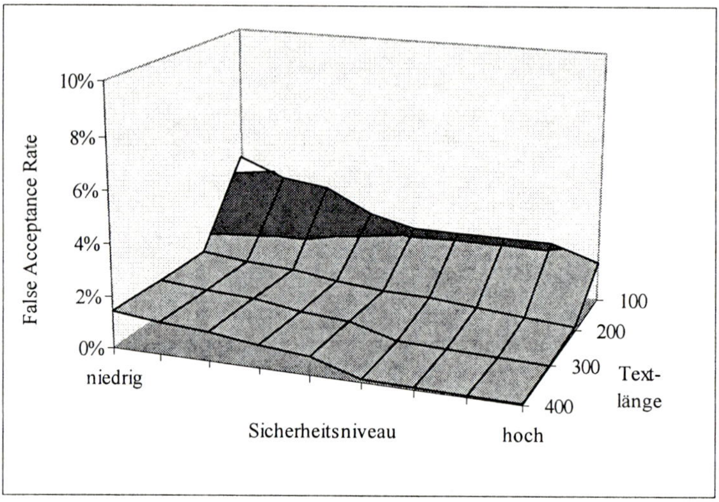

Abbildung 3: False Acceptance Rate in Abhängigkeit vom eingestellten Sicherheitsniveau und der vorgegebenen Länge des Testtextes

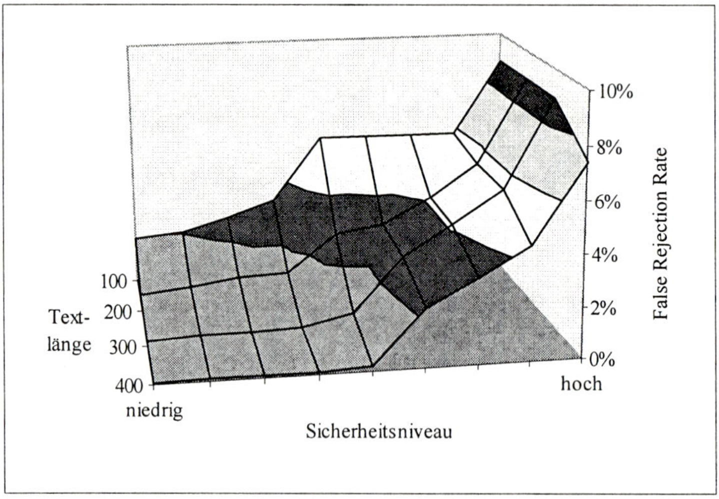

Abbildung 4: False Rejection Rate in Abhängigkeit vom eingestellten Sicherheitsniveau und der vorgegebenen Länge des Testtextes

False Acceptance Rate bzw. False Rejection Rate. Diese hängen hier im Gegensatz zu den meisten anderen Identifikationsverfahren nicht nur vom einstellbaren Sicherheitsniveau, sondern darüber hinaus noch von einem weiteren Parameter - der Länge des Testtextes - ab. Sie variiert von 100 bis hin zu 400 Anschlägen, was in der Regel Textlängen von etwa 80 bis 320 Zeichen entspricht, da jeder einzelne Tastendruck einschließlich Backspace und Shift als Anschlag gewertet wird.
Durch geeignete Wahl des Sicherheitsniveaus und der vorgegebenen Mindestlänge des Testtextes lassen sich beide Fehlerarten gleichzeitig den Ansprüchen entsprechend einstellen. Dies ist ein wesentlicher Vorteil gegenüber anderen Identifikationsverfahren, bei denen in der Regel immer nur eine der beiden Fehlerraten justierbar ist.

6. Anwendungsmöglichkeiten

Die PSYLOCK zugrunde liegende Idee kann auf vielfältige Art und Weise in konkrete Produkte umgesetzt werden. Im folgenden sind einige mögliche Einsatzbereiche aufgezählt:

- Zugangsschutz in Rechnernetzen
  Die Identifikation durch das Tippverhalten könnte die bisherige Vorgehensweise mit Paßwörtern ergänzen oder sogar ersetzen. Zudem wäre denkbar, alle Eingaben eines Benutzers im Hintergrund zu analysieren, um Angriffe während der Abwesenheit des momentan angemeldeten Benutzers zu vereiteln. Schließlich kann im Falle einer Abweisung eines Einlogwunsches versucht werden, mit Hilfe aller dem System bekannten Referenzmuster den möglichen Angreifer zu identifizieren.
- Sicheres Home Banking
  Die Kunden können sich ohne zusätzliche Hardware mittels PSYLOCK gegenüber der Bank authentifizieren. Die TAN (Transaktionsnummer) wäre damit überflüssig.
- Remote-Identifikation
  Das vorgestellte Verfahren ließe sich z.B. sehr gut in den Bereichen Außendienst, Teleworking und Fernwartung zum Zugriffsschutz einsetzen.
- Zusatzfeature für die Chipkarte
  Bei besonders geschützten Applikationen wird die Karte nicht per PIN, sondern mittels PSYLOCK freigeschalten. Der psychometrische Fingerprint ist auf dem Chip gespeichert.
- Automatische Signatur
  PSYLOCK läuft während des Schreibens eines Dokumentes im Hintergrund mit und erstellt dabei online ein personentypisches Muster des Schreibers. Dieses Muster kann als elektronische Unterschrift benutzt werden.
- Hochsicherheitsbereich
  Durch zusätzliche Analyse des Tastendrucks läßt sich die Trennschärfe des Verfahrens insbesondere für sehr kurze Texte noch weiter erhöhen. Damit ist auch ein Einsatz in sehr sensiblen Bereichen möglich, ohne einen inakzeptabel langen Testtext von den Benutzern verlangen zu müssen.

Insgesamt ist das vorgestellte Verfahren wohl in nahezu allen Bereichen einsetzbar, in denen die Identität einer Person wichtig ist und somit überprüft werden muß. Die oben angeführten Punkte stellen dabei lediglich die naheliegendsten Anwendungsgebiete und Produktideen dar. Zudem ist die Entwicklung des Verfahrens noch nicht abgeschlossen. Durch weitere Verbesserungen in den verwendeten Algorithmen lassen sich die Fehlerraten sicherlich noch spürbar verringern und somit eventuell noch weitere Einsatzbereiche erschließen.

Literaturverzeichnis

Abel, Horst & Schmölz, Werner: „PC-Sicherheit im Unternehmen", Beck'sche Verlagsbuchhandlung, 1992

Adam, Uwe: „Einführung in die Datensicherheit", Vogel, 1995

Bartmann, Dieter: „Identifikation eines Tastaturbenutzers durch Analyse der Anschlagfrequenz". Diplomarbeit, Institut für Informatik der TU München, 1995

Glade, Albert & Reimer, Helmut & Struif, Bruno (Hrsg.): „Digitale Signatur & Sicherheitssensitive Anwendungen" in DuD-Fachbeiträge, Vieweg, 1995

Kersten, Heinrich: „Einführung in die Computersicherheit", Oldenbourg, 1991

Petzel, Erhard: „Sichere Authentisierung" in KES, SecuMedia, 1997/1, S. 50-56

Pfleeger, Charles P.: „Security in Computing", PTR Prentice Hall, 1989

Sienkiewicz, Bodo S.: „Computer-Sicherheit Praxis und Organisation", Addison-Wesley, 1994

Thaller, Georg E.: „Computersicherheit" in DuD-Fachbeiträge, Vieweg, 1993

Seminar/Praktikum Management von Informatik-Projekten

O. Golly[1], K. Janik[2], R. Richter[1], W. Stucky[1]
[1]Institut AIFB, Universität Karlsruhe, D-76128 Karlsruhe
[2] Confidence Consult GmbH, Sarweystraße 76, D-70191 Stuttgart

Abstract

Die Wettbewerbsfähigkeit vieler Unternehmen hängt von der Nutzung der Informationstechnologie ab. Eine uneffektive Nutzung liegt oftmals nicht an der Technologie, sondern an der mangelnden Fähigkeit, alle damit zusammenhängenden technologischen, organisatorischen, wirtschaftlichen und menschlichen Probleme integrativ zu lösen. Das DV-Projektmanagement spielt dabei eine Schlüsselrolle, was zu der Forderung führt, Studenten darin gut auszubilden. Die Frage, ob und inwieweit dieses Thema, dessen Bedeutung und Vielfalt sich erst in der Praxis richtig erschließt, an Hochschulen jungen und unerfahrenen Studenten vermittelt werden kann, wird viel diskutiert, und weitere Erfahrungen sind hilfreich. Im vorliegenden Aufsatz werden Organisation, Ablauf und Erfahrungen geschildert, die bei dem „Seminar/Praktikum Management von Informatik-Projekten" im Wintersemester 1996/97 an der Universität Karlsruhe gesammelt wurden.

1. Einleitung

Innovationen werden meist in Form eines Portfolios von Projekten umgesetzt. Die Bedeutung des DV-Projektmanagements als entscheidender Faktor für den Erfolg oder das Mißlingen von Projekten ist erkannt und allgemein akzeptiert. Unternehmen wie etwa IBM, SNI und andere entwickeln dafür eigene Methoden und Werkzeuge. Viele Veranstalter bieten Seminare zu dem Thema an. In Deutschland gibt es auch einen einschlägigen Berufsverband, die Gesellschaft für Projektmanagement [GPM]. In der GI gibt es seit einigen Jahren Gliederungen, die sich dem Thema widmen [GI AKe], und eine ganze Reihe von Tagungen, z.B. [MSP 95], greifen das Thema auf oder sind diesem explizit gewidmet ([GI IuS], [GI IuA]). An vielen Hochschulen wird Projektmanagement gelehrt, vor allem in ingenieur- oder wirtschaftswissenschaftlichen Studiengängen.

Vertreter der Praxis bemängeln oftmals, daß Absolventen informatischer Studiengänge zu wenig Kenntnisse im Bereich des DV-Projektmanagements besitzen und durch die Betriebe erst ausgebildet werden müssen. Seit einigen Jahren ergänzen die Hochschulen ihr Ausbildungsangebot entsprechend; als Beispiele seien [Dei 95] und [Mag 96] genannt. Auch am Institut für Angewandte Informatik und Formale Beschreibungsverfahren (AIFB) der Universität Karlsruhe wird seit mehreren Jahren eine Vorlesung „Management von Informatik-Projekten" angeboten und seit 1996 um die Veranstaltung „Seminar/Praktikum Management von Informatik-Projekten" ergänzt. Teilnehmer beider Veranstaltungen sind vor allem Wirtschaftsingenieur- und Informatikstudenten.

Oft wird die Frage aufgeworfen, wie man etwas so praxisnahes wie DV-Projektmanagement an praxisunerfahrene Studenten überhaupt vermitteln kann. Das wichtigste Ziel der Seminarveranstaltung war daher, das Projektgeschehen möglichst wirklichkeitsnah erleben zu können. Dabei sollten die Studenten insbesondere lernen, projektrelevante Aspekte zu erkennen, zu planen und abzuwickeln sowie die Arbeit im Team und in einer übergreifenden Organisation zu erleben. Um von vornherein eine professionelle Note einzubauen, wurde ein Unternehmensberater eingebunden, der über Präsentationstechnik referierte und den Teilnehmern ein allgemeines Feedback gab. Eingangsvoraussetzung für die Teilnahme am Seminar war der Besuch der Vorlesung „Management von Informatik-Projekten“ oder eine äquivalente Vorbildung.

2. Das vorgegebene Projektszenario

Die Seminarteilnehmer erhielten keinen Katalog von Einzelaufgaben, sondern ein Ausgangsszenario. Im folgenden Abschnitt wird das hierfür gewählte unternehmerische Umfeld und die Projekte grob umrissen. Entsprechende ausführlichere Informationen wurden den Teilnehmern zu Beginn der Veranstaltung schriftlich und mündlich weitergegeben.

2.1 Das Unternehmen und die Projekte

2.1.1 Das Unternehmen

Die Poschmann und Rupp AG (PRAG) ist ein mittelständisches Maschinenbauunternehmen. Sie wurde 1972 von Wilhelm Poschmann gegründet und 1979 in eine AG umgewandelt. Mittlerweile gehört die PRAG deutschlandweit zu den größten Auftrags- und Sonderfertigungsmaschinenbauunternehmen, hauptsächlich im Druckbereich. Anfang des Jahres führte die PRAG ihr neues Produkt Carmina I zur Marktreife. Die Nachfrage nach dieser Maschine wird als sehr vielversprechend angesehen. Um die Markchancen realisieren zu können, soll der Außendienst der PRAG besonders vorbereitet werden. Des weiteren soll die Auftragsabwicklung untersucht und DV-technisch unterstützt werden. Die Unternehmensleitung hat daher die zwei folgenden Projekte angedacht.

2.1.2 Das Projekt Außendienstanbindung

Situation: Informationen über Kunden kann sich der Außendienst in der Unternehmenszentrale ausdrucken oder telefonisch dort anfragen. Technische Informationen erhält der Außendienst aus einer Vielzahl von Katalogen, die er in der Regel mit sich führt sowie aus technischen Beschreibungen, die er vorrätig hat oder auf Anfrage von der Zentrale erhält.

Ziel: Es soll ein integriertes Konzept entworfen werden, das eine einfache Anbindung an heutige oder zukünftige Systeme in der Firmenzentrale ermöglicht. Informationen über Kunden sollen vom AD-Mitarbeiter vor Ort abrufbar sein und nach mehreren Kriterien selektiert werden können. Technische Fragen sollen vor Ort beantwortet werden können; ggf. sollen den Kunden Simulationsmodelle der Maschine vorgeführt werden können.

2.1.3 Das Projekt Auftragsabwicklung

Situation: Die Auftragsabwicklung im Vertrieb der neuen Maschine wird sich in vielen Punkten von der bisher gewohnten unterscheiden. Bislang werden nahezu alle Vorgänge noch auf Papier abgewickelt (Formulare, Belege, Bestätigungen etc.). Es gibt ferner viele verschlungene Wege, die sich im Laufe der Zeit für die Bearbeitung der Geschäftsvorfälle eingefahren haben (u.a. die praktizierte Unterschriftsregelung). Es existieren viele redundante und inkonsistente Daten mit extrem hohem Pflegeaufwand.

Ziel: Die Geschäftsprozesse in der Auftragsabwicklung sollen optimiert und später durch ein Workflowmanagementsystem unterstützt werden.

2.1.4 Rahmenbedingungen

Die PRAG ist hierarchisch funktional gegliedert. Die Hauptabteilung DV/Org verfügt über eine eigene Softwareentwicklungsabteilung. Praktische Erfahrung mit größeren Projekten bestehen innerhalb der Abteilung keine. Beide Projekte sollen intern abgewickelt werden, da sensible Daten verarbeitet werden und die Projekte als unternehmenskritisch angesehen werden. Eine zunächst durchzuführende Untersuchung soll die Projekte genauer umreißen.

2.2 Teambildung und Rollen

2.2.1 Teambildung

Es gab drei organisatorische Projektinstanzen: den Lenkungsausschuß (LA), das Projektteam Außendienstanbindung und das Projektteam Auftragsabwicklung. Der LA bestand aus den fünf Mitgliedern Vorsitzender, Controller, Mentor, Bereichsleiter Vertrieb, Betriebsratsvorsitzender. Das Projektteam Außendienstanbindung bestand aus den fünf Mitgliedern Leiter Außendienst, Außendienstmitarbeiter, Software-ingenieur, Sachbearbeiter Materialwirtschaft, Systemanalytiker. Das Projektteam Auftragsabwicklung bestand aus den fünf Mitgliedern Leiter DV/Org, Assistent des Abteilungsleiters, Vertriebssachbearbeiter, Systemanalytiker, Softwareingenieur.

Die genannten Projektinstanzen sowie die genannten Rollen wurden den Seminarteilnehmern vorgegeben, Die Teilnehmer einigten sich auf die Besetzung der Rollen, so daß kein Teilnehmer eine Rolle innehatte, die er nicht wollte. Stille Naturen wie auch präsentationsstarke Teilnehmer konnten sich so gemäß ihren Möglichkeiten entfalten.

2.2.2 Ausprägung von Rollen

Als Instrument zur Steuerung von Arbeitsschwerpunkten und Projektatmosphäre wurden steckbriefartig „charakterliche Vorgaben" an die Rolleninhaber gemacht. Zwei Beispiele:

Steckbrief Bereichsleiter Vertrieb:
- seit 1992 bei der PRAG
- hat Vertrieb von der Pieke auf gelernt
- nimmt wenig Rücksicht auf DV/Org und die Produktion
- treibt die Projekte an und spekuliert auf den Vorstandssessel Vertrieb

Steckbrief Controller:
- hat BWL studiert und vor Jahren in zwei Organisationsprojekten als Projektassistent mitgearbeitet
- soll auf die Wirtschaftlichkeit der Projekte achten
- liebt Richtlinien, Regeln und Standards und will detaillierte Projektdaten
- hat das Sendungsbewußtsein, Technologiefreunde zu Kostenbewußtsein zu erziehen

Durch solche Beschreibungen können jedem Rolleninhaber erwartete Verhaltensweisen mit auf den Weg gegeben werden. So kann z. B. erwartet werden, daß ein Controller vom Typ „Buchhalter ohne DV/Org-Kenntnisse" sich im Projektverlauf anders verhält als einer, der früher jahrelang selbst DV-Projektleiter war.

3. Organisation und Ablauf der Veranstaltung

3.1 Organisatorisches

3.1.1 Arbeitsweise

Die Projektteams und der Lenkungsausschuß sollten teamweise und überwiegend zwischen den Sitzungsterminen arbeiten und dort im wesentlichen nur präsentieren sowie Entscheidungen herbeiführen. In geringem Umfang wurden zu den Sitzungsterminen ausgewählte Themen in Kleingruppen bearbeitet, vor allem Themen, die aus Sicht der Seminarleitung wichtig waren, aber entweder aus Zeitgründen nicht ausführlich bearbeitet werden konnten oder in der Projektplanung nicht in angemessenem Umfang berücksichtigt waren. Nach den Sitzungen wurde von der Seminarleitung der Projektverlauf kommentiert.

3.1.2 Kommunikation

Die Teilnehmer tauschten ihre Telefonnummern und auch ihre Adressen aus. Alle Teilnehmer verfügten über E-Mail-Anschluß, der auch überwiegend sehr intensiv zur Kommunikation untereinander genutzt wurde. Zur Informationsweitergabe an alle gab es eine spezielle Newsgroup. Außerdem existierte ein Projektinformationssystem im World Wide Web. Für Entscheidungen, die nicht mehr im Rahmen der Projektorganisation getroffen werden konnten, war ein Vertreter des PRAG-Vorstandes über E-Mail erreichbar. Vom ihm konnten auch alle fehlenden Informationen über das Unternehmen PRAG erfragt werden.

3.1.3 Bewertung der Teilnehmer

Für die Bewertung der Teilnehmer war das Ausfüllen ihrer Funktion im Projekt das wichtigste Kriterium. Neben der allgemeinen Mitarbeit im gesamten Verlauf der Veranstaltung mußte jeder Teilnehmer eine Einzelleistung erbringen. Diese wurde vom Teilnehmer selbst vorgeschlagen und von der Seminarleitung genehmigt. Um den Teilnehmern eine Orientierungshilfe zu geben, wurden mögliche Einzelleistungen genannt, z. B. Analyse des Projektumfelds, Ausarbeitung eines Controlling-Konzepts, Ist-Analyse präsentieren, Risikobetrachtungen durchführen, Projektordner und Protokolle führen.

3.2 Sitzungen

Schulung in MS-Project (Woche 2 bis 4)

In den ersten Wochen der Veranstaltung wurde im CIP-Pool der Fakultät eine Schulung in MS-Project durchgeführt, im wesentlichen anhand von Übungen am Rechner. Die Teilnehmer waren anschließend in der Lage, Projektpläne in MS-Project zu erfassen und zu verwalten. Später wurde die Projektterminplanung anhand ausgedruckter Pläne diskutiert. Nach der Schulung war für die Teilnehmer wöchentlich vier Stunden der Rechnerraum reserviert, meist verbunden mit Betreuung.

Termin 1: Start-Sitzung (zweite Woche, Dauer ca. 1 Stunde).

Die Startsitzung wurde von der Seminarleitung durchgeführt. Dabei wurden Ziel und Inhalt der Veranstaltung erläutert, über den zu erwartenden Aufwand für die Teilnehmer gesprochen, Bewertungskriterien und organisatorische Regelungen bekanntgegeben und das Projektszenario vorgestellt. Anschließend teilten sich die Teilnehmer auf die Teams und auf die Rollen auf.

Nach der Sitzung wurde der Lenkungsausschußvorsitzende speziell instruiert, damit er zusammen mit seinen Lenkungsausschußkollegen die Kick-off-Sitzung für die Projekte in die Wege leiten würde. Die weitere Ausgestaltung des Projektverlaufs wurde den Teilnehmern überlassen - im Vertrauen auf ihren sportlichen Ehrgeiz, die Projekte realitätsnah und erfolgreich abzuwickeln.

Termin 2: Kick-off-Sitzung (dritte Woche, Dauer ca. 4,5 Stunden)

Die Kick-off-Sitzung wurde vom Lenkungsausschuß einberufen und von dessen Vorsitzenden moderiert. Folgende Themen wurden behandelt:

- Der Lenkungsausschußvorsitzende begrüßte die Anwesenden und motivierte die Projekte
- Der Bereichsleiter Vertrieb ordnete die beiden Projekte in die Unternehmensstrategie ein und sprach über Ziele und Ressourcen
- Die Aufgaben bis zur nächsten Sitzung wurden verteilt
- Ein Unternehmensberater referierte über Präsentationstechniken

Termin 3: Außerplanmäßige Sitzung (vierte Woche, Dauer ca. 4 Stunden)

Die Sitzung wurde auf Ratschlag der Seminarleitung vom Projektleiter des Teams Außendienstanbindung einberufen. Als Begründung wurden mangelnde Informationen sowie organisatorische Unsicherheiten angeführt. Folgende Themen wurden behandelt:

- Spielregeln (Diskussionsregeln, Einberufung von Sitzungen, Berichtswesen)
- Daten und Fakten (Informationen über die Produktpalette, Liefertermine, Umsatzprognosen, Produktionskosten)
- Standards für den Projektordner (Richtlinien für die Führung des Ordners, Inhalt des Ordners, Aufbewahrungsort und Einsichtnahme, Verantwortlicher für den Ordner)
- Festlegung von Schnittstellen:
  formale Schnittstellen (wer ist stets von wem über was zu informieren)
  inhaltliche Schnittstellen (wer kommuniziert mit wem)
- Abgrenzung der Kompetenzen (insbesondere zwischen Lenkungsausschuß einerseits und Projektleitern andererseits)
- Vorstellung der Homepage, auf der später aktuelle Informationen über die Projekte abgelegt wurden.

Termin 4: Vorstellung der Ist-Analyse (sechste Woche, Dauer ca. 4 Stunden)

Diese Sitzung wurde vom Lenkungsausschußvorsitzenden einberufen und moderiert. Folgende Themen wurden behandelt:

- Ist-Analyse im Projekt Außendienstanbindung (Verfahren, Bewertung, Ausblicke)
- Ist-Analyse im Projekt Auftragsabwicklung (Verfahren, Bewertung und Ausblicke)

Termin 5: Außerplanmäßige Sitzung (siebte Woche, Dauer ca. 3,5 Stunden)

Diese Sitzung wurde vom Leiter des Projekts Auftragsabwicklung einberufen. Als Begründung wurden unbeantwortete Anfragen an den Lenkungsausschuß und Kommunikationsprobleme angegeben. Die Sitzung hatte folgende Schwerpunkte:

- Vortrag über Projektmanagement unter besonderer Berücksichtigung der Aufgaben des Lenkungsausschusses
- Aussprache über Defizite des vorhandenen Lenkungsausschusses

Des weiteren wurde losgelöst von der Rolle über den bisherigen Umgangstons zwischen einzelnen Teammitgliedern diskutiert.

Termin 6: Präsentation von Soll-Konzept und Projektfeinplanung (achte Woche, Dauer ca. 4,5 Stunden)

Diese Sitzung wurde vom Lenkungsausschußvorsitzenden einberufen und moderiert. Folgende Themen wurden behandelt:

im Rahmen des Projekts Außendienstanbindung

- detaillierte Wirtschaftlichkeitsbetrachtung und Projektplanung
- Vortrag über Lotus Notes als Groupwaresystem

im Rahmen des Projekts Auftragsabwicklung

- Aufwandsschätzung und Risikoabschätzung
- Das Vorgehensmodell und der Einsatz von objektorientierter Analyse und Entwurf
- Kosten und Terminplan (MS-Project)
- Der Bereichsleiter Vertrieb referierte über Lagebericht und Marktaussichten des Produktportfolios der PRAG

Termin 7: Integrationstest und Einführungsplanung (zehnte Woche)

Mußte abgesagt werden, da zu viele Teammitglieder erkrankt waren.

Termin 8: Planung der Restaktivitäten (dreizehnte Woche, Dauer ca. 4 Stunden)

Diese Sitzung wurde von der Seminarleitung veranlaßt. Folgende Themen wurden behandelt:

- Der Vorsitzende des Lenkungsausschusses gab gegenüber dem PRAG-Vorstand einen Statusbericht über die Projekte ab
- Die beiden Projektteams erarbeiteten und präsentierten die Aktivitätenplanung für ihre Projekte zwischen den logischen Zeitpunkten „Abschluß Integrationstest“ und „Anwendung ist seit sechs Monaten in Produktion“
- Der Personalratsvertreter spricht über personalpolitischen Konsequenzen der Projekte

Abschließend wurde den Teilnehmern ein Fragebogen ausgehändigt, mit dem sie die Veranstaltung bewerten konnten. Es schloß sich noch eine Diskussion an.

4. Lessons Learned

4.1 Bewertung der Veranstaltung aus Sicht der Teilnehmer

Der ausgeteilte Fragebogen enthielt auf vier Seiten insgesamt 49 Fragen und wurde von allen Teilnehmern ausgefüllt. Hier ein Überblick über die abgefragten Bereiche:

- Vorkenntnisse aus Vorlesungen sowie Praxiserfahrungen
- Gesamteindruck der Veranstaltung
- Was hat das Seminar gebracht und wodurch (Einzelleistung, Vorträge, Teamarbeit, Sitzungen, Schulung in MS-Project etc.)
- Wie war die organisatorische und die fachliche Betreuung (Unterlagen, Hintergrundinformationen, Feedback-Runde nach jeder Sitzung, Rolle der Seminarleitung etc.)
- Projektszenario und Rollen (war die „Story" ausreichend, war die Rolle passend und konnte sie gut eingebracht werden)
- Kommunikation (Nutzung von Newsgroup und E-Mail, konnten die Teammitglieder gut erreicht werden etc.)
- Was würden Sie das nächste Mal besser machen?

Insgesamt war die Resonanz auf die Veranstaltung sehr positiv. Es zeigte sich, daß die Teilnehmer keine Schwierigkeiten hatten, sich in die Rolle bzw. in das Szenario hineinzuversetzen. Der Lernerfolg wurde als sehr hoch eingeschätzt und die Teilnehmer empfahlen, die Veranstaltung erneut anzubieten.

Mit einer Ausnahme deckten sich bei den einzelnen Bereichen die Antworten der Teilnehmer mit den Eindrücken der Seminarleitung (siehe unten). Abweichend beurteilt wurde die Forderung der Teilnehmer nach mehr Zahlenmaterial, etwa über das Unternehmen, den Markt, über Herstellungskosten, Aufwand des Außendienstes pro Kundenberatung usw. Hier mußten sich die Teilnehmer schlüssige Zahlen und Begründungen dafür selbst einfallen lassen, was teilweise mühevoll war. Für die Seminarleitung wäre die Vorgabe solcher Zahlen extrem aufwendig gewesen.

4.2 Bewertung der Veranstaltung aus Sicht der Seminarleitung

Die Teilnehmerzahl von 15 ist die Obergrenze. Der Entschluß, zwei Projektteams zu bilden (es hatten sich mehr als doppelt so viele Teilnehmer angemeldet als Plätze zu vergeben waren) hat sich als Vorteil herausgestellt: Für den Lenkungsausschuß war die Herausforderung größer und die Teams konnten hinsichtlich Ihrer Vorgehensweisen und Arbeitsqualität verglichen werden und es entwickelte sich ein Wettbewerb untereinander.

Für die Seminarleitung erwies sich die Einrichtung der E-Mails und der Newsgroup als zeitaufwendig und fehleranfällig. Die E-Mail wurde höchst unterschiedlich genutzt. Einige kommunizierten sehr häufig, andere machten nahezu kaum Gebrauch davon. Hieraus resultierte auch oft ein unterschiedlicher Informationsstand, der sich in der auf wenige Wochen gestauchten Projektdauer vor bestimmten Sitzungsterminen nicht immer ausgleichen ließ. Andererseits war die Kommunikation per E-Mail ein sehr wichtiger Bestandteil des Informationsaustausches und wurde von den Teilnehmern auch als sinnvoll und notwendig eingestuft.

Es hat sich gezeigt, daß einige Rollen schwerer auszufüllen waren als andere. Beispielsweise war sich der Lenkungsausschuß seiner aktiven Aufgabe insbesondere in der Startphase der Projekte nicht voll bewußt. Die Mehrzahl der Mitglieder des Lenkungsausschusses waren lange unsicher, welche Möglichkeiten zur Steuerung der Projekte sie eigentlich haben.

Die Projektteams mußten im Grunde keine Projektgrobplanung machen, sondern bekamen durch Vorgespräche und Sitzungstermine mit möglichen Inhalten schon ein Schema an die Hand gegeben. Eine Projektgrobplanung sollte aber von den Teams verlangt werden, da sie ein wichtiger Bestandteil von Projekten ist.

Die Atmosphäre war realistisch und das Engagement der Studenten überwiegend sehr hoch. Fällt ein wichtiges Teammitglied leistungsfähig ab, führt dies oftmals zu Spannungen. Daneben war es für einige Teilnehmer schwierig, ihre Person von der Rolle zu trennen und nahmen daher Kritik persönlich. Etwa nach der Hälfte der Sitzungen wurde zusammen mit der Seminarleitung ein Gespräch geführt, in dem sich die Teilnehmer ein freundlicheres Verhalten vornahmen.

Bei einigen Diskussionen wurde klar, daß Informationen, wie sie normalerweise in einem Unternehmen vorhanden sind (sein sollten), fehlten. Hierzu zählen eine IV-Strategie mit Standards, Hersteller- und Produktentscheidungen, einzusetzenden Werkzeuge sowie Grundsatzentscheidungen über Eigenentwicklung vs. Standardsoftware und anderes.

Einige Teilnehmer wurden von Gruppendruck, Sitzungsatmosphäre und Konfliktsituationen unangenehm berührt. Des weiteren traten Projektaspekte wie Planung, Kommunikation, Wirtschaftlichkeit etc. deutlich hervor. Etliche Teilnehmer gaben an, sich nach der Veranstaltung besser orientieren zu können in dem Sinn „Ja, so könnte ich später beruflich tätig sein“ oder „Fürs Projektgeschäft bin ich wohl doch nicht geeignet“.

Die Mitwirkung eines externen und in der Praxis ausgewiesenen Experten fördert die Realitätsbezogenheit der Veranstaltung. Ferner ist er für die studentischen Teilnehmer ein gefragter Gesprächspartner am Rande der Veranstaltung. Ferner ist zu erwähnen, daß sich mittlerweile mehrere Unternehmen für die Teilnahme an der Veranstaltung interessieren. Ihr Interesse liegt im Recruiting wie auch im Bereich der beruflichen Weiterbildung ihrer Mitarbeiter. Im nächsten Wintersemester werden voraussichtlich zwei Mitarbeiter eines Softwarehauses das Seminar begleiten. Die Externen bringen Praxiswissen in das Seminar ein, lernen aber gleichzeitig einiges über Softwareentwicklungsmethoden und über Projektmanagement.

4.3 Fazit und Ausblick

Die Studenten haben sich in sehr hohem Maße mit ihren Projekten identifiziert und „ernst gemacht". Praxisnahes Projektgeschehen konnten von den Teilnehmern in einem Seminarraum einer Universität durchlebt werden. Die Veranstaltung wurde von den Studenten als wertvoll eingeschätzt und stellt neben den üblichen Vorlesungen und Praktika zu Programmiersprachen, Software Engineering, Informationssystemen etc. eine wichtige Ergänzung der Ausbildung dar.

Um das Seminar regelmäßig anzubieten, müßten mehrere verschiedene Fallstudien entwickelt werden. Des weiteren sollte die Mitwirkung externer Partner gesichert sein. Die IuK-Ausstattung sollte auch Metaplantafeln, Flipcharts und LCD-Displays umfassen. Nicht vergessen werden sollten außerdem Leistungen eines Projektbüros wie Kaffee und Imbiß bei längeren Sitzungen.

Literatur:

[Dei 95] M. Deininger, A. Drappa: SESAM - A Simulation System For Project Managers, in [MSP 95]

[GI AKe] GI-Arbeitskreis Management von Softwareprojekten der FG 2.1.1; GI-Fachgruppe 5.1.2 Projektmanagement

[GI IuS] GI-Fachtagung Informatik und Schule

[GI IuA] GI-Tagung Informatik und Ausbildung

[GPM] GPM Gesellschaft für Projektmanag. INTERNET Deutschland e.V.

[Mag 96] Magin, J. Quade: Software-Engineering in der Ausbildung am Bei spiel eines Projektkurses, Softwaretechnik-Trends 16:2, Mai 1996

[MSP 95] P.F. Elzer, R. Richter (Hrsg): Fifth International Workshop on Experience with the Management of Software Projects, Pergamon Press, Oxford, 1996

[Keim] Keim (Hrsg.): Planspiel-Rollenspiel-Fallstudie: Zur Praxis und Theorie lernaktiver Methoden, Wirtschaftsverlag Bachem

Frauen auf dem Weg, das Image der Informatik zu verändern

Hans-Jörg Kreowski, Veronika Oechtering, Ingrid Rügge
Universität Bremen, Fachbereich Mathematik und Informatik
Postfach 330440, D-28334 Bremen
kreo, oechteri, ruegge @informatik.uni-bremen.de

Abstract. Unter dem Motto „Das Informatikstudium ist anders!" wurde am Studiengang Informatik der Universität Bremen das einjährige Pilotprojekt zur Information und Motivation von Frauen und Mädchen für ein Informatikstudium durchgeführt[1]. Das Projekt richtete sich jedoch nicht nur an die Zielgruppe der potentiellen Informatikstudentinnen, sondern insbesondere auch an das sie beeinflussende Umfeld. Im Anschluß an das Schülerinnenprojekt startete im Mai 1997 ebenfalls am Bremer Informatik-Studiengang das Projekt[2] „INFORMATICA FEMINALE - Sommeruniversität für Frauen in der Informatik". Es will bundesweit Studentinnen und Wissenschaftlerinnen aller Informatik-Studiengänge aktiv beteiligen. In diesem Beitrag werden der komplexe Hintergrund für Frauengleichstellungsmaßnahmen in der Informatik beschrieben und die Ergebnisse des Pilotprojekts sowie die Projektidee der Sommeruniversität vorgestellt.

Ausgangssituation

Der Begriff „Informatik"

Bildung und Ausbildung, die die Bezeichnung „Informatik" tragen, sind mittlerweile auf allen Qualifikationsstufen zu finden. Angefangen in den Schulen mit der Informationstechnischen Grundbildung (ITG) und den Kursen in Informatik, fortgesetzt durch den Lehrberuf Informatik, die Ausbildung zur Informatik-AssistentIn sowie den vielfältigen vergleichbaren Abschlüssen und nicht zuletzt durch die verschiedenen Studienmöglichkeiten mit dem Abschluß Diplom oder Lehramt einschließlich der diversen Bindestrich-Informatiken. Nicht zu vergessen die unterschiedlichsten Angebote von Volkshochschulen, Berufsakademien und anderen Trägern. Innerhalb dieser Bildungsmöglichkeiten wird eine Vielfalt von Kenntnissen und Fähigkeiten vermittelt. Sie reicht von der einfachen Handhabung von Computern über die Programmierung und Konzeptionierung von Softwaresystemen hin zu ethischen Fragen des Computereinsatzes, um nur einige wenige Elemente zu nennen. Das Arbeitsamt subsumiert Diplom-InformatikerInnen unter dem Begriff „Computerfachleute" und charakterisiert mit diesem Begriff alle Tätigkeiten, die in irgendeiner Form mit Computern zu tun haben (Dostal 1995, Slomka 1996). Dieses Konglomerat läßt im

---

[1] Laufzeit vom 1.4.1996 bis 31.3.1997, gefördert durch das Bundesministerium für Bildung, Wissenschaft, Forschung und Technologie, die Universität und das Land Bremen.

[2] Laufzeit 3 Jahre, gefördert durch die Universität Bremen im Rahmen des HSP III.

Prinzip offen, was nun letztendlich unter Informatik zu verstehen ist. Bemerkenswerterweise hat sich in der Öffentlichkeit jedoch eine spezielle Sichtweise etabliert, die sich mit folgenden Aussagen beschreiben läßt:

- Man muß als Informatikerin den ganzen Tag (und am besten auch noch nachts) am Bildschirm programmieren und im Internet herumsurfen.
- Man muß im Notfall auch die Rechner selbst zusammenlöten können.
- Man muß fast ein Genie in Mathematik sein, um Informatik studieren zu können.
- Man muß mindestens einen Informatik-Kurs in der Schule belegt haben und einen eigenen Computer besitzen, um im Informatikstudium erfolgreich zu sein.

Dieses völlig verzerrte und einseitige Bild zeigt mittlerweile deutlich seine Wirkung.

Hochschulen

Die Informatik ist eine relativ junge Wissenschaft, deren Kern nicht abschließend definiert ist. Im Laufe ihrer Entwicklung entstanden im wissenschaftlichen Bereich immer wieder neue Positionen über das Ziel und die Inhalte der Informatik (Coy u.a. 1992, Falck 1995). Vor diesem Hintergrund stellt sich natürlich die Frage, welche Aspekte heute und auch in Zukunft allgemeingültig und verbindlich und somit als Informationen für mögliche Studentinnen dienen können. Allerdings ist die fachinterne Diskussion über den Kern der Informatik für das Interesse von Mädchen und Frauen an einem Informatikstudium nicht allein ausschlaggebend, andere Faktoren wie beispielsweise hochschulstrukturelle und fachkulturelle Gegebenheiten spielen eine bedeutendere Rolle (Erb 1996, Schinzel 1997). Das heißt aber nicht, daß Hochschulen keinen Einfluß auf das Image der Informatik und damit keine Möglichkeit der Gestaltung haben.

Mit dem Vordringen der Informationstechnik in fast alle Lebensbereiche hat sich die Sicht von Mädchen und Frauen auf die Informatik deutlich gewandelt, so daß nun schon seit mehr als 10 Jahren ein Rückgang ihres Anteils am Informatikstudium zu verzeichnen ist.

	Informatik-Studierende an Universitäten		
	gesamt	weiblich	Anteil Frauen
WS 88/89	25.500	3.399	13,33%
WS 90/91	29.062	2.861	9,84%
WS 92/93	30.889	2.837	9,18%
WS 94/95	30.897	2.319	7,74%
WS 96/97	28.223	2.137	7,57%

Tab.1: Statistik über den Anteil der Studentinnen im Diplomstudiengang Informatik (Quelle: Fakultätentag Informatik und eigene Berechungen)

In Bremen beispielsweise lag der Frauenanteil bei den StudienanfängerInnen in WS 1995/96 unter 5%: unter den 83 StudienanfängerInnen waren nur noch vier Frauen zu finden. Eine Befragung dieser Studentinnen ergab, daß alle nicht direkt nach dem

Schulabschluß ihr Informatikstudium begonnen hatten, sondern als Studienfachwechslerinnen oder nach einer vorausgegangenen Berufstätigkeit zu ihrer Studienentscheidung gekommen waren. Die gleiche Situation war bereits im Vorjahr beobachtet worden. Die beschriebene Entwicklung ist nicht spezifisch für die Universität Bremen, dieser Trend zeichnete sich schon seit längerem an allen bundesdeutschen Informatikstudiengängen ab. Der Anteil der Studienanfängerinnen in der Informatik lag in Ostdeutschland vor 1990 weit über dem westdeutschen Niveau und sank mit ca. 4% im Jahre 1995 deutlich unter den Bundesdurchschnitt. Wurde dieser Rückgang anfangs auf die stetig wachsende Anzahl männlicher Studierender und die stagnierende Anzahl weiblicher InformatikstudentInnen zurückgeführt, so ist heute unbestreitbar, daß das Interesse von Frauen an der Aufnahme eines Informatikstudiums wesentlich geringer geworden ist. Mehrere Untersuchungen zur Studiensituation in der Informatik weisen darüber hinaus auf einen überproportionalen Studienabbruch von weiblichen Studierenden hin[3], wobei sich die Motive der Studentinnen bei einem Studienabbruch mit den Bedenken der Schülerinnen gegen die Aufnahme dieses Studiums decken. Für den übrigen Wissenschaftsbereich konnten in der Forschung wie auch in der Lehre ebenfalls Strukturen nachgewiesen werden, die eine Zurückdrängung bzw. kategorische Blockierung von Informatikerinnen bewirken[4]. Aktuelle Diskussionen zur Effizienzsteigerung der Lehre auf allen Hochschulebenen haben vielerorts eine offene Atmosphäre für die Erprobung neuer Studienformen geschaffen. Als Maßnahmen, die sich explizit an Frauen richten, sind an einigen Informatikstudiengängen beispielsweise Studieneinführungen oder Frauentutorien organisiert worden. Der stetige Rückgang der Studentinnenzahlen bedroht diese lokalen Angebote jedoch existentiell, so daß eine Intervention dringend geboten ist. In anderen Fachgebieten sind bereits seit einiger Zeit Projekte in diesem Problemfeld durchgeführt worden:, die meisten berücksichtigen keine Informatikstudiengänge[5]. Für die Informatik ist jedoch eine weitaus umfassendere Aufgabe und eine größere Motivationsarbeit zu leisten, da nicht nur „leere Vorstellungsräume" zu füllen sind. Vielmehr müssen bestehende Vorurteile, Fehleinschätzungen und Informationsdefizite bzgl. eines Studiums und der Tätigkeitsbereiche von Informatikerinnen thematisiert und durch ein angemessenes realistisches Bild ersetzt werden.

Vernetzung von Informatikerinnen

Andererseits sind bereits zahlreiche Themen der Frauenforschung wie auch der Frauenförderung gerade am Beispiel der Informatik sehr intensiv untersucht worden. Damit liegen einerseits wichtige Erkenntnisse über spezifische Problembereiche vor, andererseits hat ein großer Teil der Informatikerinnen, vor allem im Wissenschaftsbe-

---

[3] Beispielsweise der BLK-Modellversuch „Förderung von Studentinnen im Grundstudium in natur- und ingenieurwissenschaftlichen Fächern" an der U-GH Paderborn, in den auch die Informatik einbezogen war (vgl. Möller 1994); ebenso Reisin 1992, Rügge 1993

[4] Britta Schinzel, Christiane Funken: Aachener Studie zur Lage des weiblichen wissenschaftlichen Nachwuchses am Beispiel der Informatik. Studie im Auftrag des BMBW, 1991 (unveröffentlicht). Ergebnisse vgl. Funken 1992.

[5] Eine Übersicht über diese Projekte gibt Diegelmann u.a. 1994.

reich, diese Projekte begleitet oder aktiv getragen. Tatsächlich kann eines der ersten bundesweiten Technikerinnen-Netzwerke, der GI-Fachausschuß 8.1 „Frauenarbeit und Informatik“, auf über zehn Jahre erfolgreiche Arbeit in einer wissenschaftlichen Fachgesellschaft zurückblicken. Der Fachausschuß zählt heute ca. 500 Mitglieder, überwiegend Informatikerinnen und andere EDV-Fachfrauen. In diesem Netzwerk sind viele Berufsfelder vertreten, die sich mit Informatik bzw. mit der Entwicklung und dem Einsatz der Informations- und Kommunikationstechniken befassen. Selbst im internationalen Vergleich unter Informatik-Fachgesellschaften sind diese Aktivitäten einmalig. Im Hochschulbereich bildet der vor fünf Jahren gegründete bundesweite Arbeitskreis der (sog. dezentralen) Frauen-/ Gleichstellungsbeauftragten in Informatikstudiengängen ein Forum, das auf fachlich-struktureller Ebene auf Veränderungen hinwirken will[6]. Weiterhin nutzen Informatikerinnen die informationstechnische Vernetzung, um sich im Rahmen eines von der Hamburger Informatik-Professorin Dr. Leonie Dreschler-Fischer initiierten und moderierten E-mail-Netzes „Frauen in der Informatik - FINFORM“ zu aktuellen Themen auszutauschen und beispielsweise auf schnellem Wege Stellenausschreibungen zu verbreiten.

Schulen

Durch die Integration der Informatik in die schulische Bildung erfuhr die Ausformulierung dessen, was Schülerinnen und Schüler unter Informatik verstehen, eine Manifestation. Leider gibt es bis heute kaum durch Hochschulen qualifizierte Informatiklehrerinnen und -lehrer, so daß die Kinder und Jugendlichen überwiegend von Autodidakten unterrichtet werden, die ihnen als Informatik das vermitteln, was sie persönlich darunter verstehen. Außerdem fehlt es an einer Didaktik der Informatik sowie an geeigneten Unterrichtsmaterialien (Ansätze hierzu z. B. in Nievergelt 1993, Schubert 1995, Glagow-Schicha 1997). Auch die Empfehlungen der GI für den Informatikunterricht (Schulz-Zander 1993) konnten keinen wesentlichen Einfluß auf diese Situation nehmen. Eine Änderung der Lage scheint derzeit nicht absehbar, da aufgrund bildungspolitischer Entscheidungen weiterhin kaum Informatiklehrerinnen oder -lehrer eingestellt werden, Fortbildungen dem Rotstift zum Opfer fallen und die Weiterbildung der Informatik unterrichtenden Lehrkräfte nur selten in Zusammenarbeit mit Informatik-Fachbereichen durchgeführt werden. Es ist also ein Zusammenspiel verschiedener Ursachen und Gründe[7], das für den Rückzug von Schülerinnen aus der Informatik verantwortlich ist, von denen die Informationsdefizite und fehlenden weiblichen Vorbilder einen Aspekt darstellen.

Betriebliche Praxis

Als die Informationstechnik ihren Aufschwung nahm und in kürzester Zeit Einzug in die Arbeits- und Lebenswelt hielt, griffen die Unternehmen auf die Gruppe ihres be-

---

[6] Der Arbeitskreis ist seit 1994 als ständiger Gast im Fakultätentag Informatik.

[7] Eine umfassende Übersicht über zu diesem Thema vorliegende Untersuchungsergebnisse in Deutschland ist nachzulesen in Schinzel 1997.

währt qualifizierten Personals zurück, die willens und in der Lage war, sich den Erfordernissen der Stunde anzupassen. Es entstand auch hier eine Kultur von Autodidakten und durch Weiterbildung geschulter Kräfte, die den Belangen des jeweiligen Unternehmens gute Dienste leisteten. Im Lauf der Zeit kamen dann die mittlerweile von den Hochschulen qualifizierten InformatikerInnen dazu, dennoch hatten diese Pioniere einen maßgeblichen Einfluß auf das Image der Informatik. Bei den bisher durchgeführten Frauenfördermaßnahmen sind solche negativen Veränderungen kaum berücksichtigt werden. Bei der Informationstechnik wurde vor allem der Zugang von Frauen zum Computer, also die Handhabung als Gerät und Arbeitsmittel gefördert, weniger jedoch das kontinuierliche Verbleiben von Frauen in höherqualifizierten und aufstiegsorientierten Berufen. Dadurch hat sich im Laufe der Jahre bei den Berufsausbildungen bzw. Tätigkeiten im EDV-Bereich eine geschlechtshierarchische Arbeitsteilung ausgeprägt, nach der Frauen eher für Assistenz- und Zuarbeitungsberufe und Männer für hochqualifizierte Leitungs- und Managementfunktionen ausgebildet werden. Die in Ostdeutschland bis zur Vereinigung wesentlich höheren Frauenanteile in der Informatik im Hochschulbereich und in Betrieben bzw. Verwaltungen (ca. 30%) sind im Laufe der letzten Jahre zunichte gemacht worden (Oechtering/Behnke 1995). Aufgrund unzureichender technischer Weiterbildungsangebote auf hohem Qualifikationsniveau wurde vor allem für Frauen eine Rückkehr in vergleichbare Positionen unmöglich.

Studien- und Berufsberatung

Studien- und Berufsberatung sind etablierte Institutionen an Hochschulen und im Arbeitsamt. Ihre Arbeit basiert auf den Informationen, die sie von ihren Trägern erhalten. Wie oben bereits erwähnt, trifft das Arbeitsamt bzgl. der Berufsgruppe InformatikerInnen bzw. Computerfachleute seine Abgrenzung und Zuordnung auf eine sehr komplexe Art und Weise, so daß eine differenzierte Betrachtung der Berufsfelder von Diplom-InformatikerInnen schier unmöglich erscheint. Demzufolge wird die Beratung stark vom individuellen Wissensstand der jeweiligen BeraterIn geprägt.

Das Pilotprojekt

Vor diesem Hintergrund können die nachfolgend beschriebenen Maßnahmen zur Öffnung des Informatikstudiums für Frauen nur als erste Ansätze verstanden werden. Das Bremer Pilotprojekt wurde explizit an der Universität angesiedelt mit dem Ziel, eine aktive Schnittstelle zwischen Hochschule und Öffentlichkeit zu bilden. Mit den Erfahrungen von Informatikerinnen aus der Universität sollte Mädchen und Frauen nicht nur Mut gemacht und ihre Ängste abgebaut werden, sondern es sollte ein Zugang zum Informatikstudium aufgezeigt und der Einstieg erleichtert werden. Der Schwerpunkt der durchgeführten Maßnahmen war regional auf den Einzugsbereich der Universität Bremen bezogen. Die erstellten Informationsmaterialien wurden allerdings bundesweit verteilt. Das Projekt wurde vom Studiengang Informatik der Universität Bremen durch die aktive Beteiligung einiger HochschullehrerInnen, wis-

senschaftlicher Mitarbeiterinnen, des Frauenbeauftragtenkollektivs und insbesondere durch das Engagement von Studentinnen getragen.
Wie schon erwähnt, sind es nicht allein die herrschenden Vorstellungen über Informatik, die Mädchen und Frauen an der Aufnahme eines derartigen Studiums hindern. Dennoch ist das Bild der Informatik ein Ansatzpunkt, an dem gerade aus den Hochschulen heraus mit einer Revision begonnen werden kann und muß. Da das Pilotprojekt zunächst nur auf neun Monate angelegt war, beschränkte sich das Projekt darauf, die vorhandenen Strukturen zu nutzen und die bereits aktiven Institutionen durch Informations- und Gesprächsangebote in ihrer Arbeit zu unterstützen.
Als Motto für das Projekt entschieden wir uns für die Behauptung „Das Informatikstudium ist anders!". Diese Wahl hatte mehrere Gründe:

- Es provoziert die Frage „Anders als was?" und eröffnet damit die Möglichkeit, etablierte Vorstellungen über ein Informatikstudium anzusprechen und zu revidieren.
- Es drückt die Notwendigkeit der Abgrenzung und differenzierten Betrachtung des Studiums gegenüber anderen Aus- und Weiterbildungen mit der Bezeichnung „Informatik" aus.
- Es soll auf die vielfältigen Ausprägungen bzgl. Form und Inhalt eines Informatikstudiums an den verschiedenen Hochschulen aufmerksam machen.

Im Rahmen des Pilotprojekts wurde eine Vielzahl von Aktivitäten durchgeführt. Im folgenden werden einige erläutert und ihre Ergebnisse vorgestellt.

Konzeption einer 48seitigen Informatikerinnen-Broschüre incl. Plakat

Ein zentrales Anliegen des Pilotprojekt war die Erstellung und breit angelegte Verteilung von allgemeinverständlichem und angemessenem Informationsmaterial über das Informatikstudium. Mit dieser Zielsetzung entstand die vorliegende Informatikerinnen-Broschüre. Ihr Grundkonzept basiert auf einer 1992 von der Gesellschaft für Informatik herausgegebenen Informationsbroschüre. Aus der Schülerinnenbroschüre wurden mit Einverständnis der GI einige Elemente übernommen, insbesondere das Konzept der Mischung aus „trockenen" Fakten und „spannenden" Biographien. Es entstand ein Informationsmaterial, das die Vielfalt der Studien- und Berufsmöglichkeiten in der Informatik in ansprechender Form dokumentiert. Die Informatikerinnen-Broschüre enthält allgemeine Informationen über das Studium an Universitäten, Fach- und Gesamthochschulen; sie nennt die gängigen Vorurteile und spricht die tatsächlichen Gegebenheiten an, wobei sie Problemfelder wie z.B. Vorkenntnisse, Chancengleichheit und Berufsaussichten nicht unbeachtet läßt. Sie skizziert Berufsfelder, in denen Informatikerinnen heute tätig sind, gibt Literaturhinweise und nennt Adressen. Und sie zeichnet durch die Biographien ein facettenreiches und lebendiges Bild von Frauen in der Informatik. Die Informatikerinnen-Broschüre wurde erstmals auf der CeBIT HOME'96 vorgestellt und anschließend seitens des Projekts gezielt verbreitet. Insbesondere Hochschulen sind sehr an der Verbreitung der Broschüre interessiert, aber auch Menschen außerhalb von Institutionen, denen eine Erweiterung der Palette der von Mädchen und Frauen ergriffenen Berufe ein Anliegen ist. Broschüre und Plakat sind im Fachbereich Mathematik und Informatik der Universität Bremen weiterhin kostenlos erhältlich.

Präsentation des Pilotprojekts auf der CeBIT HOME'96

Die Initiative „Frauen geben Technik neue Impulse", die gemeinsam vom Bundesministerium für Bildung, Wissenschaft, Forschung und Technologie, der Bundesanstalt für Arbeit und der Deutschen Telekom gefördert wird, präsentierte auf der CeBIT HOME'96 in Hannover 14 Projekte aus dem Bereich der Beruflichen Bildung, aus mehreren Hochschulen und Forschungseinrichtungen sowie der Weiterbildung; zudem stellten sich Gewerkschaften und Frauenverbände vor. Der Gemeinschaftsstand war im themenübergreifenden Informations- und Diskussionsforum CHANCEN 2000 angesiedelt. Im Rahmen dieser Initiative stellte sich das Pilotprojekt mit einem Standkonzept vor, das kompetente Frauen in der Informatik sichtbar machte und zugleich Arbeitsergebnisse von Informatikerinnen präsentierte. Die Projektmitarbeiterinnen und mehrere Studentinnen standen zu Gesprächen zur Verfügung und zwei Informatikerinnen, die gerade ihr Studium abgeschlossen hatten, präsentierten die Ergebnisse ihrer Diplomarbeiten. Noch Monate nach der Messe führten die dort geknüpften Kontakte zu Rückmeldungen und weiteren Aktivitäten. Das Pilotprojekt präsentierte sich außerdem auf weiteren Informationsveranstaltungen und Konferenzen.

Aktivitäten und Informationsangebote des Studiengangs

Die Mitarbeiterinnen des Pilotprojekts beteiligten sich am jährlich im Januar stattfindenden SchülerInnen-Informationstag der Universität Bremen mit einer eigenen Veranstaltung. Das Projekt lud vier ehemalige Bremer Informatik-Studentinnen, die mittlerweile in Unternehmen der Region tätig sind, zu einer Podiumsdiskussion ein. Es handelte sich um Mitarbeiterinnen einer renommierten Bank, eines Krankenhauses, eines großen Entsorgers und eines Softwarehauses. Die Unternehmen begrüßten das Vorhaben sehr und stellten ihre Mitarbeiterinnen für diesen Termin frei. In der Veranstaltung berichteten die Frauen kurz über ihren Werdegang, ihre Erfahrungen im Studium, ihren Übergang vom Studium in den Beruf und insbesondere über ihre derzeit ausgeübte Tätigkeit und die dazu erforderlichen Kenntnisse und Fähigkeiten. Im Laufe der Diskussion kristallisierte sich heraus, daß die tägliche Arbeit dieser Informatikerinnen Anforderungen an ihre Kommunikations- und Teamfähigkeit stellt, die sie im Studium nicht im erforderlichen Maße vermittelt bekamen. Und es wurde offenbar, daß die Schülerinnen und Schüler einige der oben genannten negativen Sichten auf ein Studium oder eine Berufstätigkeit als Diplom-Informatikerin internalisiert hatten, die durch diese Veranstaltung relativiert werden konnten.

LehrerInnen und Eltern

Die Projektmitarbeiterinnen nahmen Kontakt zur Bremer Arbeitsgruppe von Lehrerinnen der Informationstechnischen Grundbildung (ITG) auf und stellten ihnen das Pilotprojekt vor. Auf Anregung dieses Kreises hin wurden Handreichungen zur Koedukation/Monoedukation-Debatte erstellt. Über eine der ITG-Lehrerinnen kam im Rahmen eines Betriebserkundungsprojekts ein zweitägiges Kurzpraktikum zweier

Schülerinnen im Pilotprojekt zustande. Weiterhin verbrachte eine Berufsfachschülerin, die die InformatikassistentInnen-Ausbildung absolviert, ein einwöchiges Praktikum im Projekt. Gespräche mit Lehrerinnen und Lehrern unterschiedlicher Schulen und Fortbildungseinrichtungen machten deutlich, daß ein großer Bedarf an weitergehenden Materialien besteht, die gezielt Informationen zu speziellen Themenbereichen der Informatik anbieten und vor allem als Grundlagen zur Unterrichtsgestaltung verwendet werden könnten. Da ein Interesse an expliziter Aufarbeitung des Projektthemas besteht, erstellte Dr.-Ing. Heidi Schelhowe ein Konzept für eine LehrerInnenfortbildung mit dem Titel „Informationstechnologie - Bewegung im Geschlechterverhältnis". Das Konzept zielt darauf ab, Mädchen nicht erneut in ihrer Benachteiligung und als Opfer herauszustellen oder bloß appellativ zu wirken, sondern die Chancen für eine positive Veränderung des Geschlechterverhältnisses in der Informationsgesellschaft aufzuzeigen. Lehrerinnen und Lehrer sollen motiviert werden, das Geschlechterverhältnis bewußt zum Ausgangspunkt ihrer didaktischen und methodischen Überlegungen zu machen. Dr.-Ing. Ulrike Erb erstellte ein thematisch ähnlich gelagertes Konzept für die Zielgruppe Mutter/Töchter. Beide Konzepte konnten aus Zeitmangel leider noch nicht erprobt und in die Praxis umgesetzt werden; ihre Veröffentlichung im Projektbericht ist in Arbeit.

Pressearbeit und Kontinuität

Isolierte Angebote zur Thematisierung des Projektanliegens, z.B. in Form von Informationsveranstaltungen oder Pressekontakten, haben sich als weniger geeignet erwiesen, sofern sie nicht in eine mittelfristige Perspektive eingebettet werden können. Die regelmäßige Informationsweitergabe an FachjournalistInnen kann weitaus gezieltere Veröffentlichungen in der Presse bewirken und dadurch beispielsweise die Beteiligung an Schwerpunktausgaben ermöglichen[8]. Kontinuierliche Kontakte beeinflussen außerdem die Fragestellungen der Medien an das Thema. Hierin sehen wir einen zentralen Veränderungsfaktor. Die dauernde Verfügbarkeit von Ansprechfrauen in der Universität ist daher immens wichtig und die Ebene persönlicher Kontakte sowie der Aufbau zwischenmenschlicher Beziehungen sind entscheidend, die gewünschten Zielgruppen - Mädchen und Frauen, LehrerInnen, Eltern sowie Studien- und BerufsberaterInnen - zu erreichen. Im Projekt wurden neben den beschriebenen Aktivitäten eine Vielzahl persönlicher Gespräche mit Studieninteressentinnen geführt. Diese Kontakte sind diejenigen mit der intensivsten Wirkung gewesen. Es wäre wünschenswert, wenn Hochschulen und Berufsverbände ihre Bemühungen um die Integration von Mädchen und Frauen in die Informatik in diese Richtung verstärken würden und durch eine persönliche Präsenz das Bild der Informatik in der Öffentlichkeit hin zu einer realitätsbezogenen Darstellung veränderten.

Dieser Gedanke des Ausbaus persönlicher Kontakte unter Informatikerinnen und der Erarbeitung gemeinsamer Vorschläge für eine Veränderung der Informatikhochschulausbildung im Interesse von Frauen liegt auch dem Projekt „INFORMATICA FEMI-

[8] siehe Sonderbeilage der Frankfurter Rundschau zur CeBIT 97 vom 13. März 1997

NALE - Sommeruniversität für Frauen in der Informatik" zugrunde, das im Mai 1997 begonnen hat:

Die Projektidee der „INFORMATICA FEMINALE"

Seit 1993 verfolgen einige Frauen im Umfeld des Bremer Informatik-Studiengangs die Idee, eine Sommeruniversität für Frauen in der Informatik unter dem Stichwort „INFORMATICA FEMINALE" einzurichten. Ein zentrales Anliegen des Projekts ist die Verbindung von Erstausbildung, Weiterbildung und studienfachorientierter Motivierung (Erb u.a. 1997). Das Konzept enthält im wesentlichen drei Teile:

- *Das Sommerstudium*

Den Kern des Projekts bilden jährlich als Block stattfindende Lehrveranstaltungen für Informatik-Studentinnen aus dem gesamten Bundesgebiet, die an der Universität Bremen von Dozentinnen (Hochschullehrerinnen, qualifizierten Lehrbeauftragten aus Wissenschaft und Praxis, national und international) angeboten werden. Das Themenspektrum kann die gesamte Breite des Informatikstudiums umfassen und soll sich zunächst an den allgemeinen Curricula-Empfehlungen für die Informatik orientieren.

- *Curriculare Diskussionen*

Zur Vorbereitung der Sommerkurse und darüber hinaus werden Workshops durchgeführt, um curriculare Veränderungen des Informatikstudiums in Diskursen unter Frauen theoretisch zu analysieren, veränderte/neue Konzepte zu entwickeln und zumindest ansatzweise in den Sommerkursen zu erproben.

- *Fortbildungsveranstaltungen für Wissenschaftlerinnen*

Für Frauen auf den unterschiedlichen Stufen wissenschaftlicher Laufbahnen sollen Veranstaltungen angeboten werden, die beispielsweise Strukturwissen über den Hochschulbetrieb bzw. Charakteristika der Wissenschaftskultur vermitteln, hochschuldidaktische Angebote machen oder den Aufbau hochschulexterner Kooperationen behandeln. Dies ist zeitlich unabhängig vom Sommerstudium vorgesehen.

Der erste curriculare Workshop ist für Dezember 1997 geplant, der erste Sommerstudienblock für September 1998. Mit den drei beschriebenen Elementen des Projekts sollen Frauen auf verschiedenen universitären oder wissenschaftlichen Handlungsebenen verstärkt Einflußmöglichkeiten erhalten. In Studiengängen wie der Informatik ist Lernen und Lehren unter bzw. mit anderen Frauen oftmals eine Seltenheit. Viele Informatikerinnen wünschen sich allerdings wesentlich mehr derartige Lehr- und Arbeitssituationen, wie mehrere Untersuchungen in den vergangenen Jahren belegt haben (Rügge 97). Sie zielen mit ihrem Wunsch nicht nur auf die Vermittlung von fachlichen Inhalten ab, sondern meinen eine neue Studienkultur im Sinne von geänderter Studienatmosphäre und veränderte Schwerpunkte in der Ausgestaltung des Hochschul- und Forschungsalltags.

Wir sind sehr interessiert an weiteren, insbesondere auch internationalen Kontakten. Alle, die sich als Dozentinnen oder Teilnehmerinnen an dem Projekt „INFORMATICA FEMINALE" beteiligen möchten oder die Ideen einbringen wollen, sind herzlich eingeladen, sich mit den AutorInnen in Verbindung zu setzen.

Literatur

W. Coy u.a. (Hg.): Sichtweisen der Informatik. Braunschweig: Vieweg 1992.
K. Diegelmann, A. Moser, A. Baur (Hg.): Projekte und Modellversuche zur Förderung von Frauen in ingenieur- und naturwissenschaftlichen Studiengängen an bundesdeutschen Hochschulen. Darmstadt: FiT-Frauen in der Technik e.V., April 1994.
W. Dostal: Berufsbilder in der Informatik. In: Inform. Spektrum 3/1995, S. 152-162.
U. Erb: Frauenperspektiven auf die Informatik. Informatikerinnen im Spannungsfeld zwischen Distanz und Nähe der Technik. Münster: Westfälisches Dampfboot, 1996.
U. Erb, H.-J. Kreowski, V. Oechtering, I. Rügge: INFORMATICA FEMINALE - Summer University for Women in Computer Science. Educational Pilot Project at the Department of Mathematics and Computer Science at the University of Bremen. In: EATCS-Bulletin of the European Association for Theoretical Computer Science, Educational Matters Column, Nr. 61, Februar 1997, S. 93-99.
M. Falck: Undisziplinierte Softwareentwicklerinnen und ihre methodischen Ansätze. In: P. Pilz u.a. (Hg.): Forschende Frauen. Mössingen: Talheimer 1995, S. 119-133.
C. Funken: Wissenschaftlerinnen in der Informatik. In: G. Müller u.a. (Hg.): Bericht des Instituts für Informatik und Gesellschaft der Univ. Freiburg, Nr. 6, 1992, S. 3-24.
Gesellschaft für Informatik (GI) e.V.: „Informatikerin ? Wieso nicht...“. Broschüre zu Studium, Beruf und Alltag von Informatikerinnen. Bonn 1992, 50 Seiten.
L. Glagow-Schicha (Hg.): Für Ada, Marie und andere Mädchen. Beispiele für mädchengerechten Unterricht in Mathematik, Informatik, Technik und Naturwissenschaften. IKÖ-Materialien, 1997.
M. Möller: Informatik bald ohne Studentinnen? Handlungsperspektiven der Fachbereiche. In: Frauenarbeit und Informatik 9/1994, S. 44-48.
J. Nievergelt: Was ist Informatik-Didaktik? Gedanken über die Fachkenntnisse des Informatiklehrers. In: Informatik Spektrum 1/1993, S. 3-10.
V. Oechtering, R. Behnke: Situations and Advancement Measures in Germany. Special Issue „Women in Computing“. In: Communications of the ACM 1/1995, S.75-82.
F.-M. Reisin: Nicht Projektmamas, eine andere Informatik braucht´s. In: W. Langenheder u.a. (Hg.): Informatik - cui bono? GI-FB 8 Fachtagung, Freiburg, 23.-26.9.1992. Berlin: Springer 1992, S. 123-128.
I. Rügge: Hoch lebe die Statistik!? In: Frauenarbeit und Informatik, 8/1993, S. 37-40.
I. Rügge: Hätten Sie Interesse? In: Frauenarbeit und Informatik, 15/1997, S. 63-67.
B. Schinzel: Why has Female Participation in German Informatics Decreased? In: A.F. Grundy u.a. (Eds.): Women, Work and Computerization. IFIP-Conference, Bonn, 24.-27.5.1997. Berlin: Springer, 1997, S. 365-378.
S. Schubert (Hg.): Innovative Konzepte für die Ausbildung. 6. GI-Fachtagung Informatik und Schule. Chemnitz 25.-28.9.1995. Berlin: Springer, 1995.
R. Schulz-Zander u.a.: Veränderte Sichtweisen für den Informatikunterricht. GI-Empfehlungen für das Fach Informatik in der Sekundarstufe II allgemeinbildender Schulen. In: Informatik Spektrum 6/1993, S. 349-356.
L. Slomka: Werden Informatikerinnen und Computerfachfrauen noch gebraucht? In: Frauenarbeit und Informatik, 14/1996. S. 40-44.

Informatik an Schulen
- geschlechtsspezifische Aspekte -

Hiltrud Westram

St.-Michael-Gymnasium, Walter-Scheibler-Str. 51, 52156 Monschau
Hiltrud.Westram@post.rwth-aachen.de

1. Wahlverhalten in der gymnasialen Oberstufe in NRW

Der Informatikunterricht in der gymnasialen Oberstufe hat in NRW in den letzten fünf Jahren erheblich gelitten: An Gymnasien sank die Gesamtzahl in der Jahrgangsstufe 11 innerhalb von 5 Jahren um ca. 40 %, in der Jahrgangsstufe 13 um 45 %. Noch dramatischer sank die Zahl der Mädchen im gleichen Zeitraum - in der Jahrgangsstufe 13 um 58 % innerhalb von fünf Jahren [1]! Die Ursachen für den generellen Rückgang sind vielfältig, liegen aber auch in den Bedingungen für die Kursbelegung in der gymnasialen Oberstufe in NRW. Ursachen für die große Distanz der Mädchen und für ihre zunehmende Abkehr von Informatik sollen im folgenden genauer beleuchtet werden.

2. Bisherige Untersuchungen

In vielen Schulversuchen wurden unter dem Thema "Mädchen und Neue Technologien" geschlechtsspezifische Zugangsweisen und -möglichkeiten zum Computer erforscht. Dabei wurde u.a. festgestellt, daß

- vor der unmittelbaren Programmierung der Anwendungsbezug hergestellt werden sollte, eine Einbindung in den sozialen Kontext erfolgen und über Nutzen und Schaden der Einführung von Computern gesprochen werden sollte [2],
- in der gymnasialen Oberstufe das Wahlverhalten von Mädchen an Mädchenschulen ziemlich genau dem Wahlverhalten von Jungen entspricht und das Wahlverhalten von Mädchen an koedukativen Schulen stark davon abweicht [3]
- sich die Distanz der Mädchen gegenüber dem Computer nicht in Abwehr, sondern in einer differenzierten, kritischen Haltung ausdrückt [4],

3. Vorgehensweisen im Unterricht

Diesen Forschungsergebnissen entsprechend werden am St.-Michael-Gymnasium in Monschau regelmäßig Exkursionen zu Arbeitsplätzen von InformatikerInnen durchgeführt. Exemplarisch sei der Besuch des Aachener Klinikums genannt, der unter dem Thema 'Was macht die Informatik im Klinikum?' angeboten wird [5]. Ein zweiter Schwerpunkt sind Vorträge zur Berufserkundung, wobei InformatikerInnen in den Unterricht kommen und über Studium, Beruf und die Vereinbarkeit von Familie und Beruf berichten [5]. Da Mädchen in den seltensten Fällen Informatik aus dem gleichen Selbstverständnis heraus wie Jungen wählen, werden sie von uns vor den Wahlen für die Sekundarstufe II gezielt angesprochen - auch und gerade Mädchen mit guten Leistungen in Mathematik und Naturwissenschaften, die sich zwar einen Leistungskurs in Mathematik zutrauen, aber noch lange keinen Grundkurs in Informatik. Besondere Bedeutung hat das Verhalten der Jungen im Informatikunterricht. Sind sie kooperativ und können gut team- und projektorientiert arbeiten, bleiben Mädchen wesentlich lieber nach dem 1. Halbjahr der 11 (wo die Abwahl am größten ist) im Kurs. Die oftmals verschwommenen, wenn nicht gar falschen Vorstellungen eines Begriffs oder Sachverhalts müssen konsequent hinterfragt werden. Dabei die Mädchen im Blick zu haben, ist auch für Jungen positiv [6]. Damit wird das Lernklima deutlich verbessert und auch Mädchen sehen eine Perspektive im Informatikunterricht.

4. Konsequenzen

Es bleibt noch großer Handlungsbedarf: Das Bild in der Öffentlichkeit wird dem Fach nicht gerecht, es darf nicht mehr Informatik mit Programmierung gleichgesetzt werden. Kommt die Informatik weg vom Image einer 'harten' Ingenieurwissenschaft hin zur Wissenschaft der Informationsverarbeitung [7], wird sie für Mädchen interessanter. Die Lehreraus- und -weiterbildung ist ebenso wie die Didaktik für dieses Fach trotz verschiedener guter Ansätze noch nicht zufriedenstellend etabliert. Und trotz allem: Das Schulfach Informatik hat eine große Chance, denn im Wahlpflichtbereich der Stufen 9/10 ist ein 'Run' auf Informatik zu verzeichnen. Unter dem Motto "Was für Mädchen richtig ist, ist auch für Jungen richtig. Umgekehrt gilt dies aber nicht!" [6] wäre der prozentuale Anteil der Mädchen ebenso hoch wie an meiner Schule (26 % in der 13 gemittelt über alle Jahrgäng)!

Literatur:

[1] Auskunft des Landesamtes für Datenverarbeitung und Statistik NRW in Düsseldorf vom 2.7.1992 und vom 20.6.1996 (unveröffentlicht)

[2] Schulz-Zander, R. et al. (Arbeitskreis 7.3.1 "Informatik in der Sekundarstufe II" der GI): Veränderte Sichtweisen für den Informatikunterricht. GI-Empfehlungen für das Fach Informatik in der Sekundarstufe II allgemeinbildender Schulen. In: Informatik-Spektrum (1993) 16, S. 349-356.

[3] Funken, C. et al.: Geschlecht, Informatik und Schule, Academia Verlag 1996

[4] Sinhart-Pallin, D.: Die technik-zentrierte Persönlichkeit. Sozialisationseffekte mit dem Computer, Deutscher Studien Verlag 1990, S. 145

[5] Westram, H.: Informatik - ein Fach auch für Mädchen! In: Computer und Unterricht (1996) 24, S.18-21

[6] Wagenschein, M.: Der Ruf der Raben, Klett 1965

[7] Rasmussen, B.: Girls and Computer Science: "It's not me. I'm not Interested in Sitting Behind a Machine all day." In: Grundy A.F. et al.: Women, Work and Computerization, S. 379-386

Massnahmen zur Informatik-Förderung in der Schweiz

K. Bauknecht

Universität Zürich

In der Schweiz wurden im Zeitraum 1986 bis 1999 durch den Bund schwerpunktmässig die folgenden drei Programme unterstützt:

- Sondermassnahmen für die Informatik und Ingenieurwissenschaften (1986 - 1991)
- Schwerpunktprogramm Informatikforschung (SPP IF, 1992 - 1995)
- Schwerpunktprogramm Informations- und Kommunikationsstrukturen (SPP IuK, 1996 - 1999)

Im Folgenden sollen die beiden Schwerpunktprogramme beschrieben und dokumentiert werden.

1 Schwerpunktprogramm Informatikforschung (SPP IF) 1992 bis 1995

Mit dem Schwerpunktprogramm SPP IF trug der Bund dazu bei, die Voraussetzungen für neue Entwicklungen und Anwendungen in der Informatik zu schaffen. Das SPP IF umfasste in der Beitragsperiode 1992 bis 1995 drei Bereiche (Module):

- Modul 1: sichere verteilte Systeme
- Modul 2: wissensbasierte Systeme
- Modul 3: massiv parallele Systeme

Im Ausführungsplan zum SPP IF wurden u.a. folgende Zielsetzungen des Programms genannt:

- Erreichen der internationalen Konkurrenzfähigkeit
- die Verwendung der Informatik in die richtigen Bahnen lenken
- dem Misstrauen gegen die Informatik als Technik begegnen
- Ausgangsbasis für neue Unternehmungen im Gebiet der Informationstechnologien schaffen
- Intensivierung der eigenständigen Forschung in der Schweiz
- Anstoss zur Belebung des Technologie- und Innovationsplatzes Schweiz

Mit der Öffnung des Programms für sämtliche Forschende und Forschungsorte in der Schweiz wurde beabsichtigt, die Kräfte in der Informatik zu konzentrieren, die Informatikforschung aus den Hochschulen hinauszutragen und eine stärkere Einbindung und ein vermehrtes Engagement der Privatwirtschaft - mit entsprechenden Eigenleistungen - zu erreichen. Es hatten im SPP IF also sowohl grundlagenorientierte Beiträge wie auch entwicklungsnahe Projekte ihren berechtigten Platz. An verschiedenen Projekten waren Partner aus der Wirtschaft beteiligt oder zeichneten selber verantwortlich.

Die Informatik und ihre Auswirkungen auf die Gesellschaft führten auch zu kritischen Ueberlegungen. Deshalb wurden 1.5% der Projektgelder für Studien im Bereich der Technologiefolgenabschätzung (Technology Assessment) reserviert.

Im Oktober 1992 wurde eine erste Serie von 34 zweijährigen Forschungsprojekten im Betrag von etwas mehr als 10 Mio. Franken bewilligt. Im März 1994 kam eine zweite Serie von 14 Projekten im Betrag von knapp 3 Mio. Franken hinzu.

Die 48 Projekte des SPP IF wurden in Kompetenzkreise mit verwandter Thematik zusammengefasst. Die Entwicklung der Kompetenzkreise wurde teils mit grossem Erfolg vorangetrieben, andere verwandte Projekte haben erst im Laufe der Zeit zu einer verstärkten Zusammenarbeit gefunden. Durch regelmässige Programmveranstaltungen (Workshops, site visits, Modultagungen) wurde die bisher noch wenig ausgeprägte Vernetzung der Forschungsszene im Bereich Informatik gefördert.

Die meisten Projekte standen mit Partnern aus Industrie und Wirtschaft in der Schweiz und im Ausland in Verbindung, um die Brauchbarkeit der entwickelten Erkenntnisse in der Praxis zu erproben.

2 Schwerpunktprogramm Informations- und Kommunikationsstrukturen (SPP IuK) 1996 bis 1999

Das SPP IuK trägt der Entwicklung Rechnung, dass die Informations- und Kommunikationstechniken immer stärker zusammenwachsen und zu einem zentralen technischen Hilfsmittel für die meisten Tätigkeiten in der Wirtschaft und in unserem Leben werden. Informations- und Kommunikationstechniken bilden in Zukunft die integrierte gemeinsame Plattform, um Dienste aufbauen zu können, welche einem breiten Bedürfnis und ganz spezifisch und gezielt den künftigen Anforderungen der schweizerischen Volkswirtschaft entsprechen.

2.1 Ziele des Programms

Ein breites Spektrum von neuen Technologien der Informationsverarbeitung und Kommunikation stand weltweit vor der Markteinführung. Stichworte dazu sind etwa die europäische und weltweite Kommunikationsinfrastruktur, Mobiles Computing, Standardanwendungssoftware, Workflow-Management, Multimedia, computergestütztes Entwerfen und Wissenszugriff.

Gefragt war also ein interdisziplinäres Forschungsprogramm, welches bestehende Forschungsgruppen aus der Informatik und der Kommunikationstechnik zu einer gemeinsamen Anstrengung zusammenführt und erlaubt, in wichtigen Teilgebieten die Forschung zu intensivieren.

2.2 Zielsetzungen des SPP IuK

- Beiträge zur Erarbeitung einer kohärenten informations- und kommunikationstechnologischen Basis für künftige intelligente Informationsverarbeitung und Hochleistungskommunikation zu leisten, welche für die schweizerische Wirtschaft von besonderem Interesse sind
- Den Einbezug, die Vertiefung und die gegenseitige Abstimmung spezifischer Schlüsseltechnologien und -methoden in den Bereichen Multimedia-Kommunikation, verteilte Systeme, Sicherheit und Zuverlässigkeit zu fördern
- Die Voraussetzungen dafür zu schaffen, dass die neuen Technologien in branchenspezifische Lösungen, welche für die schweizerische Wirtschaft besonders wichtig sind, umgesetzt werden können
- Beiträge zu leisten zum Verständnis von Benutzernutzen und zur Benutzerakzeptanz im Umfeld von IuK-Einrichtungen in Anwendungssegmenten, die für die Schweizer Wirtschaft relevant sind. Insbesondere sollen KMU über den nutzbringenden Einsatz von IuK-Techniken aufgeklärt und in relevante Forschungsprojekte einbezogen werden.

2.3 Forschungsinhalte des SPP IuK

Im Zentrum der im SPP IuK anvisierten Forschungsarbeiten stehen die Konzeption, die Entwicklung, die Implementierung und die Erprobung von verteilten Anwendungen und den dazugehörenden Netzwerken. Von besonderem Interesse sind Beiträge zur Entwicklungsmethodik, zum Vorgehen bei der Implementation und zum Betrieb solcher Systeme. Schwerpunkte bilden dabei Fragestellungen bezüglich Qualität und Sicherheit sowie Benutzbarkeit und Managementaspekte solcher Systeme und ganz speziell auch die Demonstration der Systemeigenschaften im Hinblick auf die Verwendbarkeit in Anwendungsumgebungen. Hierzu sind vier Module vorgesehen, in welchen der Engineering-Aspekt von verteilten Anwendungen von Netzwerken (Modul "Engineering"), Qualitäts- und Sicherheitsfragen (Modul "Qualität"), Managementaspekte der Lösungen und der hierfür eingesetzten Ressourcen (Modul "Management") und Demonstrationsmöglichkeiten für erarbeitete Prototypen (Modul "Demonstrator") im Zentrum der erwünschten Forschungsaktivitäten stehen.

Dir Forschungsarbeiten können sich einerseits auf Fragestellungen in den einzelnen Modulen konzentrieren, vor allem erwünscht sind aber auch Projekte, die in der Schnittmenge verschiedener Module liegen (z.B. Beiträge zum Management von speziellen Netzkonzepten, zur Benutzbarkeit von verteilten Applikationen, zur Sicherheit in modernen Hochleistungsnetzen, zur Qualität und Benutzbarkeit für spezielle Umgebungen etc.).

Online-Dienste als Plattform für elektronische Marktplätze: Auswertung der Erfahrungen und Schlußfolgerungen für aktuelle Vorhaben im Internet

Dr. Werner Winzerling

Deutsche Telekom ComputerService Management, Lübecker Str. 2, D-39124 Magdeburg
Tel. (0391)533-1214 / Fax. (0391)533-1428 / email: Werner.Winzerling@t-online.de

Abstract

Die aktuellen Trends in der Informations- und Kommunikationstechnologie führen u. a. zu einem verstärkten Ausbau von elektronischen Marktplätzen, z. B. über das Internet oder über klassische Online-Dienste (z. B. CompuServe, AOL, T-Online).
Für die in Anspruch genommenen kommerziellen Dienstleistungen wird eine nutzungsbezogene Abrechnung benötigt, die derzeit im Internet nur unzureichend oder gar nicht verfügbar ist. Außerdem behindern Sicherheitsmängel die Kommerzialisierung des Internets. Dagegen verfügen klassische Online-Dienste bereits über Lösungen zu diesen Problemen, die auch für die Gestaltung elektronischer Marktplätze im Internet genutzt werden können.

1 Einleitung

In Beratungsprojekten zeigt sich, daß potentielle Inhalts-Anbieter (Content Provider) durch gegensätzliche Meldungen über die Zukunft der Online-Dienste bei der Entscheidung über eine geeignete Online-Plattform für ihre kommerziellen Angebote sehr verunsichert sind.

Im folgenden wird über Erfahrungen der klassischen Online-Dienste berichtet, die anschließend den aktuellen Internet-Vorhaben gegenübergestellt werden.
Berücksichtigt werden einschränkend nur Anforderungen an elektronische Markplätze, die mit einem Online-Verkauf von Informationen, Dienstleistungen oder auch physischen Produkten (bzw. über das Internet) im Zusammenhang stehen. (vgl. z. B. mit [Bor96] [Dieb96] [Mert96] [MuZi96] [Häm96])

2 Vergleich der Online-Dienste

2.1 US-amerikanische Dienste

Bei den US-amerikanischen Online-Diensten, CompuServe und AOL, handelt es sich um "geschlossene" Systeme. Der Betreiber des Dienstes entscheidet, welche Angebote hier aufgenommen werden und welche Vergütung ein Anbieter (Content-Provider) ggf. für sein Angebot erhält. Für große und bedeutende Anbieter sind dabei auch Exklusivverträge mit dem Betreiber möglich.

Alle Teilnehmer und Anbieter müssen mit dem Betreiber einen Nutzungsvertrag abschließen. Dies schränkt Mißbräuche naturgemäß ein. Die gegenwärtige Praxis, insbesondere von AOL, zur Teilnehmerwerbung anonyme Nutzungsberechtigungen in Zeitschriften beizulegen, birgt allerdings neue Sicherheitsrisiken.

Der Anbieter erhält eine evtl. Vergütung direkt vom Betreiber und benötigt so kein eigenes Inkasso. Nachteilig für einen Anbieter ist, daß der Betreiber über die Aufnahme und die Vergütungshöhe eines Angebotes entscheidet. Finanziert werden diese Dienste im wesentlichen über Teilnehmergebühren und Werbung.

2.2 T-Online

Dagegen kann in T-Online jeder Anbieter sein Angebot einstellen. Dies resultiert aus der Konstruktion des Dienstes (Staatsvertrag „Bildschirmtext" bzw. künftig die Multimedia-Gesetzgebung), der u. a. einen diskriminierungsfreien Zugang zu den gleichen Bedingungen für alle Anbieter vorschreibt. Aus diesem Grund sind für einen Anbieter grundsätzlich auch keine Exklusivverträge mit dem Betreiber möglich. Damit hat T-Online hinsichtlich der Zugangsmöglichkeiten gegenüber den US-amerikanischen Diensten einen „offeneren" Charakter.

Alle Teilnehmer und Anbieter schließen auch hier mit dem Betreiber einen Nutzungsvertrag ab. Im Unterschied zu den US-amerikanischen Diensten wird dabei aber außerordentlich streng vorgegangen. Durch die persönliche Zusendung der Nutzerkennung per Einschreiben muß sich ein Teilnehmer gegenüber dem Zusteller mit seinem Personalausweis identifizieren. Damit erreicht T-Online ein weltweit einmalig hohes Niveau der Teilnehmeridentifizierung unter den Online-Diensten. [Dank97]

Die Deutsche Telekom als Betreiber von T-Online erhebt sowohl von den Teilnehmern wie auch von den Anbietern eine Gebühr, mit der die zur Verfügung gestellte Infrastruktur finanziert wird. Davon unabhängig kann der Anbieter selbst entscheiden, ob sein Angebot kostenpflichtig sein soll, und wieviel dann von den Teilnehmern bei dessen Inanspruchnahme zu zahlen ist.
Das Inkasso dieser Gebühren erfolgt durch den Betreiber über die Telefonrechnung des Teilnehmers.

2.3 Internet

Im Unterschied dazu ist das Internet ein völlig "offenes" System. Es ist auch kein zentraler Betreiber mehr vorhanden. Das Zusammenwirken der Einzelsysteme geschieht über „offene" Standards, an die sich alle Anbieter und Teilnehmer (mehr oder weniger) halten. (vgl. u. a. [Schn95])

Da es keine zentrale Teilnehmerverwaltung gibt, sind die Internet-Teilnehmer und

auch die Anbieter weitestgehend anonym, was u. a. zu der höheren Zahl von Mißbräuchen geführt hat (siehe auch unten).
Ebenfalls fehlt derzeit noch eine allgemein akzeptierte und sichere Abrechnungsmöglichkeit, so daß alle Informationsangebote entweder kostenlos zur Verfügung stehen oder jeder Anbieter das Inkasso selbst vornehmen muß.

	US-amerikanische Online-Dienste	T-Online	Internet
zentraler Betreiber	ja	ja	nein
Teilnehmer und Anbieter	größtenteils bekannt	bekannt und überprüft	größtenteils anonym
Abrechnung	zentral (durch Betreiber)	zentral (durch Betreiber)	dezentral (jeder Anbieter selbst)
Zugang für Anbieter	geschlossen	offen (per Gesetz)	offen (durch Technologie)

Tabelle 1 Gegenüberstellung der verschiedenen Online-Dienste mit dem Internet

3 Probleme der Kommerzialisierung des Internets

3.1 Unterschiede zu den Online-Diensten

Beabsichtigt ein Anbieter im Internet ein kostenpflichtiges Angebot anzubieten, so muß er für das Inkasso eine eigene Lösung bereitstellen (**Bild 1**).

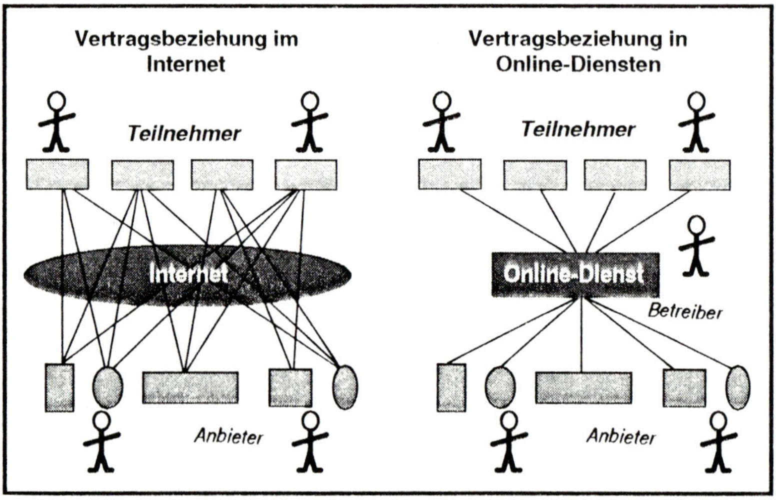

Bild 1 Unterschiedliche Abrechnung

Will also ein Teilnehmer ein solches kostenpflichtiges Angebot im Internet nutzen, muß er vorher mit dem Anbieter einen (schriftlichen) Vertrag schließen. Eine spontane Nutzung ist so nicht möglich. Schon dadurch bleibt die für den durchschnittlichen Anbieter erreichbare Teilnehmer-(Kunden)-Zahl eher gering.
Dagegen übernimmt in einem Online-Dienst der Betreiber die Abrechnung. So ist dort *jeder* Teilnehmer automatisch auch für *jeden* Anbieter ein potentieller Kunde.

Als ein wesentliches Problem bei der kommerziellen Nutzung des Internets erweist sich also die derzeit noch fehlende Abrechnungsmöglichkeit. Dabei sind zwei grundsätzliche Zahlungsformen zu unterscheiden, die im weiteren getrennt betrachtet werden.

3.2 Macro-Payment

Das Macro-Payment findet bei der Bezahlung größerer Beträge Anwendung. Es wird sowohl für die Bezahlung „elektronischer“ Dienstleistungen (z. B. für das Herunterladen von Software) eingesetzt, wie auch als Ergänzung klassischer Vertriebswege.

Ein hierfür im Internet angewandtes Verfahren besteht in der Übermittlung einer Kreditkartennummer. Dies fand jedoch bisher bei den Teilnehmern aus den bekannten Gründen (u. a. "Abhörgefahr") nur eine ungenügende Akzeptanz.

Andererseits stellt sich die Frage, ob ein solches Verfahren, das maßgeblich für den US-amerikanischen Markt entwickelt wurde, auch in Deutschland benötigt und letztlich akzeptiert wird:

- Zum einen existieren in Deutschland, geprägt durch den weit verbreiteten Versandhandel, eingeführte und akzeptierte Verfahren zur Bezahlung von Waren und Dienstleistungen. Hier dominiert im Unterschied zu den USA die Bezahlung per Rechnung, Lastschrift oder Nachnahme.

- Außerdem wird beim Vertrieb via Internet allgemein unterstellt, daß die Teilnehmer bereit sein werden, bereits ***vor*** der eigentlichen Leistungserbringung zu bezahlen - also noch bevor die Ware tatsächlich ausgeliefert oder die Dienstleistung erbracht wurde (vgl. [Dieb96]). An verschiedenen Stellen wird bezweifelt, daß in Deutschland ein solches Verfahren Akzeptanz findet. [CP96]

So ist zusammenfassend festzustellen, daß zumindest in Deutschland das Problem des Macro-Payments nicht in dem Maße zu bestehen scheint, wie es derzeit für das Internet diskutiert wird.

3.3 Micro-Payment

Ein weiteres, im Internet noch ungelöstes Problem ist das Micro-Payment. Typisch sind hier (anteilige) Pfennigbeträge bis deutlich weniger als 10,- DM.

3.3.1 Gebührenarten im Micro-Payment

Man findet im wesentlichen 4 verschiedene Abrechungsverfahren, die zum Teil auch kombiniert Anwendung finden:

- Mit einer *Pauschalgebühr* abonniert der Teilnehmer gegen eine pauschale Monatsgebühr höherwertige Informationsangebote und Dienstleistungen. Dies findet man praktisch bei allen Online-Diensten.
- Bei der *Zeitgebühr* wird dem Teilnehmer während der Nutzung eines Angebotes eine zeitabhängige Gebühr in Rechnung gestellt. Im T-Online sind Zeitgebühren von 0,01 bis max. 1,30 DM / Minute möglich.
- Eine *Seitengebühr* wird für den Abruf einer bestimmten Informationsmenge (Bildschirmseite, Window-Inhalt) erhoben (z. B. eine News-Meldung, ein Börsen-Chart oder ein Programm zum Downladen). T-Online läßt eine Gebühr von 0,01 bis max. 9,99 DM pro Seitenabruf zu.
- Eine *Mengengebühr* wird für eine „heruntergeladene" Informationsmenge erhoben, z. B. je Mbyte.

3.3.2 Nutzungserfahrungen in T-Online

In T-Online hat sich gezeigt, daß für kostenpflichtige Angebote insbesondere die *Zeitgebühr* die mit Abstand größte Anwendungshäufigkeit aufweist. Sie findet offensichtlich sowohl bei den Teilnehmern wie auch bei den Anbietern die größte Akzeptanz. Sie wird manchmal noch um eine *Seitengebühr* ergänzt.

Hierin besteht auch das grundsätzliche Problem des Internets. Die dort zugrundeliegende Technologie, insbesondere das WWW-Protokoll HTTP, kennt (noch?) keine Sitzungen im Sinne der Online-Dienste. Damit ist technisch keine zeitabhängige Gebührenerfassung möglich. So beruhen die bisher vorgeschlagenen Verfahren für das Micro-Payment im Internet im wesentlichen auf dem Prinzip der Seitengebühr.

3.3.3 Lösungsansätze im Internet

Zur Zeit arbeiten verschiedene Unternehmen an Micro-Payment-Lösungen für das Internet und haben entsprechende Vorschläge unterbreitet. (vgl. u. a. [Bor96] [Fur96] [Sinn97]). Insgesamt (einschließlich Macro-Payment) werden z. Z. wohl etwa 30 "Standard"-Vorschläge ernsthafter diskutiert, die jedoch alle zueinander inkompatibel sind. Ein abgestimmtes Vorgehen ist dabei nicht zu erkennen.

Die grundlegenden Anforderungen, die an eine Micro-Payment-Lösung für das Internet gestellt werden, sind meist (z. B. [Bor96] [Chau97] [Fur96] [Pan96]):

- kein zentraler Betreiber,
- Identifizierung der Partner mittels eines Public-Key-Verfahrens und
- Möglichkeit einer anonymen Bezahlung durch den Teilnehmer.

Die hierzu vorgeschlagenen Lösungen basieren auf einem komplexen Transaktionsverfahren zwischen mehreren beteiligten Partnern - *Käufer, Verkäufer,* einer unabhängigen *Clearing-Stelle,* einem *Finanzdienstleister* (Bank bzw. Kreditkarten-Unternehmen) sowie einem *Trust-Centre* für die Schlüsselverwaltung.

Es ist leicht einzusehen, daß dies nicht zum Nulltarif erhältlich ist. So wird beispielsweise in [Kra96] erwartet, daß beim „CyberCash“-Verfahren (ohne Berücksichtigung von Trust-Centre und Transaktionssicherung) für eine 25¢ Transaktion mindestens Gebühren von 6¢ für die Clearing-Stelle und weitere 8¢ für die Bank anfallen. Und in [CW96] werden Mindestgebühren von 8¢ bis 31¢ je Transaktion genannt.

Der zusätzliche (Transaktions)-Aufwand für die Identifizierung der Partner mittels eines vorgesehenen Public-Key-Verfahrens bleibt dabei meist undiskutiert, ebenso die erforderlichen Transaktionszeiten sowie die Frage, wie die Transaktionssicherung erfolgen soll - etwa durch Nutzung des ebenfalls sehr aufwendigen „2-Phase-Commit“?

Diese Erkenntnis hat in letzter Zeit zu verschiedenen „abgerüsteten“ Micro-Payment-Vorschlägen geführt, die jedoch die oben genannten Bedingungen nicht mehr erfüllen und z. B. wieder einen zentralen Betreiber erfordern (vgl. [Fur96] [Gou96] [Schm96]). Damit werden deutlich geringere Abrechnungskosten erwartet. Ob so die beabsichtigten Einsparungen (wie z. B. mit dem Millicent-Verfahren von DEC [Gou97]) auch tatsächlich erreichbar sind, wird aber u. a. in [Fur96] bezweifelt.

3.3.4 Propritäre Lösung im T-Online

Die in den kommerziellen Online-Diensten genutzten (propritären) Abrechnungsverfahren für das Micro-Payment sind wesentlich einfacher konzipiert und verursachen dadurch deutlich geringere Kosten.
Dies resultiert aus deren unterschiedlicher Einbindung in die Rechnernetz-Protokollhierarchie. Im *Internet* sind ausnahmslos alle vorgeschlagenen Lösungen in der Anwendungsschicht angesiedelt und setzen auf dem Transportprotokoll auf. Es werden nacheinander mehrere Transportverbindungen zu den verschiedenen Transaktionspartnern eröffnet, wodurch ein beträchtlicher Overhead entsteht.

Dagegen erfolgt z. B. in *T-Online* die Erfassung der abrechnungsrelevanten Informationen im Rahmen der Transport- und Sitzungsschicht des EHKP-Protokolls[1].
Der dabei entstehende Transaktionsaufwand ist gegenüber den oben betrachteten Internet-Vorschlägen sehr klein. Das EHKP/T-Online-Verfahren setzt natürlich voraus, daß bereits bei der Spezifikation der Protokollhierarchie die Anforderungen eines Abrechnungssystems berücksichtigt werden. Außerdem ist eine zentrale Instanz für die Teilnehmerverwaltung (Zugangsberechtigung) erforderlich.

So erfüllt das EHKP-Protokoll von T-Online nicht mehr alle der oben aufgeführten Anforderungen an ein Micro-Payment-Verfahren.

3.4 Erweiterter Sicherheitsbegriff

Ein weiteres Problem des „offenen" Internets liegt in dessen Sicherheitsrisiken. Die allgemeinen Sicherheitsrisiken im Internet sind jedoch nicht Gegenstand der weiteren Ausführungen. Statt dessen wird hier ein spezielles Sicherheitsproblem kommerzieller Online-Dienste diskutiert.

Wie nicht näher erläutert werden muß, besteht bei einer geldwerten Nutzung des Internets auch eine größere Gefahr, daß Teilnehmer und auch Anbieter Opfer von Betrugsfällen werden. Insbesondere das Fehlen eines zentralen Betreibers und die daraus resultierende Anonymität von Teilnehmern und auch Anbietern führt hier zu deutlich höheren Sicherheitsrisiken.
Obwohl sich derzeit kommerzielle Angebote im Internet praktisch noch im Aufbau befinden, ist die Liste zitierbarer Betrugsfälle bereits lang:

> *Im September 1996 hatte sich ein australischer Internet-Anbieter in Deutschland als Betreiber des Online-Dienstes CompuServe ausgegeben und alle Benutzer über das Internet aufgefordert, ihre Kundendaten (Paßwort) und Kreditkartennummern bei ihm neu einzutragen, da der zentrale Rechner ausgefallen und alle gespeicherten Daten gelöscht seien. Obwohl die Internet-Adresse und weitere Details des Betrügers ermittelt werden konnten, ist eine strafrechtliche Verfolgung daran gescheitert, daß dieser seinen Sitz im Ausland hatte. [Schn96]*
>
> *In [Fro96] wird berichtet, daß sich in den USA die Fälle häufen, in denen betrügerische finanzielle Schneeball-Systeme zunehmend auch über das Internet durchgeführt werden. Auch elektronische Abrechnungsverfahren wurden hierfür bereits eingesetzt.*

Solche Probleme traten natürlich auch in T-Online auf. U. a. deshalb wurde von den Anbietern ein Verhaltenskodex entwickelt [BSK96], der sowohl die Teilnehmer aber auch die Anbieter vor Betrügern schützen soll.
Die dortigen Vorgaben sind verbindlich und Verstöße können zum Ausschluß führen. Wie nicht näher begründet zu werden braucht, ist ein solcher Verhaltenskodex unter Androhung des Ausschlusses im Internet nicht durchsetzbar.

---

1 EHKP - Einheitliches höheres Kommunikationsprotokoll [EHKP]

Andererseits ist es schon skurril, daß die Online-Dienste nun durch das Internet indirekt neuen Gefährdungen ausgesetzt sind, wie das oben zitierte Beispiel der Paßwort-Attacke auf CompuServe via Internet zeigt.
Ähnlich sind auch die Probleme von AOL einzuordnen, die entstanden, als den Teilnehmern in den USA ein zeitlich unbegrenzter Internet-Zugang angeboten wurde. Aufgrund des nicht mehr handhabbaren, unerwartet großen Zuspruchs führte dies zu den bekannt gewordenen rechtlichen Problemen für den Online-Dienst.

4 Schlußfolgerungen

4.1 "Kommerzielle Online-Inseln" im Internet

Einerseits bietet das Internet durch seine Offenheit sowie auf technischem Gebiet eine Reihe von Vorteilen, die u. a. zu dessen großer Verbreitung, zu geringen Kosten und einer hohen Akzeptanz geführt haben. Andererseits besteht, wie oben gezeigt wurde, für eine Kommerzialisierung noch eine Vielzahl von Problemen. Dagegen verfügen die klassischen Online-Dienste bereits über Problem-adäquate Lösungen zur Abrechnung (Inkasso, Clearing-Stelle u. a.) sowie zur Sicherheit (klare Rechtsbeziehungen u. a.).

Suchen die kommerziellen Online-Dienste den Weg ins Internet, ohne dabei aber ihre derzeitigen Vorteile aufzugeben, könnten sie so zu *"kommerziellen Inseln"* im Internet werden, in denen künftig ergänzend die kostenpflichtigen Angebote bzw. solche mit größeren Sicherheitsanforderungen angeboten werden (**Bild 2**).

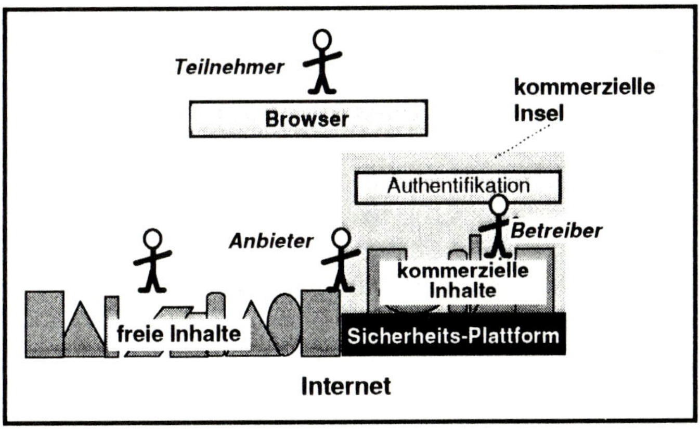

Bild 2 Online-Dienste als *"kommerzielle Inseln"* im Internet

Aus den obigen Ausführungen können folgende *Anforderungen an eine kommerzielle Plattform im Internet* abgeleitet werden:

- Benötigt wird ein geeignetes Micro-Payment-Abrechnungsverfahren, das für alle wichtigen Gebührenarten geeignet ist und insbesondere auch eine Zeitgebühr zuläßt. Außerdem muß dieses Abrechnungsverfahren für alle Beteiligten einfach und preiswert sein und den Datenschutz beachten.

- Zum Schutz vor unseriösen Anbietern (und Teilnehmern) scheint eine geeignete Anbieter- und Teilnehmerverwaltung auf der Grundlage klarer Vertragsbeziehungen mit einem verantwortlichen Betreiber unverzichtbar.

4.2 Problem der Chancengleichheit[2]

Derartige kommerzielle Inseln schaffen aber auch neue Probleme, wie bereits der Unterschied zwischen den rein privatwirtschaftlich organisierten, geschlossenen US-amerikanischen Online-Diensten einerseits und dem per Staatsvertrag (künftig: Multimedia-Gesetz) für potentielle Anbieter offenen T-Online zeigt.

Oft wird davon ausgegangen, daß bisher eher lokal orienierte kleinere und mittlere Unternehmen (KMU) über das Internet auch zu weltweiten Anbietern werden können. Wenn dafür jedoch die *„Listung“* auf einer „kommerziellen Insel“ Voraussetzung wird, können daraus neue Zugangsbarrieren gerade für KMU entstehen.
Andererseits darf die Chancengleichheit für alle Anbieter nicht das Sicherheitsniveau einer kommerziellen Plattform gefährden.

5 Internet-Migration von T-Online

T-Online hat seine Migrationsstrategie erstmals in [Dank97] und [Eng97] detailliert vorgestellt. Es wird versucht, die dominante Stellung am deutschen Markt zu nutzen, um T-Online als „geschützten Bereich“ (kommerzielle Plattform) auch im Internet zu etablieren.

Dazu wird z. Z. eine eigene Micro-Payment-Lösung für das Internet erprobt und bereits Ende 1997 für erste Anbieter zur Nutzung freigegeben.
So soll es künftig möglich sein, einen T-Online-Teilnehmer auch im Internet eindeutig identifizieren zu können. Außerdem ist ein seiten- und *zeitabhängiges* (!) Micro-Payment vorgesehen. Dabei ist es allerdings erforderlich, daß Teilnehmer wie Anbieter T-Online-Nutzer sind und entsprechende Vertragsverhältnisse mit dem Dienst-Betreiber bestehen.
Um die oben gezeigten Nachteile der Micro-Payment-Verfahren im Internet zu minimieren, wird die Lösung sehr eng in den Dienst integriert. Auf diese Weise soll eine sichere, performante und vor allem preiswerte Sicherheits- und Micro-Payment-Lösung für das Internet gefunden worden sein.

---

2 Aspekte dieses Problems werden u. a. auch in [Pan96, S. 49ff] diskutiert.

6 Literatur

[Bhi96] Bhimani, A.: Securing The Commercial Internet. Comm. of the ACM 39(1996)6, S. 29 - 35

[BSK96] Btx-Selbstkontrollgremium (BSK): Verhaltenskodex für T-Online-Anbieter und Betreiber Externer Rechner. Stand: 15. Juni 1996

[Bor96] Borenstein, N. S.: Perils and Pitfalls of Practical Cybercommerce. Comm. of the ACM 39(1996)6, S. 36 - 44

[Chau97] Chaum, D.: Electronic Cash : Testimony for the US House of Representatives. Internet - von der Technologie zum Wirtschaftsfaktor, Boden, K.-P.; Barabas, M. (Hrsg.), Deutscher Internet Kongreß '97, Proceedings, Düsseldorf, 1997, S. 47 - 50

[CP96] o. V.: Electronic Commerce. ComputerPartner. 2(1996)19, S. 48 - 52

[CW96] o. V.: Cybercash-Service transferiert virtuelle Pfennigbeträge. Computerwoche. 23(1996)41, S. 12

[Dank97] Danke, E.: Aktuelle Perspektiven für T-Online. T-Online Anbieterkongreß 1997; 26., 27. Mai 1997, Berlin

[Dieb96] Glanz, A.; Sempf, U.: Business Digital. Diebold Deutschland, Bertelsmann Telemedia, 1996

[EHKP] Datex-J, Rechnerverbund, EHKP-Protokollhandbuch, Deutsche Telekom AG, G95-04-01

[Eng97] Engel, D.: Trends bei Darstellungsstandards und Funktionen. T-Online Anbieterkongreß 1997; 26., 27. Mai 1997, Berlin

[Fro96] Froitzheim, U. J.: Schneeball aus dem Netz. Global Online. (1996)3, S. 38 - 39

[Fur96] Furche, A.; Wrightson, G.: Computer Money. dpunkt: Heidelberg, 1996

[Gou97] Gouraud, H.: Millicent as Digital Micro Commerce System. in: Deutscher Internet Kongreß '97, ergänzende Proceedings, Düsseldorf, 1997

[Häm96] Hämäläinen, M.; Whinston, A. B.; Vishik, S.: Electronic Markets for Learning. Comm. of the ACM 39(1996)6, S. 51 - 58

[Kreib96] Kreibich, J.: Leser und Anzeigenkunden in die Online-Welt begleiten. T-Online Anbieterkongreß, 18./19. Juni 1996, Berlin, Kongreßdokumentation, S. 33ff

[Sinn97] Sinn, D.: Standards für elektronisches Bezahlen zeichnen sich ab. Computerwoche. 24(1997)15, S. 57 - 59

[Kra96] Krantz M.: Cyber Vending Machine. Time. (1996)7, S.78

[Mert96] Mertens, P.; Schumann, P.: Electronic Shopping. Wirtschaftsinformatik. 38(1996)5, S. 515 - 530

[MuZi96] Mundorf, N.; Zimmermann H.-D.: Informationstechnologie im privaten Haushalt: Internationale Perspektiven. Informatik-Spektrum. 19(1996)3, S. 125 - 132

[Pan96] Panurach P.: Money in Electronic Commerce. Comm. of the ACM 39(1996)6, S. 45 - 50

[Schm96] Schmeh, K.: Nützliche Leichtgewichte. UNIX open. (1996)7, S. 88 - 90

[Schn95] Schneider, G.: Eine Einführung in das Internet. Informatik Spektrum. 18(1995), S. 263 - 271

[Schn96] Schneider, G.: In den Weiten des Cyberspace fühlen sich die Freunde und Helfer furchtbar einsam. Computerzeitung. (1996)43, S. 10

[VDI97] o. V.: Online-Banking. VDI Nachrichten. (1997)17, 25. 4. 1997, S. 9

Partizipation und Kontext bei der Erstellung einer Telekooperationsumgebung

Erfahrungen aus dem Projekt Cuparla

Gerhard Schwabe, Dieter Hertweck, Helmut Krcmar[1]
Lehrstuhl für Wirtschaftsinformatik, Universität Hohenheim (510h)
70593 Stuttgart, EMail: schwabe|hertweck|krcmar @uni-hohenheim.de

Kurzfassung

In diesem Artikel sollen zwei wesentliche Erfahrungen bei der Erstellung einer Telekooperationsumgebung herausgearbeitet werden: Die Partizipation im Erstellungsprozeß und die Bedeutung des Arbeitskontextes sowohl in der Analyse als auch beim Design der Telekooperationsumgebung. Die folgenden Unterkapitel stellen das Projekt Cuparla (Computerunterstützung der Parlamentsarbeit) vor, in dem diese Erfahrungen gewonnen wurden und die Prinzipien des Needs Driven Approachs, die unsere Vorgehensweise geprägt haben. In den nachfolgenden beiden Hauptkapiteln wird für die Analyse- und die Designphase auf Nutzerpartizipation und Arbeitskontext eingegangen. Zum Abschluß werden der Cuparla-Softwareprototyp kurz vorgestellt und die wesentlichen Erfahrungen zusammengefaßt.

1 Einleitung

Seit Herbst 1995 arbeiten ein Konsortium bestehend aus der Universität Hohenheim (Projektkoordinator), der Datenzentrale Baden-Württemberg und GroupVision Softwaresysteme GmbH daran, in der Landeshauptstadt Stuttgart Telekooperation durch die Computerunterstützung der Gemeinderatsarbeit bereitzustellen, zu verwenden und zu evaluieren. Das Projekt ist Teil des F&E-Programmes der Deutschen Telekom Berkom GmbH, einer Tochter der Deutschen Telekom. Die synchrone und asynchrone Zusammenarbeit der 60 Gemeinderäte soll untereinander und mit der Verwaltung unterstützt werden.

Die Unterstützung umfaßt die Sitzungsarbeit (Sitzungsvorbereitung, -durchführung und -nachbereitung), die Ad-hoc-Zusammenarbeit und -Abstimmung zwischen den Sitzungen sowie Teleheimarbeit auf einem gemeinsamen Dokumentenbestand. Dadurch soll für den Anwender die Gemeinderatsarbeit effizienter und flexibler gestaltet, der Informationszugang der Gemeinderäte verbessert und Kommunikations- und Kooperationsbarrieren innerhalb des Parlaments und zwischen Parlament und Verwaltung abgebaut werden (zu Cuparla vgl. auch [Krcmar&Schwabe 1995, Schwabe&Krcmar 1997]).

Derzeit sind über 25 Gemeinderäte und alle Geschäftsstellen des Gemeinderates mit Notebooks ausgestattet und über mehrere Server miteinander verbunden. Als

---

[1] Wie im Text ausgeführt, ist die Entwicklung der Cuparla-Software eine Gemeinschaftsarbeit. Wir bedanken uns insbesondere noch bei Birgit Schenk (GroupVision Softwaresysteme GmbH) und Andreas Majer (Stadt Stuttgart) für die Mitarbeit bei der Analyse und bei Klaus Wanner, Helmut Bauer (Datenzentrale Baden-Württemberg) und Erich Horntasch (Stadt Stuttgart) für die Mitarbeit bei der Implementierung der Cuparla-Software.

Groupwarebasisplattform für die Cuparla-Software dient Lotus Notes 4.1; über Lotus Notes kann auch GroupSystems [Schwabe 1995] zur Unterstützung der synchronen Sitzungsarbeit aufgerufen werden.

Zur Analyse der Gemeinderatsarbeit wurde der Needs Driven Approach (NDA) verwendet [Schwabe&Krcmar 1996a]. Er hat seine methodologischen Wurzeln in der Hermeneutik (Heidegger in [Budde&Züllighoven 1990]). Sie setzen sich deshalb zum Ziel, kooperative Handlungen und deren Produkte in ihrem raum- zeitlich- und sozialen Kontext rekonstruktiv zu verstehen.

2 Partizipation und Kontextorientiertheit bei der Analyse

2.1 Partizipative Analyse mit Hilfe von CATeam

Im Rahmen von Cuparla wurde die überwiegende Mehrheit der Stadträte und deren Kooperationspartner in die Gestaltung des Systems mit einbezogen. Abbildung 1 stellt den Sitzungsablauf zweier Sitzungen mit den Gemeinderäten schematisch dar.

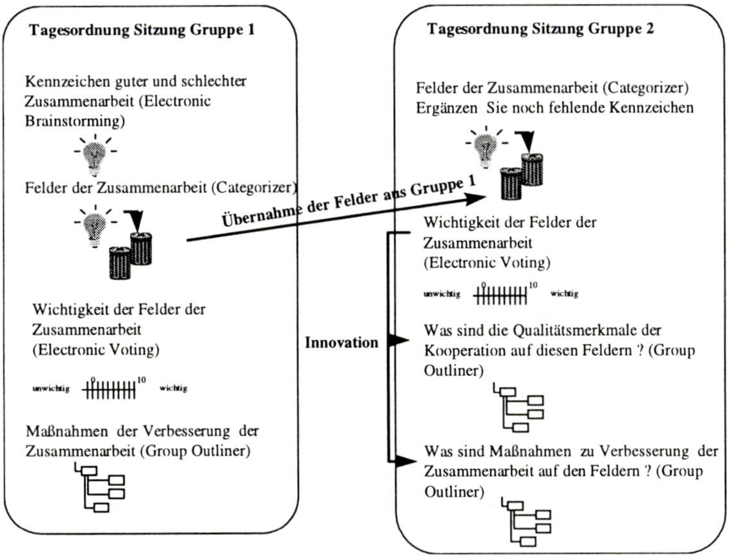

Abbildung 1: Partizipation im Rahmen der CATeam-Sitzung

In einem schriftlichen Electronic Brainstorming erarbeitete die erste Gruppe gemeinsam Kennzeichen guter und schlechter Zusammenarbeit. Anschließend wurden aus den Beiträgen Felder der Zusammenarbeit als Kategorien herausgezogen und die Beiträge diesen Kategorien zugeordnet. In einem dritten Schritt wurden die Felder der Zusammenarbeit (z.B. Sitzungen, mit der Verwaltung, in der Fraktion...) nach ihrer Wichtigkeit für das Gelingen der Gemeinderatsarbeit von der Gruppe in eine Rangreihenfolge gebracht. Diese Rangreihenfolge wurde ausführlich mündlich diskutiert. Jeder Gemeinderat konnte dann zum Abschluß Verbesserungsvorschläge in eine elektronische Gliederung mit den Feldern der Zusammenarbeit eintragen.

Die zweite Gruppe verwendete die von der ersten Gruppe identifizierten Felder der Zusammenarbeit weiter. Nachdem sie die Beiträge ihrer Vorgängergruppe durchgelesen hatten, ergänzten sie diese und führten eine eigene Bewertung durch. Anstatt direkt zu Verbesserungsmaßnahmen zu springen, erarbeitete sich die Gruppe erst gemeinsam Qualitätsmerkmale für die Kooperation auf jedem dieser Felder.

Bei dieser Art der Bedarfserhebung kamen die klassischen Vorteile computerunterstützter Sitzungen, nämlich die Parallelität und Anonymität der Diskussion in Brainstormingphasen), gepaart mit der Möglichkeit der effizienten Strukturierung gemeinschaftlich geäußerter Ideen (z.B. Categorizer oder Group Outliner) zur Geltung.

Kriterium	Vorgehen nicht computerunterstützt	Vorgehen CA-Team- unterstützt	Unterschied durch CATeam
Problemsammlung	als bekannt vorausgesetzt	gemeinschaftlich erstellt	Probleme werden expliziert
Zielfindung	erfolgt in Einzelgesprächen vermittelt über den Analysten	gemeinschaftlich erarbeitet	erhöhtes Commitment
Vorgehen zur Zielerreichung	Systemdesigner leitet Vorgehensweise ab	Vorgehensweise wird gemeinsam erarbeitet	gemeinsames Verständnis des Implementationsprozesses
Informationsprodukte, Informationsbedarf	in Teilgruppen ermittelt	gemeinsam erarbeitet	gemeinsames Prozeßverständnis
Zeitbedarf	hoch	geringer	Zeit wird gespart

Abbildung 2 Vergleich nicht-computergestützter und CATeam-unterstützter Vorgehensweise

Im Vergleich zu klassischen Erhebungsmethoden wie bspw. Einzelinterviews, bietet die Bedarfserhebung mittels CATeam folgende Vorteile:

- Haben Problemäußerungen bei Einzelinterviews oft eine subjektive Konotation, bietet CATeam die Möglichkeit Probleme gemeinsam zu finden, zu benennen und zu diskutieren. Durch die Wahrung der Anonymität wird gewährleistet, daß jedes Problem tatsächlich auch auf den CATeam-Tisch kommt. Die Zielfindung, also die Frage nach dem, was eine Gruppe erreichen will, erfolgt gleichsam gemeinschaftlich an einem Ort. Sie ist somit mehr als die Individualerkenntnis eines Analysten nach Auswertung von Einzelinterviews. Das gemeinschaftlich erarbeitete Ziele das Commitment erhöhen, gilt als fundierte Erkenntnis der Sozialpsychologie.
- Eine gemeinschaftlich erarbeitete Vorgehensweise zur Erreichung von Zielen eröffnet allen an der Diskussion beteiligten die Möglichkeit ein Gesamtverständnis der zu unterstützenden Arbeitssituationen und -zusammenhänge zu bekommen. Dieses Gesamtverständnis geht bei einem Meeting, in welchem ein Analyst Vorschläge neuer Methoden der Zielerreichung vor den Nutzern präsentiert, in der Regel verloren. Gleiches gilt für das Informationsangebot, welches notwendig ist, um die neudefinierten Ziele der Gruppe zu erreichen. Erst in der gemeinsamen Diskussion neuer Formen der Zusammenarbeit kann parallel der zur Zusammenarbeit notwendige Informationsbedarf bestimmt werden.

- Der letzte Vorteil einer CATeam-unterstützten Vorgehensweise gegenüber Einzelinterviews (mit all ihren Terminproblemen, der langwierigen Auswertung und Aggregation durch den Analysten) ist der wesentlich geringere Zeitbedarf, bei gleichzeitig gezielter Erhebung der relevanten Kooperationsfelder.

Als ein solch relevantes Feld der Kooperation konnte in den CATeam-Workshops schon sehr früh die Geschäftsstelle der Partei identifiziert werden. Ihr kommen im Interaktionsnetzwerk der Gemeinderatsarbeit eine Vielzahl von Aufgaben zu. Um diese aber detailliert auf ihren konkreten Unterstützungsbedarf hin zu untersuchen, war es notwendig, einen weiteren Analyseschritt zu vollziehen, nämlich den der teilnehmenden Beobachtung der Arbeit vor Ort.

2.2 Untersuchung des Arbeitskontextes

Entsprechend den Grundsätzen des NDA, nämlich der Kontext- und Arbeitsorientierung, stand bei der Beobachtung der Kooperation in den Fraktionsgeschäftsstellen die Frage im Vordergrund, wie die Stadträte in den Räumlichkeiten mit den dort angestellten Mitarbeitern und Werkzeugen einen Teil ihrer Alltagsarbeit verrichten; welche Mittel die dort stattfindende Kooperation unterstützen; wo die Problembereiche des Kooperationssystems liegen, bzw. welcher Bedarf an Unterstützung sich aus der derzeitigen Arbeitssituation ableiten läßt.

Beginnend mit teilfokussierten Interviews der Geschäftsstellenleiter ließen wir uns über die eigentliche Aufgaben einer Geschäftsstelle (in dem NDA: "Aufgabenanalyse") aufklären. Aus der Beobachtung der Kooperation der Geschäftsstellenmitarbeiter mit den Stadträten, die zur Zeit unserer Anwesenheit im Raum ein- und ausgingen, fragten wir nach dem Sinn der jeweils verrichteten Tätigkeit. Dieser Sinn erschloß sich uns aus den Erzählungen der Geschäftsstellenmitarbeiter über die vor- und nachgelagerte Tätigkeit der von uns beobachteten Tätigkeiten ("Arbeitsprozeßanalyse"), und den dazu bearbeiteten Materialien wie z.B. Antragsformulare ("Arbeitsmittelanalyse"). Indem wir uns die beobachtete Arbeit an den Formularen erklären ließen, bekamen wir auch einen Überblick über die zur Verrichtung der Tätigkeit notwendigen Informationen und deren Aufbewahrungsort ("Analyse der Informationsspeicher"). Auf die Frage hin, wie man sich behilft, wenn die relevanten Informationen nicht in der Geschäftsstelle verfügbar sind (Problemanalyse), erwähnte die Angestellte die alternativen Wissensspeicher bei Presse und Verwaltung sowie die Möglichkeit und Art des Zugangs (Interaktionsnetzwerk). Am Ende dieser Interviews nutzten wir die Zeit für Raumskizzen der besuchten Fraktionsgeschäftsstellen.

Wir notierten uns im wesentlichen die Lage der zur Arbeit notwendigen Kooperationswerkzeuge (Telefon, PC, Schreibgeräte) und Informationsspeicher (Arbeitsraumanalyse), sowie eine Beschreibung der Funktionen, die an bestimmte Teilbereiche des Raumes gebunden waren. Bei der Anfertigung dieser Raumskizzen der Orte der Gemeinderatsarbeit wurde uns bewußt, wie stark die politische Arbeit der beobachteten Stadträte mit den räumlichen Kontexten variiert, d.h. wie stark unterschiedlich sich die Arbeit des Stadtrates zwischen seinem privaten Arbeitszimmer „zu Hause“, einer „Ausschußsitzung im Rathaus“, oder eben in der „Fraktionsgeschäftsstelle“ gestaltet. Bildet das persönliche Arbeitszimmer zu Hause den Bereich der konzeptionellen Arbeit, so dient die Fraktionsgeschäftsstelle eher als Ort der parteiinternen Koordination und der Ausschußsitzungssaal als Ort der Umsetzung des politischen Willens. Dementsprechend finden sich für diese räumlichen Kontexte jeweils unterschiedliche Werkzeuge und Materialien der Kooperation. Am konkreten Beispiel der Kooperation des Stadtrates mit seiner Fraktionsgeschäftsstelle bedeutet dies: Die Fraktionsgeschäftsstelle bildet das Sekretariat der Stadträte und ist als solches auch Anlaufstelle für die Begehren der Bürger. Sie hat die Aufgabe, dem Stadtrat die notwendigen Informationen zu seiner politischen Arbeit (z.B. Erstellung eines Antrages oder einer Anfrage an die Verwaltung) zur Verfügung zu stellen und vorzustrukturieren. Sie ist ferner zuständig für den fraktionsbezogenen Sitzungsdienst, sowie für die Gruppenterminplanung.

Die Werkzeuge, Materialien und Informationsspeicher, die der Stadtrat in der Fraktionsgeschäftsstelle vorfindet, sind:
- sein Posteingangskörbchen (für die Antwort der Fraktionsgeschäftsstellen und Anfragen der Bürger),
- ein Postfach, in dem die Materialien zur Ausschußarbeit abgelegt sind,
- das Postfach der Geschäftsstelle, in das er seine Aufträge legen kann,
- das Postfach des Fraktionsvorstandes, in das z.B. Anträge kommen, die in einer fraktionsinternen Sitzung abgesprochen werden müssen,
- eine Pinwand (Schwarzes Brett), auf die allgemeine Informationen geheftet werden, die die Fraktionsarbeit im weitesten Sinne betreffen,
- Schränke und Archive, in denen die Fraktionsgeschäftsstelle die für seine Arbeit notwendigen Informationen bereithält.

Diese Erkenntnis der Kontextgebundenheit der Gemeinderatsarbeit und der Grunddimension des Raumes als Symbol für die Art der verrichteten Tätigkeit ist eine aus dem NDA erwachsene Erkenntnis für die Arbeit von Politikern, welche für das im folgenden beschriebene Design weitreichende Konsequenzen zeigt.

3 Kontextorientierung beim Design

In der traditionellen Entwicklung von Groupware-Anwendungen werden zwei verschiedene Ansätze verfolgt: Die Orientierung an dem Arbeitsfluß wird im folgenden der „prozeßorientierte Ansatz“ genannt, die Orientierung an den Arbeitsdokumenten „materialorientierter Ansatz“ (vgl. [Schwabe 1995]). In den folgenden Absätzen zeigen wir zuerst auf, warum beide für die Unterstützung der Gemeinderatsarbeit nicht gut geeignet sind; dann zeigen wir, wie mit einem „kontextorientierten“ Ansatz eine geeignete Unterstützung geliefert werden kann.

3.1 Prozeßorientierter Ansatz

Der prozeßorientierte Ansatz nimmt den Fluß der Dokumente durch eine Organisation zum Ansatzpunkt für eine Unterstützung. Unter dem Stichwort „Workflowsysteme“ werden Programmpakete angeboten (vgl. [Jablonski 1995]), die es einzelnen Beteiligten erlauben, den Fluß von Dokumenten zu steuern. Der Prototyp eines Workflows ist eine Schadensfallbearbeitung in einer Versicherung, die immer nach dem gleichen Muster abgewickelt wird. Ziel dieser Systeme ist es, die Liegezeiten zu reduzieren, die Koordination der Arbeitsschritte durch Automatisierung zu erleichtern und den Arbeitsfortschritt für die Vorgesetzten einfacher kontrollierbar zu machen. Im folgenden wird mit einem „starren Workflow" argumentiert. In der Literatur werden auch „flexible Workflowsysteme" diskutiert, bei denen aber in abgeschwächtem Maße die gleichen Probleme auftreten.

Kernvoraussetzung für eine Unterstützung ist die Gleichartigkeit, Wiederholung und Routinisierbarkeit der Aufgabe. Dies ist bei der Gemeinderatsarbeit aber nur vordergründig der Fall: Zwar lassen sich einzelne Geschäftsprozesse identifizieren, z.B. „Antrag stellen" oder „Haushalt beraten"; aber im Detail wird jeder Antrag anders gestellt, verläuft jede Haushaltsberatung anders. Es ist in der Praxis noch nicht einmal festgelegt, welche Personen an welchen Geschäftsprozessen mitwirken, z.B. weil jeder Gemeinderat von sich aus mit einem Antrag initiativ werden kann und mit jedem anderen Gemeinderat eine Koalition eingehen kann. Ein konkretes Beispiel: In einer Fraktion des Stuttgarter Gemeinderats besteht der Fraktionsvorsitzende darauf, daß alle Anträge aus seiner Fraktion vorher von ihm abgesegnet werden müssen. Einzelne Gemeinderäte bestehen wiederum darauf, daß sie auch ohne Zustimmung ihres Vorsitzenden Anträge stellen dürfen und tun dies. In der Praxis wird es unterschiedlich gehandhabt. Sobald ein Workflowsystem eine „richtige" Vorgehensweise vorschreibt, werden die Benachteiligten versuchen, das Workflowsystem zu umgehen und die Nutzung zum Erliegen bringen. Da der Gemeinderat aus der Eigenverantwortlichkeit und aus dem Initiativrecht seine wesentliche Motivation und Macht zieht, steht er allen ihn beschränkenden Regeln der Zusammenarbeit sehr skeptisch gegenüber. Auch von der Sache her sind die Entscheidung über die Belange einer Stadt zu anspruchsvoll, zu komplex und zu vielfältig, als daß sie in einem routinisierten Arbeitsprozeß bearbeitet werden können.

3.2 Materialorientierter Ansatz

Gryzan und Züllighoven [1992] schlagen vor, qualifizierte Arbeit nicht durch Vorstrukturierung, sondern durch die Bereitstellung von geeigneten Werkzeugen und Materialien zu unterstützen. Materialien sind in einer ersten Annäherung Dokumente; Werkzeuge sind Editoren, mit denen die Dokumente bearbeitet werden können (für eine differenziertere Diskussion vgl. [Budde&Züllighoven 1990] für die Programmierung und für die Gruppenarbeit [Schwabe 1995]). Dies kommt dem Gedanken einer freien Arbeitsumgebung in erster Annäherung auch entgegen. In einem ersten Entwurf der Cuparla-Software wurde deshalb dieser Weg verfolgt. Für die Gemeinderäte hieß das, daß ihnen Anträge, Vorlagen, Presseerklärungen, Freitextdokumente etc. in einer Dokumentendatenbank zur Verfügung standen. Der Vorteil dieser Vorgehensweise war es, daß Informationen leicht automatisch gesucht werden konnten, weil sie sich nur in einer Datenbank befinden konnten.

Der Verzicht auf jede Vorgabe eines Arbeitsprozesses kam den Gemeinderäten auch entgegen. Da aber überhaupt keine Struktur vorgegeben wurde, wurde die Koordination der Zusammenarbeit sehr schwierig. Insbesondere die Vergabe von Berechtigungen zum Zugriff auf Dokumente wurde kompliziert. Die typische Entstehung eines Antrags soll dies verdeutlichen:

Der Anstoß zu einem Antrag wird häufig von einem Bürger an einen einzelnen Gemeinderat herangetragen. Dieser entwirft dann für sich eine Skizze. Dann spricht er diese Skizze mit befreundeten Kollegen ab und bringt sie in die Fraktion ein. Dort wird sie durchgesprochen, möglicherweise überarbeitet und als Antrag an die Verwaltung weitergegeben. In der Verwaltung wird eine Stellungennahme der Verwaltung erstellt und in einer Ausschußsitzung den Gemeinderäten mitgeteilt. Sodann wird in dem Ausschuß über den Antrag abgestimmt. Der Antrag durchläuft also verschiedene Stadien der Vertraulichkeit. Um diese Vertraulichkeit sicherzustellen, müßte der Gemeinderat bei Verwendung nur einer Datenbank für jedes Dokument einzeln Zugriffsrechte vergeben und im Laufe der Beratungen verwalten. Dies ist jedoch bei der Menge der verwalteten Dokumente und der Komplexität der Abläufe eine unrealistische Erwartung.

Der materialorientierte Ansatz hat sich zu weit von der Gemeinderatsarbeit entfernt; Gemeinderatsarbeit wird nicht im wesentlichen durch die verwendeten Materialien geprägt, sondern wer sich mit wem verbündet, um seine Ziele zu erreichen. Für diese Bündnisse gibt es mit den Fraktionen, Arbeitsgruppen und (in Grenzen) Ausschüssen tradierte Standardvorgaben. Sie sind in dem zuerst verfolgten materialorientierten Ansatz zu sehr in den Hintergrund gerückt.

3.3 Kontextorientierter Ansatz

Die Analyse hatte gezeigt, daß sich Gemeinderäte in verschiedenen Arbeitskontexten verschieden verhalten: Während sie mit Kollegen oder in der eigenen Fraktion noch relativ offen und gelöst sind, dominiert in den Ausschüssen und im Gesamtgemeinderat die Auseinandersetzung mit dem politischen Gegner. Diese verschiedenen Arbeitskontexte bestimmen auch das Kooperationsverhalten und den Informationsaustausch zwischen den Gemeinderäten. Deshalb wurde beschlossen, die Arbeitskontexte zum Kern des Softwareentwurfs zu machen. Erleichternd kam hinzu, daß sich jeder Arbeitskontext eines Gemeinderats leicht durch einen Raum symbolisieren läßt: Das Fraktionszimmer steht für den Arbeitskontext „Fraktion", das Arbeitszimmer für den Arbeitskontext „zu Hause", der Ausschußsitzungssaal für den Arbeitskontext „Ausschuß" etc. Durch die Verwendung einer Raummetapher (vgl. hierzu auch [Henderson et al. 1986]) lassen sich bisher schon praktizierte Verhaltensweisen auf den Umgang mit der Software übertragen. Es ist einem Gemeinderat intuitiv einsichtig, daß ein Dokument allen Fraktionskollegen zugänglich ist, sobald er es in das Fraktionszimmer verschiebt.

In den verschieden Räumen befinden sich schon heute Hilfsmittel, die die Zusammenarbeit strukturieren. Wir haben diese Hilfsmittel „Dokumentenaufbewahrungsorte" genannt. Befindet sich ein Dokument (oder ein ganzer Vorgang) auf dem Dokumentenaufbewahrungsort „Schreibtisch", dann bedeutet dies, daß der Schreibtischbesitzer dieses Dokument von sich aus bearbeitet, ohne daß es eines weiteren Anstoßes von außen bedarf. Befindet sich das Dokument in der „Ablage", dann ist das behandelte Thema zwar noch aktuell, es wird aber erst herangezogen, wenn von außen hierzu ein Anstoß kommt. Im „Archiv“ befinden sich die erledigten Vorgänge, auf dem „Sitzungstisch“ die Unterlagen für die nächste Sitzung und am schwarzen Brett "hängen" Bekanntmachungen. Für einzelne Personen mögen einheitliche Dokumentenaufbewahrungsorte überflüssiger Ballast sein; für die Koordinierung der Zusammenarbeit sind sie aber wichtig, da sie zu einheitlichen Erwartungen und abgestimmten Verhaltensweisen führen. Deshalb haben wir diese (und andere) Dokumentenaufbewahrungsorte direkt in das Softwaredesign übernommen (vgl. dazu die Diskussion um „gemeinsame Arbeitsbereiche“ in [Dourish&Belotti 1992, Pankoke-Babatz &Syri]).

Am Beispiel des Antrags läßt sich ein typischer Arbeitsprozeß, in den Räumen erläutern (dies ist kein Workflow, sondern nur eine von vielen plausiblen Möglichkeiten!): Der Gemeinderat erstellt in seinem privaten elektronischen Arbeitszimmer eine erste Fassung. Dann nimmt er ihn mit in die Arbeitsgruppe, indem er es in das Arbeitsgruppenzimmer verschiebt. Sobald die Arbeitsgruppe das Dokument gemeinsam fertiggestellt hat, wird er in die Fraktion in das Postfach des Fraktionsvorsitzenden verschoben. Wenn dieser den Antrag abgezeichnet hat, legt ihn der Fraktionsassistent oder er selbst aus dem Postfach auf den Sitzungstisch im Fraktionszimmer. Sobald die Fraktion in der darauffolgenden Fraktionssitzung von dem Antrag Kenntnis genommen hat, wird er in dem Verwaltungsraum abgelegt. Von dort wandert er über die Verwaltung in die Ausschüsse und für Protokoll und Ablage zurück in die Verwaltung. In den Arbeitskontexten sind somit die gemeinsame und private Dokumente adäquat verwalten und lassen sich Arbeitsprozesse so durchführen, wie sie heute auch schon durchgeführt werden.

4 Umsetzung und Zusammenfassung

Abbildung 3 zeigt die Cuparla-Eingangshalle mit den Räumen, die den einzelnen Gemeinderäten zur Verfügung gestellt werden. Jeder Raum hat seine eigene Zugangsberechtigung. „Betritt“ ein Gemeinderat das Arbeitszimmer, befindet er sich in seinem individuellen Arbeitskontext, zu dem nur er Zugang hat; der Raum „Fraktion“ steht für seine eigene Fraktion; die anderen Fraktionen sind für ihn unsichtbar. Zu dem „Gemeinderat“ haben alle Gemeinderäte Zugang; in der „Verwaltung“ und der „Bibliothek“ sind alle Dokumente abgelegt, die für Mitarbeiter der Stadt und für die Gemeinderäte offen sind usw.

Die Abbildung 4 zeigt das elektronische „Fraktionszimmer“: Postfächer, Ablage, Archiv und Tische sind dem ursprünglichen Fraktionszimmer nachgebildet. Links sind die Dokumentenaufbewahrungsorte und rechts die Kategorien von Dokumenten des ausgewählten Ortes zu sehen. Unter jeder Kategorie können dann Formulare verschiedenen Typs (Anträge...) sowie Office-Dokumente erzeugt und abgelegt werden. Um die Bedienung so klar wie möglich zu halten, wurde bewußt auf möglicherweise verwirrende besondere grafische Effekte verzichtet.. Anhand der Screenshots wird ersichtlich, wie der Arbeitskontext direkt als Strukturierungs- und Orientierungsinstrument für die Anwendung verwendet werden kann.

Abbildung 3: Die Cuparla-Eingangshalle

Was im Nachhinein logisch und schlüssig erscheint, war für die Mitarbeiter im Cuparla-Projekt eine Überraschung: Im Rahmen des Needs Driven Approaches ist die Analyse des Arbeitskontextes vorgesehen, um ihn beim Design zu berücksichtigen. Es schälte sich aber erst im Laufe der Analyse heraus, daß der Arbeitskontext die dominierende Struktur für die Form der Zusammenarbeit ist. Designüberlegungen zeigten dann, daß der Arbeitskontext auch einen geeigneten Rahmen für die Software darstellt.

Die Einbeziehung des Anwenders in Analyse- und Designaktivitäten hat zu dem Softwaredesign folgendermaßen beigetragen: Während die ethnographische Analyse die Ergonomie der Software bestimmte, sorgten CATeam-Workshops mit den Gemeinderäten für eine Bereitstellung geeigneter Inhalte. Ergonomie und Inhalte wurde beim Design gemeinsam mit den Gemeinderäten an Hand von mehreren Prototypen verifiziert, verfeinert und erweitert.

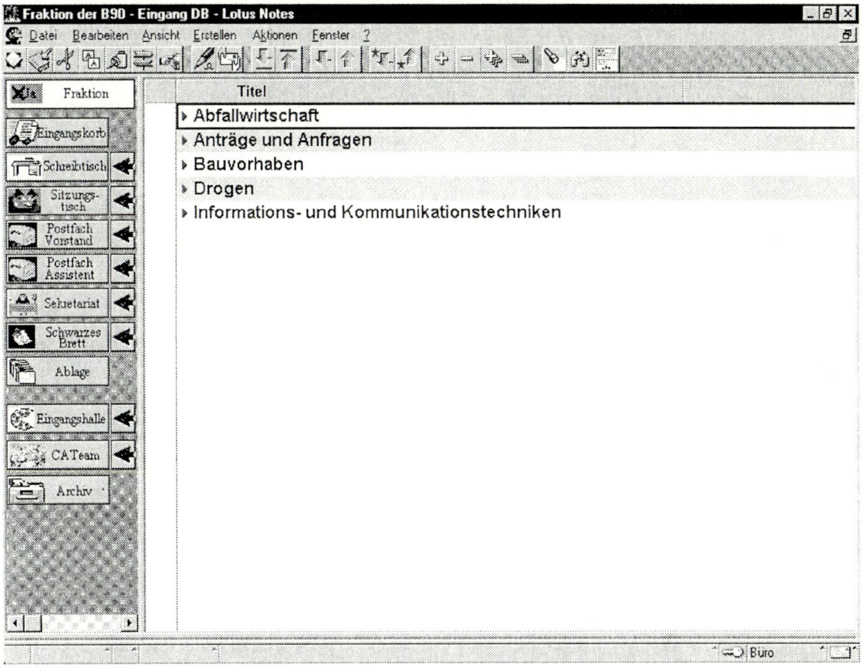

Abbildung 4: Das Cuparla-Fraktionszimmer

5 Literatur

Budde, R.; Züllighoven, H.: Softwarewerkzeuge in einer Programmierwerkstatt. Berichte der GMD, Nr. 182. Oldenbourg, München 1990.

Dourish, P., Bellotti, V.: Awareness and Coordination in Shared Workspaces. In: Proceedings of the Conference on Computer Supported Cooperative Work, ACM Press, New York 1992, S.107-114.

Gryczan, G.; Züllighoven, H.: Objektorientierte Systementwicklung - Leitbild und Entwicklungsdokumente. In: Informatik Spektrum, Vol. 15, Nr. 5 Oktober (1992), S. 264-272.

Gryczan, G.; Wulf,M.; Züllighoven, H.:Prozeßmuster für die situierte Kooperation. In: Krcmar, H.; Lewe, H.; Schwabe, G.: Herausforderung Telekooperation - Proceedings der DCSCW 96, Springer, Heidelberg u.a. 1996a, S. 89-105.

Henderson, D.; Card, S.: Rooms: The use of multiple virtual workspaces to reduce space contention in a window-based graphical user interface. In: ACM Transactions on Graphics, Vol. 5, Nr. 3 Juli (1986), S. 211-243.

Jablonski, S.: Workflow-Management-Systeme: Motivation, Modellierung, Architektur. In: Informatik Spektrum Vol. 18, Nr. 1 (1995), S. 13-24.

Krcmar, H.; Schwabe, G.: CATeam für das Gemeindeparlament - Szenarien und Visionen, In: Reinermann, H.: Neubau der Verwaltung: Informationstechnische Realitäten und Visionen, 63. Staatswissenschaftliche Fortbildungstagung, Decker, Darmstadt 1995, S. 264 - 285.

Pankoke-Babatz, U.; Syri, A.: Gemeinsam Arbeitsbereiche - eine neue Form der Telekooperation? In: Krcmar, H.; Lewe, H.; Schwabe, G.: Herausforderung Telekooperation - Proceedings der DCSCW 96, Springer, Heidelberg u.a. 1996, S. 51-67.

Schwabe, G.: Objekte der Gruppenarbeit - ein Konzept für das Computer Aided Team, Gabler, Wiesbaden 1995.

Schwabe, G.; Krcmar, H.: Der Needs Driven Approach - Eine Methode zur Gestaltung von Telekooperation. In: Krcmar, H.; Lewe, H.; Schwabe, G.: Herausforderung Telekooperation - Proceedings der DCSCW 96, Springer, Heidelberg u.a. 1996a, S. 69-87.

Schwabe, G.; Krcmar, H.: Telearbeit im Stuttgarter Stadtparlament - erste Erfahrungen. Erscheint In: Telearbeit 96, Hültig Verlag 1997.

Auswirkungen des Einsatzes von Informationstechnologien auf Organisations- und Beschäftigungsstrukturen im Bankwesen - eine internationale Studie

Prof. Dr. Günther Weber
Dipl.-Kffr. Sabine Daniel
[g.weber|s.daniel]@fbi.fh-darmstadt.de

Fb.I - FHD
Schöfferstraße 8 b
D-64295 Darmstadt

Ziel des Projekts

Informations- und Kommunikationstechnologien werden in größer werdender Vielfalt in immer mehr Bereichen des wirtschaftlichen Lebens eingesetzt; um so wichtiger ist es, die Auswirkungen ihres Einsatzes im Voraus abzuschätzen, wobei die Frage der Vorgehensweise und der dafür erforderlichen Qualifikationen entsteht.

Im hier vorgestellten Projekt wird der Ansatz verfolgt,
interdisziplinär - unter Beteiligung von Informatik, Wirtschafts- und Gesellschaftswissenschaften
partizipativ - heißt hier: Mitwirkung von Vertretungen der an verschiedenen Positionen Beteiligten bzw. Betroffenen sowie
international - z.Zt. mit Institutionen aus Deutschland, Italien und Frankreich
die möglichen Auswirkungen in einer Branche (Bankwesen) exemplarisch aufzuzeigen, um auf diese Weise Handlungsalternativen transparent zu machen.
Daneben werden Erfahrungen aus anderen Ländern, in denen das Bankwesen unterschiedlich strukturiert und der Technologie-Einsatz in anderer Art fortgeschritten ist, gesammelt und so nutzbar gemacht.

Umfeld, Planung und Vorgehensweise

Neben einer Gruppe aus dem Fachbereich Informatik der FH Darmstadt arbeiten das in diesem Forschungsgebiet ausgewiesene (s. z.B. /So95/) Istituto di Economia Aziendale der Universitá Cattolica del Sacro Cuore in Mailand, die Deutsche Bank Italia und die zuständige italienische Gewerkschaft CGIL an einer parallel geführten Fallstudie. Durch die Förderung aus dem ADAPT-Programm der Europäischen Union (s. /BJ95/) - entstand darüberhinaus eine Kooperation mit der italienischen Unternehmensberatungsgruppe tesi/Praxi und dem französischen Bankenverbund GIE bancaire de la Région Nord-Pas de Calais mit jeweiligen Banken vor Ort bzw. in der Region.

Für die Durchführung sind folgende vier Schritte vorgesehen:
1. Überblick zu den Entwicklungstendenzen im Bereich der Informatik

2. Untersuchung von Informatik-Anwendungen im Bereich deutscher und ausländischer Banken, Prüfung der Entwicklungspläne von Banken mit dem Ziel, die Anwendung neuer Technologien zu verifizieren
3. Analyse der Auswirkungen neuer Technologien auf die Bankenorganisation
4. Untersuchung der infolge der Anwendung neuer Technologien eintretenden Veränderungen bezüglich der Beschäftigungsbedingungen (Qualifikationen usw.)

Die Federführung obliegt in den einzelnen Phasen jeweils der Institution mit der dafür größten fachlichen Kompetenz; die Validierung der erzielten Zwischenergebnisse erfolgt im Sinne einer Qualitätssicherung am Ende jeder Phase in einem Kolloquium unter Teilnahme der Projektpartner.

Stand der Realisierung

Zur Zeit liegt ein erster 'Survey of the relevant technologies in the context of automation and organizational structures in the banking industry' vor. In ihm werden die aus jetziger Sicht überhaupt für den Einsatz im Bankwesen infrage kommenden Technologien zusammenfassend dargestellt. Er bildet so die Grundlage für die nächste Projektphase.
Fallstudien, die inzwischen begonnen wurden, haben die Teilautomatisierung des Zahlungsverkehrs, den Einsatz von Verfahren der künstlichen Intelligenz bei der Telex-Bearbeitung, die Bereiche der Kreditkarten-Bearbeitung und des Telefon-Banking sowie die Erstellung und den Einsatz von multimedialen Informations-Kiosken zum Inhalt; Zwischenergebnisse sind teilweise bis zur GI-Jahrestagung zu erwarten.
Absprachen mit den internationalen Partnern beziehen sich auf Erfahrungsaustausch und gegenseitige Unterstützung in Detailfragen. So beschäftigt sich die französische Bankengruppe schwerpunktmäßig mit Fragen der Schaltertätigkeiten. Ihre Ergebnisse aus diesem Bereich werden in die Gesamtstudie einfließen; der eingangs genannte 'Survey ...' stellt umgekehrt einen Teil der Grundlagen ihrer Untersuchungen dar.

Erwarteter Nutzen und Perspektiven

An dem Innovations- und Veränderungs-Prozeß Beteiligte und Interessierte sollen entsprechend dieser Vorgehensweise die voraussichtlichen Auswirkungen abschätzen und planen können; insbesondere bedeutet dies, die sich aus dem zunehmenden Einsatz von IuK-Technologien ergebenden Chancen und Risiken und hier vor allem den Qualifizierungsbedarf für Unternehmen und Beschäftigte transparent zu machen.
Als Perspektiven bieten sich u.a. eine Ausweitung auf andere Länder sowie die Bearbeitung anderer Branchen mit derselben Vorgehensweise an.

Literatur:

/BJ95/ Bundesministerium der Justiz(Hrsg.): **Operationelles Programm der Bundesrepublik Deutschland zur Gemeinschaftsinitiative ADAPT**, Bundesanzeiger, Jg. 47, Nr. 123a vom 5.7.1995

/So95/ M. Sorrentino(ed.): **Prospettive del retail banking degli anni novanta**, edibank Milano, 1995

Informatikzentren für Spitzenmanager - ein aktuelles weltweites Beratungs- und Marketingkonzept

Dr. Walter Hehl und Prof. Dr. Jakob Hoepelman

IBM Deutschland Informationssysteme GmbH
Industry Solutions Lab
Pascalstr. 100
D70569 Stuttgart

Einleitung

Zwei Trends der angewandten Informatik verändern ganz besonders das Bild von Industrie und Verwaltung, ja der gesamten Gesellschaft (und last not least, der informationstechnischen Industrie selbst):

Zum einen das Zusammenwachsen der Bereiche der eigentlichen Informationstechnik, etwa der Erstellung von Softwaresystemen in den Unternehmen, mit den Geschäftsprozessen der Unternehmen und Gesellschaften selbst und mit deren Strategien, sich im Markt zu behaupten. Dies erfordert eine enge Zusammenarbeit der beteiligten Funktionen im Unternehmen und im Umfeld der Unternehmen von der Informationstechnik bis zur „Geschäftstechnik", d.h. mit den verschiedenen Formen des Consulting. Als Folge hiervon arbeiten die technischen Bereiche von Forschung und Entwicklung der Informationsindustrie immer stärker mit den Architekten und Beratern im eigenen Unternehmensverband oder anderen spezialisierten Partnern zusammen.

Ein weiterer Trend ist die vor wenigen Jahren noch kaum vorhersehbare Beschleunigung der (informations-) technischen Entwicklung. Neben zügigen und kontinuierlichen Weiterentwicklungen - wie etwa der Prozessoren oder der Sprach- und Übersetzungstechnologien - ist es hier vor allem das synergetische Zusammenwirken von hardware-, software-, wirtschaftlichem und sozialem Impetus bei den Netzen. Dies hat so zur Redeweise vom „Webjahr" geführt mit einem Webjahr entsprechend drei realen Monaten. Allein die IBM hat in 1996 über 300 Patente zu Netzen und Netzanwendungen angemeldet, zum Internet werden pro Monat von der Industrie über hundert (Software-) Produkte auf den Markt gebracht. Nahezu alle Bereiche von Wirtschaft und Gesellschaft sind betroffen, quer durch die Industrien, weltweit zusammenhängend und in enger Kopplung.

Nimmt man noch die Veränderungen hinzu, die nicht informationstechnisch getrieben sind (etwa die Deregulierung von Märkten wie Versicherungen oder elektrischer Energie in der EG), aber starke IT -Auswirkungen haben, so erkennt man einen großen Bedarf an hochwertigen Beratungen für Manager aus Wirtschaft oder öffentlichem Dienst zum Thema der Wechselwirkung von Informationstechnologie und wirtschaftlicher Strategie und Innovation. Eine ungeordnete Liste von heißen Themen für Unternehmensführungen („CEO's“ [1]) umfaßt etwa

Globalisierung	Effizienz des Betriebs
Kundenbeziehung	EURO
Wettbewerb	Jahr2000
Marketing	

Die Abbildung dieser Themen auf die Informationstechnologie (IT) ist für alle IT-Unternehmen eine große Chance, die Beziehung zu ihren Kunden und der gesamten Gesellschaft zu intensivieren, weit über die Ablieferung von fertigen Produkten hinaus. Voraussetzung hierfür ist es, daß die IT-Unternehmen nicht nur auf der technischen, sondern auch auf der geschäftlichen („Business“) Seite aktiv an den Entwicklungen teilnehmen, d.h. zu technischer Forschung und Entwicklung tritt noch Kompetenz bei Geschäftsprozessen und Entwicklungen als Consultingunternehmen.

Als umfassendes Unternehmen für Hardware, für Software, Dienstleistungen und Beratungen hat die IBM ein zugehöriges Beratungskonzept für den Einstieg entworfen und zu Beginn des Jahres weltweit in drei Zentren als „Industry Solutions Labs“ realisiert.

Gegenstand ist dabei primär die generelle Entwicklung der Informationstechnologie und ihre strategische Bedeutung, sekundär natürlich auch die Technologien, Produkte und Lösungen des Unternehmens IBM und von internationalen Geschäftspartnern. Das Zentrum zur Beratung von Führungskräften aus Europa, dem Mittleren Osten und Afrika wurde dabei in Stuttgart etabliert (für Nord- und Südamerika ist das „Lab“ bei New York, für Asien und den pazifischen Raum bei Tokio). Ganz wesentlich ist jeweils eine enge Zusammenarbeit mit Forschungs- und Entwicklungslabors - für das Zentrum in Stuttgart sind dies besonders die IBM - Forschungslabors in Zürich und Haifa sowie das Entwicklungslabor der IBM Deutschland in Böblingen in unmittelbarer Nähe.

[1] CEO Corporate Executive Officer - Geschäftsführer eines Unternehmens

Treibende Technologien

Die Tabelle (Quelle: IBM Labor Zürich) listet eine Reihe von Technologien auf, die Bausteine für die Strategien der Unternehmen sind:

Business-Intelligenz	Network Computing
Information Mining	Objekttechnologie
Intranet / Internet	Smart Card
Maschinelle Übersetzung	Workflow
Mobiles Computing	Workgroup Computing
Multimedia	Virtuelle Realität

Dazu sollte man als grundlegende Triebfeder die Technologieentwicklung der Prozessoren selbst nicht vergessen, sowohl die Chiptechnologie der Einzelprozessoren wie die der Komplexe von Prozessoren für Unternehmen, etwa unter der Rubrik „Neue Servertechnologien". Die Stati und die Ausblicke in diesen Technologien bestimmen ganz wesentlich die Perspektiven der Informationstechnik der Unternehmen.

Das Netzwerk als zentraler Begriff

Ein gemeinsamer Nenner für nahezu alle diese Einzeltechnologien ist das Netzwerk. Die Bedeutung der Netzwerke geht dabei über die Informatik weit hinaus: Es kommen wirtschaftliche und soziale Aspekte der Netze hinzu, etwa die weltweite Demokratisierung des Zugangs und die relativ einfache Bedienbarkeit mit Browsern, die Dynamik in der Verteilung der Funktionen mit JAVA, und als System betrachtet die Kooperation und Kollaboration zwischen Menschen und Programmen weltweit, etwa von Kunden und Unternehmen und von Unternehmen zu Unternehmen. Damit haben sich für alle Unternehmen die räumlichen, zeitlichen und strukturellen Randbedingungen geändert. In den Diskussions- und Beratungsrunden stehen damit naturgemäß Netzwerkfragen auf allen Ebenen im Vordergrund: Das Spektrum reicht in der Hardware von der Bedeutung der Netzwerkstationen zur Software für E-Commerce bis hin zum Potential für globale Firmenverbände, reale wie virtuelle. Diese Ausrichtung ist in voller Übereinstimmung mit der Firmenstrategie des Unternehmens IBM selbst, die das Netz und seine Unterstützung in allen Aspekten und auf allen Plattformen in den Vordergrund stellt.

Das Beispiel PetroConnect: Technologien und Globalisierung

IBM PetroConnect ist das Beispiel einer bereits im Betrieb befindlichen Netzwerklösung, die das Internet für neue Geschäftsbeziehungen und Organisationsformen verwendet. Hier werden über das Internet von einem auf Beratungen im Bereich der Petroleumindustrie spezialisierten Unternehmen weltweit Informationen zur Verfügung gestellt wie Lagerstätteninformationen und

Erdölförderdaten. Die Einstiegsinformationen sind unentgeltlich, die detaillierten Informationen werden mit der kryptologischen Verpackungstechnologie CRYPTOLOPES sicher übertragen und über Kreditkarte abgerechnet. Dazu bietet die Lösung PetroConnect den Petro - Fachleuten die Möglichkeit einer gemeinsamen Arbeitsplattform zur weltweiten Zusammenarbeit im professionellen Verbund über Rechner und Software des Dienstleisters. Die verwendeten Technologien (Internet, Cryptolopes, Micropayments) und Geschäftsmodelle (Informationsvertrieb, Kollaboration) werden im Lab exemplarisch vorgeführt, aber können auf eine Vielzahl von Anwendungen übertragen werden.

Das Beispiel PLC: Technologie und Strategie

Ein Beispiel soll das Zusammenwirken von kommender Technologie und neuer Geschäftsstrategie illustrieren:
Die Technologie Power Line Communication (PLC) erlaubt die Datenübertragung über normale Stromleitungen in und von jedem Privathaus. Zunächst und direkt ermöglicht dies den Versorgungsunternehmen, über das Netz den Verbrauch abzulesen, jährlich wie üblich, oder stündlich oder noch häufiger. Dies eröffnet das Potential neuer Stromtarife (wenn der Verbraucher dem Computer des E-Werks das Ab- und Anschalten seiner großen Stromverbraucher im eigenen Heim gestattet). Auf höherer Ebene gesehen, resultiert PLC in einer engeren Beziehung der Versorgungsunternehmen zu ihren Kunden - damit ergeben sich strategische Vorteile durch das neue Verfahren weit über den Stromverbrauch hinaus: Die Unternehmen können an ganz neue Dienstleistungen denken, in diesem Beispiel betrachtet man häufig alles um die Sicherheit im Haus als neue mögliche Geschäftsdomäne. Eine komplette modellhafte Lösung aus dem Labor Böblingen wird vorgeführt und gibt den Diskussionen der Fachleute eine handfeste Grundlage, den fachfremden Besuchern eine ungewöhnliche Vorführung.

Durch das intensive und offene Gespräch im Center von Entwicklern und Beratern mit den zukünftigen Nutzern ergeben sich wertvolle und frühzeitige Rückkopplungen an Entwicklungslabor und Lösungshaus, die wesentlich für das Konzept der Zentren als „Solutions Labs" sind.

Die Integrationstendenz

Wie das PLC-Beispiel zeigt, reicht bei der Einführung von Innovation in Unternehmen die Betrachtung einzelner Aspekte, insbesondere allein der technischen Aspekte, immer weniger aus. Der Trend geht zur gemeinsamen Einbeziehung **aller** Schichten der Leistungen der Informatikunternehmen für ihre Kunden - von den Produkten und existierenden Lösungen, den Dienstleistungen, der IT Beratung und, als Spitze der Pyramide der Leistungen aus Geschäftsführungssicht, die allgemeine Geschäftsberatung (Abb. 1).

Diesem Trend folgend sind die großen Unternehmen der IT-Industrie auch zu Dienstleistungs- und Beratungsunternehmen geworden („nach oben" gewachsen) und umgekehrt sind eine Reihe der klassischen Beratungsunternehmen auch zu Dienstleistern im IT-Bereich geworden mit eigenen Softwarehäusern und im Modell damit „nach unten" gegangen.

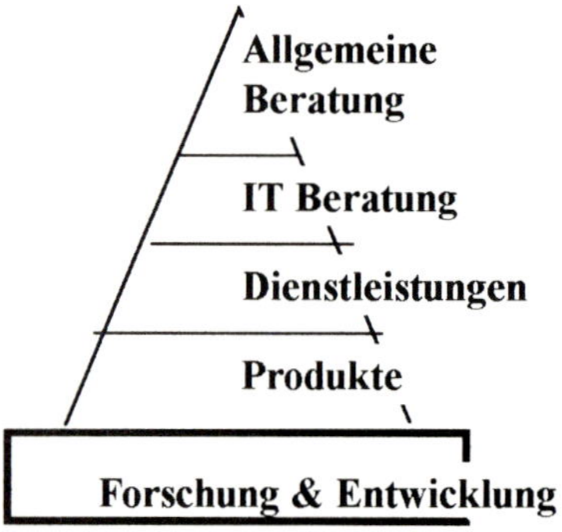

Abb. 1 Ein Modell der informationstechnischen Industrie

Intensive Forschung und Entwicklung für alle diese Ebenen ist damit genauso eine Voraussetzung für den Erfolg einer Beratung zur Innovation im Unternehmen wie die enge Kopplung an den Kunden und damit die Einbindung seines Wissens und seiner Bedürfnisse.

Solutions Lab - Konzept und Implementierung

Die Labs sind für eine integrale Beratung gedacht quer über die Ebenen des Modells und für Diskussionen mit technischen und nichttechnischen Führungskräften. Damit müssen die Trends der Informationstechnologie generell und firmenunabhängig aufgezeigt werden, wenn auch vor allem illustriert an Hand von Technologien und Lösungen aus dem Hause IBM und eng verbundenen Geschäftspartnern.

Durch die Querbeziehungen und Anwendungsmöglichkeiten der Technologien in vielen Industrien und Branchen, besonders der Schlüsseltechnologien wie Network Computing und Information Mining, ist es auch sinnvoll, die Zentren für möglichst viele Branchen gemeinsam zu betreiben: Den Versicherungsunternehmer interessiert brennend der Status im Bankenbereich, den Pharmahersteller die Internetmöglichkeiten von E-Commerce im Einzelhandel, die Fluggesellschaft die Smartcard-Anwendung der Banken. Die Breite der verfügbaren Entwicklungen, Anwendungen und Fachleute im Zugriff ist hier die Voraussetzung für Synergie.

In den Labs verbringen Kunden i.a. ein bis zwei Tage der offenen Diskussion über ihre Wunschthemen. Zur unmittelbaren Illustration der neuen Technologien, zum „Hands-on" oder schlicht zur Auflockerung der Veranstaltung wurde ein kleiner

Park von Technologiedemonstrationen aus den aktuellen IT-Bereichen in Stuttgart eingerichtet. Diese Demo's kommen aus den Forschungs- und Entwicklungslabors der IBM weltweit, vom Partnerunternehmen Lotus oder, in wachsender Zahl, von weiteren Geschäftspartnern.

Schlußbemerkungen

Das Industry Solutions Lab in Stuttgart bringt seit der Eröffnung im Februar einen Strom von Führungskräften aus ganz Europa nach Stuttgart zur integralen Diskussion der Konsequenzen der IT. Dazu wurde im Hause IBM ein weltweites technisches Netz etabliert, das Fachleute und Technologien in das Stuttgarter Lab bringt und mit Kunden zusammenführt. Eines der Ziele ist es dabei, die Zusammenarbeit von IT-Industrie und Kunden (und der Gesellschaft) zu fördern und Vertrauen zu schaffen in die Möglichkeiten der neuen Entwicklungen der angewandten Informatik - und Innovationen zu fördern oder gar anzustoßen beim Kunden wie im eigenen Haus.

Risikominimierung bei der Einführung neuer Softwaretechnologien in der industriellen Praxis durch externe Experimentierfelder

Frank Houdek, Frank Sazama und Kurt Schneider

Daimler-Benz AG, Forschung und Technik
Postfach 23 60, 89013 Ulm
{houdek,sazama,k.schneider}@dbag.ulm.DaimlerBenz.com

Zusammenfassung Die Einführung einer neuen Methode oder Technik in ein reales Industrieprojekt birgt oft hohe Risiken in sich. Als Konsequenz werden neue Vorgehensweisen daher erst spät eingeführt. Auf der Seite der universitären Ausbildung werden Studierende selten an reale Probleme herangeführt, weshalb sie wenig Verständnis für die Probleme der Industrie entwicklen können. Einen Beitrag zur Lösung dieses Dilemas können — aus Sicht der Industrie externe — Experimentierlabors an einer Universität leisten.
Zwischen Daimler-Benz und der Universität Ulm gibt es eine enge Zusammenarbeit in Form eines „Softwarelabors". Fragestellungen aus der Praxis (z.B. Effizienz von Reviews) werden aus den Daimler-Benz Unternehmensbereichen an das Softwarelabor weitergegeben und dort untersucht. Diese Vorgehensweise verschafft den Studierenden die Gelegenheit, an realen Problemen zu arbeiten und erlaubt es Daimler-Benz, neue Ansätze zunächst in einer kontrollierbaren und unkritischen Laborumgebung zu testen, bevor sie in realen Projekten zum Einsatz kommen.

1 Einleitung

In den letzten Jahren haben sich die Anforderungen an Software und damit auch die Softwaretechnik selbst zunehmend gewandelt. Um diesen sich ändernden Randbedingungen gerecht zu werden, muß auch der Softwareerstellungsprozeß in Richtung höherer Qualität und Produktivität verändert werden.

Solche Änderungen sind aber nicht ungefährlich. Nicht jede Technik kann in jedem Umfeld sinnvoll eingesetzt werden. So sind Methoden, die bei der Entwicklung eines kaufmännischen Systems in Cobol eingesetzt werden, nicht notwendigerweise geeignet für die Erstellung einer ABS-Steuerung in Assembler und umgekehrt [DR96]. Ein zielloses „Ausprobieren" verbietet sich oft nicht zuletzt aus wirtschaftlichen Überlegungen. Somit ergibt sich ein Zwiespalt zwischen der Notwendigkeit des Änderns und Verbesserns auf der einen Seite und dem Risiko und der Unsicherheit, die mit Veränderungen verbunden sind, auf der anderen.

Völlig anders stellt sich dem gegenüber die Situation an den Hochschulen dar. Weil sich die Ausbildung selten an den tatsächlichen Belangen von Industrieprojekten orientiert, entsteht bei den Studierenden kaum eine realistische Vorstellung von den Problemen der Praxis.

In diesem Artikel wollen wir Softwarelabor–Kooperationen zwischen Industrie und Hochschule als eine Möglichkeit beschreiben, mit obigen Problemen umzugehen. In einer solchen Kooperation werden Fragestellungen aus der Industrie in geeigneter Form an die Hochschule gegeben, dort im Rahmen der Ausbildung bearbeitet und anschließend wieder zurückgeführt. Für die Industrie stellt diese Vorgehensweise eine Möglichkeit dar, an die für sie wichtigen Aussagen über die Wirkungsweise von Techniken und Methoden zu kommen. Und da die so gewonnenen Aussagen die Randbedingungen und Fragestellungen der Industriepartner explizit berücksichtigen, sind sie wesentlich wertvoller als Berichte in Fachzeitschriften oder Büchern.

Den Hochschulen ermöglicht diese Zusammenarbeit, die Studierenden mit realen Problemen zu konfrontieren. Die Ausbildung kann auf diese Weise praxisorientierter gestaltet werden. Darüber hinaus besteht über eine solche Zusammenarbeit die Chance, einen Transfer von Forschungsergebnissen aus der Hochschule in die Industrie einfacher zu realisieren.

Aufbau In Abschnitt 2 skizzieren wir einen konzeptionellen Rahmen für die Aufgabe der systematischen Qualitätsverbesserung, der auch die Einbettung der Softwarelabor–Experimente darstellt. Anschließend identifizieren wir die Durchführung von Experimenten im industriellen Umfeld als kritisches Element in diesem Rahmen. Abschnitt 4 stellt dann das Softwarelabor als geeignete Möglichkeit vor, erste Untersuchungen ohne Belastung laufender Projekte durchzuführen. In Abschnitt 5 illustrieren wir unsere Ausführungen mit einem konkreten Beispiel. Erfahrungen positiver und negativer Art haben wir in Abschnitt 6 dokumentiert. Abschnitt 7 beschließt mit einer Zusammenfassung den vorliegenden Artikel.

2 Konzept der inkrementellen Qualitätsverbesserung

Das reine Vorhandensein von Wissen, das im Rahmen von (universitären) Experimenten gewonnen wurde, reicht nicht aus, um die vielfältigen Probleme der industriellen Softwareerstellung zu lösen. Vielmehr bedarf es eines Rahmens, in dem dieses Wissen im Zuge von systematischen Verbesserungsaktivitäten gezielt in Projekten umgesetzt wird.

Im folgenden Abschnitt wollen wir einen solchen Rahmen zur Qualitätsverbesserung vorstellen. Basis für die Entwicklung dieses Ansatzes waren die vielfältigen Ursachen für Qualitätsprobleme in der Softwareentwicklung. Nach einer Studie von Price Waterhouse [Rat90] lassen sich diese im wesentlichen auf die Einflußgrößen Management, Technologie und Mitarbeiter zurückführen:

Management

- Das Management von technologiebedingten Veränderungen wird nur unzureichend wahrgenommen.
- Das Nichtbeherrschen von Produkten und Prozessen ist eine wesentliche Ursache für Qualitätsprobleme bei Software.

Technologie

- Unternehmen besitzen gegenwärtig kaum die Fähigkeit, Forschungsergebnisse und neue Technologien zu beobachten, zu erproben, einzuführen oder zu beherrschen.

Mitarbeiter
- Durch die hohe Fluktuationsrate im Informatikbereich verlieren Unternehmen jährlich einen wesentlichen Anteil ihres Know–hows.

Eine Reihe von Ansätzen zur Verbesserung der o.g. Qualitätsprobleme wurden veröffentlicht und in die Praxis eingeführt [Hoh95], wie zum Beispiel das Capability Maturity Model (CMM) und die ISO–Normenreihe 9000.

Neben diesen eher top–down orientierten Ansätzen — die Softwareentwicklungsprozesse werden an ein ideales Referenzmodell angeglichen — gibt es Ansätze, die als bottom–up charakterisiert werden können, da sie ihre Verbesserungen sukzessive aus der jeweiligen Situation ableiten. Prominentester Vertreter dieser Ansätze ist das *Quality Improvement Paradigm* (QIP) [DR96].

Eine QIP–basierte Qualitätsverbesserung ist getrieben durch eine systematische und kontinuierliche Ausrichtung der Prozesse auf die speziellen Bedürfnisse der Organisation. Das grundlegende Verstehen der wesentlichen Prozeß– und Produktcharakteristika spielt daher eine zentrale Rolle.

Vom Vorgehen her orientiert sich das QIP an der ingenieurwissenschaftlichen Vorgehensweise. Es wird eine existierende Situation betrachtet, eine Hypothese über die Auswirkung einer Veränderung aufgestellt, die Veränderung realisiert, gemessen und die Auswirkungen analysiert. Die Analyseergebnisse und die entstandenen Erfahrungen können und müssen auf weitere Projekte übertragen werden. Dadurch wird ein Prozeß des organisationsweiten Lernens angestoßen. Durch das gemeinsame Lernen und Wiederverwenden von Erfahrungen wird die Qualität der Softwareprodukte im betrachteten Umfeld kontinuierlich gesteigert.

Diese Aufgaben des QIP und des damit verbundenen systematischen Lernens können aber in der Regel nicht im Rahmen von Softwareprojekten nebenbei erledigt werden. Ein Projekt ist in erster Linie daran interessiert, ein Produkt zu entwickeln. Außerdem sind für die Aufgaben wie Messen, Analysieren und Aufbereiten Experten notwendig, die daher in einer eigenen organisatorischen Einheit, der sogenannten *Experience Factory* zusammengefaßt werden [BC95]. Diese Einheit ist unabhängig von der eigentlichen Softwareentwicklung und kann diese somit ideal unterstützen (siehe Abbildung 1).

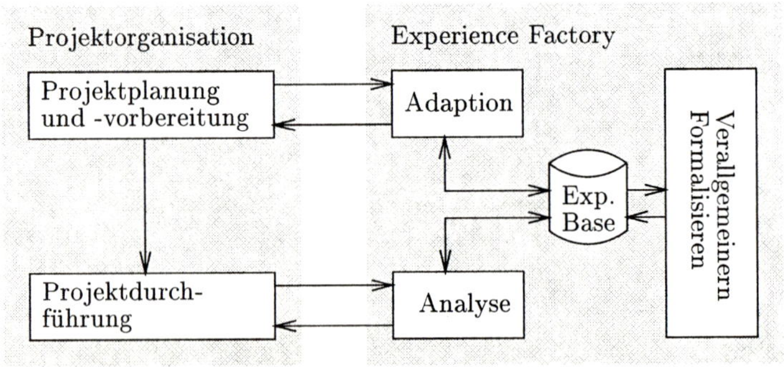

Abbildung1. Schematische Darstellung des Experience Factory Konzepts.

3 Experimentieren im industriellen Umfeld

Die Idee des kontrollierten Experimentierens ist elementarer Bestandteil des im letzten Abschnitt vorgestellten Ansatzes der inkrementellen Verbesserung und elementare Voraussetzung für systematisches Lernen. Ohne solche Experimente kann kein (signifikant) neues Wissen gewonnen werden.

Um den möglichen Nutzen solcher Experimente und damit deren Bedeutung aufzuzeigen, wollen wir hier kurz eine Untersuchung, die am Software Engineering Laboratory (SEL) der NASA durchgeführt wurde, beschreiben: Das SEL beschäftigt sich mit der Entwicklung von Systemen für die unbemannte Raumfahrt. Um zu untersuchen, wie sich hier eine neue Programmiersprache, nämlich Ada auf die Fehlerrate der Systeme auswirkt, wurde ein System parallel mit Ada und der ansonsten benutzten Sprache Fortran entwickelt. Es zeigte sich dabei, daß die Fehlerrate beim Ada–System auf nur 1.8 Fehler pro 1000 Zeilen im Gegensatz zu 3.9 bei den in Fortran entwickelten Systemen zurückging [BC95].

Weitere Beispiele für experimentelle Untersuchungen sind

(1) Vergleich einer semiformalen und einer formalen SA/RT–Ausprägung zur Modellierung einer amerikanischen Ampelsteuerung [BEH+96].
(2) Vergleich einer klassischen Entwicklungsmethode mit der Cleanroom–Methode anhand eines Systems für Mail–Verwaltung [SBB87].
(3) Vergleich der klassischen Lesetechnik bei der NASA/SEL mit der Technik des perspective–based–reading anhand von System–Requirements [BGL+96].

Analysiert man aber die Experimente, die in der Literatur dokumentiert sind, so kann man eine interessante Beobachtung machen: Der Großteil aller Experimente läßt sich in eine der beiden folgenden Klassen einteilen:

- Untersuchungen im industriellen Umfeld mit geringen Aufwänden oder geringen Änderungen am Softwareentwicklungsprozeß. Das Experiment (3) ist ein Beispiel für eine solche Untersuchung. Hier waren beispielsweise die Aufwände der beteiligten Personen auf je einen halben Tag begrenzt.
- Untersuchungen im Bereich der Hochschulen oder wissenschaftlichen Einrichtungen. Hier werden im Rahmen größerer Experimente (wie z.B. (2)) oft auch ganze Systeme mehrfach entwickelt.

Industrielle Untersuchungen mit großen Aufwänden, wie die beschriebene SEL–Studie, sind äußerst selten. Dies ist nicht verwunderlich, da solche Untersuchungen mit immensen Kosten und/oder Risiken verbunden sind: Eine parallele Entwicklung ist in der Regel aus Kostengründen ausgeschlossen. Die Alternative, nämlich die Durchführung eines Projektes mit einer völlig neuen Technik, ist mit hohen Risiken verbunden, was normalerweise ebenfalls nicht tragbar ist.

4 Softwarelabor-Konzept als Möglichkeit für externe Experimente

Im letzten Abschnitt haben wir die Aufgabe des Experimentierens als kritischen Punkt im Rahmen einer kontinuierlichen Qualitätsverbesserung identifiziert, da dieses im industriellen Umfeld oft mit Kosten und Risiken verbunden ist.

Um dieses Risiko für den eigenen Bereich auszuschließen muß eine externe Möglichkeit zur Durchführung solcher Experimente gefunden werden. Hier bietet sich das Umfeld der Hochschulen an: Einerseits können hier erste Ergebnisse in einer definierten und risikolosen Umgebung erzielt werden, andererseits wird die Ausbildung der Praxis angenähert.

Für diese Aufgabe bietet sich insbesondere das Konzept des „Softwarelabors“ an, das z.B. die Landesregierung Baden–Würtemberg im Zusammenhang mit dem Programm zur Sicherung des Wirtschaftsstandortes 1994 beschlossen hat. Ziele der Softwarelabore sind u.a. die Verbesserung des Zusammenwirkens zwischen Wirtschaft und Wissenschaft sowie die Verbesserung von Forschung und Lehre an den Hochschulen. Um dem Leser einen Eindruck des Spektrums an Themen in den existierenden Softwarelabor–Kooperationen zu geben, präsentieren wir im folgenden eine kleine Auswahl von Softwarelabor–Projekten.

Fachhochschule Esslingen — Hochschule für Technik

- Werkzeug–Entwicklung für „Hardware-in-the-loop“ Test (Partner: Bosch).
- Simulation und Optimierung von Geschäftsprozessen und Unternehmensstrukturen mit Standardsoftware (Partner: AESOP GmbH, IBL GmbH, TS Technische Software GmbH).

Universität Stuttgart

- Weiterentwicklung des Workflow–Management–Systems FlowMark (Partner: IBM Deutschland Entwicklung GmbH, GSDL Böblingen).
- Einrichtung eines Sun Technology and Research Excellence Center an der Universität Stuttgart als Kompetenzzentrum zum Technologietransfer (Partner: Sun Microsystems).

Universität Ulm

- Einsatz von Workflow–Management–Systemen für klinische Anwendungen (Partner: Siemens Nixdorf AG, Universitäts–Frauenklinik Ulm)
- Experimentelles Software Engineering für eingebettete Systeme (Partner: Daimler–Benz Forschung)

Das zuletzt genannte Projekt, an dem wir als Industriepartner beteiligt sind, wollen wir im folgenden näher erläutern. Dabei wollen wir aufzeigen, wie wir diese Kooperation als Möglichkeit zur Durchführung von externen Experimenten nutzen. An dieser Kooperation ist von universitärer Seite die Abteilung Programmiermethodik und Compilerbau der Universität Ulm beteiligt.

Eingebettete Systeme sind ein Schwerpunkt sowohl in der Automobil-, Luft- und Raumfahrtindustrie als auch in der Bahn- und Automatisierungstechnik. Bei der Daimler–Benz AG besteht daher ein großes Interesse an der Verbesserung der Softwareprozeß- und Produktqualität gerade auch bei eingebetteten Systemen.

In dieser Softwarelabor–Kooperation haben wir nun die Möglichkeit, potentiel geeignete Techniken und Methoden vor dem Feldeinsatz gezielt auf ihre Tauglichkeit in Hinblick auf eingebettete Systeme und deren Besonderheiten hin zu untersuchen. Wir als Industrieforschung übernehmen dabei eine Schnittstellen–Funktion: Unsere Aufgabe ist sowohl die Vorbereitung und Begleitung der Untersuchungen als auch die Interpretation der Ergebnisse in Hinblick auf die Belange unserer Unternehmensbereiche. Da vieles nicht unverändert weitergegeben werden darf, unter anderem wegen der Vertraulichkeit der Informationen, gehört zu unseren Aufgaben auch das Finden geeigneter Abstaktionen und die „Neutralisierung“ von Problemstellungen.

Neben der eher passiven Rolle als Schnittstelle erlaubt uns diese Kooperation auch aktives Handeln: Wir können hier auch neue Ansätze aus unserer eigenen Forschungstätigkeit vor der Übertragung in die Unternehmensbereiche in Experimenten überprüfen und verbesseren.

5 Beispiel für den Einsatz

Im folgenden Abschnitt wollen wir die Zusammenarbeit in der experimentellen Evaluation anhand eines Beispiels illustrieren: Heute noch liegt ein wesentlicher Anteil der Aufwände bei der Softwareentwicklung im Bereich der Softwareprüfaktivitäten. Um diese Aufwände zu reduzieren, bedarf es besserer und effizienterer Prüftechniken. Eine vielversprechende Ergänzung zu der klassischen Prüfung durch Testen sind hierbei statische Prüfverfahren wie Reviews oder Inspektionen.

Den positiven Erfahrungen mit statischen Prüfmethoden [FLS95] stehen aber berechtigte Einwände von Seiten unserer Unternehmenspartner, wie beispielsweise der Mercedes–Benz Fahrzeugentwicklung, entgegen: Viele Untersuchungen zu statischen Prüfmethoden beschäftigen sich mit größeren kommerziellen Systemen und beachten kaum die Besonderheiten der Systeme, wie sie beispielsweise im Fahrzeugbereich vorkommen. Eine wesentliche Rolle spielen hier nämlich Aspekte wie Parallelität und harte Zeitbedingungen. Aber insbesondere bei diesen Aspekten wird häufig vermutet, daß sie sich durch statische Untersuchungen schlecht überprüfen lassen.

Aus dieser Beobachtung heraus haben wir eine experimentelle Untersuchung initiiert. Ziel war es, quantitative Aussagen zur Wirkungsweise statischer und dynamischer Softwareprüfung im Umfeld eingebetteter Systeme zu erhalten, Im Rahmen eines Praktikums im Hauptstudium haben wir mit vier Teams je vier verschiedene Systeme prüfen lassen (siehe Abbildung 2).

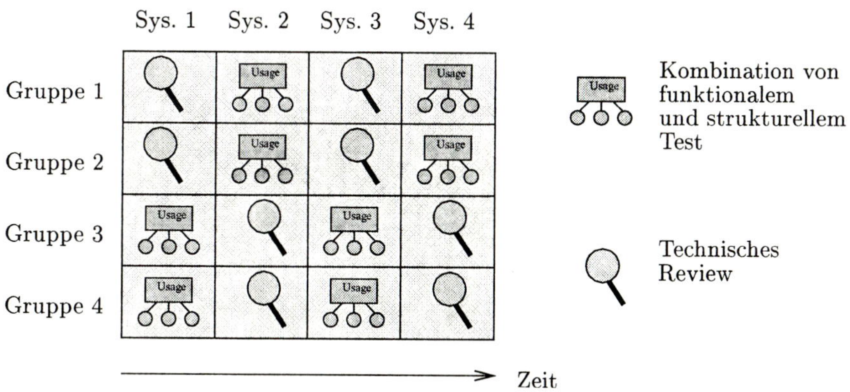

Abbildung2. Aufbau des Experimentes.

Die Größe der Systeme lag jeweils zwischen 300 und 500 Zeilen C–Code, was durchaus der gängigen Modulgröße bei KFZ–Software entspricht. Vom Aufbau her bestanden die Systeme aus ein bis drei nebenläufigen Prozessen, und es wurden sowohl zustandsbasierte als auch reglerbasierte Systeme eingesetzt.

Die verwendeten Techniken zur Softwareprüfung orientierten sich am aktuellen Stand der Praxis. Beim Testen wurde zuerst ein funktionaler Test (black box Test, [Mye91]) durchgeführt. Anschließend wurde, basierend auf den Testfällen des funktionalen Tests, mittels strukturellem Test (white box Test, [Mye91]) versucht, eine optimale Überdeckung zu erzielen. Beim technischen Review [GG93, FLS95] stand zu Beginn eine Orientierungssitzung. Dann bereiteten sich die Inspektoren mit Hilfe von Checklisten auf eine moderierte Sitzung vor, die eine Woche später stattfand.

Im Rahmen der Untersuchung haben wir eine Reihe von Meßwerten wie Anzahl der gefundenen Fehler, Aufwände für die einzelnen Schritte, Selbsteinschätzung oder Fehlerklassifikation erhoben. Im folgenden wollen wir nun einige Ergebnisse der Auswertung präsentieren.

Effektivität (d.h. Anzahl der gefundenen Fehler): Beim Testen wurden jeweils zwischen 25% und 75% der vorhandenen schweren und kritischen Fehler entdeckt. Beim technischen Review lag der Prozentsatz der Fehler der gleichen Klasse zwischen 80% und 100%.

Effizienz (d.h. Anzahl der gefundenen Fehler pro Zeit): Bezogen auf die Klasse der schweren und kritischen Fehler ergab sich beim Review eine Fehlerfindungsrate von 0,59 Fehlern pro Personenstunde gegenüber 0,22 beim Testen.

Fehlerarten: Bei der Analyse der gefundenen Fehler konnten wir beobachten, daß sich hinsichtlich der Fehlerklassen Review und Test nicht signifikant unterscheiden. Insbesondere wurden auch Fehler zur Nebenläufikeit und zu Zeitbedingungen beim Review ebenso gefunden wie im Test.

Neue Fehler in der Reviewsitzung: Im Durchschnitt wurden 34% der Meldungen, die auf dem endgültigen Review–Protokoll festgehalten waren, erst im Verlauf der jeweiligen Reviewsitzung entdeckt.

Die Ergebnisse der Untersuchung wurden von uns in Zusammenarbeit mit der Universität Ulm in einem technischen Bericht [EHS97] dokumentiert und in den betreffenden Unternehmensbereichen verteilt. Auf Grund der Ergebnisse wird nun in einigen Projekten überlegt, Reviews neu in den Entwicklungsprozeß mit aufzunehmen bzw. die bestehenden Reviews zu intensivieren.

6 Erfahrungen

Im folgenden Abschnitt wollen wir einige Erfahrungen beschreiben, die wir in über eineinhalb Jahren Softwarelabor–Kooperation gewonnen haben.

6.1 Positive Erfahrungen

Ein — wenn nicht der wesentlichste — Vorteil dieser Art von Zusammenarbeit von Industrie und Hochschule ist die Möglichkeit, quantitative Aussagen zur Wirkungsweise bestimmter Techniken und Methoden in Hinblick auf eine Zielumgebung zu erhalten.

Von Industrieseite her kann das Softwarelabor als eine große Spielwiese (im positiven Sinne) aufgefaßt werden, auf der Neues gefahrlos einer ersten Erprobung unterzogen werden kann. Ein Vorteil bei einer solchen Untersuchung ist sicher auch, daß viele „Schmutzeffekte", wie sie sich im realen Umfeld finden (z.B. Störung durch Bedarfe anderer Projekte), weitgehend ausgeschlossen sind, so daß eine Analyse hinsichtlich ausgewählter Einflußfaktoren möglich wird.

Die Ergebnisse der Untersuchungen werden in unseren Unternehmenbereichen deutlich besser aufgenommen als Ergebnisse, die in der Fachliteratur beschrieben sind. Dies rührt vor allem daher, daß hier die Untersuchungen auf die konkreten Belange des Industriepartners zugeschnitten sind. Er hat er das berechtigte Gefühl, Anteil an den Ergebnissen zu haben.

Das Projekt Softwarelabor–Kooperation wird von unserer Seite daher als durchweg positiv beurteilt, nicht zuletzt auch wegen des unkomplizierten Umgangs mit unserem Hochschulpartner.

Auch von universitärer Seite erhält das Projekt gute Kritiken. Durch einen stärkeren Praxisbezug der Ausbildung wird diese insgesamt für die Studierenden attraktiver. Dies zeigt uns das positive Feedback der Studierenden als auch die — zumindest für Ulmer Verhältnisse — sehr zufriedenstellende Anzahl an Teilnehmern. Durch den frühen Kontakt mit Problemen aus der Praxis wird der „Schock" des Berufseinstiegs abgefedert. Durch eine sinnvolle Integration der Untersuchungen in den Studienbetrieb wird dennoch kein vorgezogener Berufsstart simuliert. Fundierte Unterfütterung durch begleitende Vorlesungen aber auch der experimentelle Charakter der Untersuchungen verhindert dies. Der wissenschaftliche Anspruch bleibt erhalten.

6.2 Probleme, die dieser Ansatz nicht löst

Ein wesentliches Problem ist die Übertragbarkeit der Ergebnisse vom Hochschulumfeld in die Industrie. Viele wichtige Einflußfaktoren lassen sich in der doch „künstlichen" Umgebung an der Hochschule nicht oder nur unzureichend nachbilden. Dennoch helfen die Ergebnisse, da sie auf Probleme und Hindernisse hinweisen und eine realistische Erwartungshaltung ermöglichen.

Ein problematischer Aspekt ist insbesondere die Größe der Untersuchungsobjekte. Vor allem bei Untersuchungen im Rahmen eines organisierten Praktikums (wie beispielsweise in Abschnitt 5 beschrieben) ist diese stark durch die zur Verfügung stehen Ressourcen limitiert. Falls nun die untersuchte Technik wenig skalierbar ist, d.h. die Einflußfaktoren sich stark mit der Größe der betrachteten Objekte ändern, so werden Aussagen zur Wirkungsweise zunehmend wertlos.

Nicht zu vernachlässigen ist auch die Überzeugungsarbeit, die in Hinblick auf Anwender der gewonnenen Erkenntnisse auf Industrieseite geleistet werden muß (in unserem Fall die Daimler–Benz Unternehmensbereiche). Dieser Punkt hatte uns insbesondere in der Anfangsphase unserer Softwarelabor–Kooperation zu schaffen gemacht. Die beste Möglichkeit, mit Vorbehalten umzugehen ist unserer Ansicht nach Vorableistung zu bieten, d.h. das Aufzeigen von Ergebnissen, die für die Unternehmensbereiche interessant sind.

6.3 Synthese

Im folgenden finden sich die Punkte, die wir als Fazit aus unserer bisherigen Softwarelabor–Kooperation ziehen.

- Sehr wichtig ist die Rolle eines Mittlers zwischen beiden Seiten — der „harten“ Industrie und der Hochschule. Dieser Mittler muß in der Lage sein, beide Seiten verstehen zu können. Unsere Stellung als Industrieforschung hat sich hierbei als geeignet erwiesen.
- Die Aufgaben des Aufbereitens und Rückführens von Fragestellungen dürfen nicht unterschätzt werden. Wesentlich ist hierbei, daß sowohl die relevanten Aspekte der Frage beachtet werden, also auch, daß solche Untersuchungen für die beteiligten Studierenden interessant gestaltet werden.
- Die eigentlich zu erwartende Diskrepanz zwischen Beantwortung der Fragestellungen aus der Industrie einerseits und des wissenschaftlichen Anspruchs andererseits empfanden wir als kaum gegeben. Vielmehr ergaben sich im Rahmen der Untersuchungen auch viele wissenschaftlich interessante Ergebnisse sowie Anstöße für weitere Forschung.

Trotz einiger Hemmnisse und Einschränkungen betrachten wir diese Art der Kooperation für beide Seiten — Industrie und Hochschule — als gewinnbringend, da sie für die Industrie wichtige Aussagen liefert, die Ausbildung an der Hochschule stärker an der Realität ausrichtet und den gegenseitigen Kontakt intensiviert.

7 Zusammenfassung und Ausblick

Insbesondere im Bereich der Softwareerstellung sind in den nächsten Jahren viele Änderungen zu erwarten. Änderungen sind aber auch immer mit Risiken verbunden. Um diese abzufangen, bedarf es möglichst früher Aussagen, wie sich Änderungen auf die eigenen Belange auswirken. Schließlich ist nicht jede Vorgehensweise in jedem Umfeld sinnvoll umsetzbar.

In diesem Bericht haben wir das Konzept des Softwarelabors als geeignete Möglichkeit beschrieben, solche Informationen — zumindest in einer ersten Fassung — zu erhalten. Es werden hierbei Fragestellungen aus der Industrie in adaptierter Form in universitäre Untersuchungen eingebracht und dort im Rahmen von kontrollierten Experimenten abgearbeitet. Die Ergebnisse können später als Grundlage bei einer möglichen Änderung der Softwareentwicklungsprozesse verwandt werden.

Auf diese Art und Weise wird auch dem Konzept der lernenden Softwareorganisation (*Experience Factory*) ein bisher fehlender Bestandteil hinzugefügt, nämlich die Möglichkeit, die ersten und risikoreichen Untersuchungen außerhalb des eigenen Bereichs durchzuführen. Abbildung 3 illustriert diese Erweiterung des Experience Factory Konzepts.

Aber auch für die Hochschule ist dieses Konzept interessant: Studierende werden früher an Problemstellungen aus der Praxis herangeführt und den Hochschulen wird eine Möglichkeit gegeben, ihre Forschungsergebnisse an realen Beispielen zu erproben und in die Praxis zu transferieren.

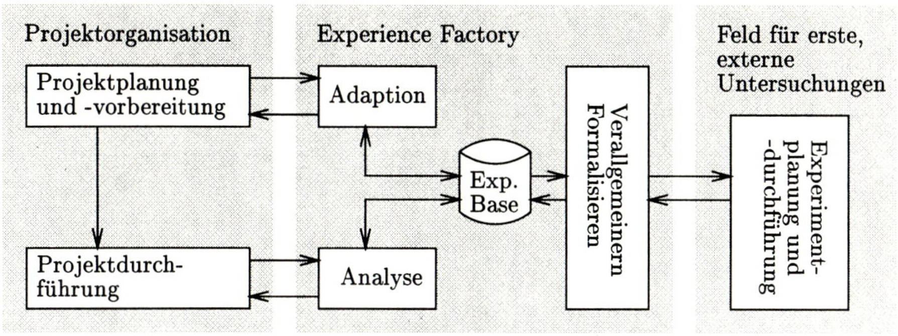

Abbildung3. Erweiterte Experience Factory.

Sicherlich stellt diese Kooperationsform kein „Silver Bullet" dar, aber bisher empfinden wir diese Art der Zusammenarbeit als äußerst wertvoll und fruchtbar.

References

[BC95] V.R. Basili und G. Caldiera. *Improve software quality by using knowledge and experience.* Sloan Management Review, Fall 1995.

[BEH+96] B. Biechele, D. Ernst, F. Houdek, J. Schmid und W. Schulte. *Erfahrungen bei der Modellierung eingebetteter Systeme mit verschiedenen SA/RT–Ansätzen.* Technischer Bericht 96-09, Universität Ulm, 1996.

[BGL+96] V.R. Basili, S. Green, O. Laitenberger, F. Lanubile, F. Shull, S. Sørumgård und M.V. Zelkowitz. *The empirical investigation of perspective-based reading.* Technischer Bericht 96-06, ISERN, 1996.

[DR96] C. Differding und H.D. Rombach. *Kontinuierliche Software–Qualitätsverbesserung in der industriellen Praxis.* In: C. Ebert und R. Dumke (Herausgeber): *Software–Metriken in der Praxis*, Seiten 14–44. Springer–Verlag, Berlin, 1996.

[EHS97] D. Ernst, F. Houdek und T. Schwinn. *Experimenteller Vergleich statischer und dynamischer Softwareprüfung.* Technischer Bericht Universität Ulm, 1997.

[FLS95] K. Frühauf, J. Ludewig und H. Sandmayr. *Software–Prüfung.* vdf–Verlag, 2. Auflage, 1995.

[GG93] T. Gilb und D. Graham. *Software Inspections.* Addison–Wesley, Reading, Masachusetts, 1993.

[Hoh95] B. Hohler. *Software–Qualitätsmodelle: Capability Maturity Model (SEI), Bootstrap–Methode, ISO 9000 ff.* Informatik–Spektrum, 18:324–334, 1995.

[Mye91] G.J. Myers. *Methodisches Testen von Programmen.* Oldenbourg Verlag, 4. Auflage, 1991.

[Rat90] M.P. Rathbone. *The Cost and Benefits Assotiated With the Introduction of a Quality System.* In: *Proceedings of the 2nd International Conference on Software Quality Assurance*, 1990.

[SBB87] R.W. Selby, V.R. Basili und F.T. Baker. *Cleanroom software development: An empirical evaluation.* IEEE Transactions on Software Engineering, 13(9):1027–1037, 1987.

Chip Design at Mitsubishi Semiconductor Europe GmbH

Hideyuki Kobayashi

Department Manager
Konrad-Zuse Straße 1, 52477 Alsdorf

The concern Mitsubishi Electric, Tokio decided in 1989 to build a factory for semiconductors. After intensive proofment of severall locations, Alsdorf was chosen for building a new factory: Mitsubishi Semiconductor Europe GmbH (MSE). The factory is situated on a area of 11,8 ha north of Hoengen, rihgt near the highway A44 between Aachen und Düren, at the „Industrial - park Alsdorf". Mitsubishi is the first factory in this area. After building - from middle 1990 till end 1991- the production machines were installed. In the middle of 1992 they began with series production of semiconductors.

MSE is producing Integrated Circuits (IC's) for digital information storing. This Memory Chips or Memory Modules are needed in PC's, telecommunication facilities and electronic things for kitchen and entertainment. They produce 4 M DRAM and 16 M DRAM microchips. The process is mainly done in automatic, mechanic and electronic steps. At the moment MSE has 570 employees. In 1997 they will produce about 25 million micro - electronic elements. Since beginning of 1997 they also produce „wafer"in Alsdorf.

MSE Design Engineering Department was build up in 1995 to start development of MCUs (Micro Controller Unit). These are integrated Chip-systems for observation and navigation, for example in car-technology. At the moment we are developing Application Specific Standard MCU with 8-bit and 16-bit CPU core adding some peripheral function such as timer, serial I/O , A/D converter etc.

Mitsubishi Electric Corporation has several design centers in worldwide like in Japan, in the USA and in Germany. All those design centers are linked to share design resources to reduce development time and enable easy design transfer from one location to the other at any design phases.

Our MCU design environment is capable to implement both Full Custom design and ASIC design onto same chip. This allows us to utilize huge design data base which Mitsubishi Electric has been developed by Full Custom design methodology with very modern automatic ASIC design methodology. By this mixed design system, we are also capable to develop ASIC MCU for or with specific customer implementing customer's function.

At the moment, our design is mainly for Automotive and Telecommunication application field . In the future we would like to expand our design to other application such as consumer etc.

Since 1995 MSE has ISO Certification of DIN 9001 as a company of "Development and Manufacturing of Semiconductor Circuits". Since 1996 MSE has also an Environmental Certification EN 14000 as the first Semiconductor Factory in worldwide.

Analyse und Gestaltung universitärer Geschäftsprpozesse und Anwendungssysteme[1]

Elmar J. Sinz
Universität Bamberg, Lehrstuhl für Wirtschaftsinformatik, insbes. Systementwicklung und Datenbankanwendung, Feldkirchenstraße 21, D-96045 Bamberg.
Tel. ++49 951 863-2512, Fax ++49 951 863-2513,
Internet elmar.sinz@sowi.uni-bamberg.de

1 Einführung

Die Effektivität und die Effizienz von Universitäten werden seit einigen Jahren verstärkt hinterfragt. Auslöser dieser Entwicklung sind immer engere Handlungsspielräume der öffentlichen Haushalte und ein zunehmender, internationaler Wettbewerb zwischen den Universitäten. Um diesen Herausforderungen zu begegnen, wurden in vielen Bundesländern Untersuchungen durchgeführt, sei es durch Beratungsunternehmen oder durch die Universitäten selbst.

Ende des Jahres 1993 erteilte der Bayerische Staatsminister für Unterricht, Kultus, Wissenschaft und Kunst auf Vorschlag seines Wissenschaftlichen Beirats an sechs Forscher Bayerischer Universitäten den Projektauftrag, „Vorschläge zur strukturellen Neugestaltung von Aufgaben, Handlungsabläufen und Kompetenzen zu erarbeiten, die wirtschaftlich sind und den Erfordernissen von Lehre und Forschung optimal Rechnung tragen" [KuMi92].

Bei diesem initialen Projektauftrag sollte die Untersuchung der Verwaltungsinfrastruktur der Universität den inhaltlichen Schwerpunkt des Projekts bilden. Im Verlauf der Konzeption der Untersuchung wurde allerdings zunehmend deutlich, daß eine Beschränkung auf den Verwaltungsbereich nicht ausreichen würde, um grundlegende Vorschläge für eine Neu- und Umgestaltung der Universität zu entwickeln. Vielmehr lassen sich die Aufgaben der Verwaltung nur ausgehend von den Aufgaben der Universität in Forschung und Lehre ableiten (siehe z.B. Art. 2 und Art. 43, Abs. 2 BayHSchG). Eine grundlegende Untersuchung der Universität muß hier ansetzen. Ausgehend von den Bedarfen in Forschung und Lehre können dann im nächsten Schritt Anforderungen an die Universitätsverwaltung abgeleitet und Vorschläge für ihre Reorganisation unterbreitet werden [BKO+96].

Im Rahmen dieser Untersuchung übernahm der Verfasser die Aufgabe, eine Analyse von universitären Geschäftsprozessen sowie den sie unterstützenden Anwendungssystemen durchzuführen und darauf aufbauend Vorschläge für eine Reorganisation bzw.

---

[1] Eine ausführliche Fassung dieses Beitrags erscheint in: Küpper H.-U., Sinz E.J. (Hrsg.): Optimierung von Universitätsprozessen - Gestaltungskonzepte für Universitäten. Schäffer-Poeschel, Stuttgart 1998

Neugestaltung zu entwickeln. Der vorliegende Beitrag gibt einen Überblick über diesen Teil der Untersuchung und stellt die verwendete Untersuchungsmethodik vor.

2 Konzeption der Untersuchungsmethodik

2.1 Leitlinien der Untersuchung

Als Ausgangspunkt für die Konzeption der Untersuchungsmethodik wurden folgende Leitlinien gewählt, welche die einheitliche Projektgrundlage bilden:

1. Die Universität wird als **Dienstleistungsbetrieb** betrachtet, dessen Aufgabe es ist, Leistungen in Lehre und Forschung zu erbringen und an zugehörige Leistungsnachfrager zu übergeben [Sinz95].
2. Aus Innensicht betrachtet, stellt die Universität ein **System von Geschäftsprozessen** dar, welche die genannten Leistungen erbringen und an Leistungsnachfrager übergeben (Prozeßorientierung). Die Verfolgung dieser Leitlinie hat die Bezeichnung des Projekts geprägt: *Optimierung von Universitätsprozessen.*
3. Externe und interne **Leistungsnachfrager werden als Kunden betrachtet**, an deren Bedarfen und Wünschen die Leistungen auszurichten sind. Insbesondere stellen Studierende Kunden der Universität dar (Kundenorientierung).
4. Angesichts des raschen organisatorischen und technologischen Wandels benötigen die Universitäten ein Instrumentarium zur Unterstützung einer laufenden, evolutionären Anpassung an veränderte Anforderungen. In diesem Sinne soll das Projekt eine **Hilfe zur Selbsthilfe** geben.
5. Es wird eine **partizipative Vorgehensweise** gewählt, die Studierende, Mitarbeiter und Professoren der Universität in allen Projektphasen einbezieht.

Selbstverständlich werden durch die Wahl dieser Leitlinien nur Teilaspekte des Systems Universität erfaßt. Die gewählten Merkmale scheinen aber geeignete Ansatzpunkte zur Verbesserung von Effektivität und Effizienz der Universität zu sein. Dies ist wiederum die Voraussetzung dafür, um die Universität insgesamt überlebensfähig zu machen.

2.2 Die Architektur der Universität

Der Umfang der Untersuchung sowie die Vielzahl und wechselseitige Abhängigkeit der Fragestellungen erfordern einen modellbasierten Ansatz. Dabei wird die Universität in Form eines umfassenden Modellsystems abgebildet. Die Art der Modellbildung und die Strukturierung des Modellsystems in Teilmodelle wird durch die Wahl eines Architekturrahmens bestimmt [Sinz97]. Der hier verwendete Architekturrahmen beruht auf der Unternehmensarchitektur des Semantischen Objektmodells (SOM) [FeSi95]. Die resultierende Architektur der Universität ist in Bild 1 dargestellt. Jedes Teilmodell begründet eine Modellebene und stellt die Universität unter einem bestimmten Blickwinkel vollständig dar:

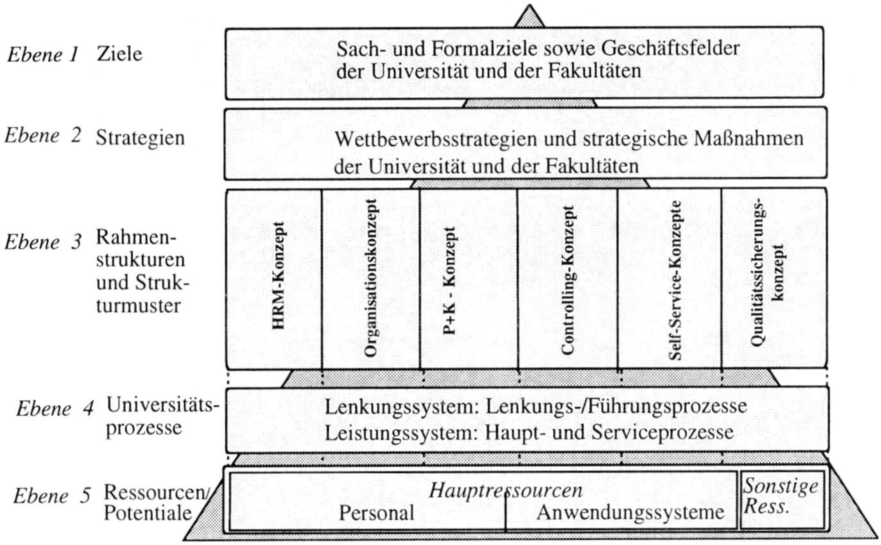

Bild 1: Architektur der Universität

1. Auf der ersten Modellebene werden die Sach- und Formalziele sowie die „Geschäftsfelder" der Universität festgelegt. **Sachziele** beziehen sich auf die zu erbringenden Leistungen in Forschung und Lehre, **Formalziele** beziehen sich auf zugehörige Zeit-, Kosten- und Qualitätsaspekte sowie auf rechtliche Aspekte. **Geschäftsfelder** spezifizieren, welche Leistungen (z.B. Studiengänge) für welche Märkte (z.B. Zielgruppen von Studierenden) angeboten werden sollen.
2. Auf der zweiten Modellebene werden **Strategien** in Form von Wettbewerbsstrategien und sonstigen strategischen Maßnahmen dargelegt, die gewählt werden, um die Geschäftsfelder zu bearbeiten und die Sach- und Formalziele bestmöglich umzusetzen. Beispiele für strategische Maßnahmen sind die Einführung von Studiendekanen oder eines studienbegleitenden Prüfungssystems.
3. Die dritte Modellebene umfaßt Rahmenstrukturen und Strukturmuster. **Rahmenstrukturen** sind Ordnungen (z.B. Grundordnung, Prüfungsordnung) sowie Gestaltungs- und Lenkungskonzepte. Im Rahmen des Projekts wurden insbesondere die in Bild 1 genannten Rahmenstrukturen verfolgt: Personalführungskonzept (HRM-Konzept; Human Resource Management), Organisationskonzept, Planungs- und Kontrollkonzept (P+K-Konzept), Controlling-Konzept, Self-Service-Konzepte als Teil des Informationsmanagementkonzepts und Qualitätssicherungskonzept. **Strukturmuster** sind grundlegende Prinzipien, die in Rahmenstrukturen Verwendung finden (z.B. Vieraugenprinzip in der Verwaltung).

Aus abstrakter Sicht legen Rahmenstrukturen und Strukturmuster Regeln für die Umsetzung der Ziele, Wettbewerbsstrategien und strategischen Maßnahmen der ersten und zweiten Modellebene fest. Bezüglich der Modellebenen vier und fünf bestimmen sie den Gestaltungsraum für Geschäftsprozesse sowie für den Einsatz von Ressourcen. Modellebene drei stellt somit das Bindeglied zwischen dem Universitätsplan und seiner konkreten Umsetzung dar und ist deshalb von besonderer Bedeutung.

4. Die vierte Modellebene umfaßt die **Universitätsprozeßmodelle**, d.h. die Modelle der universitären Geschäftsprozesse. Diese Modelle definieren die Lösungsverfahren für die Umsetzung des Universitätsplans. Auf dieser Grundlage erfolgt die Leistungserstellung des Dienstleistungsbetriebs Universität durch ein System von Universitätsprozessen. Hauptprozesse geben Leistungen (Forschung, Lehre) an die Umwelt der Universität ab, Serviceprozesse liefern Leistungen an Hauptprozesse oder andere Serviceprozesse. Universitätsprozesse werden ausführlich in Kapitel 2 behandelt.

5. Auf der fünften Modellebene werden die Spezifikationen von **Ressourcen** zur Durchführung von Universitätsprozessen beschrieben. Dabei findet eine Beschränkung auf die personellen und maschinellen Aufgabenträger für Universitätsprozesse statt. Weitere Ressourcen, wie z.B. Gebäude, werden hier nicht betrachtet. **Personelle Aufgabenträger** werden in Form von aufbauorganisatorischen Einheiten (z.B. Abteilungen, Stellen) betrachtet. Als **maschinelle Aufgabenträger** werden ausschließlich computergestützte Anwendungssysteme und die zugehörigen Kommunikationssysteme berücksichtigt und in Form einer Anwendungssystemarchitektur beschrieben. Von zentraler Bedeutung sind die Zuordnungsbeziehungen zwischen Universitätsprozeßmodellen und den Ressourcen. Diese Zuordnung wird für den Bereich der Anwendungssysteme in Abschnitt 4 behandelt.

Die Teilmodelle der einzelnen Modellebenen sind aufeinander abzustimmen. Die Architektur der Universität unterstützt die Analyse von Abstimmungsdefiziten sowie die Entwicklung geeigneter Gestaltungsmaßnahmen. In den folgenden Abschnitten werden die Modellebenen 3 und 4 näher untersucht.

3 Analyse und Gestaltung von Geschäftsprozessen der Universität

Die Modellierung von Geschäftsprozessen sowie deren Analyse und Gestaltung erfolgt auf der Grundlage der SOM-Methodik [FeSi95]. Die Merkmale eines SOM-Geschäftsprozeßmodells werden in drei Sichten spezifiziert:

- Die **Leistungssicht** stellt die Erstellung und Übergabe betrieblicher Leistungen dar. Leistungen werden durch betriebliche Objekte erstellt und in Form von (Leistungs-) Transaktionen an andere betriebliche Objekte übergeben (siehe Bild 2).
- Die **Lenkungssicht** beschreibt die Koordination der an der Erstellung und Übergabe der Leistungen beteiligten Objekte durch (Lenkungs-) Transaktionen. Als Koordinationsformen werden ausschließlich das nicht-hierarchische Verhandlungsprinzip und das hierarchische Regelungsprinzip verwendet (siehe Bild 3).
- Betriebliche Objekte bestehen aus Aufgaben zur Durchführung von Transaktionen. Die **Ablaufsicht** umfaßt die Ablaufbeziehungen der an einem Geschäftsprozeß beteiligten Aufgaben.

Bild 2 zeigt die stark aggregierte und vereinfachte Leistungssicht des Geschäftsprozeßmodells der Universität im Projekt *Optimierung von Universitätsprozessen*. Die Prozesse *Studium/Lehre* und *Forschung* sind **Hauptprozesse**. Sie geben ihre Leistungen *Universitäre Ausbildung* bzw. *Forschungsleistung* an *Student* bzw. *Forschungspartner* als betriebliche Objekte der Umwelt ab. **Serviceprozesse** übergeben ihre Leistungen an Hauptprozesse oder andere Serviceprozesse. In Bild 2 sind die Serviceprozesse *EDV-Bereich*, *Finanzsystem* und *Personalbereich* dargestellt, die im Rahmen des Projekts näher betrachtet wurden.

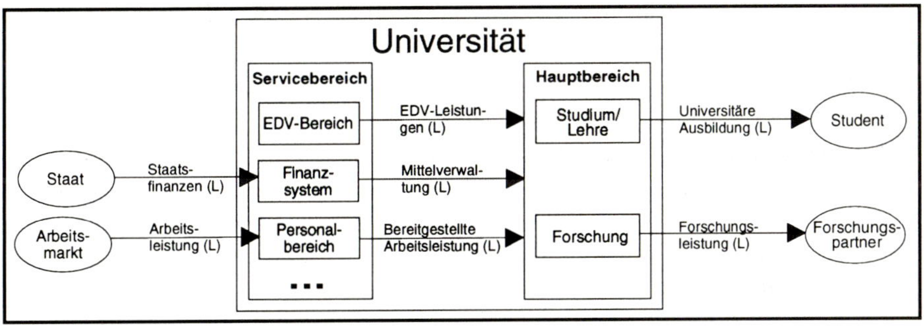

Bild 2: Hauptprozesse und ausgewählte Serviceprozesse der Universität (Leistungssicht)

Zur Veranschaulichung der Lenkungssicht eines Geschäftsprozeßmodells ist in Bild 3 ein kleiner Ausschnitt aus *Studium/Lehre* dargestellt. Unter Nutzung des Verhandlungsprinzips wird die Transaktion Universitäre Ausbildung in eine **Anbahnungstransaktion** (Vorberatung), eine **Vereinbarungstransaktion** (Studienplatzvereinbarung) und eine **Durchführungstransaktion** (Ausbildung) zerlegt.

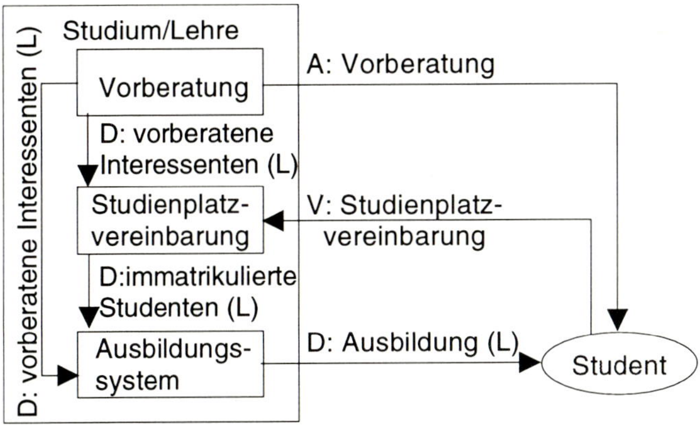

Bild 3: Studium/Lehre (aggregierte Lenkungssicht)

Die Anbahnungstransaktion dient dem Kennenlernen der betrieblichen Objekte und dem Austausch von Informationen über verfügbare Leistungen. In der Vereinbarungsphase wird eine Vereinbarung über den Leistungstausch geschlossen, in der Durchführungsphase wird dieser ausgeführt.

Die Zerlegung der Transaktion führt gleichzeitig zur Aufdeckung weiterer Serviceprozesse. So erstellt das Objekt *Vorberatung* die Leistung *Vorberatene Interessenten* für die Objekte *Studienplatzvereinbarung* und *Ausbildungssystem. Studienplatzvereinbarung* liefert die Leistung *Immatrikulierte Studenten* an *Ausbildungssystem.*

Anhand der drei Sichten auf Geschäftsprozeßmodelle wird auch deren Analyse- und Gestaltungspotentiale sichtbar [FeSi96, Kru97]:

- Die **Leistungssicht** unterstützt die Untersuchung der Leistungstiefe und der Leistungsbreite der Universität. Die Leistungsbreite umfaßt z.B. in der Lehre das Spektrum der angebotenen Studiengänge. Die Leistungstiefe betrifft u.a. die von der Universität betriebenen Serviceprozesse (hauseigene Druckerei usw.). Die Analyse und Gestaltung der Leistungssicht bedarf der unmittelbaren Abstimmung mit den Ebenen 1 und 2 der Architektur der Universität.
- Die **Lenkungssicht** unterstützt die Untersuchung der Koordination der universitären Leistungserstellung. Hier sind insbesondere alle Lenkungstransaktionen auf ihren Beitrag zur Lenkung der Leistungserstellung und -übergabe zu untersuchen. Transaktionen, die lediglich „Papier von einem Schreibtisch zum nächsten schieben", lassen sich hier aufdecken und eliminieren. Des weiteren ist der Einsatz der Koordinationsprinzipien Verhandlung und Regelung und ihre geeignete Kombination zu untersuchen. Schwachstellen sind z.B. nicht geschlossene oder unnötig lange Regelkreise sowie unvollständige Verhandlungsstrukturen.
- Die **Ablaufsicht** eignet sich schließlich zur Analyse und Gestaltung der Ablaufbeziehungen in Geschäftsprozessen. Hier werden u.a. die Parallelisierbarkeit von Abläufen sowie die Vermeidung von Synchronisationspunkten mit unnötigen Wartebeziehungen untersucht. Die Ablaufsicht eignet sich weiter zur Spezifikation des Ausnahmeverhaltens von Geschäftsprozessen und von Geschäftsprozeßvarianten sowie zur Darstellung der Zuordnung von Qualitätssicherungsmaßnahmen zu Aufgaben und Transaktionen [SiKr95].

Geschäftsprozeßmodelle sind darüber hinaus geeignet, die Beziehung zwischen den Modellebenen 4 und 5 darzustellen. Hierzu wird eine „Kartierung" der personellen (Personal) und maschinellen Aufgabenträger (Anwendungssysteme) in den Geschäftsprozeßmodellen verwendet. Diese Form der Modellierung der Beziehung zwischen zwei Modellebenen unterstützt die Analyse und Gestaltung prozeßorientierter Organisationsformen bzw. Anwendungssystemarchitekturen.

4 Analyse und Gestaltung von Anwendungssystemen der Universität

Die typische Anwendungssystemlandschaft an Universitäten ist historisch gewachsen. Sie besteht aus einzelnen, vielfach nur unzureichend integrierten Anwendungssystemen. Die Palette verfügbarer Anwendungsysteme ist zudem begrenzt. Hochschulsoftware wurde bislang insbesondere nur von der HIS GmbH in Hannover, einer Einrichtung des Bundes und der Länder, angeboten. Erst in letzter Zeit interessieren sich auch andere Softwarehersteller für Universitäten als Nachfrager von Software.

Lehrstühle und Institute verwenden häufig andere Systemplattformen als die Hochschulverwaltung. Letztere ist zudem an zum Teil technisch überholte Richtlinien für Verwaltungsdatenverarbeitung gebunden, deren Anpassung an die technische Entwicklung durch lange Entscheidungsdauern der zuständigen Gremien behindert wird. Es ist daher dringend geboten, eine systematische Analyse und Gestaltung von Anwendungssystemen an Universitäten durchzuführen.

Im Kontext der SOM-Methodik werden Anwendungssysteme als Aufgabenträger für die automatisierten Aufgaben von Geschäftsprozessen verstanden. Unter diesem Blickwinkel sind insbesondere folgende Fragen von Interesse:

1. Welche Aufgaben und Transaktionen eines Geschäftsprozesses werden durch welches Anwendungssystem automatisiert?
2. In welcher Weise sind die einzelnen Anwendungssysteme integriert?
3. Sind die Anwendungssysteme „prozeßgerecht" gestaltet?

Die Beantwortung dieser Fragen wird durch die „Kartierung" von Anwendungssystemen in Geschäftsprozeßmodellen unterstützt [Kru97]. Diese Technik wird im folgenden vorgestellt.

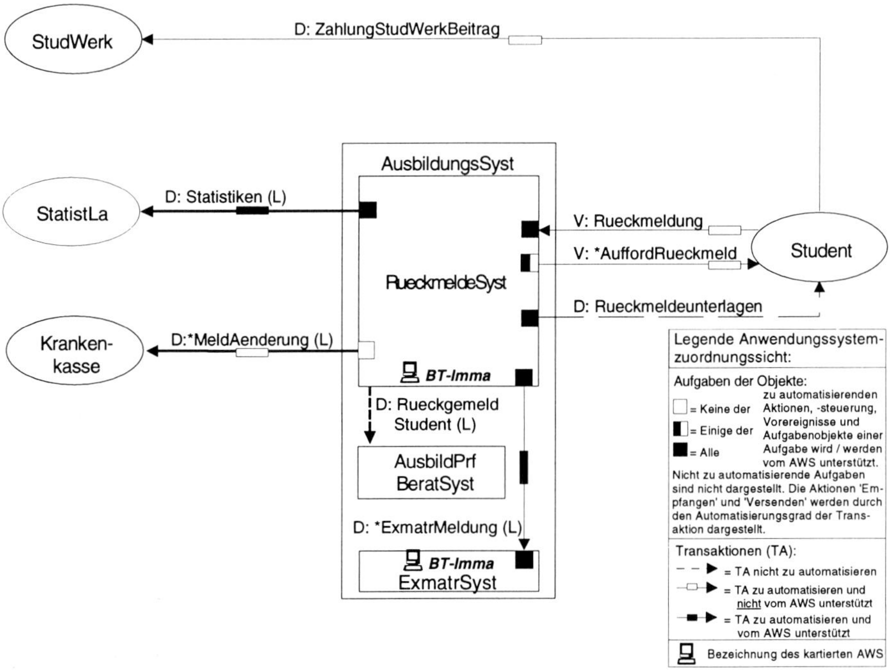

Bild 4: Automatisierung und Anwendungssystem-Zuordnung im Ausschnitt *Rückmeldung* des Universitätsprozesses *Studium/Lehre*

Ad 1: Hier wird zwischen der **Automatisierbarkeit** von Aufgaben und Transaktionen, der **Automatisierungsentscheidung** und der tatsächlichen **Automatisierung** unterschieden. Eine Aufgabe ist automatisierbar, wenn sie formal spezifiziert und ein für die Durchführung der Spezifikation geeigneter maschineller Aufgabenträger angegeben werden kann. Anderenfalls ist sie von einem personellen Aufgabenträger durchzuführen. Automatisierbare Aufgaben, die automatisiert werden sollen, können durch ein gegebenes Anwendungssystem nicht-, teil- oder vollautomatisiert sein.

Analog ist eine Transaktion automatisierbar, wenn sie formal spezifiziert und ein geeigneter elektronischer Übertragungskanal angegeben werden kann. Nicht automatisierbare Transaktionen werden z.B. papiergestützt durchgeführt. Automatisierbare und zu automatisierende Transaktionen können nicht- oder vollautomatisiert sein. Bild 4 zeigt die Automatisierung des Ausschnitts *Rückmeldung* aus dem Geschäftsprozeßmodell *Studium/Lehre* durch das Anwendungssystem *BT-Imma*.

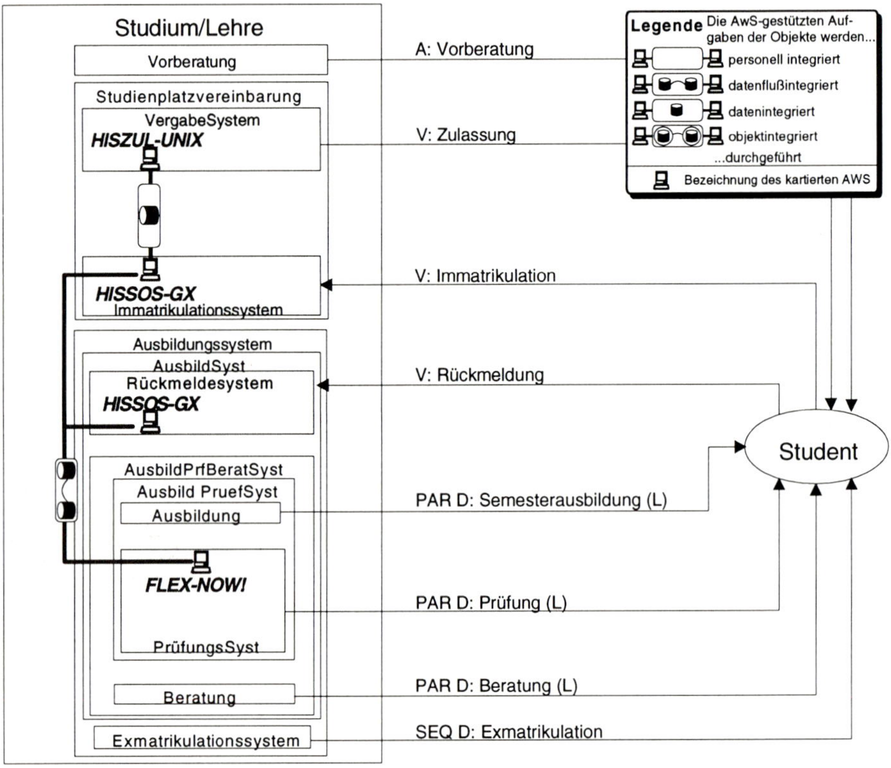

Bild 5: Integrationssicht der Anwendungssysteme des Universitätsprozesses *Studium und Lehre* (Ausschnitt)

Ad 2: Wichtige Merkmale der „Anwendungssystemlandschaft" der Universität sind die Integrationform und der Integrationsgrad der einzelnen Anwendungssysteme. Neben der heute dominierenden Form der Datenintegration, bei der mehrere Anwendungssysteme über eine gemeinsame Datenbasis integriert sind, können Anwendungssysteme personell, d.h. nicht-technisch, oder durch den Austausch von Datenflüssen integriert sein. Daneben gewinnen objektorientierte Formen der Integration zunehmend an Bedeutung [FeSi94, 200ff]. Bild 5 zeigt die Integration der Anwendungssysteme *HISZUL-UNIX*, *HISSOS-GX* und *FlexNow* in einem Ausschnitt des Geschäftsprozeßmodells *Studium/Lehre*.

Ad 3: Im Hinblick auf eine flexible, evolutionäre Weiterentwicklung von Geschäftsprozessen und den sie unterstützenden Anwendungsystemen ist es notwendig, die Anwendungssystem-Architektur an der Struktur der Geschäftsprozesse auszurichten. Zum Beispiel sollte eine Anwendungssystemkomponente die Aufgaben von genau einem betrieblichen Objekt unterstützen, Funktionsüberlappungen von Anwendungssystemkomponenten sowie Automatisierungslücken sollten vermieden werden. Auf diese Weise werden die Voraussetzungen dafür geschaffen, Anwendungssysteme schritthaltend mit den Geschäftsprozeßmodellen weiterentwickeln zu können [FeSi97]. Im Gegensatz zu großen, monolithischen Anwendungssystemen, die sich häufig einer evolutionären Prozeßentwicklung sperren, führt dieser Ansatz zu kleineren, kooperierenden Anwendungssystemkomponenten, die leichter angepaßt oder ausgetauscht werden können. Ohne Kartierung in den Geschäftsprozeßmodellen ist diese Form von Anwendungssystemen nicht beherrschbar.

5 Projektergebnisse und Ausblick

Die Ergebnisse in dem hier vorgestellten Teil des Projekts *Optimierung von Universitätsprozessen* liegen in Form eines Geschäftsprozeßhandbuchs der Universität [SiKr96] und einer Anwendungssystem-Kartierung [Kru96] vor. Neben IST-Prozeßmodellen enthält das Geschäftsprozeßhandbuch eine Reihe von Gestaltungsempfehlungen für Geschäftsprozesse sowie die zugehörigen SOLL-Prozeßmodelle und kann als Referenzmodell-Handbuch verwendet werden. Die Anwendungssystem-Kartierung berücksichtigt Anwendungssysteme der HIS GmbH sowie Eigenentwicklungen der untersuchten Universitäten. Über die Bereitstellung konkreter Analyseergebnisse und Gestaltungsempfehlungen hinaus dienen beide Dokumente zusammen mit [FeSi95] und [Kru97] als methodischer Leitfaden für die Anwendung der Untersuchungsmethodik.

Ziel der hier beschriebenen Analyse- und Gestaltungsmethodik ist es, die Universität bei der evolutionären Anpassung ihrer Geschäftsprozesse und Anwendungssysteme im Einklang mit Zielen, Strategien und Rahmenstrukturen an die sich laufend verändernden Umweltbedingungen zu unterstützen. Je besser es gelingt, diese Herausforderungen zu bewältigen, desto leichter wird sich die Universität im internationalen Wettbewerb behaupten können.

6 Literatur

BKO+96 Bodendorf F., Küpper H.-U., Oechsler W.A., Reichwald R., Rosenstiel L.v., Sinz E.J.: Optimierung von Universitätsprozessen. Loseblattsammlung. München und Bamberg, Dezember 1996

FeSi94 Ferstl O.K., Sinz E.J.: Grundlagen der Wirtschaftsinformatik. 2. Auflage, Oldenbourg, München 1994

FeSi95 Ferstl O.K., Sinz E.J.: Der Ansatz des Semantischen Objektmodells (SOM) zur Modellierung von Geschäftsprozessen. In: WIRTSCHAFTS-INFORMATIK 37 (1995) 3, S. 209-220

FeSi96 Ferstl O.K., Sinz E.J.: Geschäftsprozeßmodellierung im Rahmen des Semantischen Objektmodells. In: Vossen G., Becker J. (Hrsg.): Geschäftsprozeßmodellierung und Workflow-Management, Thomson, Bonn 1996, S. 47 - 61

FeSi97 Ferstl O.K., Sinz E.J.: Flexible Organizations Through Object-oriented and Transaction-oriented Information Systems. In: Krallmann H. (Hrsg.): Wirtschaftsinformatik '97. Internationale Geschäftstätigkeit auf der Basis flexibler Organisationsstrukturen und leistungsfähiger Informationssysteme. Physica-Verlag, Heidelberg 1997, S. 393 - 411

KuMi92 Empfehlung des Beirats für Wissenschafts- und Hochschulfragen des Bayerischen Staatsministers für Unterricht, Kultus, Wissenschaft und Kunst vom 18. Dezember 1992

Kru96 Krumbiegel J.: Anwendungssystem-Kartierung in den Soll-Modellen der Universitätsprozesse 'Studium und Lehre' und 'Personal'. Diskussionsbeiträge zur Optimierung von Universitätsprozessen, Bamberg, März 1996

Kru97 Krumbiegel J.: Integrale Gestaltung von Geschäftsprozessen und Anwendungssystemen in Dienstleistungsbetrieben. Dissertation, Bamberg 1997. Erscheint in: DUV Deutscher Universitätsverlag, Heidelberg 1997

SiKr95 Sinz E.J., Krumbiegel J.: Gestaltung qualitätsgesicherter Universitätsprozesse am Beispiel des Prozesses 'Lehre und Studium'. Diskussionsbeiträge zur Optimierung von Universitätsprozessen, Bamberg, März 1995

SiKr96 Sinz E.J., Krumbiegel J.: Geschäftsprozeßhandbuch 'Universität'. Teil der Abschlußdokumentation im Projekt „Optimierung von Universitätsprozessen", Bamberg 1996 (http://www.seda.sowi.uni-bamberg.de/)

Sinz95 Sinz E.J.: Das Informationssystem der Universität als Instrument zur zielgerichteten Lenkung von Universitätsprozessen. In: Wolff K.D. (Hrsg.): Qualitätskonzepte einer Universität. Differenzierung, Effektivierung und Vernetzung. Erfurter Beiträge zur Hochschulforschung und Wissenschaftspolitik, Band 1. Iudicium Verlag, München 1995, S. 65 - 83

Sinz97 Sinz E.J.: Architektur betrieblicher Informationssysteme. In: Bamberger Beiträge zur Wirtschaftsinformatik Nr. 40, Januar 1997. Erscheint in: Rechenberg P., Pomberger G. (Hrsg.): Handbuch der Informatik, Hanser-Verlag, München 1997

Internationalisierung von ICIS, eines Referenzmodells und -anwendungssystems für den Versicherungsmarkt.

Martin Bertram
debis Systemhaus Dienstleistungen GmbH
Fasanenweg 9; D-70771 Leinfelden - Echterdingen

Abstract: ICIS ist das Referenzmodell und -anwendungssystem, für den deutschen Versicherungsmarkt des debis Systemhauses. Seit 1997 wird ICIS in Zusammenarbeit mit Cap Gemini internationalisiert. Probleme sind u.a. die Mehrsprachigkeit der Oberfläche, eine durchgängige sprachspezifische Versionen für spezielle Länder, die Mehrwährungsfähigkeit und länderspezifische fachliche Anforderungen. Daraus ergeben sich als Fragestellungen die Priorisierung eines Systemredesigns, die Projekteinbettung, die Kooperation der Entwicklungsteams und die Rechte und Pflichten der Beteiligten. Die gewählten bzw. geplanten Lösung werden beschrieben.

1 Ausgangssituation

ICIS (Insurance Company Information System) ist das Referenzmodell und -anwendungssystem, das für den deutschen Versicherungsmarkt vom debis Systemhaus Division Finanzdienstleistungen entwickelt und vertrieben wird. Es deckt die wesentlichen Kernbereiche eines Versicherungsunternehmens wie z.B. Produktentwicklung, Bestandsführung und Schadenmanagement spartenübergreifend d.h. sowohl für Lebens- als auch für Sachversicherungen ab.

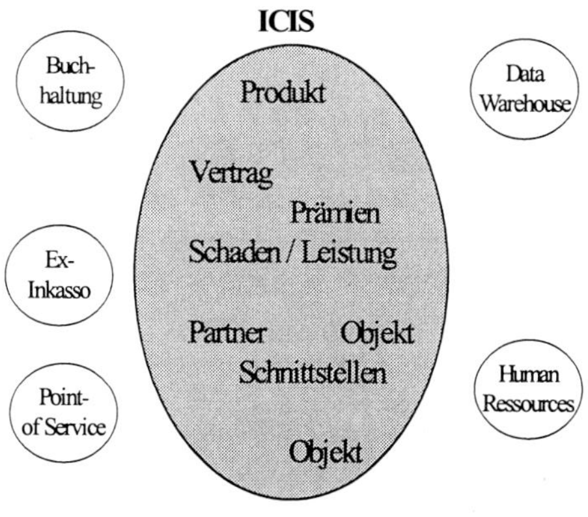

Abbildung 1: ICIS in der Anwendungslandschaft

Ursprüngliches Ziel für ICIS war nicht die Schaffung eines Produkts, sondern die Unterstützung des Hauptgeschäfts des Unternehmens, nämlich die Bereitstellung von optimalen Ausgangspunkten für die kostengünstige und schnelle Abwicklung von Projekten bei Versicherungsunternehmen. Ende 1996 wurde ICIS zum zentralen Element im Angebotsportfolio der mit dem debis Systemhaus verbundenen international operierenden Cap Gemini Plc. Insurance gemacht. Daraus resultieren bereits erste Projekte in Großbritannien.

1.1 Standardsoftware und Referenzmodelle

ICIS ist nicht als Standardsoftware Produkt konzipiert sondern als Referenzmodell sowie eines ablauffähig implementierten Kernels. Es dient zur Bereitstellung eines optimalen Ausgangspunkts für die kostengünstige und schnelle Abwicklung von Projekten bei Versicherungsunternehmen. D.h. es findet eine Entwicklung von Individualsoftware ausgehend von den vorhandenen Modellen, Design- und Softwarekomponenten statt. Konkret bedeutet dies, daß die Referenzmodelle als Ausgangspunkt für die fachliche Modellierung dienen. Darauf aufbauend wird das Design entsprechend angepaßt und in die Softwarekomponenten integriert.

Die Anforderungen von Versicherungsunternehmen an fachliche Funktionalität und Informationsgehalt sind sehr unterschiedlich. Es gibt aber einen gemeinsamen Kern von Informationen und Funktionalität. Dieser wird in dem Referenzmodell (im wesentlichen einem Daten- und einem Funktionsmodell) abgebildet und in Form eines Systemkernels implementiert. Das ICIS Referenzmodell ist im Laufe vieler Projekte in der Versicherungsbranche entstanden. Dabei wurden jeweils die allgemein verwendbaren Konzepte ermittelt und verallgemeinert. Dadurch ist ICIS sehr marktnah geblieben und nicht, wie oft bei Entwicklungen im Laboratorium, unpraktikabel geworden.

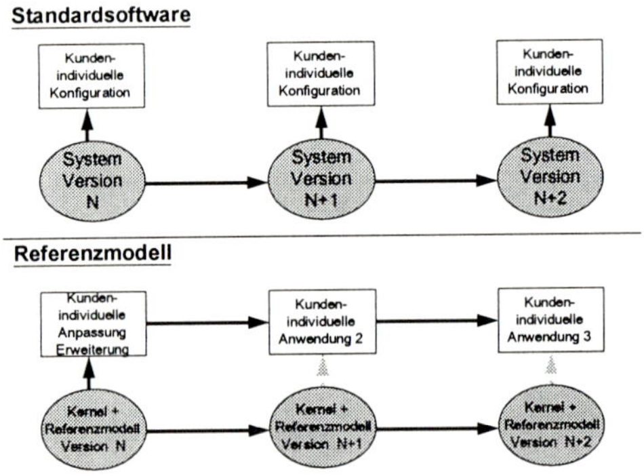

Abbildung 2: Standard SW vs. Kernel

Diese Art der Lösung erlaubt ein wesentlich besseres Eingehen auf die individuellen Bedürfnisse der Kunden, als es bei einer ausschließlich parametrisierbaren Standardsoftware möglich ist. Hauptschwierigkeit ist hier die Integration aller Neuerungen, die in den Referenzmodellen im Laufe der Zeit vorgenommen werden in die durchgeführten Projekte und operativen Systeme.

1.2 Das Referenzmodell und -anwendungssystem ICIS

An die Kunden werden sowohl die konzeptionellen Modelle (Datenmodell, Funktionsmodell, Prozeßmodell) als auch sämtliche Designdokumente mit allem Sourcecode ausgeliefert. Diese werden dann in gemeinsamen Projekten weiterentwickelt und an die kundenspezifischen Anforderungen angepaßt. Die fortlaufende Wartung wird in der Regel von den Kunden selbst, in einigen Fällen auch vom debis Systemhaus übernommen. Zusätzlich existiert ein Betreibermodell.

Referenzmodell und Kernel basieren auf einer Oracle - Entwicklungs- und Produktionsumgebung. Die Modelle sind im Designer2000 abgelegt, das System selbst ist auf Basis der Oracle - Datenbank mit der 4.Generationssprache Forms implementiert.

Damit ist es im Prinzip auf jeder Plattform ablauffähig, die die Oracle Laufzeitumgebung unterstützt.

Aufgrund der beschränkten Leistungsfähigkeit der bisher verwendeten Versionen der Entwicklungsumgebung ließ sich die ablauffähige Software nicht ausschließlich aus den Modellen und dem Design generieren. Deshalb waren zusätzliche Programmierarbeiten in Forms selbst und in der Sprache „C“ notwendig.

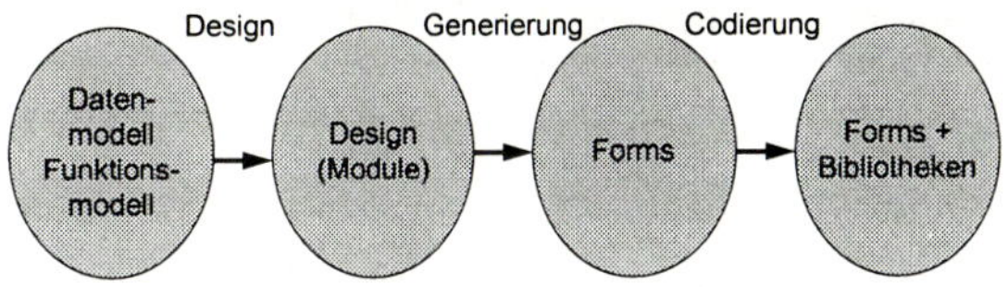

Abbildung 3: Entwicklungsablauf

Das Referenzmodell besteht aus ca. ___ Entitäten und Relationships, ___ Attributen und etwa. 800 Funktionen.

Das Anwendungssystem besteht aus 14 Komponenten, ca. 200 Forms und knapp 700 Modulen.

2 Anforderungen der Internationalisierung

Im Rahmen von Aufträgen von Schweizer Versicherungen und der Zusammenarbeit mit Cap Gemini ergab sich als wesentliche Aufgabenstellung die Internationalisierung der Modelle und des Anwendungssystems.

Dazu zählen hier u.a. folgende Problemkreise:

- Mehrsprachigkeit der Oberfläche (Beispiele Schweiz bzw. Belgien)

  Die Benutzeroberfläche (Windows, Codes, Meldungen etc.) wird in mehreren Sprachen, in Abhängigkeit vom individuellen Benutzer, angeboten.

  Die erzeugten Dokumente, wie Policen und sonstiger Schriftwechsel, werden in unterschiedlichen Sprachen, in Abhängigkeit vom jeweiligen Versicherungskunden, angeboten.

  Modelle und Software werden aber trotzdem in einer einzigen Sprache entwickelt und gepflegt.

- Durchgängige sprachspezifische Versionen für spezielle Länder

  Sowohl die Benutzeroberfläche, die erzeugten Dokumente, als auch alle Modelle, Design, die Software und die gesamte Dokumentation werden in der jeweiligen Landessprache entwickelt und gepflegt.

- Mehrwährungsfähigkeit / EURO

  Die Verträge müssen Komponenten in unterschiedlichen Währungen enthalten können.

  Es muß eine Parallelführung der Währungen und des EURO möglich sein.

An der Benutzeroberfläche und bei den erzeugten Dokumenten müssen sowohl die vom Kunden gewählte Währung als auch der Betrag in EURO dargestellt werden können.

- Länderspezifische fachliche Anforderungen

  In den einzelnen Ländern werden unterschiedlichste Produkte angeboten, gelten verschiedene gesetzliche bzw. sonstige Regelungen sowie unterschiedliche Vorgehensweisen bei der Abwicklung der Geschäftsprozesse.

Die einzelnen Konzepte sind weitgehend voneinander unabhängig. Sie können deshalb separat entwickelt und bei Bedarf auch vermarktet werden.

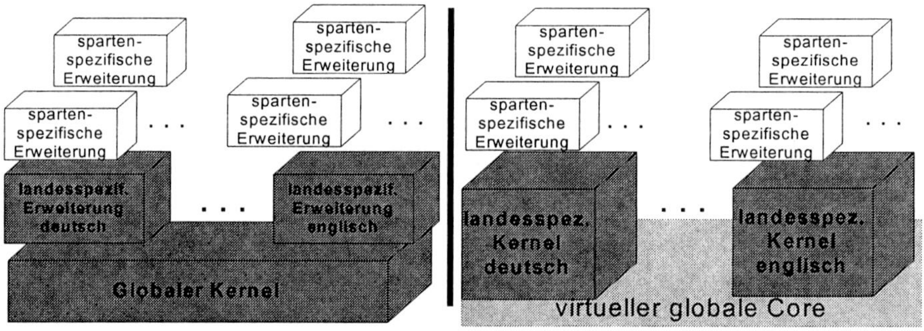

Abbildung 4: Kernelstrategien

Insgesamt ist grundsätzlich zwischen den beiden in Abbildung 4 beschriebenen Vorgehensweisen zu entscheiden:

1. Implementierung eines realen globalen Kernels, auf dem die einzelnen sprach- bzw. landesspezifischen Erweiterungen aufbauen.
   Das heißt auch, daß alle Versionen aus dem globalen Kernel heraus erzeugbar sein müssen, sei es durch Generierung sei es durch eine automatische Übersetzung.

2. Implementierung mehrerer parallel existierender landesspezifischer Kernels. Die allen Modellen und Systemen zugrundeliegenden Konzepte stellen den virtuellen Core dar. Die inneren Zusammenhänge werden in einem separaten Repository verwaltet.

3 Aufgabenstellung

Dargestellt werden sollen hier weniger die (modellierungs-)technischen Lösungswege, sondern die Erfahrungen, diese Problemstellungen in einem über Europa verteilten, multinationalen, aus mehreren Unternehmen stammenden Team zu bewältigen.

Folgende zentrale Fragestellungen werden beleuchtet:

- ❑ Redesign vor Übersetzung ?
- ❑ Projekte als Initiatoren ⇔ Internes Investitionsprojekt?
- ❑ Kooperation der Entwicklungsteams
- ❑ Rechte und Pflichten der Beteiligten

3.1 Redesign vor Übersetzung?

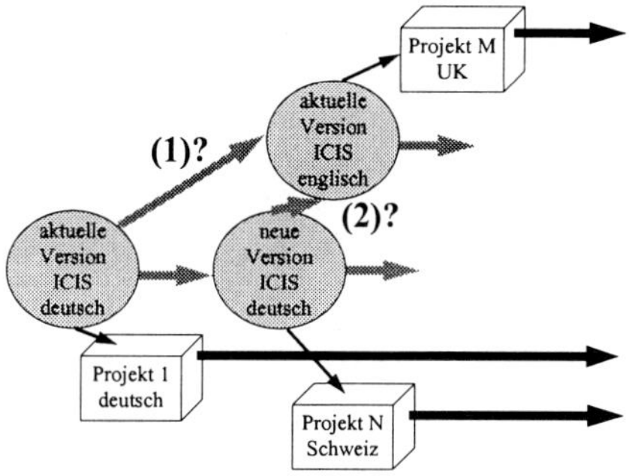

Abbildung 5 Entwicklungslinien

Wie in Kapitel 1.2 beschrieben, gegeben sich für die Generierbarkeit neue Möglichkeiten aus den neuen Versionen der Entwicklungsumgebung. Diese sollen auch für die deutsche ICIS-Version genutzt werden. In diesem Zusammenhang sind folgende Alternativen zu betrachten:

1. Redesign des deutschen ICIS vor der Übersetzungen ins Englische?
2. Sofortige Übersetzung mit Nachziehen der im Redesign gemachten Änderungen?

Aus methodischen Gründen ist es sinnvoll, diese neuen Generierungsmöglichkeiten zunächst in der deutschen Ausgangsversion einzusetzen, da eine darauf aufbauende Übersetzung in eine andere Sprache wesentlich einfacher ist.

Das selbe gilt natürlich auch für die Integration der übrigen in diesem Kapitel angesprochenen Konzepte und Erweiterungen des Systems.

Diese Vorgehensweise bedeutet aber eine deutliche Zeitverzögerung für den frühesten Auslieferungstermin an Kunden. Deren Auswirkungen hängen davon ab, wie schnell weitere Kundenprojekte begonnen werden sollen. Es bestehen außerdem vertragliche Verpflichtungen gegenüber Cap Gemini, eine ins Englische übersetzte Version so schnell wie möglich zur Verfügung zu stellen.

Es ist nicht möglich, die Modelle und die Software vollständig automatisch von einer Sprache in eine andere zu übersetzen, sondern es müssen erhebliche manuelle Korrekturen vorgenommen werden. Aufgrund der dadurch entstehenden hohen Aufwände für eine Übersetzung ist aber keine „just in time“ - Übersetzung möglich, sondern es ist mit einer Vorlaufzeit von mehreren Monaten zu rechnen.

3.2 Projektbezogener Kernel ⇔ Kernel als internes Investitionsprojekt?

Es sind folgende Alternativen zu betrachten:

1. Projekte als Initiatoren für Erweiterungen wie z.B. die Mehrsprachigkeit der Benutzeroberfläche. D.h. es gibt jeweils ein laufendes Projekt, dessen Ergebnisstand den aktuellen Kernel darstellt. Dieses wechselt im Laufe der Zeit, wenn das Projekt in Produktion geht.

2. Umsetzung der Konzepte als internes Investitionsprojekt. D.h. der Kernel wird vom Produktmanagement separat und unabhängig von Projekten weiterentwikkelt.

Für erstere Lösung spricht die größere Praxisnähe der Entwicklung, dagegen spricht der meist extern motivierte Zeitdruck eines Projekts sowie die Tatsache, daß die unterschiedliche Spartenausrichtung der einzelnen Projekte die Weiterentwicklung eines einheitlichen Systems erschwert.

Für die zweite Lösung sprechen die größere Unabhängigkeit und die größere Konstanz der Weiterentwicklung. Problematisch hierbei ist die Bereitstellung der internen Investitionsbudgets für die Weiterentwicklung.

3.3 Kooperation der Entwicklungsteams

Bei der Kooperation des Entwicklungsteams stellt sich die Frage eines zentralen vs. eines dezentralen Ansatzes. Zentral bedeutet, alle Projektmitarbeiter an einem Ort zusammen zu ziehen. Dezentral bedeutet ein Arbeiten von den jeweiligen Heimatorganisationen aus. Dies erfordert eine technische Infrastruktur, die ein gemeinsames Arbeiten an den Modellen und der Software erlaubt. Zu diesem Zweck werden ISDN-Verbindungen geschaffen, die ein Arbeiten über das WAN identisch zur Arbeit über das LAN erlauben. Konzepte wie CSCW sind in der vorhandenen Oracle - Entwicklungsumgebung nicht vorgesehen. Die beteiligten Unternehmen verfügen über Intranets und von dort aus die Möglichkeit über das Internet zu kommunizieren.

Für die erste Lösung spricht vor allem der wesentlich einfachere Know-how Transfer und die einfachere persönliche Kommunikation. Die zweite Lösung ist kostengünstiger und für die Mitarbeiter weniger belastend.

3.4 Rechte und Pflichten der Beteiligten

Es muß geregelt werden wie die einzelnen Versionen von ICIS erstellt und später weiterentwickelt werden sollen. Darüber hinaus muß ein erhebliches Maß an Unterstützungsleistungen für Vertriebsaktivitäten und Projektarbeit, Know-how Vermittlung und Mitarbeiterschulung erbracht sowie die benötigte Infrastruktur für die Weiterentwicklung bereitgestellt werden. Die Kosten dafür sowie die erzielten Lizenzeinnahmen müssen geteilt werden.

Eine zentrale Frage neben der Aufteilung der Welt in exklusive Vertriebsgebiete, sind die Intellectual Property Rights an ICIS. Hier muß vor allem festgelegt werden, wem die Rechte an den Erweiterungen von ICIS, die im Laufe der Zeit vorgenommen werden, zustehen. Hier ist zwischen reinen Weiterentwicklungen und Verbesserungen der Modelle bzw. des Kernels und Erweiterungen im Sinne des Hinzufügens neuer Komponenten zu unterscheiden.

4 Aktueller Stand

4.1 Redesign vor Übersetzung?

Da eine Reihe von Projekten in England anstehen, wurde entschieden, unmittelbar mit der Übersetzung zu beginnen. Parallel dazu findet eine Konsolidierung und ein Redesign der (deutschen) Modelle, des Designs und der Software statt. Die angesprochenen Erweiterungen in Bezug auf Mehrsprachigkeit und Mehrwährungsfähigkeit werden in der zweiten Jahreshälfte begonnen.

Aufgrund des großen Umfangs der Modelle und des Systems ist hier mit einem Aufwand von mehreren Personenjahren alleine für die Übersetzung und die nachfolgenden Systemtests zu rechnen.

Nach Abschluß der Übersetzung und der Konsolidierung werden die Ergebnisse der Konsolidierung der deutschen Version in eine Folgeversion des englischen ICIS integriert. Später findet die Erweiterung um die übrigen Konzepte statt.

Parallel dazu beginnt die Bereitstellung von vertriebsunterstützenden Dokumenten in den neuen Sprachen.

4.2 Projektbezogener Kernel ⇔ Kernel als internes Investitionsprojekt?

Hier ist für die fremdsprachigen Versionen die Weiterentwicklung des Kernels als internes Investitionsprojekt geplant. Dies ist eine Fortsetzung der Übersetzungsaktivitäten, die in einem unabhängigen Projekt stattfinden.

Der deutsche Kernel wird derzeit als projektbezogener Kernel entwickelt. Diese Vorgehensweise ist eine Konsequenz der Entstehungsgeschichte von ICIS. Über eine Änderung dieser Vorgehensweise wird derzeit diskutiert.

4.3 Kooperation der Entwicklungsteams

Die Erstentwicklung des englischen Kernels findet in zentralisierter Weise im debis Systemhaus in Stuttgart statt. D.h. für 3 bis 4 Tage der Woche arbeitet das Team gemeinsam an einem Ort. Die restlichen Tagen dienen der Abstimmung mit den jeweiligen Unternehmen um deren Interessen besser berücksichtigen zu können.

Aktuell sind an dem Projekt 10 Leute aus 3 deutschen und 2 ausländischen Standorten. Der Grund für diese Vorgehensweise liegt in den hohen inneren Zusammenhängen der umfangreichen Modelle und Komponenten, dem notwendigen Abstimmungsaufwand und dem schwerpunktmäßig in Stuttgart vorhanden ICIS Know-how.

Unterstützungsleistungen weder im wesentlichen durch die Entsendung hochqualifizierter Mitarbeiter zur Vertriebsunterstützung und Mitarbeit in Projekten erbracht. Mitarbeiterschulungen werden gemeinsam entwickelt.

Die spätere Weiterentwicklung wird in dezentraler Form stattfinden. Konkret bedeutet das, daß eine zentrale Koordination durch das Produktmanagement erfolgt, die konkrete Weiterentwicklung des englischen Referenzmodells und des Kernels erfolgt bei Cap Gemini in London, die des deutschen in Stuttgart. Dies wird möglich, da das Know-how dann auch in anderen Lokationen vorhanden ist.

Die zu beachtenden Zusammenhänge beschränken sich auf die Parallelität der Entwicklungskomponenten. Darüber hinaus werden deutlich geringere Kosten sowie eine wesentlich geringere persönliche Belastung der Mitarbeiter erwartet.

4.4 Rechte und Pflichten der Beteiligten

Die im ICIS - Vertrag vorgesehenen Gremien wie das Steering Committee werden etabliert. Die Entscheidungen über die Weiterentwicklung speziell der englischen Version von ICIS werden dort gefällt.

Das debis Systemhaus hat sich vertraglich verpflichtet, eine englische und eine französische Version von ICIS zu erstellen, sowie die benötigte Infrastruktur für die Weiterentwicklung bereitzustellen. Darüber hinaus muß ein erhebliches Maß an Unterstützungsleistungen erbracht werden. Die Kosten dafür werden vom debis Systemhaus getragen. Im Gegenzug wird von Cap Gemini ein Minimum an Lizenzeinnahmen garantiert. Die darüber hinausgehenden Lizenzeinnahmen werden geteilt.

Die Aufteilung der Welt in exklusive Vertriebsgebiete richtet sich nach den Ländern, in denen das jeweilige Unternehmen bereits aktiv tätig ist. Länder, in denen keines der Unternehmen aktiv ist, werden später im gegenseitigen Einvernehmen aufgeteilt.

Bezüglich der Intellectual Property Rights an ICIS ist festgelegt, daß dem debis Systemhaus die Rechte an allen Erweiterungen im Sinne von Weiterentwicklungen und Verbesserungen der Modelle bzw. des Kernels von ICIS, die im Laufe der Zeit vorgenommen werden, zustehen. Die Rechte an Erweiterungen im Sinne des Hinzufügens neuer Komponenten stehen demjenigen Unternehmen zu, das diese Erweiterungen finanziert hat.

5 Ausblick

Zentrale Themen für die Weiterentwicklung von ICIS in den nächsten Jahren sind:

- Erweiterung um neue Sprachen und Länder
- Fachliche Erweiterungen um neue Versicherungszweige und neuartige Produktkonzepte
- Zugehen auf die Versicherungs-Anwendungs-Architektur des Gesamtverbands der deutschen Versicherungswirtschaft.
- Integration technischer Neuerungen wie z.B. das Internet / WWW
- Nutzung methodischer Neuerungen: OO, Frameworks, Components

Software-Prozeßmodellierung und -Durchführung
-
Schwierigkeiten des Technologietransfers

Volker Gruhn
Universität Dortmund
Fachbereich Informatik
44221 Dortmund
email: gruhn@ls10.informatik.uni-dortmund.de

Juri Urbainczyk
o.tel.o
Universitätsstraße 140
44799 Bochum
email: urbainczyk@lion.de

Zusammenfassung:

In diesem Artikel diskutieren wir, inwiefern die Forschung auf dem Gebiet der Software-Prozeßmodellierung und rechnergestützten Durchführung von Software-Prozessen Einfluß auf die industrielle Praxis der Software-Entwicklung hat. Wir diskutieren ein Beispiel der Anwendung von Software-Prozeßtechnologie auf einen Fehlerverfolgungsprozeß in der industriellen Praxis.

1 Status der Software-Prozeß-Technologie-Forschung

In der akademischen Software-Technologie-Forschung hat sich seit gut zehn Jahren das Gebiet der Software-Prozeßmodellierung und der rechnergestützten Durchführung von Software-Prozessen als Forschungszweig etabliert. Es gibt regelmäßige *European Workshops on Software Process Technology* [5,18], *International Software Process Workshops* [9] und eine Reihe von *International Conferences on the Software Process* [16]. Die meisten Software-Engineering-Konferenzen umfassen eine oder mehrere Sitzungen, die sich mit Software-Prozeßthemen beschäftigen [1,3].

Der Fokus dieser hauptsächlich akademisch ausgerichteten Forschungsarbeit hat sich im Laufe der Jahre gewandelt. Die späten 80er Jahre waren von der Frage geprägt, ob Software-Prozeßmodelle wie Programme behandelt werden sollten [17] oder ob Software-Prozesse zu sehr von menschlicher Interaktion und Kreativität geprägt sind als daß das möglich wäre [15]. Ohne, daß bezüglich dieser Frage ein Konsens erzielt worden wäre, waren die frühen 90er durch heftige Diskussionen bezüglich der Frage bestimmt, welchem Sprachparadigma eine Software-Prozeßmodellierungssprache folgen sollte. Die prominentesten Vertreter solcher Sprachen umfassen regelbasierte Sprachen, Petri-Netz-basierte Sprachen und objektorientierte Sprachen [2,4,12,14].

2 Software-Prozeß-Technologie in der Praxis: Erfahrungen

In diesem Abschnitt beschreiben wir einige Erfahrungen bei dem Versuch, Ergebnisse der Software-Prozeß-Forschung in die industrielle Software-Entwicklung zu transferieren. Diese Erfahrungen beruhen auf dem Transfer von MELMAC [6] und MELMAC-Konzepten.

2.1 Phase 1: Frustration

Das Prozeß-Management-Werkzeug MELMAC ist Ende der 80er Jahre im akademischen Kontext entstanden. Leider stellte sich bei Versuchen der Anwendung von MELMAC auf industrielle Software-Prozesse heraus, daß MELMAC zwar tragfähige Konzepte verwirklichte, aber weder stabil noch ausreichend dokumentiert war. Zudem war die Handhabung von MELMAC gewöhnungsbedürftig und entsprach nicht den gängigen Anforderungen an Benutzungsoberflächen. Unabhängig von diesen konkreten Hindernissen bei der Anwendung eines konkreten Werkzeuges, ließen die genannten Bemühungen allgemeine Zweifel an der Relevanz des Software-Prozeß-Managements aufkommen. Während die Software-Prozeß-Forschergemeinde in der Terminologie von Prozessen, Objektmodellen, Prozeßmodellierungssprachen, und präskriptiven und deskriptiven Modellierungssprachen miteinander diskutierte, sprachen industrielle Softwareentwickler über Programmiersprachen, Budgetüberschreitungen, Fehlerbeseitigungen und Transaktionsmonitore. Die Schnittmengen zwischen beiden Terminologien war nahezu leer, so daß es relativ schwierig und langwierig war, eine einheitliche Kommunikationsgrundlage zu schaffen. Auf der Basis dieser Grundlage stellte sich dann heraus, daß die allgemeinen Prozeßverbesserungsansprüche des Prozeß-Managements weit von der täglichen Praxis der Software-Entwicklung entfernt waren. Diese bedurfte konkreter Verbesserungen des Konfigurations-Managements, des systematischen Tests, der Abstimmung zwischen Vertriebsleuten und Entwicklern oder auch der Änderungskontrolle für einen Software-Entwurf.

2.2 Phase 2: Trost

Nachdem erst einmal unverkennbar war, daß Software-Prozeß-Management kaum auf reale Software-Prozesse anwendbar war, ergab sich die Gelegenheit, die Geschäftsprozesse, die durch ein neu zu entwickelndes Softwaresystem unterstützt werden sollten, zu untersuchen. Bei dem neuen Softwaresystem handelt es sich um das wohnungswirtschaftliche Informationssystem WIS, das von LION (zwischenzeitlich: Vebacom Service, heute: o.tel.o) im Auftrag eines Konsortiums von acht Kunden entwickelt worden ist. Beispiele für die Geschäftsprozesse, die durch WIS unterstützt werden, sind:

- Ausschreibung , Beauftragung , Rechnungskontierung und -begleichung.
- Kündigung, Wohnungsabnahme, Mieteanpassung und Neuvermietung.
- Von der Sollstellung bis zur letzten Mahnstufe.

WIS wurde vollständig prozeßorientiert entwickelt. Das bedeutet, daß die zu unterstützenden Geschäftsprozesse zunächst modelliert wurden (Abläufe mit FUNSOFT-Netzen, zugrundeliegende Daten mit Hilfe von erweiterten Entity-Relationship-Modellen [11] und der organisatorische Kontext mit Hilfe von Organigrammen und Berechtigungen), dann analysiert wurden und letztlich auf der Basis eines Workflow-Management-Systems durchgeführt wurden.

Die Gründe für die prozeßorientierte Entwicklung waren, daß die zu unterstützenden Geschäftsprozesse gut verstanden, klar strukturiert und arbeitsteilig sind. Darüber hinaus sind sie von wenig Ausnahmen geprägt und haben eine hohe Wiederholungszahl.

Als Ergebnis einer Untersuchung von Werkzeugen, die die prozeßorientierte Entwickung unterstützen, wurde 1992 entschieden, die Workflow-Management-Umgebung LEU [7] zu entwickeln. LEU basiert auf den Konzepten des Prototypen MELMAC und setzt diese vollständig um. Wesentliche Idee von LEU ist es, genau eine Repräsentation der zu unterstützenden Prozeßmodelle zu verwenden. Prozesse werden modelliert, Prozeßmodelle werden analysiert und schrittweise realisiert und die realisierten Prozeßmodelle werden durch die Workflow-Engine [13] zur Laufzeit zur Durchführung gebracht [10]. LEU wurde als einziges Entwicklungswerkzeug für WIS eingesetzt und steuert heute die Geschäftsprozesse mehrerer großer Wohnungsunternehmen.

2.3 Phase 3: Neue Erkenntnis

Die zeitgleiche Einführung von WIS bei mehreren Kunden hat zu der Identifikation vieler Fehler in WIS geführt. Die Gleichzeitigkeit der Einführung hat zudem bewirkt, daß derselbe Fehler von verschiedenen Seiten gemeldet wurde. Abgesehen von Fehlern wurden zahlreiche neue Anforderungen offensichtlich, die zu großen Teilen kundenseitig ebenfalls als Fehler gemeldet wurden. Um diese Flut von Fehlern und Anforderungen zu bewältigen, mußten alle eingehenden Meldungen klassifiziert, elektronisch erfaßt und beantwortet werden. Dieser Fehlerverfolgungsprozeß wurde mit LEU realisiert.

3 Das PTS-Beispiel

Die Kundeneinführung und Wartung des Softwaresystems WIS verlangt nach professioneller Unterstützung durch entsprechende Software, wie ein Helpdesk mit umfangreicher Fehlerdatenbank. Die Aufgaben dieser Software liegen vor allem in der Unterstützung und Durchführung der Prozesse *Problemverfolgung*, *Anforderungsmanagement* und *Software-Konfigurationsmanagement*. Diese Prozesse sind stark arbeitsteilig und haben eine extrem hohe Wiederholungszahl. Darüber hinaus sind sie gut dokumentiert und definiert, da mit der Einführung eines Qualitätsmanagement-Systems bei o.tel.o alle hausinternen Geschäftsprozesse untersucht und beschrieben worden sind. Daher wurde beschlossen ein geschäftsprozeß-basiertes *Problem Tracking System* (PTS) mit LEU zu entwickeln. Folgende Hauptanforderungen werden an das System gestellt:

- Alle Problemberichte werden erfaßt und in einer Problemdatenbank gespeichert.
- Die Aktivitäten aller beteiligter Personengruppen müssen koordiniert werden.
- Das System übernimmt Konsistenzsicherungsmaßnahmen.
- Der Status und alle Daten eines Problems können jederzeit ermittelt werden.
- Problembehebungen werden zu neuen Softwarekonfigurationen zusammengefaßt.
- Die Anbindung von Mitarbeitern durch Intra- oder Internet ist möglich.

Die Einführung einer software-gestützten und geschäftsprozeß-orientierten Problemverfolgung soll den Weg des Problemberichts nachvollziehbar machen. Informationen über die bearbeiteten Probleme müssen jederzeit und von jedem abrufbar sein. Auf diesem Wege kann dann z.B. schnell erkannt werden, ob ein Problem bereits aufgenommen oder sogar gelöst wurde. Auch können dadurch Kundenanfragen bezüglich Bearbeitungsstatus und -dauer schneller beantwortet werden. Der Aufwand und die Fehleranfälligkeit beim Erfassen eines Problemberichtes soll wesentlich gesenkt und die Gesamtbearbeitungszeit für einen Problembericht verkürzt werden. Die Fehleranfälligkeit des Problemverfolgungsprozesses selbst soll durch Konsistenzsicherungsmaßnahmen, die schon in den Dialogen greifen und die z.B. ein Eintragen von falschen Werten verhindern, verringert werden. Jeder Mitarbeiter soll an seinem Arbeitsplatz in einer *Agenda* nur die Aktivitäten zur Ausführung angeboten bekommen, für die er zuständig ist.

Das Modell eines Geschäftsprozesses in LEU setzt sich aus Objektmodell, Organisationsmodell und Ablaufmodellen zusammen. Diese Bestandteile des PTS werden nachfolgend vorgestellt.

3.1 Objektmodell

Die Modellierung in LEU erfolgt in einer erweiterten Entity-Relationship-Darstellung. Die zentralen Objekttypen des PTS sind *Problemberichte (PR)*, *Konfigurationseinheiten (KE)* und *Patches*.

In den Objekten des Objekttypen *Problembericht* werden alle eingehenden Problemmeldungen erfaßt. Jeder Problembericht erhält einen eindeutigen Schlüssel, der im Attribut *Problemnummer* abgelegt wird. Der Inhalt der Problemmeldung wird in den Attributen *Problembeschreibung, Fehlercode, Kurzbeschreibung* und *Auswirkungen des Problems* dokumentiert. Ebenso wird der *Auftraggeber* und ein *Ansprechpartner* sowie dessen *Telefonnummer* festgehalten. Zu jedem Problem wird vermerkt, auf welcher *Installation* welches *Kunden,* mit welchem *Release* und in welchem *Softwarebestandteil* es aufgetreten ist.

3.2 Organisation

An den mit dem PTS durchgeführten Prozessen sind fünf Personengruppen beteiligt:

- Der *Support* nimmt Problemmeldungen vom Kunden entgegen und meldet die Freigabe von Patches. Darüber hinaus werden Voranalysen von Problemen erstellt und zum Teil Störungen schon vorab auf Kundenumgebungen beseitigt.
- Das *Patchboard* besteht aus den Projektleitern (PL) der jeweiligen Entwicklungprojekte. Sie priorisieren die Problemberichte und leiten sie gegebenenfalls zur Bearbeitung an die Entwickler oder zur Analyse an den Support weiter.
- Die *Qualitätssicherung* (QS) kontrolliert die Einhaltung der Qualitätssicherungsmaßnahmen in den Entwicklungsprojekten.
- Die *Entwicklungsabteilung* arbeitet an neuen Releases der Softwaresysteme bzw. beseitigt Fehler in bereits freigegebenen Versionen. Zusätzlich hat sie verschiedene konstruktive QS-Aufgaben, z.B. Reviews und Tests und nimmt am Anforderungsmanagement teil.
- Der *Konfigurationsmanager* definiert und generiert die Patches aus von den Entwicklern erzeugten Konfigurationseinheiten und verwaltet die Gesamtkonfiguration des Softwaresystems.

Alle Aktivitäten in den Ablaufmodellen lassen sich eindeutig einer der fünf beteiligten Gruppen zuweisen, wobei das PTS jeweils nur die Aktionen zuläßt, die den jeweiligen Aufgaben der Personengruppe entsprechen.

3.3 Ablaufmodelle

Das jeweilige Ablaufmodell bestimmt die möglichen Wege, die ein PR durch den Geschäftsprozeß nehmen kann. Welcher Pfad im konkreten Fall eingeschlagen wird, hängt in großem Maße von dem Attribut *Status* des PR ab, welches in Interaktion mit dem Benutzer geändert werden kann. Befindet sich ein PR in einem bestimmten Status, so sind jeweils nur bestimmte Änderungen dieses Attributes erlaubt (Abbildung 1: Zustandsübergangsdiagramm für PR). Bleibt das Attribut Status unverändert, können Aktivitäten zyklisch beliebig oft mit dem gleichen PR durchlaufen werden. Zur vollständigen Dokumentation des PTS ist diese Art der Beschreibung unbedingt erforderlich.

Durch das PTS werden zwei interaktive Geschäftsprozesse, nämlich *Abnahme* und *Wartung,* unterstützt. Zusätzlich gibt es ein Ablaufmodell, das für die automatische Überleitung von per email eintreffenden Problemmeldungen zuständig ist. Der Abnahmeprozeß wird durchlaufen, sobald ein neues Release für eine Softwaresystem abgenommen werden soll. Nach einer Entwicklungsphase wird der aktuelle Entwicklungsstand des Produktes gegen die Anforderungsdokumentation geprüft und gefundene Fehler in Problemberichten festgehalten. Diese gehen zur Beseitigung an die Entwicklung. Der Wartungsprozeß (Abbildung 2: Ablaufmodell 'Wartung') wird durchlaufen, wenn Fehler in einem bestehenden, bereits freigegebenen Softwaresystem gefunden werden. Diese Fehler können sowohl von Kunden als auch von Mitarbeitern gemeldet werden und führen nach ihrer Behebung zu *Patches* für das Softwaresystem. Die Patches wiederum werden von der QS abgenommen, wobei mehrere Zyklen durchlaufen werden können.

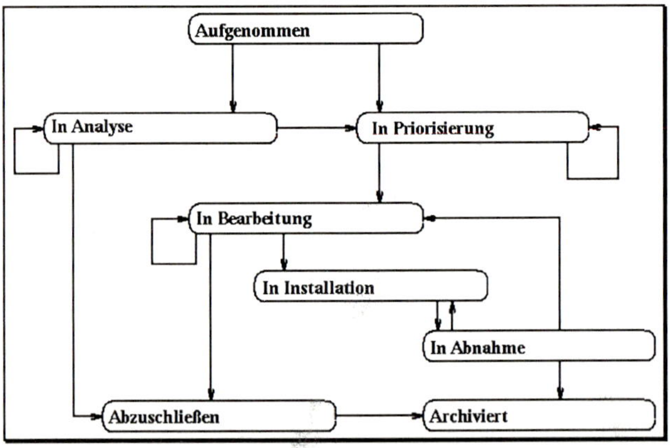

Abbildung 1: Zustandsübergangsdiagramm für PR

Ablaufmodelle werden mit FUNSOFT-Netzen beschrieben [6]. Sie bestehen aus Instanzen und Kanälen. Instanzen repräsentieren Aktivitäten. Diese Aktivitäten erfordern teilweise manuelles Eingreifen der Prozeßbeteiligten (Dialogaktivitäten) und können teilweise automatisch durchgeführt werden (Batchaktivitäten). Kanäle repräsentieren Informationsspeicher. Instanzen werden graphisch durch verschiedene rechteckige Symbole dargestellt. Die verschiedenen Symbole dienen zur Veranschaulichung und haben keine Semantik. Kanäle werden graphisch durch Kreise dargestellt. Eine Kante von einem Kanal zu einer Instanz bedeutet, daß die Instanz beim Beginn ihrer Ausführung ein Objekt aus dem Kanal liest. Eine Kante von einer Instanz zu einem Kanal bedeutet, daß die Instanz am Ende ihrer Ausführung ein Objekt in den Kanal schreibt. In FUNSOFT-Netze gibt es einige Modellierungskonstrukte, die die *dichte* Beschreibung von Abläufen ermöglichen. So gibt es beispielsweise eine Reihe vordefinierter Schaltverhalten. Ein solches Schaltverhalten ist das entweder-oder-Schaltverhalten, mit Hilfe dessen es möglich ist, zu beschreiben, daß eine Instanz in genau einen ihrer Ausgangskanäle schreibt. Andere FUNSOFT-Netz-Konstrukte (wie der Parallelitätsgrad einer Instanz und die Art des Zugriffes auf einen Kanal) dienen in ähnlicher Weise der intuitiv zugänglichen Beschreibung von Abläufen. Die Semantik dieser Konstrukte ist durch eine Abbildung auf Prädikat/Transitions-Netze definiert [8].

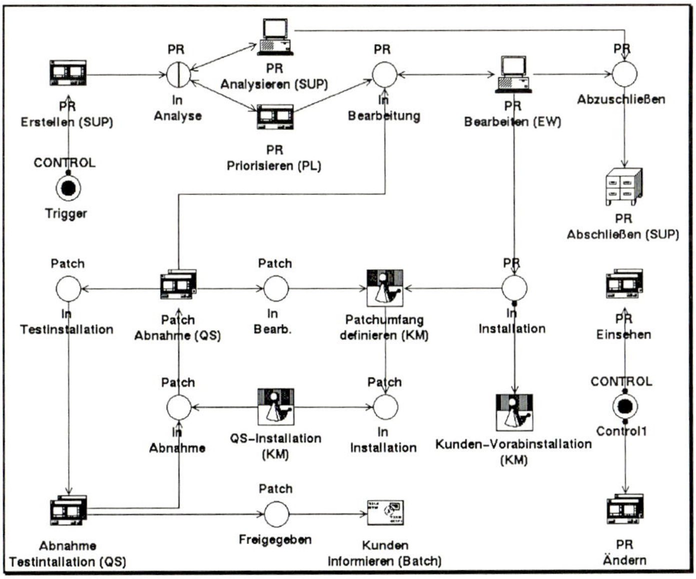

Abbildung 2: Ablaufmodell 'Wartung'

Neben den beiden Ablaufmodellen für die Abnahme und die Wartung gibt es den Ablauf des automatischen Prozesses zum Einlesen der per email eingehenden Problemberichte. Da seine einzige Aktivität nach dem Terminieren ein Control-Token in den Vorbereich zurückschreibt, wird sie immer wieder von neuem angestoßen. Die Aktivität liest das Mailfile eines bestimmten UNIX-Benutzers und durchsucht die emails nach definierten Schlüsselworten, wie z.B. '#PROBLEMBSCHREIBUNG:' Hieraus wird ein Problembericht erstellt. Dieser PR hat den Status 'In Analyse' und als Bearbeiter wird immer die Gruppe Support eingetragen. Der Problembericht wird anschließend in den Systemkanal im Nachbereich der Aktivität geschrieben. Der gleiche Systemkanal liegt im Wartungsprozeß im Vorbereich der Aktivität *PR Analysieren* und sorgt so dafür, daß die eingehenden PR gleich in den Geschäftsprozeß einfließen. Auf diese Weise können per email Problemberichte direkt in das PTS eingespielt werden. Da emails auch dann empfangen werden, wenn das System nicht in Betrieb ist, können keine Nachrichten verloren gehen. Dieser Mechanismus ist eine ideale Schnittstelle für Kunden oder Mitarbeiter, die sich beim Kunden befinden, und die nicht direkt eine Agenda zur Verfügung haben. Darüber hinaus wird so auch eine HTML-Schnittstelle zur Verfügung gestellt. Die abgebildete HTML-Seite (Abbildung 3: PTS HTML-Seite) steht sowohl hausintern per Intranet als auch extern im WWW zur Verfügung. Das auf dieser Seite eingerichtete HTML-

Formular ermöglicht die Eingabe aller relevanten Attribute, die zum Anlegen eines PR notwendig sind. Einige Attribute, wie z.B. *Kunde,* sind nur per Auswahlliste einzugeben, um Fehler beim automatischen Einlesen des PR zu verringern. Bei Betätigung des Buttons 'Abschicken' wird das Formular ausgelesen und per CGI-Schnittstelle ein Hilfsprogramm aufgerufen, das aus den Daten des Formulars eine email mit entsprechenden Schlüsselwörtern erzeugt. Die email wird an genau die Adresse versandt, welche vom Mail-Batch des PTS ausgelesen wird.

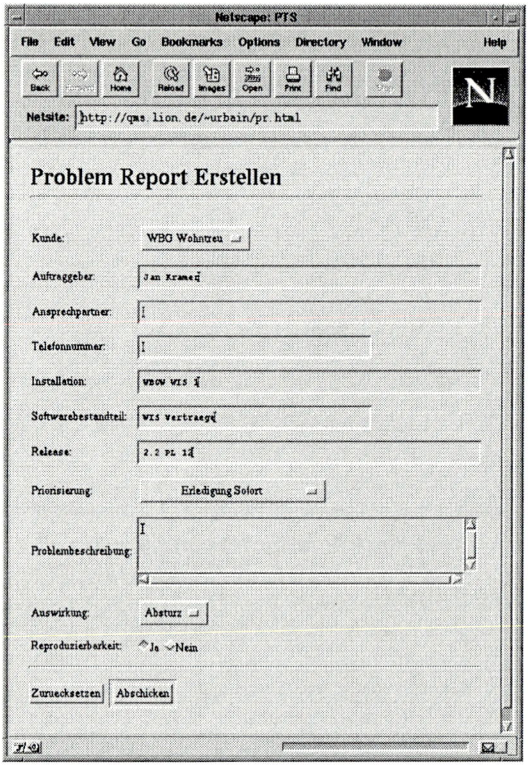

Abbildung 3: PTS HTML-Seite

4 Erfahrungen

Ein Ziel dieses Entwicklungsprojektes wurde offensichtlich sofort erreicht: ist ein Problembericht erst einmal im System, ist die Suche nach ihm beliebig schnell und komfortabel realisierbar. Dazu sind vor allem die vielen Kataloge des PTS hilfreich: Schreibfehler bei der Eingabe eines Moduls, die eine Suche extrem erschweren würden, treten nicht mehr auf. Auch der Bearbeitungsstatus kann allein durch Abfrage des Attributes *Status* jederzeit ermittelt werden. Die Protokollierung aller Zustandsänderungen eines Problemberichtes zusammen mit Status und Zeit ermöglicht ein Nachvollziehen des Weges eines Problemberichtes durch den Prozeß und bietet Chancen für Analyse und Verbesserung. Problemberichte können aus dem PTS nicht mehr verloren gehen. Früher verlor sich noch jedes neunte Dokument auf den Schreibtischen der Mitarbeiter.

Zur Zeit arbeiten ca. 90 Mitarbeiter mit dem PTS. Durchschnittlich arbeiten ca. 30 Benutzer parallel mit dem PTS. Es werden täglich zwischen 20 und 30 neuen Problemberichten erfaßt. Die Aufnahme eines PR mit dem neuen System ist wesentlich einfacher und weniger fehleranfällig als auf einem Papierformular.

Literatur

[1] D. Avrilionis, P-Y. Cunin, and C. Fernström. *OPSIS: A View Mechanism for Software which Supports their Evolution and Reuse.* In *Proceedings of the 18th International Conference on Software Engineering,* Berlin, March 1996.

[2] S. Bandinelli, A. Fugetta, and S. Grigolli. *Process Modelling In-the-Large with SLANG.* In *Proceedings of the 2nd International Conference on the Software Process - Continuous Software Process Improvement,* pages 75-83, Berlin, Germany, February 1993.

[3] N.S. Barghouti, E. Koutsofios, and E. Cohen. *Improvise: Interactive Multimedia Process Visualization Environment.* In *Software Engineering - ESEC'95, 5th European Software Engineering Conference,* pages 28-43, Sitges, Spain, September 1995. Springer. Appeared as Lecture Notes in Computer Science no. 989.

[4] T.d. Bunje, G. Engels, L. Gronewegen, A. Matsinger, and M. Rijnbeek. *Industrial maintenance modelled in SOCCA: an Experience Report.* In *Proceedings of the 4th International Conference on the Software Process - Improvement and Practice,* Brighton, UK, December 1996. To appear at ICSP4.

[5] R. Conradi, C. Fernström, A. Fugetta, and R. Snowdown. *Towards a Reference Framework for Process Concepts.* In J.-C. Derniame, editor, *Software Process Technology - Proceedings of the 2nd European Software Process Modeling Workshop,* pages 3-17, Trondheim, Norway, September 1992. Springer. Appeared as Lecture Notes in Computer Science 635.

[6] W. Deiters and V. Gruhn. *Managing Software Process in MELMAC.* In *Proceedings of the Fourth ACM SIGSOFT Symposium on Software Development Environments,* pages 193-205, Irvine, California, USA, December 1990.

[7] G. Dinkhoff, V. Gruhn, A. Saalmann, and M. Zielonka. *Business Process Modeling in the Workflow Management Environment LEU.* In P. Loucopoulos, editor, *Proceedings of the 13th International Conference on the Entity-Relationship Approach,* pages 46-63, Manchster, UK, December 1994. Springer. Appeared as Lecture Notes in Computer Science no. 881.

[8] W. Emmerich and V. Gruhn. *FUNSOFT Nets: A Petri-Net based Software Process Modeling Language.* In *Proc. of the 6th International Workshop on Software Specification and Design,* pages 175-184, Como, Italy, September 1991.

[9] C. Ghezzi, editor. *Proceedings of the 9th International Software Process Workshop,* Airlie, VA, US, October 1994.

[10]V. Gruhn. *Geschäftsprozeß-Management als Grundlage der Software Entwicklung. Informatik Forschung und Entwicklung,* 11:94-101, Juli 1996.

[11]V. Gruhn, C. Pahl, and M. Wever. *Data Model Evolution as a Basis of Business Process Management.* In *OOER95: Object-Oriented and Entity-Relationship Modeling,* pages 270-

281, Gold Coast, Australia, December 1995. Springer, Berlin. Appeared as Lecture Notes in Computer Science 1021.

[12]P. Heimann, G. Joeris, C.A. Krapp, and B. Westfechtel. *DYNAMITE: Dynamic Task Nets for Software Process Management.* In *Proceedings of the 18th International Conference on Software Engineering,* Berlin, March 1996.

[13]D. Hollingsworth. *Workflow Management Coalition - The Workflow Reference Model.* Document tc00-1003, The Workflow Management Coalition, 1994.

[14]G. Junkermann, B. Peuschel, W. Schäfer, and S. Wolf. *MERLIN: Supporting Cooperation in Software Development Through a Knowledge-Based Environment.* In B. Nuseibeh, A. Finkelstein, J. Kramer, editor, *Software Process Modelling and Technology,* pages 103-129, Somerset, England, 1994. John Wiley and Sons.

[15]M. Lehmann. *Process Models, Process Programs, Programming Support - Invited Response To A Keynote Address By Lee Osterweil.* In *Proceedings of the 9th International Conference on Software Engineering,* pages 14-16, Monterey, California, 19987.

[16]L. O'Conner, editor. *Proceedings of the 2nd International Conference on the Software Process - Continuous Software Process Improvement,* Berlin, Germany, February 1993.

[17]L. Osterweil. *Software Processes are Software Too.* In *Proceedings of the 9th International Conference on Software Engineering,* pages 2-13, Monterey, California, 1987.

[18]W. Schäfer, editor. *Software Process Technology - Proceedings of the 4th European Workshop on Software Process Modelling,* Noordwijkerhout, The Netherlands, April 1995. Springer. Appeared as Lecture Notes in Computer Science 913.

Mit MOBILEIT-S integrierte Fertigungsleitsysteme flexibel modellieren

Autoren: Dipl.-Ing. Thomas Handreke
VSS Gesellschaft für Beratung, Projektmanagement und Informationstechnologien mbH
Am Fallturm 9
28359 Bremen

Dipl.-Ing. Ingo Thiem
Fakultät für Maschinenbau, Lehrstuhl für Produktionssysteme und Prozeßleittechnik der Ruhr-Universität Bochum
Gebäude IB 02/38
44780 Bochum

1. Zielsetzung des Projektes MOBILEIT-S

Ziel des geplanten Verbundvorhabens ist die Entwicklung eines modellbasierten Baukasten für Fertigungsleitsysteme mit Simulationskern. Basis dieses Systems wird ein objektorientiertes Referenzmodell der Fabrik sein.

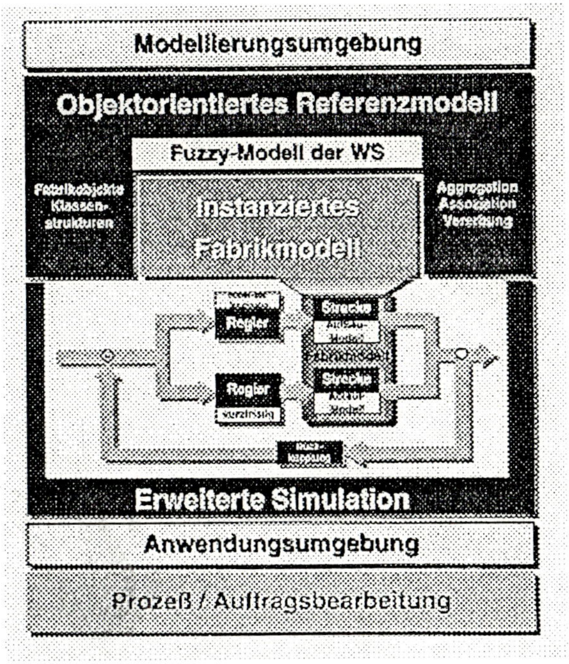

Abb. 1: Gesamtkonzept MOBILEIT-S

Ergebnis des Projektes ist der Prototyp einer Software, die einerseits die Funktionalität heutiger Leitsysteme sowie Teilfunktionen von Fabrikplanungssystemen in einem integrierten System auf Basis eines objektorientierten Fabrikmodells zur Verfügung stellt. Abgedeckt werden Funktionen der Termin- und Kapazitätsplanung bis hin zur Werkstattsteuerung. Durch den Einsatz der Fuzzy-Technologie soll die Werkstattsteuerung insbesondere in KMU unterstützt werden. Hier kann mit Hilfe der Fuzzy-Logik die intuitive und erfahrungsgestützte Vorgehensweise ohne großen mathematischen Aufwand nachgebildet und zu einer Lösung führen, die Akzeptanz und Funktionalität in gleichem Maß miteinander verbindet.

Durch den Einsatz der Simulation zum „Betrieb" des Fabrikmodells werden Funktionen zur Durchführung von Materialflußanalysen und zur Untersuchung neuer oder veränderter Organisationsstrukturen sowie Fertigungsstrukturen vorhanden sein. Dabei können am Fabrikmodell Simulationsexperimente auf unterschiedlichen Abstraktionsniveaus und Zeithorizonten durchgeführt werden.

Durch die Möglichkeit, das Fabrikmodell während des Betriebes anpassen zu können, unterstützt die Software den kontinuierlichen Verbesserungsprozeß in der Fertigung. Sie besitzt dadurch die Fähigkeit der Anpassung an sich wandelnde Organisationsstrukturen, insbesondere vor dem Hintergrund dezentraler Organisationsstrukturen.

Somit wird hier ein Werkzeug geschaffen, das dem Mitarbeiter in der Werkstatt die Möglichkeit gibt, durch Hilfsmittel wie z.B. die Simulation, Auswirkungen von Handlungen zu erkennen und somit seine Entscheidungen zu überprüfen. Ziel ist nicht die Entwicklung eines vollautomatisch arbeitenden Leitsystems, sondern ein System zur Unterstützung dispositiver Aufgaben zur Verfügung zu stellen, das die Entscheidungsfindung innerhalb und zwischen (teil-) autonomen Fertigungsbereichen unterstützt.

Die mit dem Projekt verfolgten Ziele lassen sich wie folgt definieren:

A) Unterstützung des kontinuierlichen Verbesserungsprozesse

Entwicklung eines Leitstandskonzeptes, das die Anpassung der Systemfunktionalität an sich ändernde Organisationsstrukturen - und damit eng verbunden auch Abläufe - ermöglicht.

B) Integration von Aufbau- und Ablaufplanung in einem simulationsgestützten System

Entwicklung eines Hilfsmittels für die integrierte Betrachtung von Aufbau- und Ablauforganisation. Dazu wird auf Basis eines modellbasierten Simulators, der mit aktuellen Betriebsdaten aus der Produktion versorgt wird, die Möglichkeit geschaffen, Zusammenhänge von Fabrikaufbau- und -ablauf zu analysieren und in einem nächsten Schritt - zu optimieren.

C) Mitgestaltungsmöglichkeit für den Anwender

Entwicklung eines Konzeptes, das der Mitarbeiterorientierung in dezentralen Fertigungsstrukturen folgt. Von besonderem Interesse sind hier die Abhängigkeiten zwischen den Merkmalen des Nutzerprofils wie Tätigkeitsbereich, Qualifizierungsniveau und Arbeitsumfeld und den Ablaufcharakteristika. Deshalb soll ein Konzept zur Verfügung gestellt werden, das

I. eine Anpassung des Funktionsumfanges des Systems an den Arbeitsplatz und

II. eine Anpassung des Funktionsumfangs an den Mitarbeiter erlaubt.

D) Einsatz eines objektorientierte Referenzmodells der Auftragsbearbeitung

Entwicklung des Referenzmodells mit dem Ziel, beliebige Organisationsformen und Fertigungsstrukturen sowie den Auftragsdurchlauf durch diese Strukturen abbilden zu können.

Ergebnis des Verbundprojektes ist die prototypenhafte Realisierung des Baukastens für Fertigungsleitsysteme. Dieser Prototyp enthält Funktionen eines Fertigungsleitsystems. Diese werden durch die Kombination der Methoden der Objekte der Auftragsbearbeitung nachgebildet. Durch den Einsatz der Simulation zum „Betrieb“ des Fabrikmodells werden Funktionen zur Durchführung von Materialflußanalysen und zur Untersuchung neuer oder veränderter Organisationsstrukturen sowie Fertigungsstrukturen vorhanden sein.

2. Lösungsweg, Verfahren und Methoden

Für die Realisierung von MOBILEIT-S ist das objektorientierte Referenzmodell der Auftragsbearbeitung zu entwickeln. Dies besteht zum einen aus den Klassenstrukturen zur Abbildung verschiedenster Fertigungsorganisationsformen und die zur Steuerung dieser Formen notwendigen Abläufe. Zusätzlich ist in dem Modell das Fuzzy-Modell der Werkstattsteuerung enthalten, mit dem insbesondere die Abläufe der Werkstattsteuerung in KMU abgebildet werden.

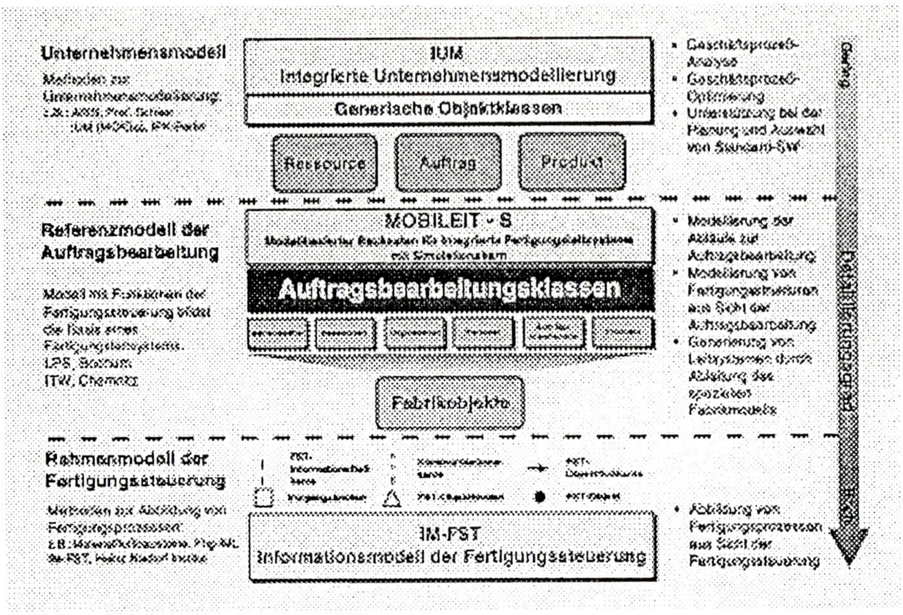

Abb. 2: Abgrenzung zu Modellierungsmethoden

Für die Konzeption und Realisierung der Modelle werden in den beteiligten Anwenderunternehmen Analysen mit dem Ziel durchgeführt, die jeweiligen unternehmensspezifischen Abläufe zu erfassen und in verallgemeinerter Form in den beiden Teilmodellen abzubilden. Die Durchführung der Analysen und der Entwurf des Referenzmodells sowie der zugehörigen Modellierungsmethoden erfolgt mit Hilfe einer auszuwählenden objektorientierten Modellierungsmethode.

Ergebnis der Analysen sind die für die Abbildung der unterschiedlichen Abläufe der Anwenderfirmen notwendigen Organisationsstrukturen und Abläufe. Basierend auf diesen Ergebnissen wird von den Instituten und dem Systemhaus die Konzeption der verschiedenen Modellwelten und -sichten vorgenommen.

Als Werkzeug zur Ableitung des speziellen Fabrikmodells für den konkreten Anwendungsfall wird eine benutzerfreundliche Modellierungsumgebung geschaffen. In einem grafisch-interaktiven Modelleditor soll der Anwender in einem ersten Schritt die Aufbaustruktur der Fabrik aus vorgegebenen Elementen des Referenzmodells und dem fuzzy-basierten Entscheidungsunterstützungssystem generieren. Die Hochschulinstitute werden prinzipielle Realisierungsansätze erarbeiten und vorstellen.

Schließlich müssen Elemente des abgeleiteten Fabrikmodells dynamisch verkettet werden. Dazu werden die Fabrikobjekte und Organisationseinheiten mit Strategien versehen, die ihr Verhalten beim Auftragsdurchlauf beschreiben. Dazu können zusätzlich vorgefertigte Abläufe aus dem Referenzmodell abgeleitet bzw. überschrieben oder geändert werden. Diese dynamische Verkettung wird konzipiert und in den Baukasten integriert.

Für die Bewertung des dynamischen Systemverhaltens als Voraussetzung für Planungs- und Steuerungsentscheidungen soll die Simulation in den Kern des „Leitsystembaukastens“ integriert werden. Durch ereignisgesteuerte Simulation wird das reale Verhalten und Zusammenspiel der mit Steuerungsstrategien verknüpften Organisationseinheiten und Fabrikobjekte nachgebildet.

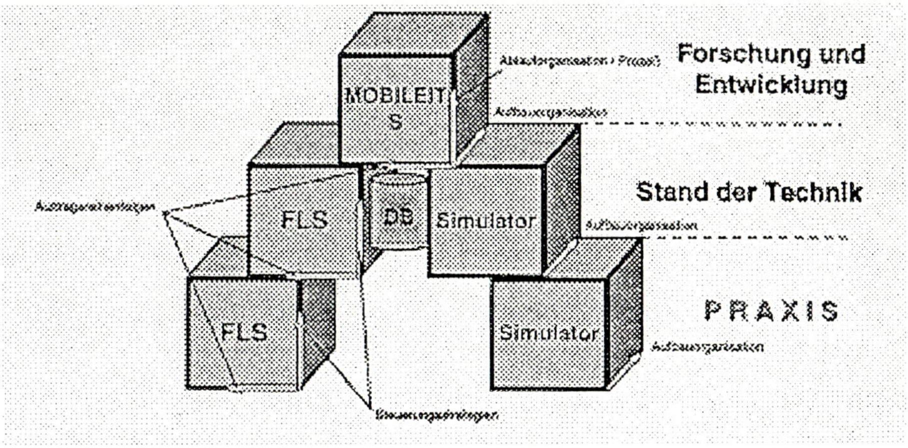

Abb. 3: *Einordnung zu bestehenden Simulations- und Leitsystemkonzepten*

Für den Betrieb der Prototypen ist als letzter Schritt die Anwendungsumgebung zu entwickeln. Diese stellt den Anwendern die in den Fabrikmodellen abgebildeten Abläufe und Daten zur Verfügung und ermöglicht die Arbeit mit dem System.

Für die Validierung des Systems werden der Prototyp „MOBILEIT-S“ in den verschiedenen Unternehmen installiert und eingesetzt. Dazu müssen auf Basis der von den Anwenderunternehmen erstellten Anwenderpflichtenhefte erstellten Sollkonzepte in der Realität realisiert und in den Fabrikmodellen innerhalb des Leitstandsbaukastens aus dem Referenzmodell abgeleitet werden.

Nach der Ableitung der Anwenderfabrikmodelle kann die Funktion der Systeme im täglichen Betrieb evaluiert werden.

Für die Umsetzung des Projektziels wurde folgender Lösungsweg vorgesehen:

Im Arbeitspunkt „Beteiligungskonzept“ werden Voraussetzungen für die Einbindung des Personals in den beteiligten Unternehmen geschaffen. Im Sinne einer effektiven Nutzung des Wissens der Mitarbeiter ist es erforderlich, deren Beteiligung systematisch an den Zielen des Projektes zu orientieren und vorzubereiten. Um den Kreis der am Projekt beteiligten Mitarbeiter nicht zu groß werden zu lassen, und somit zwangsläufig zu Qualitätsverlusten zu kommen, ist es notwendig, neben der Betroffenheit von Aufgaben im Projekt auch Anforderungen für eine qualifizierte Mitwirkung zu definieren. Für die am Projekt beteiligten Personen muß in einem nächsten Schritt ein möglichst optimaler Informationsaustausch gewährleistet werden. Dazu müssen geeignete Methoden ausgewählt und eingesetzt werden. Diese Arbeitspunkte werden in Zusammenarbeit mit allen beteiligten Partnern durchgeführt.

Parallel zum Beteiligungskonzept beginnt die Vorbereitungsphase für die umfangreich angelegten Analyseaktivitäten in den Unternehmen. Dazu wird als Basis für alle Aktivitäten im Projekt ein Case-Front-End-Tool ausgesucht, mit dem die objektorientierte Analyse und der OO-Entwurf des Referenzmodells durchgeführt wird. Diese auszuwählende Methode wird auch für die Projektdokumentation eingesetzt.

Um bei der Erstellung des Referenzmodells der Auftragsbearbeitung existierende Ergebnisse nutzen zu können, werden aus den Anwendungspaketen 4PM-PPS und 4PM-OPS des Systemhauses vorhandene Abläufe zur Auftragsbearbeitung extrahiert und dokumentiert. Gleichzeitig werden die Organisationsstrukturen, für die diese Systeme vorgesehen sind, dargestellt. Dadurch ist gewährleistet, das Erfahrungen aus vielen PPS-Projekten in die Konzeption von MOBILEIT einbezogen werden. Die erzielten Ergebnisse werden in die objektorientierte Sichtweise übertragen und dokumentiert.

Basis für die Entwicklung von MOBILEIT-S ist das am LPS entwickelte Konzept der objektorientierten Simulation „OSIM". Die Machbarkeit des MOBILEIT-S zugrunde liegenden Konzeptes wurde durch diesen Ansatz bewiesen. Um die Grundlage für die spätere Erweiterung des Konzeptes herzustellen, werden diese grundlegenden Konzepte dargestellt.

Für die folgenden Anlaysetätigkeiten ist eine Analysesystematik zu entwerfen. Diese basiert auf Standardabläufen zur Auftragsbearbeitung und den in bestehenden Systemen vorhandenen Abläufen. Parallel zu diesen Aktivitäten werden die Anwenderunternehmen bei der Erstellung der Anwenderpflichtenhefte unterstützt.

Diese werden auch bei der Konzeption des Referenzmodells der Auftragsbearbeitung berücksichtigt. Die in den Heften beschriebenen Anforderungen und die Ergebnisse der Analyse der Anwenderunternehmen werden vorstrukturiert und abstrahiert und stellen somit die Grundlage für die Entwicklung des objektorientierten Referenzmodells der Auftragsbearbeitung dar. Nach der Grundkonzeption des Modells ist eine anwenderorientierte Modellierungsmethode und -umgebung zu erarbeiten.

Die Analyse- und der Entwicklungsphase des OO-Modells sowie der Simulation erfolgt in enger Zusammenarbeit mit dem Systemhaus während die Anwenderunternehmen hier nur einen „Beobachterstatus" einnehmen.

Nach der Fertigstellung des Modells und der Modellierungsumgebung erfolgt die Ableitung der Anwenderfabrikmodelle.

Um das Fabrikmodell „zum Leben zu erwecken“ muß im nächsten Arbeitspaket die Simulationsfähigkeit des Modells realisiert werden. Dazu sind zum einen Simulationsstrategien zur Abbildung der Abläufe der Fertigungssteuerung zu entwickeln und diese in das Modell und den Simulationskern zu integrieren.

Im letzten Schritt ist die Anwendungsumgebung, mit der die Arbeit am „Simulationsmodell“ erfolgt, zu realisieren. Diese Anwendungsumgebung stellt dem Anwender die im Modell abgelegten Abläufe zur Auftragsbearbeitung und Daten dazu zur Verfügung.

Nach der prototypenhaften Realisierung der für MOBILEIT-S notwendigen Bausteine kann das System in den beteiligten Anwenderunternehmen eingesetzt werden. In diesem Zusammenhang werden die Unternehmen bei der Einführung neuer Organisationsformen, die letztendlich mit MOBILEIT-S abgebildet und optimiert werden sollen, unterstützt.

In betriebsinternen Schulungen werden die im Arbeitspaket „Beteiligungskonzept“ ausgewählten Mitarbeiter im Umgang mit dem System geschult. Parallel erfolgt die Installation der Prototypen mit den speziellen Anwenderfabrikmodellen in den Unternehmen. Zum Abschluß erfolgt eine Validierungsphase, in der die Erfüllung der an das Konzept gestellten Anforderungen.

3. Stand der Technik

Produzierende Unternehmen sehen sich heute einem Wettbewerb gegenüber, der nur den Bestangepaßten ein Überleben ermöglicht. Für die Fertigung bedeutet dies die Erstellung flexibler Aufbaustrukturen und Abläufe zur permanenten Optimierung des Auftragsdurchlaufes durch die Fabrik.

Die Unterstützung der Gestaltung und Beherrschung des Auftragsdurchlaufes dieser Organisationsstrukturen durch Informationssysteme ist heute unbedingt erforderlich. Da PPS-Systeme konzeptbedingt nicht in der Lage sind, die kurzfristige Planung und Steuerung von Auftrags- und Kleinserienproduktionen mit Werkstatt- oder Inselorganisation auch nur befriedigend zu beherrschen, wird sehr häufig auf Fertigungsleitstände bzw. -leitsysteme zurückgegriffen. Aufgrund dieser Ausgangssituation verkümmern entsprechende Systeme oft als fertigungsnahes Durchsetzungsinstrument für inflexible PPS-Systeme, anstatt das sie als wirkliches Planungs- und Entscheidungshilfsmittel für eine flexible und reaktionsschnelle Produktion genutzt werden [VDMA90].

Der Grund dafür, daß die prinzipiellen Möglichkeiten eines kurzfristigen dezentralen Planungs- und Steuerungsinstrument so wenig ausgeschöpft werden, liegt aber keinesfalls nur an der Phantasielosigkeit von Anwendern und Beratern, sondern vor allem an den Systemen selbst. So kam eine im Jahre 1992 innerhalb des Projektes

PLANLEIT [DLR94] durchgeführte Marktrecherche zum damaligen Stand der Technik bei Leitständen unter Berücksichtigung bereits bekannter Entwicklungsprototypen zu dem Schluß, daß modernen Organisationsformen mit hoher Dezentralisierung gerade im Bereich der Werkstattsteuerung durch die am Markt verfügbaren Systeme nicht die notwendige Unterstützung geboten wird.

Obige Studie präzisierte die Schwächen der bestehenden Leitstandstechnik weiter:

- kein einheitliches umfassendes und vollständiges Architekturmodell vorhanden
- mangelnde Übersichtlichkeit und Bedienerfreundlichkeit kaum Abstimmungs- und Anpassungsmöglichkeiten
- wenig Analyse-, Auswertungs- und Evaluationsmöglichkeiten

Diese Schwachpunkte formen drei Problemfelder, die im beschrieben Verbundvorhaben näher beleuchtet werden sollen:

1. Unternehmens- und Werkstattmodellierung
2. Fertigungsleitsysteme
3. Simulation in der Fertigungssteuerung

Alle drei Problemfelder sind stark miteinander verwoben. So kann ein Werkstattmodell Gegenstand der Simulation sein und diese wiederum kann einen Funktionsbaustein innerhalb des Leitsystems darstellen.

Neben der Anpaßbarkeit an heterogene dezentrale Fertigungsstrukturen wird an modernen EDV-Systemen im Werkstattbereich durch die Implementierung des kontinuierlichen Verbesserungsprozesses auch innerhalb der Fertigungsorganisation eine zusätzliche Flexibilitätsanforderung gestellt. Sie müssen nun auch Anpassungen im zeitlichen Verlauf schnell und genau vornehmen können. Diese Entwicklung resultiert auch in einer neuen Qualität der oben genannten Problemfelder.

4. Vorläufige Ergebnisse

Die grundsätzliche Bedeutung des Vorhabens besteht in der engen Kooperation zwischen Forschung, IT-Beratung/Entwicklung und Anwendern aus der Gruppe KMU, die ermöglicht einen modellbasierten Baukasten für Fertigungsleitsysteme mit Simulationskern zu entwickeln. Durch die enge Kooperation von hochschulnaher Forschung und industriellen Anwendern sowie unabhängigen Dienstleistern im Umfeld der Informationstechnologie mit umfangreichen Erfahrungen in der SW-Produktentwicklung und -pflege als Garant für die praxistaugliche Umsetzung der aus dem Dialog von Forschung und Anwendern gewonnenen Erkenntnisse wird der Projekterfolg gesichert werden. So wurde in der ersten Phase das OO-Datenbank-System „pradigma“ in Verbindung mit „visual C“ als Dialogsprache, in einer Entwicklungsumgebung zusammengefaßt. Es wird eine Lösung entstehen, die einerseits die Funktionalität heutiger Leitsysteme sowie andererseits Teilfunktionen von Fabrikplanungssystemen in einem integrierten System auf Basis eines objektorientierten Fabrikmodells zur Verfügung stellt. Durch die Zusammenführung der integrierten Unternehmensmodellierung mit der Simulation und der Nutzung der objektorientierten Fertigungsleitstands Architektur wird ein hochflexibles System entstehen, das dem Bediener des Fertigungsleitsystems auf der Planungsebene erlaubt, das System veränderten Produktionsbedingungen anzupassen. Dem Meister wird es auf der Ebene der Werkstattsteuerung erlauben, mittels der Simulation alternative Fertigungsauftragsbearbeitungen zu untersuchen, um auf der Basis der Simulationsergebnisse Entscheidungen zu treffen. Damit wird eine Lösung von im Rahmenkonzept „Produktion 2000“ beschriebenen Problemen entstehen, deren Einführung in die Praxis durch die Projektkonstellation abgesichert wird.

Das entstehende Konzept gewährleistet durch das zugrunde liegende Referenzmodell einen Einsatz des Systems in den unterschiedlichsten Industriebereichen. Durch die Konfiguration des Modells, und - zu einem späteren Zeitpunkt - auch die Integration von Referenzmodellen z.B. für indirekte Unternehmensfunktionen, können Leitsysteme für planerische Unternehmensfunktionen oder virtuelle Unternehmensverbünde erstellt werden.

Die Ergebnisse des Projektes werden über verschiedene Kanäle interessierten Unternehmen zugänglich gemacht. Außer den üblichen Veröffentlichungen in einschlägigen Fachzeitschriften wird der Ergebnistransfer über das am Lehrstuhl für Produktionssysteme angesiedelte CIM-TTZ Bochum in Form von Seminarveranstaltungen durchgeführt. Ferner werden bestehende Kontakte zum AWF, TechnoTransfer sowie anderen Seminarveranstaltern genutzt, um die Ergebnisse in die Industrie zu transferieren.

Kundenspezifische interaktive Konfiguration von Telekommunikationssystemen

Andreas Böhm, Roland Schmitz, Stefan Uellner
Deutsche Telekom AG
Technologiezentrum Darmstadt
Am Kavalleriesand 3, D-64295 Darmstadt
e-mail: (boehm, schmitz, uellner)@tzd.telekom.de

Die kundenspezifische Konfiguration von Telekommunikationssystemen ist eine anspruchsvolle Aufgabe, die nach einer IT-Unterstützung für Berater und Projektierer verlangt. Diese soll einerseits von Routineaufgaben befreien, andererseits aber auch in die Lage versetzen, eine Flut von neuen Komponenten und Technologien konsistent in Systemlösungen zu integrieren.
In dieser Arbeit wird der Lösungsfindungsprozeß analysiert, um damit die Anforderungen an ein entsprechendes Unterstützungssystem zu spezifizieren. Im zweiten Teil wird die prototypische Entwicklung KIKon vorgestellt, die eine interaktive Konfigurationsunterstützung erlaubt. Ein Vergleich mit den Anforderungen und Systemevaluationen schließen die Arbeit ab.

1 Einleitung

Komplexe kundenspezifische Telekommunikationssysteme werden von Telekommunikationsexperten mit einem großen Wissen auf dem Gebiet der etablierten Dienste und Endgeräte konzipiert. Teilweise werden sie bereits von Softwarewerkzeugen unterstützt, die allerdings oftmals nur die fertige Konfiguration überprüfen, aber nicht den eigentlichen Konfigurierungsprozeß durchführen. Um mit dem schnellen Technologiewandel Schritt halten zu können, werden neue Konfigurationssysteme erforderlich, die auch den immer stärker an Bedeutung gewinnenden Beratungs- und Angebotsbereich unterstützen. Diese neuen Anforderungen decken sich teilweise mit Fortschritten im Bereich der KI-Forschung, insbesondere auf dem Gebiet der Konfigurationsmethodik. Neben rein regelbasierten Konfigurierungsystemen wie das schon als klassisch geltende XCON [McDermott82] zeigten sich neue Ansätze durch struktur- und ressourcenorientierte Systeme (siehe z.B. [CGS91] und [Heinrich91]).
Mit dieser Motivation wurde das Projekt KIKon (Kundenindividuelle Konfiguration von Telekommunikationssystemen) der Deutschen Telekom AG initiiert, das auf ein Konfigurationssystem für die individuelle Konfigurierung von Telekommunikationsdiensten und -komponenten zielt. Im Rahmen von KIKon werden sowohl Konfigurationsmethoden verglichen, als auch nach geeigneten Arten der Domänenmodellierung gesucht. Schließlich sollte mit diesem Wissen ein derartiges Konfigurationssystem prototypisch bereitgestellt werden (siehe auch [Böhm 96]).

2 Anforderungen an ein Unterstützungssystem

Für die Anforderungen an ein Unterstützungssystem ist es wichtig, die zugrundeliegende Domäne zu umreißen. Betrachtet man zunächst die Bausteine, aus denen die TK-Systemlösungen zusammengesetzt werden, so lassen sich die folgenden Bereiche identifizieren [EOUB 94]: TK-Endgeräte wie Telefone und Faxgeräte, Nebenstellenanlagen, Dienste wie ISDN und DatexP einschließlich der zugehörigen Netzabschlüsse, Kommunikationssoftware und -hardware und zugehörige Rechnerplattformen und Netzwerke. Diese Aufzählung macht bereits deutlich, daß Telekommunikations- und informationsverarbeitende Technologie nicht mehr getrennt behandelt werden können, sondern ein integrierender Ansatz notwendig ist.
Wie sehen nun die angestrebten Konfigurationslösungen aus? Die folgenden Beispiele skizzieren das breite Spektrum von Szenarien, in denen Konfigurationslösungen erwartet werden:

- ein Privatkunde, der "nur" Telefondienst möchte
- ein Selbständiger, der ein Telefon, einen Anrufbeantworter und ein Faxgerät wünscht und außerdem seinen PC für Telebanking nutzen möchte
- eine Rechtsanwaltskanzlei mit verschiedenen Arbeitsplätzen und den typischen Kommunikationsinfrastrukturen, wobei möglicherweise ein Rechnernetz die Nutzung von Online- Diensten und ein Faxmanagement ermöglichen soll
- ein Softwarehaus, das einigen seiner Mitarbeitern Telearbeit, also Zugang zum Firmennetz von zu Hause aus, ermöglichen möchte und außerdem auch die Außendienstmitarbeiter in das Firmennetz integrieren will

Die Komplexität der Lösung ist nicht nur durch die Qualität der einzelnen Funktionalitäten gegeben, sondern wird auch durch eine starke Strukturierung von Systemlösungen bestimmt. D.h. es sind auch Szenarien folgender Art in Betracht zu ziehen:

- eine größere Niederlassung einer Firma, die "nur" Standarddienste wie Telefon und Fax mit einer entsprechenden (verteilten) Nebenstellenanlage realisiert haben möchte
- ein Unternehmen mit vielen Filialen, das an einer TK-Gesamtlösung interessiert ist und deren Daten- und Sprachkommunikation über unterschiedliche Wähl- und Festverbindungen abgewickelt wird

2.1 Die verschiedenen Phasen der Lösungsgenerierung

Im folgenden wird zunächst der Beratungsprozeß analysiert, um dann die Anforderungen an ein Konfigurierungssystem spezifizieren zu können. Es lassen sich vier Phasen identifizieren (vgl. Abb. 1):

- Einleitung: Die erste einleitende Phase dient der Kontaktaufnahme zwischen Kunden und Berater. Hier wird allerdings nur eine geringe Hilfe eines Unterstützungssystems zu erwarten sein.
- Spezifikation: In der zweiten Phase werden der Istzustand und die Kundenanforderungen aufgenommen. Diese Anforderungsspezifikation muß auf Widersprüche

und Unvollständigkeiten überprüft werden. Widersprüchliche Spezifikationen müssen zurückgenommen, unvollständige Spezifikationen können ergänzt werden. Anschließend ist eine weitere Überprüfung notwendig. Die Schritte werden sooft durchlaufen, bis eine zufriedenstellende und widerspruchsfreie Spezifikation vorliegt. Diese Phase erfordert eine hohe Interaktivität mit dem Kunden. Die Feinheit der Spezifikation hängt vom Kunden ab; oftmals wird der Berater "sinnvoll" ergänzen oder gar abändern müssen, um eine befriedigende Lösung zu erhalten.

- Lösung: Mit der Spezifikation wird der Konfigurationsprozeß eingeleitet, der in einer, den Anforderungen entsprechenden, Lösung resultiert, sofern eine solche existiert. Neben der eigentlichen Lösung sollten auch Alternativen angeboten werden können, die unterschiedlichen Realisierungstechnologien folgen, weitreichendere Funktionalitäten umfassen oder mehr Komfort bieten und nach technischen oder wirtschaftlichen Kriterien mit der ursprüngliche Lösung verglichen werden können. Es ist aber auch denkbar, daß in dieser Phase alternative Lösungen generiert werden, die nicht ganz die Anforderungen befriedigen, um beispielsweise eine ökonomisch deutlich bessere Lösung zu erhalten. Dazu ist aber notwendig, zwischen "harten" und "weichen" Spezifikationen unterscheiden zu können. Bei unbefriedigenden Lösungen muß nach weiteren Alternativen gesucht oder in die Spezifikationsphase zurückgegangen werden. Somit können die zweite und dritte Phase mehrfach durchlaufen werden, um bei unvollständig gestellten Anforderungen kundengerechte Lösungen zu erhalten. Diese Vorgehensweise kann sehr aufwendig und kostenintensiv sein, bei der ein automatisches Unterstützungssystem äußerst nützlich wäre.
- Abschluß: Ist es zu einer befriedigenden Lösung gekommen, wird in der vierten Phase ein konkretes Angebot erstellt. Bei Vertragsabschluß müssen die entsprechenden Komponenten, die benötigten Dienste und Mehrwertdienste neben den entsprechenden Dienstemerkmalen bestellt werden. Weiterhin kann die generierte Lösung archiviert werden, um bei Ergänzungen oder Änderungen wieder herangezogen zu werden. Außerdem kann sie auch als exemplarische Lösung bei zukünftigen Projekten dienen.

2.2 Anforderungsspezifikation

Die Phasen zwei (Spezifikation) und drei (Lösung) sind der eigentliche Ansatzpunkt für ein wissensbasiertes System und werden im folgenden näher untersucht. Für die Spezifikation der Konfigurationsaufgabe (Phase zwei) lassen sich drei Fälle unterscheiden:

- Im einfachsten Fall handelt es sich um eine **Neukonfiguration**, bei der keine Infrastruktur vorhanden ist und der Konfigurationsprozeß damit keinen zusätzlichen Restriktionen unterliegt.
- Bei der **Ersetzungskonfiguration** werden keine neuen Anforderungen an die Funktionalität gestellt; möglicherweise liefert aber das Konfigurierungswerkzeug

mit den alten Anforderungen andere Komponenten und Dienste mit erhöhtem Komfort oder niedrigeren Kosten.

- Eine **Änderungskonfiguration** schließlich stellt bei bereits vorhandener Infrastruktur neue Anforderungen an die Funktionalität des Systems.

In allen Fällen wird ein Satz von Anforderungen zu analysieren sein, der in einer formalisierten Form als Eingangsgröße für den Konfigurationsprozeß dient. Hierbei müssen Lösungen für die folgenden Probleme gefunden werden:

- Anforderungen sind umgangssprachlich, d.h. unscharf formuliert
- Anforderungen sind unvollständig
- Anforderungen sind nicht realisierbar
- Anforderungen müssen bereits vorhandene oder gewünschte Infrastrukturen berücksichtigen
- Anforderungen müssen später zu realisierende Ausbaustufen bereits jetzt schon berücksichtigen

Repräsentation der Anforderungen

Wie sieht nun ein Repräsentationsformalismus für Anforderungen aus, und wie lassen sich die nicht formalen Anforderungen in eine solche Repräsentation überführen?
Eine Möglichkeit der Repräsentation erschließt sich, indem die Anforderungen, im weiteren auch als Kommunikationsfunktionalitäten bezeichnet, als Aggregation einzelner Basisfunktionalitäten dargestellt werden. Diese Basisfunktionalitäten beschreiben elementare Kommunikationsbeziehungen wie z.B. senden, empfangen, fernwirken, und werden Kommunikationsinhalten wie z.B. Audio, Daten, Video gegenübergestellt. Für die weitere Charakterisierung von Kommunikationsfunktionalitäten sind darüber hinaus noch eine Reihe weiterer Attribute und Relationen notwendig, die beispielsweise Qualität, Bandbreiten, Sicherheit, Synchronität, Beziehungen zu Anwendungen beschreiben. Die Schwierigkeiten bei der Entwicklung eines solchen Repräsentationsformalismus liegt in der Unvollständigkeit der Sprache, um alle differenzierten Anforderung ausdrücken zu können. Außerdem müssen für den nachfolgenden Konfigurationsprozeß die zu konfigurierenden Dienste ebenfalls in dieser Sprache beschrieben werden, um die entsprechenden Anforderungen befriedigen zu können. Der Vorteil einer solchen Vorgehensweise liegt darin, daß bei der Formulierung der Anforderungen noch keine Kenntnisse über potentielle Dienste zur Realisierung vorhanden sein müssen. Zudem lassen sich mit einer solch allgemeinen Anforderungsrepräsentationssprache sehr schnell neue Mehrwertdienste ausdrücken.
Einen anderen Weg beschreibt der Ansatz, die Anforderungen über einen Satz von Funktionalitäten aus einer vorgegebenen Auswahlmenge zu bestimmen. Alternativ oder zusätzlich können auch einzelne Komponenten angegeben werden, die diese Dienste abdecken und deren Leistungsmerkmale die Anforderungen befriedigen. Diese pragmatische Vorgehensweise birgt den Vorteil eines unmittelbaren Zugangs von den Anforderungen zum Konfigurationsprozeß, schließt aber auch den Nachteil ein, daß bereits bei der Anforderungsspezifikation ein genaues Detailwissen über Dienste und Komponenten vonnöten ist.

Für den zweiten Ansatz könnte die Anforderungen für einen Arbeitsplatz wie beispielsweise in Abb. 2 aussehen. Zur Strukturierung sind die Anforderungen nach den einzelnen Lokalitäten (z.B. Arbeitsplätzen) gegliedert und nur zentrale Aufgaben wie Verbindungsnetze und zentrale Serverfunktionalitäten werden übergeordnet definiert.

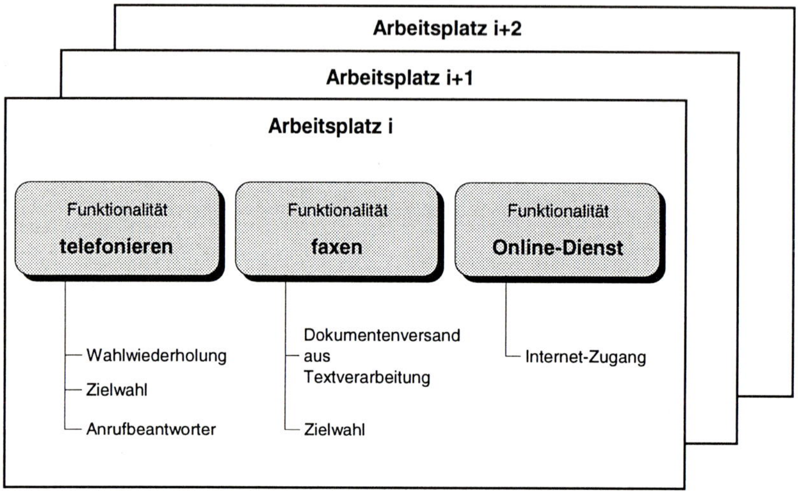

Abbildung 2: Anforderungen an einen Arbeitsplatz (exemplarisch)

Dieser letzte Weg der Repräsentation liefert auch sofort eine Lösungsmöglichkeit für die Fragestellung nach der Behandlung von nichtformalen Anforderungen. Die Eingabemöglichkeiten beschränken sich auf die Auswahl von den in der Wissensbank vorhandenen Funktionalitäten und Komponenten und der Parametrierung ihrer Attribute. Somit werden durch diese Selektion der Anforderungselemente aus vorgegebenen Mengen nichtformale Anforderungen bereits im Ansatz vermieden. Damit ist aus heutiger Sicht der zweite Weg erfolgversprechender und wird im folgenden ausschließlich verfolgt.

Unvollständige und nicht erfüllbare Anforderungen

Liegen nun die formalisierten Anforderungen vor, so kann zunächst nicht entschieden werden, ob die Anforderungen vollständig und erfüllbar sind. Erst mit dem beginnenden Konfigurationsprozeß können solche Einschränkungen bemerkt werden. Es sind nun verschiedenen Strategien denkbar:

Anforderungen unvollständig:

- Nachfragen von Diensten, Leistungs- und Dienstmerkmalen
- Annahme von Defaults bei nicht spezifizierten Details
- Übernahme von Teilkonfigurationen eines Szenarios mit ähnlichen Anforderungen aus einer Fallbibliothek

Anforderungen nicht erfüllbar:

- Abbruch der Konfiguration

- Leichte Modifikation der Anforderungen (Rückfrage?) und neuer Konfigurierungszyklus
- Übernahme von Teilkonfigurationen eines Szenarios mit ähnlichen Anforderungen aus einer Fallbibliothek

Das Konfigurationssystem sollte in der Lage sein, diese verschiedenen Strategien zu verfolgen. Für die Auswahl der Strategien ist einerseits Wissen über die möglichen Anforderungen des Kunden nötig, zum anderen ist die Einschätzung des Kundentyps hilfreich, um mit einer möglichst geringen Menge von Fragen eine befriedigende Lösung zu erhalten.

Zur Einschätzung des Kundentyps lassen sich nach Lödel [Lödel 94] verschiedene Facetten von Kundenmerkmale (Abb. 3) angeben, deren Wertebelegungen zu verschiedenen Strategien führen können:

- Fachkompetenz - Hierüber kann entschieden werden, auf welchem Niveau die (Rück-) Fragen zu stellen sind.
- Produktkenntnisse - Hier kann beispielsweise mit der Unterscheidung Neukauf - Wiederkauf bestimmt werden, in welchem Maße der Kunde mit Produktinformationen zu versorgen ist, um den Entscheidungsprozeß zu vereinfachen.
- Kognitiver Typ - Mit dieser Einteilung kann vorgegeben werden, ob der Kunde mehr Wert auf genau spezifizierte Anforderungen legt oder ob er eher an einer schnellen Lösung interessiert ist.

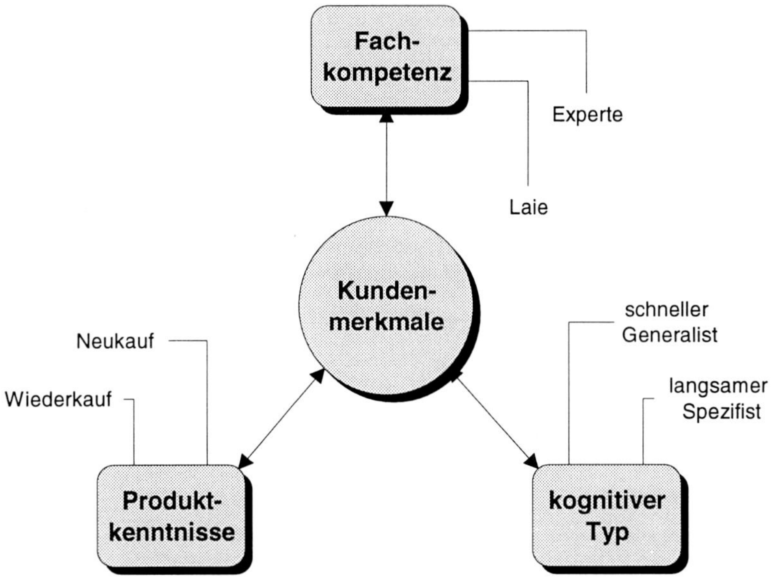

Abbildung 3: Kundenmerkmale

2.3 Der Konfigurationsprozeß

Zwischen Phase 2 (Spezifikation) und Phase 3 (Lösung) steht der Konfigurationsprozeß, der mehrfach durchlaufen werden kann, um eine akzeptable Lösung zu erhalten. Je nach Grad der Interaktivität des Konfigurationsprozesses liegt eine mehr oder minder starke Kopplung dieser beiden Phasen vor.
Schwache Interaktivität: Die Kundenanforderungen und Angaben über bereits vorhanden Telekommunikationsinfrastruktur werden so vollständig wie möglich eingegeben, und der eigentliche Konfigurationsvorgang wird initiiert. Je nach Strategie werden unvollständige Informationen nachgefordert oder durch Defaults befriedigt. Eine graphische Präsentation erlaubt eine Beurteilung des Konfigurationsergebnisses. Unter Umständen muß ein weiterer Konfigurationszyklus mit modifizierten Anforderungen erfolgen.
Starke Interaktivität: Die Konfigurationslösung wird Schritt für Schritt mit der Eingabe der Anforderungen aufgebaut. Es lassen sich jeweils nur solche Anforderungen stellen, die mit den bereits vorhandenen konsistent sind. Der inkrementelle Aufbau der Konfiguration läßt den Benutzer aus einer verbleibenden Auswahl von Möglichkeiten wählen. Es lassen sich jeder Zeit einzelne Entscheidungen konsistent zurücknehmen oder ändern.
Mit der Intention, eher ein Unterstützungssystem als ein vollautomatisch arbeitendes System zu konzipieren, ist ein stärker interaktiver Ansatz erfolgversprechender. Es besteht aber die Gefahr, den Benutzer mit vielen einzelnen Alternativen zu überlasten, so daß alternativ auch mehrere Konfigurationsschritte unter Zuhilfenahme von Defaults ausgeführt werden können (z.B. eine lokal beschränkte Vervollständigung einer Konfiguration)
Ein anderer Ansatz hat zum Ziel, möglichst schnell dem Kunden ein Ergebnis zu präsentieren und den Berater von Routinetätigkeiten zu befreien, auch auf die Gefahr hin, zunächst die Anforderungen nicht ganz zu treffen: Aus einer Fallbibliothek werden alte Lösungen oder Teillösungen (z.B. ein Arbeitsplatz) herausgesucht, die möglichst gut mit einigen wenigen angegebenen Anforderungen übereinstimmen. Die übernommenen Lösungen können dann an die weiteren Anforderungen angepaßt werden.

3 Das Projekt KIKon

Das Projekt KIKon[1] ("**K**unden**i**ndividuelle **K**onfigurati**on** von Telekommunikations-Diensten") [EOUB94] begann 1994 mit der Untersuchung der Rahmenbedingungen für ein wissensbasiertes Konfigurierungssystem für die individuelle Konfigurierung von Telekommunikationsdiensten. Dies beinhaltet unter anderem die Sammlung von Informationen zur Telekommunikationsdomäne und die Strukturanalyse des Domänenwissens. Des weiteren war es Ziel des Projekts, eine äquivalente Konfigurierungs-

[1] Projektpartner im Projekt KIKon der Deutschen Telekom sind die GMD, Birlinghoven und Darmstadt, und die Media Transfer GmbH, Darmstadt.

methode zu finden bzw. zu entwickeln. Die Konfigurierungsmethode bestimmt auch sehr stark die Wahl der Wissensrepräsentation. Es wurde innerhalb von KIKon ein experimentelles Konfigurationssytem aufgebaut, das einen Vergleich der Fähigkeiten der unterschiedlichen Konfigurationsmethoden innerhalb der Telekommunikationsdomäne erlaubt. Die Ergonomie des Benutzungsinterfaces war ein weiterer Fokus, um eine einfache Eingabe der Anforderungen, eine klare Übersicht des Konfigurationsergebnisses und eine bequeme Revisionsmöglichkeit sicherzustellen.
Primäres Ziel nach der Identifikation der Konfigurationsdomäne war die Wahl der geeigneten Konfigurierungsmethode, wobei struktur- und ressourcenorientierte Methoden in Betracht gezogen wurden. PLAKON [CGS91] fand als Konfigurierungskern in einer Demonstrationsumgebung für die Tests von strukturorientierten Methoden Verwendung, COSMOS [Heinrich91] hingegen als Konfigurationskern für ressourcenorientierte Methoden.
Die Domänenmodellierung im strukturorientierten Fall führte zu einigen Schwierigkeiten, da die Konfigurationsstruktur nur schwach determiniert ist. Diese Schwierigkeiten treten insbesondere bei multifunktionalen Komponenten auf. Demgegenüber war der ressourcenorientierte Ansatz erfolgreicher, so daß er für die Ziele von KIKon als geeigneter erschien (vgl. hierzu die ausführlichere Diskussion in [Rahmer96]). Die Realisierung mit dem zweiten Ansatz brachten allerdings auch einige Schwierigkeiten mit sich, was aber im wesentlichen auf den verwendeten Konfigurationskern zurückzuführen war.

3.1 Der Prototyp

Nachdem der ressourcenorientierter Ansatz als tragfähig erkannte wurde, begann hierauf beruhend die Entwicklung eines Prototyps (vgl. hierzu auch [Emde et al. 1997]), der mit eingeschränkter Domäne Performanz- und Nutzungsoberflächentests erlaubte.
Im ressourcenorientierten Ansatz (vgl. z.B. [Heinrich91]) werden in der Domänenmodellierung den zu konfigurierenden Komponenten ein Satz von Ressourcen zugeordnet, die sie entweder von anderen Komponenten benötigen oder anderen Komponenten bieten. Im Konfigurationsprozeß werden die Ressourcen bilanziert und bei offenen Ressourcenforderungen neue Komponenten interaktiv oder automatisch zugefügt. Kommt mehr als eine Komponente für die Befriedigung einer Ressourcenforderung in Frage, so kann das Konfigurationssystem auch mit einer Menge von möglichen Komponenten weiterarbeiten. Die Entscheidung für eine bestimmte Komponente kann später getroffen oder aber durch andere Komponenteeinschränkungen determiniert werden. D.h., die jeweiligen Teilkonfigurationen sind immer konsistent.
Für die Wissensmodellierung werden Komponenten und Ressourcen in Vererbungshierarchien strukturiert. Neue Komponenten können sehr einfach erfaßt werden, wenn auf vorhandene Ressourcen zurückgegriffen werden kann. Das ist im allgemeinen dann der Fall, wenn neue Komponenten alten Komponenten ähnlich sind oder Funktionalitäten alter Komponenten vereinen. Verwenden hingegen neue Komponenten

neue Technologien, die bei der Konfiguration auch Auswirkungen auf andere Komponenten haben, müssen auch neue Ressourcen modelliert werden.
Für die Akzeptanz eines Systems ist neben der Funktionalität die Ergonomie der Benutzungsoberfläche von besonderer Bedeutung. Bereits beim Prototypen wurde hierauf besonderer Wert gelegt. Die Oberfläche des Prototyp-Systems realisiert:

(i) in einem Tabellenmechanismus (vgl. Abb. 4b) eine vergleichende Auswahl von passenden Komponenten auf Basis der beschreibenden Attribute einschließlich einer progressiven Fokussierung durch interaktive Einschränkung von Attributwerten.

(ii) eine Präsentation der aktuellen Konfiguration, getrennt nach lokale Konfigurationsbereichen und einem übergreifenden Infrastrukturbereich, die jeweils nach funktionalen Aspekten in Schichten strukturiert sind (vgl. Abb. 4a).

(iii) direktes und konsistentes Plazieren oder Modifizieren von Komponenten in der aktuellen Konfiguration.

(iv) Informationen über Komponenteneigenschaften der angebotenen oder benötigten Ressourcen.

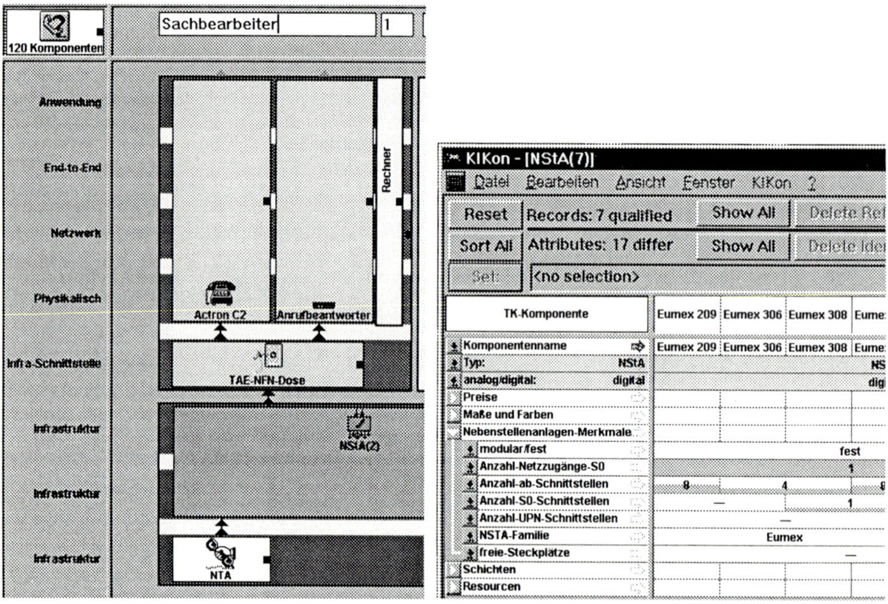

Abbildung 4: (a) Präsentation einer Konfiguration, (b) Komponentenselektion

Das System verwaltet eine Falldatenbank, um Erfahrungen aus älteren Konfigurationen wiederverwenden zu können. Aktuell ist ein manuelles Fallretrieval realisiert, für das die Fälle mit beschreibenden Attributen indiziert wurden. Die Selektion erfolgt über einen vergleichenden Tabellenmechanismus ähnlich dem für die Komponentenselektion. Unter Fällen verstehen sich komplette Konfigurationen, Teilkonfigurationen (z.B. nur für eine Lokalität) oder auch generalisierte Konfigurationen, bei denen im einzelnen noch keine realen Komponenten selektiert sind, sondern nur eine Komponentenauswahl.

4 Zusammenfassung

Die vorliegende Arbeit motiviert das Engagement, ein wissensbasiertes System für die kundenindividuelle Konfiguration von Telekommunikationslösungen zu entwickeln. Es wurde der Beratungs- und Angebotsprozess untersucht. Großer Wert wurde auf die unterschiedlichen Kunden-Anforderungsspezifikationen und die daraus resultierenden Anforderungen an ein Konfigurationssystem gelegt.
Vergleicht man die prototypischen Entwicklungen mit den Anforderungen, so konnte mit dem hier skizzierten Prototypsystem gezeigt werden, daß die gewählte ressourcenorientierte Konfigurierungsmethode trägt. Außerdem wurde dem Aspekt der Interaktivität beim Konfigurierungsprozeß gut Rechnung getragen, was einem Unterstützungssystem für Beratung und Projektierung sehr entgegenkommt. Als sehr hilfreich erwies es sich, ständig mit einer konsistenten (Teil-)Konfiguration zu arbeiten.
Aktuelle Arbeiten im Projekt KIKon beziehen sich auf halbautomatische Retrievalmethoden, die für größere Falldatenbanken notwendig werden. Außerdem ist eine stärkere Strukturierung der miteinander verknüpften Lokalitäten erforderlich, so daß von der Größe her komplexere Systemlösungen realisiert werden können.

Literatur

[Böhm96] Böhm, A. and S. Uellner (1996). Ninth International Conference on Industrial & Engineering Applications of Artificial Intelligence & Expert Systems, Fukuoka

[Börding96] J. Börding und J. Rahmer "Beiträge zum 10. Workshop 'Planen und Konfigurieren' ", Bonn 1996

[CGS91] R. Cunis, A. Günter, H. Strecker (Hrsg.) "Das PLAKON-Buch", *Springer, Informatik Fachberichte* 1991

[Emde97] Emde W. et al. (1997). Proceedings in Artificial Intelligence, Expertensysteme 97. P. Mertens, Voss, H. Bonn, infix. **6:** 79-91.

[EOUB94] Eusterbrock, Orth, Uellner, Böhm "Kundenindividuelle Konfiguration von Telekommunikations-Diensten" Interne Studie Deutsche Telekom Forschungszentrum, Darmstadt 1994

[Heinrich91] M. Heinrich, in "Beiträge zum 5. Workshop 'Planen und Konfigurieren' ", Universität Hamburg 1991

[Lödel94] D. Lödel, in "Beiträge zum KI-94 Workshop 'Angebotssysteme mit Wissensbasierten Komponenten' " Saarbrücken 1994

[McDermott82]J. McDermott, *Artificial Intelligence* **19**, 39-88 (1982)

[Rahmer96] J. Rahmer und M. Sprenger in "Beiträge zum 10. Workshop 'Planen und Konfigurieren' ", Bonn 1996

EPK-fix: Software-Engineering und Werkzeuge für elektronische Produktkataloge

J. Schneeberger[1], N. Koch[2], A. Turk[1], R. Lutze[3], M. Wirsing[2], H. Fritsche[4], P. Closhen[5]

[1] FORWISS, Am Weichselgarten 7, D-91052 Erlangen, email: jws@forwiss.de
[2] LMU München, Institut für Informatik, Oettingenstraße 67, D-80538 München
[3] mediatec GmbH, Muggenhofer Str. 105, D-90429 Nürnberg
[4] TU Dresden, Fakultät Informatik, D-01062 Dresden
[5] TH Darmstadt, Fachbereich Informatik, Alexanderstr. 10, D-64283 Darmstadt

Zusammenfassung Bei der Entwicklung von elektronischen Produktkatalogen (EPKen) hat die kreative Gestaltung neben der Erstellung der Software einen hohen Stellenwert. Das kreative Design ist ein hochgradig iterativer Arbeitsprozeß, in dem unterschiedliche Varianten bewußt zur audiovisuellen Vermittlung von Arbeitsergebnissen in den verschiedenen Stadien des Enwicklungsprozesses eingesetzt werden. Selektion, Elaboration und Kombination von Gestaltungsvarianten sind dabei typische Arbeitsschritte.

Im Projekt EPK-fix[1] wurde eine Software-Engineering-Methode erarbeitet, die einen verteilten Entwicklungsprozeß für EPKen unterstützt. Für alle Entwicklungsphasen wurden Assistenzsysteme erstellt, die ein zeitlich und räumlich verteiltes Arbeiten am EPK erlauben. Mit strukturierten Interviews werden die Anforderungen. Das Ergebnis der anschließenden Spezifikation ist eine formale Beschreibung des EPKs in einer speziell entwickelten Instanz von SGML. Daraus werden dann die verschiedenen Systemvarianten für die angestrebten Präsentationsplattformen (CD-ROM, Internet, etc.) generiert und nach den Anforderungen des Auftraggebers erweitert. Der Testassistent führt statische Test auf der formalen Beschreibung und dynamische Tests am EPK aus.

1 Einleitung

Elektronische Produktkataloge (EPKe) stellen ein wichtiges Werkzeug bei der Vertriebsunterstützung dar. Dies gilt insbesondere dann, wenn es um den Vertrieb besonders komplexer und erklärungsbedürftiger Produkte (Industrieanlagen, Investitionsgüter) geht. Beim Einsatz eines EPKs stehen die Funktionen Präsentation, Werbung und Beratung im Vordergrund. Sie sind daher stark auf die Bedürfnisse des jeweiligen Anwenders zugeschnitten, d.h. in hohem Maße kundenspezifisch. EPKe erreichen einen sehr großen Umfang und beinhalten typischerweise mehrere hundert bis einige tausend Bildschirmseiten, auf denen dem

[1] Das Projekt EPK-fix wird vom BMBF unter Förderkennzeichen 01 IS 250 gefördert.

Benutzer nicht nur Produktinformationen, sondern auch wertvolle Zusatzinformationen beispielsweise über Einsatzszenarien oder Finanzierungsmöglichkeiten eines Produktes in multimedialer Weise präsentiert werden.

Weil EPKe gleichzeitig multimedial sind, mit großen Datenumfängen zurecht kommen müssen, komplexe Softwaresysteme darstellen, häufig zu ändern sind und in einer Reihe von kundenspezifischen Versionen zu entwickeln sind, ist ein hoher Aufwand bei Entwicklung und Pflege eines EPKs zu erbringen. In derzeitigen Projekten entstehen Kosten in Höhe von mehreren hundert bis tausend Deutsche Mark pro Bildschirmseite. Dies macht den Einsatz dieser interessanten Produkttechnologie bisher für viele, vor allem kleinere und mittlere Unternehmen wirtschaftlich uninteressant. Sie müssen folglich auf ein innovatives Mittel zur Erhöhung ihrer Wettbewerbsfähigkeit verzichten.

Üblicherweise werden bei der Entwicklung eines EPKs Standardwerkzeuge aus verschiedenen Bereichen eingesetzt. Die Projektplanung erfolgt mit gängigen Planungswerkzeugen, die einzelnen Medien werden spezialisierten Softwaresystemen erstellt und mit dedizierten Multimedia-Werkzeugen integriert. Wenn zusätzliche spezielle Softwaremodule erforderlich sind, dann werden diese mit den üblichen Softwareentwicklungstools erstellt. Nach und nach werden alle Systemkomponenten zusammengesetzt und mit einer Navigationsstruktur versehen. Während des ganzen Prozesses werden immer wieder Tests durchgeführt. Allein die Vielzahl der involvierten Werkzeuge stellt häufig ein nicht zu unterschätzendes Problem dar: Viele Werkzeuge erfordern eine zeitraubende Einarbeitung, für die einzelnen Werkzeuge müssen Spezialisten herangezogen werden, und die komplette Entwicklung wird schwerfällig und fehleranfällig.

EPKe sind also moderne Softwaresysteme, die eine geeignete Entwicklungsmethodik erfordern, zu deren Entwicklung aber auch kreative Designarbeit geleistet werden muß. Das primäre Ziel von EPK-fix ist die signifikante Reduzierung des Aufwands zur Erstellung und Pflege von EPKen. Das Projekt setzt an der Wurzel der Probleme – der fehlenden formalen, methodischen und werkzeugtechnischen Unterstützung des gesamten Entwicklungsprozesses von EPKen – an.

Konkret sind hierzu folgende Arbeiten geleistet worden, die in diesem Artikel kurz vorgestellt werden: Erarbeitung und Validierung einer Entwicklungsmethodik für EPKe, Entwicklung einer formalen Spezifikationssprache (EPKML) für EPK-Software, sowie die Entwicklung von fünf Assistenzsystemen (RASSI, SASSI, GASSI, TASSI und ein Kooperationsmanager), die einen verteilten Entwicklungsprozeß eines EPKs in allen Phasen unterstützen [3].

Am Projekt EPK-fix sind fünf Partner beteiligt. FORWISS Erlangen leitet die die Erstellung der Werkzeuge RASSI (Anforderungsdefinition) und GASSI (Konfigurierung und Generierung der Software) leitet. Die Firma mediatec in Nürnberg ist für die Erarbeitung der Entwicklungsmethodik (in Kooperation mit FORWISS) verantwortlich und stellt die Anwendbarkeit aller erarbeiteten Ergebnisse sicher. Die Entwicklung und Implementierung des Spezifikationswerkzeuges (SASSI) wird von der TH Darmstadt geleitet. Die LMU München hat die Definition der formalen Spezifikationssprache EPKML koordiniert und sorgt für deren Anwendung und Umsetzung in allen anderen Teilprojekten. Das Testwerkzeug TASSI wird von der TU Dresden entwickelt und implementiert.

Überblick: Im Abschnitt 2 werden elektronische Produktkataloge genauer beschrieben. Im Abschnitt 3 wird ein Vorgehensmodell für EPKe vorgestellt, das alle Phasen von der Anforderungsanalyse bis zur Auslieferung berücksichtigt. Anschließend wird die Spezifikationssprache EPKML vorgestellt (Abschnitt 4). Abschnitt 5 beschreibt die Methodik in den einzelnen Entwicklungsphasen, deren Unterstützung durch die EPK-fix-Werkzeuge und das Arbeiten in einer verteilten Umgebung. Abschnitt 6 gibt einen Ausblick.

2 Elektronische Produktkataloge

Ein elektronischer Produktkatalog ist ein Informationssystem mit multimedialen Präsentations- und Navigationsmöglichkeiten und mit Funktionen zum Suchen, Auswählen und Bestellen. In der Regel werden EPKe so gestaltet, daß einem Benutzer des Kataloges bei erstmaliger Betrachtung des EPKs bzw. am Beginn einer Dialogsitzung mit dem Katalog zunächst zentrale Werbebotschaften des Herausgebers - entsprechend audiovisuell aufbereitet - vermittelt werden. Hierzu wird der Benutzer – typischerweise ohne eigene Aktivitäten – durch eine Vielzahl von Seiten des Kataloges geführt. Nach der aktiven Auswahl einzelner Angebote durch den Benutzer zeichnet sich die Qualität eines EPKs etwa dadurch aus, inwieweit ausgewählte Produkte auf einfache Weise miteinander verglichen werden können oder automatisch vom EPK auf Konsistenz und Vollständigkeit überprüft werden. Auch die Einfachheit einer Bestellung – durch die faxgerechte Generierung eines unterschriftsbereiten, ausgefüllten Bestellformulars, durch Unterstützung telefonischer Rückfragen oder eine mit dem Katalog installierte Online-Anbindung - zählt zu den Services, die entscheidend zur Qualität eines EPKs über das in ihm enthaltene Produktangebot hinaus beitragen.

2.1 Ablaufphasen und Klassifizierung

Ein EPK läßt sich zunächst in fünf (Ablauf-)Phasen unterteilen. In einer initialen Installationsphase des EPKs wird die Zugangs-/Betrachtungskomponente für den Katalog auf dem Rechner des Benutzers installiert und entsprechend den tatsächlichen Gegebenheiten am Einsatzort konfiguriert (Bildschirmgröße / Farbtiefe d. Graphikkarte, multimediale Unterstützung der Katalogdarstellung durch Sound und digitales Video, Online-Zugang/Telefonverbindung).

In der Präsentationsphase werden dem Benutzer zentrale Werbebotschaften des Herausgebers des EPKs über die Angebotspalette vermittelt. Im Gegensatz zu den späteren Selektions- und Evaluationsphasen, bei denen die Initiative zur Auswahl und zum Vergleich einzelner Produkte aus der Angebotspalette vom Benutzer ausgeht, wird ein passiver Benutzer hier zumeist vom System durch den EPK geführt.

In der anschließenden Such- und Auswahlphase steht eine schnelle und nach unterschiedlichen Kriterien steuerbare, aktive Auswahl aus einer typischerweise sehr großen Produktpalette im Vordergrund. In der mit der Auswahlphase alternierenden Selektionsphase steht der umfassende Vergleich zwischen einzelnen zuvor ausgewählten Angeboten und eine Entscheidung zwischen ihnen im Mittelpunkt der Benutzeraktivitäten. In der abschließenden Bestellphase geht es darum, eine aus der Angebotspalette ausgewählte Menge als Bestellung an den Anbieter / Distributor der Produkte zuverlässig zu übermitteln.

Je nach Gewichtung der Präsentationsphase gegenüber der Selektions-, Such- und Bestellphase in einer Ausprägung eines EPKs unterscheiden wir die drei folgenden Kategorien: Präsentations-, Such- oder Bestellkataloge.

2.2 EPK-Aspekte

Die einzelnen (Ablauf-)Phasen eines EPKs lassen sich durch folgende Aspekte charakterisieren, die für ein formales Modell zu berücksichtigen sind:

(R) **Regie.** Hier werden die Ablaufautomatisierung, die dynamischen Aspekte beim Aufbau einer Bildschirmseite (Mikro- oder Seitenregie) und beim Durchgang durch die einzelnen Seiten des Kataloges (Makroregie), speziell in der Präsentationsphase beschrieben.

(L) **Layout.** Hier sind die statischen Aspekte der Gestaltung einer Bildschirmseite beschrieben, speziell auch des Aufbaus einer Bildschirmseite aus entsprechenden Datenbankinhalten. Das Layout der Bildschirmseiten des Kataloges ist für die Präsentations- und Auswahlphase natürlich von besonderer Bedeutung.

(P) **Produktrepräsentation.** Bei einer umfangreichen Angebotspalette des EPKs werden die einzelnen Angebote typischerweise in einer Datenbank verwaltet, um eine effiziente Suche innerhalb der Angebotspalette, die Wartung des EPKs zu vernünftigen Kosten und die Anbindung an die betriebliche DV zu gewährleisten.

(S) **Services.** Die Services beschreiben die Komfortfunktionen des EPK, wie etwa die Verwendung eines Warenkorbs, in den schon vom Benutzer ausgewählte Produkte und Dienstleistungen abgelegt werden können, ein Kundenprofil, das aus der aktuellen und/oder vorangegangenen Benutzungen des Kataloges extrahiert wird, um ergänzende Vorschläge für Angebote zu generieren, begleitende Konsistenz- und Vollständigkeitsprüfungen ausgewählter Waren und Dienstleistungen, die Unterstützung telefonischer Rückfragen für Klärungsdialoge mit dem Anbieter einer Ware/Dienstleistung oder die Online-Übermittlung einer Bestellung.

3 Ein Vorgehensmodell zur EPK-Entwicklung

Das Entwicklungsmodell für Elektronische Produktkataloge orientiert sich an den Vorgaben der allgemeinen objektorientierten Software-Entwicklung und beinhaltet die einzelnen Entwicklungphasen *Anforderungsanalyse*, *Spezifikation*,

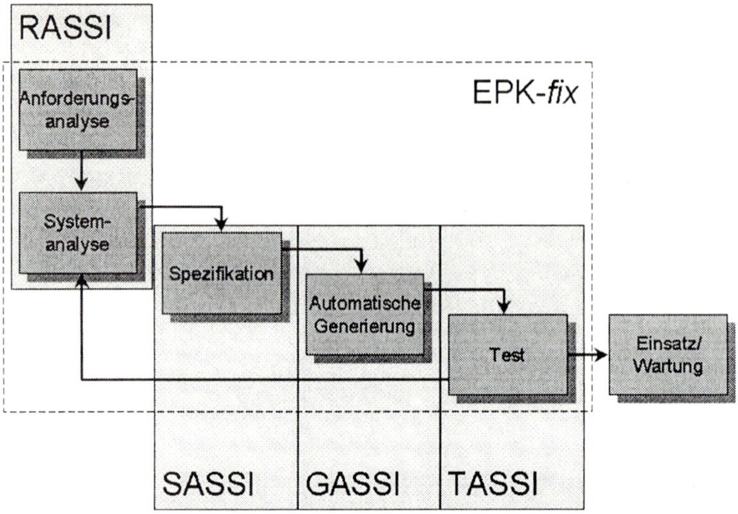

Abbildung1. Das EPK-fix-Vorgehensmodell

Software-Generierung und *Test* (Abbildung 1) [5, 1]. Die Anforderungsanalyse dient der Ermittlung des ursprünglichen Kundenwunsches, um so Aussagen über die Machbarkeit eines Projektes und insb. über die Adäquatheit der EPK-fix-Methoden und -Werkzeuge machen zu können, die dann ggf. in die Unterbreitung eines konkreten Angebotes münden. Das Ergebnis ist eine *Anforderungsdefinition* (Pflichtenheft). Während der Systemanalyse, die den eigentlichen Entwicklungzyklus eröffnet, gilt es, ein Modell des EPKs informal zu beschreiben. Das resultierende *Analysemodell* kann in der anschließenden graphischen Spezifikation unmittelbar als Vorlage genutzt werden, um eine formale Katalogbeschreibung (*Spezifikation*) zu erzeugen. Diese formale Beschreibung wird in der Phase der Generierung automatisch in Programmcode (den *EPK*) transformiert, der abschließend gegen die Spezifikation und gegen das Analysemodell semiautomatisch getestet werden kann (*Testbericht*). Jedes Durchlaufen des Entwicklungszyklus mündet in die Bereitstellung eines EPK-Prototypen.

Das Entwicklungsmodell zeigt einen evolutionären Charakter: im Laufe mehrerer Entwicklungszyklen nähert sich ein Prototyp nach und nach den Anforderungen des Auftraggebers an, die im Gegenzug i. d. R. selbst im Laufe der Zyklen noch zu konkretisieren sind. Eine Abstimmung erfolgt während der *Prototypenanalyse*, die Teil der Systemanalyse ist.

Die methodische Arbeit in jeder einzelnen Phase erfährt Unterstützung durch ein eigens geschaffenes Werkzeug (Abschnitt 5). Die einzelnen Werkzeuge berücksichtigen insb. die in Abschnitt 2 genannten vier Aspekte der EPKe. Die Verwendung einer formalen Spezifikationsprache zu Beschreibung des aktuellen EPKs (Abschnitt 4) gewährleistet die konsistente Repräsentation der entwicklungsspezifischen Daten über mehrere Entwicklungsschritte und Zyklen hinweg.

4 Die Spezifikationssprache EPKML

Grundlage des gesamten Entwicklungsprozesses und verbindendes Element der Werkzeuge ist die formale Spezifikationssprache EPKML (EPK Markup Language) [4], die die multimedialen, temporalen und navigatorischen Aspekte elektronischer Produktkataloge beschreibt und die Festlegung einer Ablaufautomatisierung erlaubt.

Die jetzt schon im World Wide Web verfügbaren Produktkataloge sind ähnlich den CD–ROM–Produktkatalogen strukturiert, allerdings bieten sie geringere Interaktionsmöglichkeiten. Sie sind Hypertext–Dokumente, geschrieben in HTML (Hypertext markup language) [2].

Unsere Entwurfssprache EPKML ist, wie HTML, eine Instanz der Sprache SGML [7], hat eine deklarative Syntax und erweitert HTML um die fehlenden multimedialen und temporalen Aspekte. Außerdem bezieht EPKML auch Ideen aus JAVA, FRAMEMAKER und TEX ein und ist fenster- und nicht seitenorientiert. Der wichtigen Aufgabenstellung der Automatisierbarkeit liegt ein Produktgruppenkonzept zugrunde, das zur automatischen Navigation ausgenutzt wird. Eine echte Automatisierung kann allerdings lediglich für Bestellkataloge erreicht werden. Die Produkte werden dabei in Produktgruppen und Untergruppen eingeteilt; Produkten derselben Gruppe wird eine einheitliche Darstellung zugewiesen, wobei Ausnahmen möglich sind und explizit unterstützt werden. Anhand dieser Strukturierung werden die Navigationsmöglichkeiten – zu Untergruppen innerhalb einer Gruppe – automatisch bereitgestellt. Natürlich kann diese automatisch erzeugte Hierarchie nachträglich verfeinert und verbessert werden.

Hierzu ein Beispiel:

```
<theme name=general>
  <extension result=general-result>
   <sql>
       SELECT name
       FROM database
   </sql>
   <template>
    <page name=general-page>
        <p>This is a $general-result.name$.</p>
        <next-button>
     </page>
   </template>
  </extension>
  <exceptions>
   <sql>
       SELECT name
       FROM database
       WHERE name=[AEIOU].*
   </sql>
   <template>
     <page name=general-exception-page>
         <p>This is an $general-result.name$.</p>
        <next-button>
     </page>
   </template>
  </exceptions>
<theme=sub-general>
    ...
  </theme>
</theme>
```

Ein Thema besteht also aus Präsentationsseiten oder -fenster (`<page>` oder `<window>`), einer Deklaration der Datenbankeinträge (`<extension>`), die es umfaßt und deren Formatvorlage (`<template>`), einer Liste von Ausnahmen für diese Formatvorlage (`<exceptions>`) und einer Liste von Unterthemen.

Möglichkeiten zur Navigation, innerhalb dieser Struktur sind über Standardfunktionen realisierbar (zum nächsten Produkt (`<next>`), zum vorherigen (`<previous>`); zum nächsten/vorherigen Thema (`<next theme>` / `<previous theme>` etc.). Ebenso lassen sich in EPKML Standardsituationen wie Inhaltsverzeichnis, Benutzeranmeldung , Fragebogen, Produktsuche, Warenkorb und Einkaufsliste ohne Aufwand definieren.

5 Entwicklungsmethodik und Systemarchitektur

In diesem Abschnitt werden die Phasen des Vorgehensmodells und ihre methodische Unterstützung durch Werkzeuge beschrieben. Dazu stehen die Assistenzsysteme RASSI, SASSI, GASSI, TASSI zur Verfügung, die jeweils die Erarbeitung der informellen Anforderungsdefinition, die Spezifikation eines EPKs in EPKML, die Generierung der EPK-Software und das Testen der EPK-Software unterstützen. Ein zentrales System zur Vorgangssteuerung und Koordination erlaubt die Realisierung von EPK-fix als ein verteiltes System. Die Vorgangssteuerung organisiert den Fluß der Projektdokumente und Module zwischen den Werkzeugen RASSI, SASSI, GASSI und TASSI.

5.1 Anforderungsanalyse

Die Anforderungsanalyse erfordert die Durchführung von Projektbesprechungen mit dem Kunden, am Entwicklungsprozeß eines EPKs beteiligten Personen (Werbegrafiker, Designer, Ton- und Bildingenieure). Ziel ist es, die meist recht schwierige Kommunikation zwischen diesen Gruppen zu verbessern und das Gespräch möglichst vollständig zu dokumentieren. Das Werkzeug RASSI (Requirements Analysis ASSIstant) unterstützt die Erfassung natürlichsprachlicher Informationen (Text, Audioaufzeichnungen) und von Medienmaterialien (Graphik, Video) auf der Basis von strukturierten Interviews, die typischerweise zwischen einem Vertreter des Auftraggebers der EPK-Entwicklung und einem Anwendungsexperten des Auftragnehmers stattfinden.

Dieser Interviewprozeß wird in drei Schritten realisiert: Vorbereitung, Durchführung und Nachbereitung. Während der Vorbereitung werden zunächst applikationsspezifische Fragebögen auf der Basis von allgemeinen, vordefinierten Checklisten erstellt (siehe [6]). Das Interviewprotokoll wird mit Hilfe der Tonaufzeichnung der Konversation zwischen dem Katalogauftraggeber und -entwickler aufbereitet, wobei multimediale Information den betreffenden Fragen und Antworten zugeordnet wird, so daß ein erster unvollständiger EPK mit Hilfe von

SASSI und GASSI erzeugt werden kann. In späteren Interviews werden die unvollständigen EPKe durch entsprechende natürlichsprachliche / graphische Annotationen weiter ausgeprägt bzw. modifiziert.

5.2 Spezifikation

In der Spezifikationsphase erfolgt die Transformation der informellen Anforderungsdefinition in eine formale Spezifikation in EPKML sowie die Sicherstellung der Konsistenz und Vollständigkeit der Spezifikation. Das Werkzeug SASSI (Specification ASSIstant) unterstützt den Entwurf des elektronischen Kataloges durch weitestmögliche Umsetzung der Ergebnisse des strukturierten Interviews in eine Katalogspezifikation in EPKML. Zur Umsetzung stellt SASSI leistungsfähige Editoren bereit, die die Katalogentwickler in der Erstellung einer syntaktisch und hinsichtlich der statischen Semantik korrekten EPKML Beschreibung unterstützen, eigenständig Gestaltungsvorschläge machen und den Bezug zwischen verarbeiteten Gestaltungsannotationen (von RASSI), Fehlerprotokollen (von TASSI) und den hieraus erzeugten EPKML-Elementen verwalten.

Die Unterstüzung erfolgt mittels eines Drei-Fenster-Editors, der es dem Entwickler während der Aufbereitung der Katalogseiten und -fenster ermöglicht, gleichzeitig die relevanten Teile des Analysedokumentes und der generierten Katalogspezifikation zu sichten. Im Resultat erzeugt der SASSI eine Instanz einer EPKML Beschreibung, die durch das Generierungswerkzeug (s.u.) ausführbar und durch Testen (s.u.) weiter validierbar ist.

5.3 Generierung

Die Generierung der EPK-Software erfolgt durch Selektion, Konfiguration und Adaption von Modulen aus einer Bibliothek wiederverwendbarer, generischer EPK-Bausteine. Das Generierungswerkzeug GASSI (Generation ASSIstant) erzeugt eine Visualisierung des Kataloges durch Übersetzung einer EPKML-Spezifikation nach JAVA.

Die Ergebnisse dieser Phase werden einerseits von dem Anforderungsanalyseassistenten benutzt, um den entwickelten Katalog besichtigen, ergänzen und geeignet modifizieren zu können. Mit Hilfe des Anforderungsanalyseassistenten können die aktuell visualisierten Katalogelemente mit sich aus dem Interview ergebenden Annotationen versehen werden. Andererseits werden die Ergebnisse von GASSI in der Testphase benutzt (s.u.), um den erzeugten EPK auf Korrektheit bezüglich extern spezifizierter Testprädikate und der (Quell-)Beschreibung überprüfen zu können.

5.4 Test

Im Rahmen der Qualitätssicherung muß die entstandene EPK-Software auch möglichst vollständig und automatisch (Forderung des Kunden nach Null-Fehler-Software) getestet werden. Insbesondere bei EPKs mit verschiedenen Ländervarianten ist ein solcher umfassender Test manuell nicht mehr wirtschaftlich sinnvoll.

Konkret wird beim Testen typischerweise überprüft, ob Aussehen und Verhalten (Animationen wie Ein- und Überblendeffekte) der einzelnen Bildschirmseiten korrekt sind und ob das zu präsentierende Medienmaterial (Texte, Bilder, Audio und Video) vorhanden und hinsichtlich Lage und Größe für die Bildschirmseite geeignet ist. Weiterhin muß, wiederum interaktiv, festgestellt werden, ob die Navigation durch einen EPK richtig funktioniert. Diese Aufgaben werden durch das Assistenzsystem TASSI (Testing ASSIstant), unterstützt, welches Benutzereingaben (typischerweise das Betätigen von Interaktionselementen) simuliert, die Korrektheit eines EPKs hinsichtlich einer gegebenen Spezifikation überprüft und ein Testprotokoll anfertigt.

5.5 Kooperationsunterstützung und Koordination

Die Arbeit mit den Entwicklungswerkzuegen RASSI, SASSI, GASSI und TASSI geschieht zeitlich und räumlich verteilt. Dieses Szenario ist realistisch, da Interviews und Kundenpräsentationen mit RASSI typischerweise beim Kunden durchgeführt werden, während gleichzeitig mit SASSI und TASSI in den Entwicklungsabteilungen gearbeitet wird. Aufgrund dieser Anforderungen wurde ein System zur Unterstützung der Kooperation und zur Koordination der Arbeitsschritte realisiert.

Das System zur Kooperationsunterstützung dient als zentraler Informationsspeicher (Repository) der Projektinformation, und wurde auf den Diensten des Internets realisiert. Die Assistenzsysteme melden Module und Dokumente vom Server ab (check out), führen Änderungen bzw. Erweiterungen aus und melden die Arbeitsergebnisse anschließend wieder an (check in). Die Ergebnisse werden von der Kooperationssteuerung an die nachfolgenden Bearbeitungsstellen weitergereicht. Auf der Basis der Ab- und Anmeldungen wird eine Versionierung durchgeführt. So kann die Vorgangssteuerung beispielsweise unnötige Arbeiten (Spezifikation, Generierung und Test) verhindern, wenn etwa von der Anforderungsanalyse (RASSI) ein Kundenwunsch fallen gelassen wurde. Ein zentraler Internet-basierter Monitor gibt jederzeit Auskunft über alle aktuellen Projekte und über den jeweils aktuellen Stand einer EPK-Entwicklung.

6 Ausblick

Das Projekt EPK-fix hat eine Spezifikationssprache (EPKML) für EPKe entwickelt, ergänzt durch Werkzeuge, die eine solche EPK-Spezifikation erzeugen, manipulieren, verarbeiten und testen können. Ein wesentlicher Schwerpunkt lag somit auf der gemeinschaftlichen und koordinierten Entwicklung einer allgemein gültigen Modellierung von EPKen, die alle gängigen Katalogvarianten einbezieht. Dadurch ist die EPKML eine sehr mächtige, aber auch umfangreiche Sprache geworden. Für den Entwickler eines EPK liegt der Vorteil auf der Hand: Alle wünschenswerten Eigenschaften und Funktionen eines EPK können auf abstraktem Niveau und ohne Detailkenntnis der umfangreichen Programmbibliothek spezifiziert werden.

Andererseits bedeutet der Umfang der EPKML für die einzelnen Assistenzsysteme eine nicht zu unterschätzende Komplexität. Zur Lösung dieses Problems könnte man sich eine Familie von Spezifikationssprachen vorstellen, die jeweils eine spezielle Klasse von EPKen beschreiben. Beispiele für solche Klassen sind Kataloge mit vielen, uniform strukturierten Produkten oder mit einem spezifischen Satz an Benutzerfunktionen (Services). Diese weitergehende Spezialisierung entspricht dem gegenwärtigen Trend zur Entwicklung standardisierter Bibliotheken auf der Basis verbindlicher Schnittstellen-Spezifikationen (APIs). Die EPK-fix Entwicklungsmethodik kann für die spezialisierten EPK-Varianten fast unverändert übernommen werden. Sie betont damit das Konzept einer Softwareentwicklung auf der Basis spezialisierter Frameworks. Eine methodische Unterstützung für den Entwurf solcher Frameworks sollte dann den vorgestellten Ansatz komplettieren.

Literatur

1. B.W. Boehm. A spiral model of software development and enhancement. *IEEE Computer*, 21(5):61–72, Mai 1988.
2. I.S. Graham. *HTML Sourcebook.* John Wiley & Sons, New York, 1995.
3. A. Knapp, N. Koch, M. Wirsing, J. Duckeck, R. Lutze, H. Fritzsche, D. Timm, P. Closhen, M. Frisch, H.J. Hoffmann, B. Gaede, J. Schneeberger, H. Stoyan und A. Turk. Epk-fix: Methods and Tools for Electronic Product Catalogs. In *IDMS 97: International Workshop on Interactive Distributed Multimedia Systems and Telecommunication Services.* Springer Verlag, 1997.
4. A. Knapp, N. Koch, und L. Mandel. The Language EPKML. Forschungsbericht 9605, LMU München, November 1996.
5. I. Sommerville. *Software Engineering.* Addison-Wesley, 4. Ausgabe, 1992.
6. A. Turk und H. Stoyan. Erfassung, Verarbeitung und Dokumentation natürlichsprachlicher Äußerungen in der Anforderungsanalyse. In E. Ortner, B. Schienmann, und H. Thoma (Hg.), *Natürlichsprachlicher Entwurf von Informationssystemen*, S. 32–46. Universitätsverlag Konstanz, Mai 1996.
7. Arthur van Herwijnen. *Practical SGML.* Kluwer Academic, Boston, 1994.

Architecture and Search Organization for Large Vocabulary Continuous Speech Recognition

Stefan Ortmanns, Lutz Welling, Klaus Beulen, Frank Wessel, Hermann Ney

Lehrstuhl für Informatik VI, RWTH Aachen
D-52056 Aachen, Germany

Abstract. This paper gives an overview of an architecture and search organization for large vocabulary, continuous speech recognition (LVCSR at RWTH). In the first part of the paper, we describe the principle and architecture of a LVCSR system. In particular, the issues of modeling and search for phoneme based recognition are discussed. In the second part, we review the word conditioned lexical tree search algorithm from the viewpoint of how the search space is organized. Further, we extend this method to produce high quality word graphs. Finally, we present some recognition results on the ARPA North American Business (NAB'94) task for a 64 000-word vocabulary (American English, continuous speech, speaker independent).

1 Introduction

During the last decade, the performance of automatic systems for continuous speech recognition has been drastically improved. This progress has been achieved by improving both the statistical modeling techniques and the search strategies so that more complex knowledge sources could be handled. In this paper, we address the search problem in continuous speech recognition. The characteristic features of the presentation given in this paper are:

- The baseline strategy is the time-synchronous one-pass algorithm.
- The time-synchronous concept is extended towards a tree organization of the pronunciation lexicon so that the search effort is significantly reduced.
- By further extension of the one-pass search strategy, it has been possible to construct word graphs.
- We present experimental results on the 64,000-word North American Business (NAB'94) task, which demonstrate the high performance and high efficiency of the word graph method.

2 Architecture of the Speech Recognition System

Every approach to automatic speech recognition faces the problem of taking decisions in the presence of ambiguity and context and of modeling the interdependence of these decisions at various levels. If it were possible to recognize phonemes (or words) with a very high reliability, it would not be necessary to

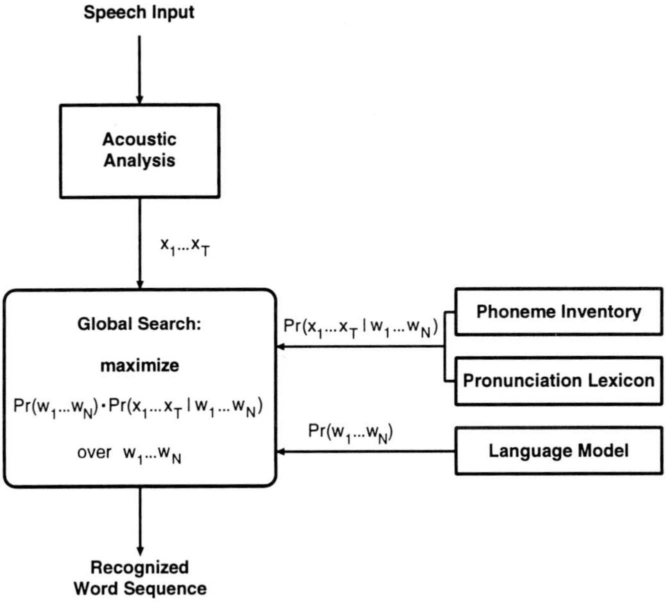

Fig. 1. Application of Bayes decision rule to speech recognition.

rely heavily on delayed decision techniques, error correcting techniques and statistical methods. In the near future, this problem of reliable and virtually error free phoneme or word recognition without using high-level knowledge is unlikely to be solved for large vocabulary continuous speech recognition. As a consequence, the recognition system has to deal with a large number of hypotheses about phonemes, words and sentences, and ideally has to take into account the "high-level constraints" as given by syntax, semantics and pragmatics. Statistical decision theory tells us how to minimize the probability of recognition errors [Bahl et al. 1983]:

> Maximize the posterior probability $Pr(w_1...w_N|x_1...x_T)$, i.e. determine the sequence of words $w_1...w_n...w_N$ (of unknown length N) which has most probably caused the observed sequence of acoustic vectors $x_1...x_t...x_T$ (over time $t = 1...T$) which are derived from the speech signal in the preprocessing step of acoustic analysis.

By applying Bayes' theorem on conditional probabilities, the problem can be written in the following form: Determine the sequence of words $w_1...w_n...w_N$ which maximizes

$$Pr(w_1...w_n...w_N) \cdot Pr(x_1...x_t...x_T|w_1...w_n...w_N). \tag{1}$$

This so-called Bayes decision rule is illustrated in Fig. 1. The first term in the optimization criterion, the a-priori probability of word sequences $Pr(w_1...w_N)$, is independent of the acoustic observations and is completely specified by the language model. It incorporates restrictions on how to concatenate words of the vocabulary to form whole sentences and thus captures syntactic and semantic restrictions. The acoustic-phonetic modeling is reflected by the second term. $Pr(x_1...x_T|w_1...w_N)$, the acoustic probability, is the conditional probability of observing the acoustic vectors $x_1...x_T$ when the speaker utters the words $w_1...w_N$. These probabilities are estimated during the training phase of the recognition system. For a large vocabulary system, there is typically a set of basic recognition units that are smaller than whole words. Examples of these so-called subword units are phonemes, demisyllables or syllables. The word models are then obtained by concatenating the subword models according to the phonetic transcription of the words in a pronunciation dictionary. The decision on the spoken words must be taken by an optimization procedure which combines information of several knowledge sources: the language model, the acoustic-phonetic models of single phonemes, and the pronunciation dictionary. The optimization procedure is usually referred to as search in a state space defined by the knowledge sources.

3 Knowledge Sources

3.1 Phoneme and Word Units: Hidden Markov Models

As pointed out in the preceding section, the statistical approach requires the conditional probability $Pr(x_1...x_T|w_1...w_N)$ of observing an acoustic vector sequence $x_1...x_T$, given the word sequence $w_1...w_N$. These probabilities are obtained by concatenating the corresponding word models, which again are obtained by concatenating phoneme or other subword unit models according to the pronunciation lexicon. As in many other systems, these subword units are modeled by so-called Hidden Markov Models (HMM). Hidden Markov Models are stochastic finite-state automata (or stochastic regular grammars) which consist of a Markov chain of states, modeling the temporal structure of speech, and a probabilistic function for each of the states, modeling the emission and observation of acoustic vectors [Baker 1975, Bahl et al. 1983, Levinson et al. 1983]. Words are obtained by concatenating the HMM phoneme units according to the nominal phonetic transcription. For the following, it suffices to consider only the product of the emission and transition probabilities:

$$q(x_t, s|\sigma; w) = a(s|\sigma; w)\, b(x_t|\sigma; w), \tag{2}$$

which is the conditional probability that, given state σ in word w, the acoustic vector x_t is observed and the state s is reached.

3.2 Acoustic Search and Time Alignment

For an utterance to be recognized, there is a huge number of possible state sequences, and all combinations of state and time must be systematically considered. An efficient method for computing the probability $Pr(x_\tau...x_t|w)$, i.e.

that, given a word model w, the acoustic vectors $x_\tau ... x_t$ are produced and cover the time interval $\tau, .., t$, is the Baum recursion [Baker 1975, Bahl et al. 1983, Levinson et al. 1983]. We introduce an auxiliary quantity $Q(t, s; w)$:

$Q(t, s; w) :=$ probability that, for a given word w and a fixed start time τ, the acoustic vectors $x_\tau ... x_t$ are produced by state sequences going through state s.

For this quantity $Q(t, s; w)$, we have the recursive equation:

$$Q(t, s; w) = \sum_\sigma q(x_t, s|\sigma; w) \; Q(t-1, \sigma; w), \tag{3}$$

where we have explicitly expressed the dependence of all quantities on the word identity w. For $t = \tau$ a suitable initialization must be chosen. The summation is carried out over all states σ from which the state s can be reached. Denoting the terminal state of word w by S_w, we have for the probability that the word w produces the acoustic vectors $x_\tau ... x_t$:

$$Pr(x_\tau ... x_t | w) = Q(t, S_w; w). \tag{4}$$

The experimental results show that for continuous densities the so-called Viterbi approximation results in the same recognition performance. In lieu of summing up the contributions of all transitions, only the transition with the highest contribution is considered. Thus the Viterbi algorithm, which is no more than a dynamic programming (DP) recursion, computes the probability of the single best state sequence rather than the probability of all state sequences:

$$Q(t, s; w) = \max_\sigma \; \{ \; q(x_t, s|\sigma; w) \; Q(t-1, \sigma; w) \; \} \tag{5}$$

This equation basically performs a nonlinear time alignment. As will be shown later, the recursive evaluation of the best state sequence within a word will be integrated into the search for the unknown word sequence. The start time τ will then be determined implicitly by reformulating the time alignment problem at the level of word sequences rather than single words.

3.3 Language Modeling

The task of a language model is to capture the restrictions on the combinations of words due to the inherent redundancy of the language subset handled by the system. This redundancy results from the syntactic, semantic and pragmatic constraints of the recognition task and may be modeled by probabilistic or non-probabilistic ('yes/no') methods. In large vocabulary recognition tasks, bigram or trigram models have been used primarily. For a trigram model, we have the approximation:

$$Pr(w_n | w_1 ... w_{n-1}) = p(w_n | w_{n-2}, w_{n-1}). \tag{6}$$

4 Search Organization

In this section, we describe the search strategy for a recognition system that is able to handle 64 000 and more words. There are a number of other large vocabulary recognition systems which use concepts like n-best, stack decoding (A* search) or forward-backward search. The characteristic property of the search strategy to be presented here is that it is still conceptually based on a time-synchronous beam search strategy.

4.1 Basic Concept: Time-Synchronous Beam Search

The decision on the spoken sentence is taken in the search procedure which attempts to determine the word sequence which best explains the input speech signal in terms of the given knowledge sources. The search space can be described as a huge finite-state network [Ney et al. 1992b], which consists of nodes representing a certain state in the language model and suitable types of directed arcs representing acoustic word models. By approximating the 'most likely word sequence' by the 'most likely state sequence' [Baker 1975, Bahl et al. 1983, Levinson et al. 1983], a dynamic programming search procedure allows us to compute the probabilities

$$Pr(w_1...w_N) \cdot Pr(x_1...x_T|w_1...w_N)$$

in a left-to-right fashion and to carry out the optimization over the unknown word sequence at the same time. Within the framework of the Viterbi criterion, the dynamic programming algorithm presents a closed-form solution for handling the interdependence of nonlinear time alignment, word boundary detection and word identification in continuous speech recognition [Ney 1984].

As language model, we will first use a bigram model and extend the search method later to a trigram model. In the word interior, the recursive equation is the same as introduced in the section on acoustic-phonetic modeling:

$$Q(t, s; w) = \max_{\sigma} \ \{ \ q(x_t, s|\sigma; w) \ Q(t-1, \sigma; w) \ \} \,. \tag{7}$$

To include word boundaries, we introduce a special state $s = 0$ which is used to start up a word. When encountering a potential word boundary, we have to perform the recombination over the predecessor words, which is expressed by the recursion:

$$Q(t, 0; w) = \max_{v} \ \{ \ p(w|v) \ Q(t, S_v; v) \ \} \,, \tag{8}$$

where $p(w|v)$ are the conditional bigram probabilities. This equation assumes that the normal states $s = 1...S_w$ are evaluated for each word w before the start-up states $s = 0$ are evaluated. The same time index t is used intentionally, because the language model does not 'absorb' an acoustic vector. Note that the scores $Q(t, s; w)$ capture both the acoustic observation-dependent probabilities resulting from the HMM and the language model probabilities.

The sequence of acoustic vectors extracted from the input speech signal is processed strictly from left to right. The search procedure works with a time-synchronous breadth-first strategy, i.e. all hypotheses for word sequences are extended in parallel for each incoming acoustic vector. To reduce the storage requirements, it is suitable to introduce backpointers that are propagated from state to state during the dynamic programming recursion and traceback arrays so that the recognized word sequence can be recovered efficiently [Ney 1984].

4.2 Word Conditioned Lexical Tree Search Method

So far, we have considered a straightforward approach to organize the search space, which was based on the use of a bigram language model and a linear-organized pronunciation lexicon, i.e. each word is represented as a linear sequence of phonemes, independently of other words. In a 64 000-word vocabulary, there are typically many words that share the same beginning phonemes. Therefore it seems natural and very desirable for efficiency reasons to organize the pronunciation lexicon in the form of a lexical (prefix) tree [Ney et al. 1992a]. However, for a bigram language model (and other more complicated language models) in combination which such a lexical prefix tree, there is an added complication due to the fact that the identity of the hypothesized word w is known only when a leaf of the tree has been reached. Therefore, the language model probabilities can only be fully incorporated after reaching the terminal state of the second word of the bigram. Therefore, we introduce a separate copy of the lexical prefix tree for each predecessor word v so that during the search process we always know the predecessor word v when a word end w with terminal state S_w is hypothesized. To formulate the dynamic programming approach, we introduce the following two quantities [Ney 1993]:

$Q_v(t,s) :=$ overall score of the best partial path that ends at time t in state s of the lexical tree for predecessor v.

$B_v(t,s) :=$ starting time of the best partial path that ends at time t in state s of the lexical tree for predecessor v.

Both quantities are evaluated using the dynamic programming recursion for $Q_v(t,s)$:

$$\begin{aligned} Q_v(t,s) &= \max_{\sigma} \; \{ \; q(x_t, s|\sigma) \cdot Q_v(t-1,\sigma) \; \} \\ B_v(t,s) &= B_v(t-1, \sigma_v^{max}(t,s)) \; , \end{aligned} \tag{9}$$

where $\sigma_v^{max}(t,s)$ is the optimum predecessor state for the hypothesis (t,s) and predecessor word v. $q(x_t, s|\sigma)$ is the product of transition and emission probabilities of the Hidden Markov models used for the phonemes. The back pointers $B_v(t,s)$ are propagated according to the dynamic programming decision. Unlike the predecessor word v, the index w for the word under consideration is only needed and known when a path hypothesis reaches an end node of the lexical tree: each end node of the lexical tree is labeled with the corresponding word of the vocabulary. Using a suitable initialization for $\sigma = 0$, this equation includes the optimization over the unknown word boundaries. At word boundaries, we have to find the best predecessor word v for each word w. To this purpose, we define:

$$H(w;t) := \max_{v} \; \{ \; p(w|v) \cdot Q_v(t, S_w) \; \} \quad , \tag{10}$$

where the state S_w denotes the terminal state of word w in the lexical tree. To propagate the path hypothesis into the lexical tree hypotheses or to start them up if they do not exist yet, we have to pass on the score and the time index *before* processing the hypotheses for time frame t:

$$\begin{aligned} Q_v(t-1, s=0) &= H(v; t-1) \\ B_v(t-1, s=0) &= t-1 \; . \end{aligned} \tag{11}$$

For a trigram language model, the situation is more complicated: two hypotheses about partial word sequences can only be considered to be equivalent when they do not differ in their last *two* words. Therefore the algorithm must keep track of the two non-silence predecessor words for each word. This is achieved by making a separate copy of the lexical prefix tree for each pair of non-silence predecessor words. The full technical details of the integrated search algorithm are given in [Ney 1993, Ortmanns et al. 1996].

Since full search is prohibitive, we use the time-synchronous beam search strategy, where at each time frame only the most promising hypotheses are retained. The pruning approach consists of three steps namely acoustic pruning, language model pruning and histogram pruning. These pruning steps are performed every 10-ms time frame [Steinbiss et al. 1994]. The efficiency of these pruning approach can be improved by using the so-called look-ahead techniques [Ortmanns et al. 1997], e.g. language model look-ahead [Alleva et al. 1996, Steinbiss et al. 1994] and phoneme look-ahead [Ney et al. 1992a]. In this work, we employed only what we call unigram language model look-ahead [Steinbiss et al. 1994].

4.3 Word Graph Method

The basic idea of a word graph is to represent all word sequence hypotheses whose scores are very close to the locally optimal hypothesis in the spirit of beam search. The advantage of a word graph is that a fairly good degree of decoupling between acoustic recognition at the 10-ms level and the final search at the word level using a complicated language model can be achieved. The algorithm for word graph construction is based on the so-called word pair approximation [Schwartz & Austin 1991]: Given a word pair and its ending time, the word boundary between the two words is independent of the further predecessor words. This assumption can be expressed by the word boundary equation:

$$\tau(t; w_1^n) = \tau(t; w_{n-1}^n)$$

By taking this property into account, we obtain the following algorithm for the word graph construction which fits directly into a word-conditioned search organization [Ney & Aubert 1994]:

- At each time frame t, we consider all word pairs (v, w). Using a beam search strategy, we limit ourselves to the most probable hypotheses $(t; v, w)$, i.e. word pair (v, w) with ending time t.
- For each triple $(t; v, w)$, we have to keep track of:
  - the word boundary $\tau(t; v, w)$
  - the word score $h(w; \tau(t; v, w), t)$
- At the end of the speech signal, the word graph is constructed by tracing back through the bookkeeping lists.

Given a word graph and an m-gram language model, the second-pass of the word graph method can be carried out at the sentence level using a left-to-right dynamic programming algorithm as described in [Ney & Aubert 1994]. Because the word graph generated by the acoustic recognition process can be very large, pruning methods can be applied to reduce the size of the word graph without affecting the word error rate. A detailed description of the word graph method is given in [Ortmanns, Ney & Aubert 1997].

5 Experimental Results

The experimental tests were carried out on the ARPA North American Business (NAB'94) H1 development corpus including 310 sentences with 7387 words by 10 male and 10 female speakers. 39 of the spoken words were out-of-vocabulary words. The emission probability distributions of the underlying Hidden Markov models were trained on the so-called WSJ 0 and WSJ 1 training data as described in [Dugast et al. 1995]. In all the experiments, we used a 64 000-word lexicon and a language model as described in [Wessel et al. 1997]. To study the quality and the efficiency of the word graph method, a conservatively large word graph was constructed using a bigram language model with a test set perplexity (PP) of 237. The acoustic search space (when computing the initial word graph) consisted of 64 691 active states, 18 087 active arcs and 193

Table 1. Recognition results for the word graph method on the NAB'94 H1 development data (64 000-word task, trigram language model with PP = 172.0; OOV rate: 0.5%)

	Graph density			Graph word error rate		Recognition word error rate	
f_{lat}	WGD	NGD	BGD	DEL / INS	GER[%]	DEL / INS	WER[%]
200	1571.5	763.6	18.3	27 / 18	2.6	146 / 134	12.3
100	517.3	224.3	12.4	31 / 17	2.7	146 / 134	12.3
70	116.6	48.1	7.1	38 / 19	3.1	146 / 134	12.3
40	12.6	6.8	2.9	69 / 35	4.6	149 / 130	12.3
20	2.7	2.1	1.6	125 / 72	8.6	161 / 116	12.5
10	1.7	1.5	1.4	168 / 98	11.5	175 / 113	13.1
1	1.3	1.3	1.2	196 / 124	14.2	199 / 127	14.3

Table 2. Recognition results for the integrated search method (64 000-word task, trigram language model with $PP = 172.0$) as a function of the search space.

Average number of active			Recognition word error rate	
States	Arcs	Trees	DEL / INS	WER[%]
3950	1164	30	151 / 161	14.2
8259	2378	50	137 / 149	13.0
16068	4593	76	136 / 144	12.4
43381	10754	129	132 / 142	12.2
60177	16904	150	132 / 145	12.2

active trees per time frame during the first pass of the two-pass search strategy and results in a word error rate of 14.0%. Then the size of the word graph was reduced by applying a pruning operation using a pruning threshold f_{lat}. For this resulting word graph, Table 1 reports the size of the word graph in terms of the word graph density (WGD), the graph word error rate (GER) and the recognition word error rate (WER), for both of which the number of word deletions (DEL) and insertions (INS) is also given. For the recognition test, a full search through the word graph was performed using a trigram language model (perplexity of 172). To verify the viability and the quality of the word graph method, we use the speech recognition results obtained for the integrated search method in combination with a trigram language model (Table 2). Table 2 shows the search space, which is given in terms of the average number (per time frame) of active states, of active arcs, active trees and the recognition word error rate. Comparing the results of the integrated method with the results of the word graph method, we can see that the integrated method leads to a slight improvement of the recognition accuracy. Nevertheless, we have to keep in mind that the integrated method does not offer the flexibility of the word graph method.

6 Conclusion

This paper has given a description of the search problem in large vocabulary continuous speech recognition. Starting with the one-pass beam search, we have presented the word conditioned search algorithm using a tree-organized pronunciation lexicon. In addition, we have used the so-called word pair approximation in the construction of very-high quality word graphs and studied its viability in recognition experiments on the ARPA 64 000-word NAB'94 task.

References

[Baker 1975] J. K. Baker: "Stochastic Modeling for Automatic Speech Understanding", in D. R. Reddy (ed.): 'Speech Recognition', Academic Press, New York, pp. 512-542, 1975.

[Alleva et al. 1996] F. Alleva, X. Huang, M.-Y Hwang: Improvements on the Pronunciation Prefix Tree Search Organization. Proc. IEEE Int. Conf. on Acoustics, Speech and Signal Processing, Atlanta, GA, pp. 133-136, May 1996.

[Bahl et al. 1983] L. R. Bahl, F. Jelinek, R. L. Mercer: A Maximum Likelihood Approach to Continuous Speech Recognition. IEEE Trans. on Pattern Analysis and Machine Intelligence, Vol. 5, pp. 179-190, March 1983.

[Dugast et al. 1995] C. Dugast, R. Kneser, X. Aubert, S. Ortmanns, K. Beulen, H. Ney: Continuous Speech Recognition Tests and Results for the NAB'94 Corpus. Proc. ARPA Spoken Language Technology Workshop, Austin, TX, pp. 156-161, January 1995.

[Levinson et al. 1983] S. E. Levinson, L. R. Rabiner, M. M. Sondhi: An Introduction to the Application of the Theory of Probabilistic Functions of a Markov Process to Automatic Speech Recognition. The Bell System Technical Journal, Vol. 62, No. 4, pp. 1035- 1074, April 1983.

[Ney 1984] H. Ney: The Use of a One-Stage Dynamic Programming Algorithm for Connected Word Recognition. IEEE Trans. on Acoustics, Speech, and Signal Processing, Vol. ASSP-32, No. 2, pp. 263-271, April 1984.

[Ney et al. 1992a] Ney, H., Haeb-Umbach, R., Tran, B.-H. & Oerder, M.: Improvements in Beam Search for 10000-Word Continuous Speech Recognition. 1992 IEEE Int. Conf. on Acoustics, Speech and Signal Processing, San Francisco, CA, pp. 13-16, March 1992.

[Ney et al. 1992b] H. Ney, D. Mergel, A. Noll, A. Paeseler: Data Driven Organization of the Dynamic Programming Beam Search for Continuous Speech Recognition. IEEE Trans. on Signal Processing, Vol. SP-40, No. 2, pp. 272-281, February 1992.

[Ney 1993] H. Ney: Search Strategies for Large-Vocabulary Continuous-Speech Recognition. NATO Advanced Studies Institute, Bubion, Spain, June-July 1993, pp. 210–225, in A.J. Rubio Ayuso, J.M. Lopez Soler (eds.): 'Speech Recognition and Coding – New Advances and Trends', Springer, Berlin, 1995.

[Ney & Aubert 1994] H. Ney, X. Aubert: A Word Graph Algorithm for Large Vocabulary Continuous Speech Recognition. Proc. Int. Conf. on Spoken Language Processing, Yokohama, Japan, pp. 1355-1358, September 1994.

[Ortmanns et al. 1996] S. Ortmanns, H. Ney, F. Seide, I. Lindam: A Comparison of Time Conditioned and Word Conditioned Search Techniques for Large Vocabulary Speech Recognition. Proc. Int. Conf. on Spoken Language Processing, Philadelphia, PA, pp. 2091-2094, October 1996.

[Ortmanns et al. 1997] S. Ortmanns, A. Eiden, H. Ney, N. Coenen: Look-Ahead Techniques for Fast Beam Search. Proc. IEEE Int. Conf. on Acoustics, Speech and Signal Processing, Munich, Germany, Vol. 3, pp. 1783-1786, April 1997.

[Ortmanns, Ney & Aubert 1997] S. Ortmanns, H. Ney, X. Aubert: A Word Graph Algorithm for Large Vocabulary Continuous Speech Recognition. Computer, Speech and Language, Vol. 11, No. 1, pp. 43-72, January 1997.

[Schwartz & Austin 1991] R. Schwartz, S. Austin: A Comparison of Several Approximate Algorithms for Finding Multiple (N-Best) Sentence Hypotheses. Proc. IEEE Int. Conf. on Acoustics, Speech and Signal Processing, Toronto, pp. 701-704, May 1991.

[Steinbiss et al. 1994] V. Steinbiss, B.-H. Tran, H. Ney: Improvements in Beam Search. Proc. Int. Conf. on Spoken Language Processing, Yokohama, Japan, pp. 2143-2146, September 1994.

[Wessel et al. 1997] F. Wessel, S. Ortmanns, H. Ney: Implementation of Word Based Statistical Language Models. Proc. SQEL Workshop on Multi-Lingual Information Retrieval Dialogs, Pilsen, Czech Republic, pp. 55-59, April 1997.

Sprachunterstützung zur Programmierung von Multiprozessorsystemen mit Shared Virtual Memory

Michael Gerndt
Zentralinstitut für Angewandte Mathematik
Forschungszentrum Jülich GmbH
D-52425 Jülich
m.gerndt@fz-juelich.de

Zusammenfassung Neben massiv-parallelen Rechnern, in denen Prozesse aufgrund des verteilten Speichers nur durch den Austausch von Nachrichten kommunizieren können, werden zunehmend Rechner entwickelt, die mit oder ohne Hardwareunterstützung einen gemeinsamen Adreßraum auf dem verteilten Speicher realisieren. Bei der Programmierung dieser Rechner muß die unterschiedliche Latenzzeit von Speicherzugriffen auf den lokalen Speicher des Prozessors und den Speicher anderer Prozessoren beachtet werden. SVM-Fortran ist eine taskparallele Programmiersprache, die zusätzlich Sprachmittel zur Spezifikation der Verteilung paralleler Aufträge auf die Prozesse anbietet, um so das Zugriffsverhalten der Prozesse bzgl. des lokalen Speichers zu optimieren. Dieser Artikel stellt die Sprachmittel von SVM-Fortran zur Unterstützung numerischer Anwendungen mit regulären und unstrukturierten Gittern vor.

1 Motivation

Im Bereich des wissenschaftlichen Rechnens werden neben parallelen Vektorsupercomputern auch massiv-parallele Rechner für komplexe Simulationsrechnungen eingesetzt, da der Rechenbedarf einiger Simulationsrechnungen so hoch ist, daß diese nur auf massiv-parallelen Rechnern in angemessener Zeit durchgeführt werden können. Diese Rechner bestehen aus einzelnen Rechenknoten, die jeweils über einen eigenen lokalen Speicher verfügen und über ein Netzwerk miteinander verbunden sind.

Neuere massiv-parallele Rechner unterstützen auf dem verteilten Speicher einen gemeinsamen Adreßraum, der durch Hard- oder Software realisiert wird, z.B. Convex Exemplar, Sequent Sting und SGI Origin 2000. Diese Unterstützung vereinfacht die Implementierung von Programmiersprachen, die eine Kommunikation mittels gemeinsamer Datenstrukturen unterstützen.

SVM-Fortran ist eine Programmiersprache, die für Shared-virtual-memory-Rechner am Zentralinstitut für Angewandte Mathematik des Forschungszentrums Jülich entwickelt und implementiert wird. Bei dieser Rechnerklasse ist die Zuordnung von gemeinsamen virtuellen Adressen zu physischen Adressen des verteilten Speichers adaptiv, sie kann sich also an das Zugriffsverhalten der

Anwendung anpassen. Die Implementierung erfolgt auf Intel Paragon, für die im Rahmen des SVM-Fortran-Projektes bei Intel ESDC in München das *Advanced shared virtual memory system (ASVM)* realisiert wurde. Die Umgebung wurde inzwischen zur Parallelisierung von größeren Anwendungen aus dem Forschungszentrum Jülich erfolgreich eingesetzt. Die Ergebnisse zeigen, daß das unterstützte Programmiermodell effizient realisiert werden kann und die Entwicklung benutzerfreundlicher Programmierwerkzeuge unterstützt.

Das Design von SVM-Fortran unterstützt parallele numerische Anwendungen, die nach dem Prinzip der Gebietszerlegung parallelisiert werden. Hierzu bietet SVM-Fortran gemeinsame und private Datenstrukturen, parallele Schleifen und Sektionen, und darüber hinaus Sprachmittel, die zur Verteilung paralleler Aufträge auf die Prozessoren entsprechend der gewählten Gebietszerlegung eingesetzt werden können. Durch die Wahl einer geeigneten Gebietszerlegung greifen die Prozessoren immer auf den gleichen Teil der gemeinsamen Daten zu, der dann aufgrund der adaptiven Speicherabbildung automatisch im lokalen Speicher vorhanden ist.

Die Verwendung einer benutzergesteuerten Arbeitsverteilung wird auch in anderen Programmiersprachen eingesetzt, um die Datenlokalität für skalierbare Parallelrechner mit gemeinsamem Adreßraum zu verbessern. Fortran-S [BKP 93] wurde für das SVM-System Koan implementiert [LahPri 92], verfügt aber nur über eine sehr eingeschränkte Unterstützung zur globalen Optimierung der Arbeitsverteilung. Auch KSR-Fortran erlaubt eine globale Optimierung nur mittels der Affinity-Regionen, die weder geschachtelt noch im Kontext flexibler Verteilungsstrategien eingesetzt werden können. In dem Programmiermodell Craft [Cray 94] auf Cray T3D muß die Arbeitsverteilung und die Datenverteilung spezifiziert werden, da der Rechner nicht die dynamische Migration von Daten unterstützt.

SVM-Fortran und seine Programmierumgebung gehen im Gegensatz zu den anderen Sprachen nicht von einem schleifenbezogenen Ansatz aus, sondern unterstützen die Gebietszerlegungsstrategie zur Parallelisierung von Anwendungen.

Auch ohne einen gemeinsamen Adreßraum können Sprachen mit gemeinsamen Datenstrukturen realisiert werden. Die wohl bekannteste Entwicklung in diesem Bereich ist High Performance Fortran (HPF), dessen Compiler ein Fortran90-Programm mit einer Spezifikation der Datenverteilung in ein Knotenprogramm transformiert, das repliziert auf allen Prozessoren ausgeführt wird und die notwendige Kommunikation enthält. Da das Maschinenmodell, das HPF zugrundeliegt, auf einzelnen Knoten mit privatem Adreßraum beruht, ist die Sprache so eingeschränkt, daß der Compiler die Verteilungen und Zugriffsmuster erkennen und zur Erzeugung eines effizienten Programms verwenden kann.

Dieser Artikel stellt in Abschnitt 2 Shared-virtual-memory-Rechner vor. Abschnitt 3 beschreibt das Prozeßmodell von SVM-Fortran, während die Abschnitte 4 und 5 einen Überblick über die Sprachmittel zur Arbeitsverteilung geben. Abschnitt 6 diskutiert Erfahrungen, die bei der Parallelisierung von Anwendungen mit SVM-Fortran auf der Intel Paragon gesammelt wurden.

2 Shared-virtual-memory-Rechner

Die Klasse der *Shared virtual memory systems (SVM-Rechner)*[1] oder auch *Rechner mit gemeinsamem virtuellem Speicher* zeichnet sich gegenüber den NUMA-Rechnern durch eine adaptive Zordnung der gemeinsamen virtuellen Adressen zu den physischen Adressen aus [Li 86,Mair 96]. Die Migration von Daten zwischen den Knoten erfolgt nicht auf der Basis einzelner Adressen, sondern für einzelne Cache-Zeilen oder ganze Seiten des virtuellen Speichers. Meistens ist diese Einheit identisch mit der Einheit des Kohärenzprotokolls.

SVM-Rechner unterstützen zusätzlich zur Datenmigration lokale Kopien globaler Daten mit entsprechenden Kohärenzstrategien. Die Systeme werden unterschieden nach der Implementierung des gemeinsamen Adreßraums: reine Software-Implementierungen, wie IVY [Li 88], KOAN [LahPri 92], ASVM [ZTM 96] und Treadmarks [ACDL 96], und hardwareunterstützte Implementierungen, z.B. KSR und SGI Origin 2000.

3 SVM-Fortran

SVM-Fortran (SVMF) [BeGe 95] ist eine taskparallele Erweiterung von Fortran 77, in der der Benutzer Parallelität durch parallele Schleifen und parallele Sektionen ausdrücken kann. Ein SVMF-Programm wird von einer festen Menge von Prozessen ausgeführt, die alle zu Beginn der Programmausführung erzeugt werden. Jedem Prozeß ist ein Prozessor fest zugeordnet und somit kann durch eine gezielte Verteilung der Berechnung auf die Prozesse eine Optimierung der Datenlokalität erreicht werden.

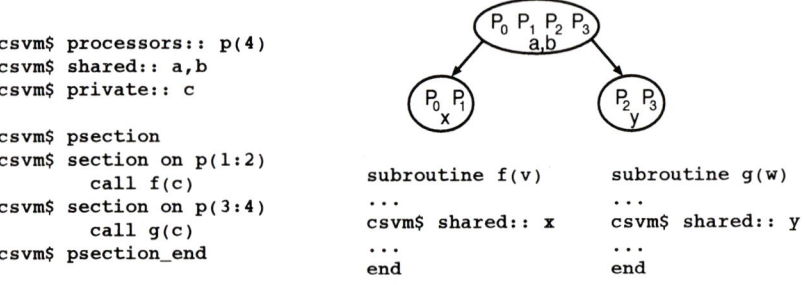

```
csvm$ processors:: p(4)
csvm$ shared:: a,b
csvm$ private:: c

csvm$ psection
csvm$ section on p(1:2)
        call f(c)
csvm$ section on p(3:4)
        call g(c)
csvm$ psection_end
```

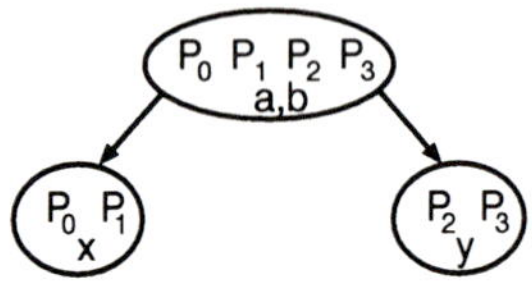


```
subroutine f(v)
...
csvm$ shared:: x
...
end
```

```
subroutine g(w)
...
csvm$ shared:: y
...
end
```

Abbildung1. Verteilung paralleler Aufträge auf Prozeßmengen.

Die Berechnungen des Programms werden in Form von Aufträgen auf Prozeßmengen verteilt. Zu Beginn der Programmausführung bildet das gesamte Programm den initialen Auftrag, der der initialen Prozeßmenge zugeordnet wird.

[1] In der Literatur werden diese Rechner auch als *Cache-only memory architectures (COMA)* oder *attraction memory systems* bezeichnet.

Ein ausgezeichneter Prozeß der Prozeßmenge, die einem Auftrag zugeordnet ist, führt die Anweisungen des Auftrages aus, bis aufgrund einer parallelen Anweisung Unteraufträge an die anderen Prozesse der Menge vergeben werden. In parallelen Sektionen bildet jeder einzelne Abschnitt einen Auftrag, während die Iterationen paralleler Schleifen zu Aufträgen zusammengefaßt werden. Ein Unterauftrag kann wieder einer Menge von Prozessen zugeordnet werden, um geschachtelte Parallelität ausnutzen zu können. Vor und nach der Ausführung einer parallelen Anweisung erfolgt eine Synchronisation aller Prozesse der Prozeßmenge. Nach der Bearbeitung der parallelen Anweisung setzt der Hauptprozeß die Berechnung fort.

In Abbildung 1 wird eine Anwendung skizziert, die von 4 Prozessen ausgeführt wird. Mit Hilfe des deklarierten Prozeßfeldes werden die Abschnitte der parallelen Sektion auf zwei Prozeßmengen verteilt. Jede Prozeßmenge führt dann gemeinsam das jeweilige Unterprogramm aus, so daß parallele Schleifen in den Unterprogrammen von den beiden Prozessen der Prozeßmenge parallel ausgeführt werden können.

Zu jedem Zeitpunkt der Programmausführung besteht eine Hierarchie von Prozeßmengen, die in Form eines Baums dargestellt werden kann. Die Wurzel ist die initiale Prozeßmenge und die Blätter sind die gerade aktiven Prozeßmengen. Jeder Prozeß gehört sowohl dem aktuellen Blatt als auch dessen Vorgängerknoten an.

Prozesse können sowohl auf gemeinsame als auch auf private Variablen zugreifen. Gemeinsame Variablen sind den Prozeßmengen zugeordnet und jeder Prozeß hat Zugriff auf die gemeinsamen Variablen aller Prozeßmengen denen er angehört. In dem Beispiel in Abbildung 1 sind die Variablen `A`, `B`, `X` und `Y` gemeinsame Variablen und P_0 kann während der Ausführung des Unterprogramms `F` auf die Variablen `A`, `B`, `X` zugreifen. Würde in beiden Abschnitten das Unterprogramm `F` aufgerufen, so hätten die beiden Prozeßmengen eigene Kopien der Variablen `X`.

4 Sprachmittel zur Arbeitsverteilung

Durch die Deklaration privater Variablen stellt der Programmierer sicher, daß diese Daten immer im lokalen Speicher des Knotens zu finden sind. Um die Lokalität von Zugriffen auf gemeinsame Daten zu optimieren, muß durch eine geschickte Arbeitsverteilung eine Wiederverwendung von Daten erreicht werden.

SVM-Fortran bietet Sprachmittel, mit denen die Verteilung neuer Aufträge spezifiziert werden kann. Diese Sprachmittel, die schon für parallele Sektionen in Abbildung 1 gezeigt wurden, verwenden *Prozeßfelder*, um die Prozesse zur Laufzeit zu identifizieren.

In Abbildung 2 wird ein zweidimensionales Prozeßfeld definiert und die Iterationen einer parallelen Schleife blockweise auf die Prozesse verteilt.

```
csvm$   processes:: p(4,4)
        ...
csvm$   pdo (loops(i,j,k), processes(p), strategy(block,block,*))
        do i ...
           do j ...
              do k ...
                 ...
              enddo
           enddo
        enddo
```

Abbildung2. Lokale Arbeitsverteilung für parallele Schleifen

4.1 Lokale Arbeitsverteilung paralleler Schleifen

Parallele Schleifen können durch die `STRATEGY`-Option auf die Prozesse der aktiven Prozeßmenge oder einer spezifizierten Teilmenge verteilt werden. SVM-Fortran unterstützt u.a. die folgenden lokalen Verteilungsstrategien:

`BLOCK`: Diese Strategie entspricht der Blockverteilung in HPF. Die Zahl der Iterationen wird durch die Zahl der Prozesse geteilt und entsprechende Blöcke gebildet.

`CYCLIC(N)`: Die Iterationen werden zyklisch auf die Prozesse verteilt. Wird der optionale Parameter angegeben, so werden Blöcke der Länge `N` zyklisch verteilt. Die zyklische Strategie ist vor allem für Dreiecksschleifen geeignet, bei denen die Laufzeit der Iterationen kontinuierlich zu- oder abnimmt.

`ALIGNED(A(MAP(I)))`: Die `ALIGNED`-Strategie bestimmt die Arbeitsverteilung entsprechend der momentanen Seitenverteilung. Die Iterationen werden dem Prozeß zugewiesen, der die Seite besitzt, auf der das Feldelement `A(map(i))` liegt.

Während die Standardverteilungen `BLOCK` und `CYCLIC` nur einen sehr geringen Laufzeitaufwand haben, da sie unabhängig in jedem Prozeß ausgewertet werden können, hat die `ALIGNED`-Strategie einen hohen Laufzeitaufwand. In Kombination mit dem Template-Konzept kann die resultierende Verteilung für eine spätere Wiederverwendung zwischengespeichert werden.

4.2 Globale Arbeitsverteilung

Zusätzlich zu den schleifenbezogenen Verteilungsstrategien bietet SVM-Fortran *Templates (work distribution templates)* zur globalen Steuerung der Arbeitsverteilung. Das Konzept wurde sehr stark von den Templates in HPF beeinflußt, unterliegt aber nicht den strengen Einschränkungen, die zur effizienten Implementierung in HPF erforderlich sind.

Templates sind abstrakte Indexbereiche, die den Simulationsbereich der Anwendung repräsentieren und, da sich die parallelen Schleifen meist an diesem Bereich orientieren, somit auch die Iterationsbereiche von Schleifen darstellen.

Templates werden wie Felder deklariert und können statisch und dynamisch erzeugt werden.

```
csvm$   processes:: p1(4)
csvm$   template:: t1(:)

        ...
csvm$   create:: t1(n)
csvm$   redistribute (block) onto p1:: t1
        ...
csvm$   pdo (loops(i),strategy(on_home(t1(i))))
        do i= ...
           a(b(i))= ...
        enddo
```

Abbildung3. Templates zur globalen Arbeitsverteilung

In Abbildung 3 wird die Deklaration eines dynamischen Templates vorgestellt. Dieses Template wird mit einer laufzeitabhängigen Größe angelegt und blockweise auf eine Prozeßmenge verteilt. Anstelle der einfachen blockweisen oder zyklischen Verteilungsstrategie können auch komplexere Verteilungsstrategien eingesetzt werden, da der Laufzeitaufwand nur bei der Verteilung des Template und nicht bei der Ausführung von parallelen Schleifen auftritt.

Zusätzlich zu den Strategien `BLOCK` und `CYCLIC` werden die folgenden Strategien unterstützt:

`GENERAL_BLOCK`-Strategie: Diese Strategie verwendet als Parameter ein Feld, das die Länge der Blöcke spezifiziert, die den Prozessen zugewiesenen werden. Somit kann durch die Blocklänge ein guter Lastausgleich erreicht werden.

`INDIRECT`-Strategie: Bei dieser Strategie wird über ein Feld individuell für jedes Template-Element ein Zielprozeß festgelegt. Diese flexible Spezifikation ist laufzeitaufwendig, ermöglicht zum Beispiel aber, Schleifen mit unregelmäßigem Zugriffsverhalten so abzubilden, daß jede Seite immer nur von einem Prozeß verwendet wird.

`LINKED`-Strategie: Mit dieser Strategie kann die Verteilung eines Template entsprechend der Verteilung eines anderen Template festgelegt werden.

Die spezifizierte Verteilung wird dann über die `ON_HOME`-Strategie zur Arbeitsverteilung paralleler Schleifen verwendet, wie dies in Abbildung 3 gezeigt wird. Somit können die Verteilungen vieler paralleler Schleifen durch eine Verteilungsdirektive gesteuert werden.

5 Arbeitsverteilung für Anwendungen auf unstrukturierten Gittern

Neben der Verwendung regelmäßiger zwei- oder dreidimensionaler Gitter in numerischen Anwendungen, werden vielfach auch unstrukturierte Gitter eingesetzt.

Diese Gitter ergeben sich z.B. bei Finite-Element-Verfahren, wo das Gitter an die Struktur des Simulationsgebietes leicht angepaßt werden kann.

Für regelmäßige Gitter kann die Gebietszerlegung sehr einfach durch eine dimensionsweise Aufteilung rechteckiger Templates festgelegt werden. Für unstrukturierte Gitter werden Partitionierungsalgorithmen verwendet, die bei der Zerlegung eine Optimierung des Kommunikationsverhaltens und des Lastgleichgewichtes durchführen [Manus 96,MoDiPr 96]; eine manuelle Gebietszerlegung ist viel zu aufwendig. Das Resultat eines Partitionierungsverfahrens sind meistens Teilgebiete sehr unterschiedlicher Struktur (Abbildung 4, [MoDiPr 96]), die durch eine explizite Zuordnung der Gitterpunkte zu einem Teilgebiet beschrieben werden.

SVM-Fortran unterstützt Anwendungen auf unstrukturierten Gittern durch eine Erweiterung des Template-Konzeptes um unstrukturierte Templates [Weiss 97]. Unstrukturierte Templates dienen nicht nur als Indexbereich, sondern speichern zusätzlich auch Information über das Gitter, das der Anwendung zugrundeliegt. Diese Information kann dann zur Einbindung von Partitionierungsalgorithmen und zur Laufzeitoptimierung, z.B. beim Einsatz von Prefetching zur Tolerierung hoher Latenzzeiten, verwendet werden.

```
csvm$   processors:: p(4)
csvm$   template:: t[(n), attributes(x,y,z), <t,t>]
        real x,y,z,xc(n),yc(n),zc(n)
        ...
        do i=1,l
csvm$      insert:: t(i)
        enddo
        do i=1,l
           do j=1,8
csvm$         insert:: <t(i),t(nb(i,j))>
           enddo
csvm$      set::t(i).x to xc(i)
csvm$      set::t(i).y to yc(i)
csvm$      set::t(i).z to zc(i)
        enddo
csvm$   redistribute rsb(t,x,y,z) onto p

csvm$   pdo(loops(i),strategy(on_home(t(i))))
        do i=1,l
          ...
        enddo
```

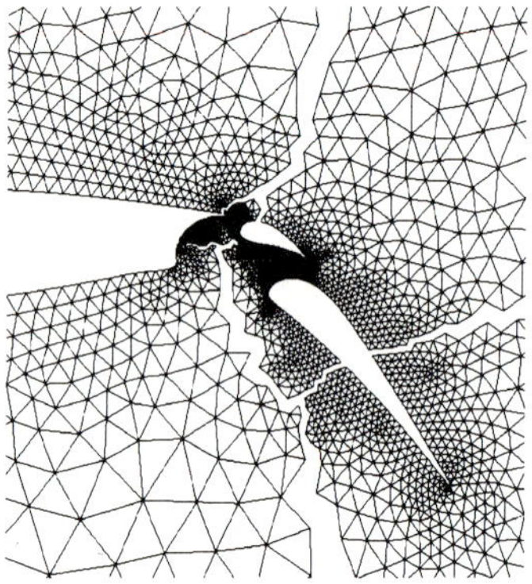

Abbildung4. Verwendung von Partitionierungsalgorithmen für unstrukturierte Templates

In Abbildung 4 wird ein unstrukturiertes Template mit maximal `N` Elementen deklariert. Jedes Template-Element hat die Attribute `X,Y,Z`, die die Raumkoordinaten beschreiben. Die Notation `<T,T>` legt fest, daß die Verbindungen zwischen Elementen dieses Template gespeichert werden können. Zur Modellierung komplexerer Anwendungen ist es auch möglich, Verbindungen zwischen verschiedenen unstrukturierten Templates zu definieren, um zum Beispiel den Zusammenhang von Punkten und Elementen eines Finite-Element-Gitters zu beschreiben.

Für unstrukturierte Templates sind `INSERT`- und `DELETE`-Anweisungen definiert, mit denen Template-Elemente und Verbindungen dynamisch eingefügt und gelöscht werden können. Dieses Sprachmittel erlaubt den Einsatz unstrukturierter Templates in Anwendungen mit adaptiven Gittern. Nach der Anpassung des Gitters an eine momentan berechnete Lösung steht für die Anpassung der Partitionierung alle notwendige Information zur Verfügung.

Die Attribute können über spezielle `SET`- und `GET`-Anweisungen geschrieben und gelesen werden. Das Beispiel in Abbildung 4 demonstriert diese Anweisungen. Die Elemente und die Verbindungen des Template `T` werden dynamisch eingefügt. Jeder Gitterpunkt hat in diesem Beispiel 8 Nachbarpunkte. Die drei Raumkoordinaten werden mit der `SET`-Anweisung definiert.

Ein unstrukturiertes Template kann mittels der `REDISTRIBUTE`-Anweisung zerlegt werden. Hierbei wird, wie in Abbildung 4 gezeigt, der verwendete Algorithmus (Recursive Spectral Bisection) mit entsprechenden Argumenten spezifiziert. Partitionierungsalgorithmen können so in Form einer Bibliothek zur Verfügung gestellt werden und der Benutzer legt durch die Argumente fest, welches Template zerlegt und welche Attribute und Verbindungen die im Algorithmus verwendete Zusatzinformation enthalten.

6 Erfahrungen und Ausblick

SVM-Fortran wird am Zentralinstitut für Angewandte Mathematik des Forschungszentrums Jülich auf Intel Paragon implementiert. Zur Unterstützung der Programmentwicklung mit SVM-Fortran ist eine Programmierumgebung verfügbar, die den SVMF-Übersetzer, die SVM-Implementierung und das Werkzeug OPAL zur Leistungsanalyse umfaßt.

Im Rahmen des SVM-Fortran Projektes wurden bisher zahlreiche Programme mit SVM-Fortran parallelisiert. CX3D ist die Simulation eines Kristallwachstumsprozesses, die bereits von anderen Mitarbeitern unseres Instituts für massivparallele Rechner parallelisiert wurde. Das mathematische Modell, welches für diesen Prozeß erstellt wurde, ist durch ein System von gekoppelten partiellen nichtlinearen Differentialgleichungen definiert, das nur numerisch gelöst werden kann. Für die Lösung der Gleichungen wurde ein 42 x 92 x 202 Elemente großes Feld gewählt.

Der FIRE-Code ist ein Löser für lineare Gleichungssysteme im Programmpaket FIRE der Firma AVL. Die Diskretisierung des Volumens bestimmt ein Gitter bestehend aus 47312 Gitterknoten, das für die Messung benutzt wurde. Die resultierenden Matrizen sind sehr dünn besetzt und werden daher komprimiert gespeichert. Der Zugriff erfolgt durch indirekte Adressierung.

In Diagramm 5 werden die Ergebnisse der SVMF-Umgebung (gekennzeichnet durch SVM) mit den Resultaten des HPF-Compilers, Version 2.0 von der Portland Group verglichen (gekennzeichnet durch HPF). Für den Code CX3D lag auch eine Message-Passing-Version auf der Basis der NX-Bibliothek vor. Alle Messungen wurden auf der Intel Paragon durchgeführt.

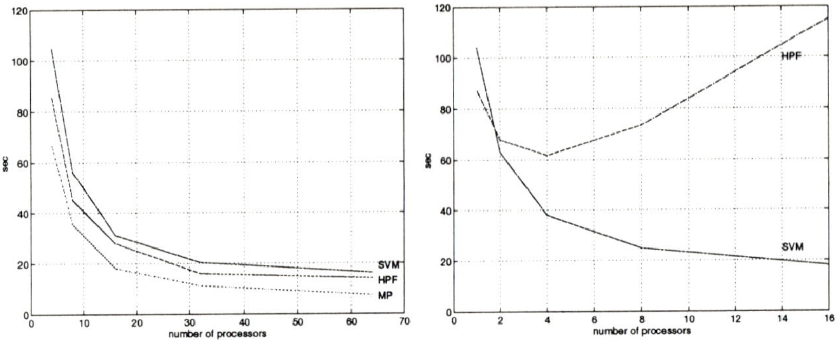

(a) CX3D (b) FIRE

Abbildung5. Ausführungszeiten für verschiedene Programmiermodelle

Verglichen mit der erheblich längeren Entwicklungszeit der Message-Passing-Version von CX3D, die fast ein halbes Jahr betrug, weisen die HPF- und SVM-Fortran-Versionen gute Performance-Werte auf. Die Parallelisierung erfolgte innerhalb weniger Tage.

Die beobachteten großen Laufzeitunterschiede beim Fire-Code sind auf die indirekte Adressierung zurückzuführen, die der HPF-Compiler nicht effizient in Message-Passing-Code übersetzen kann. Bei SVM dagegen existiert kein Performance-Problem. Lediglich bei größeren Prozessorzahlen erweist sich der Eingabedatensatz mit 10 MB als zu klein.

Die aktuellen Arbeiten im SVM-Fortran-Projekt beschäftigen sich mit der Portierung auf andere Rechner und der Weiterentwicklung der Programmierumgebung.

Im Bereich der Leistungsanalyse und Programmoptimierung wird eine Komponente von OPAL zur Versionsverwaltung bei der Programmentwicklung implementiert [Pitz 97]. Diese unterstützt die Entwicklung und Analyse verschiedener Programmversion, die bei der inkrementellen Parallelisierung und Optimierung entstehen.

Literatur

[ACDL 96] C. Amza, A.L. Cox, S. Dwarkadas, P. Keleher, H. Lu, R. Rajamony, W. Yu, W. Zwaenepoel: *TreadMarks: Shared Memory Computing on Networks of Workstations*, IEEE Computer, Vol. 29, No. 2, 1996

[BeGe 95] R. Berrendorf, M. Gerndt: *SVM-Fortran Reference Manual Version 1.4*, Internal Report KFA-ZAM-IB-9510, Central Institute for Applied Mathematics, Research Centre Jülich, 1995

[BKP 93] F. Bodin, L. Kervella, T. Priol: *Fortran-S: A Fortran Interface for Shared Virtual Memory Architectures*, International Conference on Supercomputing 1993, Portland, pp. 274-283, 1993

[Cray 94] Cray Research: *Cray MPP Fortran: Reference Manual*, Cray SR-2504, 1994

[LahPri 92] Z. Lahjomri, T. Priol: *Koan: A Shared Virtual Memory for the iPSC/2 Hypercube*, CONPAR'92, LNCS 634, Lyon, pp. 441-451, 1992

[Li 86] K. Li: *Shared Virtual Memory on Loosely Coupled Multiprocessors*, Ph.D. Dissertation, Yale University, Technical Report YALEU/DCS/RR-492, 1986

[Li 88] K. Li: *IVY: A Shared Virtual Memory System for Parallel Computing*, International Conference on Parallel Processing (ICPP'88), Vol. II, pp. 94-101, 1988

[Mair 96] M. Mairandres: *Virtuell gemeinsamer Speicher mit integrierter Laufzeitbeobachtung*, Dissertation RWTH Aachen, Bericht des Forschungszentrums Jülich Nr. Jül-3279, 1996

[Manus 96] K. McManus: *A Strategy for Mapping Unstructured Mesh Computational Mechanics Programs onto Distributed Memory Parallel Architectures*, Ph.D. Thesis, University of Greenwich, 1996

[MoDiPr 96] B. Monien, R. Diekmann, R. Preis: *Lastverteilungsverfahren für Parallelrechner mit verteiltem Speicher*, Partielle Differentialgleichungen, Numerik und Anwendungen (Hrsg. W.E. Nagel), Konferenzen des Forschungszentrums Jülich, Band 18, ISBN 3-89336-195-2, pp. 205-226, 1996

[Pitz 97] C. Pitz: *Versionsverwaltung zur Unterstützung der Analyse und Optimierung von SVM-Fortran Programmen*, Diplomarbeit RWTH Aachen, Bericht des Forschungszentrum Jülich No. Jül-33??, 1997

[Weiss 97] O. Weiss: *Partitionierung Unstrukturierter Gitter für Shared-Virtual-Memory-Rechner*, Diplomarbeit RWTH Aachen, Bericht des Forschungszentrum Jülich No. Jül-3336, 1997

[ZTM 96] S. Zeisset, S. Tritscher, M. Mairandres: *A New Approach to Distributed Memory Management in the Mach Microkernel*, USENIX 1996 Technical Conference, San Diego, California, 1996

Interaktive photorealistische Bildgenerierung durch effiziente parallele Simulation der Lichtenergieverteilung

Olaf Schmidt
Universität-GH Paderborn
Fürstenallee 11, D-33102 Paderborn
(merlin@uni-paderborn.de)

Brigitta Lange
FHG/IGD Darmstadt
Wilhelminenstraße 7, D-64283 Darmstadt
(gitta@igd.fhg.de)

Abstract: Der Prototyp eines interaktiven Systems zur Visualisierung komplexer Architekturmodelle wird präsentiert. Der Bildgenerierung liegt eine physikalische Simulation der Beleuchtungsverhältnisse in virtuellen oder real existierenden Umgebungen gemäß den Gesetzen der Optik zugrunde. Effiziente Parallelisierungen der Radiosity-Methode, des evolutionären Raytracing-Verfahrens und einer 2-Pass-Erweiterung der Radiosity Methode wurden entwickelt und in das System integriert. Basierend auf datenparallelen Berechnungen der Progressive Refinement Radiosity-Methode wird eine interaktive Begehung komplexer, korrekt beleuchteter Szenarios ermöglicht, wobei einem Betrachter ein realitätsnaher Eindruck der Umgebung vermittelt wird. Während eines solchen Online-Walkthroughs können Kamerapfade zur qualitativ hochwertigen Offline-Animationserzeugung durch das parallele evolutionäre Raytracing-Verfahren oder der 2-Pass Methode definiert werden.

1 Einleitung

Ziel der Forschung im Bereich der Bildgenerierung ist die Entwicklung von Methoden zur photorealistischen Darstellung dreidimensionaler Szenen. Die Computergrafik hat in den vergangenen Jahren Verfahren wie Monte Carlo Raytracing und Radiosity zur Approximation der globalen Beleuchtung in komplexen Umgebungen hervorgebracht. Diese Methoden berücksichtigen visuelle Effekte wie indirekte Beleuchtung und Color Bleeding, welche durch spekulare und diffuse Interobjektreflexion entstehen. Aufgrund des enormen Speicher- und Rechenzeitbedarfs dieser globalen Beleuchtungsverfahren war deren Einsatz in Visualisierungssystemen, mit deren Hilfe ein Anwender seine Entwürfe interaktiv verändern und die Auswirkungen dieser Modifikationen auf die Beleuchtungsverhältnisse visuell kontrollieren kann, bisher nicht praktikabel. Die Parallelisierung dieser Verfahren bietet die Möglichkeit, die Berechnungszeiten deutlich zu reduzieren und auch komplexe Modelle durch die Nutzung von Systemen mit verteiltem Speicher zu verarbeiten.

In dem durch das BMBF geförderte Verbundprojekt PARAGRAPH kooperieren Projektpartner aus Industrie und Forschung. Im Rahmen dieser Veröffentlichung werden die durch das Teilprojekt *Virtuelle Wände* erzielten Ergebnisse präsentiert. Ein interaktives System zur effizienten Visualisierung von komplexen Architekturmodellen wurde in Zusammenarbeit von der Universität-GH Paderborn, der FhG-IGD Darmstadt, Parsytec sowie System Connect Computeranimation entwickelt. Der hier vorgestellte Prototyp zur Erzeugung von photorealistischen Animationen basiert auf der parallelen physikalischen Simulation globaler Beleuchtungsverhältnisse in virtuellen

oder real existierenden Umgebungen gemäß den Gesetzen der Optik. Interaktive Begehungen dieser komplexen, korrekt beleuchteten Szenarios werden ermöglicht, wobei einem Betrachter ein realitätsnaher Eindruck der Umgebung vermittelt wird.
Im weiteren Verlauf wird eine Motivation für die Forschungsarbeiten gegeben. Die dem Prototyp zugrundeliegende Architektur sowie dessen Systemmerkmale werden erläutert und die integrierten parallelen Beleuchtungsverfahren vorgestellt. Zum Abschluß werden die durch das Bildgenerierungssytem erzielten Resultate präsentiert und weitere potentielle Verwendungsmöglichkeiten des Prototyps aufgezeigt.

2 Computervisualisierungen in der Architektur

Die Computersimulation gewinnt auch im Architektur- und Bauwesen zunehmend an Bedeutung. Während der Planung und Durchführung eines Bauvorhabens können 3D-Visualisierungen sowohl von Architekten als auch von Lichtdesignern dazu verwendet werden, ihre Ideen sichtbar zu machen. Baupläne und abstrakte lichttechnische Berechnungen sind im Allgemeinen nicht dazu geeignet, einen plastischen Eindruck von einem Bauvorhaben zu vermitteln. Im Rahmen von Genehmigungs- und Präsentationsverfahren können Computervisualisierungen eingesetzt werden, um ein Bauvorhaben darzustellen. Hierbei wird die Kommunikation zwischen Architekten, Bauträgern, Behörden und Anliegern durch die allgemeine Verständlichkeit von realistisch wirkenden Bildern vereinfacht. Ein virtuelles 3D-Modell ermöglicht schon während der Entwurfs- und Wettbewerbsphase einen guten Einblick in die ersten Konzepte, wodurch Planungsfehler einfach zu entdecken sind. Die Nutzung von computergenerierten Darstellungen komplexer Architekturmodelle zur Unterstützung bei der Beleuchtungsplanung setzt die korrekte Wiedergabe der Beleuchtungsverhältnisse innerhalb real existierender oder virtueller Umgebungen voraus. Dieses bedingt den Einsatz rechenintensiver und physikalisch basierter Bildgenerierungsverfahren, wodurch der Kosten- und Zeitaufwand zur Erzeugung von Animationen im Vergleich zu Visualisierungsmethoden, die derzeit in herkömmlichen Modellierungswerkzeugen integriert sind, um ein Vielfaches gesteigert wird. Um den vermehrten Einsatz von Computervisualisierungen von Architekturmodellen auch in Zwischenstadien eines Bauvorhabens zu ermöglichen, ist es notwendig, die Kosten der Bild- und Animationserstellung durch eine schnelle Bildgenerierung zu reduzieren.

3 Physikalische Simulation globaler Beleuchtungsverhältnisse

Zur Erzeugung qualitativ hochwertiger Animationen werden Verfahren eingesetzt, welche die physikalischen Eigenschaften des Lichts modellieren, insbesondere dessen Interaktionen mit Objekten einer Umgebungsbeschreibung basierend auf den Gesetzen der geometrischen Optik. Ein Modell, welches die Beleuchtung von Objekten durch andere Objekte einer Umgebung beschreibt, wird als globales Beleuchtungsmodell bezeichnet. Im Gegensatz zu lokalen Beleuchtungsmodellen, die in herkömmlichen CAD-Programmen verwendet werden und nur direkte Beleuchtung von Punktlichtquellen berücksichtigen, werden durch globale Beleuchtungsmodelle Effekte wie indirekte Beleuchtung, weiche Schatten, durch Flächenlichtquellen verursachte Halbschatten sowie Color Bleeding berücksichtigt. Die Approximation der globalen Beleuchtung hat sich zu einem Forschungsschwerpunkt im Bereich der Computergrafik entwickelt und es stehen mittlerweile verschiedene Verfahren zur physikalischen Simulation von Lichtenergieverteilungen zur Verfügung [Gora84][Kaj86]. Die bekanntesten dieser Approximationsverfahren sind Radiosity-Methoden und Monte Carlo Raytracing. Diese Techniken sind bekannt für ihren enormen Bedarf an Rechenzeit und Speicherplatz, welcher in Abhängigkeit der Modellkomplexität wächst. Aus Sicht der Forschung stellt es eine Herausforderung dar, basierend auf diesen Approximationsverfahren eine Online-Begehung (Walkthrough) innerhalb eines korrekt beleuchteten Szenarios zu ermöglichen, wobei Interaktionen mit Objekten der Umgebungsbeschreibung möglich sind und die Auswirkungen von Veränderungen auf die Beleuchtung direkt visuell kontrolliert werden können [Chen90][Geo90].

4 Nutzung massiv paralleler Systeme

Durch die Nutzung massiv paralleler Systeme mit verteiltem Speicher wird der Einsatz von Verfahren zur Approximation der globalen Beleuchtungsverhältnisse auch in interaktiven Bildgenerierungssystemen mit Echtzeitanforderungen zur Visualisierung komplexer 3D-Modelldaten ermöglicht. Bei einer Parallelisierung der Beleuchtungsverfahren müssen die für die Parallelverarbeitung typischen Problemstellungen wie die Entwicklung einer geeigneten Parallelisierungsstrategie, Mapping von Prozeßgraphen, dynamische Lastverteilung und schnelle Interprozeß-Kommunikation betrachtet werden [Men94].

4.1 Datenparallele Radiosity-Berechnungen

Das Radiosity-Verfahren stammt ursprünglich aus der Thermodynamik und wurde dort eingesetzt, um den Austausch von Wärmeenergie zwischen Objekten zu simulieren. Dieses Verfahren wurde erstmals von Goral et.al. [Gora84] modifiziert und zur Berechnung der globalen Beleuchtung innerhalb von geschlossenen Umgebungen mit ideal diffus reflektierenden Objekten eingesetzt. Hierbei wird davon ausgegangen, daß die Oberflächen der Szene in konvexe planare Polygone (Patches) unterteilt werden. Der Austausch von Lichtenergie zwischen den Patches aufgrund von Emission und Reflexion läßt sich durch ein lineares Gleichungssystem beschreiben. Durch die Lösung dieses Gleichungssystems wird jedem Patch ein Radiosity-Wert (Energie pro Zeit- und Flächeneinheit) zugeordnet, wodurch eine diskrete Repräsentation der diffusen Beleuchtung der Szene berechnet wird. Die Radiosity-Lösung wird zur Visualisierung der Szene eingesetzt, indem zunächst die Radiosity-Werte an den Eckpunkten des Eingabenetzes als Durchschnitt der Radiosities der angrenzenden Patches berechnet und als Beleuchtungsintensitäten interpretiert werden. Anschließend wird ein Bild mit Hilfe des Gouraud-Schattierungsverfahrens erzeugt [Cohen85]. Hierbei ist zu beachten, daß eine Radiosity-Lösung unabhängig von dem Standpunkt eines Betrachters in der Szene berechnet wird. Somit ist bei einer Veränderung der Blickrichtung oder der Position keine Neuberechnung der Radiosity-Lösung notwendig. Eine direkte Lösung des Gleichungssystems ist aus Speicherplatz- und Rechenzeitgründen für komplexe Umgebungen nicht praktikabel. Aus diesem Grund wurden Erweiterungen der ursprünglichen Methode eingeführt, welche in einem iterativen Prozeß in jedem Iterationsschritt eine gewisse Menge von Lichtenergie gemäß der Sichtbarkeitsverhältnisse in einer gegebenen Umgebung verteilen [Cohen88]. Initial besitzen nur die primären Lichtquellen Energie, die an die Patches der Umgebungsbeschreibung abgegeben werden kann. Im weiteren Verlauf des Verfahrens wird zu Beginn jeder Iteration ein *Shooting-Patch* bestimmt, welches in den vorangegangenen Iterationen die größte Energiemenge durch direkte und indirekte Beleuchtung empfangen hat. Diese Energiemenge wird in die Umgebung abgestrahlt, da sie den größten Beitrag zur Beleuchtung der Szene leisten kann. Der Prozeß wird solange fortgesetzt, bis die maximal zu verteilende Restenergie einen vorgegebenen Grenzwert unterschreitet. Diese Vorgehensweise wird als *Progressive Refinement Strategie* bezeichnet.

In dem hier vorgestellten Prototyp zur Architekturdatenvisualisierung ist eine effiziente parallele Version dieser Progressive Refinement Strategie integriert. Bei den parallelen Berechnungen wird die vorgegebene Szenenbeschreibung gemäß einer geometrischen Objektraumaufteilung auf die verschiedenen Prozessoren des Parallelrechnersystems verteilt. Innerhalb der Partitionen werden lokale Radiosity-Berechnungen durchgeführt, wobei partitionsübergreifende Beleuchtungseffekte durch Message-Passing berücksichtigt werden [Schm94][Men94].

Die Energie, die von einem Patch an die Umgebung abgegeben wird, setzt sich zusammen aus der selbst emittierten Energie (im Fall einer Lichtquelle) und der durch das Patch reflektierten Energie. Die Anteile, die andere Patches der Umgebungsbeschreibung von dieser abgestrahlten Energie empfangen, sind abhängig von den Sichtbarkeitsverhältnissen in der Szene und werden durch sogenannte Formfaktoren beschrieben [Gora84]. Bei einer Diskretisierung der Umgebungsbeschreibung in N Patches müssen zur Berechnung einer Radiosity-Lösung N^2 dieser Formfaktoren bestimmt werden. Eine gute Approximation der Formfaktoren läßt sich mit Hilfe der Hemicube-Methode [Cohen85] berechnen. Zur Bestimmung der Sichtbarkeitsverhältnisse innerhalb der Umgebung werden die Objekte der Szene auf die in ein Pixelraster unterteilten Seiten des Hemicubes projiziert, der über dem aktuellen Shooting-Patch plaziert ist. Mit Hilfe eines Z-Buffer-Verfahrens wird hierbei festgestellt, welche Patches Energie empfangen. Da die Parallelisierung auf einer Objektraumaufteilung basiert, ist es notwendig, Informationen über Pixel-Belegungen eines Hemicubes zwischen den Berechnungsprozessen auszutauschen, um globale Sichtbarkeitsinformationen zu erhalten. Zu diesem Zweck werden die Belegungen der Hemicube-Pixel in einer Nachricht binär codiert und an Zellen in Abstrahlrichtung des Shooting-Patches übermittelt [Schm94]. Diese Nachrichten weisen durchschnittlich eine Größe von 24 KByte auf. Durch Anwendung eines Komprimierungsverfahrens auf die Binärcodierungen der Hemicubebelegungen läßt sich die durchschnittliche Nachrichtengröße auf 3 KByte reduzieren. Der geringe Kommunikationsoverhead, der durch dieses Verfahren erzeugt wird, stellt den Hauptvorteil gegenüber zuvor durchgeführter Parallelisierungen der Radiosity-Methode dar, welche zur Bestimmung der Sichtbarkeitsverhältnisse die Objekte der Szene versenden, wodurch ein erheblicher Kommunikationsoverhead erzeugt wird [Chal91][Pur90]. Dieser führt zu einer geringen Effizienz der Verfahren für größere Prozessoranzahlen.

4.2 Dynamische Szenen

Durch das hier vorgestellte Visualisierungssystem soll eine Alternative zu dem bisher in Modellierungs-Systemen gültigen Paradigma *Modeling then Rendering* geschaffen werden, bei dem die Prozesse des Modeling und des photorealistischen Renderings strikt getrennt sind und nacheinander ablaufen. Aus Anwendersicht ist es wünschenswert, unmittelbar nach der Durchführung einer Modifikation der Szenenbeschreibung anhand einer photorealistischen Visualisierung einen Eindruck davon zu bekommen, wie sich diese Veränderung auf die globale Beleuchtungssituation der Umgebung auswirkt. Dieses bedeutet einen Paradigmawechsel von *Modeling then Rendering* zu *Rendering while Modeling* [Chen90]. Hierbei werden von Seiten der Anwender sehr hohe Anforderungen bzgl. Geschwindigkeit der Bildgenerierung, der Qualität der Visualisierungen und den Interaktionsmöglichkeiten an das Grafiksystem gestellt. Um diesen Anforderungen gerecht zu werden, wurde das in den Prototyp integrierte parallele Radiosity-Verfahren dahingehend erweitert, daß Radiosity-Lösungen innerhalb von Umgebungen berechnet werden können, die dynamisch veränderlich sind. Ein Benutzer hat somit verschiedene Möglichkeiten der Interaktion innerhalb einer gegebenen Szene. Die Position des Betrachters kann aufgrund der Blickpunktunabhängigkeit der Radiosity-Berechnungen innerhalb der Szene frei variiert werden, ohne die zeitaufwendige Berechnung der Lichtenergieverteilung wiederholen zu müssen. Um einem Benutzer die Modifikation der Reflexionseigenschaften von Oberflächen, das Setzen und Löschen von Lichtquellen sowie das Verändern der Geometrie der Szene zu ermöglichen, werden im Anschluß an eine Modifikation die bisher berechneten Radiosity-Werte inkrementell angepaßt [Chen90]. Da Änderungen vorwiegend lokale Auswirkungen haben, sind auch die Bereiche der Szene räumlich begrenzt, für die inkrementelle Updates zu berechnen sind. Diese Lokalität der durchzuführenden inkrementellen Berechnungen macht sich die auf Objektraumaufteilung basierende Parallelisierungsstrategie zu nutze. Im Falle einer Szenenmodifikation durch den Benutzer werden nur innerhalb der durch die Veränderung betroffenen Partitionen der Objektraumaufteilung inkrementelle Berechnungen zur Korrektur von Radiosity-Werten durchgeführt, wodurch eine erhebliche Reduktion des Berechnungsaufwandes erreicht wird.

4.3 2-Pass Methode

In den Industrieprototyp wurde ein Standard-Raytracing-Verfahren integriert, um die Kopplung von Raytracing- und Radiosity-Berechnungen zu einer 2-Pass Methode zu ermöglichen [Sill89][Wall87]. Hierbei wird im Anschluß an die Berechnung einer blickpunktunabhängigen Radiosity-Lösung ein Raytracing-Bild für eine bestimmte Blickrichtung generiert. Die zuvor berechneten Radiosity-Informationen werden von dem Raytracing-Verfahren verwendet, um auch die durch diffuse Interobjektreflexion entstehenden Effekte bei der Visualisierung zu berücksichtigen. Die Parallelisierung des Verfahrens basiert auf einer Bildraumaufteilung, wobei eine *Demand-Driven* Lastverteilungsstrategie implementiert wurde. Den Prozessoren des Parallelrechners werden hierbei verschiedene Bildbereiche zugeordnet, die unabhängig voneinander berechnet werden können. Nach Berechnung eines Bildausschnittes bekommt der frei gewordenen Prozessor auf Anfrage einen neuen Bildbereich zugeordnet. Die Größen der Bildausschnitte werden hierbei adaptiv in Abhängigkeit von der Prozessoranzahl und der Größe des verbleibenden Bildraumes verkleinert. Diese Vorgehensweise verringert die Idle-Zeiten der Prozessoren gegen Ende der Bildgenerierung, wodurch während der parallelen Raytracing-Phase auch für eine große Prozessoranzahl annähernd linearer Speedup erzielt wird.

5 Industrieprototyp zur Architekturdatenvisualisierung

Es wurde ein Industrieprototyp zur effizienten parallelen Bildgenerierung entwickelt, welcher eine physikalische Simulation der globalen Beleuchtung durchführt. Modelle, die mit 3D-Modellierungssoftware des Anwenders erstellt werden, dienen als Eingabe für den Industrieprototyp, um einen Walkthrough innerhalb einer korrekt beleuchteten Umgebung durchzuführen und hochqualitative Animationen zu erzeugen.
Der Prototyp wurde in Form einer offenen, modularen Client-Server Architektur realisiert, welche eine einfache Erweiterung des Systems um zusätzliche Applikations-Komponenten zuläßt. Bei diesen Komponenten kann es sich sowohl um neue Verfahren zur parallelen Beleuchtungssimulation auf Server-Seite als auch um Applikations-Interfaces als Clients handeln. Die Integration und Parallelisierung von weiteren Applikationen wird durch die Bereitstellung von Systemkomponenten auf der Server-Seite vereinfacht, welche verschiedene Heuristiken zum Mapping, Mechanismen zur dynamischen Lastverteilung, sowie Monitoring- und Kommunikationsmechanismen beinhalten (siehe Bild 1).

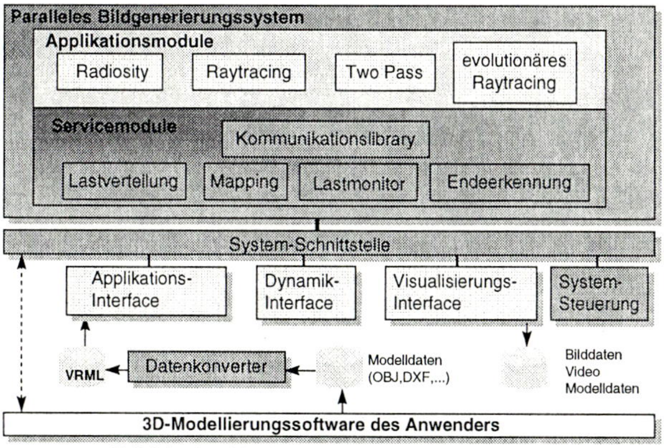

Bild1: Architektur des Industrieprototyps

Die Architektur unterscheidet zwischen Clients, die auf Workstations innerhalb einer vernetzten Umgebung laufen (Frontend-Komponenten) und dem auf einem Parallelrechnersystem installierten Rendering-Server (Backend-Komponeneten), welcher

Aufträge von Clients bearbeitet und die Ergebnisse den entsprechenden Visualisierungs-Clients übergibt. Ein Auftrag ist in diesem Kontext eine parallele Simulation der Lichtenergieverteilungen für eingelesene Szenenbeschreibungen. Über die Systemsteuerung kann ein Anwender zwischen den verschiedenen unterstützten Approximationsverfahren auswählen und sowohl die entsprechenden Applikations-Komponenten auf den Frontend-Systemen starten, als auch den Rendering-Server für das entsprechende Verfahren initialisieren.

Die Schnittstelle zur Modellierungssoftware eines Anwenders wird über den Austausch von Modelldaten realisiert, indem Standard-File-Formate mit Hilfe eines Datenkonverters in das interne Datenformat des Industrieprototyps umgewandelt werden. Dieses interne Datenformat kann anschließend von einem Applikations-Interface des Prototyps interpretiert werden. Eine direkte Anbindung des Modelers als Client an den Industrieprototyp ist über die offene Systemschnittstelle möglich. In diesem Fall übernimmt die Modellierungssoftware die Funktionalität des Dynamik-Interfaces. Die Voraussetzung hierfür ist jedoch die Verfügbarkeit des Source-Codes der Modellierungssoftware.

Der Industrieprototyp stellt eine integrierte Gesamtlösung zur effizienten Architekturdatenvisualisierung dar. Verschiedene parallele Approximationsverfahren zur Beleuchtungsberechnung wie Radiosity, Standard-Raytracing, evolutionäres Raytracing [Lan95][LoNe95] sowie eine 2-Pass-Methode [Sill89][Wall87] wurden in den Industrieprototyp integriert, wodurch eine Simulation der wesentlichen, durch spekulare und diffuse Interobjektreflexionen entstehenden Beleuchtungseffekte ermöglicht wird. Radiosity-Berechnungen sind unabhängig vom Betrachterstandpunkt und somit sind die Simulationsergebnisse geeignet für einen interaktiven Walkthrough [Cohen85], bei dem Beleuchtungseffekte visualisiert werden, die durch diffuse Interobjektreflexionen entstehen. Während des Walkthroughs werden die parallelen Radiosity-Berechnungen fortgesetzt und auf Anfrage werden die aktuellen Simulationsergebnisse visualisiert. Durch diese Vorgehensweise wird die Qualität der Visualisierung ständig verbessert [Cohen88]. Der Benutzer kann während des Radiosity-Previews mit der Szene interagieren, wobei die Auswirkungen auf die globale Beleuchtung durch inkrementelle Berechnungen bestimmt und mit Verzögerung visualisiert werden [Chen90]. Weiterhin ist es möglich, einen Animationspfad zu definieren, um anschließend eine Animation mit Hilfe des evolutionären Raytracing-Verfahrens oder der 2-Pass Erweiterung der Radiosity-Methode zu erzeugen. Das System ist aufgrund seiner Konzeption für die Nutzung von parallelen Systemen mit verteiltem Speicher und effizienten Parallelisierungen der Beleuchtungsverfahren bezüglich der Rechenleistung sehr gut skalierbar. Eine effiziente Bildgenerierung ist somit auch innerhalb komplexer Architekturdatenmodelle möglich. Die Server-Seite des Systems, welche die parallele globale Energiesimulation durchführt, ist aufgrund der Verwendung von PVM auf verschiedenen Hardwareplattformen lauffähig.

6 Performanz des Bildgenerierungssystems

Die Effizienz des parallelen Bildgenerierungssytems wird exemplarisch am Beispiel der parallelen Berechnung von Radiosity-Lösungen demonstriert.

Patchanzahl: 45747				
Konvergenz : 1e-3		CC		
Prozessoren	Partitionierung	Zeit (sec)	Speedup	Effizienz
1	(1/1/1)	3563	1,00	1,00
2	(2/1/1)	1850	1,93	0,96
4	(2/2/1)	994	3,58	0,90
8	(4/2/1)	516	6,91	0,86
12	(4/3/1)	358	9,95	0,83
16	(4/4/1)	275	12,96	0,81
20	(5/4/1)	230	15,49	0,77
24	(8/3/1)	211	16,89	0,70
28	(7/2/2)	197	18,09	0,65
30	(6/5/1)	161	22,13	0,74
32	(8/2/2)	157	22,69	0,71
36	(9/4/1)	153	23,29	0,65

Tabelle 1: Speedup und Effizienz der parallelen Berechnungen

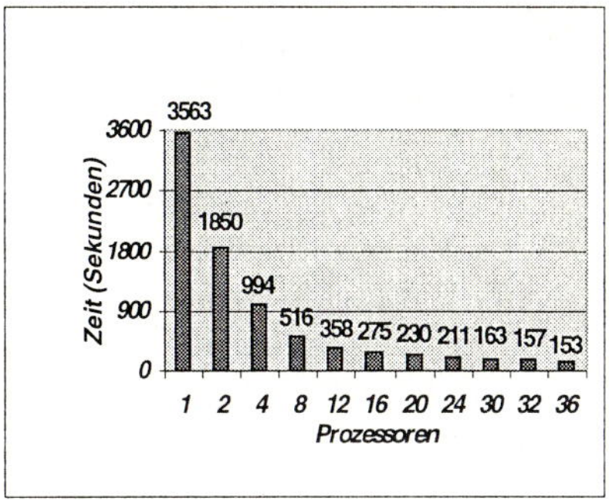

Bild2: Berechnung einer Radiosity-Lösung auf verschiedenen Anzahlen von Prozessoren.

Die in Bild 2 und Tabelle 1 dargestellten Leistungsmessungen wurden auf dem CC-System von Parsytec durchgeführt, welches in Paderborn installiert ist. Als Grundlage für die Radiosity-Berechnungen wurde eine Architekturszene von moderater Komplexität gewählt. Diese Testszene besteht aus initial 45.747 Flächen, die im Berechnungsverlauf adaptiv verfeinert werden, um Beleuchtungseffekte exakter wiedergeben zu können. Bei den Testmessungen wurde keine dynamische Lastverteilung durchgeführt. Zur Berechnung einer konvergierten Lösung wurden auf einem Prozessor 59 Minuten und 23 Sekunden benötigt. Durch eine auf 36 Prozessoren durchgeführte Simulation konnte die Berechnungszeit auf 2 Minuten 23 Sekunden reduziert werden, was einem Speedup von 23.29 entspricht. Bild 2 ist zu entnehmen, daß die Berechnungszeiten bei der Verwendung mit bis zu 16 Prozessoren sehr gut skalieren, bei der Verwendung von mehr als 16 Prozessoren aber keine weitere deutliche Reduktion der Berechnungszeiten erzielt wird. Dieses ist auf eine ungleichmäßige dynamisch entstehende Last zurückzuführen, welche durch die geometrische Objektraumaufteilung verursacht wird (Partitionierung entlang x-, y-, z-Achse in Subräume). Aufgrund der verschiedenen Anordnungen und der abweichenden Materialeigenschaften der Objekte in den unterschiedlichen Partitionen der Objektraumaufteilung entstehen voneinander abweichende Energieverteilungen innerhalb der lokalen Umgebungen. Somit sind innerhalb der Partitionen unterschiedliche Energiemengen zu verteilen. Die entwickelte Strategie zur dynamische Lastverteilung basiert auf der einfachen Beobachtung, daß Prozessoren, welche lokale Energiesimulationen innerhalb von Partitionen durchführen, deren Objekte nur eine geringe Menge der zu verteilenden Lichtenergie empfangen (d.h. dunkle Bereiche innerhalb der Szene), sehr große Idle-Zeiten aufweisen. Da ein Energieaustausch zwischen zwei Partitionen der Objektraumaufteilung durch Message-Passing realisiert wird, ist die Anzahl von Nachrichten im Message-Buffer eines Prozesses ein Indikator für die potentielle Energiemenge, die von den Objekten der entsprechenden Partition empfangen werden kann. Das Grundprinzip der Lastverteilungsstrategie basiert auf der Bearbeitung von Message-Buffern, deren Inhalt einen vorgegebenen Schwellwert überschreiten, durch mehrere weniger stark belastete Prozessoren. Da der Parallelisierungsstrategie eine Partitionierung des Objektraumes zugrunde liegt und somit jeder Prozessor nur Zugriff auf einen kleinen Teil der Szenendaten hat, müssen bei der Aufteilung des Message-Buffers auf verschiede-

ne Prozessoren, zusätzlich zu den Nachrichten die entsprechenden Objektraumpartitionen verteilt werden. Hierdurch entsteht ein zusätzlicher Kommunikations- und Speicheroverhead bei der Lastverteilung. Aus diesem Grund ist die Wahl des Schwellwertes zur Message-Buffer Aufteilung von entscheidender Bedeutung und ist in einem hohen Grad von der Kommuniaktionsleistung der verwendeten Hardware abhängig. Diese dynamische Lastverteilungsstrategie wird zur Zeit implementiert.
Das Fazit dieser Testmessungen ist, daß durch Parallelisierung des Radiosity-Verfahrens und die daraus resultierenden Berechnungszeiten der Einsatz dieses Verfahrens in interaktiven Systemen auch für komplexe Szenarios ermöglicht wird. Die Resultate werden sich durch dynamische Lastverteilung für größere Prozessoranzahlen noch deutlich verbessern lassen.

7 Visualisierung einer Präsentationsszene

Das Bauvorhaben *Rosenthaler Hof* im Zentrum von Berlin wurde als Präsentationsszene für den Industrieprototyp ausgewählt. Es besteht aus dem ehemaligen Kaufhaus *Wertheim*, welches saniert wird und einem modernen Neubau, in dem Wohnungen, Büros und Geschäfte entstehen. Bild 3 und Bild 4 stellen den überdachten Innenhof der Bürogebäude dar und geben die Beleuchtungsverhältnisse bei Nacht wieder. Das Modell besteht aus 80.000 zumeist texturierten Flächen. Zur Bildgenerierung wurden 4 Minuten auf 40 Prozessoren des CC-Systems benötigt.

Bild 3 und 4: Two Pass-Visualisierung der Präsentationsszene *Rosenthaler Hof*

8 Perspektiven

Der entwickelte Industrieprototyp bietet verschiedene zukünftige Verwendungs- und Erweiterungsmöglichkeiten, die sowohl aus Sicht der Industrie als auch aus Sicht der Forschung interessant sind. Durch die Verwendung des Prototypen als parallelen Rendering-Server und dessen Nutzung über WWW kann dessen Funktionalität einem breiten Anwenderfeld zur Verfügung gestellt werden. In diesem Fall müssen sich die

Modellierer nicht mit technischen Aspekten des Renderings auseinandersetzen und die vorhandene Hardware kann für den eigentlichen Modellierungszweck genutzt werden. Somit gibt es eine strikte Trennung zwischen technischer Infrastruktur und kreativer Anwendung. Durch heterogene Lastverteilung in einer *Meta Computing Umgebung* in welcher verschiedene Hochleistungsrechner vernetzt sind, kann eine hohe Systemauslastung bei den beteiligten Rechenzentren erzielt und garantierte Fertigstellungstermine für Animationen eingehalten werden. Die potentiellen Anwender eines solchen HPC-Teleservices sind in den Reihen von Architekten, Lichttechnikern, Designern, Visualisierungsbüros sowie Werbeagenturen zu suchen.

Referenzliste

[Chal91] Chalmers, A.G.; Paddon, D.J.: Parallel processing of progressive refinement radiosity methods, Proceedings 2nd Eurographics Workshod on Rendering, Mai 1991

[Chen90] Chen, S.E.: Incremental Radiosity: An Extension of Progressive Radiosity to an Interactive Image Synthesis System, Proceedings of SIGGRAPH 90, 1990, S. 135-144

[Cohen85] Cohen, M.F.; Greenberg, D.P.: The Hemi-Cube: A Radiosity Solution for Complex Environments, Proceedings of SIGGGRAPH 85, 1985, S. 31-40

[Cohen88] Cohen, M.F.; Chen S.E.; Wallce, J.R.; Greenberg, D.P.: A Progressive Refinement Approach to Fast Radiosity Image Generation, Proceedings of SIGGGRAPH 88, 1988, S. 75-84

[Geo90] George, D.W.; Sillion, F.X.; Greenberg, D.P.: Radiosity Redistribution for Dynamic Environments, IEEE Computer Graphics&Applications, 1990, S. 26-34

[Gora84] Goral, C.M.; Torrance, D.E.; Greenberg, D.P.; Battaile, G.: Modeling the Interaction of Light Between Diffuse Surfaces, Proceedings of SIGGRAPH 84, 1984, S. 213-222

[Kaj86] Kajiya, J.T: The Rendering Equation, Proceedings of SIGGRAPH 86, 1986, S. 143-150

[Lan95] Lange, B.: An Evolution Model for Integration Problems Artificial Neural Nets and Genetic Algorithms, Proceedings of the International Conference in Ales, France, 1995

[LoNe95] Lobo Netto, M.; Lange, B.; Hornung, Ch.: Assisting the Design and Optimization of High Quality Parallel Renderers, International Workshop on High Performance Computer Graphics and Visualization, 1995

[Men94] Menzel, K; Schmidt O.; Stangenberg, F.: Distributed Rendering Techniques using Virtual Walls, EuroPVM 94, 1994

[Pur90] Purgathofer, W; Zeiler,M: Fast radiosity by parallelization, Eurographics Workshop Photosimulation, Realism & Physics in Computer Graphics, Juni 1990, S. 173-184

[Schm94] Schmidt O.: Verteilte Energiesimulation in geschlossenen Räumen, Diplomarbeit an der Universität-GH Paderborn, November 1994

[Sill89] Sillion, F.X.; Puech, C.: A General Two-Pass Method Integrationg Specular and Diffuse Reflection, Proceedings of SIGGRAPH 89, 1989, S. 335-344

[Wall87] Wallace, J.R.; Cohen, M.F.; Greenberg, D.P.: A two-pass solution to the rendering equation: a synthesis of ray-tracing and radiosity methods, Proceedings of SIGGRAPH 97, 1987, S. 311-320

Innovation im Bayerischen Forschungszentrum für Wissensbasierte Systeme (FORWISS): Strategien und Erfahrung

Bernd Radig

FORWISS, Orleansstr. 34, 81667 München, und
Informatik IX, Technische Universität, 80290 München

Zusammenfassung. Innovation erfordert auch innovative Organisationsstrukturen. FORWISS ist ein gemeinsames Institut dreier Universitäten, das in einem Bereich der Informatik tätig ist, der seit Jahren mit stetig wachsender Akzeptanz der Wirtschaft verbunden ist. Aus der Charakterisierung des Innovationsprozesses in diesem Bereich ergeben sich Konsequenzen für Organisation und Arbeitsweise eines Universitätsinstitutes, das in Kooperation mit interessierten Wirtschaftsunternehmen die methodologischen Grundlagen erforscht und deren Umsetzung in die Praxis in besonderem Maße unterstützt.

1 Innovation

Innovation ist – laut Brockhaus – die planvolle, zielgerichtete Erneuerung und auch Neugestaltung von Teilbereichen, Funktionselementen oder Verhaltensweisen im Rahmen eines bereits bestehenden Funktionszusammenhangs mit dem Ziel, entweder bereits bestehende Verfahrensweisen zu optimieren oder neu auftretenden und veränderten Funktionsanforderungen besser zu entsprechen. Innovation muß damit merkbar und meßbar sein. Innovation ist der Motor der Wirtschaft in einer Gesellschaft, die nicht durch Mangel charakterisiert ist. Insbesondere im Bereich der Informatik entstehen wesentliche Teile des Software-Marktes durch schnelles Umsetzen von Innovationen.

Grundlagenforschung, angewandte Forschung, Erfindung oder Entwicklung sind nur Teile des Innovationsprozesses. Das Auftrennen der Innovationsprozesse, die im Hochschulbereich angesiedekt sind, grob in Forschung, Technologietransfer und Umsetzung führt zu Verwerfungen zwischen den Phasen und erzeugt Übernahmeverluste an den Schnittstellen. Die Harmonisierung einer bedarfsgerechten Förderung "just in time" wird schwierig. Eine Konsequenz daraus ist zu versuchen, den Innovationsprozeß in einer Hand zu behalten. Das ist durch die Gestaltung von FORWISS und dem FORWISS Professional e.V. in akzeptabler Form gelungen.

Der Innovationsprozeß umfaßt Generierung von Ideen, Konkretisierung durch wirtschaftliche Beurteilung mit begleitender Modifikation der Ideen sowie schnelle und konsequente Umsetzung unter Berücksichtigung des Marktes. Für ein innovationsbereites Forschungszentrum ist eine kreativitätsfördernde Einstellung, Kompetenz in der Einbettung von Lösungen oder dem Aufbau von Prototypen unter Berücksichtigung wirtschaftlicher Randbedingungen sowie Partnerunternehmen für die Umsetzung unerläßlich.

Das Spektrum der Innovationsgebiete ist groß, unter anderem Produkte, Prozesse, Software und durch Software realisierbare Dienste, Dienstleistungen, Strukturen, Gesetze, Verordnungen, Vorschriften, Standards, ... Der Schwerpunkt von FORWISS liegt naturgemäß im Bereich Software und Dienste. Allerdings hat FORWISS durch seine Ausrichtung im Laufe der Zeit, aber auch schon bei der Gründungsvorbereitung erheblich zur Strukturinnovation in der bayerischen Forschungslandschaft beigetragen. Zur Innovation im eigenen Dienstleistungsbereich der bayerischen Hochschulen und ihrer eigenen Struktur, die im Rahmen der Hochschulgesetzgebung und mit Mitteln der Haushaltsrichtlinien angestrebt wird, wird FORWISS ebenfalls Beiträge leisten können.

Die Anbahnung der Zusammenarbeit mit Firmen – auch wenn sie von ehemaligen Mitarbeitern geführt werden – verläuft selten problemlos. Nach der Erfahrung im FORWISS ist es wichtig, die jeweiligen Interessen der beiden Partner, soweit sie das geplante Projekt betreffen, offenzulegen. Nur dann ist man in der Lage rechtzeitig festzustellen, ob die Schnittmenge gemeinsamen Interesses ausreicht, um der Zusammenarbeit Erfolgschancen zu geben. Beide Seiten müssen ihr jeweiliges Risiko einschätzen. Bei FORWISS sind die Forschungsgruppenleiter und ihre Stellvertreter, die Geschäftsführung und projekterfahrene Mitarbeiter hier die Beteiligten. Im Laufe der Zusammenarbeit sind Konflikte unvermeidbar. Bei der Vertragsgestaltung trägt die Erfahrung dazu bei, Mechanismen zur Lösung absehbarer Konflikte einzubauen. Typische Fälle betreffen den Zielkonflikt zwischen dem Wunsch der wissenschaftlichen Mitarbeiter nach Veröffentlichung und der Firmen nach Geheimhaltung. Genauso bedarf es Erfahrung beispielsweise bei der Abwehr von Konventionalstrafen oder der Spezifikation klarer Abnahmebedingungen für die zu erbringenden Leistungen.

Ein Grund für den Erfolg von FORWISS, inzwischen über 80 Mitarbeiter groß, ist natürlich die Qualität der Grundlagenforschung im Bereich der Wissensbasierten Systeme und deren Anwendungsgebiete. Nicht unwesentlich ist aber auch die Erfahrung in der projektorientierten Zusammenarbeit – von kleinen Studien bis hin zu Projekten mit über 10 Personenjahren. Diese Erfahrung gibt FORWISS auch an die übrigen Forschungsverbunde im Rahmen der Arbeitsgemeinschaft der Bayerischen Forschungsverbünde weiter und beteiligt sich mit besonderer Initiative an interdisziplinären Projekten, die wiederum von mehreren Forschungsverbunden gemeinsam durchgeführt werden.

2 Entstehung und Konzept

Schon als der Autor 1986 an die Technische Universität München auf einen neugeschaffenen Lehrstuhl für Praktische Informatik berufen wurde, hatte F. L. Bauer mit den Kollegen an den anderen bayerischen Universitäten, die ebenfalls Informatiker in einem Diplomstudiengang ausbildeten, mit dem Ziel gesprochen, eine engere Zusammenarbeit zu organisieren. Beeinflußt durch den Plan des Bundesforschungsministers, ein Center of Excellence für Künstliche Intelligenz zu gründen, konnte die Bereitschaft der Informatiker zur Zusammenarbeit, die Unterstützung der Staatsregierung und das Interesse der bayerischen Wirtschaft zusammengebunden werden, um das Bayerische Forschungszentrum für Wissensbasierte Systeme (FORWISS) zu gründen. Der offizielle Startschuß durch den Ministerpräsidenten und den Kultusminister Bayerns fiel am 11. Dezember 1988. Das Anliegen des Forschungszentrums war und ist, den Bereich Künstliche Intelligenz verstärkt im Wissenschafts- und Wirtschaftsraum Bayern zu verankern. Es dient der Vertiefung sowohl der Grundlagenforschung wie auch der anwendungsbezogenen Forschung auf dem Gebiet der Wissensbasierten Systeme sowie der Heranbildung des wissenschaftlichen Nachwuchses in diesem Bereich. In Kooperation mit interessierten Wirtschaftsunternehmen sollen insbesondere die methodologischen Grundlagen erforscht und die Verfahrensentwicklung sowie die Generierung prototypischer Werkzeuge vorangetrieben werden. Inzwischen sind – zwar mit unterschiedlichen Organisationsformen, prinzipiell jedoch mit gleichem Ziel – für andere Technologiethemen, 23 Forschungsverbunde entstanden, die sich in der Arbeitsgemeinschaft der Bayerischen Forschungsverbünde (A•Bay•FOR) zusammengeschlossen haben. FORWISS hat dabei seine langjährige Erfahrung eingebracht, um Ziele und Arbeitsweise für diese einzigartige Struktur zu prägen:

Aufgabe und Organisation der Arbeitsgemeinschaft. In einvernehmlich mit der bayerischen Wirtschaft ausgewählten Themenschwerpunkten werden Ergebnisse anwendungsorientierter Grundlagenforschung zusammen mit Partnerunternehmen und Anwendern erzielt und in Produkte oder Dienstleistungen übertragen. Neben Großfirmen beteiligen sich über 100 kleine und mittelständische Unternehmen an den Projekten. In jedem Verbund arbeiten Wissenschaftler aus mehreren Universitäten zusammen. Spitzenforschung wird so durch Bündelung des Forschungspotentials über Universitätsgrenzen hinaus organisiert. Während der Existenzdauer der befristet angelegten Verbunde wird eine dauerhafte Verankerung ihres jeweiligen Themas in Forschung und Lehre an bayerischen Universitäten und in der Anwendung bei bayerischen Unternehmen erreicht. Partnerfirmen, die Forschungsergebnisse in Produkte und Dienstleistungen übernehmen, stehen spezifisch ausgebildete und im Erkenntnistransfer erfahrene Mitarbeiter zur Verfügung. Neben erheblichen Eigenleistungen wird die Finanzierung der Forschungsarbeit zu etwa je einem Drittel von der bayerischen Wirtschaft, der Bayerischen Forschungsstiftung und der Bayerischen Staatsregierung getragen. Das federführende Kultusministerium unterstützt darüberhinaus die Einrichtung neuer Verbünde in erheblichem Maße und sichert über begleitende Begutachtungsverfahren die Qualität der wissenschaftlichen Arbeit. Die Verbünde in A•Bay•FOR nutzen gegenseitig ihre einschlägige Fachkompetenz und Erfahrung, wenn Problemlösungen fachübergreifendes Vorgehen und das Anwenden von Methoden aus verschiedenen ihrer Themenbereiche erfordern. Interdisziplinäre Weiterentwicklung neuartiger Spitzentechnologien bekommt so ihre Chance. A•Bay•FOR ist das selbstorganisierte Instrument für gemeinsame Aufgaben und die Verwirklichung der Ziele der Forschungsverbünde.

3 Struktur und Aufgaben

FORWISS. Das Forschungszentrum sollte als Universitätsinstitut nicht nur Bestandteil der jeweiligen Informatik-Fakultäten sein, sondern natürlich auch Ansprechpartner der Wirtschaft. Kurze Wege zu bayerischen Firmen und die enge Verbindung wurden durch einen dezentralen Aufbau erreicht. In Erlangen, dem Sitz des Institutes, existieren inzwischen drei ständige Forschungsgruppen (Wirtschaftsinformatik: Leiter P. Mertens, Wissensverarbeitung: H. Niemann, Wissenserwerb: H. Stoyan mit G. Görz) und der Bereich Neuronale Netze und Fuzzy Logik (P. Protzel). Die beiden Forschungsgruppen in München, Wissensbasen und Kognitive Systeme werden von R. Bayer bzw. B. Radig geführt. K. Donner leitet die Forschungsgruppe Entscheidungsunterstützende Systeme in Passau.

Als Universitätsinstitut braucht FORWISS einen Institutsrat, hier Forschungskollegium genannt, der mit Studenten, Mitarbeitern und Professoren aus den drei Standorten besetzt ist. Ein Novum wurde bei der Zusammensetzung der Institutsleitung realisiert. Gemeinsam mit drei Professoren (B. Radig, Sprecher, P. Mertens, Stellvertreter, K. Donner) bilden auch zwei Vertreter aus der Wirtschaft das Direktorium. H.-H. Braess kommt aus der Großindustrie (BMW) und ist Honorarprofessor an der TU München. H. Schlenz leitet eine mittelständische Firma in Augsburg und ist Lehrbeauftragter an der Universität Erlangen. Durch das Zusammenwirken beider Seiten werden die Entscheidungen des Direktoriums treffsicherer und berücksichtigen die Sichtweisen sowohl aus der Wirtschaft als auch aus der Wissenschaft. Unterstützt wird das Direktorium bei der Umsetzung der Entscheidungen und in der Führung des Forschungszentrums durch einen Geschäftsführer (U. Haass), der aus seiner Erfahrung in einem Fraunhofer-Institut und bei der Europäischen Gemeinschaft die Schnittstellen zwischen Wirtschaft und Wissenschaft besonders gut kennt.

Kuratorium. Nicht erst angeregt durch die jüngsten Überlegungen zur Veränderung der Hochschulstruktur, in der ja auch die Schaffung von Beiräten diskutiert wird, hat FORWISS einen solchen Beirat, das Kuratorium, zur Seite. Dort versammeln sich je zehn Vertreter aus der bayerischen Wirtschaft und aus den Trägeruniversitäten, dem Kultus- und dem Wirtschaftsministerium, verbundenen Forschungsinstituten sowie der EU in Abständen von etwa 8 bis 10 Monaten, nicht nur, um das Direktorium zu beraten, sondern auch um auf die thematische und strategische Entwicklung Einfluß zu nehmen. Das Direktorium ist dem Kuratorium rechenschaftspflichtig, das Kuratorium muß einverstanden sein mit dem wissenschaftlichen Programm, dem Haushaltsvoranschlag, der Bestellung des Geschäftsführers und der Einrichtung weiterer Forschungsgruppen. Das Kuratorium nimmt nicht nur seine Rechte wahr sondern unterstützt auch die Interessen des Forschungszentrums in der Öffentlichkeit und hat sich sehr konstruktiv an der Weiterentwicklung Zielsetzung von FORWISS beteiligt. In diesem Gremium einen Diskussionspartner zu haben, in dem alle beteiligten Einrichtungen und Interessierte gleichzeitig ansprechbar sind, hat sich als effizient und hilfreich für das Direktorium und die Leitung der Forschungsgruppen erwiesen.

Förderkreis. Das Kuratorium ist nicht das einzige Bindeglied zur Wirtschaft. Schon 1987 und 1988 haben sich Vertreter von Firmen, der Industrie- und Handelskammern, des Förderkreises Neue Technologien und vieler weiterer Einrichtungen mehrfach getroffen, um die Entscheidung für den Aufbau von FORWISS zu beeinflussen. Das Interesse der Wirtschaft war so groß, daß sich schon Anfang 1988, also vor der Gründung von FORWISS, der "Förderkreis der Bayerischen Wirtschaft für das Bayerische Forschungszentrum für Wissensbasierte Systeme (FORWISS) e.V. " konstituierte. Er hat zur Zeit 80 Mitgliedsfirmen. Um dieses Interesse nicht nur finanziell durch Spenden und Beiträge dem FORWISS zugute kommen zu lassen, entsendet der Förderkreis zehn Vertreter in das Kuratorium. Der Förderkreis wird organisatorisch vom Landesverband der Bayerischen Industrie (LBI) betreut. Die Zuwendungen des Förderkreises können und sollen den Staatsanteil und die Projektmittel im Haushalt nicht als fester Bestandteil ergänzen. Sie dienen vielmehr dazu, eine Flexibilität im Personal- und Sachbereich zu schaffen, die mit dem Staatshaushalt naturgemäß nicht herzustellen ist. Dadurch ist es im FORWISS möglich, sehr schnell auf Anforderungen für den Aufbau neuer Projekte zu reagieren oder die Mittel des Förderkreises als Reserve für Risiken zu betrachten. Zum Glück mußte letztere Reserve bisher nicht in Anspruch genommen werden, auch nicht, als ein Partnerunternehmen zahlungsunfähig wurde.

FORWISS Professional. Die besondere Unterstützung, die FORWISS kleinen und mittelständischen Unternehmen bei der Übernahme von Forschungsergebnissen gewähren will, erstreckt sich im besonderen Maße auf die Firmengründer, die aus den Reihen der eigenen Mitarbeiter oder die aus Partnerunternehmen kommen. Um die Spin-offs genauso wie Mitglieder von FORWISS und sonstige interessierte an der Gestaltung dieses Prozesses beteiligen zu können, wurde gemeinsam der eingetragene Verein FORWISS Professional e.V. gegründet. Er unterstützt einerseits in einer Brückenkopf-Funktion Ausgründungen von FORWISS-Mitarbeitern. Damit werden Arbeitsplätze geschaffen und Innovationen schnell in den Markt gebracht. Andererseits dient FORWISS Professional diesen und auch anderen jungen Unternehmen aus der Informatik-Branche als ein Netzwerk. So können über FORWISS Professional große Projekte bearbeitet werden, die über die Kapazität oder das Know-how eines einzelnen Unternehmens hinausgehen. Das Forschungszentrum bleibt als Keimzelle in diesem Netzwerk der Lieferant von Ergebnissen aus der Forschung. Durch die Rückkopplung auf die Gestaltung des wissenschaftlichen Programms des Forschungszentrums, die Vermittlung von Forschungsaufträgen und nicht zuletzt die Beteiligung am finanziellen Erfolg der Vermarktung haben alle Partner deutliche Vorteile in diesem Netzwerk.

Knapp hundert Arbeitsplätze in zwölf Firmen, die unter Verwertung von im FORWISS erarbeiteten Ergebnissen und Kenntnissen überwiegend von FORWISS-Mitarbeitern und zu einem geringeren Teil von Projektmitarbeitern aus Partnerunternehmen gegründet wurden, sind so bisher entstanden: AXIA information systems GmbH, Bissanz, Küppers & Co. GmbH, eidon GmbH, Horstmann Systemberatung, H&K System GmbH, Office Media Consult, Rosewitz Christ Informatik, roccas Multimedia GmbH, Schema GmbH, MVTec Software GmbH, mediatec Gesellschaft für multimediale Systemlösungen mbH.

Der Erfolg der eigenen Arbeit und der Partnerunternehmen ist ein Zeichen dafür, daß das Innovationskonzept von FORWISS sich befriedigend entwickelt hat.

Persistent Object Systems: From Technology to Market

Andreas Gawecki[1] Florian Matthes[1,2] Joachim W. Schmidt[1,2]
Sören Stamer[1]

[1] *Higher-Order* Informations- und Kommunikationssysteme GmbH
Burchardstr. 19, D-20095 Hamburg, Germany, www.higher-order.de
[2] Arbeitsbereich Softwaresysteme, TU Hamburg-Harburg
Harburger Schloßstr. 20, D-21071 Hamburg, Germany, www.sts.tu-harburg.de

Abstract. This text describes how persistent object system technology developed in European basic research is being used by a small German startup software company to realize innovative customer-oriented information services on the Internet. The description of this particular "entrepreneurial experiment" is intended to provide some input to the discussion of possibilities to stimulate the uptake of academic research results by industry in Germany.

1 Persistent Object System Technology Development

Between 1991 and 1995 an enthusiastic team of researchers, Ph.D. and master's students at the computer science department of the University of Hamburg created *Tycoon*, a programming environment for the construction of integrated persistent object systems. The vision that unified and shaped this team can be summarized best by the following quote from [Mat93, p. 1–6]:

- Persistent object systems are software systems that provide their users with a flexible and problem-oriented access to large collections of persistent objects with rich semantic relationships.
- The longevity, the user-orientation and the security requirements of persistent object systems lead to a strong need to utilize off-the-shelf services like object stores, information retrieval engines, transaction monitors, database systems, GUI toolkits, and distributed object managers.
- The quality of future persistent object systems will depend more on the flexibility, efficiency and correctness in the interplay between the objects of these heterogeneous *generic* services than on the performance of individual system services.
- The key to quality improvements are therefore
  - expressive naming, binding and typing mechanisms,
  - the integration of system and application programming, and
  - the use of abstract and formally-defined intermediate representations to enable open, scalable, portable, and optimizable system implementations.

Five years later, after the commercial success of Java, Visual Basic and other platform-independent "system integration languages", some of these statements might sound familiar, but even in 1997, these commercial environments fail to support the following important language concepts which are the cornerstones of the Tycoon system and language design.

Higher-order language design ensures that all abstraction principles (naming, typing, static and dynamic binding, parameterization, scoping, etc.) of the language are applicable uniformly and without restriction to all objects of the language (values, functions, types, modules, interfaces, processes, ...).

Polymorphic and strong typing is crucial for precise yet flexible service descriptions in a system integration scenario where generic libraries of multiple languages (C++, CORBA IDL, Java, SAP R/3 function modules, ...) need to be utilized in a consistent and safe manner. In particular, both, parametric polymorphism and (higher-order) subtype polymorphism have to be supported.

Orthogonal persistence makes it possible to support longevity for objects of arbitrary complexity and size including failure recovery and fully automatic memory management. In particular, code and processes are first-class persistent objects.

Orthogonal mobility enables unrestricted migration of data, code and active threads (processes) between multiple, possibly heterogeneous system platforms.

More details on the Tycoon system and its language can be found in two books [Mat93, Atk97] and in several academic papers that present specific innovative aspects of the Tycoon system [MS91, MS92, CMA94, MS94, MMS94, MMS95, GM96, MMS96b, MMS96a]. A number of master's theses demonstrate how the above three language and system design principles enable a seamless interoperation between Tycoon and commercial servers like Oracle, ADABAS-D, ObjectStore, O_2, information retrieval engines (WAIS, INQUERY), SAP R/3, NeWS, StarView, C and C++ libraries, Sun-RPC, DCE-RPC and Kerberos (visit [Tyc92] for more details).

The remainder of this paper reports on the technology transfer process that finally led to the exploitation of the Tycoon system technology for the construction of customer-oriented Internet information services by a small German software startup company.

This particular case study also provides some (subjective) answers to the following questions: What are options to commercialize such innovative system technology? What are promising markets for persistent object system technology? Is it possible for enterprises to gain a strategic advantage through this technology?

2 Technology Transfer in Computer Science: Options and Issues

Similar to the situation in engineering disciplines, the prime motivation of academic researchers and students in applied computer science is to achieve a better understanding of the models, construction principles and architectures for complex systems. However, they are also highly motivated to see an uptake of their newly developed models, techniques and architectures by industry to improve the working practice and to advance the state-of-the-art in their discipline.

At the beginning of 1996, the key members of the Tycoon team were convinced that their language and system platform had reached a level of maturity that made it a competitive candidate for the implementation of commercial persistent object systems. In particular, they strongly believed Tycoon to be technologically superior to established database programming environments like C++/SQL, PLSQL, Smalltalk, Microsoft VisualBasic/Access, ABAP/4, NATURAL for complex, data-intensive applications.

During their search for possible commercialization paths, they looked for advice from others who had past experience in the transformation of system-oriented research results into industrial products (modeling tools, databases, compilers, protocols, etc.).

As a first cut, the advice they got can be summarized by a rule of thumb, which states that the likelihood of a successful commercial uptake seems to be inverse proportional to the degree of innovation of a particular academic research result:

- It is rather simple to evoke commercial interest in incremental improvements of established technologies and of existing solutions (an optimized algorithm, a local add-on to a system, a conservative language extension, a gateway between two commercially relevant systems, a preprocessor).
  The main reason for this situation is the fact that there is already an established market with identified customers and producers which implies a reduced risk, a simplified marketing, a chance for support from existing producers on the market and a clear roadmap for product development.
- It is more difficult to find customers or venture capitalists who are willing to try out or to invest into new technologies which solve *new problems*.
  The main challenges here are to define the product(s), to identify potential customers, to convince potential customers of the benefits achievable via new product qualities, to implement the technology on multiple platforms, to set up distribution channels, etc.
- It seems to be extremely hard (impossible?) to promote technologies which require radical changes in languages, software development practice, or in overall system architectures.
  The past investment in existing data formats, tools, training, etc. and the necessity to touch operational systems make customers very reluctant to replace existing systems or manual business processes with technically superior system solutions. Moreover, the producers, consultants, vendors, ... of the

existing systems will fiercely fight against the potential new competitors, claiming that the features of the new solutions will be covered easily by future releases of their products. The story of relational and object database systems may serve as an excellent example of this kind of difficulties.

A decision for a particular commercialization path should take these basic market rules into account.

The following list is a collection of other advises by academic and industrial player to the Tycoon team on how to promote the commercial update of research results. It might be also of interest to other researchers who find themselves in a similar situation:

Write papers or books targeted at industrial readers. The best academic conferences and journals are not the best targets to influence industry.

Lobby in standardization bodies. There are task forces for everything (database languages, APIs, protocols). Fight to get your ideas in, even if standards alone don't change the world.

Give away your technology to other academics. Remember that Pascal, Modula, the X-Windows System, ... all started this way.

Sell your technology directly from the university. Even if there are only a few specialists who will initially use your system, you may gain a niche market this way.

There is no company which will adopt your technology. There are only very few potent technology providers in Europe who could be interested in your technology (e.g., SAP AG, Software AG, IBM in Germany). However, there you need somebody who will lobby internally for your idea. Application-oriented information and communication enterprises are only consumers of technology (e.g., Siemens AG, CSC Ploenzke AG, Systemhaus DEBIS AG in Germany) and don't run a risk. Small companies are the most innovative, but there you run into the "not invented here" problem.

Send your people to key development labs. However, if they are (PhD) students who just enter the job market, they may not be able to influence significantly the product development policies of their new employer.[3]

Do upper-management consulting. This is an important accompanying strategy. You learn more about the daily needs of potential customers for your technology and you have a chance to gradually influence long-term policies. If there is an additional knowledge transfer (e.g., at the student level), you may be lucky that some of your ideas a picked up.

Establish your own software company. Don't expect others to do the product development, marketing, maintenance, acquisition, etc. Do it yourself with the best people of your team. Find additional people with the necessary business skills and run the risk yourself. Remember that it is much harder to sell technology than selling services.

[3] One of the Tycoon project members is now with Sun Soft, adding persistence to their Java environment, a fact which may also serve as an indication of the relevance of persistent object technology to the future development of the Internet.

3 Higher-Order Services and Products

In the light of these advises, the authors of this paper decided in January 1996 to found their own software company, called *Higher-Order* GmbH, to fully exploit the potential of the Tycoon system technology but also to remain independent of the financial, technical or political constraints of an existing enterprise or technology transfer institution.

One year after its foundation, the work force of Higher-Order consists of five full-time employees, three part-time employees, and around ten students close to their exam who work two to three days per week at Higher-Order.

The business objective of Higher-Order is the design, the implementation and the maintenance of innovative software systems which enable customer-oriented information services on open networks like the Internet. Examples of such services are interactive product catalogues, personalized news feeds, internet shops, logistics information systems, customer help desks and customizable subscription systems.

Currently, the main customers of Higher-Order are large enterprises in the media industry which are the first to offer such demanding customer-oriented information services. However, other lines of business like providers of financial or insurance services as well as mail order and trading companies are already discovering the Internet as an attractive interactive media which makes it possible to add substantial value to their existing customer-oriented services.

The focus of Higher-Order is on IT consulting projects. In each of these projects (3-15 months), a specific customer-oriented information system is designed, implemented and installed in close cooperation with the customer who is an expert in his particular application domain.

The core of these systems (presentation services and business logic) is written in Tycoon-2, a commercial variant of the Tycoon language developed at the university. Moreover, these systems include Tycoon-2 gateways to legacy applications like editorial systems, news feeds, full-text databases or accounting systems written in other languages and running on heterogeneous platforms. Thereby, the newly created Internet services are integrated smoothly into the existing time-critical business processes of the information provider. Tycoon-2 applications act as servers for clients on the Internet and in Intranets.

Based on the feedback of its customers, Higher-Order's core competencies which differentiate the company from its competitors can be described as follows:

- innovation in the design of truly interactive customer-oriented services,
- ability to master complex legacy system integration tasks (databases, information retrieval, back-office systems like SAP R/3),
- expertise in "intelligent" text analysis and transformation (natural language text handling, dynamic document management, personalized presentation), and
- in-depth knowledge of the relevant standards (Internet protocols, document description languages, distribution formats of the media industry, evolving security and payment services)

Where necessary, this competence is complemented through a project-oriented cooperation with partners like Software AG (databases, mainframe connectivity), Sun Microsystems (Java and software development tools) and The Online Project (corporate web site design) to meet the needs of a specific customer.

Moreover, Higher-Order provides strategic consulting services to help enterprises (e.g., Verlagsgruppe Georg von Holtzbrinck, Rowohlt Verlag, Volkswagen Financial Services AG, Springer-Verlag AG) to better understand their role on the evolving Internet, to identify business opportunities and to assess the resources needed for specific Internet-based services.

4 Software Development with Persistent Object Technology

The company name *Higher-Order* GmbH alludes to the notion of "higher-order" models or systems which achieve a very high expressiveness with only a small set of abstraction principles by ensuring that any abstraction step produces a model or system which can in turn be the basis for an iterated "higher-order" abstraction step.

Similarly, a customer should view a software development project not only as the *consumption* of resources to achieve a specific project goal, but should ideally understand it also as an *investment* into his own future where any successful customer-oriented service will require fast, incremental and low-cost changes and additions which have to be supported by the underlying systems.

Despite the strong commitment to its it's innovative persistent object technology, Higher-Order de-emphasizes the importance of Tycoon for its projects and stresses the fact that other languages like C, C++, Java, Java-Script, Perl can be supported where needed. As mentioned already in the previous section, customers are initially rather reluctant to buy into such a new technology and its potential future benefits. On the other hand, customers value the tangible product advantages they gain through this otherwise "invisible" persistent object system (POS) technology:

- Customer-oriented services enabled by Higher-Order products are often the first of breed on the market. This is a crucial benefit on the very dynamic and turbulent Internet market. Clearly, Higher-Order benefits here not only from its POS technology, but also from an experienced development team that shares a common background of ambitious university projects.
- Services enabled by Higher-Order products are fully platform independent. For example, the migration of the operational DPA News-Box service from a Solaris to a HP-UX server only required a simple move of a single persistent object store file (including all structured data, code and processes) from one machine to the other without a need for re-compilation, re-linking or data re-loading.
- Services enabled by Higher-Order products scale well. For example, three newspapers of the Axel Springer Verlag are successfully using the same

Higher-Order search engine for classified ads with three substantially different workloads (number of customers, total number of ads in the database). The use of native threads at the operating system level and of a garbage-collected persistent store are two reasons for this "built-in" system scalability.

- Services enabled by Higher-Order products support smooth service evolution. Contrary to special-purpose languages or tools (e.g. Perl, WebSQL, HexBase, ...), Tycoon-2 is a mature, bootstrapped programming environment with the same expressiveness like Smalltalk or Eiffel. Unforeseen changes of the system requirements at a later point in time, like the need to manipulate new data types, to integrate other applications or to add concurrency to an application can all be accommodated without leaving the scope of the Tycoon-2 programming model and without disruption of existing services. The addition of styled advertisements (formatted text enriched with graphic images) to a text-only classified ad search service may serve as a concrete example for such a successful unforeseen service enhancement
- Services enabled by Higher-Order products can be blended with ease. All Higher-Order products utilize common (multiple inheritance and highly polymorphic) class libraries for bulk data types, Internet protocols, multi-media object management (MIME), Internet protocols, parser and scanner generators, SQL database access, gateways to information retrieval engines etc. General-purpose abstractions developed in individual projects (like electronic payment protocols) are added incrementally to these libraries. As a consequence, new combined or value-added services can often be created avoiding repeated development work.

5 A Cooperation Perspective: Research, Market and Education

It is certainly not possible to draw general conclusions regarding the commercialization of technology developed in academia after only one year of this particular "entrepreneurial experiment" has passed. On the other hand, from the personal perspective of the authors, the positive development of Higher-Order in its first year already compensated for a lot of the financial and personal risks implied by this particular commercialization path.

As an academic spin-off, Higher-Order views technology transfer not as a single event but rather as a long-term cooperative process between research, market and education. Through personal links to several academic institutions in Hamburg and in Germany, Higher-Order intends to foster a constant influx of creative new ideas, technology and well-trained people to sustain Higher-Order's core competencies as outlined in Section 3. For example, business process modeling tools and digital library technology will certainly be of relevance to next-generation Intranet and Internet services as requested by Higher-Order customers in the future. In particular, the globalization of its markets calls for a good working relationship to European and international research and development institutions. Higher-Order therefore closely follows the activities of the Pastel Working Group on Persistent Application Systems and Tools that brings together European, Canadian and Australian research groups and of the European Canadian working group on "Cooperative Information Systems".

Vice versa, the use of academic research results like Tycoon to satisfy concrete customer needs provides an additional feedback loop for academic research. This loop may help in identifying long-term research goals which have the potential to lead to technology contributions for relevant market sectors. As mentioned already at the beginning of the second section of this paper, "market relevance" is a strong incentive for researchers at all levels in applied computer science.

Finally, computer science and MBA students appreciate part-time jobs at high-tech startups companies like Higher-Order as a valuable complement to their more theoretical studies. They are thus able to develop practical skills using state-of-the-art tools and project management techniques and to get into contact with companies of their future job market.

Last but not least, Higher-Order is interested to learn from academic teams that master new, exciting technology which may give rise to new products or services. On the other hand, Higher-Order is prepared to make its technology available to academic institutions for specific research and development projects.

Acknowledgements

The academic development of Tycoon between 1991 and 1995 would not have been possible without the generous funding of the ESPRIT projects FIDE and $FIDE_2$. Being a member of the ESPRIT IDOMENEUS Network of Excellence in databases, multi-media and information retrieval contributed significantly to our understanding of the relevance of POS technology to multi-media information systems.

References

[Atk97] M.P. Atkinson, editor. *Fully Integrated Data Environments.* Springer-Verlag (to appear), 1997. This collection contains nine papers on the Tycoon environment.

[CMA94] L. Cardelli, F. Matthes, and M. Abadi. Extensible grammars for language specialization. In C. Beeri, A. Ohori, and D.E. Shasha, editors, *Proceedings of the Fourth International Workshop on Database Programming Languages, Manhatten, New York*, Workshops in Computing, pages 11–31. Springer-Verlag, February 1994.

[GM96] A. Gawecki and F. Matthes. Exploiting persistent intermediate code representations in open database environments. In *Proceedings of the Fifth Conference on Extending Database Technology, EDBT'96*, volume 1057 of *Lecture Notes in Computer Science*, Avignon, France, March 1996. Springer-Verlag.

[Mat93] F. Matthes. *Persistente Objektsysteme: Integrierte Datenbankentwicklung und Programmerstellung.* Springer-Verlag, 1993.

[MMS94] F. Matthes, S. Müßig, and J.W Schmidt. Persistent polymorphic programming in Tycoon: An introduction. FIDE Technical Report FIDE/94/106, Fachbereich Informatik, Universität Hamburg, Germany, August 1994.

[MMS95] B. Mathiske, F. Matthes, and J.W. Schmidt. Scaling database languages to higher-order distributed programming. In *Proceedings of the Fifth International Workshop on Database Programming Languages, Gubbio, Italy.* Springer-Verlag, September 1995. (Also appeared as TR FIDE/95/137).

[MMS96a] B. Mathiske, F. Matthes, and J.W. Schmidt. On migrating threads. *Journal of Intelligent Information Systems*, 8(2), 1996.

[MMS96b] F. Matthes, R. Müller, and J.W. Schmidt. Towards a unified model of untyped object stores: Experience with the Tycoon store protocol. In *Advances in Databases and Information Systems (ADBIS'96), Proceedings of the Third International Workshop of the Moscow ACM SIGMOD Chapter*, 1996.

[MS91] F. Matthes and J.W. Schmidt. Bulk types: Built-in or add-on? In *Database Programming Languages: Bulk Types and Persistent Data.* Morgan Kaufmann Publishers, September 1991.

[MS92] F. Matthes and J.W. Schmidt. Definition of the Tycoon language TL – a preliminary report. Informatik Fachbericht FBI-HH-B-160/92, Fachbereich Informatik, Universität Hamburg, Germany, November 1992.

[MS94] F. Matthes and J.W. Schmidt. Persistent threads. In *Proceedings of the Twentieth International Conference on Very Large Data Bases, VLDB*, pages 403–414, Santiago, Chile, September 1994.

[Tyc92] WWW home page for the Tycoon project. http://www.sts.tu-harburg.de/-projects/Tycoon/entry.html, 1992.

Überleben in einer turbulenten Umwelt - Genossenschaft als Bindeglied und Drehscheibe für die Erschließung und Entwicklung neuer Anwendungen

Helfried Broer
TeleMarkt eG
Rathausallee 10
53757 Sankt Augustin

broer@telemarkt.de

Die Region Bonn / Rhein-Sieg / Ahrweiler geht neuen Zeiten entgegen: Mit dem Umzug der Regierung nach Berlin werden viele Aufgaben, die heute noch in dieser Region erledigt werden, nach Berlin verlagert, ein Strukturwandel ist unvermeidbar. In diesem Kontext werden seit Anfang 1995 in der TeleBonn-Initiative Aktivitäten gebündelt, die im weitesten Sinn mit Telekommunikation zu tun haben. Die Initiative stützt sich auf die ausgezeichneten endogene IT-Potentiale in der Region Bonn: Große Unternehmen, wie die Deutsche Telekom, Detecon oder T-Mobil sind ebenso vertreten wie mehrere hundert kleine und mittlere, zum Teil hochspezialisierte Firmen der Telekommunikationsbranche. Die GMD - Forschungszentrum Informationstechnik GmbH, die Deutsche Forschungsanstalt für Luft- und Raumfahrt, die Rheinische Friedrich-Wilhelms-Universität, die Fachhochschule Rhein-Sieg sowie das Bundesamt für Sicherheit in der Informationstechnik bereichern das breite Angebot.

Seit dem Start dieser Initiative haben sich Internet und Online-Dienste explosionsartig zu Massenmedien entwickelt. American Online konnte beispielsweise im Laufe eines Jahres ihre Teilnehmerzahl von 3 Millionen auf 6 Millionen verdoppeln, die Zahl der Internetbenutzer ist inzwischen auf über 60 Millionen gestiegen. Experten sind der Meinung, daß die Online-Branche einmal die wirtschaftliche Bedeutung der Autoindustrie oder der Zivilluftfahrt haben wird. Bereits Ende des Jahrhundert sollen die Internet-Unternehmen jährlich 73 Milliarden Dollar umsetzen.

In einem solchen turbulenten Markt kann sich letztlich nur derjenige durchsetzen und die Region strukturell voranbringen, der die rasante Entwicklungsdynamik der Informations- und Kommunikationsbranche beherrscht und sich nicht von ihr überrollen läßt. Dabei kommt es vor allem auf die schnelle marktorientierte Entwicklung von innovativen Anwendungen sowie deren Akzeptanztest unter möglichst realen Bedingungen an.

Für diese Aufgabe sind weder kleine oder mittlere Unternehmen (KMU) besonders gut geeignet - sie können sich keine langfristige Vorlaufforschung zur Einhaltung kurzer Vorlaufzeiten leisten - noch große Unternehmen oder Großforschungseinrichtungen - ihnen fehlt oft die Flexibilität, die notwendig ist, um kurze Reaktionszeiten erreichen zu können.

Die TeleMarkt-Initiative, die im Juni 1995 von der GMD - Forschungszentrum Informationstechnik GmbH im Rahmen der TeleBonn-Initiative ins Leben gerufen wurde und die Ende 1995 zur Gründung der TeleMarkt eG führte, hat alle - KMUs, große Unternehmen und die Großforschungseinrichtungen – zusammengeführt.

Die strategische Konzeption der TeleMarkt eG entspricht einer public-private-partnership: Die Erfüllung von Aufgaben, für die großes öffentliches Interesse besteht, steht neben solchen, bei deren Erfüllung sich unmittelbar KMUs aus der Region engagieren.

Auch wenn bislang kein Geld aus öffentlichen Kassen für die Aktivitäten der Genossenschaft bereitgestellt wurde, konnte mit Hilfe der GMD, der Telekom Niederlassung Bonn, SUN, Oracle, SGI und Information Dimensions ein erstes regionales Netz als Testbett für innovative Anwendungen aufgebaut werden. Jede Firma aus der Region, die eine Anwendung testen wollte, erhielt dazu auch eine Möglichkeit. Darüber hinaus hat die TeleMarkt eG 1996 mit dem prototypischen Aufbau des Online-Dienstes „WWWir in Sankt Augustin" einen ersten wichtigen Schritt zur Förderung der Aufgeschlossenheit der Kommunen, Unternehmer und breiter Bevölkerungskreise für die neuen Telekommunikations- und Kooperationsmöglichkeiten in der Region Bonn / Rhein-Sieg / Ahrweiler getan. WWWir in Sankt Augustin ist das erste deutsche Informationssystem, das nicht nur Informationen über die Stadt, sondern auch über **alle** Gewerbetreibenden, Freiberufler, Institutionen, Vereine, kirchlichen Gruppen etc. der Stadt enthält.

Zu Beginn des Jahres 1997 hat die TeleMarkt eG im Rahmen der NRW TaskForce Electronic Cities von der Landesregierung NRW und den Städten Bochum, Dortmund, Düsseldorf, Duisburg, Köln, Münster sowie der TeleBonn-Initiative den Auftrag erhalten, ein technisches Konzept und einen Demonstrator für den landesweiten kommunalen Online-Verbund in NRW zu entwickeln. Ziel des Aufbaus dieses Online-Verbundes ist es, die individuellen Online-Dienste in NRW landesweit so miteinander zu verknüpfen, daß **ein** benutzerfreundlicher elektronischer Führer entsteht, der für eine verbesserte Orientierung der Nutzer und für eine schnelle Bereitstellung der nachgefragten Informationen und Dienste des Online-Verbundes sorgt.

An diesen beiden Beispielen wird deutlich, daß durch die Mitgliedschaft von kleinen und mittleren Unternehmen und Mitarbeitern aus großen Firmen und Forschungseinrichtungen in der Genossenschaft auch der sehr wirksame Know-How-Transfer über Köpfe Wirkung zeigt. Denn genossenschaftliche Unternehmen bieten wie keine andere Rechtsform die Möglichkeit der Mitwirkung, Mitgestaltung und Mitverantwortung. Gleichzeitig sorgen sie selbst für Wettbewerb in ihren Märkten und sichern durch ihr kooperatives Verbundsystem die Leistungsfähigkeit im globalen Umfeld. Insgesamt gesehen kann die TeleMarkt-Genossenschaft als Bindeglied und Drehscheibe bei der Erschließung und Entwicklung neuer innovativer Anwendungen die Markteinführung von Multimedia-Techniken beschleunigen und einen Beitrag zum Strukturwandel der Region erbringen.

Innovation durch Kooperation im Software-Engineering

Manfred Broy, Herbert Ehler, Barbara Paech, Veronika Thurner
Institut für Informatik, Technische Universität München
80290 München
email: {broy,ehler,paech,thurner}@informatik.tu-muenchen.de, http://www.forsoft.de/

In diesem Beitrag stellen wir den am 1.2.97 eingerichteten Bayerischen Forschungsverbund *Software-Engineering* (FORSOFT) vor. Wir geben einen Überblick über die Konzeption und die fünf Projektbereiche und stellen erste bereichsübergreifende Arbeiten vor. Die Arbeiten der einzelnen Teilprojekte sind unter der oben angegebenen Internetadresse dokumentiert.

1. Konzeption

Ziel des Forschungsverbundes Software-Engineering ist die Beherrschung und Weiterentwicklung des Software-Engineering in folgenden Schwerpunktgebieten:

- Organisation, Management und Technik des Entwicklungsprozesses,
- Anwendungsmodellierung (im technischen und im nichttechnischen Bereich),
- Nutzungsadäquatheit und Nutzerpartizipation,
- Sicherung der Qualität,
- Verteilung und Dezentralisierung,
- Modularität und Schnittstellen,
- Wiederverwendung.

Innovation in diesen fachgebietsübergreifenden Fragestellungen ist nur durch Kooperation erfahrener Partner aus Informatik, Betriebswirtschaft, ausgewählten Anwendungsbereichen und der Industrie möglich. So arbeiten in FORSOFT Teams der TU und der LMU München, der Universität Erlangen-Nürnberg, einschlägiger Industrieunternehmen sowie des FAST e.V. eng in interdisziplinär angelegten Teilprojekten zusammen. Angestrebt wird die Integration der bisher weitgehend getrennten pragmatischen Arbeiten zur punktuellen Verbesserung der herrschenden Praxis einerseits, sowie der grundlagenorientierten, vornehmlich akademischen Arbeiten zur Formalisierung und mathematischen Fundierung der Softwaretechnik andererseits.

2 Projektbereiche

Die Arbeit an den oben aufgeführten Themen erfolgt in fünf Projektbereichen:

A Softwaretechnik und Methodik der Softwareentwicklung,
B Management der Softwareentwicklung,
C Softwaretechnik für Realzeit- und Kommunikationssysteme,
D Anwendungen im Maschinenbau mit Schwerpunkt Produktionstechnik,
Z Querschnittsthemen und Grundlagen der Softwareentwicklung.

Die Projektbereiche A bis D sind schwerpunktmäßig jeweils den Disziplinen Informatik, Betriebswirtschaft, Elektro- und Informationstechnik, bzw. Maschinenwesen zugeordnet und werden von interdisziplinären Teams bearbeitet. Querschnittsbereich Z bearbeitet disziplinübergreifende Themenstellungen und konsolidiert und verallgemeinert fachgebietsübergreifend die Ergebnisse aus den einzelnen Teilprojekten.

3 Laufende Arbeiten

Der Forschungsverbund hat die Arbeit gerade erst aufgenommen. Im Projektbereich Z wird derzeit eine gemeinsame, übergreifende Sicht auf den Softwareentwicklungsprozeß und die Anforderungen an die Softwareentwicklung erarbeitet. Durch Interviews mit den Industriepartnern wird der IST-Zustand in der Praxis und die Anforderungen aus den Anwendungsbereichen erfragt. Eine Veröffentlichung der Ergebnisse ist geplant.

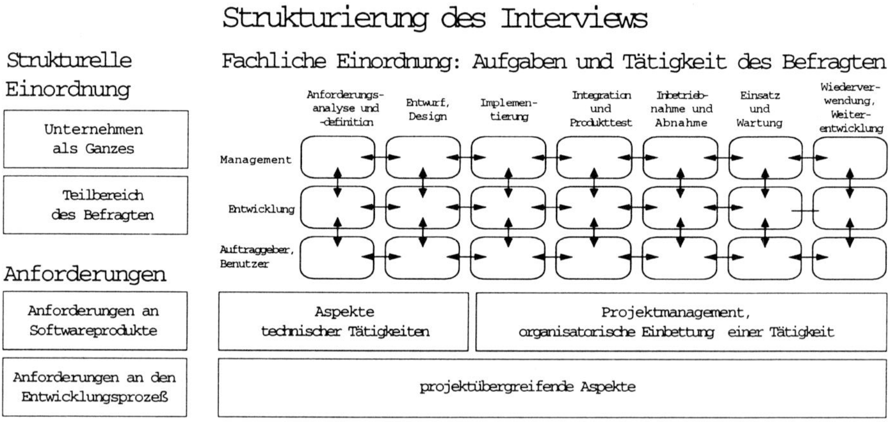

Die Abbildung zeigt die Strukturierung dieser Interviews. Nach einer strukturellen Einordnung des Unternehmens und des Teilbereichs der Befragten wird der Aufgabenbereich des Befragten im Softwareentwicklungsprozeß plaziert. Für jede Tätigkeit werden sowohl die technischen Schritte als auch die organisatorische Einbettung für typische Projekte erfaßt. Projektübergreifend sind insbesondere die Schnittstellen zu anderen Beteiligten, Maßnahmen zur Unterstützung der Zusammenarbeit (wie z.B. Schulung, Kommunikation) und zur Etablierung und Verbesserung eines definierten Entwicklungsprozesses von Interesse. Neben der Befragung zum Prozeß werden auch die Anforderungen an die zu erstellenden Softwareprodukte erfragt. Dabei soll deutlich werden, inwieweit Produkte und Prozeß aufeinander abgestimmt sind.

Danksagung

Die Konzeption dieses interdisziplinären Forschungsverbundes wäre nicht möglich gewesen ohne den großen Einsatz der Angehörigen der derzeit sieben beteiligten Lehrstühle (Prof. Broy, Prof. Eberspächer, Prof. Färber, Prof. Reinhart, Prof. Schneider, Prof. Wildemann, Prof. Wirsing).

Research in the SIKS Research School

An Example of a Cooperation in Using Linguistic Tools for Requirements Specification in Cyberspace

Reind van de Riet

Informatics at the Vrije Universiteit in Amsterdam and
Chairman of the Board of the SIKS Research School

Abstract: In the talk we will give a brief overview of the research agenda of the SIKS Research School, one of three in the Netherlands, in which the Dutch Universities have concentrated their Research in Computer Science. "SIKS" stands for School for Information and Knowledge Systems. The talk will sketch a few results of a cooperation between four Universities in the LIKE/LICS project which is about applying Linguistic Tools for Information (and Communication) modelling. An application of this in modelling active and passive objects in Cyberspace is also sketched. Objects in Cyberspace come in two (different) forms:

- objects as passive things, which can be inspected and retrieved by:
- subjects as dynamic things, representing human beings.

The latter can be simulated/implemented/realized by active objects (in the technical sense of the word) and can be seen as a combination of e-mail and Social Security Number; they are called: Alter-egos.

To model or specify the static and dynamic properties of alter-egos a tool is being used, called COLOR-X. With this tool it is possible to specify the behaviour of alter-egos in a way close to a specification in Natural Language. A Lexicon is being used for this: WordNet, which gives the meaning of concepts (or words) such as :"to borrow". To specify more precisely the behaviour and static aspects of the alter-ego a language CPL is used which has been derived from another linguistic tool: Functional Grammar, in use by linguists to define meaning of words and of sentences.

Using these semantically rich tools it is possible to automatically derive:

- Verbalizations of the model in NL sentences;
- State Transition Diagrams for all the objects involved, using again the lexicon to exploit the fact that "to borrow" is the antonym of "to lend";
- Mokum programs so that simulation of the processe is possible (Mokum is an object-oriented active database system, in use and developed in our group).

In ongoing work Work Flow Diagrams, similar to COLOR-X models are being used to derive Security and Privacy rules for and about the alter-egos.

Die Innovationsoffensive Informationstechnik/Telematik für die Region Ostwürttemberg, Donau-Iller, Bodensee-Oberschwaben

Dr. Dirk Solte
Forschungsinstitut für anwendungsorientierte Wissensverarbeitung (FAW)
Helmholtzstr. 16
89081 Ulm / Donau
e-mail: solte@faw.uni-ulm.de

Im Februar 1995 wurde vom Ulmer Gemeinderat auf einer Klausursitzung in Sonthofen die Durchführung einer großangelegten Innovationsoffensive beschlossen. Die sich daran anschließende Umsetzungsplanung erfolgte im Jahr 1995. Im November 1995 wurden schließlich finanzwirksame, kurzfristige Maßnahmen beschlossen und im Rahmen einer Innovationspartnerschaft mit einer Vielzahl von Institutionen/Verbänden (IKD Ulm, IHK, Handwerkskammer, Wirtschaftsförderungsgesellschaft, Gewerkschaften, Hochschulen, Forschungsinstituten, Bürgergruppen) in Angriff genommen. Zielsetzung im Schwerpunkt 'Informationstechnik/Telematik' ist dabei die Formierung des Großraums Ostwürttemberg/Donau-Iller/Bodensee-Oberschwaben mit dem Oberzentrum Ulm/Neu-Ulm zu einer **Telemetropole**. In dieser Metropole sollen mehr als 1,1 Mio. Haushalte (das sind über 2,5 Mio. Einwohner) und mehr als 88.000 Unternehmen, von denen über 40.000 Unternehmen einen jährlichen Umsatz von über 250.000 DM erzielen, den **kostenadäquaten Zugriff** auf eine **hochwertige Telekommunikationsinfrastruktur** haben, wie sie bislang nur in Großstädten gegeben ist, bzw. z. Z. aufgebaut wird.

Im Sinne der verfolgten Prioritäten bedeutet das die Schaffung einer Telematikbasis aus

1.) **Telefonieren zum Ortstarif** von Ellwangen bis Friedrichshafen und von Sigmaringen bis Günzburg,
2.) der **Verfügbarkeit modernster Telekommunikation** für Sprache, Bild und Datenübertragung und dem Anschluß an das weltweite Internet und
3.) einem **umfangreichen Dienstebündel** (Für die Bürgerschaft: Bildungsservice, Marktplatz/Schwarzes Brett, Diskussionsforen/Telediskurse, Dienste der Verwaltung, Kunst/Kultur mit dem Netz; Für kleine Unternehmen und Mittelstand: Bestell- und Katalog-Service/Marktplatz, Dolmetscherdienst, Schulung/Weiterbildung, Wartung/Steuerung) unter Berücksichtigung aller notwendigen Datenschutz- und Datensicherheitsaspekte.

Die Gebühren zur Nutzung dieser geforderten Telematikbasis sollen dabei - als Zielvorstellung - für jeden Haushalt zur Zeit **maximal 15 DM/Monat** betragen.

Das Oberzentrum Ulm/Neu-Ulm hat große Teile der verfolgten Zielsetzungen bereits pilothaft mit einem finanziellen Einsatz von ca. 5 Mio. DM produktiv für sich realisiert. Die Schwerpunkte der erfolgten Investitionen sind dabei: 3 Mio. DM für den Aufbau eines **öffentlichen Telematiknetzwerkes** (inkl. vollem Internetzugang über Bayern-Online, Einwählknoten, Multimedia-Stelen), 500 TDM für die Realisierung benötigter **Multimedia-Software,** weitere 500 TDM für verschiedene **kleinere Projekte.** Hinzu kommt die Umsetzung des Konzeptes **Medienschule 2010** (ca. 1,5 Mio. DM), das neben einer Rechnerausstattung und Vernetzung von Gymnasien, Realschulen, Berufsschulen sowie deren Anschluß an das weltweite Internet modellhaft an einer Schule, die pädagogische Umsetzung und Lehrerfortbildung im Multimedia-Bereich beinhaltet. Darüber hinaus sind verschiedene, für die Umsetzung des Telemetropolenkonzepts in der Region notwendige **Ausarbeitungen** und **Studien** für ca. 300 TDM durchgeführt worden. An der Finanzierung dieser Untersuchungen haben sich neben Ulm auch 11 weitere Kommunen finanziell beteiligt. Dabei wurde von Anfang an das aus Akzeptanz- und rechtlichen Gründen wichtige Thema **Datenschutz/Datensicherheit** in die Konzepte und Umsetzungen voll integriert.

Eine für die Orientierung des weiteren Vorgehens zentrale Studie ist die 'Machbarkeitsstudie für ein **regionales Netzwerk/Betreibergesellschaft'**, in der zum einen die oben beschriebenen, angestrebten Preis-/Leistungsmerkmale für die Telekommunikationsinfrastruktur der Telemetropole erarbeitet und fixiert wurden, und in der zum anderen ein technisches und organisatorisches Umsetzungskonzept für den Fall erarbeitet wurde, daß keine Marktpartner gefunden werden können, die die angestrebten Ziele (Preis/Leistungsverhältnis) in der Region umsetzen bzw. akzeptieren.

Um möglichst schnell zu einer Entscheidung hinsichtlich der weiteren Umsetzung der Telemetropole zu gelangen, haben sich bislang **15 Städte, 10 Landkreise, 1 Regionalverband und 1 Zweckverband** zu einer Nutzergesellschaft **TOWOS (Telemetropole Ostwürttemberg, Donau-Iller, Bodensee-Oberschwaben)** zusammengeschlossen, die die Umsetzung der Telemetropole organisatorisch, finanziell und bezüglich der Auswahl, geeigneter Umsetzungspartner vorbereiten soll. Hierzu werden Verhandlungen mit regionalen und überregionalen Netzwerkbetreibern, Verlagshäusern, Dienstleistungsunternehmen u. a. geführt. In dem Falle, daß keine Marktpartner bereit sind, die gesetzten Ziele umzusetzen, werden die beteiligten Gesellschafter entscheiden, ob sie dies gemeinsam durch eine eigene Betreibergesellschaft angehen wollen. Damit soll erreicht werden, daß der eher ländlich strukturierte Großraum Ostwürttemberg, Donau-Iller, Bodensee-Oberschwaben rasch vergleichbare technisch-infrastrukturelle Voraussetzungen im Bereich der Telematik erhält, wie sie momentan (nur) in Ballungsräumen bestehen.

Verbundprojekt: Schnelle Netze
Nutzung und Entwicklung der Datenübertragung mit Hoch- und Höchstgeschwindigkeit

B. Walke, C. Görg

RWTH Aachen

Zusammenfassung

Der Forschungsverbund *Schnelle Netze* hat zum Ziel, die für die Informationsgesellschaft notwendigen technischen Voraussetzungen in Form superschneller und zuverlässiger Datenübertragung zu schaffen Der Forschungsverbund entwickelt neue Technologien, um praxistaugliche Datenübertragungssysteme im Hoch- und Höchstgeschwindigkeitsbereich zu entwerfen und zuverlässig zu betreiben. Das Übertragungsverfahren der Zukunft ist der Asynchrone Transfer Modus (ATM). ATM erlaubt durch statistisches Multiplexen der Verkehre, in Kombination mit kurzzeitiger Pufferung, eine optimale Ausnutzung der Übertragungskapazität heutiger und zukünftiger Netze. ATM wurde für die Erweiterung des ISDN zum Breitband-ISDN (B-ISDN) standardisiert. B-ISDN unterstützt höchste Übertragungsraten und ermöglicht die Integration verschiedenster Dienste, für die bisher spezialisierte Netze zum Einsatz kamen (z.B. Telefon, Telex, Datex-P). Diese Universalität und die hohe verfügbare Bandbreite machen B-ISDN zu einer idealen Plattform für Multimedia-Anwendungen. Von einer wirklichen Nutzung in der Praxis ist das B-ISDN jedoch noch entfernt. Es fehlen insbesondere genormte Schnittstellen, die den Einsatz von ATM im B-ISDN erlauben, Protokolle, die speziell die an B-ISDN gestellten Anforderungen unterstützen, sowie die gezielte Optimierung von Flußsteuerungsalgorithmen, Speichersystemen und die Integration optischer Übertragung und elektronischer Vermittlung durch spezialisierte Hardwarekomponenten. Das Verbundprojekt besteht aus zwei Arbeitsgruppen, die im folgenden näher beschrieben werden.

Softwarekomponenten in ATM-Netzen mit extremen Anforderungen

Ziel dieser Arbeitsgruppe ist die Entwicklung und Erprobung von *ATM-Software- und Systemschnittstellen* und *Hochgeschwindigkeitsprotokollen* für Multimedia-Anwendungen mit extremen Anforderungen. Hierzu gehört die Entwicklung einer ATM-Programmier-Schnittstelle (*ATM-API – Application Program Interface*), die die Funktionalität der Benutzer-Netz-Schnittstelle *(UNI – User Network Interface*) zur Verfügung stellt.

Die Leistungsfähigkeit von ATM-Netzen bzw. der im Projekt entwickelten Technologie wird am Beispiel einer verteilten Multimedia-Anwendung untersucht, die als *Remote Virtual Reality* bezeichnet wird und die die grafische Leistungsfähigkeit von

Virtual-Reality-Hardware über ATM-Netze auf PCs zur Verfügung stellt. Das ATM-Pilotnetz der RWTH-Aachen, welches auf einer neuen leistungsfähigen Glasfaser-Infrastruktur und leistungsfähigen ATM-Vermittlungsrechnern aufbaut, stellt für neuartige Anwendungen eine hochschulweite und, in Verbindung mit der ATM-Funktionalität im B-WiN, eine überregionale Plattform zur Verfügung, die es erlaubt, Hard- und Software-Entwicklungen unter realen Betriebsbedingungen einzusetzen und zu testen.

Hardwarekomponenten für die Datenübertragung in Hochgeschwindigkeits-ATM-Netzen.

Es liegen mehrere Ansätze zur Flußsteuerung in ATM-Netzen vor. Hier werden die bei der ITU zur Standardisierung eingereichten guthabenbasierten Mechanismen untersucht, die garantieren, daß keine ATM-Pakete aufgrund von Überlastsituationen verlorengehen. Es werden Systemuntersuchungen durchgeführt, deren Ergebnisse als Grundlage einer Hardware-Implementierung für die Struktur des Zellstromprozessors (*cell stream processor*) eines ATM-Vermittlungssystems dienen. Gleichermaßen wichtig ist die Untersuchung von Speichersystemen, die den hohen Anforderungen einer ATM-Datenübertragung im Gigabit-Bereich hinsichtlich Latenz und Bandbreite genügen. Die notwendige Performance soll durch den Einsatz moderner DRAM-Bausteine erreicht werden. Für die Ankopplung des Speichersystems an den ATM-Zellflußprozessor wurde eine abstrakte Hardwareschnittstelle definiert, die auf den ATM-Zellstrom zugeschnitten ist. Technologische Entwicklungen im Bereich *optisches Packaging* runden das Spektrum der Hardwarearbeiten ab. Basierend auf optischen Wellenleitern sollen ganze Arrays von Laserdioden und Photodetektoren mit elektronischen Interfacekomponenten integriert werden, um die von großen ATM-Vermittlungssystemen benötigte Kommunikationsbandbreite zu geringen Preisen und mit hoher Packungsdichte realisieren zu können.

Projektpartner

Am Forschungsverbund Schnelle Netze sind sieben Lehrstühle der RWTH Aachen beteiligt, die in zwei Arbeitsgruppen organisiert sind. Hardware- und Softwarekomponenten werden aufeinander abgestimmt, was einen regen Austausch der Ideen und Verfahren zwischen den beiden Arbeitsgruppen notwendig macht. Verkehrsmessungen, die unter realistischen Bedingungen gemacht werden, liefern wertvolle Hinweise für die Weiterentwicklung der Protokolle und der Vermittlungshardware.

Arbeitsgruppe 1: Prof. Dr. Dieter Haupt, Prof. Dr.-Ing. Karl-Friedrich Kraiss, Prof. Dr. Otto Spaniol, Prof. Dr.-Ing. Bernhard Walke (Koordinator der Arbeitsgruppe 1 und des Gesamtverbundes)

Arbeitsgruppe 2: Prof. Dr. Heinrich Kurz, Prof. Dr. Heinrich Meyr, Prof. Dr.-Ing. Tobias Noll (Koordinator der Arbeitsgruppe 2).

Weitere Informationen über das Verbundprojekt und die Arbeitsgruppen sind unter folgender Adresse verfügbar: http://*www.comnets.rwth-aachen.de/Schnelle-Netze*.

Realisierung eines verteilten Objektsystems als Basis für produktionsnahe Softwaresysteme

M. Weck, R. Langen, C.C. Kanne, A. Kurth
WZL der RWTH Aachen, Steinbachstraße 53, D-52056 Aachen

Abstract

Als Basis zur effizienten Realisierung verteilter produktionsnaher Softwaresysteme wurde im Sonderforschungsbereich 361 „Integrierte Produkt- und Prozeßgestaltung„ am Lehrstuhl für Werkzeugmaschinen des WZL ein verteiltes Objektsystem realisiert, das auf die spezifischen Randbedingungen dieses Anwendungsgebietes zugeschnitten ist.

1 Merkmale und Anforderungen des Anwendungsgebietes

Bei produktionsnahen Softwaresystemen, wie Anwendungen der Fertigungsleittechnik, handelt es sich um verteilte Lösungen. Dies hängt zum einen damit zusammen, daß Produktionssysteme durch eine räumliche Verteilung der seitens der Software anzusprechenden Steuerung von Werkzeugmaschinen, Robotern oder Lagern bestimmt sind. Zum anderen ist der Funktionsumfang eines Gesamtsystems, dessen unterschiedliche Teilfunktionen von einer Werkzeugverwaltung bis hin zu einer Ablaufsteuerung reichen können, heutzutage im allgemeinen modular realisiert und auf unterschiedlichen Rechnern implementiert. Neben der Notwendigkeit von Verteiltheit und Nebenläufigkeit, besteht die Forderung nach synchroner und asynchroner Kommunikation mit priorisiertem Nachrichtenaustausch, einer Verhaltensspezifikation für den Aufruf von Diensten, einer verteilten Fehlerbehandlung, Persistenz, Werkzeugunterstützung bei der Implementierung und leichter Wiederverwend-, Wart- und Erweiterbarkeit. Aus diesen Randbedingungen leiten sich spezifische Anforderungen an das Softwaresystem ab, die bei dem Entwurf des verteilten Objektsystems berücksichtigt wurden. Dem Entwickler von Fertigungsleitsoftware sollten darüber hinaus Werkzeuge und Hilfsmittel zur Verfügung gestellt werden, die eine automatische Verfügbarkeit der geforderten Eigenschaften ermöglichen und eine transparente Integration in die Gesamtmethodik ermöglichen.

2 Konzeption und Realisierung des verteilten Objektsystems

Insbesondere die Forderung nach Transparenz bei der Verteilung, erforderte den Entwurf geeigneter Konstrukte, die eine komfortable Implementierung ermöglichen. Beispielsweise wird die *Kommunikation* zwischen Objekten über Prozeß- bzw. Rechnergrenzen (Site-Grenzen) durch die gängige Implementierungssprache des Anwendungsbereichs (C++) nur unzureichend unterstützt. Auch für Verbindungen zwischen Objekten auf unterschiedlichen Sites, z. B. in Form von Aggregationen und Assoziationen, existieren in der Fertigungsleittechnik umfangreiche Einsatzmöglichkeiten. Allerdings ergibt sich dadurch die Problematik, daß die Nachrichten über Prozeß- und

Rechnergrenzen zugestellt werden müssen. Bei einem über Site-Grenzen hinausgehenden Verweis ist daher die Bekanntheit des genauen Aufenthaltsortes des referenzierten Objektes sicherzustellen, d. h. daß sich bei dem Verweis auch eine Information über den aktuellen Aufenthaltsort des Objektes befinden muß. Darüber hinaus kann ein Objekt seinen Aufenthaltsort von einer Site auf eine andere dynamisch - z. B. aufgrund der Wartung eines Rechners - verlagern (*Migration*). Bei der Migration eines Objektes ist sicherzustellen, daß die bestehenden Verweise ihre Gültigkeit nicht verlieren und daß Nachricht bei Bedarf nachgesendet werden. Diese Verwaltung der einzelnen Sites sowie deren Kommunikation mit den anderen Sites des verteilten Systems bewerkstelligt der *Site-Manager*. Zur Modellierung der *Nebenläufigkeit* wurde die Unterscheidung zwischen *aktiven* und *passiven Objekten* eingeführt. Diese Unterscheidung beeinflußt die Architektur des Softwaresystems maßgeblich. Soll beispielsweise ein passives Objekt über die Site-Grenzen hinweg angesprochen werden, so ist ein aktives Objekt, das sich auf derselben Site wie das passive befinden muß, als Nachrichtenvermittler einzuschalten. Hierbei erfolgt der Methodenaufruf ortstransparent, d. h. einem aufrufenden Objekt muß nicht bekannt sein, wo sich das aufgerufene aktive Objekt befindet. Damit aktive Objekte auf jeder Site innerhalb des Systems ohne Kenntnis ihres aktuellen Aufenhaltsortes verwendet werden können, werden auf allen Sites, außer der das aktive Objekt tatsächlich beinhaltenden, entsprechende Stellvertreter (*Proxy)* etabliert, deren Aufgabe die korrekte Weiterleitung von Anfragen ist. Beim Nachrichtenaustausch mit einem aktiven Objekt werden *synchrone* und *asynchrone* Kommunikation bereitgestellt, wobei in asynchronen Aufrufen zur Aufnahme des Methodenergebnisses eine Variable (*Future-Objekt*) bereitgestellt werden kann. Um die Ausführung bestimmter Dienste eines Objektes zu unterbinden (z. B. aus Sicherheitsgründen), wurden *Verhaltensmuster* eingeführt. Hiermit kann beschrieben werden, welche Methoden eines Objektes in Abhängigkeit des Zustandes zur Verfügung ausgeführt werden dürfen. Dabei ist zu gewährleisten, daß vor dem eigentlichen Methodenaufruf die zugehörigen Constraints getestet werden. Sind alle Bedingungen erfüllt, wird die gewünschte Methode aufgerufen, ansonsten erfolgt die Rücksendung eines Fehlerobjektes. Die Fehlerbehandlung erfolgt wiederum transparent über Prozeß- und Rechnergrenzen hinweg. Diese Konzepte wurden mittels eines objektorientierten Datenbanksystems als Prototyp implementiert.

3 Zusammenfassung und Ausblick

Das entwickelte verteilte Objektsystem erlaubt eine transparente Realisierung verteilter Anwendungen der Fertigungsleittechnik. Das System ermöglicht u. a. die Bildung aktiver und passiver Objekte mit Verhaltensmustern, eine prioritätsbehaftete synchrone und asynchrone Kommunikation sowie die Migration aktiver Objekte. Zu diesem Zweck wurden unter Verwendung eines OODBMS Basisklassen sowie ein Pre-Compiler entwickelt, der konventionelles C++ um die benötigten Konstrukte erweitert. Zukünftige Arbeiten werden sich auf den Ausbau dieses Systems zur Plattform für ein Multiagentensystem konzentrieren. Agentensysteme stellen aufgrund ihrer Struktur und Fähigkeiten einen interessanten Ansatz zur Steuerung dezentral organisierter Produktionssysteme dar.

Industrielles Fehlermanagement mit objektorientierten Technologien

T. Pfeifer, R. Grob, P. Klonaris, WZL, RWTH Aachen
G. Warnecke, H. Förster, P. Schülke, FBK, Uni Kaiserslautern
M. Jarke, R. Klamma, P. Peters, Informatik V, RWTH Aachen

Abstract: Das BMBF-Verbundprojekt FOQUS [3] hat praxisnahe Vorgehensweisen und Softwarewerkzeuge für das abteilungs- und zeitübergreifende Management interner und externer Fehler in der variantenreichen Produktion entwickelt.

1 Zielsetzung des Projektes FOQUS

Gegenstand des Fehlermanagements (FM) ist die Definition, Ausführung und Wartung reaktiver und präventiver Prozesse zur Fehlerbehandlung entlang des gesamten Produktlebensyklus. In der variantenreichen Produktion versagen traditionelle, statistische Verfahren oft, da für fundierte Aussagen die notwendigen Grundgesamtheiten fehlen. Ziel des BMBF-Projektes FOQUS [3] war die Entwicklung von Repräsentationskonzepten und Berechnungsverfahren, die die Arbeit mit Varianten im FM unterstützen. Das Projekt sollte dazu beitragen, Abweichungen der Unternehmensleistung von der Kundenerwartung als *Chance zur Verbesserung* zu begreifen. Daher wurden Werkzeuge entwickelt, die Pflege und Nutzung von Fehlerwissen über räumliche, zeitliche und konzeptuelle Barrieren hinweg ermöglichen [1]. Betrachtet wurde sowohl das herstellerinterne FM während des Entwicklungsprozesses als auch das externe FM im Kontext des Service nach Produktauslieferung.

2 Gestaltungskonzepte für Fehlermanagementprozesse

Eine Befragung bei 349 Industrieunternehmen verdeutlichte den erheblichen Handlungsbedarf in der Praxis und die hohe Bedeutung des FM für die Unternehmen. Vor diesem Hintergrund entwarfen die Projektpartner gemeinschaftlich mit Hilfe von objektorientierten Beschreibungskonzepten zentrale Grundmechanismen für:

- **die Gestaltung von FM-Prozessen**: Häufig ist im FM zu beobachten, daß sich entweder keiner für einen Fehler zuständig fühlt oder sich alle gleichzeitig darauf stürzen. Daher unterstützt FOQUS ein zweistufiges Prozeßmodell: Lokale Zyklen bestehend aus den Schritten Erfassen-Analysieren-Korrigieren werden entsprechend ihrer Bedeutung und Komplexität nach dem sog. Eskalationsprinzip geordnet an die zuständigen Bereiche weitergeleitet (Abb. 1). Dieses geschachtelte Prozeßmodell wurde mit Hilfe objektorientierter Ansätze formal definiert.
- **die Behandlung von Varianten im Fehlermanagement**: Das Wissen über Varianten im Unternehmen wurde mit Aggregations- und Klassenhierarchien auf der Basis objektorientierter Modellierung repäsentiert. Dies erlaubt einen natürlichen, expliziten und navigierenden Zugriff auf das im Unternehmen vorhandene Fehlerwissen.

- **die Sammlung und Präsentation des Fehlerwissens**: Sichten auf das vorhandene Fehlerwissen werden entsprechend der Benutzerprofile im FM-Prozeßmodell aufbereitet, mittels Vorgangsmappen in den Kontext des gerade ablaufenden Prozesses eingebettet, an die Randbedingungen der Prozeßdurchführung (z.B. Kosten und Zeit) angepaßt und präsentiert.

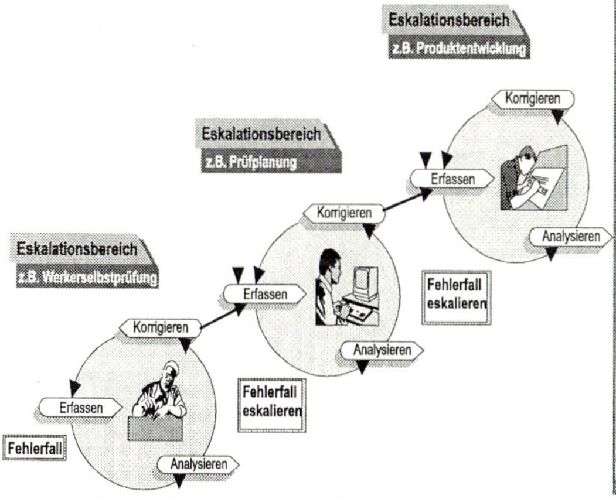

Abb.1: Räumliche und zeitliche Eskalation

Abb. 2: Garten der Antworten

3 Systemlösung und Erprobung

Auf Basis der im Vorläuferprojekt WibQuS [2] entwickelten Trader-Architektur zur Integration von heterogenen Informationsquellen wurde ein Workflow-Management-System entwickelt, das FM-Prozesse auf Basis des Eskalationsprinzips, der beschriebenen Abläufe und Informationen und des Vorgangsmappenkonzepts unterstützt. Werkzeuge zur schnellen, mobilen Erfassung und computergestützten Fehlerkatalogisierung bereichern das interne FM. Das externe FM profitiert von multimedialen Erfassungs- und Kommunikationswerkzeugen zur Überwindung räumlicher Barrieren. Zur Überwindung zeitlicher Barrieren im Wissenstransfer werden ausgewählte Erfahrungen in strukturierten Fehlerfallsammlungen abgelegt und späteren FM-Prozessen als Hypermedia-Struktur in Form eines „Garten der Antworten“ (Abb. 2) zur Verfügung gestellt. Damit wird eine graduelle Verkürzung des Eskalationsprozesses erreicht und die Spezialisten werden von Wiederholarbeit entlastet. Das System zeigte seine Praktikabilität im Einsatz in der Musterfabrik Aditec am Beispiel einer realen Getriebeproduktion.

[1] Jarke, M.; Jeusfeld, M.; Peters, P.; Pohl, K.: Coordinating distributed organizational knowledge. Data & Knowledge Engineering, 1997.

[2] Pfeifer, T. (Hrsg.): Wissensbasierte Systeme in der Qualitätssicherung. Springer Verlag 1996.

[3] Pfeifer, T. (Hrsg.): Fehlermanagement mit objektorientierten Technologien in der qualitätsorientierten Produktion. Forschungszentrum Karlsruhe Technik und Umwelt; FZKA-PFT 183, 1997.

Binocular Information Processing in the Owl

R.F. van der Willigen[1], J. Lippert[1], D.J. Fleet[2] and H. Wagner[1]

[1] Institut für Biologie II. RWTH Aachen, Kopernikusstrasse 16, D-52074 Aachen, Germany
[2] Department of Information Science. Queen's University, Kingston, Canada K7L 3N6

Abstract. Behavioural experiments on disparity-based depth perception in two barn owls (*Tyto alba*) implicate that these frontal-eyed predatory birds can acquire depth information through stereopsis. Neurophysiological data revealed that disparity sensitivity in telencephalic neurons is due to position-shifts, phase-shifts, or a hybrid of the two. Computational modeling demonstrated that depth extraction is possible from the outputs of such cells.

The highly specialized visual and auditory senses of the barn owl make it a very successful hunter, and an interesting animal for the study of biological information processing. Following Marr [1], we have pursued three lines of research to understand binocular depth perception in barn owls, namely, behaviour, neurophysiology and computational modeling. In this paper we provide a brief overview of our results to date.

Behaviour

Primates and cats can use binocular vision to infer 3D depth. A point in the visual scene, which is not fixated, projects onto different locations in the two eyes. This difference is called binocular retinal disparity. To determine whether barn owls infer 3D depth induced by retinal disparity, we trained barn owls to make depth discriminations from random-dot-stereograms [2] (images of random-dots that produce depth percepts in humans but have no monocular depth cues – see Fig. 1A). Disparity in random-dot-stereograms is introduced by displacing regions of dots between left and right images.

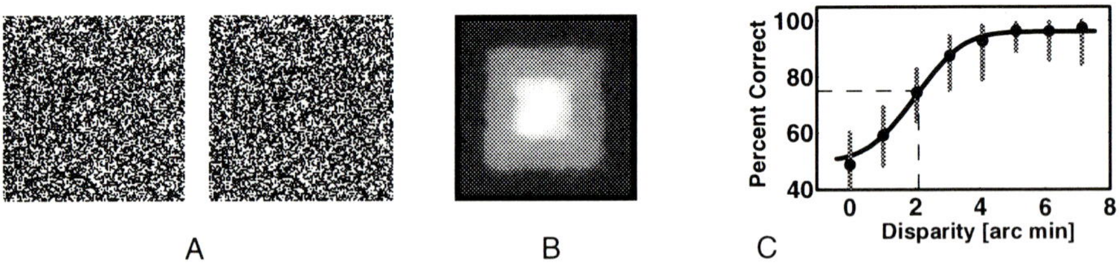

Fig. 1. A,B: Random-dot stereogram and estimated depth. C: Psychometric curve for owl's depth discrimination.

The owls' task was to indicate whether a rectangular region in the center of the image was in front of, or behind, the plane of the monitor. Fig. 1C shows that the owl can make reliable depth discriminations, but only when disparities are above 2 arcmin. This disparity threshold is similar to that in monkeys[3], and approximately a factor of 60 worse than that in humans. The presented results constitute the first behavioural evidence that barn owls possess retinal disparity-based depth perception.

Neurophysiology

Neurons tuned to binocular disparity have been found in the visual cortex of cats [4] and monkeys, and in the visual Wulst of the owl [5]. These neurons only respond to stimuli in small regions of the visual field, called the receptive field. There are two main classes of binocular cells, simple cells and complex cells. Simple cells are well characterized by a sum of signals from the two eyes, and are therefore modeled as linear neurons. Complex cells compute a sum of squared simple cell outputs, and are also called energy neurons. Disparity tuning in binocular cells may arise in different ways, namely from position shifts or from phase shifts of their monocular receptive fields. Evidence for both sources of disparity tuning, including a hybrid of the two, has been observed [4, 5, 6].

Computational Analysis

The response properties of simple and complex cells constrain biological models of binocular depth perception. Recent results by us and others have shown how these basic computational units play a role in the computation of stereo depth [7, 8]. These models are based on the method of phase correlation in communications theory [9]. Fig. 1B shows the depth map that is output from the entire framework when applied to the random-dot stereogram in Fig. 1A.

The analysis discussed so far does not answer the question of how monocular cells are combined during development to form linear neurons, or how linear cells combine to form energy neurons. To address these questions, we have trained a back-propagation network. The input to the network were outputs of monocular receptive fields tuned to different spatial frequencies and different spatial phases. The desired output of the network was a disparity-tuned (energy) neuron.

Conclusion

Machine stereo systems for computing depth have been based on similar principles to those in biological systems, and have been shown to be reliable and accurate [9, 10]. In addition, the development of computational frameworks has helped significantly in biological modeling [7, 8]. Such an interdisciplinary approach should continue to be fruitful for both fields.

References

1. Marr, D.: Vision. San Francisco: Freeman (1982).
2. Julesz, B.: Foundations of cyclopean perception. Chicago: University Chicago Press (1971).
3. Harwerth, R. and Boltz, R.: Behavioral measures of stereopsis in monkeys using random dot stereograms. Physiology and Behavior **22** (1979) 229–234
4. Ohzawa I., DeAngelis G. and Freeman R.: Stereoscopic depth discrimination in the visual cortex: neurons ideally suited as disparity detectors. Science **249** (1990) 1037–1041
5. Wagner H. and Frost B.: Disparity-sensitive cells in the owl have a characteristic disparity. Nature **364** (1993) 796–798
6. Anzai A.,Ohzawa I. and Freeman R.: Neural Mechanisms underlying binocular fusion and stereopsis: Position vs. phase. PNAS **94** (1997) 5438-5443
7. Qian, N.: Computing Stereo Disparity and Motion with Known Binocular Cell Properties. Neural Computation **6** (1994) 390-404
8. Fleet D., Wagner H. and Heeger D.: Neural encoding of binocular disparity - energy models, position shifts and phase shifts. Vision Research. **36** (1996) 1839–1857
9. Fleet D.: Disparity from local, weighted phase correlation. IEEE Conf. on SMC (1994) 48-56
10. Fleet D., Jepson, A., and Jenkin, M.: Phase-based disparity measurement. CVGIP: Image Understanding **53** (1991) 198–210

Orientierungs- und Benutzerunterstützung in Web-Dokumenten

R. Kreutz, H. Conradi, I. Scholl, K. Spitzer
Institut für Medizinische Informatik und Biometrie, RWTH Aachen
kreutz@imib.rwth-aachen.de

Im Bereich des Computerunterstützten Lernens (CBT = Computer Based Training) haben sich HTML-Dokumente inzwischen etabliert. Sie verfügen jedoch nicht über so flexible Darstellungsmöglichkeiten wie vergleichbare proprietäre Systeme. Dieser Text zeigt einige Schwachstellen auf und gibt Lösungsvorschläge an, die teilweise bereits prototypisch realisiert wurden.

Motivation

HTML ist aufgrund ihrer Plattformunabhängigkeit und ihrem Design, das auf die Darstellung von statischen Texten und Bildern zielt, in den Möglichkeiten der Präsentation begrenzt. Dieser Begrenzung soll so mit Java-Applets und zusätzlichen HTML-Tags begegnet werden, daß dabei die SGML-Intention, die Struktur des Dokumentes von seinem Aussehen unabhängig zu halten, nicht verletzt wird.

Defizite in HTML

Seitenbeschreibung: Es besteht zwar die Möglichkeit, Meta-Informationen zu einer Seite anzugeben, jedoch existieren dabei keine Standards.
Orientierung: Obwohl es in den 80er Jahren Proprietärsysteme mit einer Vielzahl von Orientierungsmöglichkeiten gegeben hat (z.B.: [Yank88] [Utti89]), wurden außer einer Back-Funktion und einer History-Liste keine auf das Internet übertragen. Leser erhalten weiterhin keine Informationen über die hinter den Links liegenden Zielseiten, was zu einer hohen kognitiven Belastung beim Explorieren führt. Ebensowenig erfahren Sie etwas von der Art der Beziehung zwischen den Seiten untereinander.
Graphische Navigation: Die zur Zeit zu findenden Strukturdarstellungen von HTML-Dokumenten sind entweder statisch erstellt, wie Inhaltverzeichnisse bzw. Landkarten oder lediglich Teilansichten, wie Fisheye-Views. Dadurch ist die Erstellung entweder sehr aufwendig, oder die Darstellung ist unvollständig.
Benutzermodellierung: HTML-Dokumente stellen statisch vernetzte Informationseinheiten dar. Eine Anpassung der Verweise auf verschiedene Benutzerprofile und an die sich zur Laufzeit ändernden Bedürfnisse des Lesers ist nicht möglich.

Lösungsansätze

Seitenbeschreibung: Durch eine Standardisierung von Meta-Informationen kann zuverlässig auf diese zurückgegriffen und eine bessere Benutzerunterstützung erzielt werden. Unter anderem sind hier Autorname, Keywords sowie Abstract sinnvoll.
Orientierung: Auf den Metainformationen basierend läßt sich mit Hilfe eines Applets eine Preview-Funktion erzielen, die es ermöglicht, Informationen der Zielseite einse-

hen zu können, ohne jene zuerst anspringen zu müssen. Dadurch ist es dem Benutzer möglich, sich für die nächste Seite zu entscheiden, ohne seinen aktuellen Kontext verlassen zu müssen. Die Verwendung von Icons im Applet erlaubt zudem eine Typisierung von Links, die Aufschluß über die interne Struktur des Dokuments gibt.

Graphische Navigation: Ebenfalls durch ein Applet läßt sich die aktuelle Position im Dokument darstellen. Ein Applet auf der Seite informiert hierzu ein Fenster darüber, welches die aktuelle Seite ist. Das Fenster erzeugt daraufhin eine entsprechende Darstellung. Hierbei ist es dem Benutzer möglich, durch eine Vielzahl von Parametern die Darstellung seinen jeweiligen Bedürfnissen und Interessen anpassen zu können. Für den Offline-Bereich wurde ein solches System in [Kreu94] vorgestellt und wird in Dokumenten wie [Buch95] verwendet.

Benutzermodellierung: Um den Benutzer bei seiner Tour durch das Dokument individueller unterstützen zu können, ist es notwendig, dessen aktuellen Kontext zu erfassen. Hierzu kann man den besuchten Seiten Kategorien zuweisen, deren Mischungsverhältnis dann als Kontext betrachtet wird. Zur Kategorisierung selbst können sowohl die gelesenen Seiten selbst, deren Abstracts oder Keywords herangezogen werden. Mit Hilfe des erfaßten Benutzerprofils ist es möglich, auch dynamische Links zu realisieren, wenn der Autor dies zuläßt. Diese Links zeigen dann auf mehrere Seiten von unterschiedlichem Relevanzgrad. Eine Visualisierung des Benutzerkontextes ist ebenfalls möglich.

Ergebnisse und Ausblick

Für die oben beschriebenen Erweiterungen wurden neue HTML-Tags und ein Programm entwickelt, daß die so erweiterte HTML-Syntax in Standard-HTML mit eingebetteten Applets übersetzt. Für den Autor entsteht dadurch kaum Mehraufwand beim Erstellen eines Dokuments. Das Programm selbst erwies sich durch Einsatz eines eigenen Parsers als sehr flexibel. So war es kein großes Problem, HTML noch weiter um zusätzliche Features wie Hotwords oder Bilder, in denen sich Markierungen ein- und ausblenden lassen, anzureichern.

Zur Zeit wird ein plattformunabhängiges Autorenwerkzeug entwickelt, daß die Erstellung und Wartung eines Dokuments erleichtern wird. Dieses Werkzeug wird auch die Navigationunterstützung automatisieren. Deren Visualisierungskomponente befindet sich zur Zeit kurz vor der Fertigstellung. Die Erfassung und Visualisierung des Kontextes ist Gegenstand intensiver Forschungsarbeit.

Literatur

[Buch95] H. Buchner, et. al.; „ELIS - Elektrophysiologisches Lehr- und Informationssystem"; Kohlhammer-Verlag; 1995; ISBN 3-17-013863-4

[Kreu94] R. Kreutz; „Visualisierung von Hypertextnetzen"; Diplomarbeit an der Naturwissenschaftlichen Fakultät der RWTH Aachen; 1994

[Utti89] K. Utting, et al.; „Context and Orientation in Hypermedia Networks"; ACM Transactions on Information Systems; Vol. 7, No. 1; Jan. 1989; pp 58-81

[Yank88] N. Yankelovich, et al.; „Intermedia: The concept and the construction of a seamless information environment"; Computer 21,1; 1988; pp 81-96

Workshops

Arbeitstagung Programmiersprachen

Vorwort

Durch die Ausrichtung der Arbeitstagung Programmiersprachen wollten die GI-Fachgruppen 2.1.3 "Implementierung von Programmiersprachen" und 2.1.4 "Alternative Konzepte für Sprachen und Rechner" ein deutschsprachiges Forum für Beiträge aus allen Bereichen mit Bezug zu Programmiersprachen bieten, und zwar über alle Programmierparadigmen hinweg. Von Interesse waren also imperative, funktionale, logische, objektorientierte, parallele und graphische Programmiersprachen sowie Ansätze zur Integration verschiedener Paradigmen. Folgende Themen standen hierbei im Vordergrund: Design von Programmiersprachen, Typsysteme, Semantik, Implementierungs- und Optimierungstechniken, Analyse und Transformation von Programmen, Erfahrungen bei exemplarischen Anwendungen, Werkzeuge, Programmierumgebungen und Programmverifikation.

Um einerseits qualitativ hochwertige Beiträge anzuziehen und andererseits die Möglichkeit zur Vorstellung laufender Arbeiten zu bieten, wurde das Programm in einen Konferenz-Track und einen Workshop-Track aufgeteilt. Die Beiträge des Konferenz-Tracks wurden nach den Qualitätsmaßstäben internationaler Programmiersprachen-Konferenzen begutachtet. Schließlich wurden vom Programmkomitee 10 der für diesen Track eingereichten 30 Papiere ausgewählt. Diese Papiere sind im vorliegenden Tagungsband enthalten. Die Auswahl fiel aufgrund des erfreulich hohen Niveaus der Beiträge nicht leicht. Für das Workshop-Programm wurden weitere 7 Beiträge ausgewählt, die in einen separaten, als Bericht der Universität Münster erschienenen Band aufgenommen wurden.

Allen Programmkomitee-Mitgliedern und den von ihnen hinzugezogenen Gutachtern sei hiermit ganz herzlich für die geleistete Arbeit bei der Auswahl der Beiträge gedankt. Der Dank für die Vielfalt und hohe Qualität des Programms gebührt den Autoren.

Aachen
Juni 1997

Herbert Kuchen
Programmkomitee-Vorsitzender

Programmkomitee

Jürgen Ebert, Koblenz
Wolfgang Goerigk, Kiel
Gerhard Goos, Karlsruhe
Michael Hanus, Aachen
Monika Heiner, Cottbus
Klaus Indermark, Aachen
Uwe Kastens, Paderborn
Jens Knoop, Passau
Herbert Kuchen, Münster (Vorsitz)
Hans Langmaack, Kiel
Arnd Poetzsch-Heffter, Hagen
Günter Riedewald, Rostock
Gregor Snelting, Braunschweig
Reinhard Wilhelm, Saarbrücken

Zum Nutzen sequentieller Kontrollabstraktionen

Lothar Schmitz
TU Dresden

1 Was sind Kontrollabstraktionen?

Der Begriff „Kontrollabstraktion" wurde von Crowl und LeBlanc [2] eingeführt als „der Prozess, durch den Programmierer neue Kontrollkonstrukte einführen, indem sie – losgelöst von einer Implementierung – Anforderungen an die Ausführungsreihenfolge von Anweisungen *spezifizieren*". Mit „Ausführungsreihenfolge" ist dabei vor allem die Möglichkeit der *Parallelausführung* gemeint. Crowl und LeBlanc entwerfen eine Notation für parallele Kontrollabstraktionen und weisen deren Nützlichkeit an vielen Beispielen nach.

Hier soll gezeigt werden, daß die Verwendung von Kontrollabstraktionen auch für die Entwicklung sequentieller Programme von Vorteil ist. *Sequentielle Kontrollabstraktionen* unterscheiden sich von den in Programmiersprachen üblichen Kontrollstrukturen durch *Non-Determinismus:* Wo sie für das Ergebnis einer Berechnung nicht wesentlich ist, kann die genaue Ausführungsreihenfolge unbestimmt bleiben. Beispiele für solche Konstrukte sind die von Dijkstra [3] eingeführten „guarded commands", die von Hoare [6] formal beschriebenen Schleifen der Form ,,`for x in M do ...`'' sowie deren in [5] definierte Verallgemeinerung, auf die wir in Abschnitt 2 zurückkommen werden.

Zunächst einige einfache Beispiele zur Motivation:

Mangels geeigneter Ausdrucksmittel wird in Programmen die Ausführungsreihenfolge oft unnötig genau festgelegt. Typisch ist eine Formulierung wie:

$\{\forall\ 1 \leq i, j \leq n : a(i, j) = 0\}$

```
for i := 1 to n do
   for j := 1 to n do                          (MM1) Skalarprodukt
         for k := 1 to n do
            a(i,j) := a(i,j) + b(i,k) * c(k,j)
```

$\{a = b * c\}$

für die Berechnung des Produkts zweier quadratischer Matrizen anstelle der wesentlich allgemeineren und (bei gleicher Vor- und Nachbedingung) ebenso korrekten Formulierung:

```
for (i,j,k) in [1:n]x[1:n]x[1:n] do
      a(i,j) := a(i,j) + b(i,k) * c(k,j)  (MM2) Matrixprodukt
```

Die Formulierung (MM2) kann man auffassen als Beschreibung einer ganzen Klasse von Algorithmen, zu der neben der programmiersprachliche Version (MM1) auch die folgende (MM3) gehört:

```
for k := 1 to n do
   for i := 1 to n do                  (MM3) Dyadisches Produkt
         for j := 1 to n do
            a(i,j) := a(i,j) + b(i,k) * c(k,j)
```

Äußerlich frappierend ähnlich zu (MM3) ist die folgende (leicht vereinfachte) Fassung des Warshall-Algorithmus [16] zur Berechnung der transitiven Hülle einer Relation:

$\{a = b\}$

```
for k := 1 to n do
   for i := 1 to n do               (TH1) Warshall-Algorithmus
         for j := 1 to n do
            a(i,j) := a(i,j) or a(i,k) and a(k,j)
```

$\{a = b^+\}$

Allerdings ergeben die (MM1) und (MM2) entsprechenden Varianten von (TH1) keine korrekten Transitive-Hülle-Verfahren: Die äußerliche Ähnlichkeit der Kontrollstrukturen verschleiert die tatsächlichen Unterschiede der beiden Algorithmen.

Wenn es bei sequentiellen Algorithmen nicht auf die genaue Ausführungsreihenfolge ankommt, dann ist häufig sogar *Parallelausführung* möglich: Laut (MM2) können bei der Matrixmultiplikation die Indextripel `(i,j,k)` in beliebiger Reihenfolge durchlaufen werden. Tatsächlich lassen sich in (MM1) die beiden äußeren Schleifen parallel ausführen, nicht aber die innerste Schleife. Freiheitsgrade in der Ausführungsreihenfolge sind also Indikatoren für mögliche Parallelisierbarkeit. Der durch sequentielle Kontrollabstraktionen beschriebene Non-Determinismus ist demnach eine notwendige, aber nicht immer ausreichende Vorbedingung für Parallelisierbarkeit. Im weiteren beschränken wir uns auf sequentielle Algorithmen.

Eine „allgemeinste" Fassung des Warshall-Algorithmus und spezialisierte Varianten davon betrachten wir in Abschnitt 3. Dazu wird die in Abschnitt 2 eingeführte Notation und Terminologie benötigt. Abschnitt 4 zeigt die Spezifikation und Implementierung einer komplexeren Kontrollabstraktion. In Abschnitt 5 werden verwandte Ansätze dargestellt. Abschnitt 6 faßt die Vorteile sequentieller Kontrollabstraktionen zusammen.

2 Begriffe und Definitionen

Wir betrachten eine Verallgemeinerung der beiden in Abschnitt 1 verwendeten Arten von for-Schleifen:

(For1) `for x := 1 to n do S(x)`

(For2) `for x in M do S(x)`

Bei (For1) durchläuft x die Folge $< 1, 2, \ldots, n >$ über der Menge $\{1, 2, \ldots, n\}$, bei (For2) dagegen eine beliebige Folge aus der Menge `perms(M)` aller Folgen („Permutationen“) über M.

Bei den in [5] eingeführten *„abstrakten* for-*Schleifen“:*

(For3) `for x through E do S(x)`

bezeichnet die *„Enumeration“* E eine *Teil*menge aller Folgen über M, d.h. E $\subseteq$ `perms(M)`. Die Abarbeitung einer solchen Schleife beginnt mit der Auswahl einer Folge aus E; danach wird für alle Werte x in der Folge nacheinander `S(x)` ausgeführt.

(For1) und (For2) sind *Spezialfälle* von (For3): Bei (For1) ist die Menge E der möglichen Folgen einelementig, bei (For2) gilt E = `perms(M)`. Wenn die Enumeration E mehr als eine Folge enthält, dann ist der (For3)-Konstrukt *nichtdeterministisch.* Wir sprechen von einer sequentiellen Kontrollabstraktion.

Neben (For1) und (For2) umfaßt die abstrakte for-Schleife ein breites Spektrum von for-Konstrukten, mit denen sich der Kontrollfluß vieler, auch praktisch relevanter Algorithmen auf einer angemessenen Abstraktionsstufe beschreiben läßt; hierzu Beispiele in den folgenden Abschnitten.

Enumerationen E werden häufig als Teilmengen von `perms(M)` beschrieben, deren Elemente mit einer partiellen Ordnung R auf M verträglich sind. Eine Folge $< x_1, x_2, \ldots, x_n >$ heißt dabei *verträglich* mit R, wenn aus $x_i \mathrm{R} x_j$ stets folgt $i < j$. Anstelle von E steht in (For3) dann die Klausel:

```
perms(M) according to R
```

Wenn für zwei Enumerationen

```
E1 = perms(M) according to R1
E2 = perms(M) according to R2
```

gilt E1 $\subseteq$ E2, dann heißt E1 *feiner als* E2 und R1 *feiner als* R2.

In [6] definiert Hoare die Bedeutung des (For2)-Konstrukts axiomatisch durch eine Beweisregel. Analog wird in [5] die Bedeutung der abstrakten for-Schleife festgelegt. Damit ist gleichzeitig die Basis für Programmbeweise gegeben.

Eine wichtige Eigenschaft der abstrakten for-Schleife wird in [12] „Verfeinerungssatz“ genannt: Wenn man in einem als korrekt bewiesenen Programm eine Enumeration durch eine feinere ersetzt, dann bleibt die Korrektheit des Programms erhalten.

In diesem Zusammenhang werden wir auch das folgende, eher technische Resultat benötigen: Wenn S^+ und T^+ partielle Ordnungen auf M sind mit $S \supseteq T$, dann ist S^+ feiner als T^+.

Als *sequentielle Implementierung* einer abstrakten `for`-Schleife bezeichnen wir jede seiner deterministischen Verfeinerungen.

Wegen des Verfeinerungssatzes überträgt sich die Korrektheit eines Algorithmus auf alle seine sequentiellen Implementierungen.

3 Verifikation mit Kontrollabstrationen

Der Warshall-Algorithmus (TH1) durchläuft die Indextripel (k,i,j) aus $N = \{ (i,j,k) \mid 1 \leq i,j,k \leq n \}$ in lexikographischer Reihenfolge, d.h. entsprechend der Ordnung S auf N:

$$(k,i,j)S(k',i',j') \quad \Leftrightarrow_{def} \quad \begin{array}{l} k < k' \vee \\ k = k' \wedge i < i' \vee \\ k = k' \wedge i = i' \wedge j < j' \end{array}$$

Eine zu (TH1) äquivalente Beschreibung des Warshall-Algorithmus ist daher:

```
for (k,i,j) through perms(N) according to S do
        a(i,j) := a(i,j) or a(i,k) and a(k,j)          (TH1')
```

Untersuchung der Datenabhängigkeiten im Warshall-Algorithmus ergibt die durch folgende Ordnung T ausgedrückte Minimalanforderung an die Ausführungsreihenfolge:

$$(k,i,j)T(k',i',j') \quad \Leftrightarrow_{def} \quad \begin{array}{l} k = k' - 1 \wedge \\ (\; i = i' \wedge j = j' \vee \\ \;\; i = i' \wedge j = k' \vee \\ \;\; i = k' \wedge j = j' \;) \end{array}$$

Die „allgemeinste“ Fassung des Warshall-Algorithmus lautet also:

```
for (k,i,j) through perms(N) according to T do
        a(i,j) := a(i,j) or a(i,k) and a(k,j)          (TH2)
```

Ausfürliche Korrektheitsbeweise zu (TH1) und (TH2) findet man in [12]. Beide erfordern etwa den gleichen Aufwand – jeweils zwei Seiten Argumentation. Während der Beweis von (TH1) *ein* Verfahren als korrekt nachweist, leistet der Beweis von (TH2) dies für *eine ganze Klasse* von Verfahren: (TH2) und alle Algorithmen, die aus (TH2) durch Verfeinerung hervorgehen. Um nachzuweisen, daß ein Verfahren Verfeinerung eines anderen ist, kann man das Kriterium heranziehen, das wir am Ende von Abschnitt 2 formuliert haben.

Am Beispiel: Um (TH1) (bzw. (TH1')) als Verfeinerung von (TH2) nachzuweisen, muß man zeigen, daß aus $(k,i,j)T(k',i',j')$ folgt $(k,i,j)S(k',i',j')$.

Dies ist besonders einfach, weil für alle $(k,\ldots,\ldots)T(k',\ldots,\ldots)$ gilt $k = k' - 1$, damit insbesondere $k < k'$ und daher $(k,\ldots,\ldots)S(k',\ldots,\ldots)$.

In gleicher Weise und mit nur wenig mehr Aufwand (Details siehe [12]) zeigt man, daß der erheblich kompliziertere Algorithmus von Warren [15] ebenfalls eine Verfeinerung von (TH2) ist; ein direkter Beweis würde mindestens den doppelten Aufwand erfordern wie der zu (TH1).

Die Entwicklung des komplizierteren Verfahrens war praktisch begründet: Während (TH1) die Bitmatrix gleichzeitig zeilen- und spaltenweise durchläuft, arbeitet Warrens Algorithmus ausschließlich zeilenweise. Bei großen Bitmatrizen ist daher ein günstigeres Paging-Verhalten zu erwarten.

In der oben eingeführten Notation läßt sich das Verfahren (MM2) aus Abschnitt 2 äquivalent beschreiben durch:

```
for (k,i,j) through perms(N) do
      a(i,j) := a(i,j) + b(i,k) * c(k,j)          (MM2')
```

Die `for`-Schleife aus (TH2) (und alle Verfeinerungen davon) ist Verfeinerung der Schleife in (MM2'). Man kann daher die Kontrollstruktur von Warrens Algorithmus verwenden, um einen Matrixmultiplikationsalgorithmus mit ähnlich günstigem Paging-Verhalten zu finden.

Ein Beispiel mit anders gearteten Datenstrukturen ist die in [11] beschriebene Familie von Sortieralgorithmen. Die gemeinsame Idee ist, einen „absteigend markierten Baum“ herzustellen, bei dem der größte Wert sich stets in der Wurzel des Baums befindet. Dazu muß der ganze Baum „irgendwie von den Blättern hin zur Wurzel“ durchlaufen werden. Dies läßt sich formal als Enumeration über der Menge der Knoten des Baums beschreiben (vgl. [5]). Zwei Verfeinerungen des abstrakten Verfahrens ergeben die bekannten Algorithmen Heapsort und Smoothsort: Bei Heapsort wird der Baum (ein „heap“) schichtenweise von den Blättern hin zur Wurzel“ durchlaufen; bei Smoothsort wird der verwendete „Leonardobaum“ in Post-Ordnung durchlaufen. Aus dem von weniger Implementierungsdetails belasteten Beweis des abstrakten „Baumsortierverfahrens“ folgt nach dem Verfeinerungssatz die Korrektheit der beiden konkreten Varianten.

4 Spezifikation und Implementierung

Bei Festlegung einer Abstraktion wird diese *gekapselt* und mit einem Namen versehen. Für Verwender der Abstraktion ist vermöge der Kapselung nur der Name und die Spezifikation sichtbar. Abstraktionen werden durch Nennung ihres Namens *(wieder-)verwendet.* Diese Namen bilden also eine neue Sprachschicht mit mächtigen, weil abstrakten Bausteinen.

Im Zusammenhang mit abstrakten `for`-Schleifen bietet sich die Kapselung von Enumerationen an: Einerseits bestimmen Enumerationen die möglichen

Abarbeitungen der zugehörigen Schleifen vollständig; andererseits können sie als Mengen von Folgen mit der gewohnten mathematischen Notation spezifiziert und über den Verfeinerungsbegriff zueinander in Beziehung gesetzt werden.

Bei dem folgenden Beispiel aus der Graphentheorie unterscheiden sich Spezifikation und Implementierung der verwendeten Kontrollabstraktion deutlicher als in den vorangegangenen Beispielen.

Sei (V, R) ein gerichteter Graph mit endlicher Knotenmenge V und der Kantenmenge $R \subseteq V^2$. Für jeden Knoten $x \in V$ ist eine *starke Zusammenhangskomponente* $[x]$ definiert durch:

$$[x] =_{def} \{z \in V \mid zR^*x \wedge xR^*z\}$$

Sei $[V]$ die Menge aller Zusammenhangskomponenten. Die ursprüngliche Kantenmenge R induziert eine Kantenmenge $[R]$ auf $[V]$ vermöge

$$[R] =_{def} \{([x],[y]) \mid (x,y) \in R \wedge [x] \neq [y]\}$$

Man prüft leicht nach, daß sowohl die transitive Hülle $[R]^+$ von $[R]$ als auch die transitive Hülle $([R]^{-1})^+$ der Umkehrrelation $[R]^{-1}$ partielle Ordnungen (d.h. antisymmetrisch und transitiv) sind. Daher definiert

$$ZIT(V, R) =_{def} \texttt{perms}([V]) \texttt{ according to } ([R]^{-1})^+$$

eine Enumeration auf $[V]$. Die Bezeichnung „ZIT" ist Akronym für „Zusammenhangskomponenten Invers Topologisch sortiert" und besagt inhaltlich, daß die Zusammenhangskomponenten aus $[V]$ so aufgezählt werden, daß jedes $[x]$ erst nach all seinen $[R]$-Nachfolgern kommt.

Eine mögliche Implementierung von ZIT ergibt sich aus Tarjans Tiefensuche-Algorithmus [14], den wir kurz beschreiben (siehe nächste Seite): `top` bildet zusammen mit `s` einen Keller für Knoten. In `h` sind eingangs alle Knoten mit `0` markiert. Bei Eintritt in `VISIT(x)` erhält `h(x)` einen von `0` verschiedenen Wert, der genau dann nicht durch eine der Zuweisungen `h(x) := min(...)` verändert wird, wenn `x` der zuerst besuchte Knoten seiner Zusammenhangskomponente `[x]` ist. In diesem Fall trägt `VISIT(x)` zur Aufzählung die Zusammenhangskomponente `[x]` bei; andernfalls wird `VISIT(x)` vorzeitig mit `return` verlassen. Tarjans Tiefensuche-Algorithmus ruft nach der Initialisierung von `h` `VISIT(x)` für alle noch nicht besuchten Knoten `x` auf.

Eine völlig andere Implementierung von `ZIT` gibt Dijkstra im Kapitel 25 von [4] an. Sein Algorithmus ist nicht rekursiv, dafür aber erheblich umfangreicher als der von Tarjan.

Verschiedene Verwendungsmöglichkeiten von `ZIT` werden in [14] beschrieben. Eine Reihe anderer Autoren haben Transitive-Hülle-Algorithmen entwickelt, die auf der Aufzählung `ZIT` basieren, darunter auch [10]. Während die übrigen Transitive-Hülle-Algorithmen Tarjans Verfahren an verschiedenen Stellen modifizieren, wird in [10] Tarjans Verfahren als „Treiberschleife" gekapselt, die ausschließlich der Aufzählung von Zusammenhangskomponenten dient. Mit Messungen wurde nachgewiesen, daß die auf gekapselter Verwendung beruhende Variante effizienter ist als die anderen.

```
procedure TARJAN(V,R);

   top : integer := 0;
   s : array (1..|V|) of knoten;
   h : array (knoten) of {0,1,...,|V|,+infinity};

   procedure VISIT(x:knoten);
      var w : knoten; xpos : integer
   begin
      h(x) := xpos := top := top+1;
      s(top) := x; /* push(x) */
      for w in succ(x) do
         begin
            if h(w) = 0 then VISIT(w);
            h(x) := min(h(x),h(w))
         end;
      if h(x) <> xpos then return;

      /* Jetzt steht die Zusammenhangskomponente [x]
         in s(xpos),...,s(top) bereit */

      for i := xpos to top do h(s(i)) := +infinity;
      top := xpos-1  /* pop([x]) */
   end VISIT;

begin

   for x in V do h(x) := 0;
   for x in V do
      if h(x) <> 0 then VISIT(x);

end TARJAN
```

Als weiterer Anwendungsbereich von `ZIT` bietet sich die Attributauswertung im Zusammenhang mit Attributgrammatiken an: `ZIT` über dem Attributabhängigkeitsgraphen zählt die Attribute in einer Reihenfolge auf, in der sie ausgewertet werden können.

Das Beispiel zeigt:

- Die Implementierung von abstrakten `for`-Schleifen kann aus komplizierten Programmstücken bestehen und auch rekursive Prozeduren enthalten.

- Die Kapselung von Kontrollabstraktionen teilt die Gesamtaufgabe in zwei lose gekoppelte Teile; dies erleichtert die Lösung und kann sogar zu Effizienzverbesserungen führen, weil jede der beiden Teilaufgaben für sich leichter zu optimieren ist.

5 Verwandte Ansätze

„Generatoren“ in Alphard [13] werden dadurch *spezifiziert*, daß die zu ihrer Implementierung verwendeten Funktionen `&init` und `&next` über Vor- und Nachbedingungen definiert werden. Die so definierten Generatoren können in zwei Arten von Schleifen verwendet werden, von denen die eine alle vom Generator aufgezählten Elemente der Reihe nach verarbeitet, die andere unter diesen das erste Element sucht, welches einer gegebenen Bedingung genügt. Als Konstrukte einer Programmiersprache (Alphard) sind diese Generatoren deterministisch.

Die Bedeutung der Schleifenkonstrukte ist wie in [5] mit Hilfe von Beweisregeln definiert.

In [7] stellen Liskov und Guttag neben prozedurale Abstraktion und Datenabstraktion als dritten Abstraktionsmechanismus die *„Iterationsabstraktion“*. Wie andere Abstraktionen werden Iteratoren *spezifiziert* und getrennt *implementiert.* Eine typische Iteratorspezifikation (in CLU) aus [7]:

```
small_to_big = iter (s:olist[t]) yields (t)
        requires s is not modified by the loop body.
        effects Yields elements of s, each exactly once,
                in ascending order as determined by t$lt.
```

Dem entspricht eine Koroutinen-artige Implementierung, in der jeweils der nächste aufgezählte Wert mit Hilfe einer `yield`-Anweisung an die den Iterator benutzende Schleife gegeben wird. Auch Iteratoren sind deterministisch.

Der Begriff *„Kontrollabstraktion“* wurde von Crowl und LeBlanc [2] geprägt. Sie schreiben u.a.: „Da Kontrollabstraktion die Definition eines Konstrukts von seiner Implementierung trennt, kann ein Konstrukt mehrere verschiedene Implementierungen besitzen ... Effizienzanpassungen können dadurch erfolgen, daß man unter den verschiedenen Implementierungen eine auswählt“. Ähnlich wie wir verwenden sie partielle Ordnungen, um mögliche Ausführungsreihenfolgen zu definieren. Der wesentliche Unterschied ist der, daß Crowl und LeBlanc parallele Kontrollabstraktionen betrachten; das schlägt sich in den verwendeten Notationen und Mechanismen nieder.

Als Notation für nicht-deterministische Kontrollstrukturen haben sich die *„guarded commands“* von Dijkstra [3] und die von Hoare [6] definierte Schleife `for x in M do ...` allgemein durchgesetzt. Unsere Beispiele belegen, daß diese nicht immer ausreichen, um algorithmische Ideen in „allgemeinster Form“ auszudrücken.

Am konsequentesten verwenden Chandy und Misra „Non-Determinismus", um die Überspezifikation von Abläufen zu vermeiden: Sie kommen praktisch ohne die geläufigen Kontrollstrukturen aus. Dafür benötigen sie als Abarbeitungsmechanismus eine Art von Fixpunktiteration. Tatsächlich lassen sich in ihrem Formalismus (Unity) auch komplizierte Algorithmen elegant beschreiben und als korrekt beweisen. Als eines der Beispiele behandeln sie auch den Warshall-Algorithmus, wobei sie mit Hilfe von Zählern auch die sequentielle Fassung in Unity nachbilden können (Programm P3, S.105). Es zeigt sich allerdings, daß aus der bewiesenen Korrektheit des parallelen Warshall-Algorithmus in Unity nicht automatisch die des sequentiellen folgt; vielmehr ist hierzu ein neuer Beweis erforderlich.

6 Zusammenfassung

Der für sequentielle Kontrollabstraktionen charakteristische Non-Determinismus ist beim Übergang zu einer programmiersprachlichen Fassung in der Regel zu beseitigen. Dennoch spricht eine Reihe von Gründen dafür, einen Algorithmus mit Hilfe von Kontrollabstraktionen in möglichst allgemeiner Form zu beschreiben:

- Überspezifikation von Abläufen wird vermieden. In der allgemeineren Form treten die wesentlichen algorithmischen Grundideen besser zutage.

- Die Verifikation der allgemeineren Form ist häufig einfacher, da überflüssige Details entfallen, die sonst in der Verifikation mitgeführt werden müssen. Auch ist mit der Verifikation der allgemeineren Form die wesentliche Arbeit für eine ganze Klasse von Algorithmen geleistet.

- Ein höherer Grad an Allgemeinheit sowie die Entkopplung von Spezifikation und Implementierung erleichtern die Wiederverwendung von Kontrollabstraktionen. Kandidaten für eine *Standardbibliothek wiederverwendbarer Kontrollabstraktionen* wären z.B. die Tiefensuche nach Tarjan (oder Dijkstra), das Schema der dynamischen Programmierung (vgl. den Cocke-Kasami-Younger-Algorithmus in [5]) und die verschiedenen Bottom-Up-Aufzählungen der Knoten eines Baums.

- Durch die größeren Freiheitsgrade werden Möglichkeiten zur effizienten Implementierung deutlicher sichtbar. Aus dem verallgemeinerten Warshall-Algorithmus (TH2) läßt sich viel leichter die Paging-günstigere Warren-Variante ableiten als aus der überspezifizierten Fassung (TH1). Die notwendige Abstraktionsarbeit kann der Entwickler eines Algorithmus am besten leisten.

- Freiheitsgrade in der sequentiellen Ausführungsreihenfolge sind Indikatoren für mögliche Parallelisierbarkeit. Durch die Vermeidung von Überspezifikation lassen sich sequentielle Algorithmen einfacher und systematischer parallelisieren.

Literatur

[1] K. M. Chandy, J. Misra. *Parallel Program Design: A Foundation.* Addison-Wesley, 1988.

[2] L. A. Crowl, T. J. LeBlanc. *Parallel Programming with Control Abstraction.* ACM Trans. Program. Lang. Syst. 16, 3, Mai 1994.

[3] E. W. Dijkstra. *Guarded commands, nondeterminacy, and formal derivation of programs.* Comm. ACM 18, 8, Aug. 1975.

[4] E. W. Dijkstra. *A Discipline of Programming.* Prentice-Hall, 1976.

[5] S. Heilbrunner, L. Schmitz. *For Statements with Restricted Enumerations.* In: M. Paul, B. Robinet (eds.): International Symposium on Programming, LNCS 167, Springer, 1984.

[6] C. A. R. Hoare. *A note on the for statement.* Bit 12, 1972, pp. 334-341.

[7] B. Liskov, J. Guttag. *Abstraction and Specification in Program Development.* MIT Press / McGraw-Hill, 1986.

[8] B. Meyer. *Design by Contract.* In: D. Mandrioli, B. Meyer (eds.): Advances in Object-Oriented Software Engineering. Prentice-Hall, 1991.

[9] D. L. Parnas. *A Technique for Software Module Specification with Examples.* Comm. ACM 15, 5, Mai 1972.

[10] L. Schmitz. *An Improved Transitive Closure Algorithm.* Computing 30, 1983, pp. 359-371.

[11] L. Schmitz. *Using Inheritance to Explore a Family of Algorithms.* Struct. Programming 13, 1992, pp. 55-64.

[12] L. Schmitz. *Rigorous Program Development with Control Abstractions: A Case Study.* Univ. Bw. München, Bericht 9602, Mai 1996.

[13] M. Shaw, W. Wulf, R. L. London. *Abstraction and verification in Alphard: defining and specifying iteration and generators.* Comm. ACM 20, 8, Aug. 1977.

[14] R. E. Tarjan. *Depth-first Search and Linear Graph Algorithms.* SIAM J. Comput. 1, 2, Juni 1972.

[15] H. S. Warren. *A modification of Warshall's algorithm for the transitive closure of binary relations.* Comm. ACM 18, 4, April 1975.

[16] S. Warshall. *A theorem on Boolean matrices.* J. ACM 9, 1, Jan. 1962.

Using Quasi Ordered Sets to Model Program Properties Denotationally

Markus Mohnen

Lehrstuhl für Informatik II, RWTH Aachen, Germany
mohnen@informatik.rwth-aachen.de

Abstract. Properties of programs are often not expressible with the standard denotational semantics approach. Annotated semantic domains and corresponding semantic functions capacitate us to express the properties, but the resulting structures are no longer partial ordered sets. Instead we obtain quasi ordered sets, which lack the anti–symmetry which is present in partially ordered sets. In order to cater with these structures, we develop a new fixpoint theory for quasi ordered sets.

This theory is also useful to denotationally model semantics for situations where non–monotonic operations occur.

1 Introduction

Using denotational semantics for the formal description of programming language semantics is a well–known and widely used technique [9]. It allows the definition of a computation independent meaning of programs, without the necessity to fix details of an implementation. Furthermore, it allows reasoning about programs, especially about equivalence of programs.

In many cases, however, this approach is too abstract to be useful. When we consider program analysis based on abstract interpretation we often cannot prove the correctness of the analysis with respect to the denotational semantics, simply because it is not possible to *express* the property analysed denotationally. A simple example of such a property are *dead variables* in imperative programs, i.e. variables which are "never read since their last write". The standard denotational domain of imperative language is basically a *state*, i.e. a mapping of locations to values. Obviously, there is no possibility to express how many times the value of a location is used to obtain the result. We use this as a running example throughout the paper.

A more interesting class of properties is related to garbage collection, especially in the context of functional languages [12, 8, 7, 6]. Again, the problem is the standard denotational domain, being essentially a set of terms. Garbage simply does not occur in this setting, and hence, we cannot express garbage collection.

In order to remedy this problem, the analysis is proved correct in a operational setting, e.g. data flow graphs or abstract machines. But this is not attractive for approaches based on denotational semantics like abstract interpretation [10]. The actual verification of correctness can be done using essentially two basic approaches [3]: (1) Monolithic: Correctness of the analysis and the transformations based on the results of the analysis are considered simultaneously, i.e. the whole process is correct iff the optimised program is equivalent to the original; (2) Model–based: A semantic property is defined, which is used as an *interface* between analysis and optimisations. The analysis is proved to be a safe approximation of the semantic property, and the optimisations use only this semantic property, and not "implementation details" of the analysis. As long as any analysis fulfils the property needed by the optimisations, we can use the optimisations without having to reprove the analysis, and vice versa.

The main advantage of the model–based approach over the monolithic is the fact that changes to either analysis or transformation do not require new proofs for the unchanged parts. However, without the possibility to express the property denotationally, we cannot use this approach.

Furthermore, because a completely operational semantics must be provided, we typically have to fix more details than actually needed. Translation to code for abstract machines typically include the transformation of recursion to iteration and the representation of the denotational domains. For one special program property, however, it might be overspecified.

Our suggestion is to *annotate* the domains of the denotational semantics in order to express the property of interest. Starting from a domain D we obtain annotated domains essentially as $D \times A$, where A is a set of annotations. Of course, the semantic functions must also be extended to cater with these annotations. The order on the annotated domain determines how the semantics of recursive or iterative constructs is defined, hence it is reasonable to maintain the original order. However, a problem arises: if D is a complete partial ordered set (cpo) then the canonical way to define an ordering on $D \times A$ is to ignore the annotations. For our dead code example, A is the set of mappings from variables to natural numbers, which provide the number of uses for a given variable.

The resulting structure $D \times A$, however, is no longer a cpo, because we loose antisymmetry: two elements $(d, a), (d, a') \in D \times A$ cannot be distinguished by the ordering but are not equal (due to the different annotations). Hence, we obtain a *quasi ordered set (qos)*. But the standard fixpoint theory cannot directly be transfered to these structures: neither least elements nor least upper bounds need to be unique, and worse, the elements of the least upper bound of the chain of successive function applications need not be fixpoint.

Of course, it might be possible in some cases to make $D \times A$ a cpo, by extending the order to take care of annotations. However, this is an error prone task, because we must be careful to maintain the original computations. But sometimes, this approach is not possible, because the semantic functions would no longer be monotonic: an example for this effect is a denotational graph reduction semantics for functional programs [6], which is another useful application of this work. Here the problem is not an annotation but the modelling of garbage in graphs. Obviously, garbage should not contribute to the order because otherwise garbage collection would be non–monotonic. Hence, garbage must be ignored by the ordering and the resulting domains are quasi ordered sets.

This paper provides a formal framework for defining semantics based on quasi ordered sets. The main result is a fixpoint theorem for function spaces on quasi ordered sets. It can be seen as generalisation of the fixpoint theorem of Knaster and Tarski for cpos. Another approach to semantics, typically used in the context of concurrency [2], is based on metric spaces and the fixpoint theorem by Banach (see [1, 5] for a more detailed discussion of the metric space approach). We use techniques and notions from both approaches to obtain results for qos.

The paper is organised as follows. In Section 2 we give the syntax and semantics of the imperative language `while`. The annotations of the semantics which enable us to count the number of uses of variables in `while` are introduced in Section 3. Section 4 gives the formal treatment of fixpoint in quasi ordered sets, which we use the succeeding section to complete the annotated semantics of `while`. Section 6 concludes.

2 The Language `while`

We introduce a simple imperative language `while`, which can be found in textbooks on semantics [11, 14]. For simplicity, we consider mono typed programs, using integers as only data type. Expressions in the context of truth values are considered to be true iff their value is not zero. The syntax of `while` is given as a context–free grammar in Fig. 1, assuming that we have a set of variables Var.

$$\begin{array}{ll} e ::= z \mid x \mid e_1 + e_2 & \in \mathrm{Exp} \\ c ::= \mathsf{skip} \mid x := e \mid c_1; c_2 \mid & \\ \quad\quad \mathsf{if}\ e\ \mathsf{then}\ c_1\ \mathsf{else}\ c_2 \mid \mathsf{while}\ e\ \mathsf{do}\ c & \in \mathrm{Cmd} \end{array}$$

Fig. 1.: Syntax of `while`

Essential for the semantics is the notion of state: a state is a function assigning values to variables. Hence, we use the set $\Sigma := \{\sigma \mid \sigma : \mathrm{Var} \to \mathbb{Z}\}$ as model for states. The semantics of expressions is defined in Fig. 2.

$$\begin{array}{c} \mathcal{E}[\![.]\!] : \mathrm{Exp} \to \Sigma \to \mathbb{Z} \\ \mathcal{E}[\![x]\!]\sigma := \sigma(x) \qquad \mathcal{E}[\![z]\!]\sigma := z \\ \mathcal{E}[\![e_1 + e_2]\!]\sigma := \mathcal{E}[\![e_1]\!]\sigma + \mathcal{E}[\![e_2]\!]\sigma \end{array}$$

Fig. 2.: Semantics of Expressions

The semantics of statements requires the possibility to express nontermination. Hence, we define the semantics of statements as functions on $\Sigma_\perp$ defined by $\Sigma_\perp := \Sigma \cup \{\perp\}$. The order on $\Sigma_\perp$ is defined by $\perp \leq \sigma$ and $\sigma \leq \sigma$ for all $\sigma \in \Sigma_\perp$. Obviously, $\Sigma_\perp$ is a flat cpo, and hence the function space $[\Sigma_\perp \to \Sigma_\perp]$ with pointwise order is a cpo as well.
By using the transformation $\Phi_{e,c} : [\Sigma_\perp \to \Sigma_\perp] \to [\Sigma_\perp \to \Sigma_\perp]$ associated with the while–statement defined by $\Phi_{e,c}(f) : \sigma \mapsto \begin{cases} f(\mathcal{M}[\![c]\!]\sigma) & \text{if } \sigma \neq \perp,\ \mathcal{E}[\![e]\!]\sigma \neq 0 \\ \sigma & \text{otherwise} \end{cases}$
we can define the semantics of statements as state transforming functions (see Fig. 3). The existence of $\mathsf{lfp}(\Phi_{e,c}) \in [\Sigma_\perp \to \Sigma_\perp]$ is guaranteed by the

Theorem 1 (Fixpoint Theorem of Knaster and Tarski)
Let C be a cpo with least element $\perp$ and $\Phi : C \to C$ a continuous function. Then Φ has a least fixpoint $\mathsf{lfp}(\Phi) \in C$, and we have: $\mathsf{lfp}(\Phi) = \bigsqcup\{\Phi^i(\perp) \mid i \in \mathbb{N}\}$.

$$\begin{array}{rl} \mathcal{M}[\![.]\!] : \mathrm{Cmd} \to \Sigma_\perp \to \Sigma_\perp & \mathcal{M}[\![c]\!]\perp := \perp \quad \forall c \in \mathrm{Cmd} \\ \mathcal{M}[\![\mathsf{skip}]\!]\sigma := \sigma & \mathcal{M}[\![x := e]\!]\sigma := \sigma[x/\mathcal{E}[\![e]\!]\sigma] \\ \mathcal{M}[\![c_1; c_2]\!]\sigma := \mathcal{M}[\![c_2]\!](\mathcal{M}[\![c_1]\!]\sigma) & \mathcal{M}[\![\mathsf{while}\ e\ \mathsf{do}\ c]\!]\sigma := \mathsf{lfp}(\Phi_{e,c})\sigma \\ \mathcal{M}[\![\mathsf{if}\ e\ \mathsf{then}\ c_1\ \mathsf{else}\ c_2]\!]\sigma := & \begin{cases} \mathcal{M}[\![c_1]\!]\sigma & \text{if } \mathcal{E}[\![e]\!]\sigma \neq 0 \\ \mathcal{M}[\![c_2]\!]\sigma & \text{otherwise} \end{cases} \end{array}$$

Fig. 3.: Semantics of Statements

3 Annotating while, Part I

In order to maintain the number of times the content of a variable was read during evaluation, we extend the semantic domain $\Sigma_\perp$ with an annotation of type $\Upsilon := \{v \mid v : \text{Var} \to \mathbb{N}\}$. Hence, we obtain the annotated semantics domain as $\Sigma_\perp \times \Upsilon$. Because expressions change the number of uses, we change the type of the annotated expression semantics slightly (see Fig. 4). Besides the actual result, it now returns the updated use information. For each use of a variable, the corresponding entry in v is incremented. The order on $\Sigma_\perp \times \Upsilon$ is defined by inspecting the first component only: $(\sigma, v) \preccurlyeq (\sigma', v')$ iff $\sigma \leq \sigma'$ for all $(\sigma, v), (\sigma', v') \in \Sigma_\perp \times \Upsilon$.

$$\begin{aligned}
\mathfrak{E}[\![.]\!] &: \text{Exp} \to \Sigma \times \Upsilon \to \mathbb{Z} \times \Upsilon \\
\mathfrak{E}[\![z]\!](\sigma, v) &:= (z, v) \\
\mathfrak{E}[\![x]\!](\sigma, v) &:= (\sigma(x), v[x/v(x)+1]) \\
\mathfrak{E}[\![e_1 + e_2]\!](\sigma, v) &:= (z_1 + z_2, v_2) \\
&\quad \text{with } (z_1, v_1) = \mathfrak{E}[\![e_1]\!](\sigma, v) \\
&\quad\phantom{\text{with }} (z_2, v_2) = \mathfrak{E}[\![e_2]\!](\sigma, v_1)
\end{aligned}$$

Fig. 4.: Annotated Expression Semantics

If we consider $e = x+x+y$ then we have $\mathfrak{E}[\![e]\!]([x/-2, y/6, z/4], [x/0, y/0, z/0]) = (2, [x/2, y/1, z/0])$ which tells us that x is used in e twice, y once, and z is not used at all in e.

The definition of the annotated statement semantics is straightforward (see Fig. 5), except for the while–statement. Obviously, we can define a transformation $\Psi_{e,c} : [\Sigma_\perp \times \Upsilon \to \Sigma_\perp \times \Upsilon] \to [\Sigma_\perp \times \Upsilon \to \Sigma_\perp \times \Upsilon]$ associated with the while–statement in the usual way:

$$\Psi_{e,c}(f) : (\sigma, v) \mapsto \begin{cases} f(\mathfrak{M}[\![c]\!](\sigma, v')) & \text{if } \sigma \neq \perp,\ \mathfrak{E}[\![e]\!]\sigma = (z, v'),\ z \neq 0 \\ (\sigma, v') & \text{if } \sigma \neq \perp,\ \mathfrak{E}[\![e]\!]\sigma = (0, v') \\ (\sigma, v) & \text{otherwise} \end{cases}$$

Note that we need the additional second case to capture the uses made by the evaluation of the expression e if it is not true in the given state.

But now $[\Sigma_\perp \times \Upsilon \to \Sigma_\perp \times \Upsilon]$ is not a cpo! Hence we cannot use the fixpoint theorem of Knaster and Tarski. Observe that all functions $f \in [\Sigma_\perp \times \Upsilon \to \Sigma_\perp \times \Upsilon]$ are least elements which have the property that for all (σ, v) exists v' such that $f(\sigma, v) = (\perp, v')$. Far worse, neither the least upper bound is unique, nor does it need to be a fixpoint of $\Psi_{e,c}$. In the next section we discuss in more detail why the approach of considering the least upper bound of the chain of successive applications of Ψ cannot work, even if we would choose a least element.

$$\begin{aligned}
&\mathfrak{M}[\![.]\!] : \text{Cmd} \to \Sigma_\perp \times \Upsilon \to \Sigma_\perp \times \Upsilon \qquad \mathfrak{M}[\![c]\!](\perp, v) := (\perp, v) \quad \forall c \in \text{Cmd} \\
&\mathfrak{M}[\![x := e]\!](\sigma, v) := (\sigma[x/z], v') \qquad \mathfrak{M}[\![c_1; c_2]\!](\sigma, v) := \mathfrak{M}[\![c_2]\!](\mathfrak{M}[\![c_1]\!](\sigma, v)) \\
&\qquad \text{with } (z, v') = \mathfrak{E}[\![e]\!](\sigma, v) \\
&\mathfrak{M}[\![\mathsf{skip}]\!](\sigma, v) := (\sigma, v) \quad \mathfrak{M}[\![\mathsf{if}\ e\ \mathsf{then}\ c_1\ \mathsf{else}\ c_2]\!](\sigma, v) := \begin{cases} \mathfrak{M}[\![c_1]\!](\sigma, v') & \text{if } z \neq 0 \\ \mathfrak{M}[\![c_2]\!](\sigma, v') & \text{o/w} \end{cases} \\
&\qquad\qquad \text{with } (z, v') = \mathfrak{E}[\![e]\!](\sigma, v)
\end{aligned}$$

Fig. 5.: Annotated Statement Semantics of while, Part I

Before we start developing the extensions of the fixpoint theory to quasi ordered sets, we briefly discuss the use of the annotated semantics for dead code elimination. For simplicity, we consider only assignments at the same nesting level. Consider a program $P = c_1; \ldots ; c_n$ such that $c_i = x := e_1$ and $c_j := x := e_2$ are assignment to the same variable x for two positions $i < j$. The first assignment c_i is *dead* iff for all σ holds: $\mathfrak{M}[\![c_{i+1}; \ldots ; c_j]\!](\sigma, \upsilon) = (\sigma', \upsilon')$ and $\upsilon(x) = \upsilon'(x)$. We then can remove c_i from the program.

This property is of course undecidable, but it can easily be approximated using an abstract interpretation.

Of course, we could have modelled this simple property by using $(\Sigma \times \Upsilon)_\perp$ instead of $\Sigma_\perp \times \Upsilon$ as semantic domain, which is a flat cpo. However, this is no longer possible in more complex settings like the denotational description of graph reduction which include garbage [6].

4 Finding Fixpoints in Quasi Ordered Sets

We start by generalising some basic notions of partially ordered sets. We then can demonstrate their deficiencies in the context of qos.

Definition 1 (Basic Notions) *Let $\langle Q, \preccurlyeq\rangle, \langle Q', \preccurlyeq'\rangle$ be quasi ordered sets (*qos*).*

1. *The* set of least elements of *$X \subseteq Q$ is defined as* $\mathsf{least}(X) := \{y \in Q \mid y \preccurlyeq x \text{ for every } x \in X\}$. *The* set of least elements of *Q is defined as* $\mathsf{least}(Q)$.
2. *A set $D \subseteq Q$ is* directed *iff $\forall x, y \in D$ exists $z \in D$ with $x \preccurlyeq z$ and $y \preccurlyeq z$.*
3. *The* set of least upper bounds of a directed *$D \subseteq Q$ is defined as* $\mathsf{lub}(D) := \mathsf{least}(\{y \in Q \mid x \preccurlyeq y \text{ for every } x \in D\})$.
4. *An $f : Q \to Q'$ is* monotonic *iff for $\forall x, y \in Q$, $x \preccurlyeq y$ holds $f(x) \preccurlyeq' f(y)$.*

Here we can see the major problems: neither least element nor least upper bound are determined uniquely. This implies that for a given function f, even if we can guarantee that $x \in \mathsf{lub}(\{f^i(b) \mid i \in \mathbb{N}\})$ exists (for some $b \in \mathsf{least}(D)$), it is not uniquely determined either. Hence, we need a way of selecting a unique element. However, due to the fact that if we try to transfer the notion of continuity of a function f with the condition $f(\mathsf{lub}(D)) = \mathsf{lub}(f(D))$ we have a condition between *sets*, and not between *elements*. Consequently, even if we can select an $x \in \mathsf{lub}(\{f^i(b) \mid i \in \mathbb{N}\})$ for an f which fulfils the above condition , we can only conclude that $f(x) \in \mathsf{lub}(\{f^i(b) \mid i \in \mathbb{N}\})$ but *it does not need to be a fixpoint.*

For the annotated semantics of `while`, we use the qos $[\Sigma_\perp \times \Upsilon \to \Sigma_\perp \times \Upsilon]$. Consider the following sequence of elements (assume that we have but one variable x): $s_n(\sigma, \upsilon) := \begin{cases} ([x/0], [x/2\sigma(x) + 1 + \upsilon(x)]) & \text{if } 0 \le \sigma(x) < n \\ (\perp, [x/0]) & \text{otherwise} \end{cases}$ for all $n \in \mathbb{N}$. The least upper bounds of the directed set $\{s_n \mid n \in \mathbb{N}\}$ consists of those functions f with $f(\sigma, \upsilon) = \begin{cases} ([x/0], .) & \text{if } \sigma(x) \ge 0 \\ (\perp, .) & \text{otherwise} \end{cases}$. Observe that the behaviour on the second component is completely ignored, since the ordering on $\Sigma_\perp \times \Upsilon$ ignores the second component.

Corollary 1 (Preservation of Directed Sets) *Let $\langle Q, \preccurlyeq\rangle, \langle Q', \preccurlyeq'\rangle$ be qos, $f : Q \to Q'$ be monotonic, and $D \subseteq Q$ be directed. Then $f(D)$ is directed.*

Lemma 1 (Closure Properties) *Let $\langle Q_1, \preccurlyeq_1\rangle$, $\langle Q_2, \preccurlyeq_2\rangle$ be qos.*

1. *The* product structure *$\langle Q_1 \times Q_2, \preccurlyeq_{Q_1 \times Q_2}\rangle$, where the relation $\preccurlyeq_{Q_1 \times Q_2}$ is defined by $(x, y) \preccurlyeq_{Q_1 \times Q_2} (x', y') :\Longleftrightarrow x \preccurlyeq_1 x', y \preccurlyeq_2 y'$ is a qos.*

2. The function space $\langle [Q_1 \to Q_2], \preccurlyeq_{\to Q_2} \rangle$, *where the relation* $\preccurlyeq_{\to Q_2}$ *is defined by* $f \preccurlyeq_{\to Q_2} g :\Longleftrightarrow f(x) \preccurlyeq_2 g(x)$ *for all* $x \in Q_1$ *is a qos.*

We now focus on function space qos, since we need to exploit their special structure. As already mentioned, using the lub is not sufficient to obtain a single value as limes, because lub is a set of values. However, in function space qos, we can identify functions which have a unique limes within lub.

For the example functions we can immediately see that the sequence $(s_n)_{n\in\mathbb{N}}$ uniquely determines a single function in $\mathsf{lub}(\{s_n \mid n \in \mathbb{N}\})$

$$s_\infty(\sigma, v) := \begin{cases} ([x/0], [x/2\sigma(x) + 1 + v(x)]) & \text{if } \sigma(x) \geq 0 \\ (\bot, [x/0]) & \text{otherwise} \end{cases}$$

We now introduce a notion of convergence, which captures this intuition.

Definition 2 (Convergent Sequence of Functions) *A sequence* $(f_n)_{n\in\mathbb{N}}$, $f_n : A \to B$ *of functions is called* convergent to $f : A \to B$ ($\lim_{n\to\infty} f_n = f$) *iff for all* $x \in A$ *exists* $i \in \mathbb{N}$ *such that* $f(x) = f_i(x) = f_{i+j}(x)$ *for all* $j \in \mathbb{N}$.

The example functions $(s_n)_{n\in\mathbb{N}}$ are of course convergent: for the argument $(\bot, v)$ we have index 0, and for (σ, v) we have index $\sigma(x) + 1$ if $\sigma(x) \geq 0$ and 0 otherwise. The limes is $\lim_{n\to\infty} s_n = s_\infty$.

Note that the sets A and B do not need to have any structure. Furthermore, this notion of convergence is related to the convergence notion for metric spaces [13]. We assume that $A = \mathbb{N}$, since countable sets are typically all which is needed in semantics. On the set of functions $[\mathbb{N} \to B] := \{f \mid f : \mathbb{N} \to B\}$ we define $\rho : [\mathbb{N} \to B] \times [\mathbb{N} \to B] \to \mathbb{R}^{\geq 0}$ by $\rho(f, g) := \sum_{\substack{n\in\mathbb{N} \\ f(n)\neq g(n)}} 2^{-n}$. It uses the geometric series $\sum_{n=0}^{\infty} a_1 q^n$, which converges to $\frac{a_1}{1-q}$. In our case we have $a_1 = 1$ and $q = \frac{1}{2}$, which means that $\rho(f, g) = 2$ for functions with $f(n) \neq g(n)$ for all $n \in \mathbb{N}$. It is a metric, because it fulfils the conditions: (1) $\rho(f, g) = 0$ iff $f = g$, (2) $\rho(f, g) = \rho(g, f)$, and (3) $\rho(f, h) \leq \rho(f, g) + \rho(g, h)$ for all $f, g, h \in [\mathbb{N} \to B]$. In metric spaces we have the notion of convergence, which is defined in the following way for this metric: a sequence of functions $(f_n)_{n\in\mathbb{N}}$ converges to f in the metric $([\mathbb{N} \to B], \rho)$ iff for all $\varepsilon > 0$ exists $n_0 \in \mathbb{N}$ such that for all $n \geq n_0$ holds: $\rho(f, f_n) < \varepsilon$.

It is easy to see that $(f_n)_{n\in\mathbb{N}}$ converges to f according to this notion iff it converges to f in the sense of Definition 2.

When we consider transformations, i.e. functions on functions spaces, we get the result that all transformations preserve convergence.

Lemma 2 *Let* A, B *be sets and* $F := \{f \mid f : A \to B\}$ *be the set of functions,* $\Phi : F \to F$ *be a transformation, and* $(f_n)_{n\in\mathbb{N}} \subseteq F$ *a convergent sequence. Then we have that* $(\Phi(f_n))_{n\in\mathbb{N}} \subseteq F$ *is a convergent sequence.*

Proof *Let* $(f_n)_{n\in\mathbb{N}}$ *be convergent, i.e. for all* $x \in A$ *exists* $i \in \mathbb{N}$ *such that* $f_i(x) = f_{i+j}(x)$ *for all* $j \in \mathbb{N}$. *Hence,* $\Phi(f_i)(x) = \Phi(f_{i+j})(x)$ *for all* $j \in \mathbb{N}$ *and consequently* $(\Phi(f_n))_{n\in\mathbb{N}}$ *is convergent.* *q.e.d.*

However, we need more. In order to obtain a fixpoint, we need the possibility to exchange application of the transformation and limes, i.e. we need functions which preserve the limes.

Definition 3 (Continuous Function) *Let A, B be sets and $F := \{f \mid f : A \to B\}$ be the set of functions. A transformation $\Phi : F \to F$ is called* continuous *iff for all convergent sequences $(f_n)_{n\in\mathbb{N}} \subseteq F$ holds that $\Phi(\lim_{n\to\infty} f_n) = \lim_{n\to\infty} \Phi(f_n)$.*

Again, this is an instance of the notion of continuity in metric spaces. For instance, if $A = \mathbb{N}$ then a transformation F is continuous iff it is continuous in our special metric space for, i.e. for all $f_0 \in \{f \mid f : \mathbb{N} \to B\}$ and $\varepsilon > 0$ exists $\delta > 0$ such that $\rho(f, f_0) < \delta$ implies $\rho(\Phi(f), \Phi(f_0)) < \epsilon$.

The next result establishes a connection between this notion of limes and the limes in the usual sense for qos.

Lemma 3 *If $\langle[Q_1 \to Q_2], \preccurlyeq_{\to Q_2}\rangle$ is a function space qos like in Lemma 1 and $(f_n)_{n\in\mathbb{N}} \subseteq [Q_1 \to Q_2]$ is a convergent sequence of functions with $f_i \preccurlyeq_{\to Q_2} f_{i+1}$ for all $i \in \mathbb{N}$ then $\lim_{n\to\infty} f_n \in \mathsf{lub}(\{(f_n)_{n\in\mathbb{N}}\})$.*

Proof *We know that the least upper bound is defined, because $\{(f_n)_{n\in\mathbb{N}}\}$ is a directed set. Let $f := \lim_{n\to\infty} f_n$. We first prove that f is a upper bound for all elements of the sequence, i.e. for all $n \in \mathbb{N}$ holds $f_n \preccurlyeq_{\to Q_2} f$. By definition of $\preccurlyeq_{\to Q_2}$ this is equivalent to $f_n(x) \preccurlyeq_2 f(x)$ for all $x \in Q_1$. Let $x \in Q_1$ be fixed, and i be the first index such that $f_i(x) = f_{i+j}(x)$ for all $j \in \mathbb{N}$. Either $n < i$ then we have $f_n(x) \preccurlyeq_2 f_{n+1}(x) \preccurlyeq_2 \cdots \preccurlyeq_2 f_i(x) = f(x)$, or else $f_n(x) = f(x)$. It remains to show that f is a least element of the upper bounds of $(f_n)_{n\in\mathbb{N}}$. Let g be a least upper bound, i.e. $g \in \mathsf{lub}(\{(f_n)_{n\in\mathbb{N}}\})$. We have to prove that $f \preccurlyeq_{\to Q_2} g$, i.e. that for all $x \in Q_1$ holds: $f(x) \preccurlyeq_2 g(x)$. Assume that there exists $x \in Q_1$ such that $f(x) \not\preccurlyeq_2 g(x)$. By definition of f there exists $i \in \mathbb{N}$ such that $g(x) = f_i(x)$ and hence $f_i(x) \not\preccurlyeq_2 g(x)$ which is a contradiction to $g \in \mathsf{lub}(\{(f_n)_{n\in\mathbb{N}}\})$. q.e.d.*

With these preparations we can formulate the main result of this section.

Theorem 2 (Fixpoint Theorem for Function Space Quasi Ordered Sets) *Let $Q = \langle[Q_1 \to Q_2], \preccurlyeq_{\to Q_2}\rangle$ be a function space qos and $\Phi : Q \to Q$ a monotonic and continuous transformation. For all least elements $f_b \in \mathsf{least}(Q)$ holds that if $(\Phi^n(f_b))_{n\in\mathbb{N}}$ is convergent then $\lim_{n\to\infty} \Phi^n(f_b)$ is a least fixpoint of Φ.*

Proof *We know that $f_\infty := \lim_{n\to\infty} \Phi^n(f_b)$ exists because $(\Phi^n(f_b))_{n\in\mathbb{N}}$ is convergent. We have to show that f_∞ is fixpoint of Φ: $\Phi(f_\infty) = \Phi(\lim_{n\to\infty} \Phi^n(f_b)) = \lim_{n\to\infty} \Phi(\Phi^n(f_b)) = \lim_{n\to\infty} \Phi^n(f_b) = f_\infty$. What remains is the proof that f_∞ is least among the set of fixpoints of Φ. Let g be another fixpoint of Φ. By definition of $\preccurlyeq_{\to Q_2}$ we have $f_\infty \preccurlyeq_{\to Q_2} g$ iff $f_\infty(x) \preccurlyeq_2 g(x) \quad \forall x \in Q_1$. Let x be fixed. Because f_∞ is a limes there exists an $i \in \mathbb{N}$ such that $f_\infty(x) = (\Phi^i(f_b))(x)$. Finally, we have to proove that $(\Phi^i(f_b))(x) \preccurlyeq_2 g(x)$. We show that $(\Phi^j(f_b))(x) \preccurlyeq_2 g(x)$ for all $0 \le j \le i$ by induction on $j \in \mathbb{N}$:*

$j = 0$: We have $(\Phi^0(f_b))(x) = f_b(x) \preccurlyeq_2 g(x)$ because $f_b \in \mathsf{least}(Q)$.

$j \to j+1$: By induction hypothesis he have $(\Phi^j(f_b))(x) \preccurlyeq_2 g(x)$. Because Φ is monotonic, this implies $(\Phi^{j+1}(f_b))(x) \preccurlyeq_2 (\Phi(g))(x) = g(x)$. q.e.d.

A closer look at the example sequence $(s_n)_{n\in\mathbb{N}}$ reveals that it is generated by successive application of $\Phi_W : [\Sigma_\perp \times \Upsilon \to \Sigma_\perp \times \Upsilon] \to [\Sigma_\perp \times \Upsilon \to \Sigma_\perp \times \Upsilon]$, defined by $\Phi_W(s) := (\sigma, \upsilon) \mapsto \begin{cases} s([x/\sigma(x) - 1], [x/\upsilon(x) + 2]) & \text{if } \sigma \ne \perp, \sigma(x) \ne 0 \\ (\sigma, [x/\upsilon(x) + 1]) & \text{if } \sigma \ne \perp, \sigma(x) = 0 \\ (\sigma, \upsilon) & \text{otherwise} \end{cases}$ starting from the element $s_0 : (\sigma, \upsilon) \mapsto (\perp, [x/0])$, i.e. we have $\Phi_w^n(s_0) = s_n$.

We already know that $(\Phi_W^n(s_0))_{n\in\mathbb{N}}$ converges to s_∞ and that s_0 is one of the least elements of the qos $[\Sigma_\perp \times \Upsilon \to \Sigma_\perp \times \Upsilon]$. Furthermore, Φ_W is continuous. Hence we can use Theorem 2 to conclude that s_∞ is a least fixpoint of Φ_W.

Before we start to use the generalisation of the fixpoint theorem, we discuss the relation to the standard theory. Here we can use two different points of view: (1) Consider the special case where the qos are also pos; (2) Use the well–known fact that every qos induces an equivalence relation and hence a pos, and use the standard theory for the latter. For the special case that the qos is a pos, the induced pos is isomorphic to the pos, hence we solely consider the second approach.

Definition 4 *Let $\langle Q, \preccurlyeq\rangle$ be a qos. The* equivalence relation induced by $\preccurlyeq$ *is defined by $x \equiv_\preccurlyeq y :\Longleftrightarrow x \preccurlyeq y$ and $y \preccurlyeq x$ for all $x, y \in Q$.*

Corollary 2 *Let $\langle Q, \preccurlyeq\rangle$ be a qos. The structure defined as $\langle Q/_{\equiv_\preccurlyeq}, \preccurlyeq/_{\equiv_\preccurlyeq}\rangle$ is a pos,* the partially ordered set induced by $\langle Q, \preccurlyeq\rangle$.

Of course, one approach to finding fixpoints in qos would be to consider the induced pos instead. However, this would yield an equivalence class of solutions in the qos and there is no way to designate a single element as solution. All additional structure in the qos would be ignored, which is not satisfactory. However, we can use the induced pos as a reference point. This is especially of interest in the context of proving the correctness of an annotated semantics wrt. a standard semantics.

The next result show that our notions for qos are conservative extensions of the well–known notions for pos.

Corollary 3 *Let $\langle Q, \preccurlyeq\rangle$ be a qos and $X \subseteq Q$.*

1. $\mathsf{least}(X) = \begin{cases} L & \text{if } L \text{ is the least element of } X/_{\equiv_\preccurlyeq} \text{ in } \langle Q/_{\equiv_\preccurlyeq}, \preccurlyeq/_{\equiv_\preccurlyeq}\rangle \\ \emptyset & \text{if the least element does not exist} \end{cases}$
2. *X directed iff $X/_{\equiv_\preccurlyeq}$ is a directed set in $\langle Q/_{\equiv_\preccurlyeq}, \preccurlyeq/_{\equiv_\preccurlyeq}\rangle$.*
3. *If X directed:* $\mathsf{lub}(X) = \begin{cases} \bigsqcup X/_{\equiv_\preccurlyeq} & \text{if it exists in } \langle Q/_{\equiv_\preccurlyeq}, \preccurlyeq/_{\equiv_\preccurlyeq}\rangle \\ \emptyset & \text{otherwise} \end{cases}$

With this result and the remark after Corollary 2 we know that for qos which are pos the limes is identical to the least upper bound of the partial order. Hence, we obtain the same result for function space pos with continuous transformations and convergent sequence of approximations. What remains to be investigated is how the different conditions "continuous transformations" and "convergent sequence of approximations" relate.

5 Annotating `while`, Part II

We use Theorem 2 to complete the semantics of while–statements. First, we have to find a least element in $[\Sigma_\perp \times \Upsilon \to \Sigma_\perp \times \Upsilon]$. The obvious choice for a least element is the example function s_0 defined by $s_0(\sigma, \upsilon) := (\perp, \upsilon_0)$ with $\upsilon_0(x) = 0$ for all $x \in \mathrm{Var}$. We then can complete the annotated semantics of statements by

$$\mathfrak{M}[\![\mathsf{while}\ e\ \mathsf{do}\ c]\!](\sigma, \upsilon) := \lim_{n\to\infty} \Psi_{e,c}^n(s_0)$$

In order to check that it is well–defined, we must prove that $\Psi_{e,c}$ is monotonic, which is trivial, and check that $(\Psi^n_{e,c}(s_0))_{n\in\mathrm{N}}$ converges.

For the last item, it suffices to show the following stronger result, which expresses that if a defined result is reached, it will not change again.

Lemma 4 $(\Psi^i_{e,c}(s_0))(\sigma, \upsilon) \neq (\bot, .) \Rightarrow (\Psi^{i+k}_{e,c}(s_0))(\sigma, \upsilon) = (\Psi^i_{e,c}(s_0))(\sigma, \upsilon)\ \forall k.$

Proof *Simple induction on i.* *q.e.d.*

Using this result we can immediately conclude that $(\Psi^n_{e,c}(s_0))_{n\in\mathrm{N}}$ converges: either $(\Psi^i_{e,c}(s_0))(\sigma, \upsilon) = (\bot, [x/0])$ for all i, then we can choose index 0, or otherwise there exists an i such that $(\Psi^i_{e,c}(s_0))(\sigma, \upsilon)$ is not equal to $(\bot, [x/0])$ and we choose index i.

If we consider just one variable x and the statement $c =$ while x do $x := x + (-1)$, we obtain as associated transformation Φ_W from the last section. We already know from that this transformation generates exactly the sequence $(s_n)_{n\in\mathrm{N}}$ which converges to s_∞. Hence this function is the semantics of c.

6 Annotations are Conservative

In order to justify that the annotations are reasonable, it remains to be shown that annotated semantics $\mathfrak{M}$ is a *conservative extension* of $\mathcal{M}$. This means that all computations in $\mathcal{M}$ can be mimicked by $\mathfrak{M}$ without changing the result: given $\sigma \in \Sigma$ and $\upsilon \in \Upsilon$ we have to show $\mathcal{M}[\![c]\!]\sigma = \sigma'$ iff $\mathfrak{M}[\![c]\!](\sigma, \upsilon) = (\sigma', \upsilon')$ for all $(\sigma, \upsilon) \in \Sigma_\bot \times \Upsilon$. Here the interesting point is to show this for the while–statement. Using our approach, this can be done in two steps: (1) The induced cpo $\langle \Sigma_\bot \times \Upsilon,\ \preccurlyeq\rangle/_{\equiv_\preccurlyeq}$ is isomorphic to the original cpo $\langle \Sigma_\bot,\ \leq\rangle$, and hence the same is true for the function spaces. This is obvious from the definitions; (2) The transformations relate in the following way: $(\Phi(f))(\sigma) = \sigma'$ iff $(\Psi(\widehat{f}))(\sigma, \upsilon) = (\sigma', \upsilon)$ for all functions $f \in [\Sigma_\bot \to \Sigma_\bot]$ and $\widehat{f} \in [\Sigma_\bot \times \Upsilon \to \Sigma_\bot \times \Upsilon]$ which relate also in this way. The corresponding result for the limes immediately follows with Corollaries 2 and 3.

7 Conclusions

We have presented a novel approach for modelling program properties by using annotated denotational semantics. This allows arguing about program properties independent of a detailed implementation and is especially interesting in the context of abstract interpretation. The problems which arose were essentially due to the kind of structures which are necessary to describe the annotations: in contrast to standard semantics, we do not have partially ordered sets, but only quasi ordered sets, which are not anti–symmetric. Consequently, the standard theory based on the fixpoint theorem by Knaster and Tarksi is no longer applicable. This paper provides a formal framework for defining semantics based on quasi ordered sets. The main result is a fixpoint theorem for function spaces on quasi ordered sets. In order to obtain this result we used a notion of convergence which is closely related to the corresponding notion in the theory of metric spaces.

In its current form, the fixpoint theory for quasi ordered sets in not capable to handle lazy semantics, like those used for modern function languages like Haskell or Clean. This is due to the fact that the definition of convergence requires the functions to become pointwise *equal*. This is fulfilled in strict languages, where there is at most one change from "undefined" to "defined". But in lazy languages the values become successively "more defined". It is future work to cater with this kind of semantics in the setting of quasi ordered sets.

References

1. C. Baier and M. E. Majster-Cederbaum. Denotational semantics in the cpo and metric approach. *Theoretical Computer Science*, 135(2):171–220, December 1994. Fundamental Study.
2. J. W. de Bakker and J. I. Zucker. Processes and the Denotational Semantics of Concurrency. *Information and Control*, 54(1/2):70–120, July 1982.
3. F. Henglein and D. Sands. A Semantic Model of Binding Times for Safe Partial Evaluation. In Hermenegildo and Swierstra [4].
4. M. Hermenegildo and S. Doaitse Swierstra, editors. *Proccedings of the 7th International Symposium on Programming Languages: Implementations, Logics and Programs (PLILP)*, number 982 in Lecture Notes in Computer Science. Springer–Verlag, 1995.
5. M. E. Majster-Cederbaum and C. Baier. Metric completion versus ideal completion. *Theoretical Computer Science*, 170(1–2):145–171, December 1996.
6. M. Mohnen. Higher-Order Escape Analysis of Functional Programs: Correctness and Applications. to be published.
7. M. Mohnen. Efficient Closure Utilisation by Higher-Order Inheritance Analysis. In A. Mycroft, editor, *Proccedings of the 2nd International Symposium on Static Analysis (SAS)*, number 983 in Lecture Notes in Computer Science, pages 261–278. Springer–Verlag, 1995.
8. M. Mohnen. Efficient Compile-Time Garbage Collection for Arbitrary Data Structures. In Hermenegildo and Swierstra [4], pages 241–258.
9. P.D. Mosses. Denotational Semantics. In J. van Leeuwen, editor, *Handbook of Theoretical Computer Science, Volume B: Formal Models and Semantics*, chapter 11. Elsevier, 1990.
10. A. Mycroft. The Theory and Practice of Transforming Call-by-Need into Call-by-Value. In B. Robinet, editor, *International Symposium on Programming'80, Paris, France*, number 83 in LNCS, pages 269–281. Springer-Verlag, 1980.
11. H.R. Nielson and F. Nielson. *Semantics with Applications: A Formal Introduction.* Wiley, 1992.
12. Y. G. Park and B. Goldberg. Escape Analysis on Lists. In *Proccedings of the ACM SIGPLAN '92 Conference on Programming Language Design and Implementation (PLDI)*, SIGPLAN Notices 27(7), pages 116–127. ACM, June 1992.
13. V. Stoltenberg-Hansen, I. Lindström, and E. R. Griffor. *Mathematical Theory of Domains.* Number 21 in Cambridge Tracts in Theoretical Computer Science. Cambridge University Press, 1994.
14. G. Winskel. *The Formal Semantics of Programming Languages: An Introduction.* Foundations of Computing. The MIT Press, 1993.

M – eine typisierte, funktionale Sprache für das Programmieren-im-Großen

Kurzfassung

Franz-Josef Grosch *

TU Braunschweig, Abt. Softwaretechnologie
grosch@ips.cs.tu-bs.de

Zusammenfassung. Programmieren-im-Großen (PG) kann man als typisiertes, funktionales Programmieren verstehen [3]. Um diese Denkweise programmiersprachlich zu unterstützen, haben wir M, eine typisierte, funktionale Sprache für das PG, entwickelt. In M bilden Module die elementaren Werte und Schnittstellen die elementaren Typen; funktionale Ausdrücke beschreiben die Komponenten von Familien von Software-Systemen. Durch Reduktion der Ausdrücke werden Komponenten zu einzelnen Software-Systemen kombiniert und gebunden.

Grundlage von M ist ein erweiterter λ-Kalkül, der die Instanziierung von Modulen syntaktisch explizit macht. Schnittstellen sind als *dependent types* [9] formalisiert, und die operationale Semantik ist durch Reduktionsregeln definiert. Diese Arbeit skizziert M und in der gebotenen Kürze den zugrundeliegenden Modulkalkül.

1 Einleitung

Programmieren-im-Großen – typisiertes, funktionales Programmieren?

Die elementaren Bausteine des Programmierens-im-Großen (PG) sind Module. Jedes Modul besitzt eine *Schnittstelle* und eine *Implementierung.* Nach Parnas [11] charakterisiert die Schnittstelle *alle* Bezeichner, die von einem Modul exportiert werden – alles andere gehört zur Implementierung des Moduls. Schnittstellen und Implementierungen können andere Module zur Benutzung *importieren.* Betrachtet man Module als die elementaren Werte, so bilden Schnittstellen die elementaren Typen des PG.

Typisiertes, funktionales PG bedeutet, die Konstruktion großer Software-Systeme als ein typkorrektes, funktionales Programm zu beschreiben. Jede *Komponente* der Architektur eines Software-Systems wird als funktionaler Ausdruck repräsentiert. Durch Reduktion dieser Ausdrücke werden die zugehörigen Module zum gewünschten Software-System montiert.

Ein *System* ist eine geordnete Folge von Modulen, die zusammen eine Komponente der Architektur bilden. Üblicherweise sind die Module eines Systems entsprechend ihrer Import-Abhängigkeiten topologisch geordnet, um separate

* Die lange Version dieses Artikels finden Sie als Informatik-Forschungsbericht unter http://www.cs.tu-bs.de/softech. Die DFG fördert diese Arbeit unter Kennziffer Sn11/4-1. Mein besonderer Dank gilt Andreas Rossberg.

Übersetzung der einzelnen Modul-Implementierungen zu ermöglichen. Betrachten wir Module als die elementaren Werte, so sind Systeme zusammengesetzte Werte (Aggregate) des PG.

Um ein importiertes Modul typkorrekt zu benutzen, reicht es aus, seine Schnittstelle zu kennen. In vielen Fällen ist es daher sinnvoll, von importierten Modulen zu abstrahieren und Komponenten zu *parametrisieren*. So können einzelne Komponenten unabhängig voneinander entwickelt werden. Ein Software-System wird dann konstruiert, indem schichtweise parametrisierte Komponenten auf bereits zur Verfügung stehende Komponenten appliziert werden. Parametrisierte Komponenten sind die *Funktionen* des PG.

Systeme und Funktionen können, analog zu den Ausdrücken eines funktionalen Programms, als Teil-Systeme oder Hilfs-Funktionen einer größeren Komponente verwendet werden. Funktionales PG erlaubt daher nicht nur die Beschreibung der Architektur eines einzelnen Software-Systems. Vielmehr kann eine Folge benannter Komponenten die Architektur einer Familie von Software-Systemen [12] beschreiben. Die Konstruktion eines bestimmten Software-Systems erfolgt dann durch Auswertung des entsprechenden Ausdrucks.

Sprachunterstützung für typisiertes, funktionales PG

Schnittstellen als Typen von Modulen findet man in den meisten Modulsystemen typisierter Programmiersprachen; Modula-2 ist dafür ein Prototyp. Schnittstellen erlauben dem Compiler, die Konsistenz der Modul-Implementierung zu überprüfen; sie ermöglichen separate Übersetzung von Modulen ohne die Implementierungen importierter Module berücksichtigen zu müssen.

Mehrere Implementierungen zu einer Schnittstelle sind eine natürliche Erweiterung des Konzepts Schnittstellen als Typen; wie z. B. in Modula-3 . Schnittstellen importieren jedoch selbst Module; sie sind also Typen, die von Werten abhängen – sie sind *value-dependent types* [9, 1]. Umgekehrt kann eine Implementierung durch verschiedene Schnittstellen charakterisiert werden; dazu muß es eine allgemeinste Schnittstelle, einen *principal type* geben, der eine Sub-Schnittstelle aller passenden Schnittstellen ist – Schnittstellen stehen in einer *subtype*-Relation.

Parametrisierte Module findet man beispielsweise in Ada (*generic packages*) und in der Modulsprache von Standard ML (SML) [10][2]. Parametrisierte Module werden durch Applikation instanziiert. Dabei entsteht das Problem, zu definieren, ob zwei gleiche Applikationen die gleiche Instanz oder zwei verschiedene Instanzen erzeugen. Beispiel: Enthält ein parametrisiertes Modul die Definition eines abstrakten Typs, so definiert jede Instanz einen neuen Typ, der inkompatibel zu allen anderen Typen ist.

In SML erzeugt jede Applikation eines parametrisierten Moduls eine neue Instanz (*structure generativity*). Die operationale Semantik ist *imperativ*, da die Module eines Software-Systems Schritt für Schritt durch Applikation parametrisierter Module auf bereits erzeugte Komponenten instanziiert werden. Andere

[2] In Standard ML heißt ein Modul *structure*, ein parametrisiertes Modul heißt *functor*; die Applikation heißt folglich *functor application*.

Varianten von ML, wie z. B. das Modulsystem von Objective Caml [8], erzeugen ebenfalls mit jeder Applikation neue Instanzen, während die zum Modul gehörigen abstrakten Typen für gleiche Applikationen kompatibel sind – eine fragwürdige Semantik, bedenkt man, daß andere generative Elemente, wie beispielsweise modullokaler Speicher, von Instanz zu Instanz verschieden sind.

Diese Arbeit stellt M vor. M folgt konsequent der Idee des typisierten, funktionalen PG. Das bedeutet:

- Module sind die elementaren Werte
- Schnittstellen sind die elementaren Typen
- Komponenten (Systeme und Funktionen) werden durch Ausdrücke in M repräsentiert
- Alle Ausdrücke sind typisiert
- Auswertung von M-Ausdrücken ist durch eine funktionale Reduktionssemantik definiert
- Reduktion von typkorrekten M-Ausdrücken ist streng normalisierend

Die formale Grundlage für M ist ein typisierter Modulkalkül. Der Modulkalkül ist im wesentlichen ein erweiterter λ-Kalkül. Das Typsystem des Modulkalküls basiert auf *value-dependent types*, die Schnittstellen von Modulen und zusammengesetzten Ausdrücken erklären, mit einer *subtyping*-Relation zwischen Schnittstellen. Reduktionsregeln definieren die operationale Semantik und lösen auf einfache Weise das Problem der Identifikation der Instanzen von Modulen.

Im folgenden Abschnitt stellen wir die Konzepte von M anhand von Beispielen vor. Den Modulkalkül skizzieren wir kurz im Abschnitt 3. Abschließend versuchen wir einen Vergleich mit der Modulsprache von SML, die sich in verschiedenen formal-technischen und programmier-technischen Aspekten von M unterscheidet.

2 Typisiertes, funktionales PG mit M

Darstellbare Beispiele für das PG sind oft klein; möglicherweise zu klein, um die Komplexität des PG zu erfassen. Wir benutzen im folgenden sehr einfache Beispiele aus dem Bereich abstrakter Datentypen, in der Hoffnung, die Konzepte von M zu verdeutlichen.

M als Sprache für das PG ist prinzipiell für jede typisierte Programmiersprache geeignet. Die zugrundeliegende Programmiersprache, die wir *Implementierungssprache* nennen, dient zur Implementierung von Modulen und bestimmt, wie Modulschnittstellen in M definiert werden. Im folgenden legen wir eine Implementierungssprache zugrunde, die an die Kernsprache von SML (*Core SML*) angelehnt ist und intuitiv verständlich sein sollte.

Modul-Schnittstellen spezifizieren die Typen (und die *Kinds*) [4] der Bezeichner, die von einem Modul zur Verfügung gestellt werden. Typische Schnittstellen charakterisieren beispielsweise: einen oder mehrere abstrakte Datentypen mit zugehörigen Operationen, eine Kollektion zusammengehöriger Routinen oder eine Sammlung von Typdeklarationen.

Selbst oft sehr komplex, bilden die Modul-Schnittstellen die elementaren Typen von M. Das Schlüsselwort `interface` kennzeichnet eine Schnittstellendeklaration.

```
interface INTEGER_ORDER = sig
                              type t = int
                              datatype order = LESS | EQUAL | GREATER
                              val compare: t * t -> order
                          end
```

Die Modul-Schnittstelle `INTEGER_ORDER`: ein Typsynonym `t` für den vordefinierten Typ `int`, einen Aufzählungstyp `order`, sowie den Typ einer Funktion `compare`, die die Ordnung zweier Werte vom Typ `t` bestimmt. Eine allgemeinere Schnittstelle `ORDER` definiert den Typ `t` abstrakt (opak).

```
interface ORDER = sig
                      type t
                      datatype order = LESS | EQUAL | GREATER
                      val compare: t * t -> order
                  end
interface INTEGER_ORDER = ORDER with sig type t = int end
```

`INTEGER_ORDER` läßt sich nun als Sub-Schnittstelle von `ORDER` definieren. Dies geschieht durch `with`, indem zusätzliche Einträge zu einer Schnittstelle hinzugefügt und abstrakte Typen durch Konkretisierung verfeinert werden.

Jede Komponente der Architektur eines Software-Systems ist ein benannter M-Ausdruck, eingeleitet durch das Schlüsselwort `component`. Die denkbar einfachste Komponente ist ein vollständiges System bestehend aus einem einzelnen Modul. `JustIntOrder` ist dafür ein Beispiel:

```
component JustIntOrder = dec[IntegerOrder: INTEGER_ORDER]
                         export IntegerOrder
```

`JustIntOrder` deklariert (`dec`) ein Modul `IntegerOrder`, das durch die Schnittstelle `INTEGER_ORDER` charakterisiert wird. `dec` ist ein Bindungskonstrukt, das den Modulnamen `IntegerOrder` im nachfolgenden Rumpf des Deklarationsausdrucks bindet. Im allgemeinen ist der Rumpf ein beliebiger M-Ausdruck. In diesem Fall wird im Rumpf lediglich definiert, daß das Modul `IntegerOrder` exportiert wird. Betrachten wir `JustIntOrder` als ein vollständiges Software-System, so bildet `IntegerOrder` das Hauptmodul. Für die Wiederverwendung als Teil-System definiert der Exportteil, welche Module von außen benutzt werden können.

Fügen wir einen Modulparameter (`fun`) zu einem System hinzu, so erhalten wir eine parametrisierte Komponente – eine Funktion, die, angewandt auf ein passendes Modul, ein System berechnet.

```
component MakeDictionary = fun (Key: ORDER)
                           dec [Dictionary: DICTIONARY Key]
                           export Dictionary
```

Die Komponente `MakeDictionary` ist parametrisiert mit einem Modul, das zur Schnittstelle `ORDER` paßt. Das Modul `Dictionary` benutzt eine Ordnung als Suchschlüssel. Dies wird auch in der Schnittstelle `DICTIONARY` deutlich.

```
interface DICTIONARY (Key: ORDER) =
  sig
    type key = Key.t
    type entry
    type dictionary
    val empty: dictionary
    val lookup: dictionary * key -> entry
    val insert: dictionary * key * entry -> dictionary
    ...
  end
```

Die Schnittstelle `DICTIONARY` ist parametrisiert über ein Ordnungsmodul. Dies ist notwendig, da verschiedene Ordnungen zu inkompatiblen Typen `key` führen. Parametrisierte Schnittstellen sind die parametrisierten Typen von M. In der Funktionen `MakeDictionary` wird die parametrisierte Schnittstellen mit dem Modul-Parameter `Key` instanziiert.

Im nächsten Schritt applizieren wir `MakeDictionary` auf ein Ordnungsmodul. Zu diesem Zweck benutzen wir das System `JustIntOrder` als Teil-System und kombinieren es mit der Funktion – Montage von vorgefertigten Komponenten. Da `JustIntOrder` kein Modul sondern ein vollständiges System ist, das ein passendes Modul exportiert, müssen wir dieses System zunächst öffnen (`use`), um auf den Exportteil zuzugreifen. Dann kann die Funktion auf das exportierte Modul appliziert werden. Der M-Ausdruck, der die Komponenten kombiniert, hat folgende Form:

```
component IntKeyDictionary = use JustIntOrder              as Key
                             in  MakeDictionary Key
```

`IntKeyDictionary` beschreibt die Architektur eines vollständigen Software-Systems, das durch Reduktion berechnet wird. Wir werden sehen, daß die Systeme `JustIntOrder` und `IntKeyDictionary` unabhängig voneinander sind und jeweils alle Module umfassen, aus denen die Systeme zusammengesetzt sind. Die Vorstellung, beide Systeme referenzierten das Modul `IntegerOrder`, ist falsch. Richtig ist, daß je eine Instanz des Moduls Teil jedes Systems ist - die Systeme sind funktionale Ausdrücke.

Um die Berechnung zu verstehen, betrachten wir die Reduktionsregeln für `use` und die Funktionsapplikation.

```
use (dec[a:A] export m) as x in n   ⟶   dec[a:A] (n{x ← m})
(fun(x:A) export m) n               ⟶   m{x ← n}
```

Der `use`-Ausdruck kombiniert das wiederverwendete System `dec[a:A] m` mit dem Ausdruck `n`. Dabei wird der Exportteil des Systems an die Variable `x` gebunden, die im Ausdruck `n` sichtbar ist[3]. Das Ergebnis der Reduktion ist ein vollständiges System, das sowohl die Module des wiederverwendeten Systems als auch den Ausdruck `n`, in dem die Variable `x` durch den Exportteil des wiederverwendeten Systems ersetzt ist, enthält.

[3] Die Reduktionsregel für `use` ist hier vereinfacht dargestellt. Siehe auch Abschnitt 3.

Die Applikation einer Funktion auf ein passendes Argument ist eine einfache Funktionsapplikation und wird durch β-Reduktion berechnet. Selbstverständlich ist in beiden Fällen die hier nicht dargestellte α-Konversion zu berücksichtigen, um irrtümliche Bindungen von Bezeichnern zu verhindern.

Wendet man die Reduktionsregeln auf den Ausdruck `IntKeyDictionary` an, so erhält man folgende Reduktionsschritte.

```
use JustIntOrder as Key in MakeDictionary Key
≡ use (dec[IntegerOrder: INTEGER_ORDER] export IntegerOrder) as Key
  in MakeDictionary Key
≡ dec[IntegerOrder: INTEGER_ORDER]
  (MakeDictionary Key){Key ← IntegerOrder}
≡ dec[IntegerOrder: INTEGER_ORDER] (MakeDictionary IntegerOrder)
≡ dec[IntegerOrder: INTEGER_ORDER]
  ((fun(Key: ORDER) dec[Dictionary: DICTIONARY Key] export Dictionary)
  IntegerOrder)
≡ dec[IntegerOrder: INTEGER_ORDER]
  dec[Dictionary: DICTIONARY IntegerOrder]
  export Dictionary
```

Das Ergebnis der Reduktion von `IntKeyDictionary` ist ein vollständiges, geschlossenes System, repräsentiert als M-Ausdruck. Es besteht aus den beiden Modulen `IntegerOrder` und `Dictionary` und exportiert Modul `Dictionary` als Hauptmodul oder als Schnittstelle zur Wiederverwendung von außen.

Benötigen wir ein System, das das Ordnungsmodul, das Verzeichnis und zusätzlich etwa eine Warteschlange kombiniert, wobei sowohl das Verzeichnis als auch die Warteschlange dasselbe Ordnungsmodul referenzieren, so schreiben wir:

```
component QueueAndDict =
   use JustIntOrder              as order       in
   use MakePriorityQueue order   as queue       in
   use MakeDictionary order      as dictionary  in
   {Order=order, Queue=queue, Dictionary=dictionary}
```

Auch diese Komponente ist vollständig, ohne offene Referenzen. Die Komponenten `JustIntOrder`, `MakeDictionary` und die nicht näher spezifizierte Komponente `MakePriorityQueue` werden als Teil-Systeme und Hilfs-Funktionen wiederverwendet, um daraus das gewünschte System zusammenzusetzen. `QueueAndDict` exportiert alle drei enthaltenen Module in einem Tupel. Tupelbildung und -selektion ist immer dann notwendig, wenn der Exportteil eines Systems aus mehr als einem Modul bestehen soll.

2.1 Modul-Implementierungen

Die M-Ausdrücke im vorangehenden Abschnitt beschreiben die modulare Struktur mehrerer, teilweise parametrisierter Komponenten. Die elementaren Bausteine dieser Komponenten sind die Module, die durch Angabe eines Namens und einer Schnittstelle deklariert (`dec`) werden. Alle angegebenen Komponenten sind konstruiert aus den drei elementaren Modulen `IntegerOrder`, `Dictionary` und `PriorityQueue`. Modul-Implementierungen fehlen bisher.

Mit der zusätzlichen Einschränkung, daß die Bezeichner für Parameter (`fun`) und Deklaration (`dec`) disjunkt sind, können Implementierungen wie folgt hinzugefügt werden.

```
implementation IntegerOrder of JustIntOrder =
  struct
    type t = int
    datatype order = LESS | EQUAL | GREATER
    fun compare (i, j) =  ...
  end
implementation Dictionary of MakeDictionary =
  struct  import Key
    type key = Key.t                          (* Key is an ordering *)
    type entry = string                       (* entries are strings *)
    type dictionary = (key * entry) list (* association list *)
    val empty = []                            (* empty list *)
    fun lookup (dict, key) = ...
    fun insert (dict, key, entry) = ...
  end
```

Die Implementierung eines Moduls erfolgt im selben Sichtbarkeitsbereich, wie die Deklaration des Moduls. Betrachten wir Implementierungen und Schnittstellen genauer, so erkennen wir, daß beide von Modulen im Sichtbarkeitsbereich abhängen. Während der Reduktion von M-Ausdrücken, werden Substitutionen nicht nur in Ausdrücken und Schnittstellen, sondern auch in den zugehörigen Implementierungen vorgenommen. Letztere etablieren die Bindungen der Modul-Implementierungen.

Eine Komponente ohne Parameter, ein System, repräsentiert immer auch ein vollständiges Software-System. Sind alle Modul-Implementierungen angegeben, so kann ein System zu einem ausführbaren Programm gebunden werden.

2.2 Schnittstellen zusammengesetzter Ausdrücke

M ist eine typisierte, funktionale Sprache. Daher werden nicht nur Module durch eine Schnittstelle charakterisiert, sondern jeder Ausdruck ist typisiert – er hat eine zusammengesetzte Schnittstelle. Die Typüberprüfung für M-Ausdrücke berechnet für die Komponente `JustIntOrder` eine zusammengesetzte Schnittstelle, die zu folgender Schnittstellendeklaration äquivalent ist:

```
interface JUST_INT_ORDER = some[IntegerOrder: INTEGER_ORDER]
                           export INTEGER_ORDER
```

`JUST_INT_ORDER` ist ein existenz-quantifizierter *dependent type*, eine *weak dependent sum* [14]. Dies lesen wir: Es gibt ein Modul `IntegerOrder` mit Schnittstelle `INTEGER_ORDER` als Teil eines Systems, das ein Modul mit Schnittstelle `INTEGER_ORDER` exportiert. Die parametrisierte Komponente `MakeDictionary` wird durch folgende zusammengesetzte Schnittstelle charakterisiert:

```
interface MAKE_DICTIONARY = all(Key: ORDER)
                            some[Dictionary: DICTIONARY Key]
                            export (DICTIONARY Key)
```

Die Schnittstelle `MAKE_DICTIONARY` ist die Kombination eines *dependent function type* mit einem *weak dependent sum type*: Für alle Module `Key` mit Schnittstelle `ORDER` gibt es ein Modul `Dictionary` mit der von Modul `Key` abhängigen Schnittstelle `DICTIONARY Key`, so daß ein Modul mit Schnittstelle `DICTIONARY Key` exportiert wird.

3 Der Modulkalkül – formale Grundlage von M

Die Grundlage von M bildet ein Modulkalkül, der im wesentlichen ein erweiterter, typisierter λ-Kalkül ist. Die zentrale Erweiterung ist die Deklaration von Modulen (`dec`) und die zugehörige Verwendung (`use`). Charakteristisch für die Typisierung des Modulkalküls sind Typen (Schnittstellen), die von Werten (Ausdrücken) abhängen, *value-dependent types* [1, 14]. Die operationale Semantik des Modulkalküls ist durch Reduktionsregeln definiert. Die Reduktion ist *konfluent* und *streng normalisierend*. Dies bedeutet einerseits, daß die Reduktionsreihenfolge kein Rolle spielt, andererseits terminiert jede Reduktiom mit eindeutiger Normalform.

Abbildung 1 skizziert Syntax, Reduktion und Typisierung des Modulkalküls. Ein ausführlichere Darstellung findet man in [7] und [6].

4 Vergleich und Zusammenfassung

Die Modulsprachen der ML-Familie, d. h. SML und dessen Varianten Objective Caml [8] und SML'96 [13], sind die einzigen Programmiersprachen, die vergleichbar mit M das PG unterstützen. Allerdings gibt es große Unterschiede zwischen den Modulsprachen der ML-Familie und M. In M ist das PG von der Implementierung von Modulen strikt getrennt. Dies erlaubt einerseits, M prinzipiell für verschiedene typisierte Implementierungssprachen zu benutzen, andererseits kann die Entwicklung der Architektur eines Software-Systems unabhängig von Modul-Implementierungen erfolgen. In den ML-Varianten sind Implementierungssprache und Modulsprache stark gekoppelt. Ohne Modul-Implementierungen ist keine Auswertung von modulsprachlichen Ausdrücken möglich; parametrisierte Module (*functor*) liefern als Ergebnis immer eine Modul-Implementierung (*structure*).

In ML-Programmen folgen Ausdrücke der Modulsprache und Ausdrücke der Kernsprache in beliebiger Reihenfolge. Folglich hängt die Auswertung von modulsprachlichen Ausdrücken vom Zustand ab. Dies führt zu einer dynamischen Semantik, die Instanzen Schritt für Schritt, gewissermaßen imperativ, erzeugt. In M ist das Ergebnis der Auswertung eines Ausdrucks wiederum ein Ausdruck, der die modulare Struktur einer Komponente repräsentiert. Durch mehrere Komponenten lassen sich so, unabhängig voneinander, mehrere Software-Systeme (z. B. eine Familie von Software-Systemen) darstellen. In ML repräsentieren Module die Komponenten einer Architektur, während in M komplexe Ausdrücke die Komponenten bilden.

Die Trennung des PG von der Implementierung der Module erlaubt die prototypische Entwicklung von Software-Architekturen [5], ohne die Notwendigkeit,

Syntax

Ausdrücke	m	$::= x$	Variable/Name
		$\mid l$	Label
		$\mid \mathsf{fun}(x : I)\, m$	(Funktions-)Abstraktion
		$\mid m_1\, m_2$	Applikation
		$\mid \langle l_1 = m_1, \ldots, l_n = m_n \rangle$	Tupelkonstruktion
		$\mid m\#l$	Tupelselektion
		$\mid \mathsf{dec}[x : S]\, m$	(System-)Deklaration
		$\mid \mathsf{use}\ m_1\ \mathsf{as}\ [x_1]x_2\ \mathsf{in}\ m_2$	Verwendung
Schnittstellen	I	$::= S$	Modul-Schnittstelle
		$\mid \mathsf{all}(x : I_1)\, I_2$	Funktions-Schnittstelle
		$\mid \langle l_1 : I_1, \ldots, l_1 : I_n \rangle$	Tupel-Schnittstelle
		$\mid \mathsf{some}[x : S]\, I$	System-Schnittstelle
Signaturen	S	$::= \mathsf{sig}\ E\ \mathsf{end}$	Signatur
	E	$::= D, E$	Signatureinträge
		$\mid \varepsilon$	
	D	$::= \mathsf{type}\ t$	opake Typspezifikation
		$\mid \mathsf{type}\ t = T$	manifeste Typspezifikation
		$\mid \mathsf{val}\ v : T$	Wertspezifikation
	T	$::= t$	Typname
		$\mid m.t$	qualifizierter Typ
		$\mid \mathit{int} \mid \mathit{bool}$	vordefinierte einfache Typen
		$\mid T_1 \to T_2$	Funktionstyp

Reduktionsregeln

$$
\begin{array}{ll}
(\mathsf{fun}(x : A)\, m_1)\, m_2 & \longrightarrow m_1\{x \leftarrow m_2\} \\
\langle l_1 = m_1, \ldots, l_k = m_k, \ldots, l_n = m_n \rangle \# l_k & \longrightarrow m_k\{l_{k-1} \leftarrow m_{k-1}\} \cdots \{l_1 \leftarrow m_1\} \\
\mathsf{use}\ (\mathsf{dec}[x_1 : S]\, m_1)\ \mathsf{as}\ [x_2]x_3\ \mathsf{in}\ m_2 & \longrightarrow \mathsf{dec}[x_1 : S]\ (m_2\{x_2 \leftarrow x_1\}\{x_3 \leftarrow m_1\})
\end{array}
$$

Typisierungsregeln (Auswahl)

(Modul)
$$\frac{\Gamma \vdash m : \mathsf{sig}\ \mathsf{type}\ t, E\ \mathsf{end}}{\Gamma, \mathsf{type}\ t \vdash m : \mathsf{sig}\ E\ \mathsf{end}}$$

(Abstraktion)
$$\frac{\Gamma, x : I_1 \vdash m : I_2 \quad \Gamma \vdash \mathsf{all}(x : I_1)\, I_2 : \Box}{\Gamma \vdash \mathsf{fun}(x : I_1)\, m : \mathsf{all}(x : I_1)\, I_2}$$

(Applikation)
$$\frac{\Gamma \vdash m_1 : \mathsf{all}(x : I_2)\, I_1 \quad \Gamma \vdash m_2 : I_2}{\Gamma \vdash m_1\, m_2 : I_1\{x \leftarrow m_2\}}$$

(Tupelkonstruktion)
$$\frac{\begin{array}{c}\Gamma \vdash \langle l_2 = m_2, \ldots \rangle\{l_1 \leftarrow m_1\} : \langle l_2 : I_2, \ldots \rangle\{l_1 \leftarrow m_1\} \\ \Gamma \vdash m_1 : I_1 \quad \Gamma \vdash \langle l_1 : I_1, l_2 : I_2, \ldots \rangle : \Box\end{array}}{\Gamma \vdash \langle l_1 = m_1, l_2 = m_2, \ldots \rangle : \langle l_1 : I_1, l_2 : I_2, \ldots \rangle}$$

(Tupelselektion)
$$\frac{\Gamma \vdash m : \langle l_1 : I_1, \ldots, l_k : I_k, \ldots, l_n : I_n \rangle}{\Gamma \vdash m\#l_k : I_k\{l_{k-1} \leftarrow m\#l_{k-1}\} \cdots \{l_1 \leftarrow m\#l_1\}}$$

(Deklaration)
$$\frac{\Gamma, x : I_1 \vdash m : I \quad \Gamma \vdash \mathsf{some}[x : S]\, I : \Box}{\Gamma \vdash \mathsf{dec}[x : S]\, m : \mathsf{some}[x : S]\, I}$$

(Verwendung)
$$\frac{\Gamma \vdash m_1 : \mathsf{some}[x_1 : S]\, I_1 \quad \Gamma, x_2 : S, x_3 : I_1 \vdash m_2 : I_2}{\Gamma \vdash \mathsf{use}\ m_1\ \mathsf{as}\ [x_2]x_3\ \mathsf{in}\ m_2 : \mathsf{some}[x_1 : S]\ (I_2\{x_2 \leftarrow x_1\})},\ x_3 \notin I_2$$

Abbildung1. Syntax, Reduktion und Typisierung des Modulkalküls

Implementierungen angeben zu müssen. Insbesondere Referenzarchitekturen [15] lassen sich mit Hilfe von M-Ausdrücken definieren und durch Reduktion instanziieren.

Die Motivation für M entstand aus der Suche nach programmiersprachlicher Unterstützung bei der Entwicklung von Software-Architekturen, insbesondere Referenzarchitekturen. Es sollte möglich sein, Software-Systeme im Sinne einer Komponententechnologie [2] zu entwerfen und zusammenzubauen, ohne auf die wertvolle Unterstützung moderner Typisierungstechniken und zustandsfreier Auswertung zu verzichten.

In einem ersten Prototyp haben wir M für den Kern von SML als Implementierungssprache entwickelt. Zwei wichtige Projektrichtungen eröffnen sich für die Zukunft: die Entwicklung einer leistungsfähigen, bereichsspezifischen Referenzarchitektur in M zur Demonstration der Vorteile beim PG und die Anwendung des Modulkalküls auf eine typisierte objekt-orientierte Sprache.

Literatur

1. Barendregt, H. P.: Lambda calculi with types. In *Handbook of Logic in Computer Science*, Band 2, S. 117–309. Oxford University Press, New York, 1992.
2. Batory, D. und O'Malley, S.: The design and implementation of hierarchical software systems with reusable components. *ACM TOSEM*, 1(4):355–398, Okt. 1992.
3. Burstall, R. M.: Programming with modules as typed functional programming. In *Proc. Internation Conference on 5th Generation Computing Systems*, Tokyo, 1984.
4. Cardelli, L.: Typeful programming. In *Formal Description of Programming Concepts*, S. 431–507. Springer Verlag, 1991.
5. Garlan, D. und Perry, D. E.: Introduction to the special issue on software architecture. *IEEE Trans. on Software Engineering*, 21(4):269–274, April 1994.
6. Grosch, F. J.: A syntactic approach to structure generativity. Informatik-Bericht 96-05, TU Braunschweig, Juli 1996.
7. Grosch, F. J.: M - eine typisierte, funktionale Sprache für das Programmieren-im-Großen. Informatik-Bericht, TU Braunschweig, Mai 1997.
8. Leroy, X.: Le système Caml Special Light: modules et compilation efficace en Caml. Bericht 2721, INRIA, November 1995. Auf Französisch.
9. MacQueen, D.: Using dependent types to express modular structure. In *13th POPL*, S. 277–286. ACM Press, Januar 1986.
10. Milner, R., Tofte, M. und Harper, R.: *The Definition of Standard ML*. 1990.
11. Parnas, D. L.: Designing software for ease of expansion and contraction. *IEEE Trans. on Software Engineering*, SE-5(2):128–138, März 1979.
12. Parnas, D. L.: On the design and development of program families. *IEEE Trans. on Software Engineering*, SE-2(1):1–9, März 1976.
13. Stone, C. und Harper, R.: A type-theoretic account of Standard ML 1996. Bericht CMU-CS-96-136, School of Computer Science, CMU, Mai 1996.
14. Thompson, S.: *Type Theory and Functional Programming*. Addison-Wesley, 1991.
15. Tracz, W.: DSSA (Domain-specific software architecture) pedagogical example. *ACM SIGSOFT Software Engineering Notes*, 20(3):49–62, Juli 1995.

Functional Object-Oriented Programming with Object-Gofer

Wolfram Schulte and Klaus Achatz

Fakultät für Informatik, Universität Ulm, 89069 Ulm
E-mail:{achatz,wolfram}@informatik.uni-ulm.de, Tel: +49 731 502-4166

Abstract. Object-Gofer is a small, practical extension of the functional programming language Gofer incorporating the following ideas from the object-oriented community: objects and toplevel classes, subtype and implementation inheritance, method redefinition, late binding and self type specialization. The semantics of Object-Gofer is defined by translation into pure Gofer. Although this restricts the design space, it turns out that using a suitable framework of monads, higher-order polymorphism, and overloading, objects smooth well with functions.

1 Case for Functional Object-oriented Programming

Object-oriented concepts are ubiquitous in programming. Objects may model real life entities, or may represent system artifacts like stacks. Objects provide a way to structure a system and to control the computation. The most characteristic feature of object-oriented programming is *inheritance*, which allows new classes to be defined as increments of existing ones. Inheritance comes with late binding, inclusion polymorphism (subtyping), method redefinition, and method specialization (cf. [3]).

In a functional language, the programmer declares *referential transparent* functions: Whenever a function is called, it returns the same result for the same arguments. Thus, functional programming languages allow for elegant reasoning. Furthermore, functional languages support specification and programming at a rather high level using type inference, parametric polymorphism, higher-order functions, lazy evaluation, and algebraic datatypes (cf. [1]).

Object-Gofer combines the expressiveness of object-oriented programming with the elegant reasoning principles of functional programming languages. We choose Gofer [8], a subset of Haskell [5], as the functional basis, because of its extended type system, which permits higher-order polymorphism and overloading [10], and because of its support of monads. Monads offer a general framework to deal with imperative concepts like I/O and state manipulation. Therefore, monads are the glue between the object-oriented and the functional features of Object-Gofer. For a detailed discussion of monads, we refer to [17].

Currently, a precompiler, called *Fog*, translates Object-Gofer into pure Gofer. This translation defines the semantics of Object-Gofer. With *Fog*, we have developed several non-trivial applications, for example, a graphical editor and a specification of the Unix file system. We refer the reader to a forthcoming technical report, where the principles of the implementation of *Fog* and convincing case studies are presented in detail.

2 Classes and Objects

Object-Gofer is a *class-based language*. A class describes the structure and behaviour of all the objects generated from this class. As an example, we consider the class *Cell* (see below), which describes storage-cells. It has an integer attribute *contents*, the methods *set* and *get*, and the generator *Cell*. The attributes and methods of a class are collectively called its *features*.

object class *Cell* **where**

$contents :: Int$

$get :: Observer\ m \Rightarrow m\ Int$
$get = result\ contents$

$set :: Modifier\ m \Rightarrow Int \rightarrow m\ ()$
$set\ n =$ **do** $contents := n$

$Cell :: Modifier\ m \Rightarrow m\ Cell$
$Cell =$ **new** $contents := 0$

Methods and generators must be monadic actions. A monadic action is a computation, which, when executed, returns a value. We distinguish between monadic side effect free computations and computations which do have a side effect. The former computations have the context restriction *Observer*, the latter the context restriction *Modifier*. The underlying monad hierarchy is $Monad\ m \Rightarrow Observer\ m \Rightarrow Modifier\ m$.

The observer *get* has no parameters. It returns the value of *contents* using the function *result*, but does not change its state. When a method only reads an attribute, it has the context restriction *Observer*.

The modifier *set* has an integer parameter. It updates the *contents* and returns nothing. *set* uses the **do** notation [9]. It executes a chain of actions binding the results to variables and returning the last action. A special action is denoted by the *object expression* $pat := exp$, which overrides the attributes of *pat* with corresponding values of *exp*. *pat* is restricted to be a pattern with attributes instead of variables. The type of $pat := exp$ is $Modifier\ m \Rightarrow m\ ()$. When a method changes an attribute, it must have the context restriction *Modifier*.

The generator *Cell* has no parameters. It creates and returns a new cell object, whose *contents* attribute is initially set to 0. The generator, which must be written with a beginning capital letter, uses the *object expression* **new**, which is like **do** but implicitly returns as its last action a new object. When **new** ... is used within class C, its type is $Modifier\ m \Rightarrow m\ C$.

In class-based, object-oriented programming languages, every class C denotes an *object type* C, which describes a set of data elements, namely its objects.

Objects can be created from C by calling (one of) its generators. We say that C is the *class of the object* (i.e., the object belongs to class C).

Identifying classes with types is a key to orthogonal integration of object-oriented features in the functional core. Classes can be used as attributes, as parameters, can be part of data declarations, or type synonyms.

2.1 Method Invocation and Self reference

Given an object *obj*, we invoke one of its methods f using the object expression *obj* ! f. We call *obj* the *receiver* of f. Here is a run of ordinary Object-Gofer code to test the functionality of a cell:

$$mainCell = \textbf{do}\ \{c \leftarrow Cell;\ c\ !\ set\ 1;\ i \leftarrow c\ !\ get;\ putInt\ i\}$$

? *mainCell* [Expression to evaluate]
1 [Answer of the interpreter]

The function *mainCell* generates a new cell c, updates it by c ! *set* 1, extracts its value using c ! *get*, and prints the result by means of the I/O function *putInt*.

In the expression *obj* ! f, *obj* must denote an expression of object type C, and f must be a method, defined in object class C, or one of its superclasses. Then, the type of *obj* ! f is equal to the type of f.

Within a method, we use the special object identifier *self* to refer to the receiver of the message. Let us extend class *Cell* by another modifier *upd*.

$$upd :: Modifier\ m \Rightarrow (Int \rightarrow Int) \rightarrow m\ ()$$
$$upd\ f = \textbf{do}\ \{i \leftarrow map\ f\ (self\ !\ get);\ self\ !\ set\ i)\}$$

The method *upd* first calls *get* of *self* and applies *map f* onto the result. Finally, it calls *self* ! *set* with the result of the latter. *upd* uses *self* only as the receiver of a method. In this case, we usually suppress *self* !.

3 Subclasses and Inheritance

A subclass is an extension of the features of its direct superclass. They are automatically available to the subclass. Additionally, a subclass can override a method of a superclass or add new features. Inheritance establishes the sharing of features between a class and its subclasses. Object-Gofer supports only *single-inheritance*, that is, any subclass has at most one superclass.

Object-Gofer distinguishes between two kinds of inheritance: *subtype inheritance* and *implementation inheritance* (cf. [2]). Subtype inheritance relates collections of objects. It is used to express specialization – the *is-a* relation – between objects. Implementation inheritance is either used to save coding effort or to express refinement relationships.

For example, the class *BackupCell* extends the previously defined class *Cell*. As indicated by the keyword **specializes**, a backup-cell is a subtype of cell, with additional features *backup* and *restore*.

object class *BackupCell* **specializes** *Cell* **where**
$backup :: Int$

$set :: Modifier\ m \Rightarrow Int \rightarrow m\ ()$
$set\ n = \ \mathbf{do}\ (backup, contents) := (contents, n)$

$restore :: Modifier\ m \Rightarrow m\ ()$
$restore = \ \mathbf{do}\ \ contents := backup$

$BackupCell :: Modifier\ m \Rightarrow m\ BackupCell$
$BackupCell = \ \mathbf{new}\ \{Cell;\ backup := 0\}$

The object class *BackupCell* overrides the method *set* to save the value of *contents* in the *backup* attribute. The method *restore* resets the saved value of *contents*. The generator *BackupCell* creates new backup-cell objects. It calls the generator *Cell* of its superclass – for subclasses, the first qualifier of **new** must be a call to a generator of the direct superclass – and initializes *backup*.

3.1 Late Binding and Accessing Overridden Methods

Let us study an invocation of the method *upd*, defined in Sect. 2.1. Suppose the message *upd* (+3) is sent to object *b* of class *BackupCell*. Since *BackupCell* inherits method *upd* but does not redefine it, the message *upd* is not accepted by *BackupCell* but delegated to its superclass *Cell*. However, *self* in *upd* still references *b*, which now sends itself the message *get* (i.e., *self* ! *get*). This message invokes the code of *get* as defined in class *Cell*. Finally, *b* sends itself the message *set* (i.e., *self* ! *set*). Since class *BackupCell* has overridden the method *set*, the redefined code is executed. This property, called *late binding*, is one of the defining properties of object-oriented programming.

Besides *self*, Object-Gofer provides another special object identifier *super* to indicate the direct superclass. We continue the example, but this time we rewrite the definition of the method *set* in the class *BackupCell* as follows.

$set :: Modifier\ m \Rightarrow Int \rightarrow m\ ()$
$set\ n = \ \mathbf{do}\ \{backup := contents;\ \ super\ !\ set\ \ n\}$

Here *super* ! *set n* invokes *set* in the direct superclass *Cell*. Again *self* in *set* of *Cell* denotes an object of class *BackupCell*. This enables late binding for *super* references, too.

3.2 Subtype Inheritance and Coercion

The basic principle associated with subtyping is substitutability: If A is a subtype of B, then any expression of type A may be used without type error in any context that requires an expression of type B. Subtyping makes it possible to have heterogeneous data structures containing objects that belong to different subtypes of some common base type.

BackupCell is a subtype of *Cell*, which is induced by the keyword **specializes** in the class header of *BackupCell*. We would like to put objects of instance type

Cell and *BackupCell* into the same list, and send a message to every element of the list. However, in Gofer heterogeneous data structures are not possible, so we have to *coerce* backup-cells to their supertype *Cell*. Object-Gofer provides generic functions

$$inj :: Subtype\ sub\ sup \Rightarrow sub \rightarrow sup$$
$$prj :: Subtype\ sub\ sup \Rightarrow sup \rightarrow Maybe\ sub$$

where *inj* coerces objects of type *sub* into objects of type *sup*, and *prj* regains *sub* from *sup*, provided *sub* and *sup* stand in a subtype relationship as indicated by the context restriction *Subtype*

Now we are able to collect cells and (injected) backup-cells in a single list:

$$\begin{aligned} mainBackupCell = \ & \mathbf{do}\ c \leftarrow Cell \\ & \quad\ b \leftarrow BackupCell \\ & \quad\ seqs[\mathbf{do}\ \{i \leftarrow x\ !\ get;\ putInt\ i\} \mid x \leftarrow [c,\ inj\ b]] \end{aligned}$$

The function *prj* is partial. Its intended use is demonstrated in Sect. 4.

3.3 Implementation Inheritance and Self-Type Specialization

Whereas subtyping assures that any object of a subtype can be used where an object of the supertype is expected, implementation inheritance, denoted by the keyword **extends** in the subclass header, does not establish such a relation. Instead, implementation inheritance supports *self type specialization*, which means that the actual parameters and actual results of methods must belong to the same class as the object *self*. This prevents loss of type information and supports the correct typing of *binary methods*, that is, methods that operate on two objects *self* and *other*, where the class of *other* must be the class of *self*.

Let us study implementation inheritance and self type specialization using the parameterized class *Set a* for storing elements of type *a*. The class comprises the generator *Empty*, the observer *member*, and the modifiers *insert*, *iterate*, and the binary method *union*. Since we intend to have different implementations of the class *Set a*, it is defined as an abstract class, providing a default implementation only for *union*.

$$\begin{aligned} & \mathbf{abstract\ class}\ Eq\ a \Rightarrow Set\ a\ \mathbf{where} \\ & \quad Empty :: Modifier\ m \Rightarrow m\ (self\ \ a) \\ & \quad member :: Observer\ m \Rightarrow a \rightarrow m\ Bool \\ & \quad insert :: Modifier\ m \Rightarrow a \rightarrow m\ () \\ & \quad iterate :: Modifier\ m \Rightarrow (a \rightarrow m\ ()) \rightarrow m\ () \\ & \quad union :: Modifier\ m \Rightarrow (self\ \ a) \rightarrow m\ () \\ & \quad union\ other = other\ !\ iterate\ insert \end{aligned}$$

The method *union* is defined by iterating over the *other* set thereby inserting the elements of the *other* set into itself. This function demonstrates the power of higher-order methods.

Suppose we implement class *Set a* both by lists and by sorted trees. Let us call the corresponding classes *SetOverLists a* and *SetOverTrees a*. Then, the binary method *union* should only be applied to two sets having the *same* representation, that is, if the object *self* in *union* belongs to class *SetOverLists*, then the argument should also belong to class *SetOverLists*. The identifier *self* in the signature of the modifier *union* and – since we allow self type specialization of generators – in the generator *Empty* represents the actual class of object *self*.

4 A Larger Example

In this section, we show excerpts of the development of a graphical editor (cf. [4]) written in Object-Gofer. The purpose of this example is to test the object-oriented features of Object-Gofer and to demonstrate the application of Object-Gofer as a specification language for object-oriented systems.

The system class model depicted in Fig. 1 forms the basis for the implementation of the graphical editor. A system class model is a graphical description of system classes and their relationships.

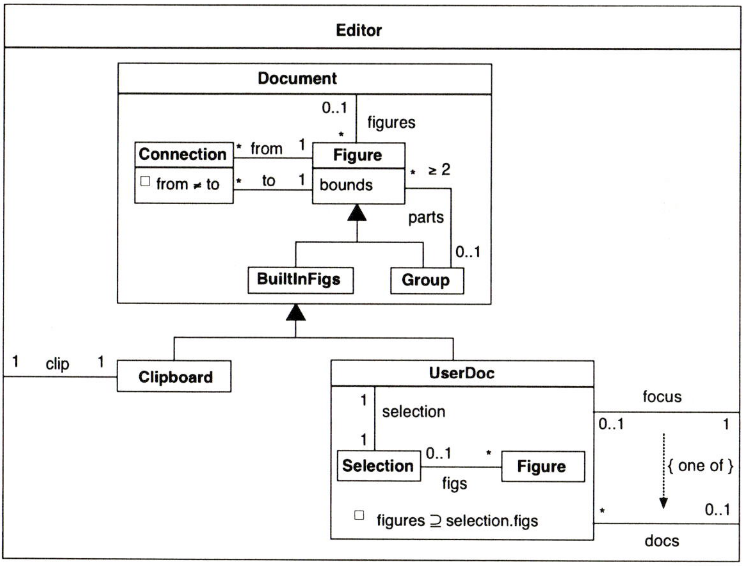

Fig. 1. System class model of the graphical editor

The editor allows a user to edit a variety of figures, which are contained in documents. The user may use and edit several documents at the same time. Additionally, the editor allows the user to draw connections between figures. The editor supports group/ungroup functionality: The user groups selected figures, which then behave like a new, compound figure; ungroup separates the parts.

This class model can be translated into Object-Gofer class stumps. We focus only on class *Document* and its specialization *UserDoc*.

$$
\begin{array}{l}
\textbf{abstract class}\ Document\ \textbf{where} \\
\quad figures :: [Figure] \\
\quad connections :: [Connection] \\
\quad NewDocument :: Modifier\ m \Rightarrow m\ Document \\
\quad NewDocument = \textbf{new}\ (figures, connections) := ([\,],[\,])
\end{array}
$$

The abstract class *Document* describes a drawing containing *figures* and *connections*, implemented as sequences of *Figure* and *Connection*, respectively. Note that we use subtyping to assemble built-in figures (such as rectangles or ovals) and groups into one sequence of figures. Initially, a document does not contain any figures or connections. Therefore, the generator *NewDocument* sets the object attributes to empty sequences.

The class *UserDoc* specializes the class *Document*. *UserDoc* represents documents that the user can edit. In each *UserDoc*, the attribute *selection* denotes the set of figures that have been selected by the user.

$$
\begin{array}{l}
\textbf{object class}\ UserDoc\ \textbf{specializes}\ Document\ \textbf{where} \\
\quad selection :: Selection \\
\quad NewUserDoc :: Modifier\ m \Rightarrow m\ UserDoc \\
\quad NewUserDoc = \textbf{new}\ \{NewDocument;\ selection :-\ NewSelection\}
\end{array}
$$

The generator *NewUserDoc* invokes *NewDocument* to initialize the inherited attributes from *Document*. In addition, the generator *NewSelection* creates a new object of type *Selection*, which becomes the container for the selected figures.

In the following, we consider the grouping and ungrouping of selected figures. The according operations *groupInUserDoc* and *ungroupInUserDoc* are methods in the object class *UserDoc* and are invoked by the editor.

First, we take a look at the modifier *groupInUserDoc*, which has no arguments and returns no result. As a precondition, we require that there are two or more figures selected. The intended effect of the operation is that the selected figures have been put into a group.

$$
\begin{array}{ll}
groupInUserDoc :: Modifier\ m \Rightarrow m\ () & \\
groupInUserDoc = \textbf{do} & \\
\quad seln \leftarrow selection\ !\ getFigs & [(1)] \\
\quad \textbf{if}\ length\ seln >= 2 & [(2)] \\
\quad \textbf{then do}\ g \leftarrow map\ inj\ (NewGroup\ seln) & [(3)] \\
\qquad\qquad seqs\ [self\ !\ rmvFigureFromDoc\ f \mid f \leftarrow seln] & [(4)] \\
\qquad\qquad self\ !\ addFigureToDoc\ g & [(5)] \\
\qquad\qquad selection\ !\ setFigs\ [g] & [(6)] \\
\quad \textbf{else}\ error\ \text{“}\texttt{group:: precondition violated}\text{”} & [(7)]
\end{array}
$$

The operation works as follows: First, we fetch the selected figures *seln* by means of the observer *getFigs* in class *Selection*, which returns all selected figures in the user document (1). Then, we check the precondition (2). If it is violated, we abort the program with an error message (7). Otherwise, all selected figures *seln* are put into a group g (3). To achieve this, we invoke *NewGroup*, the generator of *Group*, with the selected figures. Additionally, we explicitly coerce the resulting object of type *Group* into a *Figure*. Afterwards, all selected figures are removed from and the new figure g is added to the document (4),(5). Expression (4) uses the predefined monadic function *seqs* of type $Monad\ m \Rightarrow [m\ ()] \rightarrow m\ ()$, which reduces a list of computations to a single computation. Finally, we set the new figure g as the only selected figure (6).

The second operation, the modifier *ungroupInUserDoc*, also has no arguments and no result. Furthermore, no precondition is required. The intended effect of the operation is that any groups in the selection of the user document have been exploded, and their contents have been added to the selection.

```
ungroupInUserDoc :: Modifier m => m ()
ungroupInUserDoc = do
    seln <- selection ! getFigs                                          [(1)]
    let groups = filter instanceOfGroup seln                             [(2)]
    ungroups <- map concat (binds[g ! getParts | g <- groups])           [(3)]
    seqs[do selection ! rmvFigFromSelection g
            self ! rmvFigureFromDoc g | g <- groups]                     [(4)]
    seqs[do selection ! addFigToSelection f
            self ! addFigureToDoc f | f <- ungroups]                     [(5)]
```

Again, we fetch the selected figures of the user document (1). Then, we filter these figures to obtain all instances of the object class *Group*. For it, we use the predicate *instanceOfGroup*, which is defined as follows:

```
instanceOfGroup :: Figure -> Bool
instanceOfGroup f = (prj f :: Maybe Group) /= Nothing
```

The predicate uses the function *prj* to obtain the actual type of an object. The filtering results in a list of *groups*. For each group g in *groups*, we fetch its parts and assemble them into one list *ungroups* (3). Expression (3) uses the predefined monadic function *binds* of type $Monad\ m \Rightarrow [m\ a] \rightarrow m\ [a]$, which reduces a list of computations to a single computation with a list of results. Then, each of those groups is removed from the selection and also from the document (4). Finally, each figure f in *ungroups* is added to the selection and also to the document (5).

5 Discussion

Related Work. The integration of object-oriented concepts with concepts from the functional programming community has recently received much attention and can be either classified as theoretical studies or language design and implementation efforts – here we consider only the latter.

The development of Maude and FOOPS [15,18], both based upon OBJ, was one of the first and probably one of the most ambitious approaches. Both languages support all object-oriented features, but do not provide higher-order functions and methods. A recent approach resulting in a very powerful system, is the development of Objective Caml [12]. Caml is an SML variant, which implements the object-oriented extensions by extensible records. It supports type inference for classes. However, it does not have subsumption, but provides coercion as Object-Gofer. The language Haskell++ [6] extends Haskell with object classes, whose instances may inherit methods from one another. Thus, Haskell exploits the power of constructor classes, too. However, Haskell++ is a rather small extension of Haskell: There are neither "object types", nor "object expressions". Polymorphism is achieved using existential types. An approach, which shows that techniques for monad composition can be used for modeling object-oriented programming concepts was presented in [14]. However, the resulting monad constructions are complex. In opposite to our work, GOS, the Gofer-Object-System [16], is a two level language. It uses Gofer expressions in places, where ordinary object-oriented languages define their own expression syntax. GOS supports multiple inheritance and subsumption. As a quite different approach, Pizza [13] enriches the object-oriented language Java with features of higher-order functional languages. Pizza is a strict superset of Java, incorporating parametric polymorphism, higher-order functions and algebraic datatypes.

Summary. Object-Gofer extends Gofer with typical object-oriented features without loosing the benefits of functional programming. The new features integrate quite well: Classes can be used like ordinary types, that is, they can be embedded in other types, used in type synonyms, or as parameters etc. Methods can be used like ordinary functions, that is, they can be partially instantiated, composed and the like. Due to the underlying functional language, the object-oriented extensions have clear semantics. In fact, the semantics has driven the development of the precompiler. Initial experience of programming in Object-Gofer is encouraging, but much work remains to be done.

References

1. R.S. Bird and Ph. Wadler. *Introduction to Functional Programming.* Prentice Hall International, Hemel Hempstead, 1988.
2. R. Breu and M. Breu. A methodolgy of inheritance. *Software – Concepts and Tools*, 16, 1995.
3. T. Budd. *An Introduction to Object-Oriented Programing, 2nd. Ed.* Addison Wesely Longman, 1997.
4. D. F. D'Souza and A. C. Wills. Catalysis case study: Graphical editor. URL: http://www.iconcomp.com.
5. P. Hudak, S.L. Peyton Jones, and Ph. Wadler (eds.). Report on the programming language Haskell, Version 1.2. *ACM SIGPLAN Notices*, 27(5), 1992.
6. J. Hughes and J. Sparud. Haskell++: An object-oriented extension of Haskel. In *In Proc. 1995. Workshop on Haskell*, 1995.

7. J. Jeuring and E. Meijer, editors. *Advanced Functional Programming. First International Spring School on Advanced Functional Programming Techniques, Båstad, Sweden*, volume 925 of *Lecture Notes in Computer Science*. Springer-Verlag, 1995.
8. M.P. Jones. *An introduction to Gofer (draft)*, 1993.
9. M.P. Jones. *Release notes for Gofer 2.30a*, 1994. Included as part of the standard Gofer distribution.
10. M.P. Jones. Functional programming with overloading and higher-order polymorphism. In Jeuring and Meijer [7], pages 97–136.
11. P. E. Lauer, editor. *Functional Programing, Concurrency, Simulation and Automated Reasoning. International Lecture Series 1991-1992, McMaster University, Canada*, volume 693 of *Lecture Notes in Computer Science*. Springer-Verlag, 1993.
12. X. Leroy. *The Objective Caml System, Release 1.03*, 1996. Documentation and users s manual.
13. M. Odersky and Ph. Wadler. Pizza into Java: Translating theory into practice. In *Conference Record of POPL'97: 24nd ACM SIGPLAN-SIGACT Symposium on Principles of Programing Languages*, 1997.
14. Ch. Prehofer. From inheritance to feature interaction or composing monads. URL: http://www4.informatik.tu-muenchen.de/MITARBEITER/prehofer/.
15. L. Rapanotti and A. Socorro. Introducing FOOPS. Technical Report PRG-TR-28-92, Oxford Computing Laboratory, November 1992.
16. B. Rumpe and B. Gruschke. *GOS-Referenzhandbuch*, 1996. Draft.
17. Ph. Wadler. Monads for functional programming. In Jeuring and Meijer [7], pages 24–52.
18. T. Winkler. Programming in OBJ and Maude. In Lauer [11], pages 24–52.

A The Syntax of Object-Gofer

The follwing concrete syntax of Object-Gofer is an extension of the concrete syntax of Gofer presented in Jones [9]. (When a definition extends the one given in [9] we only give the extension; we place '...' immediately after the ' ::= ' of such definitions).

```
topdecls ::= ...
           | object class [context =>] pred [inherits] cbody     - object class
           | abstract class [context =>] pred [inherits] cbody   - abstract class
inherits ::= extends {pred}                                      - implementation inh.
           | specializes {pred}                                  - subtype inh.
decls    ::= ... | con{, con} :: sigType                         - generator declaration
fun      ::= ... | con                                           - generator definition
exp      ::= ... | new { quals }                                 - new expression
appExp   ::= appExp methExp | methExp                            - function application
methExp  ::= methExp ! var | atomic                              - method application
quals    ::= ...                                                 - multiple commands
           | pat := exp                                          - plain assignment
           | pat :- exp                                          - monad assignment
```

From Inheritance to Feature Interaction or Composing Monads

Christian Prehofer

Technische Universität München*

Abstract. We show that techniques for monad composition in functional programming can be used nicely for modeling object-oriented programming concepts. In this functional setting, we compose objects from individual features in a modular way. Features are similar to abstract subclasses, but separate the core functionality of a subclass from overwriting methods. We view method overwriting more generally as resolving interactions between two features. The interaction handling is specified separately and added when features are composed. This generalizes inheritance as found in object-oriented languages and leads to a new view of objects in a functional setting. Our concepts are implemented in Gofer using monadic programming techniques.

1 Introduction

In this paper we model object-oriented programming concepts in a functional language and present generalizations of conventional object-oriented programming, motivated by some examples. This is achieved by the facilities of functional programming, in particular the composition and abstraction techniques. Our techniques not only allow to use object-oriented techniques while preserving the benefits of a higher-order lazy functional language, but also advance object-oriented programming concepts. The model allows to compose objects from individual features (or abstract subclasses) in a fully flexible and modular way. Its main advantage is that objects with individual services can be created just by selecting the desired features, unlike object-oriented programming. A feature and consists of a base implementation which

- adds functionality to an object
- may assume that the extended object provides other features.
- may add local state to the object (or may extend the used domains, e.g. by error cases)

Features are similar to abstract subclasses or mixins [2]. The main difference is that we separate the core functionality of a subclass from overwriting methods of the superclass. We view overwriting more generally as a mechanism to resolve dependencies or interactions between features, i.e. some feature must behave differently in the presence of another one. For this purpose, we need to provide lifters, which adapt a feature to the context of another feature by overwriting methods.

* Institut für Informatik, Technische Universität München, 80290 München, Germany, `www4.informatik.tu-muenchen.de/~prehofer`

We use a modular architecture for composing features and the required interaction handling to a full object. As we only compose objects, there is no real notion of a class, which is hence often confused with the (type of) objects. The techniques we use for composing features have been developed for composing monads [11, 8] and have been used for handling interactions in interpreters for programming languages with several language features [10, 4]. We program such feature interactions by lifting functions of one feature to the context of the other. This gives an architecture for composing features and interactions. Furthermore, we generalize some programming techniques used in [10].

Whereas inheritance is used to extend a class with local state and functionality, we generalize this process and compose objects with individual services from a set of features. Although inheritance can be used for such feature combinations, all needed combinations, including feature interactions, have to be programmed explicitly. In contrast, we can (re)use features by simply selecting the desired ones when creating an object. We claim that feature-oriented programming yields more flexibility, as objects with individual services can be composed from a set of features. As the core functionality is separated from interaction handling, it also provides more structure and clarifies dependencies between features.

We present our ideas by an example modeling variations of stacks. We show that some functionality (an undo function) which depends on several features can be implemented abstractly for any feature combination using type computations via type classes.

An exposition of feature-oriented programming as an extension of an imperative language, namely Java [5], appears in [14]. This paper also includes a detailed comparison to object-oriented programming. For more examples in the area of telecommunications, where feature interactions have recently attracted great attention [18, 3], we refer to [16] and to the full version of this paper [15].

After a brief introduction to the technical concepts in Section 2 and an example in Section 3, we show the concepts of stateful features in Section 4 and of error features in Section 5. The problems of multi-feature interaction are discussed in Section 6. For a more detailed presentation we refer to the full version of this paper [15].

2 Monads, Type Classes and Features

In the following, we explain the technical background needed for our feature model. We assume some acquaintance with functional programming and Haskell [13].

A type class in Haskell is essentially a set of types (which all happen to provide a certain set of functions). Each class declaration introduces a new class and a set of new function names, which are overloaded for each member of a class. For instance, the code below introduces the class Eq of all those types a which provide a function eq :: $a \to a \to Bool$. This is followed by instance declarations, which declare the class members and concrete implementations for the member functions.

```
class Eq a where eq ::  a → a → Bool
instance Eq Int where eq = eq_int
instance Eq a => Eq [a] where
```

```
eq [] [] = True
eq (a:as) (b:bs) = and [eq a b, eq as bs]
```

Observe we can instantiate classes not just by base types but also by type terms. For example, the above declaration for $[a]$ admits equality provided a does. This is achieved by the Haskell notation =>, which allows to add a list of type assumptions (here Eq a) for the new instance Eq $[a]$. Note that the last two eq expressions refer to two different instances of Eq, one for a and one for $[a]$.

We use the constructor classes of Gofer [7], which extend Haskell's type classes [12] and have been partly adopted in Haskell 1.3 [13]. The extension to constructor classes in Gofer [7, 13] allows n-ary type classes. Furthermore, these arguments may not just be types, but can be type constructors. Let $*$ be the kind of types [1]. Then, for instance, the type constructor [ ] (in mixfix notation) is of "kind" $* \to *$, as it maps types to types. The standard example is the binary container class, whose instances, lists and trees, are shown below.

```
class Container c a where member :: a → (c a) → Bool
instance Container List a where
  member e []  = False
  member e a:s = or [eq e a, member e s]
data Tree a  = Leaf a | Node (Tree a ) (Tree a )
instance Container Tree a where
  member e (Leaf a)   = eq e a
  member e (Node a b) = or [member e a, member e b]
```

The concept of monads has been introduced to programming for modeling state in functional languages [9] and for writing code which is easy to modify [17]. Programming with monads provides a compromise between imperative languages, where statements affect an implicit, global state, and stateless functional languages, where all information flow is — sometimes tediously — explicit. Monads also separate building computation (e.g. composing state transformers) and running a computation.

A monad is a type constructor m with some operations and laws. If a is a type, then $m\ a$ is the type of a larger object which "wraps" a, often a function type (e.g. a state transformer) as shown later. In monadic style, a function from a to b is assigned the type $a \to m\ b$. There are standard functions to work with monads, defined in the type class for monads, which builds upon the functor class:

```
class Functor m where
 map :: (a → b) → (m a → m b)
class Functor m => Monad m where
 result :: a → m a
 bind   :: m a → (a → m b) → m b
```

Function `result` inserts a value into the "empty" monad and `bind` applies a monadic function to a value of type `m a`. Note that we use the do-notation for `bind`, defined as `do { x <- m ; t} = m bind λx.t`. This notation extends canonically to sequences of bind applications. For the usual monad laws we refer to [17].

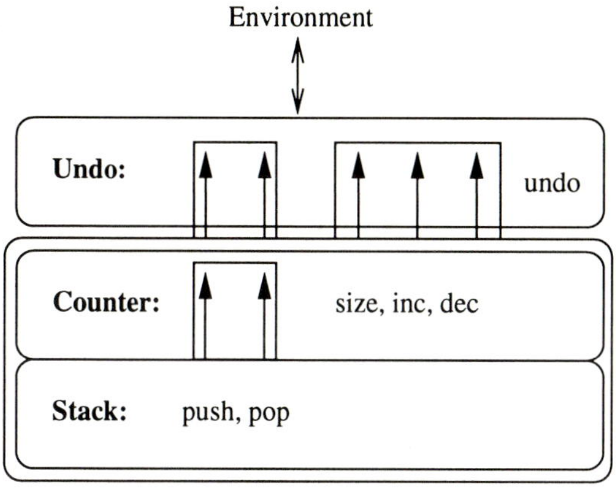

Fig. 1. Composing features (rounded boxes) by lifters (boxes with arrows)

3 The Stack Example

In the following, we show a small example modeling stacks with these features:

(Basic) Stack, providing push and pop operations on a stack implemented by a list.
Counter, which adds a local counter (used for the size of the stack).
Undo, adding an undo function, which restores the state as it was before the last access to the object.

The full implementation of the stack example contains six features which can be used modularly in many combinations. It includes variations of the counter and the undo function. We show in Figure 1 an example for feature composition with liftings. More combinations are shown in Section 6. In this example we first add the counter to the basic stack. For this new object to support the stack feature, we have to lift the functions push and pop, indicated by arrows in the box denoting the lifting. This gives, like inheritance, a new object with two features, consisting of the inner two boxes. Since there are interactions between the two features, we must provide individual lifters for push and pop. In this case, the lifter determines that the functions push and pop must, in addition, increment or decrement the counter. Otherwise, one can use the default ones for composing orthogonal, independent features. With the undo component, we proceed similarly. Note that the functions push and pop are lifted again to undo, now with the lifter from stack to undo.

To compose several features, liftings have to be more general: For any object having the set of features A, we can add feature b and lift the functions of each feature in A individually to the new context. Then we have an object which provides b as well. Using the structure of liftings, it is easy to model classical inheritance. Consider adding a feature b to an object with features A. To obtain a concrete subclass, one just has to merge the code of the feature a with all the lifters from $a \in A$ to b. Repeating this for all features, we can create a concrete class hierarchy for a particular object composed from some features. This amounts to the main difference to inheritance.

3.1 Programming Features

To give a first idea of how to program features, we show (some of) the code for the stack and the counter features. Our concepts are provided by Gofer functions [6] and type constructions. We use monadic state transformers modeling implicit state as in imperative languages, which is essential for the desired flexibility and modularity. Composing features is done by the type system of Gofer with type constructions and type classes. A type class declares certain functions for its member types. Observe that type classes do not correspond to classes in object-oriented programming, but determine if a type has some feature. Thus a type can be in several type classes, vaguely reminiscent of multiple inheritance (e.g. interfaces in Java [5]).

Feature interfaces are defined as monads with additional operations. These can be viewed as predicates over types which characterize the features. For instance, for the basic stack and counter features we define:

```
type St  =  Int    -- type of stack elements
class  Monad m => StackMonad m  where
  push     :: St  ->  m ()
  pop      :: m St
  is_empty :: m Bool

type Ct  =  Int   -- type of counter
class Monad m =>  CountMonad m  where
  size     ::  m Ct
  inc      ::  m ()
  dec      ::  m ()
```

This declares the two classes `StackMonad` and `CountMonad`, with their corresponding functions. It assumes that `m` is a monad.

In the feature implementations, the first type declaration for *StackT* declares that *StackT* is a state transformer, adding implicit state to the object of type *m*.[2] The second statement declares that *StackT* [*Int*] *m* is in the class *StackMonad* of stacks of integers.[3] Furthermore, we have to give implementations for the functions which the feature provides, here push and pop. Note that we write types, type constructors and type declarations in italics.

We use the do-notation for sequential computations in monads. Each statement in the do construct may compute a value and assign it to a local variable, e.g. `s <- get` assigns the result of `get` to `s`. The state associated with each feature can modified via the functions `put` and `get`. Note that these access functions always refer to the implicit state of the "current" feature.

```
  -- add implicit state of type s  to m (simplified here)
type StackT  s  m   =   StateTrans  s  m
```

[2] State transformers will be explained in detail later.

[3] Polymorphic stacks are possible via a binary class `StackMonad`, using the extra argument for the type of the stack. However, this leads to ambiguous types later.

```
instance StackMonad (StackT [Int] m) where
   push a   = do{ s <- get; put (a:s) }
   pop      = do{ s <- get; put (tail s); result (head s)}
   is_empty = do{ s <- get; result (s==[]) }
```

Next we show the counter feature, whose functions are also implemented via state transformers.

```
type CountT Int m  =  StateTrans Int m
instance CountMonad (CountT Int m) where
   size  = get
   inc   = do{ i <- get; put (i+1) }
   dec   = do{ i <- get; put (i-1) }
```

It remains to lift the functionality of stack to the context of a counter. The following instance declaration states that (*CountT Int m*) has the stack feature, under the preconditions (stated before the =>) that *m* has the stack feature, i.e. `StackMonad` *m*, and that (*CountT Int m*) is a `CountMonad`.

```
instance (StackMonad m, CountMonad (CountT Int m)) =>
       StackMonad (CountT Int m) where
   push a    =  do{ inc; lift (push a)}
   pop       =  do{ dec; lift pop}
```

The code for push first invokes the increment function of the counter and then calling `lift (push a)` the push function of the inner object ("superclass") of type *m*. Roughly speaking, `lift` corresponds to the function super as e.g. in Smalltalk and is, like `get` and `put`, shown later. Alternatively, if there is no interaction, one would just write pop = `lift` pop which could also be made a default (as implicit in object-oriented programming).

With the above code, an object of type *CountT Int* (*StackT* [*Int*] *m*) provides both features and behaves as expected. In general, liftings should preserve the functionality of the lifted features, i.e. an individual feature always behaves identically (if no others are used in between). For the standard lifting, this can be shown similar to [10].

4 A Class of Stateful Monads

We show in the following the underlying machinery for features which add state to some object. The basis of state monads is a type

```
type StateTrans s m a  =  s -> m(s, a)
```

which extends any monad *m* to a type of a state transformer for a state of type *s*. For the following general model, we generalize over this type and just assume the functions `closeS` and `openS`. These access the internal structure of state monads and are only used internally.

The ternary class StateMonadT $c\ s\ m$, where s is the type of the added state, m a monad and c an appropriate type constructor, declares that $(c\ s\ m)$ is a stateful monad with the following functions:[4]

```
class Monad m => StateMonadT c s m  where
 closeS ::(s → m(s, a)) → c s m a
 openS  ::c s m a → s → m(s, a)
 get    :: c s m s
 put    :: s → c s m ()
 lift   ::  m a → c s m a
```

The functions closeS and openS are sufficient to show that any state monad is a monad [15] This generic class of state monads generalizes the various stateful monads in [10].

With the above concepts, we can show in detail the definition of basic stack features. Only the following data type declaration is needed, as well as declaring it to be a stateful monad.

```
data StackT s m a = STM(StateTrans s m a)
instance StateMonadT StackT s m where
   closeS  x        = STM x
   openS (STM x)    = x
```

Similar declarations are needed for the counter feature. The instance declarations for *StackT* and *CountT* can be found in Section 3.1.

5 A Class of Error Monads

As for stateful monads, we can similarly define a generic monad which adds extra values to the computation. For instance, with the above definition of stacks, stack underflow results in a program error. Using error monads, we can cope nicely with such cases. In applications it is then possible to use stacks with or without error handling as needed.

The class of error monads supports open and close functions as for state monads, plus generic functions to inject and check errors (put_err, read_err), and the canonic lifting function lifterr:[5] For error monads, we use a sum type ErrT, such that *ErrT* adds error elements of type *e* to a monad *m*.

```
data Err e a    =  Data a | Error e
type ErrT e m a  =  m(Err e a)
class Monad m => ErrMonadT c s m where
 openE    :: c s m a → m(Err s a)
 closeE   :: m(Err s a) → c s m a
 put_err  :: s → c s m a
 read_err :: c s m a → c s m Bool
 lifterr  :: m a →  c s m a
```

[4] Their implementations are not shown for lack of space and can be found in [15].

[5] Due to the type system, the function cannot be overloaded to work under the same name as in stateful monads.

Showing that ErrMonadT $c\ s\ m$ is a monad is more complicated [15].

As an example, an error handler for stack underflow is written by lifting Stack over Err, using *Int* for error values. (Since we only use the base functions of ErrMonadT, we do not need to introduce an extra class and a type constructor for this.)

```
instance (StackMonad m , ErrMonadT ErrT Er m)=>
      StackMonad (ErrT Er m) where
   pop      = do{b <- is_empty; if b then (put_err 0)
                                      else (lifterr pop)}
   push a   =  lifterr (push a)
   is_empty =  lifterr is_empty
```

Lifting other, independent features is canonical:

```
instance (CountMonad m, ErrMonadT ErrT s m) =>
        CountMonad (ErrT s m)  where
   size = lifterr size
   inc  = lifterr inc
   dec  = lifterr dec
```

6 The Undo Feature: Multi-Feature Interaction

We continue the stack example by introducing the undo feature, which has interesting interactions with several other features. The problem is that the undo feature must access the local states of all (stateful) features the object already has. Since we work in a typed setting, we also need the type of all local states. Hence undo depends on several features. As we work with standardized monads, it is possible to add an auxiliary feature, which determines the state of an object and provides access to it. Thus undo can be added to any feature combination.

The additional class SMonad for stateful monads is declared via

```
class Monad m => SMonad s m where
  gets  :: m s
  puts  :: s → m s
```

This binary class declares that monad m has state s and provides access functions. Instances can be defined schematically for both classes of monads, e.g.:

```
instance (SMonad s0 m, StateMonadT c s m) =>
        SMonad (s,s0) (c s m) where
 gets       = do{s  <- lift gets; s' <- get; result (s',s) }
 puts (a,b) = do{s <- lift (puts b); put a }
```

This expresses that $c\ s\ m$ has state $(s, s0)$, if m has state $s0$. Now we can define the undo feature via SMonad as follows. Since there may be no saved state for undo, we use the data type *Option* below:

```
data Option a  =  Some a | None
data UndoT s m a  =  UTM(StateTrans s m a)
instance StateMonadT UndoT s m where
  closeS  x       = UTM x
  openS (UTM x) = x
class  Monad m => UndoMonad m  where undo :: m ()
instance SMonad s m => UndoMonad (UndoT (Option s) m) where
   undo  = do{  u <- get; case u of None     -> result ()
                                    Some u1 -> lift (puts u1)}
```

The other interesting point about undo is lifting of functions of other features. The advantage is that lifting proceeds via the following generic scheme, which first extracts the local state of the object, updates the saved state and then calls the lifted function, as shown below via the function `liftundo` and a lifting for the stack features:

```
liftundo f = do{local_s <- lift gets; put (Some local_s); lift f}
instance (SMonad s0 m,  StackMonad m ) =>
      StackMonad (UndoT (Option s0) m) where
  push a = liftundo (push a)
  pop    = liftundo pop
```

We show a few examples for objects (monad) below, which use the identity monad *Id* with no features as base monad.[6]

```
-- stack with counter + undo
test ::  (UndoT (Option (Ct, ([St],()))))
      (CountT Ct (StackT [St] Id))) [St]
test =  do{push 1; push 2; push 3; undo; p2 <- pop ; s <- size ;
           p1 <- pop; result [p1,p2,s]}  -- computes [1, 2, 1]
--  counter with undo
test1 :: (UndoT (Option (Ct, ()))) (CountT Ct Id)) St
test1 =  do{inc; inc; undo; size } -- computes 1
```

7 Conclusions

We have presented a model for feature-oriented programming in a purely functional language where features can be defined individually and are separated from interactions with other features. This is the main difference to other concepts of abstract subclasses or inheritance. Thus it is much more flexible and has a larger potential for reuse. We have shown that the architecture of monad compositions leads to a generalization of inheritance concepts, suitable for typical feature and interaction handling.

Note that we only construct one object from some set of features. Using several objects can be done by some model of object identifiers. This is however orthogonal to the feature model. Modeling a global object store with monads is possible, but the type

[6] Running the above state transformers requires extra machinery for injecting an initial state and for extracting the computed value.

system of Gofer cannot express all the needed construction nicely. For this extension, dependent types would be useful, as an object should have information about the type of its instance variables, which are maintained in a global store.

Acknowledgments. The author is grateful to W. Naraschewski and to M. Broy for discussions and to the latter for suggesting the undo example.

References

1. H. Barendregt. Introduction to generalized type systems. *Journal of Functional Programming*, 1(2):125–154, April 1991.
2. Gilad Bracha and William Cook. Mixin-based inheritance. *ACM SIGPLAN Notices*, 25(10):303–311, October 1990. *OOPSLA ECOOP '90 Proceedings*, N. Meyrowitz (editor).
3. K. E. Cheng and T. Ohta, editors. *Feature Interactions in Telecommunications III.* IOS Press, Tokyo, Japan, Oct 1995.
4. D. Espinosa. *Semantic Lego.* PhD thesis, Columbia University, 1995.
5. James Gosling, Bill Joy, and Guy Steele. *The Java Language Specification.* Addison-Wesley, September 1996.
6. Mark P. Jones. Introduction to Gofer 2.20. Technical report, Yale University, September 1991.
7. Mark P. Jones. A system of constructor classes: overloading and implicit higher-order polymorphism. *Journal of Functional Programming*, 5(1), January 1995.
8. Mark P. Jones and Luc Duponcheel. Composing monads. Technical Report RR-1004, Yale University, December 1993.
9. S. L. Peyton Jones and P. Wadler. Imperative functional programming. In *Proceedings of the Twentieth Annual ACM Symposium on Principles of Programming Languages, Charleston, South Carolina*, pages 71–84, January 1993.
10. S. Liang, P. Hudak, and M. Jones. Monad transformers and modular interpreters. In *22nd ACM Symposium on Principles of Programming Languages*, San Francisco, California, 1995.
11. E. Moggi. Notions of computation and monads. *Information and Computation*, 93(1), 1991.
12. T. Nipkow and C. Prehofer. Type reconstruction for type classes. *J. Functional Programming*, 5(2):201–224, 1995. Short version appeared in POPL '93.
13. J. Peterson[editor], K. Hammond[editor], L. Augustsson, B. Boutel, W. Burton, J. Fasel, A. Gordon, J. Hughes, P. Hudak, T. Johnsson, M. Jones, S. Peyton Jones, A. Reid, and P. Wadler. Haskell 1.3, A non-strict, purely functional language. Report YALEU / DCS / RR-1106, Department of Computer Science, Yale University, May 1996.
14. Christian Prehofer. Feature-oriented programming: A fresh look at objects. In *ECOOP '97*, 1997. To appear in Springer-LNCS.
15. Christian Prehofer. From inheritance to feature interaction or composing monads. Technical report, TU München, 1997. TUM-I9715.
16. Christian Prehofer. An object-oriented approach to feature interaction. In *Fourth IEEE Workshop on Feature Interactions in Telecommunications networks and distributed systems*, 1997. to appear.
17. P. Wadler. Monads and functional programming. In M. Broy, editor, *Proceedings of the 1992 Marktoberdorf international summer school on program design calculi.* Springer Verlag, 1993.
18. P. Zave. Feature interactions and formal specifications in telecommunications. *IEEE Computer*, XXVI(8), August 1993.

Benefits of Hypergraphs for Program Transformation

Andrea Mößle[1]
Universität Ulm, Fakultät für Informatik, 89069 Ulm, Germany
E-mail: andrea@bach.informatik.uni-ulm.de

Heiko Vogler
TU Dresden, Fakultät Informatik, 01062 Dresden, Germany
E-mail: vogler@inf.tu-dresden.de

Abstract. Tupling is a transformation tactic which introduces new functions with the property that redundant function calls and multiple traversals of the input tree are avoided. In the area of functional programming the tupling technique is often based on the unfold/fold technique of [1]. For this reason, most of the different techniques require the intervention of the programmer. We present how easily and obviously tupling can be realized *fully automatically* in the framework of hypergraphs.

1 Introduction

In the area of functional languages, hypergraphs (for hypergraphs see, e.g., [4]) and hypergraph rewriting enable an efficient implementation technique by their ability to represent subterms once and refer to them multiply by pointers (see, e.g., [14]). It is also known (cf., e.g., [5]) that during the computation of a result equal function calls can arise which can be eliminated by execution of so called folding steps after each application of a rule, i.e., during runtime. Our intention is to transform the rules of a given hypergraph rewriting system *before runtime* and avoid the creation of some of these equal function calls. Therefor we use tupling, a transformation tactic which allows to introduce new functions without redundant function calls and multiple traversals of the input tree. We realize tupling by a semantic-preserving, confluent, and noetherian transformation relation on so called constructor-based hypergraph rewriting systems with the free term algebra as semantic domain. Our tupling tactic is fully automatic, efficiency improving, and, in contrast to the versions in term rewriting (cf., e.g., [1, 13, 2]), quite easy.

Most of the tupling strategies in the area of functional programming are based on the famous fold/unfold system of [1] with the following rules:

Definition rule A new rule is introduced (in general by eureka) such that its left-hand side is not an instance of a left-hand side of another rule.

Instantiation rule A rule is derived from a previous one by instantiating the left-hand side and the right-hand side.

Unfolding rule In the right-hand side of a rule, there occurs a function call which is an instance of a left-hand side of a rule. This function call is replaced by the corresponding instantiation of the right-hand side.

---

[1] The work of this author was supported by the Deutsche Forschungsgemeinschaft (DFG).

Folding rule In the right-hand side of a rule, there occurs a function call which is an instance of a right-hand side of a rule. This function call is replaced by the corresponding instantiation of the left-hand side.

Abstraction rule Occurrences of subexpressions $e_1, \ldots, e_n$ in an expression e of the right-hand side of a rule are abstracted in a *where*-clause, such that the subexpressions are replaced by new variables in the right-hand side and the association of the variables to subexpressions is maintained in the where-clause.

Consider the simultaneous recursive definition of the Fibonacci function in Fig. 1 where $\gamma(x)$ denotes the successor of x. Let us recall how this function

1. $fib(0) \rightarrow \gamma(0)$	3. $h(0) \rightarrow 0$
2. $fib(\gamma(x)) \rightarrow fib(x) + h(x)$	4. $h(\gamma(x)) \rightarrow fib(x)$

Fig. 1. Rules for the Fibonacci function.

definition is transformed by using the rules above.

5. $g(x)$	$\rightarrow \langle fib(x), h(x)\rangle$	definition (eureka!)
6. $g(0)$	$\rightarrow \langle fib(0), h(0)\rangle$	instantiation
	$\rightarrow \langle \gamma(0), 0\rangle$	unfold with 1. and 3.
7. $g(\gamma(x))$	$\rightarrow \langle fib(\gamma(x)), h(\gamma(x))\rangle$	instantiate 5.
	$\rightarrow \langle fib(x) + h(x), fib(x)\rangle$	unfold with 2. and 4.
	$\rightarrow \langle u+v, u\rangle$ **where** $\langle u, v\rangle = \langle fib(x), h(x)\rangle$	abstract
	$\rightarrow \langle u+v, u\rangle$ **where** $\langle u, v\rangle = g(x)$	fold with 5.
8. $fib(\gamma(x))$	$\rightarrow u+v$ **where** $\langle u, v\rangle = \langle fib(x), h(x)\rangle$	abstract 2.
	$\rightarrow u+v$ **where** $\langle u, v\rangle = g(x)$	fold with 5.

The new version of the Fibonacci function is given by the rules 1., 8., 6., and 7.

Note that the automatic tupling technique defined by Chin (cf., e.g., [2]) works roughly in the same way as described above. For the definition step he considers the dependency graphs to fix the functions to be tupled. But also note that the introduction of a new syntactic construct, the where-clause, was necessary which requires a special semantic treatment. A pure rewriting definition with an implementation on a runtime stack machine with one runtime stack and without heap is not able to deal with where-clauses. The version we defined in [9] avoids the introduction of where-clauses and hence, is similar to the tupling we present in this paper. The difference is that there, a restricted class of term rewriting systems was considered and that the transformation was realized in the framework of terms instead of hypergraphs. Also the method in [9] was not easy to perform.

We show by the example above how easy hypergraph tupling realizes the transformation. First, we translate the given rules in hypergraph rewriting rules (confer Fig. 2). Hereby, equal function calls would be directly represented once. Then, we apply the tupling relation as often as possible (here: two times). This relation works roughly as follows: a hypergraph rule is determined which has function calls in its right-hand side with equal argument lists, i.e., the source nodes of the edges are identical. In our example the *fib*-rule with argument γ fulfills this condition for the edges labeled by *fib* and *h*. For the new rule for *fib*, these function calls are tupled together by creating a new edge which is labeled by the tuple function (fib, h) with two target nodes, see Fig. 3 (left). For the tuple

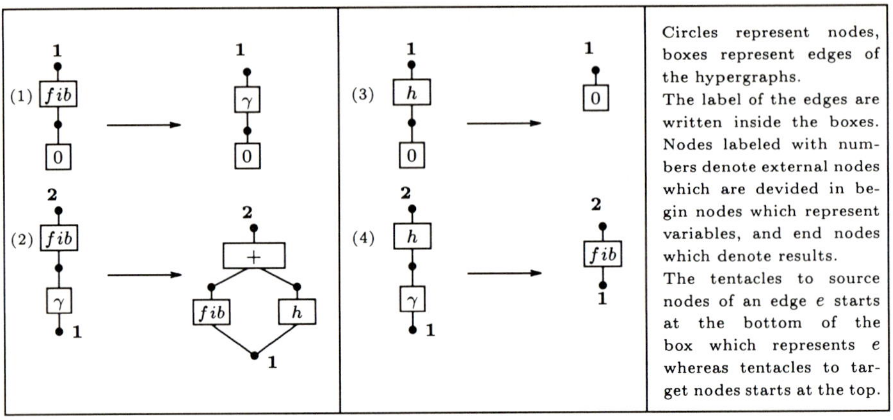

Fig. 2. Fibonacci function as hypergraph rewriting system.

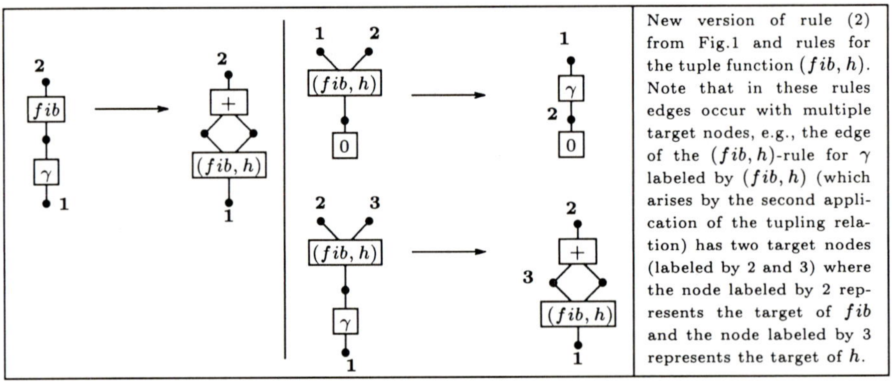

Fig. 3. Efficient version of the Fibonacci function as hypergraph rewriting system.

function and each possible argument, new rules have to be created. The right-hand side of such a rule is built by taking the right-hand sides of fib and h in their *term* version and translating them into one hypergraph. The benefit to take the terms for the creation of the rules is clear: equal function calls are automatically represented once. The new rules for the tuple function (fib, h) after a further transformation step are shown in Fig. 3. Therewith the transformation is finished and with the hypergraph rewriting rules (1), (3), (4) in Fig. 2 and the rules in Fig. 3 the Fibonacci numbers are computed in linear time. (The rules (3) and (4) are necessary because of semantics-preserving reasons.) Note that we have given a very easy example to present our tupling transformation relation, but nevertheless, our tupling relation is able to deal with systems of function definitions where the functions have arbitrary ranks and nested function calls can occur in the right-hand sides of the rules.

Although the tupling relation is quite easy, for the provability of the properties mentioned above a lot of theoretical background would be necessary which is only sketched in this paper.

We need some notations for the rest of this paper.

The *set of strings* over an arbitrary set A is denoted by A^*. For a string w, $lg(w)$ denotes its length. The symbol $\cdot$ is used for string concatenation. For a binary relation $\Rightarrow$ on an arbitrary set S and for every $n \geq 0$, $\Rightarrow^n$ denotes the n-fold composition of $\Rightarrow$ and $\Rightarrow^*$ denotes the reflexive, transitive closure of $\Rightarrow$. We say that $\Rightarrow$ is *confluent* if, for every $s, s_1, s_2 \in S$ such that $s \Rightarrow^* s_1$ and $s \Rightarrow^* s_2$, then there is an $s' \in S$ such that $s_1 \Rightarrow^* s'$ and *noetherian* if there are no infinite sequences of the form $s_1 \Rightarrow s_2 \Rightarrow \ldots$.

We fix the set $Var = \{x_i \mid i \in N\}$ of *variables* and require that, if $i \neq j$, then $x_i \neq x_j$.

2 Terms and term rewriting

A *ranked alphabet* Γ is a finite set such that to every symbol $\gamma \in \Gamma$ a non-negative integer, denoted by $rank_\Gamma(\gamma)$, is associated. If γ has rank n, then we indicate this as $\gamma^{(n)}$. We abbreviate $\{\gamma \mid \gamma \in \Gamma \text{ and } rank_\Gamma(\gamma) = n\}$ by $\Gamma^{(n)}$.

Let S be an arbitrary set. The *set of terms over Γ indexed by S*, denoted by $T\langle\Gamma\rangle(S)$, is the smallest set T such that (i) for every $s \in S \cup \Gamma^{(0)}$, $s \in T$ and (ii) for every $\gamma \in \Gamma^{(k)}$ with $k > 0$ and $t_1, \ldots, t_k \in T$, $\gamma(t_1, \ldots, t_k) \in T$. The set $T\langle\Gamma\rangle(\emptyset)$ is abbreviated by $T\langle\Gamma\rangle$. For *paths through* t, we use the Dewey-Notation, i.e., ε denotes the root of t, 1 denotes the first successor of t and so on. The *set of paths* through t is denoted by $path(t)$. For $w \in path(t)$, we denote the *subterm of t at w* by $sub(t, w)$. The *set of variables* which occur in t, is denoted by $Var(t)$. A mapping $\varphi : Var \to T\langle\Gamma\rangle(Var)$, where the set $\{x \mid \varphi(x) \neq x, x \in Var\}$ is finite, is called *Γ-substitution*. The *extension of φ* is the mapping $\tilde{\varphi} : T\langle\Gamma\rangle(Var) \to T\langle\Gamma\rangle(Var)$ defined in the usual way and is in the following also denoted by φ.

Let w be a path trough a term t. For a term s, $t[w \leftarrow s]$ abbreviates the term t in which the subterm at w is replaced by s. Two terms $s, t \in T\langle\Gamma\rangle(Var)$ are *unifiable*, if there exists a Γ-substitution φ such that $\varphi(s) = \varphi(t)$.

We deal with a kind of term rewriting systems (for term rewriting systems see, e.g., [8]), called constructor-based term rewriting systems.

Definition 2.1 A *constructor-based term rewriting system* (for short: *cbtrs*) is a triple $\mathcal{T} = (FS, \Delta, R)$ where FS and Δ are ranked alphabets of *function symbols* and *constructors*, respectively, such that $FS \cap \Delta = \emptyset$. R is a finite set of rules $f(p(x_1, \ldots, x_k), x_{k+1}, \ldots, x_{k+n}) \to r$ where $f \in FS^{(n+1)}$ with $n \geq 0$, $p \in \Delta^{(k)}$ with $k \geq 0$, and $r \in T\langle FS \cup \Delta\rangle(\{x_1, \ldots, x_{k+n}\})$. Additionally, for every rules $l_1 \to r_1$ and $l_2 \to r_2$ hold: if l_1 and l_2 are unifiable, then $l_1 = l_2$ and $r_1 = r_2$. $\square$

Note that we do not lose generality, because there exist pattern matching translation techniques (cf., e.g., [15]) which are able to convert functions with arbitrary constructor patterns to equivalent functions with the form of the left-hand sides defined above. In a straight-forward way cbtrs can be expanded to typed function systems and therewith the developped results can be generalized to arbitrary functional languages.

To define the semantics of a cbtrs we define the associated derivation relation. Let $\mathcal{T} = (FS, \Delta, R)$ be an arbitrary but fixed cbtrs for the rest of this paper.

Definition 2.2 The *call-by-value derivation relation induced by* $\mathcal{T}$, denoted by $\Rightarrow_{\mathcal{T}}$, is the smallest binary relation on $T\langle FS \cup \Delta\rangle$ such that, for every $\xi_1, \xi_2 \in T\langle FS \cup \Delta\rangle$, $\xi_1 \Rightarrow_{\mathcal{T}} \xi_2$ iff there is a $w \in path(\xi_1)$, there is a rule $l \to r$ in R, and there is a Δ-substitution φ with $\varphi(l) = sub(\xi_1, w)$, and $\xi_2 = \xi_1[w \leftarrow \varphi(r)]$. □

Since according to [7] no critical pairs exist, the relation $\Rightarrow_{\mathcal{T}}$ is confluent. Note that $\Rightarrow_{\mathcal{T}}$ is not noetherian for arbitrary cbtrss.

Definition 2.3 The *call-by-value term function* computed by $\mathcal{T}$ is the partial function $\tau_{cbv}(\mathcal{T}) : T\langle FS \cup \Delta\rangle \to T\langle FS \cup \Delta\rangle$ defined as follows: for every $\psi \in T\langle FS \cup \Delta\rangle$ if there exists a $\xi \in T\langle FS \cup \Delta\rangle$ such that $\psi \Rightarrow_{\mathcal{T}}^* \xi$ and ξ is irreducible, then $\xi = \tau_{cbv}(\mathcal{T})(\psi)$. $\mathcal{T}$ is *total*, if $\xi \in T\langle\Delta\rangle$. □

3 Hypergraphs and hypergraph rewriting

To introduce constructor-based hypergraph rewriting systems we need some notions concerning hypergraphs as, e.g., considered in [4]. However, we change them appropriately. We consider a kind of directed edge-labeled hypergraphs, called *parjungles*, where every edge is labeled by a function symbol, a constructor, or a tuple of equal ranked but different function symbols. The ranked alphabet of these function tuples is denoted by $tup(FS)$.

Definition 3.1 A *parjungle* over FS and Δ is a tuple $G = (V_G, E_G, lab_G, src_G, tar_G, beg_G, end_G)$ where V_G is the finite set of *nodes*, E_G is the finite set of *edges*, $lab_G : E_G \to FS \cup \Delta \cup tup(FS)$ is the *edge labeling function*, $src_G, tar_G : E_G \to V^*$ are mappings, assigning a string of *source nodes* and pairwisely different *target nodes*, respectively, to each hyperedge, and $beg_G, end_G \in V^*$ are strings of *begin nodes* and *end nodes*, respectively. Additionally it holds that: For every $e \in E_G$ with $lab_G(e) \in (FS \cup \Delta)^{(r)}$: $lg(src_G(e)) = r$ and $lg(tar_G(e)) = 1$. For every $e \in E_G$ with $lab_G(e) = (f_1, \ldots, f_m) \in tup(FS)^{(n)}$: $lg(src_G(e)) = n$ and $lg(tar_G(e)) = m$. The string beg_G contains only different nodes and no node in beg_G occurs in the target string of any edge. For every node $v \in V_G$ which is not in beg_G, there is exactly one $e \in E$ such that v occurs in $tar_G(e)$. If $lg(begin) = n$ and $lg(end) = m$ for some $n, m \geq 0$, then $type(G) = (n, m)$ and we denote the set of *parjungles over FS and Δ* with this type by (n,m)-$PARJ(FS \cup \Delta)$. □

Every begin node is considered as a kind of variable and for this reason, we require the additional conditions for these nodes. Note that, in contrast to all other contributions to term graph rewriting (i.e., graph rewriting which is very close to term rewriting cf., e.g., [6]) we have found, we allow that the target strings have lengths greater than 1. We will later concentrate on this point.

The string $begin \cdot end$ is also denoted by ext, and nodes in ext are called *external nodes*. A *path through G from node v to node w* is a string of nodes $v_0 v_1 \ldots v_k$ such that $v_0 = v$, $v_k = w$, and for every $1 \leq j \leq k$, v_{j-1} is in the source node string of an edge e and v_j is in the target node string of e. G is *acyclic* if no path of G contains a node twice. We deal only with acyclic parjungles.

We use a unique graphical representation for parjungles throughout this paper which was described in the introduction in Figure 2.

A morphism between two parjungles G and H is a pair of functions (f_E, f_V) between their edges and nodes which are label-preserving and compatible with the source and target mappings. An isomorphism between G and H, denoted by $G \simeq H$, is a morphism (f_E, f_V) where $f_V(beg_G) = beg_H$ and $f_V(end_G) = end_H$.

As usual, in order to avoid technicalities, we deal with concrete parjungles taking isomorphic copies whenever necessary.

Definition 3.2 A *constructor-based hypergraph rewriting system* (which is abbreviated by *cbhrs*) is a tuple $\mathcal{H} = (FS, \Delta, R)$ such that:

- FS is the ranked alphabet of functions.
- Δ is the ranked alphabet of constructors such that $FS \cap \Delta = \emptyset$.
- R is a finite set of rules of the form $g \to h$ where $g, h \in (n,m)$-$PARJ(FS \cup \Delta)$ for some $m, n \geq 0$. Furthermore the following conditions hold:
  1. The parjungle g has exactly two edges $\{e_1, e_2\}$ and the form of g is pictured at the right. Hereby $lab_g(e_1) = f$ with either $f \in FS^{(n+1)}$ and $n \geq 0$ (and $r = 1$) or $f = (f_1, \ldots, f_m) \in tup(FS)^{(n+1)}$ with $n \geq 0$ and $m > 1$; $lab_g(e_2) = \delta$ with $\delta \in \Delta^{(k)}$ for some $k \geq 0$. The begin node string of g is the string of the nodes labeled by number 1 to $k+n$.

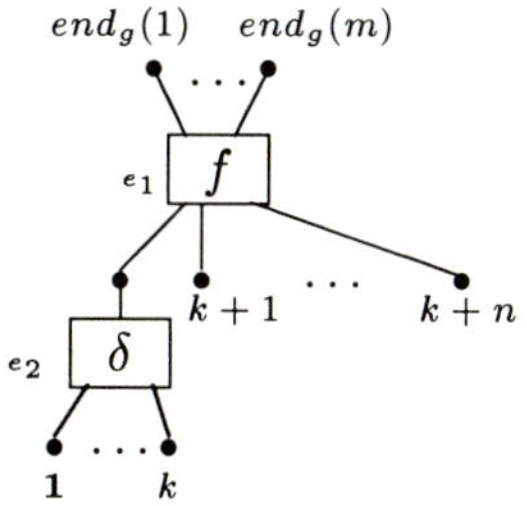

  2. For every rules $g \to h$ and $g' \to h'$, if $g \simeq g'$, then $g = g'$ and $h = h'$. □

Since g and h are of the same type, a condition corresponding to the condition $Var(r) \subseteq Var(l)$ in cbtrss is not necessary for cbhrss.

Example 3.3 $\mathcal{H}_1 = (FS, \Delta, R)$ is a cbhrs where $FS = \{p^{(3)}\}$, $\Delta = \{\sigma^{(3)}, \delta^{(2)}\}$ and R contains the following rule:

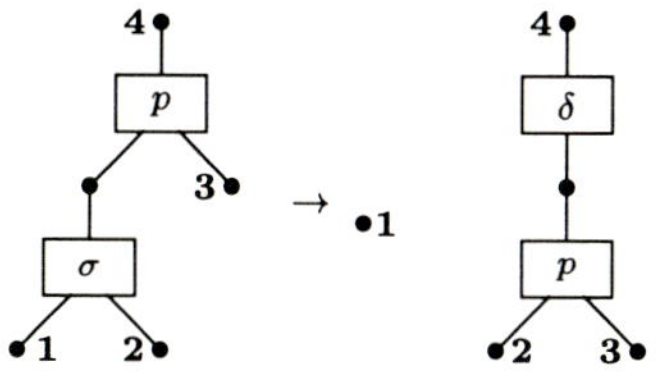

Hereby the nodes indicated by 1, 2, and 3 denote the begin nodes, and the node indicated by 4 denotes the end node. Let h denote the right-hand side of this rule. □

A parjungle G' is a *subparjungle of* G, if $V_{G'} \subseteq V_G$, $E_{G'} \subseteq E_G$, $lab_{G'} = lab_G|_{E_{G'}}$[2], $src_{G'} = src_G|_{E_{G'}}$, and $tar_{G'} = tar_G|_{E_{G'}}$. We define the semantics of cbhrss by generalizing the concept of hyperedge replacement to a kind of hypergraph replacement which uses hyperedge replacement. Because of lack of space this hypergraph replacement is only given informally. The substitution of a subparjungle G_s by another parjungle G' is realized in two steps: first, we reduce G_s to one new edge which is labeled by a special symbol #; the source nodes of # are identified with the begin nodes of G_s, the target nodes are identified with the end nodes of G_s. Second, we extend this new edge by applying the usual edge replacement to it.

---

[2] Hereby $f|_A$ denotes the restriction of a mapping f to the subset A of its domain.

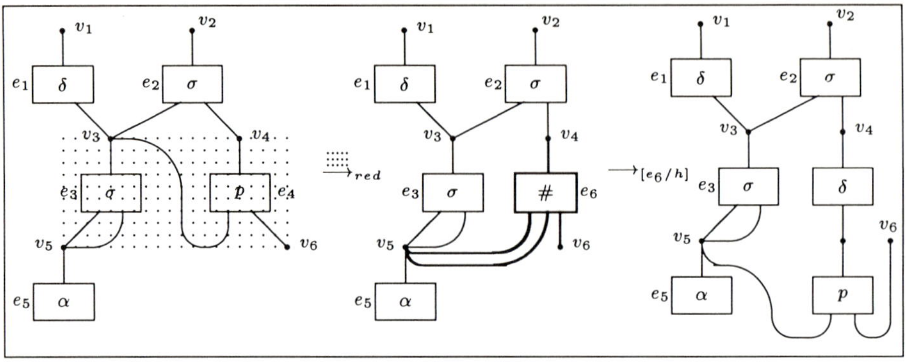

Fig. 4. Reducing $G_1 \xrightarrow{g}_{red} G_1'$ and edge replacement $G_1'[e_6/h]$.

Consider Fig. 4: on the left-hand side there is a parjungle G_1 and the dotted area denotes the embedded right-hand side g from the rule given in Example 3.3. G_1 reduces to G_1' (shown in the middle of this figure); the edge e_6 is called *reduction edge* to which the usual edge replacement (cf. [4]) can be applied. In Fig. 4 the middle and the right hypergraphs show an example of the edge replacement of the reduction edge e_6 by the parjungle h given in Example 3.3.

Definition 3.4 Let $\mathcal{H}$ be a cbhrs. The *call-by-value derivation relation induced by* $\mathcal{H}$, denoted by $\Rightarrow_{\mathcal{H}}$, is the smallest binary relation on $PARJ(FS \cup \Delta)$ such that, for every parjungles G and G', $G \Rightarrow_{\mathcal{H}} G'$ if the following conditions hold:

- There is a rule $g \to h$ in $\mathcal{H}$.
- There is a morphism $emb = (emb_E, emb_V)$ (called *embedding*) from g to G and an edge $e_{sub} \in E_G$ such that $emb_V(end_g) = tar(e_{sub})$ and there exists no path from an arbitrary node in G to a source node in the embedded subparjungle g which is the target node of an edge labeled by a function symbol (call-by-value property).
- There is a parjungle $\hat{G}$ such that $G \xrightarrow{g}_{red} \hat{G}$ with reduction edge e_r.
- $G' = \hat{G}[e_r/h]$. □

For the cbhrs $\mathcal{H}$ of Example 3.3, Fig. 4 shows a derivation step.

According to [12], no critical pairs exist and hence, $\Rightarrow_{\mathcal{H}}$ is confluent.

Definition 3.5 Let $\mathcal{H} = (FS, \Delta, R)$ be a cbhrs. The *call-by-value parjungle function* computed by $\mathcal{H}$ is the partial function $\tau_{cbv}(\mathcal{H}) : (0,1)\text{-}PARJ(FS \cup \Delta) \to (0,1)\text{-}PARJ(FS \cup \Delta)$ such that for every $G, G' \in (0,1)\text{-}PARJ(FS \cup \Delta)$, if $G {\Rightarrow_{\mathcal{H}}}^* G'$ and G' is irreducible with respect to $\Rightarrow_{\mathcal{H}}$, then $\tau_{cbv}(\mathcal{H})(G) = G'$. □

4 The parjungle rewriting semantics of cbtrss

In this section we show how to use cbhrss to define the semantics of cbtrss. Therefore we need two mappings *term*[3] and *graph* which are able to associate a parjungle to a term and vice versa.

[3] The definition of *term* is a generalization of the common definition as used e.g. in [3].

Let g be a parjungle. (i) The interpretation of an edge e of g labeled by γ of rank n (with $n \geq 0$) with a single target node is clear, the corresponding term is $\gamma(t_1, \ldots, t_n)$ where the t_i's are the terms represented by subparjungles g_i of g. (ii) An edge e' labeled by a function tuple $(f_1, \ldots, f_m)$ of rank n has m $(m > 0)$ target nodes. By definition, each function f_i has the same rank. Consequently, we interpret e' as abbreviation of a list of terms $f_1(t_1, \ldots, t_n), \ldots, f_m(t_1, \ldots, t_n)$ and consider the target nodes of e' as projections to the elements of the list. (iii) Begin nodes are interpreted as variables such that if v is the i-th node in beg_g for some i, then v represents the variable x_i. For example, for G_1 of Fig. 4 (left) where $end_{G_1} = v_2$, it holds that $term(G_1) = \sigma(\sigma(\alpha, \alpha), p(\sigma(\alpha, \alpha), x_1))$.

Note that for a term t there may be different parjungles which all represent t. They are (apart from isomorphic copies) different in the degree of sharing, i.e., in the number each subterm is represented. For our function *graph*, we concentrate on the representation with maximal sharing by considering the subterms of a term to construct the corresponding parjungle. Since we have to represent also single variables we index the function with the number of necessary variables.

Definition 4.1 The *cbhrs* associated with $\mathcal{T}$, denoted by $hg(\mathcal{T})$, is the tuple $(FS, \Delta, hg(R))$ where $graph_n(l) \to graph_n(r)$ is in $hg(R)$ iff $l \to r$ is in R and n is the number of variables occurring in l. □

Note that for every edge e in a parjungle of a left-hand side or a right-hand side of a rule in $hg(R)$ it holds that $lg(tar(e)) = 1$. The possibility of parjungles to have more than one target is used for the tupling relation.

For the cbtrs $\mathcal{T}_1 = (\{p^{(2)}\}, \{\sigma^{(2)}, \delta^{(1)}\}, \{p(\sigma(x_1, x_2), x_3) \to \delta(p(x_2, x_3))\})$, Example 3.3 shows the cbhrs $hg(\mathcal{T}_1)$ associated with $\mathcal{T}_1$.

Definition 4.2 A cbtrs $\mathcal{T}$ and a hgrs $\mathcal{H}$ are called *semantically equivalent*, if $\Delta_{\mathcal{H}} = \Delta_{\mathcal{T}}$ and for every $f \in FS_{\mathcal{T}}^{(n)} \cap FS_{\mathcal{H}}^{(n)}$ with $n > 0$ and $t_1, \ldots, t_n \in T\langle \Delta_{\mathcal{T}} \rangle$, it holds that $\tau_{cbv}(\mathcal{T})(f(t_1, \ldots, t_n)) = term(\tau_{cbv}(\mathcal{H})(graph_0(f(t_1, \ldots, t_n))))$. □

Now we can formulate the following theorem.

Theorem 4.3 *It holds that $\mathcal{T}$ and $hg(\mathcal{T})$ are semantically equivalent.*

This means that one can either take $\mathcal{T}$ and compute the call-by-value term function or take $hg(\mathcal{T})$, compute the call-by-value parjungle function and apply the function *term* to the result.

Now we define tupling in the area of hypergraphs. As we will see, it suffices to define just one relation instead of many rules. The tupling relation is defined with respect to a cbtrs to be able to define the new tuple rules efficient. Let $\mathcal{T}$ be a total cbtrs in the sequel.

Definition 4.4 The *hypergraph tupling relation w.r.t. $\mathcal{T}$*, denoted by $\vdash_{hgtuple,\mathcal{T}}$, on cbhrss is defined as follows: let $\mathcal{H}$ and $\mathcal{H}'$ be two cbhrss. Then $\mathcal{H} \vdash_{hgtuple,\mathcal{T}} \mathcal{H}'$, if the following conditions hold:

1. $\mathcal{T}$ and $\mathcal{H}$ are semantically equivalent.
2. There is a rule $g \to h$ in $R_{\mathcal{H}}$ such that, for some $m > 0$, h contains edges $e_1, \ldots, e_m$ with $lab_h(e_1) = f_1 \in FS^{(n)}$, …, $lab_h(e_m) = f_m \in FS^{(n)}$ with

$n \geq 0$ and $src_h(e_1) = \ldots = src_h(e_m)$. Furthermore, there is no other edge $e \in E_h - \{e_1, \ldots, e_m\}$ for which this condition holds.

3. $\mathcal{H}' = (FS_{\mathcal{H}'}, \Delta, R_{\mathcal{H}'})$ where $FS_{\mathcal{H}'} = FS_{\mathcal{H}} \cup \{(f_1, \ldots, f_m)^{(n)}\}$ and $R_{\mathcal{H}'}$ is defined as follows: Instead of the rule $g \to h$, the rule $g \to h'$ is in $R_{\mathcal{H}'}$ where $h' = (V_h, E_{h'}, lab_{h'}, src_h|_{E_{h'}}, tar_{h'}, beg_h, end_h)$ and $E_{h'} = E_h - \{e_2, \ldots, e_m\}$. Only the labeling of edge e_1 is changed such that $lab_{h'}(e_1) = (f_1, \ldots, f_m)$, for for every $e \in E_{h'} - \{e_1\}$, $lab_{h'}(e) = lab_h(e)$; for every $e \in E_{h'} - \{e_1\}$, $tar_{h'}(e) = tar_h(e)$ and $tar_{h'}(e_1) = tar_h(e_1) \cdot \ldots \cdot tar_h(e_m)$.
If $(f_1, \ldots, f_m) \notin FS_{\mathcal{H}}$, then new rules are in $R_{\mathcal{H}'}$:
Let $\Delta = \{\sigma_1, \ldots, \sigma_r\}$ and for every $i, j \geq 1$ with $j \leq r$ and $i \leq m$, let $f_i(\sigma_j(x_1, \ldots, x_{k_j}), x_{k_j+1}, \ldots, x_{k_j+n}) \to r_{i,j}$ are rules in R. Then, for every $1 \leq j \leq r$, the rule $g_j \to h_j$ is in $R_{\mathcal{H}'}$ where g_j is the parjungle with the form defined in Definition 3.2 with $lab_{g_j}(e_1) = (f_1, \ldots, f_m)$ and $lab_{g_j}(e_2) = \sigma_j$, and $h_j = graph_{k_j+n}(r_{1,j}, \ldots, r_{m,j})$. □

Note that condition 1. is not easy to fulfill, because it may be undecidable. But we use $\vdash_{hgtuple,\mathcal{T}}$ in a context where the condition automatically holds (cf. Theorem 4.6). Condition 2. fixes that $\vdash_{hgtuple,\mathcal{T}}$ is applicable, if there exists in the right-hand side of a rule some edges labeled by function symbols with the same source node string. For $\mathcal{H}'$ these edges are concluded into one edge labeled by a tuple function. The construction of the rules for this tuple function is performed with the help of the rules of $\mathcal{T}$.

An example of the application of $\vdash_{hgtuple,\mathcal{T}}$ was shown in the introduction. Hereby the rules of $\mathcal{T}$ and $hg(\mathcal{T})$ are shown in Fig. 1 and Fig. 2, respectively. The cbhrs $\mathcal{H}''$ with the rules (1), (3), (4) from Fig. 2 and the rules in Fig. 3 is the result of $hg(\mathcal{T}) \vdash_{hgtuple,\mathcal{T}} \mathcal{H}' \vdash_{hgtuple,\mathcal{T}} \mathcal{H}''$. Remember that the Fibonacci function was only a very simple example for the hypergraph tupling relation.

For the proofs of the following results we refer the interested reader to [10] (term rewriting case) and [11].

Lemma 4.5 *Let $\mathcal{H}, \mathcal{H}'$ be cbhrss such that $\mathcal{H} \vdash_{hgtuple,\mathcal{T}} \mathcal{H}'$. It holds that $\mathcal{T}$ and $\mathcal{H}'$ are semantically equivalent and $\vdash_{hgtuple,\mathcal{T}}$ is confluent and noetherian.*

Hence, for every cbhrs $hg(\mathcal{T})$, there is a unique irreducible form (*normal form*) with respect to $\vdash_{hgtuple,\mathcal{T}}$ denoted by $nf(hg(\mathcal{T}), \vdash_{hgtuple,\mathcal{T}})$. About the efficiency of this normal form we can state the following result:

Theorem 4.6 *Let $\mathcal{H} = nf(hg(\mathcal{T}), \vdash_{hgtuple,\mathcal{T}})$. For every $t \in T\langle FS \cup \Delta \rangle$, it holds that, if $t = t_1 \Rightarrow_{\mathcal{T}} t_2 \Rightarrow_{\mathcal{T}} \ldots \Rightarrow_{\mathcal{T}} t_L$ and t_L is irreducible, then $graph_0(t) = g_1 \Rightarrow_{\mathcal{H}} g_2 \Rightarrow_{\mathcal{H}} \ldots \Rightarrow_{\mathcal{H}} g_N$ and $term(g_N) = t_L$ and $N \leq L$. If $hg(\mathcal{T}) \neq \mathcal{H}$, then there are infinite many t such that even $N < L$ holds.* □

Altogether, the transformation strategy is to associate to a cbtrs $\mathcal{T}$ the cbhrs $\mathcal{H}$. Then, $\vdash_{hgtuple,\mathcal{T}}$ is applied as often as possible. Hereby **no eureka** steps are necessary. The transformation works fully automatic and is provable semantic-preserving (and, of course, terminating). In the example of the Fibonacci function exponential time in the term rewriting case is decreased to linear time in the hypergraph rewriting case.

5 Conclusion

We have defined a transformation relation called hypergraph tupling which is able to avoid multiple traversals of input trees and redundant computations. In contrast to the versions which are based on functional programs, the transformation process is quite easy and provable correct. To reach this target, the possibilities of hypergraphs were used. This was only one example how known strategies can be improved by transferring them into the area of hypergraphs. We hope that also further transformation strategies can be defined in the framework of hypergraph rewriting systems in an easy and automatic way.

References

[1] R.M. Burstall and J. Darlington. A transformation system for developing recursive programs. *Journal of the ACM*, 24(1):44–67, 1977.

[2] W.-N. Chin. Towards an automated tupling strategy. In *3rd ACM Symposium on Partial Evaluation and Semantics-Based Program Manipulation*, pages 119–132, Kopenhagen, 1993. ACM Press.

[3] J. Engelfriet and H. Vogler. The translation power of top-down tree-to-graph transducers. *Journal of Computer and System Sciences*, 49:258–305, 1994.

[4] A. Habel. *Hyperedge Replacement: Grammars and Languages.* Springer-Verlag, LNCS 643, Berlin Heidelberg, 1992.

[5] B. Hoffmann and D. Plump. Implementing term rewriting by jungle evaluation. *R.A.I.R.O. Inf. théorique et Applications*, 25(5):445–472, 1991.

[6] A. Habel and D. Plump. Unification, rewriting, and narrowing on term graphs. *Electronic Notes in Theoretical Computer Science*, 2, 1995.

[7] G. Huet. Confluent reductions: abstract properties and applications to term rewriting systems. *Journal of the ACM*, 27:797–821, 1980.

[8] J. W. Klop. Term rewriting systems. In *Handbook of Logic in Computer Science, Volume 2*, pages 1–116. Clarendon Press, Oxford, 1992.

[9] A. Mößle and H. Vogler. Efficient call-by-value evaluation of primitive recursive program schemes. In M. Takeichi and T. Ida, editors, *Functional and Logic Programming.* World Scientific Publishing Co. Pte Ltd., 1995.

[10] A. Mößle and H. Vogler. Efficient call-by-value evaluation strategy of primitive recursive program schemes. Technical Report 95-13, Universität Ulm, 1995.

[11] A. Mößle and H. Vogler. Program transformation in the field of hypergraphs. Technical Report to appear, Universität Ulm, 1997.

[12] D. Plump. Hypergraph rewriting: Critical pairs and undecidability of confluence. In [14]

[13] A. Pettorossi and M. Proietti. Rules and strategies for program transformation. In B. Möller, H. Partsch, and S. Schumann, editors, *Formal Program Development*, LNCS 755, pages 263–304, 1993.

[14] M.R. Sleep, M.J. Plasmeijer, and M.C.J.D. van Eekelen, editors. *Term Graph Rewriting, Theory and Practice.* Wiley Prof. Computing, 1993.

[15] P. Wadler. Efficient compilation of pattern-matching. In *The Implementation of Functional Programming Languages*, chapter 5. Prentice-Hall International, 1987.

Program Generation with Class

Peter Thiemann and Michael Sperber

Wilhelm-Schickard-Institut, Universität Tübingen
Sand 13, D-72076 Tübingen, Germany
{thiemann,sperber}@informatik.uni-tuebingen.de

Abstract. We have implemented a program generation library for polymorphically typed functional languages with lazy evaluation. The library combinators perform program generation by *partial evaluation*, a technique which allows the generation of highly-customized and efficient specialized output programs from general, parameterized input programs. Previously implemented program generation libraries for polymorphically typed languages have either required dynamic typing or been in the context of specially designed program generation languages. In contrast, our library has been implemented in Gofer, a widely available functional language. Moreover, we exploit multi-parameter constructor classes which are part of Gofer's type system to construct program generators that are *binding-time polymorphic*. An appropriate polymorphic binding-time analysis can provide the necessary type annotations to specify these properties. However, we designed and implemented a minor extension of Gofer's type reconstruction mechanism that can automatically infer binding times.

Partial evaluation [2, 9] is an automatic program transformation technique which improves programs when given part of their input. Typically, a source program `p` has two inputs `ins` and `ind` where `ins` is available early, *statically*, and `ind` is available late, *dynamically*. A partial evaluator `spec` specializes `p` with respect to `ins` such that

$$[\![p]\!]\ \texttt{ins ind} = [\![[\![\texttt{spec}]\!]\ \texttt{p ins}]\!]\ \texttt{ind}.$$

The intention is that the specialized (or *residual*) program $[\![\texttt{spec}]\!]$ `p ins` computes the result more efficiently than the source program applied to the entire input.

Offline partial evaluation stages specialization into a *binding-time analysis* and a *specialization* phase. The binding-time analysis transforms `p` into `p-ann`, given the information that `ins` is statically known—regardless of the particular value of `ins`. It marks each part of `p` as either *static* (executable at specialization time) or *dynamic* (executable at run time; the specializer must generate code for it). Consequently, for offline partial evaluation, `spec` is an interpreter of annotated programs.

In addition to being an aggressive optimization technique, offline partial evaluation is a rather general approach to program generation: The dynamic parts of a program function as templates for the generated programs with the specializer filling in the static parts at program generation time.

One way to implement partial evaluation is to transform `p-ann` into a *generating extension* `p-gen`. The generating extension is a specializer customized to specializing `p` with respect to its static input:

$$[\![\texttt{p}]\!]\ \texttt{ins ind} = [\![[\![\texttt{p-gen}]\!]\ \texttt{ins}]\!]\ \texttt{ind}.$$

Either self-application of a partial evaluator or a hand-written *program generator generator* (PGG, cogen) [1,10] can generate such a generating extension. The PGG approach is attractive because of two reasons: Static constructs can run directly rather than having to go through interpretation. Also, the generation extension can exploit the presence of a library of specialization combinators [5,15], each of which defines the behavior of one specific annotated language construct. Effectively, a specialization combinator library allows the annotated program to *be* the generating extension.

Previous specialization combinator libraries [5, 15] are implemented in languages with dynamic typing. A major drawback of existing libraries is that their combinators are binding-time-monovariant: each construct carries one fixed annotation assigned by the binding-time analysis. In contrast, recent developments in binding-time analysis have given rise to *polymorphic binding-time analysis* [4] which does not have that restriction. There is an ad-hoc implementation of a PGG using an extension of that binding-time analysis [3].

To summarize, our contributions are the following:

1. We introduce simple combinators for binding-time-monovariant generating extensions, using standard ML-typed programs.
2. We show how to exploit Gofer's multi-parameter constructor classes [7] to implement binding-time-polyvariant generating extensions.
3. We demonstrate how to extend Gofer's type system to also perform automatic binding-time analysis as a by-product of type reconstruction.

1 Binding-Time-Monovariant Program Generation

ML-style parametric polymorphism is sufficient to express binding-time-monovariant program generation: Each expression in the generating extension only works for one specific set of binding times for its parameters. We motivate the combinators needed with a simple example and show how to implement the remaining combinators required for general program generation.

1.1 Motivation

Consider the `power` function, written in Gofer:

```
power :: Int -> Int -> Int
power n x = if n==0 then 1 else x*power (n-1) x
```

With a fixed `n` at, say, `2`, a generating extension based on `power` should come up with `power2`.

```
power2 :: Int -> Int
power2 x = x*x*1
```

1.2 Simple Program Generation

The construction of an appropriate generator requires a binding-time analysis. Since `n` is static the test `n==0` and hence the conditional are also static. The same holds for the subtraction `n-1`. Everything else is dynamic. Therefore, a generating extension would look like this:

```
power_gen_SD :: Int -> Code -> Code
power_gen_SD n x = if n==0 then liftD 1
                          else multD x (power_gen_SD (n-1) x)
```

Here, `liftD 1` converts the generation-time value `1` to an expression whose value is 1 and `multD` constructs the code for a multiplication. Given suitable definitions for `liftD` and `multD` (shown in Section 1.4) the expression `power_gen_SD 2 (MkVar "x")` evaluates to a representation of `x*x*1`.

1.3 Representing Code

Program generation requires a code representation. The `Code` datatype represents a small applied lambda calculus:

```
data Code =
    MkInt Int                   -- integer constants
  | MkVar String                -- variables
  | MkLam String Code           -- abstraction
  | MkApp Code Code             -- application
  | MkIf Code Code Code         -- conditional
```

Names like `+`, `*`, etc. are implicitly bound to appropriate definitions. The function `multiApp` simplifies the construction of code generating functions.

```
multiApp :: [Code] -> Code
multiApp = foldl1 MkApp
```

The paper uses standard Gofer syntax to represent generated programs.

Code generation will ultimately need to generate fresh names in the output code. Hence, the specialization combinators will return instances of a code generation monad rather than just a `Code` object. The code generation monad `CodeGen a` is a supply for fresh names as an instance of a state transformer with unit and bind operations `resultC` and `bindC`:

```
data CodeGen a = CodeGen (NameSupply -> (a, NameSupply))
type NameSupply = Int
resultC :: c -> CodeGen c
resultC c = CodeGen (\n -> (c, n))
bindC :: CodeGen a -> (a -> CodeGen b) -> CodeGen b
bindC (CodeGen m) f = CodeGen ((\(c, n) ->
                          let CodeGen m' = f c in m' n) . m)
runC :: CodeGen a -> a
runC (CodeGen st) = fst (st 0)
newVar :: CodeGen String
newVar = CodeGen ((\n -> ('v':show n, n)) . (+1))
```

The newVar operation generates a fresh variable name. The function runC runs a code-generating computation and returns the resulting code. The transition to the CodeGen monad incurs that all dynamic constructs need to return a CodeGen Code instead of Code.

```
mkInt = resultC . MkInt
mkVar = resultC . MkVar
mkLam v e = resultC (MkLam v e)
mkApp e1 e2 = resultC (MkApp e1 e2)
mkIf e1 e2 e3 = resultC (MkIf e1 e2 e3)
multiAppC = resultC . multiApp
```

The appropriate instance declarations make CodeGen into a proper monad so that do notation works for it:

```
instance Functor CodeGen where
  map f (CodeGen t) = CodeGen (\n -> let (x, n') = t n in (f x, n'))

instance Monad CodeGen where
  result = resultC
  bind = bindC
```

1.4 Monovariant Specialization Combinators

The power_gen_SD generator in Section 1.1 requires definitions for liftD which constructs a residual constant from an integer, and multD which constructs a residual multiplication:

```
liftD :: Int -> CodeGen Code
liftD = mkInt
multD :: CodeGen Code -> CodeGen Code -> CodeGen Code
multD x y = do { c1 <- x; y <- c2; multiAppC [MkVar "*", c1, c2] }
```

More advanced program generation requires a dynamic conditional operator ifD:

```
ifD :: CodeGen Code -> CodeGen Code -> CodeGen Code -> CodeGen Code
ifD i t e = do { c0 <- i; c1 <- t; c2 <- e; mkIf c0 c1 c2 }
```

The ifD combinator allows the formulation of dynamic recursion. However, its naive use in a realistic settings (using Gofer recursion to model dynamic recursion) immediately leads to non-termination. Hence, dynamic recursion requires a fixD operator for dynamic fixpoints, and, for good measure, lambdaD for dynamic abstraction.

fixD and lambdaD make use of higher-order abstract syntax [11, 12, 15] which delegates all questions of binding and scoping to the Gofer interpreter. Without higher-order abstract syntax, program generators would have to encode all variable references.

```
lambdaD f = do { v <- newVar; b <- f (mkVar v); mkLam v b }
applyD f a = do { f0 <- f; a0 <- a; mkApp f0 a0 }
fixD f = do { v <- newVar; b <- f (mkVar v);
              mkApp (MkVar "fix") (MkLam v b)
            }
```

The functions `lambdaD` and `fixD` acquire fresh variable names before constructing the respective bodies. The construction happens by applying the function `f` to a code generator which constructs a residual variable reference to the fresh variable. Finally, the construct itself is generated.

Now `runC (power_gen_DS (MkVar "n") 7)` evaluates to:

```
fix (\v1 -> \v2 -> if v2==0 then 1 else 7*v1 (v2-1))
```

2 Polyvariant Specialization Combinators

The combinators that we have developed so far are monovariant with respect to their binding-time properties. This means that source functions which need to generate code for several different binding times for their arguments require multiple generators for the same function. Polymorphic binding-time analysis [4,6] addresses this shortcoming. It attaches a symbolic binding-time value to each expression. We use constructor classes to propagate the necessary binding-time information at generation time.

The goal is to use a single program generator function `power_gen_XX` which can be used at all of the following types: `Int` → `Int` → `Int`, `Int` → `Code` → `Code`, `Code` → `Int` → `Code`, and `Code` → `Code` → `Code`.

The additional requirements for polyvariant specialization combinators are:

- an expression `lift 1` in the program must stand both for an integer and for code,
- the multiplication operator `*` must stand once for multiplication and once for a code constructor,
- a `cond` function for conditionals must be able to accept code as a condition,
- an equality function that can generate code as well as a boolean result.

2.1 Lifting

A type class `Liftable` with instances for `Int` and `CodeGen Code`. This class requires multiple parameters, and is therefore specific to Gofer.

```
class Liftable a b where
  lift :: b -> a
```

Obviously, the identity function covers all cases where `lift x` must stand for `x`. Integers lift to code by virtue of the appropriate code constructor.

```
instance Liftable a a where
  lift = id
instance Liftable (CodeGen Code) Int where
  lift = mkInt
```

2.2 Primitive Operations

For primitive operations on numbers, code generators need to be an instance of the type class `Num`. Two auxiliary functions define unary and binary operators.

```
unop  name x   = do { c1 <- x; multiAppC [MkVar name, c1] }
binop name x y = do { c1 <- x; c2 <- y; multiAppC [MkVar name, c1, c2] }

instance Num (CodeGen Code) where
  x + y = binop "(+)" x y
  x - y = binop "(-)" x y
  x * y = binop "(*)" x y
  x / y = binop "(/)" x y
  negate x = unop "negate" x
  fromInteger i = mkInt i
```

2.3 Conditional

Like the definition `Liftable` of `lift`, there is a type class `Conditional` for the conditional. `Conditional a b` denotes that there is a conditional `cond` where `a` is the result type of the test, and `b` is the result type of the conditional itself:

```
class Conditional a b where
  cond :: a -> b -> b -> b
```

The first instance describes the static conditional which is just an `if` expression.

```
instance Conditional Bool b where
  cond i t e = if i then t else e
```

The second instance describes the dynamic conditional which generates code from code:

```
instance Conditional (CodeGen Code) (CodeGen Code) where
  cond = ifD
```

2.4 Equality

Unlike the case for `Num` above, the standard class `Eq` is unsuitable for characterizing comparisons because the result type of `Eq` comparisons is always `Bool`. However, in the context of code generation, it may have to return code. Again, a multi-parameter type class is required.

```
class Equality a b where
  eq :: a -> a -> b

instance Eq a => Equality a Bool where
  eq x y = x == y
instance Equality (CodeGen Code) (CodeGen Code) where
  eq x y = binop "(==)" x y
```

2.5 Functions

The definition of a class for functions `lambda` and `apply` needs to abstract from the function type constructor in order to give sensible typings in the standard function case. In this case a multi-parameter constructor class is necessary.

```
class Function f a b where
  apply  :: f a b -> a -> b
  lambda :: (a -> b) -> f a b
```

The instance that covers standard functions implements the `apply` function by application and `lambda` by the identity.

```
instance Function (->) a b where
  apply f x = f x
  lambda f = f
```

The instance for code is slightly more problematic since it requires a *binary* type constructor for code:

```
data CodeGen2 a b = MkCodeGen2 (CodeGen Code)
fromCodeGen2 :: CodeGen2 a b -> CodeGen Code
fromCodeGen2 (MkCodeGen2 x) = x

instance Function CodeGen2 (CodeGen Code) (CodeGen Code) where
  apply f a = do { x1 <- fromCodeGen2 f; x2 <- a; mkApp x1 x2 }
  lambda f  = MkCodeGen2 (
                do s <- newVar
                   e <- f (mkVar s)
                   mkLam s e
              )
```

2.6 Fixpoints

Using this encoding for functions a fixpoint operator becomes feasible:

```
class Function f a a => Fix f a where
  fix :: f a a -> a
  fix g = apply g (fix g)

instance Fix (->) a

instance Fix CodeGen2 (CodeGen Code) where
  fix g = do { c <- fromCodeGen2 g;  mkApp (MkVar "fix") c }
```

2.7 Synthesis

With the now complete combinator library, a maximally polymorphic generator for `power` is straightforward:

```
power_gen_XX n x = apply (fix (\f -> lambda (\n ->
                   cond (eq n (lift 0))
                        (lift 1)
                        ((lift x) * (apply f (n - (lift 1))))))) n
```

It has the following type which Gofer infers automatically:

```
power_gen_XX :: (Fix (->)) (f n r), Conditional b r, Num r,
                Function f n r, Num n, Liftable r x, Liftable r Int,
                Equality n b, Liftable n Int) => n -> x -> r
```

Gofer can use `power_gen_XX` at all the types advertised above. Hence, it can evaluate all of the following expressions.

```
power_gen_XX 3 2
  ⟹ 8
runC (power_gen_XX 2 (mkVar "x"))
  ⟹ x*x*1
runC (power_gen_XX (mkVar "n") 4)
  ⟹ fix \f -> \n -> if n==0 then 1 else 4*f (n-1)
runC (power_gen_XX (mkVar "n") (mkVar "x"))
  ⟹ fix \f -> \n -> \x -> if n==0 then 1 else x*f (n-1)
```

Our approach to overloading the function type constructor generalizes to overloading product and sum construction. The actual class and instance declarations are very similar to the declarations for class `Function` and have therefore been omitted from the paper.

3 Improvement

Unfortunately, the above combinators often lead to program generators for which the Gofer type inference engine cannot infer a type fully automatically. Specifically the multi-parameter class `Function` is a major source of ambiguity. For example, the expression

```
identity = lambda (\z -> z)
```

has type `identity :: Function f a a => f a a`. If we apply `identity` to anything, the type checker can probably resolve `a` to `Int` or `CodeGen Code`. However, it is not able to determine the correct instance to use since it cannot infer `f`. Conversely, the overloading in the expression `runC (fromCode2 identity)` cannot be resolved, either. Here, `f` is instantiated to `CodeGen2`, but it is impossible to determine an instantiation for `a`.

We use the technique of *improvement* to make type inference more effective. Improvement [8] allows the type checker to instantiate type variables in contexts if there is only instance that fits the already instantiated type variables. The goal is to perform subsequent context simplification. In our second case, where `f` is instantiated to `CodeGen2` the only remaining possibility for `a` is `(CodeGen Code)`. Hence, improvement solves the second problem.

The first problem is not always amenable to improvement. If `a` is instantiated to `Int`, say, then the only possible instantiation for `f` is `->`. If `a` is `CodeGen Code` then both instantiations of `f` (function or code) are possible and improvement cannot help. To deal with this situation, we have enhanced the type checker by a method which is standard practice in binding-time analysis. First, we use improvement as far as possible to propagate the dynamic binding time. If that is no longer possible we start instantiating the occurrences of `f` in a `Function a b` context to `->` until all type variables of higher kind are instantiated. We proceed accordingly for other similar contexts (for pairs, sums, etc).

We have modified the type checker of the Gofer interpreter to perform improvement with a bias to binding-time analysis. This modified version infers the type of the expression

```
runC (fromCode2 identity)
```

to be `Code`. It discovers that `f` in the predicate `Function f a a` is instantiated to `CodeGen2` and therefore instantiates `a` to `CodeGen Code` (as specified in the instance declaration for `Function`).

We have yet to perform experiments on larger programs to assess the effectiveness of the technique in more realistic settings.

4 Related Work

Writing program generator generators directly has proven a viable approach to partial evaluation [1, 5, 10, 15]. All of these works describe binding-time-monovariant PGGs. Also, the library-based proposals [5, 15] both depend on the dynamic typing discipline provided by the implementation language Scheme. Nelson, Sheard, and Taha [13, 14] propose programming languages specifically tailored to and program generation. The programmer must explicitly provide binding-time annotations; there is no automatic binding-time analysis. In these languages, generated programs are always type-correct. All the above approaches deal exclusively with strict languages. In fact, we are not aware of any specializer for a lazy language which our approach provides for free.

Polymorphic binding-time analysis [4] results in annotated programs with symbolic annotations. A corresponding program generator propagates actual binding-time values at generation time [3]. It cannot benefit from using the natural representation of static values (one important advantage of the PGG approach for typed languages) since the type of such a generator, when written using just ML-style parametric polymorphism, cannot express the dependency of the type on the actual binding-time values (if the binding-time parameter has value "dynamic" then the type is code, otherwise if the binding-time parameter has value "static" then the type is integer, for example). The polymorphic binding-time analysis [4] also uses qualified types in order to express binding-time constraints. However, the information inherent in these qualified types is not carried over to the specialization phase.

5 Conclusion

The PGG approach relying on denotational implementations of constructs of an annotated language seamlessly carries over to polymorphically typed languages. The overloading mechanism provided by Gofer with its multi-parameter constructor classes is essential to construct the denotational implementations. This fact provides further evidence that multi-parameter constructor classes should find their way into the Haskell standard.

Initial experience with the implementation shows that this approach to polymorphic and polyvariant program generation is feasible. We have yet to perform experiments with larger programs to assess the scalability.

References

1. Lars Birkedal and Morten Welinder. Hand-writing program generator generators. In Manuel V. Hermenegildo and Jaan Penjam, editors, *Programming Language Implementation and Logic Programming (PLILP '94)*, volume 844 of *Lecture Notes in Computer Science*, pages 198–214, Madrid, Spain, September 1994. Springer-Verlag.
2. Charles Consel and Olivier Danvy. Tutorial notes on partial evaluation. In *Symposium on Principles of Programming Languages '93*, pages 493–501, Charleston, January 1993. ACM.
3. Dirk Dussart, Rogardt Heldal, and John Hughes. Module-sensitive program specialisation. In *Proceedings of the ACM SIGPLAN '97 Conference on Programming Language Design and Implementation*, Las Vegas, NV, USA, June 1997. ACM Press.
4. Dirk Dussart, Fritz Henglein, and Christian Mossin. Polymorphic recursion and subtype qualifications: Polymorphic binding-time analysis in polynomial time. In Alan Mycroft, editor, *Proc. International Static Analysis Symposium, SAS'95*, pages 118–136, Glasgow, Scotland, September 1995. Springer-Verlag. LNCS 983.
5. Robert Glück and Jesper Jørgensen. Efficient multi-level generating extensions for program specialization. In *Programming Language Implementation and Logic Programming 1995*, volume 982 of *Lecture Notes in Computer Science*, pages 259–278, Utrecht, The Netherlands, September 1995. Springer-Verlag.
6. Fritz Henglein and Christian Mossin. Polymorphic binding-time analysis. In Donald Sannella, editor, *Proc. 5th European Symposium on Programming*, pages 287–301, Edinburgh, UK, April 1994. Springer-Verlag. LNCS 788.
7. Mark P. Jones. Partial evaluation for dictionary-free overloading. In Peter Sestoft and Harald Søndergaard, editors, *Workshop Partial Evaluation and Semantics-Based Program Manipulation '94*, pages 107–118, Orlando, Fla., June 1994. ACM.
8. Mark P. Jones. Simplifying and improving qualified types. In Simon Peyton Jones, editor, *Proc. Functional Programming Languages and Computer Architecture 1995*, pages 160–169, La Jolla, CA, June 1995. ACM Press, New York.
9. Neil D. Jones, Carsten K. Gomard, and Peter Sestoft. *Partial Evaluation and Automatic Program Generation*. Prentice-Hall, 1993.
10. John Launchbury and Carsten Kehler Holst. Handwriting cogen to avoid problems with static typing. In *Draft Proceedings, Fourth Annual Glasgow Workshop on Functional Programming*, pages 210–218, Skye, Scotland, 1991. Glasgow University.
11. Torben Æ. Mogensen. Efficient self-interpretation in lambda calculus. *Journal of Functional Programming*, 2(3):345–364, July 1992.
12. Frank Pfenning and Conal Elliott. Higher-order abstract syntax. In *Proc. Conference on Programming Language Design and Implementation '88*, pages 199–208, Atlanta, July 1988. ACM.
13. Tim Sheard and Neal Nelson. Type safe abstractions using program generators. Technical Report 95-013, Oregon Graduate Institute of Science and Technology, PO Box 91000, Portland, OR 97291-1000 USA, July 1995.
14. Walid Taha and Tim Sheard. Multi-stage programming with explicit annotations. In Charles Consel, editor, *Proc. Partial Evaluation and Semantics-Based Program Manipulation PEPM '97*, Amsterdam, The Netherlands, June 1997. ACM Press.
15. Peter Thiemann. Cogen in six lines. In *International Conference on Functional Programming '96*, pages 180–189, Philadelphia, May 1996. ACM.

Typanalyse in ungetypten objekt–orientierten Sprachen

Wolfgang Golubski

Universität–GH Siegen, FB 12 Elektrotechnik & Informatik,
Hölderlinstraße 3, D–57068 Siegen, Germany
E–mail: golubski@informatik.uni–siegen.de

Zusammenfassung Statische Programmanalysen, wie Datenflußanalysen, sind zur Verbesserung der Laufzeiteffizienz von objekt-orientierten Programmen enorm wichtig. Insbesondere die Ergebnisse von Typanalysen in ungetypten objekt-orientierten Sprachen erlauben häufig, daß Methodenaufrufe wie Funktionsaufrufe behandelt werden können. Wir haben fünf verschiedene Typanalysen implementiert und untersucht.

1 Motivation

Ein kritischer Punkt der objekt–orientierten Programmiersprachen stellt ihre Implementierung dar. Abgesehen von erheblichem Speicherplatzbedarf eines objekt–orientierten Systems kämpfen Programme dieser Sprachen im Gegensatz zu gleichbedeutenden C/C++-Programmen mit ihrer „problematischen" Laufzeiteffizienz [HU]. Daher spielen Optimierungstechniken für objekt–orientierte Sprachen zur Steigerung der Effizienz eine übergeordnete Rolle.

Um laufzeiteffizienteren Programmcode gewinnen zu können, gilt es vor allen Dingen, den Typ für jeden Empfänger eines Methodenaufrufes zu bestimmen. Ist ein Empfängertyp eindeutig, d.h. die Menge der Klassen dieses Typs besteht nur aus einem Element, so kann der Methodenaufruf wie ein Funktionsaufruf behandelt werden.

$$Typ \;=\; Menge\ von\ Klassen(namen)$$

Eine "vernünftige" Typanalyse im Modell der klassischen interprozeduralen Datenflußanalyse [MJ, SP] zu definieren, ist nicht ohne weiteres durchführbar. Die klassische interprozedurale Datenflußanalyse konstruiert zunächst einen Kontrollflußgraphen, der die Aufrufstruktur der Prozeduren des Programmes wiederspiegelt. Dann wird der Kontrollflußgraph analysiert. In objekt–orientierten Sprachen führt dieser Ansatz zu folgender Problematik:

– die Konstruktion des Kontrollflußgraphen hängt von den Typinformationen jeder einzelner Aufrufstelle ab,
– die Berechnung der Typinformationen hängt von der Analyse des Kontrollflußgraphen ab.

Daher haben wir von einer "vernünftigen" Typanalyse gesprochen, weil natürlich ein Kontrollflußgraph aufgebaut werden kann, der jede Aufrufstelle mit allen Methodendefinitionen geeigneten Namens verbindet. Die Analyse eines solchen Graphens liefert aber i.a. sehr ungenaue Informationen, weil ja nicht jede Methodendefinition zur Laufzeit ausgeführt wird. Um die gegenseitige Abhängigkeit von Kontrollfußgraph und Typinformation aufzulösen, wird folgende Vorgehensweise gewählt:

- Aufbau eines Kontrollflußgraphen, indem jede Aufrufstelle mit allen Methodendefinitionen geeigneten Namens verbunden wird,
- zur Analysezeit wird selektiert, welche Methodendefinitionen analysiert werden. Dabei werden von der Analyse bereits berechnete Typinformationen verwendet.

Typanalysen für objekt-orientierte Programme sind seit längerem bekannt. Aber erst in den letzten drei Jahren sind aggressivere Typanalysen vorgestellt und getestet worden. In dieser Arbeit werden wir fünf Typanalysen unterschiedlicher Aggressivität im Rahmen der interprozeduralen Datenflußanalyse kurz vorstellen und neben theoretischen Vergleichen auch, und vor allem, empirische Aspekte untersuchen.

2 Die Programmiersprache SOL

Ein Programm besteht aus einer Menge von Klassen und einem Ausdruck, siehe Abbildung 1. Eine Klasse setzt sich aus ihrem Namen (*ClassId*), der Definition von Instanzvariablen (*Id*) und einer Menge von Methodendefinitionen (*Method*) zusammen. Eine Methodendefinition (*Method*) besteht aus dem Methodennamen ($m_1 : ...m_n :$), seinen Parametern ($Id_1, ..., Id_n$) und dem Methodenrumpf (E), einem Ausdruck. Ein Ausdruck kann entweder ein Instanziierungsausdruck, der die Erzeugung eines Objektes bewirkt, der vordefinierte Identifikator `self`, der undefinierte Wert `nil`, ein Methodenaufruf, ein `if-then-else`-Konstrukt, ein `repeat`-Schleifenkonstrukt oder ein `while`-Schleifenkonstrukt sein. Auf ein statisches Vererbungsmodell a la Smalltalk ist verzichtet worden.

3 Datenflußanalyse-Rahmen

Der hier verwendete Datenflußanalyse-Rahmen geht zurück auf den Rahmen der Abstrakten Interpretation [CC]. Hierbei wird die "volle (dynamische)" Semantik ersetzt durch eine einfachere (abstraktere) Version, die speziell auf das vorliegende Problem zugeschnitten ist. Kennzeichnend für den hier verwendeteten Datenflußanalyseansatz, eine Adaption des interprozeduralen Ansatzes von Knoop und Steffen [KS] für imperative Sprachen, ist die Einteilung in

- Spezifikation des Datenflußanalyseproblems,
- Berechnung der Datenflußinformationen mittels eines generischen Algorithmuses

(*Program*)	$P ::=$	$C_1 ... C_k\ E$
(*Class*)	$C ::=$	`class` $ClassId$
		`var` $Id_1 \ldots Id_k\ M_1 \ldots M_n$
		`end` $ClassId$
(*Method*)	$M ::=$	`method` $m_1 : Id_1 ... m_n : Id_n\ E$
(*Simple Expression*)	$SE ::=$	$ClassId$ `new` | `self` | Id | `nil` | *Integer*
(*Restricted Expression*)	$RE ::=$	SE | $RE\ m_1 : RE_1 ... m_n : RE_n$ |
		RE `instanceOf` : $ClassId$ | $RE_1 = RE_2$ |
		$RE + RE$ | $RE - RE$ | $RE * RE$ | RE / RE
(*Expression*)	$E ::=$	RE | $Id := RE$ | $E_1 ; E_2$ |
		`if` RE `then` E_1 `else` E_2 `endif` |
		`while` RE `do` E `done` | `repeat` E `until` RE

Abbildung1. Syntax von SOL

– und dem Nachweis gewisser Eigenschaften, um Korrektheit oder Optimalität (Koinzidenz) der Analyse zu gewährleisten.

Zur Spezifikation des gewünschten Datenflußanalyseproblems genügt es, einen vollständigen Verband, der die Datenflußinformationen repräsentiert, und die (lokale) abstrakte Semantik von einfachen "Ausdrücken[1] zu definieren.

Die Berechnung der Datenflußinformationen geht zurück auf den "funktionalen" Ansatz von Sharir und Pnueli [SP], bei dem Prozeduren als Einheiten (Blöcke) betrachtet werden, zu denen Ein-/Ausgabetransformationen berechnet werden. In einem zweiten Schritt wird dann das gesamte Programm analysiert, wobei die Prozeduraufrufe mittels ihrer bereits berechnten Semantik (Ein-/Ausgabetransformation) ausgewertet werden. Sowohl die Analyse der Prozeduraufrufe als auch des gesamten Programms erfolgt als iterative Fixpunktberechnung.

Bevor ein SOL -Programm analysiert werden kann, sind einige Programmumformungen notwendig.

3.1 Repräsentation von Programmen

SOL -Programme werden zunächst in "einfachere", genauer in einfacher zu analysierende, SOL –Programme transformiert. Hierbei werden alle Methodenaufrufe, die auf Empfänger- und Argumentpositionen in Methodenaufrufen vorkommen, eliminiert. Dies geschieht durch Einfügen zusätzlicher neuer Variablen. Diese im Programm nicht vorkommenden Variablen bekommen die zu eleminierenden Methodenaufrufe zugewiesen. Dann werden die Methodenaufrufe durch die entsprechenden Variablen ersetzt. Ähnlich werden Bedingungen, die Methodenaufrufe beinhalten, behandelt. Um den Kontrollfluß und den Datenfluß in einem Programm darzustellen, werden Flußgraphen (flow graphs) verwendet. Dabei werden

[1] Dies sind Ausdrücke, in denen keine Methodenaufrufe vorkommen.

die Knoten des Graphen mit Ausdrücken dekoriert und die Kanten spiegeln den Kontrollfluß wieder. Jeder Methode wird ein solcher Flußgraph zugeordnet.

Ausgehend von diesem sogenannten OO-Programm-Modell erhalten wir das zugehörige OO-Analyse-Modell durch drei Transformationen. In einem ersten Schritt werden Methodenaufrufe aufgespalten (gesplittet). Dies geschieht derart, daß zunächst Empfänger und Argumente vor dem eigentlichen Aufruf separat ausgeführt werden und der Aufruf nur ihre Werte verwendet. In einem zweiten Schritt wird der funktionale Charakter[2] der Methodenaufrufe explizit hergestellt. Das Ergebnis eines Methodenaufrufes wird in einer gesonderten Variable abgelegt. Im letzten Schritt werden Bedingungen umgeformt, sodaß sogenannte Filter bei der Analyse die geeigneten Zweige herausfiltern können. Es werden also nicht automatisch beide Zweige eines `if-then-else`-Ausdruckes untersucht, sondern in Abhängigkeit der Bedingung evtl. nur ein Zweig. Diese Filtertechnik kommt auch später bei der Auswertung der Methodenaufrufe zum Selektieren der geigneten Methode zur Anwendung. Auf eine formale Darstellung muß an dieser Stelle aus Platzmangel verzichtet werden.

4 Typanalyse

Als Anwendung des im vorigen Kapitel vorgestellten Analyse-Rahmens wurden Typanalysen für ungetypte objekt-orientierte Programmiersprachen definiert, zunächst als monotone Datenflußanalysen und dann als distributive Datenflußanalyse. Wir haben insgesamt vier monotone Datenflußanalysen mit unterschiedlichen Mächtigkeiten realisiert. Die entscheidenden Merkmale der Typanalyse MONO (als monotone Datenflußanalyse) sind:

- separate Bearbeitung der Methodenaufrufe, d.h. jeder Methodenaufruf wird unabhängig von allen anderen analysiert (in der Literatur auch polyvariante oder polymorphe Behandlung von Methodenaufrufen genannt). Desweiteren werden mit sogenannten Filtern diejenigen Methoden(-implementierungen) selektiert, deren zugehörige Klasse in dem Empfängertyp des Methodenaufrufes enthalten sind;
- partiell deterministische Behandlung der Verzweigungsausdrücke, d.h. sofern eindeutige Informationen über den Wert der Bedingung des Verzweigungsausdruckes vorliegen, wird nur der geeignete Zweig analysiert;
- destruktive Behandlung der Zuweisungsausdrücke, d.h. Überschreiben des Wertes der Variablen auf der linken Seite durch den Wert des Ausdrucks auf der rechten Seite des Zuweisungsausdrucks.

Die drei weiteren Typanalysen sind eingeschränkte Versionen der Typanalyse MONO. Bei der Typanalyse MONO-ASS wird die scharfe Behandlung von Zuweisungen aufgehoben, indem nun der bereits zuvor berechnete Typ der Variablen um den neuen Typ erweitert wird (kumulative oder "collecting" Behandlung von Zuweisungen). Die Typanalyse MONO-BRANCH unterscheidet sich

[2] Methodenaufrufe können, wie Funktionen, eine Wert zurückliefern.

von MONO durch eine nichtdeterministische Behandlung der Verzweigungsausdrücke, d.h. es werden immer beide Zweige analysiert. Bei der vierten monotonen Typanalyse PS werden beide Einschränkungen zur Anwendung kommen. PS entspricht damit von ihrer Mächtigkeit her in etwa der Typinferenz von Palsberg/Schwartzbach [OPS]. Daher haben wir ihr auch den Namen PS gegeben.

Der Datenbreich der monotonen Typanalysen ist definiert als der Verband der Menge der Funktionen $(\mathcal{L}, \sqcap, \sqcup, \sqsubseteq, \bot, \top) =_{df} (\mathcal{FL}, \cup, \cap, \supseteq, \top_{fl}, \bot_{fl})$, wobei $\mathcal{FL} =_{df} [\mathcal{V}' \to \mathcal{P}(\mathcal{C})]$ die Menge der Funktionen ist, die die Variablen auf die Menge der Klassennamen abbildet; und $\cup$, $\cap$, $\supseteq$, die punktweisen Mengenoperationen Vereinigung, Schnitt und umfassend oder gleich sein darstellen. Diejenigen Programmpunkte, die nach Terminierung der Typanalyse mit $\bot_{fl}$ annotiert sind, stellen unerreichbaren Programmcode (dead code) dar. Gibt es ein Programmpunkt, der mit $\top_{fl}$ annotiert ist, so bedeutet dies, daß ein Methodenaufruf zur Laufzeit möglicherweise nicht verstanden (ausgeführt) werden kann.

Die aggressivste (präziseste) aller Typanalysen ist die Typanalyse DIST, die als distributives Datenflußanalyseproblem definiert wird. Die Datenflußinformationen an den Programmpunkten werden derart vereint, daß es auch an einem späteren Programmpunkt möglich ist, die zuvor zusammengefaßten Informationen wieder auseinanderhalten zu können.

Der Datenbreich der distributiven Typanalyse ist definiert als der Verband der Menge der Funktionen $(\mathcal{L}, \sqcap, \sqcup, \sqsubseteq, \bot, \top) =_{df} (\mathcal{P}(\mathcal{F}), \cup, \cap, \supseteq, \mathcal{F}, \emptyset)$, wobei $\mathcal{F} =_{df} [\mathcal{V}' \to \mathcal{C}']$ mit $\mathcal{P}(\mathcal{F})$ die Potenzmenge der Funktionen $\mathcal{FL} =_{df} [\mathcal{V}' \to \mathcal{C}]$ ist, die einer Variablen genau einen eindeutigen Typen (Klassennamen) zuordnet. Programmpunkte, die nach Terminierung der Typanalyse mit $\emptyset$ annotiert sind, stellen unerreichbaren Programmcode dar und sind daher für das Programm überflüssig. Ein Programmpunkt, der mit $\mathcal{F}$ annotiert ist, deutet auf einen zur Laufzeit möglicherweise nicht ausführbaren Methodenaufruf hin.

Auf eine formale Definition müssen wir aus Platzmangel verzichten, der interessierte Leser sei auf [Go, KG] verwiesen.

Theoretische Komplexität und Mächtigkeit Bei den monotonen Typanalysen muß (im worst-case Fall) über einen exponentiell-großen Bereich iteriert werden, bei der distributiven Typanalyse sogar über einen doppelt-exponentiellen Bereich. Diesen Nachteil unserer Verfahren haben wir in der Implementierung Rechnung getragen.

Die Mächtigkeit einer Typanalyse charakterisieren wir anhand der von ihr akzeptierten Programme. Eine Typanalyse akzeptiert ein Programm genau dann, wenn es keinen Programmpunkt gibt, der nach Terminierung der Analyse mit $\bot$ annotiert ist. Dies bedeutet, daß die Typanalyse alle Methodenaufrufe und arithmetische Operationen als korrekt anerkennt. Entsprechend sagen wir, daß eine Typanalyse ein Programm ablehnt (rejected), wenn ein Methodenaufruf oder eine arithmetische Operation gefunden wird, die zu einem Fehler führt, d.h. das Ergebnis $\bot$ liefert. Beim Vergleich aller fünf Typanalysen erhalten wir:

DIST>MONO>MONO-ASS,MONO-BRANCH>PS,

wobei > "akzeptiert mehr Programme als" bedeutet.

5 Implementierung und Praktische Resultate

Die fünf Typanalysen sind mit GNU C++ implementiert worden. Wegen der exponentiellen Komplexität der Verfahren wurde sehr viel Wert darauf gelegt, daß nur diejenigen Teile einer Analyse berechnet werden, die unbedingt für das Gesamtergebnis notwendig sind. Somit entstand eine demand-driven Version des Datenflußanalyse-Rahmens.

Unsere Suite von Testprogrammen umfaßt 9 SQL -Programme unterschiedlicher Größenordnung. Sie variieren zwischen einem kleinen Programm mit 30 Zeilen (*lines of code*), sechs mittelgroßen Programmen mit 106-295 Zeilen und zwei "großen" Programmen mit 1005 bzw. 1652 Zeilen. All diese Programme sind typische objekt–orientierte Benchmark-Programme [Ch, HU, Ag, AH].

Die folgenden Testergebnisse wurden auf einer DEC Alpha Station 600 5/266 mit 256MB RAM erzielt.

5.1 Laufzeiten der Typanalysen

Laufzeiteffizienz ist ein ultimatives Ziel einer Implementierung. Wir betrachten daher zuächst die erzielten Resultate in Abbildung 2.

Name	loc	var	m.defs	MONO	M.A.	M.B.	PS	DIST
Peano	128	6	42	0.57	0.48	22.20	16.90	0.08
Trees	186	10	40	0.08	0.46	2.23	2.23	0.08
Container	30	3	5	0.02	rej.	0.02	rej.	0.02
N-Queen	106	8	18	0.40	0.40	0.50	0.49	0.05
Quicksort	118	14	12	0.25	0.25	0.24	0.25	0.26
Tower of Hanoi	295	24	36	4.60	4.58	4.55	4.57	476.12
Sieve	107	12	11	0.19	0.19	0.19	0.20	0.25
Diff	1652	121	218	819.90	rej.	rej.	rej.	OutOfMem
Richards	1005	179	122	7.33	rej.	rej.	rej.	7.18

Abbildung2. Analysezeiten der fünf Typanalysen in sec.: loc=Anzahl der Programmzeilen(lines of code), var=Anzahl der Variablen, m.defs=Anzahl der Methodendefinitionen.

Die Laufzeiten der MONO-Analyse sind mit Ausnahme des *Diff*-Programms sehr gut. Dies gilt z.T. auch für die anderen Typanalysen, wobei die monotonen Analysen allerdings zwei bzw. drei Programme, darunter jeweils die beiden großen Programme, nicht erfolgreich verarbeiten konnten. Die distributive Analyse zeigte teilweise sehr vielversprechende Resultate, benötigt aber bei dem größten Programm *Diff* soviel Speicher (>800 MB), daß die Analyse auf den zur Verfügung stehenden Rechnern nicht normal beendet wurden.

Zunächst könnte man vermuten, daß die Laufzeiten in direktem Zusammenhang mit den Programmgrößen oder der Größe der Datenflußinformationen (Anzahl der Variablen) stehen. Dies konnte aber durch die Messungen nicht bestätigt werden, wie die folgenden Ergebnisse der MONO-Analyse zeigen. Das *Trees*-Programm (186 lines of code) benötigt nur 0.08 sec, wohingegen *Peano* (128 loc) mit 0.57 sec 7 mal langsamer analysiert wird. Wenn wir die Anzahl der Variablen betrachten, so sind *Richards* und *Diff* zwei Programme mit vielen Variablen, haben aber sehr unterschiedliche Laufzeiten. *Richards* ist um den Faktor 115 schneller als *Diff*.

Die Ergebnisse von MONO-ASS zeigen, daß die Analysen von 40% aller Programme schlechter sind als im Vergleich zu MONO. Dies liegt vor allem darin begründet, daß drei Programme abgelehnt (rejected) werden und das *Trees*-Programm eine wesentlich schlechtere Analysezeit hat als bei MONO (Faktor 6).

Bei der Analyse mit MONO-BRANCH können wir erkennen, daß sie im Vergleich zu MONO nur vier Programme in ähnlicher Zeit bearbeitet. Zwei Programme werden von MONO-BRANCH abgelehnt und drei Programme enden mit schlechterer Laufzeit als dies bei MONO der Fall ist.

Die Ergebnisse der monotonen Analysen zeigen aber auch, daß eine unschärfere Typanalyse durchaus schneller erfolgreich ausgeführt werden kann als eine schärfere Typanalyse. Dieser Fall tritt bei den verschiedenen Typanalysen von *Peano* auf. Die Typanalyse MONO benötigt ca 20% mehr Analysezeit als die abgeschwächte Typanalyse MONO-ASS und die Typanalyse PS ist ebenfalls um ca 20% schneller als die Typanalyse MONO-BRANCH. Erklärbar ist dies dadurch, daß in einem Analyseschritt einer Typanalyse Informationen berechnet werden, die bei einer präziseren Analyse erst nach mehreren Berechnungsschritten entstehen.

Einen zwiespältigen Eindruck hinterläßt der Vergleich der Ergebnisse von der aggressivsten Typanalyse, DIST, und der monotonen Analyse MONO. Auf der einen Seite zeigt DIST bei drei Programmen (*Peano*, *N-Queen* und *Richards*) ein wesentlich besseres Verhalten als MONO. Umgekehrt analysiert MONO die beiden Programme *Tower of Hanoi* und *Sieve* bedeutend schneller. Aber ernsthaft problematisch ist das Verhalten der DIST-Analyse im Falle der Programme *Tower of Hanoi* und *Diff*. Bei dem *Tower of Hanoi*-Programm ist die Analysezeit 100mal langsamer. Wie bereits zuvor erwähnt, kann die Analyse des *Diff*-Programms nicht ausgewertet werden, da der große Speicherbedarf, über 800 MB, zu einem frühzeitigen Abbruch führt.

Aus dem Gesichtspunkt der Analysezeiten hat MONO das stabilste Verhalten gezeigt. DIST kann in manchen Fällen zu Verbesserungen führen (Faktor 7), kann aber auch das Gegenteil bewirken (Faktor 100). MONO-ASS, MONO-BRANCH und PS scheitern bei großen Programmen.

5.2 Qualität der Typanalysen

Die Qualität einer Typanalyse kann anhand der Anzahl der nicht eindeutigen Methodenaufrufe gemessen werden. Ein Methodenaufruf wird eindeutig von der

Typanalyse bestimmt, falls die Typanalyse herausfindet, daß der Empfängertyp des Aufrufs aus genau einem Element besteht. Ein Methodenaufruf ist mehrdeutig (oder nicht eindeutig), wenn der Empfängertyp des Aufrufs aus mehreren Elementen besteht. Verschiedene experimentelle Untersuchungen, vor allem die sehr differenzierten Untersuchungen der Self-Gruppe [Ch, HU] haben gezeigt, daß in objekt–orientierten Programmen relativ wenige mehrdeutige Methodenaufrufe vorkommen. In Tabelle 3 haben wir die Anzahl der mehrdeutigen Methodenaufrufe, die die jeweiligen Typanalysen herausfinden, zusammengestellt.

Name	Call Sites	MONO	M.A.	M.B.	PS	DIST
Peano	43	5	5	24	24	3
Trees	87	0	0	0	0	0
Container	7	0	rej.	0	rej.	0
N-Queen	21	6	6	9	9	1
Quicksort	19	0	0	0	0	0
Tower of Hanoi	67	0	0	0	0	0
Sieve	14	0	0	0	0	0
Diff	423	2	rej.	rej.	rej.	OutOfMem
Richards	226	0	rej.	rej.	rej.	0

Abbildung3. Mehrdeutige Aufrufstellen von Methoden.

Die Typanalyse MONO zeigt ein sehr gutes Verhalten, indem 6 der 9 Programme keine mehrdeutigen Methodenaufrufe enthalten. Die Analyse der drei "mehrdeutigen" Programme, hierzu gehört nur eines der beiden großen Programme, findet heraus, daß nur 0.47% (bei *Diff*), 12% (bei *Peano*) und 29% (bei *N-Queen*) aller Methodenaufrufe, die im Programm vorkommen, mehrdeutig sind.

MONO-ASS erkennt genau soviele eindeutige Methodenaufrufe wie MONO, mit Ausnahme der drei Programme, die MONO-ASS als fehlerhaft bezeichnet.

MONO-BRANCH und PS liefern fast identische Ergebnisse und führen im Vergleich zu MONO bei nur 5 bzw. 4 Programmen zu gleichen Ergebnissen.

Wie nach den Laufzeitergebnissen zu erwarten war, ergibt sich bei der distributiven Typanalyse wieder ein uneinheitliches Bild. Abgesehen von dem durch DIST nicht analysierbaren Programm, kann die distributive Analyse zwar die Ungenauigkeiten weiter verringern, bei *Peano* um fast die Hälfte und bei *N-Queen* um den Faktor 6, aber leider reicht eben nicht immer der Hauptspeicher aus.

6 Verwandte Ansätze

Statische Programmanalysen sind ein seit 20 Jahren stetig wachsender Forschungsbereich. Die meisten neueren Ansätze stützen sich immer noch auf die "alten" grundlegenden Arbeiten zur Datenflußanalyse [MJ, SP], Abstrakten Interpretation [CC] oder Typinferenz [Mi]. Typanalysen für ungetypte objektorientierte Sprachen ist ein aktives Forschungsgebiet, vor allen in den letzten fünf Jahren. Die Arbeit von Palsberg und Schwartzbach [OPS] stellt eine constraintbased Typinferenz für Smalltalk-artige Sprachen vor, bei der der Kontext von Methodenaufrufen zur Berechnung von Typinformationen mit berücksichtigt wird. Ageson [Ag] verfeinerte und verbesserte diese Idee, indem er das kartesische Produkt der Empfänger- und Argumenttypen eines Methodenaufrufes berechnet und für jedes Element des kartesischen Produktes eine separate Analyse der Methode vornimmt. Die vom Standpunkt der Mächtigkeit her genaueste Typanalyse ist die von Plevyak und Chien [PC]. Ihre iterative Analyse expandiert einen unpräzisen Methodenaufruf durch Aufspalten (Splitting) in verschiedene Aufrufe und analysiert den so gewonnenen Programmcode erneut. Dieses Auflösen der Ungenauigkeit wird solange ausgeführt bis keine Ungenauigkeiten mehr auftreten bzw. die vorhandenen Ungenauigkeiten nicht weiter auflösbar sind. Es existieren noch eine Reihe anderer Arbeiten, z.B. [CSH, PR, VHU], auf die wir hier aber nicht eingehen können. Eine detaillierte Gegenüberstellung verwandter Ansätze kann in [Go, KG] gefunden werden.

Die in den fünf Typanalysen verwendeten Ideen sind alle einzeln betrachtet nicht neu, sondern wurden bereits bei anderen Programmanalysen benutzt. Aber alle diese Ideen sind nach Kenntnis des Authors noch nicht gemeinsam in einer Analyse integriert und untersucht worden.

7 Zusammenfassung und Ausblick

Dynamische Bindung in ungetypten objekt-orientierten Sprachen ist eines der wichtigsten Konzepte dieser Sprachen. In dieser Arbeit sind interprozedurale Datemflußanalysen untersucht worden, die für alle Methodenaufrufstellen die zur Bindung notwendigen Informationen berechnen. Die erzielten Ergebnisse sind hoffnungsvoll, sodaß ein weiterer Ausbau der Untersuchungen von größeren Programmen geplant ist.

Literatur

[Ag] Ageson, O. The Cartesian Product Algorithm: Simple and Precise Type Inference of Parametric Polymorphism. In *Proceedings of the European Conference on Object-Oriented Programming (ECOOP'95)*, Arhus, Denmark, Springer-Verlag, LNCS 952 (1995), 2 - 26.

[AH] Ageson, O., and Hölzle, U. Type Feedback vs. Concrete Type Inference: A Comparison of Optimization Techniques for Object-Oriented Languages. In *Proceedings of the* 10th *ACM SIGPLAN Annual Conference on Object-Oriented Programming*

Systems, Languages, and Applications (OOPSLA'95), ACM SIGPLAN Notices 30, 10, (1995), 91 - 107.

[Ch] Chambers, C. The design and implementation of the SELF Compiler, an optimizing compiler for object-oriented programming languages, Dissertation, Stanford University, 1992.

[CC] Cousot, P., and Cousot, R. Abstract interpretation: A unified lattice model for static analysis of programs by construction or approximation of fixpoints. In *Conference Record of the 4th Annual ACM Symposium on Principles of Programming Languages (POPL'77)*, Los Angeles, California, 1977, 238 - 252.

[CSH] Carini, P.R., Srinivasan, H., and Hind, M. Flow-Sensitive Type Analysis for C++, IBM Research Report RC20267 Computer Science, (1995).

[Go] Golubski, W. Datenflußanalyse in objekt-orientierten Sprachen - Von der Theorie zur Praxis, Habilitationsschrift, University of Siegen, Germany, 1997.

[HU] Hölzle, U., and Ungar, D. Optimizing dynamically–dispatched calls with run–time feedback. In *Proceedings of the ACM SIGPLAN'94 Conference on Programming Language Design and Implementation (PLDI'94)*, Orlando, Florida, *SIGPLAN Notices 29*, 6 (1994), 326 - 336.

[KG] Knoop, J., and Golubski, W. Abstract interpretation: A uniform approach for powerful type analysis and classical optimization of object-oriented programs. In *Proceedings of the International Workshop The White OO Nights"(WOON'96) (St. Petersburg, Russia)*, 1996, to appear.

[KS] Knoop, J., und Steffen, B. The Interprocedural Coincidence Theorem. In *Proceedings of the 4th International Conference on Compiler Construction (CC'92)*, Paderborn, Germany, Springer–Verlag, LNCS 641 (1992), 125–140.

[MJ] Muchnick, S. S., and Jones, N. D. (Eds.). Program flow analysis: Theory and applications. Prentice Hall, Englewood Cliffs, New Jersey, 1981.

[Mi] Milner, R.A. A Theory of Type Polymorphism. *Journal of Computer and System Sciences*, 17, (1979), 348–375.

[OPS] Oxhøj, N., Palsberg, J., and Schwartzbach, M. I. Making type inference practical. In *Proceedings of the European Conference on Object-Oriented Programming (ECOOP'92)*, Utrecht, The Netherlands, Springer-Verlag, LNCS 615 (1992), 329 - 349.

[PC] Plevyak, J., and Chien, A. A. Precise concrete type inference for object-oriented languages. In *Proceedings of the 9th ACM SIGPLAN Annual Conference on Object-Oriented Programming Systems, Languages, and Applications (OOPSLA'94), ACM SIGPLAN Notices 29*, 10, (1994), 324 - 340.

[PR] Pande, H.D., and Ryder, B.G. Static Type Determination and Aliasing for C++. *Technical Report LCSR-TR-236, Rutgers University*, (1994).

[SP] Sharir, M., and Pnueli, A. Two approaches to interprocedural data flow analysis. In [MJ], 1981, 189 - 233.

[VHU] Vitek, J., Horspool, R. N., and Uhl, J. S. Compile-time analysis of object–oriented programs. In *Proceedings of the 4th International Conference on Compiler Construction (CC'92)*, Paderborn, Germany, Springer-Verlag, LNCS 641 (1992), 236 - 250.

Formal Specification Techniques for Object-Oriented Programs

Peter Müller and Arnd Poetzsch-Heffter*

FernUniversität
D-58084 Hagen

Abstract. Specification techniques for object-oriented programs relate the operational world of programs to the declarative world of specifications. We present a formal foundation of interface specification languages. Based on the formal foundation, we develop new specification techniques to describe functional behavior, invariants, and side-effects. Furthermore, we discuss the influence of program extensions on program correctness.

1 Introduction

Interface specification techniques have been developed for the precise documentation of program behavior ([GH93, FZZ96, PH95]) and as a tool for program design ([Jon91]). Interface specifications relate the operational, state-based world of programs to the declarative, state-less world of universal specifications.

Interface specifications state program properties in an abstract, declarative way and allow to formally prove that programs satisfy these properties. This extended abstract develops a formally founded interface specification technique for object-oriented programs that can be used for program verification as it fulfills the following requirements entailed by the goal of formal program verification: 1. Specifications must have a formal semantics to enable formal proofs. 2. Specifications of certain program components must enable to verify programs that make use of these components. I. e. specifications must be detailed enough to know all important effects, in particular side-effects on the environment. 3. The connection between interface specifications and proof obligations must be clear. 4. Specifications and correctness proofs should stay valid if the underlying program is extended. With subtyping this is in general not the case. In this extended abstract, we especially show how the requirements above influence interface specification techniques. We illustrate the investigation steps by a small example program written in a C++ subset and use the Larch specification language for C++ as a starting point of our analysis (cf. [Lea96]), because this is one of the most advanced interface specification languages. For verification, we assume a Hoare-style logic (cf. [Hoa69]).

The main contributions of this paper are:
1. Improvement of existing specification techniques towards formal verification.
2. Formal semantics of interface specifications, in particular of class invariants.

* [Peter.Mueller, Arnd.Poetzsch-Heffter]@fernuni-hagen.de

3. Short analysis of behavioral subtyping in the context of verification.
4. New techniques to specify sharing and environmental properties of methods.

Related Work A lot of work has been done aiming at the construction of correct software. Some approaches concentrate on top-down software development by iteratively refining specifications until an executable program is reached (cf. the refinement calculus by Back [Bac88], the KorSo project [BJ95]). In contrast, our framework relates universal specifications and programs (implementing abstract data types via concrete and abstract classes) without enforcing a certain style of software development.

Our work has been inspired by Larch (cf. [GH93]). As in our approach, Larch specifications consist of two major parts: (a) A program independent specification of abstract data types and (b) a program dependent part that relates the implementation to the abstract data types. In the implementation, the ADT values are in general represented by several linked objects. An interface specification of a class C consists of an invariant and specifications for C's methods.

In Larch-style specifications, the *functional behavior* of methods is specified by describing the input/output behavior based on the abstract values represented by the parameter and result objects. This is done by pre- and postconditions, which are first-order formulae. The *environmental behavior* of methods is expressed via so-called *modifies clauses*. These are lists of all objects that may be changed by a method. Properties that must hold for all objects of a type can be specified as class invariants (see section 3.2).

Compared to Larch, our framework has three major advantages: 1. We give specifications a formal semantics, which is indispensable for verification. 2. We provide more elaborated techniques for the specification of side-effects and sharing. 3. We use explicit abstraction functions. This aspect is crucial for verification and will be illustrated in the following: Consider the example in appendix A. We have a class `database` that implements an abstract type *Database*[2]. In Larch, the typical way to specify the functional behavior of method `emptyDB`, which returns an empty data base, would be as follows:

`database *emptyDB()`
`pre` *true*
`post` result = *empty*

The important aspect with the above, almost trivial specification is the implicit *abstraction* that is applied to the result: The result, which is an object of the programming language, is equated with a value of the abstract data type. To verify that `emptyDB` fulfills the specification, we have to make the abstraction explicit using an abstraction function. Abstraction functions relate objects of the programming language to the universal specification framework. Section 2 describes the basic techniques to define this relation.

[2] Identifiers of programs are printed in `typewriter` font, whereas names of the abstract type are printed *italic*.

Overview This extended abstract is organized as follows: Section 2 investigates the needed semantical aspects of the underlying programming language. In section 3, we show how method behavior and class invariants can be specified. Furthermore, we present a formal semantics of specifications. Section 4 discusses the effects of program extensions. The conclusions are contained in section 5.

2 Formalizing Environments and Abstraction Functions

This section describes how the data and state model of an object-oriented programming language can be formalized and how abstraction functions can be defined based on such a formal model. We have to focus on the central techniques and ideas. In particular, we cannot go into details about a formalization of C++, but assume only a restricted language where each object can be considered as a pointer to a record. We use many-sorted first-order logic with recursive data types for the specification. For details, we have to refer to [PH97].

Object Environments The data model of a programming language defines the objects and values that may be used in programs. To keep things simple, we consider predefined values like integers or booleans as objects without attributes that exist in initial program states and cannot be created or deleted. We assume a sort *Type* containing a symbol for each type defined in a program and a sort *Object* containing (a) for each user-defined type an infinite set of objects, (b) for each user-defined type a null object, and (c) the predefined values. The function $typ : Object \rightarrow Type$ yields for each object its type symbol; the predicate $isnull : Object \rightarrow Boolean$ checks whether an object is a null object. Furthermore, we assume a sort *Location*: A location is a pair (X, A) — denoted by $X.A$ — where X is a user-defined object and A is an attribute of the class of X. Locations are the formal counterparts of instance variables (or data members). The function $obj : Location \rightarrow Object$ yields the object a location belongs to ($obj(X.A) = X$).

Objects have states. The state of an object tells whether the object is alive or not yet allocated, and it assigns an object to each of its locations. The collection of all object states at a point of program execution is called the current *object environment*. Object environments are modelled via the abstract data type *ObjEnv*. The following operations are defined on object environments: $E\langle L := X\rangle$ denotes the environment after updating environment E at location L with object X. $E(L)$ denotes the object read from location L in environment E. $new(E, T)$ returns a new object of type T in environment E. $E\langle T\rangle$ denotes the environment after allocating a new object of type T in environment E. $alive(X, E)$ checks whether object X is alive in environment E. [PH97] presents an axiomatization of these operations.

Predicates on Object Environments The update of a location L affects properties of all objects that reference L: E. g. modifying a location of a list element X in a singly linked list affects all lists for which X is an element. On the other hand, if only locations are modified that are not reached by an object X, we know that the properties of X remain invariant under these modifications. Consequently, reachability is a central property for verification. It is formalized as a predicate expressing that an object X reaches a location L in an environment E: $reach(X, L, E) \Leftrightarrow_{def} obj(L) = X \vee \exists K : obj(K) = X \wedge reach(E(K), L, E)$. Based on *reach*, we can define a predicate *disj* expressing that the set of objects reachable from object X is disjoint from those objects reachable from Y: $disj(X, Y, E) \Leftrightarrow_{def} \forall L : \neg reach(X, L, E) \vee \neg reach(Y, L, E)$. Beside being indispensable for verification, the formal specification of object environments allows to use the vocabulary provided by the abstract data type *ObjEnv* in interface specifications. Thus, interface specifications become more flexible and can support different levels of abstraction down to the lowest level of abstraction, namely the object level. An example illustrating this feature can be found in section 3.

Abstraction functions An abstraction function maps an object X in an environment E to the abstract value that is represented by X (and possibly some other objects reachable from X) in E. Based on the formalization of object environments, abstraction functions can be defined in a precise way. E. g. the abstraction function *aDB* maps objects of class `database` (see appendix) to values of sort *Database* (*empty* and *insert* are the constructors of *Database*, see appendix). *aDB* is specified as binary function $aDB : Object \times ObjEnv \rightarrow Database$:

$$typ(X) \preceq \texttt{database} \wedge E(X.length) = 0 \Rightarrow \quad aDB(X, E) = empty$$
$$typ(X) \preceq \texttt{database} \wedge E(X.length) > 0 \Rightarrow$$
$$aDB(X, E) = insert(\ aDB(E(X.link), E),\ aDATA(E(X.elem), E)\ )$$

where $\preceq$ denotes the subtype relation on the types in a program and *aDATA* is the abstraction for objects of type `data`.

3 Interface Specifications

The first part of this section focuses on the specification of method behavior. In the second subsection, we show how well-formedness of data representations can be expressed by class invariants. After that, we present a formal meaning of specifications by interpreting them as proof obligations in a Hoare-style logic.

3.1 Specifying Method Properties

Method behavior has three different aspects: (a) functional behavior, i. e. the relation between the abstract values represented by the parameters in the prestate and the abstract value of the result in the poststate; (b) environmental properties expressing which parts of the environment change under method execution; (c) sharing properties relating the representations of parameters and result.

Specification of Functional Behavior To refer to the object environment in pre- and postconditions, we use the symbol \$ of sort *ObjEnv*; \$ can be considered as a global variable and has usually different values in pre- and poststates (one can think of \$ representing the object store). Using this notation and the abstraction function *aDB*, the intention of the specification for method `emptyDB` given in section 1 can be made explicit. Trivial preconditions (identical to *true*) will be omitted in the following:

`database *emptyDB()`
`post` $aDB(\text{result}, \$) = empty$

The typical specification of functional method behavior expresses the abstraction of the result as a term over the abstractions of the parameters in the prestate. The prestate values of parameters and of the environment variable can be used in postconditions by using a prestate-operator, denoted by "^". We illustrate this by the specification of method `insertDB`:

`database *insertDB(data *d)`
`post` $aDB(\text{result}, \$) = insert(\,aDB(\text{this}\hat{}, \$\hat{}),\; aDATA(\text{d}\hat{}, \$\hat{})\,)$

Specification of Environmental Behavior In Larch/C++, environmental properties are expressed by modifies clauses. A modifies clause lists all objects which may be changed under execution of a method by enumeration or by the reach(X) construct, which denotes all objects reachable from X. The disadvantage of this technique is that sharing is not taken into account. Consider a method that updates the last element of a singly linked list `l`. In fact, it modifies all lists referencing the last element, which are at least as many as the length of `l`. This property is very difficult to express by modifies clauses.

In our framework, the explicit object environment can be used to specify environmental properties. E. g. the following specification of `emptyDB` precisely describes the side-effects, namely the creation of a new `database`-object:

`database *emptyDB()`
`post` $\text{result} = new(\$\hat{}, \texttt{database}) \wedge \$ = \$\hat{}\langle\texttt{database}\rangle$

The absence of any side-effects can be specified by conjoining $\$ = \$\hat{}$ to the postcondition. This means that neither any locations nor liveness of any objects are changed. A more interesting, typical environmental property is that a method only modifies objects of the class it belongs to. For the methods of class `database`, this can be expressed by conjoining $typ(obj(L)) \neq \texttt{database} \Rightarrow \$(L) = \$\hat{}(L)$ to the postconditions. More advanced techniques for specification of environmental properties are presented in [PH97].

Specification of Sharing Properties Many realistic implementations use so-called *destructive updates* of data representations to increase efficiency. E. g. class `database` provides a method `updateDB` manipulating one entry. Such an update affects the abstract values represented by all objects referencing the updated entry. As a counterpart to destructive updates, we usually find methods to clone or copy whole object structures. We use the predicate *disj* to specify that `copyDB` creates a completely new object structure representing the same abstract value:

$$\texttt{database* copyDB()}$$
$$\texttt{post}\ aDB(\text{result}, \$) = aDB(\text{this}\hat{}, \$\hat{})\ \wedge\ disj(\text{result}, \text{this}\hat{}, \$)$$

Such properties cannot be expressed in many specification frameworks as they presuppose the distinction between the abstract and the representation level (for a more detailed treatment of sharing properties, we refer to [PH97]).

3.2 Class Invariants

Abstraction of object structures only works if the object structures are *well-formed.* E. g. abstraction of `database`-objects is only defined if they are not null and if the linked object list is acyclic. Well-formedness of `database`-objects can be defined as follows (*wfDATA* expresses the well-formedness of data elements):

$$\begin{aligned} &wfDB(X,E)\ \Leftrightarrow_{def}\ \neg isnull(X)\ \wedge\ typ(X) \preceq \texttt{database}\ \wedge \\ &\quad (\ E(X.length) = 0\ \vee (\ \ E(X.length) > 0\ \wedge\ wfDATA(E(X.elem)) \wedge \\ &\quad wfDB(E(X.link))\ \wedge\ E(X.length) = E(\,E(X.link).length\,) + 1\ \ )\ \ \ \ ) \end{aligned}$$

Well-formedness is a typical invariance property, i. e. a property that has to hold for all objects of a class. Thus, we use $wfDB(X, E)$ as *class invariant* of `database`; i. e. the invariant is a binary predicate $inv : Object \times ObjEnv \rightarrow Boolean$. The meaning of such invariants is discussed and explained in the next subsection.

3.3 Meaning of Interface Specifications

The meaning of invariants can be made precise by answering three questions: 1. For which objects must the invariants hold? 2. In which execution states must the invariants hold? 3. Which invariant has to hold for which method? The invariant inv_C of a class C has to hold for all non-null, living objects of type C; we abbreviate this by predicate INV_C:

$$INV_C(E) \Leftrightarrow_{def} \forall X : typ(X) \preceq C \wedge alive(X,E) \wedge \neg isnull(X) \Rightarrow inv_C(X,E)$$

Concerning the second question, an invariant of class C needs certainly not hold in all intermediate states during execution of C's methods; in particular during the construction of linked object structures, invariants are usually violated. But we expect them to express properties that are invariant under method execution: I. e. if the invariants hold for all objects in the precondition of a *public* method, they should hold in the postcondition. In particular, they have to hold for objects created during method execution. We require invariance only for public methods, because this guarantees that the invariant of a class C holds outside the execution of methods of C and because we want to allow private methods to perform auxiliary operations violating e. g. well-formedness properties.

From a verification point of view, the answer to the third question is fairly simple: To use class invariants as invariants in the proof technical sense, they have (a) to be true in possible initial program states and they have (b) to be invariant under *all* public methods. Requirement (a) is trivially satisfied because no user-defined objects are alive in initial program states. Requirement (b) is the proof obligation resulting from invariants. Although requirement (b) is as well justified from an operational point of view — a method m_C of class C can call a method m_D of class D and thus manipulate D-objects —, the literature often assigns a weaker meaning to invariants which makes verification much more difficult and leads to unintuitive situations.

We define the formal semantics of specifications by interpreting them as triples in a Hoare-style logic which is a formalization of the axiomatic semantics of the underlying programming language. Thus, the connetction between specifications and programs is precisely defined and verification can be done by proving the resulting triples in the programming logic. Let us assume a program **P** with classes $C_1 \ldots C_n$. The specification of **P** consists of the class invariants INV_{C_i} and of a pre-postcondition-pair (R_m, Q_m) for each method m. To verify **P**, we have to prove a triple of the following form for each public method m.

$$\{ R_m \wedge \bigwedge_{i=1}^{n} INV_{C_i}(\$) \} \text{ meth m } \{ Q_m \wedge \bigwedge_{i=1}^{n} INV_{C_i}(\$) \}$$

4 Program Extensions

In this section, we analyze the effects of program extensions on verified programs. We show how correctness can be preserved by behavioral subtyping. Furthermore, we summarize and discuss the proof obligations occurring from program extensions.

Behavioral Subtyping In object-oriented programming languages, correctness of programs can be affected by adding new classes as subtypes of existing classes. This effect is due to dynamic binding: Methods of the new subtype may be called in contexts where initially only methods of existing types could occur. Thus, we enforce subtypes to satisfy the specification of their supertypes. In the literature, this notion is usually called behavioral subtyping (cf. e. g. [LW94]). Type S is a behavioral subtype of T if (1) $inv_S(X, E)$ implies $inv_T(X, E)$ for all X of type S and if (2) for each method m associated with S and T with pre-post-pairs (R_S, Q_S) and (R_T, Q_T), R_T implies R_S and Q_S implies Q_T. I. e. $S :: m$ shows the behavior specified for $T :: m$. Classes that are derived from superclasses for the reason of "pure" subtyping (i. e. not for the reason of code inheritance) are usually intended to be behavioral subtypes. [FZZ96] remarks that behavioral subtyping is the only subtype-relation that preserves program correctness.

We illustrate behavioral subtyping by extending our data base example. Class `rdatabase` is a subclass and thus a subtype of class `database`. It extends `database` by storing for each element the number of accesses.

```
class rdatabase : public database {
  protected:  int         access_count;
```

```
public:     rdatabase *insertDB(data *d);
            int       freqDB(int i);        };
```

For brevity, the signatures of the constructor and methods `emptyDB` and `accessDB` are omitted. To reflect the additional information of `rdatabase` on the abstract level as well, we assume a corresponding abstract data type *RDatabase* having essentially[3] the same operations as *Database* except that they work on values of sort *RDatabase* and that there is an additional operation to read out the access count. To distinguish the *RDatabase*-operations from those of *Database*, we prefix them with an "r". The abstraction function for `rdatabase`-objects has the following signature: $aRDB : Object \times ObjEnv \rightarrow RDatabase$. Thereby, the functional behavior of `rdatabase::insert` can simply be specified as:

```
rdatabase *insertDB(data *d)
```
post $aRDB(\text{result}, \$) = rinsert(\, aRDB(\text{this}\hat{}, \$\hat{}),\ aDATA(\text{d}\hat{}, \$\hat{})\,)$

The class invariant of `rdatabase` is assumed to be the same as that of `database`. Does `rdatabase::insert` obey the rules of behavioral subtyping? The implication is trivially true for the precondition[4]. What remains to be shown is

$$aRDB(\text{result}, \$) = rinsert(\, aRDB(\text{this}\hat{}, \$\hat{}),\ aDATA(\text{d}\hat{}, \$\hat{})\,)$$
$$\Rightarrow \quad aDB(\text{result}, \$) = insert(\, aDB(\text{this}\hat{}, \$\hat{}),\ aDATA(\text{d}\hat{}, \$\hat{})\,)$$

To prove the implication, we have to relate terms of sort *RDatabase* to terms of sort *Database*. As it is typical for the relation between super- and subtypes, *RDatabase* is a specialization of *Database*. We assume a mapping $rdbtodb : RDatabase \rightarrow Database$ that forgets the access count information. Functions like *rdbtodb* are often called coercion functions . They relate the abstract level of sub- and supertypes and have to satisfy homomorphism properties. E. g. to prove the implication resulting from the behavioral subtype constraint, the following two properties of *rdbtodb* are needed:

$$rdbtodb(\, rinsert(RDB, D)\,) = insert(\, rdbtodb(RDB), D\,)$$
$$typ(X) \preceq \texttt{rdatabase} \;\Rightarrow\; aDB(X, E) = rdbtodb(\, aRDB(X, E)\,)$$

Based on these two properties, it is easy to show that `rdatabase::insert` fulfills the constraints of behavioral subtyping. Generally spoken, the rules of behavioral subtyping allow to prove that methods of subtypes behave like the corresponding methods of supertypes. Therefore, correctness of the extended program is not affected as long as all invariants are preserved.

Invariants and Program Extension Beside the above proof obligations for adding subtypes, other obligations concerning class invariants occur whenever a new class is added to a program. Assume, we have a verified program **P** with classes $C_1 \ldots C_n$. We extend this program by a new class C which is not necessarily a subtype of an existing class. Let *INV* denote the conjunction of the invariants of

[3] Some minor changes have to be done in order to manage the access count.
[4] Recall that omitted preconditions are identical to *true*.

$C_1 \dots C_n$ and let INV_C denote the invariant of C. As pointed out above, we have to prove that every method preserves every invariant; essentially, this results in the following proof obligations: 1. C_i::m preserves INV. 2. C_i::m preserves INV_C. 3. C::m preserves INV. 4. C::m preserves INV_C. Obligation 1 is already proved as **P** is verified. Obligations 3 and 4 belong to the verification of the new methods C::m. Unpleasantly, obligation 2 may cause to revisit an already proven program. This should be avoided because the implementation of **P** may come from a class library and may not be accessible.

Precise specifications of environmental properties (see section 3) allow to prove that methods preserve invariants of new classes without having to revisit the method implementations themselves.

5 Conclusion

This paper presented formal foundations for interface specifications and illustrated their use for the verification of object-oriented programs. The benefits of formal foundations can be summarized as follows:

- An integrated formal foundation for concrete data representations and abstract specifications is needed to give interface specifications a precise meaning. Abstraction functions are used to relate both worlds.
- Specifications must be able to refer to concrete data representations, e. g. to express well-formedness and to define abstraction functions. Therefore, the data and state model should be accessible within interface specifications.
- Verification requires to specify different aspects of methods, in particular functional behavior and environmental properties.
- The formal semantics of specifications can be described by transforming them into triples of a Hoare-style logic. Verification is done by proving this triples in the logic.
- To preserve correctness of programs under extension, subtypes should be behavioral subtypes. By a sufficiently strong specification of environmental properties, proof obligations coming from program extensions can be discarded without having to revisit already verified implementation parts.

Future work will mainly be concerned with the automation of correctness proofs by using Dijkstra's weakest precondition technique. Furthermore, we aim at the integration of tools for specification and verification into so-called logic-based programming environments.

A Appendix

This appendix presents the following C++ example program implementing a primitive data base. The data base supports methods to insert, access, and update data base entries. It is represented by a singly linked list of its elements. The length of the list is stored explicitly.

```
class database {
  protected:  data     *elem;
              database *link;
              int       length;
  public:     static virtual database *emptyDB();
              virtual database *insertDB( data *d );
              virtual void     *updateDB( int key, data *d);
              virtual database *copyDB();                    };
```

For brevity, we omitted the signatures of the constructor and methods `isemptyDB`, `iselemDB`, and `accessDB`. Class `data` is also not showed here. It provides a method `key` that returns for each `data`-object a unique integer-valued key, which is used to identify elements in the data base. To specify the interface of class `database`, we use the abstract data type *Database*. Among others, it contains the following functions:

$$\begin{aligned} &empty : \rightarrow Database \\ &insert : Database \times data \rightarrow Database \\ &key \quad : data \rightarrow Integer \end{aligned}$$

References

[Bac88] R. J. R. Back. A calculus of refinement for program derivations. *Acta Informatica*, 25:593–624, 1988.

[BJ95] Manfed Broy and Stefan Jähnichen, editors. *KORSO: Methods, Languages, and Tools for the Construction of Correct Software*, volume 1009 of *Lecture Notes in Computer Science*. Springer-Verlag, 1995.

[FZZ96] A. Frick, W. Zimmer, and W. Zimmermann. Konstruktion robuster und flexibler Klassenbibliotheken. *Informatik — Forschung und Entwicklung*, 11:168–178, 1996.

[GH93] John V. Guttag and James J. Horning. *Larch: Languages and Tools for Formal Specification*. Springer-Verlag, 1993.

[Hoa69] C. A. R. Hoare. An axiomatic basis for computer programming. *Communications of the ACM*, 12(10):576–580, 583, 1969.

[Jon91] H. B. M. Jonkers. Upgrading the pre- and postcondition technique. In S. Prehn and W. J. Toetenel, editors, *VDM '91: Formal Software Development Methods*, LNCS 551, pages 428–456. Springer-Verlag, 1991.

[Lea96] Gary T. Leavens. An overview of Larch/C++: Behavioral specifications for C++ modules. Technical Report TR #96-01b, Iowa State University, Ames, Iowa, March 1996.

[LW94] B. Liskov and J. Wing. A behavioral notion of subtyping. *ACM Transactions on Programming Languages and Systems*, 16(6), 1994.

[PH95] A. Poetzsch-Heffter. Interface specifications for program modules supporting selective updates and sharing and their use in correctness proofs. In G. Snelting, editor, *Softwaretechnik 95*, 1995.

[PH97] Arnd Poetzsch-Heffter. *Specification and Verification of Object-Oriented Programs*. Technische Universität München, 1997. (to appear).

Entwurf und prototypische Implementierung einer objektorientierten funktionalen Programmiersprache

Zhenyu Qian and Besma Abd Moulah

FB3 Informatik, Universität Bremen, Postfach 330440, D-28334 Bremen, Germany

Abstract. Das objektorientierte und das funktionale Programmierparadigma bieten natürliche Lösungen für unterschiedliche Arten von Programmieraufgaben und sollen daher kombiniert werden. Die bisherigen Ansätze scheinen nicht besonders erfolgreich zu sein. Die objektorientierte funktionale Sprache `TOFL` stellt einen neuen Versuch für bessere Konzepte dar. Sie unterstützt Objekte, Klassen, Vererbung, Methodenüberschreiben und dynamisches Binden wie in der objektorientierten Sprache `Eiffel`, und algebraische Datentypen, Funktionen höherer Ordnung und Typinferenz wie in der funktionalen Sprache `ML`. Außerdem führt sie ein neues Konzept von statisch typsicheren binären Methoden ein. Dieses Papier beschreibt den konkreten Sprachentwurf und eine prototypische Implementierung.

1 Einleitung

Aus einer bestimmten Perspektive heraus lassen sich alle Daten in zwei Kategorien einteilen. Die eine Kategorie besteht aus (Darstellungen von real existierenden) *Objekten* wie z.B. Menschen, Tieren und Gebäuden. Die andere Kategorie besteht aus *mathematischen Werten* und *Strukturen* wie z.B. Zahlen und Vektoren, die aus wohlfundierten mathematischen Theorien stammen. Eine Programmiersprache für Prototyping sollte alle Daten in natürlicher Weise darstellen können, um dem Programmierer zu ermöglichen, sich auf den eigentlichen Entwurf zu konzentrieren. Da das objektorientierte und das funktionale Programmierparadigma jeweils Objekte bzw. mathematische Werte auf natürliche Weise unterstützen, scheint es vielversprechend zu sein, die beiden Paradigmen zu kombinieren.

Wir bemerken, daß das objektorientierte und das funktionale Paradigma noch andere Eigenschaften besitzen, die wir in einem Paradigma vereinigen wollen.

Die bisherigen Ansätze in der Richtung scheinen nicht besonders erfolgreich zu sein. Dies könnte daran liegen, daß der objektorientierte und der funktionale Ansatz auf teilweise widersprüchlichen Entwurfsphilosophien und unterschiedlichen Techniken basieren. Ein Beispiel ist, daß der funktionale Stil versucht, Zustände in Programmen zu vermeiden, während ein Objekt im objektorientierten Stil oft einen Zustand voraussetzt. Ein weiteres Beispiel ist, daß die Bindungen in einem funktionalen Programm traditionell statisch sind, während die Bindung einer Methode im objektorientierten Stil dynamisch sein kann.

Die objektorientierte funktionale Sprache `TOFL` ("Typed Object-oriented Functional programming with Late binding") stellt einen neuen Versuch für bessere Konzepte dar. Der oben erwähnte Konflikt zwischen dem objektorientierten und dem funktionalen Ansatz wird in TOFL dadurch aufgelöst, daß nur ein Objekt einen Zustand haben kann, und daß das dynamische Binden das statische auf natürliche Weise erweitert. Dieses Papier beschreibt einen Teil des Sprachentwurfs von TOFL und einer prototypischen Implementierung. Die längere Version dieses Papiers [18] enthält mehr Informationen. Für die theoretischen Grundlagen siehe [20, 19].

2 Relevante Arbeiten

In den letzten Jahren sind einige objektorientierte funktionale Sprachen entwickelt worden. Die Sprache `Objective ML` [21] ist eine interessante kompatible Erweiterung von `ML` um Objekte und Klassen. Die Sprache basiert auf der ML-Polymorphie für Rekordtypen und daher unterstützt weder die Untertyprelation noch das dynamische Binden des normalen objektorientierten Paradigmas.

Die Sprache `Object SML` [22, 23] behandelt Objekte als Werte aus erweiterten ML-Datentypen für Klassen: Objekte werden durch Wertkonstruktoren gebaut. Die Sprache unterstützt keine statisch typsicheren binären Methoden.

Existentielle Typen können für Objektorientierung eingesetzt werden [11, 12], weil sie eine Beziehung zwischen einer Schnittstelle und ihrer Implementierung modellieren [15, 6]. Es ist aber schwierig mit einem existentiellen Typ eine beliebig tiefe Vererbungshierarchie zu modellieren.

Die Sprache `Haskell++` [10] erweitert `Haskell` mit Objektklassen und deren Instanzen, einer Instantiierungsrelation zwischen Objektklassen und deren Instanzen, einer Instantiierungsrelation unter Objektklassen und eine Vererbungsrelation unter deren Instanzen. Das Zusammenwirken all dieser Relationen ist zu komplex.

Die Sprache `Pizza` [16] erweitert `Java` um parametrisierte Klassen, algebraische Datentypen, höhere Funktionen und Untertyp-Polymorphie mit rekursiven Typen [4]. Auf einer technischen Ebene sind `Pizza` und `TOFL` nicht direkt vergleichbar, da `TOFL` das funktionale Paradigma erweitert. Auf einer abstrakten Ebene können wir einige Vorteile von `TOFL` gegenüber `Pizza` feststellen. Der erste Vorteil ist, daß primitive Typen (`Integer`, `Float`, etc.) und algebraische Datentypen in `TOFL` ein gemeinsames Konzept für mathematische Werte wie im funktionalen Paradigma darstellen, während sie in `Pizza` zwei völlig getrennte Konzepte sind. Der zweite Vorteil ist, daß `TOFL` für statisch typsichere binäre Methoden ein Typsystem benutzt, das nicht wesentlich komplizierter ist als das im funktionalen Paradigma, während `Pizza` dafür eine Untertyp-Polymorphie mit rekursiven Typen einführt, die das Typsystem des funktionalen Paradigmas auf nichttriviale Weise erweitert und daher für manche Anwender zu kompliziert sein kann. Allerdings müssen wir sagen, daß `TOFL` keine parametrisierten Klassen unterstützt. Außerdem ist die Implementierung von `TOFL` nicht so weit fortgeschritten wie die von `Pizza`.

3 Die Programmiersprache TOFL

3.1 Klassen, Instanzvariablen und Methoden

Die Sprache `TOFL` erlaubt `Eiffel`-ähnliche Klassendeklarationen auf dem Toplevel. Das folgende Programm ist eine Klassendeklaration.

```
class Point
attr pos: Integer
meth equal : acty * acty -> Bool
    | equal (x,y) = equal (x.pos,y.pos)
meth move : acty -> Integer -> unit
    | move x d = x.position := x.position + d
end
```

Die Schlüsselwörter **attr** und **meth** kennzeichnen Deklarationen von Instanzvariablen und Methoden. Eine Methodendeklaration enthält einen Typ und einen Rumpf. Der Bezeichner `acty`, d.h. der *aktuelle Typ* einer Methode, spielt eine ähnliche Rolle wie `like Current` in `Eiffel` [14]. Der Typ einer Methode in `TOFL` muß `acty` enthalten. Eine Methode ohne `acty` kann immer als eine Funktion deklariert werden, die nicht mit einer Klasse gebunden ist.

Ein wichtiger Unterschied zwischen `TOFL` und `Eiffel` ist, daß der Aufruf einer Methode in `TOFL` im allgemeinen das Senden einer Nachricht an einen *Empfänger-Ausdruck* bedeutet. Ein Empfänger-Ausdruck kommt immer explizit als das erste Argument einer Methode vor. Wie wir später sehen werden, darf ein Empfänger-Ausdruck kein beliebiger Ausdruck sein. Ein Empfänger-Objekt ist ein spezieller Empfänger-Ausdruck.

An dem obigen Beispiel sieht man, daß das erste Argument der Methode `equal` ein Paar `(x,y)` vom Typ `acty * acty` ist. Sind `p` und `q` zwei `Point`-Objekte, dann ist `(p,q)` im Ausdruck `equal(p,q)` der Empfänger-Ausdruck von `equal`. Die Methode `move` nimmt zwei Argumente. Das erste ist dabei der Empfänger-Ausdruck.

Der Typ einer Instanzvariable darf weder `acty` noch Typvariablen enthalten: `acty` würde zu statischer Typunsicherheit führen [7]. Zur Behandlung von Typvariablen würde man ein kompliziertes Typsystem benötigen [17].

3.2 Vererbung und Überschreiben

Das folgende `TOFL` Programm deklariert eine Unterklasse von `Point`.

```
class ColorPoint <: Point
attr color: Integer
redef equal (x,y) = equal(x.pos,y.pos) andalso equal(x.color,y.color)
end
```

Wir benutzen die Notation `<:` für eine Untertyprelation. Auf der rechten Seite von `<:` darf man mehrere Klassen schreiben. Eine Unterklasse erbt alle Instanzvariablen der Oberklassen. Sie erbt auch alle Methoden der Oberklassen, die nicht in der Unterklasse überschrieben werden.

Das Schlüsselwort **redef** kennzeichnet *Überschreiben*. Beim Überschreiben darf nur der Rumpf einer Methode neu definiert werden. Obwohl die Form des Typs unverändert bleibt, paßt `acty` sich auf den Untertyp an. Sind `p` und `q` zwei `ColorPoint`-Objekte, dann wird die `equal`-Methode in `ColorPoint` statt die in `Point` bei der Ausführung des Aufrufs `equal(p,q)` verwendet. Die Auswahl einer Methodendeklaration/-redefinition findet zur Laufzeit statt (*dynamisches Binden*).

In TOFL dürfen Instanzvariablen nicht überschrieben werden.

Die meisten objektorientierten Sprachen sind *single-dispatching*: ihre Methoden haben nur ein Empfänger-Objekt und dynamisches Binden basiert auf dem Typ des Empfänger-Objektes. Es gibt auch *multiple-dispatching* objektorientierte Sprachen wie z.B. CLOS [1]: ihre Methoden können mehrere Empfänger-Objekte unterschiedlicher Typen haben und dynamisches Binden basiert auf den Typen aller Empfänger-Objekte. Die Sprache TOFL ist weder single- noch multiple-dispatching. Sie stellt einen Kompromiß dar: Ihre Methoden können einen Empfänger-Ausdruck haben, der mehrere Empfänger-Objekte des gleichen Typs enthält.

Die Sprache Eiffel und das System O_2 [13] erlauben, daß die Argument- und Ergebnistypen der überschreibenden Methode kleiner sind als die der überschriebenen. Dies führt leider zu statischer Typunsicherheit [7]. Es gibt auch viele Ansätze, wo die Argumenttypen der überschreibenden Methode größer sein können als die der überschriebenen [5]. Dies ist inkonsistent mit der Veränderung von acty. Außerdem findet man (z.B. [2]), daß diese Ansätze in der Praxis nicht sehr nützlich sind. In der Sprache Sather macht man die erlaubte Art der Veränderung eines Argumenttyps davon abhängig, ob das Argument der Empfänger, oder ein in-, out- oder inout-Argument ist [24]. Wir finden, daß dieser Ansatz zu kompliziert ist.

3.3 Datentypen

Die Sprache TOFL erlaubt ML-ähnliche **datatype**-Deklarationen. Der Unterschied ist nur, daß eine **datatype**-Deklaration in TOFL zusätzlich noch einen Standard-Wert definiert. Als Beispiele betrachten wir die folgenden Deklarationen:

```
datatype ('a,'b) Pair = mkPair of 'a * 'b init mkPair(_,_)
datatype Rational = mkRat of Integer * Integer init mkRat(0,0)
```

Der Typ (Rational,Rational) Pair hat nach den obigen Deklarationen den Standard-Wert mkPair(mkRat(0,0),mkRat(0,0)).

Typausdrücke in TOFL werden durch Datentypkonstruktoren und Klassen wie in einer funktionalen Sprache gebaut, wobei Klassen als 0-stellige Typkonstruktoren betrachtet werden. Ein Typausdruck mit einem Datentypkonstruktor an der äußersten Stelle wird auch *Datentyp* genannt.

3.4 Klassen und Datentypen

Das folgende Programm zeigt, wie Klassen und Datentypen durch **subtype**-Deklarationen verbunden werden können. Die Funktionen equalInt und equalObj sind eingebaute Funktionen: equalObj überprüft, ob ihre Argumente dasselbe Objekt sind, und equalInt überprüft, ob zwei Integer gleich sind.

```
datatype ('a,'b) Pair = mkPair of 'a * 'b init mkPair(_,_)
class Equal
meth equal : acty * acty -> Bool,
    | equal (x,y) = equalObj(x,y)
end
```

```
subtype Integer <: Equal
redef equal (x,y) = equalInt(x,y)
end

subtype 'a <: Equal, 'b <: Equal => ('a,'b) Pair <: Equal
redef equal (mkPair(x,y),mkPair(u,v)) = equal(x,u) andalso equal(y,v)
end
```

Es gibt zwei **subtype**-Deklarationen im obigen Programm. Die erste besagt, daß `Integer` ein Untertyp von `Equal` ist. Die Methode `equal` wird für `Integer` überschrieben. Die zweite hat die folgende Bedeutung: Sind `'a` und `'b` zwei Untertypen von `Equal`, dann ist `('a,'b) Pair` auch ein Untertyp von `Equal`. Die Vorbedingung auf `'a` und `'b` gewährleistet die Typkorrektheit der Aufrufe von `equal` im Rumpf der `equal`-Methodenüberschreibung in der **subtype**-Deklaration.

Eine Klasse oder ein Datentyp kann als ein Untertyp einer Klasse deklariert werden. Ist ein Datentyp ein Untertyp einer Klasse, dann darf die Klasse keine **public** Instanzvariablen haben[1]. Die Werte eines Datentyps werden durch einen Wertkonstruktor explizit konstruiert. Instanzvariablen für solche Werte wären sinnlos.

Eine **class**-Deklaration in `TOFL` definiert eine neue Klasse und gibt gleichzeitig all ihre Oberklassen an. Im Gegensatz dazu definiert eine **datatype**-Deklaration nur einen Datentypkonstruktor. Die Oberklassen eines Datentyps können durch mehrere **subtype**-Deklarationen definiert werden. Allerdings dürfen verschiedene **subtype**-Deklarationen nicht denselben Typkonstruktor und dieselbe Oberklasse enthalten[2].

3.5 Statische Typinferenz

Wie in ML bildet die statische Typinferenz in `TOFL` die allgemeinsten Typen und findet alle Typfehler zur Übersetzungszeit. Allerdings braucht `TOFL` wegen der Existenz von Untertypen eine Art *polymorpher Untertypinferenz.*

Zur polymorphen Untertypinferenz benötigt `TOFL` zwei neue Konstrukte im Vergleich zu ML. Das erste ist ein *Kontext* für einen Typausdruck, der aus *Constraints für Typvariablen* in der Form `'a <: CS` besteht, wobei `'a` eine Typvariable, und `CS` eine einzelne Klasse oder eine nichtleere Menge von Klassen ist. Ein Constraint `'a <: CS` bedeutet "für jeden Typ `'a`, der ein Untertyp von jedem Element in `CS` ist". Ein Typausdruck mit einem Kontext wird *kontextueller Typausdruck* genannt. Ein Beispiel ist `'a <: Equal => 'a * 'a -> Bool`.

Beim Überschreiben einer Methode paßt sich `acty` im Typ der Methode automatisch auf den Untertyp an. Um die Regeln anzugeben, nehmen wir an, daß die Methode `m` mit dem Typ `'a1 <: CS1, ..., 'an <: CSn => tau` in der Klasse `C` deklariert wird. Die Notation `tau[t/acty]` bedeutet, daß alle Vorkommen von `acty` in `tau` durch `t` ersetzt werden sollen. Die Regeln sind dann wie folgt:

---

[1] Zur Zeit sind alle Instanzvariablen und Methoden in `TOFL` implizit **public**.
[2] Für eine formale Beschreibung dieser Einschränkung, siehe [20].

1. In der Klasse `D`, die entweder `C` oder eine (direkte oder indirekte) Unterklasse von `C` ist, hat die Methode `m` den Typ
   `'b <: D, 'a1 <: CS1, ..., 'an <: CSn => tau[b/acty]`.
2. In der **subtype**-Deklaration
   subtype `'b1 <: DS1, ..., 'bm <: DSm => ('b1, ..., 'bm)K <: D ...`
   hat die Methode `m` den Typ
   ```
   'a1 <: CS1, ..., 'an <: CSn, 'b1 <: DS1, ..., 'bm <: DSm
      => tau[('b1, ..., 'bm)K/acty].
   ```

Als Beispiele hat die Methode `equal` in Klasse `Point` und der **subtype**-Deklaration für `Pair` und `Equal` jeweils die folgenden Typen:

```
'a <: Point => 'a * 'a -> Bool
'a <: Equal, 'b <: Equal => ('a,'b)Pair * ('a,'b)Pair -> Bool
```

Wird eine Methode deklariert bzw. redefiniert, dann muß der Typ der Methode für die aktuelle **class**- bzw. **subtype**-Deklaration wie oben berechnet werden. Die Typinferenz muß den gleichen Typ für den Methodenrumpf ableiten können.

Ein ML-Typausdruck wie `('a -> 'b) -> 'a -> 'b` wird als

```
'a <: Object, 'b <: Object => ('a -> 'b) -> 'a -> 'b
```

dargestellt, wobei `Object` in `TOFL` die vordefinierte Oberklasse aller Klassen ist.

In der Literatur ist das Subsumption-Prinzip ein üblicher Ansatz zu einer Untertyprelation. Dieses Prinzip besagt, daß man den Typ eines Ausdrucks bei Bedarf automatisch erhöhen kann, d.h. man kann einen Obertyp des Typs eines Ausdrucks als den Typ des Ausdrucks betrachten. Eine polymorphe Untertypinferenz würde diese Erhöhung erlauben. Viele ML-Programme würden dann kontextuelle Typen mit riesigen Kontexten haben [9].

Die Sprache `TOFL` erlaubt nur eine Art *expliziter* Subsumption: Man muß eine *Obertypdekoration* `:^t` an einem Ausdruck schreiben, um seinen Typ zu dem angegebenen Obertyp `t` zu erhöhen. Die Obertypdekoration ist das zweite neue Konstrukt in `TOFL` im Vergleich zu ML. Jetzt erhält ein ML-Programm, wenn das ein legales `TOFL`-Programm ist, den gewöhnlichen Typ in `TOFL`.

Der Obertyp in einer Obertypdekoration muß ein Grundtyp sein. Dies ist eine Voraussetzung dafür, daß keine Typvariablen in der rechten Seite eines Constraints vorkommen werden. Wir wollen solche Constraints vermeiden, weil sie ein ziemlich aufwendiges Vereinfachungsverfahren in der Praxis benötigen. Aufgrund einer geeigneten Definition der Untertyprelation (siehe Abschnitt 3.6) lassen sich die Constraints in `TOFL` leicht zu den Constraints vereinfachen, deren rechte Seiten nur aus Klassen bestehen.

Ist es in einem Programm aufgrund vorhandener Typinformationen eindeutig ableitbar, zu welchem Obertyp `t` ein Ausdruck seinen Typ erhöhen lassen soll, dann kann die Obertypdekoration `:^t` an dem Ausdruck durch `:^_` abgekürzt werden. Beispiel: Die Obertypdekoration `:^_` im Ausdruck `fn x => [x:^_] : Point List` steht für `:^Point`, weil `:^Point` von der Typdekoration `: Point List` ableitbar ist.

Eine Zuweisung in `TOFL` muß immer den gleichen statischen Typ auf beiden Seiten von `:=` haben. Da die linke Seite immer eine Instanzvariable ist, ist der statische Typ immer ein zur Übersetzungszeit bekannter Grundtyp. Daher erlauben wir, daß die Obertypdekoration an der äußersten Stelle der rechten Seite weggelassen wird.

3.6 Die Untertyprelation

Für ein TOFL Programm ist die Untertyprelation `<:` die kleinste reflexive und transitive Relation auf Typausdrücken, die die Definitionen der Untertyprelation in allen **class**- und **subtype**-Deklarationen erfüllt, und bezüglich des Ergebnistyps von `->` und der Argumenttypen aller anderen Typkonstruktoren kovariant[3] ist.

Wir bemerken, daß die Untertyprelation `<:` nicht bezüglich des Argumenttyps von `->` *kontravariant*[4] ist. Es gibt mindestens drei Gründe für diese Entscheidung.

Methodisch gesehen, wenn man eine **subtype**-Deklaration
subtype `'a <: A => ('a -> B) <: C ...`
schreibt, dann gilt `(s -> B) <: C` für alle Typen `s`, die `s <: A` erfüllen. Dies ist das, was man normalerweise erwartet. Im Falle von Kontravarianz würde `(t -> B) <: C` auch für alle Typen `t` gelten, die `s <: t` und `s <: A` erfüllen. Das heißt, daß `u -> B <: C` für alle Typen `u` gelten würde, die `A <: u` erfüllen. Dies ist nicht das, was man normalerweise von der **subtype**-Deklaration erwartet.

Technisch gesehen würde Kontravarianz die Bemühung zur Vereinfachung der Behandlung von Kontexten in statischer polymorpher Untertypinferenz zunichte machen. Wie schon gezeigt wurde, liegt ein Schlüssel des Vereinfachungsverfahrens darin, daß die rechten Seiten von Constraints in Kontexten nur Grundtypen enthalten. Dies würde im Falle der Kontravarianz am Argumenttyp nicht mehr stimmen, weil z.B. `Equal <: 'a` aus `'a -> Equal <: Equal -> Equal` ableitbar sein würde.

Praktisch gesehen ist Kontravarianz unwichtig in einer Sprache, die sich der Sprache ML anlehnt. Sollte eine Funktion `f` vom Typ `s -> t` an einer Stelle angewendet werden, wo eine Funktion vom Typ `u -> t` mit `u <: s` verlangt wird, dann kann man die Funktion `fn x:u => f (x:^s)` mit einer frischen Variable `x` benutzen.

3.7 Dynamisches Binden

Es gibt zwei Arten von Methoden in TOFL. Die Methoden der ersten Art basieren auf dynamischem Binden. Diese Methoden müssen einen Typ der Form `(acty * ... * acty) -> ...` haben. Der Teiltypausdruck `(acty * ... * acty)` ist der Typ des Empfänger-Ausdrucks. Dies bedeutet, daß der Empfänger-Ausdruck ein Tupel sein muß. Ein Beispiel dafür ist die Methode `equal`. Die Methoden der zweiten Art können auf statischem Binden basieren. Diese Methoden erlauben beliebige Empfänger-Ausdrücke. Allerdings darf der aktuelle Typ `acty` nicht in dem ersten Argumenttyp vorkommen. Wir werden näher auf die Methoden der ersten Art eingehen. Die Details über die Methoden der zweiten Art werden hier weggelassen.

Bei den Methoden der ersten Art wird das dynamische Binden von den Typen aller Komponenten des Empfänger-Tupels bestimmt. Daher verlangen wir, daß das Empfänger-Tupel nicht ein leeres Tupel sein darf. Ein einelementiges Tupel `(acty)` kann als `acty` betrachtet werden. Die Existenz einer Methodendeklaration/-redefinition zum dynamischen Binden wird durch die statische Typkorrektheit gewährleistet.

---

[3] Das heißt, daß die Relation `s < t` die Relation `(d -> s) < (d -> r)` impliziert, und daß die Relationen `s1 <: t1`, ⋯ und `sn <: tn` die Relation `(s1, ..., sn)K <: (t1, ..., tn)K` für alle Typkonstruktoren `K` außer `->` implizieren.

[4] Eine Untertyprelation `<` ist dann bezüglich des Argumenttyps von `->` kontravariant, wenn die Relation `s < t` die Relation `(t -> r) < (s -> r)` impliziert.

Um die Eindeutigkeit des dynamischen Bindens zu gewährleisten, erlaubt TOFL nur Programme mit der folgenden Eigenschaft: Wenn eine Klasse oder ein Datentypkonstruktor unterschiedliche Rümpfe für denselben Methodennamen m erbt, dann muß die Methode m für die Klasse bzw. den Datentypkonstruktor überschrieben werden. Es ist leicht zu sehen, daß diese Eigenschaft sich statisch überprüfen läßt.

Die statische Typunsicherheit der binären Methoden in Eiffel ist, daß das Vorkommen von like Current als der Typ eines Arguments, das nicht der Empfänger ist, zu statischer Typunsicherheit führen kann [3]. Wir hätten das Problem auch gehabt, wenn wir die equal-Methode mit dem Typ acty -> acty -> Bool deklariert hätten. Um das Problem zu vermeiden, verbietet TOFL wie üblich das Vorkommen von acty an negativen Positionen eines Methodentyps, außer im Typ des Empfänger-Tupels, für Methoden der ersten Art. Diese Einschränkung in TOFL ist kein großer Verlust an der Ausdrucksstärke, da die Methoden Empfänger-Tupel erlauben.

Die zwei Arten von Methoden sind zwei Sonderfälle eines allgemeinen Konzeptes. Dieses allgemeine Konzept erlaubt beliebige Typen für Empfänger-Ausdrücke, wobei das dynamische Binden auf der dynamischen Instanz von acty basiert. Kommt acty im Typ des Empfänger-Ausdrucks vor, dann wird die dynamische Instanz von acty berechnet und aufgrund deren das dynamische Binden ausgeführt. Kommt acty nicht im Typ des Empfänger-Ausdrucks vor, dann kann die statische Instanz von acty als die dynamische betrachtet werden. Wir bemerken, daß die statische Instanz von acty durch die Typinferenz abgeleitet wird, und eine dynamische Instanz von acty immer entweder kleiner als oder so groß ist wie die statische. In diesem Sinn erweitert das dynamische Binden das statische auf natürliche Weise. Die Sprache TOFL unterstützt aber nur die zwei Sonderfälle, weil das allgemeine Konzept nur selten von uns gebraucht wurde und sich schwer implementieren ließ.

3.8 Andere Features von TOFL

Die längere Version dieses Papiers [18] enthält noch die Spezifikationen über die Semantik von Variablen, Zuweisung, Patterns, Pattern-Matching und Erzeugung von Objekten, etc. in TOFL.

4 Implementierung von TOFL

Die derzeitige Implementierung von TOFL besteht aus vier Teilen: Parser, statische Typinferenz, Klassen-Translator und Interpreter. Der Parser übersetzt TOFL-Programme in abstrakte Syntaxbäume. Die statische Typinferenz berechnet statische Typen für alle (Teil-)Ausdrücke. Sie läßt sich wegen der eingeschränkten Form der Kontexte effizient implementieren. Im folgenden werden wir den Klassen-Translator und den Interpreter an einem Beispiel nur grob erläutern.

Die statischen Typen der einzelnen (Teil-)Ausdrücke sind für die Realisierung des dynamischen Bindens unentbehrlich. In der Eingabe des Klassen-Translators und des Interpreters sind daher alle Ausdrücke mit ihren statischen Typen annotiert. Für das hier vorgestellte Beispiel wird eine TOFL-ähnliche Notation für die abstrakten Syntaxbäume benutzt. Wir betrachten die Klassen Point und ColorPoint in Abschnitt 3.1 und 3.2 mit einer zusätzlichen Methode getColor für ColorPoint. (Der Typ und der Rumpf für getColor sind für die Erläuterung hier unwichtig.)

Der Klassen-Translator überführt jede Klasse zu einer Methodenbibliothek. Für die Bibliotheken aller Klassen wird ein gemeinsamer Datentyp `Bib` erzeugt:

```
datatype Bib = ...
             | MkBibP of Expr * Expr | MkBibCP of Expr * Expr * Expr
```

Für jeden Methodennamen wird eine Selektor-Funktion definiert. Z.B.

```
fun equal'(b: Bib) = case b of MkBibP(eBody,mBody) => eBody
                              | MkBibCP(eBody,mbody,gBody) => eBody;
fun getColor'(b: Bib) = case b of MkBibCP(eBody,mBody,gBody) => gBody;
```

Für jede Klasse wird dann eine Bibliothek des Typs `Bib` erzeugt:

```
val BibP = MkBibP( ··· Übersetzung aller Rümpfe in der Klasse Point ······ )
val BibCP = MkBibCP( ··· Übersetzung aller Rümpfe in der Klasse ColorPoint ··· )
```

Der Interpreter bekommt z.B. den folgenden abstrakten Syntaxbaum als Eingabe:

```
equal(if true then (cp:ColorPoint):^Point else p: Point,
      (cq:ColorPoint):^Point)
```

wobei `p` ein `Point`-Objekt ist, und `cp` und `cq` zwei `ColorPoint`-Objekte sind. Vor der Ausführung werden Klassenannotierungen bzw. Methodennamen in der Eingabe durch die entsprechenden Bibliotheken bzw. Selektoren ersetzt:

```
equal'(if true then (cp:BibCP):^BibP else p:BibP, (cq: BibCP):^BibP)
```

Der Interpreter reduziert die Argumente, selektiert den Methodenrumpf mit der Hilfsfunktion

```
fun methlookup (m : Bib -> Exp, b : Bib) = m(b);
```

und dann führt `methlookup(equal',BibCP)(cp,cq))` aus.

Der Ansatz von Harper und Morrisett [8] formuliert eine typabhängige Bindung von Funktionen. Wir implementieren ihren Ansatz im funktionalen Paradigma durch Nutzung von Bibliotheken. Dadurch wird erreicht, daß die Methodenrümpfe beim Einfügen neuer Unterklassen nicht neu übersetzt werden müssen. Die Nutzung von Bibliotheken in unserem Ansatz ist ähnlich wie in [25].

References

1. D. Bobrow, L. DeMichiel, R. Gabriel, S. Keene, G. Kiczales, and D. Moon. Common List Object System Specification. *SIGPLAN Notice*, 23, 1988.
2. K. Bruce. Typing in object-oriented languages: Achieving expressibility and safety. *Computing Surveys*, 1997. To apear.

3. K. Bruce, L. Cardelli, G. Castagna, G. L. The Hopkins Object Group, and B. Pierce. On binary methods. *Theory and Practice of Object Systems*, 1(3), 1996.
4. P. Canning, W. Cook, W. Hill, Mitchell, and W. Olthoff. F-bounded polymorphism for object-oriented programming. In *Proc. Functional Programming Languages and Computer Architecture*, pages 273–280, 1989.
5. L. Cardelli. A semantics of multiple inheritance. *Information and Computation*, 76:130–164, 1988.
6. L. Cardelli and P. Wegner. On understanding types, data abstraction, and polymorphism. *Computing Surveys*, 17(4):471–522, 1985.
7. W. Cook. A proposal for making eiffel type-safe. In *Proc. European Conf. on Object-oriented Programming*, 1989.
8. R. Harper and G. Morrisett. Compiling polymorphism using intensional type analysis. In *Proc. 22nd ACM Symp. Principles of Programming Languages*, pages 130–141, 1995.
9. M. Hoang and J. Mitchell. Lower bounds on type inference with subtypes. In *Proc. 22nd ACM Symp. Principles of Programming Languages*, pages 176–185, 1995.
10. J. Hughes and J. Sparud. Haskell++: An object-oriented extension of haskell. In *Proc. 1995 Workshop on Haskell*, 1995.
11. K. Läufer. Combining type classes and existential types. In *Proc. Latin American Informatics Conference (PANEL)*. ITESM-CEM, Mexico, Sept. 1994.
12. K. Läufer and M. Odersky. Polymorphic type inference and abstract data types. *ACM Transactions on Programming Languages and Systems*, 1994.
13. C. Lécluse, P. Richard, and F. Vélez. o_2, an object-oriented data model. In *Proc. ACM SIGMOD Conference*. ACM, New York, 1988.
14. B. Meyer. *Object-Oriented Software Construction*. Prentice Hall, 1988.
15. J. Mitchell and G. Plotkin. Abstract types have existential type. *ACM Trans. on Prog. Lang. and Sys*, 10(3):475–502, 1988.
16. M. Odersky and P. Wadler. Pizza into Java: Translating theory into practice. In *Proc. 24th ACM Symp. Principles of Programming Languages*, pages 146–159, 1997.
17. A. Ohori. A compilation method for ML-style polymorphic record calculi. In *Proc. 19th ACM Symp. Principles of Programming Languages*, pages 154–165, 1992.
18. Z. Qian and B. AbdMoulah. Entwurf und prototypische implementierung einer objektorientierten funktionalen sprache. Technical report, FB Informatik, Universität Bremen, 1997. `http://www.informatik.uni-bremen.de/~qian/abs-toflentwurf.html`.
19. Z. Qian and B. Krieg-Brückner. Object-oriented functional programming and type reconstruction. In M. Haveraaen, O. Owe, and O.-J. Dahl, editors, *Recent Trends in Data Type Specification*, pages 458–477. Springer-Verlag LNCS 1130, 1996.
20. Z. Qian and B. Krieg-Brückner. Object-oriented functional programming with late binding. In P. Cointe, editor, *Proc. 10th European. Conf. on Object-Oriented Programming*, pages 48–72. Springer-Verlag LNCS 1098, 1996. Long version as technical report FB Informatik, Universität Bremen, March 1996.
21. D. Rémy and J. Vouillon. Objective ML: A simple object-oriented extension of ML. In *Proc. 24th ACM Symp. Principles of Programming Languages*, pages 40–53, 1997.
22. J. Reppy and J. Riecke. Classes in object ml via modules. In *Proc. 1996 ACM SIGPLAN Conf. on Programming Language Design and Implementation - SIGPLAN Notices Vol. 31, No. 5*, pages 171–180, May 1996.
23. J. Reppy and J. Riecke. Classes in object ml via modules. Technical report, 1996. Presented at the FOOL'3 workshop.
24. D. Stoutamire and S. Omohundro. Sather 1.1. Technical report, ICSI, Berkeley, 1996.
25. P. Wadler and S. Blott. How to make *ad-hoc* polymorphism less *ad hoc*. In *Proc. 16th ACM Symp. Principles of Programming Languages*, pages 60–76, 1989.

Rechnergestützte Kooperation in Verwaltungen und großen Unternehmen

Veranstalter

FG 5.5.1: *CSCW in Organisationen*, FB 6: *Informatik in Recht und Öffentlicher Verwaltung*, FB 8: *Informatik und Gesellschaft*

Organisation

Rainer Unland, Bettina Sucrow
Universität -GH- Essen
Schützenbahn 70

D-45127 Essen

Tel.: (+49) 201-183 3421
Fax: (+49) 201-183 2419
{sucrow / unlandr}@informatik.uni-essen.de
http://www.informatik.uni-essen.de/Fachgebiete/DatWiss/

Peter Mambrey
GMD
Schloß Birlinghoven

D-53754 Sankt Augustin

Tel.: (+49) 2241 14-2710
Fax: (+49) 2241 14-2084
Peter.Mambrey@gmd.de
http://orgwis.gmd.de/ppl/mambrey.html

Telekooperation hat bereits begonnen, den Alltag in Unternehmen und (öffentlichen) Verwaltungen erheblich zu beeinflussen. Trotzdem kann davon ausgegangen werden, daß wir erst am Anfang einer Entwicklung stehen, die vor allem auch das Profil administrativer und entwicklungsbezogener Tätigkeiten in einem bisher nicht gekannten Ausmaß verändern wird. Es darf erwartet werden, daß rechnergestützte Kooperation mittelfristig zu völlig neuen Organisations- und Arbeitsformen führen wird.

Ziel dieses zweitägigen Workshops ist es, Anwender, Entwickler und Forscher auf dem Gebiet der rechnergestützten Kooperation für einen ungezwungenen Informationsaustausch zusammenzubringen. Aus den eingereichten und begutachteten Papieren wurde eine repräsentative Mischung aus Forschungs-, Praxis- und visionären Beiträgen ausgewählt. Darüber hinaus gibt es eine kleine Zahl von speziell eingeladenen Vorträgen.

Informationen zum Workshop, zum Programmkomitee, Abstracts, Ausarbeitungen und Internet-Adressen der Vortragenden finden Sie im WWW:
http://www.informatik.uni-essen.de/Fachgebiete/DatWiss/GI-FG551/

Eingeladene Vorträge (zum Zeitpunkt der Drucklegung leider noch unvollständig)

Groupware Successes: Studies of Adoption and Adaptation
Jonathan Grudin
Information and Computer Science, University of California, Irvine, CA 92697-3425, email: grudin@ics.uci.edu

Arbeitswelten der Zukunft
Dr. Dr. Norbert Streitz
GMD-IPSI, Dolivostr. 15, 64293 Darmstadt, email: streitz@darmstadt.gmd.de

Intelligent City Stuttgart - Telekooperationsprojekte und Visionen
Andreas Majer
Hauptamt 10-4, Postfach 10 60 34, 70049 Stuttgart

Begutachtete Beiträge

Multiple Actors Design a Groupware System - Experiences on Work Place Level -
K. Klöckner, Dr. P. Mambrey, Dr. W. Prinz, M. Sohlenkamp
GMD, Applied Information Technology; Schloß Birlinghoven, D-53753 St. Augustin
email: {kloeckner|mambrey}@gmd.de

IT-gestützte Telebesprechungen in verteilten Arbeitsgruppen: Ansatz und bisherige Erfahrungen aus dem Projekt POLIWORK
Jörg M. Haake, Ajit Bapat
GMD-IPSI, Dolivostr. 15, D-64293 Darmstadt,
email: *{haake|bapat}@darmstadt.gmd.de*

Teamarbeitsräume zur Unterstützung verhandlungsorientierter Vorgangsbearbeitung
Dr. A. Engel, Prof. Dr. H. Kaack, S. Kaiser
Universität Koblenz, Verwaltungsinformatik, Rheinau 1, 56075 Koblenz
email: {engel |kaack|kaiser}@informatik.uni-koblenz.de

Telekooperationstechnologie in der öffentlichen Verwaltung - Ausgewählte Nutzenaspekte am Beispiel des Projekts PoliFlow
Dipl.-Kfm. Dietmar Kopperger, Dipl.-Inform. Christoph Altenhofen
Fraunhofer Institut für Arbeitswirtschaft und Organisation, Nobelstr.12, 70569 Stuttgart, email: {Dietmar.Kopperger |Christoph.Altenhofen}@iao.fhg.de

Datenbankunterstützung für kooperative, CORBA-basierte CSCW-Anwendungssysteme
Dipl.-Inf G. Flach, Dr. Ing. H. Meyer
Universität Rostock, LS Datenbanken- und Informationssysteme, 18051 Rostock
email: {gflach|hme}@informatik.uni-rostock.de

Erfahrungsbericht über die Einführung eines Groupware-basierten Projektcontrollingsystems in einem großen Unternehmen
Dr. Ing. N. Gronau, A. Aurich-Haider
TU Berlin, Wirtschaftsinformatik, Sekr. 6-7, Franklinstr. 28 - 29, 10587 Berlin
email: antje@sysana.cs.tu-berlin.de, ngronau@cs.tu-berlin.de

Moderne Verwaltungsinfrastrukturen für großflächige Kommunen
Dr. B. Messer
Fraunhofer Institut für Software- und Systemtechnik, Kurstr. 33, 10117 Berlin
email: Burkhard.Messer@isst.fhg.de

Zwischenbetrieblich integriertes Workflow-Management - dargestellt am Beispiel der Sonderabfallentsorgung
Dipl.-Inf. Th. Wewers[1], Dipl.-Phys. Ch. Wargitsch[2]
[1]Universität Erlangen-Nürnberg, Martensstr. 3, 91058 Erlangen, [2]Bayerisches Forschungszentrum für Wissensbasierte Systeme, Am Weichselgarten 7, 91058 Erlangen, email: wewers@wiso.uni-erlangen.de, wargitsch@forwiss.uni-erlangen.de

CSCW in internationalen Forschungsprojekten
A. Böhm, W. Oberndorfer, R. Schmitz, S. Uellner
Technologiezentrum der Deutschen Telekom, Am Kavalleriesand 3, 64291 Darmstadt, email: {schmitz|uellner}@tzd.telekom.de

Einsatz von Telekooperationssystemen in großen Unternehmen: Ergebnisse einer empirischen Untersuchung
F. Fuchs-Kittowski, L. Nentwig, Dr. K. Sandkuhl
Fraunhofer Institut für Software- und Systemtechnik, Kurstr. 33, 10117 Berlin
email: {Frank.Fuchs-Kittowski|Lutz.Nentwig|Kurt.Sandkuhl}@isst.fhg.de

Organisationsmodelle und Technologien der betrieblichen Telekooperation zur Gestatung virtueller Organisationsstrukturen
Dipl.-Kfm. O. Reiss, cand. rer. pol. O. Kutsch
Philipps-Universität, Wirtschaftsinformatik, Universitätsstr. 24, 35032 Marburg
email:{reiss|kutsch}@wiwi.uni-marburg.de

Groupwarebasierte Zusammenarbeit bei der verteilten Modellierung industrieller Prozesse
Prof. Dr.-Ing. B. Scholz-Reiter, Dipl.-Inf. D. Bastian
TU Cottbus, LS Industrielle Informationstechnik, Postfach 101344, 03013 Cottbus
email:{bsr|bastian}@itt.tu-cottbus.de

Der Einsatz von Informationstechniken in Organisationen - Organisationaler Anspruch und Wirklichkeit
Dr. A. Kluge, Prof. Dr. L.F. Hornke
Institut für Psychologie der RWTH Aachen, Jägerstr. 17-19, 52056 Aachen
email: akluge@psycho.rwth-aachen.de

33. Workshop "Komplexitätstheorie, Datenstrukturen und Effiziente Algorithmen"

Im Februar 1987 wurde der erste Workshop "Komplexitätstheorie, Datenstrukturen und Effiziente Algorithmen" — kurz Theorietag genannt — von Ingo Wegener (damals an der Universität Frankfurt) eröffnet. Seitdem hat sich eine 10jährige Tradition entwickelt, während der die Workshops die Möglichkeit bieten, aktuelle Ergebnisse der Informatik-Forschung dem interessierten Fachpublikum vorzustellen. Insbesondere junge Forscher erhalten dadurch einen Rahmen, mit Fachkollegen aus allen Teilen Deutschlands in Kontakt zu treten. Die Treffen finden in einer zwanglosen Atmosphäre statt, die der Kommunikation förderlich ist. Vortragsanmeldungen werden in Form von Zusammenfassungen an den Veranstalter gesendet, der ein Programm zusammenstellt und über eine Mailing-Liste verteilt. Es gibt also keinen Begutachtungsprozess. Da jedoch die meisten der Vorträge Konferenzeinreichungen zur Grundlage haben, die für ein internationales Publikum bestimmt sind, bieten die Theorietage interessante Anregungen auf hohem Niveau. Es ist erklärtes Ziel, den wissenschaftlichen Gedankenaustausch auf diese Weise zu befördern, lange bevor die Ergebnisse auf großen Tagungen vorgestellt werden. Die dreimal jährlich stattfindenden Theorietage bilden inzwischen eine zentrale Aktivität der GI-Fachgruppen "Komplexität" (0.1.4), "Parallele und Verteilte Algorithmen" (0.1.3) und "Algorithmen und Datenstrukturen" (0.1.1).

Ein wichtiger Aspekt bei der Durchführung der Workshops ist das "Rotationsprinzip": Die Workshops finden an wechselnden Orten in Deutschland statt. Veranstalter sind Informatik- oder Mathematik-Fachbereiche mit Forschungsgruppen, die in der theoretischen Informatik arbeiten. Dies ermöglicht auch kleinen oder jungen, neugegründeten Gruppen, ihr Umfeld und ihre Arbeitsgebiete der Öffentlichkeit vorzustellen. Meist wird jeweils während eines Workshops der nächste Veranstaltungsort ausgesucht — Initiative ist hier stets willkommen. Koordiniert wird dieses Verfahren vom Fachgruppensprecher Christoph Meinel (Universiät Trier).

In der Regel gibt es pro Workshop 15-20 Vorträge bei etwa 30–40 Teilnehmern. Anreise, Verpflegung und ggf. Unterkunft bezahlen die Teilnehmer selbst. Der Veranstalter sorgt für entsprechende Räumlichkeiten, einen kleinen Imbiss sowie für die Vervielfältigung der Vortragszusammenfassungen, die jedem Teilnehmer ausgehändigt werden.

Informationen zu den Workshops der Reihe werden auf dem Trierer WWW-Server der GI-Fachgruppe Komplexität
(URL: `http://www.informatik.uni-trier.de/GI/FG-014/`) gesammelt. Insbesondere gibt es eine Liste der bisherigen Workshops mit Links auf die Programme und Vortragszusammenfassungen. Desweiteren wird künftigen Veranstaltern die Arbeit erleichtert, indem erstens die Verteilung der Benachrichtigungen auf sehr einfache Weise über den Trierer Server läuft, und zweitens detaillierte Organisationshinweise bereitgestellt werden. Außerdem können sich Veranstalter an früheren Workshops orientieren. Außenstehende können sich einen Überblick über das breite Themenangebot verschaffen.

Wir freuen uns, daß wir die Gelegenheit haben, den 33. Workshop Komplexitätstheorie, Datenstrukturen und Effiziente Algorithmen zusammen mit einer Reihe weiterer Workshops im Umfeld der GI-Fachtagung "INFORMATIK'97" in Aachen durchführen zu können, und bedanken uns hiermit für die Unterstützung durch die Aachener Organisatoren. Der dadurch ermöglichte größere Rahmen ermuntert Zaungäste "in beiden Richtungen" und kann so helfen, den fruchtbaren Dialog zwischen Theorie und Praxis aufrechtzuerhalten.

Die WWW-Seite des 33. Workshops mit der Einladung sowie weiteren Informationen ist unter der URL

`http://www.informatik.uni-trier.de/theorietag/einladung.html`

zu finden. Der 33. Workshop findet am Dienstag, den 23. September 1997 in Aachen statt.

Wir würden uns freuen, Sie auf dem Workshop begrüßen zu dürfen.

Christoph Meinel, Carsten Damm und Martin Mundhenk

{meinel,damm,mundhenk}@uni-trier.de

Fachbereich IV — Informatik, Universität Trier, 54286 Trier

Workshop

Grundlagen der Parallelität

organisiert von den GI-Fachgruppen

0.0.1 "Petrinetze und verwandte Systemmodelle"
0.1.7 "Spezifikation und Semantik"

am 22. September 1997, 13.00 bis 18.00 Uhr
im Rahmen der INFORMATIK 97 an der RWTH Aachen

Mit dem Workshop werden die Diskussionen des Kolloquiums

FORMALE MODELLE DER PARALLELITÄT

am 5. Juli 1996 an der LMU München, im Zusammenhang mit AMAST'96, weitergeführt.

Innerhalb der Informatik vollzieht sich gegenwärtig eine kaum mehr zu überschauende Diversifizierung im Bereich der formalen und semiformalen Methoden und Modelle für verteilte, reaktive, objektorientierte, parallele, nebenläufige, dynamische, ... Systeme. Häufig ist die Bildung eines neuen Formalismus durch Fragestellungen nur innerhalb eines Anwendungsbereichs motiviert. Eine Aufgabe der Theoretischen Informatik kann und sollte es sein, zusammenführende und vergleichende Konzepte zu entwickeln. Diesem Anliegen dient der Workshop, indem er die Aufmerksamkeit auf Entwicklungen lenken soll, die dieser Diversifizierung entgegenwirken.

Im Workshop sollen die folgenden Komplexe diskutiert werden:

- Vergleichende Betrachtungen für verschiedene formale Methoden und Modelle
- Umfassende Begriffsbildungen, auf deren Grundlage formale Modelle begrifflich und / oder operational unifiziert werden können
- Darstellung wesentlich trennender Eigenschaften von formalen Modellen und Methoden
- Typisierung formaler Methoden aus der Sicht von Anwendungen

Der Workshop wird geleitet von den Sprechern der beiden GI-Fachgruppen

Jörg Desel
Institut AIFB
Universität Karlsruhe

76128 Karlsruhe
desel@aifb.uni-karlsruhe.de

Horst Reichel
Fakultät Informatik
Technische Universität Dresden

01062 Dresden
reichel@tcs.inf.tu-dresden.de

Wie im vergangenen Jahr werden nach dem Workshop die Manuskripte der Beiträge in einem Technischen Bericht der Fakultät Informatik der TU Dresden zusammengefaßt.

Workshop
Arbeitsplatzrechner-Integration zur Prozeßverbesserung

Thema des Workshops ist die *Integration* von Umgebungen, die Einzelprozesse unterstützen, zu einer Gesamtumgebung, die auf den arbeitsteiligen *Gesamtprozeß abgestimmt* ist.

Gesamtprozesse gibt es in allen Ingenieurwissenschaften, z.B. als firmeninterne oder firmenübergreifende Entwicklungsprozesse: CIM in der Fertigungstechnik, Anlagenentwicklung in der Verfahrenstechnik, in der Informatik die Softwareentwicklung. Gesamtprozesse in betriebswirtschaftlichen Anwendungen handhaben Geschäftsvorfälle.

Der Workshop thematisiert die Problematik, die sich durch Integration von Arbeitsplatzrechnern in verschiedenen Anwendungsfeldern ergibt, mit Schwerpunkt technische Anwendungen. Diese *Integrationsthematik* stellt eine *Herausforderung* für Wissenschaft und Entwicklung in den nächsten 10 Jahren dar und hat eine enorme wirtschaftliche Bedeutung.

Teile des Gesamtprozesse werden durch Anwendungssysteme unterstützt, in technischen Anwendungen Umgebungen oder Entwicklungssysteme genannt, deren Bestandteile Werkzeuge heißen. Solche Werkzeuge legen Strukturen fest, analysieren diese, simulieren Sachverhalte, dokumentieren wichtige Entscheidungen etc. In technischen Anwendungen bieten Entwicklungssysteme Unterstützung bei der Arbeit des Entwicklers, in betriebswirtschaftlichen Anwendungen finden sich Teile des Geschäftsprozesses in fester Form innerhalb der Anwendungssysteme. Teile des Gesamtprozesses werden in allen Anwendungsfeldern durch Personen ohne oder mit nur geringer Unterstützung durchgeführt.

Ansätze zur Integration von Arbeitsplätzen werden *unterschieden* in a-priori-Ansätze, bei denen neue Umgebungen, die auf die Integration hin entwickelt werden, zu einer Gesamtumgebung zusammengefügt werden, sowie a-posteriori-Ansätze, die existierende Umgebungen zu einem Gesamtverbund verbinden. Üblicherweise wird zwischen Kontroll-, Daten-, Präsentations- und Rahmenwerksintegration unterschieden. Verteilungsplattformen kommen dabei immer mehr zum Einsatz.

Die obigen Integrationsdimensionen bringen die *Integrationsproblematik* nur *grob* und auch nur *teilweise* zum Ausdruck: Zum einen kann (1) zwischen Benutzerprozessen, der externen Ebene, wie sich Werkzeuge präsentieren und was sie darstellen, der internen Ausgestaltung von Dokumenten und Prozessen in Form von Datenmodellen und Softwarebausteinen sowie der Abbildung auf Plattformen unterschieden werden. Diese unterschiedlichen Ebenen und ihr Zusammenspiel sind zu klären. Zum anderen können (2) logische Ebenen für Prozesse und Produkte unterschieden werden, etwa die grobgranulare Ebene zur managementseitigen Koordination, die feingranulare Ebene der technischen Entwickler, beide sind zu integrieren, innerhalb dieser Ebenen gibt es jeweils beliebige Hierarchiebeziehungen. Ferner wirft (3) die Problematik übergreifender Kooperation (Schlagwort virtuelle Unternehmen) neuartige Probleme auf, Prozesse werden anders betrachtet (Simultaneous and Concurrent Engineering), Prozesse weisen Dynamik auf und sind nur (teilweise) im Prozeß selbst planbar usw. Neue technische Möglichkeiten (4) wie multimediale Kommunikation, Shared Applications etc. sind für den Gesamtprozeß zu nutzen. Integration muß sich mit allen diesen Themen beschäftigen.

Zur Integrationsthematik gab es in der Vergangenheit viele *Projekte* auf nationaler Ebene, auf europäischer Ebene, Anstrengungen in verschiedenen Firmen sowie größere Projekte in Hochschulen und Forschungslabors. Es ist somit Zeit, den *Ertrag* dieser Projekte darzulegen, die Ergebnisse zu vergleichen und zu bewerten.

Zielsetzung des *Workshops* ist es, Erfahrungen aus Integrationsprojekten aus Industrie und Hochschulen darzulegen, neue Ansätze zur Integration aus Wissenschaft und Industrie vorzustellen, Schwierigkeiten und Herausforderungen der Integrationsthematik darzulegen, den Stand der Technik in verschiedenen Anwendungsdisziplinen zu vergleichen sowie Standardisierungsbemühungen zur Integration voranzutreiben.

Veranstalter

Fachausschuß 2.1. – Softwaretechnik und Programmiersprachen der GI
SofTec NRW e.V.
German Chapter of the ACM
Fachgruppe Informatik an der RWTH Aachen

Programmkomitee

R. Anderl, TH Darmstadt
S. Jablonski, Univ. Erlangen
U. Kelter, Univ. Siegen
M. Nagl, RWTH Aachen
K. Pasedach, Philips GmbH Forschungslaboratorien, Aachen
B. Westfechtel, RWTH Aachen

Programm

Rahmenwerke

G. Joeris: Characterization and Comparison of Integrated Product and Process Management
R. Anderl et al.: Architektur einer Konstruktionsumgebung für das rechnerunterstützte und kooperative Entwickeln umweltgerechter Produkte
K. Bender, K. Bindbeutel, A. Karcher: Integration von Rechnerwerkzeugen der Produktentwicklung mit Rahmensystemen
W. Eversheim, W. Michaeli, M. Nagl, O. Spaniol, M. Weck, B. Westfechtel: SUKITS: Management von Entwicklungsprozessen im Maschinenbau

Kooperation

P. Heimann, B. Westfechtel: A Generalized Workflow System for Mechanical Engineering
H.–L. Hausen: Computer Supported Cooperative Work in Intranet Software Projects
W. Michaeli, K. Schlesinger: Rechnergestützte Anforderungslisten für die Entwicklung von Kunststofformteilen

Werkzeugintegration

M. Böhm: Ein Framework für Entwurf und Bewertung von Integrationsvarianten für Anwendungsprogramme und Workflow–Management–Systeme in Geschäftsprozesse
W. Eversheim, P. Ritz, M. Walz: Integration von Anwendungssystemen in eine Engineering–Infrastruktur
S. Gruner: Schemakorrespondenzaxiome unterstützen die paargrammatische Spezifikation inkrementeller Integrationswerkzeuge

Anwendungen

O. Wolter, K. Richter: Kooperative Planungsszenarien zur Gestaltung von Materialflußanlagen für einen virtuellen Unternehmensverbund
W. Dangelmaier et al.: Engpaßorientiertes Verfahren für eine verteilte PPS in einem Multi–Agenten–Ansatz
M. Weck, R. Langen, C.–K. Kanne: Realisierung eines verteilten objektorientierten Systems für produktionsnahe Softwaresysteme

Workshop
Multimedia Technology in Medical Training

This workshop addresses new developments and experiences from experts in the fields of computer science and medicine. Aspects of multimedia and hypermedia have become a fundamental componeni of modern medical education and training. The scope of this forum is the design and use of modern multimedia technology. The workshop will bridge the gap between the basic technology of computer science and the needs of physicians. It will give an opportunity for a gathering of experts from the two different disciplines. Papers and demonstrations of applications regarding the following fields of interest are under discussion:

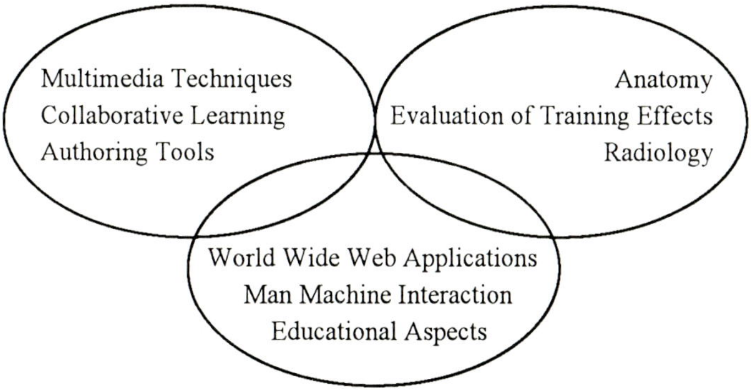

The European Workshop on Multimedia Technologies in Medical Training gives the opportunity to introduce latest research results and developed multimedia systems to a forum of experts from computer science and medicine. There are two different kinds of results to be presented: research and development results and demonstrations of the developed software.

Organizer

Graduiertenkolleg „Informatik und Technik", RWTH Aachen
IEEE Joint Chapter Engineering in Medicine and Biology (IEEE German Section)

General Chairmanship

H.-W. Denker, Universität GH Essen
D. Graf v. Keyserlingk, RWTH Aachen
M. Jarke, RWTH Aachen
O. Spaniol, RWTH Aachen
K. Spitzer, RWTH Aachen

Organizing Committee

C. Tresp, RWTH Aachen
M. Baumeister, RWTH Aachen
A. Becks, Universität Dortmund
S. Sklorz, RWTH Aachen
U. Tüben, Universität Dortmund

Workshop "Multimedia-Technik für die Forschung"

Heinrich Müller

Informatik VII (Graphische Systeme), Universität Dortmund, 44221 Dortmund

Die Bedürfnisse von Forschern haben in der Vergangenheit entscheidend zur Entwicklung der Multimediatechnik beigetragen. Vom Ministerium für Wissenschaft und Forschung (MWF) des Landes Nordrhein-Westfalen wurde dieser Tatsache durch Einrichtung des Forschungsverbundes "Die Virtuelle Wissensfabrik" Rechnung getragen. Dem Forschungsverbund liegt die Beobachtung zugrunde, daß Gegenstand von Forschung die Produktion von Wissen ist. Der Verbund gliedert sich in drei Themenfelder: Mensch-Maschine-Interaktion, Informationsstrukturierung und -vermittlung sowie Kommunikation und Kooperation. Der Verbund setzt sich aus 16 Projekten zusammen, die nach inhaltlichen Gesichtspunkten diesen drei Gebieten zugeordnet sind und in diesem Rahmen enge Wechselwirkung haben. Im Beitrag "Forschung im Zeitalter vom Multimedia: Die virtuelle Wissensfabrik" der Tagung "Informatik '97" wird dies näher dargestellt.

Im Rahmen des Workshops werden Arbeiten aus dem Verbund vorgestellt. Ausgehend davon soll die Gelegenheit zum Gedankenaustausch zwischen Mitgliedern des Verbunds und Interessenten an seiner Arbeit geboten werden, die zur Teilnahme am Workshop ausdrücklich ermuntert werden.

Workshop: Software-Engineering für Multimedia-Systeme

M. Wirsing[1], J. Schneeberger[2], R. Lutze[3]

[1] LMU München, Institut für Informatik, Oettingenstraße 67, D-80538 München
[2] FORWISS, Am Weichselgarten 7, D-91052 Erlangen
[3] mediatec GmbH, Muggenhofer Str. 105, D-90429 Nürnberg

Bei der Entwicklung von Verkaufsförderungs- und Online-Systemen, und speziell bei elektronischen Produktkatalogen, hat die creative Gestaltung neben der Erstellung der Software einen hohen Stellenwert. Das creative Design ist ein hochgradig iterativer Arbeitsprozeß, in dem unterschiedliche Varianten bewußt zur audiovisuellen Vermittlung von Arbeitsergebnissen in den verschiedenen Stadien des Enwicklungsprozesses eingesetzt werden. Selektion, Elaboration und Kombination von Gestaltungsvarianten sind dabei typische Arbeitsschritte. Im traditionellen Sortware-Engineering wird demgegenüber ein möglichst variantenarmer, geradliniger Entwicklungsprozeß angestrebt. Im Workshop werden relevante Methoden und Werkzeuge des Software-Engineering für Multimedia-Systeme präsentiert. Dabei werden insbesondere relevante Ergebnisse aus dem BMBF-Förderungsprogramm Softwaretechnologien vorgestellt. Im einzelnen stehen folgende Aspekte im Vordergrund: Entwicklungsmodelle, Entwicklungsumgebungen und Werkzeuge für Multimedia-Systeme, Teilautomatische Generierung von Systemvarianten für verschiedene Präsentationsplattformen (CD-ROM, Internet, etc.), Formale Spezifikation und automatischer Test multimedialer Präsentationssysteme, Datenbank- und Medienintegration, Projekt- und Praxiserfahrungen.

Vortragsthemen und Referenten

- D. Boles (Uni Oldenburg, OFFIS): *Erstellung multimedialer Dokumente und Anwendungen: Verfahren und Werkzeuge*
- A. Deparade (RWTH Aachen): *An Integrated Multimedia Reader/Writer-Environment for Elektronic Books*
- H. Fritzsche (TU Dresden): *Automatischer Test multimedialer Präsentationssysteme*
- H. Hussmann (Siemens): *Entwicklungsmethodiken für verteilte Multimedia-Applikationen: Defizite und Verbesserungsansätze*
- R. Lutze (mediatec GmbH): *Ergebnisse des EPK-fix Projekts*
- M. Schollmeyer (FAST e.V., München): *Entwicklung von Multimediaanwendungen für das WWW mit EMMA*
- H. Stoyan (Uni Erlangen): *Anforderungsanalyse und Softwaregenerierung für Elektronische Produktkataloge*
- U. Timm (FORWISS Erlangen): *Toolgestützte Entwicklung von Elektronischen Produktkatalogen und Elektronischen Produktberatungskomponenten für KMUs – Möglichkeiten und Grenzen*

Autorenverzeichnis

Springer und Umwelt

Als internationaler wissenschaftlicher Verlag sind wir uns unserer besonderen Verpflichtung der Umwelt gegenüber bewußt und beziehen umweltorientierte Grundsätze in Unternehmensentscheidungen mit ein. Von unseren Geschäftspartnern (Druckereien, Papierfabriken, Verpackungsherstellern usw.) verlangen wir, daß sie sowohl beim Herstellungsprozess selbst als auch beim Einsatz der zur Verwendung kommenden Materialien ökologische Gesichtspunkte berücksichtigen.
Das für dieses Buch verwendete Papier ist aus chlorfrei bzw. chlorarm hergestelltem Zellstoff gefertigt und im pH-Wert neutral.

Springer